NCYCLOPÉDIE THÉORIQUE & PRATIQUE DES CONNAISSANCES CIVILES & MILITAIRES

*(Publiée sous le patronage de la Réunion des of*

**PARTIE CIVILE**

## COURS DE CONSTRUCTION

Publié sous la direction de

G. OSLET, INGÉNIEUR DES ARTS ET MANUFACTURES

*CINQUIÈME PARTIE*

# TRAITÉ DE MENUISERIE

PAR

**G. OSLET**
Architecte
Ingénieur des Arts et Manufactures
Chef de Travaux Graphiques à l'École Centrale

**JULES JEANNIN**
Professeur de trait
Entrepreneur de Menuiserie, d'Art et de Bâtiment
Membre du Comité technique
de la Société de protection des apprentis
(médaille de vermeil)

**TOME I**

PARIS
GEORGES FANCHON, ÉDITEUR
25, RUE DE GRENELLE, 25

PROGRAMME SUCCINCT

# TRAITÉ DE PERSPECTIVE

Par **G. TUBEUF**, **Architecte. Ancien élève de l'École des Beaux-Arts.**

## PRÉLIMINAIRES

*Objet de la perspective. — Définitions. — Exposé des diverses méthodes.*

### CHAPITRE PREMIER

PERSPECTIVE DES PLANS

**§ I.** — *Principes de perspective.* — Coordonnées perspectives. — Lignes de front. — Lignes fuyantes. — Figures situées dans des plans de front. — Du géométral et du tableau.

**§ II.** — *Perspective d'une droite géométrale* — Positions particulières des droites. — Points de fuite accidentels. — Points de distance principaux ou accidentels. — Problèmes d'exercices divers dont la résolution n'implique pas la connaissance des points principaux. — Problèmes d'exercices exigeant la connaissance des points de fuite et de distance. Différentes méthodes.

**§ III.** — *Construction sur le géométral par relèvement.* — Problèmes.

**§ IV.** — *Des cercles horizontaux.* — Tracé perspectif des cercles horizontaux. — Cas particuliers. — Problèmes.

**§ V.** — *Graticolage.* — De la mise au carreau.

### CHAPITRE II

PERSPECTIVE DES ÉLÉVATIONS

**§ I.** — *Principe des hauteurs* — Echelle des hauteurs. — Perspective des figures situées dans des plans verticaux. — Applications diverses.

**§ II.** — *Perspective directe.* — D'un point. — D'une droite. — Intersections de droites avec les plans. — De plans entre eux, obtenus directement. — Perspective directe des intersections de moulures rectilignes et curvilignes. — Applications aux corniches et aux frontons.

**§ III.** — *Images d'optique.* — Images par réflexion. — Loi de la réflexion. — Réflexion par une nappe d'eau. — Réflexion par des miroirs. — Point de fuite et ligne de fuite des images. — Renversement de la ligne d'horizon. — Images par réfraction.

**§ IV.** — *Des ombres.* — Principes des ombres sur plan horizontal et sur plan vertical. — Ombre des polyèdres, des prismes, des pyramides, d'un perron. — Applications diverses. — Ombres portées ou reçues par des surfaces courbes. — Applications au cône, au cylindre. — Voûte en berceau, arcade, niche.

**§ V.** — *Effets de perspective.* — Problème inverse de perspective ou restitution. — Recherche de la ligne d'horizon. — Restitution du point principal et du point de distance. — Restitution de divers objets simples; d'édifices présentés par des vues obliques, d'édifices situés dans des plans de front.

**§ VI.** — *Dérogation aux règles de la perspective.* — Dérogations relatives aux surfaces courbes. — Des procédés pratiqués par les peintres pour représenter les corps dont les surfaces sont courbes. — Considérations géométriques sur les dérogations relatives au contour apparent des figures. — Choix du point de vue et du point de distance, leur position.

**§ VII.** — *Contours apparents et lignes d'ombre.* — Du contour apparent des surfaces. — Applications à un piédouche. — Lignes d'ombre des surfaces. — Application à un tore.

**§ VIII.** — *Appareils délinéateurs et appareils d'optique.* — Généralités. — Diagraphe. — Té brisé. — Chambre noire. — Chambre claire.

**§ IX.** — *Dessin d'après nature.* — Appréciation des rapports des inclinaisons, de la hauteur d'horizon. — Des cercles et de leur division dans le dessin d'après nature. — Exemples.

### CHAPITRE III

PERSPECTIVE AÉRIENNE

Observations sur la perspective aérienne. — Atmosphère, sa densité, sa couleur, azur du ciel. — Ciel pur, son apparence concave. — Fumée, brouillards. — Nuages, arcs-en-ciel. — Reflets, contours vagues des objets éloignés. — Eaux calmes, eaux tombantes. — Lointains. — Soleil couchant.

### CHAPITRE IV

PERSPECTIVE DE CONVENTION

**§ I.** — *Des perspectives de convention.* — Perspective cavalière, rapport de réduction. — Exemples. — Perspective axonométrique. — Echelle et rapports. — Exemples. — Perspective isométrique, rapports et exemples.

**§ II.** — *Cas particuliers de perspective.* — Tableaux courbes. — Panoramas. — Plafonds. — Théorie de la perspective des bas-reliefs. — Parallèle des bas-reliefs avec le dessin et la ronde-bosse sous le rapport de la perspective.

**§ III.** — [illegible] *ation théâtrale.* — Définition. — Construction [illegible] le aux châssis obliques. — Etablissement d'un [illegible] on. — Plantation des châssis. — Châssis [illegible] Châssis obliques. — Fermes. — Plafon[illegible] [illegible] eaux de fond. — Petits rideaux. — P.anta[illegible] [illegible] — Décoration fermée.

# TRAITÉ

DE

# MENUISERIE

TOURS. — IMPRIMERIE DESLIS FRÈRES, RUE GAMBETTA, 6.

NCYCLOPÉDIE THÉORIQUE & PRATIQUE DES CONNAISSANCES CIVILES & MILITAIRES

(*Publiée sous le patronage de la Réunion des Officiers*)

**PARTIE CIVILE**

# COURS DE CONSTRUCTION

Publié sous la direction de

G. OSLET, INGÉNIEUR DES ARTS ET MANUFACTURES

*CINQUIÈME PARTIE*

# TRAITÉ DE MENUISERIE

PAR

G. OSLET
Architecte
Ingénieur des Arts et Manufactures
Chef de Travaux Graphiques à l'École Centrale

JULES JEANNIN
Professeur de trait
Entrepreneur de Menuiserie, d'Art et de Bâtiment
Membre du Comité technique
de la Société de protection des apprentis
(médaille de vermeil)

TOME I

PARIS
GEORGES FANCHON, ÉDITEUR
25, RUE DE GRENELLE, 25

COURS DE CONSTRUCTION

CINQUIÈME PARTIE

# TRAITÉ DE MENUISERIE

## INTRODUCTION

L'art du menuisier n'est plus aujourd'hui une routine; grâce aux prodigieux développements du monde industriel, cet art a marché à grands pas vers la perfection. L'architecture permet d'obtenir des formes et des profils bien appropriés aux besoins; la chimie donne le moyen d'imiter les bois exotiques avec ceux qui croissent dans nos forêts. On en accentue les veines avec le polissage et les vernis transparents qui leur ajoutent de l'éclat en conservant leurs nuances.

Le constructeur connaît aujourd'hui assez bien les bois et les lois de la physiologie végétale pour obtenir des ouvrages solides et résistants.

Les machines, dont nous donnerons les principaux types, permettent, à cause de leur cherté, de diviser les bois précieux de marqueterie et d'ébénisterie en feuilles très minces et très régulières et d'obtenir des placages solides, moins sujets à se tourmenter et, dans certains cas, d'un plus bel effet que les mêmes bois pris dans la masse.

Dans cette cinquième partie du *Cours de construction* nous ne négligerons rien des petits détails pratiques, malheureusement trop souvent laissés de côté par les ouvrages et traités publiés jusqu'à ce jour; nous étudierons en détails les outils du menuisier et des branches qui s'y rattachent car l'expérience nous apprend qu'il faut, pour obtenir de bons ouvrages, non seulement de bons ouvriers mais aussi de bons outils.

L'usage du bois qui, comme nous le savons, est une substance compacte, dure et solide, composant la racine, la tige, les branches et, en un mot, le corps des arbres, remonte à la plus haute antiquité.

Les premières constructions ont été exécutées avec cette matière dont l'emploi paraît avoir donné naissance aux édifices primitifs de l'Égypte et de la Grèce.

Après la chute de l'Empire romain le bois est devenu l'élément principal des constructions mais, à partir du XIe siècle les causes fréquentes d'incendie l'ont fait, en partie, remplacer par de la maçonnerie. Il fut alors utilisé, comme il l'est encore aujourd'hui, pour supporter les couvertures et pour la confection des planchers, des édifices publics et des maisons particulières.

Vers le XVe siècle les maisons construites en bois reparaissent dans le nord de la France; on a en effet remarqué que plus on remonte au nord plus la menuiserie est abondante et compliquée, ceci s'explique par les besoins plus grands de conserver la chaleur dans les habitations. A cette époque on exécutait des façades entières en bois sculpté et des boiseries intérieures remarquables comme exécution et comme fini.

Aujourd'hui la menuiserie d'art est encore bien faite, les assemblages en sont bien étudiés, mais dans la plupart des menuiseries communes et à bon marché les assemblages sont remplacés par la colle et les clous, substitution nécessitée par les acheteurs eux-mêmes qui veulent un meuble d'art mais ne veulent pas y mettre le prix.

# CHAPITRE PREMIER

## § I. — DÉFINITIONS ET NOTIONS GÉNÉRALES

**1.** On donne aux ouvriers ou patrons chargés d'exécuter les travaux de menuiserie le nom de *menuisiers ;* on les appelait autrefois *huchers*, parce qu'ils confectionnaient les *huches*, espèces de coffres à pétrir le pain, puis *huissiers* en raison des *huis* ou portes qu'ils confectionnaient. Enfin, en 1382, un arrêté leur donna le nom de *menuisiers* qu'ils portent encore aujourd'hui et qui vient du mot latin *minutarius*, ouvriers s'occupant de menus ouvrages en bois.

La menuiserie est une des branches de la construction ayant pour objet principal le travail des bois de petites dimensions destinés à produire les parquets, les revêtements posés contre les parois intérieures des édifices, les cloisons légères fixes ou mobiles, les croisées et les meubles en usage dans nos habitations.

C'est une partie très importante qui exige un travail soigné et par conséquent des ouvriers habiles et des bois sains, bien secs, dépourvus de vices ou de maladies avec plus de soins encore peut-être que pour la charpente ; débités dans le droit fil, sans aubier, sans nœuds vicieux, sans malandres (veines blanches ou rouges tendant à la pourriture), sans gélivures, roulures, etc... ; des bois légers, faciles à travailler au rabot, pouvant recevoir un beau poli et supportant, sans jouer, se voiler ou se gauchir, les alternatives de sécheresse et d'humidité.

C'est pour plusieurs de ces raisons qu'on préfère souvent, pour la menuiserie, les bois gras, qui ont moins de force, mais qui présentent plus de régularité et se prêtent plus facilement au travail des outils et de la décoration.

L'art de l'ébéniste, du tabletier, du layetier ou emballeur sont des branches détachées de la menuiserie.

Pour l'ébénisterie, on prend des bois tenaces, susceptibles de recevoir en tous sens l'action des outils sans éclater, tissu droit, fin, serré et capable de recevoir un beau poli.

**2.** D'après ce que nous venons de dire la menuiserie peut se diviser en deux parties bien distinctes :

1° **Menuiserie dormante**, comprenant tous les ouvrages appliqués aux murs, plafonds, voûtes, planchers et en général tous les travaux fixes exécutés par les menuisiers dans nos maisons d'habitation ;

2° **Menuiserie mobile**, dans cette deuxième catégorie on classe tous les ouvrages en bois destinés à clore à volonté tels que portes, croisées, persiennes, baies de diverses natures pratiquées dans les murs pour y donner accès ou pour y laisser pénétrer l'air et la lumière.

Les bois de menuiserie les plus généralement employés pour les ornements intérieurs, les revêtements, etc., sont le chêne et le sapin.

La principale difficulté de la composition des ouvrages en menuiserie résulte de ce que par leur destination et par la forme des éléments qui les composent, ils sont exposés à varier de dimensions sous l'influence de l'humidité. Le problème posé à l'ouvrier menuisier consiste, en général, à faire, avec des matériaux dont le volume change sans cesse suivant l'état hygrométrique, des constructions de dimensions invariables.

Les bois sont en effet très hygrométriques; préalablement desséchés et conservés dans une chambre sans feu ils absorbent de 0,08 à 0,10 d'eau en un an.

Des expériences faites sur les planches minces exposées alternativement à un air humide et à un air sec on a obtenu, d'après M. L. Reynaud, les résultats suivants :

| DÉSIGNATION des bois | CONTRACTIONS | | |
|---|---|---|---|
| | MAXIMUM | MINIMUM | MOYENNE |
| Chêne..... | 0.0180 | 0.0026 | 0.0090 |
| Sapin de France... | 0.0184 | 0.0064 | 0.0110 |
| Sapin du Nord..... | 0.0184 | 0.0026 | 0.0103 |

Ces contractions ont lieu perpendiculairement aux fibres ; dans le sens de leur longueur elles sont insensibles.

Les variations sont d'autant plus dangereuses et la durée des ouvrages est d'autant moins assurée que le bois est moins parfaitement purgé de sa sève; aussi. recommande-t-on *comme un principe essentiel*, de laisser séjourner dans l'eau courante deux ou trois mois les bois destinés à la menuiserie pour que la sève ait le temps d'être complètement entraînée et de ne les mettre en œuvre qu'après avoir été conservés quatre ou cinq ans en magasin dans de bonnes conditions d'aération.

**3.** Une autre circonstance est de nature à exercer une influence considérable sur la conservation des ouvrages de menuiserie: c'est la manière dont les bois ont été débités. Nous avons, dans la première partie du *Cours de construction*, parlé longuement du débit des bois ; nous n'avons donc pas à y revenir.

## § *II.—NOTIONS GÉNÉRALES SUR LES BOIS.—LEUR CLASSIFICATION*

**4. La couleur** du bois offre dans les végétaux de nombreuses variétés ; si, en examinant la section transversale d'un arbre on voit une couleur uniforme et foncée, c'est bon signe; si, au contraire, la couleur varie du cœur à la circonférence et si elle s'éclaircit subitement, il faut examiner l'arbre de très près.

**5. La dureté** offre aussi de nombreuses différences ; cette dureté a été, pour certaines essences, comparée à celle du fer d'où le nom de *bois de fer*.

En général les végétaux ligneux qui croissent dans les climats très chauds sont plus durs et plus foncés que ceux de notre pays.

La dureté est dans le bois un caractère essentiel qu'il faut bien connaître; elle est, sauf quelques cas particuliers, proportionnelle à la pesanteur de chaque essence.

**6. Force des bois.** D'après de nombreuses expériences que notre cadre ne nous permet pas d'étudier, on a reconnu que plus le bois a de pesanteur, plus il a de force ; plus le bois est pris près de la racine, plus il est pesant et fort. La position du bois importe beaucoup sur sa force; la forme qu'on lui donne influe aussi très sérieusement sur sa force de résistance.

**7. Age des arbres.** Nous savons qu'on peut connaître l'âge d'un arbre au nombre des couches ligneuses qu'il présente sur la section transversale de son tronc.

Ces couches varient d'épaisseur non seulement d'une espèce d'arbre à l'autre, mais encore dans le même arbre suivant les circonstances au milieu desquelles il s'est développé. Plus il y a de ces couches dans un même diamètre, plus le bois est dur, résistant et pesant.

La grosseur, la hauteur et la durée vitale des arbres varient avec le sol, le climat et la situation dans lesquels ils se trouvent.

Les arbres de bois tendre et léger, sapins et peupliers, acquièrent vite de grandes dimensions mais leur vie n'est pas de longue durée; ceux comme le chêne qui sont durs et pesants croissent lentement et leur vie peut être de plusieurs siècles.

Les marchands de bois ont cherché

quel est l'âge moyen qu'il faut atteindre pour avoir d'un arbre la coupe la plus avantageuse et ils ont trouvé :

Le peuplier blanc et l'aulne blanc se coupent vers trente ans ;

Le bouleau et le saule blanc se coupent vers quarante ans ;

L'aulne, le mérisier et le sycomore se coupent vers cinquante ans ;

L'orme à larges feuilles et le pin sylvestre se coupent de soixante-dix à quatre-vingts ans ;

Le sapin, l'alizier, l'orme à petites feuilles et le tilleul se coupent vers cent ans ;

Le hêtre, le charme, le tilleul à feuilles unies se coupent de cent vingt à cent cinquante ans ;

Enfin le châtaignier, le chêne blanc et le chêne rouvre se coupent de deux cents à deux cent cinquante ans ;

### Classification des bois.

**8.** Nous classerons les bois employés en menuiserie, en ébénisterie et en layeterie en cinq classes qui sont les suivantes :

1re classe....... Bois durs ;
2e — ........ Bois blancs ;
3e — ........ Bois fins ;
4e — ........ Bois résineux ;
5e — ........ Bois exotiques.

Chacune de ces classes comprend les diverses essences indiquées ci-après :

Bois durs :

Chêne, Frêne, Orme, Châtaignier, Noyer, Hêtre, Charme ;

Bois blancs :

Peupliers, Aulne, Bouleau, Tilleul, Platane, Acacia, Erable, Saule, Maronnier d'Inde, Laurier ;

Bois fins :

Sorbier ou Cormier, Poirier, Pommier, Cerisier, Merisier, Cornouiller, Buis, Arbousier, Prunier, Alizier, Néflier, Abricotier, Amandier, Genévrier, Houx, Olivier, Oranger, Sumac ;

Bois résineux :

Pin, Sapin, Mélèze, Cèdre, Cyprès, If ;

Bois exotiques :

Acajou, Ebène, Gayac, Palissandre, Santal, Amarante, Bambou, Bois de rose, Bois de violette, Calamba, Kurbaris, Tamarin, Teak.

**9.** De tous ces bois l'ouvrier menuisier ou ébéniste doit en connaître la densité, la couleur, les caractères principaux, les propriétés particulières et les usages.

Afin d'éviter les recherches et pour ne pas trop nous étendre inutilement et fatiguer le lecteur par de longues phrases sur chacune de ces essences nous avons pris le parti de les grouper en cinq tableaux disposés le plus clairement possible et permettant au constructeur de se rendre compte immédiatement des qualités et des usages de tel ou tel bois.

## § III. — *INDICES DE LA BONNE QUALITÉ DES BOIS. — PRINCIPAUX DÉFAUTS DES BOIS*

**10.** La bonne qualité des bois peut se reconnaître à différents indices qu'il est utile de connaître. Quand un arbre a une forme régulière, que le décroissement de son diamètre est bien proportionné, que son écorce est fine ou de contexture uniforme, cela indique que le bois de cet arbre doit être de bonne qualité. L'absence de nœuds, la régularité des couches, la rectitude des fibres, la couleur, l'odeur, le son, la percussion, l'élasticité des copeaux, la ténacité des fibres, etc..., sont autant d'indices qui permettront d'apprécier les bonnes qualités d'un arbre.

Au contraire, toute apparence de nœuds, loupes, tumeurs, boursouflures, anciennes plaies cicatrisées, traces de chancres et de gouttières, champignons, agarics, etc..., sont des signes certains que le bois est vicié.

La présence des nœuds indique toujours une déviation des fibres ; moins il y en a, plus l'arbre est apprécié.

Si les couches annuelles sont bien régulières l'arbre n'est pas sujet à être déformé par la suite. Il faut que le bois soit dur. Lorsque l'arbre a crû irrégulièrement la dureté est inégale.

## TABLEAU N° 1. — BOIS DURS

| DÉSIGNATION DES BOIS | | DENSITÉ (poids du mètre cube) | COULEUR | CARACTÈRES ET PROPRIÉTÉS PARTICULIÈRES | USAGES |
|---|---|---|---|---|---|
| CHÊNE | Pédonculé ou chêne blanc. | vert : 930 à 1170 k. sec : 643 à 914 | Jaune clair presque blanc | Pousse droit. — Les branches ne viennent qu'à une assez grande hauteur du sol. — Maillé devient brun en vieillissant surtout dans l'eau. — Fibres droites élastiques et résistantes. | Menuiserie et Charpente. |
| | Rouvre ou chêne commun de Bourgogne. | » | Bois plus foncé que le précédent | Pousse moins droit. — Branches moins hautes. | id. |
| | Noir ou Tauzin | » | Jaune foncé | Rebours. — Bois dur. — Présente à un degré plus élevé tous les défauts du chêne commun ; pousse moins haut que les précédents. — Croît dans le Midi et dans l'Ouest. | Peu employé. |
| | Vert ou Yeuse | » | Brun clair | Très dur. — Compact. — Pesant. — Peu liant. — Sujet à se tourmenter et à se fendre en séchant. — Rebours. — Souvent tortueux. — Sujet à la vermoulure. — Aubier presque blanc. — Longue durée. — Se conserve bien dans l'eau et à l'air. — Croît lentement. — Susceptible d'un beau poli. — Sa sève corrode le fer. | id. |
| | Des Vosges | » | Jaune | Bois très estimé. — Propre aux décorations intérieures. — Durée égale au chêne de Champagne tenu au sec. — Belle couleur. — Grain très doux, gros et poreux. | Employé en menuiserie pour bâtis, cadres, panneaux, assez recherché. |
| | De Hollande | » | » | Très estimé débité sur mailles. — Bois gras, mou, à fibres très étroites et faciles à travailler. — Peu résistant. | Employé en menuiserie. |
| | De Champagne | vert : 968 k. sec : 643 k. | » | Le plus employé en construction. — Durée et solidité. — Employé pour les bâtis. — Fils droits et très serrés. — Lorsqu'il est sec il convient très bien pour les assemblages et les panneaux. — Débité sur maille il est plus solide et plus avantageux. — Se retire et se confine moins. | Très recherché dans la menuiserie. |
| Frêne | | 670 à 840 k. | Blanc rayé de jaune | Lisse. — Dur. — Pesant. — Grain moyen. — Peu serré. — Moins dur que le chêne mais se fend moins. — Couches alternatives dures et tendres. — Très facilement attaqué par les vers. — Difficile à raboter. — Fournit le bois le plus flexible. — Peut donner de bons assemblages. Les loupes de frêne sont très employées et très précieuses pour l'ébénisterie. — 3 espèces, brune, blanche, rousse; elles reçoivent très bien le poli, sont faciles à travailler en tous sens, donnent des moulures délicates. — La loupe de frêne employée en placage exige un bâti plus solide que l'acajou. | Travaux exigeant de la souplesse. — Ébénisterie, tourneurs, etc. — Sert pour le placage. |

## TABLEAU N° 1. — (*Suite*).

| DÉSIGNATION DES BOIS | DENSITÉ (Poids du mètre cube) | COULEUR | CARACTÈRES ET PROPRIÉTÉS PARTICULIÈRES | USAGES |
|---|---|---|---|---|
| ORME — Commun | 743 à 942 k. | Brun rougeâtre | Bois fibreux. — Dur. — Liant. — Facile à travailler. — Apparence grossière. — Aussi précieux que le chêne se substitue à lui pour les constructions de peu de durée. — Se tourmente. — Se pique aux vers. — Très employé pour les pièces cintrées. — A des analogies avec le frêne. | Peu employé en menuiserie. |
| ORME — Tortillard | 743 à 942 k. | Rouge, aubier jaune blanchâtre | Fibres très serrées, entrelacées, résistantes. — Rebours. — Difficile à corroyer et à polir. — Prend le vernis. — Supporte bien le clou. — Peu sujet à éclater. — Se conserve bien à l'eau. — Aubier plus dur que le bois parfait. — Les loupes d'orme sont débitées en placage mais elles sont souvent creuses et remplies de crevasses. | Peu employé en menuiserie, préféré des ébénistes à l'orme commun. — Placage. |
| Chataignier | 685 k. | Blanc un peu jaunâtre | Un des meilleurs bois pour charpente et menuiserie commune. — Ressemble au chêne comme aspect. — Plus flexible que le chêne il est moins dur ; il s'en distingue par l'absence de rayons médullaires. — Contexture des fibres entre le chêne et l'orme. — Ce bois assez résistant et fibreux se pourrit facilement dans la maçonnerie, se rabote mal, il est peu susceptible de poli. — Se conserve bien à l'eau, y durcit. — Très attaquable aux vers. — En vieillissant il devient dur et cassant. | Menuiserie commune. |
| Noyer | 600 à 920 k. | Gris brun veiné lorsqu'il est sec, mouillé il est plus foncé. | Bois très doux à l'outil. — Pousse grand. — Grain fin et serré. — Très liant. — Très facile à travailler. — Beau poli. — Prend bien le vernis. — Résistant. — Sujet à la vermoulure. — Ne se tourmente pas. — Débité sec il ne gerce pas. — Se coupe bien dans tous les sens. — Résiste peu aux efforts de flexion. — Immergé quelques mois dans l'eau sa couleur se fonce. — La loupe de noyer est très recherchée pour sa couleur et ses veines. — Le noyer d'Auvergne est très estimé. — Le noyer blanc l'est moins. | Très employé en menuiserie et en ébénisterie, rivalise avec l'acajou, sert au placage des meubles. |
| Hêtre | 714 à 883 k. | Fauve très clair veiné de parties brillantes plus claires que le bois. | Fibres serrées pas très dures. — Casse aisément — S'amincit en séchant. — Se tourmente et se fend avec excès. — Beaucoup de retrait. — Grain peu homogène. — Ne peut recevoir un beau poli. — Sujet à la vermoulure. — Supporte bien le fort assemblage. — Se laisse couper dans tous les sens. — Présente un grand nombre de papilles fines et allongées couvrant l'aubier au point de contact avec l'écorce. — Se conserve bien au sec ou dans l'eau mais facilement détruit par les alternatives de sécheresse et d'humidité. — Fendu sur maille il présente des facettes satinées. — Chauffé avec ses copeaux il durcit. | Très employé pour ouvrages ordinaires pour menuisiers, ébénistes, tourneurs, layetiers, ne pas l'employer comme bâtis de placage. — Pour les sièges communs on s'en sert beaucoup. |
| Charme | 757 k. | Blanc mat | Grain très fin et très serré. — Rebours. — Difficile à travailler. — S'enlève en éclats sous l'outil. — Se fend par le séchage. — Peu de retrait. — Très dur. — Se polit difficilement. — Se comporte bien dans l'eau. — Facile à travailler sur le tour. | Peu employé en menuiserie, sert en marqueterie. |

## TABLEAU N° 2. — BOIS BLANCS

| DÉSIGNATION DES BOIS | | DENSITÉ (Poids du mètre cube) | COULEUR | CARACTÈRES ET PROPRIÉTÉS PARTICULIÈRES | USAGES |
|---|---|---|---|---|---|
| PEUPLIER | Blanc | 383 à 529 k. | Blanc | Appelé aussi bois blanc. — Léger un peu mou. — Facile à travailler. — Prend un beau poli. — Lissé au rabot il paraît satiné. | Employé en menuiserie |
| | De Hollande | 528 à 614 k. | | Espèce préférée parmi les peupliers blancs. — Fournit le meilleur bois blanc. | id. |
| | Grisard | | Très blanc. — Veines rouges. — Rose dans le cœur. | Peuplier grisaille appelé par les ouvriers bois grisard. — Grain fin très serré pousse vite. — Se coupe bien à l'outil. — Ressemble beaucoup au peuplier blanc mais le bois est *moins tendre* et *plus durable*, se laisse bien travailler. — Se prête aux assemblages. — Reçoit un beau poli mais manquant d'éclat. — Forme de belles boiseries qui résistent longtemps dans un endroit sec. | id. |
| | Tremble | 526 k. | Blanc | Mou. — Peu estimé. — Tendre. — Sous forme de voliges sans nœuds il est très utile aux ébénistes pour faire les panneaux des bâtis qu'ils recouvrent d'un placage. — Se fend très droit. | Menuiserie et ébénisterie. — Ouvrages grossiers. |
| | Noir | | Blanc | Nommé aussi peuplier franc. — Très léger, ferme et résistant. — Plus solide que les autres espèces. | Menuiserie et charpente légère. |
| | D'Italie | 393 k. | Blanc | Bois mou. — Contexture spongieuse. — Très léger. — Poreux. — Pousse vite. — Se pourrit facilement. — Sa grande légèreté et son bas prix le font employer par les layetiers. — *Il sert aussi aux ébénistes pour faire les dessus de bureaux* qu'on recouvre de maroquin ou de basane. | Layeterie. — Ebénisterie. |
| AULNE | Commun | 510 à 800 k. | Blanc rouge | Bois léger. — Tendre. — Coupe lisse et nette sous le ciseau. — Attaquable aux vers. — Sèche sans se gercer et sans se fendre. — Longue durée sous l'eau. — Reçoit bien les moulures. — Ne peut ni se poncer ni se vernir. — Facile à teindre en noir pour imiter l'ébène. — Estimé des tourneurs et des ciseleurs. — Les loupes de ce bois ont été débitées en placage mais sont trop tendres et se rayent facilement. | Ébénisterie et ouvrages ordinaires. — Chaises communes et échelles. |
| | Blanc | 510 à 800 k. | Blanc | Plus dur que le peuplier et l'aulne commun. — Plus fin de grain. — Plus estimé. | id. |
| Bouleau | | 700 k. | *Blanc rougeâtre* | Bois léger et trop mou pour supporter les assemblages. — Grain ni fin ni grossier quand il est sec. — Les loupes de ce bois sont très recherchées par les tourneurs. — Le *bouleau mérisier* sert *en ébénisterie*. — Le *bouleau du Canada* fournit un bois plus dur et plus compact que le bouleau d'Europe. — Il résiste très bien au froid. | Remplace quelquefois le peuplier. |

## TABLEAU N° 2. — (*Suite*).

| DÉSIGNATION DES BOIS | DENSITÉ (poids du mètre cube) | COULEUR | CARACTÈRES ET PROPRIÉTÉS PARTICULIÈRES | USAGES |
|---|---|---|---|---|
| Tilleul | 600 à 687 k. | Blanc rougeâtre | Bois léger uni. — Fibres serrées. — Tendre. — Liant. — Facile à travailler dans tous les sens. — Se tourmente peu à l'humidité. — Se laisse difficilement attaquer par les vers. — S'amincit en se desséchant. | Sert aux ébénistes, aux tourneurs et aux sculpteurs. |
| Platane | 650 à 728 k. | Blanc un peu fade | Bois présentant peu d'aubier. — Grain plus fin que le hêtre. — Reçoit un beau poli. — Se coupe facilement à l'outil dans tous les sens. — Se pique aux vers. — Se tourmente facilement. — Se conserve bien dans l'eau. — Le platane d'occident a aussi peu d'aubier. — Il donne des moulures délicates. — Il ne se tourmente pas quand il est sec. | Menuiserie et ébénisterie. |
| Acacia | 785 à 800 k. | Tendre jaune verdâtre très agréable. — Veines brunes tirant un peu sur le vert. | Bois à grain fin dur et bien veiné. — Ne pourrit ni à l'air ni à l'eau. — Pousse très vite. — Non attaqué par les vers. — Sèche facilement et n'est pas trop sujet à se gercer. — Se polit très bien. — Sa flexibilité le fait rechercher par les fabricants de chaises. | Employé par les tourneurs et par les ébénistes pour la confection des meubles. — Sert à faire les chevilles. |
| ÉRABLE — Commun | 557 à 643 k. | Jaune très pâle | Bois sec. — Léger. — Brillant. — N'est sujet ni à se déjeter ni à se fendre. — C'est l'un des meilleurs bois blancs. — Prend un beau poli. — Très recherché quand il a beaucoup de nœuds. — L'eau forte rend sa couleur dorée et chatoyante. | Employé en menuiserie, et par les tourneurs. |
| ÉRABLE — Sycomore | 557 à 643 k. | Blanc ondulé et veiné | Bois se travaillant bien sous la varlope. — Tendre. — Prend très bien le poli et le vernis. — Sonore, brillant. — Peut sujet à se tourmenter et à se fendre. — Jaunit avec le temps. — Lorsqu'il est moucheté il est recherché pour les meubles. | Employé en menuiserie en ébénisterie et par les tourneurs. |
| Saule | 421 k. | Blanc rougeâtre ou jaune blanc | Nombreuses variétés. — Ordinairement léger de grain. — Serré et homogène. — Liant. — Fibreux. — Flexible. — Ayant des analogies avec l'aune. — Se travaille bien au rabot et au tour. | Peu employé. — Convient mieux à la menuiserie qu'à la charpente. |
| Marronnier d'Inde | 657 k. | Blanc | Bois très léger. — Tendre. — Spongieux. — Filandreux. — De mauvaise qualité. — N'offre aucune résistance. — Se tourmente beaucoup. — N'est pas attaqué par les vers. — Le bois choisi est d'un beau blanc. — Beau grain connu en France sous le nom de bois de Spa. — Se teint bien en noir pour imiter l'ébène ou le meuble en laque de Chine. — Devient très beau sous la ponce à l'eau. | Employé pour les menus ouvrages : boîtes, corbeilles, etc. ; et en incrustations. |
| Laurier | 695 k. | Blanc | Bois tendre. — Souple. — Difficile à se rompre. | Sert pour le charronnage et les menus travaux. |

## TABLEAU N° 3. — BOIS FINS

| DÉSIGNATION DES BOIS | DENSITÉ (Poids du mètre cube) | COULEUR | CARACTÈRES ET PROPRIÉTÉS PARTICULIÈRES | USAGES |
|---|---|---|---|---|
| Sorbier ou Cormier | 900 k. | Brun rougeâtre. | Grain fin. — Dur. — Se coupe facilement. — Susceptible d'un beau poli. — Le plus pesant et le plus dur des bois fournis par les grands arbres de France. — Résiste bien au frottement et à la percussion. — Longue durée. — Se fend rarement. — Attendre qu'il soit sec pour le travailler. — Vert il prend en séchant un fort retrait (1/12 de son volume). — Se tourmente beaucoup. — Se découpe dans tous les sens. — Attaqué par un gros ver. | Employé pour confection d'outils. — Préféré pour la sculpture. |
| Poirier | 705 k. | Idem. | Le poirier commun est de tous les bois le plus facile à travailler. — Bois dur. — Grain fin et serré dont on distingue à peine le fil. — Doux. Liant. — Très uni et égal. — Pâte si fine qu'elle reluit sous le tranchant du ciseau. — Prend bien le poli. — Sa couleur est jaune veinée de filets noirs et rouge brun vif. Il reçoit la moulure. — Cultivé il est moins dur mais encore facile à travailler. — Plus tendre que le poirier sauvage auquel on donne la préférence. — Non attaqué des vers il se rabote et se coupe bien dans tous les sens. — Teint en noir et poli il imite l'ébène. — *Cognassier*. — Espèce de poirier en arbrisseau. — Tortueux, branches irrégulières. Bois jaune. — Tissu serré. — Noir au centre. — Beau poli. — Sujet à se fendre. | Emplois, manches d'outils et menus ouvrages. — Recherché par les tourneurs et par les sculpteurs. |
| Pommier | 735 k. | Idem. | Le pommier sauvage est un des meilleurs arbres de nos forêts. — Pas sujet à se fendre en séchant. — Son cœur est d'un beau rouge. — Son aubier jaune devient rougeâtre au poli à l'huile. — Nœuds et veines d'un riche effet. — Il ressemble au cormier par sa couleur et par ses veines. — Plus facile à travailler. — Le pommier ordinaire est sujet à se déjeter et à se fendre. — Bois fin moins dur que le poirier. — Les planches qu'on en retire se fendent et se voilent à l'excès. — L'employer sec. | Employé pour toutes sortes d'ouvrages. |
| Mérisier-Cerisier | 714 k | Rousseâtre se fonçant dans l'eau de chaux ou l'acide azotique. | Le merisier est un bois plus dur que le vrai cerisier. — Vieux il est sujet à la vermoulure. — Long à se dessécher lorsqu'il est débité. — Se rabote bien. — Bons assemblages. — Prend bien le poli et la teinture. — Le cerisier conserve comme le merisier l'écorce fine et lisse. — Luisante. — Bois de couleur rousse aussi très long à sécher. — Se tourmente. | Propre à tous les usages. — Tourneurs. — Ébénistes. — Chaisiers. |
| Cornouiller | 761 k. | Blanc rougeâtre. | Bois dur et solide. — Serré — Susceptible d'un beau poli. — Souvent criblé de nœuds. — Raide. — Difficile à couper. - Croît lentement. — Aubier blanchâtre et rose. — Le cœur devient brun en vieillissant. | Peu employé. |
| Buis | 900 à 1 328 k. | Jaune paille nuancé de vert | Bois dur compact. — Tissu très fin et très uniforme. — Résiste longtemps. — Frottement très doux. — Liant. — Se travaille bien. — Supporte bien les vis. — Peut remplacer le gaïac. — Deux espèces de buis. — Le buis de France et le buis d'Espagne. — Le premier est presque toujours rabougri. — Loupes difficiles à travailler. — Le second croît plus ordinairement dans les Pyrénées, il est droit sans nœuds. — Il a les qualités du buis ordinaire. — Se polit. — Porte rarement des loupes. | Recherché des tourneurs. — Employé pour un grand nombre de petits objets. |

TABLEAU N° 3. — (*Suite*).

| DÉSIGNATION DES BOIS | DENSITÉ (Poids du mètre cube) | COULEUR | CARACTÈRES ET PROPRIÉTÉS PARTICULIÈRES | USAGES |
|---|---|---|---|---|
| Arbousier | 821 k. | Rousseâtre | Bois dur et résistant. — Appelé aussi fraisier en arbre. — Ressemble au cornouiller. | Employé aux mêmes usages que le cornouiller. |
| Prunier | 761 k. | Veiné brun ou jaune rousseâtre parsemé de tâches rouge vif. | Lorsqu'il est cultivé son bois est dur. — Compact. — Liant. — Satiné. — Il se travaille facilement. — Poli et verni il reflète très bien la lumière. — Se tourmente. — Ne l'employer que très sec. — Vaut le cerisier ; il est aussi supérieur au poirier et à l'abricotier. | Ebénisterie. |
| Alizier | | Jeune il est blanc. — Vieux il est rougeâtre. | Bois doux à l'outil. — Grain très fin. — Veines disposées comme le noyer. — Reçoit les moulures très fines. — Durcit en vieillissant. — Prend bien le poli. — Se tourmente beaucoup. — Attaqué par les vers. — Prend bien les teintures rembrunies. | Employé pour manches d'outils et modèles. |
| Néflier | 710 k. | Gris veiné de nuances rougeâtres | Bois flexible. — Grain fin et égal. — Beau poli. — Sèche lentement. — Se tourmente beaucoup. | Peu employé |
| Abricotier | | | Agréablement veiné. — Sujet à se fendre. — Se polit difficilement. — Souvent pourri au cœur. | id. |
| Amandier | | | Excellent bois. — Nommé par les ouvriers faux gaïac ou gaïac de France. — Très pesant. — Très dur. — Imprégné de résine. — Bien veiné. — Se fend facilement en spirale. — L'employer très sec. | Peu employé sinon en machines. |
| Genévrier | | Rougeâtre | Bois tendre. — Susceptible d'un beau poli. — Grain fin. — Odeur faible mais agréable. — Bien veiné. | Marqueterie. — Tourneurs. — Ebénistes. |
| Houx | 800 k. | Beau blanc. | Bois dur. — Blanc et très fin. — Ressemble à l'ivoire. — Poli parfait. — Jaunit en séchant. — Cœur noirâtre. — Se teint facilement en noir. — Difficile à travailler. — Dépourvu de nervures. | Marqueterie. — Incrustations. |
| Olivier | | Jaune nuancé de veines brunes. | Reçoit un beau poli. — Les loupes et les racines sont surtout précieuses. — Bois tortueux. — Fragile. — Odeur agréable. — Sujet à la roulure. | Recherché par les ébénistes et les tabletiers. |
| Oranger | | Bois jaune | Oranger et citronnier. — Bois jaunes. — Odeur agréable. — L'oranger se polit mal. — Le citronnier un peu mieux. — Prennent difficilement la colle. — Mauvais placage. | Employés en ébénisterie. |
| Sumac | | Jaune assez vif mêlé de vert pâle. | Bois compact. — Aubier blanc. | Très employé par les ébénistes. |

## TABLEAU N° 4. — BOIS RÉSINEUX

| DÉSIGNATION DES BOIS | | DENSITÉ (Poids du mètre cube) | COULEUR | CARACTÈRES ET PROPRIÉTÉS PARTICULIÈRES | USAGES |
|---|---|---|---|---|---|
| SAPINS | Commun | 528 à 600 k. | Blanc | Tendre, facile à travailler. — Ne se conserve pas très bien. — Sujet à l'échauffement et à la vermoulure. — Assez souvent noueux, ses nœuds se détachent quand le bois est sec. — Moins résineux que le pin et le mélèze. — La résine qu'il contient le conserve contre l'humidité.— Sonore.— Prend bien la colle.— Se courbe bien au feu. | Employé pour la grosse menuiserie. — Convient aux layetiers. — Ne pas l'employer pour les ouvrages devant être plaqués. |
| | de Norvège ou du Nord | 460 à 671 k. | Rouge ou blanc | Deux espèces : *Sapin rouge.* — C'est le meilleur de tous les sapins. — Plus léger que le chêne mais tissu plus serré que le sapin ordinaire. — Beauté. — Solidité. — Facilité de travail. — Se coupe bien, est durable. — Donne de bons assemblages et se prête aux moulures fines. — Résiste mieux à l'humidité que le chêne de médiocre qualité. — Fournit la meilleure menuiserie de bâtiments après le châtaignier et le bon chêne. — Combiné avec le chêne produit de beaux effets. — *Sapin blanc.* — Inférieur au précédent couleur blanche sans veines rouges. — Le sapin du Nord qu'on emploie à Paris n'est pas flotté. — Il faut le laisser sécher quelques années avant de l'employer. | Employé pour la menuiserie intérieure et extérieure. |
| | de Lorraine | » | » | Flotté et saigné. — Un peu graveleux. — Dur à travailler. — Nœuds excessivement durs. — Plus léger, plus facile à sécher. — Prend mieux la colle que le sapin du Nord. | Le sapin de France est repoussé de toutes les constructions faites avec recherche. — On l'emploie par économie. |
| | d'Auvergne | » | » | Ressemble au sapin de Lorraine, il est saigné et flotté plus que lui. — Dur et noueux. — Joue peu, mais peu résistant et peu durable. | |
| Pin | | Pin du Nord 814 à 828 k. Pin rouge 650 k. | Rouge ou jaunâtre | Les principales espèces sont : Pins de Russie, Suède, Norvège, Prusse, des Landes, et le pin silvestre ; ce dernier est le meilleur de tous par son élasticité, sa force et sa durée. — Les pins sont attaqués par les vers si on ne les écorce pas sitôt abattus. — Le cœur du pin est plus dur et plus compact que celui du sapin mais il est rempli de nœuds. — Le bois de pin est d'autant meilleur pour les constructions qu'il renferme plus de résine. — L'odeur du pin le fait souvent rejeter des menuiseries intérieures, cependant dans les pays de montagne on en fait des parquets. — Le pin rouge vient de Riga, le jaune vient de Suède. — Dans les arbres jeunes le bois est jaune, l'aubier blanc. — Dans les vieux, le cercle indiquant les années est rouge vif et l'aubier est jaune. — Les pins se conservent bien dans l'eau. Pitchpin. — Variété presque sans nœuds à tige droite. — Grain fin et serré. | Employé en charpente, en menuiserie et en layeterie. S'emploie beaucoup aujourd'hui en menuiserie et en ébénisterie. |
| Mélèze | | 657 k. | Presque blanc quelquefois rougeâtre noircit à l'air | Bois analogue au sapin mais plus fin et plus résineux, grain fin, serré, non rempli de nœuds. — Plus rouge. — Se conserve bien à l'air et à l'eau. — Couches alternatives tendres et dures. — Résineuses. — Surpasse même le chêne comme durée. — N'est pas sujet à se plier. — Durcit à l'eau. — De tous les bois résineux c'est le plus fort et le plus durable. | Très bon pour menuiseries communes. — Employé aux mêmes usages que le sapin et le pin. — Les menuisiers l'emploient sous le nom de sapin, et le préfèrent à ce dernier. |
| Cèdre | | 600 k. | Rougeâtre. — Demi-blanc Veiné. — Résineux | C'est un bois odoriférant. — Mou. — Grain inégal. — Se fend très facilement. — Léger. — Tient mal les clous — Longue durée. — Fil irrégulier. — Travaille peu. — Plus corruptible que le sapin. | Peu employé. |
| Cyprès | | 665 k. | Roux très pâle Veiné de brun | Dur. — Très serré. — Résineux. — Compact. — Incorruptible. — Résiste aux vers. — Prend très bien le poli. — Bon bois de construction. — Odeur suave et pénétrante. | Employé en menuiserie |
| If | | 800 k. | Beau rouge veiné tirant sur l'orange | Très pesant. — Dur. — Compact. — Facile à travailler. — Prend un beau poli. — Se teint très bien en noir pour imiter l'ébène. — Presque incorruptible. — Aubier peu épais d'un blanc éclatant et très dur. — Bois bon à tourner. | Sert en marqueterie, menuiserie, ébénisterie, etc. |

## TABLEAU N° 5. — BOIS EXOTIQUES

| DÉSIGNATION DES BOIS | DENSITÉ Poids du mètre cube | COULEUR | CARACTÈRES ET PROPRIÉTÉS PARTICULIÈRES | USAGES |
|---|---|---|---|---|
| Acajou | 560 à 900 k. | Jaune assez clair<br>Brunit en vieillissant | On donne aux îles le nom de pommier d'acajou à un arbre dont le bois blanc est souvent utilisé, quoique tortueux, pour faire des corniches et des cintres. Il ne faut pas confondre cet arbre avec l'acajou des ébénistes dont le vrai nom donné par les Anglais est Mahoyon. Ce dernier nous fournit l'Acajou que tout le monde connaît. C'est un arbre de première grandeur qui croît aux Antilles, dans l'Amérique Méridionale, à Cayenne, etc. Un des meilleurs bois pour la charpente et la menuiserie. — Il sert aussi bien aux ouvrages grossiers qu'aux ouvrages délicats.<br>Le bois d'acajou augmente de prix avec l'âge. — Vieux, son bois est compact, foncé, mieux veiné, reçoit un beau poli, se travaille bien. Les nœuds augmentent encore son prix. On en distingue plusieurs espèces : *Acajou moucheté*, très recherché pour le placage : *Acajou ronceux*, vient de la culasse des arbres; *Acajou bâtard*, couleur plus foncée; *Acajou chenillé*, moins rouge et moins veiné. — L'acajou de Cayenne est préféré à celui des Iles pour la finesse de son grain et la nuance de ses fibres.<br>On distingue quelquefois l'acajou en acajous mâles ou vrais et acajous femelles ou faux selon que les incrustations qui obstruent leurs vaisseaux sont noires ou blanches. | Ebénisterie, placage et meubles de prix |
| Ebène | 1120 k. | Noir<br>brun<br>ou vert suivant<br>les essences | Grand nombre d'espèces, les principales sont : la *noire* provenant du plaqueminier ébène, du mobolo et de l'ébénoxille ; la *verte*, fournie par le bignone ébène, l'ébène de Crète qui est une Anthyllide ; l'*ébène des Alpes* ou cytise ; l'*ébène* de plumier qui est un aspalath.<br>Le plaqueminier croît à Madagascar et nous fournit l'ébène dont nous connaissons tous le noir brillant, le beau poli et la dureté. Plus l'arbre est vieux, plus il a de prix mais il est sujet à se fendre.<br>Le plaqueminier dodécandre croît en Cochinchine, vieux son bois est très compact, pesant, d'un beau blanc nuancé de veines noires.<br>L'ébénoxille est un grand arbre qui croît en Cochinchine à la côte de Mozambique et aux Philippines. — Produit l'ébène du Portugal. — Bois brun obscur. — Fibres visibles. — Plus dur que l'ébène mais moins noir.<br>Le bignone ébène croît dans l'Amérique méridionale et produit l'ébène verte. Dépouillé de son aubier grisâtre ce bois est vert olive semé de veines plus claires. — Très dur. — Beau poli. — Fibres remplies de résine verte. — Brunissant avec le temps.<br>On distingue deux espèces d'aspalath l'une dont le bois est noir et que les ébénistes confondent avec l'ébène ; l'autre brun obscur avec veines longitudinales plus foncées. — En général le bois d'ébène est difficile à travailler. | Ebénisterie, marqueterie, etc. |
| Gayac | 1339 k. | Jaune clair, veiné de jaune et de vert, quelquefois brun veiné de jaune. | Croît aux Antilles, au Mexique et surtout à Saint-Domingue. — Dureté presque métallique. — Peu d'aubier. — Bois compact. — Pesant — Aromatique. — Très résineux. — Vieux le cœur de l'arbre est brun foncé peu agréable. Difficile à polir et à travailler. — Éclate facilement. — Se casse au clou. — Prend difficilement l'humidité. | Recherché par l'ébéniste pour petits ouvrages, manches d'outils. — Roulettes de lits, etc. — Petites pièces au tour |
| Palissandre | | Brun tirant sur le violet avec veines plus claires. | Vient principalement de l'île de Ste-Lucie. — Très dur. — Grain serré. — Prend un beau poli brillant. — Odeur agréable. — Bois très employé. — Plus cher que l'Acajou. — Reçoit les incrustations. | Ebénisterie, marqueterie. — Ouvrages au tour. — Sculpture. |

## TABLEAU N° 5. — (*Suite*).

| DÉSIGNATION DES BOIS | DENSITÉ (Poids du mètre cube) | COULEUR | CARACTÈRES ET PROPRIÉTÉS PARTICULIÈRES | USAGES |
|---|---|---|---|---|
| Santal | | Jaune. — Blanc. — Rouge | Trois espèces : Santal blanc, rouge et le santal citrin. — Ce dernier est le plus compact. — Odeur aromatique. — Se fend aisément en petites planches. — Couleur roux pâle tirant sur le citron. — Odeur du muse du citron et de la rose réunis. — Le santal *blanc est d'une couleur blanchâtre tirant sur le jaune.* — Le santal rouge est obscur, fibres droites ou ondulées. | Ebénisterie et petits ouvrages. |
| Amarante | | Violet. — Brun. — Sombre | Vient de la Guyane et des îles Moluques. — *Dur, beau poli.* — Pores cependant pas très serrés. — Avant de le vernir le laisser à l'air prendre sa couleur. | Ebénisterie. — Filets de meubles de luxe. — Marqueterie. — Petits ouvrages. |
| Bambou | | Jaune et brun | Nombreuses espèces. — Bois généralement fort. — *Dur.* — *Ferme.* — *Difficile* à couper. — Se fendant facilement. — *Bambou telin*, employé pour gros ouvrages (Java); *Bambou ampel*, léger, très dur (Inde); *Bambou bulu-zuy*, très dur (Iles Moluques) *Bambou outick*, le plus estimé des Européens. — Articulations ligneuses. — *Lisses.* — *Luisantes.* — *Beau noir.* | Employé pour garniture de meubles. |
| Bois de rose | | *Couleur rose ou feuille morte* veiné de jaune et de rouge violet. — Marbré. | Même nom donné à plusieurs espèces de bois venant des Antilles et du levant, même de Chine. — Connu aux Antilles sous le nom de *liseron à bouquet, balsanier, licari.* — Douce odeur de rose palissant en vieillissant. — Résineux. — Dur. — Tortueux rempli de veines. — Beau poli. | Marqueterie |
| Bois de violette | | Brun violet | Espèce de palissandre dont le nom indique la couleur. — Marbré de veines plus claires. — Se polit bien. | idem |
| Calamba | | | Odeur très agréable (Asie). | idem |
| Kurbaris | | | Gros arbre (Afrique), croît lentement. — Facile à travailler. — Pas de nœuds. — Pas sujet à se fendre. | Charpente et menuiserie. |
| Tamarin | | | Taille des noyers (Afrique et Indes), tronc droit. | idem |
| Teak | 696 k. | Couleur du noyer un peu clair | *Considéré* comme le chêne des Indes. — Très employé aux Indes. — Apporté en Europe en grande quantité. — Solide et inaltérable. — Ne joue pas. — Grain de l'acajou. — Se polit comme le chêne. | idem |

La couleur peut aussi donner un bon renseignement pour reconnaître une bonne nature de bois. Il faut cependant être praticien et faire la comparaison avec des bois d'échantillon.

Lorsqu'un arbre est fraîchement abattu, on doit lui trouver une odeur assez fraîche. Si la sève est fermentée, l'odeur est nauséabonde, ce qui indique que l'arbre a souffert.

Quand un arbre est abattu depuis un certain temps, l'odeur caractéristique peut disparaître ; il est facile de la faire revenir en mouillant les copeaux.

Le son a aussi son importance, si l'arbre est défectueux le son est sourd.

Les bois de bonne qualité doivent donner des copeaux souples ; dans le cas contraire l'arbre est trop vieux, on dit qu'il est sur le retour.

Les bois de bonne qualité ne doivent pas se laisser pénétrer par l'eau.

Certains chênes ayant poussé à l'humidité donnent un bois gras et poreux absorbant une certaine quantité d'eau.

En polissant au rabot la surface de coupe d'un arbre on doit trouver un bois brillant et une goutte d'eau versée sur cette surface ne doit pas pénétrer dans les pores.

Il sera aussi utile de sonder les bois pour se rendre compte de la profondeur de la partie viciée.

La percussion fera connaître les défauts cachés, plus le son sera clair à la percussion meilleur sera le bois.

**11.** Les vices et les défauts des bois sont très nombreux ; ils peuvent provenir de maladies mêmes des arbres, ou d'autres causes telles que la décomposition du tissu ligneux, l'action des agents atmosphériques, les piqûres d'insectes, les plantes parasites, la maladie des feuilles, etc.

Afin de bien les faire connaître et pour en rendre l'étude plus claire nous avons divisé ces vices et défauts en deux tableaux :

1° Les vices et défauts des arbres sur pied ;

2° Les vices et défauts des arbres abattus.

Ces tableaux n$^{os}$ 6 et 7 nous donnent les indications permettant de se rendre compte bien exactement de ces vices, de ces défauts et de leurs causes.

TABLEAU N° 6. — VICES ET DÉFAUTS DES ARBRES SUR PIED.

| DÉSIGNATION DES VICES, DÉFAUTS ou maladies des arbres | INDICATIONS PERMETTANT DE RECONNAITRE LES DÉFAUTS OU LES MALADIES DES ARBRES SUR PIED |
|---|---|
| Bois vergeté. | Bois atteint d'un commencement de pourriture et offrant des changements de couleur par la présence de veines blanchâtres ou rousses plus humides que le reste. |
| Blanc de Chapon. | On nomme ainsi un cercle blanc jaunâtre d'aubier mort se trouvant dans les gélivures. — Cet aubier mort est vite attaqué par les vers. |
| Brûlures. | Les brûlures sont causées par les brusques alternatives de gelée et de dégel rapide produit par le soleil. |
| Bois gras. | Bois très défectueux. — Peu résistant. — Pourrissant vite. |
| Bois roux ou rouge. | Bois n'ayant plus de sève ou une sève corrompue. |
| Bois mort. | Le bois des arbres morts sur pied ne peut être employé. — Se détériore. — Se pourrit. — A perdu ses qualités. — Dur aux outils. — Cassant. — Pas de force. — Peu élastique. |
| Carie. | Causée soit par des chocs. — Soit par un vice de la sève. — Pourriture réduisant le bois en poussière. — Echauffement très prononcé s'annonçant par des végétations de diverses espèces se développant à la surface. — La carie sèche est une carie particulière. |
| Cadranure. | Fentes circulaires sur l'écorce accompagnées de gerçures ou rayons allant du centre à la circonférence. — Paraît produite par un insecte. |
| Champlure. — Givre. | Altération de jeunes pousses ou du bois des branches causées par la gelée ou par les glaces qui, sous forme de givre, s'attache au bois. |
| Cloques. — Dépouillement Galles. | La cloque est une maladie attaquant les feuilles, elles se plient, se rident et changent de couleur avant la saison. — Le dépouillement est causé par des chenilles qui détruisent les feuilles. — Les galles sont des boursouflures des feuilles formées par des insectes qui s'y logent. |
| Double aubier. | On donne ce nom à une couche d'aubier interposée entre les couches ligneuses. — Maladie due à l'action du froid empêchant une partie de l'aubier de se transformer en bois parfait. — Les bois atteints de double aubier sont défectueux et se détériorent rapidement. |

| DÉSIGNATION DES VICES, DÉFAUTS ou maladies des arbres | INDICATIONS PERMETTANT DE RECONNAITRE LES DÉFAUTS OU LES MALADIES DES ARBRES SUR PIED |
|---|---|
| Défoliation. | Maladie du liber produisant la chute des feuilles avant la saison. |
| Echauffement. | Commencement de pourriture. — Taches noires blanches ou rouges disséminées. — Odeur des bois non sains. — Attribué à la fermentation de la sève. — Les bois enfermés dans la maçonnerie s'échauffent facilement. |
| Exfoliation. | Maladie dans laquelle l'écorce se détache par feuillets, le liber et la qualité du bois s'altèrent. |
| Gélivures. | Fentes qui s'étendent de la circonférence au centre de la tige. — Occasionnées par la congélation de la sève. — Produit des écoulements de sève. — Gélivures simples ou entrelardées suivant que la fente est unique ou qu'elle est en plusieurs fentes séparées par du bois sain. |
| Gerçures. | Fentes produites sur l'écorce perpendiculairement aux fibres du bois. — Une action trop vive du soleil, le hâle, la sécheresse, les froids peuvent produire des gerçures. — Le liber mis à nu se dessèche ainsi que l'aubier et l'arbre se détériore. |
| Gouttières. | Infiltration d'eau de pluie entre les fibres intérieures par les déchirures produites par le vent. — L'humidité pénètre entre l'écorce et l'aubier ; il se produit une suppuration de la sève pouvant causer des ulcères, des chancres ou de la carie. |
| Jaunisse. | N'attaque quelquefois que les feuilles qui prennent une couleur jaune avant l'automne mais peut atteindre l'arbre entier. — Taches jaunes marbrant la tranche suivant une disposition annulaire. |
| Lunure. | Couches de croissance annuelle juxtaposées ayant la couleur claire et le tissus spongieux de l'aubier, ces couches sont nommées lunures quand elles sont au centre de la section. — On les nomme au contraire *double aubier* ou *gélures* quand elles sont intercalées au milieu du cœur. |
| Mousse. — Lichen. Champignons, Moisissures | Végétations parasites faisant beaucoup de tort aux arbres. — Les mousses et les lichens s'attachent à l'écorce et se nourrissent en absorbant la sève. — Les champignons s'établissent sur le tronc des vieux arbres, signe de dépérissement. — Les moisissures sont un commencement de pourriture. |
| Nœuds ordinaires et nœuds pouilleux. | Les nœuds se produisent souvent à l'endroit d'une branche coupée ou cassée. — Quand le nœud est piqué de blanc c'est que le mal s'étend profondément, ce sont alors des nœuds pouilleux, sonder ces nœuds, si on retire du bois vergeté ou rouge l'arbre est mauvais. — Les nœuds ordinaires altèrent la rectitude des fibres mais peuvent ne pas être vicieux. — Les nœuds formés de bois mort sont vicieux car ils sont exposés à la pourriture. — Les bois trop noueux sont difficiles à travailler et ne conviennent pas à la menuiserie. |
| Plétore. | Trop grande abondance de matière nutritive se portant sur diverses parties de l'arbre et produisant la pléthore végétale. — Par suite, non homogénéité de diverses parties et détérioration de l'arbre. — Les bois sont alors employés au chauffage. |
| Phillomanie. | Maladie opposée à la défoliation. — Excessive production des feuilles. — Dérangement du régime de la végétation. — L'économie générale de l'arbre souffre. — L'aubier formé ne donne pas plus tard de bon bois. |
| Pourriture. | Causée souvent par une gouttière. — Dernier degré de décomposition du tissus ligneux — Carie transformant l'aubier, le bois et même l'écorce en véritable terreau. — Attaque les bois en retour — Couleur plus ou moins rouge du bois. — Fentes remplies de matière blanche, molle lorsqu'elle est sèche et noire étant humide. |
| Roulure. | Solution de continuité circulaire divisant le tronc en deux cylindres concentriques, produite par les grands froids tuant le liber et l'aubier. — Ce dernier ne peut plus passer à l'état de bois parfait. — La roulure peut exister sur toute la circonférence ou d'un seul côté. — Quand la roulure est près du cœur on peut difficilement tirer parti de la pièce de bois. |
| Rouille. | La rouille et le blanc de meunier paraissent produites par un champignon. — Feuilles et tiges couvertes d'une poussière rouge ou blanche. |
| Retour. | Signe de dépérissement par vieillesse. — Dessèchement et mort de l'extrémité des branches élevées. |
| Torsion. | C'est une difformité. — Action du vent sur les jeunes arbres. — Fibres contournées en vis. — Refuser ces bois car la rectitude des fibres parallèles à l'axe est indispensable pour faire de bons assemblages. |
| Tumeurs, loupes, exostoses, dépôts, abcès. | Maladies occasionnées par des vices locaux déterminant la détérioration du liber et l'affluence de la sève en certains points, produisant des excroissances à contexture confuse. — Les causes principales sont : blessures, piqûres d'insectes, succion des plantes parasites, l'enlèvement répété des branches. |
| Ulcères ou chancres. | Souvent produits par des chocs sur l'écorce, par des déchirures entre la tige et une branche. — Suppuration. — Le bois touchant la partie ulcérée se corrompt. — Lorsque la suppuration est extérieure la sève s'écoule par une ouverture nommée gouttière. |
| Vermoulure. | Produite par les larves des insectes déposées dans l'écorce ou près des racines et attaquant l'intérieur du bois, se produit dans les bois échauffés ou très vieux. Elle est favorisée par les altérations à la surface de l'arbre. — Les vers creusent des galeries entre l'aubier et le liber. |

## TABLEAU N° 7. — VICES ET DÉFAUTS DES ARBRES ABATTUS

| DÉSIGNATION DES VICES, DÉFAUTS ou maladies des arbres | INDICATIONS PERMETTANT DE RECONNAITRE LES DÉFAUTS OU LES MALADIES DES ARBRES ABATTUS |
|---|---|
| Aubier. | Bois imparfait et incomplètement formé. — Spongieux, retient l'humidité. — Sujet à la pourriture. — L'enlever du bois pour le mettre en œuvre. — L'aubier est très apparent dans le chêne, l'orme et les bois résineux, plus mou, plus clair que le reste du bois, il forme sur la tranche une couronne extérieure de couleur pâle différente de la teinte générale du bois. |
| Bois noueux. | Bois vicieux car les nœuds interrompent la direction générale des fibres. — Lorsqu'il y a peu de nœuds, peu d'inconvénients pour les fibres. — Bien examiner les nœuds dans les bois résineux de construction afin de se rendre compte si ce ne sont pas des nœuds rapportés et collés avec de la résine chaude. — Les nœuds pouilleux indiquent un mal profond. |
| Bois tordus. | Les fibres sont contournées en hélice, elles sont coupées plusieurs fois par le plan d'équarrissage on ne peut faire aucune coupe suivant le fil. — Bois lourd dont la résistance n'est pas en rapport avec le poids. — Ne pas les employer pour les charpentes et les assemblages. |
| Bois, rebours, rustiques, rabougris. | Les fibres sont enchevêtrées, tordues, ondulées, tressées, nouées les unes dans les autres. — Bois compacts, lourds, non élastiques, durs et difficiles à travailler. — Fil en tous sens. |
| Bois gélifs, lunés. | Ce défaut donne au bois coupé en tranches une couleur brun foncé. — La tenacité du bois est altérée il se détache en éclats, l'intérieur est sillonné de petites fentes qui conservent l'humidité et favorisent la pourriture. — Le bois gélif entrelardé est marbré sur la tranche par le mélange d'aubier gelé et de bois sain |
| Bois fendus. | Une trop grande dessiccation, le hâle, l'action du soleil produisent quelquefois de longues fissures dans le sens du fil ; ces fissures, allant dans certains cas, jusqu'au cœur. — Lorsque les fentes sont légères, on peut employer le bois en faisant passer le trait de scie par l'une d'elles. — Diminution de résistance. |
| Bois gercés. | Fentes perpendiculaires à la direction des fibres, ces dernières sont alors rompues. Lorsque les gerçures sont superficielles et recouvrent un bois sain on peut l'employer ; si les gerçures sont profondes avec éclats mous le bois est passé et provient d'un arbre sur le retour. — Examiner le bois avec beaucoup d'attention et ne pas l'employer s'il y a des doutes. |
| Bois roulés. | Ce bois présente sur la tranche un vide circulaire divisant l'arbre en deux troncs de cône concentriques. — La roulure apparaît mieux lorsque le bois est sec, si la roulure n'est pas forte on utilisera les bois à l'intérieur à l'abri de l'humidité et pour des travaux peu importants. — La roulure cadranée est plus grave que la roulure simple, elle se trouve souvent dans les bois sur le retour. |
| Bois échauffés. | Bois dans lesquels la sève n'ayant pu s'écouler ou se dessécher se trouve viciée par la fermentation. Bois parsemés de taches rouges ou noires. — Odeur acide. — Communique son vice aux pièces voisines. |
| Bois brûlés. | Echauffement avancé, arrivé à la destruction complète.— Se décompose en se réduisant en poussière fine. — Odeur acide, couleur noirâtre, présence d'insectes. — Vermoulure. |
| Bois pourris. | Destruction du bois produite par la fermentation, dernier degré des bois échauffés et brûlés. |
| Bois arsin. | Bois ayant souffert de l'action du feu. |
| Bois piqués, vermoulus. | La piqûre est un indice de détérioration du bois ; elle indique un bois vieux commençant à se décomposer.<br>Les *tarets* ou vers à tuyaux, le *lymexylon* petit ver ; le *limnoria terebrans* petit insecte, le *termite* pou du bois, les *pholades* petits coquillages et enfin les *vers ordinaires* attaquent tous les bois et produisent les bois piqués et vermoulus. |
| Bois en retour. | Bois abattus après un commencement de dépérissement qui continue après l'abatage. — Ne peut avoir ni la force ni la durée du bois abattu en pleine vigueur. |
| Bois passé. | Bois plus détérioré que le bois en retour, pas de durée, pas de ténacité, impropre aux travaux, ne supporte pas les assemblages. |
| Bois noir. | Veines noires ressemblant aux veines de la grisette. — Commencement de grisette. |
| Bois gras. | Aubier très épais — bois des endroits marécageux — bois à grain moins fin — se déchire et se casse net moins lourd — arbre souvent carié au cœur — nœuds mauvais. |
| Bois mort. | Le bois mort sur pied doit être rejeté ; il conserve quelquefois un peu de ténacité quand l'arbre vient d'être abattu mais tombe bientôt en poussière. |
| Carie sèche. | Sa présence est indiquée par la production de végétaux, parasites, champignons, etc... Ressemble à la pourriture sèche — causée par l'humidité intérieure du bois. |
| Double aubier. | Vice assez rare mais grave — l'enlever complètement avant de se servir des bois et ne pas les employer dans des endroits privés d'air. — Le plus souvent quand le double aubier est enlevé il ne reste plus assez de bois pour l'utiliser. |
| Grisettes. | C'est un des vices les plus graves, se propage très facilement du haut de l'arbre vers le bas, beaucoup plus lentement du bas vers le haut. Une blessure, une meurtrissure peut la déterminer. La grisette donne au bois une odeur de tabac, couleur brune plus ou moins foncée. — Au tronc ce sont des taches noires ou jaunâtres, plus haut ce sont des veines de même couleur suivant le fil du bois. Ces taches et ces veines sont parsemées de filets blancs qui caractérisent la grisette.<br>Trois espèces de grisette : noire, jaune et blanche. La grisette noire est le plus souvent morte et n'a pas eu le temps de se développer ; le bois conserve une couleur noire. La grisette jaune offre une couleur d'un brun jaunâtre, elle est facile à guérir quand elle n'est pas avancée — progrès lents, le bois conserve presque toute sa force. La grisette blanche est irrémédiable, le bois est décomposé. — La grisette est commune dans le chêne et dans le noyer. |
| Huppe. | Décomposition du bois qui devient mou, malléable, et exhale une odeur de champignons. |
| Jaunisse. | Le bois présente des taches jaunes plus ou moins foncées sur la tranche et disposées en anneaux — La jaunisse est accompagnée souvent d'échauffement — attaquent les vieux arbres sur le retour — commencement de pourriture sèche. |
| Œil de perdrix. | Points plus foncés dans la couleur d'un nœud — commencement de la huppe. |
| Pourriture sèche. | Très dangereuse, rend le bois cassant, friable, prend la couleur de la canelle, se réduit en poussière fine — vice souvent caché. |

**Vices et défauts faisant ordinairement refuser les bois.**

**12.** Parmi les vices et les défauts que peuvent présenter les arbres il en existe qui sont assez sérieux pour faire refuser le bois qu'on peut en tirer.

Ce sont:

Arbres sur pied :

Ulcères et nœuds pouilleux, gouttières, *Carie*, *gerçures*, gélivures, Roulure, *Torsion*, Tumeurs, loupes, exostoses, Dépôts, Abcès, *Pléthore*, *Jaunisse*. Brûlure, *Retour*, *Pourriture*, *Chair de poule ou blanc de chapon*, *Mort*, champignons, Mousses, lichens, moisissures, Vermination ;

Arbres abattus :

Aubier, Bois roux, *Double aubier*, *Bois rabougris*, *rustiques*, *rebours*, *Bois tordus*, *noueux*, à fibres inégales, *Bois gélifs*, *lunés*, *Bois gélifs entrelardés*, *Bois gerçés*, Bois roulés, Bois cadranés, *Bois échauffés ou brûlés*, *Bois pourris*, *Jaunisse*, *Pourriture sèche*, *Carie sèche*, Bois vergeté, *Griselles*, Huppe, *Bois arsin*, *Bois piqués*, *vermoulus*, *Tarets ou vers à tuyaux*, *Pholades*, *termites*, *lymexylons*, *Bois en retour*, *Bois passé*, *Bois gras*, *Bois mort*.

**13.** Nota. — Les vices et défauts écrits en italiques font invariablement rejeter les bois ; les autres peuvent dans certains cas être acceptés.

## § IV. — *CLASSIFICATION COMMERCIALE DES BOIS EMPLOYÉS EN MENUISERIE*

**14.** Le chêne et le sapin dits de bateau proviennent du déchirement des bateaux qui, ayant apporté des marchandises, sont débités sur place parce qu'il serait trop coûteux et peu avantageux de leur faire remonter à vide les cours d'eau.

Les plus ordinaires de ces bois servent à faire des cloisons de distribution le plus souvent hourdées et recouvertes de plâtre. Les plus beaux morceaux, surtout du chêne, servent aussi à faire des tablettes, des cloisons et des planchers économiques pour greniers et bâtiments ruraux.

**15.** Les bordages de ces bateaux sont de longues planches de 19 à 20 mètres de longueur sur 0,487 de largeur et $0^m,06$ à $0^m,07$ d'épaisseur ; on en tire des pièces de bois nommées *plats-bords* qu'on emploie en planches entières ou qu'on débite en chevrons ou autres petites pièces de bois de faibles dimensions.

**16.** Ce que nous désignons dans le tableau ci-après (chêne de Champagne) sous le nom de *gros battant* se nomme aussi battant de porte-cochère, ce sont les plus grands bois de l'essence de chêne.

**Les membrures** servent à faire des bâtis de fortes menuiseries (battants, montants et traverses).

**Les chevrons** s'emploient aux mêmes usages que les membrures.

**La doublette** sert pour les bâtis de dimensions moindres ; elle se débite comme les planches.

On désigne sous le nom de *planches* toutes les feuilles qui ont de 0,034 à 0,047 d'épaisseur sur $0^m,20$ à $0^m,23$ de largeur et des longueurs variables comme la doublette.

**Les entrevous** sont aussi des planches mais de 0,027 d'épaisseur seulement.

**Le panneau** est aussi une planche moins épaisse que les entrevous.

**Le feuillet** ne porte que $0^m,013$ d'épaisseur sur 0,230 de largeur.

Pour le sapin le plus fort échantillon est nommé *madrier;* viennent ensuite une série de *feuillets* et de planches de diverses dimensions.

**17.** En menuiserie on se sert surtout du chêne, du sapin et du peuplier ; nous résumons, dans le tableau suivant, les principales dimensions commerciales de toutes les pièces qui sont débitées pour ces trois essences.

# TABLEAU N° 8

## NOMENCLATURE DES BOIS LE PLUS COURAMMENT EMPLOYÉS EN MENUISERIE

| NOMS DES BOIS | DÉSIGNATIONS COMMERCIALES | DIMENSIONS DES BOIS | | |
|---|---|---|---|---|
| | | ÉPAISSEUR | LARGEUR | LONGUEUR |
| Chêne de bateau | De rebut<br>Cloisons de cave | m.<br>0.027<br>0.027 à 0.034 | variable | variable<br>» |
| Chêne de Champagne | Feuillet<br>Panneau<br>Entrevous<br>Planches ou échantillon<br>idem<br>idem<br>Doublette<br>Petit battant<br>Membrure<br>Gros battant<br>Chevron | m.<br>0.013<br>0.020<br>0.027<br>0.034<br>0.041<br>0.047<br>0.054<br>0.075<br>0,080<br>0.110<br>0.080 | m.<br>0.230<br>0.230<br>0.230<br>0.230<br>0.210<br>0.200<br>0.320<br>0.234<br>0.160<br>0.320<br>0.080 | Le bois de chêne se débite en longueurs métriques de $1^{m},00$, $1^{m},25$, $1^{m},50$, $1^{m},75$, $2^{m},00$, et ainsi de suite par fractions de $0^{m},25$. |
| Sapin de bateau | De rebut<br>Marchand<br>D'échafaudage<br>Plats-bords | m.<br>0.027<br>0.027<br>0.034 à 0.041<br>0.054 à 0.055 | variable<br>$0^{m}.220$<br>variable<br>$0^{m},33$ à $0^{m}.36$ | variable<br>$1^{m}.95$ à $5^{m},85$<br>variable<br>17 à $22^{m},75$ |
| Sapin de Lorraine | Roannais<br>Feuillet<br>Planche<br>idem<br>idem | m.<br>0.080<br>0.013<br>0.027<br>0.034<br>0.041 | m.<br>0.320<br>0.320<br>0.320<br>0.320<br>0.250 | m.<br>16.00<br>3.57<br>4.00<br>4.00<br>4.00 |
| Sapin du Nord | Madrier blanc<br>idem rouge<br>Feuillet<br>idem<br>idem<br>Planches<br>idem<br>idem<br>idem<br>Chevron<br>Planche 5/4<br>Bastaing<br>Madrier | m.<br>0.080<br>0.080<br>0.010<br>0.013<br>0.018<br>0.027<br>0.034<br>0.041<br>0.054<br>0.080<br>0.034<br>0.065<br>0.110 | m.<br>0.220<br>0.220<br>0.220 dit 5 traits<br>0.220 — 4 —<br>0.220 — 3 —<br>0.220 — 2 —<br>0.220 — 1 —<br>0.220 — 1 —<br>0.220 — 1 —<br>0.080<br>0.220<br>0.170<br>0.220 | De toutes longueurs. — Le sapin se débite par longueurs de $1^{m},00$, $1^{m},33$, $1^{m},67$, $2^{m},00$ et ainsi de suite par fractions de $0^{m},33$ ayant conservé les débits sur les anciennes mesures. |
| Grisard | Feuillet<br>idem<br>Planche<br>idem<br>idem<br>idem | m.<br>0.013<br>0.018<br>0.027<br>0.034<br>0.041<br>0.054 | m.<br>0.230<br>0.230<br>0.230<br>0.230<br>0.230<br>0.230 | jusqu'à<br>$2^{m},67$ |
| Peuplier | Voliges<br>Planches | $0^{m},011$ à $0^{m},013$<br>$0^{m},027$ | $0^{m},110$<br>$0^{m},229$ à $0^{m},243$ | $2^{m},00$ |
| Sapin | Pour parquetage { ordinaire<br>id.<br>sur bitume | $0^{m},027$<br>$0^{m},034$<br>$0^{m},020$ à $0^{m},022$ | Frises de 0.035 à 0,110<br>idem<br>idem | variable |
| Chêne | Pour parquetage { ordinaire<br>id.<br>id.<br>sur bitume | $0^{m},027$<br>$0^{m},027$<br>$0^{m}.034$<br>$0^{m}.027$ à $0^{m},034$ | Frises de 0,085 à 0,110<br>0,065 à 0,080<br>0,034 à 0,080<br>0,065 à 0,080 | idem |
| Observations | Le chêne de bateau est ordinairement employé pour les remplissages et les gros ouvrages comme cloisons de cave, etc... Outre les dimensions désignées ci-dessus on se sert aussi, mais plus rarement des épaisseurs de $0^{m},054$, $0^{m},080$ et $0^{m},110$ sur $0^{m},16$ à $0^{m},032$ de largeur.<br>Le chêne de Champagne employé à Paris est généralement flotté.<br>Le sapin de bateau s'emploie pour les remplissages et les ouvrages provisoires.<br>Le sapin de Lorraine sert à faire la menuiserie commune.<br>Le sapin du Nord n'est pas flotté.<br>Les voliges en peuplier ou en sapin de $0^{m},010$, 0,014, $0^{m},018$, $0^{m},027$ d'épaisseur sur $0^{m},11$ de largeur sont plus spécialement employées en couverture.<br>Les bois d'échantillon sont ceux qui sont débités spécialement pour convenir aux dimensions ordinaires de la menuiserie. | | | |

## § V. — *PRÉPARATIONS DIVERSES DES BOIS AVANT DE LES TRAVAILLER*

### 1° Dessiccation.

**18.** La dessiccation a pour but d'enlever, autant que possible, au bois l'eau libre qu'il renferme.

Les arbres sur pied contiennent une grande quantité de liquides qui commencent à s'évaporer dès que l'arbre est abattu. Il n'y a pas dans ces liquides que de l'eau pure mais des sucs et des tissus de compositions très diverses qui sont hygrométriques.

La proportion d'eau absorbée varie avec la saison. Un arbre en contient davantage au moment de la montée de la sève et beaucoup moins en hiver.

La quantité d'eau libre que retiennent les bois varie évidemment avec la porosité de ces bois. Le peuplier blanc et le peuplier noir sont les essences qui en absorbent le plus ; viennent ensuite le mélèze, le peuplier d'Italie, le sapin, le chêne et enfin le charme qui est celui des bois qui en contient le moins.

On admet en général que les bois verts renferment de 0,37 à 0,48 de liquide, suivant qu'ils sont plus ou moins compacts et qu'après un an de coupe ils en retiennent encore 0,20 à 0,25.

Le bois est très hygrométrique ; on ne peut le dessécher complètement qu'en le réduisant en copeaux minces, puis en l'exposant pendant vingt-quatre heures au moins et jusqu'à ce qu'il commence à brunir dans une étuve sèche à la température de 120 à 130 degrés centigrades ; à 140 degrés centigrades le bois commence à se décomposer.

Nous savons que la sève qui existe dans les bois, même de bonne qualité, est sujette à fermenter, à s'échauffer et, tôt ou tard, à devenir une des causes principales de leur détérioration.

Lorsque les bois de qualité inférieure n'ont pas été coupés dans la saison convenable, la fermentation de la sève produit sur eux des effets très fâcheux et très rapides.

Par suite de la corruption de la sève les insectes se mettent vite dans le bois, ils rongent et coupent les fibres, le bois se fend, se bombe et se pourrit très rapidement.

Lorsque la sève s'évapore il se produit un resserrement qui peut être considérable.

Les ouvrages exécutés avec du bois vert se séparent, si les assemblages résistent les différentes pièces se fendent ; il faut donc, avant d'utiliser les bois, les dessécher, c'est-à-dire en expulser la sève.

On peut juger de la dessiccation des bois par leur variation de poids, et la dessiccation est à peu près complète (en négligeant l'eau hygrométrique que peut encore renfermer le bois, près du cœur surtout) quand ce poids ne varie plus qu'en raison des conditions hygrométriques de l'endroit où ils se trouvent.

Il n'est pas rare de trouver au bout de dix et quinze ans d'abatage et de conservation en magasin des chênes présentant au sciage le cœur frais.

Le bois après son abatage se rétrécit deux ou trois fois plus à sa circonférence que suivant ses rayons.

Sitôt qu'un arbre est abattu, il faudrait le transporter dans un hangar couvert, à l'abri du soleil, de la pluie et du vent. Les transitions brusques sont, au point de vue des fentes qui se produisent sur un arbre abattu, plus nuisibles que la dessiccation proprement dite.

Certains auteurs sont partisans de laisser, après la coupe, les bois avec leurs branches et même leurs feuilles, afin qu'elles attirent à elles la sève restée dans le tronc : ce procédé peut être très bon mais nous paraît bien peu applicable surtout en forêt où la place manque et où les branches des arbres abattus gênent beaucoup.

Il est dans tous les cas très bon de laisser les bois dans leurs écorces (*bois en grume*) jusqu'à l'été suivant et de ne les équarrir qu'au bout de trois ou quatre mois. L'arbre perd alors sa sève par dessiccation naturelle, elle s'épuise et n'est pas remplacée, on voit même de petites branches et des feuilles pousser sur le tronc abattu ; le bois ainsi traité peut très bien se conserver.

Les bois ainsi laissés en grume ont une dessiccation plus lente mais ils se gercent et se fendent moins que les autres dont on enlève l'écorce sitôt l'abatage fait. La seule perte que ce dernier procédé occasionne est la perte de l'écorce qui ne peut plus servir aux usages de la tannerie.

Ce n'est pas sans raisons que les ouvriers recouvrent les menuiseries de peintures ou de vernis ; les bois même employés très secs jouent parce qu'ils sont hygrométriques, la peinture dont on les recouvre empêche l'action de l'humidité et devient la cause secondaire de l'invariabilité des dimensions. Les vernis sont préférables aux peintures.

Avant de peindre les menuiseries il est bon d'en boucher les gerçures avec du coton ou des étoupes afin d'empêcher l'action de l'air extérieur. Les ouvriers se contentent de faire ce rebouchage avec du mastic, mais c'est moins bon.

## Principaux moyens pour obtenir la dessiccation des bois.

**19.** Pour la dessiccation des bois nous aurons à examiner :

1° Dessiccation naturelle des bois à l'air libre, empilement, emmagasinement ;

2° Dessiccation artificielle des bois, lessivage, essorage étuvage ;

3° Immersion ou flottage des bois ;

4° Divers autres moyens d'extraire la sève.

## Dessiccation naturelle des bois.

**20.** D'après ce que nous venons de dire il ne faudra employer les bois qu'après les avoir bien fait sécher, ce qu'on obtient le plus économiquement en les exposant à l'air sous un hangar.

Les arbres étant abattus il faut avoir soin d'enlever du tronc toutes les parties altérées, vider complètement les nœuds pourris et les remplir de goudron, afin d'éviter que l'humidité ne pénètre par ces nœuds ; ensuite placer les bois de manière à opérer leur dessiccation sans rien changer à leurs qualités.

Un courant d'air trop rapide, une trop grande chaleur, une humidité constante avec température élevée, des alternatives de sécheresse et d'humidité sont des causes de fermentation et de décomposition qu'il faut éviter avec soin.

**21.** Lorsque, pour une raison quelconque, on doit laisser séjourner les bois en forêt assez longtemps on dispose les troncs, débarrassés de leurs branches et de leurs feuilles, en tas sur des chantiers afin de les préserver de l'humidité du sol et des plantes qui seraient dessous.

Il faut avoir le soin de couvrir ces tas de bois, ainsi sur chantier, de paille, de feuilles ou de branches pour les préserver d'une trop vive chaleur et d'un dessèchement trop rapide les faisant se gercer et se fendre.

**22.** On peut aussi empiler les bois par couches horizontales, séparées et calées à la demande, avec des pièces de bois de rebut de même essence permettant d'assurer la circulation de l'air entre les différentes couches. On abrite le tout par un toit très simple en planches brutes.

**23.** En examinant la dessiccation naturelle, on remarque qu'elle se produit très lentement, la présence de l'écorce la retarde beaucoup. Buffon a pris une pièce de bois de chêne de 0m,35 de longueur sur 0m,11 de largeur et 0m,13 d'épaisseur ; il l'a exposée à l'air et pas au soleil pour obtenir la dessiccation naturelle, cette dessiccation n'a été complète qu'au bout de sept ans.

En examinant la manière dont elle s'est faite on trouve les résultats suivants :

Le bois a perdu le quart de l'eau qu'il contenait au bout de onze jours ; le deuxième quart après deux mois ; le troisième quart au bout de dix mois et le dernier quart a mis près de six ans. Il a remarqué que la dessiccation était proportionnelle aux surfaces, c'est-à-dire que, pour deux pièces de bois ayant même volume mais n'ayant pas même surface, la dessiccation se fait en raison de la surface exposée.

## Dessiccation des bois équarris.

**24.** Pour sécher les bois *équarris* on peut employer deux procédés ;

1° Le système *d'empilage* pour les bois de moindre valeur ;

2° Des *hangars* pour le bois de prix.

**25.** *Empilement.* — Le moyen le plus simple employé pour sécher les bois équarris de sapin et de peuplier, ou généralement pour tous les bois tendres, consiste à exposer les planches aux variations atmosphériques en formant des piles triangulaires ou carrées. Ces piles sont creuses intérieurement, leurs côtés ont pour épaisseur la largeur d'une planche. On pose les planches à plat les unes sur les autres de manière que celles formant face de la pile avec celles formant les retours, laissent entre elles un vide égal à l'épaisseur d'une planche pour aérer les faces des deux planches immédiatement au-dessus l'une de l'autre. Le dessèchement de ces planches doit se faire à l'ombre ; elles doivent être garanties du hâle et du soleil par une couverture en planches.

Le sol sur lequel se fait l'empilage des bois doit être spécialement préparé. On peut poser directement sur le sol de mauvaises poutres en bois qui prennent l'humidité et garantissent les pièces ou planches de bois à sécher et placées au dessus. Le meilleur moyen consiste à faire sur le sol une aire asphaltée sur laquelle on disposera le bois.

Il faut avoir soin de mettre dans une même pile les bois de même essence et de même coupe, ayant même équarrissage, même échantillon, même longueur et équarris en même temps.

**26.** *Emmagasinement.* — Parvenus à un certain degré de dessiccation à l'air libre les bois absorbent l'humidité atmosphérique ; alors on rentre ces bois dans des magasins ou autres lieux fermés pour en terminer la dessiccation.

Le hangar dans lequel on expose les bois à la dessiccation doit remplir certaines conditions de construction importantes à signaler. Il doit être couvert et fermé, il faut y ménager des ouvertures pour l'entrée et la sortie de l'air. Le sol doit être à l'abri de l'humidité ; il peut être composé d'une couche de béton sur laquelle on ajoute une couche d'asphalte assez épaisse. On peut aussi faire un faux plancher un peu surélevé mais non planchéié parce que les bois des soliveaux et des planches en se pourrissant communiqueraient leurs vices aux bois conservés dans le magasin. Le courant d'air passant entre le sol et le faux plancher est favorable pour activer le séchage.

Dans les magasins on empile les bois comme à l'air libre en piles carrées mais moins élevées. Les ouvertures doivent être garnies de volets spéciaux permettant une plus ou moins grande entrée d'air; un abri pour le vent, le hâle, la pluie, etc., il faut aussi prévoir des cheminées d'appel placées dans le comble des magasins. Si ces magasins comportent un rez-de-chaussée et un étage il faudra évidemment placer à rez-de-chaussée les pièces de gros équarrissage.

De temps en temps on devra remuer, retourner, changer de place et de sens d'empilement les différentes pièces de bois. Lorsqu'on s'aperçoit de la moindre altération de l'une des pièces, il faut immédiatement l'enlever du magasin ainsi que les cales sur lesquelles cette pièce reposait.

Il faut aussi bien vérifier la toiture des magasins afin d'éviter les entrées d'eau.

Si, en entrant dans un hangar de séchage, on sent une *odeur vive et acide*, c'est qu'il existe des bois échauffés qu'il faut immédiatement enlever.

## Dessiccation artificielle des bois.

**27.** Le but de la dessiccation artificielle est d'obtenir rapidement et presque sans frais, au moyen d'une installation facile et applicable à toutes les industries, des bois séchés dans de meilleures conditions que par un empilage de plusieurs années.

En employant ce système de séchage artificiel, il devient inutile d'approvisionner pendant de longues années des bois que l'incendie ou les insectes peuvent détruire. De plus, le bois ainsi séchés diminuant de poids, les frais de transport et de douane, qui représentent un chiffre relativement considérable, se trouvent de beaucoup diminués.

Le moyen primitivement connu consistait à faire bouillir le bois dans l'eau pendant dix à douze jours et à le faire ensuite sécher soit naturellement, soit mieux à l'étuve. On s'est ensuite servi du chauffage à la vapeur pour faire entrer l'eau en ébullition.

**28.** Les étuves à sécher le bois consistent essentiellement en espaces clos en maçonnerie, munis d'un foyer spécial pour la production de la fumée et des gaz chauds qui l'accompagnent et qui complètent son action ; d'une disposition variable de supports et de conduits de circulation, qui font pénétrer la fumée et les gaz chauds dans toutes les parties des bois à dessécher ; de cheminées d'appel à régulateurs et à carneaux d'évaporation, placés autour de l'espace clos et dont le nombre et la position varient avec l'importance et les dimensions de l'étuve adoptée.

Le chauffage des étuves se fait ordinairement avec des débris de bois, de la sciure, des souches, etc.

**29.** Aujourd'hui on est parvenu à dessécher les bois par la vapeur d'eau. Ce mode de dessiccation, qui a une application assez restreinte, se compose de trois opérations :

1° Le *lessivage* qui consiste à soumettre les bois à l'action de la vapeur à faible tension dans une chambre en maçonnerie non revêtue intérieurement de pièces métalliques qui se détruiraient très facilement. L'intérieur est arrangé pour permettre l'écoulement facile de la vapeur condensée ; des soupapes règlent la tension de cette vapeur.

Les bois doivent être disposés à $0^m,10$ au moins au-dessus du sol, pour ne pas être baignés par l'eau de condensation.

La vapeur arrive par le bas de la chambre et à une température de 100 degrés environ ; on laisse les bois exposés pendant vingt-quatre heures ;

2° *Essorage.* — Le lessivage terminé on laisse refroidir l'étuve pendant environ deux heures, puis on expose les bois dans un local sec non chauffé mais bien aéré, pendant un mois ;

3° *Étuvage.* — Les bois sont ensuite portés dans une étuve où ils séjournent encore un mois. L'étuve est chauffée de 25 à 32 degrés. L'ensemble de l'opération dure six mois au maximum, car après l'opération de l'étuvage les bois doivent encore se reposer trois mois avant d'être employés.

## Immersion ou flottage des bois.

**30.** Les soins apportés dans l'emmagasinage et la surveillance des approvisionnements ne suffisent pas pour préserver les bois de toute altération.

On a cherché d'autres moyens de prolonger leur durée et de les mettre à l'abri des causes de dépérissement qui les atteignent. La cause principale est évidemment la fermentation des substances organiques azotées, sucrées ou gommeuses que la sève entraîne et dépose dans les divers organes des végétaux.

Pour obtenir un enlèvement plus complet des parties salines, gommeuses ou sucrées de la sève et autres matières végétales contenues dans les pores du bois et avoir un séchage plus rapide on doit faire précéder la dessiccation du flottage ou de l'immersion du bois.

**31.** Ce procédé consiste, après avoir laissé les bois à l'air pendant un mois, à les faire séjourner dans l'eau stagnante ou mieux dans l'eau courante afin que celle-ci se substitue à la sève ; il ne reste plus alors qu'à faire évaporer cette eau pour obtenir un bois sec.

**32.** Lorsque l'immersion est faite dans l'eau de mer, comme dans les arsenaux et dans les ports, les bois deviennent hygrométriques par suite de la présence du sel dans les pores ; c'est un inconvénient qu'on peut faire disparaître avec des lavages répétés. Dans les régions exposées aux ravages des tarets et des phollades, l'eau salée est mélangée à une proportion d'eau douce suffisante pour empêcher ces mollusques de vivre.

Les bois conservés dans l'eau de mer sont impropres aux constructions civiles.

Les bois flottés dans l'eau dormante doivent y séjourner trois mois : dans l'eau courante, deux mois ; dans l'eau chauffée (bassin contenant l'eau de condensation des machines à vapeur) à une température variant de 30 à 40 degrés, il ne faut que dix jours. Comme nous le voyons l'immersion dans l'eau chaude agit plus rapidement, suivie de la dessiccation à l'étuve, elle peut être appliquée aux bois de menuiserie ; le bois y perd un peu de sa qualité.

Le bois flotté est ensuite exposé à l'air et la dessiccation se fait en sept ou huit mois, puis on le met dans des hangars couverts.

Le bois flotté n'ayant plus de sève se fend moins et est réservé pour la bonne menuiserie et l'ébénisterie.

Les bois qui ont été conservés dans l'eau sont plus tendres et plus faciles à travailler que ceux que l'on a gardés en piles.

**33.** L'immersion ne peut être pratiquée que pour les bois résineux et pour les bois durs ; les bois tendres et blancs se pourrissent trop vite.

Presque tous les bois de bonne qualité employés à Paris sont des bois flottés, c'est-à-dire privés de leur sève en tout ou en partie par immersion.

On a essayé, dans des circonstances particulières, de conserver les bois de marine dans des fosses remplies d'eau de mer où on les enfouit dans la vase ou dans le sable humide des plages ; c'est encore un genre d'immersion qui peut rendre des services.

Le bois flotté se conserve mieux et se gauchit moins que le bois desséché par les autres procédés, mais il a une cohésion moins grande.

## Divers autres moyens d'extraire la sève.

**34.** On a cherché d'autres moyens d'extraire directement la sève contenue dans les bois, par exemple : en chassant cette sève des pores du bois par une forte compression ; en soumettant les bois à l'action de la chaleur de l'eau bouillante dans des vases clos ; ou enfin, en employant directement les étuves.

Ces procédés sont peu économiques et altèrent les qualités et la force des bois.

## Conservation des bois.

**35.** 1° *Conservation des bois par l'injection de matières antiseptiques.* — Ce genre de conservation ne s'applique qu'aux bois bruts et non travaillés.

L'agent susceptible d'arrêter la fermentation ligneuse doit inonder la masse toute entière parce que chacun des éléments de celle-ci est capable de nourrir et de développer les germes de la fermentation.

**37.** Les matières injectantes employées ne pénètrent et ne préservent que les bois mous, spongieux, et seulement l'aubier des bois durs. La difficulté de l'emploi des antiseptiques est de faire pénétrer la substance conservatrice dans l'intérieur des cellules, des fibres, des vaisseaux et des interstices qui les séparent.

Pour obtenir ce résultat on se sert des différents moyens suivants :

1° *L'imbibition simple.* — Qui consiste à immerger les bois pendant un certain temps dans un liquide antiseptique en ayant soin d'immerger les bois debout, en laissant dépasser du liquide l'extrémité du tronc, afin de permettre à l'air et aux gaz enfermés dans le bois de s'écouler facilement ;

2° *L'imbibition sous pression.* — Les bois étant immergés en autoclave sont soumis à une pression qui peut atteindre dix atmosphères.

Pour rendre l'opération plus complète on fait d'abord le vide de manière à extraire l'air et les gaz contenus dans les bois ;

3° *Aspiration vitale.* — M. Boucherie est le premier qui a songé à utiliser la force ascensionnelle de la sève pour lui faire entraîner des substances antiseptiques et de préférence le sulfate de cuivre.

Nous avons, dans la première partie du *Cours de construction* parlé en détail du système employé par M. Boucherie pour qu'il soit inutile d'y revenir ;

4° *Déplacement de la sève.* — Ce procédé consiste, un arbre étant abattu, à le placer horizontalement puis à couvrir son tronc d'un tissu imperméable fortement lié et calfeutré avec de la terre glaise puis à envoyer dans la poche ainsi formée et à l'aide d'un tube le liquide conservateur.

La sève est chassée par ce liquide qui

s'introduit dans les canaux de l'arbre ;

5° *Injection de substances en vapeur.* — Ce procédé consiste à injecter les bois en faisant pénétrer dans leur tissu la substance conservatrice à l'état de vapeur. Cette vapeur se condense, et introduit dans toutes les parties du végétal la substance antiseptique.

**37.** 2° *Conservation des bois travaillés.* — On peut conserver les bois travaillés de différentes manières, soit par la carbonisation, soit par l'application d'enduits ou de peintures convenablement appropriés.

**Carbonisation.** La carbonisation superficielle des bois est surtout utilisée pour les bois enterrés, tels que poteaux télégraphiques, poteaux de barrière, piquets de clôtures, etc.

**38.** Dans la carbonisation partielle des poteaux qu'on enfonce en terre la chaleur consume une partie de l'aubier, couvre le bois d'une couche de charbon hygrométrique qui attire l'humidité au pied des poteaux et agit sur le reste de la masse comme agent conservateur. C'est ce dernier effet produit qui est certainement le meilleur car la chaleur en enlevant au bois une certaine quantité de l'humidité qu'il retient et en le débarrassant en partie de sa substance gélatineuse le durcit.

D'après certains constructeurs il serait préférable de laisser les pieds des poteaux tels qu'ils sont et d'environner la partie scellée en terre de matériaux ne conduisant pas l'humidité (sable, cailloux siliceux, scories de forges, etc.) et permettant au contraire à l'eau tombant à la base du poteau de s'écouler facilement.

Les pieux enfoncés en terre et préalablement brûlés peuvent pourrir très rapidement au niveau du sol. Afin de prévenir autant que possible ce dépérissement on fera bien de brûler la partie des pieux qui doit entrer en terre jusqu'à 0m,30 audessus du sol.

La carbonisation à la surface est très anciennement usitée, on l'a employée en grand dans la marine et dans les chemins de fer en promenant sur les bois en œuvre des navires en chantier, par exemple, un jet de gaz incandescent amené par un tube flexible (procédé de M. Lapparent).

La carbonisation superficielle au gaz, qui ne se produit que sur un quart de millimètre d'épaisseur environ, n'attaque pas l'intérieur du bois, le dessèche et est une défense contre l'attaque des insectes mais n'évite pas, dans certains cas, la fermentation interne de se produire.

On a aussi cherché à utiliser l'oxyde de carbone, l'hydrogène, ou tout mélange capable de produire une grande chaleur.

La carbonisation même partielle préserve bien les bois mais diminue leur résistance et leur élasticité.

**Enduits et peintures.** Les divers enduits gras ou résineux sont les moyens de conservation le plus anciennement mis en usage. On en recouvre la surface des bois pour empêcher le contact de l'air ; mais, le plus souvent, cet enduit se détache peu à peu et ne détruit pas les causes de fermentation intérieure, quelles que soient les substances qui ont été employées.

**38.** Les enduits et peintures utilisés pour la conservation superficielle des bois sont de plusieurs sortes mais il faut, avant de les employer, prendre certaines précautions qu'il est bon de connaître.

N'appliquer des enduits ou des peintures que sur des bois parfaitement secs car la pourriture sèche se produirait très rapidement parce que l'évaporation de la sève est rendue plus difficile. Des bois peints trop tôt peuvent se pourrir vers le cœur, l'extérieur paraissant sain.

Les enduits dont on recouvre les bois produisent deux effets très différents : ils peuvent empêcher qu'ils ne soient pénétrés par la pluie, ou que l'humidité qui reste encore dans le bois ne puisse s'échapper.

La pluie pénètre le bois et l'altère peu à peu ; tôt ou tard, suivant sa bonne ou sa mauvaise qualité, il tombe en pourriture ; il faut donc se servir d'enduits ou de peintures imperméables à l'eau.

On protège les bois contre les vers au moyen de goudron, de peinture à l'huile, de lessive de sel, d'un mélange de bitume et d'huile de pétrole, etc.

**39.** Dans nos habitations presque tous

les bois sont recouverts de trois couches de peinture : une première couche nommée couche d'impression, et deux autres couches qui peuvent être de teintes différentes.

Les bois apparents reçoivent simplement un vernis qui doit être de bonne qualité.

### Différentes substances employées pour la conservation des bois.

**40.** On a proposé et essayé un très grand nombre de substances pour la conservation des bois, ce sont :

1° Des substances solubles dans l'eau, telles que sulfate de soude, sulfate de magnésie, sulfate de fer, sulfate de cuivre, sulfate de zinc, carbonate de potasse, carbonate de soude, chlorure de sodium, chlorure de calcium, chlorure de zinc, bichlorure de mercure, azotate de potasse, alun, acétate de plomb, pyrolignite de fer, sulfure de baryum, etc. ;

2° Des substances insolubles dans l'eau : carbonate de baryte, chaux, sulfate de chaux et de baryte ;

3° Des acides, acide sulfurique et acide arsénieux ;

4° Des matières grasses et résineuses, huiles, suifs, résines, goudron, etc. ;

5° Des matières ayant la propriété de coaguler la sève, telles que : la créosote, le tannin, les huiles lourdes, etc.

**41.** Il serait trop long et inutile d'étudier en détails toutes ces substances et de donner tous les essais et toutes les expériences, bonnes ou mauvaises dont elles ont été l'objet ; nous nous contenterons de résumer dans le tableau suivant les renseignements généraux sur ces diverses matières qui peuvent intéresser le lecteur.

### Durcissement des bois.

**42.** Pour donner au bois une grande dureté on a proposé plusieurs moyens dont le plus ancien consiste à imbiber les bois d'huile ou de graisse et à les exposer pendant un certain temps à une chaleur modérée. Après cette opération le bois devient lisse, luisant et très dur quand il s'est refroidi. Ainsi préparé il peut devenir assez dur pour tailler et percer d'autres bois

Certains constructeurs ont proposé pour durcir les bois non noueux et les empêcher de travailler sous l'action de l'humidité, de les débiter en planches d'égale épaisseur et de les faire passer successivement entre une série de cylindres de laminoirs en fer ou en acier, afin d'éviter la compression brusque et la rupture des fibres qui se produirait si le laminage se faisait d'un seul coup. La sève et l'humidité sortent du bois sans que les fibres soient rompues.

Le sulfate de fer et le pyrolignite de fer ont la propriété, étant injectés dans les bois, d'en augmenter la densité et de les durcir suffisamment pour que ces bois se travaillent assez difficilement avec les instruments tranchants.

On a aussi proposé de durcir les bois en produisant dans leur masse des hydrofluosilicates métalliques insolubles.

**43.** On donne aujourd'hui dans l'industrie le nom de *bois durci* à une composition dont nous allons parler parce qu'elle est curieuse et qu'elle permet de reproduire à bon marché des sculptures en bois noir imitant l'ébène.

On reproduit en quelque sorte un bois artificiel en réunissant des éléments ligneux par une colle durable et résistante.

Le procédé, depuis longtemps exploité, consiste à prendre de la sciure fine de bois dure provenant des bois de placage, à les mélanger avec du sang de bœuf, puis à mouler ce produit en chauffant convenablement.

Ce produit refroidi devient solide et résistant, à grain fin et supportant bien le vernis.

Un rapport de M. Chevalier à la Société d'Encouragement rend compte de la manière suivante de ce curieux produit que tout le monde connaît et qu'on pourrait très bien employer sur les petits meubles en moulures, médaillons, etc...

**44.** Des sciures de bois, de palissandre surtout, réduites en poudre très fine, sont humectées avec une quantité convenable de sang mélangé d'eau, et portées dans une étuve chauffée de 50 à 60 degrés ; là,

# TABLEAU N° 9

## ÉNUMÉRATION DES DIFFÉRENTES MATIÈRES EMPLOYÉES POUR LA CONSERVATION DES BOIS

| DÉSIGNATION DES MATIÈRES | RENSEIGNEMENTS GÉNÉRAUX SUR CES DIVERSES MATIÈRES | OBSERVATIONS |
|---|---|---|
| Acétate de plomb | Pénètre assez facilement les bois et les conserve bien. | Sel à base insoluble dans l'eau. |
| Acide crésylique | On considère l'acide crésylique comme l'agent le plus efficace pour la conservation des bois. — Détruit la vie des germes et ne permet pas leur réapparition. | Dérivé du goudron. |
| Acide phénique | Antiseptique énergique. — Peut s'employer à l'état de dissolution aqueuse d'acide phénique pur. — Peut coaguler les matières azotées et empêcher toute putréfaction. | Dérivé du goudron. L'eau à 15 degrés peut en dissoudre 5 0/0. |
| Acide arsénieux | Certains auteurs prétendent que cet acide empêche la carie des bois; d'autres auteurs le considèrent comme sans action. La propriété d'être volatil qu'il présente ne permet pas d'en faire usage alors même qu'on aurait acquis la certitude qu'il empêche les caries, ce qui n'est pas constaté. | Le travail des bois imprégnés de cette substance vénéneuse est dangereux pour les ouvriers. |
| Alun | L'alun et le sulfate de magnésie sont peu employés. | Sels à bases insolubles dans l'eau. |
| Antimoine | Ne produit aucun effet sensible. | Peu employé. |
| Azotate de potasse | Les bois imprégnés d'une dissolution concentrée de ce sel subissent, comme avec le sel marin, beaucoup moins les altérations qui les détruisent. | Connu aussi sous le nom de salpêtre. Soluble dans l'eau. |
| Bichlorure de mercure | Présente des qualités préservatrices sérieuses mais son prix ne permet pas de l'appliquer pratiquement à la conservation des bois. | Sel à base insoluble dans l'eau. — Connu sous le nom de sublimé corrosif. |
| Carbonates alcalins | Les carbonates alcalins de potasse et de soude et aussi l'acide sulfurique ne peuvent être choisis car ils produiraient la décomposition. | Solubles dans l'eau. |
| Chaux | D'après certains auteurs la chaux, le charbon de bois, le permanganate de potasse, le phosphate de soude et l'ammoniaque paraissent favoriser le développement des ferments et faciliter la putréfaction. Cependant l'emploi de la chaux a été conseillé par M. Maissiat qui a remarqué que les bois enfermés dans les murs de nos habitations hourdés en chaux se conservent très bien. | Peu employés. |
| Chlorure de zinc | Le chlorure de zinc neutre dissous dans cent parties d'eau peut être injecté dans le bois et est un bon agent de conservation. Le chlorure de zinc saturé est employé avec succès par les Allemands. | Sel à base insoluble dans l'eau. |
| Chlorure de calcium | Il agit comme le sel marin, conserve au bois sa souplesse. Il est considéré par certains auteurs comme n'exerçant pas d'action conservatrice. | Sel à base insoluble dans l'eau. |
| Chlorure de sodium | Considéré comme bon agent pour la conservation des bois. Les bois préparés avec le sel marin se couvrent d'efflorescences lorsqu'ils sont placés alternativement dans des endroits secs et humides. — Certains auteurs prétendent que ce sel est sans action sur la conservation des bois. | Sel marin ordinaire soluble dans l'eau. On emploie aussi pour le même usage le sel *gemme*. |
| Cire | Un mélange de cire et de suif en injection est applicable aux bois dans certaines industries. | Peu employée. |
| Créosote | La créosote introduite dans les bois à l'état de vapeur se condense et les protège contre la pourriture et les insectes. La créosote impure contenant quantité d'acide phénique est le liquide préféré par les Anglais pour les injections des bois. | Son prix élevé et la difficulté d'en obtenir de grandes quantités en limitent l'emploi. |
| Essence de térébenthine | Cette matière est considérée comme n'ayant aucune action. | Très peu employée. |
| Goudron | On peut passer sur les bois deux ou trois couches d'un goudron retiré de l'acide pyroligneux. Le goudron préserve les bois contre les vers. La dissolution de goudron de bois dans de l'eau aiguisée de quelques centièmes d'acide pyroligneux est une excellente solution antiseptique. | Matière souvent employée. |
| Huile de houille | Bon agent de conservation des bois; cette huile agit surtout par l'acide phénique qu'elle renferme mais a l'inconvénient de laisser au bois une odeur forte. | |
| Oxydes et sels de mercure | Détruisent la végétation, tuent les parasites et peuvent aussi protéger les bois. | Peu employés. |
| Protosulfate de fer | Ce produit a été essayé mais il a peu de préservation. | idem. |
| Pyrolignite de fer | C'est un acétate de fer impur. — Puissant antiseptique, contient de la crésote. | Très employé.— Bon marché. — Sel à base insoluble dans l'eau. |
| Sels de nickel | Peu employés. — Pas d'action sensible. | |
| Sels d'étain | Paraissent favoriser la production des parasites. | |

## TABLEAU N° 9 (*suite*)

### ÉNUMÉRATION DES DIFFÉRENTES MATIÈRES EMPLOYÉES POUR LA CONSERVATION DES BOIS.

| DÉSIGNATION DES MATIÈRES | RENSEIGNEMENTS GÉNÉRAUX SUR CES DIVERSES MATIÈRES | OBSERVATIONS |
|---|---|---|
| Silicate de soude | Le silicate de soude ou verre soluble a été essayé et employé avec succès par les Anglais. | |
| Suif | Les bois légers imbibés de suif fondu peuvent augmenter leur poids de 50 à 60 0/0 et acquérir une imputrescibilité permettant de les employer où domine une humidité habituelle. | |
| Sulfate de soude. | Dessèche le bois très facilement. — Peut aussi être employé. | Soluble dans l'eau. |
| Sulfates de fer | Les sulfates de protoxyde et de sesquioxyde de fer sont des agents de conservation assez énergiques mais, d'après certains auteurs, ils ont la propriété de détruire les germes au début et de favoriser ensuite leur développement. Introduits seuls dans les bois ils peuvent les désagréger en agissant par leur acide rendu libre à mesure que *l'oxydation s'avance*.<br>Les sulfates de cuivre et de zinc s'obtiennent facilement neutres et ont, par ce fait, moins d'inconvénients.<br>On a préparé et employé un système d'injection double composé des deux agents *suivants : une première* solution à 5 0/0 de sulfate de baryte puis une autre solution de 5 0/0 de sulfate de fer. — Très employés en Angleterre pour les traverses de chemins de fer. | Sels à base insoluble dans l'eau. |
| Sulfate de cuivre | Employé en grand pour la conservation des traverses des chemins de fer et des poteaux *télégraphiques. — Il protège les bois contre* la piqûre des insectes et la pourriture.<br>Conserve bien le bois. — Appliqué avec succès aux bois tendres de charpente. Le sulfate de cuivre durcit les bois tendres et les rend analogues aux bois durs.<br>*Les bois verts* doivent être seuls pénétrés de sulfate de cuivre.<br>Le traitement sur le bois sec ne donnerait pas de bons résultats. | Sel à base insoluble dans l'eau. Très employé pour divers usages. |
| Sulfophénate de potasse ou de soude | Ces deux corps ainsi que l'hypochlorite de chaux, la soude caustique et l'acide acétique détruisent les germes au début mais favorisent ensuite leur développement. | Peu employés. |
| Sulfophénate de zinc | Le sulfophénate de zinc, l'acide picrique, *le chlorure d'aluminium et l'acide prussique*, déterminent la mort des germes qui existent au moment de leur emploi, mais n'arrêtent pas le développement de ceux qui viennent après. | Peu employés. |
| Tannin | Le tannin est, comme le pyrolignite de fer un des agents les plus efficaces pour la conservation des bois. | |

elles *se sèchent*. C'est avec ces poussières que s'identifie l'albumine du sang. L'agglomération s'opère avec des sciures de même nature ou des sciures semblables. Le moulage est fait dans des bagues contenant des matrices en acier poli, destinées à reproduire, avec toute la finesse possible, diverses créations artistiques. Les poussières sèches sont *empilées* dans les moules, de manière qu'après la compression il n'y ait pas d'excès de matières premières, conséquemment de bavures.

La pression est obtenue au moyen d'une presse hydraulique d'*une très grande puissance*.

Les plaques sont chauffées au gaz, de façon que la chaleur soit maintenue à un degré voulu pendant toute l'opération.

Les *moules, munis de leurs* bagues, se meuvent dans des rainures disposées de façon qu'ils ne puissent éprouver aucune variation.

Lorsque se produit la pression, un point d'arrêt fixe les plaques à leur distance respective ; la distance est calculée de façon à recevoir un moule muni de sa bague dans chaque compartiment.

Les plaques dites de chauffe sont munies chacune d'un appareil *à gaz fixé à elles*, de façon à suivre le mouvement d'ascension ou de descente qu'on fait subir aux plaques, suivant la pression donnée aux diverses bagues.

*Des tubes amènent le gaz* de manière qu'à chaque trou corresponde un jet. Chacun des tubes est double, et une partie rentre concentriquement dans l'autre. Le tube central de cet appareil fournit, au *moyen* d'un ventilateur, de l'air froid venant de l'extérieur. C'est autour de ce tube aérateur que se trouve distribué le gaz destiné à chauffer les plaques à compartiment.

La régularité du chauffage permet d'obtenir des moulages de la plus grande netteté. Le chauffage au gaz est assez coûteux, mais cet *inconvénient est largement* compensé par l'avantage qu'il offre dans le travail.

En examinant l'action exercée par

l'albumine du sang sur la sciure, on en arrive à conclure qu'après que l'air a été expulsé par la pression, le mélange de sciure et d'albumine porté à une température de 170 à 200 degrés subit une fusion; il se forme alors une matière nouvelle, ressemblant au tissu ligneux, due à l'action simultanée de la résine contenue dans les sciures et de l'albumine du sang, en présence de la chaleur et de la pression.

### Conservation de la flexibilité et de l'élasticité des bois.

**45.** La flexibilité et l'élasticité sont des qualités que les bois perdent en se desséchant et qu'on est obligé de leur rendre dans certains cas et pour certains usages. Le problème consiste à développer ces qualités à tous les degrés dans les bois sans altérer leur résistance.

M. Boucherie à la suite de nombreuses expériences a été conduit à reconnaître :

1° Que la flexibilité et l'élasticité des bois est généralement en raison de l'humidité qu'ils retiennent; que ces qualités ne persistent qu'avec cette humidité dont la présence peut toujours être constatée même dans les bois les plus secs et après un long usage ;

2° Que dans des exceptions nombreuses elles paraissent dépendre de la constitution organique du bois ;

3° Enfin que dans certaines circonstances, on peut probablement les attribuer à la composition même du bois, envisagée sous le rapport des sels alcalins qu'il renferme.

Pour faire persister cette humidité qui donne aux bois leur flexibilité et augmenter leur élasticité, M. Boucherie a introduit par voie d'absorption vitale un sel deliquescent qui n'agit pas seulement comme élément conservateur de l'humidité, mais parait aussi produire l'effet des corps huileux pour développer dans le bois une souplesse qu'il est loin de présenter au même degré immédiatement après l'abatage.

Le premier sel déliquescent (sel ayant la propriété de se liquéfier dans un air humide) employé par M. Boucherie a été le chlorure de calcium, mais il ne tarda pas à l'abandonner craignant d'en voir augmenter le prix, ce sel renferme beaucoup de produits créosotés. Comme matière beaucoup moins coûteuse M. Boucherie a pensé à utiliser les eaux mères des marais salants. Ces eaux mères qu'on considère en général comme des produits perdus sont essentiellement composées de chlorures déliquescents ; elles donnent le même résultat que le chlorure de calcium et leur production est pour ainsi dire illimitée.

Quel que soit le sel déliquescent choisi il donne toujours la flexibilité et l'élasticité à tous les degrés possibles. Elles sont peu marquées avec les dissolutions très étendues et les dissolutions concentrées rendent ces propriétés excessives. Ces propriétés se développent en raison du degré aérométrique des liqueurs qu'on emploie.

Les sels déliquescents paraissent assurer la conservation des bois, mais pour être certain qu'ils auront cette propriété il sera bon d'y mélanger un cinquième de pyrolignite de fer, produit dont nous connaissons les effets. M. Boucherie a fait des expériences sur le bois de pin qui est considéré comme le bois le plus cassant et il a très bien réussi.

La peinture et le vernis adhèrent très bien sur les bois ainsi traités comme sur les bois ordinaires.

### Moyens employés pour remédier au jeu des bois.

**46.** Suivant les influences atmosphériques le bois mis en œuvre augmente et diminue incessamment de volume ; ces variations deviennent surtout excessives lorsque le bois employé n'est pas suffisamment sec.

On a essayé bien des procédés pour atténuer ces effets, la dessiccation rapide, la dessiccation artificielle, l'emploi de la vapeur d'eau, etc. M. Boucherie a lui-même étudié la question et il s'est immédiatement rendu compte que les changements successifs de volume que le bois éprouve proviennent de son hygrométricité qui, elle-même, est entièrement liée à la porosité et à la présence dans son tissu de matières avides d'eau.

Le meilleur remède contre un tel mal consiste évidemment à obstruer les pores et à empêcher ainsi l'air de déposer dans ce bois *ou de lui enlever continuellement* ces minimes proportions d'eau qui sont l'unique cause des contractions et des dilatations qu'il éprouve.

Les disjonctions ne commencent à se *manifester dans le bois* brut qu'à une époque avancée de sa dessiccation et lorsqu'il est sur le point de perdre le dernier tiers de l'eau qu'il renferme. Un premier moyen consiste donc à conserver au bois *ce dernier tiers* d'eau qu'il renferme. On a reconnu expérimentalement que les bois maintenus invariablement humides, dans *certaines limites*, par *la pénétration de* chlorures déliquescents, restent immobiles dans leur volume à quelque variation atmosphérique qu'ils soient exposés. Ils changent bien encore de poids et même dans *une proportion beaucoup* plus considérable que les bois naturels mais ces changements s'exécutent de telle sorte qu'il n'en résulte pas de modifications de forme.

Les *chlorures déliquescents*, si avantageusement employés pour prévenir le travail des bois a aussi pour effet de réduire de beaucoup le temps de leur *dessiccation*. On économise tout celui qui est nécessaire pour les vaporisations du dernier tiers de l'eau qu'il contient.

### Moyens de diminuer l'inflammabilité et la combustibilité des bois.

**46.** Nous savons qu'en construction ce *qui a fait au bois un grand tort* c'est sa facile inflammabilité ; on a cherché à diminuer cette fâcheuse propriété en introduisant dans les bois des substances chimiques qui, par leur fusion, rendent très *difficile leur combustion*.

Les substances salines, les sels métalliques, les chlorures déliquescents, etc... sont autant de matières *qui, en conservant* au bois une certaine humidité diminuent forcément leur inflammabilité en rendant très difficile la combustion de leur charbon. Le phosphate d'ammoniaque, le *biborate d'ammoniaque, le silicate* de potasse, le silicate de soude, sont ainsi des substances qui retardent l'inflammabilité des bois en formant à la surface du bois un enduit vitreux.

Le phosphate et le biborate d'ammoniaque étant d'un prix un peu élevé, sont moins employés que *les silicates de potasse* ou de soude (verre soluble). L'emploi de ces deux derniers produits est anciennement connu, on en rencontre de plusieurs couches non seulement le bois, mais aussi *le papier, la toile, la paille, etc.*.

Le verre soluble n'altère en rien les bois et la couche protectrice dont ils sont recouverts ne s'altère ni à l'air ni à l'humidité.

*Pour les bois* on les imbibe au pinceau de plusieurs couches de silicate en ayant soin de faire la première un peu faible pour qu'elle pénètre *bien les pores du bois*.

Lorsqu'on met trois couches, la première est faite avec du silicate pur (3 parties de verre soluble dissous à chaud dans une partie d'eau); les deux autres comportent de *quatre à quatre et demi parties* de verre soluble pour une partie d'eau. Dans la solution pour la deuxième on fera bien d'ajouter une substance pulvérulente, minérale, blanche ou colorée, de la craie, *de l'argile, de l'ocre,* des poudres de brique, de verre, de quartz, de sable, etc... On remplace quelquefois cette deuxième couche par une couche de *lait de chaux* ordinaire. Il faut que chaque couche soit *bien sèche* avant de poser la suivante.

Ces différents moyens de recouvrir les bois de matières retardant ou empêchant même leur *inflammabilité sont très précieux* pour les pièces de bois, décors et autres engins employés dans les théâtres où, comme nous le savons, le feu se communique assez facilement.

**48.** *Anciennement, pour* rendre le bois incombustible, on le faisait bouillir dans une dissolution d'alun ou de vitriol vert (sulfate de fer). Les ouvriers *ont aussi* remarqué que les bois imprégnés d'urine *ne se consument* que très lentement.

Si on lessive du schiste alumineux avec de l'urine et qu'on laisse pendant une quinzaine de jours *dans cette liqueur* des morceaux de bois de pin, par exemple, ils deviennent presque incombustibles.

## Courbure des bois. — Bois cintrés et chantournés.

**49.** Toutes les pièces de bois employées dans la menuiserie et dans l'ébénisterie ne sont pas planes, souvent même on en emploie qui présentent des courbures très variées; il est donc utile de dire quelques mots sur la courbure des bois.

Anciennement, presque toujours les pièces cintrées étaient prises dans un fort morceau de bois qu'on était obligé de débiter à la scie ou avec le ciseau pour obtenir la forme convenable, le résultat de cette opération était de couper le fil du bois, les fibres n'allaient plus d'un bord à l'autre et plus les pièces étaient fines et délicates, moins la solidité était conservée, on était donc obligé pour avoir des pièces solides de les rendre lourdes à l'œil.

Aujourd'hui, pour courber les bois, on emploie plusieurs procédés que nous allons examiner et qui ont tous pour but l'attendrissement des bois par la chaleur.

La partie ligneuse étant pénétrée d'eau s'amollit assez pour recevoir une forme donnée et la conserver quand on la refroidit ou quand on la sèche.

La courbure des bois peut se faire : à feu nu, à l'eau bouillante, à la vapeur, enfin, au sable chaud et mouillé.

**50.** La courbure des bois à feu nu est très simple et très primitive, on pose au milieu de la pièce à courber sur une barre de fer ou sur un chevalet; on en retient une des extrémités bien solidement et on charge l'autre, laissée libre, d'une série de poids qu'on augmente à mesure que le bois se courbe ; le tout étant ainsi disposé, on fait en-dessous de la pièce un feu de bois clair et on mouille la face supérieure de cette pièce à courber. On arrive, par cette simple opération, à faire prendre au bois la courbure qu'on désire.

**51.** Le deuxième moyen de ramollir les bois pour pouvoir les courber consiste à les faire bouillir dans de l'eau et à les contourner ensuite dans des moules disposés exprès suivant la forme qu'on désire leur faire prendre. On employait pour cela une grande cuve en cuivre dans laquelle on faisait bouillir de l'eau ; cette cuve devait être fermée par un couvercle.

Les bois employés au sortir de la cuve étaient très souples et se prêtaient facilement à tous les contours qu'on voulait leur faire prendre sans qu'il s'en détachât aucun éclat, mais en examinant l'eau qui a servi à l'opération, on reconnaissait facilement, à sa coloration et à son goût, qu'une partie constitutive du bois avait été enlevée. Ces bois ainsi traités exposés au soleil perdaient de leur poids, ils prenaient un retrait considérable et leurs qualités paraissaient altérées.

**52.** Le troisième moyen en se servant de la vapeur doit être préféré aux deux précédents ; les bois ne recevant aucune action directe, ni du feu, ni de l'eau, ne sont ni brûlés, ni pénétrés par l'eau bouillante qui dissout la substance gélatineuse des bois et altère leurs qualités.

On se sert d'une chaudière à vapeur à la suite de laquelle se trouve une grande caisse fermée ; cette caisse contient les bois à attendrir et reçoit de la chaudière la vapeur nécessaire à cette opération.

Quand le bois est assez ramolli, on le contourne dans un moule disposé convenablement. On laisse le bois sécher à l'ombre sans le sortir du moule ; quand il est bien sec il a acquis invariablement la forme qu'on lui a fait contracter et pour la lui enlever il faudrait le ramollir de nouveau.

**53.** Enfin on a essayé pour attendrir les bois, de se servir du sable chaud et mouillé. L'opération se fait encore dans des étuves, la température est plus élevée qu'avec la vapeur, ce qui permet de mieux pénétrer les bois par la chaleur.

**54.** Pour *chantourner* les bois, c'est-à-dire faire la taille des bois courbes, la première opération est de faire des *calibres*. On désigne ainsi des morceaux de bois minces taillés conformément à la courbe qu'on désire obtenir et qui servent ensuite de règles pour tracer l'ouvrage. On emploie ordinairement pour cet usage des voliges de bois blanc qu'on taille aisément après avoir marqué la courbe avec un compas ou après l'avoir dessinée quand elle ne forme pas une portion de cercle.

Il existe bien d'autres petits moyens

dont les praticiens connaissent l'emploi et qui seront indiqués ultérieurement.

## Coloration des bois.

**55.** Avant de teindre les bois, il faut dans certains cas comme pour les tissus les soumettre à une opération préparatoire qui consiste à les tremper soit dans une dissolution d'alun, dans un bain d'eau de chaux, dans de l'acétate d'alumine, dans de l'acétate de fer (bouillon noir) et à introduire ensuite la matière colorante qu'on veut fixer. On *mordante* les bois, comme disent les ouvriers.

Certaines couleurs sont cependant assez pénétrantes pour qu'il soit permis de se dispenser de cette opération.

Pour teindre il y a deux manières d'opérer : la cuve, et le pinceau ou l'éponge.

Si les bois ont peu de volume on les met baigner dans une cuve, ils prennent alors bien plus facilement la teinture; mais s'ils sont trop grands pour pouvoir être placés dans une cuve on a alors recours au pinceau et à l'éponge.

Lorsque les bois sont dans une cuve il ne faut pas trop pousser le feu, le bain doit être chaud mais non pas bouillant. En employant le pinceau ou l'éponge, on doit tenir la couleur plus chaude parce qu'elle se refroidit facilement. Un certain nombre de teintures peuvent se faire à froid.

**56.** Les bois, si l'on en excepte les bois tendres et poreux et le poirier cultivé ne sont jamais entièrement pénétrés par la couleur lorsqu'ils sont débités en trop gros morceaux. Avant de les teindre et pour obtenir un bon résultat il sera bon de débiter les bois en planches de l'épaisseur d'un fort placage, c'est-à-dire de 2 millimètres d'épaisseur environ ; ils prennent alors très bien la couleur en dessus et en dessous et peuvent être facilement traversés.

**57.** Les bois blancs sont seuls susceptibles de recevoir les couleurs tendres telles que le rose clair, le bleu ciel, le jaune, le vert pomme. Les bois à choisir dans ce cas seront : l'érable et ses variétés, le sycomore, le platane et le mûrier.

Le houx étant rare on le réserve pour le blanc uni.

Le peuplier, le marronnier d'Inde sont trop mous, ils prennent cependant bien la teinture ainsi que le bouleau, mais ils sont rarement employés. Le marronnier s'emploie blanc dans son état naturel.

L'aulne, le frêne, le noyer blanc, le cerisier, le hêtre, certains pommiers, l'alisier jeune et autres bois blanchâtres prennent bien des teintes plus foncées, rouge, orange, vert, bleu ; enfin l'orme, le cormier, le noyer d'Auvergne, le prunier, le buis et autres essences prennent bien les teintures encore plus foncées. Le noir est bien reçu par presque toutes les essences.

**58.** Le but de la teinture est d'obtenir avec nos bois indigènes les colorations diverses qu'on rencontre dans les bois exotiques, la coloration des bois est aussi l'art d'ajouter des tons plus vifs à la teinte naturelle des bois tout en conservant les caprices de leur veinage, de telle sorte qu'on puisse quand même reconnaître l'essence à laquelle on s'adresse.

**59.** La teinture peut se faire dans des buts différents ; le plus ancien consiste à donner à certains bois une teinte uniforme, verte, bleue, rose, rouge, jaune, etc., ces bois devant servir à la marqueterie et à l'ébénisterie où on les trouve associés à : l'ivoire, la nacre, l'écaille, la baleine, le cuivre, l'argent, etc.

Il importe, si l'on veut obtenir de bons résultats, que les diverses teintures employées pénètrent le plus profondément possible. Lors donc que la liqueur n'est pas naturellement très pénétrante, ce qui a lieu toutes les fois qu'elle ne renferme pas un mordant, tel que du vinaigre ou quelque autre matière il ne suffit pas d'en frotter plusieurs fois le bois avec une éponge qui en serait imbibée, il faut, autant que cela sera possible, laisser tremper le bois dans la couleur qu'on emploie et cela pendant une quinzaine de jours au moins. Il faut avoir soin de mettre dans le même vase un petit morceau de bois de la même essence que le gros et qui sert de témoin ; en le coupant de temps en temps, il sera facile de se rendre un compte bien exact de la pénétration de la teinture. La teinture doit pénétrer au minimum d'un millimètre dans le bois, on va ordinairement jusqu'à 7 ou 8 millimètres.

**60.** Pour que le bois prenne bien également la couleur il faut d'abord le planer et ensuite le polir avec de la pierre ponce ou autrement. On recommande de tenir le bois dans un endroit chaud ou même dans une étuve pendant vingt-quatre heures pour chasser l'humidité qu'il peut renfermer.

**61.** Pour la coloration des bois on se sert de matières minérales et de matières végétales. Dans le premier cas on n'introduit généralement pas directement la matière colorante, mais deux corps dont la décomposition réciproque peut déterminer la formation d'un troisième corps coloré. Dans le deuxième cas, en employant les matières végétales, on teint les bois comme on teint les tissus.

## Différentes matières employées pour colorer ou teindre les bois.

**62.** Il existe dans tous les ouvrages une grande quantité de recettes pour teindre les bois, mais dans chaque atelier, que ces recettes soient bonnes ou mauvaises, chaque ouvrier en adopte une qu'il vante à l'exclusion des autres, et très souvent l'excellence de sa recette n'est due qu'à l'usage journalier qu'il en fait et aux petits tours de main que l'habitude lui donne.

**63.** Ne pouvant examiner en détails tous les procédés connus nous nous contenterons de donner, sous forme de tableau, un aperçu des principales substances employées.

TABLEAU N° 10

DIFFÉRENTES MATIÈRES EMPLOYÉES POUR LA COLORATION ET LA TEINTURE DES BOIS

| COLORATION obtenue par LA TEINTURE | MATIÈRES EMPLOYÉES | NOTIONS GÉNÉRALES SUR CES MATIÈRES | OBSERVATIONS |
|---|---|---|---|
| Couleur rouge | Le Rocou | Dissout dans l'eau bouillante, donne une couleur rouge orangé imitant bien les couleurs naturelles. | Donner plusieurs couches pour avoir le bois plus ou moins foncé. |
| | Garance | Contient deux matières colorantes: l'une blonde très soluble à l'eau, l'autre beaucoup moins soluble qui est d'un beau rouge. — Ne pas porter la garance à l'ébullition car sa couleur pourrait s'altérer.<br>Tremper les bois avant de les teindre dans un bain d'acétate d'alumine. — Solution de garance, un hectogramme de racine pulvérisée par litre d'eau.<br>Teinture rendue plus écarlate en ajoutant un peu d'étain dissous dans l'acide nitrique. | |
| | L'Orcanette | Teinture très agréable et facile à employer. — Mise dans l'huile de lin chauffée modérément, lorsque l'huile est bien rouge on l'étend sur le bois, on frotte ensuite avec de la ponce broyée et on sèche au tripoli rouge avant de vernir.<br>La terre de sienne broyée à froid avec de l'huile de lin s'emploie comme l'orcanette. | Donner plusieurs couches pour une couleur foncée. |
| | Orseille | Matière soluble dans l'eau, teint les bois en rouge violet. — On ramène au rouge vif en acidulant.<br>Le bois doit être préalablement aluné. | Chauffer très modérément. |
| | Bois de campêche | Le bois de campêche dans la proportion d'un hectogramme environ réduit en poudre, par chaque litre d'eau, donne par l'ébullition une couleur rouge d'un œil particulier.<br>Les bois doivent infuser dans cette teinture plus ou moins longtemps selon le degré d'intensité qu'on désire avoir. | |
| | Bois de Brésil | Le bois de Brésil est préférable au bois de campêche, on le fait bouillir à l'état de râpure, on réduit en copeaux pendant 2 heures environ dans de l'eau mise dans la proportion de : bois 1, eau 10, plus ou moins suivant l'intensité de couleur que l'on veut obtenir.<br>La teinte devient pourpre si on y mêle du bois de campêche et lorsque le bois est teint et qu'il est sec en le mouillant légèrement avec de l'eau dans laquelle on a fait dissoudre de la potasse perlasse dans la proportion de 4 grammes par litre d'eau. Attendre que cette solution ait produit son effet avant d'en mettre une seconde. | Préférer pour ces préparations les eaux de puits à l'eau de rivière. |

TABLEAU N° 10 (*suite*)

| COLORATION obtenue par LA TEINTURE | MATIÈRES EMPLOYÉES | NOTIONS GÉNÉRALES SUR CES MATIÈRES | OBSERVATIONS |
|---|---|---|---|
| Couleur rouge | | Pour que la teinte devienne plus claire tirant sur le rose, on fera entrer dans la décoction du bois de Brésil, de l'ammoniaque ou de la potasse perlasse et on laissera le tout infuser 48 heures, puis on tirera au clair et on fera chauffer jusqu'à ébullition. — On l'étend chaude sur le bois | |
| | Bois de Fernambouc | Produit les mêmes effets et se comporte comme le bois de Brésil. | |
| | Chaux | Employée pour teindre en rouge le mérisier, le cerisier, le guignier; on laisse tremper les pièces dans un lait de chaux très épais. | |
| | Gomme adragante | Employée dissoute dans l'essence de térébenthine. | Chauffer doucement. |
| | Cochenille | La cochenille et la fuchsine servent également pour teindre le bois en rouge. | |
| | Sublimé corrosif et iodure de potassium. | Ces deux corps produisent du bi-iodure de mercure qui est d'un très beau rouge écarlate. | Employé pour les bois fins buis, poirier etc. |
| Couleur bleue | Tournesol | Eteindre une poignée de chaux dans un litre d'eau puis on ajoute 2 hectogrammes de tournesol, on fait bouillir une heure. | |
| | Indigo | Broyé fin, exposé à une douce chaleur au soleil, mélangé à l'acide sulfurique, on chauffe 2 ou 3 heures, on laisse refroidir puis on ajoute de la potasse bien sèche (le 1/8 de la quantité d'acide), on laisse reposer 24 heures, on obtient une liqueur très foncée qu'il faut étendre d'eau suivant la teinte qu'on désire obtenir. | Cette teinture pénètre fort lentement les bois. |
| | Bois de campêche | On met 2 hectogrammes 1/2 de râpure de bois par litre d'eau avec un peu d'oxyde de cuivre ; on laisse bouillir une heure. | Action très lente, laisser les bois plusieurs jours. |
| | Dissolution de cuivre rouge (azotate de cuivre). | Se fait de deux manières permettant d'obtenir le bleu ou le vert, acide nitrique dans un vase et dedans de la limaille de cuivre rouge, il y a ébullition qu'on éteint avec de l'eau. On peut aussi étendre d'abord l'acide avec de l'eau puis y mettre le cuivre. | La solution peut s'étendre très facilement, colore beaucoup. |
| | Pyrolignite de fer. | Peut être employé pour teindre les bois en bleu en y mêlant une matière tannante. | |
| | Sels de fer au maximum et prussiate jaune. | Produisent le bleu de prusse employé en teinture. | |
| Couleur jaune | Gaude | On fait une décoction de gaude dans laquelle on ajoute un peu de soude ou d'oxyde de cuivre. Dans la décoction de bois jaune, il faut mettre un peu de colle forte ou même simplement des rognures de gants. | |
| | Rocou | On le fait bouillir pendant un quart d'heure avec quantité égale de bonne potasse | |
| | Gomme-gutte | Employée dissoute dans de l'essence de térébenthine. | |
| | Curcumma | Se prépare avec l'alcool. — On en met 60 grammes dans un litre d'esprit. — On rend ce jaune orangé en ajoutant à la dissolution un peu de sang de dragon. | |
| | Substances diverses | On se sert aussi pour teindre en jaune, de la graine d'Avignon, de bois jaune, de fustel, de quercitron, etc., substances qu'on trouve toutes préparées dans le commerce. | |
| | Acétate de plomb et chromate de potasse. | Produisent du chromate de plomb qui est jaune. | |
| Couleur verte | Oxyde de cuivre | On se sert du vert de gris concret, on le broie très fin et on le dissout dans du vinaigre de bois très fort ; on y ajoute 60 grammes de sulfate de fer et on fait bouillir le tout un quart d'heure dans deux litres d'eau.<br>On se sert aussi de la composition suivante :<br>2 parties de vert de gris, une partie de sel ammoniac et du vinaigre très fort.<br>Les Ebénistes teignent d'abord en bleu et ajoutent ensuite un lavage d'épine-vinette. On teint aussi les bois en bleu et on les trempe ensuite dans une décoction de gaude. | |
| Couleur violette | Bois de Campêche | Décoction de bois de campêche dans laquelle on mêle de l'alun. — On teint d'abord les bois en rouge clair et on les plonge ensuite dans un bain de tournesol ou d'autre bleu clair. | Préférer, pour cette couleur, les bains froids aux bains chauds, la couleur est plus belle. |
| | Substances diverses | On se sert aussi pour teindre en violet de l'orcanette de la garance et du violet d'aniline | |

TABLEAU N° 10 (*suite*).

| COLORATION obtenue par LA TEINTURE | MATIÈRES EMPLOYÉES | NOTIONS GÉNÉRALES SUR CES MATIÈRES | OBSERVATIONS |
|---|---|---|---|
| Couleur brune | Cachou | Le cachou a été employé pour teindre les bois en brun. | |
| Blanc | Décoloration des bois | On désigne ainsi le procédé employé pour donner au bois le ton et la couleur de l'ivoire, ce qui s'obtient par la décoloration des bois.<br>On fait infiltrer dans le tissus du charme, par exemple, une dissolution de soude à 1/4 de degré, puis de l'eau, puis une solution de chlorure de chaux (hypochlorite), puis de l'eau acidulée par l'acide chlorhydrique, enfin de l'eau pure. | |
| Noir | Noix de Galle | 15 parties de noix de galle concassée, 4 parties de bois de l'Inde, 2 parties de vert de gris, 1 partie de sulfate de fer qu'on fait bouillir ensemble dans une quantité suffisante d'eau. | |
| | Substances diverses | On connaît plus de quarante recettes pour teindre les bois en noir, nous n'indiquons que les principales.<br>On obtient un très beau noir en faisant bouillir le bois dans l'huile puis en le frottant d'acide sulfurique.<br>On se sert aussi d'acide sulfurique et d'eau par parties égales, lorsque le bois est devenu bien noir on le frotte avec de la térébenthine. — On peut aussi faire bouillir le bois avec de l'encre etc. | |

## Différentes couleurs à employer pour imiter certains bois exotiques.

**64.** **Acajou clair avec reflet doré.** Infusion de Brésil sur le sycomore et l'érable.

Infusion de garance et de Brésil sur le sycomore et sur le tilleul d'eau ;

**Acajou rouge clair.** Infusion de Brésil sur le noyer blanc ; rocou et potasse sur le sycomore ;

**Acajou fauve.** Décoction de bois de campêche sur l'érable et le sycomore ;

**Acajou foncé.** Décoction de Brésil et de garance sur l'acacia et le peuplier ;

Solution de gomme gutte ou de safran sur le vieux chataigner ;

**Bois citron.** Gomme gutte dissoute dans l'essence de térébenthine sur le sycomore ;

**Bois jaune.** Infusion de curcuma sur le hêtre, le tilleul d'eau et le tremble ;

**Bois jaune satiné foncé.** Solution de gomme gutte ou infusion de safran sur le poirier ;

**Bois de corail.** Infusion de Brésil ou de campêche appliquée sur l'érable, le sycomore, le charme, le platane, l'acacia, et altérée par l'acide sulfurique ;

**Bois de gayac.** Décoction de garance sur le platane ; solution de gomme gutte ou de safran sur l'orme ;

**Bois brun veiné.** Infusion de garance sur le platane, le sycomore, le tilleul, avec couche d'acétate de plomb ;

**Bois vert veiné.** Infusion de garance sur le platane, le sycomore, le hêtre, avec une couche d'acide sulfurique ;

**Bois imitant le grenat.** Décoction de Brésil appliquée sur le sycomore aluné ; le bois teint, altéré ensuite avec une couche d'acétate de cuivre ;

**Bois brun.** Décoction de campêche sur l'érable, le hêtre, le tremble, le bois étant aluné avant d'être teint ;

**Bois noir.** Décoction de campêche très forte sur le hêtre, le tilleul, l'érable, le sycomore ; le bois teint, altéré par une couche d'acétate de cuivre ;

**65.** Aujoud'hui que l'acajou s'obtient à très bas prix, on ne cherche presque plus à l'imiter par des teintures mises sur nos bois indigènes. Ce n'est pas tant la couleur qui plaît dans l'acajou, c'est le roncé, le fleuri et surtout son admirable chatoiement qu'aucune couleur ne peut rendre, que l'artne peut produire, et, d'ailleurs, la mode de l'acajou tend beaucoup à diminuer depuis plusieurs années.

## Abatage et tronçonnage des bois.

**66.** Comme nous l'avons vu dans la première partie du *Cours de construction*, la hache et la scie à main, dite *passe-partout*, étaient jusqu'à présent les seuls moyens pratiques employés pour abattre l'arbre sur pied. L'attention des spécialistes, en ce temps de progrès considérables obtenus dans les scieries et machines-outils à travailler le bois, devait être excitée et, aujourd'hui, on se sert de machines réellement efficaces et réalisant une économie énorme sur les procédés ordinaires si ennuyeux, si longs, si coûteux et parfois même impossibles dans les grandes forêts des pays nouveaux.

Plusieurs tentatives avaient été faites, toutes se proposant d'atteindre le but en employant la vapeur comme force motrice; mais tous les engins imaginés jusqu'alors dans cette intention avaient échoué. Ils étaient compliqués, difficiles à établir et le temps nécessaire pour les transporter d'un arbre à l'autre et à les préparer pour le travail aurait plus que contre-balancé toute l'économie qu'aurait pu faire réaliser l'abatage mécanique.

**67.** La scierie à lame droite et à action directe de la vapeur construite par MM. F. Arbey et fils, constructeurs à Paris, et que représente la figure 1, n'a pas ces inconvénients ; elle est si légère qu'on peut facilement la transporter en forêt, suspendue à l'essieu d'un petit véhicule à bras d'homme ; une forte vis d'arrêt, sur une barre à pointes enfoncées dans l'arbre, suffit amplement à la fixer pour la mise en action ; la rapidité de son fonctionnement est incroyable, puisque, en quelques minutes, un chêne ou tout autre arbre de bois dur peut être abattu, le diamètre étant de 1 mètre et plus ; en y comprenant le temps de la

Fig. 1.

transporter d'un arbre à l'autre; cette scierie peut facilement abattre, en une journée de dix heures, quarante arbres de cette dimension, production parfaitement constatée par l'expérience.

**68.** Les principales recommandations à suivre, pour son emploi, sont les suivantes et, malgré leur apparence de naïveté, nous n'hésitons pas à les faire. Il faut donner à la lame la vraie denture à crochet, mais très écartée, de façon que la sciure puisse facilement se loger entre les dents ; et, de plus, autant que possible, il faut ne procéder aux abatages que hors de sève, c'est-à-dire au commencement de l'hiver ; comme graissage, l'eau de savon sera préférable à l'huile qui tend à former, avec la sciure, un mastic qui pourrait être nuisible au fonctionnement.

**69.** Il est bon de remarquer que la lame droite en question peut prendre n'importe quelle position, grâce à l'agencement des organes ; on peut donc l'employer pour couper les arbres sur les pentes les plus ardues, et cette transformation peut être telle que, comme aux figures 2 et 3, cette machine devient une excellente scierie à couper de travers, à toutes longueurs, les troncs d'arbres couchés par terre, soit dans la forêt, soit dans un chantier ; et, en effet, cette scierie à tronçonner a déjà rendu des services importants dans tous les établissements où il est besoin de couper les bois de longueur, tels que bois de placage, bois tranchés, etc.

**70.** Il est facile aux exploitants et aux marchands de saisir tout l'intérêt pratique que présente une telle scierie ; mais cet intérêt grandit bien davantage quand on reconnaît qu'à l'économie de temps et de main-d'œuvre il faut ajouter l'économie réalisée sur le bois à abattre ;

c'est là, en effet. le plus grand mérite de la machine nouvelle mais expérimentée qui nous occupe, puisque, coupant le bois au rez du sol, elle épargne, dans un arbre de 1 mètre de diamètre, au moins 80 centimètres cubes de la meilleure partie du bois, de cette partie qui serait réduite en éclats si l'arbre était abattu par la hache.

**71.** Quant aux racines, aux souches,

Fig. 2.

pourquoi n'aurait-on pas recours à un moyen explosif, à la petite cartouche de dynamite ? Le plus ou moins de nécessité du défrichement dirigera du reste l'exploitant sur ce point.

## Description de la machine.

**72.** L'utilité en étant démontrée, décrivons la machine elle-même. Elle consiste (*fig.* 1) en un cylindre à vapeur à

Fig. 3.

petit diamètre et course longue, attaché à un bâti léger en fer forgé sur lequel il est disposé, de manière à pivoter sur un centre ; le mouvement de pivotage est imprimé au moyen d'une roue à main, tournant un filet de vis qui s'engrène dans un quart de cercle fondu à l'arrière du cylindre.

La lame est fixée immédiatement au bout de la tige du piston que l'on fait marcher droit au moyen de guides, et les dents de cette lame sont couchées de manière qu'elles ne coupent que pendant la course de rentrée. La scie travaille donc par traction. Au moyen de cette disposition fort simple, on peut se servir de scies de la longueur de 2m,50 à 3 mètres, sans appareil de tension, parce que sa propre coupe est suffisante pour guider la scie en ligne droite au travers de l'arbre, et comme les dents n'offrent aucune résistance à la course de sortie, toute possibilité de flexion de la lame est évitée.

**73.** Toute locomobile peut être employée à fournir de la vapeur à cet outil à action directe. Mais, quand sur le terrain d'exploitation on n'a point à mettre en mouvement les scieries pour le débitage, on peut se contenter d'une petite chaudière portative qui fournit à la machine à haute pression la vapeur au moyen d'un tuyau fort et flexible, et comme ce dernier peut avoir une longueur considérable, la chaudière peut rester dans tel endroit, jusqu'à ce que la machine ait coupé tous les arbres dans le rayon déterminé par la longueur du tuyau à vapeur.

**74.** Si donc il s'agit de couper des bois dans une propriété où le moteur locomobile n'est point inconnu, c'est de la chaudière de ce moteur qu'on se servira; mais, s'il est question de l'abatage de grandes forêts dans des pays nouveaux, il sera préférable d'adopter une chaudière spéciale, légère, disposée comme toujours pour la combustion des déchets de bois et, au besoin, deux, trois ou quatre scieries abatteuses pourront fonctionner à l'aide de cette chaudière dans diverses directions et sous la conduite d'un seul chauffeur.

Malheureusement, la machine à vapeur est encore un organe compliqué, d'un transport difficile, exigeant un approvisionnement continuel d'eau et de charbon; si elle est éloignée de son générateur, il faut des tuyaux très coûteux, d'une pose peu commode et dont le déplacement est presque impossible ou tout au moins dispendieux et long. Il arrive donc souvent qu'on laisse inexploitées de grandes forêts ou certains points d'une forêt. Grâce à la transmission de force par l'électricité, on vaincra ces difficultés.

**75.** A l'Exposition internationale d'Électricité tenue à Paris en 1881, nous avons pu remarquer deux scieries : l'une d'elles pour bois en grumes, demandant beaucoup de force. Toutes deux fonctionnaient par transmission de force par l'électricité et leur travail faisait l'admiration de tous les visiteurs compétents. Là, on a pu se rendre compte du moyen que nous venons d'indiquer. L'électricité, sa force, ses résultats, ce qu'on peut en attendre sont aujourd'hui connus et mis en pratique.

**76.** Des machines facilement transportables, peu encombrantes, permettent d'utiliser à distance une force motrice quelconque, de la transporter et de s'en servir précisément dans les pays dépourvus de voie de communication, d'un accès difficile, peut-être même dépourvus d'eau, dans les montagnes, là où il faut, surtout aujourd'hui, aller chercher les bois, soit qu'il soit impossible d'introduire les machines à vapeur, et qu'il faut encore exploiter à la main.

Mais alors, en dispensant du transport la partie la plus encombrante et la plus délicate de toute une installation, l'électricité vient apporter un puissant secours aux exploitants, en transportant la force fournie par un moteur fixe ou par une chute d'eau qui, jusque-là, était en grande partie inutile ou perdue.

**77.** Il ne nous appartient pas d'expliquer ici la théorie de la transmission de force par l'électricité; nous renvoyons nos lecteurs aux ouvrages des savants qui se sont illustrés par leurs études et leurs expériences dont on a admiré le succès à l'Exposition. Appliquée notablement depuis 1873, à Vienne, par M. Fontaine, où deux machines Gramme accouplées mettaient en mouvement une pompe élévatoire, la force électrique ou transmission par l'électricité est appliquée effectivement au labourage, aux chemins de fer, à la commande de machines-outils, marteaux-pilons, perforateurs, etc. Et s'il est évident que ce transport de force n'est pas intégral, et qu'en pratique 50 0/0 se trouvent perdus en route, néanmoins, si faible que puisse paraître ce rendement, que le progrès parviendra certainement à augmenter, il est déjà suffisant pour qu'on puisse, dans certains cas, remplacer économiquement un ensemble de petits moteurs par un moteur unique, proportionnellement moins coûteux de personnel et de consommation, et à plus forte raison l'est-il lorsqu'il s'agit de transporter les forces gratuites de la nature, jusque-là inutilisables.

Nous voilà donc en possession d'un moyen simple et avantageux de distribuer la force d'une chute d'eau dans un rayon qui peut être considérable, par un système de récepteurs électriques installés à la source même, actionnés par une ou plusieurs turbines, et son réseau de fils conducteurs isolés pouvant transporter les courants produits jusqu'aux machines distributrices de cette force.

Etant arrivés à créer des types légers, quoique robustes, de scieries et outils se prêtant, par leur démontage, remontage et installation facile, à un déplacement fréquent, tout exploitant, disposant d'une force hydraulique ou d'un moteur à vapeur, pourra installer son exploitation mécanique, dont le moteur fixe mettra en mouvement les outils des différents chantiers distribués dans un rayon de quelques kilomètres. Là où l'eau empêchera de creuser, on pourra éloigner jusqu'à un endroit plus propice.

**78.** Nous donnons (*fig.* 4) l'indication de l'abatage et le tronçonnage en forêt, avec transmission d'une force hydraulique par l'électricité. La figure 5 indique comment on peut, en forêt, faire l'application de la scie à abattre les arbres dont nous avons représenté l'élévation (*fig.* 1).

Fig. 4

**79.** Les arbres étant abattus, soit à la hache, soit à l'aide des procédés que nous venons de décrire, il peut être avantageux, afin d'économiser sur les frais de transport, de faire sur place le sciage en long et en travers, en longueurs convenables et commerciales afin de faciliter la manœuvre et d'en tirer de suite le meilleur parti possible.

Nous donnons (*fig.* 6) un type d'exploitation en forêt par les moyens mécaniques les plus récents ; nous aurons l'occasion, en parlant des machines-outils, de dire quelques mots des différents types représentés dans ce croquis.

## Bois d'échantillon.

**80.** On trouve dans le commerce, sous le nom de *bois d'échantillon*, des bois qu'on a sciés et débités soit dans les forêts, ou dans les chantiers pour des usages déterminés.

Ces différents bois prennent des noms que nous avons donnés précédemment et dont les principaux sont : les planches, les doublettes, les membrures, les chevrons, les entrevous, les voliges, etc... L'ouvrier qui n'aura à sa disposition que de grosses pièces de bois et voudra en avoir de plus minces fera bien de se régler en les débitant sur les dimensions contenues dans le tableau N° 8 qui sont commodes et satisfont tous les besoins. Exemple : pour faire des voliges, il prendra une doublette qu'il refendra en trois en la divisant sur son épaisseur par deux traits de scie. On pourrait croire qu'on obtiendra ainsi des voliges trop épaisses, mais il faut tenir compte de 5 à 6 millimètres perdus par chaque sciage.

Fig. 5.

**Corroyage et dressage des bois.**

**81.** On désigne par corroyage des bois, l'opération qui consiste à aplanir et à dresser les faces d'une pièce de bois, de manière à les rendre parallèles entre elles;

ce travail peut s'exécuter à l'aide de plu- | sieurs outils et aussi d'un instrument

Fig. 6.

connu sous le nom de *varlope*, ou, ce qui se fait beaucoup aujourd'hui, à l'aide de machines spéciales qui seront décrites en parlant des machines-outils.

Le corroyage et le dressage des bois à la main que nous allons décrire réclame beaucoup d'attention pour obtenir un bon travail et ne peuvent être exécutés convenablement que par des ouvriers ayant déjà une certaine pratique.

**82.** Après avoir choisi une planche d'une grosseur proportionnée à l'ouvrage qu'on désire faire, on examine, quand on veut la corroyer, quelle est celle de ses surfaces qui est le plus de fil et qui présente le moins de défauts, ou celle qui est convexe.

On pose la planche à plat sur *l'établi*, de manière que cette surface soit en dessus et qu'on puisse la travailler librement. On appuye l'extrémité de la planche par le milieu de son épaisseur contre le *crochet* et on donne à l'autre extrémité un coup de *maillet* qui fait pénétrer les dents dans le bois et assujettit la planche d'une manière stable.

S'il y a de trop fortes inégalités, on commence par les faire sauter en se servant d'un *ciseau* et d'un *maillet*, en ayant soin d'incliner bien exactement le ciseau suivant l'angle de son biseau. On prend ensuite un autre outil nommé *demi-varlope* ou *riflard* et, avec cet instrument, on commence à dresser la surface, à faire disparaître les autres fortes inégalités, en un mot à dégrossir l'ouvrage.

Le riflard est très commode pour cet usage parce qu'il est léger, facile à manier, que son fer à tranchant un peu arrondi sur les angles pénètre plus aisément dans le bois et enlève des copeaux plus épais. Lorsque bon nombre d'aspérités sont enlevées, on remplace le riflard par la grande varlope ; la grande étendue du fer de cet instrument, la forme bien droite de son tranchant, la longueur de son fût le rendent propre à bien terminer le corroyage, à faire disparaître même les petites inégalités et à obtenir une surface parfaitement unie et bien horizontale.

**83.** Cette opération qui, au premier abord, paraît très simple exige surtout des commençants beaucoup de précautions pour ne pas obtenir une surface courbe avec la varlope la mieux dressée. Il faudra donc : tenir la varlope bien horizontalement, avoir soin de bien mettre l'outil en fût, c'est-à-dire de donner au fût le degré de pente convenable et de le disposer de telle sorte que la petite surface inclinée du biseau soit parallèle avec la surface inférieure de la varlope et en forme, pour ainsi dire, la continuation.

Le fer doit être peu saillant au-dessous du bois de la varlope. Pour s'assurer que la surface de la pièce est bien ~~horizontale~~, plane on applique dessus une règle bien droite et dans tous les sens.

Quand la face supérieure est ainsi bien dressée, on s'occupe des autres faces de la pièce. Lorsque la planche est épaisse, on fait, sur chacun des bords, avec le *trusquin*, un trait qu'on suivra en corroyant la seconde face et qui règle son parallélisme avec la première.

Les deux faces de la planche étant bien dressées on s'occupe des rives de cette planche, on trace en se servant de *l'équerre* les lignes à faire suivre à l'instrument. On corroie les tranches, on les rifle comme disent les ouvriers avec bien plus de facilité que les grandes surfaces puisque, à raison de leur peu d'épaisseur, on n'a pas à craindre qu'elles ne soient bien dressées dans leur largeur ; on peut employer le *rabot* pour cette opération qui est plus simple que la précédente.

**84.** Avant de considérer l'ouvrage comme complètement terminé, il faut encore s'assurer de bien des choses : vérifier, en se servant de l'équerre, si la surface nouvellement dressée fait un angle bien droit avec la première ou lui est bien perpendiculaire ; voir si la planche est bien de largeur, c'est-à-dire si elle est bien aussi large à une extrémité qu'à l'autre.

**85.** Si les deux tranches ou les deux grandes surfaces d'une planche doivent être inclinées entre elles et non parallèles, on règle, dans ce cas, les degrés d'inclinaison sur toute l'étendue de la surface avec un instrument nommé *sauterelle* ou fausse équerre.

Si ce sont les deux faces de la planche qui ne doivent pas être parallèles, il faut, après avoir dressé l'une, dresser de suite la tranche le long de laquelle on fera glisser la sauterelle pour vérifier.

Si les deux surfaces doivent former entre elles un angle de 45 degrés, on se sert de l'équerre d'onglet qui donne cet angle d'une manière précise.

# CHAPITRE II

## § I. — INSTRUMENTS ET OUTILS DU MENUISIER

### 1° Instruments et outils servant à assujettir les pièces de bois qu'on veut travailler.

**86.** Établi. L'établi est, de tous les outils du menuisier, celui dont l'usage est le plus fréquent ; c'est en effet sur l'établi que s'exécutent presque tous les travaux de l'atelier.

Il se compose, comme le montre le croquis (*fig.* 7) d'une espèce de table A de 0$^m$,08 d'épaisseur, de 0$^m$,48 à 0$^m$,65 de

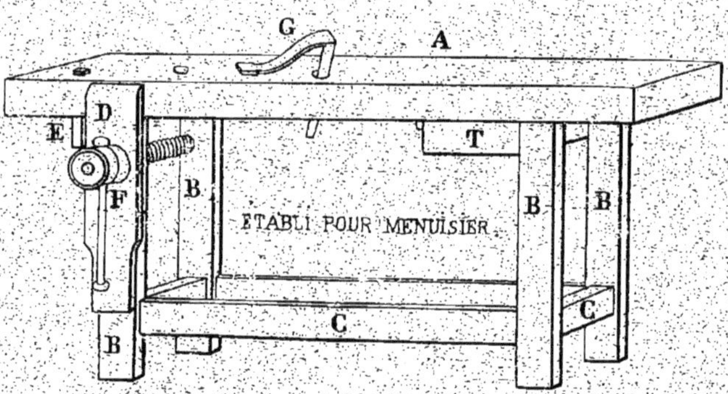


Fig 7.

largeur, de 2 mètres à 2$^m$,60 de longueur et de 0$^m$,80 de hauteur moyenne construite ordinairement en bois de hêtre (on peut aussi employer l'orme ou le frêne), montée sur quatre ou six pieds en chêne B suivant la longueur et reliés entre eux par des traverses C assemblées à tenons et mortaises.

Dans la table A on perce un certain nombre de trous circulaires destinés à recevoir une pièce métallique G nommée *valet*; un autre trou carré dans lequel glisse à frottement dur une tige carrée E garnie à son extrémité supérieure d'un crochet denté; c'est, comme nous l'avons vu en parlant du corroyage, contre ce crochet qu'on fixe d'un coup de maillet les planches qu'on veut corroyer ou polir dans le sens de leur longueur.

En D se trouve une presse munie d'une vis F et servant à maintenir les pièces de bois contre l'établi. La pièce principale D de cette presse se nomme le *mors*.

Enfin en T il existe un tiroir dans

lequel le menuisier place les outils de petites dimensions.

**87.** Les moyens indiqués ci-dessus, crochet et valet, pour maintenir les bois pendant le travail présentent des désavantages. Le crochet n'est bon que lorsqu'on pousse la varlope longitudinalement en dirigeant sa course contre le crochet et il est quelques bois qu'on est obligé de raboter en travers. Les valets occupent une partie de la face supérieure de la planche et, de ces deux instruments, l'un servant à un usage, l'autre à l'autre, il arrive que si, après

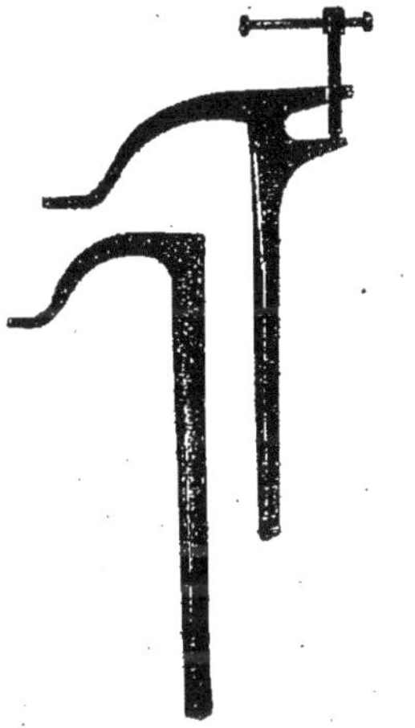

Fig 8.

avoir raboté, on veut entailler ou creuser le bois, il faut mettre le crochet puis l'enlever si l'on veut raboter de nouveau ; il en résulte une perte de temps assez grande. C'est pour éviter ces désagréments qu'on se sert quelquefois d'établis connus sous le nom *d'établis à l'allemande* et permettant de serrer la planche à travailler entre deux crochets qui l'assujettissent en pénétrant dans l'épaisseur à chaque extrémité.

Ces établis, au lieu de porter seulement des trous ronds à placer les valets, sont percés d'une ou plusieurs rangées d'ouvertures carrées dans lesquelles on peut placer des mentonnets ou tiges de fer carrées recourbées en crochet au sommet et servant à maintenir les bois. On fait en sorte que l'un des crochets puisse être serré à volonté contre la planche ; dans cette intention, l'un des mentonnets est fixé dans une pièce de bois mobile posée

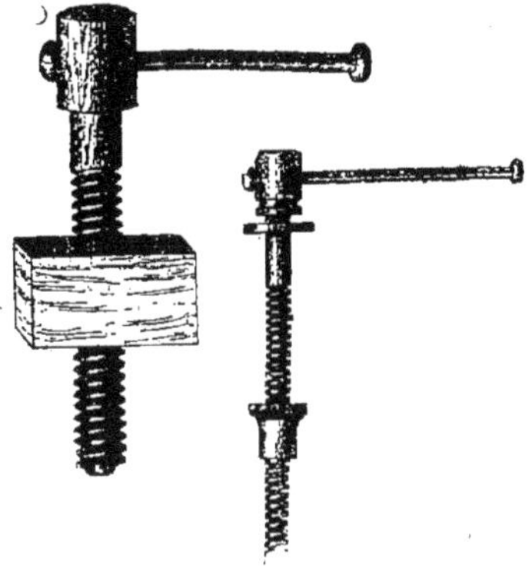

Fig. 9.

à l'extrémité de l'établi et se déplaçant d'une certaine quantité par un mouvement parallèle à la longueur de l'établi ; cet appendice est désigné sous le nom de boîte ou vis de rappel.

Fig. 10.

L'établi ainsi disposé convient pour le travail du bois à plat mais non de *champ*, c'est-à-dire sur la *tranche* ou sur le côté. Pour travailler le bois sur champ on le place dans la presse D (*fig.* 7). Dans l'établi à l'allemande la presse est placée horizontalement.

**88. Accessoires de l'établi.** Les parties accessoires de l'établi sont : les *valets* et les *vis des presses*. Les valets, dont nous donnons les deux principales formes (*fig.* 8), l'un simple, l'autre à vis de pression, servent, comme nous le savons, à maintenir solidement sur l'établi une planche qu'on désire travailler à plat. Les dimensions ordinaires de cet outil sont : de 0m,50 à 0m,75 de longueur et de 0m,027 à 0m,034 de diamètre. Les vis des presses se font en bois ou en fer ; nous en donnons les deux principaux types (*fig.* 9).

**89.** La figure 10 nous donne un exemple d'établi d'amateur établi en bois de hêtre, vis en cormier, avec valet poli, griffe et presse, de 1 mètre de longueur et renfermant un outillage complet dont la composition est la suivante :

1 Varlope cormier.
1 Rifflard cormier.
1 Rabot cormier fer simple, 34 millimètres.
1 Guillaume cormier fer de 20 millimètres.
1 Maillet cormier.
1 Scie à tringle, bras cormier, 45 centimètres.
1 Scie à tringle à refendre, 40 centimètres.
1 Scie à guichet, manche plat, 22 centimètres.
1 Trusquin cormier, tige demi ronde.
1 Equerre cormier, 19 centimètres.
1 Equerre cormier d'onglet, 19 centimètres.
1 Fausse équerre cormier de 16 centimètres.
1 Presse charme, vis cormier, 75 millimètres.
1 Marteau manche cormier, 25 millimètres.
1 Vilebrequin demi fort, verni.
1 Pot à colle, 55 millimètres.
1 Burette à huile, forme boule.

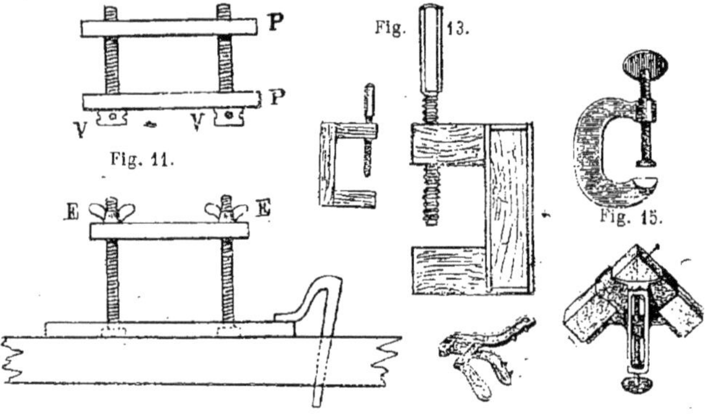


Fig. 11. Fig. 12. Fig. 13. Fig. 14. Fig. 15. Fig. 16.

1 Racloir emmanché;
1 Ciseau court, 10 millimètres.
1 — 18 —
1 — 25 —
1 Gouge courte Sarby, 6 millimètres.
1 — — 8 —
1 — — 12 —
1 Bédane, 6 millimètres.
1 Lime plate à main, 17 centimètres.
1 Lime demi-ronde, 17 centimètres.
1 Lime 3/4, demi douce, 12 centimètres.
1 Râpe plate à main, piqûre 17 centimètres
1 Râpe demi ronde, piqûre 17 centimètres.
1 Tenaille, 16 centimètres.
1 Tournevis manche plat, 8 centimètres.
1 Pince plate polie, 14 centimètres.
1 Compas, 16 centimètres.
1 Chasse-pointes poli.
1 Meule, montée auge en fonte à manivelle, 16 c/m
1 Pierre à l'huile enchassée.
3 Mèches façon Styrie, 4, 6, 8 millimètres.
1 Mèche 3 pointes, 20 millimètres.

**90. Presses.** Il y a plusieurs espèces de *presses;* dans presque toutes une ou plusieurs vis forment les pièces principales. Leur but est d'assujettir l'ouvrage lorsqu'on veut le débiter ou le coller.

La presse la plus simple se composera de deux pièces de bois P (*fig.* 11) dont les quatre faces sont bien dressées, percées chacune et à égale distance de chaque extrémité, de trous taraudés destinés à recevoir des vis à tête percée V. En faisant successivement tourner chaque vis d'une certaine quantité on rapproche les traverses P et on serre l'ouvrage placé entre les deux pièces de bois. Cette presse se place horizontalement sur l'établi où il est facile de la maintenir à l'aide du valet.

La figure 12 nous indique une autre disposition pouvant se placer verticalement. Les deux écrous à oreille E permettent d'obtenir un serrage suffisant. Cette deuxième pièce maintient l'ouvrage dans une position horizontale, on la fixe sur l'établi avec le valet comme l'indique le croquis, ce qui est facile puisque la traverse inférieure est plus longue que la traverse supérieure. On peut établir des presses de ce genre pour maintenir le placage.

**91.** On donne aussi le nom de presse à l'étau placé au pied de devant d'un établi. C'est, comme nous le savons, une pièce de bois percée au milieu de sa longueur d'un trou rond dans lequel passe une vis, en bois ou en fer, ayant pour écrou le pied même de l'établi.

**92.** Les menuisiers se servent aussi de presses indiquées en croquis (*fig.* 13) et connues sous le nom de *presses à coller* ; ces presses peuvent être simples ou renforcées comme nous l'indiquons dans le croquis. Leur manœuvre se comprend à la seule inspection de la figure ; la pièce à serrer est placée entre les traverses inférieures et le bas de la vis.

**93.** On fait encore d'autres presses dont nous donnons les croquis (*fig.* 14, 15 et 16). La première, figure 14 sert à serrer les pièces d'angle ; la seconde, figure 15 est une petite presse métallique renforcée, à l'usage des menuisiers et des ébénistes ; enfin, la troisième, figure 16 est une presse perfectionnée servant à serrer les angles des cadres de manière à pouvoir les coller et les clouer.

**94. Servante.** Bien souvent, lorsqu'on travaille de grandes pièces, il arrive qu'elles ne peuvent porter entièrement sur l'établi. Si elles le dépassent de beaucoup, si elles sont minces et susceptibles de se courber par leur propre poids, il devient nécessaire de les soutenir, on se sert alors d'un instrument connu sous le nom de *servante* et qui n'est qu'un simple support transportable, dont la hauteur peut varier à volonté. On lui donne ordinairement la forme indiquée par le croquis (*fig.* 17). C'est un poteau vertical maintenu debout par deux solides traverses disposées en croix. L'un des côtés de ce montant est garni de dents destinées à retenir le support mobile. Ce support porte une bride en fer retenue par une goupille lui servant de pivot et autour duquel elle peut décrire une portion de cercle. Lorsque

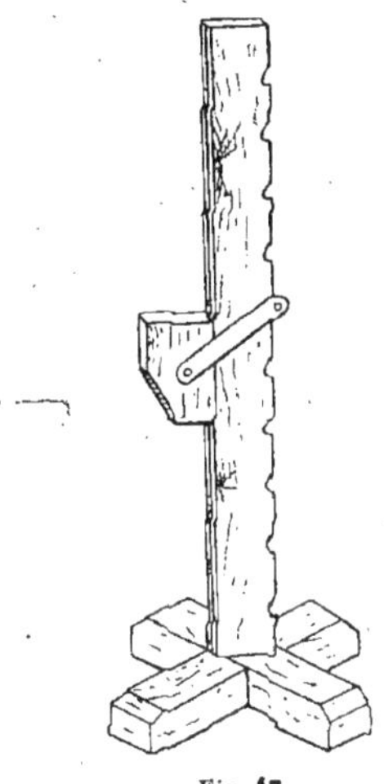

Fig. 17.

cette bride est dans une position horizontale et croise la traverse à angle droit, elle est plus grande que les dents de la crémaillère et leur livre un libre passage, mais si on laisse le support livré à lui-même, son poids fait prendre à la bride une position oblique, son ouverture n'est plus suffisante et l'extrémité de la bride est arrêtée par les dents. La hauteur de la servante doit dépasser celle de l'établi d'au moins un tiers. Les dents ne doivent pas être trop espacées afin d'obtenir plus de variations dans les différents degrés de hauteur du support et que l'une d'elle se trouve placée de manière à ce que le dessus du support puisse être mis exactement au niveau de l'établi.

**95. Sergents.** Nom que les ouvriers menuisiers donnent à un instrument servant à maintenir l'une contre l'autre deux

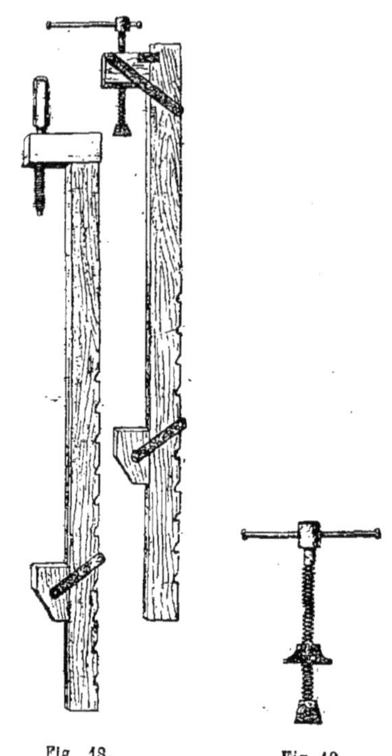

Fig. 18. Fig. 19.

planches devant être collées par la tranche. On dit plus souvent : *serre-joints*.

Les deux types de serre-joints les plus employés sont représentés en croquis (*fig.* 18), l'un comporte une vis en bois, l'autre une vis en fer dont nous donnons le détail (*fig.* 19). Dans les deux cas, on emploie pour les construire une pièce de bois de charme, longue d'environ $1^m,60$, large de $0^m,08$ à $0^m,10$ et épaisse de 54 millimètres. D'un côté, sa tranche est taillée en crémaillère comme le montant de la servante décrite précédemment. Les dents de cette crémaillère, à l'aide d'une bride en métal, donnent un support absolument semblable à celui de ce dernier instrument, mais dans des dimensions différentes, il est plus large et beaucoup plus épais. Ce support est connu par les ouvriers sous le nom de *patte* ou de *mentonnet* mobile. A l'extrémité de la tige s'assemble à angle droit, à tenon et à mortaise une traverse de bois dont l'épaisseur et la largeur sont égales à l'épaisseur et à la largeur de la tige, dont la saillie est égale à celle du support mobile. Cette traverse formant un mentonnet fixe est percée d'un trou taraudé dans lequel tourne une vis qu'on meut facilement avec la main.

On comprend bien l'usage de cette machine ; placée dans une position horizontale, elle serre les planches contre son support par la pression qu'exerce sa vis. Ce mouvement de la vis, doux et uniforme, risque moins de meurtrir la tranche des planches à coller. Il faut avoir la précaution de placer une cale entre la planche et la vis. Le sergent à vis et à crémaillère est quelquefois remplacé par un autre appareil du même genre construit tout en fer.

**96. Etaux.** L'étau à pied plus spécialement utilisé par l'ouvrier serrurier peut aussi trouver sa place dans un atelier de menuiserie et peut rendre des services. Il existe d'autres types d'étaux servant aux ouvriers sculpteurs et que nous étudierons en parlant des différents outils employés pour la sculpture.

## § II. — *OUTILS SERVANT A DÉBITER LE BOIS*

**97.** Malgré toutes les variétés en dimensions des divers échantillons de bois qu'on trouve dans le commerce, il faut encore les débiter soit sur *champ*, soit *sur plat*, en parties moins épaisses pour les divers ouvrages de menuiserie. On se sert pour cet usage d'instruments connus sous le nom de *scies* et dont nous donnons les principaux types (*fig.* 20, 21 et 22). La première (*fig.* 20) est la scie ordinaire du menuisier connue aussi sous le nom de *scie à débiter* la seconde (*fig.* 21) est la *scie à chantourner* enfin, la troisième (*fig.* 22), est connue sous le nom de *scie allemande.*

Il existe aussi une série de scie à main dont nous représentons les principaux types (*fig.* 23 et 24). La première (*fig.* 23) est connue sous le nom de *scie à guichet;* cette scie, comme le montre le croquis,

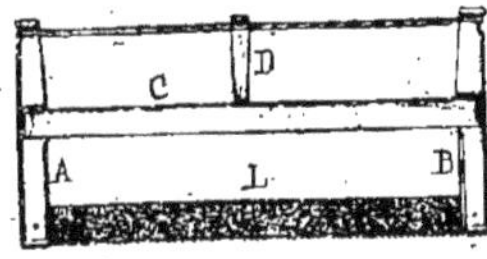


Fig. 20.

est formée d'une lame et d'un manche. Les autres scies (*fig.* 24) composées d'une lame munie d'une seule poignée à l'une de leurs extrémités se nomment *égoïnes.*

La figure 25 est une *scie à cheville :* c'est un morceau de fer plat dentelé fixé sur un fût ou manche recourbé et servant

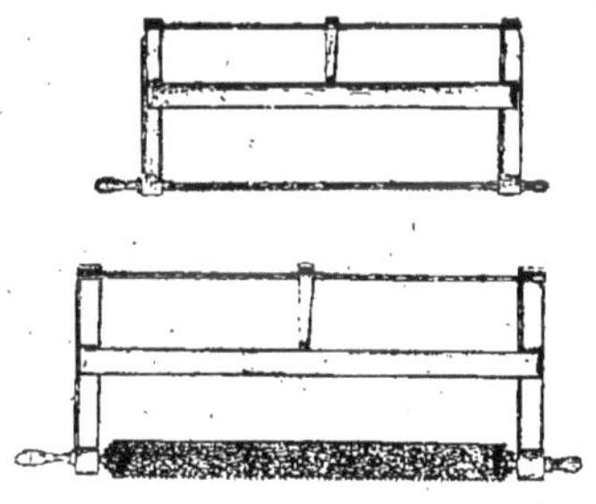

Fig. 21 et 22.

à couper les *chevilles* qui dépassent lorsque l'ouvrage est terminé.

On donne aussi le nom de *scie à découper* au petit ciseau en fer dentelé, placé dans un trusquin.

**98.** La scie à débiter, représentée (*fig.* 20) se compose de deux traverses A et B réunies par un montant C, qui pénètre à tenon au milieu de chacune d'elles. L'une des extrémités des traverses porte une rainure dans laquelle on place la lame de scie qu'on maintient à l'aide d'une goupille.

A la partie haute, les traverses sont réunies par une double corde retenue par des entailles faites sur chaque traverse. Cette corde sert à tendre la lame ; pour cela, entre les deux doubles, on introduit un long morceau de bois ou *garrot* D, on lui fait faire plusieurs tours, la torsion qui en résulte raccourcit la corde et tend la lame de scie. Le garrot entre par son extrémité inférieure dans une *mortaise* pratiquée dans la pièce C et se trouve ainsi maintenu.

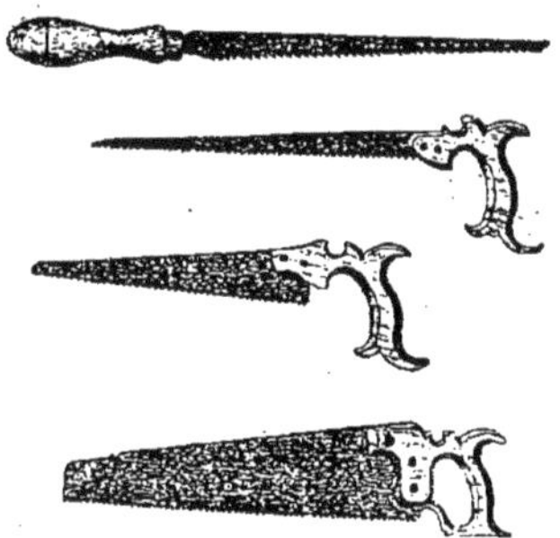

Fig. 23 et 24.

Cette scie, devant presque toujours débiter des bois secs et durs, doit avoir des dents assez fines ; l'acier de la lame doit être de bonne qualité.

**99.** La scie à chantourner indiquée en croquis (*fig.* 21) ressemble beaucoup, comme monture, à la scie à débiter, mais la lame, au lieu d'être fixée sur les montants, n'y est pas directement attachée ; elle est fixée par deux rivures à chaque bout dans la fente d'une cheville cylindrique qui traverse chaque montant et peut y tourner librement.

La lame de cette scie est étroite et a la plus large *voie* (1) possible, afin que le trait de scie une fois ouvert, cette lame puisse tourner pour suivre la courbure que le travail réclame. Elle peut très bien ser-

(1) Pour que la lame d'une scie n'éprouve pas de résistance par le frottement des parties latérales préalablement entaillées, on écarte les dents alternativement à droite et à gauche pour quelles produisent une fente plus épaisse que la lame. Cet écartement est la voie de la scie.

vir pour débiter les bois présentant certains contours non en ligne droite.

**100.** La scie allemande, dont nous

Fig. 25.

donnons le croquis (*fig.* 22), ressemble comme monture aux deux précédentes. La denture de cette scie est plus fine que celle des scies ordinaires ; la lame est mobile, elle permet de débiter des parties courbes d'un grand rayon. La lame étant rendue fixe, cette scie peut aussi remplacer la scie à débiter.

**101.** Les scies à main dont nous donnous ci-dessus plusieurs types sont employées lorsqu'il est impossible de se servir des autres scies.

**102.** Enfin il existe une autre série de scies mues mécaniquement et que nous étudierons en détails, en parlant des machines-outils.

## § *III. — OUTILS SERVANT A CORROYER LE BOIS*

**103. Varlopes.** On désigne sous le nom de *varlopes* de grands rabots dont nous donnons les types les plus connus (*fig.* 26) et qui sont employés par les menuisiers et par les charpentiers pour unir et planer le bois. La varlope ordinaire est composée d'un *fût* A en bois de cormier (0,65 à 0,75 de longueur, 0$^m$,14 d'épaisseur

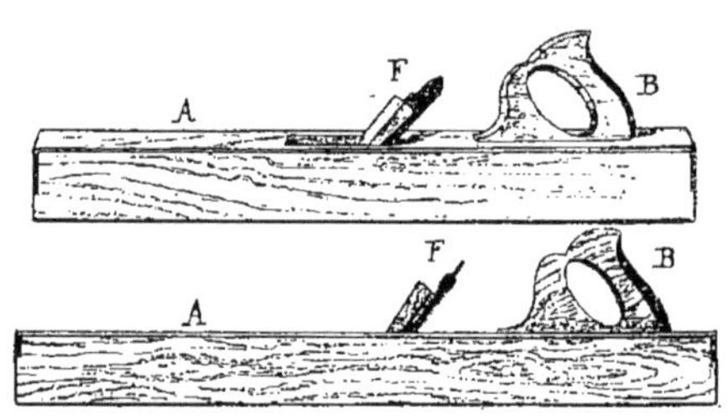


Fig. 26.

et 0$^m$,11 de hauteur) ; d'une poignée B percée d'un trou ovale permettant de conduire l'outil en y plaçant quatre doigts de la main droite ; on le guide en plaçant la main gauche sur le dessus et à l'avant de l'outil ; d'un fer F en acier fondu, placé incliné dans un trou percé dans l'épaisseur du fût et qu'on nomme *lumière* ou *mortaise*. Le fer, dont l'inclinaison varie de 45 à 50 degrés et la largeur d'environ 54 millimètres, est assujetti par un coin en bois placé en avant dans la lumière.

**104.** La *demi-varlope*, nommée aussi *riflard*, ne diffère des varlopes ordinaires que parce qu'elle est moins longue d'un quart ou d'un cinquième ; la construction est la même, mais la lumière est plus inclinée afin que le fer ait plus de pente et morde d'avantage le bois.

On donne au fer une forme un peu

Fig. 27.

arrondie. Cet instrument sert à *blanchir les bois*, c'est-à-dire à en faire disparaître les inégalités les plus grandes.

**105. Rabots.** Les rabots, dont nous indiquons (*fig.* 27) les deux principaux types, ne sont pas autre chose que de petites varlopes dont la manœuvre est beaucoup plus facile, comme le montre le croquis ; le rabot n'a pas de poignée, on le construit en poirier, cerisier, sorbier, cormier, etc... ; il se compose d'un fût et d'un fer en acier fondu qui s'engage dans une entaille inclinée ou lumière plus ou moins dégagée ; un coin maintient le fer en place. On distingue plusieurs espèces de rabots que nous ne ferons que citer. Le *rabot ordinaire* ; le *rabot cintré*, convexe ou concave ; le *rabot à contre fer*, sans vis et à vis ; le *rabot semelle d'acier*, le *rabot à élégir*, le *rabot de bout*, le *rabot racloir*, le *rabot à mettre d'épaisseur*, etc...

## § IV. — OUTILS SERVANT A CREUSER ET A PERCER LE BOIS

**106. Ciseaux.** Les principaux ciseaux employés par le menuisier sont indiqués en croquis (*fig.* 28) ; ce sont des lames de fer ou d'acier que l'ouvrier fixe, pour s'en servir, dans un manche en bois de frêne, de charme ou de cormier à plusieurs pans et long d'environ $0^m,135$ à $0^m,180$.

Le premier I, dans le croquis (*fig.* 28), est connu sous le nom de *bédâne;* il sert aux menuisiers pour couper le bois perpendiculairement aux faces des pièces et aussi à creuser des mortaises et des embrèvements. Le tranchant de cet outil est, comme le montre le croquis, à un seul biseau.

Le second II, dans le même croquis, indique le ciseau ordinaire du menuisier, c'est encore une lame d'acier qu'on fixe dans un manche en bois cylindrique ou à pans. Le fer est plat quelquefois un peu élargi vers le bas ; la partie rétrécie se nomme le *collet ;* ce collet se termine par une *embase* et, au-delà de cette embase, se trouve une pointe nommée *soie* qu'on enfonce dans le manche.

Les croquis suivants sont des variantes.

Le menuisier se sert pour dégrossir le bois, ébaucher les tenons et les mortaises et enlever au bois les gros éclats, d'un ciseau spécial qui va en diminuant graduellement de largeur depuis son extrémité jusqu'au manche et qu'on nomme *fermoir.*

**107.** La *gouge* (*fig.* 29) est un ciseau à fer cannelé dont la largeur est courbée en demi-cercle. La cannelure doit être bien creusée, également évidée pour que le biseau qui est en-dessous ou du côté concave et qui aboutit contre le bord de la cannelure puisse donner au tranchant la forme d'un demi-cercle bien régulier.

**108.** Le *maillet*, représenté en croquis (*fig.* 30), est un instrument que tout le monde connaît. Il sert à frapper sur les outils ; on le construit ordinairement en orme ou en frêne.

Les *râpes à bois* dont nous donnons les deux principales formes (*fig.* 31). Ce sont des limes qui au lieu d'être sillonnées de raies croisées en différents sens sont hérissées de dents saillantes soulevées avec une pointe de fer.

La *vrille* (*fig.* 32) est un outil servant à percer le bois sur une certaine profondeur ou de part en part pour y fixer des vis ou pour amorcer l'entrée d'un autre instrument. Cet outil est trop connu de tout le monde pour que nous insistions davantage.

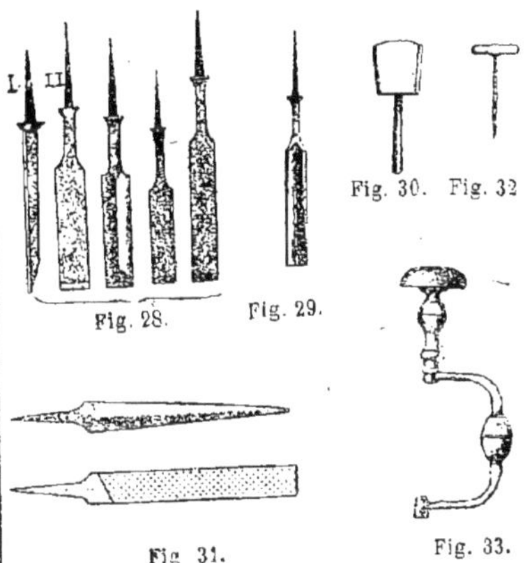

Fig. 28. Fig. 29. Fig. 30. Fig. 32
Fig. 31. Fig. 33.

Le *vilebrequin* (*fig.* 33) C'est un outil servant à percer le bois et ordinairement composé d'une poignée et d'une manivelle coudée qui sert à faire tourner des mèches pour faire des trous.

Les *mèches* du menuisier (*fig.* 34) prennent plusieurs noms suivant leurs formes que nous indiquerons ci-après.

On donne en général le nom de mèche à un outil en acier servant à percer le bois, formé d'une tige carrée qui se fixe dans un trou semblable, pratiqué à l'extrémité inférieure d'un vilebrequin; l'autre extrémité de la mèche a la forme d'une gouge, 1 et 2 (*fig.* 34), dont les dimensions varient avec celles des trous qu'on désire percer.

Lorsqu'on emploie une mèche ordinaire pour faire un trou dans une planche, le bois est coupé net dans le sens de son fil, tandis qu'il est plutôt refoulé que coupé dans la direction perpendiculaire au fil.

Dans le commerce, les différents outils se plaçant dans le vilebrequin sont désignés de la manière suivante :

1° *Mèche polie à cuillère;* 2° *Mèche façon*

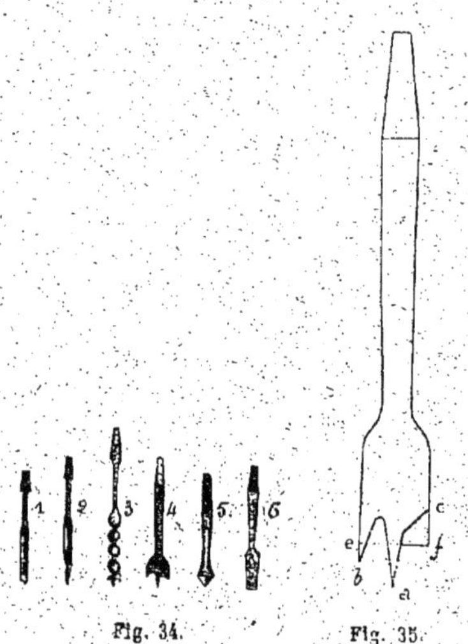

Fig. 34. Fig. 35.

*Styrie;* 3° *Mèche torse à vis Dumouthier;* 4° *Mèche à trois pointes* ou *mèche anglaise;* 5° *Fraise à bois;* enfin, 6° *Tournevis;* se plaçant dans le vilebrequin.

De ces diverses sortes de mèches c'est **la** *mèche anglaise* la plus intéressante, nous allons en dire quelques mots. Cet outil est aplati par le bas et réduit à une faible épaisseur (*fig.* 35), suivant l'effort qu'il doit faire, c'est-à-dire suivant la grosseur des trous qu'il doit produire. A peu près au milieu de la largeur de l'outil se trouve une pointe *a*, nommée *pivot*, qui est ronde si l'on perce un trou dans le bois de bout, et à trois pans, si c'est dans le bois de travers. Cette pointe détermine et conserve le centre du trou; cependant, pour plus de sûreté on doit percer le bois en entier, lorsque cela est possible, avec une *vrille* plus petite que le diamètre de la pointe et bien perpendiculairement à la surface de la planche; *b* est une pointe saillante dite *traçoir* et présentant un tranchant dans le sens où l'on fait tourner l'outil, qui est évidé entre ces deux

Fig. 36.

pointes; le *couteau c* est une saillie tranchante dans le sens où la mèche doit marcher, cette saillie est en biseau et forme avec le corps de la mèche un angle de 40 à 45 degrés. Cette partie doit être bien perpendiculaire à l'axe de la mèche afin que le trou soit parfaitement plat au fond, lorsqu'on ne désire pas percer de part en part.

La pointe *a* doit passer un peu au-dessous du niveau *ef* de la mèche et être en outre un peu plus éloignée du pivot que l'arête extérieure du couteau, afin que celui-ci ne puisse atteindre la circonférence tracée par le *traçoir*.

**Marche de l'outil.** Le traçoir étant le plus long commence à entrer le premier dans le bois et à cerner, en la découpant, la partie centrale que le couteau coupe net en faisant l'office de rabot.

Les mèches dites à *cuiller* doivent être employées dans le bois de bout, elles produisent un très mauvais effet dans les bois de fil, en prenant deux fois le bois à rebrousse-fil ; elles écorchent le bois, et les trous ne sont pas ronds. Les mèches anglaises sont, au contraire, bien appropriées au bois de fil et entrent difficilement dans le bois de bout.

La figure 36 nous représente bien exactement en élévation et vue de côté la forme d'une mèche anglaise.

**109. Tarières.** On donne le nom de *tarières* à des outils servant à percer le bois et qui ne sont autre chose que des vrilles de grandes dimensions ; ces outils étant plus employés par les charpentiers que par les menuisiers, nous n'en parlerons pas plus longuement. Les tarières de petites dimensions, employées pour percer les trous des chevilles, des tenons, etc., se nomment *lacets* ou laceret s.

## § V. — *OUTILS ET INSTRUMENTS SERVANT A MESURER ET A TRACER*

**110. Compas.** Les deux types de compas employés par les menuisiers sont indiqués en croquis (*fig.* 37 et 38). Le premier (*fig.* 37) qui sert à prendre les mesures, à tracer des cercles ou des portions de cercle et à exécuter diverses opérations de géométrie est ordinairement en fer avec pointes d'acier. Le second (*fig.* 38), construit en bois de charme, comporte une pointe et un porte-crayon.

Fig. 37.

Fig. 38.

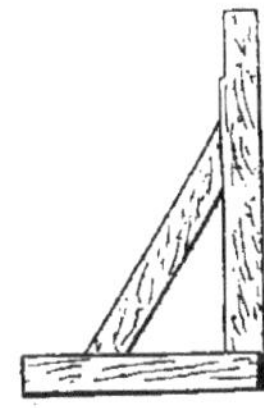

Fig. 39.

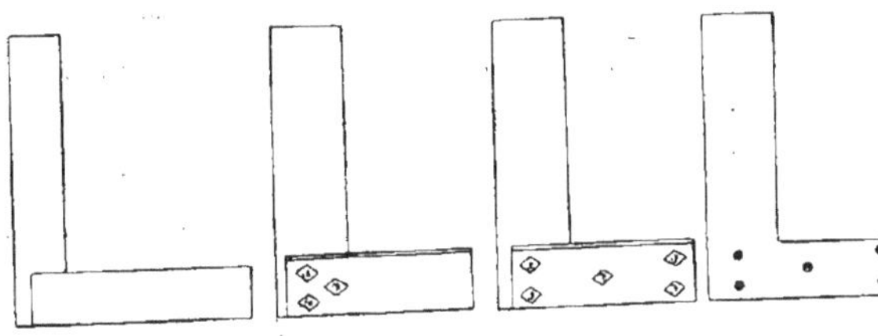

Fig. 40.

On l'utilise pour faire les tracés grandeur d'exécution.

On se sert aussi d'un compas nommé *compas à verge* et qui consiste en une pointe fixée sur une grande règle et un coulisseau mobile pouvant se fixer en un point par une vis ; ce coulisseau porte le crayon destiné à tracer.

**111. Équerres.** L'ouvrier menuisier se sert d'une série d'équerres et de fausses équerres dont nous donnons (*fig.* 39, 40 et 41) les principales formes.

La première (*fig.* 39), connue sous le nom d'*équerre droite à écharpe*, se fait en cormier; elle a ses deux branches réunies et consolidées, en raison de leur grande longueur, par une pièce oblique nommée *écharpe*. Le deuxième type (*fig.* 40) peut se faire tout en bois de cormier ou en bois de palissandre avec lame d'acier con tinue ou non. La figure 41 nous représente: en I, l'équerre à onglets ou *équerre d'onglet* construite entièrement en bois; les *ailerons* de cette équerre peuvent être

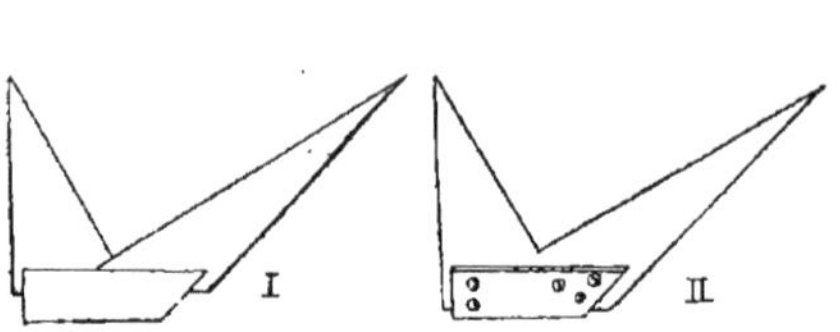


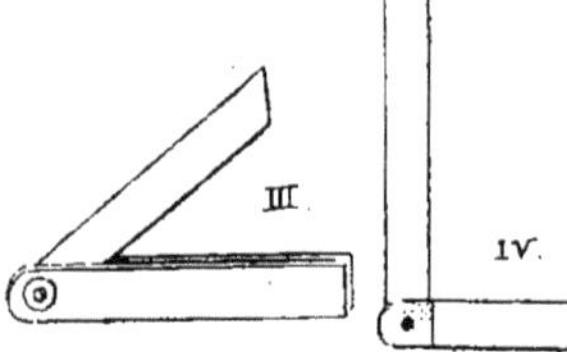


Fig. 41.

en acier comme nous le voyons en II (même figure).

En III, nous représentons la *fausse équerre* connue aussi sous le nom de sauterelle. La tige de la sauterelle est ouverte et entaillée dans son épaisseur de manière

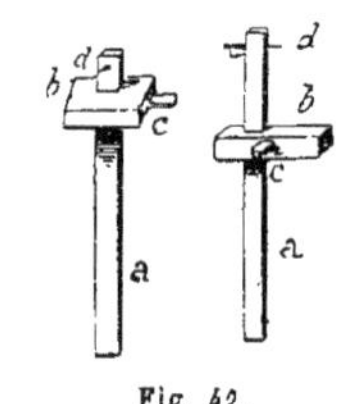


Fig. 42.

Fig. 43.

à former deux lames mobiles autour d'une articulation. En IV (même figure), nous voyons une variante de la sauterelle.

**112. Trusquins.** Les trusquins dont nous représentons deux types (*fig.* 42) sont des outils qui servent aux menuisiers pour tracer sur le bois des lignes parallèles à des arêtes droites.

Ces outils se composent : d'une *tige* ou

Fig. 44 à 49.

*verge a;* d'une *platine b* dont les faces sont parallèles et rectangulaires et qui est percée d'une mortaise carrée destinée à

Fig. 50.

recevoir la tige qui la traverse à angle droit et qui doit glisser à frottement doux; d'un *coin c* traversant la platine dans sa largeur et servant à la fixer; enfin d'une pointe *d* en fer ou en acier et qui sert de *traceret*.

**113. Niveau.** Le menuisier se sert du niveau à bulle d'air que tout le monde connaît, il se sert aussi d'un niveau triangulaire avec plomb indiqué en croquis (*fig.* 43).

**114. Outils divers.** Indépendamment des outils dont nous venons de donner la description l'ouvrier menuisier se sert encore : d'un *marteau*, instrument trop connu pour que nous en donnions une description détaillée ; de *tenailles* dont nous donnons un croquis (*fig.* 44) ; d'un *chasse-clous* (*fig.* 45) ; d'un *rapporteur* en cuivre, outil aussi très connu ; d'une série de *limes;* d'une *hachette* à main (*fig.* 46) ; d'un *tournevis* (*fig.* 47); d'une *plane* représentée en croquis (*fig.* 48) ; d'un *tourne à gauche* (*fig.* 49) servant à donner de la voie aux scies ; d'une ou deux petites marmites ou pots à colle en cuivre avec bain-marie (*fig.* 50) et servant à mettre la colle forte; d'une *boîte d'onglet* (*fig.* 51) en charme ou en cormier ; d'une *meule* (*fig.* 52) à monture forte avec pédale et manivelle ; d'une pierre du levant pour aiguiser ; d'un jeu de pierres à morfiler ; d'une *mâchoire* à ressort pour affuter les scies ; de *râcloirs* droits et creux ; *d'affiloirs*; d'une *règle* de 1 mètre divisée en centimètres; d'une *règle* de 0m,50 divisée en millimètres, d'une *boîte à recaler* (*fig.* 53) construite en charme ; enfin, d'un *jeu de chiffres* pour bois à froid.

Fig. 51.

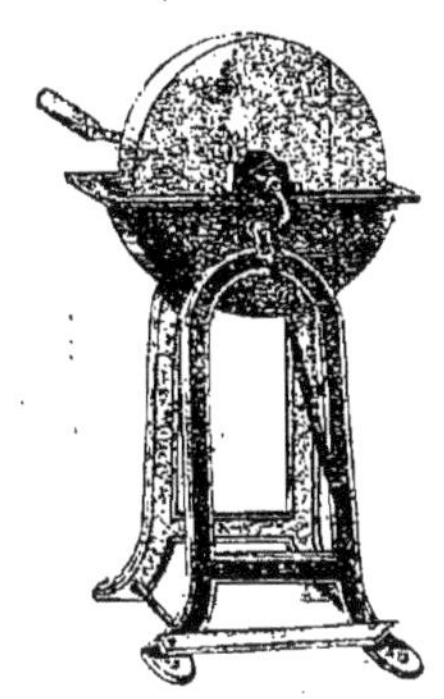

Fig. 52.

Fig. 53.

## § VI. — OUTILS SERVANT A ASSEMBLER

**115.** Assembler c'est réunir des pièces de bois en faisant pénétrer leurs extrémités les unes dans les autres ; on obtient cet effet en creusant des *entailles* ou *mortaises* dans les unes et en amincissant le bout des autres de manière à leur permettre d'entrer dans ces mortaises.

Les outils servant à cet usage paraissent se résumer à ceux qu'on emploie pour entailler et pour tracer les bois ; cependant, on désigne sous le nom *d'outils d'assemblages* une série d'instruments consacrés à cet usage.

Les premiers de ces instruments sont : la *scie à tenon* et la *scie à araser;* ce sont des scies montées comme la scie allemande, à denture fine, bien égale, peu couchée, auxquelles on donne peu de voie.

**116.** Pour qu'un assemblage soit bien fait, solide et le moins apparent possible, il faut que la partie amincie qui doit entrer dans la mortaise soit partout de la même épaisseur. Cette portion de la pièce de bois se nomme *tenon ;* on nomme *arasement* le plan perpendiculaire à chacune des faces du tenon.

Pour faire l'arasement il faut scier les fibres du bois et c'est l'usage auquel on destine la scie à araser ordinaire.

**117. Trusquin d'assemblage.** C'est un trusquin spécial dont chaque face de la tringle porte deux pointes au lieu d'une. L'écartement entre ces deux pointes règle l'écartement des deux lignes à tracer.

**118. Bouvets.** Les bouvets sont des ou-

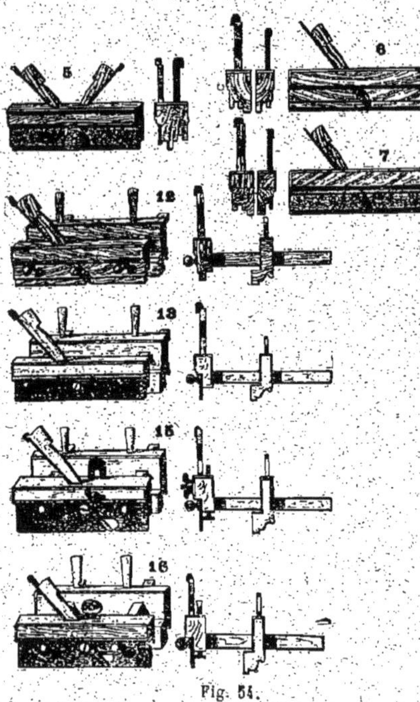

Fig. 54.

tils servant aux menuisiers et aux parqueteurs. Les plus employés en menuiserie sont les *bouvets à joindre* dont nous donnons les principaux types (*fig.* 54) et qui servent à faire des languettes et à creuser des rainures sur l'épaisseur des planches pour les unir par leurs tranches.

Nous donnons ci-dessous les principales dimensions des bouvets à joindre qu'on trouve dans le commerce.

**Bouvets à joindre :**

| | | | |
|---|---|---|---|
| Nº 5 | En un morceau, | languette fer, | 8, 10, 12 m/m. |
| — | — | — | 14, 16 — |
| — | — | — | 18, 20 — |
| Nº 7 | En deux morceaux | languette fer. | 20, 24 m/m. |
| — | — | — | 25, 27, 29 — |
| Nº 6 | — | languette bois, | 20, 23 — |
| — | — | — | 25, 27, 29 — |
| — | — | — | 32, 35 — |
| — | — | — | 40 — |
| Nº 12 | De deux pièces, | — | 10, 12, 14 — |
| — | — | — | 16, 18, 20 — |
| Nº 13 | — | languette fer.................. | |
| Nº 15 | — | à approfondir, descente à T.... | |
| Nº 16 | — | — | — à pompe. |

Le plus souvent, au lieu de faire des bouvets spéciaux pour les *rainures* et

Fig. 55.

pour les *languettes*, on fait des bouvets à rainures et languettes réunies sur le même fût, comme on peut le voir en 5 (*fig.* 54); les deux fers se croisent à angle droit et les deux semelles sont espacées par un *épaulement* commun.

Le bouvet à languette seule est formé

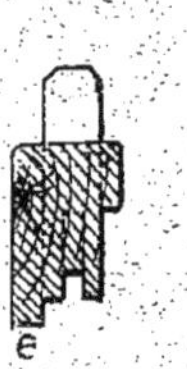

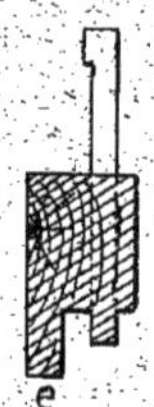

Fig. 56 Fig. 57.

d'un *fût* en bois percé d'un trou nommé *lumière* dans lequel entre un fer qu'on y serre, comme dans le rabot ordinaire, à l'aide d'un *coin*. La *semelle* ou dessous de l'outil est creusée de façon à présenter une rainure qui la divise en trois parties comme on peut le voir en 2 (*fig.* 55). Cette figure 55 nous montre plusieurs types de *fers* employés dans les bouvets. La lumière est inclinée d'environ 45 degrés ; un œil circulaire est ouvert sur la face droite pour le dégorgement des copeaux.

La semelle est bordée par un *épaulement* ou *joue e* (*fig.* 56) qui sert de guide pour conduire l'outil le long de la pièce. Dans les bouvets cette joue peut être prise dans le fût même ou être rapportée et fixée avec des vis ; dans ce dernier cas, elle est presque toujours en fer.

Le bouvet à rainure seule diffère du précédent en ce que la semelle porte une languette correspondant à la rainure que doit creuser le fer dont le tranchant est unique (1, *fig.* 55) et a juste la largeur à donner à la mortaise ; nous en donnons la coupe transversale (*fig.* 57).

**119.** Certains de ces outils, pour rainures, languettes, bouvets à noix ou autres profils, ont une poignée, comme on peut le voir dans les divers types de la figure 58, qui en rend la manœuvre beaucoup plus facile.

**120.** Quand on veut faire des rainures et des languettes à différentes distances des bords du bois on emploie le *bouvet de deux pièces* dont nous donnons plusieurs types (*fig.* 54). La joue de cet outil est mobile et peut s'éloigner ou se rapprocher à volonté de la partie du fût qui porte le fer.

Le *bouvet à approfondir*, nº 15 de la même figure, est aussi formé de deux pièces à écartement. Cet outil a pour but de creuser des rainures d'une profondeur et d'un écartement variables. La partie du fût portant le fer est armée d'une petite tringle pouvant se mouvoir dans le sens vertical et qu'on nomme *descente ;* on

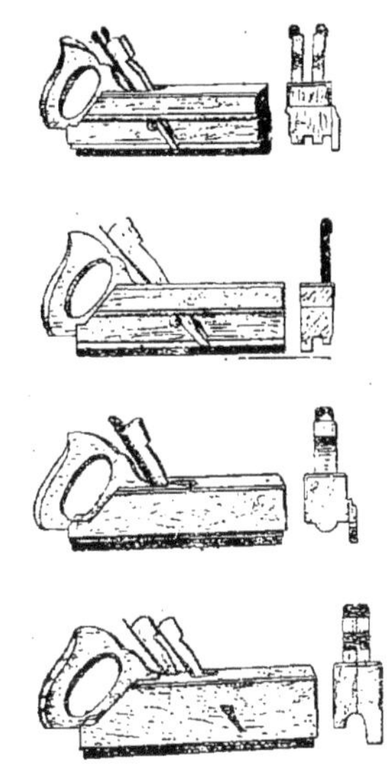

Fig. 58.

la fait en bois ou en fer, elle permet de changer la profondeur des rainures.

Dans ce croquis le bouvet a une descente en fer dite à T.

## § VII. — OUTILS SERVANT A FAIRE LES MOULURES

**121.** On nomme *moulures* des ornements de menuiserie, soit en saillie, soit en creux, affectant certaines formes dont plusieurs, restées classiques, ont des noms particuliers.

On peut, pour exécuter ces moulures, se servir de plusieurs instruments dont les principaux sont :

Le *fermoir à nez rond*, qui ne diffère du fermoir ordinaire que parce que son tranchant est oblique et son extrémité anguleuse. Il sert à fouiller les moulures au fond des angles rentrants.

Pour couper et évider les filets on emploie les *carrelets* ou les *burins à bois*. Ce sont des outils formés par un fermoir ordinaire dont l'extrémité repliée à angle droit sur

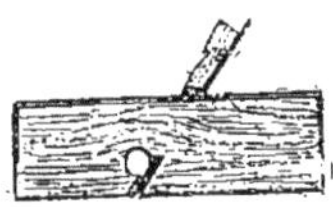

Fig. 59.

la lame présenterait une forme triangulaire par sa coupe.

*Les scies à dégager*, petits outils à

manches dont l'extrémité du fer est reployée à angle droit et garnie de dents.

Les *guillaumes* dont nous donnons un type (*fig.* 59) sont de fil ou de bout ; ils se construisent ordinairement en charme ou en cormier et se font de 7 à 18, de 20 à 22, de 24 à 26 et de 28 à 30 millimètres de largeur. Ce sont des outils à fût servant à agrandir les angles rentrants. Ils se composent d'un fer, d'un fût et d'un coin. La lumière du guillaume a une forme toute spéciale, par le bas elle traverse de part en part le fût qui est à jour dans cette partie.

D'abord très étroite et ne laissant de place que pour le fer et le passage du copeau, elle augmente de grandeur et prend la forme d'un demi-cercle d'environ

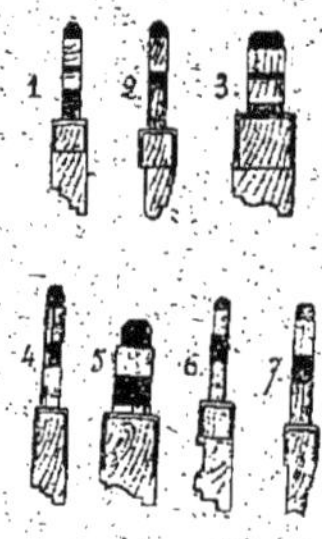


Fig. 60.

34 millimètres de diamètre ; c'est dans cette partie que le copeau se contourne en spirale et sort ; par le haut, la lumière se rétrécit tout à coup et se transforme en une mortaise ou trou carré ayant environ 9 millimètres de côté et aboutissant à la surface supérieure.

Le fer représenté en 6 (*fig.* 55), est taillé en forme de pelle à four ; sa partie élargie qui est carrée affleure le fût de chaque côté et sa queue, ou partie rétrécie, logée dans la mortaise dont l'obliquité règle l'inclinaison du fer, y est maintenue par un coin de forme convenable.

Les guillaumes se distinguent en guillaumes courts, droits, cintrés, etc.

**122.** Les principaux profils pour moulures sont indiqués en croquis (*fig.* 60) et se désignent de la manière suivante :

N° 1. — Quart de rond ;

N° 2. — Rabot rond ;

N° 3. — Talon ordinaire ;

N° 4. — Congé ;

N° 5. — Doucine ;

N° 6 — Feuilleret, depuis 8 millimètres ;

N° 7. — Mouchette.

Ces outils se font de 6 à 14, 16, 18, 20, 25 et 30 millimètres de largeur.

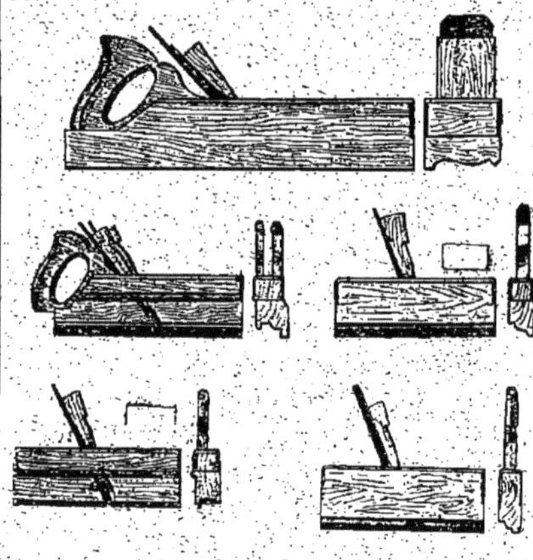

Fig. 61.

Les figures 61 et 62 nous montrent encore des exemples d'outils employés pour les moulures.

Le *feuilleret* est une espèce d'outil

Fig. 62.

ressemblant beaucoup au guillaume et qui sert à faire les feuillures ou angles rentrants, parallèles au bord ou à la rive d'une planche.

On donne le nom de *guimbarde* à un outil à fût qui se meut transversalement à sa longueur au lieu d'être poussé comme les feuillerets et les guillaumes. Cet instrument sert à fouiller des fonds parallèlement au-dessus de l'ouvrage.

Le *bouvet à noix* dont le fer présente tantôt un tranchant creusé d'une entaille demi-circulaire, tantôt un tranchant dont les angles sont au contraire graduellement arrondis comme le serait l'extrémité du fer d'une gouge plate.

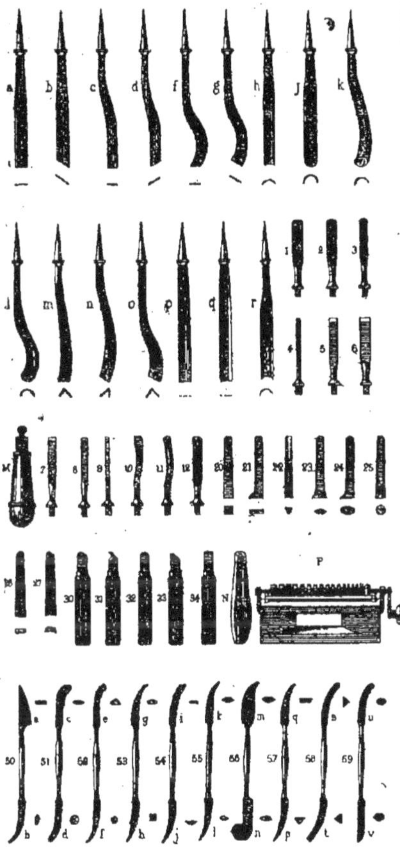

Fig. 63.

Cet instrument ressemble au bouvet d'assemblage et sert à creuser les moulures en forme de rainure arrondie dans le fond, en moitié de cylindre creux, tantôt à faire d'autres moulures semblables à des languettes arrondies en demi cylindre.

La *Mouchette à joue* ne diffère de la mouchette ordinaire que par la joue dont elle est armée et qui la dirige parallèlement à la tranche.

**123.** Il existe encore bien des outils

Fig. 64.

pour faire les moulures, les *gorges*, les *gorgets*, les *tarabiscots*, les *grains d'orge*, etc., qui sont des instruments construits toujours sur le même type et qui ne diffèrent que par la forme du fer et qu'on

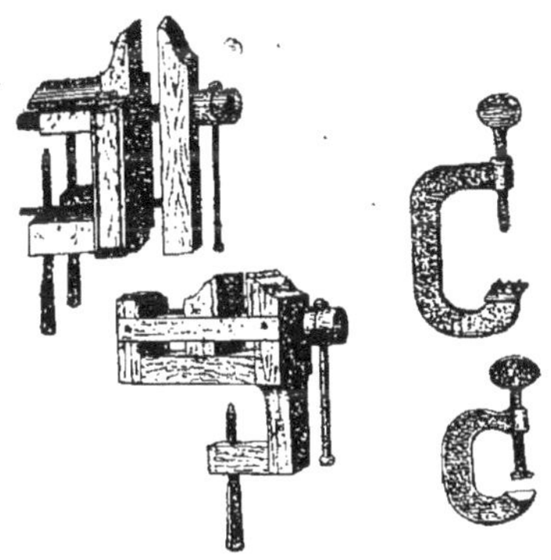

Fig. 65. Fig. 66.

trouve fabriqués d'avance chez les quincailliers ; d'autres tels que les *doucines à baguettes*, les *talons renversés* ont deux fers disposés de manière à faire ce genre de moulures.

**124.** Enfin, pour terminer cette

nomenclature d'outils, nous donnons (*fig.* 63) les outils employés par les sculpteurs et dont la désignation est la suivante :

De *a* à *l* nous représentons les *ciseaux* droits ou coudés, les *fermoirs*, droits ou coudés, les *gouges* droites, coudées ou contre-coudées, se faisant de 1 à 10, de 11 à 14, de 15 à 20, de 21 à 25 millimètres de largeur ;

En *m*, *n*, *o*, sont indiqués les *burins* angulaires, droits, cintrés ou coudés se faisant de 2 à 13 millimètres ;

En *p* et *q*, *ciseaux* et *gouges* gradinées ;

En *r*, gouge courte en acier fondu ;

En M, et de 1 à 12, jeux d'outils à tige taraudée, manche M en bois ;

De 20 à 27, *sabloirs* pour fonds ;

De 30 à 34, râcloirs ou gratte-fonds de formes diverses ;

En N, manches à pans pour outils de sculpteur ;

En P, meule en plomb pour affutage de *gouges* et de *burins*.

De 50 à 59, rifloirs-râpes de toutes formes, *rifloirs-limes*, etc.

Tous ces outils peuvent très bien se mettre dans une boîte, comme nous l'indiquons (*fig.* 64).

**125.** Les sculpteurs se servent encore d'autres outils dont les principaux sont : les *étaux* (*fig.* 65) ; les *presses* (*fig.* 66) ; les *vis et valets* (*fig.* 67) ; le *maillet* (*fig.* 68).

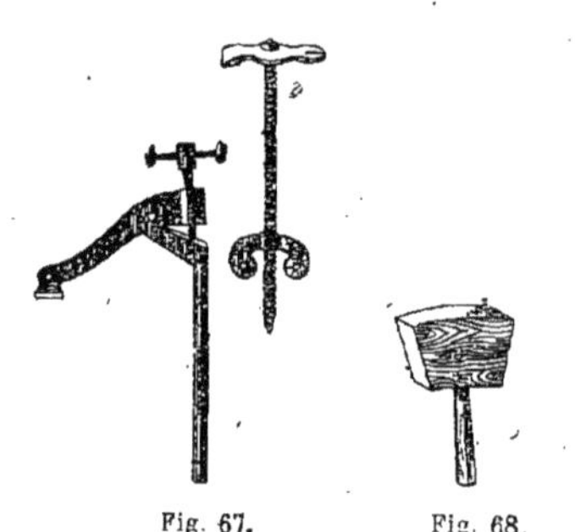

Fig. 67. Fig. 68.

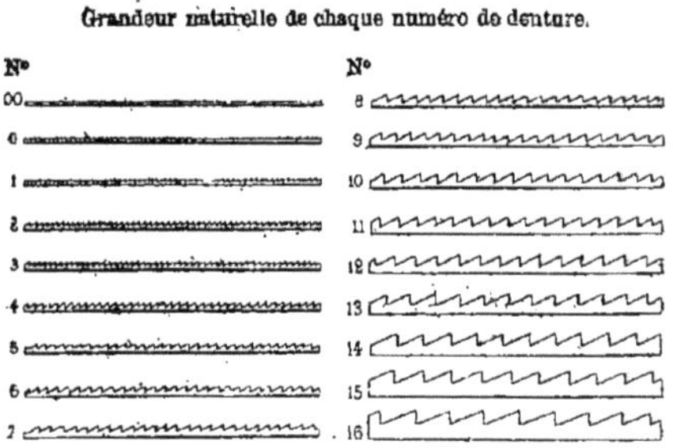

Grandeur naturelle de chaque numéro de denture.

N° 00, 0, 1, 2, 3, 4, 5, 6, 7 — N° 8, 9, 10, 11, 12, 13, 14, 15, 16

Fig. 69.

**126.** Les outils d'amateurs pour découper les bois sont représentés en croquis par les figures suivantes :

La figure 69 nous montre, en vraie grandeur, les différents types de lames de scie employées pour le découpage des bois à l'aide de petites machines d'amateur dont nous connaissons les principaux types. Ces lames sont classées par numéros et se vendent soit par douzaine, soit par grosse aux conditions indiquées ci-après : (Maison Chouanard, à Paris).

**Lames de scies** spéciales pour le bois :

| | | | | | | | |
|---|---|---|---|---|---|---|---|
| 12 centimètres, | longueur, | qualité extra, | du n° 000 | au n° 5, | la grosse 4 » | la douzaine | » 40 |
| 12 | — | — | — | 6 | 10, — | 4 75 — | » 50 |
| 12 | — | — | — | 11 | 12, — | 5 50 — | » 60 |
| 16 | — | 1re qualité | — | 00 | 5, — | 3 90 — | » 40 |
| 16 | — | qualité extra | — | 00 | 5, — | 4 50 — | » 50 |
| 16 | — | — | — | 6 | 9, — | 5 50 — | » 60 |
| 16 | — | — | — | 10 | 12, — | 6 25 — | » 65 |
| 16 | — | — | — | 13 | 14, — | 7 » — | » 75 |
| 16 | — | — | — | 15 | 16, — | 8 » — | » 85 |
| 19 | — | — | — | 0 | 5, — | 5 50 — | » 60 |
| 19 | — | — | — | 6 | 9, — | 6 50 — | » 70 |
| 19 | — | — | — | 10 | 12, — | 7 75 — | » 80 |
| 19 | — | — | — | 13 | 14, — | 8 50 — | » 85 |
| 19 | — | — | — | 15 | 16, — | 9 50 — | » 95 |

**127.** Ces lames sont fixées dans un *porte-scies* dont nous donnons le croquis (*fig.* 70).

L'appareil le plus simple pour faire des siages est la table à scier (*fig.* 71) montée sur presse et pouvant se fixer sur un meuble.

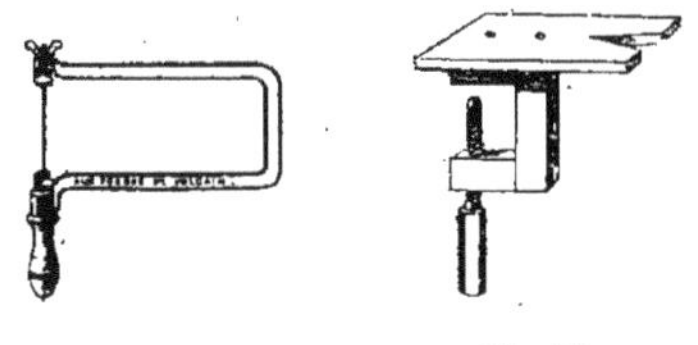

Fig. 70. Fig. 71.

Enfin la *drille* à nez mobile dont le croquis (*fig.* 72) donne la forme et qui peut être à petite ou à grosse torsade, sert à faire des trous pour y passer la lame de scie afin de commencer le découpage.

Indépendamment de ces outils, il faut encore, pour le découpage, avoir les instruments suivants : un tournevis, des limes à retoucher, des vrilles, un poinçon, un ciseau, une gouge, un marteau, un flacon *red-colle* (*fig* 73), un crayon à

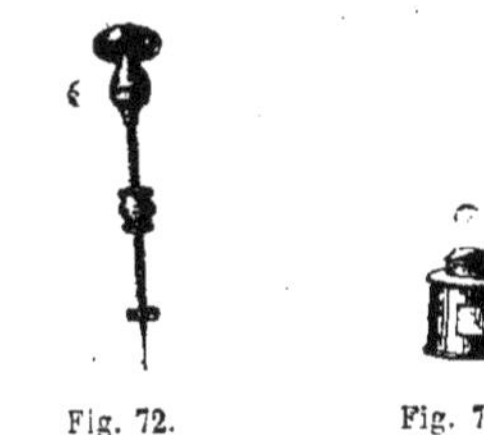

Fig. 72. Fig. 73.

décalquer, du papier calque, une collection de dessins assortis, une burette

Fig. 74. Fig. 75.

légère méplate (*fig.* 74) ou droite à bec (*fig.* 75), etc.

## § VIII. — DU TOUR

**128.** L'art de tourner sur bois doit avoir une origine bien ancienne et il est à remarquer que l'habileté de la main tiendra encore longtemps la place de ce côté.

Toutefois, la mécanique, sous l'inspira-

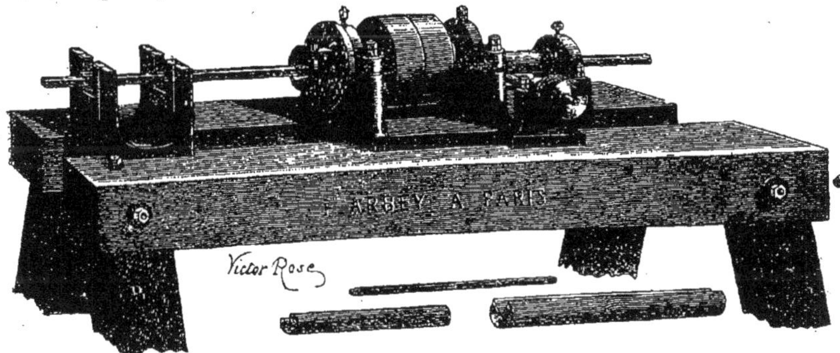


Fig. 76.

tion même du tourneur amateur a apporté successivement au tour à pédale ses nombreuses additions de mandrins particuliers ou universels, griffes, plateaux, dispositions pour le torse, le guillochage, l'ovale, le filetage, etc..

Et lorsque le tournage a dû entrer dans le domaine de l'industrie, ces dispositions additionnées au tour ordinaire, ont pris les formes de machines.

Le bâton rond, par exemple, a donné lieu aux machines à tourner les bâtons cylindriques, sur lesquelles tous diamètres peuvent être éxécutés au moyen d'un simple changement d'outil.

La baguette d'angle n'est elle-même qu'un bâton rond sur lequel est pratiquée une rainure en V ; pour l'éxécution simultanée de cette rainure, une disposi-

Fig. 77.

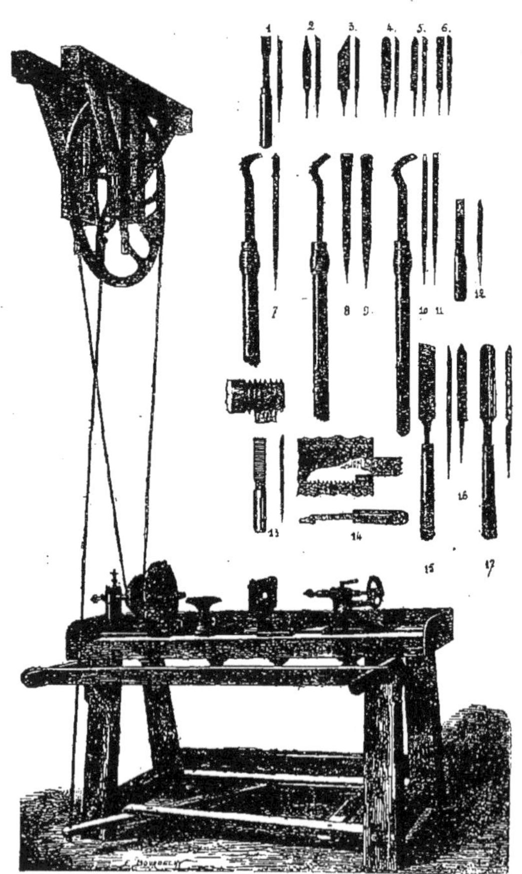


Fig. 78.

tion spéciale de la machine à tourner est nécessaire ; nous l'indiquons (*fig.* 76).

Le constructeur spécialiste a dû créer et créera encore des modèles multiples pour le tourneur ordinaire et même pour l'amateur.

L'un permettra d'exécuter le rond, l'ovale et le torse ; l'autre, le rond et le torse seulement, où l'ovale seul.

**129.** Nous donnons (*fig.* 77 et 78) deux types de tours à pointes, ordinaires à pédale, volant en bas ou volant en l'air, qui peuvent rendre aux menuisiers de grands services pour les divers petits ouvrages qu'ils ont à exécuter.

Les pièces à tourner sont montées sur l'axe du tour ; ce tour leur donne une vitesse circonférentielle de 5 à 6 mètres par seconde si elles sont en bois dur, de 7 à 8 pour les bois résineux, et de 8 à 9 pour les bois tels que l'orme et le frêne.

Cette pièce étant mise en mouvement l'ouvrier se sert d'un certain nombre d'outils à taillant, appropriés aux formes qu'il désire donner ; ces outils sont représentés en croquis (*fig* 78).

N° 1 et 2. — Outils de côté;
N° 3. — Bec d'âne;
N° 4 et 5. — Ongles;
N° 6. — Petit ciseau;
N° 7. — Crochet;
N° 8 et 9. — Planes;
N° 10. — Grain d'orge;
N° 12, 13 et 14. — Peignes pour fileter ;
N° 15. — Ciseau pour tourneur;
N° 16. — Grain d'orge ;
N° 17. — Gouge.

Dans ces différents types les outils de coté et les ciseaux servent à former les parties cylindriques, coniques ou convexes; les gouges servent, au contraire, à former les parties concaves et à faire les parties creuses.

**130.** La figure 79 nous montre encore la série d'outils employés par les menuisiers pour les différents tours.

Les n$^{os}$ 1 et 2 sont des fermoirs et des ciseaux en acier fondu qui se font de 3 à 16 millimètres de largeur ; le n° 3 représente la forme des gouges qu'on trouve dans le commerce et qui ont 7, 9, 11, 13, 15, 17 et 20 millimètres de largeur et 0$^{m}$,27 de longueur ; le n° 4 représente le bédane en acier fondu dont les différentes largeurs sont 3, 5, 7, 9, 10, 12, 14 et 16 millimètres ; les n$^{os}$ de 5 à 17 sont des outils de formes diverses ; enfin, en 18, sont indiqués les outils à fer : crochet, grain d'orge et plane.

**131.** Dans le tour à pointes que nous avons représenté (*fig.* 77) les pièces qui portent les pointes A et B sont nommées *poupées :* l'une d'elles B est fixe, l'autre A est mobile et permet de faire varier la distance qui sépare ces pointes.

Entre ces pointes se trouvent d'autres pièces servant au travail et au soutien des différents objets à tourner.

Ces objets fixés entre les deux pointes

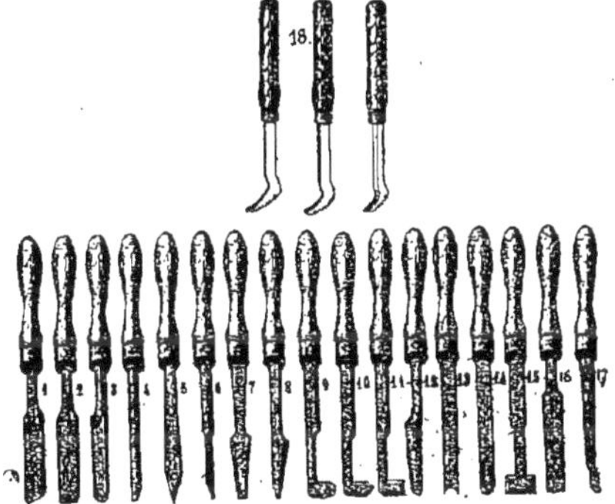

Fig. 79.

reçoivent un mouvement circulaire alternatif ou un mouvement circulaire continu à l'aide d'une transmission fort simple qui reçoit son mouvement d'une *pédale* mue par le pied de l'ouvrier.

Le tour occupe incontestablement le premier rang parmi les machines-outils ; son usage est général dans une foule de professions, et il n'existe pas d'atelier de construction qui n'ait un ou plusieurs tours avant de posséder aucune autre machine-outil. Il sert journellement à percer et à aléser des trous tant cylindriques que coniques, à faire une infinité de petits ouvrages avec justesse et rapidité, aussi est-il indispensable dans un atelier de menuiserie ou d'ébénisterie.

## § IX. — *ÉTUDE DES SCIES EMPLOYÉES POUR LE DÉBIT DES BOIS*

### I. — Scies mues mécaniquement et servant à débiter les bois en grume.

**132.** Les scies, dont nous allons donner les deux principaux types sont employées à équarrir convenablement et rapidement les bois en grume de 0m,50 à 1m,20 de diamètre et destinés à la charpente et au commerce, aussi bien qu'à les débiter en plateaux épais, madriers ou planches larges.

Fig. 80

Toutes les industries travaillant les bois peuvent avoir à se servir de ces scies qui sont destinées à donner la première façon aux arbres abattus.

Les exploitants de forêts, les constructeurs en général, aussi bien que les usiniers, ont le plus grand intérêt à substituer à la main-d'œuvre du scieur de long le travail rapide, précis et docile des scies mues mécaniquement.

**133.** Les scies verticales alternatives à plusieurs lames pour sciages droits construites par M. F. Arbey et ses fils et dont nous donnons l'un des types (*fig.* 80) peuvent recevoir autant de lames qu'on le désire; ces lames travaillent à la fois la pièce de bois poussée sur le chariot; deux lames permettent d'équarrir, une seule au milieu fend en deux les gros troncs dont on a besoin de connaître la qualité au cœur, et deux, trois, cinq, dix, quinze lames divisent l'arbre d'une seule fois et en ligne droite en autant de traits qu'on a placé de lames.

Le procédé de fendre ainsi un arbre et d'un seul coup en quinze ou vingt planches peut séduire mais, pratiquement, il est préférable de procéder comme nous allons le dire en divisant le travail.

On se contente de mettre six ou huit lames au châssis pour obtenir de grands plateaux, qui sont ensuite équarris à la scie circulaire puis engagés dans une scie à cylindres pour être divisés en autant de planches qu'on désire et d'un seul coup.

On évite ainsi l'emploi coûteux d'un grand nombre de lames, difficiles à placer bien régulièrement, longues à affûter et on ménage de plus la force motrice qui nécessairement serait insuffisante.

Le chariot diviseur indiqué (*fig.* 81) peut être appliqué au modèle ci-dessus. Dans ce cas on peut, ou fendre un arbre

Fig. 81.

de 0m,70 en deux, ou le diviser en feuillets, panneaux et plateaux de précision.

**134.** Le croquis (*fig.* 81) représente une scie verticale à une lame sur le côté, avec chariot diviseur. Ce titre indique suffisamment les applications de cette machine qui ne fait à la fois qu'un seul trait de scie, mais d'une grande précision et permet de varier l'épaisseur du feuillet, du panneau ou du plateau après chaque trait, la lame très tendue peut être relativement mince et prend peu de bois pour l'épaisseur du trait.

Les avantages multiples de cette scie sont encore augmentés par de nouveaux perfectionnements apportés récemment dans la confection de la lame.

Cette lame est divisée dans sa longueur en plusieurs parties égales comprenant chacune quatre dents à double inclinaison, c'est-à-dire que chaque partie a sa denture inclinée en sens contraire de la précédente et de la suivante. La scie ainsi disposée offre un grand avantage, c'est qu'elle est à action continue, comme les scies circulaires, sans présenter les inconvénients de ces dernières, c'est-à-dire que la lame travaillant aussi bien en montant qu'en descendant, permet ainsi de doubler la production qu'on obtenait auparavant et qui rendait cette scie sur ce seul point inférieure à la scie à ruban.

Le chariot portant le bois a également subi un changement dans l'avancement : au lieu de se faire par rochet et alternativement, il s'effectue d'une manière continue au moyen d'un ensemble de poulies en cônes avec double embrayage à friction.

En résumé, ces perfectionnements font de la scie verticale à une seule lame une scie vraiment pratique et donnent dorénavant à l'emploi de la scie à ruban pour le sciage des bois en grume aucune raison d'être.

Parfois on place sur cette scie un châssis

Fig. 82.

pouvant recevoir deux lames. Mais là n'est pas le but de ce modèle et cette disposition ne peut être demandée que pour un travail uniforme bien déterminé, car il faut dans ce cas un système de chaperons doubles qui ne permet pas de varier à volonté l'épaisseur des deux traits de scie.

La disposition indiquée par le croquis (*fig.* 81) est donc très avantageuse et permet à la scie verticale alternative de combattre victorieusement le préjugé consistant à faire croire que la lame sans fin offre une plus grande production dans le sciage droit des bois en grumes.

Fosse peu profonde, chariot libre ou diviseur et grande vitesse du châssis porte-lames (180 à 200 coups à la minute, quelquefois 250), suivant le modèle de la scie et la nature des bois, donnent à cette machine une supériorité incontestable.

**135.** La scie à lame sans fin, scie si parfaite pour tous les travaux de chantournement et le débit des petits bois courbes a été appliquée au sciage droit des bois en grume; à l'aide du chariot diviseur ou double, comme le montre le croquis (*fig.* 82), et pour les mêmes usages que la scie verticale alternative. Mais l'expérience a démontré que cette dernière est bien supérieure à la première et comme sciage et comme simplicité d'entretien.

De plus, la quantité de travail total par journée devant être calculée en tenant compte des arrêts nécessaires pour le retour de la pièce à chaque trait, changement de pièce et entretien, on peut dire que la scie verticale à une lame donne une production supérieure à celle des meilleurs systèmes des grandes scies à ruban tout en permettant d'obtenir un travail bien plus régulier.

Cet emploi de la scie verticale alternative fait de la sorte éviter tous les mécomptes qui, dans le travail des scies à lame sans fin, proviennent constamment des soins méticuleux qu'exige impérieusement la conduite de ces scies.

Quoique la lame soit sur le côté on peut travailler jusqu'à 24 centimètres d'épaisseur et la manœuvre des grumes est des plus faciles. Les bois sont griffés sur le chariot pour le premier trait; puis, faisant successivement faire quartier, on arrive à l'équarrissage complet. Ou bien, plaçant la première face dressée du côté du chariot, la division de la pièce de bois en planches, feuillets, panneaux, plateaux, etc., en épaisseur variable à volonté, s'obtient avec la plus grande facilité et avec toute précision.

La scie verticale alternative est donc beaucoup plus facile à conduire que la scie à lame sans fin (dite ruban) appliquée au sciage droit des forts bois en grume.

Un ouvrier très ordinaire peut faire un excellent travail avec la première et, pour tirer parti de la seconde dans le cas dont il s'agit, il est indispensable d'avoir à sa disposition un homme habile, spécial sous la dépendance duquel on se trouve inévitablement. Cela s'explique par le soin absolu qu'il faut apporter à l'affutage des lames sans fin qui sont longues de 8 à 10 mètres.

Dans ce cas, elles ne peuvent pas être très-tendues, sous peine d'échauffer les coussinets; il en résulte que si la voie n'est pas très régulière et si les bois sont un peu difficiles, le ruban denté s'écarte de la ligne droite dans les hauts bois et les guides les plus ingénieux sont alors impuissants à les maintenir. Cet inconvénient n'existe pas pour les petits bois conduits à la main.

La force employée est aussi plus grande, l'entretien plus coûteux, les accidents plus fréquents, les lames bien plus cher.

On a inventé, il est vrai, plusieurs systèmes d'affutage mécanique de lames sans fin; mais, outre que le prix en est fort élevé et nullement justifié ou compensé par les résultats, il est toujours indispensable de faire vérifier la lame avant de s'en servir ou de donner à la main la voie indispensable. Nul n'ignore en effet que la régularité de la voie est une condition primordiale de bon fonctionnement.

On fera néanmoins bon usage de la scie sans fin lorsqu'il s'agira de laver simplement les bois ou, en plaçant le chariot en dehors de la lame, pour débiter les gros bois dépassant 1 mètre de diamètre.

## II. — Scies pour bois équarris, madriers, panneaux, etc.

**136.** Après l'équarrissage et les diverses divisions de l'arbre rond posé sur un chariot, l'exploitant ou l'entrepreneur doit se préoccuper de subdiviser ou de dédoubler les bois d'une manière rapide et correcte; tel est l'objet des scies verticales alternatives à une ou à plusieurs lames dont nous donnons un des types (*fig.* 83) et qui sert à refendre en plusieurs traits les bois équarris de faibles dimensions ou les plateaux sortant des scies à grume, les madriers de sapin, ainsi que les bois du commerce.

Dans ces scies, les bois sont guidés et amenés d'une manière continue par des cylindres verticaux ; ils se succèdent sans interruption, l'un poussant l'autre, et les pièces de très grandes longueurs sont entraînées de la même façon que celles de petites longueurs.

Toutefois, une pièce d'un poids énorme ne saurait être amenée au moyen de cylindres seulement ; dans ce cas, on doit recourir à l'addition d'un appareil automatique.

Ces machines à cylindres sont d'un bon emploi pour les menuisiers et les marchands de bois d'échantillon.

Ces scies peuvent être installées avec fosses ou, si l'eau et la nature du terrain ne le permettent pas, sans fosse profonde, avec colonnes en élévation.

Le nombre des coups de scie à la minute peut être de 150 environ et la force nécessaire ne doit pas dépasser trois à quatre

Fig. 83.

chevaux vapeur dans les conditions normales. Il est inutile de dire que si l'on emploie le nombre maximum de lames, la force de quatre chevaux devra être augmentée en proportion.

Parmi les scies à cylindres qui ne débitent qu'un madrier à la fois, mais qui sont propres à infiniment d'autres usages, il est utile de faire remarquer qu'au type donné (*fig.* 83) on peut, avec grand avantage, ajouter les chariots qui permettent de scier des bois en grume ayant jusqu'à 0m,50 de diamètre ; on retrouve alors le modèle donné (*fig.* 80).

### III. — Scies circulaires.

**137.** Dès qu'il s'agit des débits ordinaires de bois équarris, la scie circulaire simple, sans chariot, avec guide-équerre sur le côté, devient l'outil convenable. La force de l'arbre porte-lame et des organes, les proportions du bâti soit en fonte, soit en bois, assemblé et boulonné, doivent être en relation, comme importance, avec le diamètre de la lame le plus grand à employer, ou, en d'autres termes, avec la plus grande hauteur de bois à scier.

Les applications infinies de cet outil, d'origine antique, qui, sous telle ou telle forme, doit exister partout où l'on façonne le bois, ont fait naître et se multiplier une série de modèles.

Parmi ces modèles, les scieries à axe fixe et celles à axe mobile forment la principale division.

Fig. 84.

Pour les unes, la plupart, sont disposées pour le sciage droit et au besoin pour la coupe de travers ; mais d'autres reçoivent des formes et des chariots qui ne permettent que le tronçonnage.

Une autre distinction, tirée du moteur appliqué, consiste à dire que les scies circulaires sont à poulies et fonctionnent par machine à vapeur, moulin à vent, force hydraulique, manège ou grande roue, et même à bras d'homme ou à pédale.

C'est parmi cette division, qui distingue

Fig. 85.

également les scies à lame sans fin, qu'il faut apporter le plus grand soin à la détermination du modèle convenant au travail à obtenir et aussi à la force motrice dont on dispose.

Ces recommandations ne sont pas aussi superflues qu'on pourrait le croire à propos du système à lame circulaire. Cette lame, en effet, agit comme frein, et la force motrice qu'elle exige croît en raison de la hauteur du bois à scier, de l'épaisseur du trait, de l'essence de la matière, de la rapidité du sciage, comme aussi de l'entretien général et, en particulier, du graissage et de l'affûtage, toutes circonstances qui sont plus ou moins favorables.

Il faut donc éviter les déceptions et compter que la quantité de sciage produit sera toujours en rapport avec la force du moteur employé et qu'elle ne dépend pas seulement de l'importance de la machine à scier.

Les scies circulaires à axe fixe ne sont employées qu'au sciage proprement dit,

Fig. 86

sur plat ou sur champ, à subdiviser en planches, chevrons, lattes, etc., des plateaux ou des madriers équarris, ou à tirer de largeur des plateaux, des planches ou des voliges déjà faites (*fig.* 84).

Pour les travaux de menuiserie, d'ébé-

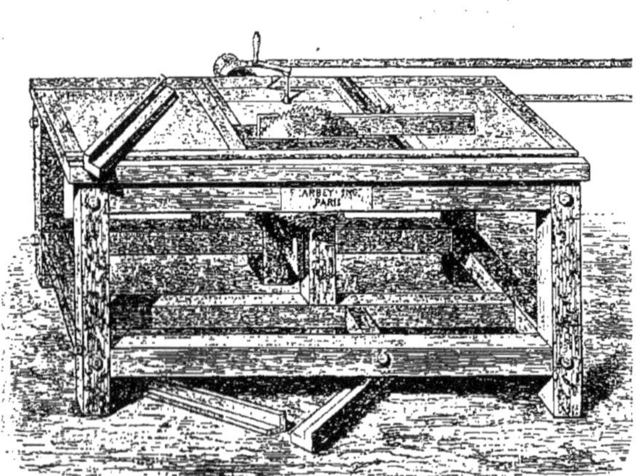

Fig. 87.

nisterie, de charronnage, etc., il convient d'avoir recours aux scies circulaires à axe mobile (*fig.* 85, 86 et 87).

En faisant monter ou descendre dans le plan vertical l'axe de rotation de la scie, on ne laisse dépasser au-dessus de la table que juste la quantité nécessaire pour la hauteur du trait de scie que l'on veut donner. Pour faire désaffleurer ainsi plus ou moins la scie au-dessus de la table, il suffit de tourner une manivelle d'une manière convenable ; on élève ainsi ou on abaisse l'arbre porte-lame ; de là est venue l'expression « à axe mobile », disposition qui remplace avec grand avantage la mobilité de la table condamnée

Fig. 88.

par la pratique et cependant restée en usage.

L'axe mobile qui laisse la table fixe toujours horizontale permet donc d'exécuter les feuillures, les tenons simples, et de faire tous les élégissements ; elle permet de champlatter, de couper en travers, droit ou d'onglet ; une rainure pratiquée sur la table donne du reste la possibilité de placer des chariots divers, que l'on garnit en dessous d'une languette ; ces chariots consistent en de simples planches de bois durs, bien dressées, et qui affectent la forme nécessaire au but à atteindre.

## IV. — Scies à lame sans fin et alternatives pour chantournements et découpages.

**138.** Chantourner et débillarder par un moyen mécanique, tel a dû être, après le sciage droit, l'objet d'actives recherches au moment où tendaient à se développer l'ébénisterie, le charronnage, le mode-

Fig. 89.

lage, la découpure et les ornementations de toutes sortes dans le bâtiment.

Ces recherches aboutirent heureusement et, si depuis fort longtemps la lame sans fin était connue, sa nature flexible qui l'a fait surnommer « ruban » entravait son emploi.

Une suite de tâtonnements et de progrès, tant dans la construction de l'appareil que dans le traitement de l'acier en bande, permirent enfin d'appliquer ce précieux organe et d'en tirer des résultats merveilleux dans une foule d'industries.

**139.** Les dispositions à prendre pour la construction d'une bonne scierie à lame sans fin, simples en elles-mêmes, sont cependant très importantes dans les détails. Porter et faire mouvoir le ruban denté suivant une vitesse convenable, proportionner la largeur de ce ruban à son développement, éviter le glissement de cette lame sur les poulies et lui donner une tension facultative, de manière qu'elle ne puisse se déranger pendant le travail, suspendre d'une manière convenable le guide-lames en bois fendu afin de maintenir la lame au point même où elle travaille et éviter les vibrations que produirait sans cela la grande vitesse dont elle doit être animée pour bien fonctionner, donner au bâti une stabilité indispensable, sont autant de conditions ou de qualités nécessaires dans la scie à lame sans fin, pour chantournements (*fig.* 88).

La table inclinable montée sur le bâti en fonte de ce dernier type de scie répond aux exigences du débillardement ou sciage en relevé; souvent aussi on évite l'inclinaison de la table, en inclinant la pièce au moyen d'un guide spécial représenté en croquis (*fig.* 89).

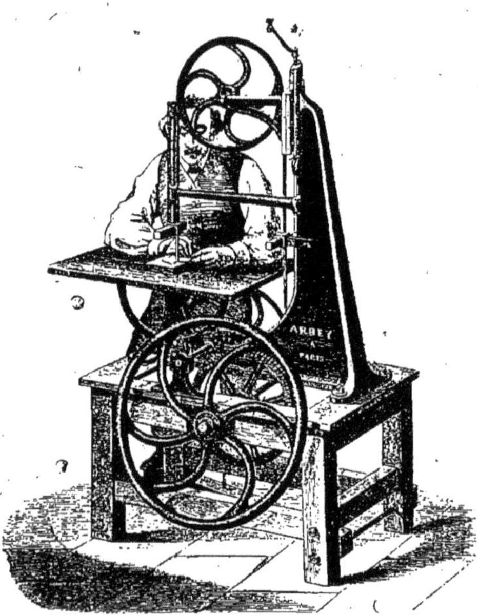

Fig. 90.

Fig. 91

Différentes garnitures ont entouré successivement les poulies porte-lames, aujourd'hui la rondelle en caoutchouc, fabriquée au diamètre exact, est uniquement employée dans les scies dont nous nous occupons.

Le collage de ces rondelles demande quelques précautions bonnes à connaître.

Il faut nettoyer parfaitement la partie qui doit recevoir le caoutchouc, enlever avec le plus grand soin toutes taches de matières grasses; puis chauffer la poulie légèrement, comme on chauffe un morceau de bois que l'on veut coller, avec un feu de copeaux, par exemple; on enduit ensuite de colle forte chaude la partie recevant le caoutchouc qui, lui aussi, est enduit de colle forte chaude. Enfin, pour que le caoutchouc se tende bien et ait partout une égale épaisseur, il faut avoir soin d'introduire, entre lui et la poulie, un petit morceau de bois arrondi que l'on promène autour de la circonférence.

**140.** Une dernière recommandation sur la conduite de la scierie à lame sans fin consiste à détendre la lame aussitôt qu'on arrête de scier ; en agissant ainsi, l'ouvrier évitera la rupture des lames et des poulies porte-lames ; cet accident arrive quelquefois aux ouvriers qui négligent de suivre ce conseil, et cela se comprend facilement, puisque la bande d'acier en se refroidissant doit nécessairement se raccourcir.

Nous donnons (*fig.* 90). un autre type de scie à lame sans fin (ruban) pour chantournements avec table en fonte inclinable et à pédale.

Le complément indispensable de l'outillage mécanique du découpeur ou du reperceur est la scie alternative à découper (*fig.* 91).

Jusqu'à la mise en pratique de la scie sans fin, c'était là le seul moyen de découper, soit à l'extérieur, soit à l'intérieur ; mais, depuis que le chantournement extérieur est devenu infiniment plus rapide par le mouvement continu, ce dernier n'a plus d'application qu'au découpage intérieur.

Dans ces scies, la lame est attachée, à sa partie supérieure, à une glissière mise en mouvement par une courroie de traction.

Pour découper une planche à l'intérieur, il suffit de percer un petit trou pour le passage de la lame, d'y introduire celle-ci et de lui faire suivre les contours du dessin tracé d'avance, en promenant la planche sur le plateau de la scie.

## Machines-outils.

### I. — MACHINES A RABOTER LES BOIS

**141.** Dans l'atelier, le bois étant scié, le façonnage commence. La première opération consiste à raboter une surface pour la blanchir, la dégauchir ou la planer.

La condition principale, qui s'impose d'abord, consiste à opérer avec des outils dont le tranchant ait la forme et la finesse nécessaires pour couper et séparer les fibres qui composent le bois, sans déchirures, arrachements, ni éclats.

Il convient aussi d'attaquer à la fois le plus petit nombre des fibres possible ; elles seront d'autant mieux tranchées et séparées qu'on agira successivement sur chacune d'elles, au lieu de les attaquer en masse.

**142.** Ces considérations ont servi de base à l'étude des machines à raboter (dites hélicoïdales) dont nous donnons un des principaux types (*fig.* 92) ; ces machines ont pour principaux caractères :

1° La forme de leurs lames tranchantes et leur disposition en hélice autour d'un cylindre, de telle sorte que la génératrice qui passe par l'extrémité de l'une de ces deux lames rencontre la lame qui précède à l'autre extrémité du cylindre.

Cet agencement a pour résultats de rendre le travail des lames constant pendant toute la révolution du cylindre, qui tourne très rapidement (2,000 tours environ par minute), et, par suite, d'éviter les chocs, cause d'échauffement des coussinets (1) ; de présenter au bois la partie de l'outil en travail sous un angle constant le plus favorable au rabotage ; de trancher les bois en biaisant, méthode qui permet de raboter les bois suivant le fil ou en travers du fil, les bois noueux, les châssis assemblés avec traverses, les parquets mosaïques ; de ne travailler constamment que par un point du cylindre décrit par les lames, ce qui évite les éclats et répartit la résistance de l'outil d'une manière uniforme, évite les trépidations (2), diminue l'usure et permet de raboter de grandes largeurs (1 mètre et plus) sans changer sensiblement les conditions élémentaires du travail résistant ; enfin, de rejeter les masses de copeaux à côté de la machine sans qu'ils puissent en encombrer les organes, s'imprimer dans le bois, ni gêner l'ouvrier ;

2° L'emploi des lames tranchantes très minces, de $0^m,001$ à $0^m,002$ d'épaisseur, planes quand elles sont démontées et maintenues sur le porte-outils par des contrefers agissant par pression sur ces lames en les forçant à épouser la forme hélicoïdale et ne laissant dépasser le biseau que de quelques millimètres.

(1) Ce qui arrive fréquemment dans les machines à lames droites quand on rabote de grandes largeurs.

(2) A tel point que ces machines peuvent être établies sur un plancher d'étage, ainsi que cela a été fait aux arsenaux de Cherbourg et de Brest.

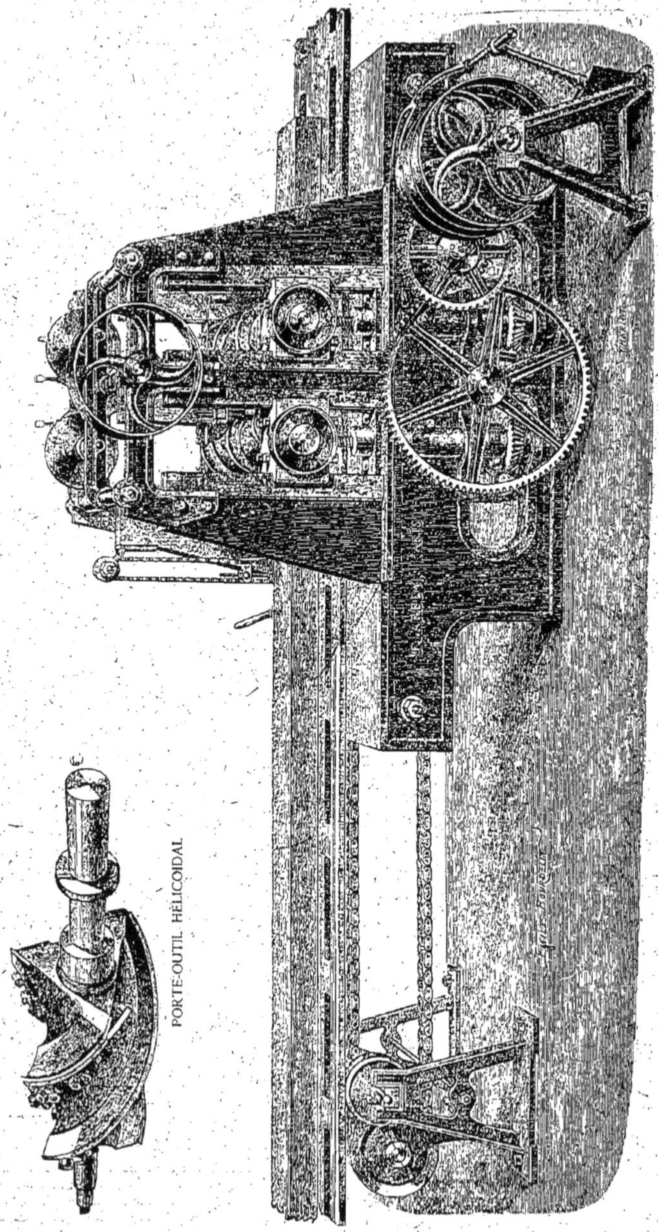

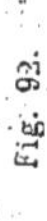

PORTE-OUTIL HÉLICOIDAL

Fig. 93.

Ces lames remplacent très avantageusement celles anciennement employées, d'une épaisseur de 0m,010 à 0m,015, fabriquées soit tout en acier, soit en acier

Fig. 93.

Fig. 94.

soudé sur fer, d'abord parce qu'elles sont d'une fabrication beaucoup plus simple et d'un prix très inférieur, ensuite parce que l'affûtage en est beaucoup plus facile et plus *rapide;*

3° La disposition particulière, très simple, qui permet d'affûter les lames tranchantes au moyen d'une seule meule en émeri installée sur la machine elle-même, sans qu'il soit utile de le démonter.

Cet affûtage se fait avec la plus grande perfection, sans exiger de l'ouvrier d'autre soin que celui de régler la prise de la meule. Il est prouvé que de la perfection de l'affûtage dépend en grande partie la bonne exécution du rabotage. Fait à la main, l'affûtage ne peut jamais égaler la régularité produite par l'appareil rigide. Les porte-outils à lames hélicoïdales s'appliquent également à des machines construites pour des usages différents : les machines à plateaux mobiles à un ou à deux porte-outils, servant à raboter et à planer les bois de menuiserie et autres.

En résumé, les machines à raboter les bois, à lames hélicoïdales, opèrant sur des pièces très larges ou très étroites, très épaisses ou très minces, suivant le fil du bois, ou en travers, sans chocs, avec une grande économie de force motrice, diminuent les causes de réparations et sont d'un affûtage facile.

La figure 93 nous montre une machine spéciale pour parquet, faisant les trois opérations à la fois ou séparément, système à lames hélicoïdales minces avec contrefers ; les lames s'affûtent mécaniquement sur la machine même.

La figure 94 nous représente une machine à corroyer à disque pour bois de $0^m,32$ de largeur et qui est très employée.

## II. — Machines a faire les assemblages

**143.** Il n'est pas un ouvrage en bois dans lequel la mortaise, le trou percé, le tenon, la cheville, le goujon, en un mot les organes de l'assemblage, ne se rencontrent.

Quand avec le vilebrequin, le bédane aidé du maillet, ou encore avec la besaiguë, l'ouvrier menuisier, ébéniste ou charpentier a creusé et vidé le trou ou la mortaise, il a pris du temps et de la peine ; et lorsque l'usage des forces motrices a permis de songer aux machines-outils, pour supprimer cette peine et diminuer ce temps, il a été naturel d'imiter mécaniquement le travail du bédane chassé par le maillet.

De cette imitation sont nées les machines à bédane alternatif auquel une mèche, ayant préalablement fait un trou, a préparé le chemin ; ce trou étant percé, le bédane alternatif fait son office, le bois avance au moyen d'un chariot dans le sens de la longueur de la mortaise, et la mortaise est triturée ; mais le dégorgement n'a pas lieu et le fond n'est pas plat.

Tel est le système répandu en Angleterre, en Amérique et imité dans certaines contrées. A coup sûr, il y a progrès sur le moyen manuel ; mais, en opérant d'une manière inverse, l'expérience, en France, a prouvé que la mortaise s'exécutait avec

Fig. 95.

une vitesse décuple et sans craindre les éclats ; le dégorgement s'opère en même temps sans qu'il soit besoin, comme dans les machines précitées, de le faire après coup au moyen d'un outil à crochet ; le fond est rendu net, plat et à vive arête.

On entend par opérer en sens inverse — la mèche faisant la mortaise entière et le bédane double n'ayant qu'à équarrir les deux extrémités arrondies de cette mortaise.

Les machines à mortaiser sont donc en même temps et essentiellement des machines à percer ; et, soit à système vertical, soit à système horizontal, la mortaise se forme de trous juxtaposés ou, mieux encore, la mèche au moyen du chariot qui porte le bois et qui glisse dans le sens de la longueur de la mortaise est

Fig. 96.

poussée dans la profondeur par la main droite de l'ouvrier, tandis que de la main gauche cet ouvrier promène le bois dans le sens de la longueur : il en résulte un fraisage qui, dans la machine à système horizontal notamment, produit simultanément et la mortaise avec fond plat et

Fig. 97.

le dégorgement complet des copeaux. Ce sont donc les modèles à système horizontal que l'on doit recommander pour la confection des mortaises proprement dites et dont nous donnons un type (*fig.* 95) (machines à mortaiser et à percer,

Fig. 98.

système horizontal, pour menuisier) et un autre type (*fig.* 96) (machine à mortaiser et à percer, système horizontal, pour ébéniste).

Après l'office de la mèche, quand on ne veut pas conserver arrondies les extrémités de la mortaise, l'ouvrier se contente soit de donner l'équarrissage à l'aide d'un bédane ordinaire, soit d'abattre les arêtes du tenon au moyen d'une râpe, afin d'éviter l'emploi d'appareils spéciaux à équarrir les mortaises.

**144.** La mèche doit être animée d'une grande vitesse, toutefois deux mille tours

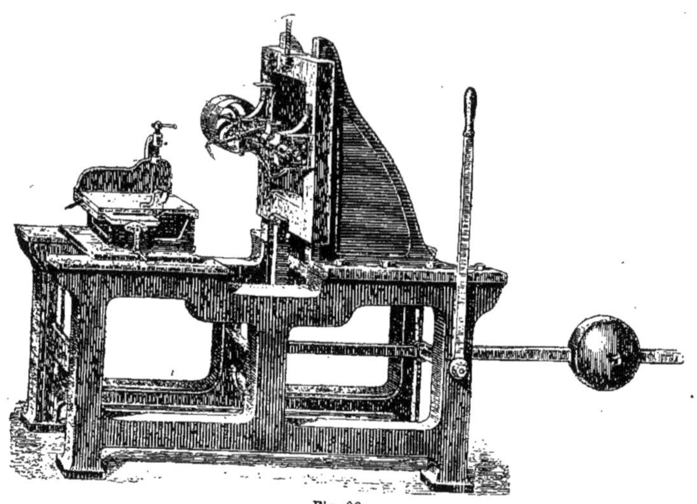

Fig. 99.

par minute peuvent suffire; la forme de cette mèche a été l'objet de nombreux essais: on les a faites hélicoïdales, dites américaines, cylindriques, à double cuiller, etc.; on revient de préférence, en raison de la difficulté de l'affûtage, à la forme cylindrique à simple cuiller (*fig.* 97), forme simple et rationnelle; quiconque peut affûter cette mèche, et partout elle peut être fabriquée; si besoin est, un

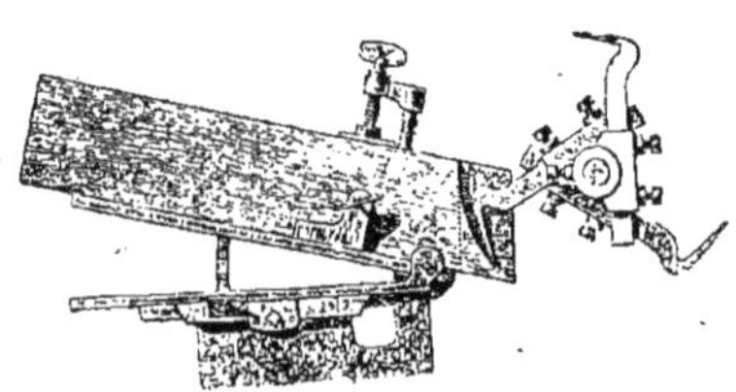

Fig. 100.

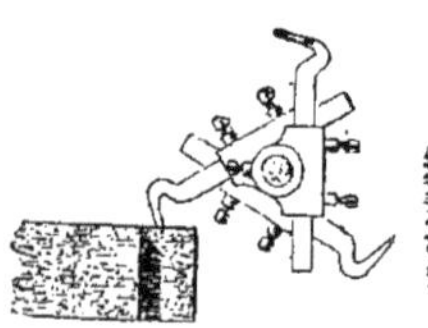

Fig. 101.

morceau d'acier rond, au diamètre de la mortaise à produire, est évidé dans sa masse et coupé en biais à son extrémité; c'est sur cette pente que se pratique l'affûtage à la lime ou à la meule.

Pour faire les tenons simples on peut employer des scies circulaires disposées comme l'indique le croquis (*fig.* 98): les unes refendant, les autres arasant.

Pour les tenons doubles ou triples qui, à la rigueur, peuvent être obtenus à la scie à lame sans fin, il est préférable d'employer les machines à couteaux rotatifs, dont nous donnons un exemple (*fig.*

99, 100 et 101). Ici l'arasement est parfait et la rapidité répond à celle de la mèche appliquée à la mortaise. Sur ces divers engins on peut compter faire en une heure 50 à 80 mortaises ou tenons, suivant leur importance. Ce tenon, double ou triple, peut être droit ou oblique ; certaines dispositions des couteaux et leur écartement, qui peut varier en quelques instants permettent de ménager les épaulements et les épaisseurs répondant au travail.

Le trou percé, la cheville, le goujon, sont également des organes d'assemblage dans le travail du bois, mais des organes bien simples. Les machines à percer dont nous donnons un type (*fig.* 102), qu'elles soient verticales ou horizontales, à plateau fixe ou à plateau mobile, confectionnent ces organes avec une grande rapidité.

**145.** En 1867, à l'Exposition universelle, apparut une machine à faire les assemblages à queue, d'origine américaine, machine fort ingénieuse et donnant des résultats parfaits ; toutefois, son application n'est possible qu'à la condition que les bois employés aient une épaisseur suffisante et régulière ; les assemblages qu'elle pratique dans les bois minces n'ont aucune solidité. Nous pouvons présenter aujourd'hui une machine nouvelle essentiellement pratique à faire la vraie queue d'aronde (*fig.* 103).

Fig. 102.

Fig. 103.

III. — Machines spéciales a la menuiserie et a l'ébénisterie

**146.** Quelques machines ont pour objet principal le traitement des bois d'ébénisterie.

La cannelure droite ou torse, les perles et ornements, les moulures ou rainures droites ou cintrées sur champ, les moulures débillardées, les moulures droites sur plat

Fig. 104.

et sur bois durs, et les bois précieux tranchés en feuilles de placage composent

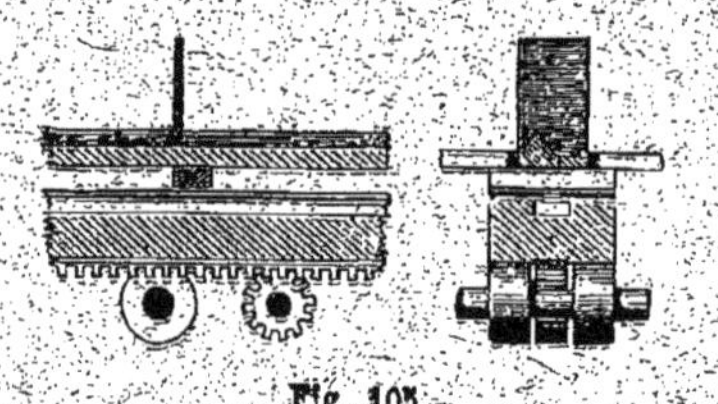

Fig. 105.

les résultats à obtenir à l'aide d'engins spéciaux dont nous allons parler.

La moulure, en ébénisterie, affecte des contours ou des ondulations qui ont amené la création successive de différents modèles.

Sans décrire avec détails la machine à moulures droites sur bois durs, à outils fixes, appelée : « banc à tirer, » on peut signaler les caractères qui la distinguent de la machine à raboter les moulures droites.

Fig. 106.

Cette dernière ne peut fonctionner qu'à l'aide d'un moteur, et son porte-outil rotatif, armé de lames aciérées et profilées peut attaquer bois tendres ou durs, sapin ou palissandre indifféremment, pendant que l'amenage continu de la planchette à travailler s'exécute automatiquement.

Le banc à tirer, au contraire, fonctionne à bras d'homme et doit figurer chez le plus modeste ébéniste. Il est armé d'un fer fixe profilé et biseauté; il ne peut s'adresser qu'aux bois durs: acajou, chêne, palissandre, noyer, bois d'ébénisterie par excellence; la baguette est placée et tendue à ses extrémités sur un chariot à crémaillère mû à bras (*fig.* 104 et 105).

Après chaque course du chariot, la mâchoire serrant l'outil fixe est descendue soit à la main, soit automatiquement et l'outil pénétrant plus profondément, la moulure s'accentue peu à peu jusqu'à ce que les sinuosités en soient complètement accusées sur le bois.

Si la machine à outil rotatif offre une

Fig. 107 Fig. 108.

supériorité dans la production, la rectitude du chariot de la machine à tirer est souvent indispensable pour les moulures destinées aux meubles et à la tenture des appartements.

Plusieurs autres industries d'ébénisterie ont amené sur ce grand banc à tirer des modifications d'organes et de chariots qui permettent non seulement de reproduire sur des panneaux d'acajou ou d'autres bois des moulures droites, mais aussi des moulures guillochées.

La machine à canneler (*fig.* 106), de la maison Arbey, droit ou torse, et à exécuter perles, oves ou tous autres ornements de meubles ou d'appartements, est un outil tout original et dont le modèle perfectionné a fait partie des machines fonctionnant à l'exposition de Philadelphie: pieds de meubles, colonnes, balustres, patères ornementées, peuvent recevoir en quelques instants avec des divisions diverses et régulières, les ornementations les plus gracieuses que le sculpteur met tant de temps à fouiller sans une égale précision.

Quant à la toupie, son emploi est infiniment plus répandu et cela se conçoit facilement, quand on a vu tourner à ses 4 000 révolutions par minute cet arbre d'acier garni d'un fil profilé et sculptant la moulure dans les chantournements les plus capricieux (*fig.* 107 et 108).

Ce précieux outil, créé dans le faubourg Saint-Antoine et tout d'abord destiné à l'ébénisterie, n'a pas tardé à figurer dans la charpente pour l'arrondi sur champ des marches d'escalier, des moulures de lucarnes, etc... Dans la menuiserie, on l'applique à la confection des jets d'eau, des moulures de petits bois, et à tous les embrèvements, et d'ailleurs à

Fig. 109.

toutes moulures et rainures sur champ dans les parties droites ou cintrées.

Les différents types de toupies, surnom bien mérité par cette machine, s'appliquent à divers usages : elle est forte ou ordinaire, avec ou sans amenage automatique; elle est munie d'une table grande ou moyenne, d'un guide simple ou d'un guide de pression; de toutes ces dispositions il faut choisir celles qui s'approprieront au but à atteindre; dans tous les cas, on peut être assuré par son emploi d'une économie de 80 0/0 sur la main-d'œuvre ordinaire.

La toupie, dont l'arbre est horizontal, constitue la machine à faire les moulures débillardées, c'est-à-dire à façonner la moulure sur plat et sur champ des pièces courbes dans tous les sens (*fig.* 109 et 110).

**147.** Les fabricants de sièges (canapés, fauteuils, chaises) s'en servent journellement; une courte description en montrera l'utilité:

La partie de l'arbre porte-outil qui travaille et qui est horizontale est logée sous un support courbe.

Le taillant de l'outil dépasse de très peu le support, seulement d'une quantité égale à la profondeur de la moulure que l'on veut obtenir, et l'ouvrier applique la pièce de bois à travailler sur ce support courbe, en ayant soin de l'appuyer juste à l'endroit où le taillant dépasse le support.

Ordinairement la moulure suit le contour du bois, et c'est ce contour préparé

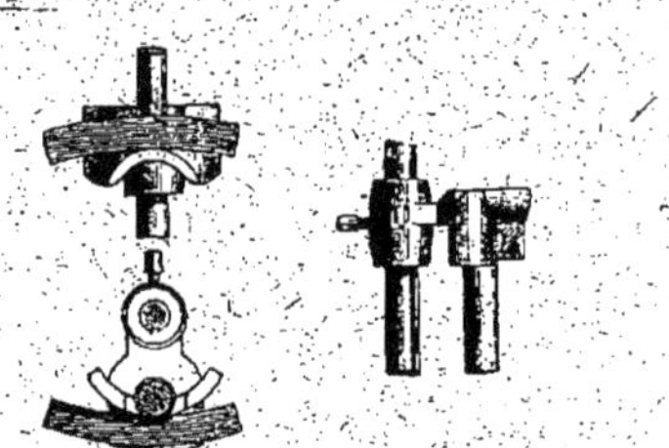

Fig. 110.

par la scierie à lame sans fin qui sert de guide, et que l'ouvrier appuie contre une partie fixée en saillie sur le support courbe.

Si la moulure ne suivait pas le contour de la pièce, il faudrait appliquer un gabarit parallèle à la ligne que doit suivre la moulure. C'est ce gabarit qui servirait de guide; mais ce cas ne se présente jamais dans la fabrication.

Comme pour la toupie ordinaire, il faut quelques heures seulement à un homme intelligent pour acquérir la hardiesse et l'habileté suffisante pour se servir avantageusement de ce simple outil, que le carrossier et le rampiste doivent employer aussi bien que le fabricant de sièges.

Les bois débités, en feuilles minces, et employés dans l'ébénisterie pour le placage des meubles s'obtiennent, comme on sait, de deux manières : avec la scierie dite à placage à lame alternative horizontale (*fig.* 111), ou au moyen de la machine à couteau dite à trancher.

**148.** L'ébénisterie et autres industries, dans lesquelles la perfection absolue du sciage est indispensable, se servent des

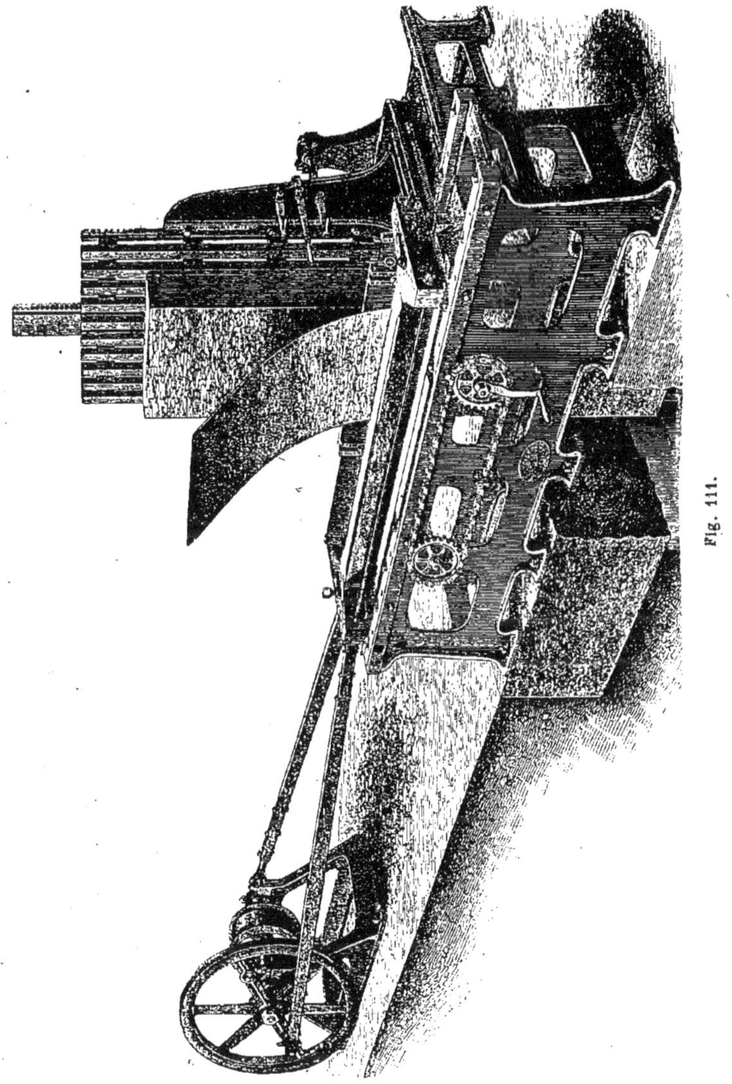

Fig. 111.

scieries horizontales à bois montant permettant de dédoubler les bois équarris et à l'aide desquelles on subdivise, en feuilles plus ou moins minces, placages ou panneaux, bois précieux, etc...

Dans ces machines les bois sont agrafés,

ou mieux collés sur un chariot, qui monte verticalement pendant que la scie marche horizontalement (*fig.* 111).

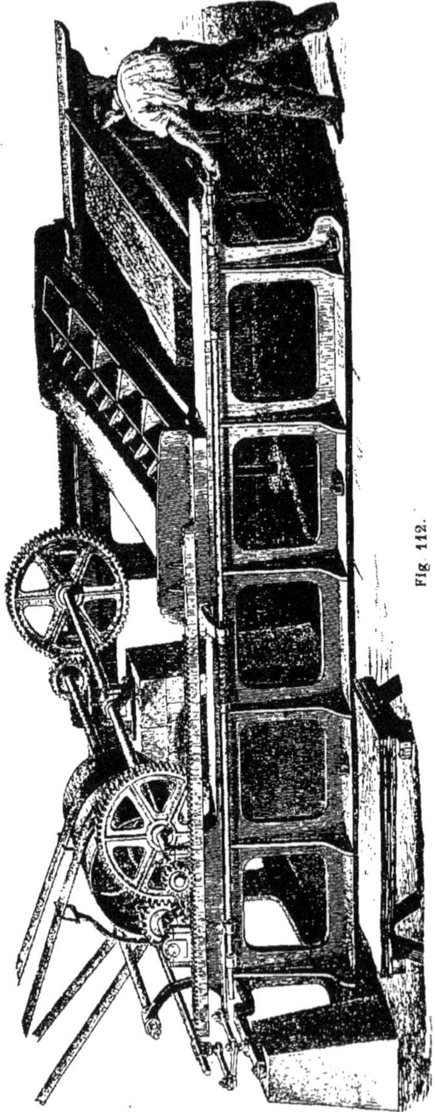

Fig. 112.

Ce chariot peut s'approcher plus ou moins de la lame pour régler à volonté les diverses épaisseurs de placage ou panneaux à obtenir.

La largeur des blocs de bois précieux est ordinairement 0m,70, deux petits morceaux peuvent être collés l'un à côté de l'autre; dans certains pays, au Brésil par exemple, on se sert de scieries agissant jusqu'à 0m,90 de largeur et pour bois de 5 mètres de longueur, afin de conserver dans toutes leurs dimensions les veines et les dessins d'un bois exceptionnel.

La force nécessaire est de 3 chevaux-vapeur et le nombre de coups de scie est d'environ 240 par minute.

Quant aux lames, elles doivent être très minces et très tendues, les dents fines, pointues et la voie faible.

La nécessité d'économiser l'épaisseur du trait a conduit à remplacer, pour certains placages, la scierie à lame dentée par la machine à trancher à couteau. Cette dernière machine d'une origine peu ancienne, après avoir subi plusieurs modifications s'est enfin fixée depuis quelques années dans des modèles comportant tous les perfectionnements pratiquées et, par-dessus tout, celui de la lame mince avec contre-fers.

La figure 112 représente le système à crémaillère appliqué aux machines tranchant jusqu'à 1m,50, 2m,30 et 3 mètres.

La position des couteaux varie aussi suivant l'importance de la machine.

Dans la petite machine on emploie avec succès le couteau perpendiculaire à la direction du chariot, et non oblique; la fibre du bois est attaquée dans toute sa longueur à la fois, et pour beaucoup d'essences de bois cela est nécessaire.

Dans les grandes machines, au contraire, le couteau est oblique à la direction; c'est une disposition qui a pour avantage de diminuer l'importance du choc qui aurait lieu sur le bois si on attaquait à la fois toute la longueur de la fibre; sur 3 mètres, par exemple, le choc serait violent et pourrait, répété plusieurs fois par minute, détacher le bois qui n'est guère maintenu sur le plateau.

Dans la petite machine, le couteau peut être perpendiculaire, parce que cet inconvénient n'existe pas.

Il arrive même souvent dans l'emplo

des grandes machines que l'ouvrier place sa pièce de bois parallèlement au couteau, qui est oblique; il ne pourrait trancher certaines pièces de bois dans une autre position : il faut alors les caler convenablement.

La lame est mince, la suppression des lames épaisses a singulièrement simplifié l'affûtage, pour lequel il fallait jusqu'alors une machine spéciale et un temps considérable. Il suffit, pour les machines décrites ci-dessus d'enlever les cales en fonte et les vis qui fixent le porte-lames à la pièce de fonte principale : on prend alors les trois pièces d'acier qui se tiennent ensemble au moyen de vis, lame, contre-fer du dessous et porte-lame du dessus; puis on lime le biseau de la lame en retournant le tout sur un établi; et en affleurant parfaitement le dessous de la lame avec celui du porte-lame.

Les trois pièces en question ne doivent jamais se quitter, et, quand on les remonte sur la machine, elles doivent se trouver réglées de suite. On repousse, bien entendu, la lame à mesure qu'elle s'use, et on doit avoir bien soin de ne pas détériorer le dessous du porte-lame en limant.

**149.** Ces opérations sont simples; toutefois il faut dire que ces machines, qui sont d'une grande précision, doivent être conduites avec grande intelligence; il faut que le trancheur étudie avec soin le degré d'étuvage, car il est indispensable, pour préparer le bois à l'action du couteau trancheur, de le soumettre à une température élevée dans une étuve chauffée à la vapeur. Le trancheur doit également disposer ses bois sur le plateau selon la nature des fibres; il doit varier l'affûtage suivant les essences; il doit enfin disposer et surveiller le séchage avec la plus grande attention.

Mais toutes ces précautions sont peu de chose en présence de l'immense production de semblables machines et de l'économie si grande de matière qu'elles procurent.

La production peut être de 10, 12 à 15 feuilles par minute. Quant à l'économie de bois, elle se traduit ainsi : avec le sciage, on n'obtient guère, dans un bon travail courant, que 20 à 25 feuilles dans une épaisseur de $0^m,027$, tandis qu'avec la machine à trancher, on peut tirer jusqu'à 100 et même 150 feuilles dans la même épaisseur de $0^m,027$.

Il ne faut pas se dissimuler que l'étuvage, joint à l'effort du tranchage du couteau, doit naturellement fatiguer les fibres du bois, surtout pour certaines essences, l'acajou par exemple, et lui retirer quelques-unes des qualités qui lui sont propres. Mais pour d'autres essences, le noyer et l'érable, les feuilles ainsi obtenues sont employées avantageusement dans la plupart des cas. Ce n'est que pour les produits tout à fait supérieurs qu'il est indispensable de faire usage de la scie. Quant à la force nécessaire, elle est de 4 chevaux environ; la petite machine à bielles peut même être mue à bras d'homme.

## § X. — *DISPOSITION DES ATELIERS DE SCIERIES A BOIS ET DE MENUISERIES MÉCANIQUES*

**150.** Les ateliers pour *scieries à bois* peuvent être disposés de bien des manières différentes, nous en donnons deux types (*fig.* 113 et 114).

Dans le premier exemple les chaudières et les moteurs sont placés dans l'atelier même, ce qui peut offrir des inconvénients; il est préférable, comme nous l'indiquons dans le deuxième croquis (*fig.* 114), de mettre le moteur, locomobile ou autre machine, dans un hangar spécial isolé, autant que possible, de l'atelier où se fait le travail.

Les deux légendes suivantes, accompagnant les figures, font assez facilement comprendre la composition de chacune de ces scieries pour que nous n'ayons pas besoin de nous y arrêter plus longtemps.

L'ensemble de cet atelier (*fig.* 113),

est desservi par deux voies ferrées de 0m,75 de largeur sur lesquelles se meuvent des wagonnets apportant les bois aux diverses machines.

Dans ce croquis, (*fig.* 114), l'entrée des bois sur chacune des machines est indiquée par une flèche.

**151.** Les menuiseries mécaniques,

Fig. 113. — Scierie à bois. — Plan. — A, Deux machines à vapeur de 60 chevaux. — B, Scies circulaires. — C, Scies à rubans. — D, Scies verticales. — E, Machines à forer et à mortaiser. — F, Machine à forer à quatre arbres. — G, Machines à raboter. — H, Machines à faire les tenons. — I, Travailleuse universelle. — J, Toupies doubles.

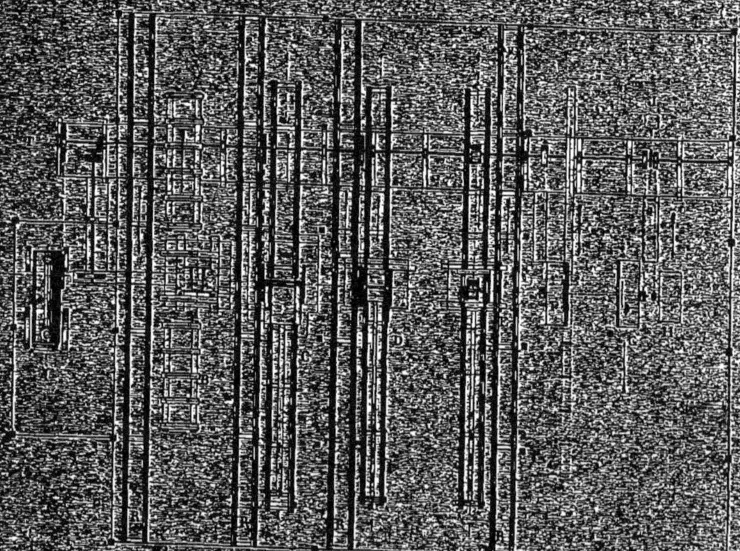

Fig. 114. — Scierie mécanique. — A, Moteur à vapeur de 35 chevaux. — B, Scierie verticale à une lame sur le côté, chariot diviseur pour bois en grume de un mètre. — C, Scierie verticale à plusieurs lames pour bois de un mètre. — D, Scierie verticale à plusieurs lames pour bois de 0m,70. — E, Scierie verticale à plusieurs lames, à cylindres pour dédoubler jusqu'à 0m,50 de hauteur. — F, Scie circulaire, chariot à crémaillère, lame de 1m,50. — G, Scierie circulaire, axe fixe, lame de 0m,80. — H, Scie circulaire, axe fixe, lame de 0m,50. — I, Machine à affûter les lames droites et circulaires. — TT, Transmission principale. — R, Petit chemin de fer pour desservir les scieries.

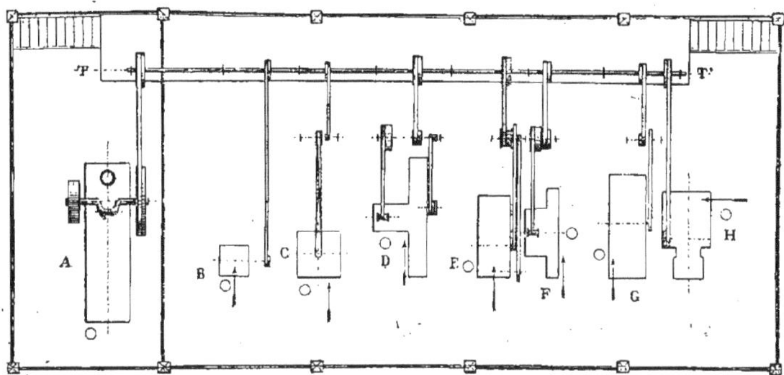


Fig. 115. — Menuiserie mécanique. — A, Moteur à vapeur de 15 chevaux. — B, Scie alternative à découper, dite sauteuse. — C, Toupie table ordinaire, guide de pression. — D, Machine à corroyer et à dégauchir, à disque, pour bois de $0^m,32$. — E, Machine à blanchir et à faire les moulures droites pour bois de $0^m,24$ de largeur. — F, Machine à mortaiser. — G, Scierie circulaire, axe mobile, lame de $0^m,80$ ou de $0^m,50$. — H, Scierie sans fin, poulies porte-lames de $0^m,90$.

Fig. 116. — Intérieur d'un atelier mécanique.

dont nous donnons un croquis (*fig.* 115), ont une disposition à peu près semblable. La machine ou moteur à vapeur est séparé et placé dans un bâtiment spécial, disposition qu'il sera toujours préférable d'adopter quand on le pourra.

La place occupée par l'ouvrier près de chaque machine en travail est indiquée par un petit cercle ; l'entrée des bois est, comme dans la figure précédente, indiquée par des flèches.

**152.** Pour terminer, nous donnons (*fig.* 116), la vue intérieure d'un atelier mécanique pour le travail du bois. Dans cet exemple les chaudières alimentant la machine à vapeur sont placées à l'extérieur. Les arbres de transmission sont situés au-dessous du sol ; on évite ainsi les accidents assez fréquents lorsque les courroies sont placées au-dessus du sol et à proximité de chacune des machines en mouvement.

La partie de gauche de la figure montre l'arrivée des bois pour le travail de chaque machine ; la partie de droite montre, au contraire, le départ des bois travaillés et leur chargement sur les voitures spéciales devant les emporter.

# CHAPITRE III

## VOCABULAIRE DES DIFFÉRENTES EXPRESSIONS TECHNIQUES EMPLOYÉES EN MENUISERIE

**Abaisser.** Faire descendre.

On dit abaisser une ligne verticale sur une horizontale.

**Abat-jour.** Partie pleine posée au-devant d'une croisée ou d'un châssis pour renvoyer le jour du haut dans la pièce.

**Abattant.** Partie mobile d'un dessus de table ou d'un comptoir qu'on lève et qu'on baisse pour supprimer un passage On donne aussi ce nom à la planche placée au-dessus d'une cuvette de cabinet d'aisance.

**Abat-voix.** Dessus d'une chaire à prêcher destiné à abattre la voix.

**About.** Extrémité d'une pièce assemblée avec une autre.

**Aboument.** Assemblage d'about de deux pièces de bois assemblées en bout.

**Abouter.** Action d'assembler les deux bouts de deux pièces de bois.

**Acacia.** Bois français, s'emploie plus communément dans le charronnage pour les roues de voitures. Ce bois est de couleur jaune.

**Acajou.** Bois des îles, il en existe deux espèces :

1° L'acajou de Saint-Domingue ou de l'île de Cuba qui est foncé et veiné, aussi appelé acajou mâle ; c'est le plus recherché ;

2° L'acajou du Sénégal, de teinte rougeâtre appelé acajou femelle ; on obtient une teinte foncée en y passant une couche de chromate de potasse.

Ce bois est plus communément employé dans les mains courantes d'escaliers.

Il y a aussi l'acajou moucheté, qui est plus rare et, par conséquent, plus recherché ; il est employé dans l'ébénisterie.

**Accotoirs.** Nom donné aux bras des stalles placées dans les églises.

**Acrotère.** Bandeau uni au-dessus d'une corniche de meuble ou de vitrine (*fig.* 117).

**Adoucir.** Arrondir une arête.

**Affiler.** Après avoir passé sur le grès ou sur la meule un fer ou un ciseau, l'affiler, c'est donner le fil sur une pierre plus fine communément appelée pierre du Levant.

**Affiloir.** Outil emmanché servant à donner le fil aux râcloirs, c'est-à-dire le retourner légèrement ; peut se faire avec un *tiers-point ou tige* d'acier, poli sur le grès et la pierre à affiler.

Pour affiler les outils à moulures, on monte plusieurs pierres arrondies ou carrées dans un morceau de bois qui s'appelle aussi affiloir.

**Affleurer.** Unir avec le rabot ; la rencontre d'un assemblage ou d'un point de partie pleine au panneau.

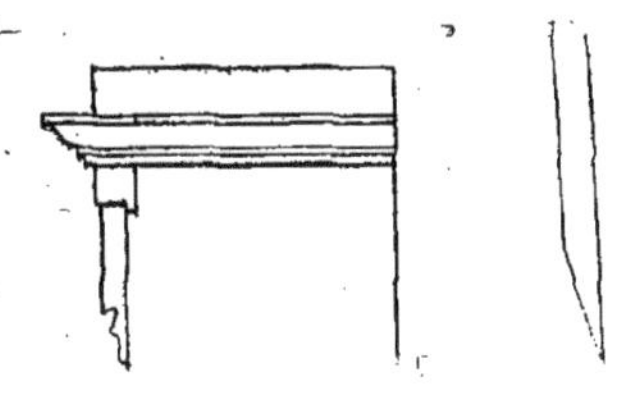

Fig. 117. Fig. 118.

**Affutage.** On appelle communément une paire d'affutage le riflard qui dégrossit et la varlope.

A Paris, ces outils sont *fournis par* les ouvriers, ainsi que les scies, ciseaux, maillet, marteau, tenailles et autres menus outils ; en province, ils sont fournis par le patron.

**Affuter.** User sur le grès ou sur la meule un fer, un ciseau ou autres instruments pour les rendre tranchants avant de les passer sur la pierre à aiguiser.

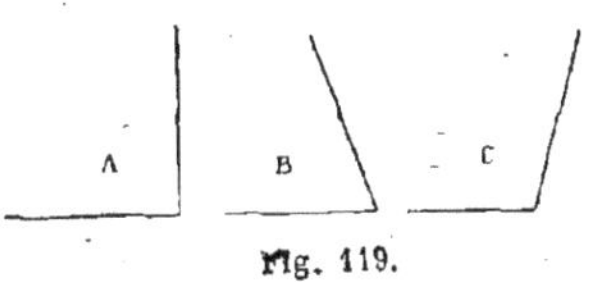


Fig. 119.

On dit aussi s'affuter, convenir entre patron et ouvrier du prix de la journée.

**Aigu.** Outil se terminant en pointe et tranchant. Se dit d'un angle au-dessous de 90 degrés, c'est-à-dire plus fermé que l'équerre (*fig.* 118).

**Air.** Partie ou espace compris entre les solives ou les murs et qui est fait en plâtre ou en briques.

**Ais.** Clôture en planches posées les unes contre les autres, clouées sur des barres ou soliveaux, en bois brut.

**Ajuster.** Mettre en place une porte dans son bâti, une armoire, une moulure, etc.

**Alaise.** Portion de planche servant à compléter un panneau, une porte, un bâti, sur la hauteur ou sur la largeur.

**Alcôve.** Partie en renfoncement dans une pièce dont la façade est décorée; se place le plus souvent dans une chambre à coucher pour y mettre un lit.

**Alésoir.** Outil en acier, appelé aussi pointe carrée pour agrandir les trous de vis dans les charnières ou autres ferrures analogues.

**Alizier.** Bois français prenant très bien le noir et se polissant bien.

**Allégir.** Diminuer par une moulure, un élégi quelconque, l'apparence lourde d'une pièce de bois d'un battant ; on dit aussi ravaler.

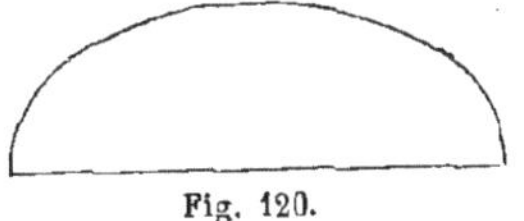

Fig. 120.

**Allonge.** Pièce de bois que l'on met pour rallonger un serre-joint et serrer de grandes parties ; *on dit aussi rallonge*.

**Amarante.** Bois des îles plus dur que l'acajou et plus foncé, tirant sur le violet.

**Angle.** Ouverture faite par deux lignes, qui se rencontrent en un point commun (*fig.* 119), *on dit angle droit* celui qui est à 90 degrés, c'est-à-dire d'équerre en A ; angle aigu, celui qui est fermé et au-dessous de 90 degrés ou de l'équerre en B ; et, angle obtus, celui qui est le plus ouvert ou au-dessus de l'équerre en C.

**Anse de panier.** Portion d'ovale prise sur son grand diamètre, ou demi-ovale (*fig.* 120).

**Antibois.** Petites traverses assemblées à des montants ordinairement de $0^m,025$ carré et de $0^m,15$ de longueur posées sur le parquet pour que les dossiers des sièges n'abîment pas la peinture des lambris de salles à manger ou chambres, ils doivent être mobiles, pour le balayage (*fig.* 121).

**Aplomb.** Ligne dont la direction est perpendiculaire à la ligne d'horizon (*fig.* 122).

**Apparent.** Bois apparent, c'est-à-dire non recouvert de peinture et, par conséquent, nécessitant un certain choix ; dans le règlement il se paie du 1/4 au 1/2 en plus.

**Appareiller.** Avant de rainer les bois d'un panneau et de les établir, on les

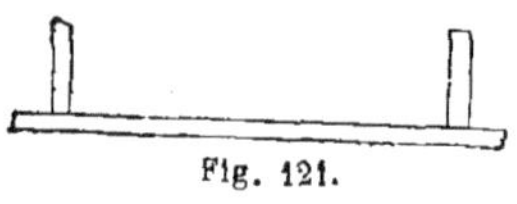

Fig. 121.

appareille, c'est-à-dire qu'on les choisit pour leur nuance et leur largeur. Avant d'établir les bois en général, bâtis, traverses, etc., il faut les appareiller.

**Appui.** La hauteur d'appui d'un lambris ne doit pas dépasser $1^{m},30$, c'est un maximum ; on appelle hauteur d'appui de porte, de devanture ou de cloison, le dessus de la traverse du milieu de porte ou de châssis vitré. Tablette d'appui, celle qui est posée à hauteur de soutien.

Tablette d'appui de croisée, celle qui est posée sur la saillie de l'ébrasement d'une croisée.

Pièce d'appui de croisée (*fig.* 123), la

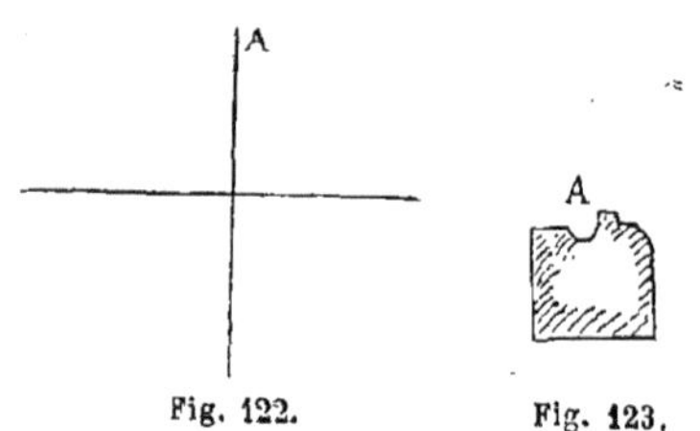


Fig. 122. Fig. 123.

traverse du bas d'un dormant de croisée dans laquelle on pousse une gorge ou rigole à deux pentes pour ramener les eaux et la buée au milieu et les renvoyer au dehors par un trou d'écoulement.

**Arasé.** Porte arasée, panneau arasé, c'est-à-dire affleurant le bâti, arasé d'un parement quand c'est d'un seul côté (*fig.* 124), et arasé deux parements quand il affleure des deux côtés (*fig.* 125) ; on laisse un petite saillie au bâti comme dans la

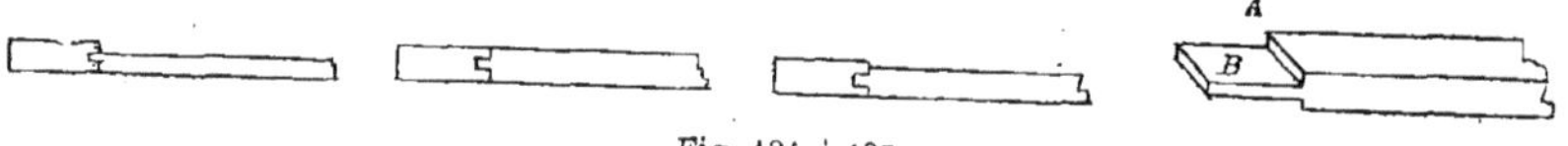


Fig. 124 à 127.

figure 126, qui est considéré comme arasé aux deux parements.

**Arasement.** Coup de scie donné au bout d'une traverse jusqu'au bois laissé pour le tenon (*fig.* 127 : A, arasement ; B, tenon). Cet arasement peuvent varier suivant la profondeur des feuillures ou moulures poussées de chaque côté du battant.

**Araser.** Faire l'arasement d'une traverse, d'un battant ou d'un panneau, c'est le couper juste, le débiter c'est dégrossir de longueur. Araser, c'est finir avant d'assembler.

**Arbalétrier.** On donne ce nom aux parties d'une ferme donnant la pente du toit et assemblées avec le poinçon et l'entrait (*fig.* 128) : AA, arbalétriers ; B, poinçon ; C, entrait ; D, faîtage, et EE, contrefiches ou écharpes.

**Arc.** C'est la portion d'une ligne courbe régulière ; on appelle corde la ligne droite qui réunit les deux extrémités de cette courbe (*fig.* 129).

**Arcade.** Ouverture ou baie qui présente un arc demi-circulaire ou demi-ovale à sa partie supérieure ; la ligne formant la base de l'arcade.

**Arcature.** Décoration présentant plusieurs arcades à la suite les unes des autres.

**Arc doubleau.** Moulures en saillie sur les arêtes en creux d'une voûte d'arête, les deux côtés présentent généralement le même profil. La moulure de l'arc doubleau est plus importante et sépare les deux voûtes d'arêtes, et la base repose sur un culot.

Exemple : Les stalles de la cathédrale de Sens.

**Arceau.** La partie cintrée d'une voûte, d'une baie de porte ou de croisée.

**Architecte.** Le praticien qui fait les plans donne les détails d'exécution et les ordres et, en général, qui commande tous les travaux.

**Architectonographie.** La description des édifices et des constructions.

**Architecture.** L'art d'élever des constructions et des édifices de toute espèce, d'en disposer la décoration et l'ornementation.

En menuiserie d'art, les travaux sont souvent d'architecture romane et gothique des XIIIe, XIVe et XVe siècles, de la renaissance, du XVIe.

L'architecture romane ou XIIe siècle se distingue par les arcs réguliers ou demi-circulaires reposant sur des colonnes ou piliers : les profils de moulures sur les

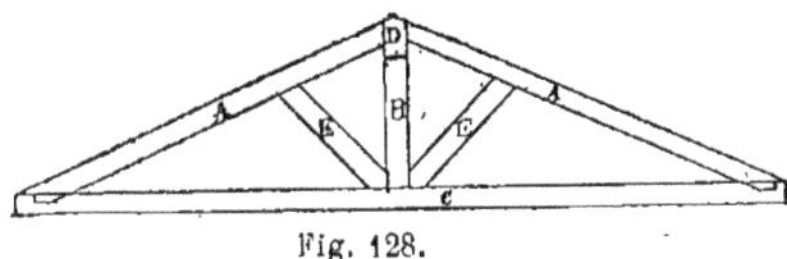

Fig. 128.

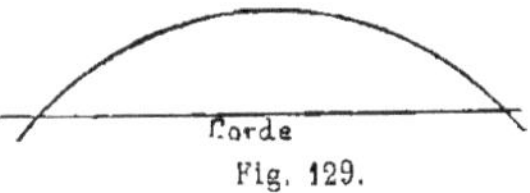


Fig. 129.

arêtes sont ordinairement des baguettes retournées (*fig.* 130) A.

Le commencement de l'architecture gothique se distingue par des ogives dans la partie haute des châssis ou portes et les moulures se poursuivent sans interruption avec la partie droite. il n'y a qu'une simple gorge sur l'arête, ou un chanfrein (*fig.* 130) en B.

Au XIVe siècle, il y a deux gorges dans la grande ouverture et une se perd dans des petits panneaux d'angle en haut des ogives (*fig.* 130) en C.

Enfin, au XVe siècle, dit gothique flamboyant, les ouvertures ogives sont encadrées dans un grand chambranle ou baie ogivale et ces ouvertures sont couronnées de panneaux circulaires décorant la différence entre les petites ogives et la grande baie (*fig.* 130) en D.

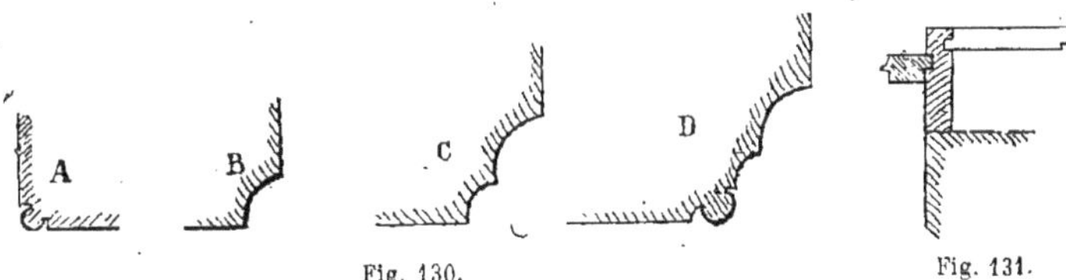


Fig. 130.

Fig. 131.

Le profil se composant de deux gorges a en plus une baguette qui se détache parfaitement ronde sur les meneaux.

Les profils de moulures renaissance sont plus riches comme détails, les corps de moulures sont plus détaillés et plus petits. Ce sont ordinairement les détails de sculpture qui donnent le cachet de cette architecture.

Il y a encore les styles Henri II, Louis XIII, Louis XIV et Louis XV qui ont une architecture spéciale.

**Architrave.** Partie inférieure d'un tableau de devanture ou d'un entablement. La traverse d'architrave est celle qui sépare les châssis ou panneaux du tableau ou frise d'entablement et s'assemble avec les montants de rive (*fig.* 131).

**Archivolte** Chambranle ou bandeau ornant le pourtour d'une baie circulaire ou arcade et reposant sur le tailloir du chapiteau. On nomme aussi plafond d'archivolte le revêtement de la partie intérieure d'un cintre.

Porte, croisée ou persienne cintrée en archivolte se dit de menuiserie plein cintre en hauteur et formant le demi cercle.

**Arête**. Angle formé par la rencontre de deux plans droits ou cintrés ou de deux parties courbes.

Vive arête, se dit de l'angle formé par deux faces et coupant.

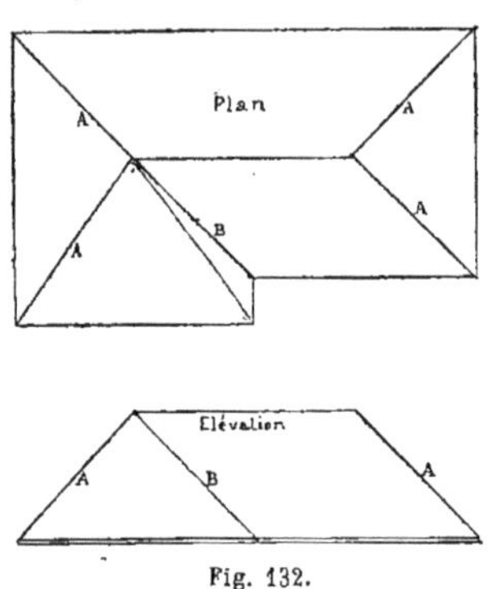


Fig. 132.

**Arêtier**. Pièce de bois posée en diagonale sur un comble et assemblée entre la plate-forme et le poinçon (*fig.* 132).

Elle se nomme arêtier sur l'angle saillant du comble en A, et sur un angle rentrant elle se nomme noue (en B).

La rive supérieure d'un arêtier est à deux pentes formant arête saillante au milieu et celle d'une noue est aussi à deux pentes mais forme angle rentrant.

**Armature**. Bâti, composé de barres et écharpes, assemblé pour supporter une porte en partie pleine qui ne pourrait se tenir seule. Exemple : une porte charretière faite par frises a besoin d'une armature derrière pour pouvoir tenir.

On appelle aussi armature le bâti intérieur assemblé de différentes formes, pour poser la terre glaise d'une statue.

**Armoire** Meuble en menuiserie ou en ébénisterie plus haut que large fermé par une ou deux portes pour placer du linge ou autres objets. Les armoires arasées dans le bâtiment se font pour cacher les vides formés par les coffres de cheminées montés d'aplomb ou en biais et les murs de façade ou cloisons. On dit aussi armoire sous tenture.

**Arrière-corps**. Bâtis ou champ uni, posé entre deux cadres (*fig.* 133, A) ou de chaque côté d'un pilastre pour lui donner plus de légèreté (en B, même figure).

**Arrière-voussure**. Partie circulaire en plafond, au-dessus d'une baie de porte ou de croisée dont les deux cintres ne

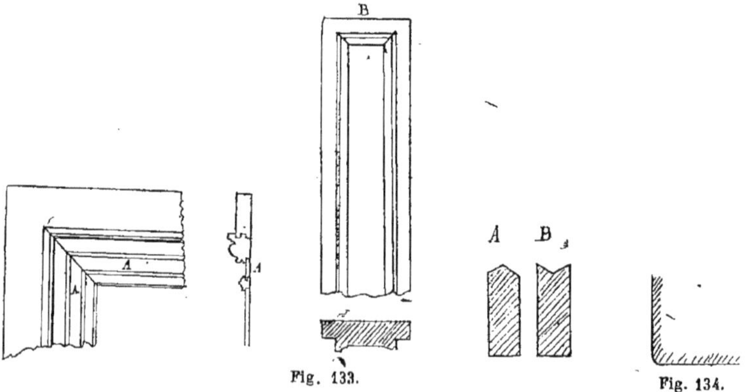


Fig. 133. Fig. 134.

sont pas semblables ou pour raccorder une partie droite et une partie circulaire ; l'arrière-voussure a la largeur de l'ébrasement de cette baie.

Il y en a de toutes les formes, mais le plus souvent la partie extérieure est un cintre surbaissé et la partie intérieure un plein cintre.

Si les deux cintres sont les mêmes, on les appelle plafond et archivolte.

**Arrondir.** Adoucir une arête en l'arrondissant (*fig.* 134) ; arrondir une plinthe, un tasseau en bout, adoucir l'arête en bout d'une pièce de bois quelconque, etc.

**Assemblage.** Il y en a de différentes espèces. L'assemblage *à entailles* (*fig.* 135) se fait dans les gros ouvrages, charpente, cloison de cave, et ordinairement sur bois brut et ne comporte *qu'un arasement.* Il se fait avec la scie ; on entend par assemblage à paume (*fig.* 136) l'assemblage dont l'entaille est en pente et la traverse coupée en sifflet, sans arasement.

*L'assemblage à enfourchement* et à tenon se compose de deux coups de scie en bout du battant en faisant sauter le milieu avec le bec-d'âne et d'un tenon à deux arasements dans la traverse (*fig.* 137).

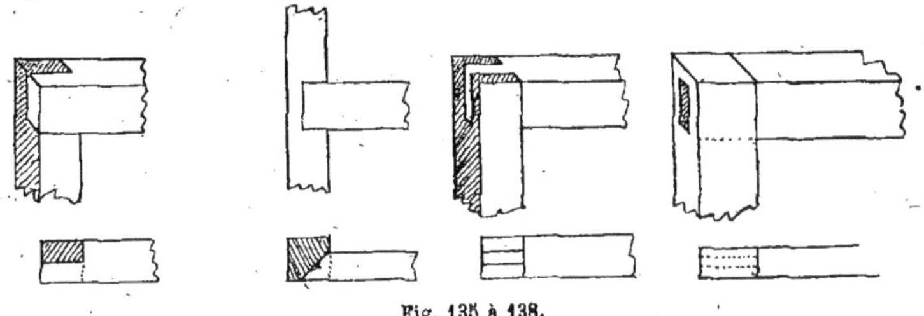

Fig. 135 à 138.

Cet assemblage se fait dans les huisseries, bâtis et contrebâtis devant être scellés dans les plâtres et n'ayant besoin que de peu de solidité ; il n'a de différence avec le suivant que par l'absence de l'épaulement.

L'assemblage *à tenon et mortaise* (*fig.* 138), celui qui se fait le plus souvent; la mortaise percée avec un bec-d'âne doit avoir le tiers environ de l'épaisseur du bois,

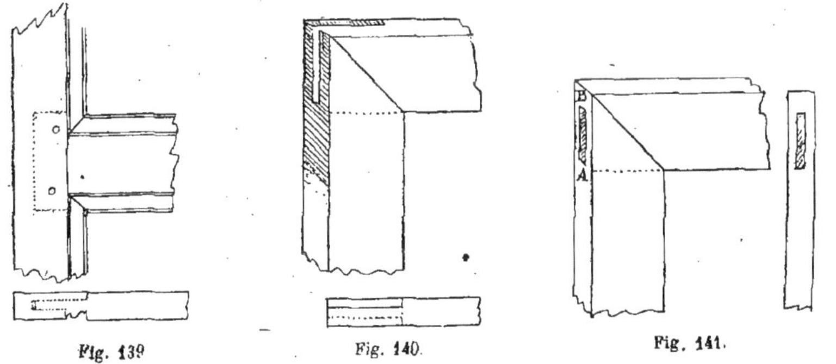


Fig. 139 Fig. 140 Fig. 141.

et le tenon a deux arasements, c'est-à-dire : dans le bois de $0^{m},34$ d'épaisseur, la mortaise devra avoir $0^{m},011$ à $0^{m},012$ de large et ainsi de suite, *les mortaises du* haut et du bas devront traverser les battants et celles du milieu de $0^{m},05$ à $0^{m},06$ de profondeur pour que les chevilles ne fassent pas éclater le tenon qui devra toujours *être un peu plus court* que la profondeur de la mortaise.

L'assemblage d'onglet jusqu'à la moulure (*fig.* 139), c'est celui qui se fait dans les châssis ou lambris qui ont des moulures ; *on est alors* obligé de rallonger la largeur de la moulure pour l'arasement de la traverse, c'est ce qu'on appelle barbe rallongée.

L'assemblage d'onglet à travers champ est celui qui se fait dans les châssis ou lambris, mais dont le bois doit rester apparent (*fig.* 140) ou poli, il peut être simple ou flotté d'un ou de deux côtés.

Lorsqu'il est simple, après avoir coupé le battant d'onglet, on fait la mortaise ordinairement des deux tiers de la largeur de la traverse, le reste s'appelle l'épaulement (*fig.* 141) et la traverse est arasée d'onglet des deux côtés, on l'épaule ensuite, c'est-à-dire que l'on fait sauter la partie restante au-dessus de la mortaise et on assemble. Élévation d'un assemblage d'onglet à travers champ : A, mortaise ; B, épaulement ; C, coupe.

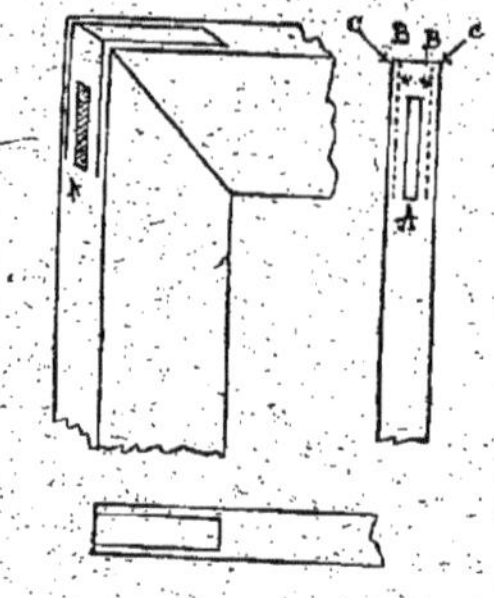

Fig. 142.

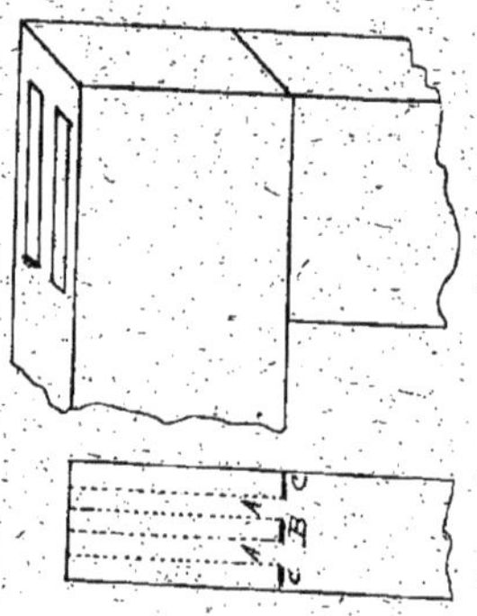

Fig. 143.

Pour l'assemblage flotté d'onglet à travers champ il se compose d'une mortaise, d'un enfourchement et d'un flottage d'un ou de deux côtés (*fig.* 142) sur la coupe et mortaise : A, mortaise ; B enfourchement ; C, flottage ; c'est le plus solide des assemblages d'onglet, en ayant soin de laisser au moins $0^m,006$ à $0^m,007$ d'épaisseur aux flottages.

Pour les gros bois, on fait aussi, pour éviter un trop gros tenon, deux assemblages en épaisseur appelés assemblage double en épaisseur ; on divise alors l'épaiseur du bois en cinq parties, dont deux pour les tenons ou mortaises, une pour l'enfourchement du milieu et deux pour les arasements, c'est-à-dire que pour des bâtis de $0^m,11$ chaque épaiseur devra avoir $0^m,021$ à 0,022 (*fig.* 143) : AA, tenons ou mortaises; B, enfourchement ; C, arasements.

Fig. 144.

L'assemblage à trait de Jupiter simple se compose de deux fausses coupes dans les bouts du quart de la largeur des bois, et le reste pour la grande fausse coupe du milieu qui devra avoir en longueur environ trois fois la longueur des bois à assembler (*fig.* 144), maintenu avec des vis.

Pour l'assemblage à trait de Jupiter avec clé au milieu de la grande fausse coupe on fera une entaille dans chaque morceau pour faire l'emplacement de la clé en ayant soin de laisser le trait dans le sens du serrage pour faire joindre les arasements, elle devra être d'équerre avec la grande fausse coupe.

Fig. 145

Cet assemblage maintient en longueur et, pour éviter les clous ou les vis servant à maintenir les deux morceaux à fleur.

on laissera, dans le bout des deux petites fausses coupes, une languette à deux arasements et une rainure faite au bec-d'âne dans la partie rentrante; l'affleurement sera ainsi maintenu (*fig.* 145).

Pour l'assemblage à trait de Jupiter avec clé, et languette, mais droit, comme l'indique le croquis (*fig.* 146), on divisera la largeur des bois à assembler en cinq parties, comme ci-dessus, deux parties pour l'assemblage de chaque côté et une partie pour l'épaisseur de la clé, qui a plus d'efficacité puisqu'elle serre de toute son épaisseur. Mais il est moins solide pour porter que les autres, il est bon dans les pannes de charpente sablière ou faîtage qui reposent sur un arbalétrier; pour les pannes, point d'appui ou poteaux pour les sablières et poinçon, pour les faîtages.

Ces assemblages à traits de Jupiter doivent être faits sur la largeur des bois,

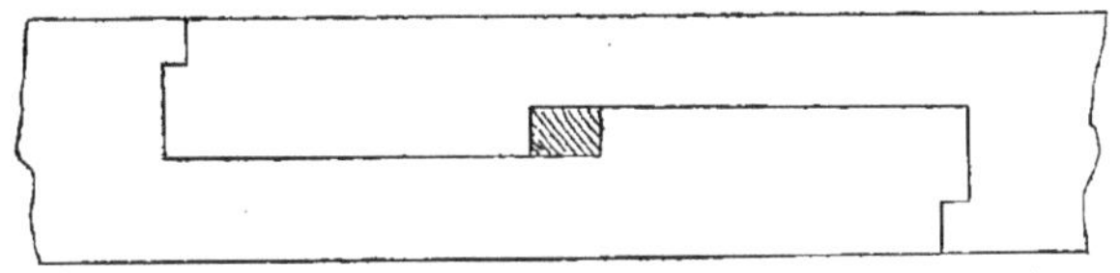

Fig. 146.

mais on les fait aussi en épaisseur pour les plates-formes, sablières ou architraves de devanture; dans ce cas, il n'y a qu'un arasement d'apparent (*fig.* 147), ce qui est préférable, il en est de même dans ces assemblages, pour les parties cintrées en archivolte ou grands cintres surbaissés.

**Assise.** En menuiserie, on appelle assises, différentes moulures ou champs embrevés ensemble pour faire une corniche, cimaise, etc... qu'on ne peut prendre dans la masse.

La corniche (*fig.* 148)), est faite en quatre assises ABC et D.

**Assujettir.** Fixer à sa place une partie de revêtement, de lambris, chambranle, plinthes, etc., enfin les clouer à leur emplacement; lorsqu'on emploie des vis, on dit assujettir avec vis.

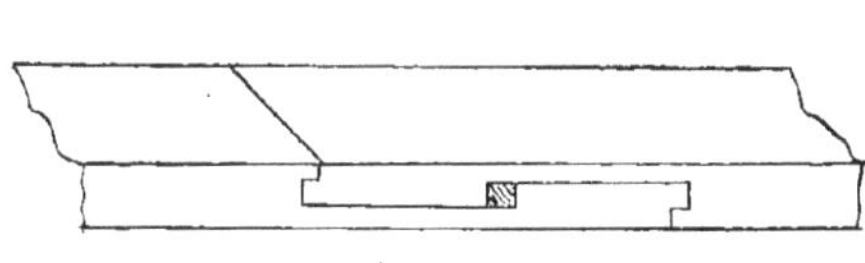

Fig. 147.

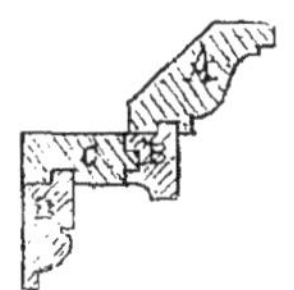

Fig. 148.

Fig. 149.

**Astragale.** Moulure se posant à la hauteur de l'architrave, c'est-à-dire entre l'entablement ou tableau et les châssis ou lambris (*fig.* 149, Sa largeur est déterminée par la hauteur où elle est posée; à 3$^{m}$, 50, elle a ordinairement 0,04 à 0,05 de large, et à 5 mètres on lui donne 0$^{m}$,07 de largeur; le corps de moulure supérieur doit être un congé ou une pente, pour ne pas permettre à l'eau ou à la poussière de séjourner dessus

**Atelier.** Emplacement où sont placés les établis et où travaillent les ouvriers, pour la préparation, l'exécution et le fini des travaux; il doit être bien éclairé sur un ou deux côtés suivant sa profondeur, avec une ou deux rangées d'établis; il faut éviter le jour venant du haut, car on ne voit pas les traits de pointe à tracer sur le bois et, pour les établir, on voit mieux leur nuance et surtout leur dressement, le jour venant de côté.

Pour que les ouvriers puissent travailler à leur aise et ne pas être gênés il faut compter 1$^{m}$, 20 de largeur par établi, 0$^{m}$, 50 pour l'établi et 0$^{m}$, 70 pour le passage. On donne 1 mètre de passage pour le premier établi qui est ordinairement celui du conducteur afin qu'il puisse établir ses bois et avoir la place pour les appuyer. Les autres établis sont placés à sa droite.

**Attique.** Partie de lambris placée immé-

Fig. 150.

diatement au-dessus du chambranle d'une

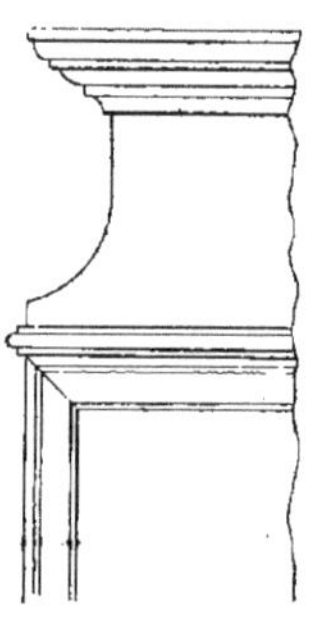

Fig. 151.

porte ou d'une baie quelconque surmontée d'une corniche ou couronnement (*fig.* 150).

On met aussi, entre la traverse de chambranle et celle d'attique, une petite moulure qu'on nomme astragale (*fig.* 151).

Les attiques se terminent sur le côté en partie droite, ou suivant l'emplacement en console simple; dans ce cas, la plus grande saillie de la corniche doit tomber aplomb du montant de chambranle.

On les termine aussi par des consoles rapportées et sculptées plus ou moins richement mais, principe, le dehors de la corniche doit être aplomb du dehors du chambranle (*fig.* 152).

**Aubier.** Partie du bois se trouvant entre l'écorce et le bon bois. Dans le bois de chêne, surtout non flotté, l'aubier est blanc et ne peut s'employer.

Il n'en est pas de même dans le noyer où l'aubier est blanc gris et peut s'employer dans les meubles passés au brou de noix.

**Aune.** Bois français d'un ton blanc rosé, très tendre, très employé comme pan-

Fig. 152.

neaux et comme moulures, prend aussi la teinte du bois noir et se cire bien.

**Autel.** Meuble d'église se plaçant au milieu du chœur ou des chapelles, se composant d'une table et de parties de lambris, la face et les deux côtés, et, le plus souvent, de style roman ou gothique.

**Auvent.** Partie saillante au-dessus d'une baie de porte ou de croisée pour abriter. Partie pleine entre la corniche d'une devanture de boutique et le nu du mur; les petites traverses supportant cet auvent clouées derrières la corniche et scellées dans le mur s'appellent coyaux.

**Avant-Corps.** Petite moulure posée en avant des corniches ou des cadres et laissant un champ uni entre les deux.

**Aviver.** Rendre les arêtes vives, même après la pose, dans les bâtis, huisseries, etc.

dont les arêtes auront été abîmées par le passage des maçons.

**Axe** La Ligne passant par le centre d'une circonférence et allant rejoindre cette circonférence s'appelle diamètre. On nomme quelquefois cette ligne *axe*. Dans l'ovale, il y a plusieurs axes pour raccorder les courbes, et c'est toujours les axes des petits cintres de rive qui servent de base à l'ovale.

Pour trouver par le calcul l'axe ou rayon d'un cintre régulier quelconque, il faut multiplier la moitié de la longueur de la corde par elle-même, soit pour une partie de cintre (*fig.* 153) de 1,00 de corde sur 0,10 de flèche ; la moitié de la corde est 0,50 multipliée par 0,50, soit 0,2500, puisqu'il y a quatre chiffres décimaux.

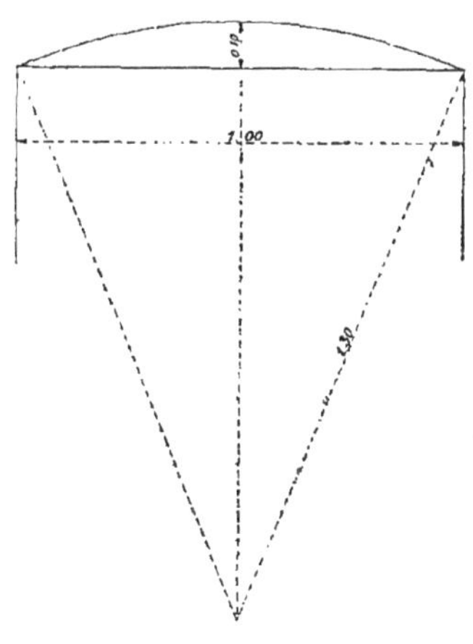


Fig. 153.

Il faut ensuite diviser ce produit 0,2500 par la flèche qui est 0,10 $= \frac{0,2500}{0,10} = 2,50$.

Le produit de cette division ou quotient est 2,50 ; additionner ensuite la flèche ou diviseur qui est 0,10 avec le quotient qui est 2,50, on obtient 2,60 qui est le diamètre dont la moitié est le rayon de cette portion de cercle.

Voici comment il faut poser le problème pour être plus laconique : multiplier la moitié de la corde par elle-même, diviser le produit par la flèche et additionner le quotient avec la flèche ; le produit de cette addition est le diamètre dont la moitié est le rayon du point de centre.

Soit $0,50 \times 0,50 = 0,2500 \; \frac{0,2500}{0,10}$
$= 2,50$
$+ 0,10$
$2,60$ de diam.

dont la moitié 1,30 est le rayon ou axe.

Afin de prouver l'exactitude et pouvoir se rappeler plus facilement ce problème qui est très utile on prendra une demi-circonférence, soit 2,00, on sait d'avance que la flèche est de 1 mètre et l'axe 1,0 ; reposons le problème sur cette partie de cintre (*fig.* 154).

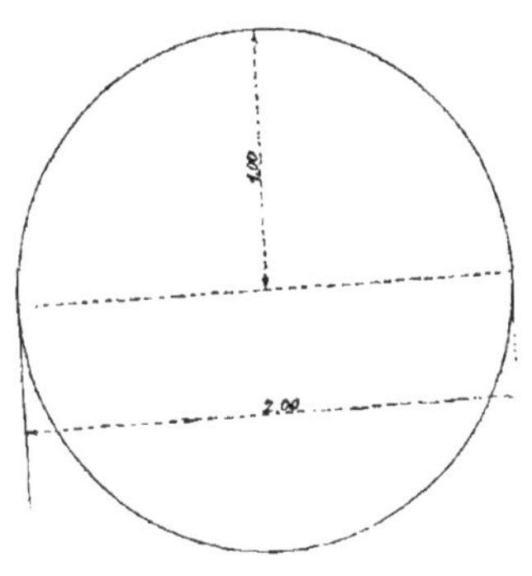


Fig. 154.

2,00 corde, soit $1,00 \times 1,00 = \frac{1,0000}{1,00}$
$= 1^{m},00 + 1^{m},00 = 2^{m},00$ de diamètre.
dont la moitié $= 1,00$ est le rayon.

On voit par là l'exactitude de ce problème et on ne l'oubliera pas, car il est bien facile à retenir.

**Baguette.** Moulure demi-ronde servant à cacher les joints entre le plâtre et le bois ; on dit aussi demi-baguette.

Baguette d'angle, moulure (*fig.* 155) servant à garantir les angles du plâtre.

Mais dans les moulures poussées sur les portes, chambranle, etc..., on appelle baguette, la mouloure ronde poussée ordinairement au bord de cette moulure; elle est généralement retournée, c'est-à-dire arrondie (*fig.* 156).

Profil de chambranle appelé doucine à baguette; si cette baguette n'était pas retournée comme ci-dessous elle serait d'un effet disgracieux et dans les lambris le retrait des panneaux serait bien plus apparent, parce qu'il n'est pas possible d'empêcher le bois de gonfler à l'humidité et de se retirer à la sécheresse.

**Bahut.** Sorte de coffre recouvert de cuir; meuble ou armoire antique.

**Baie.** Ouverture laissée dans un mur ou

Fig. 155.

dans une charpente pour y placer une porte, une croisée ou une lucarne.

**Bain-marie.** Pour faire chauffer la colle, on se sert de deux pots en cuivre: l'un, dans lequel on met la colle pour la fondre après l'avoir cassée en morceaux et mis de l'eau pour la baigner seulement, et l'autre pot plus grand dans lequel le précédent se place et contenant de l'eau, qu'on appelle le bain-marie, cette eau en

Fig. 156.

chauffant fait fondre la colle doucement, car il ne serait pas possible de la faire fondre directement au feu sans la brûler et lui faire perdre sa qualité.

Depuis qu'on se sert de machines à vapeur, dans les ateliers où il y a beaucoup d'ouvriers et où plusieurs sont employés au collage, ce bain-marie est remplacé par un récipient en cuivre qui conserve toujours son nom de bain-marie et qui est traversé par un serpentin en cuivre, à vapeur, qui chauffe l'eau. Il est percé de deux à six trous dans le dessus pour recevoir autant de pots à colle dont chaque ouvrier peut se servir et supprime ainsi autant de bains-marie.

**Balustrade.** Clôture à hauteur d'appui se composant d'un socle de balustres tournés ou découpés à jour dans des planches, et assemblée avec une main-courante qui se pose ordinairement de niveau (*fig.* 157).

Cette hauteur d'appui est de $0^m,95$ à 1 mètre. La balustrade est ainsi appelée lorsqu'elle est posée sur une terrasse, à hauteur de rez-de-chaussée élevé; lorsqu'elle existe devant une croisée ou une porte on l'appelle balcon.

**Balustre.** Colonnette tournée assemblé

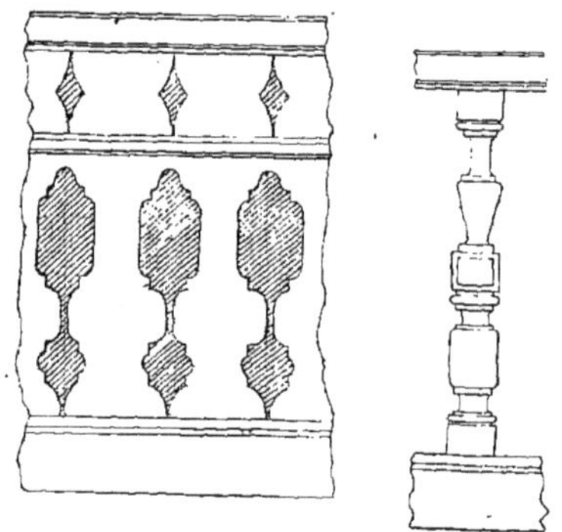

Fig. 157. Fig. 158.

comme ci-dessus, entre une main-courante et un socle, ou traverse dans une balustrade ou un limon dans un escalier (*fig.* 158); les bases et parties carrées dans les balustres sont plus gracieux.

Il y a aussi les balustres découpés des quatre faces d'équerre ou suivant le rampant de l'escalier.

Il faut pour ces balustres un dessin spécial car chacun des côtés n'est pas semblable, et, pour les découper suivant le rampant, on oblique la table mobile de la scie à découper suivant ce rampant; on peut aussi tourner les balustres suivant le rampant sur des tours spéciaux montés dans le genre de ceux qui servent pour les colonnes torses.

**Banc.** Planche assemblée sur quatre ou

six pieds suivant la longueur, ces pieds s'écartant par le bas comme des tréteaux.

**Banc-d'œuvre.** Meuble d'église se posant devant la chaire à prêcher et dont le dossier est ordinairement élevé.

**Bandeau.** Champ mouluré ou non mouluré, que l'on met à l'emplacement d'une cimaise ou d'une corniche ; on l'appelle bandeau lorsqu'il y a au moins les deux tiers de parties unies.

**Banquette.** Lambris posé dans les ébrasements de croisées à hauteur de siège, c'est-à-dire 0m,45, avec un dessus quelquefois en abattant pour former coffre, le devant se raccordant avec le lambris de la pièce.

**Barbe.** On donne ce nom aux châssis ou

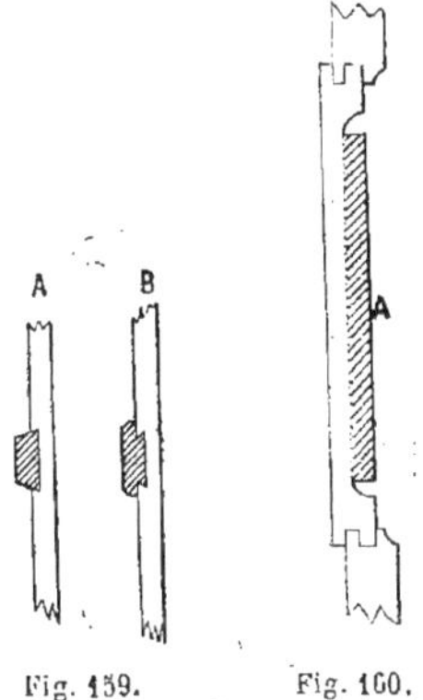


Fig. 159. Fig. 160.

lambris à moulures dans le tracé des traverses. On appelle barbe rallongée, la partie qu'on laisse en plus du nu des battants; quant à la largeur des moulures ou feuillures poussées sur ces battants, elle est d'onglet pour les moulures, et carrée pour les feuillures.

**Barre.** Champ en chêne ou sapin assez épais servant à relier ensemble des portes ou cloisons en planches rainées ou non et sur lesquelles ces parties sont clouées ; ces champs sont ordinairement chanfreinés pour adoucir leur saillie.

**Barre à queue.** Barre en chêne ou bois dur, un peu plus large d'un bout que de l'autre, dont une partie de l'épaisseur doit être entaillée dans la partie pleine qu'elle doit maintenir (*fig.* 159), les rives sont abattues en pente pour tirer à joint au fond de l'entaille A. On fait aussi ces barres à queue recouvertes; la pente sur les barres est faite avec un outil spécial formant un recouvrement · on a par ce moyen la barre d'égale largeur et la queue ou pente se trouve dissimulée par ce recouvrement (en B, *fig.* 159).

**Barrer.** Une porte, une partie pleine ou une cloison, c'est clouer la barre sur ces ouvrages, c'est poser les barres.

**Base.** Socle, appui, dé, toute assise sur laquelle un pilastre, une colonne ou un poteau est posé ; la base doit toujours être très solide puisqu'elle est faite pour porter et être plus large que les parties qu'elle supporte.

En dessin géométrique, la ligne de base est une ligne horizontale sur laquelle on

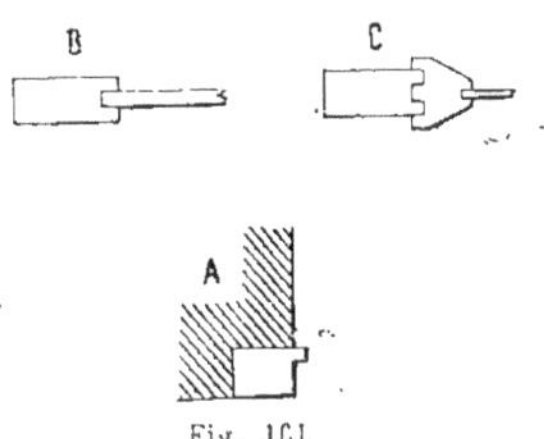


Fig. 161.

élève d'autres lignes verticales ou obliques ; dans un triangle, c'est la ligne opposée au sommet de ce triangle.

**Bas-relief.** On dit qu'un panneau ou un pilastre est sculpté en bas-relief, lorsque les objets sculptés sont en saillie des fonds, et ordinairement pris dans la masse, (*fig.* 160) ; c'est-à-dire qu'il n'y a pas de saillie sur le nu des pilastres ou panneaux A, partie réservée pour la sculpture.

**Bâtis.** Montants et traverses assemblés à entailles, à enfourchement, à tenon et mortaise ou à queue d'aronde ; ils sont avec feuillure suivant l'épaisseur des portes ou châssis qu'ils doivent recevoir et doivent avoir de 0m,013 à 0m,015 de surépaisseur pour éviter les contre-feuillures quand c'est possible, on l'appelle alors bâtis dormant (*fig.* 161, A).

Le bâtis de porte ou lambris se compose

de montants et de traverses dans lesquels on a pousssé une rainure pour recevoir un panneau ou un grand cadre, B et C.

Dans le parquet en feuilles, on appelle bâtis les montants et traverses extérieurs de cette feuille de parquet.

**Bâtiment.** Construction destinée à être habitée, ou édifice pour l'industrie, pour l'usage civil; l'industrie du bâtiment en général se compose de la terrasse, de la maçonnerie, de la charpente, de la couverture, de la menuiserie, de la peinture, de la vitrerie, de la fumisterie, de la plomberie, etc. On appelle ouvriers du bâtiment, ceux qui travaillent dans chacun de ces corps de métiers.

**Battant.** C'est la pièce de bois ou montant ayant une ou plusieurs mortaises pour recevoir les tenons des traverses, quand bien même ces traverses seraient plus longues que les battants. Lorsqu'un battant a un tenon d'un bout et une mortaise dans la traverse, on l'appelle assemblé à chapeau.

Dans toute partie de lambris ou porte, il y a généralement deux battants, un à droite, un à gauche, et ils prennent les noms des parties où ils sont employés, battants de châssis, de croisée, de persienne, de porte ou de lambris.

On appelle gros-battant des pièces de bois qui doivent avoir 0,11 d'épaisseur et 0,32 de largeur; ils sont généralement de 4,00 de longueur et au dessus et servent pour les portes cochères ou autres. Les petits battants sont des pièces de bois de 0,08 sur 0,23 de large.

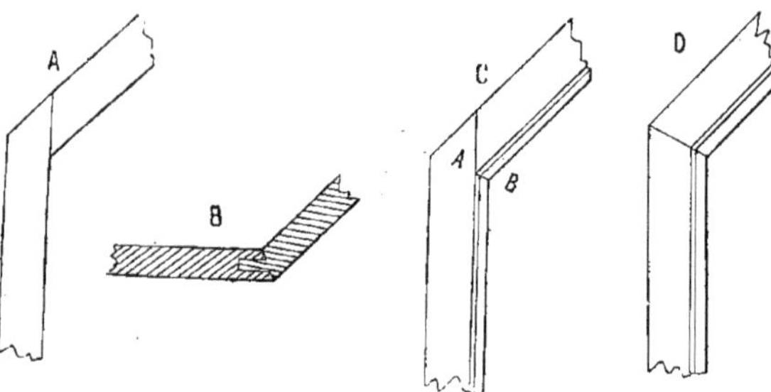


Fig. 162.

**Battement.** Moulure rapportée sur les battants du milieu d'une porte ou d'un châssis à deux ou plusieurs vantaux et employée pour dissimuler le joint de la feuillure.

Partie saillante d'un bâtis opposée à la ferrure.

**Bec-d'âne** ou **bédane.** Ciseau emmanché plus épais que large et servant à faire les mortaises; on lui donne le nom des ouvrages qu'il sert à faire :

Bédane d'huisseries, qui a 0,025 millimètres;

Bédane de portes de 0,034, qui a 0,012 millimètres;

Bédane de croisées, qui a 0,008; il est plus étroit, car souvent la moulure et la feuillure prennent les trois quarts de l'épaisseur du bois.

**Biais.** Ligne oblique. Porte, châssis ou lambris biais, ceux dont les traverses sont assemblées en fausses coupes (*fig.* 162) :

A. Élévation d'une traverse biaise;

B. Battant et traverse assemblés, biais en plan.

Il est préférable que ce soit le tenon qui soit biais dans les battants d'une petite épaisseur et que la mortaise soit parallèle à la face du battant.

Dans les tréteaux, il vaut mieux que les tenons des pieds soient droits, et que ce soit la mortaise qui soit biaise dans les têtes ou traverses du haut.

Dans les lambris ou châssis biais à moulures, pour obtenir la fausse coupe d'onglet (en C, *fig.* 162) raccordant ces moulures, il faut d'abord tracer la largeur des montants et traverses au plan, puis reculer la largeur de la moulure qu'on doit pousser sur ces montants et traverses; la ligne entre A et B donne cette fausse coupe et tous les corps de moulures se raccordent.

Cet assemblage se fait aussi à travers champ et flotté (*fig.* 162 en D) ; il faut alors que les battants et traverses soient de même largeur pour que ces moulures se raccordent ou ragréent.

**Bibliothèque.** Meuble où on range des livres. Il se fait à un ou deux corps : à un corps les portes ouvrent de toute hauteur et à deux corps la partie haute est vitrée, et la partie basse, en forme de buffet, comporte ordinairement des tiroirs.

**Bidet.** Petit établi pouvant être transporté en ville d'étage en étage par un seul ouvrier. Il n'a ni presse, ni tiroir.

**Biseau.** C'est la pente faite au bout d'un fer ou d'un ciseau pour obtenir le tranchant ; plus ce biseau est en pente allongée, plus le tranchant est vif, mais il dure moins longtemps. Pour affûter un fer ou un ciseau. il faut, après l'avoir passé sur le grès, en ayant soin que le biseau soit droit, sans balancer la main, le passer sur la pierre à morfiler en le raccourcissant légèrement et passant le fer bien à plat sur cette pierre, c'est l'affût ordinaire des menuisiers. On affûte aussi à la meule, ce qui est beaucoup plus facile, mais l'affût dure moins longtemps et les fers aussi ; il faut une main exercée pour s'arrêter lorsqu'il y a peu de morfil, petit rebord d'acier produit par l'affût sur le grès ou sur la meule.

**Blanchir.** Raboter une planche, un morceau de bois quelconque, enlever le sciage ; ce travail peut se faire à la demi-varlope et au rabot, car il ne comprend pas le dégauchissage et le dressage ; blanchir la rive d'une planche ne comprend pas le dressage.

**Boiser.** C'est recouvrir les murs d'une pièce quelconque de lambris en menuiserie ; on dit aussi lambrisser.

Fig. 163.

**Boiserie.** Lambris posé sur les murs ; on ne donne ce nom que lorsque ce lambris est à moulures par panneaux, orné ou non de sculpture ; lorsqu'il est en partie unie on l'appelle revêtement.

**Bordure.** Champ mouluré ou non se plaçant au-dessus d'une cimaise posée le long d'un montant ou au haut d'une cloison ; on l'appelle plutôt calfeutrement.

Autour d'un panneau ou d'une glace on l'appelle cadre.

**Bornoyer.** On dit maintenant dégauchir une partie pleine après l'avoir collée, une porte, lambris, etc. C'est, en se plaçant au milieu de l'ouvrage, en découvrir exactement les deux angles extrêmes.

**Boudin.** En menuiserie, moulure qui diffère de la baguette, parce qu'elle est d'un cintre irrégulier (*fig.* 163) ; il est accompagné d'une baguette dans les portes, les lambris ou les chambranles ; on le fait de différentes manières comme ci-dessus et il est détaché par un tarabiscot :

A. Boudin à carré ;

B. Boudin à carré et congé.

On élargit aussi le tarabiscot qui précède le boudin ; ce tarabiscot s'appelle alors élégi et peut être accompagné d'une ou de plusieurs moulures, mais plus souvent suivi d'une baguette retournée, on l'appelle boudin avec congé sur élégi ou le même s'appelle boudin avec élégi refouillé.

**Bouleau.** Bois blanc français qui s'emploie peu en menuiserie.

**Boîte à recaler.** On appelle ainsi un outil servant à finir les coupes d'onglets des grands cadres de portes ; elle est munie d'une tige (fig. 164), sur laquelle on trace la longueur des cadres, ou on y met un arrêt mobile.

La varlope a un conduit de chaque côté et un fer d'au moins 0,06 de large pour recaler d'un seul coup les moulures de 0,054 millimètres d'épaisseur.

Avec l'outillage à vapeur, ces cadres se coupent avec une fraise à petites dents qui évite le recalage.

Pour couper les onglets dans les lambris ou portes à petit cadre, on se sert aussi d'une boîte à coupes dont les deux bouts d'onglets sont garnis de deux bandes de fer pour faire glisser la scie dessus avec un arrêt posé sous un des côtés de cette boîte à la largeur de la moulure ; on fait sauter les onglets des traverses, cette boîte évite tout tracé de coupes d'onglet.

Pour araser les lames de persiennes, on se sert de deux boîtes garnies de vis de presse d'un bout pour serrer les lames

Fig. 164.

(*fig.* 165) ; ces boîtes ont généralement 1,00 de long sur 0,08 de vide de large, le bois des lames ayant 0,075 pour n'être pas gêné ; ces deux boîtes placées à la distance de l'arasement des lames, leur rive peut servir de conduit pour le guillaume à araser, on évite ainsi leur tracé, mais il est préférable de borner leur rôle à serrer les lames en retraite des arasements et de clouer des tringles pour servir de conduit au guillaume.

**Bouvet.** Pour réunir deux ou plusieurs planches ensemble, on se sert des bouvets à joindre : l'un appelé rainure, comme en

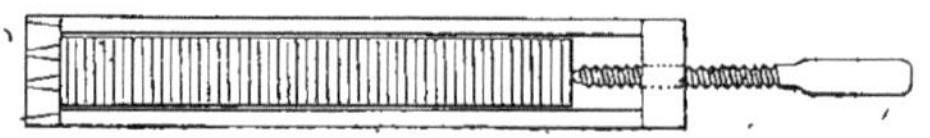

Fig. 165.

A (*fig.* 166) ; l'autre languette, comme en B. Les deux réunis forment la partie pleine ou le panneau.

Il en est de même pour le parquet dont les frises ont d'un côté une rainure et de l'autre une languette ; ces frises se clouent ordinairement en rainure comme en C sur solives ou sur lambourdes. Car s'il y a une petite différence dans l'épaisseur, la joue de la rainure se prête mieux que s'il était cloué sur les languettes.

Il y a des bouvets pour joints des bois depuis 0,008 d'épaisseur jusqu'à 0,041. C'est le plus gros bois. Dans les épaisseurs

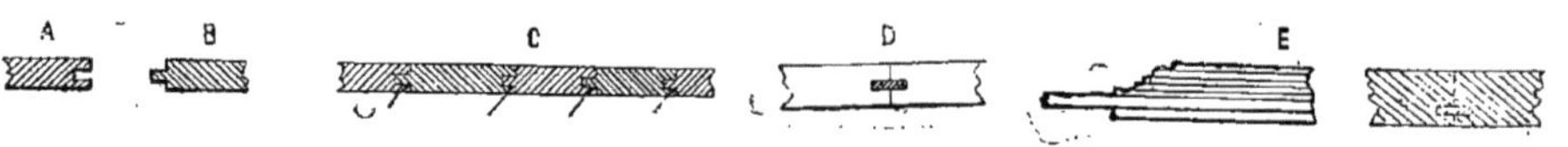


Fig 166.

plus fortes, soit 0,054 ou 0,08, on les joint avec des fausses languettes, c'est-à-dire qu'on pousse une rainure dans chaque morceau et on les réunit par une fausse languette (en D, *fig.* 166). Ces rainures se poussent ordinairement au milieu, mais dans les panneaux sur lesquels on doit pousser des plates-bandes (en E, *fig.* 166), il faut avoir soin de pousser les rainures dans l'épaisseur de la languette qui sert à embrever ce panneau au pourtour.

Pour pousser ces rainures, on se sert d'un bouvet de deux pièces, ainsi appelé parce qu'il se compose du bouvet proprement dit portant le fer et d'un conduit traversé par deux tiges assujetties après le bouvet et qu'on peut écarter à volonté. Ces tiges, après avoir pointé le bouvet à la place où la rainure doit être poussée, sont assujetties par deux clés formant coins, qui les serrent dans leurs entailles.

Pour faire une baguette, une gorge ou un élégi au milieu d'une planche, on assujettit un de ces outils au bout des tiges, et ces moulures ou élégis peuvent se pousser à la distance demandée.

**Braser.** Depuis la vulgarisation des machines-outils, ce terme est synonyme de réparer la cassure d'une scie à ruban. Cette cassure se produit assez souvent, surtout dans les scies étroites servant à découper; il est même nécessaire que le menuisier sache faire cette brasure lui-même, étant appelé à se servir de cet outil à chaque instant.

Pour ce faire, on lime en pente les deux bouts de la scie sur une longueur de 0,03 à 0,04 centimètres.

La scie vue en épaisseur, on fait une ligature avec du fil de laiton et une autre avec du fil de fer fin, puis, sur un feu vif, on fait chauffer à blanc et aussitôt que le fil de laiton est sur le point de fondre, on jette sur cette ligature une cuillerée de borax qui, fondu, fait coller cette soudure. On laisse refroidir, puis on met cette soudure d'épaisseur égale avec la scie et on affûte.

**Brigade.** Groupe d'environ six ouvriers d'établi, à l'atelier, sous la direction d'un conducteur.

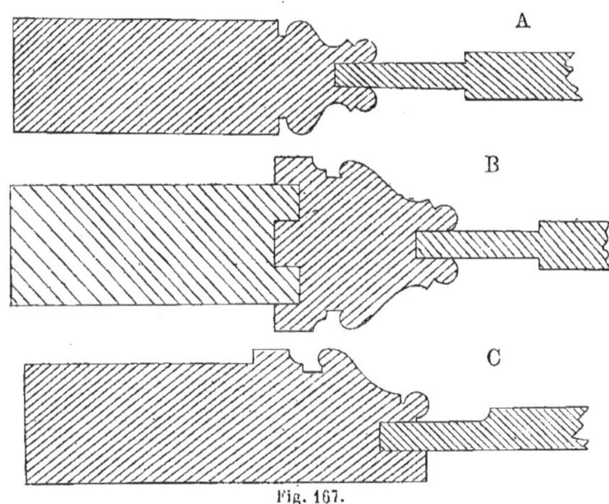

Fig. 167.

**Brisure.** Partie de menuiserie détachée réunie à une autre par des charnières, tels que des abattants, des volets brisés ou de devantures se repliant les uns sur les autres. Ces brisures se font à rainures et languettes, à feuillures carrées ou arrondies.

**Broche.** Long clou avec ou sans tête, ayant plus de $0^m,07$ de longueur. Lorsque les rainures ou les languettes sont à pousser dans des bois épais et sont faites à deux ouvriers, il y a un trou de percé au bout du bouvet, dans lequel on passe une cheville en fer appelée broche ; cela s'appelle tirer le bouvet.

**Brouter.** Se dit d'un bouvet, d'un outil ou d'un rabot qui ne dégorge pas, c'est-à-dire que les copeaux ne sortent pas facilement par la lumière.

**Brut.** Planche ou pièce de bois n'ayant pas été façonnée.

**Buffet.** Meuble de salle à manger et à hauteur d'appui dans lequel on enferme la vaisselle et le linge de table. Buffet à deux corps, lorsqu'il est surmonté d'un autre meuble, le plus souvent vitré. Buffet d'orgues, grand meuble d'église dans lequel sont enfermés les mécanismes des jeux d'orgues, et servant de décoration.

**Buis.** Bois français, de teinte jaune, très dur et se polissant très bien. Il sert à faire des outils et plus souvent à faire des languettes aux bouvets, car, même en bois de bout, il glisse très bien.

**Bureau.** Meuble en forme de table pour écrire et ranger des papiers; il est composé de tiroirs et de casiers.

On appelle aussi bureau l'endroit où travaillent les dessinateurs et les commis aux écritures.

**Cadre.** Bordure, moulure plus ou moins large, sur un panneau ou sur une partie quelconque; il se compose de deux montants et deux traverses. On appelle aussi cadres les faux lambris rapportés sur les murs et cloisons de salle à manger ou autres pièces.

En menuiserie, on dit *petit cadre*, lorsque les moulures ne saillissent pas du nu des battants ou des traverses en A (*fig.* 167); *grand cadre embrevé*, lorsque le cadre est en saillie des bâtis comme en B (*fig.* 167); et *grand cadre ravalé*, lorsque cette moulure est en saillie et élégie dans la masse, comme en C (même figure). On l'appelle aussi grand cadre ravalé et à glace; ce travail se fait lorsque la saillie du grand cadre est faible et ne permet pas l'embrèvement ou que le listel est très étroit.

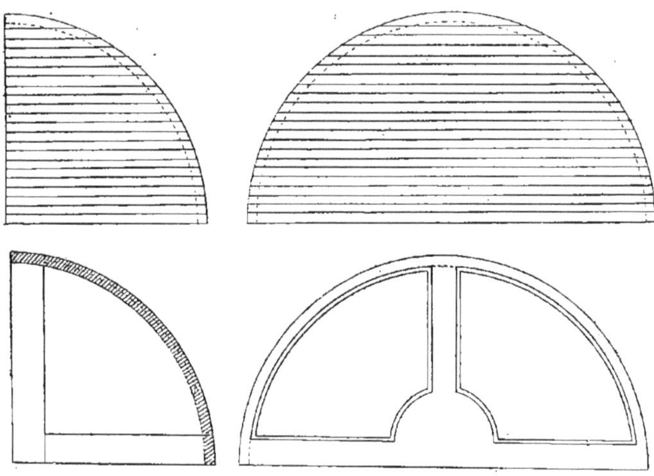

Fig. 168

**Cage d'escalier.** On appelle ainsi l'emplacement d'un escalier, les murs ou cloisons dans lesquels les marches sont scellées.

**Calibre.** Dans les emplacements où il est difficile de prendre les mesures, tels que les dessus de siège d'aisances, les tablettes irrégulières, etc., on en relève le calibre.

Le calibre est composé de champs bruts, minces, découpés suivant l'emplacement et cloués; il sert à couper juste, la partie à poser; il en est de même pour les cintres, réguliers ou irréguliers. Il est toujours bon de représenter le calibre à son emplacement après l'avoir cloué.

*Calibre rallongé.* Dans le tracé de l'escalier, après avoir fait l'épure d'une courbe développée sur le champ, on se sert d'un calibre rallongé, découpé suivant la courbure, sur lequel on relève les traits de l'épure développée et qui sert à tracer des deux côtés sur la pièce de bois destinée à faire cette courbe. Il faut avoir soin de tenir compte du rampant de l'escalier. Ce nom de calibre rallongé lui vient de ce qu'il est plus long qu'au plan de l'escalier.

**Calotte.** Plafond cintré en plan et en élévation, représentant un quart de sphère; les calottes se font par assises ou d'assemblages (*fig.* 168). C'est la partie haute d'une niche.

**Calque.** Pour relever les plans et mettre les profils en œuvre, on copie les profils;

de moulures sur un papier transparent qu'on appelle calque, et sur lequel on fait les outils ou les fers. Il sert aussi pour faire les plans d'exécution.

Après avoir relevé un profil sur le calque, on le retourne, et en repassant le crayon sur la ligne du profil, il se trouve reproduit sur le bois ou sur le papier; il ne faut pas se servir de crayon dur, les nos 2 sont préférables.

**Calquer.** C'est reproduire sur le papier

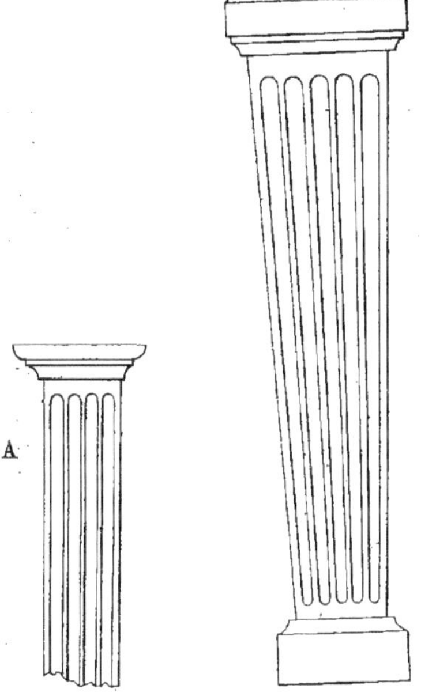


Fig. 169.

transparent, pour remettre aux ouvriers, un plan, un profil quelconque qu'ils doivent exécuter.

**Camarder.** C'est diminuer la saillie d'une moulure ou d'un contreprofil dans le ragréage des moulures. Lorsque l'onglet ne se raccorde pas, on camarde les profils, mais c'est un mauvais travail.

**Cameloter.** C'est faire de l'ouvrage avec de mauvais bois et mal exécuté. On dit de cet ouvrage qu'il est cameloté.

**Cannelure.** Ce sont, sur la face d'un pilastre, les gorges poussées au rabot rond et arrêtées en haut et en bas, le plus souvent en gorge à la gouje comme en A (*fig.* 169), ou au pourtour d'une colonne dans les faces de pilastres en gaines; les cannelures doivent être plus larges en haut qu'en bas, comme en B.

**Carré.** Lorsqu'une moulure se termine par un carré, à l'emplacement d'une baguette, on l'appelle doucine à carré, comme en A (*fig.* 170), ou boudin à carré, comme en B. Un filet plat séparant deux moulures, comme en C, s'appelle carré.

**Carrément.** Tracer carrément, ou assembler carrément, se dit lorsque la traverse se retourne d'équerre au battant.

**Cartouche.** Ornement de sculpture posé au milieu du haut d'un attique ou d'un cadre droit ou cintré. Pour la préparation de cet ornement, il faut, avant de le découper suivant le dessin, contreprofiler les saillies de moulures derrière et le

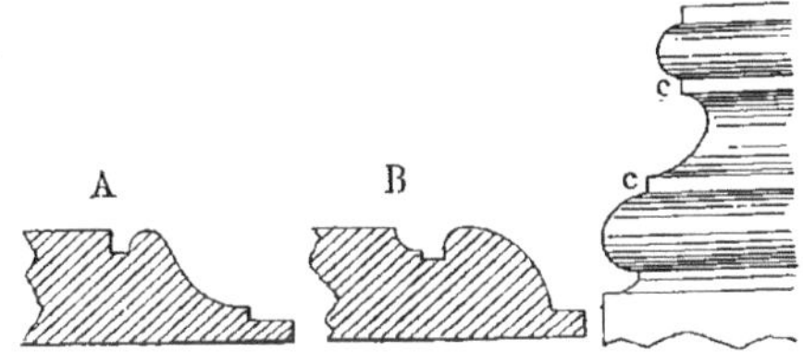


Fig. 170.

découper ensuite pour le donner au sculpteur; on n'a plus alors qu'à l'appliquer. Il ne faut pas l'entailler dans les moulures suivant le découpage du cartouche.

**Cariatide.** Ornement de pilastre de cheminée en bois ou de grand buffet représentant une statue, ou une tête seulement, quand elle couronne une gaine et qu'elle supporte le dessus ou l'entablement de ces meubles.

**Casier.** Tablettes et montants divisés par cases pour l'utilité d'un magasin.

**Casier à trappes.** C'est lorsque les cases sont fermées par des trappes en abattant qui se relèvent et coulissent sous la tablette supérieure. Figure 171 : A, tablette; B, gorge de développement; C, coulisseau ferré après l'abattant et qui doit porter deux arêtes pour guider la trappe en s'abattant; D, trappe; E, porteétiquettes dont la saillie ne doit pas excéder le nu du bâtis de la trappe.

**Cavet.** Gorge cintrée poussée entre deux carrés dans une cimaise, comme en A, ou dans la partie haute d'une corniche, comme en B (*fig.* 172).

**Cèdre.** Sorte de pin importé d'Afrique et qui devient très gros.

Son bois travaillé et d'un ton rougeâtre est très joli étant verni ; on en trouve des plateaux d'une très grande largeur ; il s'emploie peu en menuiserie.

**Ceinture.** On appelle ainsi les traverses assemblées entre les pieds d'une table, les montants d'un comptoir, etc., et supportant le dessus ; elles peuvent être moulurées ou non. On dit toujours traverses de ceinture.

**Centre.** Point de centre, c'est le milieu d'une circonférence quelconque.

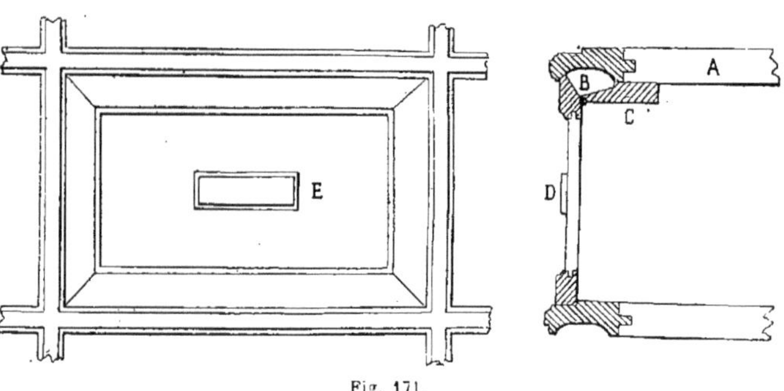

Fig. 171.

Dans les traverses cintrées les arasements ou coupes doivent toujours tirer au centre, c'est-à-dire dans sa direction.

**Cerce.** En terme de menuiserie, toute traverse cintrée s'appelle cerce; il en est de même du calibre qui a servi pour exécuter le travail.

**Cercle.** On appelle cercle un rond tracé

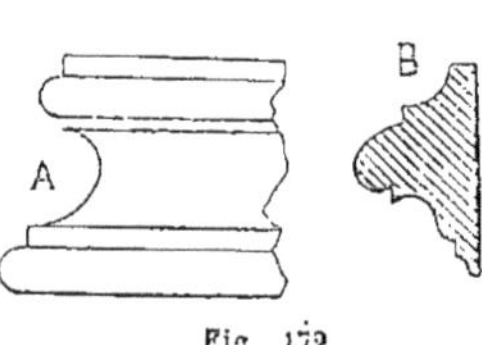

Fig. 172.

au compas ; le milieu s'appelle axe ou point de centre et la ligne extérieure circonférence. La moitié de cette circonférence se divise en 180 parties appelées degrés. La ligne de 90 degrés est celle d'équerre, et celle d'onglet est à 45 degrés (*fig.* 173).

**Chaire à prêcher.** Dans les églises, tribune élevée dans laquelle se place le prédicateur ; elle est ordinairement surmontée d'un dais appelé abat-voix.

Placée contre un pilier, il est facile de l'assujettir après ce pilier, mais elle est d'un effet plus décoratif quand elle est placée au milieu d'une grande arcature, entre deux colonnes ; sa construction devient plus

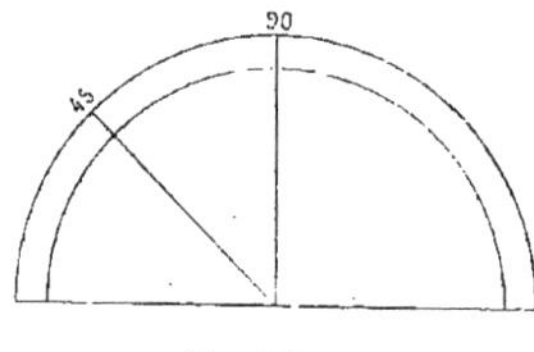

Fig. 173.

intéressante car il faut qu'elle se tienne seule et porte son abat-voix (chaire à prêcher de l'église de Ménilmontant, à Paris) (*fig.* 174, *a* et *b*).

**Chambranle.** Moulure composée de deux montants et d'une traverse ; les deux montants reposent sur deux socles et décorent une baie de porte, de croisée, etc., et recouvrent le joint du plâtre et du bâtis dormant ou huisserie (*fig.* 175).

**Chambranle ravalé.** Dans les devantures, la moulure des bâtis ou huisseries étant prise dans la masse (*fig.* 176), on lui donne ce nom ainsi qu'à tous ceux dont la moulure est prise à même le bâtis dormant (*fig.* 177) ; la partie A est le chambranle ravalé; B, l'ébrasement embrevé; et C, un *contrechambranle* :

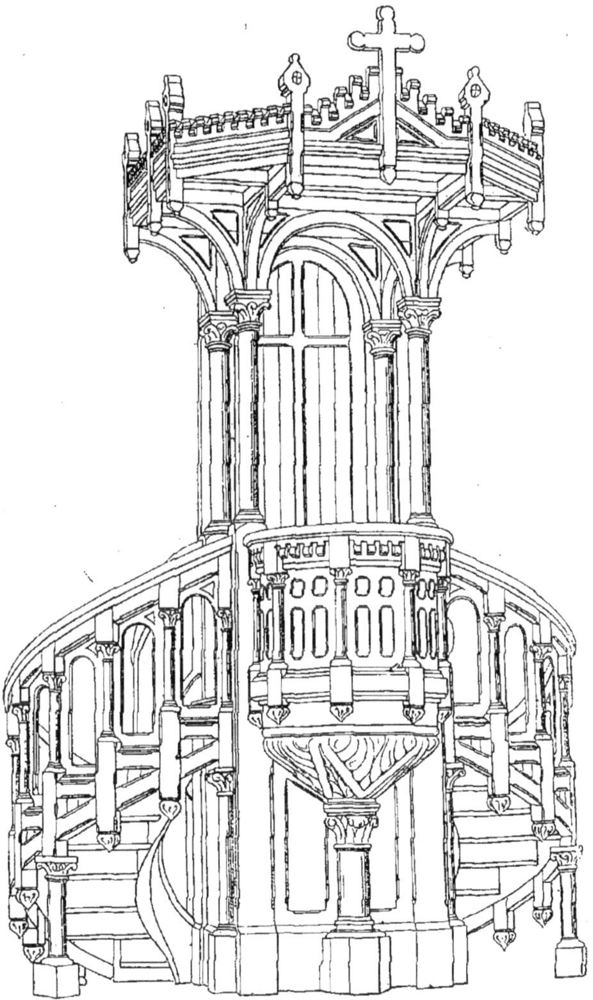

Fig. 174 *a*.

mais cette manière de construire se fait peu maintenant.

**Champ.** Partie unie en dehors des moulures d'un lambris. Dans un lambris ou dans une porte, c'est le bâtis qui porte les assemblages. On doit s'appliquer à ce que les champs *soient toujours* réguliers, c'est-à-dire de la même largeur.

Pour corroyer un battant ou une planche, on les met à plat sur l'établi, et, pour les dresser, on les met de champ ainsi que pour les rainer ; le champ d'une planche ou d'une pièce quelconque est toujours la partie la plus étroite.

**Chanfrein.** Abattre une arête en chanfrein, c'est l'abattre en pente plus ou moins prononcée sur la rive d'une pièce quelconque. Dans certains styles, on remplace les moulures des lambris par des chanfreins arrêtés d'un ou des deux bouts; ces arrêts se font le plus souvent : en biseau, comme A ; à gorge, comme B ; à gorge et carré, comme C (*fig.* 178), et plus orné encore.

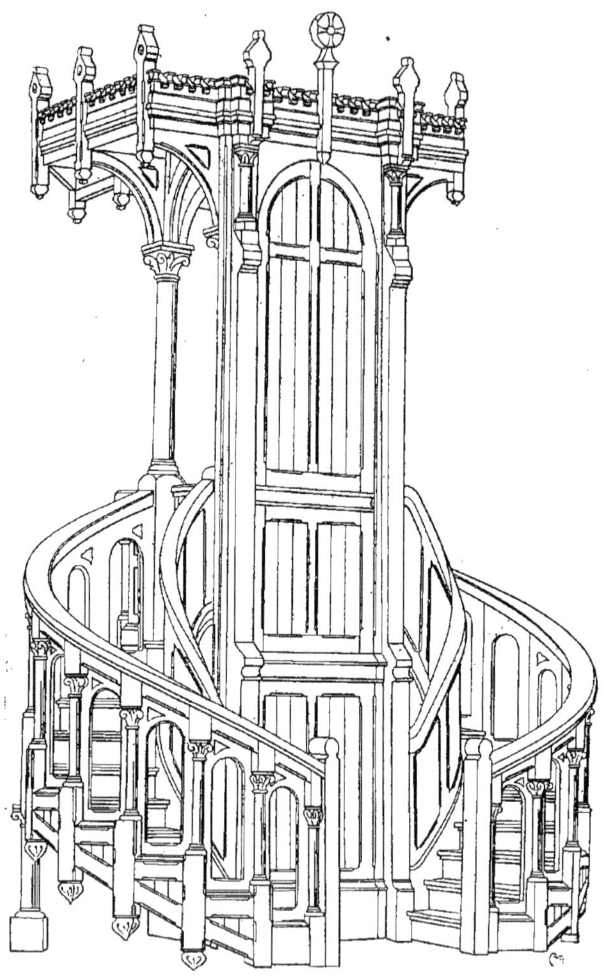

Fig. 174 *b*.

**Chanfreiner.** C'est abattre en chanfrein.

**Chantier.** Emplacement où on empile

les bois en attendant leur débit, ou que leur sécheresse soit suffisante pour les employer.

**Chantignole.** Pièce de bois coupée en pente et brochée sur un arbalétrier de ferme pour maintenir les pannes, comme A (*fig.* 179).

Clouée sur des poteaux avec une entaille à la demande, elle sert à supporter les traverses de clôtures provisoires, comme B (*fig.* 180).

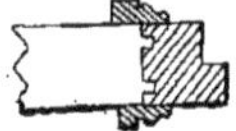

Fig. 175.

**Chantournement.** Découpage en dehors d'une console, d'un montant, d'un cintre quelconque à la scie à ruban ou à la scie à chantourner; lorsque les chantournements sont intérieurs, on dit plutôt découpage à jour.

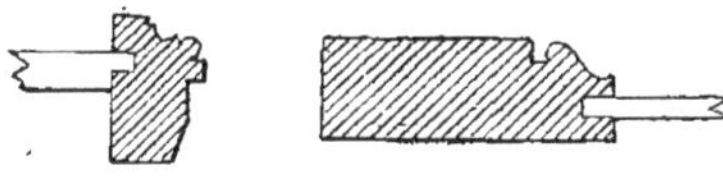

Fig. 176.

**Chantourner.** C'est faire à la scie les chantournements suivant les cintres.

**Chapeau.** On dit qu'on assemble à chapeau quand les traverses portent les mortaises et les montants, les tenons (*fig.* 181).

**Chapier.** Meuble de sacristie pour ranger les ornements ecclésiastiques appelés chapes. Ces meubles se font à tiroirs carrés ou demi-circulaires, tournant sur des galets avec pivot au milieu. Dans des armoires on met aussi des chapiers à potence tournant sur pivots et les chapes sont supportées par les traverses à l'extrémité desquelles est assemblé un portemanteau découpé d'une forme particulière.

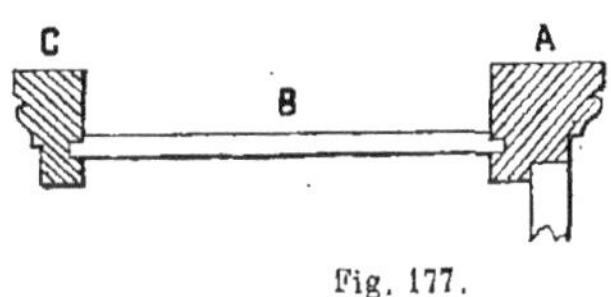


Fig. 177.

**Chapiteau.** Ornement sculpté ou non décorant la partie haute d'un pilastre ou d'une colonne. La partie basse d'un chapiteau se nomme *bague* et la partie au-dessus de la sculpture se nomme *tailloir*.

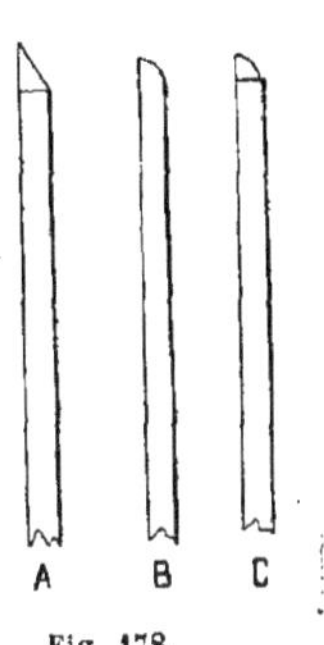


Fig. 178.

**Charme.** Bois dur français. Sa couleur est blanche; il sert en menuiserie à faire des affutages, varlopes, bouvets et autres outilsil; est bon aussi pour faire des maillets et des manches, car il est très dur en bout, mais il ne vaut pas le cormier.

**Chasse-clou.** Petites broches en acier de différentes grosseurs servant à renfoncer les têtes des clous pour les cacher ensuite avec du mastic. On se sert aussi de chasse-clou pour tourner les vis romaines dites vis de lit pour le montage des lits, armoires, bibliothèques, etc.

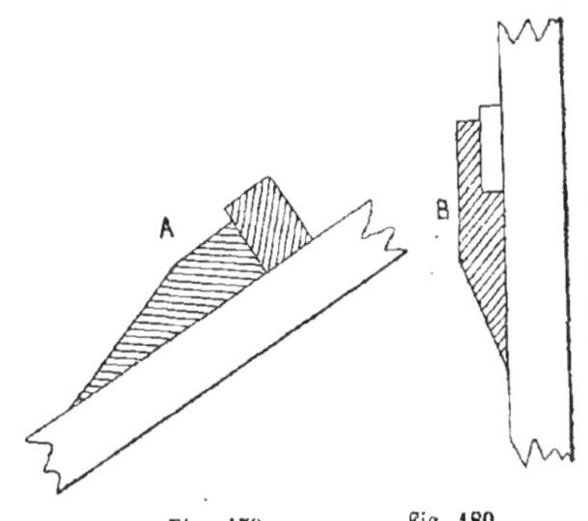


Fig. 179. Fig. 180.

**Châssis.** Bâtis composé de deux montants et de deux ou plusieurs traverses. Le châssis vitré porte une feuillure pour recevoir le verre et le mastic ; avec une moulure, il s'appelle châssis vitré à moulures ; il est à un ou deux vantaux ; dans ce dernier cas, il diffère de la croissée parce qu'il n'a que des feuillures au milieu et pas de gueule de loup.

**Châtaignier.** Bois français ayant beaucoup d'analogie avec le chêne, mais de couleur un peu plus claire. Sa qualité est inférieure au chêne.

**Chatière.** Trou percé au bas d'une porte pour laisser passer les chats.

**Chêne.** Bois français, dur ; sa teinte est gris rougeâtre ; c'est le bois le plus employé en France pour les constructions ; malheureusement les forêts en ont été dégarnies, et maintenant on est obligé

Fig. 181.

de se servir de chêne venant de l'Autriche, la Hongrie, la Slavonie et la Russie qui ont encore des forêts considérables à exploiter. Mais leurs qualités et leur durée sont inférieures au chêne de Champagne ou du Bourbonnais, quoique l'apparence soit plus belle.

**Cheville.** Petit morceau de bois carré, débité dans des rognures, dont le bois est bien de fil et peut se fendre facilement. On les fait plus petites d'un bout que de l'autre pour les mettre dans les trous plus commodément et ne pas faire éclater le bois par dessous.

**Cheviller.** Après avoir assemblé une porte ou un ouvrage de menuiserie quelconque, on serre les assemblages avec autant de serre-joints qu'il y a de traverses ; puis, lorsque tout est bien en place, on perce les trous, ordinairement deux par assemblage de traverses, puis on enfonce les chevilles qui maintiennent ces assemblages en ayant soin de ne pas percer les trous en face les uns des autres, ce qui ferait fendre le battant.

**Chevrons.** Pièce de bois carrée, de 7 à 8 centimètres de côté dans laquelle on débite des huisseries. Jet d'eau ou pièce d'appui de croisée. Les chevrons se posent aussi dans la charpente suivant l'inclinaison du toit et reçoivent le voligeage pour le zinc et les ardoises et les tasseaux pour la tuile.

**Chevronner.** Poser, clouer les chevrons en place.

**Cimaise.** Moulure posée sur les murs à hauteur d'appui ou des dossiers de chaises pour garantir la peinture et arrêter les papiers. Elle couronne aussi les lambris de soubassements.

On écrit aussi *cymaise*.

**Cintre.** On appelle plein cintre la ligne courbe régulière qui a la forme d'une demi-circonférence. Porte ou croisée plein cintre, dont la naissance du cintre commence à la ligne passant par le centre ou par l'axe.

**Cintrer.** C'est faire ployer un champ, une moulure à l'aide de coups de scie donnés dans l'épaisseur de ces champs ou de ces moulures pour les faire cintrer.

**Cintre surbaissé.** Portion de cintre régulière dont la corde est au dessus de l'axe. Pour trouver, par le calcul, le rayon d'un cintre surbaissé, voir au mot *Axe*, page 95.

**Cintre surhaussé.** Portion de cintre irrégulière ou demi-ellipse dont la corde passe par l'axe du petit diamètre.

**Circonférence.** Ligne courbe décrite par la pointe du compas à égale distance du point de centre (*fig.* 182.)

Pour trouver la longueur d'une circonférence, il faut multiplier la longueur du diamètre par 3,1416 ; ainsi la longueur d'une circonférence dont le diamètre est 1 mètre sera de $3^{m},14^{c},16$.

**Circulaire.** Partie cintrée qui a la forme d'un cercle ou d'une portion de cercle.

**Cire.** Sert pour faire de l'encaustique. On rabote la cire à gros fers et on fait dissoudre les morceaux dans de l'essence de térébenthine pour la baigner seulement. Lorsque cette cire est dissoute, l'encaustique est fait ; on en passe avec un pinceau sur les parties préparées au poli et on l'unit avec un chiffon, de façon qu'il ne reste pas d'épaisseur ; lorsque cette couche d'encaustique est sèche, on frotte les bois avec un chiffon de laine ou une brosse et ils brillent. L'entretien de cet encausticage est très facile.

**Ciseau.** Outil plat en acier, emmanché, affûté d'un bout, à un seul biseau.

Les ciseaux larges à partir de 0,027 jusqu'à 0,05 sont plus épais et en fer aciéré; il y a aussi des gros ciseaux de 0,05 à 0,06 de large qu'on appelle *fermoirs* et qui servent, dans la pose, à amener le parquet à joint.

**Citronnier.** Bois français et étranger dont la teinte est jaunâtre; ce bois est dur et se travaille bien, mais il s'emploie peu en menuiserie.

**Claveau.** C'est dans une arrière-voussure ou autre partie circulaire l'espace compris entre deux joints tirant au centre; la partie du milieu des claveaux s'appelle *clé*.

**Clé.** Pièce de bois servant à assembler des parties de planches pour leur donner plus de solidité. Ex. : on perce une mortaise d'environ 6 à 7 centimètres de profondeur sur 10 à 12 de largeur; la clé aura par conséquent 0m,12 carré. Après l'avoir corroyée de l'épaisseur des mortaises, on assemble le bois de fil en travers des planches ou parties

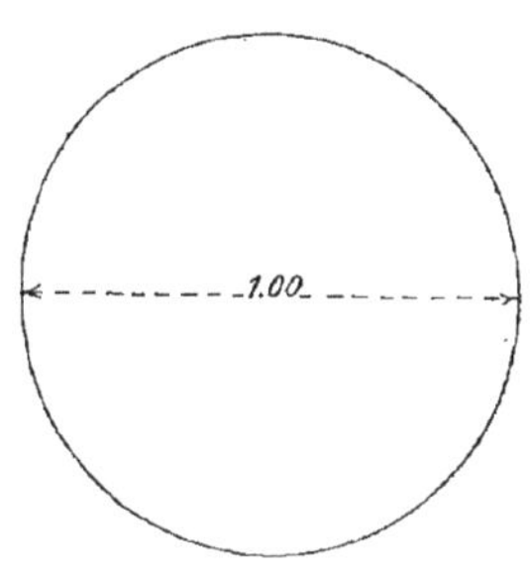


Fig. 182.

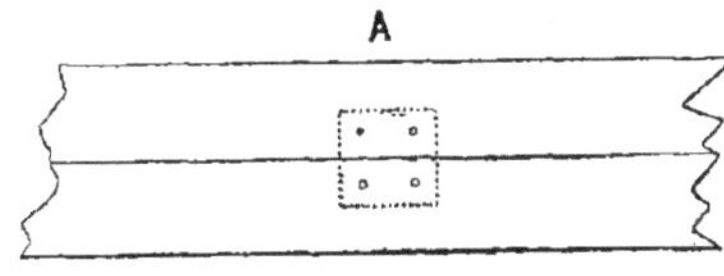


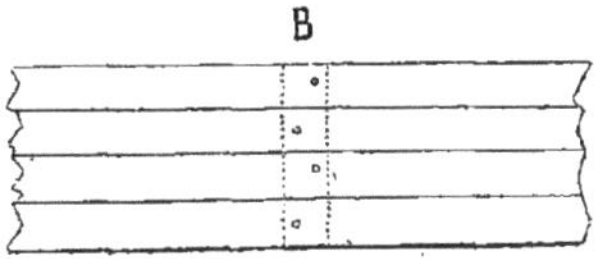


Fig. 183.

à assembler avec clé et on cheville après avoir serré (*fig.* 183, A.) — Lorsque les parties sont étroites, des frises de 0,10 par exemple, on fait traverser les mortaises et la clé est d'une seule longueur (*fig* 183, B). Posée au bout d'une traverse, on l'appelle *faux tenon*.

Dans les assemblages à trait de Jupiter, on appelle *clé* la grosse cheville carrée qui maintient l'assemblage et qui, étant plus large d'un bout que de l'autre, fait joindre les coupes de l'assemblage en l'enfonçant (voir *fig.* 145).

**Cloison.** Il y a différentes espèces de cloisons.

La cloison en remplissage à claire-voie (*fig*, 184, A) se fait avec des champs en sapin, de 0,027 sur 0,05 et 0,07 de large, cloués tant plein que vide sur des entretoises, trois sur la hauteur ordinairement. Sur ces champs, les maçons clouent des lattes qu'on les recouvre de plâtre de chaque côté. C'est la cloison hourdée ordinaire de 0,08 d'épaisseur.

Lorsque les cloisons doivent avoir de 0,11 à 0,15 d'épaisseur, on pose ces remplissages de champs cloués sur des entretoises en chêne, 0,034 sur 0,11 plus fortes, et on fait des entailles dans ces remplissages pour ces entretoises et pour faciliter le clouage; ces remplissages posés de champ se posent ordinairement de 0,10 d'axe en axe (*fig.* 184, B).

On en fait aussi avec des rainures poussées dans les entretoises qui ont alors 0,054 d'épaisseur et on laisse une languette à deux arasements en bout des entretoises, mais ce genre de cloison se fait plus rarement et coûte cher (*fig.* 184, C).

La cloison en partie pleine se fait par planches entières rainées et posées entre deux coulisses, une au plafond et une en bas formant feuillure. Elle se fait aussi souvent par frises de 0,10 à 0,11 de large rainées, à petit cadre ou à grand cadre, mais sert toujours à diviser une pièce en deux.

**Clou** (on dit aussi pointe). Jusqu'à 0,027 de long, on les appelle clous fins ; de 0,027 à 0,06 de long, clous ordinaires ; lorsqu'ils atteignent 0,12 ou 0,15 de long, on les appelle broches. Il y en a de deux sortes, les clous à tête plate et les clous sans tête qu'on appelle clous ou pointes à tête d'homme.

**Coffiner.** On dit d'une planche ou d'un panneau qui se tortille ou qui se tourmente qu'il se coffine. Lorsqu'un panneau est rainé, s'il est exposé à l'air d'un côté pendant un certain temps, il se creusera, se coffinera et, en le retournant, il redeviendra droit ; si des bois ne sont pas empilés, ils se coffineront, se tourmenteront sur sur leur longueur ou sur leur largeur.

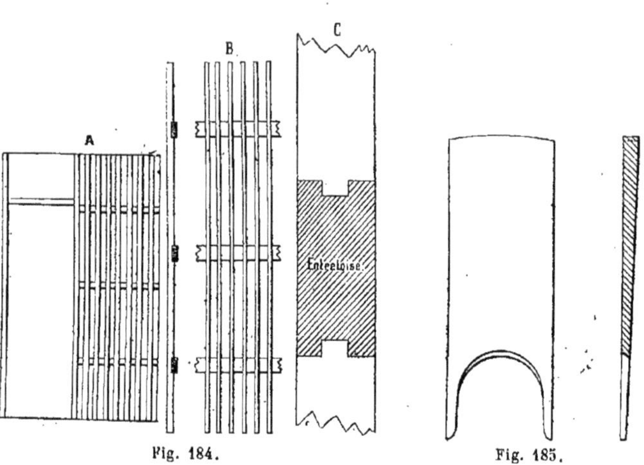

Fig. 184. Fig. 185.

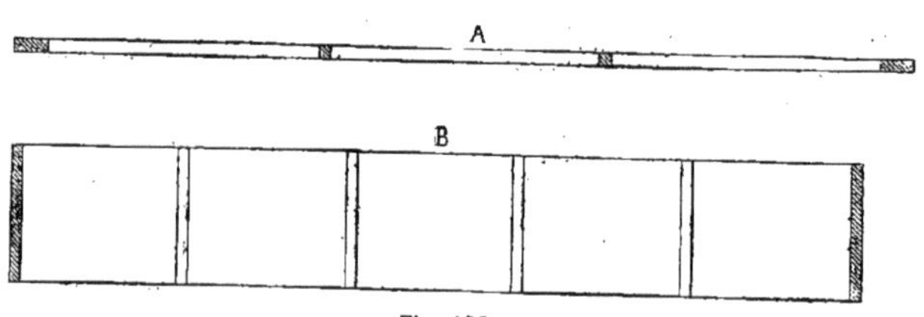

Fig. 186

**Coin.** Pour maintenir en place les fers des outils tels que varlope, rabot ou bouvet, on y met un coin ; c'est une pièce de bois corroyée en pointe, mais à laquelle il faut toujours laisser, dans le petit bout, une partie de 0,002 à 0,004 millimètres de large pour lui donner de la solidité, sans quoi la pointe se casserait ; on abat ensuite pour les coins de bouvets ou d'outils une pente à droite ou à gauche, suivant que le dégorgement se fait en dedans ou en dehors. Dans les fers de varlope ou de rabot, on les élégit au milieu pour faciliter le passage des copeaux (*fig.* 185).

Lorsqu'on cheville des portes ou des croisées, on met des coins au-dessus des tenons pour faire serrer l'assemblage et bien joindre l'onglet.

**Colle.** En menuiserie, on emploie, pour assujettir les joints ou les assemblages, de la colle forte (moitié colle de Lyon et moitié colle de Givet). Cette composition convient très bien pour le sapin et le chêne ; pour les collages à plat-joint, c'est-à-dire sans languette, la colle de Givet est préférable parce qu'elle est plus tenace (pour faire fondre la colle voyez *Bain-marie*).

**Colonne.** Pièce de bois tournée, ordinairement ornée d'un chapiteau sculpté ou d'un couronnement contreprofilé de chaque côté, d'une base et d'un socle. Dans les battements de portes cochères, on met quelquefois des demi-colonnes cannelées ou non, mais il faut, dans les deux cas, que le point de centre de cette demi-colonne ne soit pas au nu des bâtis afin de donner plus d'épaisseur que la moitié de la largeur, un peu moins que les deux tiers de la circonférence.

Au-dessous de 1 mètre et suivant son diamètre, on l'appelle colonnette.

**Coltiner.** Transporter à l'épaule des planches ou d'autres pièces.

**Commis.** Dans un atelier de menuiserie, il y a ordinairement trois catégories de commis.

Le *commis-débiteur* est celui qui trace ou qui ligne les planches avant de les faire scier ; il doit tirer le meilleur parti du bois, en faisant le moins de perte possible; il doit aussi, lorsqu'il a un ouvrage à débiter, chercher dans les bouts de bois ou les chutes ce qu'il est possible d'employer avant de prendre dans les planches. Un bon commis-débiteur est précieux dans un atelier.

Le *commis aux plans* est celui qui trace sur des feuillets en grandeur d'exécution les plans donnés par l'architecte ; ces plans doivent servir au conducteur pour tracer son ouvrage. Ce commis doit bien connaître la manière d'assembler les bois.

Le *commis-métreur* est celui qui fait les mémoires, va relever les travaux sur place ; il doit bien connaître la menuiserie en général, avoir été bon ouvrier, commencer par faire les mémoires à façon en travaillant et ceux de pose, puis avoir été commis aux plans, enfin commis d'entrepreneur, où il fait les mémoires, les attachements ; il doit connaître assez le dessin pour faire, en marge du mémoire, la figure du travail qu'il détaille s'il n'est pas bien compréhensible ; il doit enfin bien connaître la série et savoir régler les mémoires de façon et de pose.

**Compartiment.** Pour diviser en compartiments des petits bois, des tablettes avec montants ou autres ouvrages, il faut, sur le battant ou sur la tablette, reculer l'épaisseur du petit bois ou du montant et diviser au compas, de ce point jusqu'au-dessus du jet d'eau ou montant d'extrémité : la division et l'épaisseur se trouveront toutes tracées (*fig.* 186).

A, largeur du petit bois reculée sur la traverse ;

B, épaisseur du montant reculée à l'extrémité, jusqu'au nu intérieur de l'autre montant.

**Compas.** Outil de mathématique servant à faire les divisions des compartiments ci-dessus ou à tracer des cercles. Il est en fer, à deux branches mobiles jusqu'à 0,25 ou 0,30 de long; au dessus, les branches de fer ayant une certaine flexibilité, on se sert alors du *compas trusquin*. C'est une tringle de bois dur de 0,50 à 2,00 de long, à l'extrémité de laquelle on assemble une poupée munie d'une pointe et une autre poupée dans laquelle on aura fait une mortaise de la grosseur de cette tringle ou tige pour la faire coulisser, avec une autre mortaise en travers pour recevoir une petite clé qui devra assujettir la poupée à la distance voulue.

Ces deux genres de compas doivent aussi avoir une poupée ou une tige spéciale pour recevoir un crayon. On les appelle alors *compas à crayon*. A la pose, le trusquin est très utile pour tracer les traînées, le compas à pointe sèche entrant dans le fil du bois et les traçant mal. Le *compas d'épaisseur*, dont les tiges sont recourbées en dedans, sert à prendre le diamètre des corps ronds, colonne ou autres pièces et sert plus souvent aux tourneurs.

Le compas dit *maître de danse* est celui dont les tiges sont recourbées en dehors et devient utile pour prendre le diamètre intérieur des tubes, pièces de mécanique, etc. ; il sert aux mécaniciens.

Le *compas elliptique* est un compas trusquin dont les deux poupées sont munies à la place des pointes de petites clés mobiles coulissant dans les rainures d'un bâtis ou croix exactement d'équerre ; il

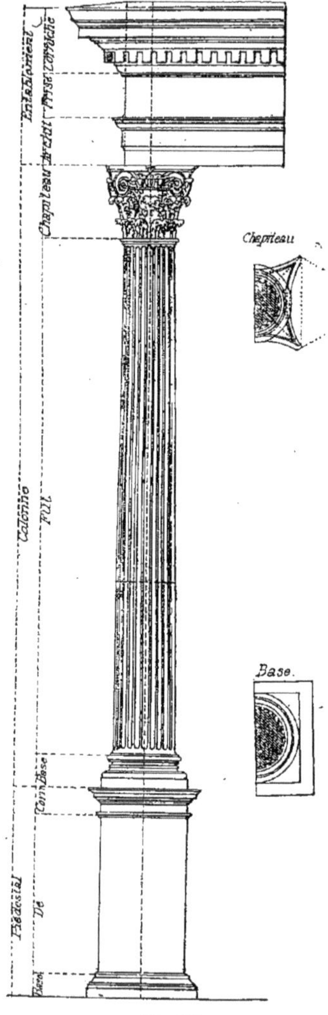


Fig. 187.

sert à tracer les ovales, avec une troisième poupée qui est munie d'une pointe ou d'un crayon.

**Composite.** Chapiteau d'ordre composite ; c'est le cinquième ordre d'architecture, il se distingue par une bague, deux volutes corinthiennes, c'est-à-dire volutes allongées et deux volutes ioniques au dessus et un tailloir (*fig.* 187).

**Concave.** Partie circulaire creuse d'une marche d'escalier, d'une voussure ou d'une calotte; c'est l'opposé de convexe qui est la partie circulaire vue du côté rond.

**Concentrique.** Cercles ou lignes courbes qui ont un même centre et sont par conséquent parallèles.

**Conducteur.** Le conducteur d'atelier est celui qui a plusieurs ouvriers d'établi à diriger; il doit fournir ses outils (qui sont aujourd'hui moins nombreux depuis qu'on se sert de machines), c'est-à-dire serre-joints, presses, bouvets à joindre et à rainer, outils de moulures, etc. On juge d'un bon conducteur à son bon outillage. C'est à lui que le commis explique les plans ; il reçoit le bois du débiteur et il est chargé de le distribuer aux ouvriers de sa brigade. Pour le travailler, il le trace, le monte et enfin doit livrer le travail terminé dont il a la responsabilité.

Le conducteur de ville est celui qui a la direction de la pose d'un bâtiment-c'est lui qui doit tracer les distribution, d'huisseries ou de cloisons suivant les plans qu'on lui a confiés ; il reçoit les travaux de l'atelier, trace la pose des moulures, enfin il représente le patron pour s'entendre avec l'architecte.

**Conduit.** C'est la partie mobile d'un bouvet de deux pièces dans laquelle les tiges coulissent dans les outils à moulures, bouvets à joindre ou autres ; on l'appelle aussi *joue ;* c'est la partie saillante qui glisse contre le bois et dirige les rainures, languettes ou moulures parallèlement à cette rive. La partie de l'outil qui est en dehors et qui repose sur le bois, quand ces moulures sont poussées à fond et l'empêche de descendre plus bas, s'appelle *repos*.

**Cône.** Solide dont la base est circulaire et dont le haut se termine en pointes; lorsque ce solide est coupé dans sa hauteur, on l'appelle cône tronqué (*fig.* 188)

**Confessionnal.** Meuble d'église plus ou moins décoré, formant niche dont la partie milieu où se met le prêtre est fermée par une porte; de chaque côté, les parties sont à jour et garnies d'un agenouilloir.

**Congé.** Moulure poussée en gorge en quart de cercle entre deux arêtes (*fig.* 189).

**Conique.** Figure qui a rapport au cône ou qui en a la forme.

**Console.** Pièce de menuiserie découpée, posée contre un mur ou autre partie verticale pour supporter une tablette ou un petit meuble.

Meuble formant table dont les pieds sont circulaires et se rapprochent par le bas; posé dans un coin, on l'appelle *console d'angle*.

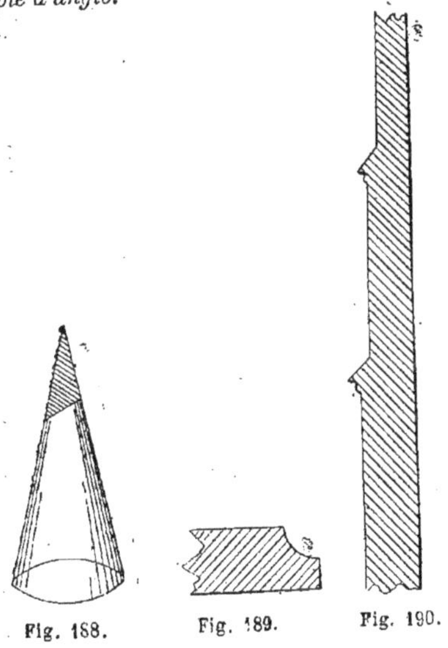

Fig. 188. Fig. 189. Fig. 190.

**Consolider.** Rendre plus solide une pièce de menuiserie en la reclouant, en la réparant.

**Contrefort.** Saillie faite sur un poteau de meuble, élégi dans son épaisseur dont l'arrêt est abattu en pente; on dit que cette saillie forme contrefort; nom donné à toute saillie analogue (*fig.* 190).

**Contremarche.** C'est la partie verticale d'une marche d'escalier; elle est embrevée à rainure et languette sous la marche. Les menuisiers, habituellement, la clouent derrière la marche, qui est tirée de large ou coupée suivant le plan, et les charpentiers la posent dessus: c'est alors la contremarche qui est tirée de large, la marche dépassant dessous.

**Contreporte.** Double porte pour garan-

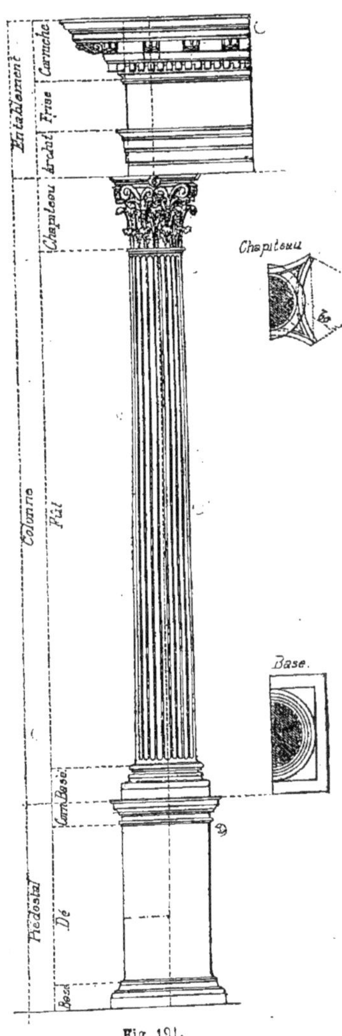


Fig. 191.

tir de l'air, ou pour assourdir le bruit ou les paroles dites dans une pièce voisine.

**Contreprofil.** Profil de moulure retourné en bois de bout d'une cimaise, d'une corniche ou autres moulures. La plupart du temps, les contreprofils sont retournés d'équerre, mais ils peuvent être aussi d'onglet en pan coupé ou encore suivant le rampant dans les bouts d'un fronton.

**Contreprofilé.** Nom donné par opposition à une moulure retournée d'onglet au moyen de coupes; une cimaise, une corniche est contreprofilée quand le contreprofil est pris dans la masse, elle est retournée d'onglet quand la moulure est coupée d'onglet et le ressaut ou retour rapporté en bois de fil.

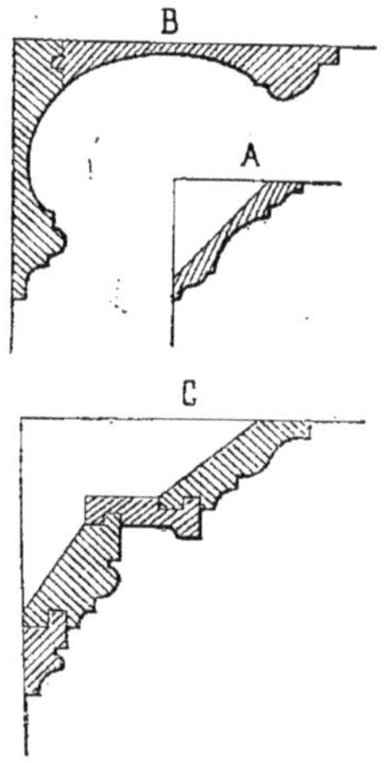

Fig. 192.

**Contrevent.** Volet en bois barré ou emboîté, posé à l'extérieur pour garantir du vent, de la pluie et servir de fermeture; il est à un ou à deux vantaux et ferré avec gonds à scellement dans le mur sur lequel le contrevent se développe; s'il ne se développe pas et peut s'enlever à volonté il se nomme alors *volet portatif*.

**Convexe.** Partie circulaire d'une marche d'escalier, d'une voussure ou d'une calotte; c'est l'opposé de concave qui est une partie circulaire vue du côté creux.

**Copeau.** Partie de bois mince et légère enlevée avec la varlope, le rabot ou les bouvets, éclat de bois enlevé avec le ciseau ou la hache, lorsqu'on dégrossit; quand les copeaux sortent, en s'arrondissant, de la lumière du rabot ou de la varlope c'est que le contrefer est trop éloigné du taillant du fer et doit par conséquent faire des éclats. Pour replanir ou finir, on doit rapprocher le contrefer bien parallèlement au taillant du fer, qui doit être affûté droit en travers, légèrement arrondi aux angles, donner peu de fer; alors les copeaux sortent minces et droits.

**Corde.** La ligne droite coupant une portion de cercle par ses deux extrémités s'appelle corde (voyez *Axe*).

**Corinthien.** Le chapiteau corinthien se distingue par ses volutes allongées sur les angles se courbant sur le tailloir, c'est le quatrième ordre d'architecture (*fig.* 191).

**Cormier.** Bois français très dur surtout lorsqu'il a été flotté, c'est-à-dire qu'il a séjourné dans l'eau pendant un certain temps; il devient alors très rouge. Il sert

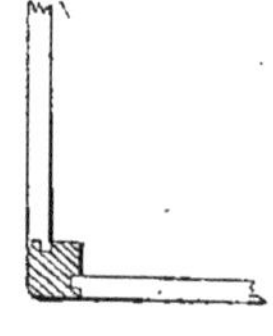
Fig. 193.

principalement à faire des varlopes, des rabots et tous les outils devant glisser sur le bois.

**Corniche.** Partie haute ou couronnement d'un meuble; décoration en moulures posées dans les angles des murs et des plafonds.

On appelle *corniches volantes*, celles qui laissent un vide dans l'angle d'un mur ou d'un plafond (*fig.* 192, A). Elles se font en plusieurs parties quand elles ont un grand développement (*fig.* 192, B); en plusieurs assises, quand les moulures sont superposées l'une sur l'autre et embrevées. Le croquis C, même figure, est en quatre assises dont deux parties sont volantes.

**Cornier.** On appelle pied cornier, un montant placé à l'angle saillant d'un soubassement de siège ou d'un meuble bas.

Dans les meubles d'appui ou dans les vitrines, on les appelle *montants d'angle* et dans les cloisons *poteaux d'angle*; ils sont généralement arrondis (*fig.* 193).

**Cornouiller.** Bois français dur et flexible; il sert généralement à faire des manches de marteaux ou de maillets, des barreaux d'échelles ou des roulons de râtelier; il est très difficile à casser.

**Corps.** On appelle *corps de moulures*,

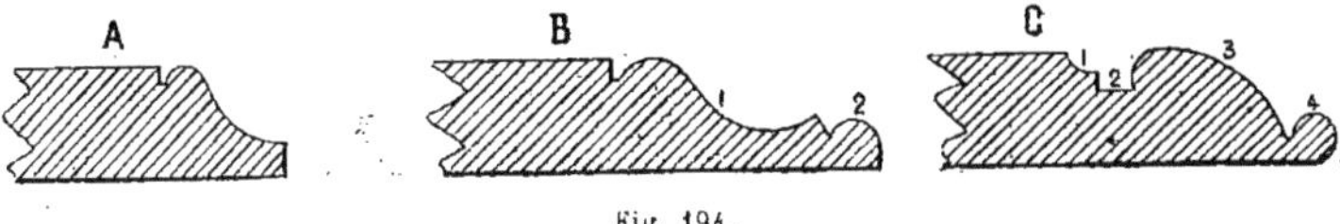


Fig. 194.

les différents membres creux, carrés ou ronds composant un ensemble de moulures. Dans la menuiserie à façon, où on est plus logique et plus juste pour payer les travaux que dans la fourniture, il y a une manière généralement adoptée pour compter ces corps de moulures, car plus la moulure est large et compliquée, plus elle doit être payée. Nous donnons (*fig.* 194), trois types :

Moulure A profil de 0,02 — 1 corps.
— B — 0,03 — 2 corps.
— C — 0,03 — 5 corps.

Dans la menuiserie à façon chaque ouvrage a son prix; mais, dans la fourniture, on fait peu de distinction, c'est ce qui aurait besoin d'être tarifé.

Dans une bibliothèque, buffet ou autres meubles à deux corps, on dit le corps du bas et le corps du haut du meuble.

**Corridor.** Dégagement étroit desservant plusieurs pièces d'un appartement ou d'un étage, afin qu'on puisse entrer dans une chambre sans passer dans l'autre.

**Corroyer.** Travailler un battant, une traverse de bois quelconque; dégauchir, dresser, tirer d'épaisseur et de largeur, s'appelle corroyer des parements; dégauchir d'une face, c'est corroyer d'un parement; raboter une tablette, une plinthe, un champ quelconque, c'est le *blanchir*.

**Côte.** Nom donné aux parties saillantes d'une gueule de loup de croisée ou de porte-croisée; lorsque cette partie n'est pas prise dans la masse on l'appelle *côte rapportée*.

**Coulisseau.** Traverse supportant des tiroirs assemblés dans les traverses de ceinture de table, comptoir, etc., ou vissé sous une tablette; ils sont à feuillures ou à rainures suivant l'utilité.

Le champ en chêne rapporté sur le côté d'un tiroir s'appelle aussi coulisseau.

**Coulisse.** Tringle en chêne, arrondie et saillante, des traverses d'une armoire, châssis ou autre meuble dont les portes glissent l'une derrière l'autre et dans les traverses desquelles on pousse une rainure pour les recevoir.

On les appelle alors armoire ou châssis à coulisses. Les coulisses du bas sont embrevées dans deux rainures et sont ordinairement mobiles, afin qu'on puisse enlever les portes ou châssis sans démonter les bâtis; elles doivent être savonnées et non peintes pour faciliter le fonctionnement. La peinture empêchant le glissement, on doit déposer les coulisses lorsque ces meubles doivent être peints et ne les reposer qu'après.

Pour éviter de mettre des tasseaux en haut et en bas d'une cloison, on pose des champs au milieu desquels on a poussé une rainure de l'épaisseur de cette cloison, en faisant sauter un côté de la coulisse du bas qui formera feuillure et facilitera la pose.

**Coupe.** On appelle coupe la figure d'un travail de menuiserie vue en hauteur; le plan est la même figure vue en largeur.

En terme de menuiserie, faire des coupes d'onglet dans les battants ou dans les traverses c'est donner des coups de scie en travers de la partie moulurée des battants à l'endroit des traverses, la scie glissant sur la boîte désignée ci-devant (voyez *Boîte*); faire les coupes de jets d'eau de croisée c'est donner les coups de scie pour faire les fausses coupes de développement à l'endroit de la gueule de loup et mouton et les entailles pour les dormants.

**Courbe.** Une traverse ou montant cintré en plan ou en élévation s'appelle courbe, un limon d'escalier se nomme

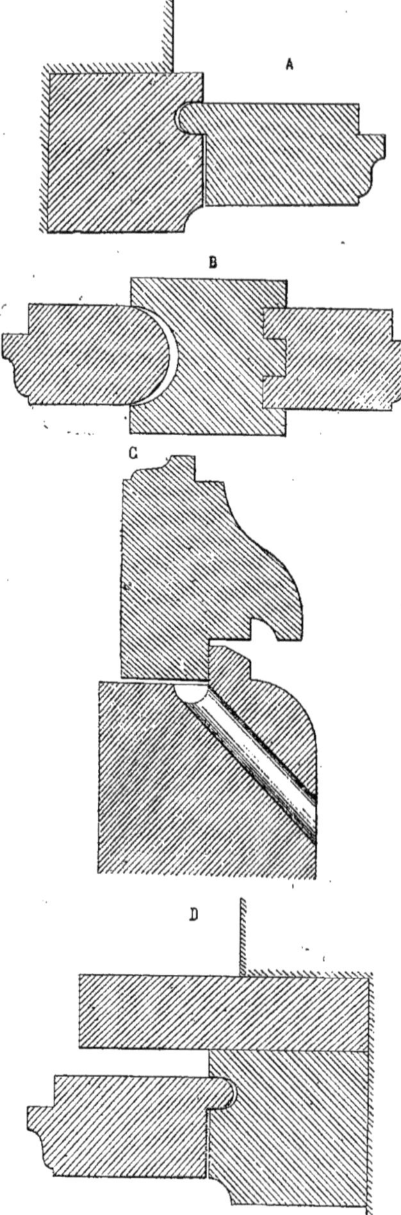


Fig. 195.

courbe rampante, celle du côté du noyau, courbe intérieure, et l'autre, courbe extérieure.

**Craie.** Pour débiter les bois, on se sert de pierre tendre appelée craie qui se coupe à la scie en tranche de 5 millimètres et se taille très bien, au ciseau, pour ligner.

**Crémaillère.** Champ en chêne ou en hêtre de 0,02 à 0,034 carré entaillé en pente.

Pour faire les crémaillères, on prend une planche de largeur et d'épaisseur voulues, 0,027 ordinairement.

Après l'avoir corroyée, on pousse à travers bois des entailles en pente avec un outil spécial appelé outil à crémaillère, en ayant soin qu'elles soient bien d'équerre puis on refend ces crémaillères et si la planche a 0,22 de large, on peut avoir dix crémaillères dont les entailles sont poussées d'un seul coup ; elles servent pour les bibliothèques ou autres meubles dont on désire changer la hauteur des tablettes, les tasseaux coupés en pente allant dans toutes les entailles.

Dans un escalier, le long des murs, on appelle crémaillère la pièce de bois dans laquelle on a fait des entailles pour recevoir les marches et les contremarches.

**Croisée.** Partie de menuiserie vitrée posée dans l'ouverture d'un mur et servant à donner du jour à l'intérieur.

La croisée se fait ordinairement en chêne avec des dormants en 0,054 d'épaisseur (*fig.* 195, A) portant noix et congé pour la fiche ou paumelle et les châssis à deux vantaux avec gueule de loup en 0,054, les châssis en 0,034; cette gueule de loup est embrevée (*fig.* 195, B).

S'il n'y a pas de gueule de loup et que les deux châssis ouvrent à feuillures, on l'appelle châssis à deux vantaux ou à un vantail.

Les dormants de la croisée ont une pièce d'appui (*fig.* C) comme traverse du bas en chêne de 0,08 carré avec feuillure dans laquelle on pousse une gorge ou rigole à deux pentes et on perce un trou d'écoulement au milieu pour renvoyer au dehors les eaux qui coulent contre les parois intérieures de la croisée et sous le jet d'eau.

Pour recevoir des persiennes en fer, on ajoute aux dormants de la croisée des tapées ou champs en chêne, 0,027 sur 0,10 (*fig.* D), qui devront saillir des tableaux de 0,055 pour deux épaisseurs de persiennes en fer et 0,075 pour trois épaisseurs; la traverse du haut devra avoir 0,075 d'épaisseur comme la pièce d'appui, affleurer les tapées et descendre à 0,02 en contre-bas du tableau pour servir de battement aux persiennes.

Ces tapées rapportées sont préférables dans ce sens qu'elles ne retirent pas de jour à la chambre.

Les croisées à guillotine, qui ne se font plus actuellement, se composaient de quatre châssis dont les deux du bas s'élevaient à coulisse derrière, ceux du haut et étaient maintenus ouverts par deux taquets; il y avait un montant dormant au milieu avec rainures pour les coulisses.

C'est ainsi qu'elles existent encore à Londres, mais les deux vantaux en largeur s'ouvrent d'une seule pièce avec un contrepoids.

On dit aussi croisée à meneaux quoiqu'elle ne se compose que de quatre châssis avec meneau et traverses en pierre, mais ce nom de croisée se rapporte plutôt à la maçonnerie qu'à la menuiserie.

**Croisillon.** Châssis ou porte dont la partie vitrée a un montant et une traverse de petit bois au milieu.

**Cube.** Il est d'usage aujourd'hui d'acheter les bois de chêne et de noyer au mètre cube.

L'acajou se vend au poids.

Le chêne vaut de 150 à 300 francs le mètre cube, suivant sa qualité; on en vend même 350 francs, mais c'est pour les travaux d'art et soignés.

Il est utile de s'habituer à calculer le cube d'un plateau de chêne, ce qui est très facile: ainsi, un plateau de 0,10 d'épaisseur sur 0,40 de largeur et 5,00 de longueur produit 0,02 décimètres cubes ou 0,02 décistères (à 2 fr. en bon bois) et vaut 40 francs; il faut s'habituer à faire vivement et approximativement le cube d'un plateau, l'expérience vient vite et c'est indispensable pour être un bon commis de chantier.

En géométrie, on appelle cube un solide qui a les six faces d'une égale grandeur.

**Cylindre.** En géométrie, c'est un corps solide rond d'une égale grosseur dans sa longueur.

Dans les scieries à ruban, on appelle scies à cylindres celles qui se composent de deux cylindres à crans mus mécaniquement et qui entraînent la pièce de bois devant la scie toujours parallèlement, mais ce système prend beaucoup de force.

**Dé.** Cube de pierre scellé dans un massif et sur lequel repose la partie basse d'un poteau de charpente ou de menuiserie.

Dans le bas de ce poteau, on réserve un tenon carré de 0,03 à 0,04 centimètres sur autant de longueur qu'on appelle goujon et qui s'emmanche dans un trou de même grandeur percé au milieu du dé afin de donner de l'assise au poteau.

**Débillarder.** C'est prendre dans la masse d'une pièce de bois une traverse cintrée en plan et en élévation, un limon d'escalier ou tout autre travail cintré ou droit; c'est le préparer à la scie ou au ciseau avant le corroyage.

Réserver une partie saillante, socle, bague ou sculpture quelconque, dans un battement ou un pilastre: on dit qu'ils sont débillardés dans la masse lorsqu'ils ne sont pas rapportés.

**Débiter.** Après avoir fait le plan d'un travail quelconque, on fait le détail des pièces de bois nécessaires à l'exécution de ce travail: on appelle ce détail planche de débit. On devra toujours commencer par les bois les plus gros et les plus longs; enfin, ceux le plus difficile à trouver qui sont ordinairement les montants et les traverses se trouvent dans les chutes. Ainsi, pour débiter une croisée, on fera la planche de débit de la manière suivante: supposons la croisée de 2,00 sur 1,20, mesurée en tableau; on ajoute pour les dormants 0,05 en hauteur et 0,10 en largeur, pour les feuillures faites dans la pierre ou dans le plâtre.

On écrira:

Chêne 0,054 carré 2 dormants de 2,05<br>
1 traverse de 1,30<br>
1 gueule de loup de 1,95

Cette gueule de loup sera prise dans le plus beau bois et à mesure qu'on tracera avec de la craie chaque pièce de bois, on l'établira, c'est-à-dire que l'on mettra des marques qui indiqueront que ce sont des montants ou des traverses, nous trouverons ce détail au mot *Établissement.*

On continuera :

| | | |
|---|---|---|
| Chêne | 0,034 × 0,075 = | 2 battants de 1,95 |
| | | 1 traverse de 0,60 |
| | | 1 — de 0,63 |
| | 0,034 × 0,055 | 1 battant mouton de 1,95 |
| | 0,034 × 0,05 | 1 embrevé de 1,95 |
| | 0,034 × 0,03 | 2 pet. bois de 0,63 |
| | | 2 — de 0,60 |
| Chêne 8/8 | | 1 pièce d'appui de 1,30 |
| — | | 1 jet d'eau de 0,65 |
| — | | 1 — de 0,60 |

C'est le débit ordinaire d'une croisée.

Pour une porte en sapin à petit cadre 0,034 et panneaux 0,018, 2 panneaux de 2,20 sur 0,75, on commencera par :

2 battants de 0,11 de 2,22 ;
1 traverse du haut de 0,11 de 0,75 ;
1 du milieu de 0,14 de 0,71 ;
1 du bas de 0,14 de 0,75 ;
1 panneau 0,018 de 1,10 × 0,57 ;
1 — de 0,80 × 0,57.

On débitera toujours un peu plus long et un peu plus large, car la planche de débit doit se faire exacte.

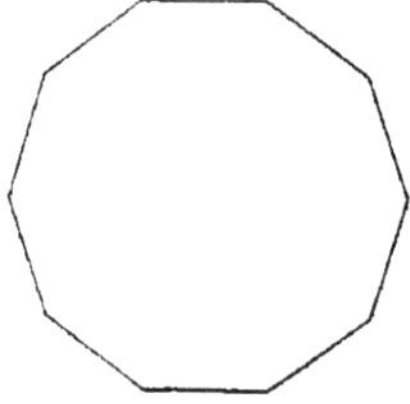

Fig. 196.

Il est urgent, après avoir regardé la planche, de la débiter du plus vilain côté pour éviter les défauts du bois, nœuds ou gerces quelconques ; c'est une des parties les plus délicates du métier, car le débiteur doit savoir où se font les tenons et les mortaises pour ne pas mettre de nœuds à leur emplacement, faire le moins de perte possible, tirer le meilleur parti du bois qu'il emploie et, quand il débite une planche, faire tout son possible pour l'employer complètement.

On appelle aussi débiter, couper ou scier en longueur ou en largeur les montants, traverses ou autres pièces de bois nécessaires à l'exécution d'un travail.

**Débiteur.** C'est le commis chargé de débiter les bois.

Après avoir reçu les explications du commis aux plans, le débiteur fait sa planche de débit comme il est dit ci-dessus et d'une façon exacte, en lignant les bois ; il laisse un peu plus de longueur et de largeur pour le corroyage. Il peut arriver qu'un montant ou une traverse n'aient que juste la longueur et la largeur nécessaires pour servir et il seraient mis de côté, si dans le détail du débit, on avait déjà augmenté la longueur et la largeur ; c'est ce qu'il faut éviter, car l'économie du bois dans le débit est à considérer et un bon débiteur est précieux dans un établissement.

**Décagone.** Figure géométrique ayant dix côtés (*fig.* 196).

**Décamètre.** Pour prendre les mesures de grandes longueurs, on se sert d'un décamètre ou ruban roulé sur lequel les mesures sont marquées jusqu'à 10 mètres.

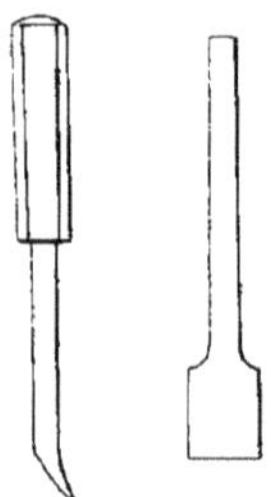

Fig. 197 et 198.

Il y en a aussi jusqu'à 20 mètres, on l'appelle alors double décamètre.

**Déchet.** Après avoir débité une planche, on appelle déchet les parties de cette planche ne pouvant plus servir à la menuiserie, comme l'aubier, les nœuds vicieux, les gerces ; ce bois n'est plus bon qu'au chauffage.

**Décimètre.** Petite tringle de buis ou de sureau sur laquelle sont tracés les millimètres et les centimètres jusqu'à 0,10. On se sert plus souvent pour faire les plans à une échelle réduite de 0,05, 0,10 ou 0,20 par mètre, d'un double décimètre, c'est-à-dire que les centimètres et les millimètres sont tracés jusqu'à 0,20.

**Dégauchir.** Pour corroyer une pièce de bois quelconque, il faut la dégauchir, c'est-à-dire la bien dresser sur le plat, et que toutes les parties de sa surface soient bien parallèles et pas plus élevées les unes que les autres.

Pour dresser, on regarde la pièce en bout et pour dégauchir on se place au milieu en regardant si ce milieu et les deux bouts sont bien sur un même plan.

**Dégorgeoir.** Lorsqu'on a percé une mortaise avec le bédane, on dégorge cette mortaise avec un autre bédane dont le taillant est légèrement retourné pour prendre les copeaux au fond de la mortaise quand elle ne traverse pas (*fig.* 197).

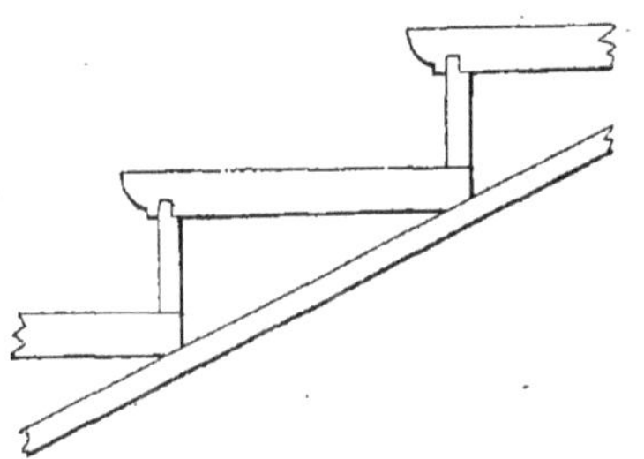

Fig. 199.

Si la mortaise traverse le montant, on se sert d'un autre outil de fer aciéré dans les bouts, bien droit en largeur et un peu creux sur l'épaisseur, un peu plus mince que la mortaise qu'on a à dégorger (*fig.* 198). Par exemple les mortaises de croisées en 0,034, qui ont de 0,007 à 0,008 d'épaisseur ; le dégorgeoir doit avoir environ 0,25 de long et 0,025 de large, d'un bout, pour dégorger les mortaises de petits bois, et 0,05, de l'autre, pour les mortaises de traverse ou jet d'eau.

**Dégraisser.** Dégraisser un joint, c'est s'appliquer à ce joint d'un côté sans s'occuper de l'autre joint.

Dégraisser une coupe, c'est retirer le bois derrière pour faciliter le joint de cette coupe; il en est de même dans les arasements.

Dans le parquet, les languettes des frises sont dégraissées en dessous, pour que l'humidité qui reste dans le plâtre employé au scellement des lambourdes, faisant gonfler le bois, ne fasse pas retirer le joint du dessus, ce qui arriverait, si en le posant l'arasement de la languette joignait dessous.

**Degré.** La circonférence d'un cercle se divise en trois cent soixante parties ou degrés :

A 90 degrés, c'est la coupe d'équerre, et à 45 degrés c'est la coupe d'onglet.

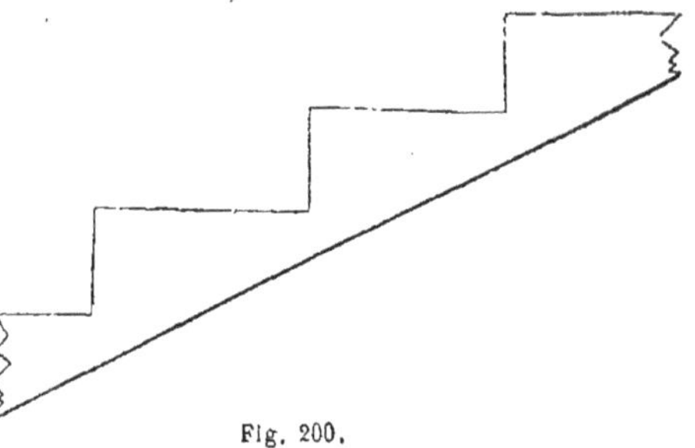

Fig. 200.

**Déjeter.** On dit qu'une planche est déjetée, lorsqu'elle s'est cintrée, tortillée ou gauchie après avoir été refendue en largeur ; c'est ce qui arrive souvent quand on emploie des bois qui ne sont pas suffisamment secs.

**Délarder.** Abattre en pente une pièce de

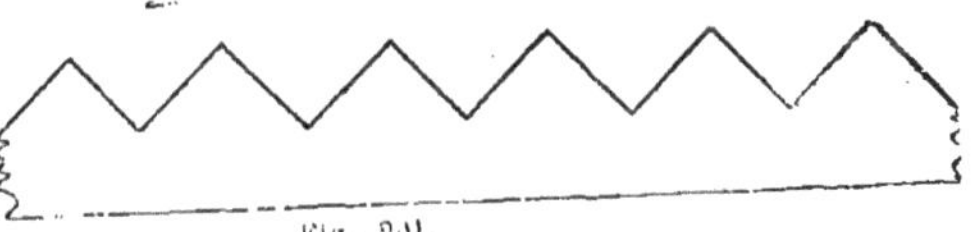

Fig. 201.

bois sur son épaisseur ou sur l'arête pour donner plus de passage.

Les derrières de marches d'escalier sont délardés pour pouvoir clouer plus facilement les lattes qui doivent recevoir le plafond en plâtre (*fig.* 199).

**Dents de loup.** Les entailles faites dans une crémaillère d'escalier et se retournant d'équerre s'appellent entailles en dents de loup (*fig.* 200) et, en général, toutes les entailles qui se retournent d'équerre, dans une planche devant servir de lambrequin ou d'ornement quelconque (*fig.* 201).

**Denticule.** Ornement placé ordinairement entre la partie haute et la partie basse d'une corniche.

Il y en a de différentes sortes.

Les denticules rapportés sont des petits morceaux cloués sur une partie de la corniche en laissant un vide entre eux (*fig.* 202) ; ils sont généralement plus hauts que larges, et le vide laissé entre eux, est environ d'un tiers de la largeur

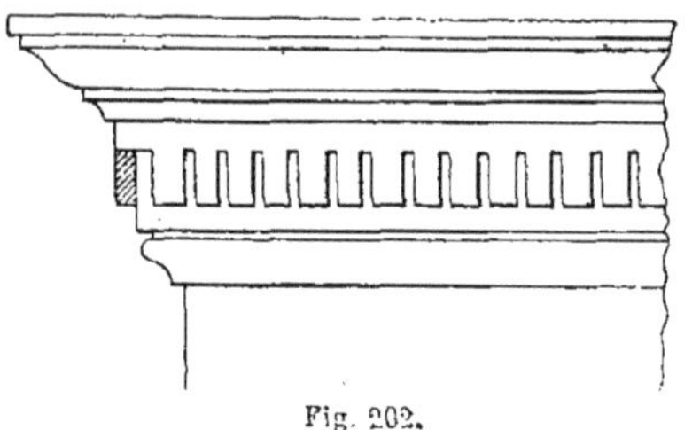

Fig. 202.

du denticule; cela existe ordinairement aux corniches de devantures placées à une assez grande hauteur.

Les denticules pris dans la masse se font dans les corniches de meubles; dans un travail soigné, il faut s'arranger de façon à ce que la partie de corniche, dans laquelle on doit faire des denticules, soit

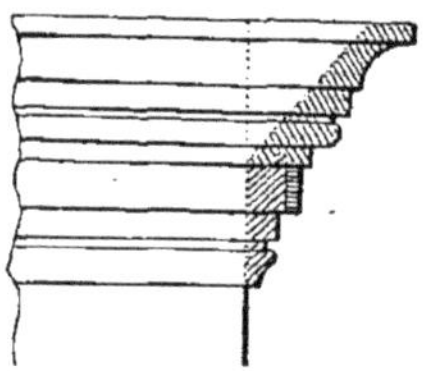

Fig. 203.

détachée avant le montage, pour pouvoir faire ces denticules à la scie et au ciseau quand c'est possible (*fig.* 203).

Les denticules en langues de chat sont élégis dans la masse avec une pente sur la face et sur les côtés (*fig.* 204), en forme de queue d'aronde.

**Développement.** Développer une figure géométrique c'est lui donner sa vraie grandeur, ainsi un cube régulier aura six faces de même grandeur (*fig.* 205): A, cube en élévation et en perspective; B, développement de ce cube. En découpant un morceau de carton mince et en repliant les six parties les unes contre les autres, on obtient le cube A.

Dans une partie rampante d'escalier ou autre, le plan et l'élévation ne donnant

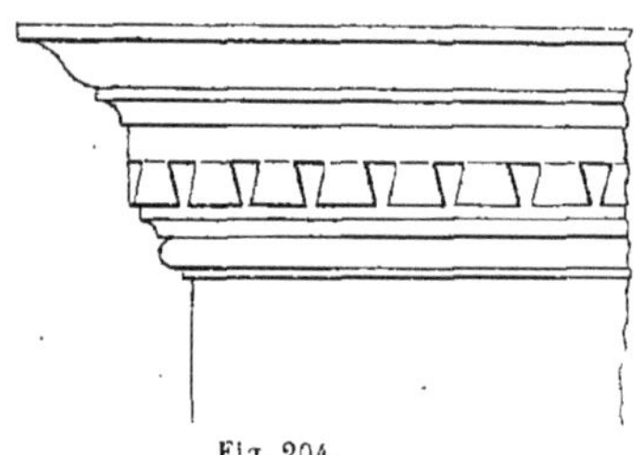

Fig. 204.

pas la grandeur réelle, il faut en faire le développement pour l'obtenir.

**Devis.** Il y en a de deux sortes.

Après avoir fait les plans et les coupes

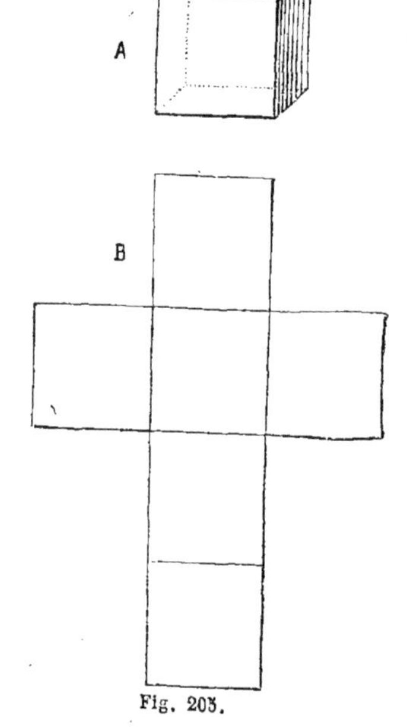


Fig. 205.

d'une construction, l'architecte fait le devis descriptif donnant le détail des matériaux à employer et le genre de menuiserie qu'il veut donner aux différents travaux de cette construction, s'il veut connaître la valeur de ces travaux avant leur exécution.

Il commence ordinairement par les caves, le rez-de-chaussée, les étages, les combles et l'escalier.

Avec ces renseignements, l'entrepreneur fait son devis estimatif comprenant la quantité des travaux à exécuter et leur prix, en se basant sur un tarif ou série de prix spéciale pour la menuiserie.

**Diagonale.** Ligne oblique qui va de l'angle d'un parallélogramme ou d'une figure quelconque à l'angle opposé (*fig.* 206).

**Diamètre.** Ligne droite passant par le centre d'un cercle et s'arrêtant à la circonférence. La longueur du diamètre multipliée par 3,1416 donne exactement la longueur développée de la circonférence.

**Dorique.** C'est le deuxième ordre d'architecture; il se distingue par une frise au-dessous de la corniche laquelle frise est décorée de distance en distance par des triglyphes ou petits pilastres avec un élégi arrêté au milieu et un de chaque côté, et terminés par des denticules au bas (*fig.* 207).

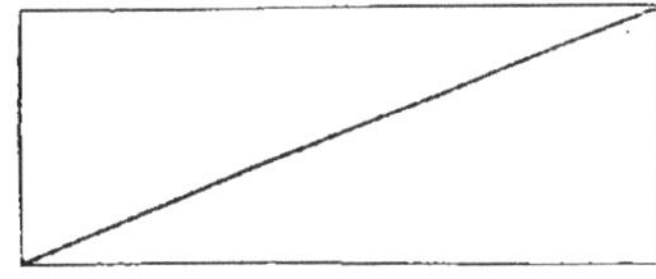

Fig. 206.

**Dormant.** Le dormant d'une croisée est le bâtis fixe scellé dans les murs. Un bâtis de porte, un châssis scellé, enfin tout ce qui est scellé ou cloué et ne s'ouvre pas s'appelle dormant.

**Dosse.** Les planches sur dosse sont les premières enlevées dans le débit d'un arbre, elles comportent de l'aubier et du flâche; les planches sciées ensuite s'appellent contre-dosse et ont une grande partie de bon bois.

**Dosseret.** Partie de menuiserie clouée horizontalement sur les murs dans les cuisines au-dessous de la barre à casseroles pour que la batterie de cuisine ne s'abîme pas sur la pierre ou sur le plâtre.

Le champ mouluré ou non, posé à la hauteur des dossiers de chaises pour protéger la peinture, s'appelle aussi dosseret.

**Dossier.** Partie d'un siège, d'une stalle sur laquelle on s'adosse.

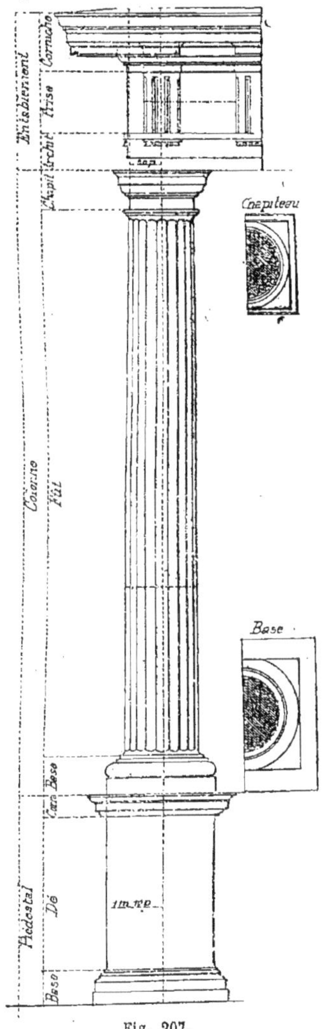


Fig. 207.

**Doublette.** Planche de chêne ayant 55 millimètres d'épaisseur et 32 centimètres de largeur; elle vaut ordinairement le double de l'échantillon, c'est-à-dire la planche de 34 millimètres d'épaisseur sur 23 centimètres de largeur.

**Doucine.** Moulure en partie concave et partie convexe (*fig.* 208) : A, doucine tracée au compas ; B, doucine ordinaire ; C, doucine à baguettes. On appelle en général doucine toute moulure avec une partie ronde suivie immédiatement d'une partie creuse.

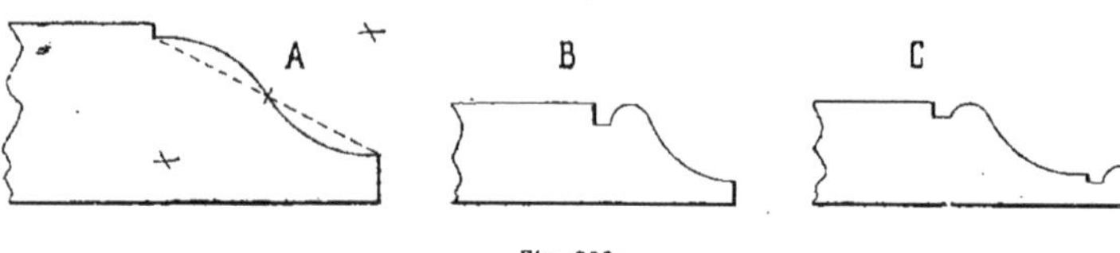


Fig. 208.

**Douve.** Dans une partie pleine cintrée en plan, on nomme douve une des frises creuses ou rondes composant cette partie de menuiserie (*fig.* 209).

**Ébarber.** On appelle ébarber faire sauter la partie de moulure pour l'emplacement de la traverse après avoir fait les coupes d'onglet sur les battants (*fig.* 210).

**Ébène.** Bois des îles, très dur, de couleur noire et violette ; donnant un beau noir après avoir été poli et verni, il s'emploie rarement en massif, presque toujours en placage, il est très cher.

On imite l'ébène avec le poirier, le tilleul et autres bois dont les pores ne sont pas creux. Après les avoir polis, on passe, avec un pinceau, une couche de bois de campêche et une couche de pyrolignite de fer ou noir chimique.

**Ébrasement.** Partie de mur en saillie d'une porte ou d'une croisée à l'intérieur ; à l'extérieur d'une croisée on l'appelle tableau.

La figure 211 représente un ébrasement de croisée ; les parties en pente de chaque côté sont faites pour augmenter l'entrée de la lumière.

**Échantillon.** Dans les bois de chêne, on

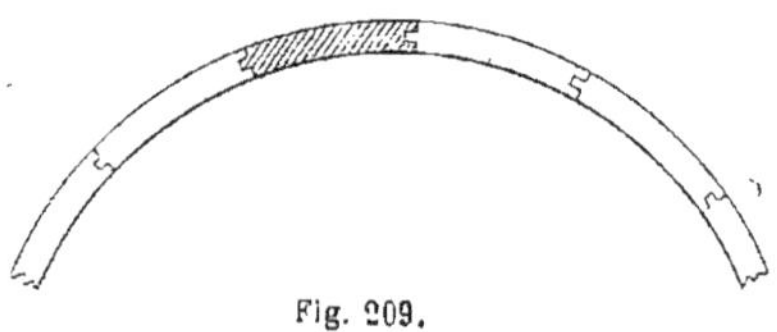

Fig. 209.

appelle échantillon la planche qui a 0,034 d'épaisseur sur 0,22 à 0,23 de largeur et qui sert de base pour l'établissement des prix ; le prix de la membrure est le même, celui de la doublette 0,054 sur 0,32, le double, ainsi que le petit battant de 0,08 × 0,22 ; le gros battant de 0,11 × 0,32

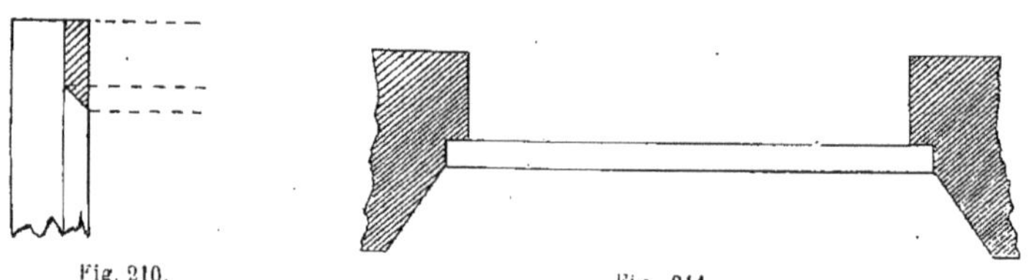

Fig. 210.

Fig. 211.

vaut quatre fois le prix de l'échantillon.

Nous y reviendrons aux sous-détails des travaux de menuiserie pour établir les déboursés.

**Échappée.** On appelle échappée, dans un escalier, la hauteur nécessaire pour passer ; cette hauteur doit être au minimum de 1,80 non compris l'épaisseur du plafond ; il faut donc compter au plan onze marches sur la ligne de giron pour pouvoir échapper dessous, c'est-à-dire pour avoir un passage suffisant.

**Écharpe.** Pièce de bois ou barre, chanfreinée ou non, posée en pente entre deux ou trois autres barres, assemblée à entailles et à repos (*fig.* 212) pour empêcher les portes ou les volets en parties pleines de baisser du côté opposé à la ferrure. Il faut avoir soin de mettre toujours la pente des écharpes du côté de ces ferrures ; posées en sens contraire, elles n'ont aucune utilité.

**Échelle.** Une échelle se compose de deux

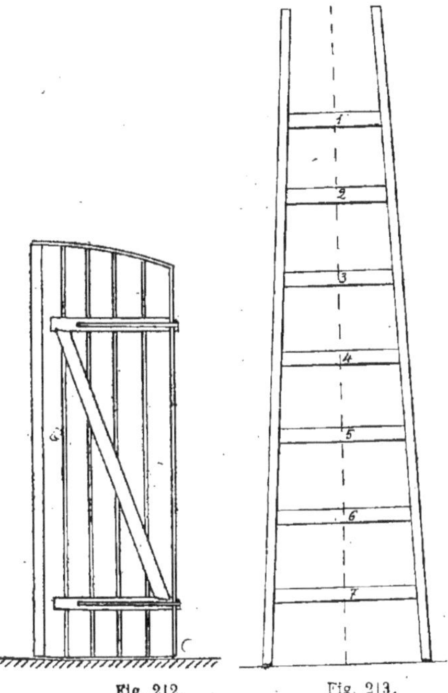


Fig. 212. Fig. 213.

montants et de traverses appelées échelons, en quantité suffisante suivant la longueur de cette échelle.

Ces échelons doivent être espacés de 0,30 à 0,35 au maximum ; la largeur des montants est proportionnée à la longueur de l'échelle, il en est de même pour les échelons.

Prenons comme exemple une échelle double en sapin de 2m,50 (*fig.* 213).

Les montants devront avoir 0,034 d'épaisseur sur 0,06 de largeur et être exempts de nœuds, 0,60 d'écartement au bas et 0,35 en haut, et les échelons 0,025 sur 0,06 de large sans aucun nœud également.

Pour le tracé de ces échelons, il est inutile de faire un plan grandeur d'exécution ; en ayant la longueur que l'on veut donner

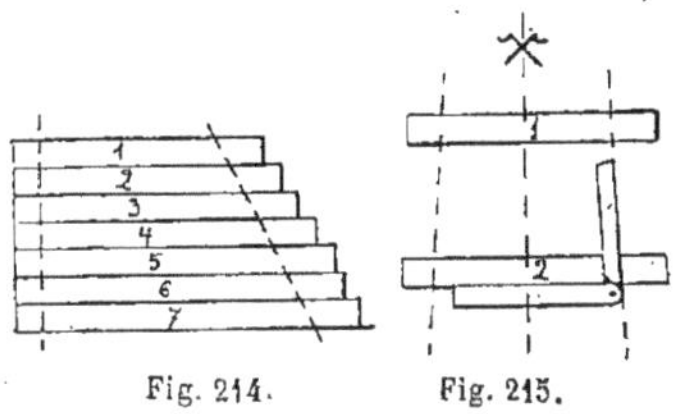


Fig. 214. Fig. 215.

à l'échelon du haut et à celui du bas et ayant divisé la quantité d'échelons sur les montants, on met ces échelons à côté les uns des autres en mettant un bout à

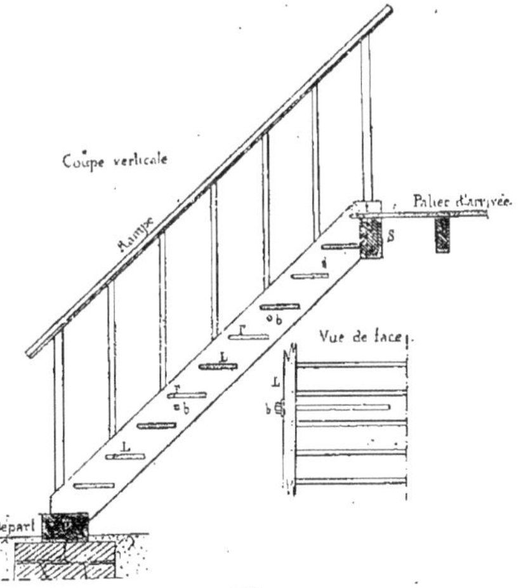


Fig. 216.

l'équerre et en laissant la longueur des tenons de chaque bout (*fig.* 214) ; on tire un trait oblique de l'arasement de l'échelon du haut à celui du bas, en les numérotant ; puis, sur un feuillet, on trace seulement la hauteur de deux échelons prise sur un montant, on prend le milieu de l'arasement des échelons nos 1 et 2, on reporte sur la hauteur d'emmarchement et la fausse coupe de l'arasement se trouve donnée ainsi que la pente des mortaises sur les montants qui est la même (*fig.* 215).

Faire un plan à l'échelle de proportion de 0,05, 0,10 ou 0,20 pour mètre, c'est réduire les mesures du travail qu'on a exécuté pour l'échelle de 0,05 pour 1 mètre ; une longueur de 0,80 fait 0,04. L'échelle de 0,10 est préférable parce que les divisions sont plus faciles; si on a à tracer une longueur de 1,75, on prend

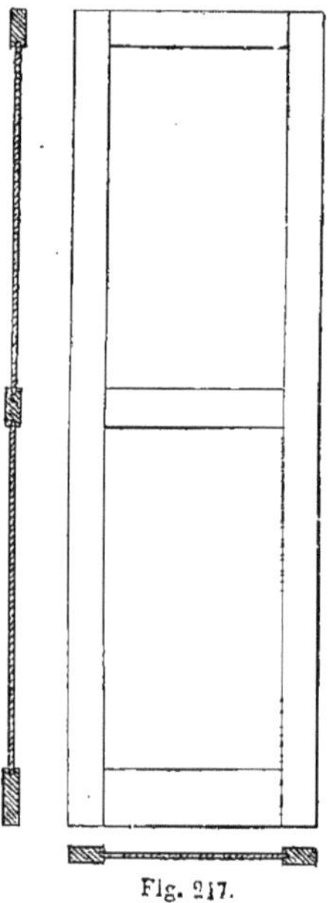

Fig. 217.

sur le double décimètre 0,175; les plans faits à cette échelle donnent l'aspect véritable du travail à exécuter, et c'est aussi celle qui est la plus facile pour faire les plans dans les écoles de dessin et dont on peut très bien faire en bois les modèles.

Une échelle de meunier se distingue d'une échelle ordinaire en ce que les marches sont à plat et peu distancées les unes des autres (*fig.* 216), car, ainsi que son nom l'indique, elle sert à monter de fardeaux lourds.

La distance des échelons ne doit être que de 0,15 à 0,20, sa largeur de 0,45 pour une échelle de 2 mètres environ et les montants suivant la longueur de l'échelle ; plus elle est longue, plus ils doivent être larges et épais, afin d'avoir la solidité nécessaire.

Par analogie on fait des échelles de meunier dont l'emmarchement est plus haut et les marches plus longues suivant l'usage qu'on veut en faire.

**Échelon.** Traverse rectangulaire assemblée sur champ entre les deux montants d'une échelle. Il diffère de la marche en ce que celle-ci est toujours posée à plat.

**Éclat.** Lorsque le bois est de contre-profil et que les fers de la demi-varlope ne

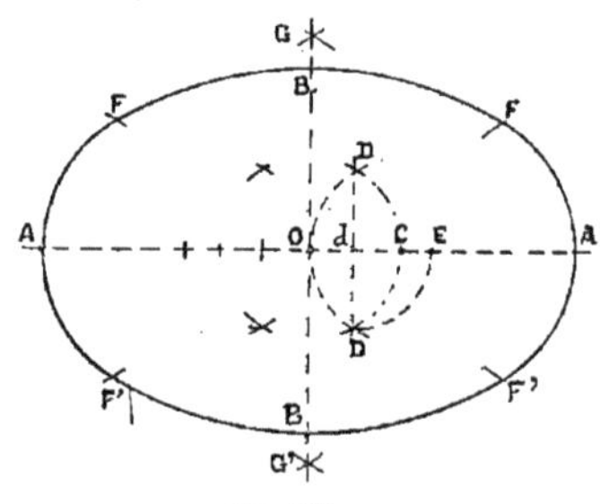


Fig. 218.

sont pas rapprochés, le copeau laisse sur le bois de petites cavités qu'on appelle éclats et qu'on fait disparaitre avec la varlope et le rabot à replanir dont les fers sont plus rapprochés. En brochant une feuillure au ciseau, il faut toujours prendre le bois dans le fil, sans quoi on fera des éclats.

**Élégir.** On entend par élégi une feuillure poussée de chaque côté d'un pilastre, sur les rives des battants du milieu des persiennes, de châssis ou de portes pour détacher les champs.

Ce travail se fait ordinairement avec un feuilleret à joue ; le rabot à élégir sert pour nettoyer les feuillures, ainsi que le guillaume à élégir qui a une joue.

**Élévation.** Après avoir fait le plan et la coupe d'un travail quelconque, une porte par exemple (*fig.* 217), en élevant les traits du plan et renvoyant les traits de la coupe horizontalement, on obtient l'élévation géométrale de la porte; le dessin d'élévation d'un bâtiment montre la vue de face ou, dans certains cas, la façade arrière de ce bâtiment.

**Ellipse.** Courbe fermée allongée nommée aussi ovale; il y en a de plusieurs sortes.

Celle qui est obtenue par le report du petit diamètre sur le grand (*fig.* 218) qu'on appelle plus souvent ovale borné est d'un aspect agréable, mais il ne faut pas que la longueur soit de plus des trois quarts de la largeur.

Supposons avoir à tracer une ellipse de 0,60 de long sur 0,40 de large; après avoir tracé une ligne horizontale AA et une verticale BB, on tracera de chaque côté de l'axe commun 0,20 pour la largeur et 0m,30 pour la longueur, puis avec le compas on reportera 0 20 du petit axe B sur le grand axe A en AC, la pointe du compas sur l'extrémité, et il restera donc 0,10 jusqu'au centre commun qui est le point O; dans ces 0,10 on fera une petite figure en mettant la pointe du compas sur le point C, et l'ouvrant jusqu'au centre commun, on décrira deux portions de cercle DD; à leur intersection, on élèvera une petite verticale de D à D, à la rencontre de cette ligne sur le grand axe en D, on mettra la pointe du compas qu'on ouvrira jusqu'à D, on décrira un quart de cercle DE jusqu'à la ligne du grand axe et ce sera le point de centre des petits cercles des bouts; en ouvrant le compas de E jusqu'à A, on décrira une portion de cercle, qu'on limitera par deux sections FF et autant de l'autre côté, puis avec une ouverture de compas égale à FF on décrit deux arcs de cercle qui coupent le petit axe en GG'; en mettant la pointe du compas sur G, on obtient une portion de cercle limitée par FF en passant par B et qui complète l'ovale ou ellipse qui est borné, c'est-à-dire sur une mesure donnée.

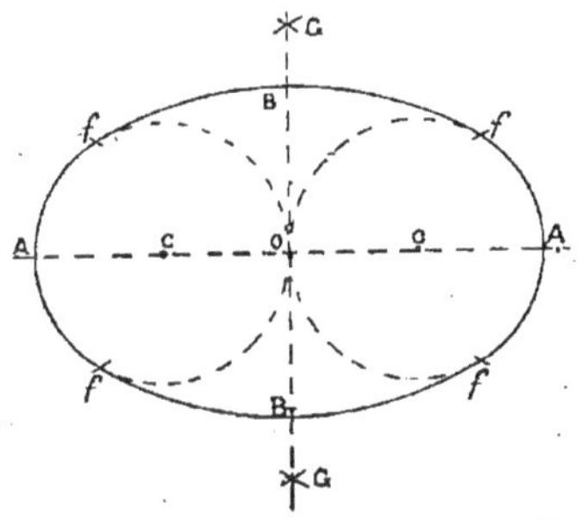

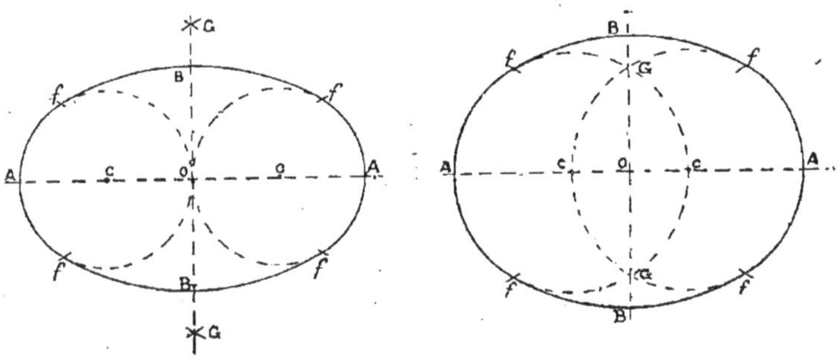

Fig. 219 et 220.

Une autre manière de tracer une ellipse dont on connaît la longueur, mais pas la largeur, consiste à tracer une ligne horizontale AA et une verticale BB (*fig.* 219); en supposant l'ovale de 0,60 de long, on ouvrira le compas à 0,15 et on décrira de chaque côté du centre commun deux cercles de 0,15 de rayon. On placera la pointe du compas sur la rencontre de ces cercles avec le point A du grand axe; on

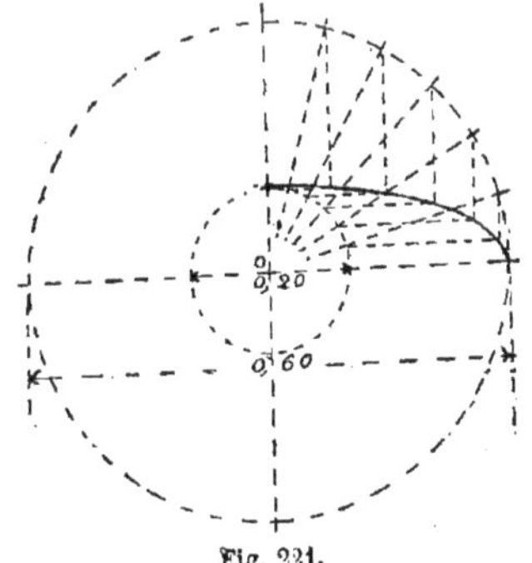


Fig. 221.

décrira deux sections *ff*, comme ci-dessus ; en ouvrant le compas de *f* à *f*, on fait deux sections, on obtient le point de centre G, et, en mettant la pointe du compas sur G, on obtient une portion de cercle limitée par FF et qui complète l'ovale en faisant la même opération de l'autre côté.

Cette figure représentera une ellipse

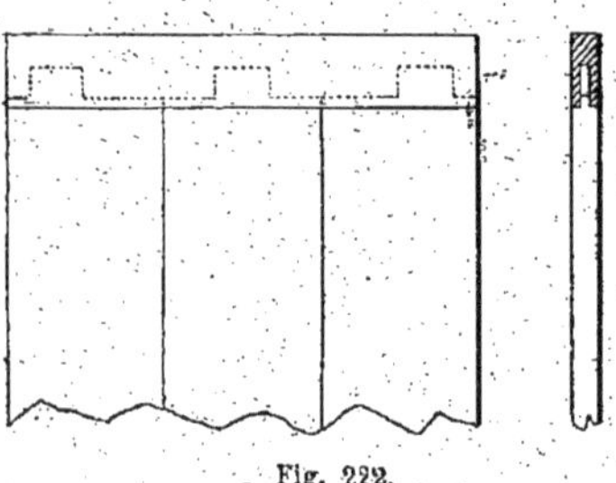

Fig. 222.

allongée; si on en veut une moins large (*fig.* 220), au lieu de diviser le grand diamètre en quatre fois 0,25, on le divisera en trois fois 0,20 en faisant les mêmes opérations que ci-dessus; on obtiendra une ellipse moins large, puisque les deux portions de cercle des bouts auront 0,05

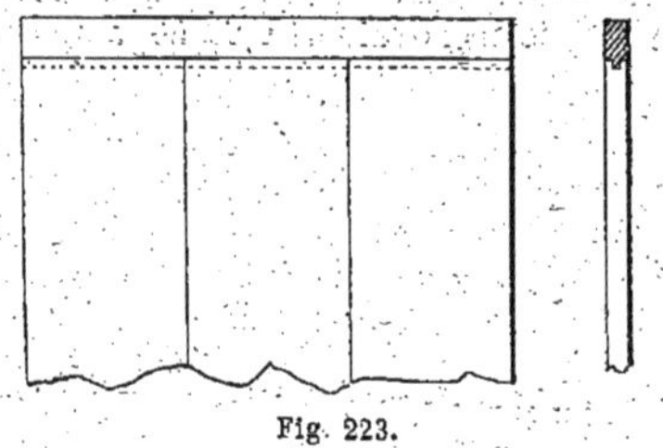

Fig. 223.

de rayon de plus et rapprocheront les deux points *ff*.

Tous ces ovales se font au compas et ont deux points de centre différents et deux diamètres. Si on a un ovale dont le grand diamètre ait, par exemple 0,60 et le petit diamètre 0,20, il ne peut pas se faire comme l'ovale borné et ne serait pas gracieux. On pourra le faire par points de raccord (*fig.* 221). On décrira deux cercles, un de 0,60 grand diamètre et un de 0,20 petit diamètre; on divisera ces circonférences en douze ou seize lignes rayonnantes au centre, puis on tirera des lignes horizontales, à l'endroit où ces lignes rayonnantes coupent la petite circonférence, des lignes verticales à l'endroit où les rayonnantes coupent la grande circonférence, les points de rencontre de ces lignes horizontales et verticales étant raccordés toujours en passant par trois points, donnent une portion d'ovale qui sera complet en reportant cette ligne courbe sur les trois autres côtés.

**Elliptique.** Compas elliptique, qui sert à tracer une ellipse. On dit : figure elliptique, qui représente une ellipse.

**Embase.** Socle d'un pilastre, partie basse d'un battement.

Partie saillante aux outils emmanchés, ciseaux, bédanes ou autres qui empêchent le manche de s'enfoncer en frappant dessus.

**Embaucher.** C'est prendre un ouvrier

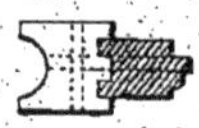

Fig. 224.

pour l'occuper, lorsqu'il se présente à l'atelier demandant de l'ouvrage.

A Paris, c'est après l'avoir occupé pendant trois jours qu'on peut juger si cet ouvrier gagne sa journée; c'est alors qu'on l'affute, c'est-à-dire que l'on convient avec lui du prix qu'on peut lui donner.

Passé ce délai de trois jours, on est obligé de lui payer la journée fixée par l'un des tarifs admis : celui de la ville qui paie 8 francs, ou celui de la société centrale qui accorde 7 francs. Pour éviter toutes contestations, c'est de payer les ouvriers suivant leur valeur et leur capacité; la journée uniforme et obligatoire est impossible et injuste, le bon ouvrier ne doit pas travailler pour le mauvais, il n'y a plus alors d'émulation. On peut encore donner le travail aux pièces, c'est-à-dire à prix convenu, à chacun selon ses œuvres et sa production.

**Emboîture.** Traverse assemblée ou rainée en bout d'un volet ou d'une partie pleine quelconque.

Lorsque l'emboîture est assemblée (*fig.* 222), c'est-à-dire percée de mortaises et la rainure dans l'emboîture, les tenons étant réservés en bout des planches, on l'appelle *emboîture d'assemblage*. Lorsqu'elle est seulement rainée (*fig.* 223) la languette poussée dans l'emboîture et la rainure en bout des planches, on l'appelle *emboîture à l'anglaise*.

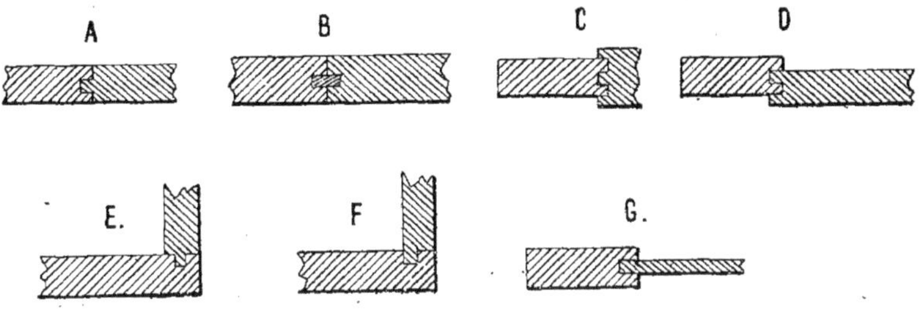

Fig. 225.

Si cette emboiture est collée, on ne devra jamais mettre de colle sur toute la longueur, mais sur 0,30 ou 0,40 au milieu seulement, car le bois de la partie en se retirant deviendrait gauche, puis le bois de l'emboîture ne se retirera pas en longueur.

**Embrasement.** Partie de lambris posée dans les parties de mur des baies de portes ou de croisées, on dit lambris d'embrasement.

(Voyez *Ébrasement*).

**Embrevé.** On appelle battant embrevé

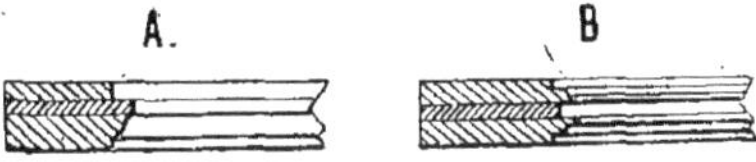

Fig. 226.

celui qui s'emmanche dans une fenêtre, par exemple, à droite de la gueule de loup (*fig* 224) et n'est pas chevillé; il se trouve maintenu par les tenons qui traversent la gueule de loup laquelle est chevillée.

**Embrèvement.** Il y en a de différentes sortes (*fig.* 225):

A, embrèvement à rainures et languettes dans les bois jusqu'à 0,034 d'épaisseur et au-dessous.

B, embrèvement avec languettes rapportées dans les fortes épaisseurs au-dessus de 0,034 ; on dit aussi à fausses languettes, il faut avoir soin de coller cette fausse languette dans les rainures ;

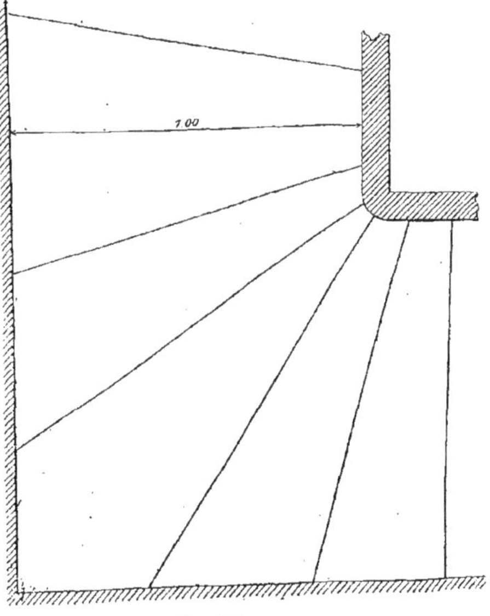

Fig. 227.

C, embrèvement double, laissant une saillie de chaque côté ;

D, autre embrèvement double, bois de

même épaisseur, et qui sert pour les panneaux à table saillante ;

E, embrèvement simple en retour d'équerre qui sert pour assembler les montants d'angle d'une cloison ou autres menuiseries, il se fait avec une baguette à deux arasements ; lorsqu'elle n'a qu'un arasement, on l'appelle *languette bâtarde* (F) ;

G, embrèvement double de panneaux à glace aux deux parements, les rainures dans les bâtis doivent toujours avoir au moins 0,013 de profondeur pour permettre au panneau de se retirer et ne pas laisser de jour, et les languettes ne doivent pas forcer dans les rainures, sans quoi le panneau en se retirant se fendra au milieu.

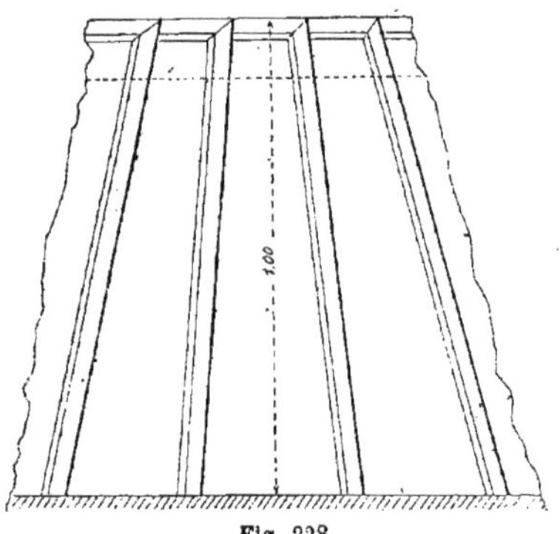

Fig. 228.

Dans un escalier à crémaillère, les marches contre-profilées d'un bout, la mesure de l'emmarchement est du dehors de la marche, toujours prise à l'équerre jusqu'au mur (*fig.* 228) ; si c'est à double crémaillère et les marches contre-profilées des deux bouts, la mesure de l'emmarchement est du dehors des contre-profils (*fig.* 229).

**Emporte-pièce.** Outil emmanché dont le taillant est en forme de V d'équerre, monté dans une boîte et qui sert à faire sauter les onglets, en évitant de tracer ces onglets, principalement dans les croisées dont la moulure de petits bois se répète de chaque côté (*fig.* 230). En mettant cette boîte en face de la mortaise du petit bois, d'un coup de maillet on fait sauter les deux onglets.

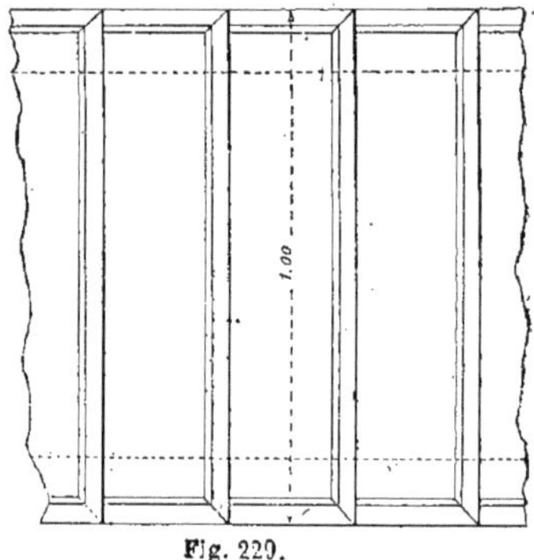

Fig. 229.

**Emboument.** Maintenant, avec les outils mécaniques, on peut éviter les coupes d'onglet, si les profils ne sont pas refouillés ; ainsi dans les portes ou croisées (*fig.* 226), on se sert de molettes circulaires qui montées horizontalement sur une toupie font exactement le contre-profil des moulures en réservant le tenon, c'est ce qu'on appelle assembler à emboument.

A, profil de croisée ;

B, profil de porte à petit cadre.

**Emmarchement.** La largeur d'emmarchement d'un escalier se mesure d'équerre sur le limon, c'est-à-dire que pour un escalier de 1 mètre d'emmarchement, la mesure est prise du dedans du limon, c'est-à-dire du passage entre mur et limon (*fig.* 227).

**Encadrer.** Entourer un panneau, une gravure d'une moulure dans les quatre sens.

**Enchevêtrure.** Dans un plancher ou une charpente et pour laisser le passage des cheminées, on assemble les solives dans une enchevêtrure ; il doit y avoir environ 0,60 de vide jusqu'au nu du mur et le passage des tuyaux doit avoir au moins 0,20 du nu des bois, au dehors de la poterie de cheminée afin d'éviter les risques de l'incendie.

**Encorbellement.** La frise en encorbellement d'un meuble est une saillie sur le nu des bâtis du meuble, laquelle suivant les circonstances se termine en gorge (*fig.* 231) ; si elle est d'équerre, elle est supportée par des consoles (*fig.* 232).

**Enfourchement.** L'assemblage à enfourchement se fait en deux coups de scie, on fait ensuite sauter le milieu au bédane; il

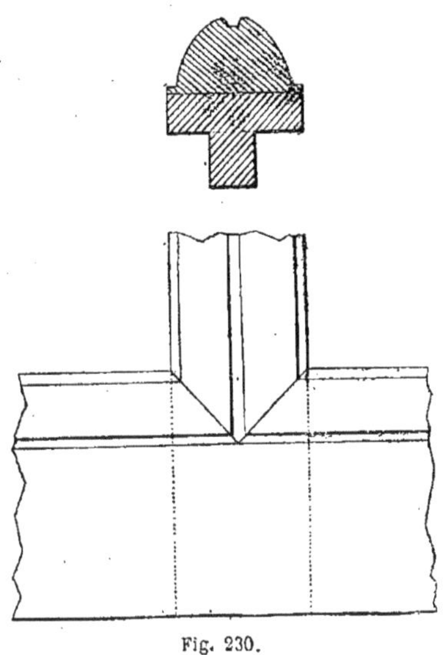

Fig. 230.

diffère de la mortaise en ce sens qu'il n'a pas d'épaulement, il se fait plus vite et est

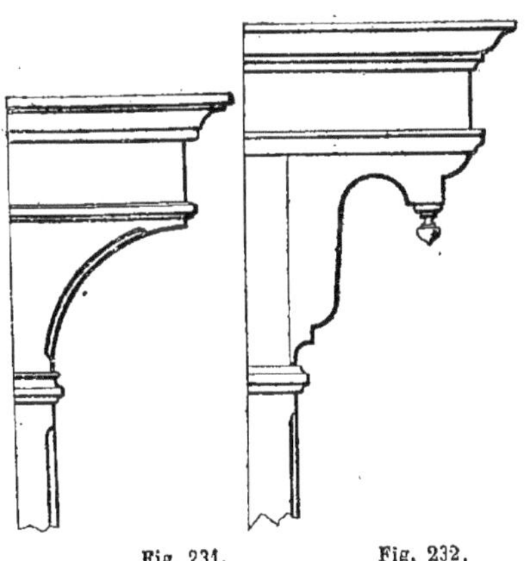

Fig. 231. Fig. 232.

bon pour des bâtis ou ouvrages appelés à être dormants ou scellés dans les murs.

**Entablement.** C'est la partie haute décorative d'un meuble au-dessus des pilastres et de la traverse de bâtis qui comprend l'architrave, la frise et la corniche (*fig.* 233).

**Entaille.** L'assemblage à entaille se fait à moitié bois (V. *Assemblage*) dans les tablettes ou les montants. Pour faire l'emplacement des saillies de plinthes ou de mur on fait des entailles dans ces par-

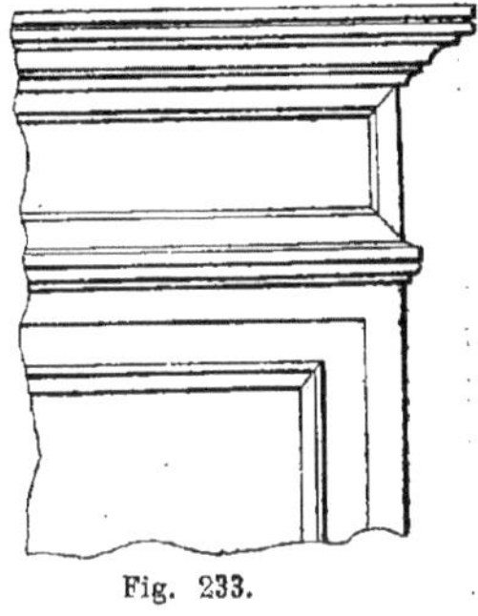

Fig. 233.

ties; il y en a à deux ou trois arasements suivant l'emplacement. Celle à trois arasements se fait en deux coups de scie puis on fait sauter le milieu au ciseau.

Pour affuter les scies, on se sert d'un outil composé d'un morceau de bois de

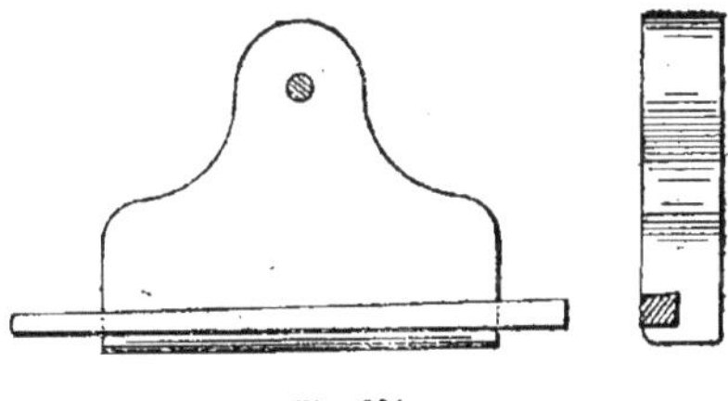

Fig. 234.

0,20 à 0,25 de large sur 0,25 de long dans lequel on aura fait une entaille légèrement en pente et à queue d'un côté (*fig.* 234); dans cette entaille, on ajuste une clé qui en représente bien la forme et qui en s'enfonçant vien serrer la lame de la scie.

Pour les lames de persiennes, on se sert d'un outil à entailles avec un grain d'orge coupant le bois de chaque côté avant que le fer ne fasse des copeaux, sans quoi ce bois éclaterait; on l'appelle *outil à entailles*, il a ordinairement 0,011 de largeur

Pour faire les entailles à travers bois, pour les montants dans les tablettes par exemple, on se sert d'un même outil ayant l'épaisseur des bois qu'on emploie.

Il y a aussi les entailles arrêtées d'un bout ou des deux bouts, dans les casiers; elles se font au ciseau et nécessitent une entaille dans le montant qu'on appelle *entaille d'épaulement.*

La figure 235 représente une entaille arrêtée des deux bouts.

**Entrait.** Pièce de bois sur laquelle sont assemblés les arbalétriers d'une charpente et qui repose sur les deux murs en maintenant leur écartement.

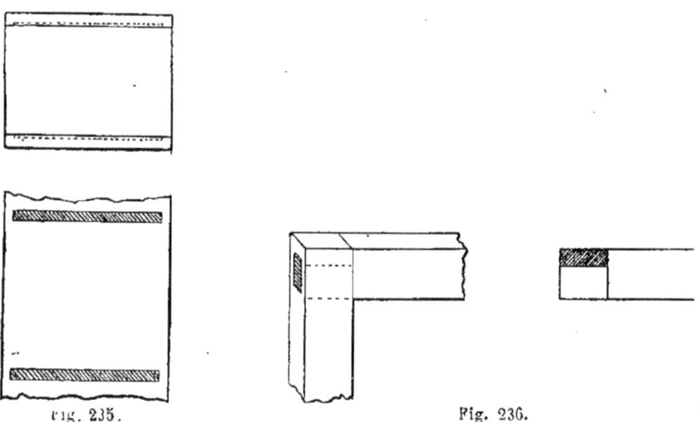
Fig. 235. Fig. 236.

Toute pièce horizontale placée au pied des arbalétriers et recevant les solives d'un faux-plancher s'appelle entrait.

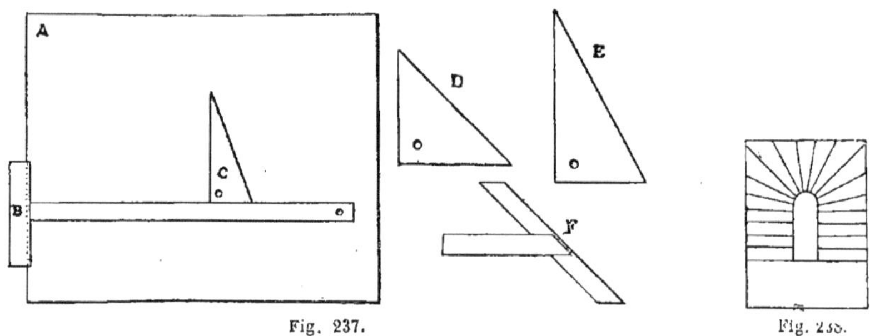

Fig. 237. Fig. 238.

**Entretoise.** Nom donné à des traverses assemblées entre des huisseries des poteaux ou des murs et sur lesquelles on cloue les remplissages d'une cloison à claire-voie (Voyez *Cloison*).

Il y en a de différentes espèces.

**Entrevous.** On appelle entrevous les vides ou intervalles entre les solives d'un plafond.

C'est aussi une planche de chêne de 0,027 millimètres d'épaisseur sur 0,23 centimètres de largeur.

**Enture.** Pour réparer et remplacer un montant de volet ou un battant de croisée cassé ou défectueux, on se sert d'un bout de montant ou de battant qu'on appelle enture et qu'on assemble à entaille ou à fausse coupe avec la partie vieille.

**Épaulement.** Entaille faite de chaque côté d'un tenon pour lui permettre d'entrer dans la mortaise des bouts de battants (*fig.* 236).

**Épure.** Dessin au trait grandeur naturelle, servant à l'exécution d'un travail quelconque.

Dans un escalier, l'épure comprend le développement des crémaillères ou des limons droits ou cintrés. On appelle aussi épure les dessins faits à une échelle réduite. mais ce mot s'applique plutôt à ceux grandeur d'exécution.

**Équarrir.** Dresser, tirer de large et couper d'équerre les deux bouts d'un panneau, d'une partie pleine, etc... Équarrir une porte c'est l'ajuster dans son bâtis.

Équarrir une croisée, c'est mettre les petits bois en face les uns des autres, et ajuster les châssis dans leur dormant.

**Équerre.** Instrument pour tracer des angles droits ou pour élever des perpendiculaires; il y en a de plusieurs espèces. Pour retourner les traits à angles droits sur un dessin, on se sert d'une règle plate assemblée d'équerre sur une autre un peu plus épaisse qu'on appelle T et qui glisse toujours parallèlement sur la rive de la planche à dessin et sert à tirer les lignes horizontales (*fig.* 237). A, planche à dessin; B, té en bois, C, équerre mince servant à élever les lignes verticales.

Pour faire les lignes d'onglet ou à 45 degrés, on se sert d'une *équerre d'onglet* (*fig.* 237, D).

Pour cheviller les croisées ou les châssis ayant des vides, on se sert d'équerres appelées *pièces carrées* qui ont de 0,15 à 0,20 de large sur 0,25 à 0,30 de long (*fig.* 237, E).

Pour retourner les traits d'arasement sur les traverses on se sert d'une équerre dont la tête est un peu plus épaisse que la lame et qui doit avoir environ 0,015 d'épaisseur sur 0,04 de large et la tige 0,006 d'épaisseur sur 0,05 de large et 0,24 de long et en saillie sur la tête pour pouvoir la redresser (voir *fig.* 40).

Enfin, pour tracer les panneaux d'équerre, avant de les couper, on se sert d'une grande équerre dont la tête peut avoir 0,40 et la tige 0,60 à 0,70 de long et les bois larges et épais en rapport avec la grandeur de cette équerre.

On se sert d'équerre d'onglet (*fig.* 237, F) pour tracer les coupes d'onglet sur les battants ou sur les traverses.

On appelle fausse équerre ou sauterelle, l'instrument servant à tracer les fausses coupes qu'on aura relevées sur le plan pour

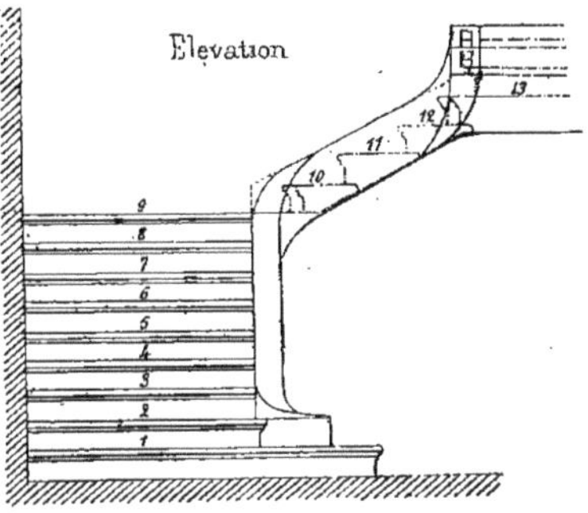


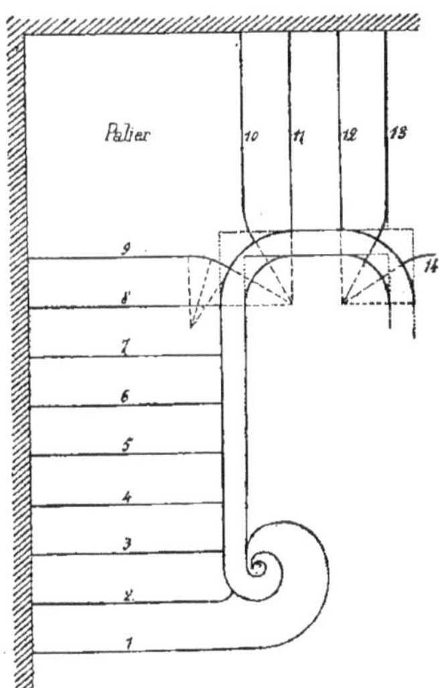


Fig 239.

les reporter sur les battants, panneaux ou autres parties en biais (voir *fig.* 41, III et IV). On en fait de différentes longueurs ; tous ces outils peuvent et doivent être faits par les menuisiers.

On appelle aussi équerres les pièces de bois rapportées dans les angles des châssis ou autres pièces de menuiserie pour les consolider.

**Érable.** Bois français et étranger classé dans les bois tendres, mais d'un grain fin, de couleur jaune clair; il y a aussi l'érable moucheté qui sert pour le placage dans l'ébénisterie et a des nuances noires ; il se vernit très bien.

**Escabeau.** Siège en bois sans dossier; c'est aussi une petite échelle de meunier composée de quatre ou cinq marches.

**Escalier.** Assemblage de marches et de contremarches entre murs, limons et crémaillères pour monter et descendre. L'escalier droit entre deux murs ou limons s'appelle échelle de meunier (voir *fig.* 217).

Si l'escalier tourne dans une partie de son plan, il s'appelle escalier à quartier

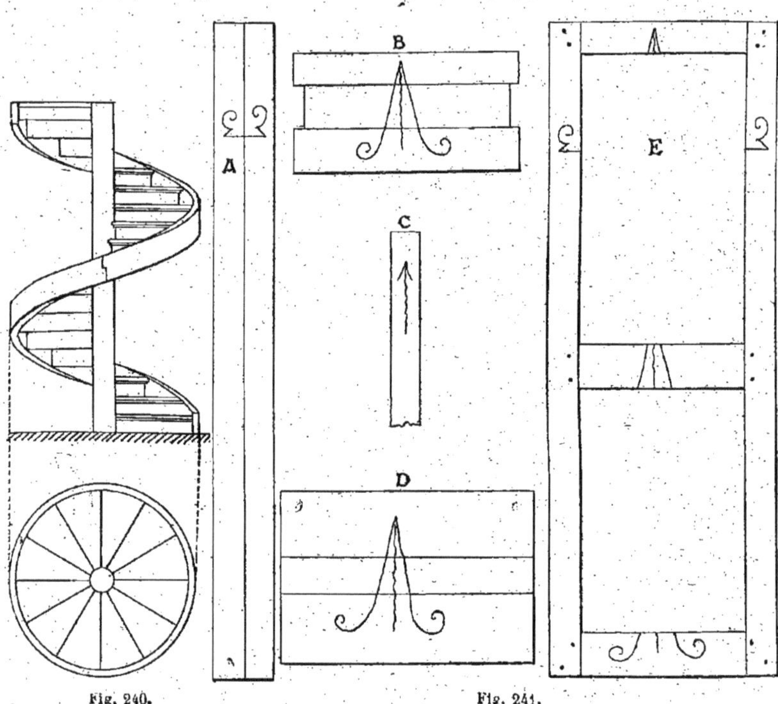

Fig. 240. Fig. 241.

tournant; s'il tourne dans deux parties du plan, c'est un escalier à double quartier tournant (*fig.* 238).

Les marches composant cet escalier doivent être, dans les tournants, plus larges d'un bout que de l'autre, quoique étant d'égale largeur au milieu, c'est-à-dire à la ligne de giron, c'est ce qu'on appelle le balancement des marches.

Les escaliers sont droits ou circulaires.

L'escalier est à limon lorsque les marches sont entaillées dans le limon (*fig.* 239).

L'escalier à crémaillères avec les marches contre-profilées d'un bout est dit à l'anglaise.

L'escalier à balustres se compose d'un limon et de petites colonnes ou balustres assemblés entre ce limon et la main courante.

L'escalier à la française est un escalier à balustres mais dont les révolutions sont droites avec un ou deux paliers de repos dans la hauteur de l'étage; la cage est ordinairement carrée.

La hauteur des marches est de 0,15 à 0,18 et la largeur de 0,23 à 0,30. Sur la ligne de giron, au-dessus de 0,18 de hauteur, c'est trop rapide, mais on est quelquefois obligé de mettre 0,20 de hauteur quand on est gêné dans les emplacements.

**Escargot.** L'escalier circulaire à noyau plein et à crémaillères est celui qui s'emploie le plus souvent dans les magasins parce qu'il tient peu de place (*fig.* 240).

On l'appelle aussi escalier à vis ou escargot, il se fait avec crémaillères débillardées prises dans la masse, ou encore à goussets, c'est-à-dire que, dans une planche creusée suivant le plan de l'escalier, chaque marche porte son gousset formant crémaillère et est assemblée avec des goujons.

Pour lui donner de la solidité, les contremarches sont assemblées dans le noyau plein à tenon et mortaise et chevillées.

**Établi.** Un établi se compose d'une table assemblée sur quatre pieds, ordinairement en hêtre de $0^m,08$ à $0^m,12$ d'épaisseur et de $2^m,25$ à $2^m,50$ de long sur $0^m,45$ de largeur, avec trous percés pour le valet. Il est complété d'un tiroir, d'une griffe et d'une presse.

**Établissement.** Marques qui indiquent toujours le parement ou le plus beau côté des pièces de bois composant un travail de menuiserie, c'est également le haut, le bas et la place que ces pièces doivent occuper.

Pour établir le bois d'une porte, on

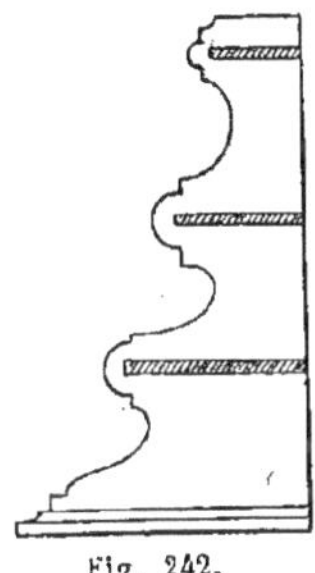

Fig. 242.

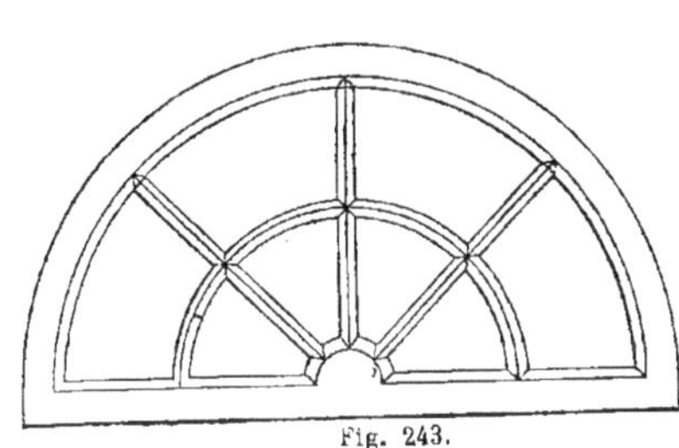

Fig. 243.

prend d'abord les deux battants, les mettant à côté l'un de l'autre. L'établissement (*fig.* 241) représente le battant de droite et celui de gauche, la partie en volute est toujours le haut comme A.

Pour les traverses, on les établira en cherchant comme pour les montants le fil du bois pour pousser les moulures B.

Pour les montants du milieu, gueule de loup et autres, on les établit comme C.

Après avoir appareillé le bois d'un panneau, choisi le fil du bois pour les plates-bandes, on les établit comme D.

La figure E représente une porte montée et chevillée avant d'être replanie c'est-à-dire avec les établissements des montants et des traverses.

**Étage.** Superposition de planchers dans un bâtiment qui se compose ordinairement : de caves, rez-de-chaussée, un ou plusieurs étages et les combles qui comptent comme étage lorsqu'il y a un brisis.

La hauteur minimum d'un étage doit être de $2^m,60$, mais il est préférable de donner $2^m,62$, car avec la charge des plâtres au plafond et le scellement des lambourdes du parquet, à certains endroits, on pourrait n'avoir que $2^m,59$, hauteur insuffisante et non acceptée par les règlements.

Pour les huisseries, il faut ajouter à la hauteur de l'étage $0^m,05$ en haut et $0^m,10$ en bas, et $0^m,10$ en bas pour les bâtis et les contrebâtis.

**Étagères.** Tablettes superposées les unes au-dessus des autres ; celle du bas est ordinairement plus large que celle du haut.

Placées contre un mur, elles peuvent

être de même largeur et conserver le nom d'étagère.

Un buffet est appelé à étagères lorsqu'il est surmonté de trois ou quatre tablettes plus larges en bas qu'en haut, posées entre deux consoles de hauteur et fermées à l'arrière (*fig.* 242).

**Étalage.** Tablettes et montants mobiles, placés à l'extérieur d'un magasin ou d'une devanture de boutique.

**Étau.** Presse mobile composée d'une tige fixe, de deux mâchoires et d'une vis à écrou. Pour serrer ou pour desserrer ces deux mâchoires, la tige fixe se met sous le valet de l'établi et on l'assujettit à l'endroit voulu.

L'étau se fixe encore avec une vis qui prend l'épaisseur de l'établi, c'est le plus commode. Cet outil sert pour les petits ouvrages et les mâchoires doivent être garnies de cuir appelé buffle pour ne pas abîmer en les serrant les petites pièces qu'on veut assujettir.

**Etrésillonner.** C'est mettre provisoirement sous un plancher peu solide un ou plusieurs poteaux entre deux planches, haut et bas, qu'on appelle couches et qui supportent ce plancher en attendant sa consolidation ; ces poteaux s'appellent des *étrésillons*.

**Éventail.** Parquet posé en éventail, c'est lorsque les frises sont plus larges d'un bout que de l'autre ou que la pièce ou le palier doit avoir autant de frises d'un bout que de l'autre.

Un imposte de porte ou de croisée est cintré en éventail, lorsque les petits bois sont rayonnants et assemblés dans un centre qu'on appelle trompillon (*fig.* 243).

**Exhausser.** Surélever un bâtiment d'un ou de plusieurs étages ; faire un exhaussement.

**Expéditionnaire.** C'est celui qui copie les minutes ou les mémoires ; ce travail se fait ordinairement aux pièces, on le paie au rôle qui représente deux pages.

**Façade.** Les façades d'un bâtiment sont les dessins d'élévation sur la rue et sur la cour donnant l'aspect général d'une construction.

**Façon.** Travailler à façon, c'est faire les travaux aux pièces à prix convenu. Il est rare que l'ouvrier à façon travaille seul, il embauche souvent un ou plusieurs ouvriers, suivant les établis que le patron met à sa disposition et l'importance des travaux qu'on lui a confiés.

La pose aux pièces, dans les bâtiments, s'appelle aussi pose à façon ; ce genre

Fig. 244.

de travail sera plus détaillé et expliqué au mot *marchandeur*.

**Façonner.** C'est travailler différentes pièces de bois pour les rendre propres à l'exécution d'un travail quelconque.

**Faîtage.** Pièce de charpente posée horizontalement au sommet du comble d'un bâtiment et assemblée sur les poinçons. C'est sur cette pièce, nommée aussi panne de faîtage, que les chevrons sont cloués ou brochés.

**Fausse-coupe.** Une coupe qui n'est ni d'équerre ni d'onglet est une fausse-coupe; elle se relève, pour en faire le tracé, avec une fausse équerre.

Dans les lambris biais, les assemblages sont en fausse-coupe.

**Fausse-croisée.** Croisée figurée dans une façade n'ayant que le tableau et dont la feuillure et l'ébrasement sont bouchés par une cloison, on y met généralement une fausse persienne.

**Fausse-équerre.** C'est un outil présentant une branche mobile qui s'ouvre à volonté (voyez équerre) et qui sert à relever les fausses-coupes.

**Fausse-porte.** Dans un salon ou dans une salle à manger, lorsque la pièce contiguë ne comporte pas d'ouverture, on fait souvent des fausses-portes pour la régularité de la décoration. Ces fausses-portes, en menuiserie, sont simplement appliquées sur le mur.

Il arrive aussi, dans un appartement, qu'on ait à disposer d'un côté une porte à deux vantaux et de l'autre une porte à un vantail; dans ce cas, les portes étant à grands cadres, les deux battants devront développer avec la porte à un vantail, on fait souvent alors une porte à grand cadre flotté (*fig.* 244).

Le côté dormant est ordinairement arasé ou brut derrière.

**Faux-niveau.** Lorsqu'on doit raccorder deux pièces de parquet qui ne sont pas sensiblement à la même hauteur on pose le parquet de la pièce intermédiaire un peu en pente; c'est ce qu'on nomme *faux-niveau.* On donne aussi ce nom à toute partie de menuiserie qui n'est pas de niveau.

**Faux-plancher.** Plancher fait en solives légères, ordinairement des bastaings, sur lequel on marche peu ou pas et qui généralement n'a que le plafond à porter.

**Fenêtre.** Ouverture faite dans un mur pour éclairer une pièce d'habitation; le mot fenêtre ou baie s'applique plus à la maçonnerie qu'à la menuiserie, les châssis vitrés fermant cette ouverture se nomment *croisées.*

**Fer.** Pour les rabots ou pour les varlopes, le fer a de $0^{m},04$ à $0^{m},05$ de largeur et la partie tranchante comporte une couche d'acier ayant environ la moitié de l'épaisseur du fer et destinée à en conserver l'affût. Si le fer était tout en acier il serait trop dur à affûter, c'est-à-dire à user sur le grès et aussi trop cassant.

Les fers de moulures telles que : *doucine*, *boudin*, *mouchette*, ou *rabot-rond* ont une largeur à la demande de l'outil et sont affûtés suivant le profil de cet outil.

Le fer de la *demi-varlope* doit avoir le taillant légèrement cintré lui permettant de mordre plus au milieu que sur les bords; celui de la *varlope* doit être droit mais en travers et les bords légèrement arrondis comme celui des rabots.

A chacun de ces outils, il doit y avoir un contre-fer affûté comme les fers, mais dont le taillant ne mord pas; il se met à plat sur le fer, et doit-être plus ou moins rapproché du tranchant du fer suivant les outils; la distance, dans une demi-varlope, est de 0,002 millimètres et dans la varlope d'un millimètre seulement suivant le bois qu'on a à travailler. Son utilité est d'empêcher de faire des éclats.

Les outils à moulures n'ont ordinairement pas de contre-fer, mais la coupe du fer est plus debout que dans la varlope.

**Fer à cheval.** On dit qu'un escalier est en fer à cheval lorsque le plan du limon ou de la crémaillère de cet escalier est en demi-cercle et ressemble à la forme d'un fer à cheval.

**Ferme.** Une ferme se compose de plusieurs pièces de charpente généralement assemblées entre elles et dont la traverse basse ou *entrait* repose par ses deux extrémités sur les deux murs longitudinaux de la construction.

Les principales pièces d'une telle charpente se nomment : *poinçon*, *arbalétriers*, *écharpes*, *entrait*, etc., et l'ensemble de ces pièces forme la *ferme*.

**Fermoir.** Gros ciseau emmanché, affûté des deux côtés et servant à faire des pesées sur les rives des frises de parquet pour les faire joindre avant de les clouer sur les lambourdes.

Il sert aussi à faire les gros buchements

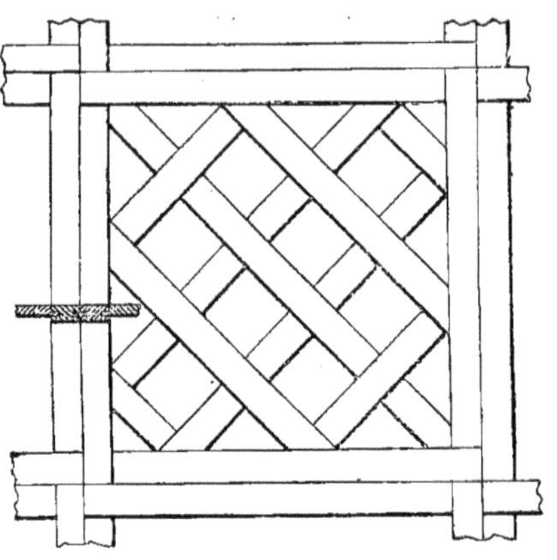

Fig. 245.

dans les poteaux ou dans les traverses, et à dégrossir certains ouvrages.

**Feuille.** On appelle *parquet en feuille*, des parties de menuiserie assemblées par petits panneaux de 0m,15 à 0,m16 carré et ayant environ un mètre carré. Ces panneaux sont posés en diagonale dans les pièces principales d'un appartement ou d'un hôtel. On en fait peu maintenant, les bâtis extérieurs de ces feuilles de parquet étaient rainées au pourtour et réunies au moyen d'une fausse languette (*fig.* 245).

On dit aussi volet ou persiennes brisées en quatre ou six *feuilles* se développant dans l'épaisseur des tableaux (*fig.* 246).

**Feuilleret.** Outil muni d'une joue fixe ou mobile servant à faire des élégis, des mises d'épaisseur et dont le fer est toujours droit mais en travers.

**Feuillet.** Nom donné à une planche de chêne, de sapin ou autres bois ayant moins de 0m,025 d'épaisseur.

Dans le madrier, il se compte par traits.

On appelle feuillet 0,018 lorsqu'il y a

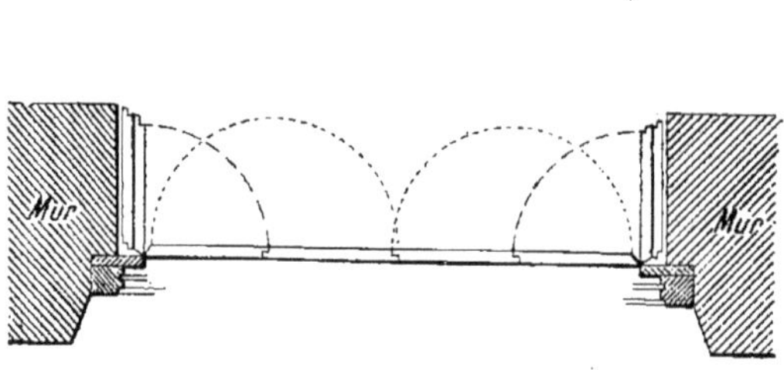


Fig. 246.

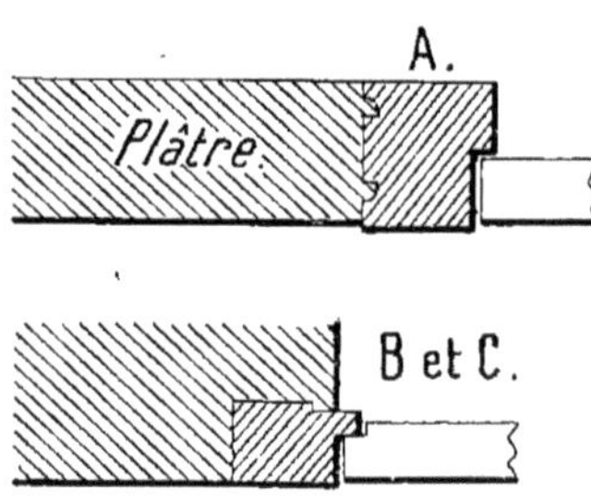


Fig. 247.

3 traits; champ dans le madrier ou quatre feuillets. Feuillet 0,013, lorsqu'il y a 4 traits ou 5 feuillets; feuillet 0,01 lorsqu'il y a 5 traits ou 6 feuillets. — Ces épaisseurs sont approximatives, le bois étant brut, mais lorsqu'il est travaillé, il faut compter un millimètre par parement d'épaisseur en moins, ainsi : le 3 traits en 0,018 qui sert ordinairement pour les panneaux ne peut avoir que 0,015 à 0,016 d'épaisseur lorsqu'il est travaillé des deux parements. C'est le sujet de bien des contestations, beaucoup de personnes croient que ces épaisseurs de 0,018 millimètres ou 0,013 millimètres peuvent exister, le bois étant travaillé, mais c'est impossible.

Il en est de même dans le chêne, les épaisseurs demandées sont le bois étant brut, et il faut toujours accorder un millimètre en moins par parement travaillé.

Il y a aussi des épaisseurs de feuillet plus minces, mais qui s'emploient peu en menuiserie.

**Feuillure.** Élégi fait dans des poteaux d'huisserie ou de bâtis quelconques devant recevoir des portes, châssis ou autres menuiseries (*fig.* 247).

Pour les portes, elles doivent avoir 0,013 millimètres de profondeur sur

0,025 m. ou 0,034 de large suivant l'épaisseur des portes ou des châssis que ces bâtis doivent recevoir (*fig.* A).

La joue qui doit rester au bâtis (*fig.* B) ne doit pas être moindre de 0,013 pour la solidité de cette joue; on fait alors dans le bâtis de la porte ou du châssis une contrefeuillure (*fig* C).

Enfin, on l'appelle feuillure lorsqu'elle a au moins 0,008 millimètres de profondeur, lorsqu'elle est moindre, on l'appelle élégi, et la feuillure est toujours faite sur la rive d'un poteau ou d'un montant et se développe en deux sens, c'est-à-dire qu'une feuillure de 0,035 de large sur 0,013 de profondeur est considérée comme une feuillure de 0,05 et ainsi de suite.

**Fiche.** On se sert aujourd'hui, pour ferrer les portes et les croisées, de fiches permettant de dégonder facilement ces portes ou ces croisées pour les réparations.

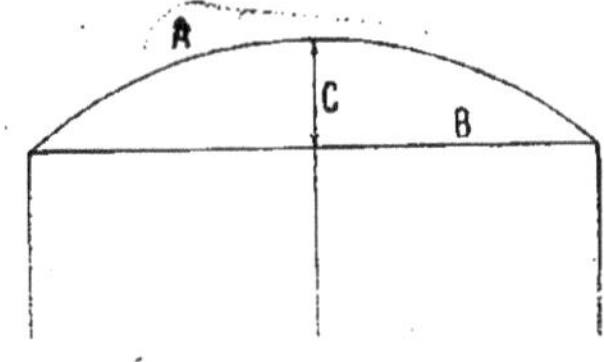


Fig. 248.

Les plus communément employées sont les fiches chanteau faites en fer feuillard, reployé et entourant un fer rond et rivé.

Les autres fiches faites à la demande sont plus épaisses et plus solides que les précédentes.

Les fiches à broches posées avec mortaises dans les châssis et dans les dormants ne s'emploient plus.

**Fil.** Pour faire couper un racloir après l'avoir affûté on lui donne ce qu'on appelle le fil, c'est-à-dire qu'avec un affiloir en acier, on retourne légèrement l'angle coupant de ce racloir.

Le fil du bois est représenté par la direction des fibres de ce bois, et avant d'établir les bois on doit toujours se rendre compte de la disposition de ces fibres ou du fil du bois pour pousser les moulures ou autres menuiseries ; sans cette précaution, on serait exposé à avoir ces moulures en contre-profil et l'outil, en les poussant, fait des éclats, broute ou engorge, on peut éviter cette difficulté; en apportant beaucoup d'attention au fil du bois en établissant.

**Filet.** Petite moulure plate et étroite servant à séparer d'autres moulures, on l'appelle aussi carré, ou petit élégi.

Dans les mains-courantes, on appelle filets, les bois très minces de deux millimètres carrés au plus et de différentes couleurs incrustés dans ces mains-courantes.

**Filière.** Outil servant à faire les vis de

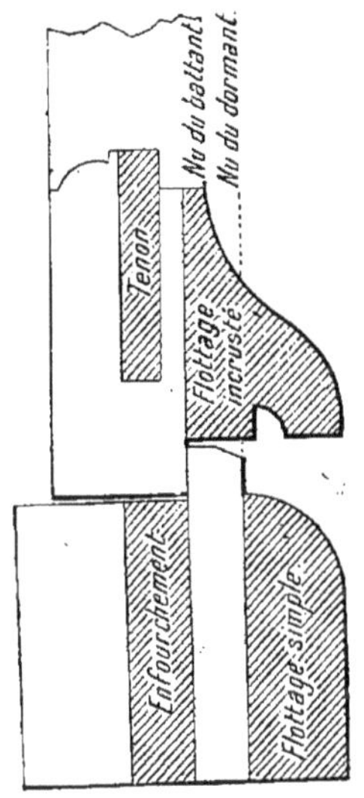


Fig. 249.

presses, de serre-joints etc., après les avoir tournées à la grosseur demandée.

L'outil servant à faire le contraire de la vis dans la tête du serre-joint ou de la presse s'appelle *taraud*.

**Finir.** Finir un travail quelconque, c'est le terminer complètement. Exemple : après avoir replani une porte, la finir, c'est ragréer les moulures et la passer au papier de verre.

**Flâche.** Lorsque les planches sont prises à la surface d'un arbre abattu et qu'elles ont un défaut d'équarrissage, ce défaut s'appelle flâche, il est presque toujours suivi d'aubier et le bois est déprécié.

Aussi lorsqu'une planche est flâcheuse faut-il lui donner un coup de rabot à dégrossir de ce côté pour se rendre compte de ce qu'il y a à faire tomber.

**Flâcheux** Pièce de bois ayant du flâche, on dit un madrier flâcheux, une planche flâcheuse.

**Flèche.** Dans un cercle coupé par une corde, la flèche est la ligne verticale élevée au milieu de cette corde jusqu'à sa rencontre avec le cercle (*fig.* 248).

A, Portion de cercle; B, Corde; C, Flèche.

Pour trouver le rayon de cette portion de cercle par le calcul (Voyez Axe).

**Flipot.** Dans les grandes gerces ou dans les joints ouverts des panneaux ou des frises de parquet on ajoute, pour les boucher, de petites tringles de bois enduites de colle qu'on affleure, ces tringles s'appellent des *flipots*.

**Flottage.** On appelle flottage, la partie d'un assemblage qui vient en recouvrir un autre, ainsi dans un jet d'eau de croisée (*fig.* 249), après avoir dérasé, on fait le flottage du battant et du jet d'eau pour que l'eau ne pénètre pas dans l'assemblage, on l'appelle *flottage inscrusté ;* dans la pièce d'appui où il n'y a pas de dérasement dans le dormant, on l'appelle *flottage simple* (Voyez *assemblage*).

**Flotté.** On appelle porte flottée, une porte qui d'une face représente une porte à deux vantaux et de l'autre n'a qu'un seul vantail. La porte est alors dite *flottée en largeur* (Voyez *fausse-porte*).

Lorsque la hauteur des deux faces diffère, on dit alors qu'elle est *flottée en hauteur*.

On appelle bois flotté celui qui, après avoir été débité en planches ou en plateaux, est déposé pendant un certain temps dans l'eau et vient, sous forme de train de bois par les rivières, ou par les canaux.

Arrivé à destination, on le retire de l'eau et on l'empile pour le faire sécher

Ces bois sont plus durs et d'un plus long service, surtout pour la menuiserie extérieure.

**Forfait.** Faire un travail à forfait, c'est, après en avoir fait le devis détaillé, exécuter ce travail moyennant une somme nette arrêtée par l'architecte; le client, ayant dit d'avance ce qu'il désire dépenser. On évite ainsi de faire un mémoire et de le faire vérifier.

Cette manière d'opérer est plus commode quand elle est possible et les deux tiers au moins des travaux de bâtiment se traitent de cette façon.

**Fourrure.** Pièce de bois plus ou moins épaisse, posée entre les lambris et le

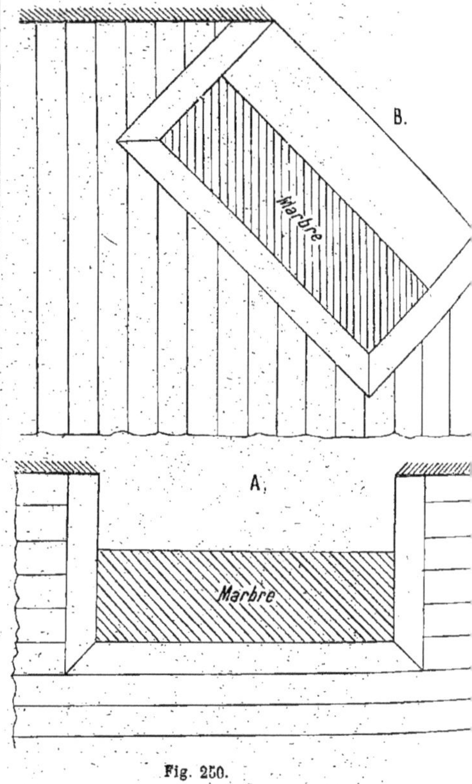


Fig. 250.

mur pour l'isoler. Tringles rapportées sur les solives pour les dresser et recevoir le parquet lorsque la place n'est pas suffisante pour y mettre des lambourdes, enfin les fourrures servent toujours à former épaisseur et ne sont presque jamais apparentes.

**Foyer.** Pour encadrer le marbre de cheminée et recevoir le parquet, on appelle foyer, un bâtis fait en frises de parquet, composé d'une traverse et de deux montants, assemblés d'onglet. La languette des frises est en dehors pour pouvoir l'assembler et maintenir le parquet en bout (*fig.* 250).

Lorsque la cheminée est posée dans un angle de la pièce on l'appelle *foyer en pan coupé*, en B figure 250.

**Frêne.** Bois français de couleur gris blanc à veines foncées, s'emploie le plus souvent dans le charronnage, et peu en menuiserie, dans certaines contrées, on en fait des limons et des marches d'escalier.

**Frise.** On appelle frises, des planches étroites servant à faire le parquet, elles ont ordinairement, celles en chêne, de 0,07 à 0,11 et celles en sapin de 0,10 à 0,14. Lorsqu'elles ont moins de 0,085 de large et au-dessous, on les appelle alors

Fig. 251.

*bois étroit* et à partir de 0,085 et au-dessus, *bois large*.

On appelle tirer une frise à queue lorsqu'elle est faite plus large d'un bout que de l'autre.

Les frises à baguettes sont celles sur l'arasement de la languette desquelles on a poussé une baguette, il ne faut jamais la pousser sur la rainure (*fig.* 251).

On appelle panneaux par frises, lorsque les parties de planches le composant n'ont que 0,10 à 0,12 de large, il se retire moins.

Une frise de porte est ordinairement le petit panneau placé au-dessous de la hauteur d'appui entre les deux panneaux et qui a environ de 0,16 à 0,23 de large.

En terme d'architecture, c'est la partie unie placée horizontalement entre la corniche et l'astragale d'un entablement.

**Fronton.** Nom donné au couronnement mouluré d'un meuble ; il y en a de différentes espèces (*fig* 252) :

Le fronton triangulaire composé d'une corniche s'élevant des deux extrémité de la partie saillante d'un avant-corps et se rejoignant au milieu, en A figure 252.

Le fronton brisé au milieu se compose

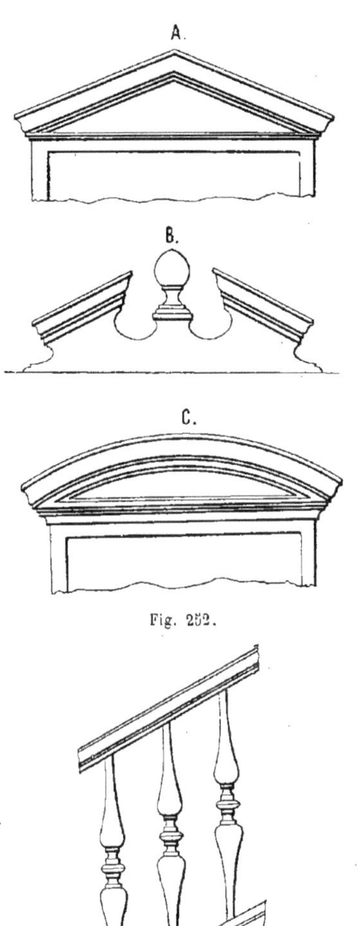


Fig. 252.

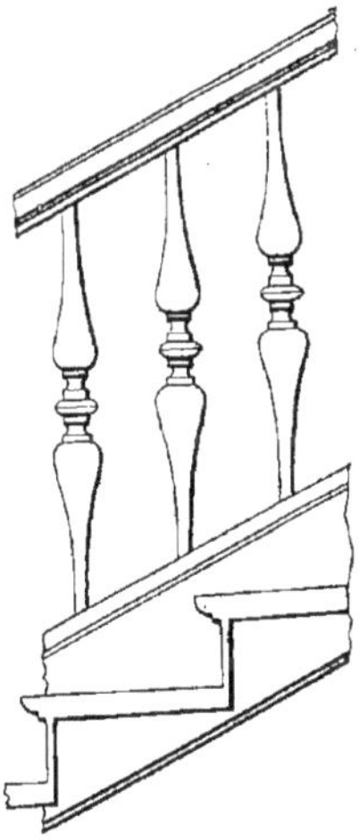

Fig. 253.

de deux corniches contreprofilées de chaque bout laissant au milieu la place d'un socle pour recevoir un motif quelconque en B figure 252.

Les contreprofils de ces corniches doivent être réduits dans la partie basse et augmentés dans la partie haute pour tomber d'aplomb.

Enfin le fronton circulaire en C figure 252 se compose d'une corniche circulaire ressautant sur une partie d'avant-corps.

Tous les contreprofils de fronton doivent tomber d'aplomb, il est nécessaire de faire une réduction de profil, car le profil de la face de la moulure n'est pas le même que celui du contreprofil; nous détaillerons cette opération aux réductions et augmentations de profil.

**Fuir.** Si le fer d'un outil n'est pas bien placé, c'est-à-dire s'il ne saillit pas régulièrement de cet outil, il est obligé de *fuir* sur le côté ; il est indispensable, pour faire un bon travail, que l'outil soit toujours bien en fût pour ne pas fuir.

**Fuseau.** On appelle fuseau, dans une rampe d'escalier, de petits bâtons tournés plus petits à leurs deux extrémités qu'au milieu et ayant généralement le même profil des deux côtés (*fig.* 253).

**Fût.** Mettre un outil en *fût*, c'est ajuster le fer et l'affûter suivant le profil droit ou mouluré de cet outil, le fer doit toujours avoir une saillie régulière sur l'outil, sans cette précaution l'outil fuit et on fait un mauvais travail.

Dans une colonne ou dans un pilastre le fût est la partie longue comprise entre la base du chapiteau et la partie haute moulurée du socle.

**Garrot.** Pour tendre à volonté la lame d'une scie, on se sert d'un morceau de bois rectangulaire, nommé garrot, de 0,01 à 0,025 de large, suivant la grandeur de la scie, qu'on passe dans la corde de cette scie. En faisant tourner cette corde sur elle-même avec le garrot, on tend la lame et on assujettit le garrot dans une mortaise percée dans le *sommier* de la scie. Il arrive que, pour aller plus vite, on assujettit le garrot sur le côté du sommier, mais il faut alors avoir bien pris l'habitude de tourner la corde de gauche à droite et d'assujettir le garrot à gauche du sommier ; dans le cas contraire, le sommier pouvant frotter à droite sur le bois, le garrot peut partir d'un seul coup et blesser l'ouvrier qui se sert de la scie. Il est dans tous les cas toujours préférable de l'assujettir en le faisant bien rentrer dans la mortaise.

Le garrot doit être fait en bon bois de fil et sans nœuds; le charme est préféré à cause de son élasticité (voir *fig.* 20 D).

**Gauche.** Se dit d'une chose qui est de travers, ou pas droite.

Exemple : une porte ou une croisée est gauche lorsque toute sa surface n'est pas sur le même plan; un bâtis est gauche si les deux montants n'ont pas le même aplomb, ce qui ne devrait jamais arriver, car la porte étant droite ne fermera jamais bien étant placée dans ce bâtis ou dans une huisserie.

Un battant est gauche si un bout de ce battant n'est pas exactement parallèle à l'autre bout; de même pour sa longueur il faut alors le *dégauchir* (voir ce mot).

Lorsqu'un ouvrier cheville un travail quelconque, il doit toujours dégauchir le dessus des tréteaux sur lesquels il doit poser son ouvrage, avant de le serrer avec des serre-joints et, une fois serré, s'assurer que la porte ou la croisée posent bien sur ces tréteaux car, si un travail est chevillé gauche, il est presque impossible de le faire revenir, c'est-à-dire de le dégauchir ; si ce travail est collé, c'est tout à fait impossible ; il faut donc y apporter beaucoup d'attention.

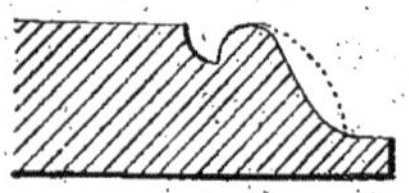

Fig. 254.

**Gauchissement.** C'est gauchir une porte ou un châssis qui ont été mal chevillés en les gauchissant avec des presses dans le sens contraire du gauchissement primitif et en les laissant sous presse pendant un certain temps. Ces ouvrages reviennent quelquefois droits, mais c'est rare ; il faut éviter d'avoir recours à ce procédé et s'appliquer à faire le travail droit.

**Gayac.** Bois d'Amérique excessivement dur, dont les fibres sont entrelacées ; ton verdâtre foncé ; l'entrelacement des fibres de ce bois l'empêche de se fendre et sa dureté le rend propre à faire des roulettes qu'on appelle *galets* en menuiserie et qui se posent sous les boites à charbon ou sous les pieds de lit.

Le galet en gayac est préférable au galet en fonte, qui, en roulant, détériore le carrelage ou le parquet beaucoup plus facilement que le gayac.

**Gélivure.** Nommée plus communément *givelure*, gerces ou fentes dans les bois qui ont été détériorés par la gelée, et qu'on appelle alors bois roulés.

La gerce est une simple fente dans une planche ; la givelure, qui est plus grave, coupe en diagonale, certaines parties de son épaisseur.

**Géométral.** On dit l'élévation géométrale d'un travail quelconque. C'est le dessin exact, grandeur d'exécution, ou à une échelle réduite, de toutes les parties d'un ensemble sans le secours de la perspective.

On dit aussi : l'élévation géométrale d'un meuble, d'une porte cochère. C'est ordinairement le dessin à l'échelle de la face de ce meuble ou de cette porte.

**Géométrie.** C'est la science du dessin permettant de représenter par des lignes droites ou courbes, la longueur, la surface ou le volume d'un corps ; la ligne a une dimension, sa longueur ; la surface a deux dimensions, la longueur et la largeur ; enfin le volume a trois dimensions, la longueur, la largeur et l'épaisseur.

**Géométrie descriptive.** En entrant en apprentissage, il est indispensable pour faire un bon menuisier d'apprendre le dessin, en commençant par le dessin linéaire et en continuant par quelques notions de géométrie descriptive.

On fera ensuite des modèles en carton, très faciles à comprendre et très simples, des réductions de profils, l'étude de la pénétration des corps, etc.

Ces études préliminaires découragent souvent beaucoup d'élèves, parce qu'ils se figurent que ces études n'ont aucun rapport avec la menuiserie ; mais c'est là une erreur sur laquelle ils reviendront bien vite.

Une bonne étude pour un apprenti consiste à étudier la pénétration de deux morceaux de bois carrés l'un dans l'autre en les plaçant diagonalement. Après en avoir fait la figure, il ne comprendra peut-être pas bien, mais quand il aura corroyé les deux morceaux aux dimensions du plan qu'il vient de faire, et qu'il les fera pénétrer l'un dans l'autre par une mortaise oblique donnée au plan, il remarquera que la figure qu'il a obtenue au plan est bien exacte et ressemble en tous points au modèle.

Après ce premier exercice, il continuera par la pénétration d'un morceau assemblé à queues des quatre faces dont on fera le modèle en bois de deux couleurs différentes si on ne réussit pas bien le premier, en refaire un autre, jusqu'à ce que ce soit parfait ; et qu'il se démanche facilement, tout en joignant très bien.

Puis la pénétration droite d'un carré dans un cône plus ou moins tronqué, c'est-à-dire coupé dans sa hauteur avec le modèle en bois.

Ensuite la pénétration d'un cylindre dans un cône en dessin et toujours le modèle en bois.

Lorsqu'il connaitra à fond ces divers tracés, il en saura assez pour bien pouvoir étudier un plan d'escalier, l'étude d'un arêtier, etc., et toujours en exécutant les modèles en bois avant de passer à un autre genre d'ouvrage.

La menuiserie qui est la branche du bâtiment la moins favorisée en écoles de dessin à Paris, va, il faut l'espérer, voir combler cette lacune.

**Gerce.** Planche ou pièce de bois fendue dans les bouts par la sécheresse ; les gerces se produisent dans le sens des mailles ; petits fibres rayonnantes allant du cœur de l'arbre à la circonférence.

La gerce diffère de la givelure qui est une fente dans le bois, mais ne partant pas du centre.

**Giron.** Dans le tracé d'un escalier, après avoir déterminé la largeur de l'escalier par les limons, les crémaillères ou les murs, on fait une ligne d'emprunt vers le milieu qu'on appelle ligne de giron ; c'est l'endroit où l'on marche et où les marches doivent toujours être de la même largeur.

Voyez (*Escalier*, *fig.* 239).

**Gorge.** Moulure creuse plus ou moins large poussée entre deux carrés; si un des carrés n'existait pas, cette moulure serait une doucine, un talon, ou un congé.

**Gorget.** Petite gorge poussée avant une autre moulure pour la dégager; ainsi pour pousser une doucine ou un boudin, bien dégager derrière comme dans la figure 254, on poussera d'abord le gorget qui viendra se raccorder avec l'autre moulure.

**Gothique.** Menuiserie gothique ou de style gothique, se distingue par les ogives et les frontons, il y en a de trois époques.

Dans le gothique XIIIe siècle, le fronton

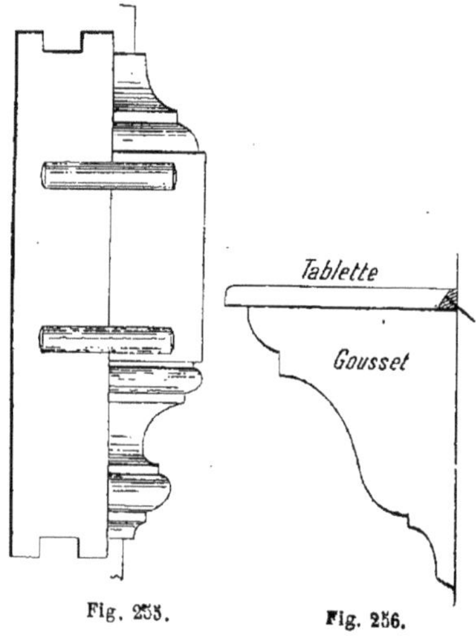


Fig. 255. Fig. 256.

est mouluré et coupé à peu près d'équerre.

Dans le XIVe siècle, le fronton est aigu et sa partie supérieure décorée de sculptures qu'on appelle crochets.

Dans le XVe, le fronton est circulaire et forme l'arc Tudor, et sa partie supérieure aussi décorée de crochets qu'on appelle ordinairement des feuilles de chou.

Ce style est le plus riche et celui qui convient le mieux; il se fait le plus souvent pour la menuiserie d'église.

**Gouje.** Ciseau creux emmanché ayant différentes largeurs et s'affûtant des deux côtés, suivant le besoin. — Les gouges plates sont celles dont le creux est peu prononcé; ces outils ne servent qu'à des menus ouvrages et à ragréer les moulures

**Goujon.** Petit tenon à 3 ou 4 arasements, laissé en bout d'un poteau pour le maintenir à sa place dans un trou percé dans un seuil ou dans un dé en pierre.

A chaque bout d'une lame de persienne, en les arasant, on réserve un goujon qui assemble la lame avec le battant dans un trou percé au fond de l'entaille.

Pour assujettir à plat joint de grosses

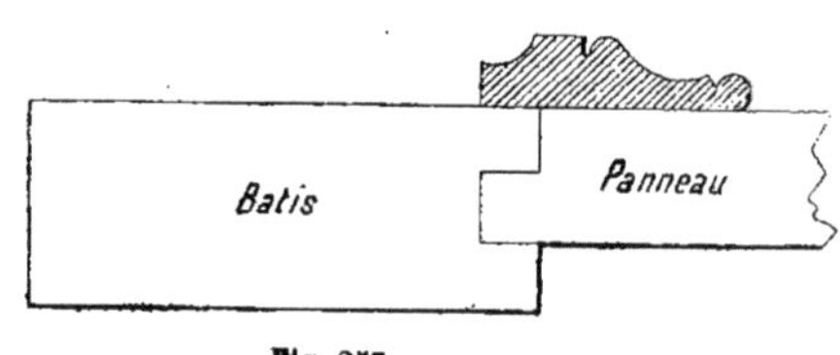


Fig. 257.

moulures, cimaises ou autres profils, sur une porte cochère (*fig.* 255) et collées à plat joint, on devra percer des trous de 0,02 à 0,025 de profondeur dans les bâtis et derrière la moulure bien en face les uns des autres, on collera de petites chevilles rondes en bois de 0,04 de long qu'on appelle *goujons;* on fera ainsi un travail solide, et on n'aura pas besoin de clouer.

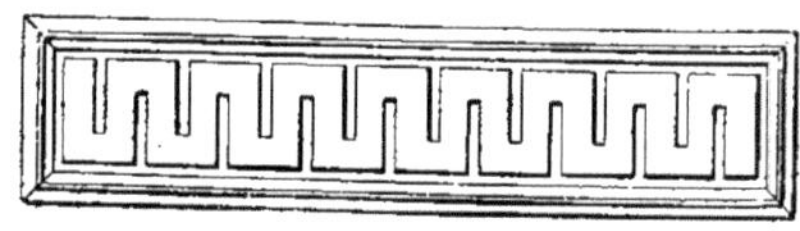

Fig. 258.

**Gousset.** Pour supporter les tablettes ou autres menuiseries dans les endroits portant dans le vide, on y met des goussets plus ou moins chantournés, cloués dans le mur. Il est bon de laisser, dans le haut du gousset, une patte pour pouvoir l'assujettir du haut (*fig.* 256).

**Grand cadre.** Moulure embrevée entre les bâtis d'une porte et les panneaux et en saillie de ce bâtis; il peut être à un ou à deux parements, embrevé ou élegi dans la masse, si la moulure ne saillit pas du bâtis, elle sera à petit cadre.

Sur les portes arasées où à glace, on rapporte aussi des moulures qu'on appelle *grands cadres rapportés* (*fig.* 257), mais pour la solidité il faut que le panneau soit épais au moins de 0,018 pour le clouage.

**Grecque.** Ornement composé de petits élégis se retournant sur eux-mêmes à angles droits; il s'emploie presque toujours dans les frises.

Les grecques simples se composent d'élégis à travers bois, arrêtées alternativement comme dans la figure 258, cette décoration est simple et très facile à faire.

**Gueule de loup.** — Fermeture du milieu d'une croisée à deux vantaux, se composant d'une gorge demi-circulaire dans laquelle vient s'adapter le battant mouton arrondi.

Voyez *Croisée*.

**Guichet.** Dans une porte cochère, on appelle *guichet*, la partie ouvrante sous la traverse d'imposte et qui est ordinairement placée à droite; l'autre partie dormante embrevée dans les gros bâtis s'appelle *faux-guichet*.

On appelle de même une petite ouverture réservée dans une porte ou dans une cloison vitrée, fermée par une petite porte ou par un châssis ouvrant à coulisses verticalement ou horizontalement.

**Guillaume.** Outil servant à nettoyer les feuillures et dont le fer, qui est élégi de chaque coté, a le tranchant de la même largeur que l'outil; il y en a de différentes largeurs.

Le guillaume de fil sert pour dégrossir, le fer étant plus en pente et les copeaux plus gros.

Le guillaume debout sert pour finir et enlever les éclats laissés par le guillaume de fil.

Le guillaume de coté, ainsi que l'indique son nom, mord sur le coté dans les rainures ou dans les élégis que le guillaume debout ne peut pas nettoyer.

Le guillaume à plates-bandes ou outil à plates-bandes a une joue sur le coté et dégorge par dessous comme un rabot à élégir et le guillaume à plates-bandes de travers est semblable, mais le fer est placé en pente de façon à faire couper l'angle de droite pour ne pas faire d'éclats.

**Guimbarde.** Outil composé d'un morceau de charme ou de cormier de 0,30 à 0, 40 de long sur 0,06 à 0,07 de large et 0,034 d'épaisseur et percé d'une mortaise en pente au milieu, dans laquelle se met le fer et le coin; il sert pour nettoyer les élégis arrêtés dans les surfaces planes et leur donner une égale profondeur; il diffère des autres outils parce qu'il faut lui donner du fer à mesure que l'élégi se nettoie; si on lui donnait toute la profondeur, le fer brouterait; il ne fait du reste que peu de copeaux.

Il sert aussi pour les crossettes circulaires creuses des angles des plates-bandes de panneaux avec un point de centre fixé dans l'angle extérieur du panneau : le fer de la guimbarde fait régulièrement ces crossettes mieux et plus vite qu'à la gouje.

**Guimbarder.** Se dit lorsqu'il faut se servir de la guimbarde pour finir des élégis ou des crossettes.

**Hache.** Outil servant aux menuisiers pour fendre le bois à chevilles, ou à bûcher les pièces de bois où il y a beaucoup à enlever, mais le sciage est préférable, car la hache fait des éclats ; cet outil s'emploie peu, du reste, maintenant dans la menuiserie.

**Hachette.** Petite hache, mais dont la tête arrière forme marteau.

**Hélice.** On appelle hélice une ligne oblique tournant autour d'un cône ou d'un cylindre, rappelant la forme d'une vis et ayant plus ou moins de pente.

**Heptagone.** Figure géométrique, polygonale, ayant sept angles et sept côtés.

**Hêtre.** Bois français très commun, de couleur jaunâtre, plein et dur, s'employant peu dans la menuiserie parce qu'il est cassant et se tourmente beaucoup, mais il est utilisé pour les meubles communs et sert surtout pour confectionner les buffets de cuisine.

Les établis se font généralement en hêtre, surtout les dessus, car le hêtre poussant très gros, on peut obtenir de forts plateaux ; il est bon marché pour sa densité.

**Hexaèdre.** C'est un cube, en terme de géométrie, dont la surface, étant développée, représente six carrés égaux.

Voyez : *Développement* (*fig.* 206).

**Hexagone.** Figure géométrique polygonale ayant six côtés et six angles réguliers.

**Horizontale.** Ligne de niveau qui est parallèle à l'horizon et contraire à la ligne verticale.

Se dit de tous travaux posés en travers et de niveau ; les traverses sont, en général, posées horizontalement

**Horizontalement.** Tous travaux posés de niveau d'une façon horizontale, ainsi qu'il est dit ci-dessus.

**Hors-œuvre.** Une mesure prise du dehors au dehors est prise hors-œuvre ; lorsqu'elle est prise en dedans, elle est prise dans-œuvre ; ainsi, dans une croisée, la mesure du dehors des dormants est hors-œuvre, c'est-à-dire du fond de feuillure dans les murs, mais il faut toujours la prendre dans les tableaux à l'intérieur des murs de la baie, pour que le champ de 0,01 de saillie des dormants qu'on appelle cochonnet (*fig.* 259) soit toujours régulier du dehors.

**Huisserie.** Gros bâtis de porte ou de croisée dont la longueur des montants est la même que la hauteur de l'étage ; il se compose de deux montants et d'une traverse dont la plus petite dimension est de 0,08 d'épaisseur ; au-dessous de cette épaisseur, on l'appelle bâtis de 0,054, 0,041 ou 0,034 d'épaisseur.

Dans les murs peu épais, de 0,08 par exemple, en carreaux de plâtre ou en briques de champ, on se sert d'huisseries ; dans le premier cas, elles sont à double nervure ordinaire (*fig.* 260, A) et, dans le second, elles sont nervées pour briques (B). Pour que les briques entrant dans cette nervure puissent maintenir la clioson, on met un clou à bateau à chaque rang ; c'est le maçon qui les place en montant.

Lorsqu'un poteau d'huisserie se trouve à une distance d'au plus 0,20 du mur, c'est le menuisier qui doit mettre les clous à bateau ; on dit alors que ces poteaux sont adossés et le peu de distance ne permettrait pas au maçon de poser, c'est-à-dire, en terme de métier, de larder l'huisserie de clous à bateau.

Dans les cloisons de 0m,15, les huisseries s'emploient pour les briques posées à plat, comme en C, ayant 0m,11 de large ; et 0m,02 de plâtre de chaque côté font l'épaisseur de cette cloison, et les poteaux ont 0m,08.

Lorsque les épaisseurs des cloisons sont supérieures à 0m,15, ce sont des murs de 0m,25 d'épaisseur appelés murs de refend qui se construisent avec une brique de 0m,22 de long sur 0m,11 de large, ou deux briques en largeur ; les ouvertures pour les portes de ces murs se composent alors d'un bâtis de 0m,034 à 0m,054 d'épaisseur avec feuillure et d'un contrebâtis pour avoir des arêtes en bois ; on peut éviter le contre-bâtis dans la construction ordinaire en posant le chambranle à fleur de l'arête vive du plâtre.

Les huisseries sans feuillures s'appellent huisseries de passage, mais ce cas est rare, elles se font généralement avec des feuillures de 0m,013 de profondeur sur 0m,035 de large, les bâtis des portes ayant 0m,034 ; ce millimètre de différence est pour l'épaisseur de la peinture et pour que la porte ne bride pas en feuillure, c'est-à-dire ne serre pas du côté des ferrures.

Dans les cloisons en briques de 0m,15, lorsque les montants ne montent pas jusqu'au plafond, on les assemble dans les traverses qui sont alors assemblées à chapeau, comme en D.

**Hypothénuse.** On donne quelquefois ce nom à un pan coupé.

Pour tracer l'hypothénuse de ce pan coupé lorsqu'il est régulier, pour une cloison, par exemple, il faut multiplier la longueur de l'hypothénuse par 7/10 ; c'est-à-dire que pour tracer un pan coupé de 100, il faut porter 0m,70 sur chaque côté de l'angle droit et on obtiendra 1 mètre de longueur de pan coupé ou d'hypothénuse (*fig.* 261) pour un pan coupé de 1m,40 on aura 0m,98 à porter de chaque côté ; il est bien entendu que c'est toujours pour une cloison se retournant à angle droit.

**If.** Bois français peu employé en menuiserie, de couleur jaune et rouge, se travaille assez bien ; il est bien *veiné* et souvent ondulé.

**Imposte.** C'est la partie haute et vitrée d'une porte ou d'une croisée ; la traverse qui les sépare s'appelle traverse d'imposte, elle est unie, affleurant les dormants ou moulurée plus ou moins richement; cette moulure flotte sur les dormants et est en saillie.

Dans les croisées cintrées en archivolte, la naissance du cintre est au dessus de cette traverse d'imposte.

Les impostes sont ouvrantes lorsqu'elles sont ferrées; lorsqu'elles sont fixées dans les huisseries ou dans les bâtis, on les appelle impostes dormantes.

**Intersection.** Lorsque deux lignes droites ou courbes se traversent ou se croisent, l'endroit où ces lignes se rencontrent s'appelle intersection.

**Intrados.** C'est la surface creuse d'une voûte; ce nom lui est donné à partir de la naissance du cintre.

**Ionique.** Le chapiteau d'ordre ionique se distingue par une volute de chaque côté en forme d'escargot et par des oves sculptées sur la partie moulurée formant

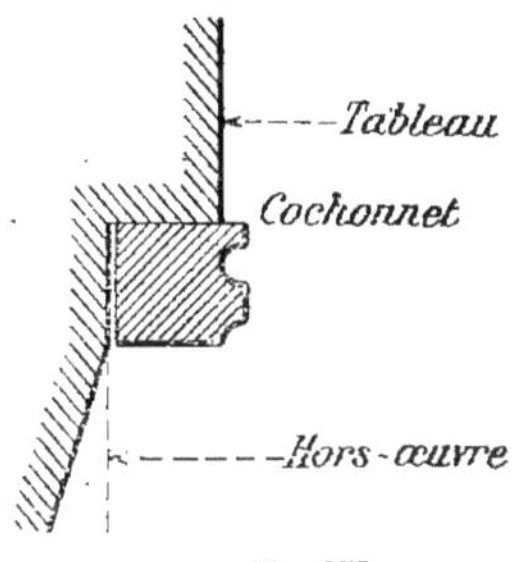


Fig. 259.

boudin entre ces deux volutes; c'est le troisième ordre d'architecture (*fig.* 262).

**Jalousie.** Espèce de persienne mobile composée de lames en chêne, ou plus ordinairement en sapin, de 0,08 à 0,10 de large posées sur des chaînettes en fer ou maintenues par des rubans. Elles sont percées d'un trou à environ 0m,15 de chaque bout, pour donner passage à une corde qui, tournant sur les poulies de la traverse dormante, permet de monter ou de descendre ces lames à volonté; au-dessous de la traverse dormante se trouve la lame mouvante plus épaisse que les autres sur laquelle passent deux cordes qui permettent d'obliquer les lames comme on le désire; c'est cette lame qui porte la jalousie.

**Jarret.** On dit qu'une courbe jarrette lorsque les arêtes ne sont pas droites et ont des irrégularités ou des bosses; il en

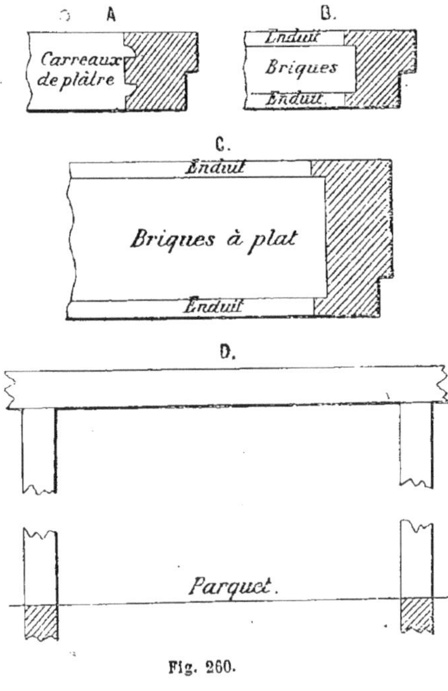


Fig. 260.

est de même pour les parties droites, elles jarrettent s'il y a le moindre coude.

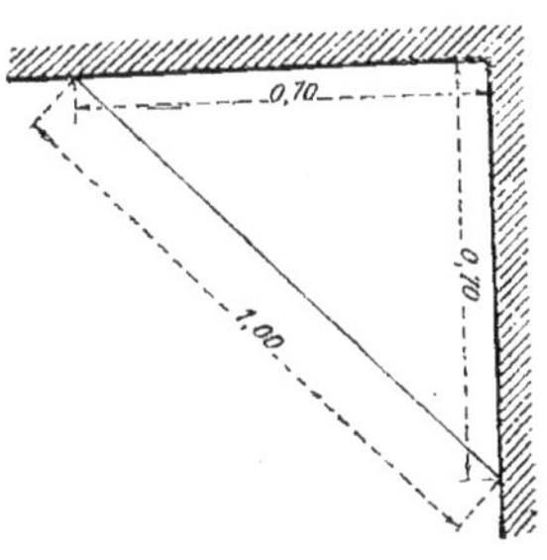


Fig. 261.

Dans une moulure, si la courbe n'est pas bien régulière, on dit qu'elle fait un jarret qu'il faut faire disparaître.

**Jarreter.** C'est laisser des jarrets dans les pièces de bois droites ou courbes, comme il est dit ci-dessus.

**Jauge.** Outil sur lequel les centi-

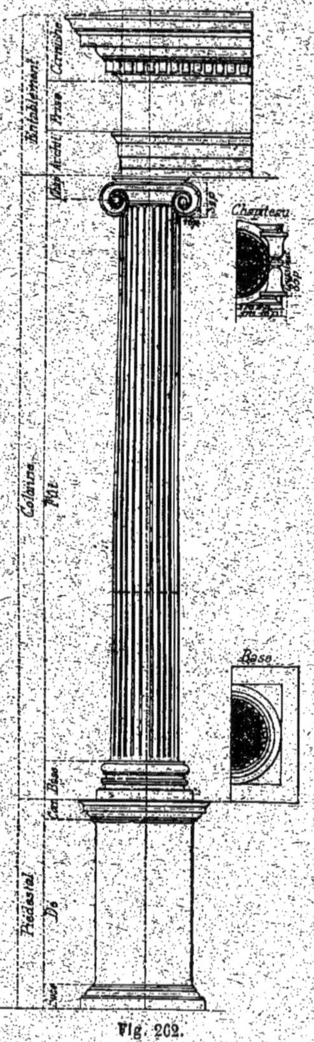


Fig. 262.

mètres sont marqués et qui a ordinairement 0,35 de long sur 0,035 de large; les millimètres jusqu'à 0,10 y sont également portés.

Il est ordinairement en bois d'aune ou en buis, il est ferré de chaque bout.

Il est très commode, sert pour tracer des lignes parallèles sur la rive du feuillet

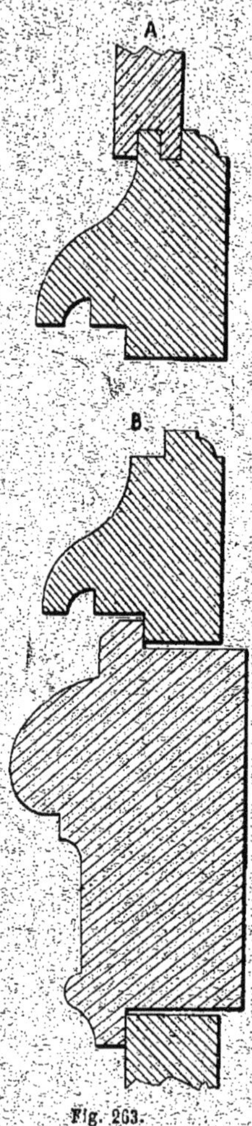


Fig. 263.

sur lequel on fait un plan; pour le débit des bois et pour prendre de petites mesures.

**Jet d'eau.** Au bas des croisées, châssis ou portes et pour rejeter l'eau dehors, on met des traverses saillantes moulurées en forme de doucine, qui sont assemblées dans les battants et flottent par dessus (*fig*. 263).

Les jets d'eau de croisée développent généralement au-dessus d'une pièce d'appui, ils sont élégis d'une feuillure au-dessous dans laquelle on pousse un larmier, servant à empêcher l'eau de filer dans cette feuillure et descendre dans la pièce d'appui (voir *fig*. 195, C).

Les jets d'eau de porte-croisée portent au dessus une rainure d'embrèvement pour le panneau qui est arasé ou à table saillante, mais toujours avec un larmier poussé dans la feuillure pour renvoyer l'eau (*fig*. 263, A).

Les jets d'eau d'impostes sont comme les jets d'eau de croisées, mais il est toujours nécessaire que les traverses d'impostes ou pièces d'appui soient élégies afin que la joue soit en arrière du larmier poussé sous le jet d'eau pour recevoir la goutte d'eau et la rejeter dehors. (*fig*. 263, B).

**Joint.** C'est la réunion de deux planches ou de deux feuillets. Il y en a de différentes sortes :

Le joint à rainure et languettes (*fig*. 264, A) ; il faut en établissant les planches, chercher le fil du bois pour faire ce joint propre, une languette poussée en contrefil a des éclats sur les arasements et ne joint pas bien ; la rainure doit avoir au plus le tiers de l'épaisseur des bois à joindre.

Le joint à fausse languette (*fig*. 264, B) dans les bois d'épaisseur au-dessus de 0,034 ; il est nécessaire d'y assembler des clés pour maintenir ce joint si les parties de menuiserie doivent fatiguer.

Le joint à languette bâtarde pour retour de cloison ou autre menuiserie (*fig*. 264, C).

Le joint à feuillures ou à mi-bois se fait dans les parties de cloison ou meuble où l'on n'a pas de place pour se reculer et trouver la saillie nécessaire de la languette pour l'assembler (*fig*. 264, D).

Enfin, le plat joint est celui qui, comme son nom l'indique, ne comporte ni rainure ou languette, ni feuillure (*fig*. 264, E) ; il se fait dans les travaux soignés quand les bois doivent se raccorder par leurs nuances ; il est nécessaire, avant de coller, d'y passer légèrement le rabot à dents dont les petites rayures ont pour effet de faire adhérer la colle.

A partir de 0,027 d'épaisseur, il est nécessaire d'y assembler des clés suivant la longueur des bois à coller à plat joint.

**Jointif.** Se dit ordinairement des cloisons en bois brut dont les rives se touchent, ne laissant entre elles aucun vide et ne comportant pas de dressage à la varlope.

Lorsque ces vides sont grands, comme dans les barrières provisoires ou autres menuiseries, on les appelle cloisons à claire-voie.

**Joue.** Pour guider un outil sur la rive

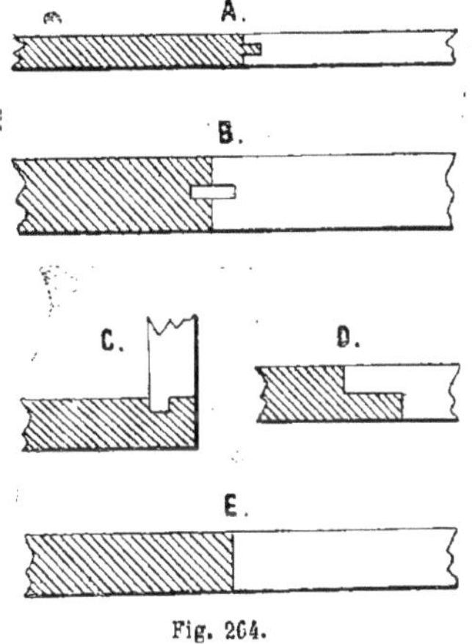

Fig. 264.

ou sur le plat d'une pièce de menuiserie quelconque, on laisse à cet outil une joue qui est généralement maintenue par la main gauche, le rôle de la main droite étant de pousser ; cette joue doit toujours être parfaitement parallèle au profil de l'outil, sans cette précaution il tendrait à fuir et ne pourrait marcher.

Nous représentons (*fig*. 265), en A, la joue d'un outil à languettes ;

En B, la joue d'un outil à rainure (cette joue doit toujours descendre de 7 à 8 millimètres, en contre-bas du fer de la rainure) ;

Enfin, en C, la joue d'un outil servant à pousser une doucine.

Il en est de même pour les autres profils.

Il y a aussi les outils à joue mobile tels que les plates-bandes, qu'on est appelé à faire de différentes largeurs avec le même outil; la joue est alors vissée sous l'outil et porte deux coulisses en cuivre afin que les vis n'abîment pas la joue en la serrant (*fig.* 265, D).

Le bois restant de chaque côté d'une mortaise s'appelle *joues de la mortaise.*

Lorsque le bois se gonfle ou se retire, on dit qu'il *joue;* c'est ce qu'il fait toujours, se gonflant à l'humidité et se rétrécissant à la sécheresse ou à la chaleur.

**Lâche.** On dit qu'un assemblage est lâche lorsque le tenon entre facilement dans la mortaise sans frapper. En menuiserie, les assemblages doivent être justes; en charpente, les assemblages doivent être lâches avec un peu de jeu, vu la difficulté de la pose; en charronnage, ils doivent rentrer à force, c'est-à-dire qu'il faut frapper à tour de bras sur les pièces pour faire entrer les tenons dans les mortaises.

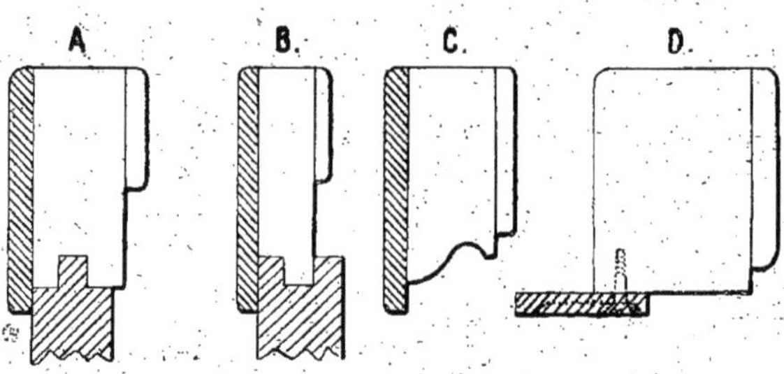

Fig. 265.

**Lambourde.** Pour maintenir et pour fixer les parquets sur le sol, on y scelle des lambourdes en chêne qui ont ordinairement $0^m,034$ d'épaisseur sur $0^m,07$ à $0^m,08$ de largeur; on en met jusqu'à $0^m,054$ et même $0^m,08$ d'épaisseur suivant les besoins.

Ces lambourdes sont armées ou lardées de clous à bateau posés en pente tous les 30 centimètres environ pour les maintenir dans le scellement en plâtre (*fig.* 266, A).

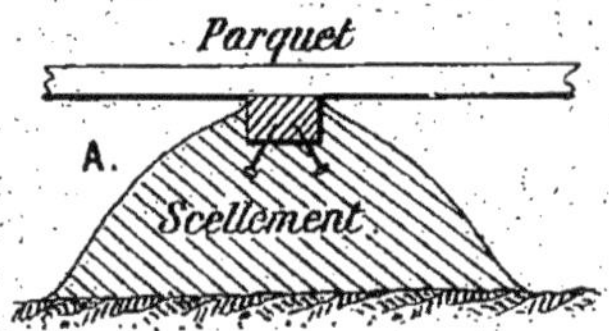

Fig. 266.

Dans les rez-de-chaussées, pour éviter l'humidité, ces lambourdes peuvent être scellées à bain de bitume, il faut alors faire une aire en gravois fin et au dessus mettre du sable de rivière; pour arriver à $0^m,05$ en contre-bas du trait de niveau, on laisse l'emplacement d'une partie de la lambourde (*fig.* 266, B) qui forme une large rainure et dans laquelle on coule le bitume qui colle pour ainsi dire la lambourde; puis, entre les lambourdes et dans la partie qu'on appelle auget, on coule une épaisseur de bitume de $0^m,01$ à $0^m,015$ d'épaisseur; cela fait un excellent travail et empêche l'humidité du sol de remonter. Ces lambourdes n'ont pas besoin de clous à bateau, le bitume seul suffit pour les fixer.

**Lambrequin.** Décoration en bois découpé qui se pose en dehors des toitures pour dissimuler les gouttières ou les chéneaux; il est préférable que ces lambrequins soient faits en bois montant (*fig.* 267) et maintenus l'un contre l'autre par une petite corniche et une astragale. La petite frise qui reste entre ces deux moulures peut être découpée; elle produit ainsi un très bon effet.

La hauteur des lambrequins doit être en rapport avec la hauteur du bâtiment qu'ils doivent décorer.

Dans les pentes de frontons, le découpage du lambrequin doit épouser les rampants de ces frontons; le tracé s'en obtient facilement par une augmentation de profil d'un côté et par une réduction de l'autre, comme l'indique la figure 268.

**Lambris.** Partie de menuiserie en bois

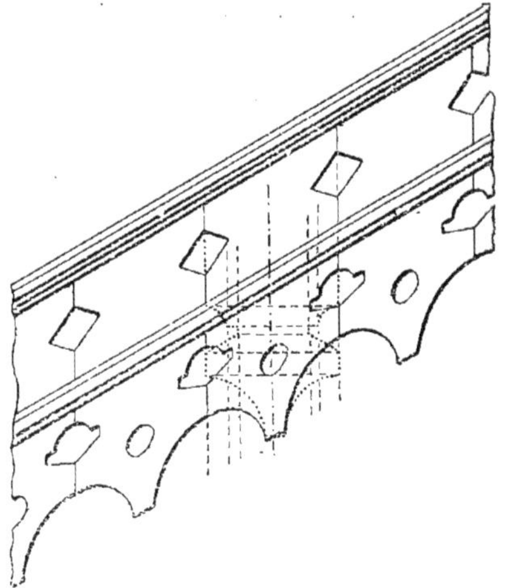

Fig. 268.

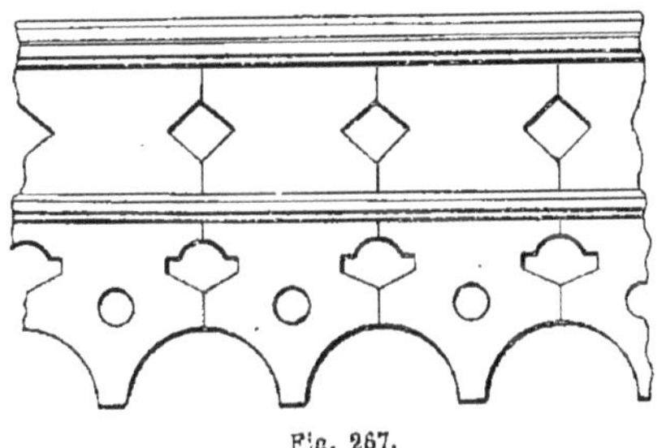

Fig. 267.

blanchi et rainé rapporté sur les murs. Il est nécessaire, lorsque ces murs sont humides, de laisser un vide formé par des fourrures d'au moins 0m,015 d'épaisseur et faire des trous d'aération pour laisser circuler l'air; il ne faut jamais clouer les lambris pleins rainés directement sur les murs.

Les lambris d'appui se font arasés, à petits cadres ou à grands cadres et ont de 1 mètre à 1m,25 de hauteur; souvent, dans les salles à manger, la hauteur des moulures du poêle en faïence guide pour la hauteur à donner à ces lambris.

Ils se composent : d'une cymaise, de panneaux avec cadres et d'une plinthe (*fig.* 269). Les panneaux ont ordinairement, dans les salles à manger avec cheminée, une largeur moyenne de 0m,25 à 0m,28.

Pour racheter la différence de hauteur dans les salles à manger avec poêle, la cymaise a 1,25 environ; la frise qui reste, entre la cymaise et l'astragale, peut être décorée par d'autres petits panneaux ou tables saillantes moulurées, au pourtour, ce qui est très décoratif (*fig.* 269, B).

Dans les salons, les lambris n'ont ordinairement que 0,65 à 0,70 de hauteur, c'est-à-dire que la cymaise doit se raccorder avec la traverse basse de la frise de la porte. Les moulures sont souvent de deux profils différents; si le lambris se compose de grands et de petits panneaux, les petits ont de 0,20 à 0,25 et les grands des dimensions variables suivant la division (*fig.* 270).

Dans les grands salons, on met souvent des *lambris de hauteur*, c'est-à-dire qui vont jusque sous la corniche; ces lambris sont plus ou moins riches suivant la décoration demandée.

Fig. 270

Lorsque les lambris sont faits par des moulures rapportées sur les murs, ils se nomment alors *faux lambris* par moulures rapportées.

**Lambrissage.** Nom donné à l'ensemble des lambris d'une pièce.

**Lambrisser.** C'est poser des lambris sur les murs, c'est aussi les revêtir de boiseries.

**Larder.** Larder de clous à bateau, c'est poser ces clous sur des lambourdes, semelles ou autres pièces de bois, afin de les bien maintenir dans des scellements en plâtre. On doit aussi larder avec ces clous dans la pose des barres, fourrures ou moulures quelconques pour les fixer au mur, c'est-à-dire enfoncer les clous en pente d'un côté et de l'autre.

**Larmier.** On donne le nom de larmier à la moulure la plus saillante d'une corniche posée à l'extérieur; elle est munie en dessous d'un refouillement destiné à empêcher l'eau de couler sur les murs, mais ce nom est plutôt donné à la moulure qui vient au dessous et se compose d'un champ élégi et d'une gorge assez

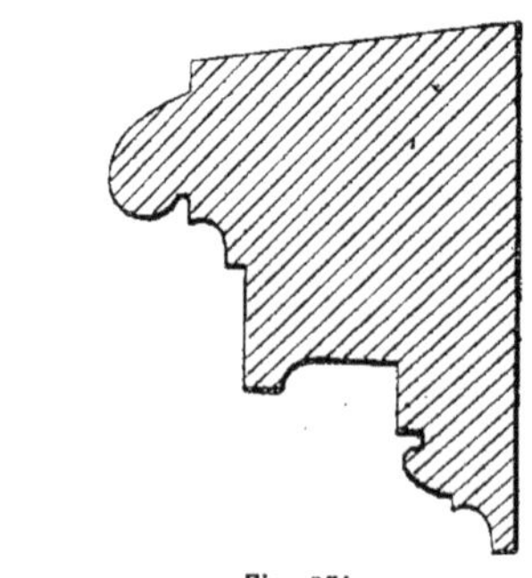

Fig. 271.

large (*fig.* 271) qui laisse une assez grande distance pour que l'eau du larmier supérieur vienne tomber goutte à goutte sur le sol, l'eau ne pouvant remonter dans le larmier.

Dans les corniches d'intérieur, les profils sont souvent accompagnés de larmier qui font très bien comme décoration mais qui n'ont aucune raison d'être.

Sous les jets d'eau de croisée ou de porte, on pousse aussi un larmier qui se compose d'une moulure formant quart de cercle et qui empêche l'eau d'entrer dans l'appartement ou dans la feuillure de la pièce d'appui. Voir *jet d'eau*.

**Levage.** Mettre au levage une devanture, une porte cochère, etc., c'est, après avoir monté ce travail par terre, le mettre debout; cette opération nécessite le concours de plusieurs hommes.

**Libellé.** Ce sont les termes qu'on emploie en dressant une minute sur place, il faut bien connaître un travail, pour bien libeller la minute, afin qu'en réglant le mémoire la vérification en soit facile.

On dit qu'un mémoire est bien libellé lorsque la minute a été bien faite et que les termes sont bien en rapport avec ceux de la série des prix.

**Ligne.** C'est un trait simple, qu'il soit droit, courbe ou oblique; on l'appelle ligne considérée seulement sous le rapport de la longueur; d'après Archimède, la ligne droite est le chemin le plus court d'un point à un autre; tirer une ligne d'un point à un autre, c'est la tracer.

**Lime.** Outil d'acier emmanché et servant à finir les bois en bout après leur découpage; la plus usitée est la lime demironde, car elle permet de finir en bout les découpages droits et courbes.

Pour enlever les petites rayures faites par la lime, on donne un coup de racloir dans le fil du bois et un coup de papier de verre fin pour polir le découpage des consoles ou autres travaux en bois découpés.

**Limer.** C'est finir les découpages avec la lime; limer une scie, c'est l'affuter avec un tiers-point; on dit encore plus ordinairement affuter.

**Limon.** En menuiserie et en charpente, le limon est la pièce de bois droite ou circulaire dans laquelle on entaille les marches et les contre-marches de 0m,02 à 0m,025 de profondeur; le limon (*fig.* 272) a, comme différence avec la crémaillère, qu'au-dessus de l'entaille du nez de marche, on réserve encore une saillie de 0m,02 à 0m,03, tandis que la crémaillère est découpée de façon à ce que les marches soient clouées sur l'entaille et la contremarche contre la marche, avec fausse coupe d'onglet à l'angle.

**Linéaire.** Dessin linéaire, qui se rapporte aux lignes, c'est le plus utile pour la menuiserie.

Dans le métrage linéaire, il n'est compris que les travaux en longueur, tels que barres, champs, bâtis, moulures, chambranles ravalés, mains-courantes, etc.

Ce métrage diffère de celui en surface dans lequel il faut multiplier la hauteur par la largeur pour obtenir les surfaces.

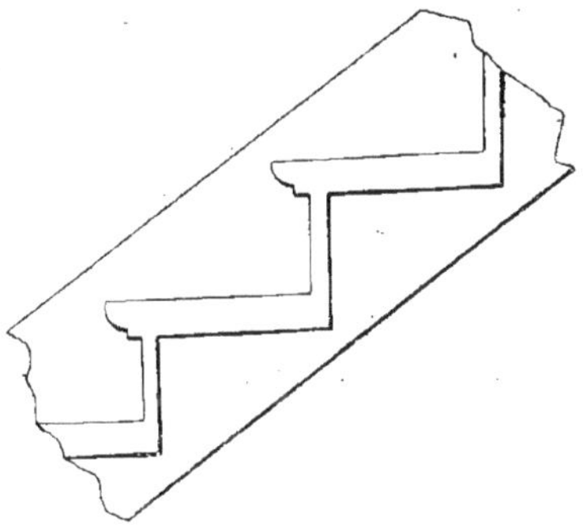

Fig. 272.

**Linteau.** Traverse en bois de charpente qui se pose sur deux montants en maçonnerie formant la baie d'une porte, d'une croisée ou d'une ouverture quelconque.

La grosseur des linteaux ou leur force est proportionnée à leur portée, c'est-à-dire à la distance qu'il y a entre les deux points d'appui et la charge qu'ils doivent supporter.

Les traverses d'huisseries assemblées à chapeau s'appellent linteaux, parce qu'ils les remplacent; ils sont assemblés dans les deux montants qui forment leur point d'appui.

Dans les constructions actuelles, ils sont ordinairement en fer.

Lorsque la portée d'un linteau dépasse

2 mètres; on le fait plus fort et il se nomme alors poitrail.

**Lisse.** Ce sont des traverses de chêne ou de sapin en bois brut assemblées entre les montants de distributions de cloisons de caves et sur lesquelles on cloue ces cloisons; leur portée ne doit pas dépasser 2 mètres, étant en chêne, 0,034 sur 0,10 à 0,11 de large; une plus grande portée nécessite un poteau intermédiaire qui donnera la solidité nécessaire à ces cloisons.

**Listel.** On appelle *listel*, dans un grand cadre ou dans un chambranle, le champ carré, uni à l'extérieur du cadre et placé entre le bâtis et la moulure (*fig.* 273, A).

Sur ce listel, on pousse quelquefois des doucines, quarts de rond ou congés, comme en B (même figure), mais le listel est toujours la partie carrée entre ces deux moulures.

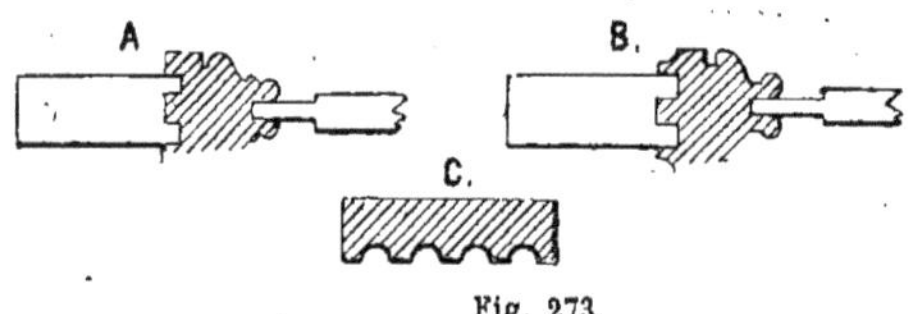

Fig. 273.

Dans un pilastre ou dans une colonne cannelée, on appelle listel le petit champ carré entre les cannelures, comme en C (même figure).

**Livrer.** Lorsqu'un travail est terminé au chantier et qu'on le porte chez le client, on dit qu'il est livré.

Ce terme ne comporte pas la pose et la terminaison complète de l'ouvrage.

Lorsqu'il est terminé au chantier, on dit que le travail est prêt à livrer.

**Losange.** Parallélogramme ayant quatre côtés égaux, deux angles aigus en hauteur et deux angles obtus en largeur.

Percement de jour fait dans les panneaux du haut des volets pleins pour donner un peu de jour et d'air dans la pièce, ces volets étant fermés.

**Loup.** En terme d'atelier, *faire un loup*, c'est se tromper, couper une pièce de bois trop courte, faire un faux tracé et ne s'en apercevoir qu'au montage, se tromper en prenant une mesure ou en la reportant au plan, etc.

**Lumière.** On appelle lumière, dans une varlope, un rabot, etc., l'ouverture faite devant les fers et le coin pour le passage des copeaux.

Dans les bouvets et les outils à mou

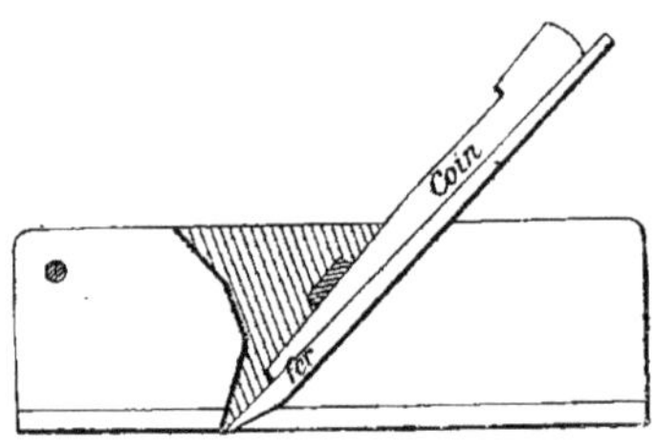

Fig. 274.

lures à partir de 0,015 de large, il est préférable que la lumière soit dessus, c'est-à-dire que l'outil dégorge par dessus (*fig.* 274). Ces outils sont très faciles à faire; après avoir préparé l'outil suivant

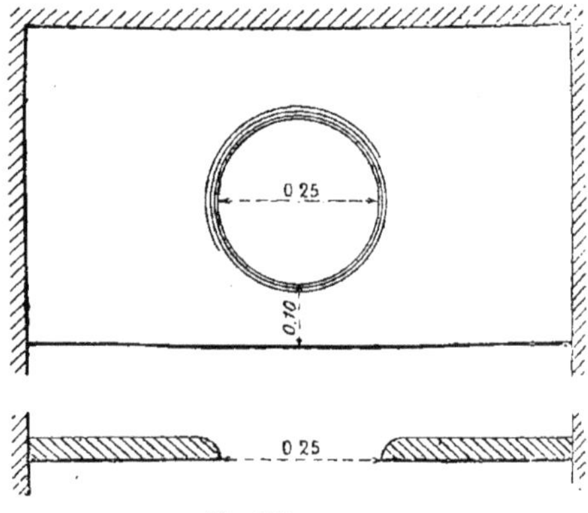

Fig. 275.

la largeur et la profondeur des rainures, ou suivant le profil qu'il doit avoir, et préparé la joue qui doit le compléter, on entaille de 0,007 de chaque côté, dans les joues de l'outil, une âme en fer arrondie dans le bas pour faciliter la sortie des copeaux et l'arête arrondie légèrement du côté du coin qui doit maintenir le fer pour ne pas l'abîmer.

La lumière, tout en conservant la solidité nécessaire à l'outil, doit être très dégagée pour le passage facile des copeaux. Dans les outils plus étroits, la lumière est sur le côté à droite, c'est-à-dire qu'il dégorge en dehors et la pente du fer est de ce côté; s'il doit couper le bois en travers, il devra dégorger en dedans ou dans la main gauche et la pente du fer sera en sens contraire ou du côté de la main.

**Lunette.** Dans un dessus de siège d'aisances, on appelle lunette l'ouverture circulaire, elliptique, ou de forme irrégulière, faite dans ce dessus.

Cette ouverture doit avoir de 0,25 à 0,27 de diamètre (*fig.* 275), doit être fortement arrondie en quart de cercle et bien finie à la lime. Le champ doit avoir 0,10 du bord de la lunette à la rive du dessus.

**Madrier.** C'est ainsi qu'on désigne des plateaux de sapin de 0m,075 d'épaisseur sur 0m,22 à 0m,23 de largeur; ce sont les mesures courantes du commerce.

Il y a aussi des madriers de 0m,11 d'épaisseur et d'autres plus larges ou plus étroits, mais ces mesures sont exceptionnelles.

Ces madriers se débitent sur plat et sur champ; on appelle madriers deux traits bas, celui sur lequel on aura donné deux coups de scie à plat, et obtenu des chevrons de 0m,075 carré; celui à trois traits bas donnera quatre chevrons de 0m,075 × 0m,054, etc.

Le madrier débité à un trait champ donnera deux planches de 0m,030 d'épaisseur sur 0m,22; à deux traits champ, trois planches de 0m,023 à 0m,024 et 0m,22 de

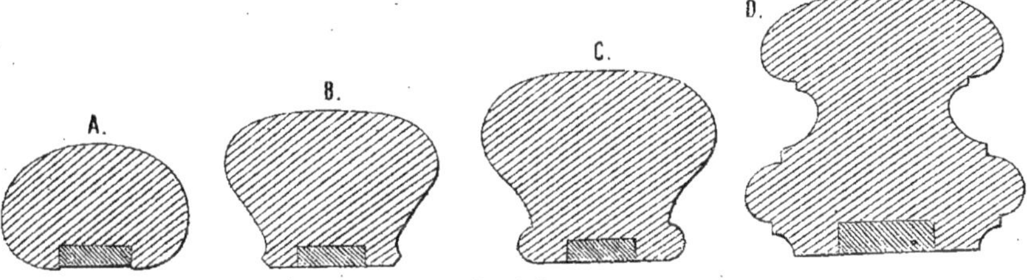

Fig. 276.

large; à trois traits champ, quatre feuillets de 0m,016 à 0m,017 d'épaisseur sur 0m,22.

A quatre traits champ, cinq feuillets de 0m,013 d'épaisseur sur 0m,22.

Ces épaisseurs sont en bois brut; lorsqu'il est travaillé d'un ou de deux côtés, il diminue par ce fait d'un millimètre au moins.

C'est donc une grosse erreur lorsque la série des prix conserve toujours dans ses épaisseurs de bois, 0m,027, 0m,018 et 0m,013, attendu que ceux qui la confectionnent doivent parfaitement savoir qu'ils devraient dire, lorsque les bois sont travaillés, pour les deux traits champ, en sapin, 0m,023 au lieu de 0m,027; pour le trois traits, 0m,015 au lieu de 0m,018; pour le quatre traits, 0m,012 d'épaisseur au lieu de 0m,013; il faut diminuer l'épaisseur des traits de scie de celle du madrier.

Cette lacune est une source de désagréments, attendu que ceux qui appliquent la série ne voient que les épaisseurs qu'elle énonce et ignorent souvent qu'il est impossible de les obtenir dans les bois travaillés du commerce.

**Maillet.** Outil en bois composé d'un morceau de cormier, pommier ou charme, de 0m,054 d'épaisseur sur 0m,22 à 0m,25 carré, percé d'un trou de 0m,022 de diamètre au milieu et dans lequel on ajoutera un manche en cornouiller de 0m,35 à 0m,40 de longueur.

Il faudra choisir le bois le plus dur et le plus nerveux possible pour faire le maillet, afin qu'en frappant le bois ne se fende pas; il faudra mettre un coin dans le bout du manche pour que le maillet ne se démanche pas, ce qui pourrait en frappant causer des accidents.

**Main-courante.** Sur la rampe en fer des escaliers et pour laisser glisser facilement la main, on pose une main-courante en bois. C'est une moulure à deux profils semblables qui se fait ordinairement en merisier, en noyer ou en acajou; la main-courante en bois noir est faite avec de l'acajou ayant, avant la pose, été noirci avec du pyrolithe de fer ou noir chimique, brossé, poncé et verni.

Il y en a de différents profils (*fig.* 276).

Celui le plus ordinaire est le profil olive; cette main-courante a ordinairement 0,035 sur 0,05 et se fait en noyer ou en mérisier (A, même figure).

La main-courante à gorge, (B, même figure) ordinaire a 0,041 sur 0,035 à 0,058 et se fait avec toute espèce de bois et vernie.

Le profil C représente une main-courante à gorge et à baguette à 0,05 d'épaisseur.

On fait aussi des mains-courantes de profils riches, comme D ou analogues; elles sont plus larges et plus épaisses suivant la décoration de l'escalier.

Ces travaux, tout en dépendant de la menuiserie, se font par des spécialistes appelés *rampistes*.

**Malandre.** Gerces noires qui se découvrent, en le travaillant, dans l'épaisseur du bois et qu'on rencontre quelquefois dans les plus beaux bois de chêne.

**Manche.** C'est par le manche qu'on prend un outil pour s'en servir.

Les manches de ciseaux, bédanes ou autres outils sur lesquels on doit frapper doivent être en cormier, pommier ou charme, et durs. Pour tenir le coup de maillets on ne doit pas se servir de marteau pour frapper sur des manches en bois, mais toujours des maillets, c'est-à-dire frapper bois sur bois.

Les manches des maillets ou des marteaux doivent être en cornouiller ou en charme; ces bois ne sont pas cassants, ont beaucoup d'élasticité et doivent être munis d'un coin à l'extérieur de l'outil pour ne pas se démancher.

**Marchandeur.** Il y a deux spécialités de marchandeurs :

Le *marchandeur de façon* et le *marchandeur de pose*.

Le marchandeur de façon travaille à l'atelier avec quatre ou cinq ouvriers qu'il affûte et qu'il paie lui-même; dans le cas où il ne s'exécuterait pas le patron est toujours responsable; c'est pourquoi, avant de l'embaucher le patron doit lui demander des références et s'assurer de sa probité et de son honorabilité.

Tous les mois, au moins, quatre jours avant la paie, il doit produire un mémoire des travaux qu'il a exécutés et que le patron fait régler; c'est après avoir passé à la paie qu'il règle ses ouvriers.

Il y a trente ans, les huit dixièmes des ouvriers travaillaient pour marchandeur, mais cette spécialité tend à disparaître et à être remplacée par le travail aux pièces

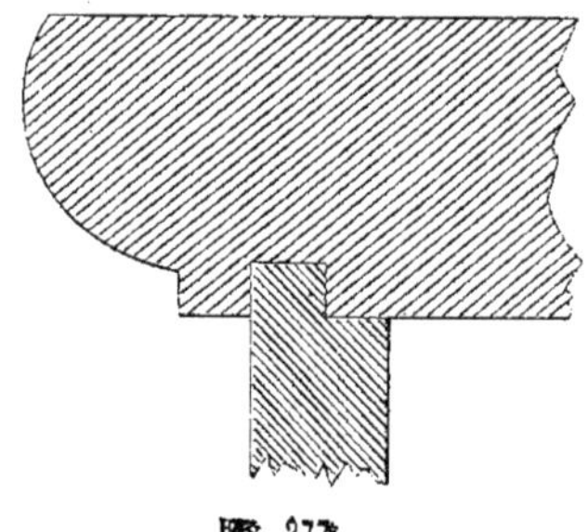

Fig. 277.

que le patron donne à un ou à deux ouvriers associés et à des prix convenus d'avance.

Le marchandeur de pose travaille au bâtiment, embauche ses ouvriers et les paie comme les marchandeurs de façon.

Il travaille à un tarif spécial et doit donner deux mémoires dans le courant du bâtiment : un, après avoir posé les distributions, qui se composent des huisseries, bâtis poteaux, les croisées, les persiennes, etc., et le deuxième mémoire, le bâtiment terminé.

Il y a aussi beaucoup moins de marchandeurs de pose maintenant, car le même entreprend la pose de plusieurs bâtiments, même à différents patrons, et donne le travail de pose de ces bâtiments à des ouvriers qui sont aux pièces à tant le mètre ou à tant la pièce; enfin, il est, comme on dit aujourd'hui, *sous-traitant*.

**Marche.** Pour monter ou pour descendre un escalier, la marche est la partie de cet escalier sur laquelle on pose le pied; il y en a de dix huit à vingt dans la hauteur d'un étage ordinaire.

La marche doit avoir au minimum 23 centimètres de large au giron, c'est-à-dire au milieu de l'escalier.

La moulure poussée sur le nez de marche, c'est-à-dire sur le bord de la marche, est ordinairement un quart de rond et un filet (*fig.* 277); on pousse une rainure pour la contre-marche en laissant une joue de 0,013; la saillie de cette moulure a 0,004 jusqu'au nu de la contre-marche; les marches d'un escalier ordinaire se font en chêne et ont 54 millimètres d'épaisseur, et la contre-marche 0,025.

**Marquer.** C'est mettre sur les bois, en les débitant, un signe particulier, permettant de les distinguer les uns des autres; ce signe s'appelle *établissement.*

Quand les travaux sont terminés et avant de les livrer, le commis d'atelier les reçoit et doit marquer l'endroit où ils vont et l'étage où ils doivent se poser, après avoir vérifié si les mesures sont exactes et le travail bien exécuté.

**Marronnier.** Bois français ressemblant au bois blanc, il s'emploie peu dans la menuiserie.

**Marteau.** Outil en fer ou en acier, ayant, d'un côté, la forme rectangulaire et, de l'autre côté, se terminant en lame dont le bout est arrondi; lorsqu'il est en fer ses deux extrémités sont aciérées; le manche doit être en bois de charme ou en cornouiller; sa forme est rectangulaire avec les arêtes fortement arrondies.

Le marteau sert à frapper sur les clous pour les enfoncer ainsi que sur les fers de varlopes et, en général, sur les fers de tous les outils pour les mettre à leur place.

Pour retirer le fer d'un rabot, on doit donner deux ou trois coups de marteau derrière le rabot, de manière à faire reculer le coin et à desserrer le fer.

Pour retirer celui d'une varlope, les deux ou trois coups de marteau doivent être donnés sur le bout opposé à la poignée, le contre-coup fait aussi desserrer le coin et reculer les fers.

**Masser.** En terme d'atelier, c'est travailler fort, produire beaucoup d'ouvrage; on dit d'un ouvrier faisant beaucoup d'ouvrage que c'est un *masseur.*

**Mastic.** Matière servant en menuiserie à boucher les trous et à cacher les petits défauts du bois.

Le mastic à l'huile est un composé d'huile de lin malaxée avec du blanc de Meudon ou d'Espagne bien écrasé et en quantité suffisante jusqu'à ce qu'il soit assez dur pour former pâte. Pour le bois blanc et le sapin, on l'emploie tel qu'il est; pour le chêne on le mélange avec un peu d'ocre jaune pour lui donner la même teinte.

Le mastic dur se compose avec du blanc bien écrasé, mélangé avec de la cire et de la résine qu'on a mis préalablement fondre au bain-marie; ce mastic s'emploie chaud et devient excessivement dur, mais, pour le rendre un peu malléable, on y fait fondre un peu de suif, en ayant toutefois bien soin de retirer complètement la mèche de la chandelle.

**Mastiquer.** Action d'employer le mastic en bouchant les trous de clous, etc.

**Mèche.** Outil en acier servant à percer les trous. Il est, pour l'emploi, emmanché dans un vilebrequin.

*La mèche à cuiller* a son extrémité, ainsi que l'indique son nom, en forme de cuiller, légèrement relevée dans le bout; elle dégorge très bien et n'est pas dure, elle perce facilement jusqu'à 0,015 de diamètre.

*La mèche à vrille* a son extrémité terminée en spirale et presque pointue; elle perce très vite, mais elle est dure et les trous qu'elle fait ne doivent pas avoir plus de 0,01 de diamètre.

*La mèche anglaise* a son extrémité garnie d'une pointe qui fait le point de centre du trou d'un côté; une partie coupante en épaisseur, qu'on appelle *dard* et qui travaille avant l'autre côté qui est légèrement relevé jusqu'à la pointe et est tranchant; cette partie coupante enlève le copeau jusqu'à la portion déjà coupée par le dard; le côté tranchant ne doit jamais travailler le premier.

Bien affûtée, elle perce bien et vite, et fait les trous de 0,015 jusqu'à 0,05 de diamètre pour l'entaille des boutons à cuvettes, de tiroirs, etc.

La mèche, en terme d'atelier, prend le nom du travail qu'elle sert à faire : la *mèche à cheville* qui est ordinairement à vrille et a de 0,007 à 0,008 de diamètre; la *mèche à persiennes* pour percer le trou devant recevoir le goujon de la lame de persiennes dans le fond de l'entaille, elle est à cuiller et fait les trous de 0,012 de diamètre.

Pour percer ces trous régulièrement et pour aller vite, on pose le battant de persiennes sur un champ en chêne 0,034, garni d'une tringle de chêne de 0,011 d'épaisseur sur 0,025 à 0,03 de large, et en appuyant le dos de la mèche sur cette tringle, l'entaille lui donne sa place et les trous sont très réguliers et doivent avoir 0,02 de profondeur.

Si la mèche va bien, on peut en percer ainsi de 200 à 250 à l'heure.

Pour les mortaiseuses tournant à la vapeur, on se sert aussi de mèches de différents modèles pour percer les mortaises et faire les trous de persiennes, elles sont en spirale, bien dégagées pour laisser sortir les copeaux, ce sont les meilleures; d'autres sont élégies en forme d'S, mais elles dégorgent moins bien et se cassent plus souvent.

Toute l'attention de l'ouvrier doit se porter sur le centrage de la mèche dans le manchon, il faut qu'en tournant elle soit droite et bien centrée, sans quoi elle cassera.

**Membrure.** En terme de menuiserie, la membrure est une pièce de bois qui a 8 centimètres d'épaisseur sur 0,16 de largeur; cet échantillon est généralement pris dans les grosses branches et les grandes longueurs sont rares; on appelle *membrettes*, les petites membrures n'ayant que 0,06 sur 0,12 à 0,15.

**Mémoire.** Quand un travail est terminé, on remet le mémoire à l'architecte ou directement au client; ce mémoire comprend le détail complet du travail et les prix des différents travaux.

On fait les mémoires en mettant l'addition des quantités à chaque article, leur prix et la somme.

On dit que le mémoire est fait en résumé, lorsque, dans un relevé de travaux, beaucoup de choses se ressemblant, au lieu de mettre le prix à chacun de ces articles, on les détaille sommairement dans les colonnes des prix et sommes, et on ne porte que la quantité ; ces colonnes prennent le nom de *timbre*.

A la fin du mémoire, on additionne les quantités de chacun des travaux semblables et cela ne fait qu'une opération pour mettre le prix et obtenir la somme.

On fait des mémoires à prix justes ou en demande (ce dernier moyen ridicule devrait bien disparaître), c'est-à-dire qu'il faut augmenter les prix du quart pour que, le cinquième déduit, le patron ait son compte.

Ainsi, pour un travail valant 100 francs, il faut, dans un mémoire en demande, porter ce chiffre à 125 francs ; en déduisant 20 0/0, le cinquième, il reste juste les 100 francs ; si on n'augmente ces 100 francs que du cinquième faisant 120 francs, après avoir déduit ce cinquième, il ne reste que 96 francs.

Il y a aussi les mémoires pour les administrations, telles que la Ville de Paris, les Bâtiments civils, l'Assistance publique, etc., qui se font chacun sur des papiers spéciaux ; cela crée bien des difficultés qui ne servent à rien. Dans la même administration, l'Assistance publique, par exemple, il y a différentes espèces de papier à mémoire : travaux neufs, travaux d'entretien, travaux sur devis; pourquoi toutes ces formalités ? Il serait si facile d'avoir un papier uniforme et l'entrepreneur n'aurait qu'à mettre en tête de son mémoire le genre de travail qui y est détaillé; il en est de même des séries de prix.

**Meneau.** On appelle meneau les montants dormants séparant une croisée en plusieurs parties; lorsqu'il y a une traverse on l'appelle traverse d'imposte. En maçonnerie, les meneaux sont les petits trumeaux, en pierre ou en briques, divisant une baie de croisée.

**Menuiserie.** La menuiserie proprement dite comprend les travaux de bâtiments, tels que huisseries, bâtis, portes, croisées, persiennes, parquets, moulures, plinthes ou stylobates, tablettes et leurs accessoires de tous genres ainsi que les devantures de boutiques.

Elle comprend aussi les portes d'entrée, les lambris d'assemblage peints ou en chêne poli, droits ou cintrés, et le poli à l'encaustique de ces travaux.

Quoique ces travaux ne soient pas faits ordinairement par des menuisiers, elle comprend aussi le rabotage des parquets, qui est exécuté par des spécialistes appelés *raboteurs* et les *mains-courantes* qui sont faites par les *rampistes*.

**Menuiserie d'art.** Elle comprend : en dehors des travaux ci-dessus, les lambris, meubles, cheminées, escaliers à balustres réclamant de la sculpture.

Les confessionnaux, stalles de chœur, chaires à prêcher, comportant presque toujours de la sculpture, entrent dans la catégorie de la menuiserie d'art et de style.

Les lambris de hauteur, dont les traverses sont cintrées, avec masses réservées pour la sculpture, bien que devant être peints, entrent aussi dans cette catégorie.

Tous ces travaux ne sont pas tarifiables, les séries ne pouvant prévoir leur valeur et leurs difficultés d'exécution, c'est le spécialiste qui doit donner son appréciation.

**Menuiserie descriptive.** Pour faire les plans et exécuter les travaux de menuiserie, on doit connaître la *menuiserie descriptive* qui est la démonstration et la manière de faire ces travaux par le dessin linéaire. (Voir *Géométrie descriptive*).

**Menuisier.** Ouvrier dont la spécialité est de faire des portes, des croisées et en général tous les travaux que comprend la menuiserie.

**Méplat.** Se dit d'un champ qui est plus large qu'épais, soit $0^m,01$ d'épaisseur sur $0^m,04$ à $0^m,06$ de largeur ; un champ de calfeutrement sans moulures s'appelle un *calfeutrement méplat*.

**Merrain.** Bois de menuiserie débité et fendu à la hache ou au coutre qui est un coin large, ordinairement dans les épaisseurs, de $0^m,08$ à $0^m,10$ sur $0^m,15$ à $0^m,18$ de large et de 2 mètres à $2^m,50$ de longueur ; les plus longues sont très rares.

Ces bois sont toujours débités sur quartier, c'est-à-dire dans le sens de la maille ; il faut qu'ils soient pris dans des chênes de première qualité pour se fendre bien droits.

Ce bois est le plus beau comme chêne, mais aussi le plus rare et le plus cher.

On ne l'emploie, vu sa rareté, que dans la menuiserie d'art.

**Mètre.** Unité fondamentale des mesures nouvelles, sa longueur est la dix millionnième partie du quart du méridien terrestre.

La circonférence serait donc, d'après ce calcul, de quarante millions de mètres.

C'est aussi l'outil indispensable au menuisier pour prendre des mesures.

Il est divisé en dix parties qu'on appelle des *décimètres*, et chaque décimètre en dix autres parties qu'on appelle des *centimètres*.

Les dix premiers centimètres de la première branche du mètre sont divisés chacun en dix parties qu'on appelle des *millimètres*.

Les mètres se fabriquent en branches minces et étroites, avec du bois de buis, de tilleul ou de sureau ; ce sont les bois qui se marquent le mieux.

On les fait à cinq branches de 0,20 centimètres ou à dix branches de dix centimètres; celui à cinq branches est le plus employé parce qu'il se ploie et se déploie plus vite.

Pour les maintenir droits, chaque branche est garnie d'un petit ressort en acier qui entre dans un échancrure en cuivre et conserve la rigidité, mais il faut avoir l'habitude de s'en servir et appuyer sur le ressort avant de fermer l'une des branches sur l'autre, sans cette précaution le mètre se casse.

Les doubles-mètres ployants se font de la même façon en dix branches de 0,20 centimètres et à ressorts ; ils servent plus souvent aux commis pour prendre des mesures et faire les plans et aussi aux métreurs.

Les mètres se font également d'une seule longueur, ainsi que les doubles-mètres ; ce sont des champs en noyer marqués comme les mètres et ferrés de chaque bout et servant pour le débit des bois à l'atelier.

**Métrer.** C'est relever les mesures des

travaux quand ils sont terminés et posés.

Pour métrer un bâtiment, il est différents usages qu'il est bon de conserver.

Commencer à métrer par l'étage supérieur, les croisées et accessoires; métrer toujours dans les travaux en surface la longueur ou la hauteur avant la largeur, puis métrer les huisseries, bâtis et leurs accessoires, ensuite les portes, en mettant ensemble toutes celles faites de la même façon, les corniches, chambranles, socles, cymaises, cadres et plinthes ou stylobates et enfin le parquet.

Il faut toujours, quand on prend la mesure des cymaises, plinthes ou stylobates, commencer à droite de la cheminée.

Et ainsi de suite, d'étage en étage, en finissant par l'escalier pour les socles de marches et la main-courante ; puis le détail du rez-de-chaussée et enfin on termine par les caves, huisseries, portes, cloisons, etc.

**Métreur.** Les mémoires des travaux de menuiserie doivent être faits par des employés spéciaux et relevés avec beaucoup de soins. Aussi un bon métreur est-il précieux dans un établissement.

Il doit avoir travaillé lui-même pour bien établir les prix d'évaluation, bien connaître le dessin, avoir fait des plans, car il est appelé quelquefois à relever le travail avant qu'il soit exécuté et c'est sur les plans qu'il a ses mesures exactes et ses détails.

Avoir une bonne écriture, être habitué à écrire debout pour faire ses minutes sur la planchette à métrer, dans les bâtiments ; c'est assez dur.

Savoir bien calculer et faire vite.

Faire en marge de la minute de petits croquis de détails qui facilitent la vérification.

Bien connaître les séries de prix (ce qui n'est pas peu de chose), bien faire la mise à prix et enfin faire les multiplications de quantités par le prix de l'unité pour obtenir la somme.

Il doit savoir d'abord bien métrer la façon, puis la pose et enfin la fourniture des travaux.

Il est appelé à vérifier les mémoires de façon et de pose. Pour être bon vérificateur, il faut d'abord avoir été bon métreur.

**Métrique.** Le système métrique est ainsi nommé parce que le mètre lui sert de base.

Il est composé de différentes mesures qui se rapportent toutes au mètre avec le système décimal.

Ce n'est que depuis 1840 que ce système est obligatoire en France.

Dans les mesures de longueurs, par exemple, le mètre étant l'unité fondamentale, le décamètre a 10 mètres, l'hectomètre 100 mètres, le kilomètre 1 000 mètres et le myriamètre 10 000 mètres.

Le kilomètre est la mesure la plus employée pour mesurer et indiquer les distances.

Les mesures partielles du mètre sont le décimètre, qui en est la dixième partie puisqu'il y en a dix dans un mètre, le centimètre, la centième partie et le millimètre, la millième partie.

**Meule.** Espèce de roue en grès ronde et plate percée dans l'axe et traversée par un arbre en fer tournant sur deux coussinets; la partie basse, formant auge, doit contenir de l'eau, afin que le grès de la meule soit toujours mouillé avant de servir.

Cet outil sert à aiguiser ou à affûter les fers d'outils, les ciseaux, bédanes, etc.

Elles se font marcher à la main avec une manivelle ou au pied avec une bielle reliée à l'arbre et réunie à une pédale par une petite tige de fer.

**Minute.** On appelle minute le relevé fait sur place des travaux exécutés ; c'est l'original du mémoire sur lequel ces travaux sont détaillés, calculés, mis à prix ; le mémoire est la copie de la minute.

Lorsqu'elle est copiée, cette minute doit rester au bureau, elle est classée dans les cartons, car, si le mémoire est égaré, on n'a qu'à la recopier.

Si elle n'était pas conservée, on serait obligé de relever les travaux à nouveau, pour refaire le mémoire; ce serait du temps perdu, on serait exposé à oublier des travaux au bout d'un certain temps ; il faut donc conserver précieusement les minutes au bureau au moins jusqu'à ce que les comptes soient complètement réglés.

Il arrive assez souvent que l'on fait, pour des clients différents, des travaux qui sont semblables et, lorsqu'on a dressé la minute une première fois pour ces travaux, on n'a qu'à recopier. Ainsi, pour des devantures, elles se font avec fermeture en bois ou en fer, mais le détail de la minute est souvent le même pour chacune de ces devantures ; on n'a donc que les mesures à changer sur la nouvelle minute et c'est une économie de temps.

**Modèle.** On appelle modèle, la représentation en petit de travaux de menuiserie.

Lorsqu'on fait de la géométrie descriptive, les dessins développés des cubes et autres figures doivent être modelés en carton. (Voir *développement*, *fig.* 205).

On commence les modèles en bois par l'étude des pénétrations ; ensuite la coupe à crochet qui est l'assemblage d'une partie courbe et prépare pour faire le modèle des escaliers de différents genres.

Le modèle de l'arêtier droit est très facile et très utile, car il donne le développement, c'est-à-dire la longueur de l'arêtier et de toutes les pièces d'un comble ordinaire, plateforme, poinçons, chevrons, arêtiers, empanons (qui sont les chevrons

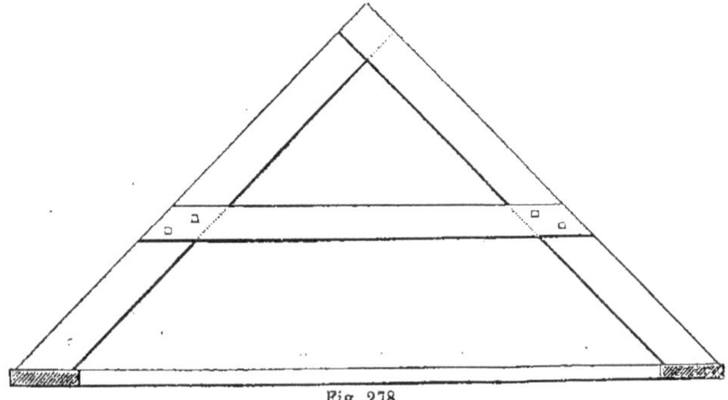

Fig. 278.

assemblés entre la plateforme et l'arêtier), jambettes, écharpes et faitage.

Quand on a fait ce modèle, on est préparé pour faire l'arêtier cintré, qui n'est pas plus difficile.

On peut faire ensuite les modèles de voussure, calottes pleines ou d'assemblage, outils droits ou cintrés et enfin la chaire à prêcher ; c'est le modèle le plus intéressant, parce qu'il comporte un ensemble de menuiserie et ce modèle fait à l'échelle de 10 centimètres par mètre n'est pas encombrant et peut facilement se faire avec le temps et un peu de patience.

**Modeler.** C'est faire un modèle, l'exécuter en carton ou en bois.

**Modillon.** Ornements en forme de console ou d'S qui se placent ordinairement au-dessous du larmier d'une corniche et à une certaine distance les uns des autres, représentant l'extrémité des chevrons.

**Module.** Mesure qui sert à établir les proportions d'une colonne et qui diffère suivant les ordres d'architecture.

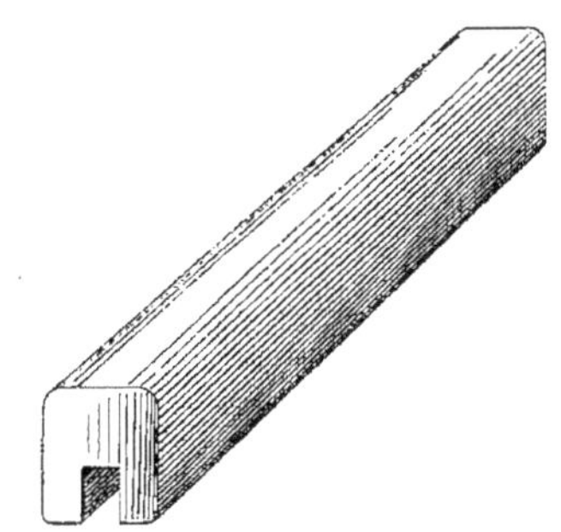

Fig. 279.

Le module est ordinairement le diamètre du bas du fût de la colonne.

**Moise.** Traverse servant à maintenir

l'écartement d'une ferme. Les moises sont ordinairement doubles et boulonnées ensemble (*fig.* 278).

Moiser des solives, c'est maintenir leur écartement, c'est aussi les consolider avec des traverses qu'on appelle moises.

**Molet.** Le molet est une petite pièce de bois de $0^{m},10$ à $0^{m},12$ de long sur $0^{m},034$ d'équarrissage, suivant l'épaisseur de la rainure qu'on a poussée dans le bâtis et qui est la même à pousser dans le molet. Il faut abattre les arêtes du molet en arrondi pour ne pas attraper d'écharpe en s'en servant (*fig.* 279).

Mettre des panneaux au molet, c'est les préparer au pourtour d'égale épaisseur, soit au rabot, soit en poussant les plates-bandes.

**Molette.** Dans les outils mécaniques, on appelle molette une scie circulaire épaisse

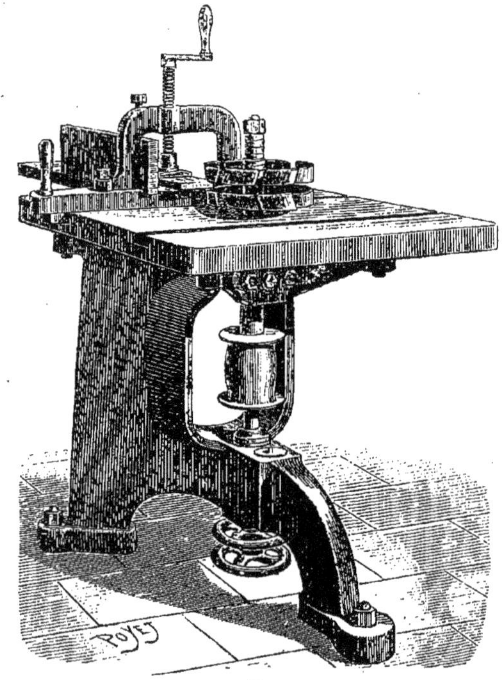
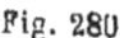

Fig. 280.

Fig. 281.

montée sur l'arbre de la fraise ou de la toupie pour pousser des rainures et dont les dents sont très écartées (*fig.* 280).

On fait des molettes de différents profils pour pousser des moulures de chambranles, cadres ou autres menuiseries, elles se montent sur les toupies, coupent même le bois car chaque dent représente un tour de toupie et fait par conséquent le copeau plus fin (*fig.* 281, molette pour pousser des cadres).

Dans les tenonneuses horizontales, les deux molettes sont montées sur un arbre de toupie (*fig.* 282) et on laisse entre elles la distance de l'épaisseur des tenons qu'on a à faire; ces tenons par ce moyen se trouvent arasés.

Pour les traverses et petits bois de croisées, les deux molettes sont différentes: l'une fait le contre-profil de la moulure et l'autre la feuillure; la distance laissée entre les deux molettes est l'épaisseur du tenon; on évite ainsi les coupes d'onglet et les entailles de barbe rallongée (*fig.* 282 *bis*).

**Monseigneur.** Petite pince plate d'un bout et légèrement recourbée à l'autre extrémité.

La pince Monseigneur a environ 0m,35, 0m,40 de long; elle est très utile pour la dépose des parquets et autres travaux analogues.

C'est le bout recourbé et aplati qui la distingue de la pince ordinaire (*fig.* 283).

**Montant.** On appelle *montants* les deux poteaux composant une huisserie et les deux pièces d'un bâti qui n'ont ordinairement qu'une traverse assemblée.

Dans une croisée ou dans une porte, lorsque le montant comporte plusieurs assemblages, il se nomme *battant*.

Enfin, on désigne ainsi toute pièce de bois posée debout.

**Montée.** Dans un escalier, on appelle montée, l'espace compris entre deux paliers.

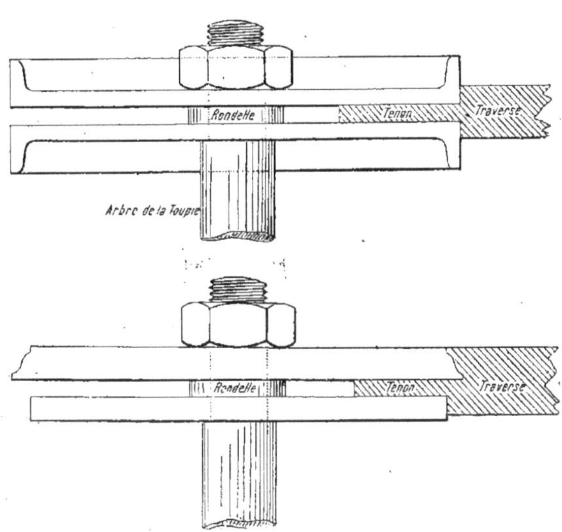


Fig. 282 et 282 *bis*.

Si, dans la hauteur d'un étage, il y a un ou plusieurs paliers, cet étage d'escalier se compose d'autant de montées.

La montée d'un escalier ne devrait pas dépasser 3 mètres de hauteur; au dessus, elle est fatigante et il est bon, si c'est possible, de la couper par un palier de repos, lorsque les étages sont plus élevés.

**Montre.** Vitrine composée de châssis vitrés, posée derrière une devanture dans l'intérieur d'une boutique.

On appelle aussi montre des gradins posés à l'extérieur et disposés pour recevoir les marchandises.

**Monture.** La monture d'une scie se compose d'un montant, qu'on appelle sommier, des deux bras et du garrot.

**Mordant.** Donner du mordant à un racloir, c'est retourner le fil pour le faire mordre.

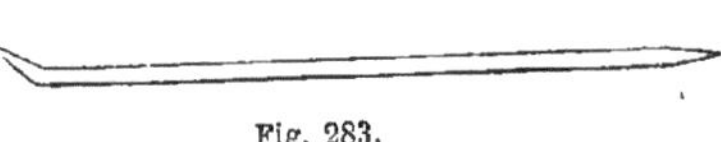

Fig. 283.

**Mordre.** Faire mordre un outil, c'est lui donner du fer pour faire des copeaux; quand le fer ne coupe plus, on dit qu'il ne mord plus, il faut alors l'affûter.

**Morfil.** Après avoir affûté un fer sur le

grès ou sur la meule, il reste de petites irrégularités qu'on appelle morfil et qu'il faut faire disparaître sur la pierre à l'huile pour lui donner du tranchant.

**Morfiler.** C'est faire disparaître le morfil du taillant d'un fer sur la pierre à morfiler. C'est finir de l'affûter.

**Mortaise.** Cavité ou entaille faite avec un bédane sur le champ d'un montant ou d'un battant pour recevoir le tenon.

**Mortaiseuse.** Outil mécanique pour percer des mortaises à l'aide d'une mèche en spirale tournant très vite. On perce un trou à chaque extrémité de la mortaise; ce trou sert d'arrêt pour les mortaiseuses dans lesquelles le battant est fixé sur la table mobile; on fait aller et venir ce battant à la longueur de la mortaise et on la dégorge en avançant petit à petit la mèche dans la rainure formée.

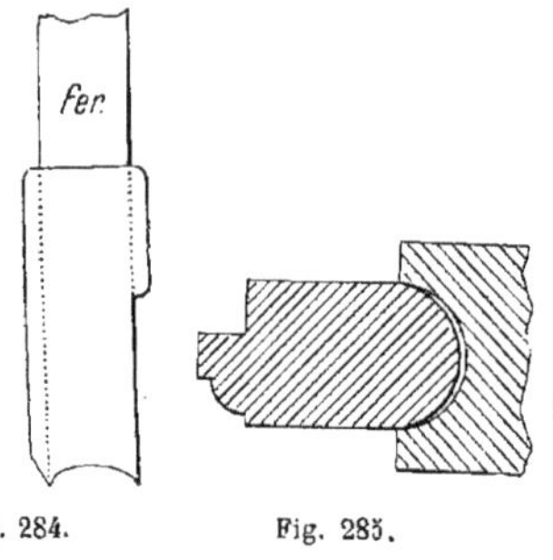

Fig. 284. Fig. 285.

Aux mortaiseuses à table fixe, on tient le battant à la main et on perce des trous les uns près des autres sur toute la longueur de la mortaise, ensuite on dégorge en réunissant tous ces trous.

Ce système va plus vite car il évite le serrage des battants sur la table mobile.

**Moteur.** Dans un atelier où il y a une machine à vapeur et où les outils sont mus mécaniquement, on appelle moteur la partie mécanique de la machine donnant l'impulsion. La chaudière est l'appareil produisant la vapeur et servant à alimenter le moteur.

On se sert aussi, dans les ateliers de menuiserie, de moteurs à gaz, prêts à fonctionner aussitôt qu'on en a besoin; il n'est pas utile d'attendre que la machine soit en pression; ces moteurs sont moins forts que les moteurs à vapeur.

**Moucheté.** L'acajou moucheté est le bois le plus recherché dans cette essence, il se distingue par de petites taches qui, quand le bois est poli, le font ressembler à la soie moirée. On dit aussi noyer ou érable moucheté; c'est toujours le plus recherché.

**Mouchette.** Pour arrondir les moulures on se sert d'un outil appelé *mouchette;* cet outil, qui est creux, est le contraire du rabot rond. La mouchette n'a ordinairement pas de joue (*fig.* 284).

Lorsqu'elle en a une, elle sert à pousser les baguettes; on la nomme alors outil à baguettes.

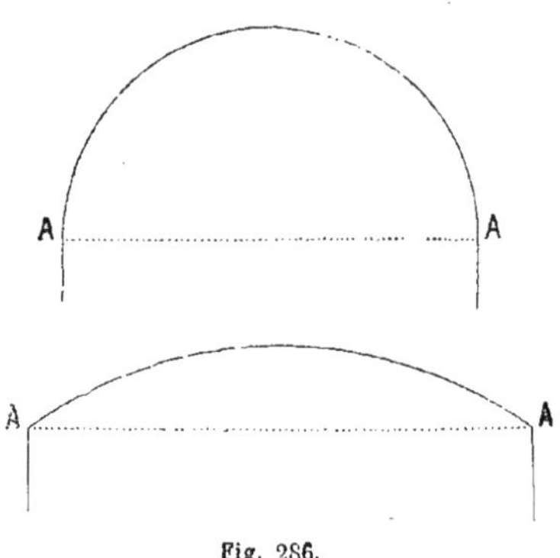

Fig. 286.

**Moulure.** Ornements creux ou ronds poussés sur le bois. Les moulures rondes s'appellent *boudins* ou *baguettes;* les creuses *gorges;* enfin les *doucines*, *talons*, *quart, de rond*, etc., sont aussi des moulures; les outils dont on se sert pour les faire s'appellent *outils à moulures.*

**Mouton.** On appelle mouton, le battant de gauche arrondi d'une croisée ou d'une porte cochère, qui entre dans la gueule de loup (*fig.* 285).

**Naissance.** Dans une baie cintrée, on appelle *naissance du cintre* l'endroit où ce cintre commence de chaque côté et où il est coupé par la corde (*fig.* 286, A, A, naissances du cintre).

La partie la plus élevée du cintr s'appelle la flèche de ce cintre.

La naissance d'une colonne est le commencement du fût au-dessus du socle.

**Nervure.** Rainure poussée derrière les poteaux d'huisseries pour les relier aux cloisons en carreaux de plâtre ou en briques.

Pour les cloisons en carreaux de plâtre, on pousse deux nervures avec une pente, afin de faciliter la pénétration du plâtre dans la nervure (voir *fig.* 260, A).

Pour les cloisons en briques, on pousse une rainure de 0,06 ou de 0,11 de large, suivant l'épaisseur des cloisons, que les briques soient posées de champ ou à plat (voir *fig.* 260, B et C).

En architecture, on appelle nervures d'une voûte d'arête les moulures saillantes qui existent sur les arêtes de cette voûte (*fig.* 287).

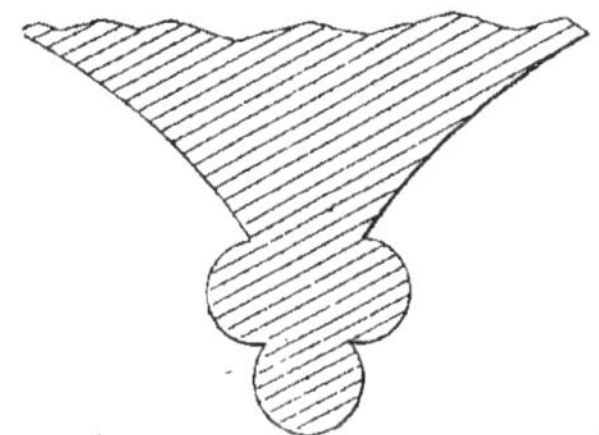

Fig. 287.

**Nettoyer.** Après avoir fait les feuillures à la fraise ou au bouvet, les *nettoyer*, c'est les finir au rabot à élégir.

On dit aussi nettoyer les moulures; c'est-à-dire les poncer au papier de verre.

**Niche.** Petite cabane en bois pour abriter un chien.

Dans les pans coupés de beaucoup de salles à manger le poêle est placé dans une niche qui est un enfoncement circulaire pratiqué dans ce pan coupé.

**Niveau.** Pour poser les travaux de menuiserie bien horizontalement on se sert d'un instrument qu'on appelle *niveau*.

Il y en a de différents genres.

Le niveau en bois (voir *fig.* 43) qui sert en même temps d'équerre, se compose de deux branches et d'une traverse d'écartement, au milieu de laquelle on trace un trait d'équerre qui doit être couvert par la corde à laquelle est pendu un plomb presque toujours en fer, en cuivre ou en fonte; il est percé au milieu d'un trou dans lequel on passe la corde qu'on arrête par un nœud.

Ce genre de niveau sert ordinairement aux parqueteurs pour poser les lambourdes.

Le niveau des menuisiers (*fig.* 288) se compose de deux montants et de deux traverses ; au milieu de celle du haut on perce un petit trou dans lequel on passe la corde arrêtée derrière par un nœud.

Le milieu de la traverse d'écartement est marqué par un trait d'équerre qui doit être couvert par la corde du plomb.

Ces niveaux doivent toujours être faits par les ouvriers qui doivent s'en servir, et on reconnaît déjà la main de l'ouvrier à la façon dont il en assemble les diverses parties.

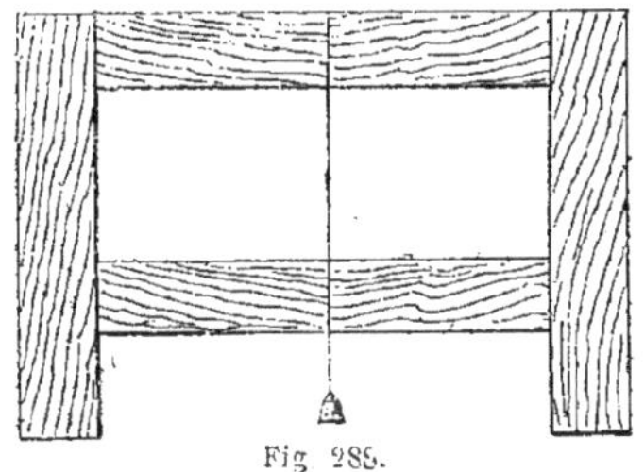

Fig. 288.

On peut les assembler : à tenons et mortaises simples (*fig.* 289, A); à double assemblage ou flotté d'onglet des deux côtés; celui à double assemblage est le meilleur comme solidité (*fig.* 289, B).

Pour vérifier si le niveau est juste. on le pose sur une partie horizontale et l'on regarde si la corde couvre bien le trait d'un côté ; en le retournant, la corde doit encore le couvrir exactement, c'est par ce moyen bien simple qu'on les ajuste et qu'on les vérifie.

Du reste, le niveau fait avec des bois bien corroyés, bien de fil et secs, les assemblages bien tracés et bien faits doivent produire un niveau d'équerre et juste.

On les fait ordinairement de 0,20 à 0,25 de haut sur 0,30 à 0,35 de large en bois de chêne, noyer ou autre essence dure

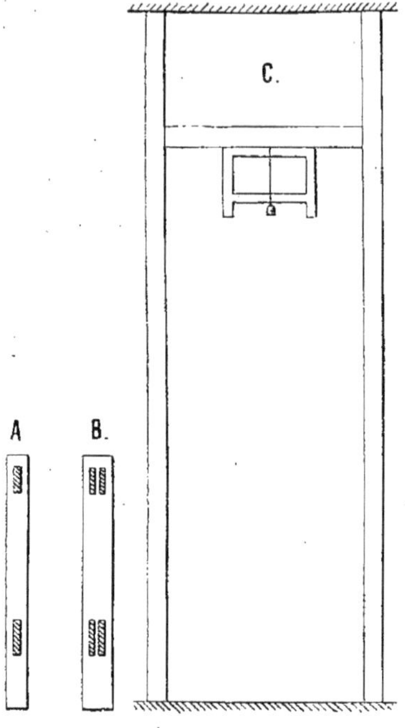

Fig. 289.

de 0,022 à 0,023 d'épaisseur sur 0,04 à 0,045 de largeur.

Avec ces proportions, il n'est pas encombrant et est suffisamment grand.

Non seulement ce niveau doit être juste sur ses deux pieds, mais aussi sur la traverse du haut qu'on présente sous le traverses d'huisseries et de bâtis pour vérifier si elles sont de niveau (*fig.* 289, C), le dessous de ces traverses seul étant dressé.

On se sert aussi du *niveau d'eau* avec tube en caoutchouc pour tirer les niveaux dans les étages : il se compose d'un caoutchouc de 10 à 20 mètres suivant les besoins, dont l'un des bouts est terminé par une bouteille et l'autre par un tube en verre.

On emplit par la bouteille le tube et le caoutchouc d'eau colorée, jusqu'à ce qu'ils soient presque pleins. Il ne faut pas boucher le trou du tube pour laisser échapper l'air à mesure que le caoutchouc se remplit ; *faire bien attention qu'il n'y ait pas de nœud dans la longueur du caoutchouc* et le trait de niveau se trouve reporté à la distance demandée, lorsque le mouvement de l'eau dans le tube et la bouteille est bien arrêté (*fig.* 289, D), il n'y a plus qu'à réunir ces points par un coup de cordeau passé dans l'ocre rouge ou bleu.

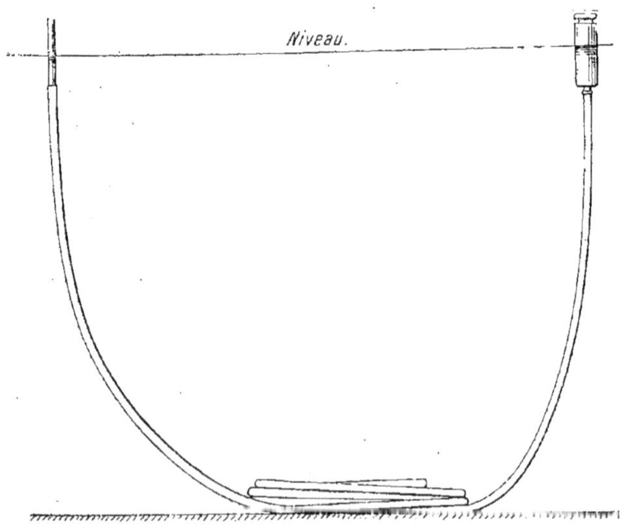

Fig. 289, D.

Ce trait de niveau se tire généralement à 1 mètre du parquet ou du sol ; c'est la hauteur la plus commode.

Le niveau à bulle d'air est un instrument en cuivre garni d'un tube presque plein d'eau; le vide produisant la bulle d'air doit, quand il est placé horizontalement, se trouver au milieu du tube dans une échancrure laissée à cet effet (*fig.* 289, E).

Pour vérifier s'il est juste, il n'y a qu'à le retourner : la bulle d'air doit rester au milieu si le niveau est bien ajusté.

**Nœud.** Lorsqu'un arbre est débité en plateaux ou en planches, la partie de cet arbre où ont poussé des branches produit des nœuds qui avancent plus ou moins profondément dans le tronc de l'arbre.

Plus les branches sont grosses, plus les nœuds sont profonds; il faut donc s'arranger, avant de débiter l'arbre, par le tronçonner et le couper entre ces grosses branches.

Les nœuds font tourmenter ou coffiner le bois et le déprécient ; il faut donc que

Fig. 289, E.

les bois pour planches soient secs avant de les débiter au chantier et que les nœuds, par leur sécheresse, ne jouent plus; on s'arrange alors pour les faire tomber en débitant.

On appelle nœud vicieux, un nœud qui traverse un battant, montant ou traverse

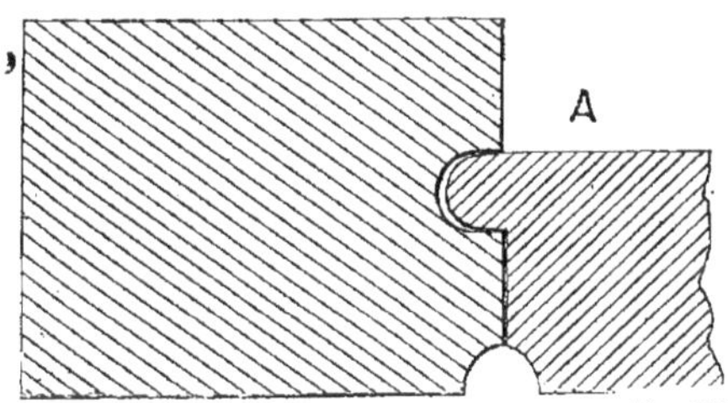


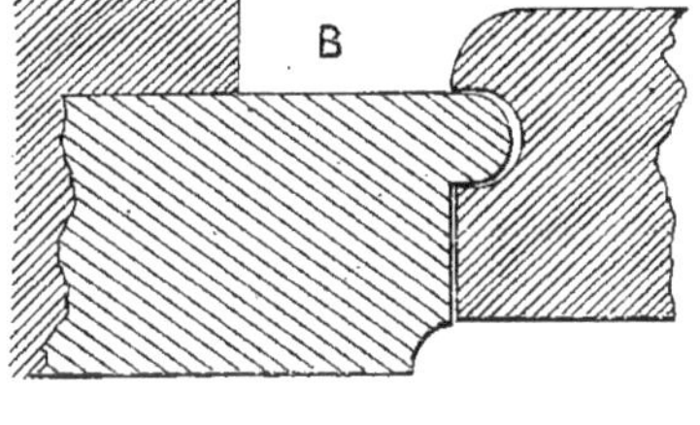


Fig. 290.

dans son épaisseur ; un nœud n'ayant que le quart de la largeur d'un battant et le traversant ou non dans son épaisseur n'en compromet pas la solidité, il peut donc être employé sans crainte.

**Noir.** Pour teinter le poirier, l'acajou et autres bois en noir, il faut, après les avoir bien finis et poncés, y passer une couche d'eau de bois de campêche pour attendrir les pores et, avant la sécheresse complète, y passer une couche de noir chimique appelée pyrolinite de fer; en séchant, cette couche devient très noire et laisse à la surface une poussière ferrugineuse qu'il faut brosser quand c'est bien sec et poncer à nouveau pour enlever les pores que l'humidité des couches a fait lever.

Pour fixer ce noir, qui tache encore malgré le ponçage, il faut le passer à l'encaustique, ou bien le vernir au tampon ou au pinceau.

**Noix.** On appelle noix, indistinctement, les gorges poussées dans les dormants de croisées, bâtis ou autres parties dormantes.

Les languettes de noix sont celles qui sont poussées sur les rives des battants de croisées, châssis ou portes et sont arrondies pour entrer dans la noix des dormants ou bâtis (*fig.* 290, A).

Dans les vieilles croisées ou portes, quand les dormants et les châssis étaient de même épaisseur, on faisait le contraire, c'est-à-dire que la noix était poussée dans le châssis (*fig.* 290, B); ce genre de travail se fait rarement aujourd'hui.

**Noue.** On appelle noue, l'angle rentrant formé par les deux surfaces inclinées d'un comble à leur rencontre (*fig.* 291); c'est le contraire d'un arêtier qui est l'angle saillant.

Le développement de la longueur de la

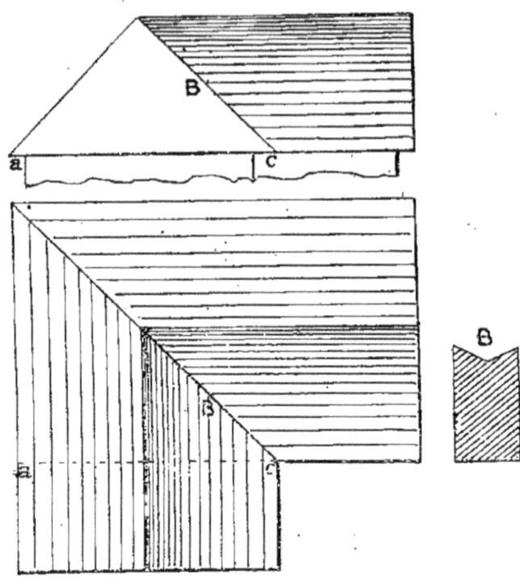


Fig. 291.

pièce de bois appelée noue se fait de la même façon que celui de l'arêtier, la rive de l'arêtier forme arête saillante et celle de la noue angle rentrant (*fig.* 291, B).

**Noyau.** Dans un escalier, on appelle noyau plein le poteau rond ou à 8 pans dans lequel on entaille les marches et les contre-marches de cet escalier.

Lorsque ce noyau est débillardé en limon ou en crémaillère, on l'appelle escalier à noyau évidé jusqu'à une certaine grandeur (voyez *escalier*).

**Noyer.** Bois français, très veiné, de couleur brune et dont l'aubier est blanc.

Il est classé dans la catégorie des bois durs; il est très résistant.

Les raccords des veines du noyer sont d'un très bel effet dans les panneaux, dessus de table, etc.

Les noyers les plus recherchés nous viennent de l'Auvergne et du sud-est de la France.

La menuiserie qu'on fait en noyer est presque toujours cirée.

**Nu.** Le plat, la partie unie d'un bâti, s'appelle le nu du bâti; dans les panneaux, cadres, cymaises, plinthes ou pilastres, on appelle nu, la partie de ces panneaux, cadres, etc., dépourvue d'ornements ou de moulures.

Dans les plans d'une porte cochère, meuble ou autres menuiseries, ce sont ces nus qui ont le plus d'importance; c'est pourquoi sur les lignes du plan et de la coupe, on ne doit pas se lasser de les ré-

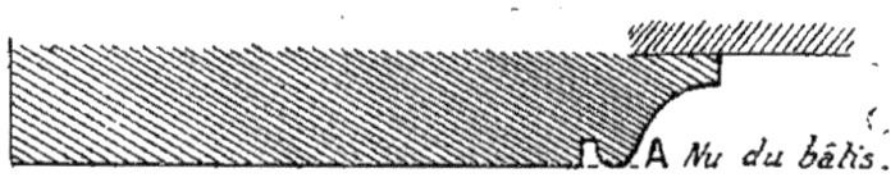


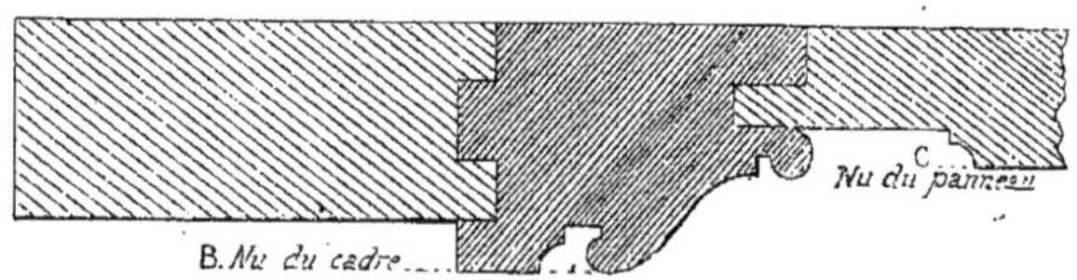


Fig. 292.

péter (*fig.* 292, A, nu du bâtis; B, nu du cadre; C, nu du panneau, etc.).

**Oblique.** On appelle ligne oblique, une ligne qui s'écarte de la ligne d'équerre ou verticale, qui est en biais ou qui s'incline.

**Obliquité.** L'assemblage oblique ou biais est synonyme, et, pour tracer ces assemblages, il faut relever leur obliquité sur le plan avec la fausse-équerre pour la reporter sur les montants ou sur les traverses.

**Oblong.** Figure géométrique qui est plus longue que large, ou moins haute que large.

**Obtus.** On appelle angle obtus, celui qui est plus ouvert qu'un angle droit, par suite plus grand que 90 degrés (*fig.* 293).

**Ocre.** Terre écrasée en poudre dont la couleur naturelle est ordinairement jaune ou rouge.

On la teinte aussi en bleu ou de différentes couleurs.

On trempe les cordeaux dans cette poudre pour tirer des lignes horizontales, verticales ou autres dans un bâtiment, sur un plan d'escalier, etc.

Pour les plans ou pour le débit, on frotte plutôt le cordeau avec un morceau de craie ou de blanc de Meudon, le trait donné par le cordeau tient mieux que celui fait avec de l'ocre ; il est plus net.

**Octaèdre.** Figure géométrique représentant un corps solide ayant huit faces régulières et présentant huit triangles équilatéraux.

Le développement de l'octaèdre est très intéressant et doit se faire après celui de l'hexaèdre qui a six faces, il s'exécute très facilement.

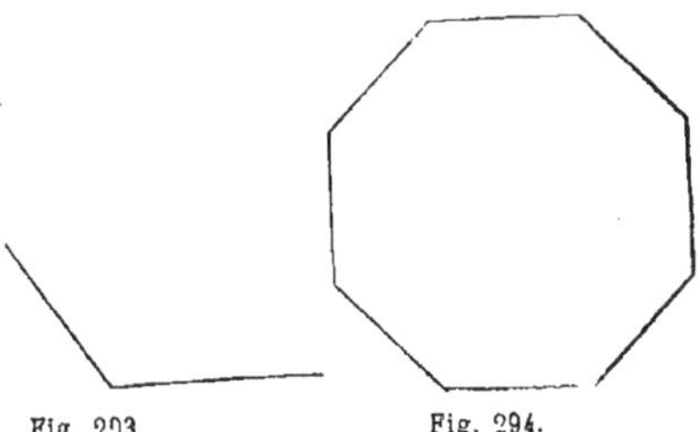

Fig. 293. Fig. 294.

**Octogone.** Figure géométrique qui a huit angles et huit côtés (*fig.* 294).

Lorsqu'on veut arrondir régulièrement un noyau d'escalier ou une autre pièce,

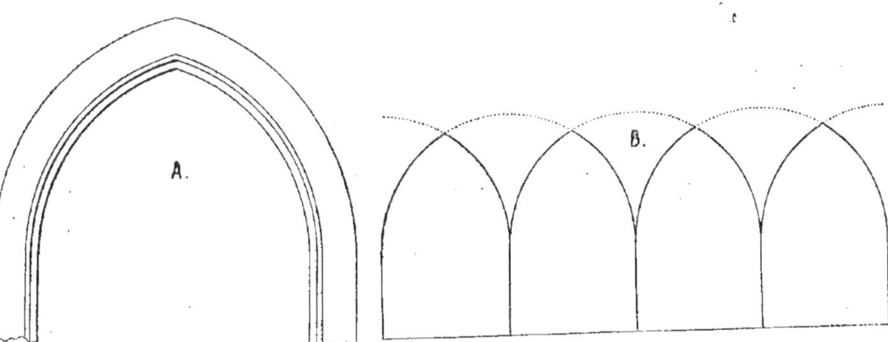


Fig. 295.

on doit d'abord l'équarrir et la dresser puis en bout de la pièce décrire le cercle que doit avoir le noyau et sur ce cercle tracer huit pans réguliers et renvoyer les lignes sur la longueur du noyau pour le mettre octogonal ou à huit pans, puis on l'arrondit ; ces lignes renvoyées servent pour le tracé des contremarches, des moulures ou des cannelures, si c'est un battement circulaire ou une colonne.

**Œil.** On appelle l'œil d'une volute ou le noyau, la partie circulaire qui marque le centre de cette volute ; il doit toujours être en saillie dans les consoles sculptées et dans les autres. Cette saillie est proportionnée à la grandeur de la volute.

**Ogive.** On appelle ogive une arcade formée par deux arcs de cercle qui ont le même rayon et, en se croisant à leur sommet, forment un angle plus ou moins aigu (*fig.* 295, A).

On dit une baie ogivale ou en ogive.

C'est le commencement de l'architecture gothique.

L'origine de l'ogive paraît provenir de

la rencontre d'arcs demi-circulaires, les centres sont à des distances plus ou moins éloignées (*fig.* 295, B).

Fig. 296

On appelle aussi ogives les nervures ou grosses moulures saillissant des angles d'une voûte d'arête.

**Olive.** La main-courante à profil olive est celle qui a la forme d'une olive (voir *fig.* 276, A), elle est oblongue et arrondie. Elle se fait ordinairement en mérisier ou en noyer et ses dimensions ne dépassent pas $0^m,035$ d'épaisseur sur $0^m,04$ à $0^m,05$ de largeur.

**Ombrer.** Tracer des ombres pour faire ressortir un profil de moulures sur un plan

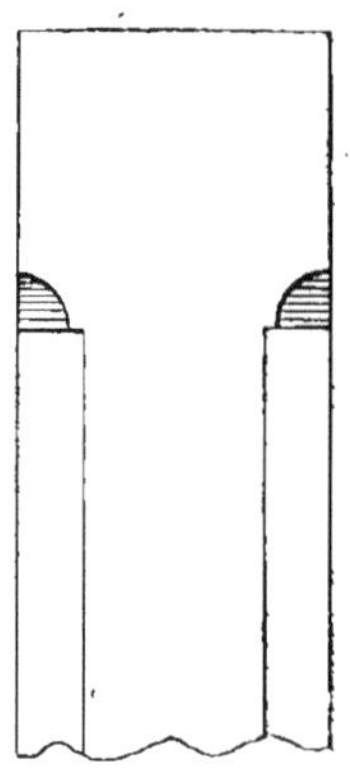

Fig. 297.

c'est tracer sur ces profils ronds ou creux des lignes plus ou moins rapprochées qui donnent l'illusion du profil connu (*fig.* 296).

A, Profil de cymaise de grande porte;

B, Profil de plinthe ou de socle.

**Ongle.** Un chanfrein ou une gorge est arrêté en coup d'ongle, lorsque cet arrêt est circulaire et a la forme d'un coup d'ongle (*fig.* 297).

**Onglet.** Les coupes d'onglet sont, en général, les coupes faites à 45 degrés, celles qui ne sont pas d'équerre ni d'onglet sont appelées fausses coupes.

Après la coupe d'équerre, c'est la coupe d'onglet la plus usitée en menuiserie parce qu'elle permet le raccord et le ragréage de toutes les moulures se retournant à angle droit ou d'équerre (*fig.* 298, A, coupe d'onglet de cadres ; B, coupe d'onglet de lambris ou de portes).

Lorsque, dans un bâtiment, on a à tracer un plan, une ligne droite d'équerre ou d'onglet et qu'on est dépourvu d'instruments, n'ayant qu'un crayon et un journal, ce journal plié en deux, posé bien à plat, donne une ligne droite, plié en quatre, il donne une ligne d'équerre et plié en diagonale il donne une ligne d'onglet, c'est simple et cela peut être très utile.

On dit assemblage d'onglet, équerre d'onglet, etc. (voyez *assemblage* et *équerre*).

**Orcanète.** Matière rouge qui, dissoute dans de l'essence, donne au bois la couleur de l'acajou.

**Ordre.** L'architecture classique est divisée en cinq ordres :

L'ordre toscan ;
L'ordre dorique ;
L'ordre ionique ;
L'ordre corinthien ;
L'ordre composite.

La désignation de ces cinq ordres ne faisant pas partie de cet ouvrage, il faut se reporter aux ouvrages spéciaux déjà publiés (*Architecture*, *Construction*, livre VII).

**Orgue.** Un buffet d'orgue est un ouvrage de menuiserie plus ou moins riche et compliqué, servant par sa décoration à dissimuler les tuyaux et le mécanisme des grandes orgues ; il en existe dans la plupart des églises et on a commencé à en mettre dans une mairie à Paris, pour donner plus de solennité à un mariage.

**Orme.** Bois français, de couleur grisâtre, dur et assez noueux ; est plus employé dans le charronnage que dans la menuiserie.

**Ornement.** Le dessin d'ornement se distingue du dessin linéaire en ce que ce dernier n'est composé que de lignes droites ou courbes, et le dessin d'ornement se compose de sculptures, de chapiteaux ou autres dessins de frises, enfin tout ce qui sert à orner ou à embellir un objet principal.

**Outil.** On appelle outil tout instrument servant à exécuter un travail manuel quelconque.

On appelle boîte à outils, lorsqu'un ouvrier va travailler dehors ou en ville, comme on dit, une boîte dans laquelle il y a des clous de différentes longueurs et qui peut contenir, en outre, les outils nécessaires pour faire son ouvrage. Elle est garnie d'une lanière qui se passe sur l'épaule et n'est pas embarrassante.

Les outils principaux d'un ouvrier menuisier à Paris et qu'il doit fournir se composent de :

Une paire d'affûtage ;
Un rabot à dégrossir ;
Un rabot à replanir ;
Un guillaume de fil ;
Un guillaume de bout ;

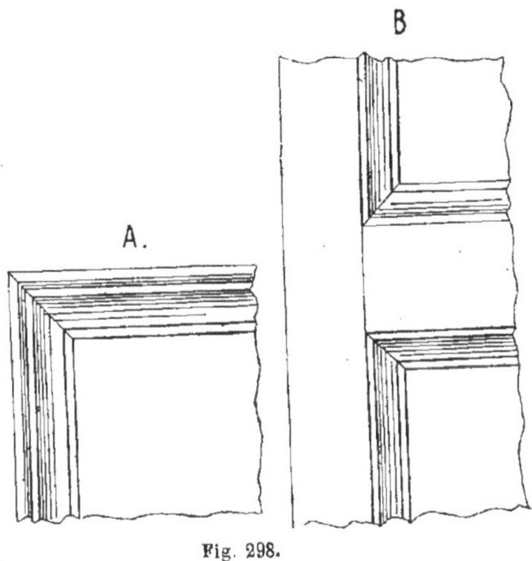


Fig. 298.

Un marteau ordinaire ;
Un maillet ;
Un ciseau fort de 0,04 de large pour bûcher ;
Un assortiment de ciseaux en acier fondu au moins un de 0,027 de large et un de 0,02 de large ;
Un assortiment de gouges, de 0,008 à 0,025 de large, 3 plates et 3 creuses ;
Une scie à débiter ;
Une scie à tenons ;
Une scie à araser ;
Une scie à chantourner ;
Une paire de bouvets de 0,013, 0,018 et 0,027, au moins ceux de 0,027 ;
Un niveau ordinaire ;

Les bédanes et outils à moulures sont fournis par le conducteur, le marchandeur ou le patron ainsi que les presses, serre-joints, établi, etc.

**Outiller.** On dit qu'un ouvrier est bien outillé lorsqu'il est bien garni en outils, bien monté d'outils, que ces outils soient en bon état de propreté et bien en fût; s'il a une quantité d'outils et qu'ils ne soient pas en bon état ou mal affûtés, il est malgré cela mal outillé.

Un conducteur d'atelier doit avoir le complément des outils nécessaires à la confection du travail.

Un atelier de menuiserie est bien outillé mécaniquement lorsque tous ses outils vont bien depuis la machine à vapeur jusqu'à la meule et qu'il est muni de tous les outils nécessaires à la fabrication des ouvrages de menuiserie.

**Ouverture.** On donne le nom d'ouverture à une baie de porte ou de croisée. On dit aussi faire une ouverture dans une cloison, c'est la percer pour y pratiquer une porte, chassis, etc.; il en est de même dans un mur.

Changer une porte d'ouverture ou un châssis, c'est en changer les feuillures pour la faire ouvrir d'un autre côté.

**Ouvrage.** Résultat du travail d'un ouvrier, quand il a fini, on dit qu'il a terminé son ouvrage; lorsqu'on a beaucoup d'ouvrage, on dit qu'on est pressé.

On appelle aussi ouvrages de menuiserie les traités de menuiserie, livres de dessins, de géométrie, enfin tout ce qui concerne la menuiserie jusqu'aux travaux les plus difficultueux, qui, tout en donnant les plans, enseignent la manière de les exécuter.

**Ouvragé.** On dit qu'un travail est très ouvragé lorsqu'il a beaucoup de détails qu'il présente des difficultés à son exécution.

**Ouvrant.** Dans une porte à deux vantaux, le vantail qui ouvre le premier s'appelle le *vantail ouvrant;* le vantail dormant est celui qui est fixe.

**Ouvrier menuisier.** Celui qui travaille aux travaux de menuiserie et à leur confection, soit manuellement, soit à l'aide de machines.

Il y a, dans cette dernière catégorie des spécialités: celui qui travaille à la toupie s'appelle *toupilleur;* le *scieur* travaille à la fraise et à la scie à ruban; le *raboteur*, à la dégauchisseuse qui dresse et met d'équerre et à la raboteuse qui tire d'épaisseur et de largeur; le *mortaiseur* fait les mortaises, affûte ses mèches et s'occupe aussi de la tenonneuse.

Lorsque toutes les pièces d'une croisée ou d'une porte sont préparées mécaniquement et qu'il y en a un lot, c'est-à-dire au moins une dizaine semblables, on les donne à un ou à deux ouvriers, qui font les coupes, le montage du travail, les chevillent et les terminent, prêtes à livrer au bâtiment.

**Ovale.** Figure plane, ronde et oblongue ayant à peu près la forme d'un œuf ou d'une ellipse.

Il y a différentes manières de tracer

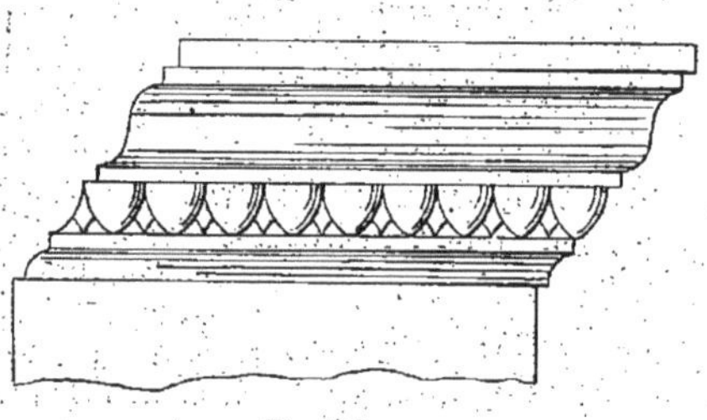

Fig. 299.

l'ovale ou l'ellipse: voyez *Ellipse* (*fig.* 219 *et suivantes*).

**Oves.** Ornements sculptés dans la masse d'un profil, en forme de quart de rond et ayant l'aspect d'un œuf coupé dans sa partie la plus ronde (*fig.* 299).

Cet ornement fait ordinairement partie d'une corniche de meuble, d'un chapiteau dorique, etc.

**Palier.** On appelle palier d'escalier la partie de plancher qui se fait à la hauteur des étages et qui peut être commune à plusieurs appartements; la *marche palière* est celle qui est au bord de ce palier.

Dans les grands escaliers dits à la française, il existe des paliers dans la hauteur de la montée de l'étage; on les appelle *paliers de repos.*

**Palissade.** Clôture provisoire que l'on fait à une certaine distance de la façade d'une maison qu'on va construire (cette distance est d'environ 2 mètres).

Ce sont des planches de 2 mètres à $2^m$,33 de hauteur, à claire voie, c'est-à-dire espacées de 4 ou 5 centimètres entre elles, clouées sur des traverses en sapin de 0,06 à 0,08 d'épaisseur.

Elles sont ordinairement mobiles et par travées de 2 à 3 mètres de large, séparées par des poteaux scellés en terre et sur lesquels on a cloué des échantignolles à entailles.

C'est dans ces entailles que viennent se poser les bouts des traverses.

**Palissandre.** Bois des îles, très dur, de couleur brun violet; les meubles en palissandre se font ordinairement cirés et non vernis.

**Palmettes.** Ornements sculptés représentant des feuilles de palmes enroulées par le haut (*fig.* 300).

Cet ornement se sculpte en bas-relief sur les frises de meubles et les motifs de palmettes sont à une certaine distance les uns des autres.

**Pan.** Une armoire, une partie de menuiserie ou le foyer d'un parquet, posé en diagonale dans une pièce, s'appelle posé en *pan coupé* (voyez *Hypothénuse*, *fig.* 262); un poteau, ou une pièce de bois, est abattu à huit *pans* quand il représente une figure octogonale.

Fig. 300.

Dans une construction, on appelle *pan de bois* de 0,20 à 0,25 d'épaisseur une charpente composée : de poteaux, traverses, sablières, écharpes ou tournisses assemblées. Il remplace le mur de refend destiné à recevoir les abouts de solives.

Il s'en fait rarement maintenant, ces murs de refend se font en briques ou en fer.

On les appelle alors *pans de fer*.

**Panne.** Lorsque, dans un comble, la portée des chevrons est trop longue, on pose alors sur les fermes, pour les soutenir, une traverse horizontale appelée *panne*.

Cette panne est assujettie sur les fermes et maintenue par des échantignolles, au dessous elle est supportée par une contrefiche ou par un potelet (*fig.* 301, A).

Dans un comble à la mansard, on appelle *panne de bris* celle qui reçoit les chevrons du toit, et ceux assemblés entre la plate-forme et cette panne s'appellent *chevrons de bris* (*fig.* 301, B).

La grosseur d'une panne de bris doit être de 0,15 sur 0,20 de large au moins, suivant sa portée.

La *panne* d'un marteau est la partie opposée à la frappe de ce marteau, elle est amincie et arrondie et sert à enfoncer les petits clous, avant de se servir du chasse-clou.

**Panneau.** Dans une porte, on appelle *panneau* la partie pleine rainée qui vient s'embrever au pourtour dans les bâtis.

On dit panneau du haut et panneau du bas; celui intermédiaire (au milieu) qui est plus petit, s'appelle *frise*.

Avant de rainer les panneaux, il faut avoir soin d'appareiller les bois, faire un joint dans les gerces qui ne sont pas rares dans le sapin et, si les panneaux doivent avoir des plates-bandes au pourtour, mettre sur les rives le plus beau bois et dans le fil où ces plates-bandes

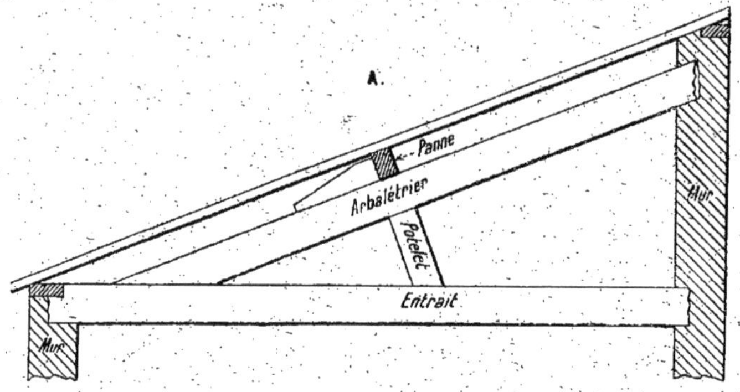


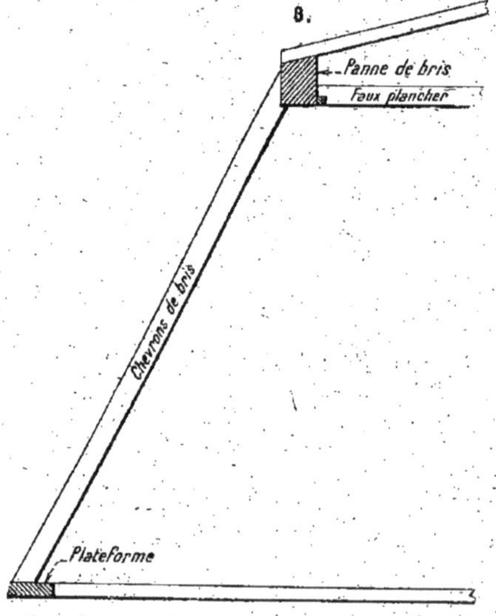


Fig. 301.

doivent être poussées; éviter aussi et surtout de mettre des nœuds dans les bouts des panneaux où on doit pousser des plates-bandes.

Si on laisse une gerce dans un panneau, celui-ci se retirant, on verra clair au travers et la réparation deviendra coûteuse; car il faut alors décheviller la porte, refendre le panneau, y rainer une alaise et refaire les plates-bandes, sans parler des peintures. On doit y faire bien attention.

On appelle aussi *panneaux de lambris par moulures rapportées* ceux représentés par des champs ou par des moulures clouées sur les murs et formant encadrement.

Dans une porte lorsque le haut est vitré sans petits bois, on l'appelle *panneau vitré*.

**Papier de verre.** Pour poncer et pour finir les moulures ou les panneaux, on se sert de papier de verre.

C'est un papier solide sur lequel on a collé du verre pilé ou du silex en poudre par des moyens spéciaux.

Il y en a de différentes grosseurs: le plus fin, appelé double zéro, sert pour poncer les bois, les polir avant de les vernir; il va en grossissant jusqu'au n° 6 qui est le plus gros.

Celui qu'on emploie le plus communément est le n° 3 pour les moulures et le n° 4 pour poncer les panneaux en sapin en travers.

**Parallèle.** On appelle lignes parallèles

celles qui se suivent à égale distance dans toute leur longueur et ne doivent jamais se rencontrer.

Toutes les lignes d'aplomb ou de niveau sont parallèles.

**Parallèlement.** Veut dire à égale distance.

Des traverses ou des montants sont posés parallèlement lorsqu'ils sont à une égale distance les uns des autres.

**Parallélogramme.** Figure plane et quadrilatère dont les quatre côtés sont parallèles à égale distance.

**Parclose.** Petite moulure rapportée dans les parties ravalées de moulures, pilastres, etc..., et posée en travers pour former et compléter un encadrement.

Pour éviter les parcloses, il faudrait que les élégis et les moulures soient arrêtés et contreprofilés dans la masse.

**Parcloser.** C'est rapporter des moulures ou parcloses dans des pilastres; lorsqu'on ne veut pas les élégir dans la masse on dit qu'on les parclosera.

**Parement.** Partie d'un panneau, d'un battant, etc., qui paraît au dehors.

Choisir le parement d'un battant ou d'une traverse, c'est chercher le plus beau côté pour le corroyer le premier, la plus belle rive pour mettre d'équerre; le derrière s'appelle le *contreparement.*

C'est sur le parement qu'on établit les bois, voyez *Etablissement* (*fig.* 241); c'est lui qui sert pour tracer, trusquiner les mortaises ou les tenons; enfin, quand le travail est terminé, on doit toujours, pour livrer, le poser en parement, c'est-à-dire que ce soit le plus beau côté qui soit apparent; on ne doit jamais le poser en contreparement.

Lorsque, dans une porte, lambris ou autre menuiserie, il y a des moulures des deux côtés, ces lambris sont à deux parements, mais toutefois il est rare que le parement ne soit pas plus beau que le contreparement, puisque c'est toujours le côté qui est sous l'œil de l'ouvrier, pour l'établir, le cheviller ou le coller.

**Parpaing.** Seuil en pierre posé en travers sous le soubassement d'une devanture ou d'une cloison pour l'isoler du sol et la préserver de l'humidité.

**Parquet.** Frises de chêne ou de sapin blanchies, rainées et posées les unes contre les autres sur des lambourdes ou sur des solives et devant former le sol des pièces.

Les frises ont ordinairement de 0,024 à 0,025 d'épaisseur et 0,06 à 0,11 de largeur.

On le nomme *parquet à l'anglaise* lorsque les frises sont posées parallèlement les unes à côté des autres (*fig.* 302, A).

*En bout, parquet à coupe de pierre* lorsque les frises sont de la même longueur et les joints réguliers.

Le *parquet à point de hongrie*, anciennement appelé *parquet à fougères*, se compose de frises posées diagonalement (*fig.* 302, B).

L'écartement de ce parquet se mesure à l'équerre et non sur la longueur des frises, il est rarement au-dessous de 0,33 et au-dessus de 0,50.

Le parquet à point de hongrie est dit *encadré* lorsqu'on pose autour de la pièce une frise d'encadrement.

Il est *retourné au milieu* lorsque la travée du milieu forme des losanges, cette travée étant ordinairement dans l'axe de la cheminée ou de la porte; on l'appelle *parquet retourné en tous sens* lorsque les frises forment des panneaux en diagonale représentant des losanges en tous sens (*fig.* 302, C).

Il doit se faire en frises très étroites de 0,05 à 0,06 appelées *frisettes*, pour éviter le retrait du bois, car, s'il était large, les coupes biaises ne tarderaient pas à bâiller.

Le parquet à *bâtons rompus* est disposé comme sur la figure 302, D.

Le parquet est *en éventail* lorsque les frises sont toutes plus larges d'un bout que de l'autre.

Le *parquet en feuilles* se compose de panneaux assemblés dans des bâtis (voy. *feuille*, *fig.* 245).

Il y a encore d'autres genres de parquet plus riches : *parquets à compartiments*, *parquets en mosaïques* dits *parquets suisses* de différentes espèces de bois, à incrustations et formant des dessins riches et d'un très bel effet, mais qui sortent de notre cadre; ces parquets sont faits par des spécialistes et toujours posés sur un premier parquet.

Le *parquet de glace* est un lambris en

bois à petits panneaux sur lequel on applique les glaces dans une feuillure réservée au pourtour.

**Parqueter.** Faire parqueter une pièce, une chambre, c'est faire poser le parquet dans cette pièce ou dans cette chambre.

**Parqueteur.** Ouvrier dont la spécialité est de couper et de poser les frises de parquets sur les lambourdes; lorsqu'ils vont travailler, ils disent qu'ils vont *se mettre à genoux*.

La plupart travaillent aux pièces à tant le mètre superficiel et leur tarif de pose est très compliqué pour les plus-values.

Une de ces plus-values qui ne manque pas d'originalité, c'est celle de campagne; à partir de 500 mètres des fortifications, tel prix, mais un géomètre n'est pas nécessaire pour mesurer la distance, on s'arrange toujours avec eux.

**Passage.** La mesure de passage est celle qui existe entre deux poteaux d'huisseries ou des montants de bâtis et qui signifie le nu du poteau et non le fond des feuillures (*fig.* 303).

**Patère.** Ornement sculpté ou tourné, de forme circulaire ou ovale, pour maintenir les doubles rideaux d'une fenêtre.

**Patin.** Semelle ou pièce de bois posée horizontalement sous le pied d'un poteau qui doit porter, pour lui donner plus d'assise.

Pièce de bois solide scellée en contre-bas du sol, de l'épaisseur du parquet ou du carrelage et sur laquelle on pose et on assujettit le pied des limons ou des crémaillères d'escalier.

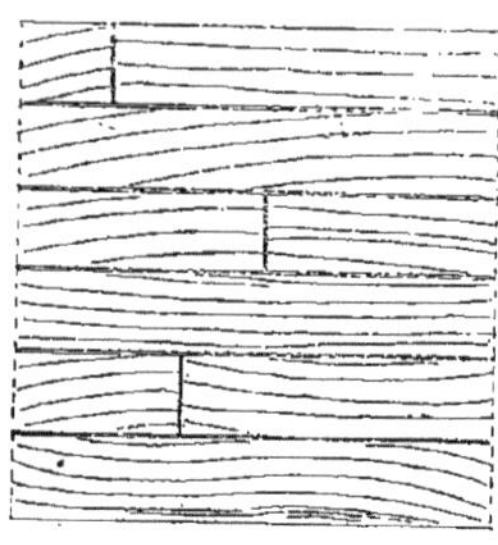

Fig. 302 A.

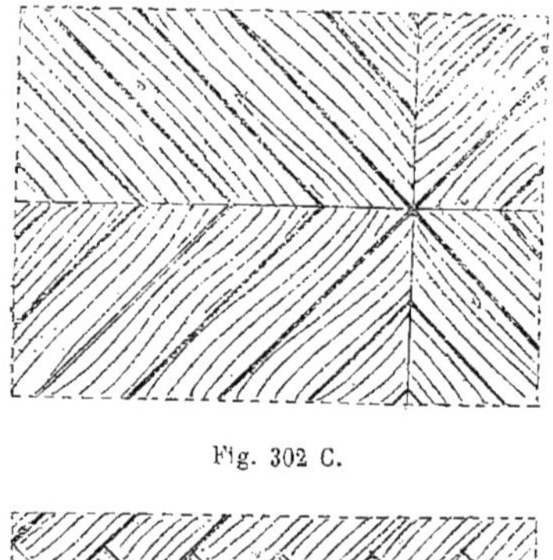

Fig. 302 C.

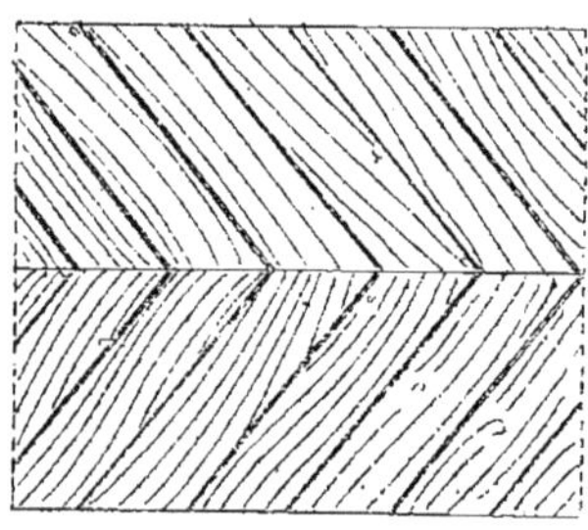

Fig. 302 B.

Fig. 302 D.

**Patte.** Pour fixer un lambris ou un cadre de glace, on se sert de pattes à pointes qu'on enfonce dans le mur; la tête est aplatie et percée d'un trou dans lequel on met un clou ou une vis.

La *patte à scellement* est en fer feuillard épais plus large à la tête; elle est percée de deux trous fraisés, l'autre bout est fendu en queue de carpe.

Les *pattes à bâtis* sont taraudées d'un bout pour être vissées derrière le bâti et l'autre bout est coudé et fendu aussi en queue de carpe; elles ont de 15 à 18 millimètres de largeur.

Le bout coudé sert à assujettir le bâti avec deux clous à bateau en attendant que le maçon soit prêt à sceller les six ou sept pattes qu'il faut pour fixer un bâti et autant pour le contre-bâti, ce qui se fait en même temps.

**Pavillon.** Planche découpée posée extérieurement dans le haut d'une jalousie de croisée pour l'assujettir et préserver les cordes et les poulies de l'humidité.

Il dissimule les traverses de jalousies qui seraient d'un effet disgracieux en dehors.

**Paie.** Le jour de paie est celui où on paie les ouvriers; la paie, suivant les ateliers, se fait au mois ou par quinzaine et d'après les règlements de chaque maison.

**Peau-de-chien.** C'est la peau d'une espèce de chien de mer qui, après avoir été desséchée à l'air, a les rugosités d'une lime en acier.

Elle sert pour enlever les éclats dans les moulures et a l'avantage sur la lime de se cintrer suivant les profils.

Dans la même peau et suivant les endroits, il y en a de la grosse, de la moyenne et de la fine.

Depuis l'invention des toupies pour les moulures on ne s'en sert presque plus, car la toupie ne fait pas d'éclats.

**Pédale.** Planche en bois articulée sur laquelle on met le pied et qui, avec une tige de fer, sert à faire mouvoir la bielle d'une meule et à la faire tourner.

On se sert aussi de petites scies à rubans ou scies alternatives à pédales, ainsi que de petites scies circulaires, mais on obtient peu de force, il faut un volant pour l'augmenter; elles ne peuvent servir que pour de menus ouvrages.

**Peigne.** Lorsqu'un tenon est cassé, pour ne pas remplacer la traverse, on y rapporte un faux tenon à peigne (*fig.* 304).

On fait dans le bout de ce faux tenon des goujons qu'on arrondit; on perce dans la traverse des trous de mèche de leur grosseur, on emmanche et on colle.

Il est bon de faire un enfourchement de 0,02 dans le bout de la traverse pour donner plus de solidité à l'assemblage à peigne et le bois du faux tenon doit être dur et bien de fil.

**Pénétration des corps.** En géométrie, la pénétration des corps est le développement exact de la coupe de deux pièces de bois n'ayant pas la même forme, soit, par exemple, un cylindre pénétrant dans un cube, etc.

**Pentagone.** Figure géométrique qui a cinq angles et cinq côtés.

**Pente.** On appelle pente la rive oblique d'une planche.

Dans un poteau de devanture et pour donner plus de développement aux portes, on abat une pente en dehors de l'épaisseur de ces portes et sur les feuillures.

Assemblage en pente, c'est un assemblage biais.

Enfin tout ce qui n'est pas droit ou d'équerre est en pente ou en fausse coupe.

**Percement de trous.** Ouverture faite dans un panneau à la scie à main et finie à la lime.

On en fait des carrés, des ronds ou des ovales.

Pour faire un percement de trous, on fait un trou de mèche sur le bord pour amorcer l'extrémité de la scie à main.

**Périmètre.** On appelle périmètre le contour d'une figure géométrique circulaire ou polygonale.

**Perles.** Ornements sculptés que l'on fait sur les baguettes de chambranles ou de cadres et qui sont divisés régulièrement et de forme ronde (*fig.* 305).

**Perpendiculaire.** Toute ligne se retournant d'équerre sur une autre ligne lui est perpendiculaire, qu'elle soit verticale ou non.

Pour tracer une perpendiculaire (*fig.* 306) sur la ligne droite AB, n'ayant pas de compas, on fixe le point de centre C par lequel on veut passer; avec une ficelle et un crayon, on fait deux points d'emprunt DE également distants de C; puis donnant un peu plus de longueur à la ficelle, des points D et E comme centres, on fait la section F; la ligne qui passera par le point de centre C et la section F sera perpendiculaire à la ligne AB.

**Perron.** Escalier extérieur en bois ou en pierre avec une ou deux rampes et donnant accès à un palier précédant une porte.

Il se compose ordinairement de peu de marches, dix au plus et trois au moins.

**Persienne.** Châssis en bois dans les battants duquel on assemble des lames en pente qui entrent dans des entailles à une certaine distance les unes des autres.

Ce châssis sert de contrevent et de fermeture et n'empêche pas l'air de pénétrer dans la chambre.

Les lames doivent se recouvrir d'au moins 5 millimètres l'une sur l'autre (*fig.* 307) pour empêcher qu'on ne voie au travers.

Pour le tracé de ces lames sur les battants des persiennes, les battants ayant ordinairement 0,034 d'épaisseur et les lames 0,075 de largeur sur 0,012 d'épaisseur la distance d'une lame à l'autre est de 0,056 à 0,057 en tenant compte du recouvrement, ce tracé donne la pente de la lame.

La division de ces lames se fait du premier coup en tirant sur le plat du battant une ligne diagonale du dessus de cette première lame au-dessus de la traverse du bas.

En ouvrant le compas à 0,056 sur cette ligne diagonale on ouvre une fausse équerre du point le plus rapproché de l'équerre au-dessus de la traverse du bas et on ramène tous ces points sur l'arête du battant, on arrive à O à la première lame, on n'a plus qu'à retourner ces points d'équerre sur le champ du battant et la division est faite.

On peut même mettre une lame de plus ou de moins suivant qu'on ouvre ou qu'on ferme la fausse équerre du point de division sur le plat du battant au-dessus de la traverse du bas qui représente un dessus de lame.

Les persiennes au-dessus de deux vantaux s'appellent persiennes brisées.

**Perspective.** En menuiserie, faire la perspective d'une moulure ou d'une pièce de bois, c'est en développer l'épaisseur en pente sur une petite longueur et renvoyer les lignes en les ombrant pour en donner l'aspect (*fig.* 308).

**Petits-bois.** Traverses de croisées étroites moulurées et avec feuillure à verre devant recevoir les vitres.

Lorsqu'ils sont posés verticalement, on les appelle *petits-bois montants.*

Dans la partie vitrée d'une porte si elle est divisée en quatre avec une traverse et un montant de petit-bois, on l'appelle vitrée avec un croisillon.

Les petits-bois ont 0,025 de large jusqu'à 0,06; au-dessus de cette largeur, ce sont des traverses.

**Pétrin.** Meuble ou buffet dans le haut duquel on pétrit la farine pour faire le pain; le dessous fermant avec des portes sert pour le ranger.

**Peuplier.** Bois français de nuance blanche, tendre comme le sapin ; il sert pour faire des panneaux sur lesquels la peinture est plus belle que sur le sapin parce qu'il n'a pas de veines.

Il se débite en voliges.

Celles dites *de Champagne* ont 0,018 d'épaisseur et celles dites *de Bourgogne* 0,022 d'épaisseur.

On prend le bois de choix pour les panneaux et les rebuts servent aux emballeurs pour faire des caisses.

**Pièce.** Dans les réparations pour boucher un trou ou un éclat fait dans une porte ou dans une croisée, on y rapporte un morceau de bois ou *pièce entaillée* dans l'épaisseur pour lui donner de la solidité après avoir été affleurée.

Quand un battant s'est tourmenté ou cintré, pour le redresser on y entaille en travers une pièce rapportée à queue dans la partie creuse, l'entaille étant plus dégraissée que la pièce qui est en pente, en l'enfonçant le battant se redresse et cette entaille doit avoir moins de la moitié de l'épaisseur du battant pour lui conserver de la solidité.

On appelle *pièce carrée* un outil servant à vérifier si les travaux sont d'équerre.

On s'en sert surtout pour cheviller les châssis des croisées qui ont des vides, on doit toujours la présenter sur le jet d'eau et le battant en ayant soin de faire remonter le châssis du milieu pour en faciliter le développement et que le milieu ne touche pas à la pièce d'appui.

**Pièce d'appui.** Traverse basse du dormant d'une croisée au-dessous du jet d'eau.

Elle comporte ordinairement une feuillure dans laquelle on pousse une gorge appelée rigole, plus creuse au milieu qu'aux extrémités. On y perce un trou d'environ 0,015 de diamètre recevant un

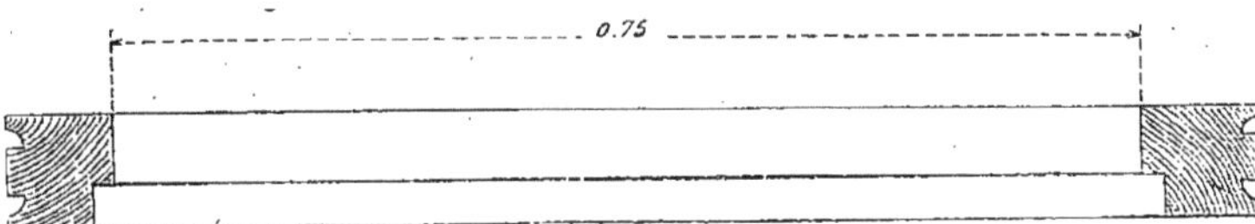


Fig. 303.

tube en plomb et renvoyant au dehors les eaux qui viendraient dans la feuillure de la pièce d'appui (voyez *Croisée, fig.* 195).

**Pied.** Ancienne mesure de longueur ayant 0,33 centimètres ou 12 pouces; on compte ordinairement trois pieds au mètre.

On appelle pieds de table les montants de ces meubles dans lesquels viennent s'assembler les traverses de ceinture qui supportent le dessus.

Un pied cornier est celui qui reçoit les traverses et les panneaux de face et de retour; il est ordinairement arrondi.

**Pied de biche.** Outil ressemblant à une pince monseigneur, dont les bouts seraient fendus au milieu, ce qui permet, en s'en servant comme levier, de prendre les gros clous plantés dans le bois et de les arracher.

C'est cette fente qui rappelle la forme d'un pied de biche.

**Pierre-noire.** Pierre tendre servant à marquer et à établir les bois après leur corroyage; elle se fend facilement comme l'ardoise.

Cette pierre noire salit les doigts en

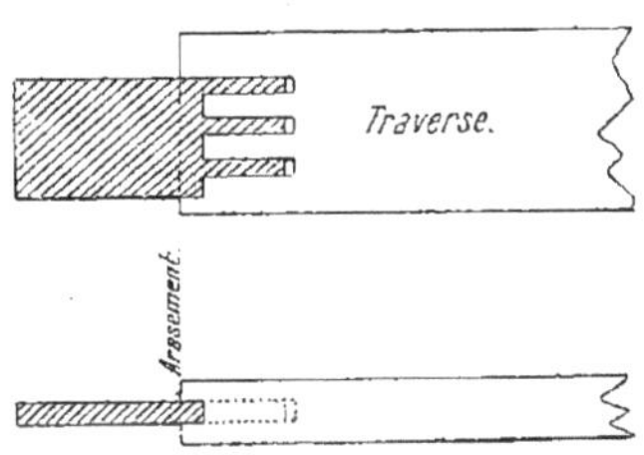


Fig. 304.

l'employant, on la remplace aujourd'hui par de gros crayons bleus qui marquent aussi bien et, en les enveloppant de papier collé, ils se cassent moins facilement et ne salissent pas les doigts.

Fig. 305.

**Pierre ponce.** Pierre volcanique légère et spongieuse servant à poncer en travers et à finir les panneaux.

Pour faire ce ponçage, on se sert aujourd'hui de papier de verre; le travail se fait plus vite, mais il est plus coûteux.

En frottant deux morceaux de pierre ponce l'un contre l'autre, on produit une poussière qui sert à boucher les pores du bois au début du vernissage.

**Pierre rouge.** Employée aux mêmes usages que la pierre noire, elle se casse par morceaux et ne se fend pas.

Les charpentiers l'utilisent plus souvent que les menuisiers.

**Pigeon.** Dans les angles des grands

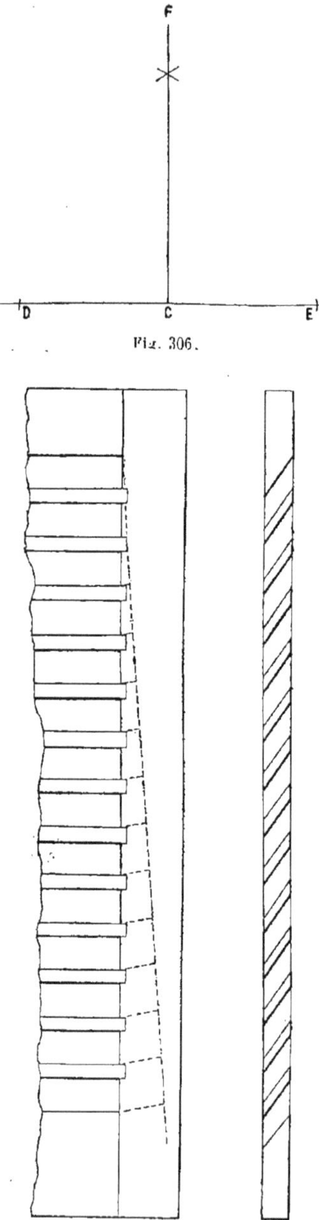


Fig. 306.

Fig. 307.

cadres et après avoir recalé les onglets on pousse, sur ceux-ci, une petite rainure qui sert à recevoir un pigeon (*fig.* 309).

L'utilité de ce pigeon est, quand le bois se retire, d'empêcher de voir le jour au travers des angles des cadres.

Il doit être en bois de demi-travers, car, étant en bois de fil, il peut se fendre en

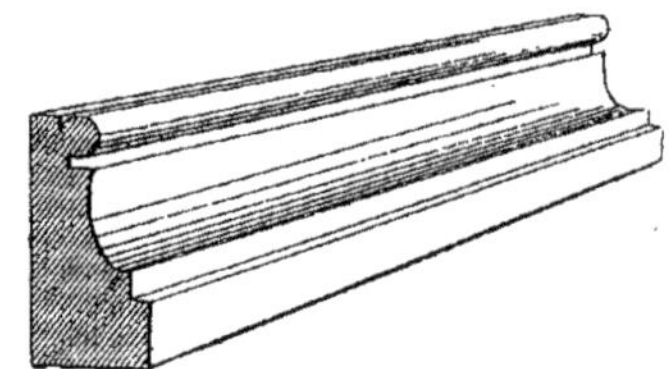

Fig. 308.

face de l'onglet ; il n'aurait plus alors aucune efficacité.

Le pigeon, dans les onglets, est indispensable, car, si on l'oublie en montant le lambris ou la porte et que le jour apparaisse à travers l'onglet, on est obligé de démonter l'ouvrage, de le décheviller

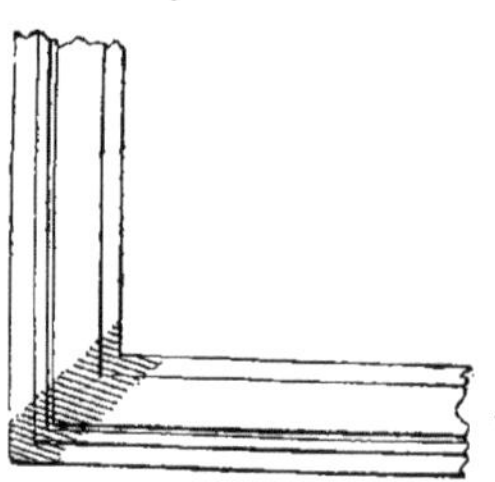

Fig. 309.

et recheviller le tout, ce qui est un travail très coûteux.

On fait aussi les pigeons en carton avec de vieilles cartes à jouer ou avec des rognures de zinc ; il suffit alors, pour les placer, de donner un coup de scie avec un peu de voie à la place de la rainure et dans l'onglet.

Cette manière de faire va plus vite, et le carton ou le zinc ne se fendant pas cachent bien le jour des angles.

**Pilastre.** Décoration se plaçant le plus souvent au milieu ou de chaque côté d'une porte ou d'un travail de menuiserie quelconque.

Les pilastres sont ordinairement méplats, c'est-à-dire plus larges qu'épais.

Lorsqu'ils sont élégis de moulures au milieu (*fig.* 310, A), on les appelle *pilastres ravalés de moulures,* contreprofilés dans la masse ou parcloses (voyez *Parclose*).

Lorsqu'ils sont élégis par des gorges arrêtées de chaque bout et rapprochées les unes des autres, on les appelle *pilastres cannelés* (*fig.* 310, B.)

Dans une porte d'entrée, le pilastre est souvent couronné d'un chapiteau contre profilé (*fig.* 310, C) ou sculpté, d'une cymaise régnant avec celle de la porte (*fig.* 310, D) et la partie basse repose sur un socle plus ou moins mouluré (*fig.* 310, E). Tous ces chapiteaux, cymaises et socles doivent être en bois montant les moulures faites à travers bois et assemblées à queues derrière; cette queue, conservée dans la longueur du pilastre, est élégie dans l'épaisseur du chapiteau et du socle (*fig.* 310, F).

Le pilastre étant collé, ces morceaux se trouvent assemblés au moyen de cette queue qu'on peut maintenir avec des vis, ces dernières se trouvant cachées après l'assemblage.

**Pin.** Bois français résineux ayant beaucoup plus de nœuds que le sapin et s'employant peu en menuiserie.

**Pinacle.** Dans l'architecture gothique, on appelle *pinacles* des clochetons sculptés couronnant une ogive prise dans la masse d'un contrefort ou couronnant une baie.

En menuiserie, les pinacles sont les clochetons posés en prolongement des pilastres et au-dessus de la corniche d'une chaire à prêcher, ou d'un tambour posé à l'intérieur d'une église; ils sont souvent réunis entre eux par une crête découpée. Sur les angles de ces clochetons, on réserve souvent, pour la sculpture, des saillies de bois pour faire des crochets grimpant le long du clocheton ou des feuilles de choux suivant le style.

Dans un lambris gothique appliqué contre un

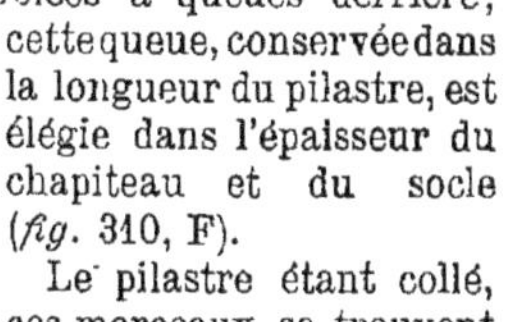


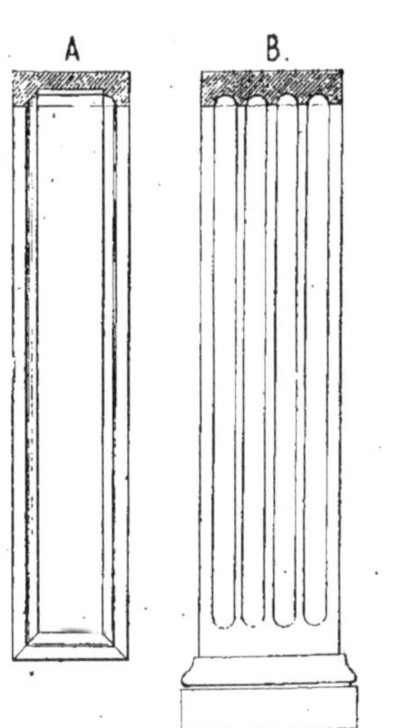


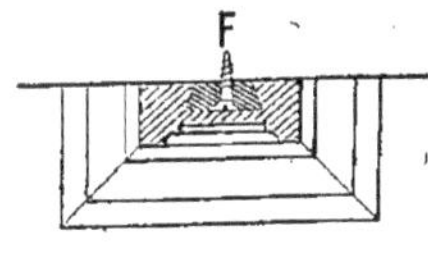


Fig. 310.

mur à une certaine hauteur ($1^m,70$ à 2 mètres) on met aussi des pinacles dans le prolongement des pilastres au-dessus de la cymaise et la base en pénétration dans la moulure du dessus de cette cymaise.

Enfin le pinacle se distingue du clocheton parce qu'il est beaucoup plus petit.

**Pince.** Outil en fer rond aplati de chaque bout servant à déposer les menuiseries et à faire des pesées.

Lorsqu'un bout de la pince est légèrement relevé, on l'appelle pince-monseigneur (voyez *Monseigneur*).

**Pirouette.** Ornement sculpté sur la baguette d'un chambranle ou d'un cadre; cet ornement se distingue par une partie longue entre chaque perle et ayant environ cinq fois le diamètre de ces perles. C'est cette partie longue qu'on appelle pirouette (*fig.* 311).

**Placard.** Assemblage de menuiserie composé de bâtis et de portes formant armoires et posé dans les renfoncements des cheminées. Ces armoires sont généralement unies ou arasées, car elles sont souvent dissimulées et recouvertes par de la toile et du papier de tenture.

**Plafond.** Le plafond est la partie supérieure et horizontale d'une chambre, d'une pièce, d'un vestibule, etc..., le sol ou le parquet est la partie inférieure.

Il est presque toujours fait en plâtre, mais on en fait aussi en bois apparents dans les chalets ou autres constructions légères; on peut aussi mettre des frises clouées sous les solives.

Les plafonds peuvent être décorés de moulures plus ou moins riches.

Les *plafonds* dits *Henri II* se composent de fausses solives clouées sous le plafond et dont les intervalles, qu'on appelle entrevous, sont encadrés de moulures

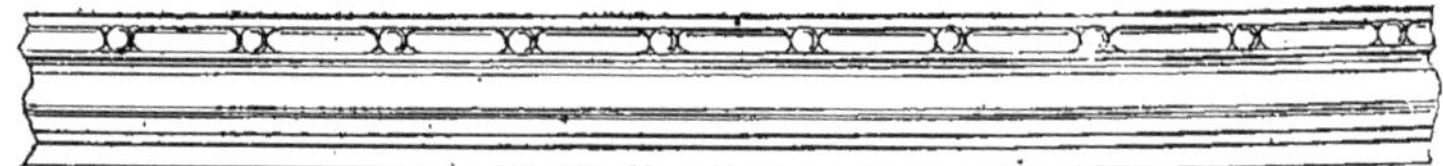

Fig. 311.

clouées dans l'angle de la solive et du plafond.

On appelle *plafond à caisson* une décoration en menuiserie qui recouvre entièrement le hourdis en plâtre du plafond et dans lequel on aura scellé des fourrures à la demande.

Il se compose de fausses solives disposées de différentes manières formant des panneaux triangulaires et quadrangulaires, au-dessous desquels on pose des corniches dans les angles de ces panneaux et de ces solives.

Les profils de ces corniches diffèrent quelquefois ainsi que la grandeur des panneaux. Le nu de ces panneaux n'est pas toujours le même.

Le pourtour de la pièce est décoré d'une fausse enchevêtrure dans laquelle viennent s'entailler les abouts des solives et le dessous de cette enchevêtrure est décoré d'une corniche plus importante que celle des caissons et clouée sur les murs ou sur les cloisons.

**Plan.** Faire un plan c'est dessiner le travail de menuiserie qu'on a à exécuter vu en bout ou, comme on dit, coupé en travers; le dessin de ce même travail, en hauteur, s'appelle la *coupe* et l'ensemble de ces lignes réunies et figurant la face ce travail s'appelle l'*élévation*.

(*Fig.* 312). A. Plan d'une porte à petit cadre;
B. Coupe de cette porte;
C. Élévation.

Les plans d'une construction se composent de plusieurs feuilles autographiées comprenant ordinairement :

L'élévation ou la façade donnant l'ensemble pour les croisées;

La coupe de la construction donnant la hauteur des étages;

Le plan des caves;

Le plan du rez-de-chaussée;

Le plan des étages;

Enfin, le plan des combles ou du sixième étage, dont les distributions de portes ne sont quelquefois pas semblables à celle des autres étages.

On reproduit aussi les plans sur des feuilles de papier sensibilisé qu'on appelle *bleus*.

Après avoir fait le calque d'un plan à l'encre de chine, on pose ce calque sur le papier sensibilisé, disposé dans un châssis vitré spécial et, après l'avoir bien tendu, on l'expose au soleil. Par un temps ordinaire, un quart d'heure après, le calque est reproduit sur le papier sensibilisé et les traits noirs de ce calque apparaissent, après un lavage à l'eau, en blanc sur fond bleu ; on étend ensuite les feuilles pour les sécher.

On peut en faire ainsi un nombre quelconque avec le même calque.

L'autographie est préférable, noir sur blanc, car, dans un bleu où il y a beaucoup de détails, le bleu finit par se lire difficilement et par fatiguer la vue.

**Planche.** Pièce de bois débitée et sciée plus large qu'épaisse et ayant de 0,025 à 0,041 d'épaisseur sur 0,23 de largeur.

Les planches en chêne ou en sapin plus minces s'appellent feuillets de 0,02 d'épaisseur et au dessous.

Celles plus épaisses en sapin s'appellent bastaings, madriers, de 0,08 et 0,11 d'épaisseur.

Celles plus épaisses en chêne s'appellent doublette (de 0,054 d'épaisseur sur 0,32), membrure (de 0,08 × 0,16), petit battant (de 0,08 × 0,23), gros battant (de 0,11 × 0,32).

Les planches en bois blanc ou en grisard ont 0,025 × 0,23 et 0,034 × 0,23 ; celles de 0,021 d'épaisseur sur 0,23 s'appellent voliges de Bourgogne ; celles de 0,018 d'épaisseur sur 0,23 s'appellent voliges de Champagne.

On s'en sert pour faire les panneaux de portes.

Sur ces panneaux, la peinture est plus belle, car le bois blanc n'a pas de grosses fibres, comme le sapin, qui ressortent quelquefois sous la peinture ; il est uni et bien plein.

La planche de bois blanc ou grisard de 0,055 à 0,06 l'épaisseur sur 0,23 de largeur s'appelle *quartelot*.

On le débite sur sa largeur pour en

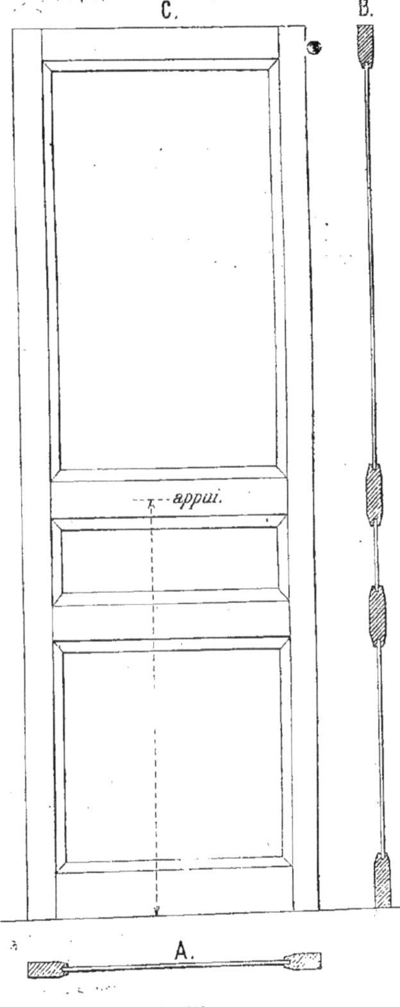


Fig. 312.

faire des panneaux de différentes épaisseurs et sur son épaisseur pour en faire des grands cadres ou autres moulures.

La planche de Lorraine est en sapin,

elle a 0,025 d'épaisseur sur 0,30 à 0,32 de largeur et 4 mètres de longueur.

Cette uniformité de longueur est incommode; on fait maintenant, en Autriche, des planches façon Lorraine qui ont de 4 à 5m,70 de long sur 0,26 à 0,34 de large, c'est plus facile pour le débit.

On appelle *planche à dessiner* un panneau encadré de 0,02 d'épaisseur sur environ 0,45 de large et 0,55 de long sur lequel on colle la feuille devant servir à faire un plan.

On fixe aussi cette feuille avec des punaises ou simplement avec des presse-papier si le plan qu'on a à faire ne doit pas durer longtemps.

On donne aussi le nom de planche au dessin lui-même. On dit d'un dessin bien fait que c'est une belle planche.

**Planchéier.** C'est poser et clouer des planches sur le sol d'un atelier ou d'un grenier avec des planches entières clouées sur des solives ou sur des lambourdes.

Le sol d'un appartement est ordinairement parqueté, c'est-à-dire que les planches sont divisées en deux par frises de 0,11 au plus de largeur, blanchies et rainées.

**Plancher.** On appelle plancher l'assemblage de solives en fer ou en bois formant la séparation de deux étages d'un bâtiment.

Celui du haut, au-dessous du toit, en fer ou en bois de faible épaisseur s'appelle *faux plancher*.

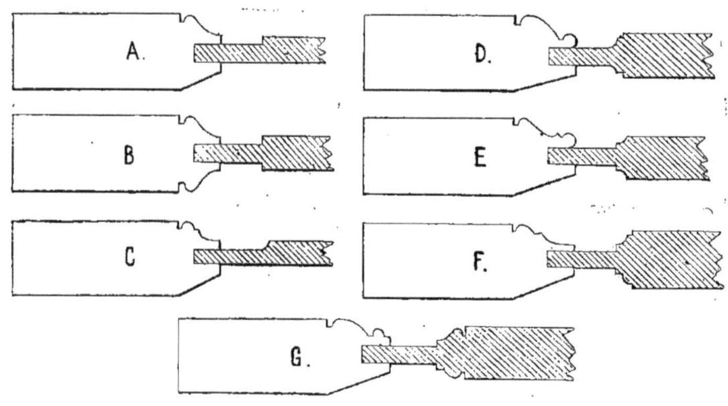


Fig. 313.

En menuiserie, on appelle plancher le garnissage du sol d'un atelier ou autre pièce en planches entières.

Posées les unes contre les autres, on l'appelle *plancher jointif*.

Si les planches sont rabotées et rainées, on l'appelle *plancher blanchi et rainé*.

Les planches composant un plancher ont rarement au-dessous de 0,16 de large et au-dessus de 0,32 de large.

Dans cette dernière largeur, on l'appelle *plancher en planches de Lorraine*.

**Planchette.** Petite planche de sapin de Suède ou de Norwège débitée en forêt; en arrivant dans nos ports, le bois est plus sec.

Elle est ordinairement en sapin rouge de 0,025 d'épaisseur sur 0,11 à 0,15 de large et ce bois, généralement beau, sert pour faire des moulures.

On appelle aussi *planchette à métrer* l'outil indispensable au métreur pour relever les travaux de menuiserie sur le tas, c'est-à-dire sur place.

Il se compose de deux lames de noyer ou d'acajou de 0,004 à 0,005 d'épaisseur sur 0,10 de largeur et 0,22 à 0,25 de longueur, c'est la grandeur du papier minute; pour les maintenir, on les place à côté l'une de l'autre et on colle d'un côté un morceau de drap ou de cuir mince qui maintient leur rigidité étant ouvertes et permet de les ployer en deux pour les mettre dans la poche; l'étoffe ou le cuir servant de charnière.

**Platane.** Bois français ressemblant au bois blanc, mais un peu plus jaune; il est bien plein et peut servir pour faire des panneaux.

**Plateau.** Pièce de bois de chêne ou de noyer assez longue et ayant au moins 0,07 à 0,08 d'épaisseur sur 0,23 et jusqu'à 0,40 de largeur et au dessus.

On en débite jusqu'à 0,15 d'épaisseur.

Ces bois se vendent généralement au mètre cube.

**Platebande.** Élégi de 0,03 à 0,05 de largeur sur 0,003 à 0,005 de profondeur poussé au pourtour des panneaux.

Lorsqu'il n'est poussé que d'un côté, le panneau est à *platebandes d'un parement* (*fig.* 313, A).

B, *platebandes aux deux parements;*

C, *platebande à gorge;*

D » *à gorge et carré;*

E » *à congé;*

F, *platebande à congé et carré d'un côté et à quart de rond de l'autre côté.*

Les platebandes sont plus ou moins ornées de moulures, mais dans ces moulures, comme en G (*fig.* 313), il faut éviter d'avoir des tarabiscots ou autres moulures refouillées qui obligent d'arrêter ces moulures dans les angles et de les finir au ciseau et à la gouje; cela ne rend pas l'effet du travail fait en plus.

**Plateforme.** Pièce de bois posée et scellée au pourtour d'un bâtiment et qui reçoit les assemblages des chevrons de la couverture et des poteaux de lucarnes.

Elle doit être en chêne et doit avoir de 0,16 à 0,23 de largeur sur 0,06 à 0,08 d'épaisseur.

Pour les réunir en bout, on les assemble à entailles; ces assemblages sont maintenus avec des platebandes en fer entaillées et vissées.

**Plinthe.** Champ uni posé au bas des murs et des cloisons pour calfeutrer le parquet et protéger la peinture contre les coups de balais qui la dégraderaient trop vite sur le plâtre.

Les plinthes ont de 0,11 à 0,18 de hauteur et sont unies ou plus ou moins ornées de moulures.

Lorsque les champs ont 0,20 ou 0,22 de hauteur, on les appelle *stylobates.*

**Plomb.** Pour tendre la corde, lorsqu'on veut plomber un poteau, par exemple, on y suspend un petit cône tronqué en métal d'environ 0,04 de diamètre sur 0,05, percé d'un trou bien au milieu dans lequel on passe la corde; on fait ensuite un nœud dessous (*fig.* 314).

Cette petite corde s'appelle fil à plomber.

Pour maintenir la base du plomb à une

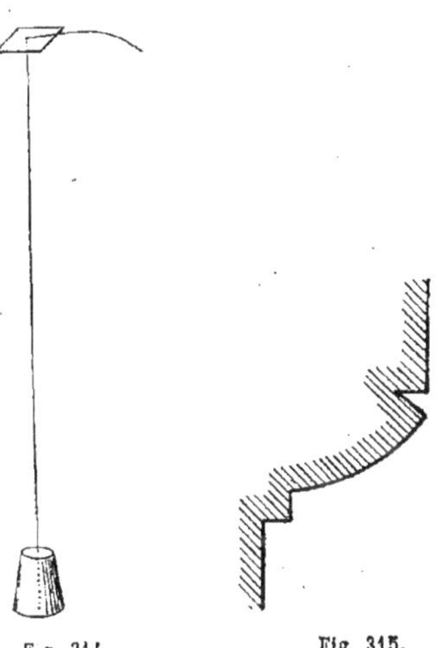

Fig. 314. Fig. 315.

égale distance de l'objet à plomber, on passe le fil dans un petit carré en métal de la grandeur du cercle de base du plomb et qu'on appelle *chat;* on dresse le poteau en appuyant le chat contre ce poteau jusqu'à ce que le plomb tourne en touchant à peine à ce poteau; il sera alors d'aplomb.

Les plombs de niveau sont plus petits que les plombs ordinaires: plus le plomb est lourd, plus il s'amortit vite.

Les chats et les plombs sont généralement en fer ou en fonte, ils sont légèrement coniques afin qu'il n'y ait que l'arête inférieure du plomb qui touche à la pièce que l'on pose; les plombs de niveau peuvent être cylindriques.

**Plomber.** C'est vérifier avec un plomb si un poteau ou autre menuiserie est d'aplomb.

*Plomber à la volée* c'est dégauchir la pièce que l'on pose avec le fil à plomb tenu à une certaine distance; cette manière est plus en usage chez les charpentiers.

**Pœstum.** Outil de moulure que l'on pousse sur les châssis de croisées ou autres menuiseries et dont le profil ressemble à la moulure du chapiteau de l'ordre Pœstum (*fig.* 315).

**Point.** Le point de croisement des diamètres d'une circonférence s'appelle point de centre; lorsque deux lignes droites ou courbes se touchent, on appelle cette rencontre le point d'intersection.

**Point de Hongrie.** Parquet dont les lames coupées en fausses coupes, forment des lignes brisées, embrevées en bout et dont le joint repose sur une lambourde.

Voyez : *Parquet.*

**Pointe de diamant.** Un panneau est élégi en pointe de diamant lorsque les quatre côtés sont abattus en pente et forment une pointe au milieu (*fig.* 316).

Lorsque le panneau est rectangulaire, la pointe de diamant est élégie de la même façon, mais laisse une côte ou arête droite au milieu, comme en B (*fig.* 316).

**Poirier.** Bois français de couleur rougeâtre, dont les pores sont doux, mais très serrés.

Il prend très bien le noir, se polit facilement et sert pour faire les meubles en bois noir ou les mains courantes.

**Poitrail.** On appelle *poitrail* la grosse pièce dans laquelle viennent s'assembler les solives d'un plancher, dont chaque extrémité repose sur la maçonnerie et dont la portée est assez grande.

Il se distingue du linteau en ce qu'il reçoit les assemblages ou les mortaises pour les solives tandis qu'elles se posent seulement sur le linteau dont la portée est plus petite.

**Poli.** Les travaux de menuiserie sont préparés au poli, lorsqu'ils ont été bien replanis, raclés et passés au papier de verre fin.

Ils sont dits polis lorsqu'ils ont reçu la couche d'encaustique, bien frottés ou une couche de vernis.

**Polygone.** Figure géométrique qui a plusieurs angles et plusieurs côtés.

**Pommader.** Réparer, nettoyer, encaustiquer un vieux meuble, y rapporter des pièces ; c'est, en un mot, le restaurer et lui donner du cachet.

Dans les vieux meubles vernis et plaqués, ce travail se fait par des ébénistes, c'est une spécialité, on les appelle des *pommadins.*

**Pommier.** Bois français de couleur plus rouge que le poirier et très dur ; il remplace le cormier pour faire des outils, affûtages ou autres objets, mais il ne le vaut pas.

**Porche.** Espèce de vestibule composé de charpente et de menuiserie, posé en saillie de l'entrée d'une maison, d'une église ou d'un édifice quelconque et dont la hauteur est moindre que celle de la construction.

Les porches vitrés et fermés par des portes s'appellent *porches fermés ;* s'ils ne se composent que de poteaux, charpente et couverture, on les appelle *porches à air libre* ou *porches ouverts.*

**Porte.** Ouvrage de menuiserie servant à fermer l'ouverture laissée dans une huisserie ou dans un bâtis et destinée à être ferrée pour s'ouvrir et se fermer pour entrer ou sortir d'un endroit quelconque.

On appelle *porte cochère* celle qui ferme un passage destiné à laisser passer des voitures et dont on ouvre les deux vantaux.

Pour le passage des piétons dans un des côtés de la porte cochère il existe une porte plus petite qu'on appelle *guichet.*

La *porte bâtarde* se compose d'une porte à deux vantaux fermant l'entrée d'une maison, les dimensions sont moins grandes qu'une porte cochère et elle ne comporte pas de guichet.

Dans une pièce quelconque pour répéter une porte à un ou à deux vantaux la partie de menuiserie dormante figurant cette porte s'appelle *fausse porte.*

Il y a différentes espèces de portes et c'est de la manière dont elles sont exécutées qu'on a tiré leur nom.

On l'appelle *porte à grands cadres* lorsque les cadres sont en saillie du bâtis et que cette saillie ne dépasse pas un quart de l'épaisseur du bâtis (*fig.* 317, A).

*Porte à petit cadre* lorsque la moulure est poussée sur le bâtis en B, même figure. *Porte arasée* lorsque les panneaux affleurent le bâtis en C, même figure. *Porte à glace* lorsque les bâtis n'ont pas de moulures et que les panneaux sont en retraite du bâtis en D (*fig.* 317). *Porte pleine* lorsqu'elle est faite par planches entières, rainées ou non et barrées en travers en E (*fig.* 317).

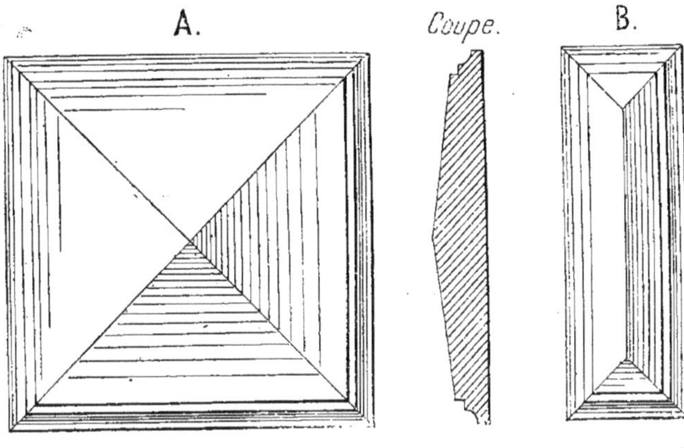


Fig. 316.

*Porte emboîtée* lorsque pour éviter les saillies des barres, on raine et on assemble les emboitures à chaque extrémité. *Porte à moulures rapportées* lorsque sur ces portes on rapporte des moulures pour former des cadres.

**Portemanteau.** Petites tiges de bois assemblées dans une traverse et dont les

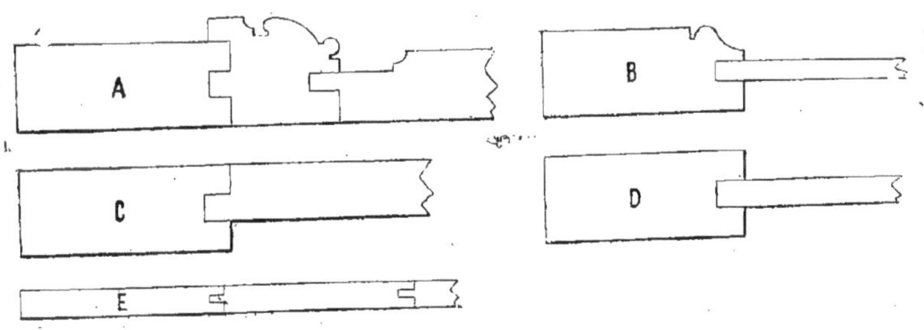


Fig. 317.

bouts sont garnis d'une partie découpée ou d'une pomme tournée pour ne pas abîmer les effets d'habillement.

On en fait aussi qui servent à décorer les vestibules ou les antichambres; ces tiges plus ou moins découpées et moulurées sont assemblées avec symétrie dans une partie de lambris de 1,75 de hauteur environ; cette partie de lambris est assemblée au bas dans un socle formant cuvette et sert pour mettre les parapluies, les cannes et dans le haut les chapeaux.

**Portée.** Distance laissée entre deux

points d'appui, la grosseur des linteaux et des poitrails doit toujours être proportionnée à la portée.

**Porte-tapisserie.** Champs bruts ou rabotés assemblés à entailles et cloués sur les murs pour recevoir la tapisserie ou la toile et le papier.

**Pose.** La pose de la menuiserie a autant d'importance que la façon, car, si une huisserie est mal posée, quand même la porte serait bien faite, elle n'ira jamais bien.

Fig. 318.

Il est donc nécessaire dans la pose des huisseries et des bâtis de leur donner du fruit du côté de l'ouverture des portes, soit 0,002 à 0,003, suivant la hauteur de ces portes, afin qu'elles développent bien, tout en ayant très peu de jeu en bas, et qu'elles se ferment en les poussant légèrement.

Dans le cas contraire, on est obligé de couper les traverses du bas et de leur donner beaucoup de jeu pour qu'elles puissent développer, sinon en les ouvrant, elles frottent sur le parquet; un peu d'attention en posant le bâtis ou l'huisserie évite ce désagrément.

Pour la pose des croisées, après avoir bien égalisé les jeux, il est nécessaire de mettre des cales en haut et en bas de la gueule de loup et une en largeur en face des petits bois pour les maintenir contre la poussée des plâtres; on ne doit les ouvrir que deux jours après les avoir scellées et calfeutrées.

Enfin, dans la pose de la menuiserie, l'aplomb et le niveau doivent toujours être respectés.

**Poseur.** L'ouvrier qui fait sa spécialité de poser la menuiserie.

**Postes.** Ornements sculptés représentant des enroulements de volutes les unes dans les autres sur les frises de porte cochère, limons d'escaliers et autres menuiseries (*fig.* 318).

**Poteau.** On appelle *poteaux d'huisserie* les montants placés debout, dans une cloison, isolés ou non et ayant au moins $0^m,08 \times 0^m,08$ d'équarrissage; on l'appelle aussi montant de bâtis.

Ceux qui sont placés dans les angles

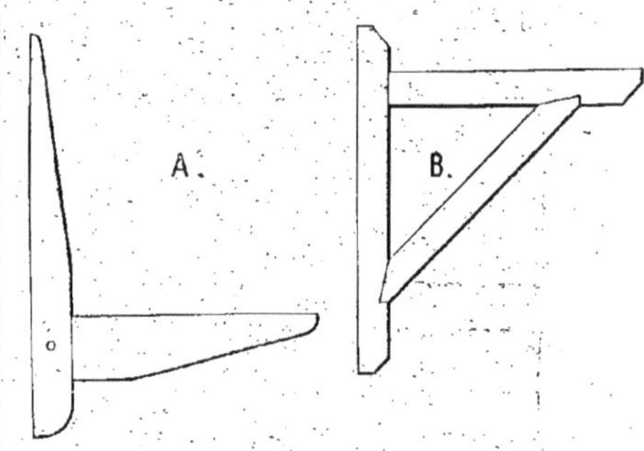


Fig. 319.

s'appellent *poteaux d'angle* et ceux qui sont au milieu des cloisons *poteaux de remplissage*; ils doivent toujours être posés d'aplomb.

Enfin on appelle *poteau* toute pièce de bois placée debout devant porter ou non.

**Potelet.** Petit poteau court devant supporter une panne de charpente ou autre menuiserie.

**Potence.** Petite traverse d'environ 0,25 à 0,30 de long assemblée dans un montant cloué contre le mur et devant supporter le bout d'une tablette.

Les potences se font en chêne, le montant en 0,034 carré, la traverse en 0,027 et 0,05 de large ; il faut avoir soin, en chevillant cette traverse, que le bout relève toujours d'au moins 0,005 (*fig.* 319 A).

On en fait aussi, comme B, même figure avec une petite écharpe assemblée ; mais elles coûtent plus cher et se font plus rarement.

**Pouce.** Ancienne mesure qui a 0,027 de long et qui est la douzième partie du pied.

**Poulie.** Pour monter et pour descendre les jalousies, les cordes passent sur des poulies qui sont de petits disques en buis de 0,035 à 0,045 de diamètre avec une noix tournée autour dans son épaisseur pour maintenir les cordes.

**Poupée.** Petite pièce de bois percée d'une mortaise et munie d'une pointe assemblée dans le bout de la tige d'un compas à coulisse en bois ; l'autre poupée, qui a une entaille de la grosseur de la tige, s'appelle *poupée mobile.*

**Poussée.** Le plâtre en séchant se dilate, c'est-à-dire qu'il opère une poussée sur les poteaux d'huisseries ou autres menuiseries; il est donc nécessaire de mettre le rond de ces poteaux du côté des plâtres qui en séchant les ramènent à la verticale ; on dit la *poussée des plâtres.*

**Pousser.** *Pousser une moulure* c'est pousser sur le bois l'outil qui a le profil de cette moulure ; il en est de même pour tous les outils qu'il faut pousser pour faire des copeaux, on pousse la varlope et le rabot, le guillaume, pour élégir des feuillures, etc.

Il faut toujours avoir soin de pousser l'outil d'aplomb et de maintenir la joue de cet outil de la main gauche sur la rive du battant, pousser ferme de la main droite pour détacher les copeaux jusqu'à ce que la joue du repos de l'outil repose sur le plat du battant.

**Poussier.** Débris de copeaux servant à faire chauffer la colle ; on doit toujours l'enlever du devant des établis pour que les ouvriers ne soient pas gênés en travaillant, l'atelier devant toujours être propre.

**Poutre.** Grosse pièce de bois posée en travers du plafond d'une pièce et dans laquelle viennent se poser dessus ou s'assembler les abouts des solives.

**Poutrelle.** Pièce de bois de sapin de $0^m,15$ à $0^m,20$ d'équarrissage débitée dans de petits sapins et ayant jusqu'à 7 à 8 mètres de long.

On appelle aussi poutrelle une petite poutre de peu de portée.

**Presse.** Outil servant à serrer. La *presse à main* serre les bois les uns contre les autres pour en tracer plusieurs à la fois, tels que battants ou traverses et pour serrer les collages.

La *presse d'établi* est utilisée pour serrer les planches contre l'établi, pour en dresser les rives ou les rainures, enfin pour maintenir toute pièce de bois sur laquelle on doit pousser des moulures rainures ou autres profils.

**Prisme.** Corps solide dont les deux bases sont égales et parallèles et ayant autant de parallélogrammes que les bases ont de côtés.

**Profil.** La coupe d'un ouvrage de menuiserie vu de côté et en hauteur s'appelle vue de profil.

On appelle profil de corniche, moulure, etc., les contours que l'on veut donner à ces différents travaux ; on appelle riche profil, lorsque la moulure est composée de beaucoup de corps de moulures.

**Profiler.** Profiler une moulure c'est la pousser dans le fil du bois et, lorsque cette moulure est retournée en bout, on dit qu'elle est contreprofilée.

C'est aussi le raccord des moulures à leur rencontre au joint de leur coupe d'onglet ou à faux onglets.

**Projection.** En géométrie, c'est la représentation sur un plan d'une figure située hors de ce plan.

Dans les réductions ou augmentations de profils, c'est par la rencontre de lignes projetées sur une diagonale plus ou moins en pente et renvoyées ensuite sur le profil dont on a obtenu la largeur sur cette diagonale.

Nous y reviendrons à la géométrie descriptive.

**Projet.** Faire un projet c'est faire le dessin préalable à petite échelle d'un travail de menuiserie quelconque, pour le soumettre à l'architecte ou au client avant de faire les plans d'exécution.

**Punaise.** Petite pointe à tête plate servant à assujettir le papier à dessin sur la planche pour faire un plan quelconque et de peu d'importance.

Si le dessin ou le plan doit durer longtemps, les bords de la feuille doivent être collés sur la planche, le papier est mieux tendu.

**Pupitre.** Meuble dont le dessus est en pente et qui sert soit pour écrire, soit pour poser des livres qu'on puisse parcourir commodément.

**Pyramidale.** Figure qui a la forme d'une pyramide.

**Pyramide.** Corps solide qui a pour base un polygone quelconque et pour côtés des triangles dont les sommets se réunissent tous en un même point.

**Quadrangulaire.** Figure géométrique qui a quatre angles; on dit figure quadrangulaire.

**Quadrilatère.** On appelle quadrilatère un polygone qui a quatre côtés et conséquemment quatre angles.

Le rectangle est un quadrilatère.

**Quart de rond.** Moulure ronde poussée sur l'angle d'une pièce de bois (*fig.* 320, A), on l'appelle aussi arrondi. Un quart de rond doit être arrêté par un carré.

La figure 320, B, représente un quart de rond simple; la figure 320, C, un quart de rond entre deux carrés; la figure 320, D, représente un quart de rond entre deux carrés et en congé.

Quarderonner c'est abattre l'arête, en l'arrondissant, sur l'angle d'une pièce de bois.

**Quartier tournant.** On appelle quartier tournant un escalier dont les limons se retournent à angle droit, aigu ou obtus et dont les marches sont balancées à ce retour.

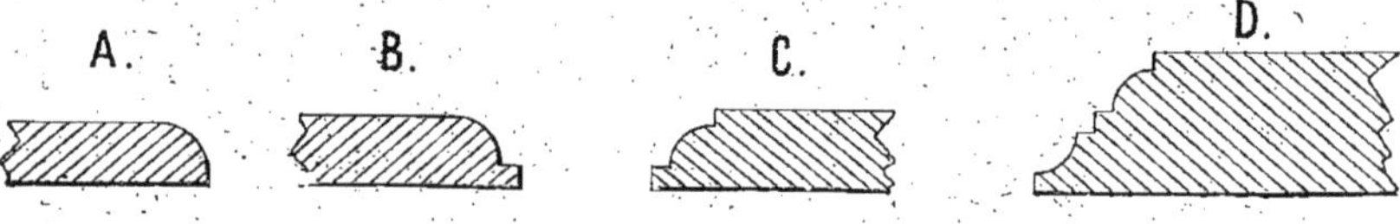

Fig. 320.

Pour qu'un quartier tournant se monte bien il faut faire balancer les marches presque sur toute la hauteur de l'escalier afin qu'elles puissent être d'une certaine largeur au quartier tournant et ne pas produire un casse-cou. Ces marches seront, comme nous le savons déjà, divisées sur la ligne de giron et seront d'égale largeur à cet endroit (voyez *Escalier*).

**Queue.** Assemblage ordinaire des tiroirs sur les côtés, on fait les queues et les têtes portant les entailles de ces queues (*fig.* 321); on en met ordinairement trois sur la hauteur d'un tiroir de 0,08 à 0,11 et on appelle ces queues recouvertes.

Il est inutile de dire assemblages à queues d'aronde ou d'hironde, appelons-le assemblage à queues tout simplement.

Les queues ordinaires sont des assemblages à queues traversant l'épaisseur du bois en A (*fig.* 321).

Les queues recouvertes sont celles que l'on fait dans les têtes de tiroir en B, même figure, et ne sont pas apparentes sur la tête du tiroir.

Les queues recouvertes et d'onglet sont celles que l'on fait dans des ouvrages où on ne veut pas voir de bois de bout en C (*fig.* 321), le bois de fil existe tout autour.

On prendra alors les deux tiers de l'épaisseur du bois pour les queues et un tiers pour l'onglet.

Ces assemblages sont toujours collés dans les menus ouvrages, tiroirs, petites boîtes, etc...

Dans des parties au-dessus de 0,25 de largeur, boîtes, caisses, etc..., ces queues doivent être vissées dans les deux sens, côtés et retours en D (*fig.* 321), pour maintenir la poussée des objets que ces boîtes doivent contenir.

Les menuisiers font ordinairement les queues larges, c'est-à-dire qu'au collet en E (*fig.* 321) elles ont au moins 1 centimètre, suivant la hauteur à diviser et les

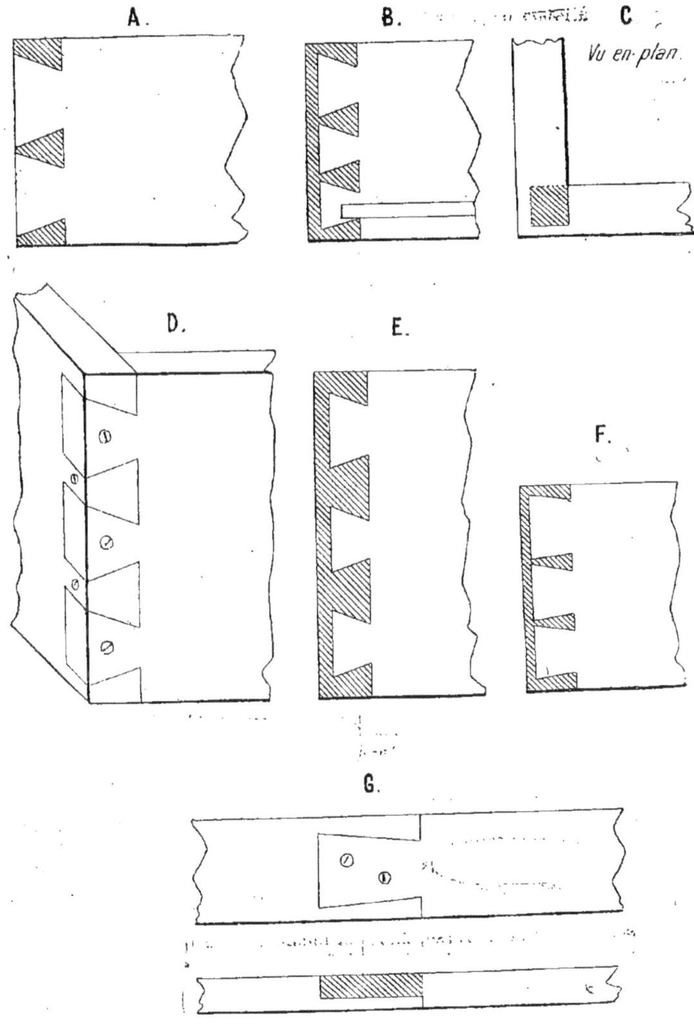


Fig. 321.

ébénistes ne laissent que 0,005 au collet et 0,005 au recouvrement; les entailles sont naturellement plus larges en F, même figure; le travail est aussi solide, mais présente plus de difficulté à l'exécution pour dégorger les queues dans les têtes de tiroir et ne pas traverser le recouvrement de la queue en les dégorgeant.

Pour assembler à queues en longueur deux pièces de bois de 0,10 à 0,15 de large sur 0,034 à 0,054 d'épaisseur en G, même figure, on prendra toujours les deux tiers de l'épaisseur pour la queue et un tiers pour le recouvrement qui, d'un côté, aura un arasement carré, et on pourra visser la queue du côté du recouvrement; c'est une variante de l'assemblage à trait de Jupiter.

Pièce rapportée à queues dans l'épaisseur d'un battant (voyez *Pièce*).

**Queue de carpe.** On appelle un assemblage en queue de carpe celui qui comporte une traverse assemblée dans un montant, la traverse porte la queue et le montant l'entaille (*fig.* 322).

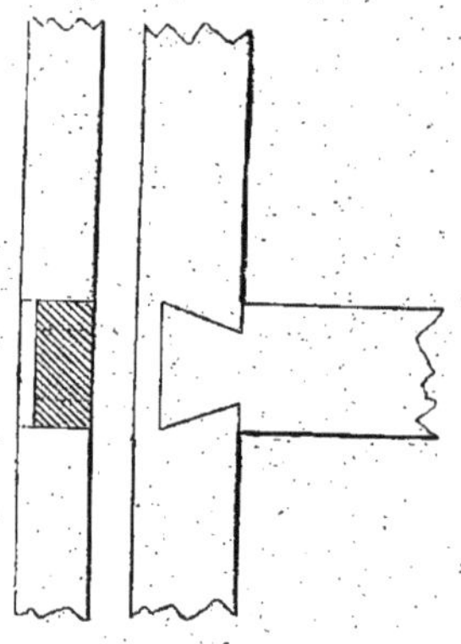

Fig. 322.

Cette queue peut être entaillée de toute son épaisseur si le montant est plus épais que la traverse.

S'ils sont de la même épaisseur, on fera alors un arasement sur la traverse, mais la queue devra toujours avoir les deux tiers de l'épaisseur du bois pour être solide.

**Queue de morue.** Planche plus large d'un bout que de l'autre. Dans les panneaux, il faut éviter les queues de morues, c'est-à-dire les alaises plus larges d'un bout que de l'autre (*fig.* 323); ces joints paraissent même sous la peinture et sont d'un effet disgracieux; il faut toujours que les alaises soient de même largeur d'un bout que de l'autre ou à peu près, que cela ne puisse pas se juger à l'œil; il est préférable de perdre le bois et ne pas faire de queues de morue.

**Rabais.** Faire du rabais sur les prix d'une série quelconque dans une adjudication ou à l'amiable c'est, lorsqu'après avoir pris connaissance des plans et du devis descriptif, on a reconnu que, ayant une assez grande quantité de croisées, d'huisseries ou de portes à établir, on peut naturellement les faire meilleur marché que si on n'en a qu'une à exécuter.

Fig. 323.

C'est une chose dont on ne se pénètre pas quand on fait des séries dans lesquelles les prix du travail diminuent sans raison et sans s'en rendre compte.

On fera évidemment plus facilement 15 0/0 de rabais ou plus si on a cent croisées à faire du même profil et souvent de la même nature que si on n'en a qu'une à faire neuve ou en raccord, c'est-à-dire d'un profil pareil à une qui existe, c'est 15 0/0 qu'on devrait donner en plus de la série dans ce dernier cas pour que le patron puisse y trouver son compte sans perdre d'argent.

En faisant vingt croisées pareilles de 2,00 × 1,00, ou de 1,10, ce qui ne fait pas grande différence, l'ouvrier pourra arriver facilement à en faire une en dix à douze heures de travail; s'il n'en a qu'une à faire et en raccord, c'est quinze à dix-huit heures qu'il mettra à l'exécuter en travaillant consciencieusement.

Il en est de même pour les moulures en raccord qu'il faut faire à l'outil détaché, un mètre de moulures à cinq ou six corps de moulures en sapin payé à la série 0,60 ou 0,70, le mètre coûtera pour la façon seulement 0,80 à 1,00 sans compter la pose, le temps pour relever le profil et la valeur du bois.

On comprendra donc pourquoi dans certains travaux il est possible de faire du rabais et que dans d'autres on puisse perdre de l'argent, même sans faire de rabais.

**Rabot.** Outil servant à blanchir les bois, c'est-à-dire à enlever le sciage qui est à la surface des planches.

Il se compose d'un morceau de charme

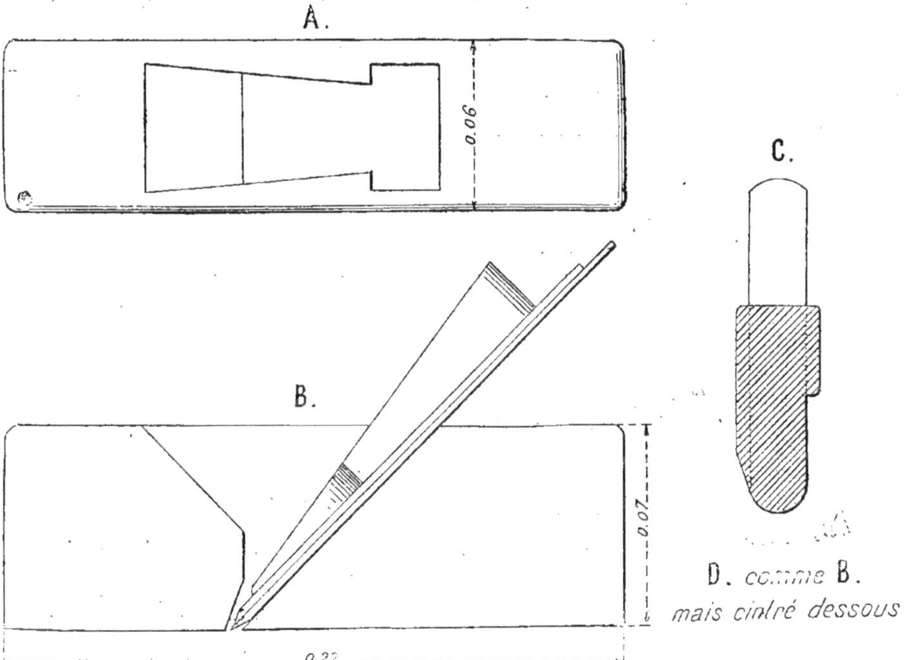


Fig. 324.

ou de cormier, ce dernier est préférable, de 0,07 à 0,08 de haut sur 0,055 à 0,065 de large et 0,20 à 0,25 de long, d'un fer tranchant et d'un contrefer qu'on approche bien parallèlement à environ 1 millimètre du tranchant, plus un coin en bois pour assujettir ces fers.

En faisant la lumière du rabot, qui doit être bien dégagée pour laisser le passage libre aux copeaux, on laisse une joue de chaque côté qui maintient le coin et arrive en pente jusqu'à environ 0,012 à 0,015 du bas.

On appelle donner du fer à un rabot frapper sur ce fer pour en faire saillir le tranchant au-dessous du rabot et, au contraire, pour retirer du fer, on frappe doucement derrière le rabot sans quoi le coin et les fers s'échapperaient du rabot et ce dernier se trouverait démonté (*fig.* 324).

A, dessus d'un rabot et sa lumière;

B, coupe sur un rabot.

Lorsque la lumière du dessous d'un rabot a plus de 0,003 à 0,005 au tranchant du fer, cet outil va mal, fait des éclats et on a beaucoup de mal à le pousser, on peut y remédier en entaillant une pièce sous la semelle du rabot qui joigne très bien et ne laisse qu'un demi-millimètre de passage au copeau pour un rabot à replanir; il doit être affûté bien droit en travers, les angles seuls abattus en arrondissant.

Pour un rabot à dégrossir, le fer doit être affûté un peu rond et la lumière plus grande, car les copeaux qu'il doit faire sont plus gros.

Le rabot à dents est celui dont l'acier du fer a de petites rayures qui forment de petites dents, quand il est affûté, le fer est très peu en pente et n'a pas de contrefer.

Il sert pour les collages à plats-joints.

Le rabot rond (*fig.* 324, C) sert pour faire des gorges plus ou moins larges, il doit dégorger en dehors jusqu'à 0,02 de large, au-dessus de cette largeur, il doit dégorger par dessus (voyez pour la façon *fig.* 274).

Le rabot cintré est celui dont la semelle est cintrée et qui sert à travailler dans les travaux ayant des parties creuses (*fig.* 324, D).

**Raboter.** C'est blanchir les planches avec le rabot; enlever le sciage.

Raboter une planche ne comporte pas le dégauchissage pour lequel il faut se servir de la varlope; on dit alors corroyer une planche.

**Raboteur.** Après la pose des parquets et lorsque les papiers sont collés, on les rabote pour les unir. Le raboteur est un ouvrier spécialiste, qui blanchit les parquets, les affleure, avec un racloir emmanché ayant beaucoup de fil; il le tient à deux mains et travaille en tirant sur lui.

Avec cet outil, il fait des copeaux comme avec un rabot.

Avant de raboter, il balaye et il mouille le parquet de la pièce; sans cette précaution, il ne pourrait pas arracher les copeaux; l'eau attendrit le bois.

**Raccord.** Faire une porte une croisée ou une moulure en raccord, c'est exécuter cette porte pareille à une autre qui existe et ayant la même hauteur d'appui, la même largeur de traverses et le même profil de moulures ainsi que les mêmes platebandes aux panneaux.

Il en est de même pour une croisée, qui devra avoir le même profil, la même quantité de petits bois, placés à la même hauteur.

Faire un bout de cymaise, de chambranle ou de moulure quelconque en raccord, c'est faire cette moulure de la même

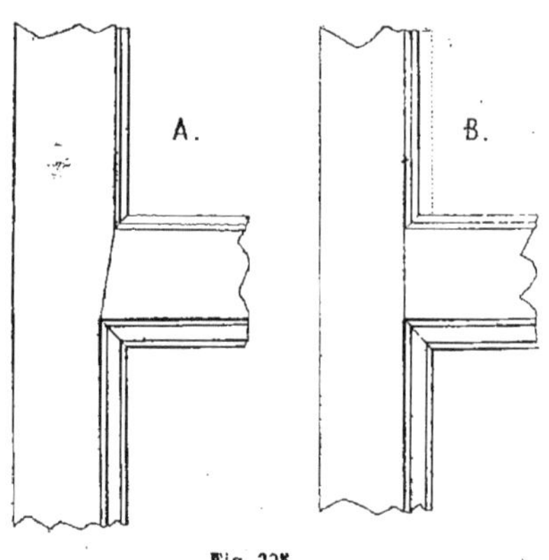


Fig. 325.

dimension et du même profil que celui existant.

Les travaux en raccord valent de deux à cinq dixièmes en plus que les travaux ordinaires.

**Racheter.** Dans une pièce irrégulière, *racheter* c'est corriger une irrégularité par des pans coupés ou autres dispositions.

Dans une porte ayant deux profils différents sur la hauteur, on rachète la différence de largeur de ces moulures par un arasement en fausse coupe, mais alors les champs ne sont plus réguliers (*fig.* 325, A).

Pour conserver cette largeur de champ, il faut faire un dérasement sur le champ du battant pour racheter la différence de largeur des moulures (*fig.* 325, B).

**Racler.** C'est polir une partie de menuiserie après l'avoir replanie avec le racloir, pour enlever les petits éclats des contrefils avant de passer au papier de verre.

**Racloir.** Petite plaque d'acier poli, qui sert à polir les bois, elle a de 0,08 à 0,10 de long sur 0,05 à 0,07 de large et un millimètre à peine d'épaisseur.

C'est le racloir des menuisiers, il s'affûte en le tenant debout et en le frottant sur le grès, après l'avoir poli sur la pierre à l'huile ; on retourne le fil légèrement des deux côtés avec un affiloir, c'est ce qui donne le tranchant.

Il existe aussi de petits racloirs étroits droits ou ronds servant à polir les moulures et dont se servent les sculpteurs.

Ces petits racloirs s'affûtent en pente comme un fer de rabot et, le fil une fois donné, ils ont plus de tranchant.

Le racloir des raboteurs de parquets est

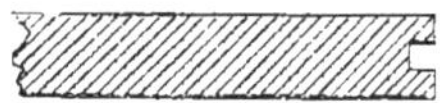

Fig. 326.

une plaque d'acier plus forte que le racloir des menuisiers, il a de 0,05 à 0,07 de large ; il est ordinairement emmanché dans une pièce de bois de chêne, de noyer ou autre bois au moyen d'un coup de scie et assujetti dans ce manche par deux rivets, car il faut qu'il soit solidement emmanché les raboteurs tirant fort dessus ; il s'affûte aussi à un seul tranchant.

**Ragréer.** Après avoir chevillé un lambris ou une porte à petit ou à grand cadre, ragréer les moulures c'est les raccorder et les faire affleurer dans les angles, avec la gouje et le ciseau ; on finit avec le petit racloir à moulures avant de poncer au papier de verre.

Il en est de même des moulures, cadres, cymaises ou autres menuiseries qu'on doit toujours ragréer dans les angles et les affleurer afin que les corps de moulure ne saillissent pas les uns des autres.

Lorsque ces moulures sont bien d'épaisseur et prises au bout l'une de l'autre, on dit qu'elles ragréent, c'est-à-dire qu'elles affleurent bien sans y toucher.

**Rainer.** Pour joindre les planches devant faire une partie pleine ou un panneau, on appelle rainer, pousser des rainures et des languettes sur les rives de ces planches pour les joindre ensemble.

Pour faire un panneau, on établit les bois à côté les uns des autres, on en dresse les rives on les raine à mesure et on les colle ensuite, après l'avoir tiré de large et toujours en conservant le beau bois pour les rives afin d'y pousser les plate-bandes et de choisir le fil.

**Rainure.** Petite entaille faite en long sur la rive d'une planche avec un bouvet portant ce nom pour recevoir la languette poussée sur une autre planche et former un embrèvement.

La rainure est creuse et se développe

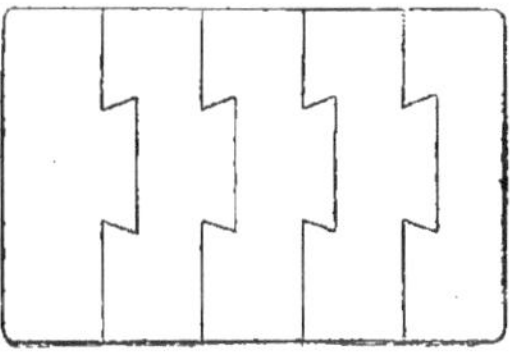

Fig. 327.

toujours sur trois côtés (*fig.* 326) ; en faisant sauter un des côtés, on ferait alors une feuillure.

Pour embrever les panneaux dans les bâtis ou dans les grands cadres d'une porte, on se sert d'un bouvet de deux pièces pour pousser les rainures.

**Rallonge.** Quand on a une grande partie de menuiserie à serrer et qu'on n'a pas de serre-joints assez longs, on y met une rallonge, en clouant solidement un taquet de chaque bout ; on l'appelle rallonge de serre-joints.

Si on a une grande pièce à corroyer beaucoup plus longue que l'établi, on se sert d'une rallonge en chêne de 0,034 × 0,08 environ, au bout de laquelle on aura cloué solidement un taquet muni de clous appointés, remplaçant le crochet ; l'autre bout de la rallonge est maintenu sous le valet, on l'appelle rallonge d'établi.

Les rallonges d'une table sont une série de coulisses portant des rainures et des languettes à queues, plus larges au fond qu'au bord, pour les maintenir ensemble avec un arrêt de chaque bout pour les empêcher de se démancher (*fig.* 327).

Celles des bouts sont assujetties sous chaque portion de dessus de table.

Ces coulisses se font maintenant en fer rond, dont les arrêts sont vissés sur le bois ; il y a moins de frottement.

On appelle véritablement rallonge les panneaux qui complètent le dessus de la table quand les coulisses sont développées.

**Rampant.** Tout travail de menuiserie posé en pente s'appelle posé en rampant, ces travaux se font ordinairement dans les escaliers.

Si la pièce d'appui de la traverse du haut d'une croisée d'escalier suit la pente de l'emmarchement de l'escalier, cette croisée sera faite suivant le rampant de cet escalier.

Il en est de même des socles de marches coupées en pente et dressées suivant le rampant.

Pour tracer un limon ou une crémaillère d'escalier, il faut développer la hauteur des marches avec leur largeur à l'endroit du limon ou de la crémaillère pour obtenir le rampant.

Dans une baie circulaire d'escalier, si e plein cintre suit le rampant, cette croisée d'escalier sera cintrée suivant ce rampant.

Il en est de même des arcatures décorant un escalier à la française dont les pilastres sont de toute hauteur ; si, étant de niveau, elles sont en plein cintre, elles seront elliptiques quand elles seront développées suivant le rampant de l'escalier.

Pour tracer ce développement sur le plein cintre qui est de niveau, on élèvera sur la ligne de base des lignes d'emprunt de 0,03 à 0,05 de distance les unes des autres ; ces lignes d'emprunt vont rencontrer la ligne circulaire (*fig.* 328).

On tracera au-dessus de cette ligne le rampant de l'escalier et on prolongera les lignes d'emprunt toujours parallèlement ; avec un compas on prendra chacune des distances entre la ligne de base et la ligne circulaire et on reportera ces distances de la ligne rampante sur les lignes d'emprunt.

Quand les points donnés par ces distances seront obtenus, on les raccordera et, au lieu d'un demi-cercle, le développement donnera une ellipse rampante (*fig.* 328).

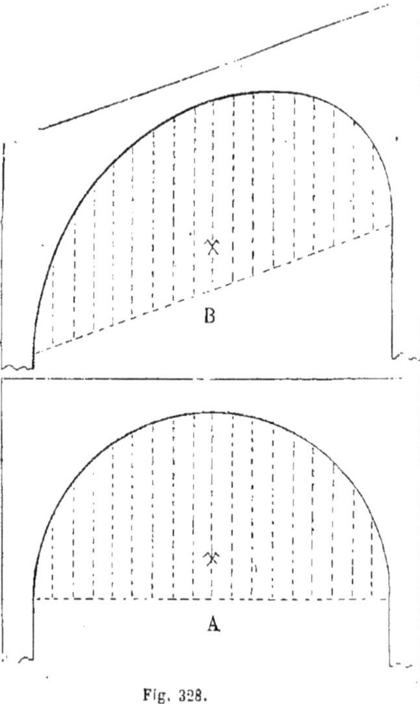

Fig. 328.

**Rampe.** On appelle rampe la partie comprise entre la main-courante et le limon ou la crémaillère d'un escalier.

Dans les escaliers, la rampe est ordinairement en fer, mais on en fait aussi en bois se composant de barreaux assemblés entre le limon et la main-courante.

Si ce sont des balustres tournés ou découpés sur les quatre faces, on l'appelle rampe à balustres.

On en fait aussi avec des barreaux méplats découpés sur les deux rives, c'est une rampe à barreaux découpés ou à panneaux découpés si ce sont des panneaux entre la rampe et la main-courante.

**Rampiste.** Ouvrier dont la spécialité est de façonner, débillarder, moulurer et vernir les mains-courantes d'escalier (voyez *Main-courante*).

**Râpe.** Pour dégrossir des parties circulaires telles que les lunettes des dessus de sièges ou autres menuiseries, on se sert d'une râpe en acier, appelée demi-ronde ou méplate; on finit à la lime et on polit au racloir et au papier de verre.

**Râtelier.** Dans une écurie, au-dessus de la mangeoire, on place un râtelier; c'est une espèce d'échelle posée horizontalement et composée de deux traverses en chêne ou en sapin de 8 centimètres carrés et de barres en chêne de 0,034 à 0,041 de diamètre, arrondies ou tournées et renflées au milieu qu'on appelle *roulons de râtelier;* les trous percés dans les traverses doivent avoir au moins 0,022 de diamètre pour que le roulon soit solide.

Dans les ateliers, pour ranger les outils, on fait des râteliers; celui qui est posé contre l'établi doit être en feuillet de 0,22 de large, car il est destiné à recevoir les ciseaux, bédanes et outils tranchants dont le taillant ne doit pas saillir du râtelier, le voisin d'établi ne devant pas s'y couper. La distance de 0,015 de la rive du dessus de l'établi est obtenue par de petites fourrures clouées entre ce dessus et le feuillet.

Le râtelier des bouvets de deux pièces se place sur la rive des tablettes du râtelier aux outils; il comporte un tasseau cloué à 0,03 en contre-bas de ces tablettes pour laisser passer les tiges des bouvets.

Le râtelier aux serre-joints est formé d'une forte traverse en chêne de 0,034 à 0,054 d'épaisseur sur 0,11 à 0,15 de largeur suivant la quantité d'outils qu'elle doit supporter.

Cette traverse doit être en bon bois, bien de fil, sans nœuds et assujettie très solidement au mur ou à la cloison, car si les serre-joints tombaient, ils pourraient, par leur poids, causer des accidents.

Le râtelier pour les bédanes, ciseaux, gouges, limes ou autres outils doit avoir de 0,05 à 0,08 de large, afin de laisser paraître au dessous le genre d'outils dont on a besoin.

Le râtelier d'armes se compose d'une traverse en chêne portant, à travers bois des entailles de 0,015 de profondeur épousant la forme de la crosse du fusil et d'une traverse haute également en chêne avec des entailles demi-circulaires pour y placer le canon.

La distance de ces entailles est de 0,18 à 0,20 d'axe en axe pour ranger facilement les fusils.

**Ravalé.** On dit qu'un chambranle est ravalé lorsque la moulure dont il est formé est prise dans la masse du montant de bâtis ou dans l'huisserie, laquelle porte alors les feuillures nécessaires pour recevoir les portes.

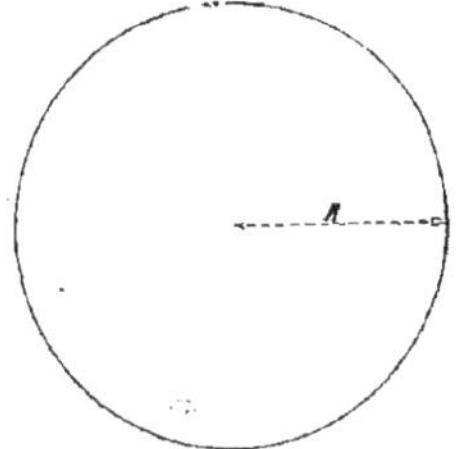


Fig. 329.

Un pilastre est ravalé lorsqu'il est élégi sur les rives ou au milieu afin qu'on puisse, sur ces élégis, pousser des moulures.

On dit aussi ravalé dans la masse, lorsqu'il y a des saillies réservées pour la sculpture ou autre décoration.

**Ravalement.** On appelle ravalement les feuillures ou élégis faits sur les pilastres ou sur les chambranles ravalés.

**Ravaler.** C'est faire les feuillures, moulures ou élégis sur les chambranles ou pilastres ravalés.

**Rayon.** On appelle rayon, dans un cercle, la ligne droite qui part du centre pour aboutir à un point quelconque de la circonférence.

C'est la moitié du diamètre (*fig.* 329).

Pour trouver le rayon d'un cintre surbaissé, par le calcul, voyez *Axe*.

**Rayonnant.** Tout ce qui part du centre vers la circonférence est dit rayonnant ; dans un imposte cintré, les petits bois partant du centre, assemblés dans le trompillon et se dirigeant vers la circonférence sont dits rayonnants (*fig.* 330, A).

Dans un imposte circulaire de grande dimension et qui comporte un petit bois ou une traverse parallèle à la circonférence les petits bois sont dits rayonnants quand bien même ils seraient coupés par ce petit bois ou par cette traverse (*fig.* 330, B).

**Reblanchir.** Lorsqu'une planche a été blanchie à la raboteuse, il faut, pour la finir, la reblanchir au rabot.

**Rebours.** Le bois est dit rebours lorsqu'il est de contrefil et que les fibres sont en descendant dans la direction de l'outil, ce qui fait faire des éclats ; si c'est un rabot, il faut rapprocher un peu le contre-fer et, si c'est une moulure, boucher un peu la lumière de l'outil.

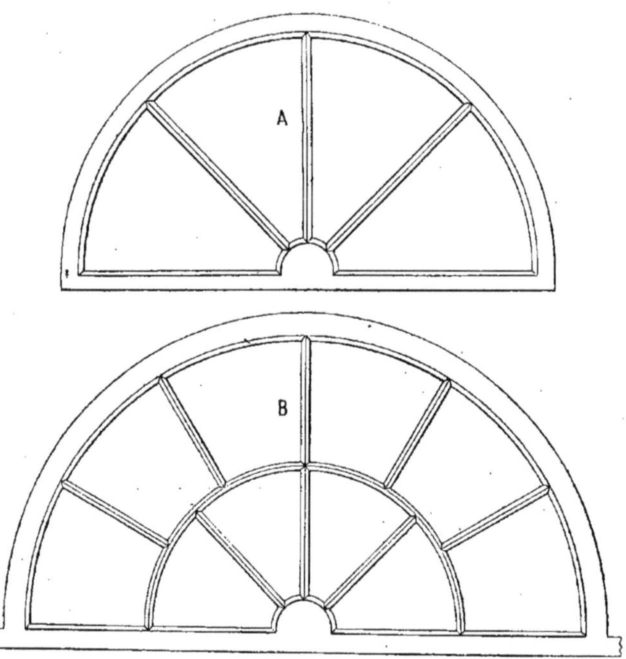

Fig. 330.

Pour être de fil, il faut toujours que les fibres du bois soient en montant dans la direction de l'outil.

Les moulures poussées à la toupie même à contrefil ne sont pas éclatées, car cet outil travaille en tournant.

**Recaler.** Après avoir fait les coupes d'onglet sur les moulures ou sur les cadres, on les recale au rabot ou à la varlope dans des boîtes spéciales dites boîtes à recaler.

On serre le cadre avec une vis pour l'assujettir dans la boîte, ce qui permet de dresser parfaitement les coupes ; il y a encore d'autres genres de boîtes à recaler où le cadre est assujetti avec le valet.

Lorsqu'on a à percer une mortaise traversant un battant, on la perce en deux fois et on recale cette mortaise pour en affleurer l'intérieur au ciseau.

**Réception.** Lorsque les travaux d'un bâtiment sont terminés, la réception générale en est faite par l'architecte ; c'est une revue entière des travaux, les réceptions partielles ayant été faites pendant l'exécution de la construction.

**Reclouer.** Après avoir déposé une moulure, une barre, un champ quelconque, pour les reposer, on les recloue ; reclouer, c'est clouer de nouveau une chose qui l'a déjà été, moulure, parquet, etc.

**Recoller.** Coller de nouveau à son même emplacement une moulure, un chapiteau, un socle, etc., lorsque ces pièces se sont décollées ; il en est de même des joints de panneaux quand la colle ne tient pas.

**Recopier.** Copier de nouveau un mémoire pour en faire une double expédition ; on dit aussi réexpédier ; c'est toujours la minute qui doit être recopiée.

**Recouvrement.** Dans les persiennes,

Fig. 331.

pour qu'on ne puisse pas voir à l'intérieur les lames doivent être à recouvrement d'au moins 0,005 du dessus d'une lame sur l'autre; il faudra donc, en traçant, mettre au moins 0,008 pour avoir de l'épaisseur pour le raffleurage et le replanissage du bâtis et des lames.

Dans les jalousies, les lames doivent aussi être à recouvrement ; on nomme en général, recouvrement toute partie de menuiserie qui en recouvre une autre.

Enfin on appelle moulure de recouvrement, tout calfeutrement ou baguette recouvrant le joint du plâtre et du bois.

**Rectangle.** On appelle rectangle, un parallélogramme qui a quatre angles droits et dont les côtés opposés sont égaux. Le triangle rectangle est celui qui a un angle droit.

**Rectangulaire.** Une pièce, une figure, etc. est dite rectangulaire, lorsque les quatre angles sont droits et qu'elle est plus longue que large.

**Rectiligne.** Les figures rectilignes sont des figures qui sont terminées par des lignes droites.

**Redans.** Pour clore un terrain dont la pente est très accentuée et dans lequel on désire conserver la partie haute de niveau, on fait des redans ou des ressauts. Dans un fronton dont on veut supprimer la pente droite, le dessus se retourne par petites portions de niveau qu'on appelle redans de fronton (*fig.* 331).

**Redresser.** Dresser de nouveau.

Avant d'ajuster les portes, on doit redresser les huisseries qui se sont cintrées par la poussée des plâtres des cloisons.

Pour redresser un panneau en travers lorsqu'on l'a laissé trop longtemps à l'air d'un côté et qu'il est devenu creux, il faut simplement retourner l'autre côté qui est rond et l'y laisser jusqu'à ce qu'il soit redevenu droit.

Pour redresser un battant en vieux bois, il faut, du côté creux, lui donner un coup de scie, ce qu'on appelle faire une saignée à moitié de l'épaisseur, et y mettre un coin

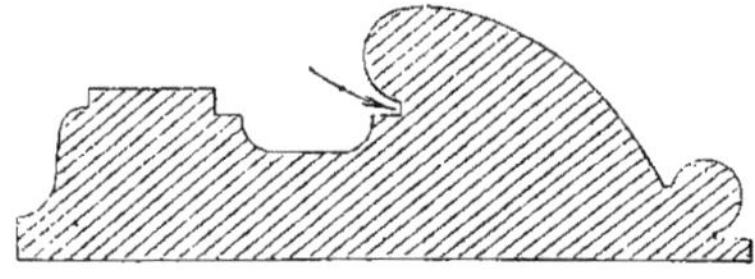

Fig. 332.

collé après avoir serré ce battant et l'avoir fait entrer en sens contraire.

**Réduction.** Réduire un profil de mou-

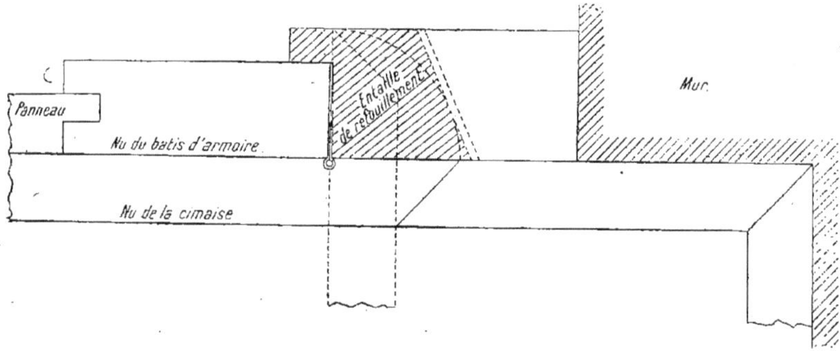


Fig. 333.

lure, corniches, cymaise ou autres menuiseries, c'est changer ce profil en un autre plus petit en hauteur, en largeur ou en épaisseur.

Il y a différentes manières de faire ces réductions que nous retrouverons à la géométrie descriptive.

**Réduire.** C'est faire la réduction d'un profil ou d'un plan quelconque ; c'est aussi faire un plan à une échelle plus petite.

**Refend.** On appelle cloison ou mur de refend les séparations faites à l'intérieur d'un bâtiment.

Le mur de refend proprement dit est celui qui reçoit les abouts des solives des deux façades, devant et derrière ; dans ce cas, ces façades doivent être chaînées; c'est-à-dire qu'on maintient leur écartement par une chaîne en fer méplat dont la jonction se fait au milieu et à l'intérieur du bâtiment, et se terminant à l'extérieur par des ornements en fer carré simples ou ornés qu'on appelle *ancres*.

**Refendre.** C'est l'action de scier en long une planche ou une autre pièce de bois avec la scie à refendre.

Le mot débiter lui est synonyme, mais s'applique plutôt à l'action de scier le bois en travers.

**Refouillement.** Une moulure est dite refouillée lorsqu'après avoir été poussée à l'outil il faut la reprendre pour pousser un gorget ou refouillement qui détache le corps principal de cette moulure (*fig.* 332).

Pour développer une porte sous tenture lorsqu'il y a dessus des cymaises, des plinthes ou des cadres rapportés, il faut faire des entailles de refouillement dans l'épaisseur du bâtis, derrière ces moulures qui sont coupées plus longues et en fausses coupes, pour que, la porte fermée, il n'y ait pas d'interruption dans le profil de ces moulures. On ne peut guère les développer plus qu'à l'équerre et il faut mettre un arrêt quelconque à la porte, pour que le becquet de la cymaise ne soit pas écrasé (*fig.* 333).

**Refuite.** Pour donner de la refuite aux tenons des ouvrages emboités, on élargit les trous de chevilles pour que la partie pleine puisse se retirer sans se fendre ou se séparer, aux joints, en se retirant.

**Refuser.** Avant de livrer les travaux au bâtiment on doit attacher beaucoup d'importance à leur réception à l'atelier, car, si on néglige cette précaution, on s'expose à ce qu'il y ait une pièce de refusée par l'architecte, ce qui fait le plus mauvais effet.

**Règle.** Pour débiter les bois on se sert de règles en sapin de $0{,}01 \times 0{,}07$ à 0,11 suivant la longueur, pour tracer à la largeur voulue les lignes en blanc sur les planches.

Pour le débit des croisées, on en fait de 0,045 de large pour les battants embrévés, 0,055 pour les montants et les gueules de loup et 0,075 pour les battants de fiches, ce qui évite de tracer les largeurs de ces battants sur les planches, puisque les règles servent de largeur.

Pour tirer les niveaux, on se sert d'une règle sur laquelle on présente un niveau; lorsque le fil à plomb couvre bien exactement le trait, on trace sur la rive de la règle une ligne sur le mur ou sur la cloison qu'on appelle ligne de niveau.

On appelle aussi règle ou jauge un instrument en bois très mince d'environ 0,035 de largeur qui sert à prendre des mesures et à débiter les bois.

**Règlement.** Dans chaque atelier, doit être affiché un règlement intérieur qui enseigne aux ouvriers de quelle manière se font les payes, au mois ou à la quinzaine, et les acomptes que la maison accorde, s'il y a lieu, la paye ne se faisant que tous les mois;

Enfin les articles indiquant de quelle façon le patron désire que sa maison soit tenue.

**Relever.** Aller relever les travaux quand ils sont terminés, c'est faire la minute du mémoire, relever ou prendre les mesures de ces différents travaux.

Relever les mesures des croisées ou des portes d'un bâtiment ou d'autres travaux, c'est en prendre les mesures sur place ou sur les plans.

**Relief.** Donner du relief à une moulure, c'est donner plus de saillie à toute cette moulure ou au corps de moulure principal, en le refouillant, pour la faire paraitre plus saillante.

**Remplissage.** Champs en bois de sapin brut de 0,025 d'épaisseur sur 0,06 à 0,07 de largeur, cloués tant plein que vide sur des entretoises pour construire une cloison en remplissage.

On les prend ordinairement dans des bois de rebut, car ils doivent être recouverts de plâtre.

Il y a aussi des remplissages posés de champ pour la construction des cloison hourdées de 0,11 ou de 0,15 d'épaisseur, ils sont emmanchés à entailles entre les entretoises dans lesquelles on a poussé des rainures. Voyez *Cloison* (*fig.* 185).

**Repère.** On appelle repère le trait de niveau qui est tiré lors de la plantation d'un bâtiment et qui est ordinairement à 1,00 du sol dans les étages, mais dont la hauteur peut varier dans les rez-de-chaussée.

**Replanir.** C'est finir un panneau au rabot avant de l'embrever dans les bâtis, lorsqu'il est plus mince que ces bâtis.

Après avoir chevillé une croisée, une porte ou un travail quelconque de menuiserie, le replanir c'est le finir au rabot, raffleurer les assemblages et enlever les éclats que peut avoir laissés la varlope en corroyant les bois.

**Reporter.** C'est prendre les distances des lignes sur un plan et les reporter sur un autre plan pour en faire un semblable, grandeur d'exécution.

C'est aussi prendre des distances avec un compas et les reporter sur un autre plan.

**Repoussoir.** Espèce de gros chasse-clou servant à repousser les chevilles quand on veut décheviller une menuiserie.

Il faut avoir toujours soin de chasser ces chevilles du côté opposé où elles ont été enfoncées.

**Résine.** Substance végétale qui découle naturellement du tronc des sapins et qui, réduite en poudre, sert à faire adhérer les courroies sur les poulies des machines lorsqu'elles patinent, c'est-à-dire lorsqu'elles glissent sur ces poulies.

On s'en sert aussi dans une certaine proportion dans la fabrication du mastic à la cire pour le faire durcir.

**Ressaut.** Toute partie en saillie de la ligne droite ressaute sur cette ligne, comme : les pilastres dans une cloison, les couvre-caissons dans une devanture, etc. Les moulures, cymaises ou autres menuiseries doivent suivre ces saillies et ressauter comme elles.

**Résumé.** Pour faire un mémoire en résumé, il faut porter dans une colonne qu'on appelle *timbre*, à la place des prix et des sommes, les différents genres de travaux contenus dans le courant de la minute, que l'on rassemble ensuite dans un tableau qu'on appelle *extrait;* le *résumé* est le total des quantités de chacun de ces travaux classés par ordre alphabétique ou par numéros de série.

**Rétable.** Partie de lambris plus ou moins ornée placée au-dessus d'un autel et contre le mur.

**Retombée.** On appelle dans un plan ligne de retombée, les lignes d'aplomb tracées sur les parties droites ou rampantes, la base étant considérée de niveau. Si on a plusieurs étages d'escaliers montant sur le même plan, les lignes de retombée doivent toujours être d'aplomb.

La retombée d'une voûte ou d'une arcade quelconque est la naissance du cintre.

**Revêtement.** Partie de lambris d'assemblage ou de planches clouées sur un mur pour le revêtir.

Il ne faut jamais clouer directement les revêtements sur le mur, on doit poser, auparavant des fourrures d'au moins 0,013 d'épaisseur pour isoler les lambris de la maçonnerie, surtout si ce mur est humide. Il sera bon de percer des trous d'aération.

**Révolution.** Dans un escalier, on appelle *révolution* la hauteur d'un étage.

**Riflard.** Petite varlope servant à dégrossir les bois; la coupe du fer du riflard est très en pente afin qu'il soit moins dur à pousser, et qu'il fasse moins d'éclats.

**Rifler.** C'est dégrossir avec la demi-varlope ou avec le rifflard les battants ou autres pièces de bois avant de se servir de la varlope.

Lorsqu'il y a beaucoup de bois à retirer sur une pièce quelconque pour la mettre d'épaisseur on dit qu'il y a beaucoup à rifler.

**Rigole.** Petite gorge poussée dans la feuillure des pièces d'appui de croisées pour recueillir l'eau et la rejeter au dehors par un trou d'écoulement.

**Rive.** On appelle rive la partie la plus étroite d'une planche, d'un battant, etc. ; la partie la plus large s'appelle le plat.

**River.** Lorsqu'on a posé les barres sur une porte ou sur une partie pleine, il peut arriver que les clous soient plus longs que les deux épaisseurs ; on en retourne alors les pointes ou on les aplatit sur le bois afin qu'ils ne restent pas en saillie.

On appelle ce travail river les clous.

**Rôle.** Le rôle dans l'expédition d'un mémoire se compose de deux pages d'écriture, et un cahier est ordinairement formé de douze rôles.

**Roman.** Style d'architecture du XIIe siècle précédant immédiatement le style gothique.

Il se distingue par des arcatures en plein cintre supportées par des colonnes, le dessus du tailloir des chapiteaux étant la ligne des centres.

Ces arcatures sont ornées au dessus de créneaux, pilastres ou autres décorations.

Il existe à Paris deux églises de ce style remarquable : celle du Sacré-Cœur à Montmartre et celle de Notre-Dame-de-la-Croix à Ménilmontant.

**Rosace.** Ornement sculpté circulaire en forme de rose qui se place dans les angles des panneaux où on a réservé leur place dans des crossettes.

Lorsque cet ornement n'est pas sculpté, on l'appelle macaron.

**Roulon de râtelier.** Bâton ou montant rond en cornouiller assemblé dans des trous percés dans les traverses de râtelier, au-dessus des mangeoires d'écurie.

On en fait aussi en chêne tourné plus ou moins richement avec bagues dans les deux bouts et renflure au milieu pour lui donner plus de solidité.

**Rustique.** On appelle construction rustique celle dans laquelle les pièces de bois employées sont à l'état brut, quelquefois même sans être écorcées.

Les assemblages se font à tenons et mortaises, mais les arasements des tenons sont dégraissés suivant le cintre du bois ; on appelle cet assemblage *assemblage à engueulement.*

**Sablière.** Dans un pan de bois, on appelle *sablières* les pièces de bois posées et assemblées horizontalement sur les poteaux. C'est sur ces sablières que viennent s'appuyer les solives.

Lorsque les solives sont assemblées derrière la sablière on l'appelle *sablière d'assemblage.*

**Sabot.** L'outil qui sert à pousser les moulures cintrées s'appelle sabot.

Il est cintré dessous en hauteur ou en largeur suivant que les moulures sont à pousser sur le champ ou sur le plat du battant.

Après avoir servi pour un travail, ces outils sont la plupart du temps mis au rebut, les profils et les cintres changeant souvent.

C'est pourquoi on appelle aussi sabot, un rabot, une varlope ou tout autre outil dont la lumière est trop grande pour qu'on puisse l'utiliser.

On donne aussi ce nom à un mauvais ouvrier ne sachant pas travailler et gâchant tout ce qu'on lui donne à faire.

**Saignée.** Faire une saignée dans une lambourde cintrée c'est donner un coup de scie du côté creux avec 2/3 de l'épaisseur, et y mettre un coin ou un clou à bateau pour la redresser.

Pour redresser un battant de porte ou de croisée qui s'est arrondi et creusé à l'usage, on y fait une saignée ou entaille à queue et en pente de 0,025 de large du côté creux, on y colle une pièce à queue qu'on enfonce jusqu'à ce que le battant soit droit, et on affleure ensuite.

**Saillie.** On appelle saillie, ce qui dépasse du nu des bâtis ou des plates-bandes.

La saillie des panneaux à table saillante doit toujours être en dehors.

C'est aussi ce qui avance du nu d'une construction, un balcon, une devanture, une corniche sont en saillie.

**Sapin.** Bois résineux de couleur blanche et à fibres rouges dans le sapin rouge et roses dans le sapin blanc.

Il se débite généralement en madriers de 0,08 sur 0,23 ; c'est ainsi qu'on l'achète au marchand de bois ; on le débite ensuite en pièces de 0,075 carrés pour faire les huisseries ou autres menuiseries en y faisant deux traits bas, c'est-à-dire dans le sens de 0,08 d'épaisseur.

Pour faire les panneaux en 0,018 d'épaisseur en trois traits champs, c'est-à-dire dans le sens de 0,23 de haut, on doit choisir les plus beaux madriers, ainsi que pour un trait champ ou 0,035 qui fait les bâtis de portes.

Le 0,013 d'épaisseur ou quatre traits champs sert pour faire des stylobates ou des plinthes ; on le prend dans le reste, le bois n'ayant pas besoin d'être aussi beau.

Les sapins de Lorraine nous arrivent la plupart du temps tout rabotés ; on appelle la planche 12/12, celle qui a 12 lignes d'épaisseur ou 0,027 millimètres 12 pouces de large ou 0,32 à 0,33 de large et 12 pieds de long équivalant à 4 mètres de longueur ; ils sont souvent noueux et gercés.

L'Autriche nous envoie beaucoup de ces bois, mais leur débit n'est pas le même ; les planches ont de 0,25 à 0,34 de largeur et 4,00 à 5,70 de long, ce débit facilite beaucoup, et la qualité des planches est supérieure à celles de la Lorraine.

Les trois quarts des sapins employés à Paris nous viennent de la Suède, de la Norwège ou de Riga. Ces bois ayant déjà été empilés et séchés en forêt pour qu'ils pèsent moins, sont déjà presque secs ; ils arrivent débités en madriers.

**Sauter.** Faire sauter les épaulements, c'est faire l'entaille de l'épaulement dans le tenon ; faire sauter les onglets, c'est enlever à la scie ou au ciseau les entailles de barbe rallongées dans les battants de portes à petit cadre ou dans les croisées, enfin tout ce qui porte moulure et dont le nu de la traverse doit affleurer avec le nu du battant.

**Scellement.** On appelle scellement la partie qu'on laisse en plus au bout des montants ou traverses et qui doit entrer et être scellée dans la maçonnerie pour les faire tenir.

**Sciage.** On appelle bois de sciage, tous les bois de chêne ou de sapin débités ou sciés sur deux faces et une ou deux rives. Ce sont des bois d'échantillons.

Porter ou envoyer du bois au sciage, c'est l'envoyer à la scierie, après avoir marqué les traits bas ou traits champs à faire, ou avoir débité les planches sur le plat.

**Scie.** Instrument servant à couper les bois.

Les menuisiers en ont de différentes espèces.

La *scie à tenons* se compose d'une lame d'acier mince de 0,05 à 0,06 dentée en pente d'un côté, de deux traverses qu'on appelle les bras de scie, d'un montant qu'on appelle sommier, d'une corde dont on fait trois ou quatre tours d'un bras à l'autre et d'un garrot pour la tendre.

Il faut choisir les lames un peu plus minces derrière que du côté denté, afin qu'elles ne serrent pas dans le bois.

Pour l'affût de ces scies, il faut relever les dents dans le bas de la scie un peu moins qu'à l'équerre, de façon qu'elle n'ait pas de crochet, et petit à petit les dents du haut doivent avoir du crochet, c'est-à-dire un peu plus qu'à l'équerre, pour que l'ouvrier n'ait pas à appuyer sur la scie pour la faire mordre.

Les dents d'une scie doivent toujours être très droites pour ne pas accrocher en sciant ; on donne la voie en écartant les dents à droite et à gauche, en commençant en haut et finissant à rien au bas afin que la scie ne serre pas en remontant pour donner un nouveau coup de scie.

La *scie à débiter* est comme la scie à tenons ; c'est du reste lorsqu'elle commence à s'user qu'on s'en sert pour débiter.

La *scie à araser* est plus petite, mais montée de la même manière ; les dents de la lame sont plus fines, elle sert pour araser les tenons, faire les coupes d'onglet et autres menus ouvrages.

La *scie à refendre* a une lame de mêmes dimensions que la scie à tenons et la même denture ; sa mâchoire en fer est rivée de chaque bout, mais les extrémités des bras du côté de la lame sont renflés et percés d'un trou d'environ 2 centimètres de diamètre, dans lequel passe le tourillon de la poignée et celui du bas pour pouvoir faire tourner cette scie un peu moins qu'à l'équerre pour refendre les planches en long.

La *scie à chantourner* est montée comme la scie à refendre, mais la lame est plus courte et n'a que 0,008 à 0.015 de large ; elle a les dents plus fines, et sert à faire les chantournements, coupes circulaires et les découpages.

La *scie circulaire* ou fraise est un disque dont les dents sont droites ou à crochet.

Elle est montée sur un arbre qui tourne au moyen de deux engrenages pour lui donner de la vitesse dans les scies à bras, et d'une poulie sur laquelle passe une courroie lorsqu'il y a une machine à vapeur, cette scie prend beaucoup de force motrice.

La *scie à ruban* ou scie sans fin est une lame sans fin de 0,005 à $0^{m}$,05 de large passant sur deux poulies à feuillure d'environ 0,50 à 0,60 de diamètre, c'est la poulie du bas qui donne l'impulsion à celle du haut au moyen d'une courroie passant sur une poulie plus large placée à l'autre bout de l'arbre du bas.

Elle sert, quand elle est étroite et à dents fines, pour le découpage.

Pour le débit la lame a de 0,02 à 0,05 de large, les dents écartées en conséquence et ayant du crochet, convient bien

Cette scie à ruban prend beaucoup moins de force que la scie circulaire.

Les scies alternatives sont à une ou à plusieurs lames larges et sont spéciales aux scieries.

**Scier.** C'est couper le bois en travers avec une scie ; le refendre, c'est le diviser en long.

**Scieur.** Celui qui n'est occupé qu'à scier dans les scieries ou dans les ateliers de menuiserie qui ont des fraises et des scies à ruban se nomme *scieur*.

Celui qui se sert constamment de la fraise ou scie circulaire est appelé *fraiseur*.

**Scotie.** La scotie est une moulure

qui a pour profil une section d'ellipse (*fig.* 334), elle se place toujours entre deux filets, et se pousse sur les cymaises de portes cochères ou autres menuiseries accompagnées d'autres moulures.

Ces cymaises sont généralement contreprofilées de chaque bout, et la scotie sert à raccorder les différences de largeur de champ entre le panneau à grand cadre du haut et le tablier qui est souvent plus large.

**Sculpture sur bois.** C'est l'art de représenter sur des chapiteaux, moulures, etc.,

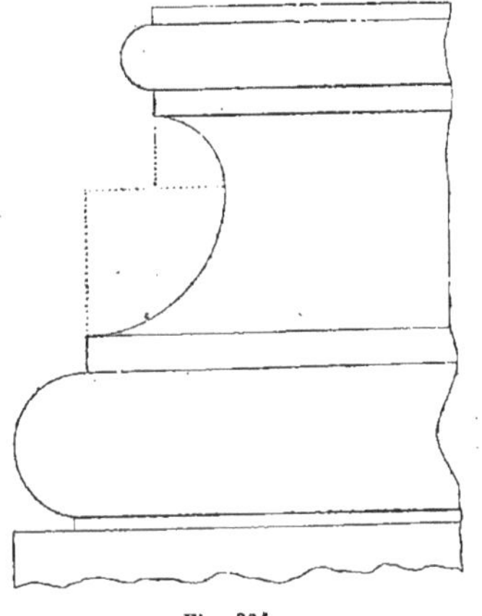

Fig. 334.

des ornements fouillés dans la masse du bois.

La sculpture sur bois s'appelle aussi sculpture d'ornement.

**Sécante.** En terme de géométrie, on appelle sécante une ligne qui en coupe une autre, droite ou circulaire, en la divisant en deux parties.

**Secrétaire.** Meuble de bureau sur lequel on écrit et qui sert à renfermer les papiers dans les tiroirs, le tout se trouvant fermé par un abattant droit; quand il est circulaire, on l'appelle *secrétaire à cylindre.*

**Section.** En géométrie, on appelle section l'endroit où deux lignes se coupent; c'est aussi la rencontre d'une ligne et d'une surface, ou d'une surface et d'un solide; on dit section conique, etc. (voyez *perpendiculaire* ou *ligne d'équerre*).

On fait aussi des sections pour tracer les ovales ou les ellipses, pour trouver les centres de raccord de lignes circulaires.

**Segment de cercle.** C'est la partie comprise entre une portion de cercle et sa corde.

**Semelle.** Pour poser les huisseries et surtout quand les poteaux se trouvent entre deux solives (c'est-à-dire dans l'auget), il faut poser sous chacun de ces poteaux une semelle qui reportera leur charge sur deux solives voisines.

La semelle est ordinairement en chêne et a 0,034 sur 0,08; elle est lardée de clous à bateau en dessous et bien scellée; elle sert à assujettir le pied des poteaux.

Même lorsque l'huisserie est parallèle à une solive en fer, il est bon d'y faire sceller une semelle dessus, pour y clouer les poteaux par le bas, ce qui est impossible sur le fer. L'huisserie se dérange moins facilement.

C'est enfin une pièce de bois posée horizontalement sur le sol pour recevoir le pied d'un poteau ou d'un étai.

**Serrejoint.** Outil composé d'une vis et d'un écrou, en bois ou en fer, d'une tige plus ou moins longue dans laquelle on a fait des crans pour y placer la ferrure de la patte mobile.

Cet outil sert à serrer les joints, les serrejoints à vis de bois pour serrer les panneaux jusqu'à 0,027 ou 0,034 d'épaisseur et cheviller les châssis de croisées.

Pour cheviller les portes à petit ou à grand cadre, on se sert de serrejoints à vis de fer, qui sont plus solides; avec ces derniers on serre plus fort sans se fatiguer.

**Serviettes.** Dans le style gothique, on appelle *panneaux à serviettes*, ceux qui sont ravalés de moulures sur toute la face et ces moulures contreprofilées de chaque bout (*fig.* 335).

La figure 335, A représente l'épaisseur du panneau vu en plan d'une serviette simple et aussi le profil et le contreprofil.

La figure 335, B représente l'épaisseur du panneau d'une serviette retournée ainsi que le profil et le contre-profil.

La figure 335, C représente l'épaisseur du panneau d'une serviette double ou à deux plis et le profil qu'il faut donner au panneau pour obtenir le contre-profil détaillé.

On peut en faire de beaucoup de manières, mais le profil du panneau est toujours surbordonné au contre-profil, qui

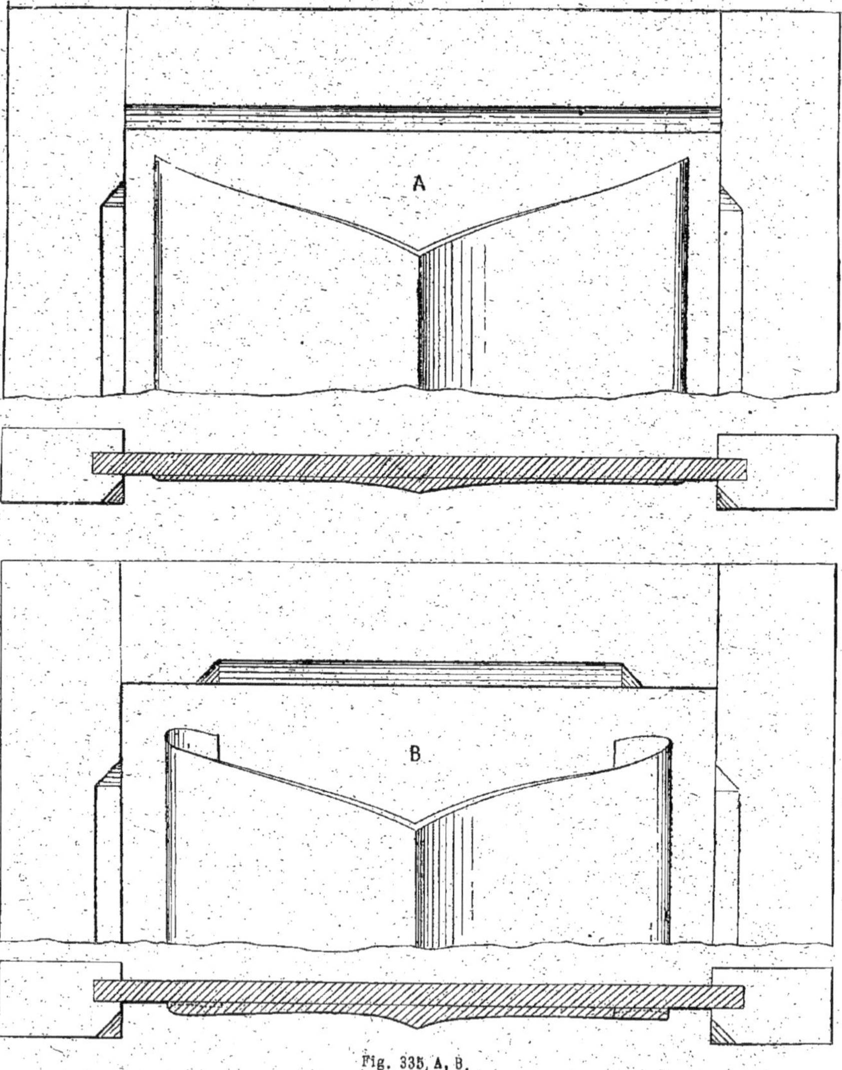


Fig. 335, A, B.

doit être tracé d'abord; on cherche le profil ensuite:

Ainsi pour un panneau à serviette enroulée (*fig.* 335, D), après avoir tracé le contre-profil, on comprendra facilement, que, pour développer cet enroulement, il faut réserver plus de bois de chaque côté du profil, pour pouvoir le faire.

Ces profils ne doivent pas être trop saillants, car les contre-profils deviendraient lourds.

**Seuil.** La frise de parquet posée entre deux poteaux d'huisseries s'appelle seuil de porte.

Un seuil est une pièce de bois quelconque posée en travers de l'ouverture d'une porte.

**Siège d'aisances.** Pour couvrir les cuvettes dans les cabinets d'aisances, le siège se compose d'un dessus ordinairement en chêne 0,034 d'épaisseur percé d'un trou appelé lunette de 0,25 à 0,27 de diamètre dans le centre de la cuvette. Le soubassement est ordinairement aussi en chêne de 0m,027, uni ou à petit cadre.

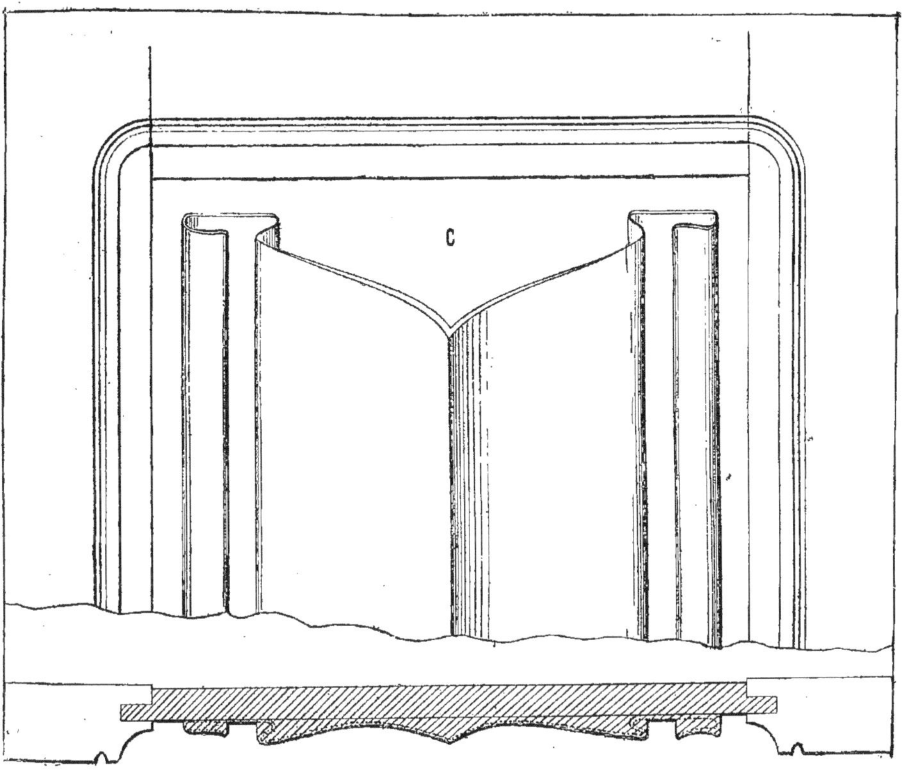


Fig. 335, C.

Par le bas on met une plinthe reposant sur le parquet et autour du dessus des champs de calfeutrement. Enfin, pour cacher le trou, on le couvre avec un abattant.

**Sifflet.** Dans une porte ou tout autre menuiserie, quand les profils ne sont pas de la même largeur à la frise et qu'on n'a pas dérasé le battant, on est obligé de les raccorder par une coupe ou par arasement à sifflet.

**Simbloter.** Lorsque dans un cintre surbaissé, la flèche est très petite, le centre de cet arc se trouve à une grande distance, et quelquefois la grandeur de l'atelier ne permet pas de tracer ce cintre.

On mettra alors aux naissances et à la

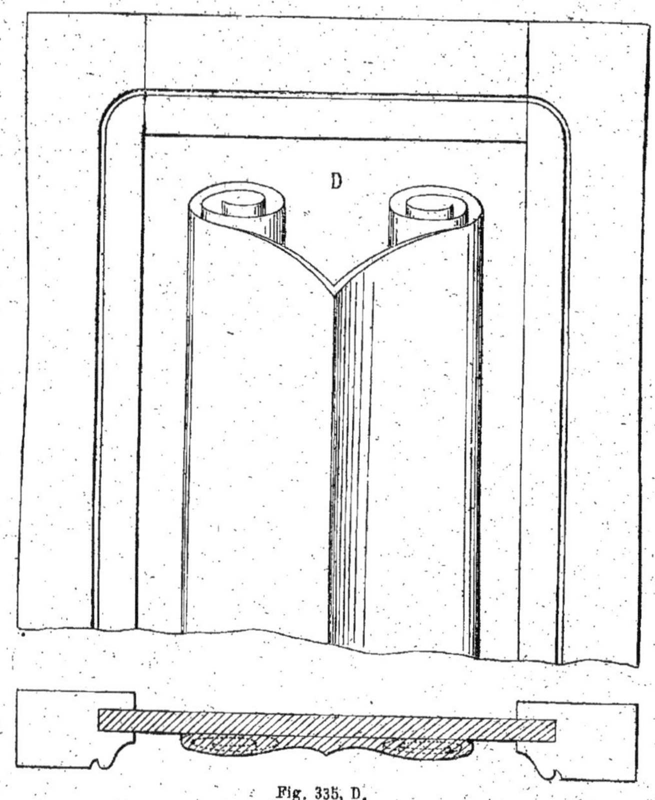


Fig. 335, D.

flèche trois clous qui dépasseront; on clouera deux tringles droites qui auront deux fois la longueur de la flèche à la naissance, puis à la réunion de ces deux tringles

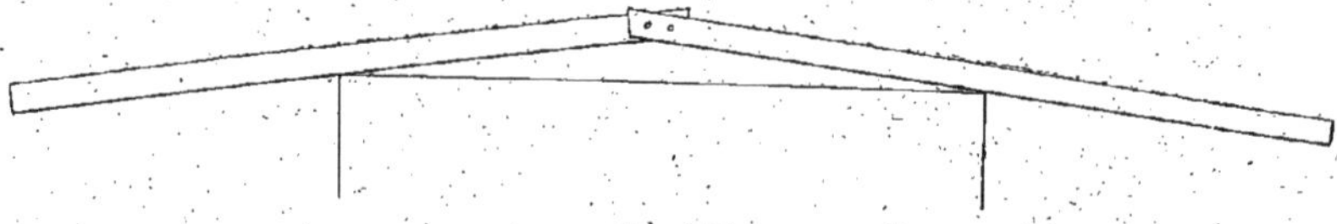

Fig. 336.

à la flèche on mettra le crayon dans l'angle et on tracera de la flèche à la naissance d'un côté, en conservant toujours la rive des tringles glissant contre les deux clous, et autant de l'autre côté (*fig.* 336).

On appelle ces deux tringles un *simbleau*.

**Socle.** Toutes les bases de chambranles doivent reposer sur un socle qui est ravalé suivant le profil de ce chambranle, mais simplifié et en saillie suivant l'importance du profil, soit pour un profil de 0,06 = 0,005 de saillie.

Ils ont ordinairement 0,11 de hauteur, qui est la largeur de la plinthe ordinaire (*fig.* 337).

A plan du chambranle et du socle.

B élévation.

Dans les chambranles plus larges composés de deux ou trois parties, comme en C même figure, les socles doivent épouser le profil simplifié comme il est marqué.

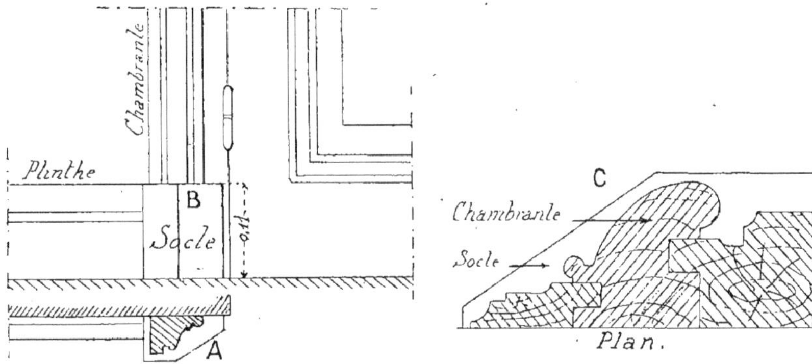


Fig. 337, A, B, C.

Ces chambranles doivent encadrer de grandes baies et les socles doivent être plus hauts.

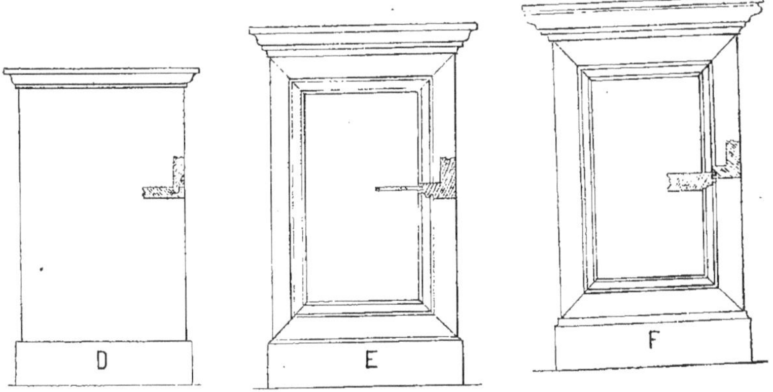


Fig. 337, D, E, F.

On appelle aussi socle, un piédestal se composant de parties de menuiserie assemblées ou embrevées, unies, à petit cadre, à table saillante ou à grand cadre, avec un dessus encadré d'une moulure de couronnement et une plinthe unie ou moulurée par le bas, fait pour supporter une statue ou une colonne.

On distingue :

Le socle uni (*fig.* 337, D);

Le socle à petit cadre (*fig.* 337, E);

Le socle à table saillante (*fig.* 337, F);

Le socle à grand cadre (*fig.* 337, G).

Dans les chambranles dont les moulures ont des parties creuses très prononcées, le socle uni laisserait trop de saillie;

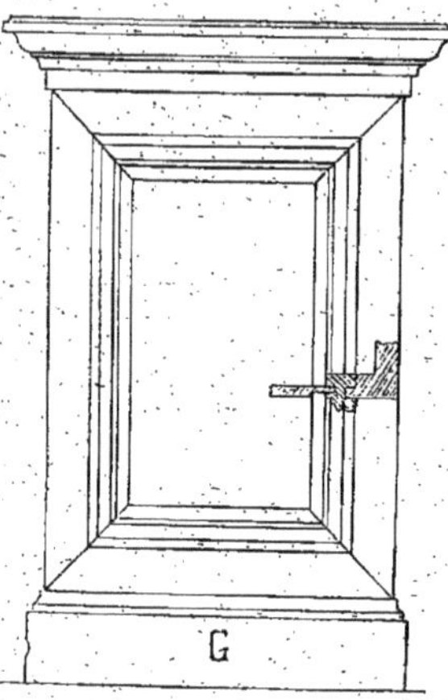


Fig. 337, G.

il faut alors faire un socle ravalé, c'est-à-dire pousser dans ce socle une gorge laissant une saillie régulière à la moulure de ce chambranle et pour assembler ce socle dans le montant de chambranle, on devra faire un dérasement biais au bas du montant de chambranle qui partira du nu de la feuillure de la porte au nu de la rainure du châssis (*fig.* 337, H, chambranle de devanture).

**Soffite.** Partie décorative, saillante, d'un plafond représentant une poutre supportant des solives et composé ordinairement

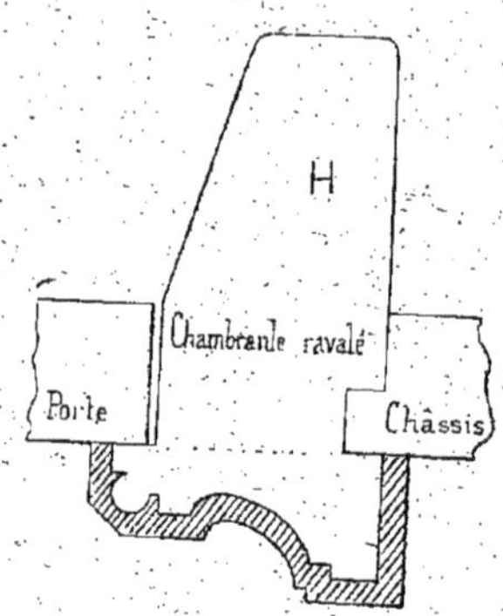


Fig. 337, H.

d'un filet formé de deux fers à double T à larges ailes suivant la charge qu'il a à supporter et la longueur de sa portée.

Lorsque pour une décoration quelconque dans un plafond, on doit mettre

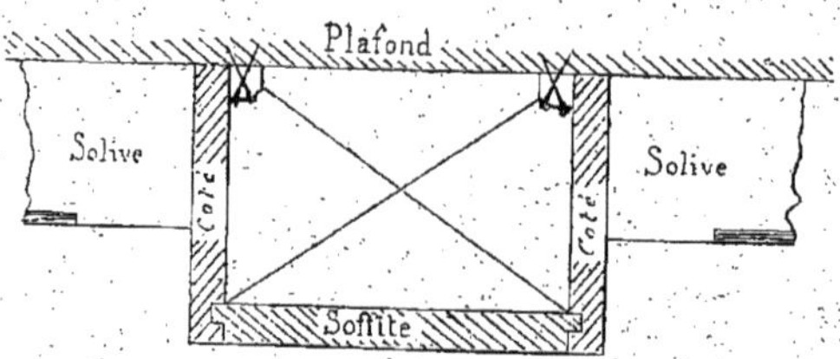


Fig. 338.

un faux soffite en bois il sera composé de trois planches plus ou moins larges à la demande, c'est toujours celle du dessous qui prend le nom de soffite, les deux autres sont les côtés de soffites, et c'est presque toujours le dessous seul qui est décoré de moulures, les côtés recevant les abouts de solives (*fig.* 338).

Pour l'assujettir au plafond, s'il est léger, on clouera au préalable deux cours de tasseaux au plafond en retraite des côtés de soffite, et ces clous posés en lardant, c'est-à-dire en pente à droite et à gauche, afin qu'ils tiennent bien.

Il faut apporter beaucoup d'attention à ce clouage, car, si les clous sont enfoncés dans la même direction, les deux tasseaux peuvent se déclouer d'un seul coup et le soffite tomber.

Lorsque les soffites sont lourds, ils doivent être assujettis avec des pattes entaillées, vissées et à scellement dans le plafond.

**Solide.** En terme de menuiserie, on appelle un ouvrage solide, celui qui est bien assemblé, en bois de bonne épaisseur pouvant résister à l'intempérie et aux chocs, suivant son emplacement.

En terme de géométrie, on appelle solide, un volume qui a les trois dimensions, hauteur, largeur et épaisseur.

**Solidité.** Tous les travaux de menuiserie doivent être assemblés et posés avec solidité, les lambris bien assujettis et les moulures bien clouées sur les murs ou sur les lambris.

La solidité dans une porte est représentée par des assemblages bien faits, et surtout les panneaux bien coupés, touchant presque au fond des rainures et les languettes bien mises au mollet, car la porte n'étant pendue que d'un côté, si les panneaux sont courts, l'autre battant baissera jusqu'à ce que la languette porte au fond de la rainure, on dira alors, en terme de menuiserie, que cette porte *saigne du nez*.

Il en est de même pour les croisées, châssis, etc., qui ne sont pas assemblés solidement, qui baissent du milieu ou de la partie opposée à la ferrure ; on dit qu'ils *saignent du nez*.

**Solin.** Terme de maçonnerie, mais il est nécessaire que les menuisiers sachent ce que cela veut dire.

On appelle solin l'enduit triangulaire de plâtre et de garnis qu'on fait de chaque côté des semelles, des lambourdes ou des solives au-dessus du plafond et dans les entrevous.

Cet enduit de plâtre fait sur la rive d'une couverture en tuiles s'appelle bande de solin.

**Solive.** Les solives sont des pièces de bois de 0,08 à 0,10 d'épaisseur sur 0,12 à 0,23 de hauteur suivant la portée qu'elles doivent avoir, et qui, posées en travers, reposent de chaque bout soit sur un mur, soit sur une poutre ou à scellement dans la maçonnerie pour former un plancher.

Le scellement sur le mur doit avoir toute l'épaisseur du mur de refend, c'est-à-dire celui du milieu, s'il y en a un, et de 0,10 à 0,15 au minimum de scellement dans les murs de façade.

Aujourd'hui on fait les planchers avec des solives en fer dont la hauteur est calculée suivant la longueur de la portée en multipliant cette portée par 3,50 ; par exemple, pour un plancher de 4,00, les solives doivent avoir 0,14 de hauteur, et ainsi de suite.

Les plafonds sont généralement unis dessous.

Pour les décorer dans le style Henri II, par exemple, on fait au milieu de la pièce une fausse poutre formant soffite (*voyez ce mot*) et de chaque côté viennent s'abouter de fausses solives en sapin embrevées, dans le genre du soffite, mais plus petites.

Elles sont moulurées sur les angles d'une baguette ou d'un chanfrein arrêté de chaque bout sur une enchevêtrure moulurée qui forme corniche en contre bas des solives et faisant le tour de la pièce.

**Soliveau.** Dans les petites portées, les pièces sont moins fortes, on les appelle alors des *soliveaux*. Ce sont de petites solives.

**Sommet.** En géométrie, le sommet d'un triangle est le point le plus élevé de ce triangle ; il en est de même d'une pyramide.

**Sommier.** Dans la monture d'une scie, le sommier est le montant en bois léger, en sapin, bien de fil et sans nœud, qui sépare les deux bras de la scie et qui sert à maintenir le garrot.

On donne aussi ce nom à un linteau reposant sur deux pieds droits et posé au-dessus d'une porte ou d'une croisée, ainsi qu'au coffre d'un orgue.

**Sorbonne.** Endroit de l'atelier où on met chauffer la colle et qui sert aussi à faire chauffer les bois quand on fait des plat-joints.

La sorbonne, qui est une espèce de grande cheminée avec hotte, doit toujours être placée dans un angle, ou dans un endroit assez éloigné des copeaux.

L'âtre en briques élevé de 0,50 à 0,60 et le manteau de 0,75 à 1,20 au dessus.

Elle doit être formée par des portes en tôle et le feu doit en être complètement éteint avec de l'eau, et le pourtour arrosé et balayé avant la sortie des ouvriers.

Le patron doit donner cette surveillance au conducteur le plus rapproché de la sorbonne, et y faire lui-même bien attention.

Depuis l'utilisation des machines à vapeur dans les ateliers, le feu ne peut plus prendre par les sorbonnes qui sont aujourd'hui chauffées à la vapeur par un serpentin traversant le bain-marie.

Par ce moyen, la colle est toujours chaude et il est inutile d'entretenir du feu avec du poussier comme dans les anciennes sorbonnes.

**Soubassement.** On appelle soubassement, toute partie se trouvant au-dessous de l'appui, c'est-à-dire de 0,60 à un mètre et plus de hauteur.

Un soubassement en lambris uni ou par moulures rapportées est généralement couronné d'une cymaise ainsi qu'un soubassement de devanture et de caisson.

**Soupente.** On appelle *soupente*, une partie de plancher suspendue dans la hauteur d'un étage et à laquelle on accède par un petit escalier.

Elle n'est pas destinée à supporter de lourds objets.

**Sous-tendante.** C'est en géométrie la ligne droite qui, tirée d'un point d'une courbe à un autre, en forme la corde.

**Sous-traitant.** Tout marchandeur à façon ou de pose occupant d'autres ouvriers devient sous-traitant et doit être considéré comme tel puisqu'il y a des prix arrêtés entre lui et le patron, conventions signées, etc., mais le patron est toujours responsable de la paye des ouvriers de son sous-traitant, il est de son intérêt de vérifier si cette paye a été faite.

**Spatule.** Morceau de bois aplati d'un bout qui sert à faire le mastic dur et à l'étendre aux endroits où il en faut ; le mastic dur se collant après le fer ou l'acier ne peut plus s'employer.

**Sphère.** En géométrie, on appelle sphère un corps solide d'une rondeur parfaite et ayant la forme d'une boule.

Toutes les lignes tirées du centre d'une sphère à la circonférence sont d'une égale longueur.

**Sphère elliptique.** C'est une sphère qui est ronde au milieu et dont l'axe allongé présente une figure ovale.

**Sphérique.** Une figure sphérique est ronde comme une sphère.

**Spirale.** Une figure, une décoration se termine en spirale, quand ces terminaisons ressemblent à des volutes rondes ou allongées et se terminent par un noyau ou foyer.

**Stalle.** Dans les églises, on appelle stalles, les sièges en bois placés autour du chœur, et qui sont séparés par des *accoudoirs.*

Le mot stalle est plutôt appliqué à l'ensemble décoratif et à la construction qu'au siège proprement dit.

Dans les cathédrales, on appelle stalles épiscopales, des stalles très décoratives qui sont seules quelquefois ou accompagnées de chaque côté d'une stalle moins décorée et un peu en contre-bas.

(*Fig.* 339, stalle cardinalice de la cathédrale de Sens, XIVe siècle.)

Le banc ou siège est ferré contre une alaise avec des charnières (*fig.* 340) et en se développant permet de se tenir debout ou assis sur une saillie tournée ou sculptée assemblée sous le banc et qu'on appelle *miséricorde.*

La partie immédiatement au-dessus du banc s'appelle *adossoir* et celle au-dessus *dossier de stalle.*

Le plafond s'appelle *dais de stalle.*

**Stéréographie.** C'est l'art de représenter les solides sur un plan.

**Stéréométrie.** Dans la géométrie pratique, c'est la branche qui apprend à mesurer le volume des solides.

**Stéréotomie.** La stéréotomie est l'art de tailler des solides, bois ou pierres, qu'on emploie dans la construction ; c'est une des principales branches de la géométrie descriptive.

**Stylobate.** Champ uni ou mouluré de 0,15 à 0,23 de largeur et de 0,013 à 0,027 d'épaisseur, en chêne ou en sapin, qui se pose au bas des murs ou des cloisons, ordinairement dans les chambres à coucher des appartements.

Au-dessous de cette largeur, il prend le nom de plinthe.

**Superficie.** C'est la longueur ou hauteur multipliée par la largeur, sans tenir compte

Fig. 339. — Stalle cardinalice de la cathédrale de Sens. — J.-C.-D. Laisné, architecte; J. Jeannin, entrepreneur.

de l'épaisseur, dont le produit donne la superficie ou surface.

En menuiserie, par exemple, une porte qui a 2,20 de hauteur sur 0,75 de largeur produit 1,65 de superficie ou de surface et une partie pleine de 2 mètres de long sur 0,40 de large produit 0,80.

Dans le mètré on néglige le troisième chiffre, mais lorsqu'il atteint 0,005 le centimètre est acquis; au dessous, on ne le compte pas.

**Superficiel.** Qui a rapport à la superficie.

Dans la menuiserie, les travaux se font au mètre linéaire, c'est-à-dire les longueurs additionnées dans les bâtis, huisseries, champs, etc., et au mètre superficiel dans les tablettes, châssis, croisées, persiennes, portes, etc., où la longueur est multipliée par la largeur.

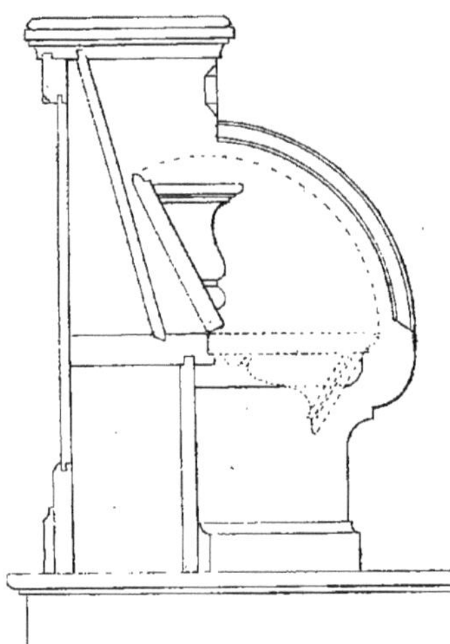

Fig. 340.

**Surbaissé.** On entend par cintre surbaissé tout cintre dont la corde est au-dessus de l'axe ou diamètre.

Pour obtenir par le calcul le rayon d'un cintre surbaissé, la mesure de la corde et de la flèche étant donnée, *voyez* *arc* (*fig.* 153 et 154).

**Sureau.** Bois blanc très plein et très flexible qui, débité en petites lames, sert à faire des mètres.

**Surface.** La surface est l'espace compris entre des lignes qui se rencontrent.

C'est synonyme de superficie.

En menuiserie, on dit : une pièce de parquet fait tant de surface; quand on a multiplié la longueur par la largeur, le produit donne la surface.

**Surhausser.** On dit des voûtes qu'elles sont surhaussées, lorsqu'elles sont élevées au-delà de leur plein cintre.

Surhausser ou surélever un bâtiment, c'est le remonter d'un ou de plusieurs étages.

On dit aussi exhausser.

**Sycomore.** Bois blanc tendre, mais bien plein qui sert beaucoup pour faire les travaux en bois noir et ciré; il ressemble à l'érable.

**Symétrie.** Un plan, une élévation, un travail quelconque sont faits avec symétrie lorsque les proportions de grandeur et de forme sont bien en rapport entre elles et avec l'ensemble de ce travail.

**T.** On appelle T une équerre composée d'une grande tige mince assemblée dans une autre plus épaisse et dont la saillie sert à maintenir le T sur la rive de la planche à dessin.

Il prend le nom de la grandeur du papier sur lequel on doit faire un plan; on appelle un *T grand aigle*, celui dont la tige mince est de 1,00 à 1,10 de long. et la tige épaisse de 0,35 à 0,45.

On appelle *T mobile*, celui dont la tige épaisse est en deux parties, celle fixe qui est d'équerre et l'autre mobile pour tirer des lignes biaises et parallèles.

**Tabernacle.** Petite armoire qui se pose au milieu de la table d'un autel contre le rétable.

Ces petites armoires se font presque toujours de style et très ornées, car c'est la partie principale d'un autel.

**Table.** Meuble en bois monté sur un ou plusieurs pieds, mais plus souvent sur quatre pieds; les traverses assemblées entre ces pieds s'appellent traverses de ceinture, et c'est dans une de ces traverses qu'on fait une entaille pour recevoir un tiroir.

Les tables prennent souvent le nom des travaux ou des usages auxquels elles sont destinées.

On appelle *table à plans*, celle qui, dans les ateliers, est destinée à recevoir les feuillets sur lesquels on fait les plans d'exécution.

**Tableau.** Partie pleine destinée à recevoir une enseigne dans une devanture; c'est la partie comprise entre l'astragale au-dessus des châssis et la corniche.

Quand une mesure de croisée ou autre menuiserie est prise en tableau, c'est la mesure entre murs, non compris les feuillures; il faut toujours avoir bien soin de mettre *mesure prise en tableau*, car les feuillures sont à ajouter à cette mesure.

Dessiner au tableau dans les classes ou dans les cours de dessin, c'est faire, assez grossièrement, avec de la craie sur un tableau noir posé sur un chevalet, des figures géométriques pour les expliquer plus facilement.

**Table saillante.** On appelle panneau à table saillante, celui qu'on met ordinairement dans la partie de soubassement d'une porte ou d'une croisée extérieure et en saillie des bâtis, pour que l'eau ne coule pas sur la traverse basse; dans le haut de ce panneau, on devra toujours abattre une pente pour l'écoulement de l'eau.

Il y a différentes manières d'embrever les panneaux à table saillante.

Elle peut être moulurée au pourtour d'une gorge ou d'un quart de rond pour en diminuer la saillie et donner moins de prise à l'eau sans en compromettre la solidité.

Enfin, on appelle table saillante, toute partie réservée en saillie des nus de bâtis, de panneaux, etc.

**Tablette.** Planche placée horizontalement pour poser quelque chose dessus, mises dans les armoires ou entre les murs; sont elles posées sur des tasseaux, ou si les bouts sont dans le vide on les pose sur potences.

Alors l'angle de la tablette est plus ou moins arrondi et quand il faut qu'elle soit mobile, dans une bibliothèque par exemple, elle est posée sur crémaillères.

Elle a ordinairement 0,025 d'épaisseur sur 0,30 à 0,32 de largeur et se fait presque toujours en planches de Lorraine, qui ont cette largeur.

**Tablier.** Pièce de toile, verte à Paris, bleue dans le Nord, que les ouvriers menuisiers mettent devant eux pour préserver leurs habits en travaillant; on le maintient autour de soi au moyen d'un crochet.

On appelle aussi tablier, le panneau de soubassement d'une porte cochère ou d'entrée, en saillie sur les bâtis.

On en fait de plusieurs manières, mais le plus souvent, c'est un panneau encadré dans un bâtis assemblé d'onglet à travers champ.

Dans cet encadrement, on dispose

Fig. 341.

d'autres montants et traverses assemblés carrément ou en diagonale et le fil du bois des panneaux est contrarié lorsque le bois doit rester apparent.

**Tâcheron.** Ouvrier travaillant aux pièces pour façonner les travaux de menuiserie à l'atelier ou les poser au bâtiment (*voyez marchandeur*).

**Taillant.** Pour obtenir le taillant tranchant d'un fer de rabot, bouvet, ciseau ou autres outils, il faut, après l'avoir passé sur le grès, faire disparaître le morfil sur la pierre à l'huile.

**Tailloir.** On appelle tailloir, la partie moulurée qui se met au-dessus du chapiteau dans un battement de porte cochère formant pilastre ou demi-colonne (*fig.* 341).

**Talon.** Moulure qui se pousse actuellement sur la plupart des croisées, qui est décorative et a cela d'agréable qu'elle descend à la même profondeur que la feuillure à verre et qu'on ébarbe carrément ou d'équerre (*fig.* 342 A).

On en fait de différentes manières :

*Fig.* 342 B, à talon renversé (la moulure descend plus bas que la feuillure) ;

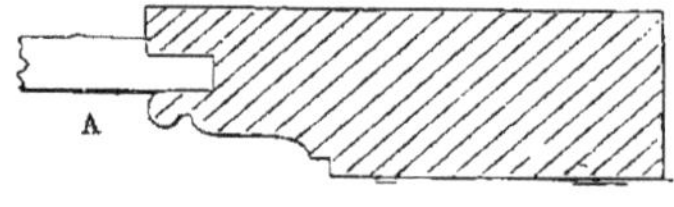


Fig. 342, A.

(*Fig.* 342 C, à talon renversé, à baguettes pour croisée.)

(*Fig.* 342 D, à talon carré et baguette, pour porte ou lambris à petit cadre, etc.)

**Tambour.** Menuiserie formant double fermeture derrière la porte d'un magasin, d'une église, pour préserver du vent et du bruit du dehors.

**Tampon.** Pour fixer les menuiseries sur la pierre dans laquelle les clous ne peuvent s'enfoncer, il est indispensable de percer dans cette pierre des trous de 0m,03 de profondeur et d'environ 0m,015 de diamètre pour y enfoncer des chevilles qu'on mouillera au préalable avec de la salive et dans lesquelles entreront les clous ou les vis.

Pour indiquer l'emplacement de ces tampons, il faut, après avoir coupé de longueur les plinthes, cadres, cymaises, etc., pointer les clous dans ces plinthes ou moulures, ce qui se fait en enfonçant ces clous d'un coup de marteau ; leur pointe marquera exactement sur la pierre la place où on devra poser un tampon.

On appelle aussi tampons, les chevilles que l'on colle dans les panneaux en bois, à l'emplacement des nœuds, quand ces derniers se détachent ; il en est de même dans les planches de Lorraine où les nœuds ne sont pas rares ; on les remplace souvent par un gros tampon.

**Tamponner.** C'est percer dans la pierre avec un *tamponnoir* des trous pour y enfoncer des tampons destinés à bien assujettir les menuiseries.

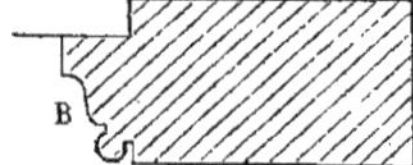


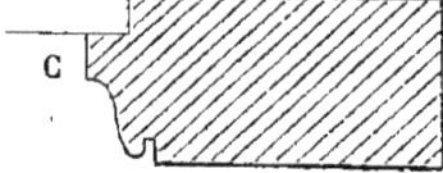


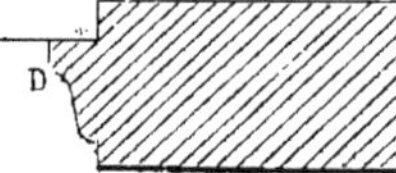


Fig. 342, B, C, D.

**Tamponnoir.** Outil en acier fait le plus souvent avec de vieilles limes et dont le bout, en pointe arrondie et méplate, sert à percer les trous dans la pierre pour y mettre des tampons en bois ; il est bon que l'extrémité de cet outil soit trempée plus ou moins fortement suivant la dureté de la pierre qu'il doit percer.

En frappant sur cet outil avec le marteau il faut lui faire faire un quart de tour à chaque coup ; le trou se percera en frappant.

**Tangente.** On nomme tangente, une ligne droite qui touche en un seul point une ligne courbe ou circulaire quelconque sans la couper.

On nomme l'endroit où ces lignes se touchent, *point de contact.*

**Tapée.** On appelle en général *tapée*, une pièce de bois quelconque rapportée sur une autre pour former épaisseur. Sur les dormants des croisées et pour recevoir les persiennes brisées se développant dans l'épaisseur des tableaux, on rapporte des tapées dont la largeur est déterminée par la quantité et par l'épaisseur des feuilles de persiennes qu'elles doivent recevoir.

Si la persienne est brisée en deux feuilles de chaque côté, la tapée devra faire une saillie de 0m,052 du nu du tableau ; les persiennes étant en bois de 0m,024 d'épaisseur (*fig.* 343, A).

Si la persienne est en trois feuilles, la

tapée devra faire une saillie de $0^m,075$ (*fig.* 343, B).

Pour prendre moins de saillie, on exécute aujourd'hui les persiennes brisées en fer, ce qui réduit l'épaisseur à $0^m,018$ ; pour des persiennes brisées à deux vantaux, elles devront saillir de $0^m,042$ du nu des tableaux, afin qu'elles aient, en se développant, un jeu suffisant et qu'elles ne ripent pas contre ces tableaux.

Si les persiennes sont brisées en trois feuilles, elles devront saillir de $0^m,056$.

Les tapées doivent affleurer la pièce d'appui et saillir de $0^m,004$ à $0^m,005$ du jet d'eau afin que l'entaille profilée pour ce jet d'eau laisse encore de la force à la tapée (*fig.* 343, C).

On devra faire la traverse dormante de toute l'épaisseur, soit $0^m,076$, afin d'éviter les assemblages, et n'avoir que des entailles à faire.

**Taquet.** Lorsqu'on ne veut pas fixer à demeure les extrémités d'un tasseau, on le fait reposer sur de petits morceaux

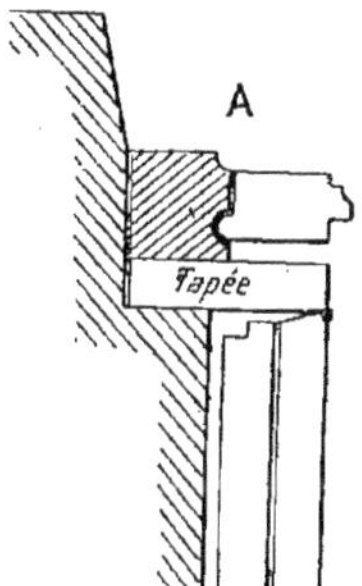


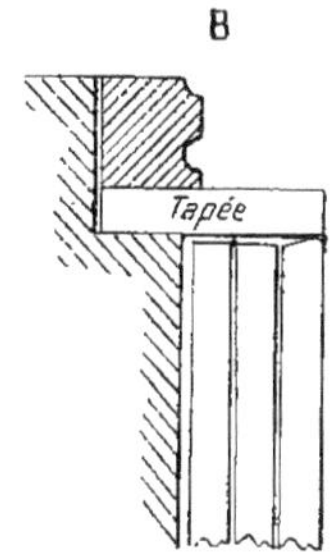


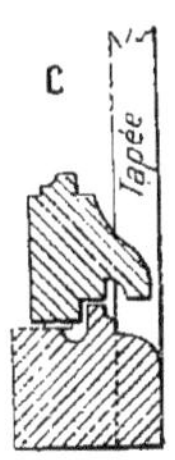


Fig. 343, A, B, C.

de bois qu'on appelle *taquets* et dans lesquels on a ménagé une entaille de la grosseur du tasseau (*fig.* 344, A).

Si la longueur des tablettes nécessite un tasseau de support au milieu, les extrémités de ce tasseau reposeront sur un taquet de milieu dans lequel on fera une entaille à trois arasements de la grosseur de ce tasseau pour bien le maintenir (*fig.* 344, B).

**Tarabiscot.** Petit élégi de $0^m,001$ à $0^m,003$ de largeur fait derrière une moulure pour la détacher du champ (*fig.* 345) ; au-dessus de cette largeur, il prend le nom d'*élégi*.

Il se distingue du *gorget*, qu'on pousse aussi pour dégager les moulures, parce que le fond et un des côtés du tabariscot sont droits.

**Taraud.** Outil en acier servant à faire les écrous dans les têtes de serre-joints et des presses.

Il est creux, taillé en spirale et percé de trous pour laisser passer les copeaux au milieu, à mesure qu'il fait l'écrou.

**Tarière.** Lorsqu'on a de gros trous à percer dans le bois et qu'on ne peut les

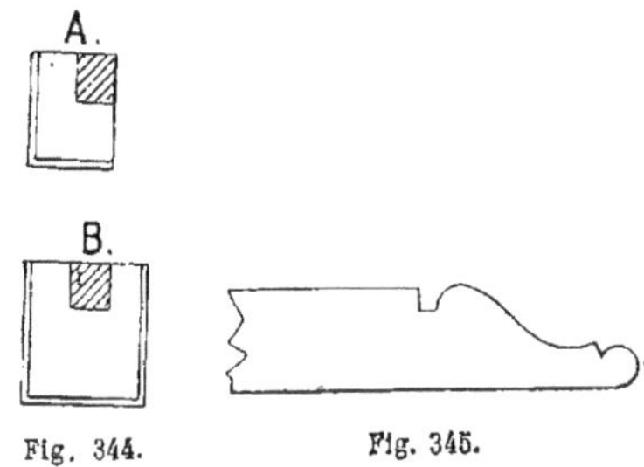


Fig. 344. Fig. 345.

faire à la mèche ou au vilebrequin, on se sert d'une *tarière*.

C'est une tige d'acier, formant à une extrémité la mèche à cuiller, et emmanchée de l'autre dans un morceau de bois d'environ 0m,40 à 0m,45 de longueur placé perpendiculairement à la tige et arrondi de chaque bout, pour former les poignées.

Il existe aussi un autre genre de tarière qu'on appelle *tarière américaine* et dont l'extrémité, au lieu d'être en cuiller, est taillée en vis pointue; immédiatement après cette pointe qui sert à marquer le centre du trou, se trouvent deux tranchants, produisant les copeaux qui se dégagent dans la spirale de la tarière américaine (*fig.* 346). Avec cet outil on a beaucoup de force, et on perce de gros trous sans grand effort.

**Tarif.** Il n'existe peut-être pas de corporations qui aient autant de tarifs ou de séries de prix que la menuiserie.

Il y a en premier lieu le tarif de façon,

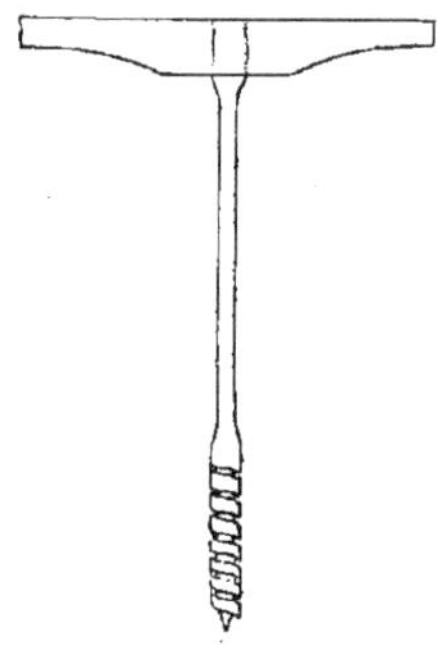

Fig. 346.

fait d'un commun accord entre la Chambre syndicale des entrepreneurs et celle des ouvriers, et qui a remplacé le vieux tarif Collin (les prix d'application de ce dernier tarif soulevaient beaucoup de contestations).

Le tarif de façon date de 1877 ; il comporte, comme addition heureuse, un tableau de profils et la manière de compter les corps de moulures, avec prix proportionnels à la complication des profils.

Le tarif des entrepreneurs n'en parle pas. Il y a ensuite les tarifs de pose de menuiserie, au nombre de deux : un qui a été fait en 1877 et l'autre en 1882; il existe entre ces deux tarifs de 15 à 20 0/0 de différence (en plus sur celui de 1882).

Pour les entrepreneurs, on se sert également de la série de la ville de Paris, édition 1882, sur laquelle se règlent encore les travaux de la ville et un certain nombre de travaux particuliers.

La série de la Société centrale, faite en 1889, sert à régler les travaux particuliers, quand il n'y a pas de convention spéciale.

Quant à la série des architectes de l'année 1891, qui a été élaborée en dehors de la Chambre syndicale et dans laquelle se sont glissées beaucoup d'erreurs, elle est peu en faveur près des patrons menuisiers; et ces derniers travaillent sur la série 1889, en attendant qu'une série faite d'un commun accord paraisse.

Il existe encore la série des bâtiments civils qui n'est pas semblable aux autres tarifs.

Il serait plus simple et plus facile pour tous de n'admettre qu'un seul tarif bien étudié, bien raisonné, élaboré par des hommes compétents, architectes et entrepreneurs, et qui servirait de base pour régler tous les travaux de menuiserie et parquets exécutés à Paris.

**Tasseau.** Pour assujettir une tablette, posée entre deux murs, on cloue de chaque côté et à hauteur convenable un *tasseau* pour recevoir cette tablette.

Ce tasseau est un petit champ d'environ 0m2025 corroyé et légèrement chanfreiné; sa grosseur doit être proportionnée aux charges que la tablette devra supporter.

**Tassement.** Dans les vieilles constructions, les murs s'affaissent, les portes et les croisées deviennent hors de niveau, ainsi que les parquets et les planchers; on appelle *tassement*, cet affaissement des murs et des cloisons, auquel il est bien difficile de rémédier sans enlever les planchers si les murs sont bons, et les remettre de niveau, équarrir les croisées, remettre les petits bois en face les uns des autres, équarrir les huisseries, bâtis, portes, etc.

**Teinter.** Passer le bois à la teinte, c'est lui donner le ton et la couleur que l'on désire.

Par exemple, on passe le chêne neuf au brou de noix pour lui donner l'apparence du vieux chêne.

Pour les meubles en bois noir, qui se

font en sycomore, en noyer ou en tilleul, on leur donne une couche de bois de campêche tiède, et avant que cette couche ne soit sèche, on donne une autre couche de pyrolignite de fer ou noir chimique.

Quand cette deuxième est bien sèche, on la brosse pour enlever la poussière noire qui reste dessus, puis, sur toutes les parties noires, on passe de l'encaustique afin de fixer le noir, pour qu'il ne tache plus les doigts.

Pour imiter l'acajou, on se sert de chromate de potasse en dissolution.

Enfin, c'est avec le brou de noix qu'on donne aux meubles en noyer une teinte uniforme.

**Tenailles.** Pour arracher les clous, les pattes, etc., on se sert de *tenailles*, qui sont formées de deux pièces ou mâchoires mobiles en fer réunies par une goupille rivée servant d'axe.

Les mâchoires des tenailles sont continuées par de longues tiges servant à serrer fortement les clous à arracher.

**Tenon.** On appelle *tenon*, l'extrémité d'une pièce de bois diminuée de son épaisseur et devant entrer dans une mortaise pour faire un assemblage (*fig.* 347).

En A nous représentons l'extrémité d'une traverse entrant dans une mortaise, sans arasement; c'est ce qu'on appelle *tenon à vif*.

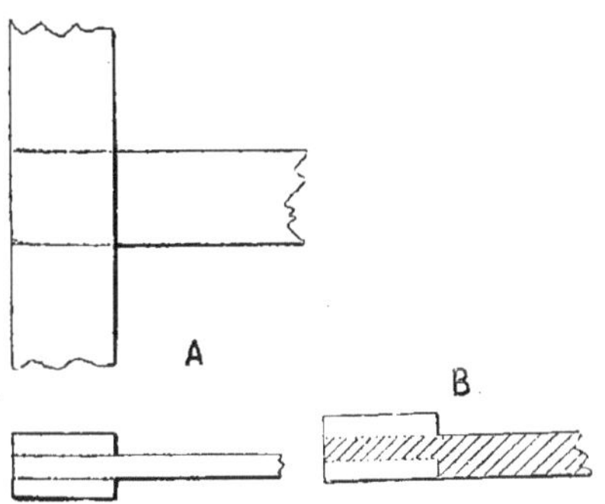


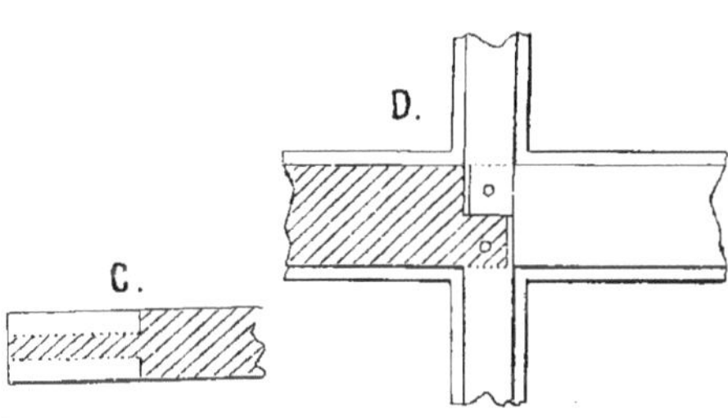


Fig. 347.

En B, même figure, nous représentons un tenon bâtard, c'est-à-dire qui n'est arasé que d'un côté.

En C, nous indiquons un tenon ordinaire à deux arasements et affleurant des deux côtés.

Enfin, on connaît le faux tenon rapporté qui s'emploie dans les réparations, lorsque le tenon d'une traverse est cassé (voyez Peigne).

Si les deux tenons sont cassés, il est préférable de remplacer entièrement la traverse.

Lorsque deux traverses de milieu se rencontrent en bout dans un montant de $0^m,05$ par exemple, en coupant les tenons à $0^m,024$ de chaque côte on ne peut pas cheviller solidement, il faut épauler ces deux traverses comme nous l'indiquons en D, pour bien cheviller et avoir de la solidité.

**Tenture.** On dit qu'une porte est sous tenture lorsqu'elle est arasée et disposée pour recevoir de la toile et du papier semblable à celui de la pièce. Ces portes étant fermées ne sont pas apparentes.

On appelle aussi *bâtis de tenture*, des champs minces cloués contre le mur et sur lesquels on tend de la toile et du papier afin d'éviter l'humidité des murs, ou lorsque ces murs ne sont pas droits, qu'ils sont creux ou ronds par suite de tassements. On doit faire des traînées derrière les bâtis de tenture, pour que, le devant étant droit, on puisse clouer ou brocher ces bâtis contre le mur.

**Térébenthine.** Essence avec laquelle on fait dissoudre la cire jaune pour faire de l'encaustique (*Voyez cire*).

**Tête-de-mort.** Quand on enfonce une cheville et qu'elle casse par suite d'un coup de marteau donné à faux, cette cassure se produit presque toujours en contre-bas de la surface de l'ouvrage à cheviller, on dit, en terme d'atelier, qu'on a fait une *tête-de-mort.*

On doit toujours retirer cette cheville et la remplacer par une autre.

**Tétraèdre.** En géométrie, on appelle tétraèdre, une figure représentant un corps solide dont la surface est composée de quatre triangles équilatéraux.

Le tétraède est très facile à modeler, d'abord en carton, puis en bois (*fig.* 348).

**Théorie.** On entend par théorie, l'explication des figures géométriques et des plans de menuiserie sans passer par la pratique, qui comporte l'exécution de ces travaux.

Il faut, en général, commencer par la théorie et continuer par la pratique ; l'une ne va pas sans l'autre.

**Tiers-point.** Outil servant à affûter les scies ; c'est une lime triangulaire emmanchée.

Il faut éviter d'appuyer sur les dents des scies, en ramenant à soi le tiers-point; il doit poser seulement, le tiers-point

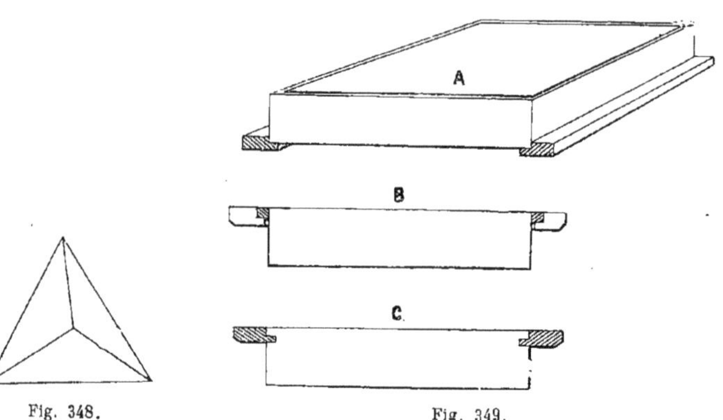


Fig. 348.

Fig. 349.

n'affûtant qu'en poussant. En opérant ainsi, il s'usera moins vite et fera un meilleur travail.

**Tilleul.** Bois français de couleur blanc jaunâtre ; malgré sa légèreté les pores de ce bois sont très serrés et il ne se tourmente pas.

Le bois de tilleul est employé pour faire les meubles en bois noir ; il prend très bien la teinture.

Il sert aussi à exécuter les modèles de mécanique pour la fonderie.

**Tire-ligne.** Après avoir fait un plan au crayon on peut, si cela est utile, le passer à l'encre à l'aide d'un petit instrument dont les deux lames d'acier, méplates et affûtées en pointe, se rapprochent à volonté au moyen d'une petite vis et qui permet d'obtenir des lignes plus ou moins grosses.

C'est cet instrument qu'on appelle *tire-ligne ;* on se sert d'encre de chine qu'on place entre les deux lames du tire-ligne avec un pinceau, une plume, etc...

Il faut que les deux pointes du tire-ligne soient bien ajustées l'une sur l'autre et arrondies légèrement sur la pierre à l'huile afin qu'en traçant le tire-ligne ne coupe pas le papier.

Le compas tire-ligne sert à tracer les cercles ; dans ce compas le tire-ligne est mobile.

**Tiroir.** Espèce de caisse composée d'un devant, de deux côtés, d'un derrière et d'un fond.

Presque toujours le devant seul est apparent.

On fait généralement les tiroirs de 0m,07 à 0m,11 de hauteur ; leur longueur et leur profondeur sont déterminées par l'emplacement qu'ils doivent occuper.

Pour supporter le tiroir, on assemble entre les traverses de ceintures des coulisseaux à feuillures (*fig.* 349, A).

Le tiroir peut se tirer ou se fermer avec un bouton, un anneau ou une serrure, on en met ordinairement, aux tables, aux comptoirs et aux meubles de magasin.

Il est assemblé à queues (voyez *queues*) et il faut avoir soin de le faire à l'arrière de 2 millimètres plus étroit afin qu'il prenne un peu de jeu entre les coulisseaux et fonctionne mieux.

Lorsque le tiroir doit être posé sous une table ou autre menuiserie n'ayant pas de traverse de ceinture, on le suspend entre deux coulisseaux, feuillés et vissés sous cette table. Puis, de chaque côté du tiroir, on rapporte un coulisseau en chêne de 0m2,013, collé et cloué (*fig.* B).

Ce système est préférable à la rainure poussée dans le côté du tiroir (*fig.* C), car, par suite de son fonctionnement, la rainure s'use assez rapidement et la réparation en est difficile tandis qu'il est très facile de changer le petit coulisseau rapporté lorsqu'il a pris trop de jeu.

**Toise.** Ancienne mesure de longueur ayant six pieds; on ne se sert presque plus de cette dénomination que dans le commerce d'achat des bois, et l'on entend alors par une toise 2 mètres de longueur.

**Toisé** (voyez *métré*).

**Toiseur** (voyez *métreur*).

**Tore.** C'est ainsi qu'on appelle une forte moulure ronde faite au compas et dont la partie principale est un demi-cercle. On la place assez souvent au bas des cimaises un peu importantes au-dessous de la gorge et aussi au bas des pilastres (*fig.* 350).

**Torse.** On appelle colonne torse, celle dont le fût élégi en spirale allongée ressemble à une torsade qui est tordue régulièrement en longueur.

**Toscan.** C'est le premier ordre d'architecture et aussi le plus simple; il n'admet aucune espèce d'ornement (*fig.* 351).

**Toupie.** Dans les ateliers de menuiserie où on emploie des outils mécaniques, on appelle toupie, un outil se composant : d'une table fixe, d'un arbre mobile pouvant monter, descendre et tourner sur un pivot ; cet arbre a de 0m,06 à 0m,08 de diamètre ; il reçoit son mouvement à l'aide d'une courroie.

La partie de l'arbre dépassant la table est traversée par une mortaise dans laquelle on place le fer affûté suivant la moulure que l'on a à pousser. Il est assujetti dans cette mortaise au moyen d'une

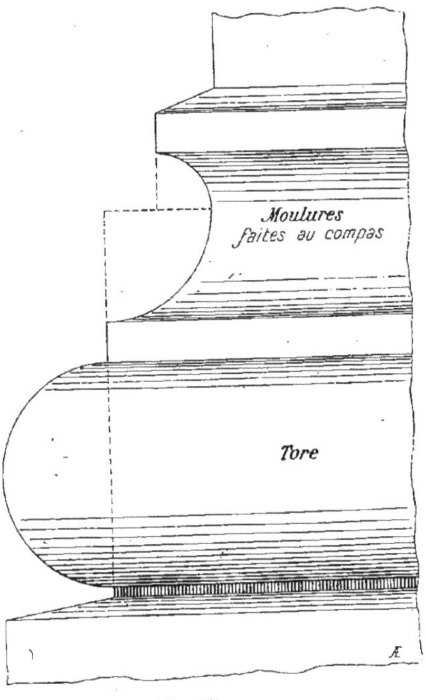


Fig. 350.

vis taraudée entre la mortaise et le bout de l'arbre.

Plus cet arbre tourne vite et mieux le travail est fait; mais il exige alors plus de force motrice.

Les moulures cintrées se poussent à l'arbre; il faut avoir soin, dans ce cas, que le fer ne dépasse pas derrière. Les moulures droites se poussent au guide.

**Tour.** Machine se composant d'un établi fixé et de deux poupées. L'une de ces deux poupées, qui est assemblée avec le banc de tour au-dessus d'établi est munie d'une poulie sur laquelle passe une corde

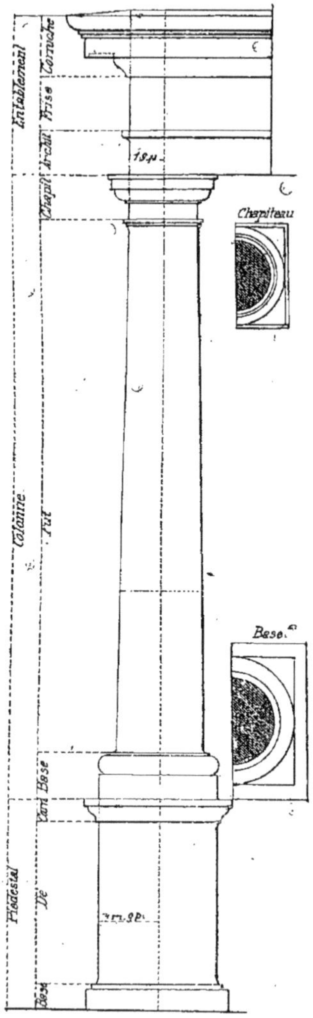

Fig. 351.

à boyau. L'impulsion est donnée par une pédale à une autre poulie d'un plus grand diamètre au moyen d'une bielle ; cette poulie transmet son mouvement à l'arbre du tour, à l'aide de la corde décrite ci-dessus.

L'autre poupée est mobile et se recule à volonté suivant la longueur de la pièce qu'on veut tourner.

Ces deux poupées comportent chacune un axe, celui de la poupée mobile se termine en pointe et l'autre se termine par une pièce taraudée qu'on appelle *nez* et qui reçoit l'extrémité de la pièce à tourner.

Si, avec le pied, on donne le mouvement à la pédale on entraîne tout le système. Pendant le tournage le tourneur appuie son outil sur un support spécial et, présentant le tranchant à la pièce qui tourne avec vitesse, il la façonne à volonté.

**Tourillon.** Nom donné à un gros goujon rond qu'on place dans le haut des montants des échelles ou des tables devant s'ouvrir et se fermer à volonté.

**Tourmenté.** Le bois, lorsqu'il est mal empilé, qu'il est trop vert, noueux ou de mauvaise qualité se gauchit ou se tourmente, comme disent les ouvriers.

**Tourne-à-gauche.** Outil en acier dans lequel il existe plusieurs entailles de chaque côté : l'une d'elles, de 5 millimètres de largeur, sert à donner de la voie aux scies.

**Tournevis.** Outil plat, en acier, ordinairement aminci aux deux extrémités dont l'une est fixée dans un manche.

Le bout aplati, resté libre, entrant dans la rainure qu'on ménage sur la tête des vis sert à les enfoncer en tournant.

Le deuxième bout, aminci également, mais plus gros que l'autre, sert à enfoncer les vis de plus gros calibre et remplace un second outil qu'on n'est pas obligé d'emporter.

**Tournisses.** Dans les pans de bois, les tournisses sont les poteaux qu'on assemble entre les décharges et les sablières; ils comportent un assemblage carré dans la sablière et un assemblage biais dans la décharge.

**Tracer.** Après avoir établi les bois pour exécuter une poutre, par exemple, l'ouvrier prend les deux battants dans deux petites presses et il trace la longueur totale de ces battants, puis la largeur des traverses du haut et du bas et celles du milieu, ce qui donne l'emplacement des mortaises ; enfin il retourne aux battants pour tracer les mortaises du haut et du bas qui doivent traverser.

Pour les traverses, on trace sur celles du haut la largeur de la porte et on déduit de cette mesure la largeur des battants ; on ajoute, s'il y a lieu, la longueur de la moulure à pousser, si la porte est à petit cadre : c'est ce qu'on nomme les barbes rallongées ; elles donnent la longueur des tenons

Puis, sur une tringle, à laquelle on a fait une entaille de 0m,026 pour les deux languettes, on relève la longueur des panneaux entre les traverses, sur les battants, et leur largeur sur les traverses.

On appelle *tracer les panneaux*, reporter ces longueur et largeur sur les panneaux, mais en se servant du bout de l'entaille de la tringle, sans quoi les languettes manqueraient.

Tracer des châssis, croisées, persiennes ou autres menuiseries sur plan, c'est relever sur ce plan l'emplacement des mortaises pour les battants et des tenons pour les traverses.

En menuiserie, faire un plan, c'est tracer au crayon sur un feuillet le travail qu'on veut exécuter.

**Traînée.** Faire une traînée sous une plinthe ou sous un stylobate, c'est tracer sur la rive de ces bois, qui doit porter sur le parquet ou sur le carrelage, les sinuosités de ce parquet ou de ce carrelage.

Ces traînées se tracent avec un compas, dont l'une des branches est munie d'un crayon, afin que le tracé soit plus lisible et parce qu'une pointe sèche suivrait le fil du bois en entraînant le compas.

On fait aussi des traînées derrière les montants des caissons de devantures ; après avoir mis la face du montant bien d'aplomb, on fait une traînée à la distance voulue ; il doit rester au moins 0m,13 de largeur à ces montants de caissons.

Enfin, il faut faire des traînées à tout ouvrage de menuiserie qui s'ajuste ou qui s'appuie sur des parties irrégulières.

**Trait** On entend par *trait*, le tracé des opérations nécessaires pour tailler les bois destinés à la construction des différents travaux de menuiserie.

L'ouvrier menuisier doit connaître le trait.

On appelle trait de scie, la marque qu'on fait sur une planche ou sur une pièce de bois quelconque à l'endroit où elle doit être coupée ; il en est de même du bois que la scie emporte en faisant ce trait de scie.

Lorsque dans le tracé on est un peu juste, on laisse le trait dans les arasements pour donner de la largeur au lieu de ne prendre que la moitié du trait.

**Traité.** On appelle *traité de menuiserie*, un ouvrage comportant un texte, des figures géométriques et des dessins concernant l'art de la *menuiserie*.

**Tranché.** On appelle bois tranché, celui dont les fibres sont en diagonale sur sa surface et généralement sur une petite longueur ; il peut être tranché sur son épaisseur et même sur sa largeur. C'est presque toujours le voisinage des nœuds qui cause cette défectuosité.

On appelle aussi *bois tranchés* au couteau, des troncs d'arbres choisis sans nœuds qui, par des moyens mécaniques, se tranchent depuis le placage jusqu'à 0m,01 d'épaisseur.

Le couteau est fixe et c'est la bille ou le tronc d'arbre qui, fixé sur un chariot, passe sous le couteau à l'épaisseur qu'on veut donner.

**Transit.** Les bois déposés en transit chez les marchands de bois qui tiennent entrepôt sont ceux qui entrent dans leur chantier, situé à l'intérieur de Paris, sans avoir acquitté les droits d'octroi.

Ces marchands ont un compte ouvert avec l'octroi qui a le relevé des bois à mesure qu'ils entrent au chantier et à mesure qu'ils en sortent et ils règlent ce compte avec l'octroi tous les trois mois, six mois et plus ; comme garantie, ils déposent un cautionnement.

On donne aussi à ces marchands de bois le nom d'entrepositaires.

**Trapèze.** On appelle trapèze, une figure rectiligne qui a quatre côtés inégaux et dont deux sont parallèles

**Trappe.** Pour boucher une ouverture

au niveau d'un plancher, on y met une espèce de porte en partie pleine placée horizontalement et qui développe à un ou à deux vantaux.

On appelle aussi *trappe*, une petite porte qui glisse verticalement dans deux coulisses et qui se lève et s'abaisse à volonté.

Fig. 352.

**Travée.** On appelle *travée de devanture*, l'espace compris entre deux piles en pierre d'un bâtiment ; on dit la première, la deuxième, la troisième travée, etc., en commençant par la gauche.

Une travée de plancher, c'est l'espace compris entre deux poutres et dont le vide est rempli par un certain nombre de solives.

C'est aussi l'espace compris entre deux points d'appui.

Dans le parquet à point de Hongrie et suivant l'écartement et la grandeur de la pièce on dit qu'il y à autant de travées que d'espace entre les lambourdes : si, par exemple, une pièce a 3 mètres et que l'écartement des lambourdes est de $0^m,50$, il y aura six travées dans la pièce.

**Traverse.** Les traverses sont les pièces de bois, assemblées ou non, posées en travers dans les bâtis, les huisseries, etc. Dans les portes on dit traverse du haut, traverse du milieu et traverse du bas, etc. On les distingue par leur *établissement* (voyez ce mot).

**Traverser.** On fait généralement traverser les mortaises dans les battants pour les traverses du haut et du bas, celles du milieu ne traversant pas afin de ne pas couper ou affaiblir le battant dans sa longueur.

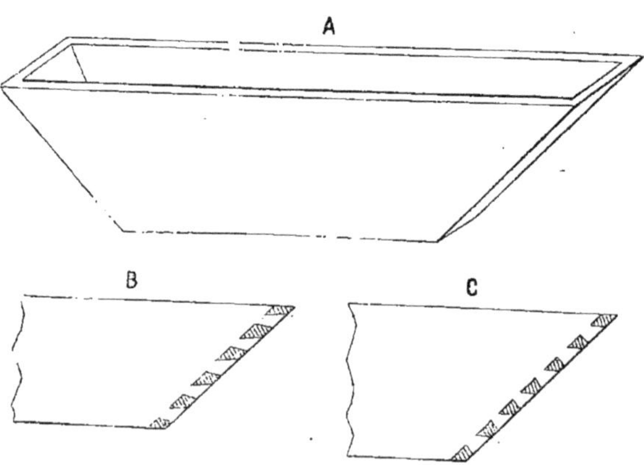


Fig. 353.

Lorsque le bois n'est pas de fil et est dur, on le corroye en demi-travers ; on dit qu'il faut le traverser pour que ce soit moins dur et que le riflard ou la varlope fassent moins d'éclats ; on finit ce corroyage au petit fer.

**Treillage.** En menuiserie les treillages se font avec de petits champs de 0m,020 à 0m,025 de largeur, sur 0m,008 d'épaisseur entaillés à moitié bois et formant des losanges plus ou moins grands (*fig.* 352).

Ces panneaux de treillages peuvent être embrevés dans des bâtis, ce qui évite de clouer les petits champs contre les murs.

**Tremble.** Bois français ; il est tendre et sa couleur ressemble à celle du peuplier.

**Trémie.** On appelle trémie, une espèce de boîte évasée par le haut en longueur et en largeur et sans fond (*fig.* 353, A).

Il y a différentes manières d'assembler ces trémies, et il faut, pour en avoir le faux équerre des bouts, en faire le développement.

La trémie assemblée à queues est celle qui présente le plus de difficultés de tracé ; il faut toujours avoir soin que ces queues soient faites dans le fil du bois (*fig.* 353, B) et non en se retournant d'équerre sur les fausses d'about (*fig.* 353, C), dans lequelles le bois est recoupé, ou en bois de travers ne présentant pas de solidité.

**Trépied.** On dit aussi trois-pieds. Petite table supportée par trois pieds.

On en fait à trois pieds fixes et à deux pieds fixes et un mobile fixé contre les traverses des deux autres ; la table est en abattant pour tenir moins de place.

On assemble alors des patins dans le bas des deux montants fixes pour tenir l'équilibre de la table abattante.

**Tréteau.** Un tréteau se compose de la traverse du haut qu'on appelle tête, et dans laquelle viennent s'assembler les quatre pieds ou montants (*fig.* 354).

Entre les deux pieds d'extrémité, on assemble une traverse d'écartement pour les maintenir en largeur et, entre ces deux traverses d'écartement, une autre traverse qu'on appelle traverse à T pour maintenir l'écartement en longueur.

A, élévation d'un tréteau.

B, coupe sur un bout.

Il faut une paire de tréteaux, c'est-à-dire deux pour maintenir un dessus de table, et, suivant sa longueur, il en faut trois ou quatre.

Les tréteaux de table à dessin diffèrent des précédents par une double tête mobile dans laquelle, à chaque extrémité, viennent s'assembler deux coulisseaux ; la tête fixe est percée de deux mortaises dans lesquelles glissent les deux coulisseaux.

Ces coulisseaux sont percés de trous espacés régulièrement pour recevoir une cheville au-dessus de la tête fixe : de cette façon, on peut donner au-dessus de table la hauteur que l'on désire. A 0m,12 ou 0m,15 de la tête fixe existe une traverse servant à maintenir l'écartement des coulisseaux ; cette traverse est assemblée avec les pieds et percée d'une mortaise.

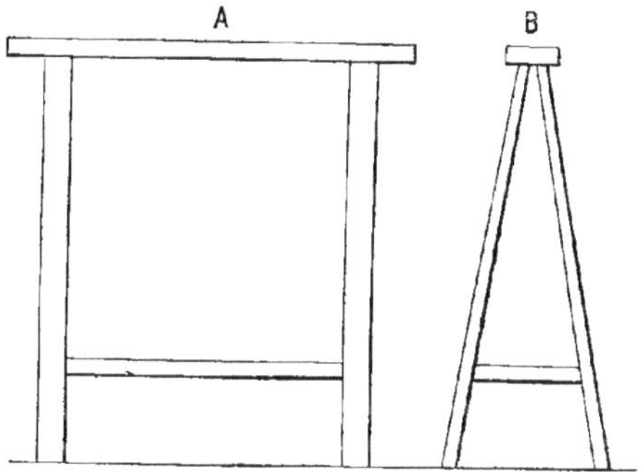


Fig. 354.

**Triangle.** Figure géométrique qui a trois angles et trois côtés.

On appelle aussi triangles, en menuiserie, les équerres d'une certaine grandeur dont la tête est plus épaisse que la tige, laquelle est plus longue.

La tête s'appuie contre la rive de la pièce de bois sur laquelle on veut retourner des traits d'équerre.

On appelle triangle ordinaire, celui dont la tige a de 0m,50 à 0m,60 de longueur ; et grand triangle, celui dont la tige a de 0m,80 à 1 mètre.

**Triangulaire.** Se dit de toute figure, de toute chose ayant la forme d'un triangle.

**Tribune.** On appelle tribune, l'endroit ou est placé le buffet d'orgues dans les églises.

Elle a ordinairement de 4 à 8 mètres

de hauteur sur 6 à 10 mètres de largeur et autant de profondeur.

Elle se compose de gros pilastres sur

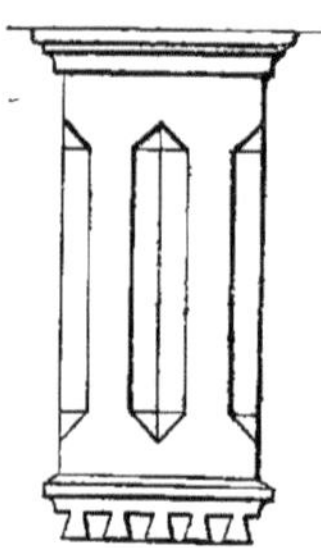

Fig. 355.

lesquels sont assemblées des poutres qui doivent être de force suffisante pour la charge qu'elles ont à supporter et, à grosseur égale, il est de beaucoup préférable de mettre ces poutres en deux morceaux solidement boulonnés ; elles présentent ainsi plus de solidité.

Derrière ces poutres on assemble des solives sur lesquelles on pose le parquet et le buffet d'orgues.

Le devant est fermé par une balustrade composée d'une traverse et d'une main courante entre lesquelles on assemble des montants tournés ou découpés.

**Trièdre.** Terme de géométrie: figure formée par la réunions de trois plans ou d'une pyramide terminée par trois faces. On dit souvent en géométrie angle trièdre.

**Triglyphe.** Dans l'ordre Dorique on appelle *triglyphes* de petits pilastres posés de distance en distance sur lesquels on a abattu un chanfrein arrêté de chaque côté et un grain d'orge arrêté au milieu (*fig.* 355).

Au-dessous le triglyphe se termine par

Fig. 356.

de petits pendentifs en forme de *queues*.

En **menuiserie**, on appelle triglyphe tout pilastre ou petit panneau ayant la décoration d'un triglyphe.

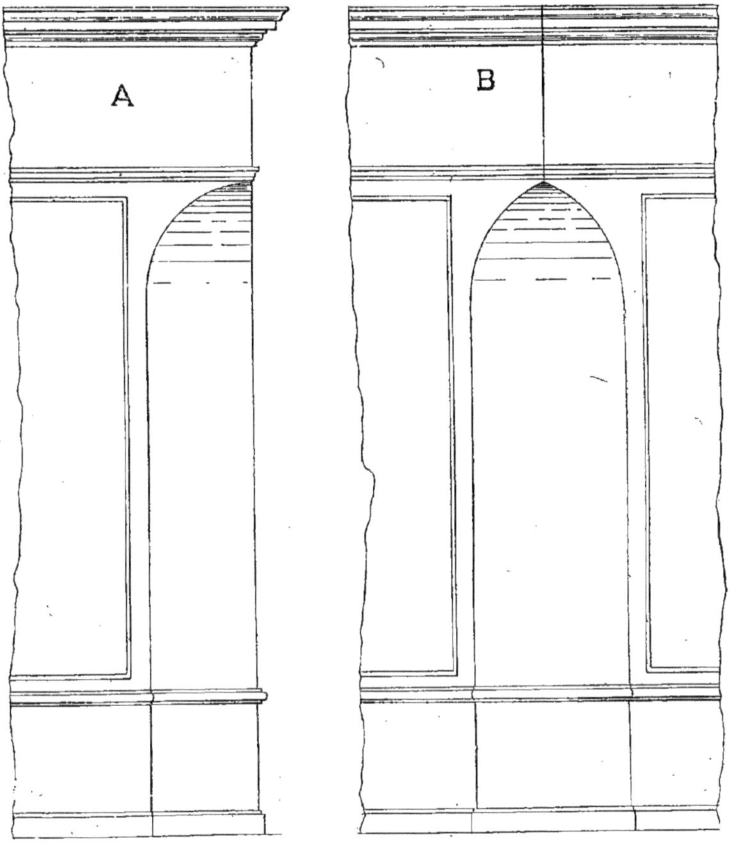

A

B

Fig. 357.

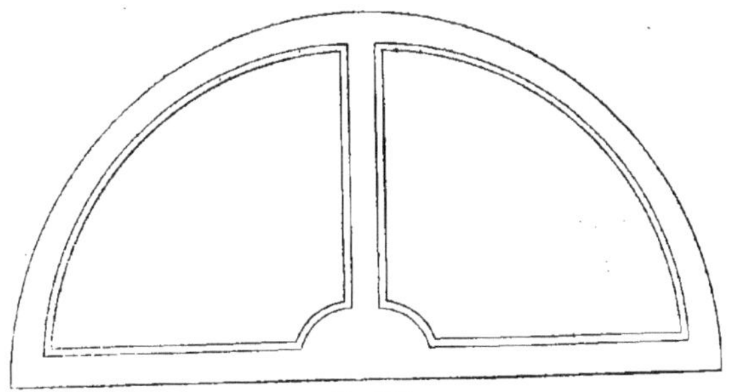

Fig. 358.

**Trigonométrie.** Branche de la géométrie générale qui a pour objet la mesure des triangles. C'est l'art de mesurer les triangles.

**Trilobe.** En menuiserie, on appelle *trilobe* un panneau découpé en creux ou en saillie représentant trois cercles ouverts (*fig.* 356).

Il se fait ordinairement sous la corniche d'un fronton et décore le triangle de ce fronton.

Sur les angles du trilobe, on pousse des moulures des chanfreins ou autres profils, mais ils ne sont jamais arrêtés.

**Tringle.** Petite alaise non rainée que l'on rapporte sur la rive d'un battant de porte quand elle est trop étroite, ou sur un autre travail de menuiserie.

De même, pour équarrir les portes en vieux bois, il est préférable de scier sur la vieille traverse quand c'est possible et de rapporter une tringle à peu près égale au lieu de la rapporter en pointe ; elle est ainsi plus solide.

**Trompe.** En architecture, c'est une portion de voûte en saillie qui sert à porter l'encoignure d'un bâtiment et à racheter la partie en pan coupé du bas avec l'angle du haut.

Dans la devanture d'une boutique, on décore cette partie de façon à ce qu'elle fasse suite à la devanture (*fig.* 357).

La partie basse du châssis en pan coupé, l'astragale, le tableau et la corniche se retournent d'équerre.

Figure A, trompe vue de côté ;

Figure B, trompe vue de face.

**Trompillon.** En menuiserie, on appelle trompillon la partie circulaire au milieu d'une imposte cintrée dans laquelle viennent s'assembler les montants ou les petits bois (*fig.* 358).

Ce trompillon se trouve aussi au milieu d'une calotte ; il est plus ou moins grand et reçoit les montants rayonnants de cette calotte.

**Tronc.** C'est la partie de l'arbre comprise entre le pied et les premières branches.

Comme débit le tronc représente en bois ordinaire les deux tiers de la valeur de l'arbre.

**Tronquer.** C'est enlever une partie d'un cylindre ou d'un cône pour les rendre incomplets, c'est-à-dire en couper un morceau.

La figure 359, A représente un cylindre tronqué et la figure 359 B un cône tronqué.

Nous y reviendrons dans la géométrie descriptive dans le développement sur plusieurs faces de tous ces corps.

**Trumeau.** On appelle trumeau, la partie de mur comprise entre deux croisées et aussi la distance de l'une de ces croisées à l'angle ou à la mitoyenneté du bâtiment.

Si ces croisées doivent être fermées par des persiennes, les trumeaux doivent avoir un peu plus que la largeur de la croisée pour le développement facile des persiennes.

**Trusquin.** Outil en charme ou en cormier composé d'une tête d'environ $0^m,12$ carré et de $0^m,025$ d'épaisseur percée au

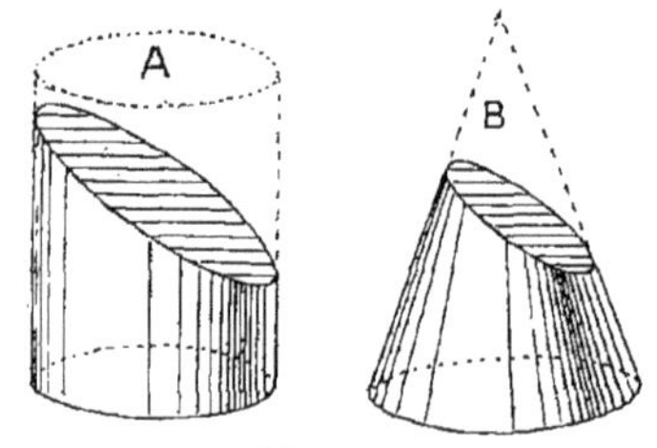


Fig. 359.

milieu d'une mortaise pour y faire passer une tige de $0^m,022$ carré environ. Sur la tête mobile on a planté des clous affûtés en pointe pour tracer des lignes parallèles ou pour tirer les battants, traverses ou autres pièces de largeur ou d'épaisseur.

Pour les assemblages ce sont deux clous appointés, plantés à la distance de l'épaisseur du bédane et qui servent pour tracer les tenons et les mortaises ; on dit alors trusquiner les tenons ou les mortaises.

Pour assujettir cette tige dans la tête, celle-ci est traversée dans sa largeur par une mortaise un peu en pente qui reçoit une clé ; en frappant sur cette clé quand le trusquin est pointé, la tige devient fixe.

**Trier.** Lorsque l'on reçoit une voiture de bois et surtout des frises de parquet, il faut avoir soin de les trier en déchargeant la voiture, c'est-à-dire les ranger par largeurs d'abord et longueurs ensuite, il devient alors facile de se rendre compte du bois dont on a à disposer et la facture est facile à vérifier.

**Tué.** Lorsqu'un ouvrage de menuiserie est mal fait et n'est pas réparable, on dit qu'il est tué.

**Tympan.** On appelle tympan un ou plusieurs panneaux complétant la décoration d'une arcade ou d'un fronton.

Ces tympans se font à petit cadre ou à table saillante; dans ce dernier cas ils sont moulurés au pourtour.

Figure 360 A, Tympans d'angle d'une baie circulaire.

Figure 360 B, Tympan de fronton.

**Uni.** On entend par ce mot une partie pleine, blanchie, rainée, collée ou non qui est dépourvue de tout ornement.

Les champs, plinthes, stylobates, calfeutrements, etc., sont dits unis lorsqu'ils ne portent pas de moulures.

Dans les portes à glace les panneaux sont ordinairement unis, mais il n'en est plus de même s'ils ont des plates-bandes; on les appelle alors lambris à glace et à plates-bandes.

Les portes arasées ou sous tentures sont toujours unies du côté arasé.

**Unir.** En terme de menuiserie unir veut dire blanchir, raboter, enlever le sciage sur les planches ou les dresser à la varlope.

Unir la rive, c'est la dresser.

Enfin c'est réunir plusieurs ouvrages ensemble mais qui, une fois posés, présentent toujours une face unie.

**Usage.** Dans le métré de la menuiserie, il y a des plus values d'usage; soit dans une croisée: on ajoute par exemple dans la façon 0,32 de plus-value à la hauteur pour le jet d'eau et la pièce d'appui. Il en est de même pour les traverses d'impostes moulurées ou non, les petits bois, etc. Nous retrouverons d'ailleurs ces détails au cours du métré.

**User.** Pour affuter un fer, un ciseau ou autres outils, et les rendre coupants, il faut les user sur la meule ou sur le grès; ils deviennent alors tranchants après les avoir passés sur la pierre à l'huile.

Un outil est usé, lorsque par suite d'un long travail la lumière est devenue trop grande et qu'il n'est plus réparable.

Un fer, un ciseau, ou autre outil en fer aciéré est usé quand il n'y a plus d'acier dans le bout.

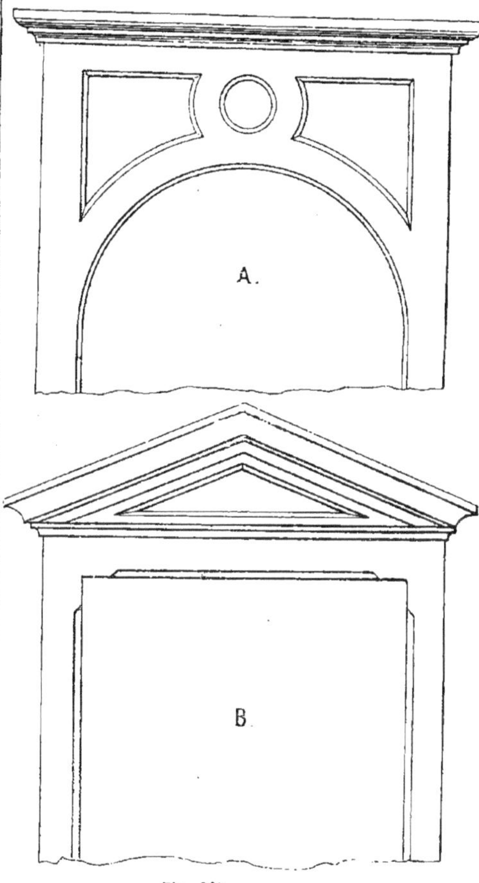


Fig. 360.

**Usine.** Lorsque pour faire les travaux de menuiserie, les outils tels que scies, toupies, etc. sont mus par une machine actionnée par la vapeur, on dit alors que c'est une usine à vapeur.

Pour avoir un bon outillage, cette usine doit avoir au moins, une scie circulaire ou fraise à table et arbre mobile, une scie à ruban, deux toupies, une tenonneuse à molette, une dégauchisseuse et une raboteuse.

Pour mettre en marche ces outils, il faut une machine à vapeur d'au moins quinze chevaux car lorsqu'on met plusieurs outils en mouvement, il ne faut pas que la machine s'arrête.

**Va-et-Vient.** On appelle porte ouvrant en va-et-vient celle dont les battants du milieu, ni même les huisseries n'ont pas de feuillures, afin que cette porte s'ouvre des deux côtés.

Il en est de même pour une porte à un vantail.

**Valet.** Pour refendre une planche ou pour la couper de longueur, on l'assujettit sur l'établi avec un *valet* en fer. Ce valet entre dans les trous percés dans l'établi pour le recevoir; en frappant dessus on assujettit la planche qu'on veut scier.

**Vantail.** Partie de porte, croisée ou châssis qui développe seule en hauteur ou en largeur, on dit: porte ou croisée à un vantail, et si elle est en plusieurs parties, on les appelle porte ou croisée à deux, trois ou quatre vantaux, etc.

**Varlope.** Outil servant à dresser pour les finir les bois à plat ou sur rives, après les avoir dégrossis à la demi-varlope ou au riflard.

Le fer de la varlope, légèrement arrondi aux angles, doit s'affuter droit mais en biais; et le contrefer doit lui être bien parallèle et ne pas être plus éloigné d'un millimètre du taillant du fer afin de ne pas faire d'éclat.

**Vasistas.** Lorsqu'on ne veut pas toujours ouvrir entièrement une croisée, ou une porte vitrée, on met, dans la partie vitrée, un châssis appelé vasistas, qui occupe l'espace d'un carreau ordinaire.

**Veiller.** En menuiserie, travailler à la lumière après le coucher du soleil, ne compte pas toujours comme heure de nuit ou heure supplémentaire, excepté lorsqu'après le dîner on doit passer une partie ou toute la nuit.

**Veine.** Dans le débit des bois et lorsqu'on veut raccorder les veines, il faut avoir soin, après le sciage et le corroyage, de tenir compte de la languette qui peut reculer la veine et modifier le raccord.

Il faut alors avoir soin de débiter les panneaux trois ou quatre centimètres plus longs pour faire ces raccords de veines et avoir assez de longueur de bois.

**Ventouse.** Il faut, avant de poser le parquet, s'assurer si les ventouses de cheminées sont faites par le fumiste, pour ne pas être obligé, après coup, de déposer ce qu'on aura fait, la ventouse étant indispensable au bon tirage d'une cheminée.

**Vérandah.** Partie de menuiserie posée en saillie sur les façades des maisons, vitrée presque sur toute la hauteur, et ouvrant à un ou plusieurs vantaux.

On lui donne aussi les noms de *Window* ou *Bow-Window*, mais le nom français est toujours *vérandah*.

**Verbal.** Lorsqu'on a traité une affaire verbalement il est bon, commercialement, que les conventions soient confirmées par lettre échangée.

**Vérificateur.** On appelle vérificateur celui qui est appelé à vérifier les mémoires sur place, afin de voir si les mesures sont exactes et si les travaux sont bien comptés tels qu'ils sont faits.

Le vérificateur doit bien connaître la série, savoir comment les travaux peuvent avoir été exécutés afin d'appliquer le prix dû pour ces différents travaux.

Il règle les mémoires et les remet à l'architecte afin qu'il approuve son règlement.

**Vernis.** Dans les travaux soignés et vernis au tampon, il faut avoir soin dans les lambris, de vernir les platebandes des panneaux avant de coller cette partie de lambris car, si on n'a pas cette précaution, le panneau peut se rétrécir et en se retirant faire une tache en longueur qu'il est alors difficile de réparer.

**Vermoulu.** Le pourtour des vieux bois est généralement vermoulu, c'est-à-dire que l'aubier est mangé aux vers et complètement piqué, ce qui ne doit pas se rencontrer dans les bois neufs.

**Vertical.** Tout travail posé d'aplomb est vertical, c'est-à-dire d'équerre avec la ligne d'horizon ou perpendiculaire.

En menuiserie, la ligne verticale s'appelle ligne d'aplomb et de niveau, c'est-à-dire verticalement et horizontalement.

**Vilebrequin.** Le vilebrequin est un outil qui sert à maintenir une mèche serrée avec une vis et dont la poignée ronde prise dans la partie demi-circulaire sert à faire tourner cette mèche, en appuyant sur la tête du vilebrequin, soit avec la main, la poitrine, le menton ou le front.

Pour percer les trous tamponnés ou sur toute partie verticale suivant les hauteurs c'est la poitrine qui sert à pousser sur la mèche en faisant tourner le vilebrequin et pour cheviller des portes, croisées, ou toutes parties posées horizontalement, c'est la main, le menton ou le front qui sert à maintenir la tête du vilebrequin suivant les distances qu'on a à percer.

Moins il y a de frottement, plus le vilebrequin est doux à tourner, aussi est-il préférable de se servir de vilebrequins tournants sur un pivot en acier dans la tête. Il est maintenu par une vis dont le bout pénètre dans une raînure faite au pourtour de la tige de ce pivot servant à retirer ou à dégorger la mèche.

C'est ce dernier outil qui est le meilleur, car il n'y a qu'à dévisser la vis pour graisser le pivot et il faut peu de graisse.

**Virole.** Petit anneau en fer qu'on met autour des manches d'outils pour les empêcher de se fendre et pour leur donner de la solidité.

Si on doit frapper sur cet outil, une pointe carrée par exemple, pour percer des trous de vis sans mèche, on devra y mettre une virole à chaque extrémité.

**Vis.** La vis d'un établi est un cylindre taraudé qui doit avoir de 0,07 à 0,08 de diamètre ; elle passe dans un écrou percé dans le pied de l'établi ; la tête de cet écrou est épaulée afin de pouvoir faire avancer la mâchoire et la faire serrer, les planches, les feuillets ou autres pièces contre le dessus de l'établi au moyen d'un bâton de presse passé dans un trou percé dans cette tête.

Les vis de presse et de serrejoint ont de 0,03 à 0,04 de diamètre et ont une tête de 0,12 à 0,15 de longueur pour serrer à la main.

Les vis de serrejoints en fer, sont à pas triangulaires ou carrés. Ces vis serrent beaucoup plus vite et on a moins de mal à faire arriver les joints.

Les autres vis qui servent à remplacer les clous dans différents travaux, les vis de

Fig. 361.

0,06 de longueur, par exemple, ne peuvent se poser qu'après avoir percé deux trous, un de la grosseur du collet et un pour le pas de la vis. Il faut fraiser le trou pour faire affleurer la tête avec les traverses ou les barres qu'elles servent à assujettir.

On tient assez peu souvent compte de ce travail dans le prix accordé pour la fourniture et pour la pose de ces vis, parce que ce travail ne se fait qu'accidentellement en menuiserie.

On appelle escalier à vis, un escalier qui tourne en spirale autour d'un poteau arrondi.

**Visser.** C'est l'action d'enfoncer les vis après avoir percé les trous, au préalable et de grosseur convenable et en appuyant sur la tête de la vis avec un tourne-vis emmanché, ou un tourne-vis à fût emmanché dans un vilebrequin; avec ce dernier, on a beaucoup plus de force, mais aussi on casse beaucoup plus souvent les vis.

**Vitré.** On appelle porte vitrée, celle dont le panneau du haut est remplacé par un carreau avec ou sans petit bois.

Les châssis ou les cloisons vitrées sont des bâtis dans lesquels sont assemblés des petits bois pour recevoir des carreaux.

On dit qu'une menuiserie est vitrée à la grecque, lorsque les petits bois sont divisés irrégulièrement en laissant un petit carreau dans les angles (*fig.* 361) permettant de mettre des verres de différentes couleurs.

Cette manière de diviser les petits bois forme platebande au pourtour de la partie vitrée.

**Voie.** Pour donner de la voie à une scie et faciliter son passage dans le bois, on se sert d'un outil appellé *tourne à gauche.*

On doit, avec cet outil, commencer par le bas de la scie, à pencher les dents à droite et à gauche, presque pas en bas, et toujours en augmentant petit à petit et très régulièrement jusqu'en haut.

Par ce moyen, la scie étant bien affutée, n'ayant pas de crochet dans le bas, en donnant de la pente aux dents en augmentant jusqu'en haut, la scie ne serrera pas dans le bois et ne fatiguera pas l'ouvrier qui s'en sert, lorsqu'il saura bien affuter sa scie.

**Volet.** Partie de menuiserie d'assemblage servant à fermer les devantures et qui se développe dans des caissons ; celui des portes s'enlève à la main ainsi que ceux ne trouvant pas place dans les caissons, on les appelle alors *volets portatifs.*

Pour fermer les croisées, on fait aussi des volets pleins développant à l'extérieur.

Lorsqu'il est réservé plusieurs lames en haut pour donner de l'air et un peu de jour, on les appelle *volets persiennes.*

Les volets placés à l'intérieur des croisées ou des portes vitrées, se développent en plusieurs parties et la largeur ne doit pas dépasser l'épaisseur du trumeau intérieur de la croisée; si cet épaisseur n'est pas suffisante on peut l'augmenter par un chambranle en saillie et formant caisson.

**Volige.** On appelle volige, les planches en bois blanc, grisard ou autres bois tendres, au-dessous de 0,025 d'épaisseur.

La volige dite de Bourgogne à 0,022 d'épaisseur et celle dite de Champagne n'a que 0,018 à 0,020.

Elles servent en menuiserie, pour faire des panneaux.

Dans le sapin, on ne donne le nom de volige qu'à celles dont se servent les couvreurs pour poser entre les chevrons et le zinc ou l'ardoise ; elle est débitée à 0,013 d'épaisseur sur 0,11 de largeur.

**Volute.** Extrémité de décoration se terminant en spirale.

Dans le chapiteau ionique, le dehors de la volute est circulaire; dans les chapiteaux corinthiens, le dehors de cette volute ou spirale est ovale ou allongée et la spirale se termine au milieu à une petite partie circulaire en saillie, qu'on appelle *œil de la volute.*

Dans les chapiteaux composites ces deux volutes existent, c'est-à-dire qu'au-dessus de la volute corinthienne, l'ornement se complète par une volute ionique.

**Voussure.** En terme de menuiserie, on appelle voussure une partie d'assemblage devant raccorder différents cintres dans l'épaisseur des ébrasements du haut des croisées ou des portes, c'est-à-dire que d'un côté la traverse de la voussure peut être un cintre surbaissé, et de l'autre un plein cintre.

La difficulté est dans le débillardement des traverses et des panneaux.

**Voûte.** Partie circulaire faite en menuiserie et formant plafond.

Les voûtes se font de différentes manières : d'assemblages ou par assises, c'est-à-dire par champs collés les uns sur les autres et dont le cintre diffère en les relevant au plan.

**Voûte d'arête.** Partie de menuiserie circulaire ayant quatre côtés rentrants et formant arête jusqu'à la clé. Ces voûtes sont ordinairement en plein cintre ; lorsqu'elles sont ogivales, on les appelle voûtes en arc-de-cloître.

**Vrille.** Petite mèche en acier emmanchée pour percer des trous d'une faible dimension, ou il est difficile de se servir du vilebrequin.

Le bout de la vrille est terminé par un pas de vis en hélice qui, en tournant, lui donne le tirage nécessaire dans le bois pour percer les trous.

**Warranté.** On appelle *bois warranté* des piles de bois mises en dépôt dans le chantier d'un entrepositaire et sur lequel on a emprunté une certaine somme ; ces bois restent en garantie et sont warrantés jusqu'à leur vente qui se fait souvent par l'intermédiaire de cet entrepositaire.

# CHAPITRE IV

## § I. — *RAPPEL DES DIFFÉRENTES CONSTRUCTIONS ET OPÉRATIONS GÉOMÉTRIQUES.*

**153.** *Élever une perpendiculaire sur le milieu d'une droite* (*fig.* 362). — La droite AB étant donnée, si l'on connaissait deux points de la perpendiculaire demandée, il suffirait de tracer une droite passant par ces deux points et l'on aurait cette perpendiculaire. L'opération se bornera donc à déterminer ces deux points. Pour les trouver, on prendra une ouverture de compas égale à environ les 3/4 de la longueur de la droite. On placera ensuite la pointe sèche d'abord à l'extrémité A, puis on décrira deux arcs au-dessus et au-dessous de la droite. On portera ensuite la pointe à l'autre extrémité B et on décrira au-dessus et au-dessous deux autres arcs qui couperont les deux premiers en C et en D ; les deux sections C et D seront les points cherchés. En faisant passer une droite par ces deux points, on aura la perpendiculaire CD demandée.

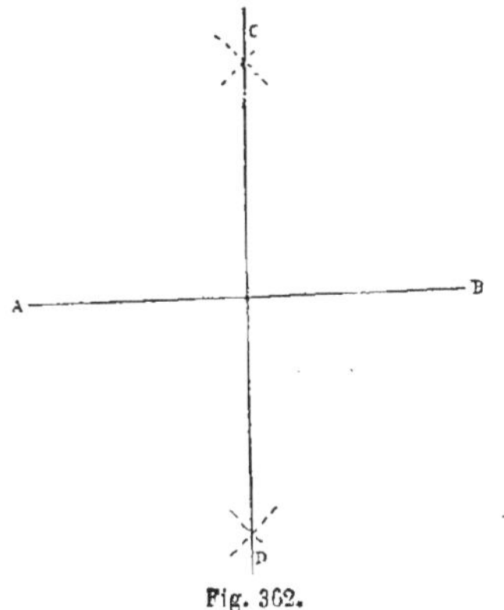

Fig. 362.

**154.** *D'un point donné sur une droite, élever une perpendiculaire à cette droite* (*fig.* 363). — La droite AB et le point P de la perpendiculaire étant donnés, si l'on connaissait un autre point de cette perpendiculaire, il suffirait de faire passer par ces deux points une droite qui serait la perpendiculaire demandée.

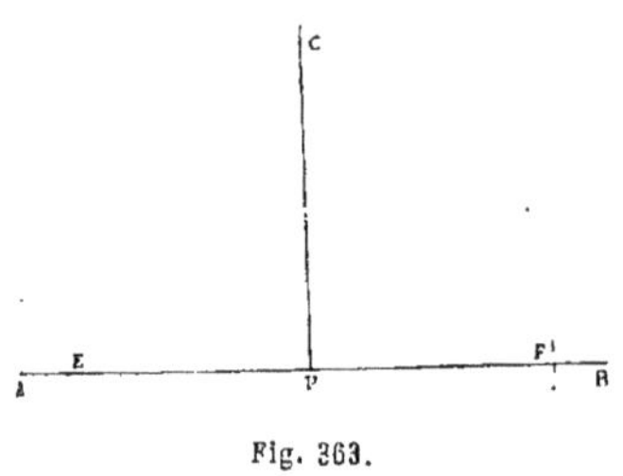


Fig. 363.

Le problème se bornera donc à chercher cet autre point.

Pour y arriver, avec une ouverture de compas quelconque et en portant la pointe au point donné P, on décrira à droite et à gauche deux arcs qui couperont la ligne donnée en F et en E.

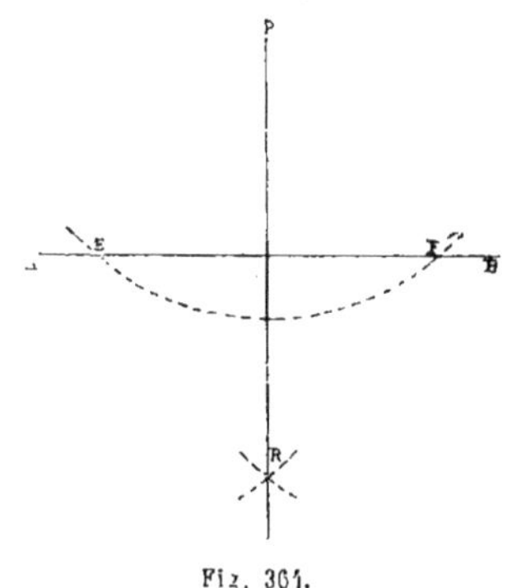


Fig. 364.

Portant ensuite la pointe du compas en F et en E, et avec une ouverture égale aux 3/4 environ de la distance FE, on décrira au-dessus de la droite deux arcs qui se couperont en C; ce point sera le point cherché. En traçant une droite passant par les points P et C, on aura la perpendiculaire demandée.

**155.** *D'un point donné hors d'une droite, abaisser une perpendiculaire à cette droite* (*fig.* 364). — Étant donnés la droite AB et le point P de la perpendiculaire, si l'on avait un second point de la perpendiculaire, il suffirait de faire passer une droite par ces deux points pour l'obtenir. L'opération revient donc à chercher ce second point. Pour le trouver, on portera la pointe du compas au point donné P; puis, avec une ouverture plus grande que la distance du point P à la droite, on décrira un arc qui coupera la droite donnée en F et en E. On portera ensuite la pointe du compas en F et en E, et, avec une ouverture égale aux 3/4 environ de la distance FE, on décrira, au-dessous de la droite, deux arcs qui se couperont en

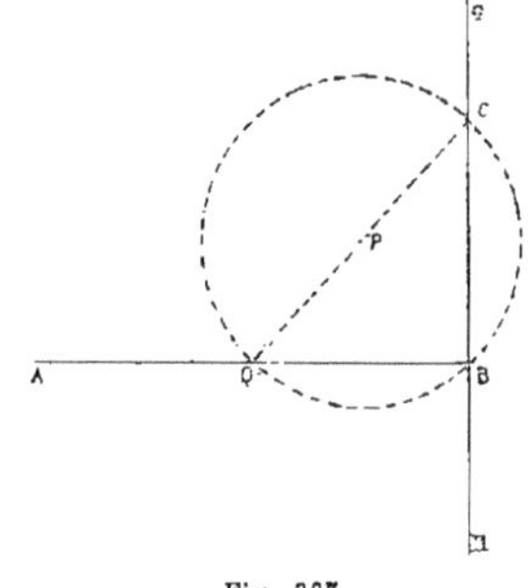


Fig. 365.

R; ce point sera le second point de la perpendiculaire. En traçant une droite passant par les points P et R, on aura la perpendiculaire cherchée.

**156.** *Élever une perpendiculaire à l'extrémité d'une droite* (*fig.* 365). — La droite AB étant donnée et la perpendiculaire devant passer par l'extrémité B de cette droite, si l'on connaissait un second point de la perpendiculaire, la droite passant par ces deux points serait évidemment la perpendiculaire demandée. L'opération consiste donc à chercher ce second point. Pour cela, on portera la pointe du compas en un point quelconque P pris au-dessus de la droite donnée AB. On ouvrira le compas jusqu'à ce que le crayon passe par l'extrémité B de cette droite, et on décrira une circonférence qui coupera la droite donnée en Q. De ce point, on tracera un diamètre QPC, et l'extrémité C de ce diamètre sera le second point de la perpendiculaire. En traçant une droite GH passant par les points C et B, on aura la perpendiculaire demandée.

**157.** *D'un point donné hors d'une droite, mener une parallèle à cette droite. Premier moyen* (*fig.* 366). — La droite AB et le point R étant donnés, si l'on connaissait un second point de la parallèle, il suffirait de faire passer une droite par ces deux points et l'on aurait la parallèle demandée. L'opération se bornera donc à la recherche de ce second point. Pour le trouver, on portera la pointe du compas au point donné R; puis, avec une ouverture quelconque on décrira un arc qui rencontrera la droite au point Q. On portera ensuite la pointe du compas au point Q, et, avec la même ouverture, on décrira un second arc RS. On prendra ensuite avec le compas la distance RS. On portera la pointe du compas au point Q et on décrira au-dessus de la droite un arc qui coupera l'arc QH en P; ce point sera le second point de la parallèle. En traçant une droite TV passant par les points P et R, on aura la parallèle cherchée.

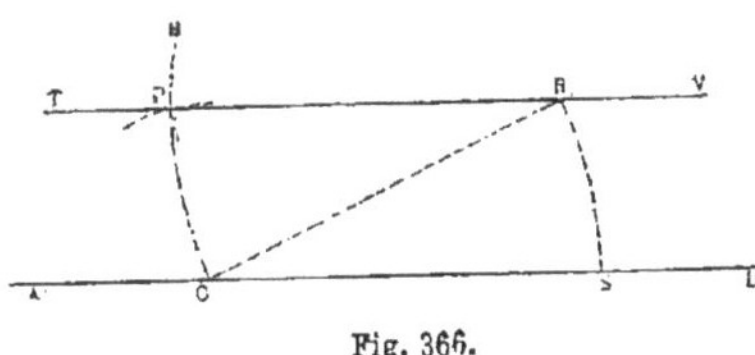

Fig. 366.

**158.** *Second moyen* (*fig.* 367). — La droite YZ et le point X étant donnés, si l'on connaissait un second point de la parallèle, il suffirait de faire passer une droite par ces deux points pour avoir la parallèle demandée. Le problème se bornera donc à la recherche de ce second point. Pour le trouver, on portera la pointe du compas en un point quelconque T de la droite YZ donnée. On ouvrira le compas jusqu'à ce que le crayon arrive au point donné X. On décrira de ce point un arc qui coupera la droite donnée en U. On reportera la pointe du compas en U, et, avec la même ouverture, on décrira l'arc HT. On prendra ensuite, à l'aide du compas, la distance UX. On portera la pointe du compas en T. On tracera au-dessus de la droite, un arc qui coupera l'arc HT au point V; ce point sera le second point de la parallèle. En traçant la droite CD passant par les points V et X, on aura la parallèle demandée.

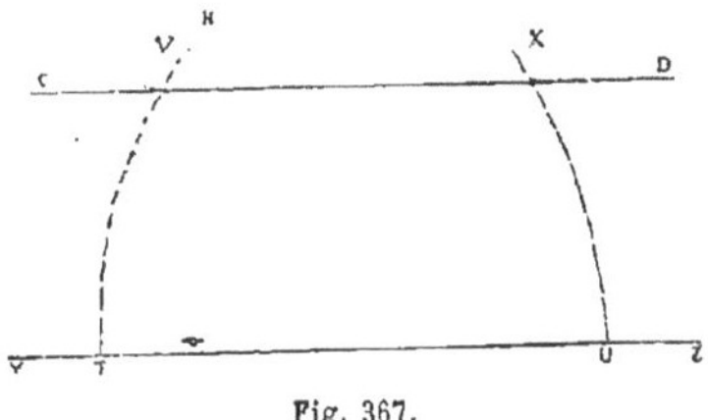

Fig. 367.

**159.** *Diviser une droite en plusieurs parties égales* (*fig.* 368). — La droite AB étant donnée, en admettant qu'on ait à diviser cette droite en quatre parties égales, par exemple, il y aurait dans ce cas trois points intermédiaires à chercher entre les extrémités A et B de la droite. Le problème se bornera donc à trouver ces trois points. Pour y arriver, du point A on tracera une droite AI formant un angle quelconque avec la droite donnée AB; puis, avec une ouverture de compas quelconque, on portera la pointe en A et on décrira un arc qui coupera la droite AI en F. On reportera la pointe du compas au point F et on tracera un second arc qui coupera aussi la droite AI en G. En portant de nouveau la pointe en G, on décrira un troisième arc qui coupera la même droite en H, et, en reportant enfin la pointe du compas au point H, on tracera un quatrième arc qui coupera aussi la droite en I. On aura de cette façon porté quatre distances égales. On tracera ensuite une droite du point I au point B; puis, par les points F, G et H, on mènera à la droite IB, au moyen de la règle et de l'équerre (voir *fig.* 376), des parallèles qui rencontreront la droite donnée AB, en C, D et E. Ces trois points seront les trois points cherchés et détermineront, avec les deux points extrêmes A et B de la droite donnée, les quatre divisions dont il est parlé.

**160.** *Construire un carré sur une droite donnée* (*fig.* 369). — La droite AB étant donnée, et sachant que les deux points A et B des extrémités de la droite seront deux angles du carré, il suffirait de connaître les sommets des deux autres angles pour pouvoir construire le carré demandé. Le problème se bornera donc à chercher ces deux sommets. On élèvera d'abord une perpendiculaire à l'extrémité B de la droite donnée AB. Pour cela, on portera la pointe du compas en un point quelconque, O ; puis, au dessus de la droite, on ouvrira le compas jusqu'à ce que le crayon arrive au point B, et on décrira une circonférence qui coupera la droite donnée en E. On tracera ensuite, partant de ce point, un diamètre EOF, dont l'autre extrémité sera en F. La droite BC, passant par les points B et F, sera la perpendiculaire. On prendra enfin une ouverture de compas égale à la droite AB. On portera la pointe du compas en B et on décrira un arc qui coupera la perpendiculaire en C. On portera aussi la pointe du compas en C et en A pour décrire deux autres arcs qui se couperont en D : les deux points C et D seront les deux sommets cherchés. En traçant maintenant des droites de C en D et de A en D ; on aura construit le carré demandé.

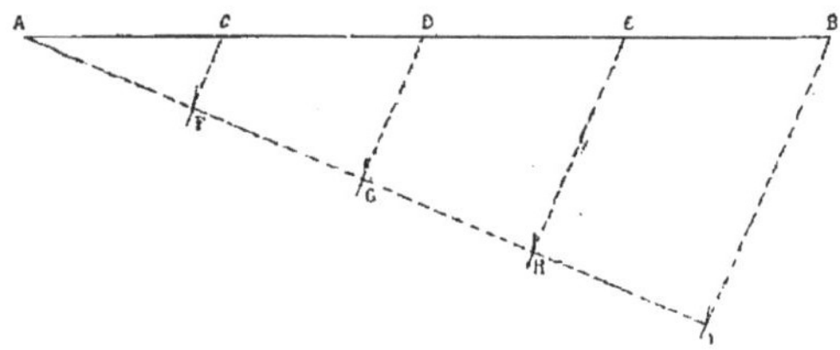


Fig. 368.

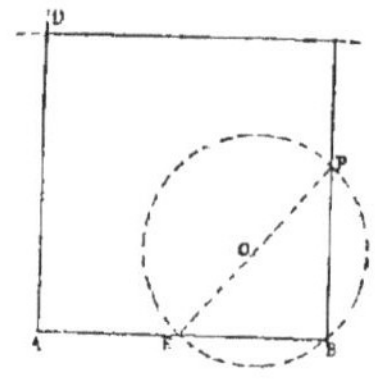


Fig. 369.

**161.** *Les trois côtés d'un triangle étant donnés, le construire* (*fig.* 370). — Le triangle ayant trois côtés et trois angles, il suffirait de connaître les trois sommets et de les joindre par des droites pour avoir le triangle demandé. L'opération se limitera donc à la recherche des trois sommets. Les trois côtés du triangle étant représentés par les droites 1, 2 et 3, on tracera une droite AB égale au côté 1 et les deux points extrêmes A et B seront deux sommets du triangle. Pour trouver le troisième, on prendra une ouverture de compas égale au côté 2. On portera la pointe en A et on décrira un arc au-dessus de la droite ; puis, prenant une autre ouverture de compas égale au côté 3, on portera la pointe en B et on tracera au-dessus de la droite un second arc qui coupera le premier en C ; ce point sera le troisième sommet. En traçant maintenant des droites de C en A et de C en B, on aura le triangle demandé.

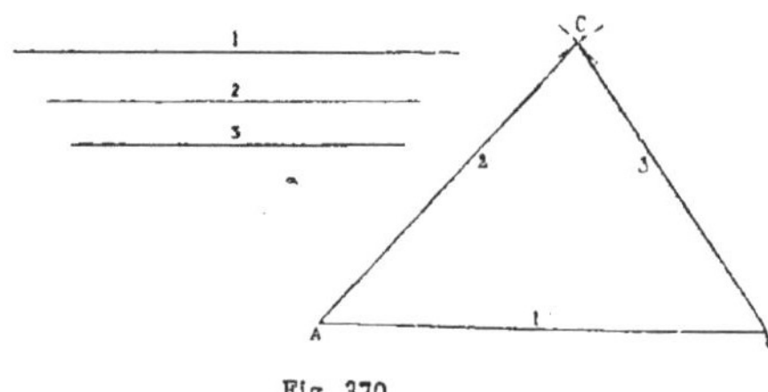


Fig. 370.

**162.** *Construire un angle égal à un autre* (*fig.* 371). — L'angle XSY étant donné, si l'on connaissait le sommet et un point de chaque côté de l'angle à construire, il suffirait de tracer deux droites partant du sommet de l'angle et passant par ces deux points pour avoir l'angle demandé. L'opération consistera donc à chercher ces deux points. Pour les trouver, on tracera d'abord une droite AB qui sera l'un des côtés de l'angle. L'extrémité A sera le sommet et le premier point cherché ; puis, avec une ouverture de compas quelconque et en portant la pointe au sommet S de l'angle donné, on décrira un arc qui coupera les deux côtés de l'angle en U et en T. On portera ensuite la pointe du compas en A et, avec la même ouverture, on tracera un arc DE. Prenant maintenant, à l'aide du compas, la distance des deux points de section U et T, et portant la pointe du compas en E, on décrira un arc qui coupera l'arc ED en D ; les deux points E et D seront les deux seconds points cherchés.

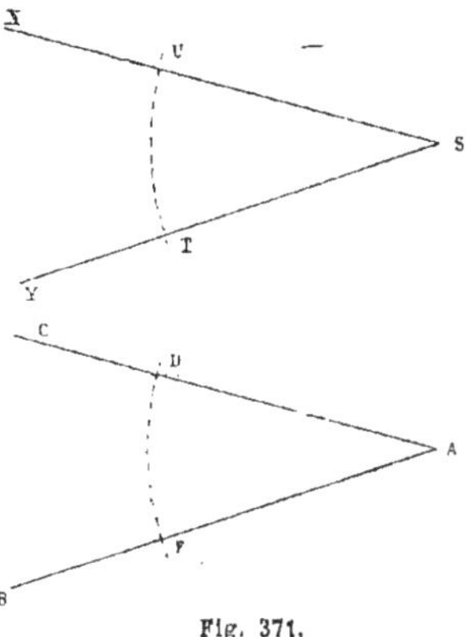


Fig. 371.

En traçant enfin une droite AC passant par les points A et D, on aura le second côté, qui, avec le premier BA, formera l'angle demandé.

**163.** *Diviser un angle dont on connaît le sommet en deux parties égales* (*fig.* 372). — L'angle RST étant donné, comme la droite qui doit le diviser en deux parties égales devra passer par le sommet, il suffirait d'avoir un autre point entre les côtés et de faire passer la droite par le sommet et ce point pour diviser cet angle en deux parties égales. L'opération se bornera donc à chercher cet autre point. Pour y arriver, on portera d'abord la pointe du compas au sommet S de l'angle ; puis, avec une ouverture quelconque, on tracera un arc qui coupera les deux côtés de l'angle donné en P et en Q. On prendra ensuite une ouverture de compas égale à environ les 3/4 de la distance des deux points P et Q. On portera la pointe du compas d'abord en Q, puis ensuite en P. On décrira entre les côtés de l'angle deux arcs

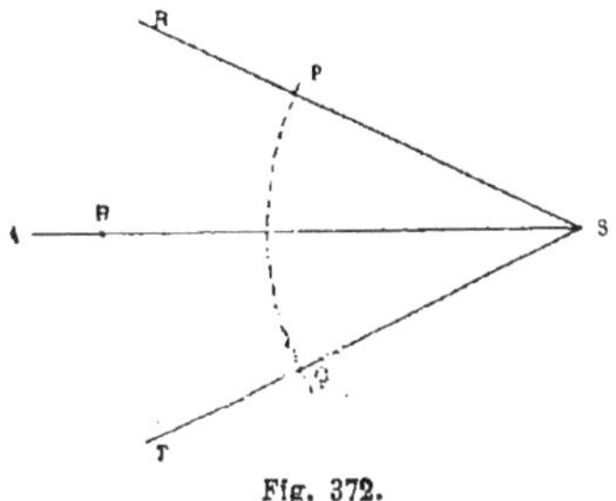


Fig. 372.

qui se couperont en B, et ce point de section sera le point cherché. En traçant maintenant une droite SA partant du sommet S et passant par le point B, on aura divisé l'angle en deux parties égales. Cette droite est aussi appelée *la bissectrice* de l'angle.

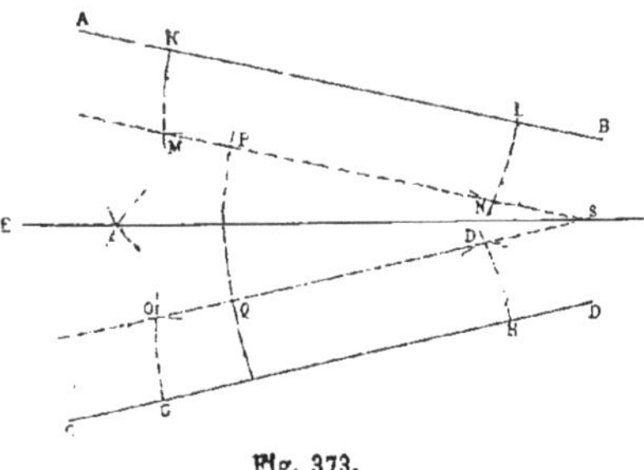


Fig. 373.

**164.** *Diviser un angle dont on ne connaît pas le sommet en deux parties égales* (*fig.* 373). — Les droites AB et CD formant l'angle étant données, il suffirait, pour le diviser en deux parties égales par une droite, de connaître deux points par lesquels cette droite devra passer. L'opération se bornera donc à la recherche de ces deux points. Pour les trouver, on tracera d'abord deux parallèles dans l'intérieur de l'angle donné et à égale distance des côtés. Pour cela, on portera la pointe du compas en un point quelconque L du côté AB, et, avec une ouverture quelconque, on décrira un arc KM. On portera ensuite la pointe du compas en K, et on tracera un second arc LN. Avec la même ouverture de compas, et portant la pointe en un point quelconque G du côté CD, on décrira un troisième arc HD. Portant enfin la pointe du compas en H, on tracera un quatrième arc GO. Avec une nouvelle ouverture de compas quelconque, on portera successivement la pointe du compas en L, en K, en H et en G, et on décrira des arcs qui couperont les quatre premiers en N, M, D et O. On fera ensuite passer par ces quatre points les droites NM et DO qui se rencontreront au point S et formeront un angle égal à l'angle donné dont le sommet S est un des points cherchés.

Pour trouver l'autre point on portera la pointe du compas au point S et, avec une ouverture quelconque, on décrira un arc qui coupera les deux côtés de l'angle en P et en Q. On portera ensuite la pointe du compas en P et en Q, et, avec une ouverture égale aux 3/4 environ de la distance de P à Q, on tracera entre les deux côtés de l'angle, deux arcs qui se couperont en un point R ; ce point de section sera le second point cherché. En traçant

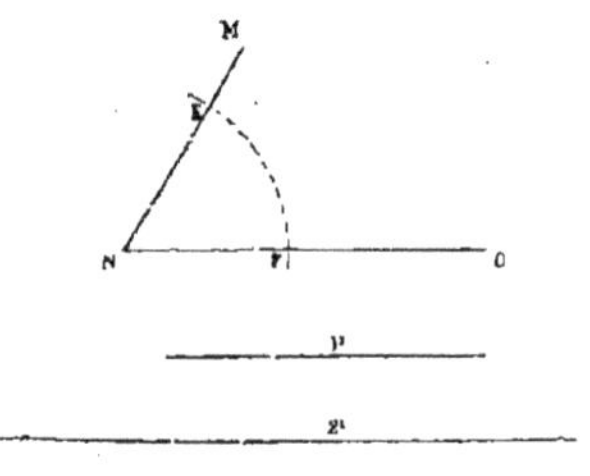


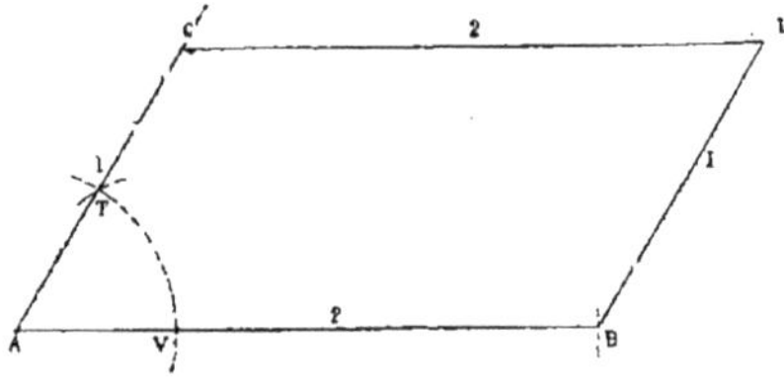


Fig. 374.

maintenant la droite SE, passant par les deux points trouvés S et R, on aura divisé l'angle en deux parties égales.

**165.** *Les deux côtés et un angle d'un parallélogramme étant donnés, le construire* (*fig.* 374). — Le parallélogramme étant un quadrilatère dont les côtés et les angles opposés sont égaux, si l'on connaissait les quatre sommets des angles du parallélogramme, il suffirait pour le construire de les joindre par des droites; l'opération se bornera donc à chercher ces quatre sommets.

Les deux côtés 1 et 2 et l'un des angles MNO du parallélogramme étant donnés, on tracera d'abord une droite AB égale au grand côté 2. Les deux extrémités A et B de cette droite seront les deux premiers points cherchés. Pour trouver les deux autres, on commencera par construire à l'extrémité AB de la droite, un angle égal à l'angle donné MNO. Pour cela, avec une ouverture de compas quelconque et en portant la pointe au point N de l'angle donné, on décrira un arc qui coupera les deux côtés de cet angle en E et en F. On portera ensuite la pointe en A et on tracera l'arc IV, puis on prendra avec le compas la distance FE. On portera la pointe du compas en V et on décrira un arc qui coupera l'arc IV en T. On tracera une droite AC du point A, passant par la section T, puis on prendra une ouverture de compas égale à la longueur du petit côté 1'. On portera la pointe d'abord en A, et on décrira, au-dessus de la droite AB, un arc qui coupera la droite AC en C; puis on portera la pointe du compas en B, et on décrira aussi, au-dessus de la droite, un autre arc en D. On prendra enfin une ouverture de compas égale à la longueur AB du grand côté 2'. On portera la pointe à la section C, et on décrira à droite un arc qui coupera en D le second arc décrit au-dessus de la droite. Les points C et D seront les deux seconds points cherchés. En traçant maintenant des droites de C en D et de B en D, on aura construit le parallélogramme demandé.

**166.** *D'un point donné entre les deux côtés d'un angle dont on ne connaît pas le sommet, tracer une droite qui passerait par le sommet de cet angle* (*fig.* 375). — Les droites AB et CD formant les côtés de l'angle et le point P par lequel devra passer la droite demandée, étant donnés, déterminer la position de cette droite.

Ayant déjà le point P de la droite cherchée, si l'on connaissait un second point, il suffirait de faire passer une droite par ces deux points. L'opération se bornera donc à chercher ce second point. Pour le trouver, on tracera d'abord, dans une position quelconque, une droite EF passant par le point donné P, puis on formera un angle quelconque QSV. Ensuite, avec une ouverture de compas égale à EF, portant la pointe en Q de l'un des côtés de l'angle QSV, et cherchant sur l'autre côté SV de l'angle le point V correspondant à l'autre pointe, on fera passer une droite QV. On prendra alors la distance EP de la première droite EF et on la portera de Q en P. On tracera ensuite, au moyen de la règle et de l'équerre, une droite GH parallèle à la droite EF (voir *fig.* 376) et à une distance quelconque de cette droite. On prendra à l'aide du compas, la longueur de la ligne GH et on la portera de V en O, puis du point O on mènera une parallèle au côté SV de l'angle. Cette parallèle rencontrera l'autre côté de l'angle en L. Enfin, du point L on mènera une parallèle à la droite VQ jusqu'à la rencontre de l'autre côté de l'angle. On tracera une droite partant du sommet S de l'angle, et, passant par le point P, cette droite rencontrera en R la dernière parallèle qu'on vient de tracer. On prendra alors la distance RL qu'on portera de G en X, et ce point X sera le point cherché. En traçant maintenant une droite passant par le point trouvé X, on aura la droite qui ira rencontrer le sommet de l'angle formé par les droites AB et CD.

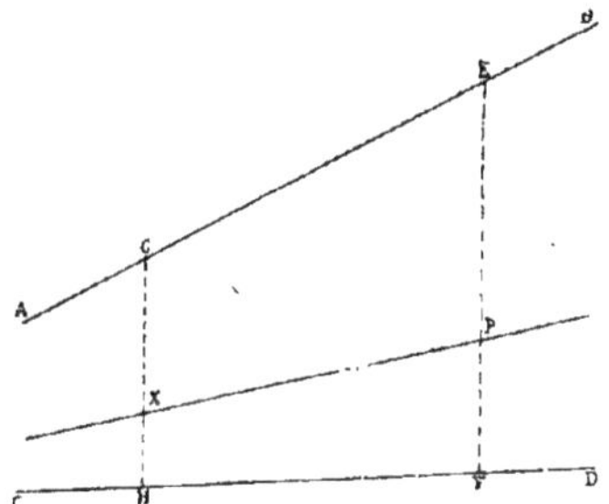


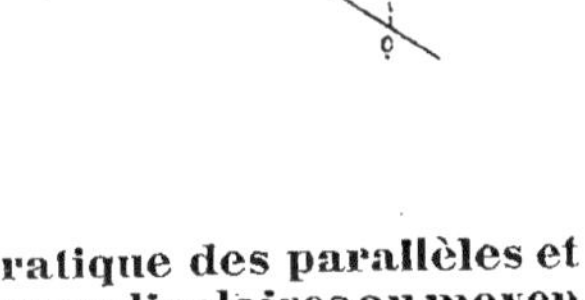

Fig. 375.

## Tracé pratique des parallèles et des perpendiculaires au moyen de la règle et de l'équerre.

**167.** Dans le dessin, quelques professeurs conseillent de se servir du T pour tracer des parallèles et des perpendiculaires dans toutes les directions, en faisant glisser la base du T sur les champs de la planchette. L'un des côtés de la base de cet instrument forme un angle droit avec la règle pour tracer les lignes horizontales et les lignes verticales. L'autre, qui est mobile, sert à tracer les lignes inclinées. Mais comme la température fait jouer le bois, il arrive que les champs et les angles de la planchette varient et ne représentent plus, ni lignes droites, ni angles droits. Le T présente aussi, pour la même raison, les mêmes inconvénients, et il en résulte, en dessinant, des déviations qu'il est indispensable d'éviter. En se servant de la règle et de l'équerre, on sera beaucoup plus certain de la position des lignes, parce que, dans ce cas, chaque fois qu'on aura une ligne à tracer on ajustera le champ de l'équerre sur l'un des deux axes de la bordure toujours perpendiculaires l'un à l'autre, et devant figurer au crayon sur la feuille jusqu'à ce que le dessin soit entièrement terminé. Ce principe adopté, on va faire connaître le jeu de la règle et de l'équerre pour tracer des droites dans toutes les directions.

**168.** *Tracé des lignes horizontales parallèles, au moyen de la règle et de l'équerre* (*fig.* 376, A). — Pour tracer des lignes horizontales parallèles, on se servira de l'équerre ordinaire. On placera d'abord le grand côté EF de l'angle droit de l'équerre EFG sur l'axe horizontale AA servant de base. On maintiendra l'équerre de la main droite, en introduisant le bout du premier doigt dans l'ouverture pratiquée au milieu de cet instrument. On appliquera le champ de la règle CC sur le petit côté EG de l'angle droit de l'équerre. On tiendra la règle dans cette position à l'aide de la main gauche, et, pour tracer des parallèles, on fera glisser l'équerre contre le champ de la règle jusqu'à ce qu'elle ait pris la position E'F'G' et que le grand côté E'F' soit dans sa direction de la parallèle A'A' à tracer.

On prendra le crayon, on fera glisser la pointe contre le côté E'F' de l'équerre, et on aura tracé une parallèle.

**169.** *Tracé des lignes verticales parallèles, à l'aide de la règle et de l'équerre* (*fig.* 376, B). — Pour tracer des lignes verticales parallèles, on se servira, comme dans la figure précédente, de l'équerre ordinaire. On ajustera d'abord le grand côté JH de l'angle droit de l'équerre JHI sur l'axe vertical BB servant de base. On placera ensuite la règle DD sur l'autre côté IJ de l'angle droit de l'équerre, en la maintenant dans cette position On fera alors glisser l'équerre contre le champ de la règle jusqu'à ce que le grand côté HJ soit venu sur la direction B'B' de la parallèle à tracer, et l'équerre aura pris la position J'H'I'.

Pour tracer une seconde parallèle, on fera glisser l'équerre jusqu'à ce qu'on ait ramené le champ H'J' sur une nouvelle position. On fera de même pour toutes les autres.

**170.** *Tracé des perpendiculaires au moyen de la règle et de l'équerre.* — Il peut se présenter, dans le dessin, que les droites sur lesquelles on aura des perpendiculaires à élever se trouvent dans une position quelconque et n'aient aucun parallélisme avec les axes de la feuille. Dans ce cas, on emploiera l'un des trois moyens ci-après pour élever ces perpendiculaires.

**171.** PREMIER MOYEN. — *Élever à l'aide de la règle et de l'équerre à 45 degrés, une perpendiculaire à une droite dans une position quelconque* (*fig.* 376 C). — La droite 2 2 étant donnée, pour élever une perpendiculaire à cette droite au moyen de la règle et de l'équerre, on placera l'hypoténuse OR de l'équerre POR dans la direction de la droite donnée 2 2. On placera ensuite la règle LL sur l'un des côtés O P de l'angle droit de l'équerre ; on fera ensuite pivoter l'équerre ORP, de manière à amener l'hypoténuse OR dans la direction 1 1 de la perpendiculaire à tracer. L'équerre prendra alors la position O'R'P'. Le second côté PR de l'angle droit de l'équerre viendra prendre la position P'R' contre la règle. L'angle droit P de l'équerre droit en P'. L'hypoténuse OR viendra en O'R'. On fera ensuite glisser la pointe du crayon contre le champ O'R de l'équerre, et on aura tracé la perpendiculaire 11 à la droite 22.

**172.** DEUXIÈME MOYEN. — *Élever à l'aide de la règle et de l'équerre ordinaire, une perpendiculaire au grand axe AA de la feuille sans se servir du petit axe BB* (*fig.* 376 D). — Pour élever cette perpendiculaire, on placera l'hypoténuse TU de l'équerre STU dans la direction du grand axe AA de la feuille ; on placera la règle MM sur le petit côté TS de l'angle droit On fera ensuite pivoter l'équerre de manière à la ramener dans la position S'T'U' et de façon que l'hypoténuse TU vienne dans la direction 3 3 de la per-

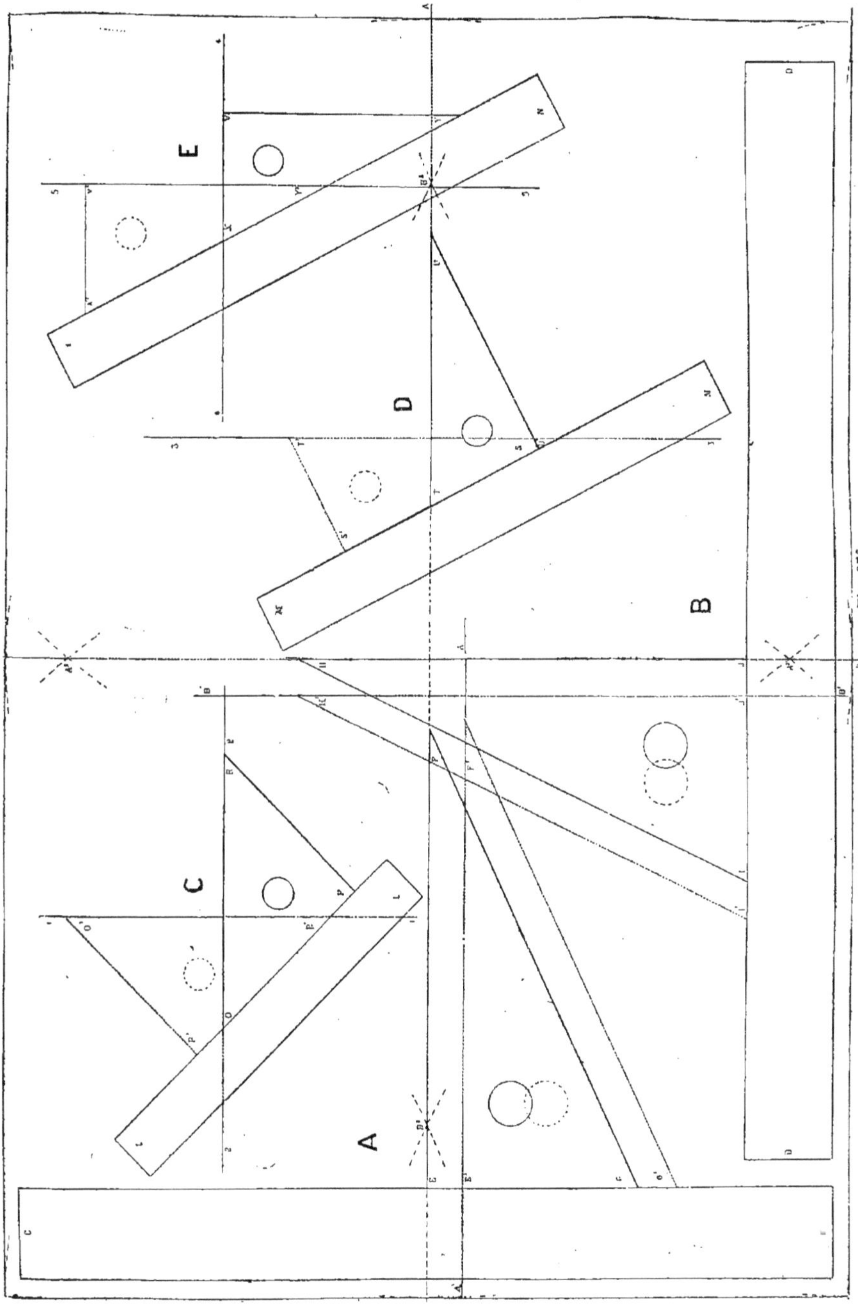

Fig. 376.

pendiculaire à tracer et on tracera alors la perpendiculaire 3 3, en faisant glisser la pointe du crayon contre le champ T'U' de l'équerre.

**173.** TROISIÈME MOYEN. — *Élever à l'aide de la règle et de l'équerre ordinaire une perpendiculaire à une droite dans une position quelconque* (*fig.* 376, E). — La droite 4 4, à laquelle on devra élever une perpendiculaire, étant donnée, on placera le petit côté XV de l'angle droit de l'équerre VYX dans la direction de la droite donnée 4 4 et on placera le champ de la règle NN sur l'hypoténuse XY de l'équerre. On fera ensuite glisser l'équerre jusqu'à ce que le grand côté VY de l'angle droit vienne dans la direction 5 5 de la perpendiculaire à tracer, et l'équerre aura alors pris la position V'Y'X'. On fera glisser la pointe du crayon contre le champ V'Y' de l'équerre, et on aura tracé la perpendiculaire 5 5.

## Lignes courbes.

**174.** *Faire passer une circonférence par trois points en ligne droite* (*fig.* 377). — Les trois points ABC étant donnés, si l'on connaissait le centre de la circonférence, il serait facile de la décrire en portant le compas au centre et en l'ouvrant jusqu'à ce que le crayon passe par l'un des trois points donnés. Le problème se bornera donc à chercher le centre de la circonférence. Pour le trouver, on joindra les trois points par les droites AB et BC, puis on élèvera une perpendiculaire sur le milieu de chacune d'elles. Des points A et B, avec une ouverture de compas égale aux 3/4 environ de la droite AB, on décrira, au-dessus et au-dessous de la droite, quatre arcs qui se couperont en F et en E, et on fera passer une droite par ces deux sections. Ensuite, des points C et B, avec une ouverture de compas égale aux 3/4 environ de la droite CB, on décrira, au-dessus et au-dessous de cette droite, quatre arcs qui se couperont en G et en D, et on fera passer une droite par ces deux sections. La rencontre P des perpendiculaires FE et GD sera le centre cherché. En plaçant maintenant la pointe du compas au centre P, et en ouvrant les branches jusqu'à ce que l'autre pointe arrive à l'un des points donnés, on décrira une circonférence qui passera par les trois points donnés A, B, C, et qui sera la circonférence demandée.

**175.** *D'un point hors d'une circonférence, mener des tangentes à cette circonférence* (*fig.* 378). — La circonférence dont le centre est O et le point H étant donnés, comme on ne peut mener, dans le présent cas, que deux tangentes à la circonférence, si l'on connaissait les deux points de contact de ces tangentes, il suffirait de faire passer des droites par le point donné et par ces deux points. Le problème se bornera donc à chercher les deux points de contact. Pour les trouver, on mènera une droite du point donné H au centre O de la circonférence. On prendra le milieu de cette droite. On portera la pointe du compas en ce point. On ouvrira l'autre branche jusqu'à ce que le crayon arrive au point H et on décrira une circonférence qui coupera la circonférence donnée en K et en L. Ces deux points seront les deux points de contact. En traçant maintenant des droites passant par le point donné H et les points de contact K et L, on aura les tangentes cherchées.

**176.** *D'un point, comme centre, pris au dehors ou en dedans d'une circonférence, en décrire une autre qui soit tangente à la circonférence donnée.* — *Première solution* (*fig.* 379). Le point N et le centre M de la circonférence étant donnés, pour décrire du point N une circonférence tangente à la circonférence donnée, il suffirait de connaître le point de contact des deux circonférences, de le joindre au point donné par une droite qui serait le rayon de la circonférence à tracer, de décrire une circonférence d'après ce rayon, et l'on aurait la circonférence demandée.

Pour trouver le point de contact, on joindra par une droite le point donné N au centre de la circonférence. La rencontre O de cette droite avec la circonférence donnée sera le point de contact. En plaçant la pointe du compas au point N, et en ouvrant les branches jusqu'à ce que l'autre pointe arrive au point O, on décrira une circonférence qui sera la circonférence cherchée.

**177.** *Seconde solution* (*fig.* 380). — Le point O et la circonférence dont le centre est P étant donnés, si l'on fait le même

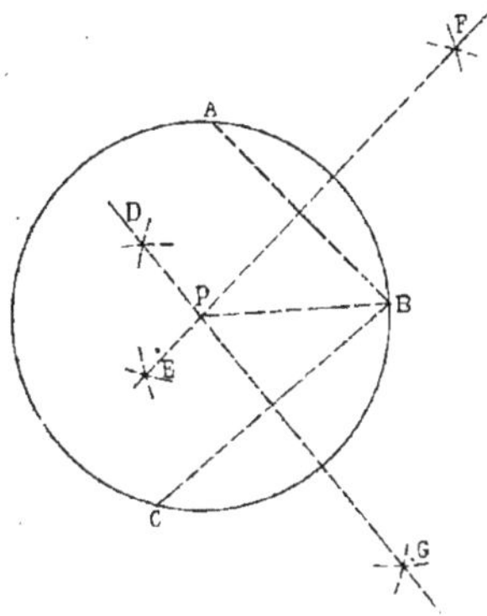

Fig. 377.

raisonnement que pour la figure précédente, on voit que le problème se bornera aussi à chercher le point de contact des deux circonférences. Pour le trouver, on fera passer, par le point donné

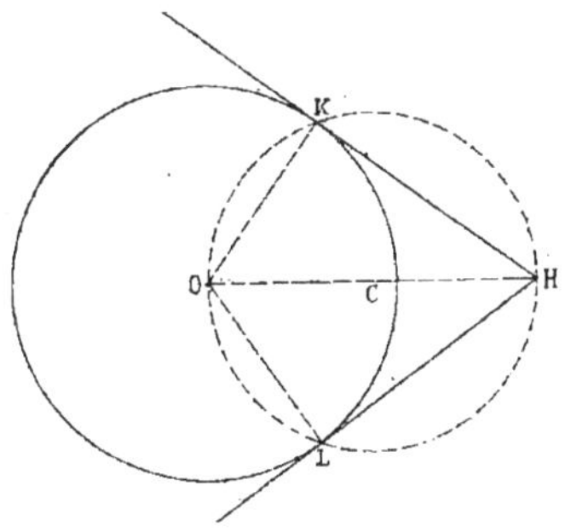

Fig. 378.

O et le centre P de la circonférence, une droite qu'on prolongera jusqu'au point R de la circonférence donnée. Ce point sera le point de contact. On placera ensuite la pointe du compas en O. On ouvrira les branches jusqu'à ce que l'autre pointe arrive au point de contact R, et on décrira une circonférence qui sera la circonférence cherchée.

**178.** *Raccorder deux circonférences*

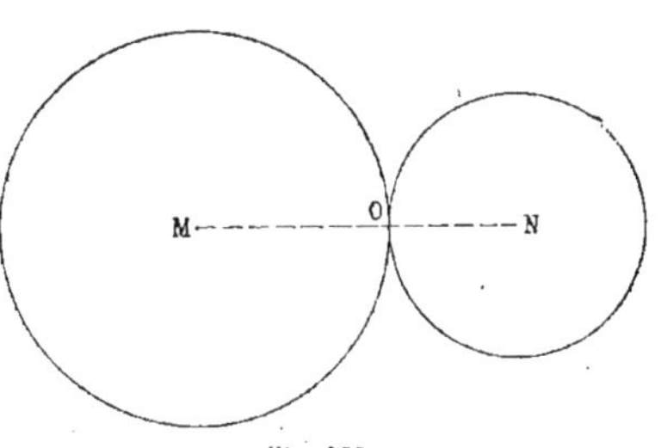

Fig. 379.

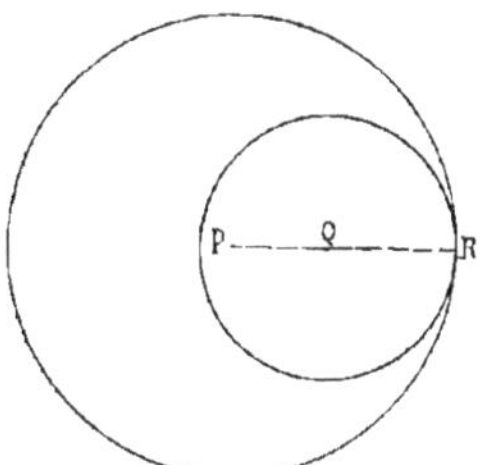

Fig. 380.

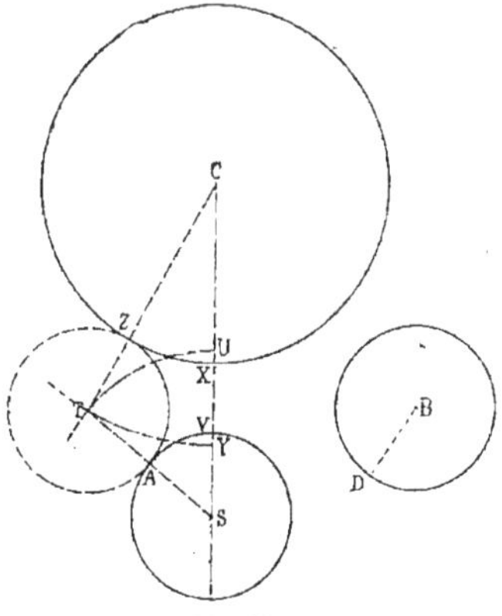

Fig. 381.

*par un arc donné* (*fig.* 381). — Deux circonférences dont les centres sont C et S et un arc dont le rayon est BD étant donnés, pour raccorder les deux circonférences par l'arc, il suffirait de connaître le centre de cet arc et les deux points de contact, pour pouvoir décrire l'arc

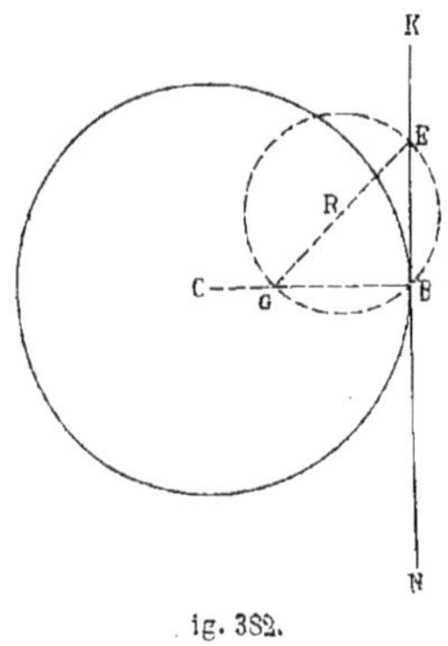


ig. 382.

demandé qui donne le moyen de décrire d'un point pris hors d'une circonférence, une autre circonférence qui lui soit tangente. L'opération se bornera donc à trouver le centre de l'arc et les deux points de contact. Pour cela, on joindra les deux centres C et S des circonférences données par une droite qui coupera les deux circonférences en X et en V. On prendra ensuite une ouverture de compas égale au rayon BD de l'arc. On portera cette ouverture de X en Y et de V en U; puis, portant la pointe du compas au centre C, on ouvrira l'autre branche jusqu'à ce qu'elle arrive en Y. On décrira un arc partant de Y et allant vers la gauche. Portant ensuite la pointe du compas au centre S, et ouvrant l'autre branche jusqu'à ce que le crayon arrive en U, on décrira, partant de ce point, un second arc qui coupera le premier en T. Ce point sera le centre de l'arc qui devra raccorder les deux circonférences. On joindra maintenant le point T aux deux centres C et S par deux droites qui couperont les circonférences en Z et en A. Ces deux points seront les deux points de contact cherchés. On portera enfin la pointe du compas au centre P de l'arc.

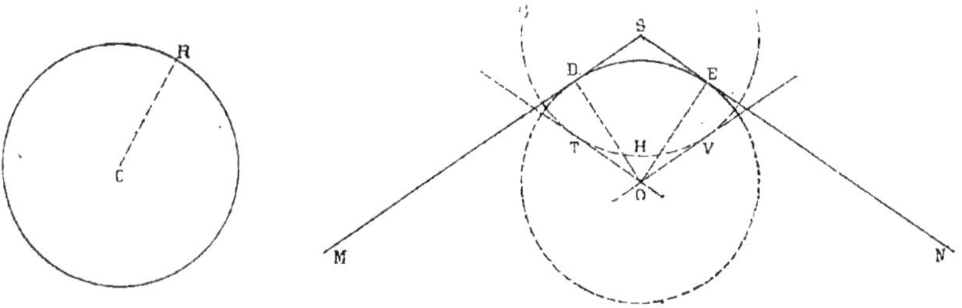


Fig. 383

On ouvrira l'autre branche jusqu'à ce que le crayon arrive au point de contact Z, et on décrira, de Z en A, un arc qui raccordera les deux circonférences.

**179.** *Mener une tangente en un point donné de la circonférence* (*fig.* 382). — La circonférence dont le centre est C et le point B par lequel la tangente devra passer étant donnés, sachant que la tangente est perpendiculaire au rayon passant par le point de contact, il suffira d'élever une perpendiculaire à l'extrémité B du rayon pour avoir la tangente demandée. Pour cela, on portera la pointe du compas en un point quelconque R pris au-dessus du rayon CB. On ouvrira le compas jusqu'à ce que le crayon arrive en B, et on décrira une circonférence qui coupera le rayon CB en G. On tracera ensuite, partant de G, un diamètre qui aura son autre extrémité en E, puis on fera passer par les points B et E une droite KN qui sera la tangente cherchée.

**180.** *Raccorder deux droites formant un angle par un arc dont le rayon est donné* (*fig.* 383). — L'angle MSN et le rayon CR de l'arc étant donnés, pour raccorder les deux côtés de l'angle par l'arc donné, il suffirait de connaître le centre et les points de contact de l'arc avec les côtés de l'angle, de porter la pointe du compas au centre, d'ouvrir les branches jusqu'à ce que l'autre pointe arrive à l'un des points de contact, et de décrire un arc jusqu'à l'autre point de contact. L'opération se bornera donc à chercher ces points. Pour les trouver, on prendra une ouverture de compas égale au rayon CR de l'arc donné, on portera ensuite la pointe du compas au sommet S de l'angle donné. On décrira l'arc GHF, puis on mènera au moyen de la règle et de l'équerre, une parallèle TO au côté SN de l'angle et tangente à l'arc GHF. On tracera une autre parallèle OV au côté SM de l'angle, et aussi tangente à l'arc GHF. Le point de rencontre O de ces deux parallèles sera le centre de l'arc. On abaissera ensuite, du point O, des perpendiculaires OE, OD aux deux côtés SN et SM de l'angle. Les points E et D de rencontre des perpendiculaires avec les droites SN et SM seront les points de contact de l'arc à décrire. On portera enfin la pointe du compas au centre O de l'arc. On ouvrira les branches jusqu à ce que l'autre pointe arrive en D, et on décrira l'arc DE qui raccordera les deux côtés de l'angle donné MSN.

**181.** *Raccorder une circonférence et une droite par un arc* (*fig.* 384). — La circonférence dont le centre est E, la droite PJ et le rayon DM de l'arc étant donnés, si l'on connaissait le centre de l'arc à décrire et les deux points de contact avec la circonférence et la droite données, il suffirait de porter la pointe du compas au centre, d'ouvrir les branches, jusqu'à ce que l'autre pointe arrive sur l'un des points de contact, de décrire un arc jusqu'à l'autre point de contact et la circonférence et la droite données seraient raccordées. L'opération se bornera donc à trouver le centre et les deux points de contact. Pour y arriver, du centre E de la circonférence on abaissera, au moyen de la règle et de l'équerre une perpendiculaire sur la droite donnée PJ, puis on prendra une ouverture de compas égale au rayon DM de l'arc donné. On portera cette ouverture de L en H et de P en G. On portera ensuite la pointe du compas au centre F de la circonférence donnée. On ouvrira les branches jusqu'à ce que le crayon arrive en H. On décrira un arc au-dessous de la droite EP. Puis du point G, on mènera à la droite PJ, au moyen de la règle et de l'équerre, une parallèle qu'on prolongera au-dessous de EP jusqu'à la rencontre I de l'arc HI. Ce point sera le centre de l'arc. En traçant une droite allant de I au centre E de la circonférence donnée, puis, du point I en abaissant une perpendiculaire à la droite donnée PJ, les points de rencontre K et J des deux droites qu'on vient de tracer, avec la circonférence et les droites données, seront les deux points de contact cherchés. On portera enfin la pointe du compas en I. On ouvrira l'autre branche jusqu'à ce que le crayon arrive en K. On décrira l'arc KJ et on aura raccordé la circonférence et la droite.

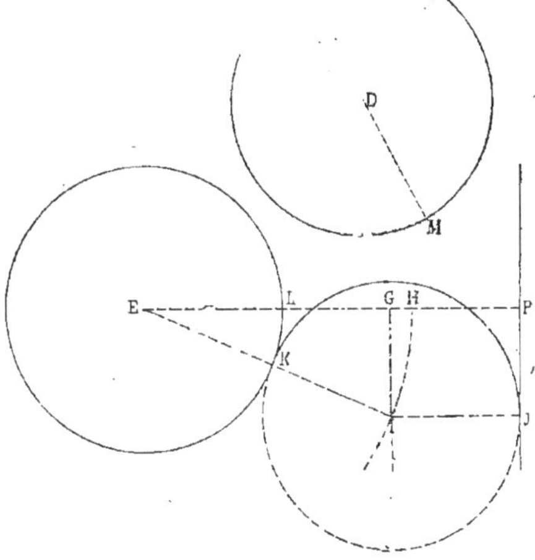

Fig. 384.

**182.** *Circonscrire un carré à une circonférence* (*fig.* 385). — Pour circonscrire un carré à une circonférence, il suffirait de connaître les quatre sommets des angles et les quatre points de contact des côtés du carré avec la circonférence, de faire passer les droites par les quatre sommets et les quatre points de contact, et on aurait le carré demandé. L'opération se bornera donc à chercher ces huit points. Pour cela, étant donnée la circonférence le centre est C, on commencera

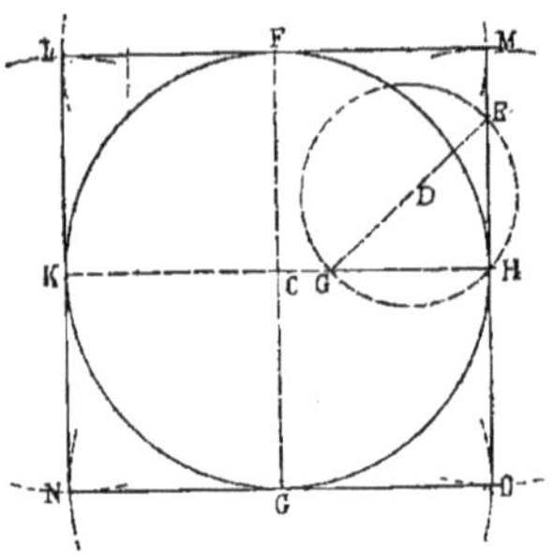


Fig. 385.

par tracer deux diamètres KH et FG perpendiculaire l'un à l'autre. Les quatre extrémités K, H, F, G seront les quatre points de contact. Maintenant, des points K, H, F et G, avec une ouverture de compas égale au rayon de la circonférence, on décrira des arcs qui se couperont deux à deux en M, en O, en N et

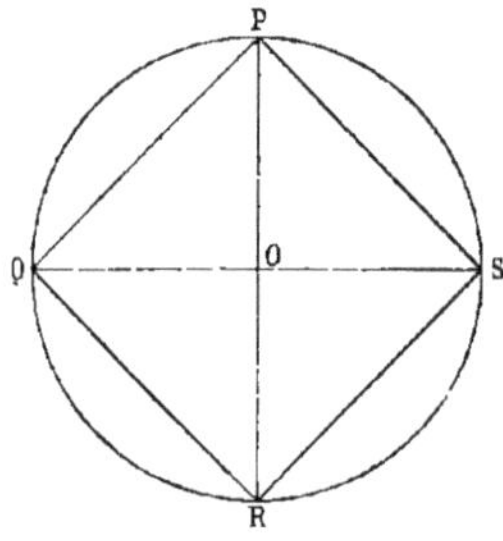


Fig. 386.

en L. Ces quatre points seront les sommets des angles du carré. En traçant les droites MHO, OGN, NKL et LFM, on aura le carré demandé.

On pourrait également circonscrire le carré en élevant au moyen de la règle et de l'équerre des perpendiculaires aux extrémités H, G, K, F des diamètres KH et FG; ou, si on le préférait, en élevant des perpendiculaires d'après le principe qui consiste à prendre un point quelconque D au-dessus du diamètre KH, à décrire une circonférence avec une ouverture de compas égale à DH, à tracer le diamètre GE et à faire passer une droite par les deux points E et H. On aurait ainsi le premier côté du carré. On pourrait faire de même pour obtenir les trois autres côtés.

**183.** *Inscrire un carré dans une circonférence* (*fig.* 386). — Le carré à inscrire devant avoir ses quatre sommets sur la circonférence il suffirait de connaître ces quatre points et de les joindre par des droites pour avoir le carré demandé. L'opération se bornera donc à chercher

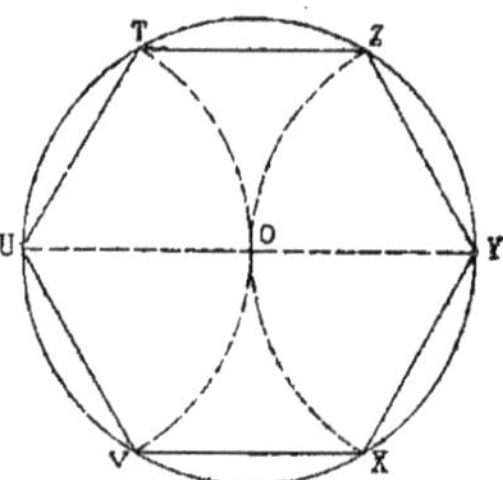


Fig. 387.

ces quatre sommets. La circonférence dont le centre est O étant donnée, pour trouver ces quatre sommets, on tracera, au moyen de la règle et de l'équerre ou au moyen des principes géométriques, deux diamètres QS et PR, perpendiculaires l'un à l'autre. Les extrémités P, Q, R, S de ces diamètres seront les quatre sommets cherchés. En traçant maintenant des droites de P en Q, de Q en R, de R en S et de S en P, on aura le carré inscrit dans la circonférence.

**184.** *Inscrire un hexagone régulier dans une circonférence* (*fig.* 387). — L'hexagone régulier devant avoir ses six sommets sur la circonférence, si l'on connaissait ces six points, il suffirait de les joindre par des droites pour avoir l'hexagone inscrit dans la circonférence.

La circonférence dont le centre est O

étant donnée, pour trouver les six sommets, on tracera d'abord un diamètre UY ; puis, avec une ouverture de compas égale au rayon OY de la circonférence donnée, on portera la pointe du compas à l'extrémité Y et on décrira un arc XOZ. On portera ensuite la pointe du compas à l'autre extrémité U du diamètre et on décrira un autre arc TOV. Les extrémités U et Y du diamètre et les quatre points de rencontre Z, X, T, V des arcs avec la circonférence, seront les six points cherchés. En menant des droites de Y en X, de X en V, de V en U, de U en T, de T en Z, et de Z en Y, on aura l'hexagone inscrit dans la circonférence.

**185.** *Circonscrire un hexagone régulier à une circonférence* (*fig.* 388). — L'hexagone circonscrit devant avoir ses six côtés tangents à la circonférence, si l'on connaissait les six points de contact, il suffirait d'élever des perpendiculaires aux six rayons passant par ces points et on aurait l'hexagone circonscrit. L'opération se bornera donc à chercher ces six points Pour les trouver, la circonférence dont le centre est O étant donnée, on tracera d'abord un diamètre AB, puis avec une ouverture de compas égale au rayon OA, on portera la pointe du compas en A et en B, et on décrira deux arcs qui, passant par le centre O, rencontreront la circonférence en CFDE. Ces quatre points et les deux points A et B des extrémités du diamètre seront les six points cherchés. On tracera ensuite les deux diamètres EC et FD et on élèvera au moyen de la règle et de l'équerre des perpendiculaires aux extrémités A, B, C, D, E, F des rayons aboutissant à ces points ; les perpendiculaires MAH HCI, IDJ, JBK, KEL et LFM formeront l'hexagone HIJKLM circonscrit à la circonférence donnée.

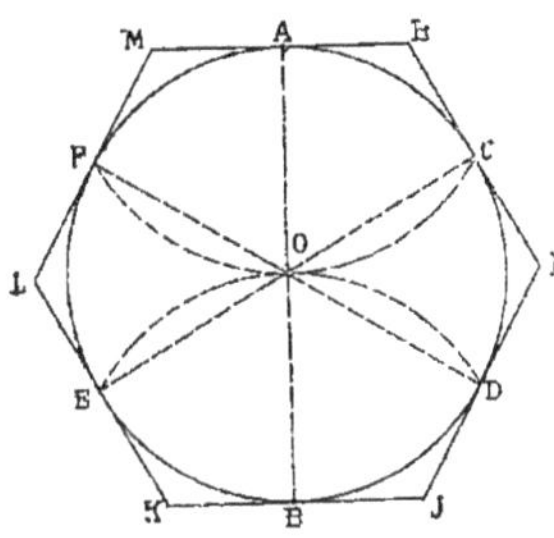

Fig. 388.

**186.** *Circonscrire une circonférence à un triangle* (*fig.* 389). — La circonférence circonscrite à un triangle devant passer par les trois sommets des angles du triangle, l'opération se bornera à faire passer une circonférence par trois points non en ligne droite.

Pour trouver le centre de la circonférence à circonscrire au triangle, on se basera sur les principes donnés (*fig.* 377) qui consistent à joindre trois points par deux droites et à élever des perpendiculaires au milieu de ces droites. La rencontre des deux perpendiculaires est le centre de la circonférence.

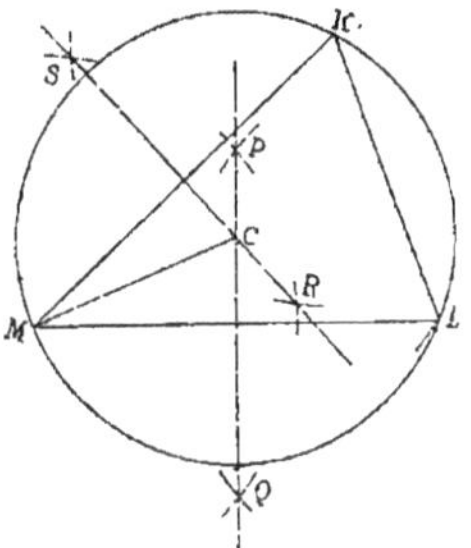

Fig. 389.

Dans le présent cas, les droites qui doivent joindre les trois points étant représentées par les côtés du triangle KLM, c'est sur deux de ces lignes qu'on élèvera des perpendiculaires. Pour cela, des points M et L, avec une ouverture de compas égale aux 3/4 environ de la longueur de la droite ML, on décrira au-dessus et au-dessous de cette droite, quatre arcs qui se couperont en P et en Q; puis, des points K et M de la droite KM, avec une ouverture de compas égale aussi à environ les 3/4 de cette droite, on décrira au-dessus et au-dessous quatre autres arcs qui se couperont en R et en S. On fera ensuite passer des droites par les sections PQ et RS et on aura les deux perpendiculaires. Leur point de rencontre C sera le centre de la circonférence à circonscrire au triangle. En plaçant maintenant la pointe du compas au point C, et en ouvrant les branches jusqu'à ce que l'extrémité de l'une d'elles arrive à l'un des sommets M, on décrira une circonférence qui passera par les sommets M, L et K du triangle et sera la circonférence circonscrite.

**187.** *Inscrire une circonférence dans un*

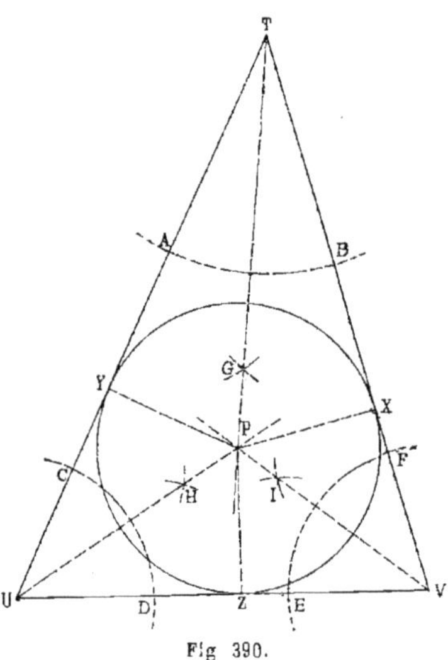

Fig 390.

*triangle* (*fig.* 390). — La circonférence inscrite dans un triangle devant être tangente aux trois côtés de ce triangle, si l'on connaissait les trois points de contact et le centre de la circonférence, il suffirait de porter la pointe du compas au centre, d'ouvrir l'autre branche jusqu'à ce que le crayon arrive à l'un des points de contact, et de décrire une circonférence qui passerait par ces trois points et serait la circonférence inscrite. L'opération se bornera donc à chercher les trois points de contact et le centre. Pour les trouver, on divisera d'abord, par des droites, les trois angles du triangle en deux parties égales. Pour cela, on portera la pointe du compas aux deux sommets U et V du triangle, et avec une ouverture quelconque, on décrira deux arcs qui couperont les côtés du triangle en C, D, E et F ; puis, avec une ouverture de compas égale à environ les 3/4 de la distance des deux points C et D, et en portant successivement la pointe à ces quatre points, on décrira quatre arcs qui se couperont, deux à deux, en H et en I. On fera ensuite passer des droites par les sommets U, V du triangle et par les sections H, I, et ces droites se couperont en un point P qui sera le centre de la circonférence à inscrire.

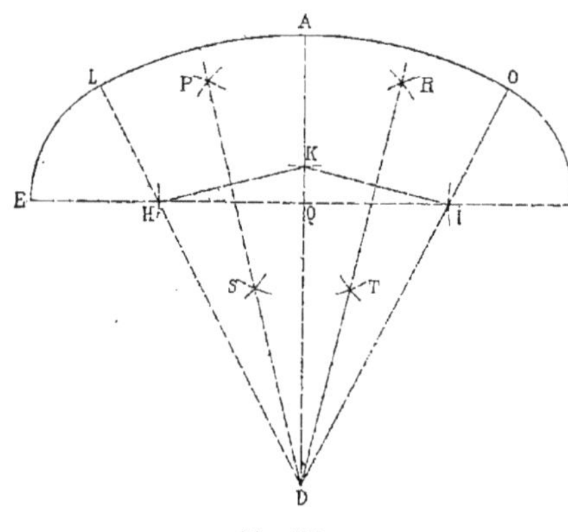

Fig. 391.

Ayant le centre de la circonférence, on obtiendra les trois points de contact en abaissant de ce centre, au moyen de la règle et de l'équerre des perpendiculaires PY, PX, PZ sur chacun des côtés. Les points X, Y, Z seront les points de contact cherchés. En portant maintenant la pointe du compas au centre P, et en ouvrant les branches jusqu'à ce que le crayon arrive à l'un des point de contact Y, par exemple, on décrira la circonférence YZX, qui sera la circonférence inscrite au triangle.

Comme moyen de vérification, on tracera la bissectrice du troisième angle dont le sommet est T. On décrira du centre T l'arc AB ; puis, des points A et B, on tracera deux autres arcs qui se couperont en G. On mènera ensuite du sommet T une droite qui, passant par la section G, devra, en la prolongeant, rencontrer le centre P, si les opérations ont été bien faites.

**188.** *Construire l'anse de panier par trois arcs de deux rayons différents* (*fig.* 391). — L'anse de panier est une courbe allongée formée de deux parties symétriques se rattachant à deux droites perpendiculaires l'une à l'autre. La plus longue sert de base à cette courbe, et la plus courte, qui indique la hauteur, est perpendiculaire au milieu de la base.

La longueur EF de la base et la hauteur QA étant données, on prendra le milieu de la base, et de ce point, on élèvera une perpendiculaire au moyen de la règle et de l'équerre. On aura ainsi déterminé la position des deux droites auxquelles devront se rattacher les parties symétriques devant former l'anse de panier.

Pour tracer l'anse de panier, sachant que les deux parties symétriques sont formées d'arcs de rayons différents, si l'on connaissait les centres de ces arcs, il serait facile de décrire la courbe. L'opération se bornera donc à chercher les points de centres. Pour les trouver, on prendra une ouverture de compas quelconque, mais toutefois plus petite que la hauteur AQ de l'anse de panier. On portera d'abord la pointe du compas en A pour faire une section en K. On la portera ensuite aux extrémités E et F de la base, et on décrira deux arcs qui la couperont en I et en H. On joindra par des droites le point H au point K, et le point K au point I, puis on élèvera des perpendiculaires sur le milieu de ces deux droites. Pour cela, avec une ouverture de compas égale aux 3/4 environ de la longueur KH, et en portant la pointe aux points K, H et I, on décrira, au-dessus et au-dessous des deux droites, quatre arcs qui se couperont en P, en S, en R et en T. On fera ensuite passer par ces sections les droites PS et RT qui seront les perpendiculaires cherchées, et qui, étant plongées, se rencontreront en D. Ce point sera le centre de la grande courbure de l'anse de panier, et les deux points H et I seront les deux centres des petites courbures.

Comme moyen de vérification de la position des points, on prolongera la droite AQ jusqu'à la rencontre du point D, et si les opérations ont été bien faites, cette droite devra passer, sans dévier, par ce même point.

Les trois points de centres des arcs étant connus, on va maintenant décrire l'anse de panier. On fera d'abord passer par les points D, H et D, I des droites qu'on prolongera jusqu'au-dessus de la base, puis on portera la pointe du compas en D. On ouvrira les branches jusqu'à ce que l'autre pointe arrive en A, et on décrira l'arc LAO. On portera ensuite la pointe du compas aux deux centres H et I, et avec une ouverture égale à l'une des deux distances HE ou IF, qui sont les

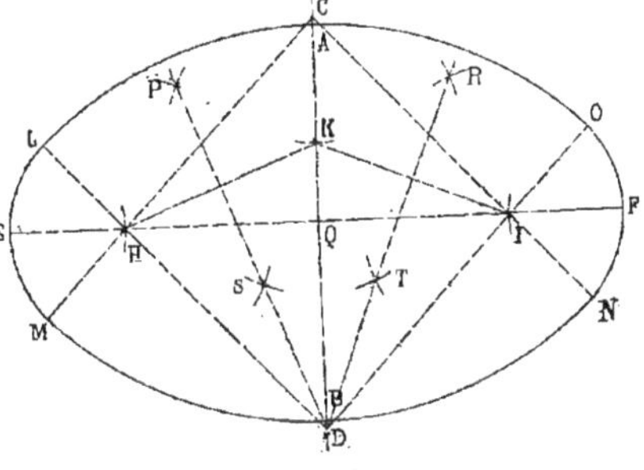

Fig. 392.

mêmes, on décrira les arcs EL et FO, et on aura tracé l'anse de panier.

Lorsqu'on voudra varier la courbure, c'est-à-dire la faire plus ou moins bombée sur les parties L et O, par exemple, il suffira de diminuer ou d'augmenter la distance AK que l'on a portée préalablement de E en H et de F en I; ces trois distances devront, dans tous les cas, être toujours les mêmes. Cette courbe, dont les dimensions sont déterminées, s'appelle vulgairement *anse bornée*.

**189.** *Construire l'ovale par deux anses de panier* (*fig.* 392). — L'ovale est une courbe de forme oblongue, décrite par des arcs tracés symétriquement par rapport à deux droites qui se coupent perpendiculairement en leurs milieux et qui sont les deux axes de l'ovale. La grande droite se nomme grand axe; l'autre, petit axe.

Les deux axes EF et AB étant donnés, pour construire l'ovale, on tracera d'abord le grand axe EF. On déterminera le milieu Q, puis on élèvera en ce point une perpendiculaire CD au moyen de la règle et de l'équerre. On portera ensuite sur cette perpendiculaire, à partir du point Q, des distances QA et QB égales à la moitié de la longueur du petit axe. Comme l'ovale se compose de deux anses de panier symétriquement opposées au grand axe EF, il suffira de tracer d'abord une anse de panier au-dessus de cet axe et de la reproduire ensuite au-dessous. Pour cela, on portera d'abord la pointe du compas au point A, et, avec une ouverture quelconque AK, moins grande que la moitié de la largeur de l'ovale, on décrira l'arc K. On portera ensuite la pointe du compas en E et en F, et, avec la même ouverture, on décrira les arcs H et I. On joindra les trois points de section H, K, I par les droites KH et KI. On élèvera des perpendiculaires sur le milieu de ces deux droites en décrivant des points K, H et I au-dessus et au-dessous, et avec une ouverture de compas égale aux 3/4 environ de leur longueur, des arcs qui se couperont en P, en R, en S, et en T. On fera ensuite passer par les quatre sections P, S et R, T, des droites qui, étant prolongées, se rencontreront au point D. Si les opérations ont été bien faites, ce point devra se trouver sur le prolongement du petit axe. De ce point, on tracera des droites qui passeront par les points H et I, et qu'on prolongera au-dessus du grand axe jusqu'en L et O, puis on portera la pointe du compas en D. On ouvrira l'autre branche jusqu'à ce que le crayon arrive au point A, et on décrira le grand arc LAO. On portera ensuite la pointe du compas en H et en I, et, avec une ouverture égale à HE, on décrira les deux petits arcs EL et FO. On aura de cette manière tracé la première anse de panier. Pour décrire l'autre, on prendra la distance du point D au centre Q de l'ovale et on la portera de Q en C. De ce point, on tracera deux droites qu'on fera passer par les points H et I et qu'on prolongera jusqu'en M et N, puis on portera la pointe du compas au point C. On ouvrira l'autre branche jusqu'à ce que le crayon arrive en M, et on tracera l'arc MDN. On portera enfin la pointe du compas en H et en I, et, avec une ouverture égale à HE, on décrira les deux petits arcs EM et FN. On aura ainsi tracé la seconde anse de panier EMBNF, qui, avec la première, formera l'ovale cherché.

Si l'on désire avoir un ovale plus bombé aux points L, O, M et N, il faudra augmenter la distance AK. Dans le cas où l'on voudrait aplatir la courbe en ces mêmes endroits, il faudrait, au contraire, diminuer cette distance.

Dans tous les cas, les distances AK, EH et FI devront toujours être égales.

Comme pour l'anse de panier, l'ovale sera borné, c'est-à-dire que la longueur et la largeur seront toujours données.

Voir également pour le traité de l'ovale les figures 218, 219 et 220.

### De l'ellipse.

**190.** L'ellipse est une courbe de forme oblongue du même genre que l'ovale et construite sur deux droites perpendiculaires l'une à l'autre en leurs milieux. Ces droites divisent l'ellipse en quatre parties égales qui, étant appliquées l'une sur l'autre, affectent exactement la même forme. Les deux droites sur lesquelles l'ellipse est construite sont les axes. La plus longue se nomme *grand axe*, et la plus courte, qui lui est perpendiculaire, se nomme *petit axe*. Bien que l'ellipse soit une courbe du même genre que celle de l'ovale, elle en diffère cependant par sa forme gracieuse, en ce sens que cette courbe est tracée par points raccordés à la main par une ligne, et d'une disposition telle que le rayon de courbure change à chaque point ; tandis que dans l'ovale, la courbe est formée par deux arcs de rayons différents dont le raccordement est brusque et offre par là même une forme bien moins agréable à l'œil.

Comme dans l'ovale, l'ellipse sera bornée, c'est-à-dire qu'on opérera toujours sur des dimensions données en longueur et en largeur. Il existe plusieurs moyens de construire l'ellipse ; mais, dans la pratique, il suffira d'en adopter deux : l'un pour le tracé sur le dessin des ellipses de petites dimensions ; l'autre, pour les ellipses de plus grandes dimensions, et mêmes pour celles qu'on pourrait décrire sur le terrain.

**191.** *Tracé de l'ellipse par points à l'aide d'une bande de papier* (*fig.* 393). — La longueur AB et la largeur CD étant données, pour tracer l'ellipse, l'opération se bornera à chercher une série de points de cette courbe, aussi rapprochés que possible les uns des autres et à les raccorder en faisant passer par tous ces points une ligne qui sera l'ellipse cherchée.

Pour trouver ces points, on prendra une bande d'un fort papier qu'on coupera d'un côté, à l'aide d'un canif et d'une règle, de manière que le champ représente une ligne parfaitement droite. On prendra sur le bord de l'autre bande, la moitié OB du grand axe et on la portera de E en H sur la bande de papier. On prendra ensuite la moitié CO du petit axe et on portera cette distance de H en F aussi sur la bande de papier : la distance EF sera la différence des deux moitiés des axes. La bande de papier, telle qu'elle est placée sur la figure, est en position pour opérer le tracé des points cherchés de l'ellipse. On va maintenant déterminer toute la série de points qui devront servir au tracé de la courbe. Partant de la position EFH, on fera mouvoir la bande de papier de

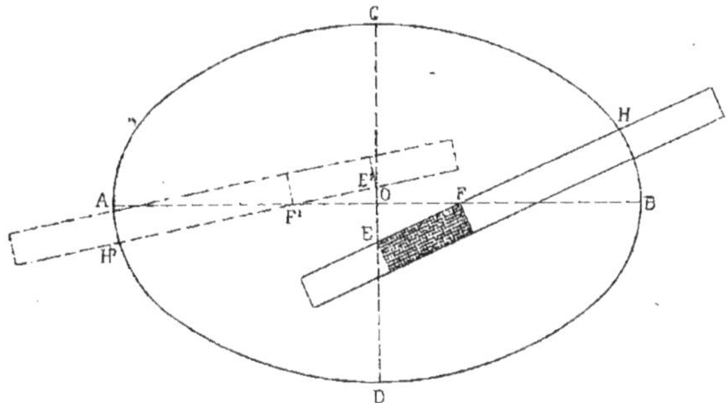


Fig. 393.

droite à gauche, de manière que le point E reste toujours sur le petit axe CD, et le point F sur le grand axe AB. Ainsi, en supposant la bande de papier en repos, on fera, à l'aide du crayon, un point en H qui sera le premier point de l'ellipse, puis on fera faire à la bande un petit mouvement de façon que le point H parcoure un espace d'environ 3 millimètres en allant de droite à gauche. Dans ce mouvement, le point E descendra en suivant la direction du petit axe CD, et le point F se rapprochera du centre O en glissant sur le grand axe AB. On maintiendra la bande un moment dans cette nouvelle position, puis on fera encore, à l'aide du crayon, sur la feuille de papier et en face de H, un point qui sera le second point de l'ellipse. On continuera ainsi le mouvement jusqu'à ce qu'on ait fait le tour, en s'arrêtant tous les 3 millimètres et en marquant à chaque fois un nouveau point en face de H. Lorsqu'on sera revenu au point de départ, on aura une série de points qu'on raccordera par une ligne qui sera l'ellipse cherchée.

On a indiqué une seconde position de la bande dans son mouvement, afin de faire voir le déplacement des points F et E depuis son départ. Ainsi, le point E a dû descendre suivant le petit axe, pendant que le point C se rapprochait du centre O ; et lorsque le champ de la bande se trouvait dans la direction CD du petit axe, le point H était venu sur C, le point F sur O et le point E plus bas sur le même axe. En continuant le mouvement et en arrêtant la bande dans la position H′ F′ E′, le point F a suivi le grand axe pour revenir en F′. Le point E est descendu et remonté en suivant la direction du petit axe et, après être passé au centre O, il est revenu en E′, pendant que le point H a parcouru la courbe BCA de l'ellipse pour revenir en H′. En continuant le même mouvement de la bande, le point E′ remontera en suivant le petit axe, pendant que le point F′ suivra le grand axe en se rapprochant du centre. Lorsque le champ de la bande sera dans l'alignement du petit axe, le point E′ se sera éloigné du centre, le point F′ sera en O, et le point H′ en D. En revenant maintenant au point de départ, le point E′ redescendra jusqu'en E, le point F′ reviendra en F, et le point H′ en H. Pendant ce mouvement, le point H aura parcouru la courbe CADB. Les divers points de l'ellipse étant maintenant trouvés, il suffira de faire passer, par tous ces points, une ligne qui sera l'ellipse demandée.

**192.** *Tracé de l'ellipse par un mouvement continu à l'aide d'une corde* (*fig.* 394). — Les deux axes perpendiculaires l'un à l'autre, CD et AB de l'ellipse étant donnés, pour la décrire au moyen de la corde, on prendra une ouverture de compas égale à la moitié CO du grand axe. On portera la pointe en A et on décrira un arc qui coupera le grand axe en F et en P. Ces deux points s'appellent *foyers* de l'ellipse. Si l'on veut tracer une ellipse de moyenne dimension, un dessus de table par exemple, on fixera deux pointes aux *foyers* F et P. On prendra une corde qu'on fera passer autour de ces points. On amènera les deux bouts en A. on les nouera en cet endroit en les tendant légèrement, et on aura de cette façon une corde sans bout; puis, à l'aide d'un crayon dont on placera la pointe en A, on lui fera faire un mouvement de droite à gauche en le faisant glisser sur la planche, et en maintenant la corde toujours tendue jusqu'à ce qu'on soit revenu au point de départ; dans ce mouvement, la pointe du crayon aura tracé l'ellipse demandée et la corde aura tourné autour des *foyers* F et P.

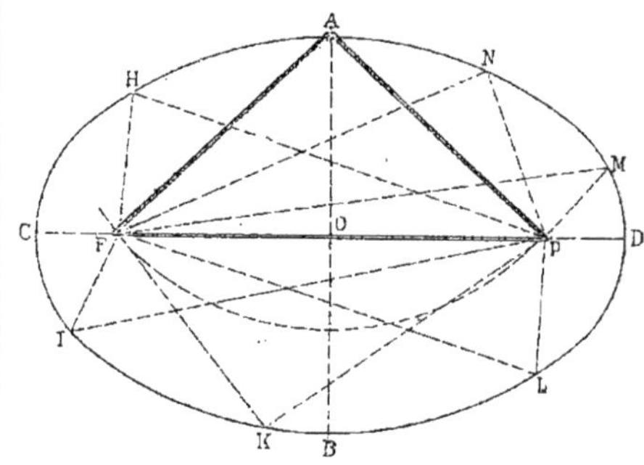


Fig. 394.

Pour mieux faire comprendre le jeu de la corde, on a indiqué quelques-unes des positions qu'elle a prise dans son mouvement. Ainsi, après la position FPA, elle est revenue en FPH, et le crayon en H ; puis en FPI, et le crayon en I ; puis en FPK, et le crayon en K ; puis en FPL, et le crayon en L ; puis en FPM, et le crayon en M ; puis en FPN, et le crayon en N ; enfin la corde est revenue dans sa position primitive FPA.

Un troisième moyen de tracer l'ellipse a été donné précédemment (*fig.* 221).

## § II. — *TRACÉ DES COURBES COMPOSÉES*

### De l'ove.

**193.** L'ove est une courbe qui a la forme d'un œuf et qui se compose de trois arcs de rayons différents.

Pour construire cette courbe (*fig.* 395), on portera le compas en un point quelconque B. De ce point, comme centre, avec une ouverture aussi quelconque, on décrira une circonférence AGCD. On tracera ensuite une ligne verticale GD passant par le centre B, puis un diamètre horizontale ABC, et enfin deux droites ADF et CDE. On portera alors le compas en A, puis en C, et, avec une ouverture égale au diamètre AC, on décrira les deux arcs AE et CF. On le portera ensuite en D, et, avec une ouverture égale à DE, on décrira l'arc EHF qui complètera l'ove. On aura ainsi décrit une courbe composée des trois rayons différents A, B, EC et ED.

## De la spirale.

**194.** La spirale est une ligne qui, partant d'un point, tourne autour de ce point, toujours en s'en éloignant.

Il y a trois manières de tracer la spirale. Dans la première, la ligne est décrite par arcs de deux centres différents, et, dans la seconde, elle est décrite par arcs de quatre centres différents. On conçoit à l'avance, qu'une courbe composée d'arcs de rayons différents, doit laisser à chaque raccordement d'arcs un mouvement brusque, toujours d'un mauvais effet à l'œil, ce qui fait qu'elle ne peut être appliquée qu'à la composition d'objets industriels, comme le serpentin, par exemple, employé à l'évaporation des liquides par la vapeur. Mais quand, au contraire, la spirale devra servir à l'ornementation, on aura recours à la troisième manière qui donne le moyen de tracer par points une courbe d'un certain nombre de tours donnés et dans un espace limité, parce qu'alors en la décrivant par points, on trace les lignes à la main en raccordant tous les points, ce qui permet à l'œil de juger de la courbe et de lui donner la grâce qu'elle doit avoir, tandis que, par les deux premiers moyens, l'étendue de la spirale ne peut être limitée, puisqu'en la commençant on ne peut savoir au juste où elle se limitera, et ce n'est que par un léger tâtonnement qu'on arrive à circonscrire.

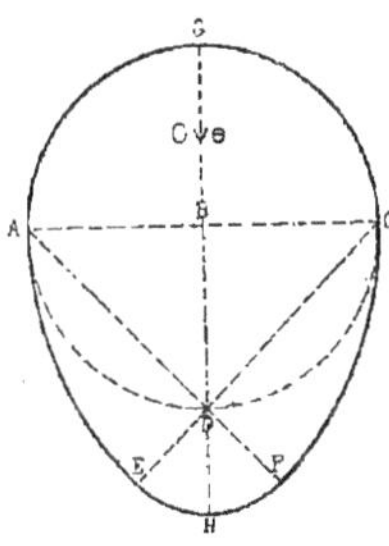

Fig: 395.

**195.** PREMIER MOYEN. — *Décrire la spirale par arcs de deux centres différents* (*fig.* 396). — On tracera d'abord une ligne horizontale OP ; puis on prendra à volonté, sur cette ligne, deux points, 1 et 2, qui seront les deux points de centre des arcs qui devront composer la ligne spirale. On prendra ensuite le compas, dont on portera la pointe au centre 1. On l'ouvrira jusqu'à ce que l'autre pointe arrive en 2, et on décrira au-dessus de l'horizontale, la demi-circonférence 2A. On portera la pointe du compas au centre 2. On ouvrira l'autre branche jusqu'à ce que le crayon arrive en A, et on décrira, au-dessous de l'horizontale, la demi-circonférence AB. On reportera ensuite la pointe au centre 1. On ouvrira le compas jusqu'à ce que le crayon arrive en B, et on décrira, au-dessus de l'horizontale, une demi-circonférence BC. On reportera enfin la pointe du compas au centre 2. On ouvrira l'autre branche jusqu'à ce que le crayon arrive à l'extrémité de la demi-circonférence qu'on vient de tracer, et on décrira, au-dessous de l'horizontale, une demi-circonférence CD. On continuera ainsi à reporter la pointe du compas aux

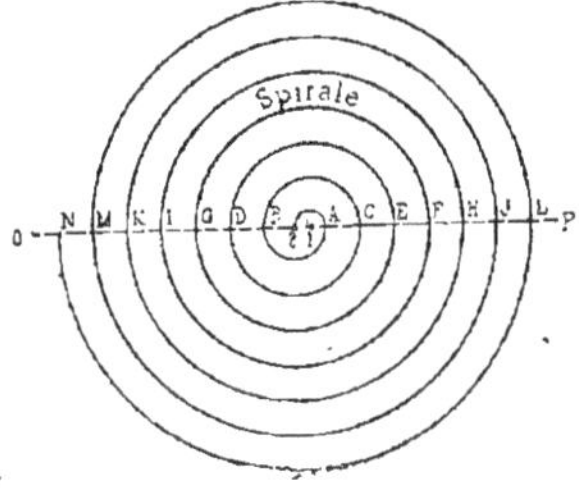

Fig. 396.

centres 1 et 2, en traçant des demi-circonférences au-dessus de l'horizontale OP et en les raccordant successivement à celle qui aura été tracée précédemment. Les points de raccordement se trouvent en E, F, H, J, L et G, I, K, M, N.

**196.** DEUXIÈME MOYEN. — *Décrire la spirale par arcs de quatre centres différents* (*fig.* 397). — On tracera d'abord une petite circonférence d'un diamètre en rapport avec le développement de la spirale, ce qui pourra, dans l'application, être réglé par un léger tâtonnement ; puis on mènera à cette circonférence deux tangentes horizontales 1-1, 3-3 et deux autres tangentes verticales 2-2, 4-4. Les points de rencontre 1, 2, 3, 4 de ces tangentes seront les quatre points de centre des arcs qui devront composer la ligne spirale.

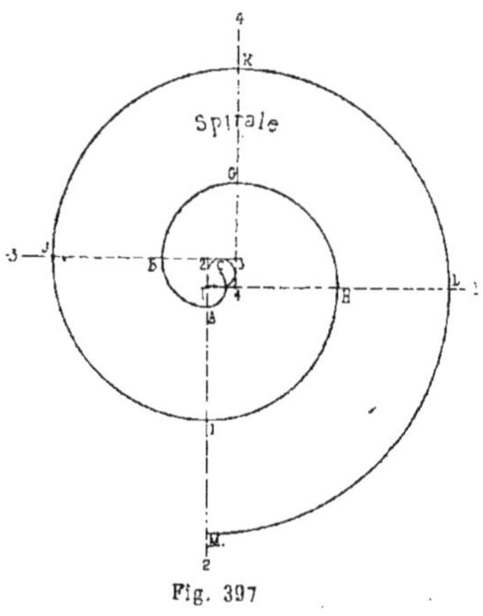


Fig. 397

On portera ensuite le compas au centre 1. On l'ouvrira jusqu'à ce que le crayon arrive au centre C de la petite circonférence et on décrira un arc qui viendra jusqu'à la rencontre A de la tangente 2-2. On portera le compas au centre 2. On l'ouvrira jusqu'à ce que le crayon arrive à l'extrémité A de l'arc qu'on vient de tracer, et on en décrira un autre, à partir de A jusqu'à la rencontre B de la tangente 3-3. On portera le compas au centre 3. On l'ouvrira jusqu'à ce que le crayon arrive à l'extrémité B du second arc, et on en décrira un troisième jusqu'à la rencontre G de la tangente 4-4. On portera enfin le compas au centre 4. On l'ouvrira jusqu'à ce que le crayon arrive à l'extrémité G du troisième arc, et on en tracera un quatrième jusqu'à la rencontre H de la tangente 1-1. On aura de cette façon, tracé un premier tour de la spirale. Pour la prolonger, on reportera le compas aux quatre centres 1, 2, 3, 4, et, en l'ouvrant successivement jusqu'à ce que le crayon arrive toujours à l'extrémité de l'arc précédemment décrit, on tracera les quatre autres arcs HI, IJ, JK et KL, qui formeront un second tour de la spirale, On reportera enfin le compas au centre I pour décrire la dernière partie LM de la courbe.

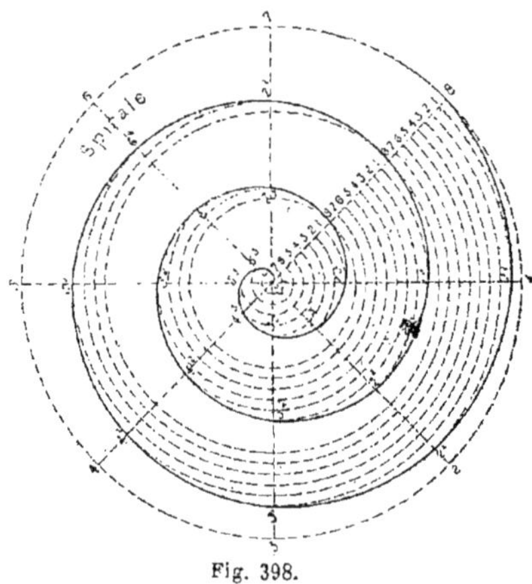


Fig. 398.

Lorsqu'on aura une spirale plus étendue à faire, on suivra la même marche que celle qui vient d'être indiquée.

**197.** TROISIÈME MOYEN. — *Décrire par points, une spirale d'un nombre de tours déterminé et dans un espace limité* (*fig.* 398). — En admettant que la spirale à décrire parte du centre d'une circonférence et qu'elle vienne se terminer sur cette même circonférence après avoir fait un certain nombre de tours, il s'agit de la tracer.

La circonférence 2-4-6-8 d'un diamètre déterminé étant donnée, et la spirale devant faire trois tours, par exemple, partir du centre pour se terminer au point 8 de cette circonférence, on commencera par diviser le cercle en huit angles égaux et la circonférence en huit parties égales, en traçant un diamètre horizontal 4 C 8 et un diamètre vertical 6 C 2, qui partageront déjà le cercle en quatre angles égaux et la circonférence en quatre parties égales. On tracera ensuite deux autres diamètres 5-1 et 7-3 qui diviseront en deux parties égales chacun des quatre angles droits formés par les deux diamètres, horizontal et vertical, ce qui donnera les huit angles et les huit divisions demandés.

Pour déterminer maintenant les points par lesquels la ligne spirale devra passer, on partagera le rayon C8 en autant de parties que la spirale devra faire de tours. Le nombre de tours étant, dans le présent cas, de trois, ses divisions seront 8, 8, 8 et C. On subdivisera ensuite chacune de ses parties en huit divisions égales, nombre qui devra toujours être en rapport avec celui de la division de la circonférence, et on obtiendra les trois séries portant les chiffres 1, 2, 3, 4, 5, 6, 7, 8.

Pour obtenir le premier tour de la spirale, comme il est indifférent de la commencer, ou par le centre ou par son extrémité, puisque les deux points sont définitivement arrêtés, on partira du point 8 pour terminer le premier tour au premier point de la division qui se trouve sur le diamètre horizontal. On portera ensuite le compas au centre C. On l'ouvrira jusqu'à ce que le crayon arrive au premier point 1 de l'une des subdivisions, et on décrira un arc jusqu'à la rencontre C' du rayon C1. On ramènera le compas sur le rayon horizontal C8. On le fermera jusqu'à ce que le crayon arrive au deuxième point de division, et on décrira un arc jusqu'à la rencontre du rayon C2. On ramènera de nouveau le compas sur le rayon horizontal C8. On le fermera jusqu'à ce que le crayon arrive à la troisième division, et on décrira un arc jusqu'à la rencontre 3' du rayon C3. On ramènera encore le compas sur le rayon horizontal C8. On le fermera jusqu'à ce que le crayon arrive à la quatrième division, et on décrira un arc jusqu'à la rencontre 4' du rayon C4. On continuera ainsi à ramener le compas sur le rayon horizontal C8 en le fermant successivement pour ajuster le crayon sur les $5^e$, $6^e$ et $7^e$ divisions, et, partant de ces points, on décrira les arcs 5-5', 6-6', 7-7', jusqu'à la rencontre des rayons 5-5', 6-6' et 7-7'. Les points 1', 2', 3', 4', 5', 6', 7', 8 seront huit points du premier tour de la spirale. On fera ensuite passer par tous ces points, une ligne qu'on tracera à la main et on aura enfin la première partie de la ligne spirale.

Pour faire le second et le troisième tour on suivra exactement la même marche que précédemment, en ramenant le crayon du compas sur les deux séries de division 1, 2, 3, 4, 5, 6, 7 et en décrivant des arcs jusqu'aux points $1^2$, $2^2$, $3^2$, $4^2$, $5^2$, $6^2$, $7^2$ et $1^3$, $2^3$, $3^3$, $4^3$, $5^3$, $6^3$, $7^3$. On fera également passer une ligne par

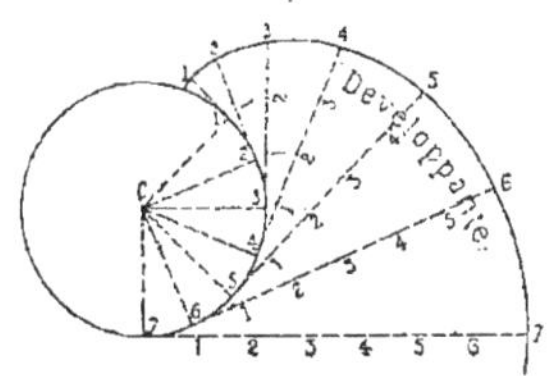


Fig. 399.

tous ces points, et on aura enfin tracé les trois tours de la spirale.

On remarquera par ce principe de la spirale bornée, que, pour opérer, on divisera toujours la circonférence donnée en huit angles égaux et en huit parties égales, et le rayon en autant de parties égales que la ligne spirale devra faire de tours ; que, de plus, ces parties devront être subdivisées en autant d'autres parties qu'il y aura de divisions à la circonférence.

## De la développante et de la développée.

**198.** *Tracé de la développante* (*fig.* 399). — La *développante* est une courbe qui, partant d'une circonférence, tourne autour de cette circonférence toujours en s'en éloignant, comme la ligne spirale.

Comme il ne s'agit pas ici de l'application de cette courbe, on va donner seulement le moyen général de la tracer. On décrira d'abord une circonférence quelconque dont le rayon est C1, et, en admettant que la courbe parte de la circonférence, près du point 1, on portera, à partir de ce point, une série de distances égales 1, 2, 3, 4, 5, 6, 7, puis on joindra par des droites, tous ces points au centre. On élèvera ensuite, aux extrémités de ces rayons, des perpendiculaires 1-1, 2-2, 3-3, 4-4, 5-5, 6-6, 7-7. On prendra à l'aide du compas à pointes sèches, une ouverture égale à l'une des sept distances. On la portera une fois de 1 en 1 sur la première perpendiculaire, deux fois de 2 en 2 sur la seconde, trois fois de 3 en 3 sur la troisième, etc..., et enfin sept fois de 7 en 7 sur la septième. On tracera ensuite à la main, une courbe qui passera par tous les points 1, 2, 3, 4, 5, 6, 7, qu'on vient de déterminer, et on aura la développante cherchée.

**199.** On peut aussi tracer la *développante* par un moyen très simple qui consiste à attacher un fil, par exemple, en un point 7 de la circonférence, à enrouler ce fil sur cette circonférence jusqu'à ce qu'il arrive au point de départ de la développante, à faire un petit nœud en cet endroit et à y introduire la pointe du crayon; puis, tendant le fil et le déroulant en appuyant légèrement le crayon sur la feuille de papier jusqu'à ce qu'il soit revenu au point 7, on aura tracé la courbe 1, 2, 3, 4, 5, 6, 7.

**200.** *Tracé de la développée* (*fig.* 400). — La *développée* est la courbe génératrice de la *développante*.

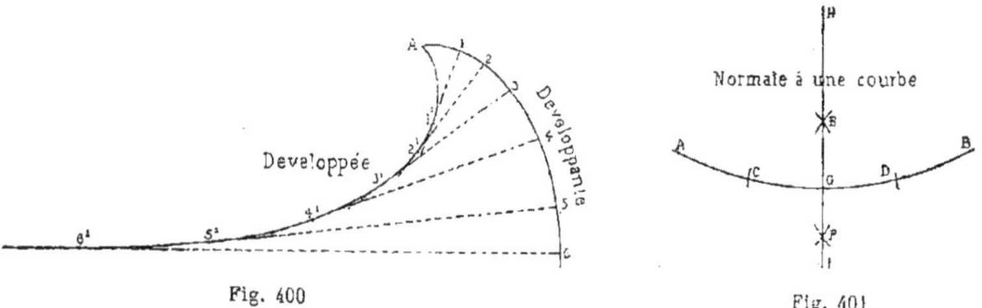


Fig. 400

Fig. 401.

Ainsi, dans la figure précédente, la circonférence qui a servi à construire la développante, est la développée et la courbe génératrice de la développante.

Une courbe développante A6 étant donnée, déterminer la développée. Pour cela, on portera, à partir du point A de la courbe, des distances quelconques 1, 2, 3, 4, 5, 6; puis on élèvera une *normale* à la courbe en chacun de ces points, et on déterminera ainsi la série de droite 1-1′, 2-2′, 3-3′, 4-4′, 5-5′, 6-6′. On tracera ensuite une courbe tangente à toutes ces droites et on aura la développée cherchée. Les points 1′, 2′, 3′, 4′, 5′, 6′ sont les points de contact de la courbe avec les droites.

### De la normale à une courbe.

**201.** Comme pour trouver la développée, il faut élever des normales en différents points de cette courbe, il est bon de faire connaître les moyens de les trouver.

On appelle *normale* à une courbe, la perpendiculaire élevée sur le milieu d'un élément de cette courbe.

Une courbe AB et un point G par lequel une normale devra passer étant donnés (*fig.* 401) pour tracer cette normale, on portera le compas au point donné G, et, avec une ouverture quelconque, on décrira, à droite et à gauche, deux arcs qui couperont la courbe AB en D et en C; puis, de ces points, comme centres, avec une ouverture de compas égale aux 3/4 de la distance CD, on décrira au-dessus et au-dessous de la courbe, deux arcs qui se couperont en E et en F. On fera ensuite passer par ces deux points de section, une droite HI qui sera la normale à la courbe.

## De l'hyperbole.

**202.** On trouve peu d'application de l'herperbole dans le dessin. On la rencontre cependant dans la section faite par un plan, dans un cône, comme dans la figure 413, lorsque le plan est parallèle à l'axe du cône, ou lorsqu'il forme un angle quelconque ayant son ouverture du côté de la base, et surtout lorsque la section est faite dans l'une des moitiés du cône. Ainsi la ligne LJM est une hyperbole. Cette ligne se rencontre aussi dans le mouvement des astres, ce qui rentre alors dans l'étude des principes de l'astronomie.

L'hyperbole est composée de deux courbes FOG et DOE (*fig.* 402) qui affectent la forme de l'extrémité d'une ellipse et dont les axes se trouvent sur une même ligne droite HK. Ces courbes sont opposées et symétriquement placées à une même distance d'une droite LM qu'on appelle directrice,* et qui est perpendiculaire à l'axe HK. Les quatre branches de l'hyperbole, en se prolongeant, s'éloignent toujours des axes; de sorte qu'à une certaine distance, bien que la courbe existe toujours géométriquement, elle pourrait être considérée presque comme une ligne droite. Les droites HK et LM sont les deux axes de l'hyperbole.

**203.** *Définition de l'hyperbole.* — L'hyperbole est une courbe dont tous les points sont à des distances de deux autres points F, F' appelés foyers, telle que la différence de ces distances est toujours la même pour tous les points de la courbe. Les deux foyers F, F' sont à une même distance de la rencontre des deux axes.

Ainsi, si l'on considère l'un des premiers points 1 de l'une des courbes et qu'on prenne la distance de ce point aux deux foyers F, F', puisque, d'un point pris à volonté sur une droite, on porte d'abord la plus grande distance, et que du même point on porte ensuite la plus petite, la différence qui existera entre ces deux distances devra être la même que celle qu'on trouvera en comparant les distances de tous les autres points. Qu'on prenne, par exemple, l'un des points 4 de la courbe et qu'on porte aussi, d'un point pris à la volonté sur une droite, d'abord la plus grande distance F4, puis ensuite la plus courte aussi F4, la différence qu'on trouvera entre ces deux distances devra être la même que celle qu'on a trouvée pour le point 1. Il devra en être de même pour les points 2 et 3.

## De la parabole.

**204.** La parabole, comme l'hyperbole, trouve peu d'application dans le dessin. Elle représente une section faite par un plan dans un cône, lorsque son axe est

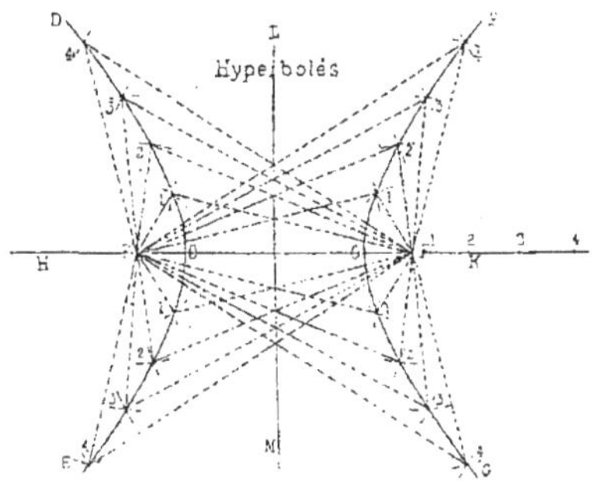

Fig. 402.

parallèle à l'une des génératrices du cône. La parabole représente aussi la trajectoire, c'est-à-dire la ligne que parcourt un projectile quelconque sortant d'un canon, d'un mortier ou d'un fusil. On rencontre également cette ligne dans le mouvement des astres.

La parabole ABCCBA affecte comme on peut le voir (*fig.* 403), la forme de l'extrémité d'une ellipse. Elle a un axe OF et une directrice EOE qui est perpendiculaire à l'axe; mais les deux branches qui la composent, et qui sont placées symétriquement par rapport à l'axe, diffèrent de l'ellipse en ce qu'étant prolongées elles s'éloignent toujours de l'axe. Comme dans l'hyperbole, la courbe existe toujours géométriquement; mais, en s'éloignant, elle se redresse de plus en plus et pourrait, à une certaine distance, être considérée presque comme une ligne droite.

**205.** *Définition de la parabole.* — En résumé, la parabole est une courbe dont les points sont à une même distance de la directrice EOE et d'un point **F**, appelé *foyer*, placé sur l'axe OF. Ainsi, le point de départ des deux branches de la courbe situé sur l'axe, est à la même distance des deux points O et F. Les points C, C sont à la même distance de la directrice EE et du foyer F. Les points B, B sont aussi à une même distance de la directrice E, E et du foyer F; Enfin, les points A, A sont également à la même distance de la directrice EE et du foyer

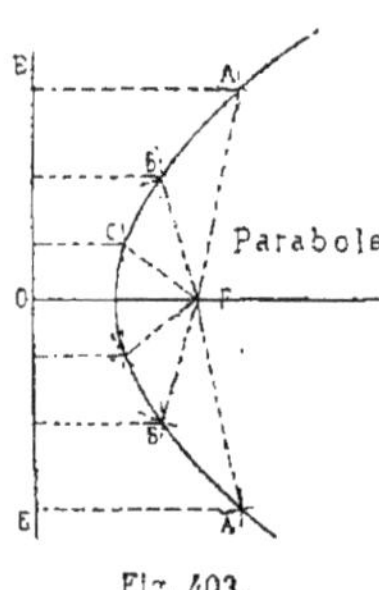


Fig. 403.

F. On voit donc, par cette définition, que pour décrire la parabole, il suffira de prendre une ouverture de compas quelconque, mais toutefois plus grande que la distance OF du foyer à la directrice, de porter le compas au foyer, et de décrire des arcs au-dessus et au-dessous, comme on pourrait le faire pour les points B et B; de porter ensuite le compas sur la directrice dans le sens de la perpendiculaire partant de ces deux points, et de décrire deux arcs qui couperont les deux premiers en B et B. On pourrait faire de même pour tous les autres points

### De la cycloïde et de l'épicycloïde.

**206.** Ces deux genres de courbes trouvent particulièrement leur application, en mécanique, dans le tracé des dents d'engrenage. La *cycloïde* sert au tracé de la courbe des dents de crémaillère, c'est-à-dire des engrenages droits, et l'*épicycloïde* à celui des engrenages circulaires. Mais, comme cette application comprend une série de principes très étendus et basés sur des conditions particulières, on

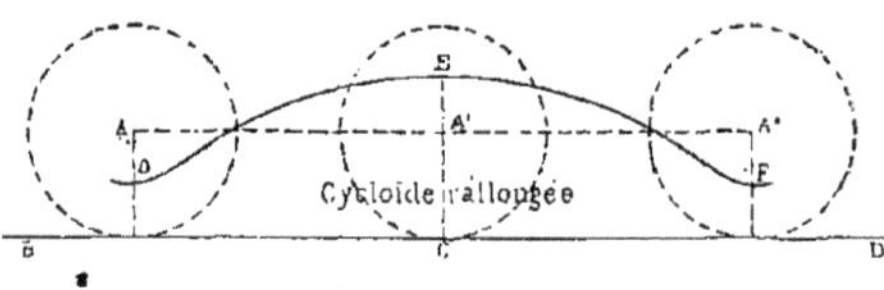


Fig. 404.

se bornera à ne donner ici que l'idée des courbes.

La cycloïde est une courbe décrite par un point pris sur une circonférence qui roule sur une ligne droite et l'épicycloïde est une courbe décrite par un point pris sur une circonférence qui roule sur une autre circonférence.

**207.** *Description de la cycloïde.* — Il y a trois sortes de cycloïdes : la cycloïde rallongée, la cycloïde raccourcie et la cycloïde ordinaire.

La cycloïde rallongée est une courbe décrite par un point pris dans l'intérieur de la circonférence (*fig.* 404).

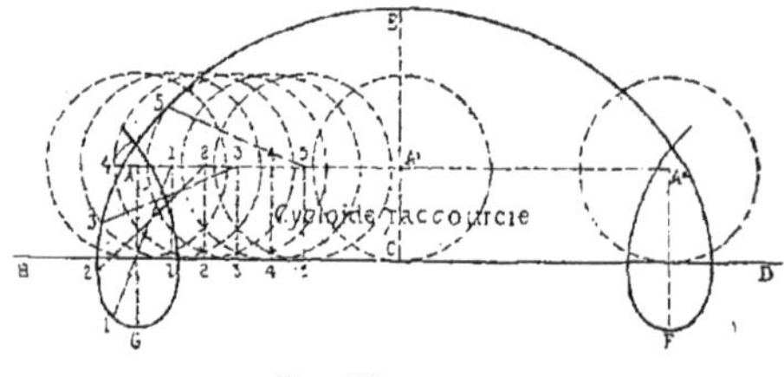


Fig. 405.

Cette courbe se compose, comme on le voit, de deux parties semblables, GE et EF, qui sont symétriquement opposées et qui pourraient s'appliquer exactement l'une sur l'autre.

La cycloïde raccourcie est une courbe décrite par un point situé en dehors de la circonférence (*fig.* 405).

Cette courbe, comme dans la figure précedente, se compose de deux parties semblables GE et EF qui sont symétriquement opposées, et qui pourraient s'appliquer exactement l'une sur l'autre.

Afin de faire comprendre le jeu de la circonférence dans son roulement, on a représenté sur le dessin, cinq positions de cette circonférence, en rattachant le point générateur sur le prolongement du

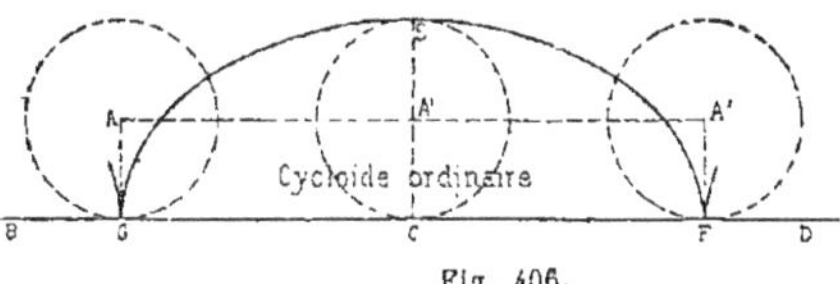


Fig. 406.

rayon. Dans ces positions, le centre de la circonférence sera venu en 1, en 2, en 3, en 4 et en 5; la circonférence aura comme contact, sur la directrice, les points 1, 2, 3, 4, 5, et le point générateur partant de G sera passé, en décrivant la courbe, par les points 1, 2, 3, 4 et 5. Le rayon prolongé sur lequel se trouve le point générateur partant de A en G, par exemple, aura pris les positions 1-1, 2-2, 3-3, 4-4, et 5-5.

La cycloïde ordinaire (*fig.* 406) est une

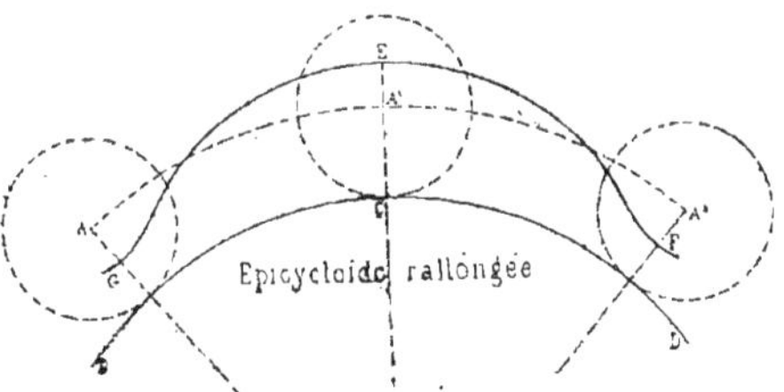


Fig. 407.

courbe décrite par un point situé sur la circonférence.

On remarquera que, pour ces trois genres de cycloïdes, on pourrait décrire autant de courbes qu'on le voudrait, en continuant à faire rouler la circonférence sur le prolongement de la directrice, et qu'on obtiendrait alors une nouvelle cycloïde à chaque tour de la circonférence.

**208.** *Description de l'épicycloïde.* — Il y a trois sortes d'épicycloïdes : l'épicycloïde rallongée, l'épicycloïde raccourcie et l'épicycloïde ordinaire.

L'épicycloïde rallongée (*fig.* 407) est une courbe décrite par un point pris dans l'intérieur de la circonférence.

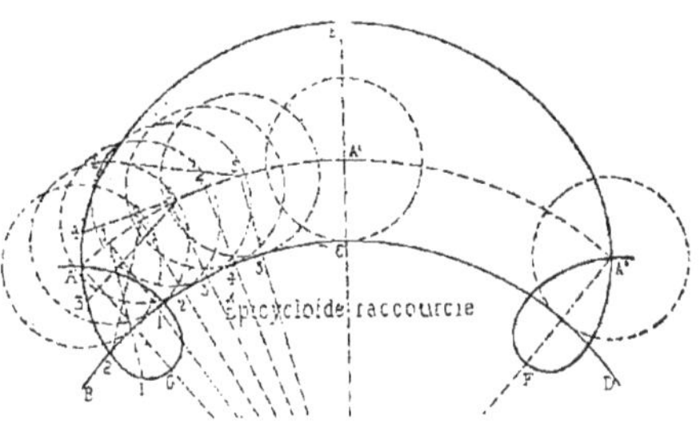


Fig. 408.

Comme dans les cycloïdes la courbe se compose de deux parties semblables GE et EF, qui sont symétriquement opposées par rapport au rayon A'C et qui pourraient s'appliquer exactement l'une sur l'autre.

L'épicycloïde raccourcie (*fig.* 408) est une courbe décrite par un point situé en dehors de la circonférence.

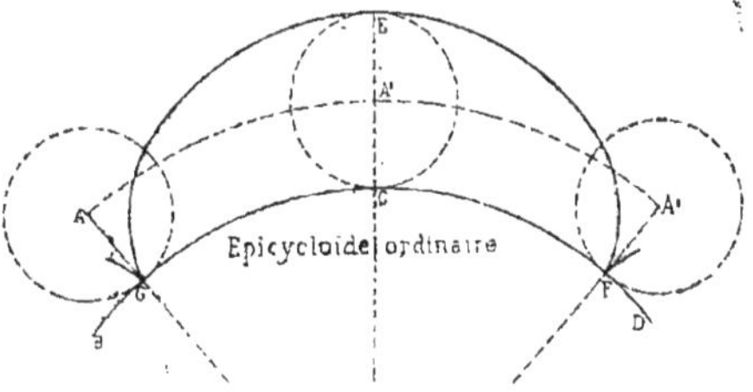


Fig. 409.

Afin de faire comprendre le jeu de la circonférence dans son roulement, on a représenté, dans le dessin, cinq positions de cette circonférence, en rattachant le point générateur sur le prolongement du rayon. Dans ces positions, le centre de la circonférence sera venu en 1, en 2, en 3, en 4 et en 5. La circonférence aura comme contact sur la directrice les points

1, 2, 3, 4, 5. Le point générateur partant de G, sera passé, en décrivant la courbe par les points 1, 2, 3, 4, 5, et le rayon prolongé sur lequel on trouve le point générateur partant de A en G, par exemple, aura pris les positions 1-1, 2-2, 3-3, 4-4, 5-5.

L'épicycloïde ordinaire (*fig.* 409) est une courbe décrite par un point situé sur la circonférence.

On remarquera qu'en continuant à faire rouler la circonférence directrice, on décrirait une nouvelle épicycloïde chaque fois qu'elle aurait fait un tour.

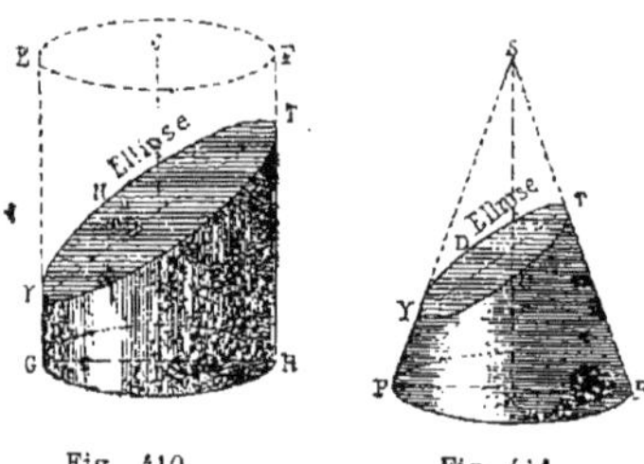


Fig. 410. Fig. 411.

### De la singularité de quelques lignes.

**209.** Lorsqu'on fait des sections ou coupes dans les corps ronds, tels que dans le cylindre et dans le cône, par exemple, il peut paraître singulier à ceux qui n'ont pas étudié au complet la géométrie élémentaire, que ces coupes faites dans le même corps, à des inclinaisons différentes, aient des contours réprésentant des courbes positivement géométriques. Ainsi, dans le cylindre EFGH (*fig*, 410), dont l'axe est CD, si l'on fait une coupe obliquement à l'axe suivant la droite YT, par exemple, on obtiendra une surface dont le contour TNYO sera une ellipse, ce qui est prouvé par les principes de la géométrie. Si l'on prend maintenant le cône SPR (*fig.* 411), dont l'axe est SX, et qu'on fasse une coupe inclinée par rapport à l'axe et suivant la droite YT, on obtiendra une surface dont le contour TDYO sera aussi une ellipse, comme dans la figure précédente. Prenant ensuite le cône GSV (*fig.* 412), dont l'axe est SD, si l'on fait une coupe suivant l'inclinaison de la ligne AB parallèle à la génératrice

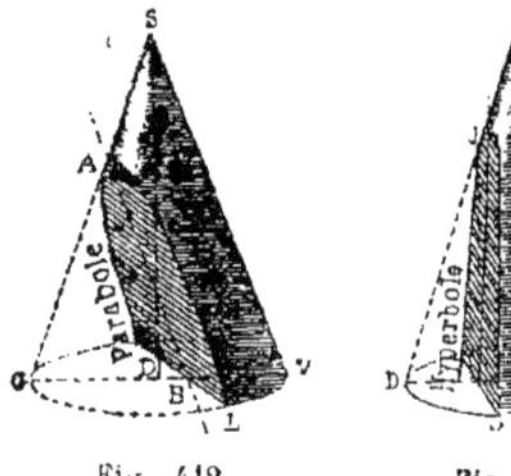


Fig. 412. Fig. 413.

SV du cône, on obtiendra la surface HAL, dont le contour sera une parabole. Une condition essentielle pour obtenir la parabole, c'est que la courbe soit faite toujours suivant une ligne parallèle à l'une des génératrices du cône. Prenant enfin le cône PRF, dont l'axe est RO (*fig.* 413), si l'on fait une coupe suivant l'inclinaison de la ligne JI, on obtiendra une surface LJM qui sera une hyperbole. Une condition essentielle pour obtenir l'hyperbole, c'est que la coupe soit faite toujours suivant une ligne qui n'ait aucun parallélisme avec les génératrices du cône.

## § *III.* — *TRACÉ DES MOULURES*

**210.** La forme des moulures se limite à un très petit nombre de principes qui servent de base à la composition de toutes les autres. Ainsi, il n'existe positivement que la *baguette*, le *tore*, le *quart de rond*, le *cavet* ou *congé*, le *talon* et la *doucine*. Ces moulures peuvent être faites sur des parties circulaires, comme dans les chapiteaux et bases de colonnes, ou sur des parties droites, tels que les entablements, corniches et autres décorations.

On remarquera que les moulures sont

toujours accompagnées, de chaque côté, ou d'une baguette ou d'un filet avec le congé. Ce sont là des conditions indispensables, sans lesquelles les moulures seraient d'un mauvais effet.

### Description des moulures.

**211.** *Tracé du congé* (*fig.* 414). — Le congé est une moulure creuse formée par une courbe comprenant le quart d'une circonférence. Il est habituellement de petite dimension et s'emploie pour adoucir les angles sortants qui seraient d'un effet trop brusque dans certains détails de moulures.

En supposant une saillie ACG existant sur la face G, on portera le compas à l'angle C. On l'ouvrira jusqu'à ce que l'autre pointe arrive en A, et on décrira l'arc AB qui sera le quart de la circonférence, ce qu'on pourra vérifier en la traçant entièrement. Il faudra toujours, en établissant le congé, s'arranger de manière à réserver une petite saillie BG pour le détacher de la face G. On emploie aussi quelquefois le congé pour adoucir un angle rentrant, comme dans la figure suivante.

**212.** *Tracé de la baguette et du filet, avec application du congé* (*fig.* 415). — La baguette est presque toujours accompagnée du filet et du congé. On s'en sert le plus souvent sur les surfaces assez étendues pour interrompre l'uniformité, ou dans les cinq ordres d'architecture au-dessous du chapiteau des colonnes pour le limiter, dans les bases pour leur donner

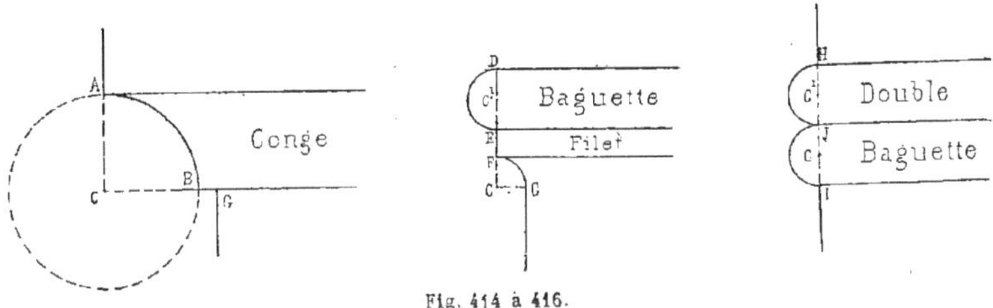


Fig. 414 à 416.

un peu plus de hauteur et enfin dans certains piédestaux au-dessous de la corniche et dans la base.

En supposant, pour la baguette, une largeur déterminée DE, représentée par deux droites parallèles, on tracera d'abord une droite DC perpendiculaire aux droites données. On prendra le milieu C' de DE ; puis, avec une ouverture de compas égale à C'D, on décrira la demi-circonférence DE qui déterminera la baguette. On portera ensuite, sur le prolongement du diamètre DE, une distance EF égale à environ la moitié de la largeur de la baguette. Du point F, on mènera une droite parallèle à la baguette et on aura déterminé le filet, puis on prendra, avec le compas, la largeur EF du filet et on le portera de F en C. On portera la pointe de compas en C. On décrira un quart de circonférence FG. On tracera alors, du point G, une ligne verticale et on aura raccordé, par un congé, le filet à la face G formant un angle rentrant.

**213.** *Tracé de la double baguette* (*fig.* 416). — La double baguette s'applique, comme la moulure précédente, pour interrompre l'uniformité d'une surface trop étendue. On multiplie quelquefois les baguettes en leur donnant les mêmes dimensions ou en les variant, de manière qu'elles produisent un meilleur effet à l'œil. Très souvent, on en place trois à côté les unes des autres, en disposant la plus grosse au milieu.

Étant données trois lignes horizontales partant des points I, J, H, pris sur une ligne verticale, et placés à une même distance les uns des autres, pour y tracer deux baguettes d'égale largeur, on prendra les milieux C et C' des distances IJ et JH, pris avec une ouverture de compas égale à la moitié de IJ qui est la largeur de la baguette. On portera la pointe en C et C′. On décrira des demi-circonférences partant de I en J et de J en H, et on aura

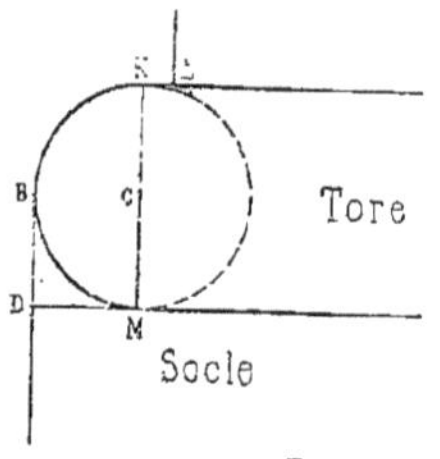


Fig. 417.

ainsi tracé le profil de la double baguette. Comme on le voit, les centres se trouvent sur l'alignement de la face sur laquelle les deux baguettes sont appliquées.

**214.** *Tracé du tore (fig. 417).* — Le tore est une moulure dans le genre de la baguette, mais il est toujours placé au-dessus d'un socle et suivi d'un filet. Le tore est appliqué dans les bases de colonnes, et, dans ce cas, il est circulaire, tandis que le socle est carré. On ne le fait pas en ligne droite, à moins qu'il ne figure dans la composition de la base d'un pilastre.

La largeur du tore étant représentée par la droite verticale KM et les deux droites horizontales partant de K et de M, pour le tracer, on portera le compas en C, milieu de KM. On l'ouvrira jusqu'à ce que l'autre pointe arrive en M, et on décrira la demi-circonférence MBK qu'on complètera ensuite de K en M pour mieux faire ressortir l'expression du profil. On mènera alors une tangente verticale BD à la demi-circonférence MBK et cette tangente limitera la face du socle au-dessous de D. On portera ensuite une petite distance de K en L. et on élèvera au

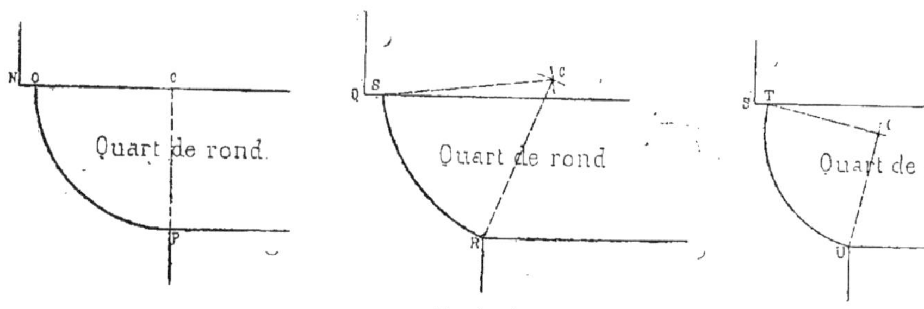


Fig. 418 à 420.

point L une ligne verticale qui représentera la face du filet.

Il est d'usage d'éloigner la face du filet du point de contact K afin de donner plus de grâce au tore en le dégageant et en lui donnant plus de saillie, sans quoi il paraîtrait aplati et n'aurait même pas l'air d'être formé par une demi-circonférence. Cette disposition sort de la règle établie dans le tracé du filet (*fig.* 415).

**215.** *Tracé du quart de rond (fig. 418).* — Le *quart de rond* s'emploie pour détruire le mauvais effet produit ou par un angle rentrant ou par un angle sortant. Le quart de rond ordinaire, qui est formé d'un quart de circonférence, rentre dans la composition des cinq ordres d'architecture. Mais le quart de rond n'est pas toujours formé d'un quart de circonférence ; les profils peuvent être variés et composés d'arcs de rayons différents.

Pour tracer le quart de rond, étant données les lignes horizontales partant de N et de P et une ligne verticale partant de N représentant le filet, on portera de N en O une certaine distance qui représentera la saillie du filet ; puis, prenant avec le compas la distance qui existe entre les deux parallèles données, on la portera de O en C et on abaissera une verticale CP. On portera ensuite la pointe du compas en C. On l'ouvrira jusqu'à ce que l'autre pointe arrive en O. On décrira la demi-circonférence OP, et on aura ainsi tracé le quart de rond ordinaire. Le prolongement de la verticale CP indiquera l'alignement du second filet qui doit accompagner le quart de rond.

**216.** *Premier exemple* (*fig.* 419). — Deux lignes horizontales partant de Q et de R, et deux petites lignes verticales partant des mêmes points et indiquant la face des filets étant données, on portera d'abord, de Q en S, une certaine distance qui indiquera la saillie du filet; puis, des points S et R, avec une ouverture de compas quelconque, mais toutefois plus grande que la distance qui existe entre les parallèles partant de Q et R, on décrira deux arcs qui se couperont en C. On portera ensuite le compas en C et, avec la même ouverture, on décrira l'arc SR et on aura déterminé le quart de rond.

**217.** *Deuxième exemple* (*fig.* 420). — Deux lignes horizontales partant des points S et U et deux petites lignes verticales indiquant les faces des filets étant données, on portera de S en T une certaine distance qui indiquera la saillie du filet ; puis, des points T et U, avec une ouverture de compas quelconque, mais cette fois plus petite que la distance qui existe entre les horizontales partant de S et de U, on décrira deux arcs qui se couperont en C. On portera ensuite le compas en C, et, avec la même ouverture, on décrira l'arc TU et on aura ainsi tracé le quart de rond.

On donne quelquefois le nom d'*ove* à ces deux genres de quarts de rond, en raison de leurs formes particulières différant essentiellement du quart de rond ordinaire, et aussi à cause de l'ornementation qu'on y applique; mais la véritable moulure appelée *ove* est celle décrite ci-après.

**218.** *Tracé de l'ove* (*fig.* 421). — L'ove est une moulure qui a la forme de la moitié du profil d'un œuf. Il est ainsi nommé (on le suppose) à cause de l'ornementation qui comprend des reliefs ayant tout à fait la forme de l'œuf.

Deux petites verticales déterminant la position des faces des filets et deux droites horizontales partant de V et de Z étant données, pour tracer l'ove, on prolongera d'abord, par le haut, la petite verticale partant de Z, puis on tracera une horizontale YC' à une distance de celle partant de V et égale au quart de la distance qui existe entre les parallèles partant de V et de Z. On prendra, à l'aide du compas, cette petite distance qu'on portera en C à partir de la rencontre de la verticale partant de Z avec l'horizontale YC' ; puis, avec la même ouverture de compas et du point C comme centre, on décrira l'arc YX qu'on prolongera jusqu'à la rencontre de YC'. On cherchera ensuite, par tâtonnement, un centre C' sur la ligne horizontale partant de Y, afin de pouvoir décrire un arc passant par les deux points Y et Z.

**219.** *Tracé du cavet.* — Le cavet est une moulure qui a tout à fait la forme du congé et qui se compose, comme lui, d'un

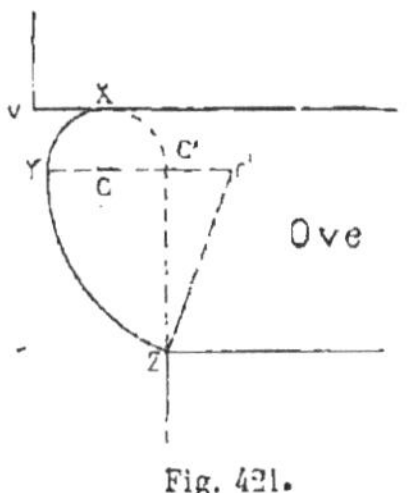

Fig. 421.

quart de circonférence. Mais, dans l'application, on donne au cavet de plus grandes dimensions, parce qu'il s'emploie habituellement dans la composition des cinq ordres d'architecture.

Le cavet n'est pas toujours formé seulement d'un quart de circonférence ; il peut être composé d'un ou de deux arcs de rayons variés. Mais, dans ce cas, il sert à établir des corniches simples et isolées.

**220.** 1° Pour tracer le cavet ordinaire, dont le profil est formé d'un quart de circonférence, étant données une ligne verticale AC (*fig.* 422) limitant le filet en A et deux horizontales partant de A et de C, déterminant la largeur du cavet, on portera le compas en C. On ouvrira les branches jusqu'à ce que l'autre pointe arrive en A et on décrira l'arc AB qui sera le quart de la circonférence. On portera ensuite, de B en G, une petite distance qui formera la saillie de la moulure et on tracera du point G une verticale qui indiquera la face du filet.

**221.** 2° Le profil du cavet étant limité par une ligne horizontale et une ligne verticale partant de D (*fig.* 423) indiquant le filet supérieur, puis par une ligne horizontale partant de E limitant la largeur du cavet, pour tracer cette moulure des points D et E, comme centres, avec une ouverture de compas quelconque, mais plus grande que la largeur du cavet, on décrira deux arcs qui se couperont en C ; puis on portera la pointe du compas en C. Avec la même ouverture, on décrira l'arc DE qui sera le profil du cavet. On portera ensuite de E en F une petite distance qui indiquera la saillie du cavet sur le filet intérieur et qui sera limitée par la verticale partant de F.

**222.** 3° Le profil de ce cavet étant aussi limité par une horizontale et une petite ligne verticale partant de G (*fig.* 424), puis par une seconde ligne horizontale partant de H et limitant la largeur du cavet, pour tracer cette moulure, des points G et H, comme centres, avec une ouverture de compas quelconque, mais plus petite que la largeur du cavet, on décrira deux arcs qui se couperont en C. Puis, avec la même ouverture de compas, et portant la pointe en C, on décrira, de G en H, un arc qui sera le profil du cavet. On tracera enfin une ligne verticale en I et à une certaine distance de H, pour indiquer le filet et déterminer la saillie de la moulure.

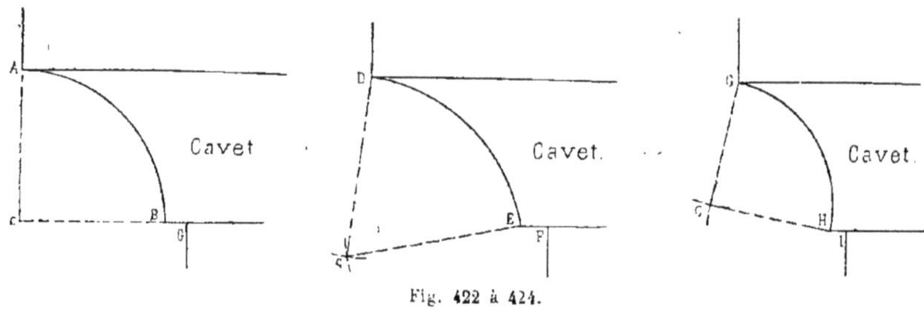


Fig. 422 à 424.

**223.** Dans la figure 425, la courbe du cavet est décrite par deux arcs de rayons différents. Le profil étant, comme dans les figures précédentes, limité par une ligne horizontale et une petite ligne verticale partant de J, puis par une seconde ligne horizontale partant de O, pour tracer la courbe, on prolongera la ligne horizontale inférieure de O en C′ ; puis on abaissera de J en K une perpendiculaire JK à l'horizontale OC′. On prendra ensuite la moitié de la perpendiculaire JK et on construira sur JC quatre carrés égaux JLNC, LRSN, CNMK et NSQM. On fera ensuite passer, par les points R et C, une droite qu'on prolongera jusqu'en C′. On portera alors la pointe du compas en C. On ouvrira les branches du compas jusqu'à ce que l'autre pointe arrive en J, et on décrira un arc partant de ce point jusqu'à la rencontre de la droite RC′. On portera enfin le compas en C′. On l'ouvrira jusqu'à ce que l'autre pointe arrive à la rencontre de l'arc qu'on vient de décrire avec la droite RC′, et on tracera un arc jusqu'en O. Cet arc, avec le premier, formera le profil du cavet. On tracera en P une petite ligne verticale qui sera la face du filet et qui déterminera la saillie OP de la moulure.

**224.** *Tracé du talon droit et du talon renversé.* — Le talon est une moulure composée de deux arcs. Il entre particulièrement dans la composition des cinq ordres d'architecture, et on l'emploie aussi pour former des corniches et faire quelques encadrements. Le talon droit est celui dont le profil se présente comme les moulures ordinaires pour être vu en dessous, comme dans les chapiteaux et les netablements, tandis que le talon renversé, qui est exactement la même moulure, se présente dans le sens inverse, c'est-à-dire pour être vu en dessus et figurer dans les bases.

**225.** 1° Le talon ordinaire est une moulure dont le profil est composé de deux quarts de circonférences ayant le même diamètre. Il est imposé par les règles invariables des cinq ordres d'architecture. Pour le tracer, la largeur du talon étant représentée par deux horizontales parallèles partant de T et de X (*fig.* 426), on prendra, à l'aide du compas, la moitié de la distance qui existe entre ces deux parallèles, et, après avoir tracé en T une petite verticale pour indiquer l'alignement du filet et porté une petite quantité U pour représenter la saillie du filet surU en T talon, on portera cette distance de en C', et de ce point, comme centre, avec la même ouverture de compas, on décrira une circonférence. On abaissera du point C' une verticale qui rencontrera en C l'horizontale passant par le point X. O portera ensuite la pointe du compas l en C et, avec une ouverture égale à C'U, on décrira une circonférence qui rencontrera la première en V et qui passera par X. On aura ainsi déterminé le profil UVX du talon. On joindra par une droite le point U au point X. Si le tracé a été bien fait, cette droite UX devra passer par le point de contact V des deux circonférences. On portera enfin une petite distance de X en Y, et on tracera, en ce dernier point, une verticale qui représentera le filet et arrêtera la saillie du talon.

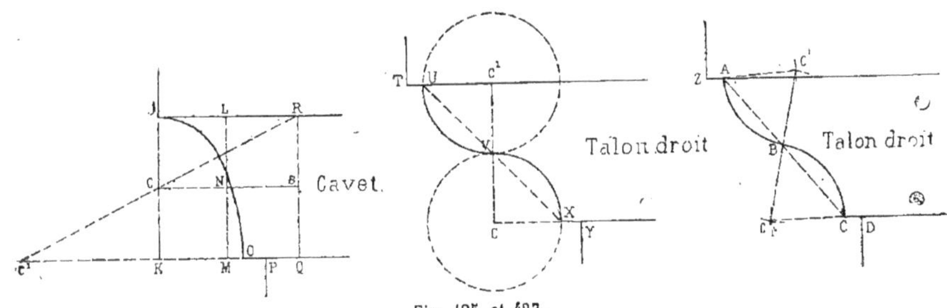


Fig. 425 et 427.

Le talon qu'on vient de décrire est celui qui est établi par les cinq ordres d'architecture. Mais on peut aussi varier la courbe formant le profil, en la composant de deux arcs de rayons quelconques et différents et dans des conditions bornées, c'est-à-dire lorsque les largeurs et les saillies sont limitées.

**226.** 2° La largeur du *talon* étant représentée par deux horizontales partant de Z et de C (*fig.* 427), les filets, supérieur et inférieur, étant aussi représentés par deux verticales partant de Z et de D, les points extrêmes du profil étant A et C, pour tracer le *talon* on joindra, par une droite, le point A au point C et on déterminera son milieu B ; puis, des points A, B, C avec une ouverture de compas quelconque, mais plus grande que la moitié de la largeur du talon, on décrira quatre arcs qui se couperont deux à deux en C' et $C_1'$. On décrira enfin deux arcs AB et BC qui détermineront le profil du talon. Les lignes $CC_1'$, $BC_1'$, BC' et AC' sont des rayons des arcs composant le profil.

**227.** 3° La largeur du talon étant représentée par deux horizontales partant de E et de G (*fig.* 428), le filet supérieur étant aussi représenté par une verticale partant de E, on portera d'abord une petite distance de E en I, pour indiquer la saillie du filet. On tracera ensuite, partant de I, une droite à 45 degrés qui rencontrera la seconde horizontale en G. Les points I et G seront les points extrêmes du profil.

Pour tracer le talon, sachant que, dans

ce cas, le profil se compose de deux quarts de circonférences de rayons différents, on portera, de I en C', une distance un peu plus grande que la moitié de la largeur du talon. On abaissera, de ce point, une verticale qui rencontrera en C le prolongement de l'horizontale partant de G, et en F la ligne IG. On portera ensuite la pointe du compas en C'. On ouvrira les branches jusqu'à ce que l'autre pointe arrive en I, et on décrira l'arc IF. On portera enfin la pointe du compas en C.

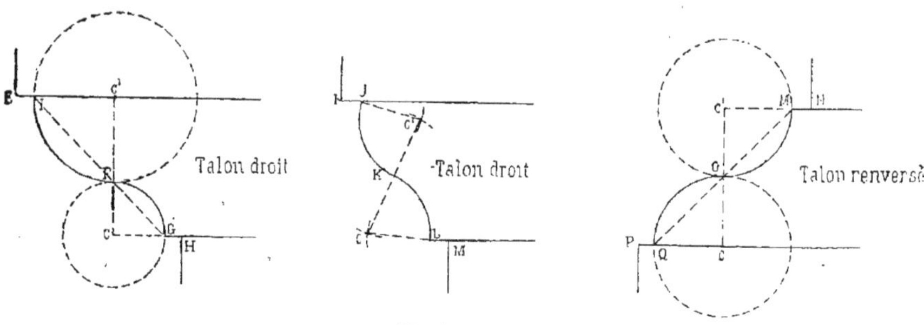


Fig. 428 à 430.

On ouvrira les branches jusqu'à ce que l'autre pointe arrive en F, et on décrira l'arc FG qui formera, avec le premier, le profil du talon. On tracera enfin en H une petite verticale qui représentera la face du filet et déterminera la saillie du talon.

**228.** 4° La largeur du talon étant représentée par deux horizontales partant de I et L (*fig.* 429), les filets, supérieur et inférieur, étant représentés par les verticales partant de I et M, les points extrêmes du profil étant J et L, pour tracer le talon, on joindra, par une droite, le point J au point L et on déterminera son milieu K ; puis, des points J, K et L, avec une ouverture de compas quelconque,

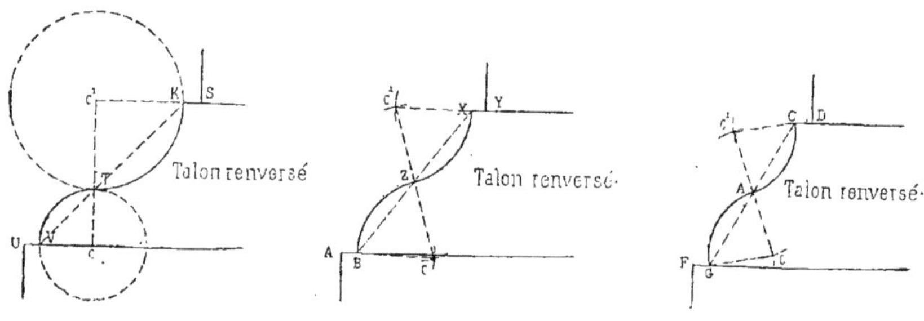


Fig. 431 à 433.

mais plus petite que la largeur du talon, on décrira quatre arcs qui se couperont deux à deux en C et C'. Portant la pointe en C et C', avec la même ouverture, on décrira deux arcs KL et JK qui détermineront le profil du talon. Les lignes CL, CK, C'K et C'J seront les rayons des arcs composant le profil.

**229.** *Du talon renversé.* — Les profils des talons renversés étant les mêmes que ceux des talons droits, on se bornera à donner très succinctement la manière de les tracer en suivant le même ordre.

1° Les horizontales partant de M et de P (*fig.* 430) indiquant la largeur du talon, les centres C et C' et le point de rencontre O des deux arcs, les points extrêmes Q et M du profil du talon et enfin les positions P et N des filets étant donnés, il ne reste plus qu'à tracer le profil.

Pour cela, on portera d'abord la pointe du compas en C. On ouvrira les branches jusqu'à ce que l'autre pointe arrive en Q, et on décrira l'arc QO. On portera ensuite la pointe du compas en C', et, avec la même ouverture, on décrira l'arc OM. On aura ainsi tracé le profil QOM du talon.

**230.** 2° Les horizontales partant de K et de U (*fig.* 431) indiquant la largeur du talon, les centres C et C' et le point de rencontre T des arcs, les points extrêmes V et K du profil du talon et enfin les positions U et S des filets étant donnés il ne reste plus qu'à tracer le profil.

Pour cela, on portera d'abord la pointe du compas en C. On ouvrira les branches jusqu'à ce que l'autre pointe arrive en V, et on décrira l'arc VT. On portera ensuite la pointe du compas en C'. On ouvrira les branches jusqu'à ce que l'autre pointe arrive en T et on décrira l'arc TK. On aura ainsi tracé le profil VTK du talon.

**231.** 3° Les horizontales partant de X et de A (*fig.* 432) indiquant la largeur du talon, les centres C et C' et le point de rencontre Z des arcs, les points extrêmes X et B du profil du talon, et enfin les positions Y et A des filets étant donnés, il ne reste plus qu'à tracer le profil.

Pour cela, on portera d'abord la pointe du compas en C. On ouvrira les branches jusqu'à ce que l'autre pointe arrive en B et on décrira l'arc BZ. On portera ensuite la pointe du compas en C' et, avec la même ouverture, on décrira l'arc ZX. On aura ainsi tracé le profil BZX du talon.

**232.** 4° Les horizontales partant de C et de F (*fig.* 433) indiquant la largeur du talon, les centres C et C' et le point de rencontre A des deux arcs, les points extrêmes G et C du profil du talon et enfin les positions F et D des filets étant donnés, il ne reste qu'à tracer le profil.

Pour cela, on portera d'abord le compas en C. On ouvrira les branches jusqu'à ce que l'autre pointe arrive en G et on décrira l'arc GA. On portera ensuite le compas en C' et, avec la même ouverture, on décrira l'arc AC. On aura ainsi tracé le profil GAC du talon.

### Tracé de la doucine.

**233.** La doucine s'emploie, comme le talon, dans la composition des cinq ordres d'architecture. On s'en sert aussi pour former des corniches et faire des encadrements quelconques. La doucine droite est celle dont le profil se présente, comme les moulures ordinaires, pour être vue en dessous, comme dans les chapiteaux et les entablements; mais la doucine renversée est changée de sens et disposée, au contraire, pour être vue en dessus et figurer dans les bases.

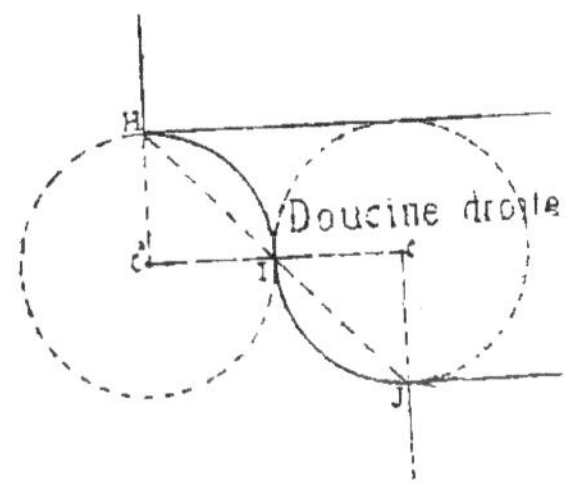


Fig. 434.

**234.** *I. — Tracé de la doucine droite.* — 1° La doucine droite ordinaire est une moulure dont le profil est composé de deux quarts de circonférences de mêmes rayons. C'est celle qui est imposée par les règles invariables des cinq ordres d'architecture et qui rentre dans leur composition.

Deux droites horizontales partant de H et de J (*fig.* 434) représentant la largeur de la doucine, une droite HJ à 45 degrés joignant les deux points extrêmes du profil de la doucine, et deux verticales partant de H et J, limitant les filets, étant données, tracer la doucine.

Pour cela, on prendra d'abord le milieu I de la ligne à 45 degrés HJ. On fera passer une ligne horizontale par ce point; puis, des points H et J, on abaissera à cette horizontale des perpendiculaires qui la rencontreront en C et C'. On portera ensuite la pointe du compas en C. On ouvrira les branches jusqu'à ce que l'autre pointe arrive en J, et on décrira l'arc JI. On portera la pointe du compas en C' et, avec la même ouverture, on décrira l'arc IH. On aura ainsi tracé le profil HIJ de la doucine.

Bien que la doucine qu'on vient de décrire soit celle qui est adoptée dans la composition des cinq ordres d'architecture, il existe d'autres profils composés de deux arcs quelconques de rayons égaux ou inégaux, ou de deux arcs quelconques réunis par une droite, comme on le voit dans les trois figures qui suivent.

**235.** 2° Deux droites horizontales partant de K et de M (*fig.* 435) représentant la largeur de la doucine, et deux petites verticales partant des mêmes points indiquant les faces des filets étant données, pour tracer la doucine, on joindra, par une droite, le point K au point M. On prendra le milieu L de cette droite ; puis, des points K et L, comme centres, avec une ouverture de compas quelconque, on décrira deux arcs qui se couperont en C. On portera ensuite la pointe du compas en C, et, avec la même ouverture, on décrira l'arc KL ; puis, des points L et M, comme centres, et avec la même ouverture de compas, on décrira deux arcs qui se couperont en C'. On portera enfin la pointe du compas en C', et, toujours avec la même ouverture, on décrira l'arc LM,

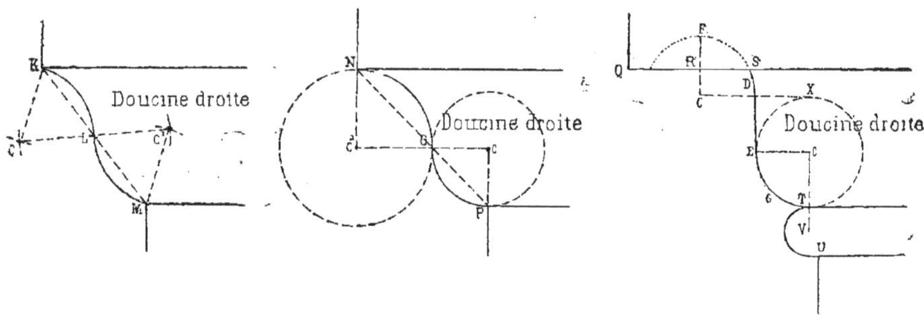


Fig. 435 à 437.

et l'on aura ainsi tracé le profil KLM de la doucine.

**236.** 3° Deux droites horizontales partant de N et de P (*fig.* 436), représentant la largeur de la doucine, et une petite verticale, partant de N, indiquant la face du filet supérieur, étant données, pour décrire la doucine, on tracera d'abord, partant de N, une ligne à 45 degrés qui rencontrera en P la droite horizontale inférieure ; puis, de ce point, on tracera une petite verticale pour indiquer le filet inférieur. On prendra ensuite, à volonté, un point O sur la droite MP. On tracera, de ce point, une horizontale ; puis, des points P et N, on lui abaissera des perpendiculaires qui la rencontreront en C et en C'. On portera alors le compas en C. On l'ouvrira jusqu'à ce que l'autre point arrive en O et on décrira l'arc OP. On portera enfin le compas en C'. On l'ouvrira jusqu'à ce que l'autre pointe arrive en N et on décrira l'arc NO. On aura ainsi tracé le profil NOP de la doucine.

**237.** 4° Deux droites horizontales partant de Q et de T (*fig.* 437), représentant la largeur de la doucine, et une petite verticale partant de Q, indiquant le filet supérieur, étant données, cette moulure n'ayant qu'une forme idéale et les proportions n'étant pas positivement déterminées, on en opérera le tracé un peu par tâtonnements.

Pour cela, on prendra, à volonté, deux points C et C, et de chacun d'eux on abaissera une perpendiculaire CR à la parallèle supérieure, et une autre perpendiculaire CT à la parallèle inférieure ; puis, des deux points C et C, comme centres, avec une ouverture de compas quelconque, on décrira deux arcs FSD et EGT. On joindra, par une droite, les deux extrémités, D et E des deux arcs, et l'on aura ainsi tracé le profil FSDEGT de la doucine.

Comme on peut le voir par la disposition de cette moulure, on peut varier à volonté les rayons des arcs, parce que ces arcs sont toujours réunis par une droite qui peut prendre des inclinaisons diverses et arriver quand même à les raccorder. C'est l'œil, du reste, qui guidera pour trouver les proportions de ces arcs et donner une forme gracieuse à la moulure.

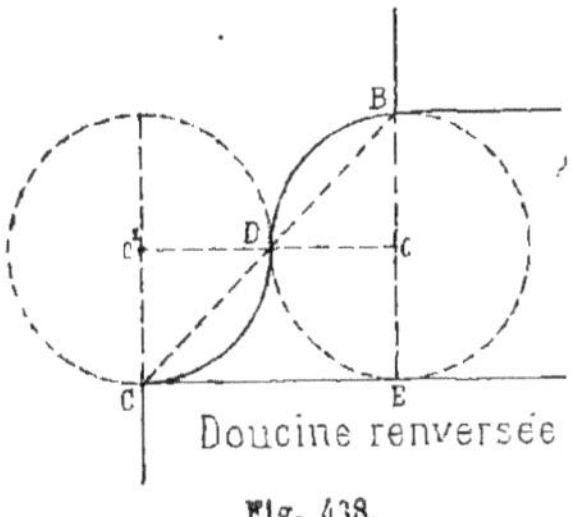


Fig. 438.

On a aussi accompagné cette doucine d'une baguette, dont le centre est V, et d'un filet partant de U.

**238.** *II. — Tracé de la doucine renversée.* — La doucine renversée est une moulure dont le profil est composé, comme la doucine droite, de deux quarts de circonférence de mêmes rayons. C'est celle qui figure dans les cinq ordres d'architecture.

Deux droites horizontales partant de B et de C (*fig.* 438) représentant la largeur de la doucine, deux petites verticales partant des mêmes points indiquant les faces des filets, puis, comme lignes de construction, une droite BC, à 45 degrés, une ligne horizontale CC' et deux lignes verticales partant de B et de C déterminant les deux centres C et C', et le point D de rencontre des deux arcs étant donnés, tracer la doucine.

Pour cela, on portera le compas en C et en C', et, avec une ouverture égale à CD, on décrira les arcs DB et DC, et on aura ainsi tracé le profil BDC de la doucine renversée.

**239.** *Doucine composée de deux arcs d'un même rayon quelconque, mais plus grand que la moitié de la largeur de la doucine* (*fig.* 439). — Deux droites horizontales partant des points Y et A représentant la largeur de la doucine, deux petites verticales partant des mêmes points indiquant les faces des filets, les centres C et C' des arcs et leur point Z de rencontre étant donnés, tracer la doucine.

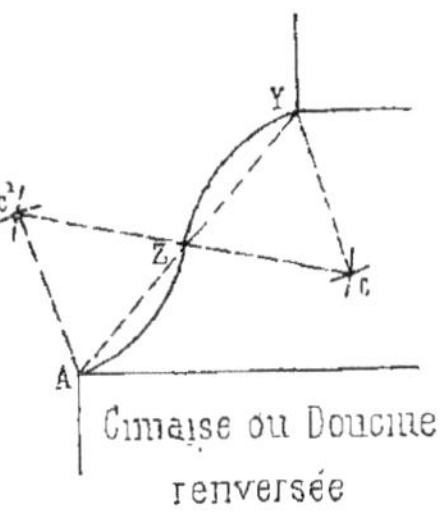


Fig. 439

On portera le compas en C et en C' et, avec une ouverture égale à CZ, on décrira les arcs ZY et ZA. On aura ainsi tracé le profil YZA de la doucine renversée.

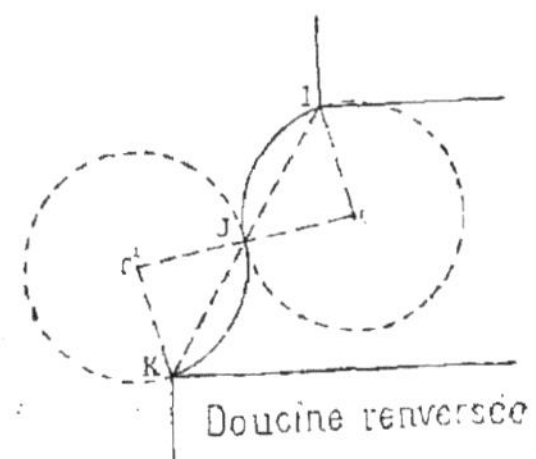


Fig. 440.

**240.** *Doucine composée de deux arcs d'un même rayon quelconque, mais plus petit que la moitié de la largeur de la doucine* (*fig.* 440). — Deux droites horizontales partant de I et K représentant la largeur de la doucine, deux petites verticales partant des mêmes points indiquant les faces des filets, les centres C et $C^1$ des arcs et leur point J de rencontre étant donnés, tracer la doucine.

On portera le compas en C et en $C^1$ et, avec une ouverture égale à CJ, on décrira les arcs JI et JK. On aura ainsi tracé le profil IJK de la doucine renversée.

**241.** *Doucine renversée composée de deux arcs de rayons différents* (*fig.* 441). — Deux droites horizontales partant de F et de I représentant la largeur de la doucine, deux petites verticales partant des mêmes points indiquant les faces des filets, les centres C et $C^1$ des arcs et le point G de rencontre étant donnés, tracer la doucine.

On portera d'abord le compas au point C et, avec une ouverture égale à CG, on décrira l'arc GF ; puis on portera le compas en $C^1$ et, avec une ouverture égale à $C^1G$, on décrira l'arc GI. On aura ainsi tracé le profil FGI de la doucine renversée.

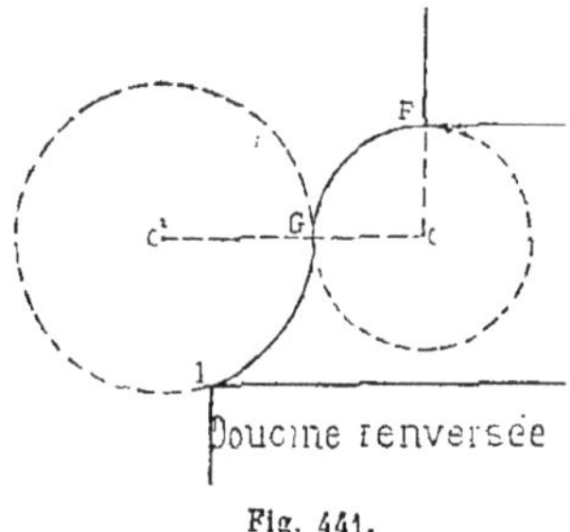


Fig. 441.

## Des courbes composées et des surfaces de révolution.

**242.** Dans la série des moulures, il en est qui ont des formes toutes particulières, telles que les scoties et les cannelures. D'autres moulures servent à la décoration architecturale, comme les volutes, les modillons, etc. Mais toutes sortent de la règle qui a été suivie dans les figures précédentes, parce qu'elles sont composées d'arcs différents qui, par leurs combinaisons, offrent à l'œil des courbes particulières et de formes gracieuses. Nous montrons aussi une série de corps de révolution donnés seulement comme exemple, afin de bien faire comprendre la forme que ces corps affectent et de permettre de se rendre compte à l'avance de l'effet qu'ils produisent dans la composition architecturale.

Ainsi, par exemple, le tore et la scotie figurent dans les bases des colonnes. L'ovoïde et l'ellipsoïde sont appliqués à l'ornementation des moulures de ce nom. La surface de révolution sert à donner l'idée d'un vase ; enfin, le paraboloïde et l'hyperboloïde peuvent entrer dans la composition de voûtes faites en forme de coupole.

## De la scotie

**243.** La scotie est une courbe de forme toute particulière et composée de plusieurs arcs. Elle est appliquée dans les bases des colonnes des cinq ordres d'architecture. On l'emploie aussi dans la composition des décorations diverses, mais alors on lui fait souvent subir des transformations en lui donnant des formes idéales sortant des principes exacts, c'est-à-dire qu'on la trace à la main et de sentiment.

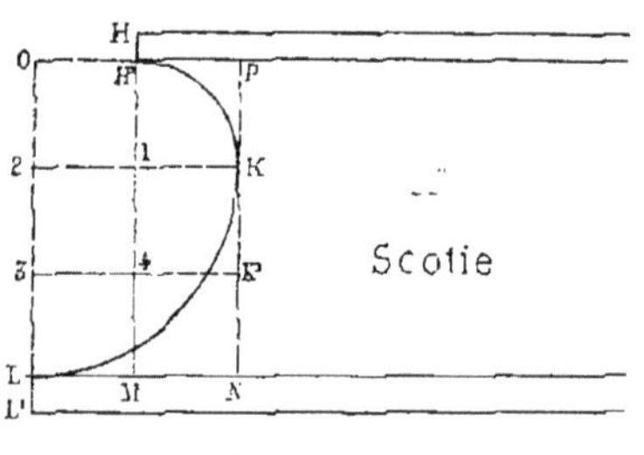


Fig. 442.

**244.** *Tracé de la scotie par deux arcs de rayons différents* (*fig.* 442). — Deux lignes horizontales partant de O et L représentant la largeur de la scotie et une verticale OL la limitant étant données, pour tracer cette courbe, on divisera d'abord la distance OL en trois parties égales. Les deux points de divisions intermédiaires seront 2 et 3. De ces points, on mènera deux horizontales 2K et 3K'. On portera l'une O2 des trois divisions de L en M et de M en N, puis on élèvera de M et de N deux verticales MH' et NP. On portera le compas en 1, et, avec une ouverture égale à 1H', on décrira l'arc H'K. On portera le compas en 2, et, avec une ouverture égale à 2K, on décrira l'arc KL, et l'on aura ainsi composé une première scotie. Les deux lignes verticales HH' et LL' indiquent les filets.

On remarquera, dans ce tracé, que le principe consiste à construire six carrés égaux à partir du filet inférieur LL' et entre les parallèles partant de O et L indiquant la largeur de la scotie ; puis, pour décrire les arcs, à prendre les centres 1 et 2 sur deux sommets des carrés.

**245.** *Tracé de la scotie par deux arcs de rayons différents, mais quelconques* (*fig.* 443). Les points H et L limitant cette

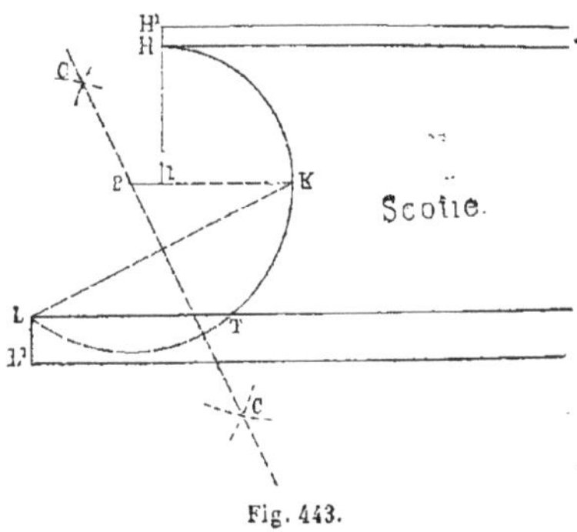

Fig. 443.

courbe et deux horizontales partant de ces mêmes points et indiquant la largeur de la scotie étant donnés, pour construire cette courbe, on abaissera du point H une verticale H1 d'une longueur quelconque. On tracera ensuite, du point 1, l'horizontale 1K; puis on portera le compas en 1, et, avec une ouverture égale à 1H, on décrira l'arc HK. On joindra, par une droite, le point K au point L, et on élèvera une perpendiculaire au milieu de cette droite, en décrivant, des points L et K, des arcs qui se couperont en C et C. La droite passant par ces deux points sera la perpendiculaire. On prolongera ensuite la droite K1 jusqu'à la rencontre 2 de la perpendiculaire; enfin, de ce point, comme centre, avec une ouverture égale à 2K, on décrira l'arc KTL, qui, joint au premier, formera le profil HKTL de la scotie. Les deux petites verticales HH' et LL' indiquent les filets.

**246.** *Tracé de la scotie composée de quatre arcs de rayons différents et quelconques* (*fig.* 444). — Les points A et E limitant cette courbe et deux horizontales partant de ces mêmes points et indiquant la largeur de la scotie, étant donnés, pour construire cette courbe, on abaissera d'a-

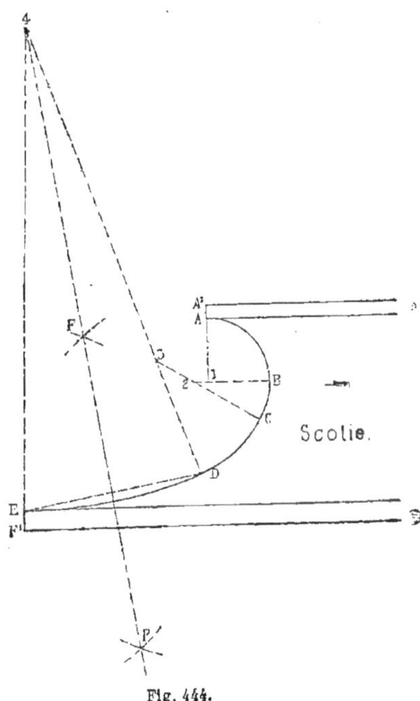

Fig. 444.

bord, du point A, une verticale A1 d'une longueur quelconque. On tracera ensuite, du point 1, une ligne horizontale 1B ; puis, portant le compas en 1, et avec une ouverture égale à 1A, on décrira l'arc AB. On prolongera l'horizontale d'une longueur quelconque de 1 en 2. On tracera du point 2 une droite 3C dans une certaine inclinaison, et le point 3 sera pris à volonté sur cette ligne. On portera alors le compas en 2 et, avec une ouverture égale à 2B, on décrira l'arc BC. On le portera ensuite en 3 et, avec une ouverture égale à 3C, on décrira, partant de C, un arc qu'on arrêtera à une distance quelconque D du point de départ. On joindra ce point au point E par une droite, au milieu de laquelle on élèvera une perpendiculaire en décrivant des extrémités de cette droite, comme centres, des arcs qui se couperont en FF, et en faisant passer une droite par ces deux points. On prolongera ensuite cette perpendiculaire par le haut, et l'on tracera, partant du point D et passant par le point 3, une droite qu'on prolongera jusqu'à la rencontre 4 de la perpendiculaire. On portera enfin le compas en 4 et, avec une ouverture égale à 4D, on décrira l'arc DE, qui, avec les arcs AB, BC et CD, formera le profil de la scotie.

On remarquera que la forme gracieuse

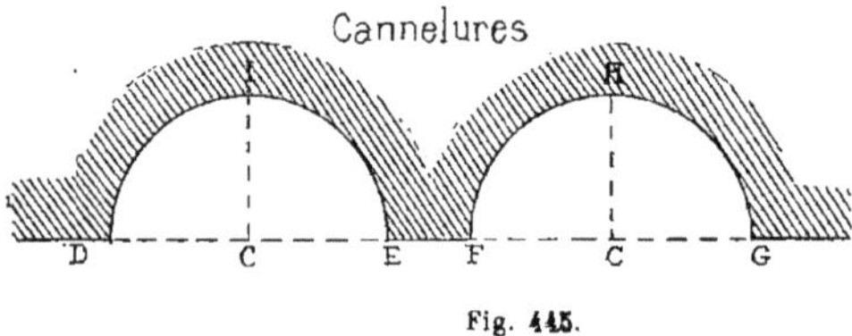


Fig. 445.

qu'on pourra donner à cette courbe dépendra de la position des centres 1, 2, 3,4 des quatre arcs qui la composeront, ce qui fera l'objet d'un léger tâtonnement. Si la forme qu'on aura obtenue la première fois ne convient pas, on recommencera le tracé en variant les rayons jusqu'à ce qu'on obtienne la courbe qu'on désire avoir. Les petites lignes verticales AA' et EF' et les horizontales partant de A' et de F' représentent les filets de la scotie.

## Tracé des cannelures.

**247.** Les *cannelures* sont des moulures très simple. Elles sont toujours creuses et elles ont la forme de la surface d'un demi-cylindre circulaire ou d'une fraction de ce cylindre, ou de la moitié de la surface d'un cylindre à base ovale ou d'une fraction de ce cylindre. Elles sont appliquées, dans la décoration des colonnes de presque tous les ordres d'architecture, pour faire disparaître l'uniformité de la surface du fût ou de la surface des pilastres.

Pour faciliter le tracé des cannelures et faire comprendre leur assemblage dans l'application, on les établira en ligne droite au lieu de les faire sur la surface cylindrique de la colonne même.

**248.** *Tracé de la cannelure circulaire formée d'un demi-cylindre (fig. 445).* — Pour établir la cannelure circulaire formée d'un demi-cylindre, on tracera d'abord une horizontale DG ; puis, connaissant le rayon de la courbe et la distance qui existe entre deux cannelures, on portera cette distance de E en F et le rayon de la courbe de F en C et de E en C. Ces deux points C, C sont les deux centres de la courbe du profil des cannelures. On portera ensuite le compas en ces deux points de centre, avec une ouverture égale au rayon donné CF, on décrira deux demi-circonférences qui, partant des points E et F, auront leur autre extrémité sur la droite DG, et l'on aura ainsi composé l'assemblage de deux cannelures. En élevant maintenant, des points de centre, deux verticales CH et CI, les cannelures se trouveront partagées en deux parties égales. Cet assemblage de cannelures, tel qu'il vient de le décrire, devra être le même pour tout le périmètre d'une colonne ou de la surface d'un pilastre.

On comprend que la largeur des cannelures et l'espace qui existe entre elles devront toujours être déterminés à l'avance, d'après des règles prescrites par l'architecture, ce qu'on verra dans l'application. Dans tout autre cas, on s'en rapportera au goût et au jugement.

**249.** *Tracé d'une cannelure circulaire formée d'une fraction de la surface d'un cylindre (fig. 446).* — Pour établir la cannelure circulaire formée d'une fraction de la surface d'un cylindre, la largeur de la cannelure et le rayon de courbure étant donnés, on tracera d'abord une horizontale DG et, pour faire voir l'assemblage de trois cannelures, on portera trois divisions DE, EF et FG ; puis, portant le compas en E et en F, et avec une ouverture égale au rayon donné, on décrira deux arcs qui se couperont en C. On portera ensuite le compas en C et, avec la même ouverture, on décrira l'arc EF, qui sera le profil de la première cannelure. Par le même moyen et en faisant les mêmes opérations, on décrira les deux autres arcs DE et FG. On aura ainsi l'assemblage de trois cannelures.

**250.** *Tracé d'une cannelure formée de la moitié de la surface d'un cylindre à base ovale (fig. 447).* — On se bornera ici au simple tracé de la cannelure, l'assemblage étant le même que dans le tracé des cannelures composées de la moitié de la surface d'un cylindre circulaire (*fig.* 445).

La largeur de la cannelure étant donnée, on tracera d'abord une horizontale UV. On portera ensuite la largeur de la cannelure de U en V. On divisera cette largeur en quatre parties égales, et les

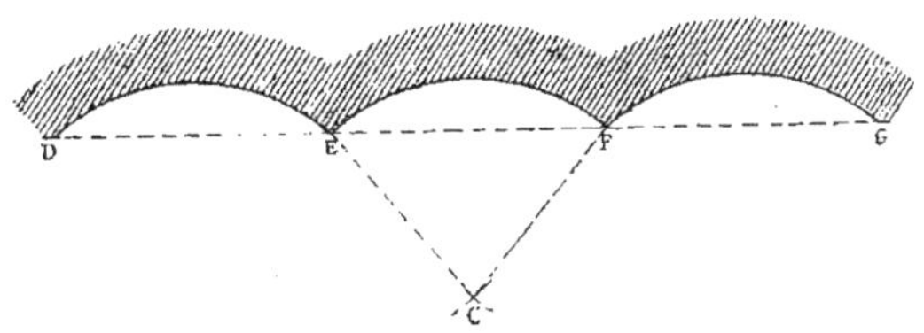


Fig. 446.

points de divisions seront C', D, C'. Puis, des points C' et C', comme centres, avec une ouverture de compas égale à la distance de ces deux points, on décrira deux arcs qui se couperont en C. Du point C et des deux points C' et C', on fera passer des droites qu'on prolongera jusqu'en F et T. On portera le compas en C' et C' et,

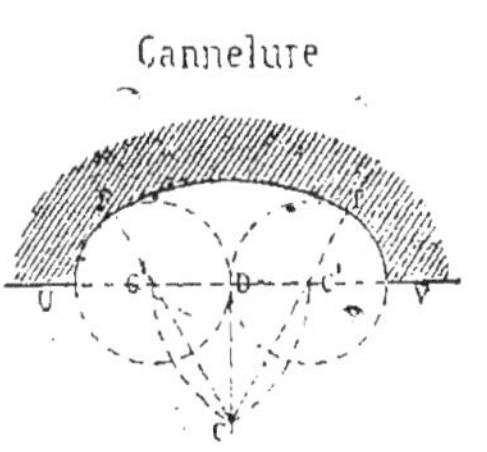


Fig. 447.

avec une ouverture égale à C'D, on décrira, partant de F et de T, deux arcs qui se termineront sur l'horizontale en U et en V. On portera enfin le compas en C et, avec une ouverture égale à CF, on décrira l'arc FT, et on aura tracé la cannelure UFTV.

**251.** *Tracé de la cannelure composée de fractions dede cylindres de rayons différents (fig. 448).* — La largeur de la cannelure étant donnée, on composera celle-ci pour ainsi dire de sentiment, c'est-à-dire qu'on cherchera, par tâtonnements, les centres des deux courbes composant le profil.

On tracera d'abord une horizontale ON.

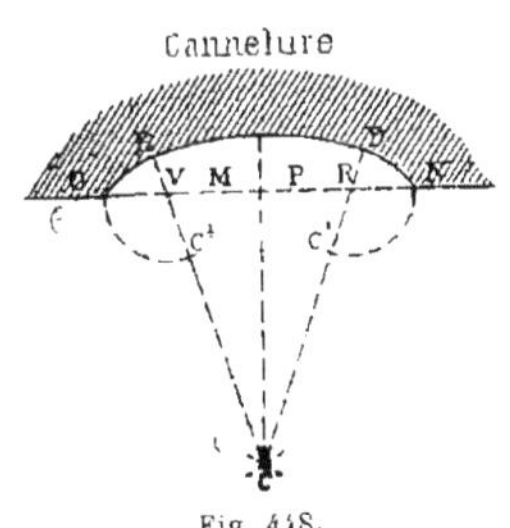


Fig. 448.

On portera ensuite la largeur de la cannelure de O en N, puis on élèvera en son milieu une verticale qui viendra jusqu'en C, point pris à volonté, et qui sera un centre de courbure. On portera alors deux distances égales, mais quelconques, de N en R et de O en V. On fera passer, partant de C et passant par les deux points R et V, deux droites qu'on prolongera jusqu'en D et B. Des deux points R et V, comme centres, avec une ouverture de compas égale à RN, on décrira deux arcs de N en C' et de O en C'; puis des points C et C', comme centres, et avec une ouverture de compas égale à la distance de ces deux points aux points N et O, on décrira les deux arcs ND et OB. On portera enfin le compas en C et, avec une ouverture égale à CB, on décrira l'arc BD, qui, avec les deux premiers, composera le profil de la cannelure.

On voit, à première vue, qu'en déplaçant les centres à volonté et en suivant les mêmes règles, bien entendu, on pourrait varier la courbe composant le profil, suivant le désir du dessinateur.

## Tracé de la volute.

**252.** La volute que nous allons décrire est celle qui est appliquée dans le chapiteau ionique. Comme on le voit, elle a tout à fait la forme de la spirale décrite (*fig.* 397). Chaque tour est composé de

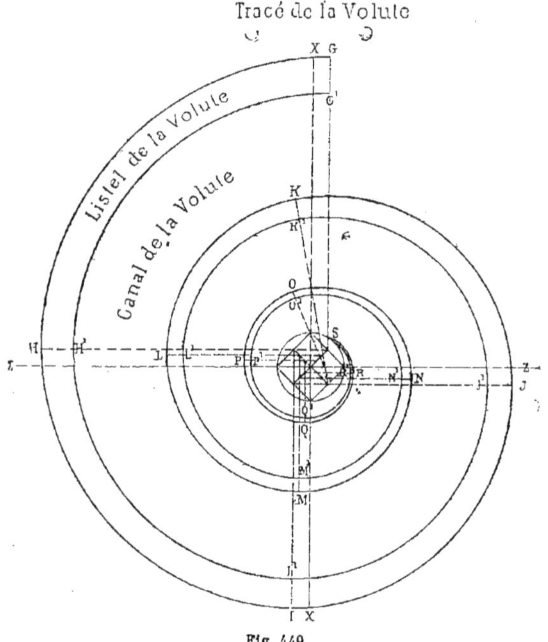


Fig. 449.

quatre arcs de quatre rayons différents. Mais, comme ici la courbe est bornée, c'est-à-dire que, partant d'un point donné, elle devra faire trois tours pour se terminer à l'intérieur à un point S aussi donné, on aura recours, pour la tracer, à un autre moyen, dont nous allons donner la description.

Le point de départ étant en X (*fig.* 449), le centre C étant donné et ces deux points se trouvant situés sur la même verticale XX, pour tracer la volute on prendra, à l'aide du compas, le neuvième du point donné C au point de départ X, et on décrira une circonférence appelée œil de la volute. On tracera ensuite une ligne horizontale ZZ passant par le centre C. On inscrira dans l'œil de la volute un carré qui aura ses quatre sommets à la rencontre de la circonférence avec les deux lignes XX et ZZ, et on divisera ce carré en quatre autres petits carrés égaux.

Mais, pour rendre plus clair le tracé de l'œil de la volute, qui a pour but de déterminer les centres de tous les arcs devant composer la courbe entière, on se reportera à la figure 450 qui représente l'œil de la volute d'une plus grande dimension. La circonférence C'DEF dont le centre est C indiquant l'œil, le diamètre vertical C'E et le diamètre horizontal FD correspondant aux verticales XX et aux horizontales ZZ étant donnés, on circonscrira un carré à la circonférence en joignant, par des droites, le point C' au point D, le point D au point E, le point E au point F et le F au point C'; puis on divisera ce carré en quatre autres petits carrés égaux, en traçant deux droites 1-3 et 2-4 passant par le centre C et menées parallèlement

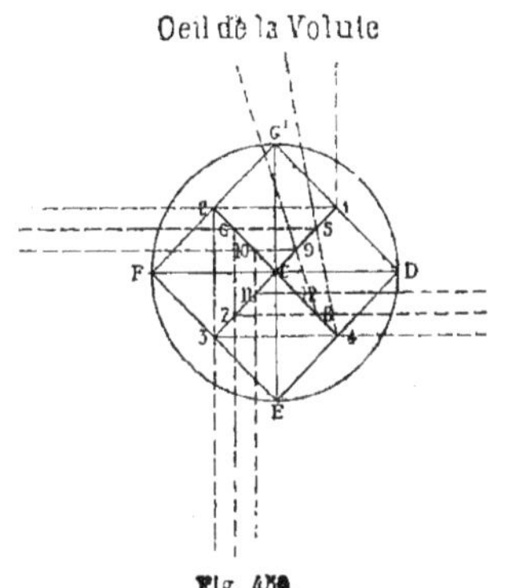


Fig. 450.

aux côtés du carré. On partagera ensuite en trois parties égales les lignes 1C, 2C, 3C, 4C; puis on établira, entre toutes ces divisions, la numération suivante qui indiquera, dans l'ordre voulu, tous les centres des arcs successifs qui formeront l'ensemble de la volute.

Ainsi on partira de 1, 2, 3, 4, 5, 6, 7, 8, 9, 10, 11, 12, et l'on tracera, de 1 et passant par 2, une droite qu'on prolongera assez loin. On en tracera une seconde partant de 2 et passant par 3, qu'on prolongera également; puis une troisième partant de 3 et passant par 4; enfin, une quatrième partant de 4 et passant par 5, et on continuera, de la même manière, à tracer des droites partant de 5, 6, 7, 8, 9, 10 et 11 et passant par 6, 7, 8. 9, 10, 11, et 12. Puis, pour terminer, on tracera, partant des points 4 et 8, deux autres droites qu'on fera passer par les deux points 5 et 9 et qu'on prolongera au-dessus de l'œil.

Enfin, pour décrire la courbe formant la volute, on regardera les positions de tous les points de centre du détail de l'œil de la volute, (*fig.* 450) pour avoir les points correspondants de la figure 449. Puis, on portera d'abord le compas au point 1 de la figure 449. On ouvrira les branches jusqu'à ce que l'autre pointe arrive au point donné X et on décrira l'arc XH. On portera ensuite la pointe du

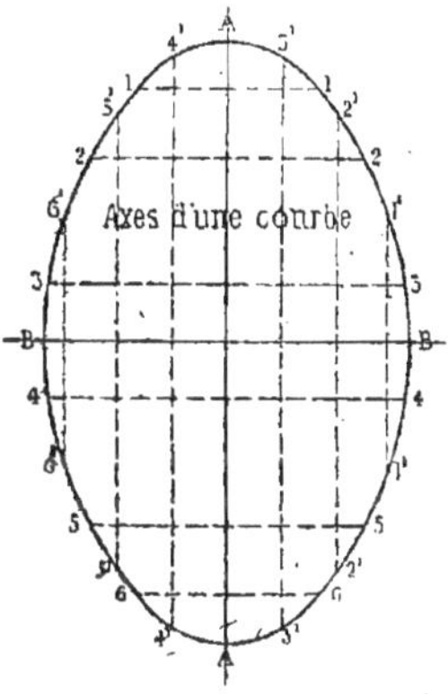


Fig. 451

compas en 2. On fermera les branches jusqu'à ce que l'autre pointe arrive en H, et on décrira l'arc HI. On portera, en troisième lieu, la pointe du compas en 3. On fermera les branches jusqu'à ce que l'autre pointe arrive en I et on décrira l'arc IJ. On portera enfin la pointe du compas en 4. On fermera les branches jusqu'à ce que l'autre pointe arrive en J, et on décrira l'arc JK. On aura ainsi tracé le premier tour de l'une des spirales composant la volute.

Pour tracer les deux autres tours, on continuera à porter la pointe du compas en 5, 6, 7, 8, 9, 10, 11, 12, en fermant toujours les branches jusqu'à ce que l'autre pointe arrive à l'extrémité du dernier arc tracé, et l'on décrira sucessivement tous les arcs de la manière qu'on l'a fait pour le premier tour, jusqu'à ce qu'on soit arrivé au point S'.

Pour le tracé de la seconde spirale, sachant que les deux tours ont pour points de départ G et G' situés sur la verticale partant du point 1, on suivra la même marche que pour le tracé de la première, c'est-à-dire qu'on portera successivement le compas en 1, 2, 3, 4, 5, 6, 7, 8, 9, 10, 11, 12. Ainsi, on portera d'abord la pointe en 1. On ouvrira les branches jusqu'à ce que l'autre pointe arrive en G', et on décrira l'arc G H'. On portera ensuite la pointe en 2. On fermera les branches jusqu'à ce que l'autre pointe arrive en H', et on décrira l'arc H' I'. On portera, en troisième lieu, la pointe en 3. On fermera les branches jusqu'à ce que l'autre pointe arrive en I', et on décrira l'arc I' J'. On portera enfin la pointe en 4. On fermera les branches jusqu'à ce que l'autre pointe arrive en J, et on décrira l'arc J' K'. On aura ainsi tracé le premier tour de la seconde spirale. On continuera ainsi à porter successivement le compas sur tous les autres points de centres 5, 6, 7, 8, 9, 10, 11, 12, et on décrira successivement les arcs à la suite des autres jusqu'à ce qu'on ait tracé les deux autres tours et qu'on soit arrivé au point S'. On aura ainsi tracé la seconde spirale, qui, ajoutée à la première, formera l'ensemble de la volute.

Comme on peut le voir, les principes qu'on vient de décrire se bornent uniquement au tracé géométrique de la volute composée de deux lignes spirales décrites des mêmes centres et formant entre elles des distances variées. La plus étroite de ces distances, c'est-à-dire la partie comprise entre les deux spirales partant de G et G', qui est toujours en saillie sur l'autre, prend le nom de *listel*. La partie la plus large s'appelle *canal de la volute*.

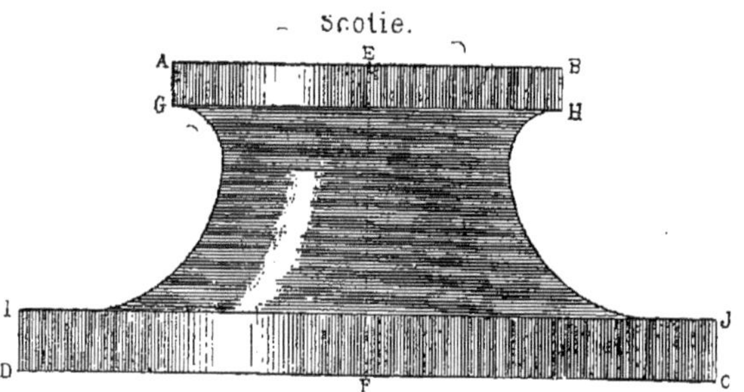

Fig. 452.

En ce qui concerne les proportions à donner à la volute, on y reviendra lorsqu'on aura à en faire l'application à l'architecture parce qu'il existe des règles invariables et prescrites dans chacun des cinq ordres. Cette courbe n'est pas toujours composée d'arcs réguliers et elle a quelquefois la forme d'une ellipse. Elle n'est pas non plus toujours faite sur un même plan. L'œil est quelquefois en relief et le listel de la volute, partant du point de naissance, remonte régulièrement en tournant pour rejoindre la saillie de l'œil dans le genre d'un escargot.

### Axe d'une courbe.

**253.** On ne saurait trop attirer l'attention sur les lignes qu'on appelle *axes*, parce qu'il est impossible, dans le dessin, de bien établir une base pour le tracé de la plupart des objets et des figures, sans se servir de ces lignes. Mais, avant de donner plus d'explications, on va faire comprendre ce que sont les axes. Ainsi, par exemple, dans la courbe ABAB (*fig.* 451) ayant la forme d'une ellipse, les deux droites AA, BB, perpendiculaires l'une à l'autre, seront les axes de la courbe, si elles coupent en deux parties égales toutes les droites 1-1, 2-2, 3-3, 4-4, 5-5, 6-6, et 1'-1', 2'-2', 3'-3', 4'-4' 5'-5', 6'-6' qui leur sont perpendiculaires. De même, la droite 1-1 devra être coupée en deux parties égales par l'axe AA, la droite 2-2 également ; il en sera de même pour les droites 3-3,

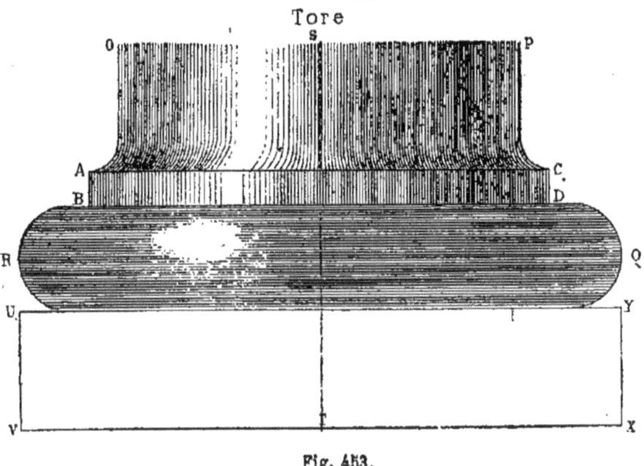


Fig. 453.

4-4, 5-5 et 6-6. Pour que la droite BB soit aussi l'autre axe, il faut que la droite 1'-1' soit coupée par elle en deux parties égales la droite 2'-2' également ainsi que les droites 3'-3', 4'-4', 5'-5' et 6'-6'. Toutes les droites perpendiculaires aux axes

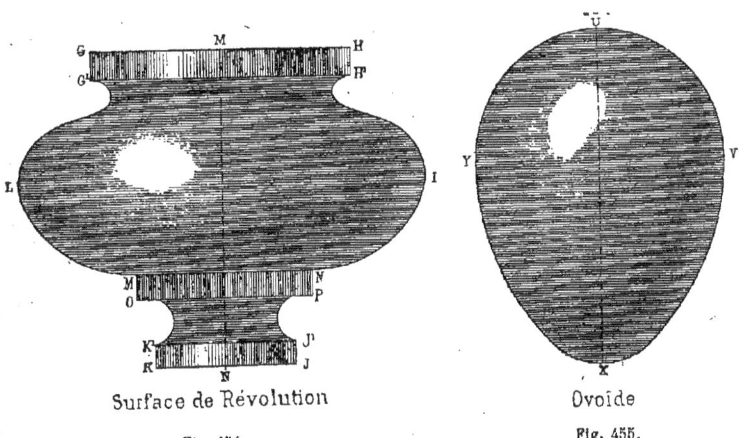


Fig. 454. Fig. 455.

qu'on vient de citer s'appellent *ordonnées*. Ainsi les droites 1-1, 2-2, etc., et 1'-1', 2'-2' etc., sont des *ordonnées*.

Lorsqu'on établira un dessin, on devra donc s'assurer à l'avance de la forme de l'objet ou de la figure qu'on aura à dessiner, afin de savoir si elle doit avoir des axes. Dans ce cas, les premières lignes à tracer seront celles-là.

La courbe qui nous occupe (*fig.* 451),

et qui a la forme d'une ellipse, a deux axes ; mais certaines courbes n'ont qu'un seul axe, telles que les figures 452 à 458, se rapportant à des corps de révolution.

### Des surfaces de révolution.

**254.** La surface de révolution est une surface engendrée par la rotation d'un profil quelconque qui, étant rattaché à un axe, tourne autour de cet axe, et le profil après avoir fait une révolution, aura engendré cette surface.

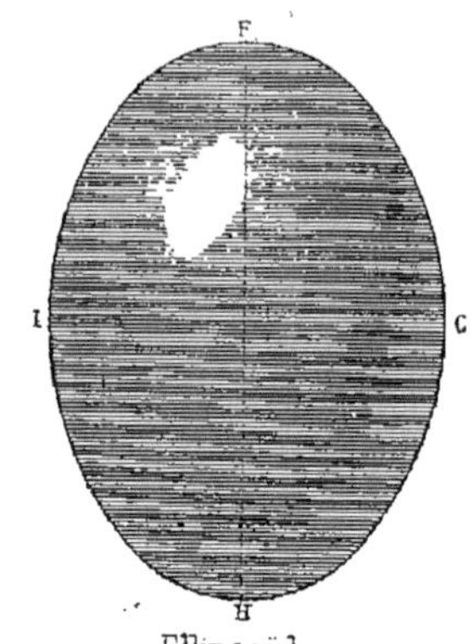


Ellipsoïde

Fig. 456.

Paraboloïde

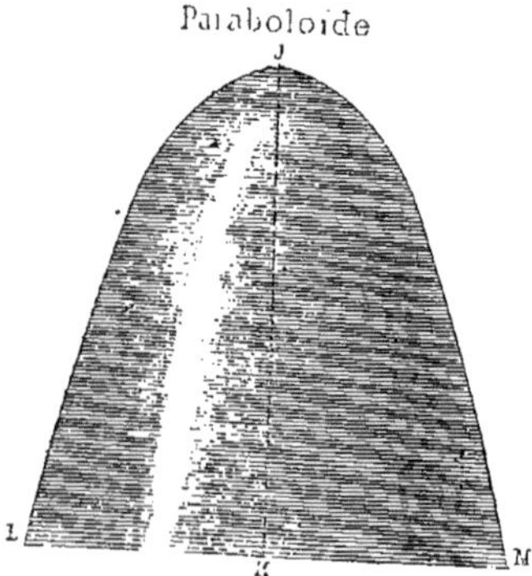


Fig. 457.

**255.** *Scotie.* — Qu'on prenne, par exemple, la scotie AGID, décrite d'après les principes (*fig.* 442) et rattachée à un axe EF par les droites AE et DF qui lui sont perpendiculaires ; qu'on fasse tourner cette scotie autour de l'axe EF, elle passera, avant d'avoir fait son tour, dans la position diamétralement opposée BIIJC et, lorsqu'elle aura fait sa révolution autour de l'axe, elle reviendra sur les mêmes points AGID (*fig.* 452). Comme on peut très bien se l'imaginer, les points A, G, I, D, auront décrit chacun une circonférence, et il en serait de même de tous les points qu'on pourrait prendre sur le profil de la scotie. Les droites AE et DF auront engendré deux surfaces planes qui limiteront les bases, inférieure et supérieure. Les deux petites droites AG et ID auront aussi engendré les filets de la scotie.

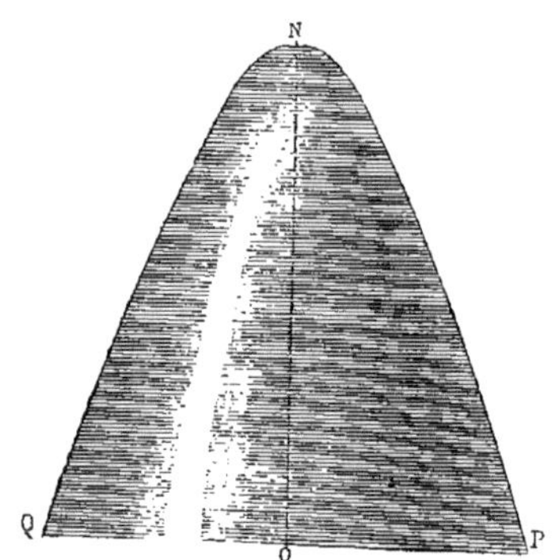


Hyperboloïde.

Fig. 458

L'espace compris sous la surface est le volume du corps.

**256.** *Tore* (*fig.* 453). — Le tore, qui fait partie de la base des colonnes, est aussi une surface de révolution. Il est engendré par le profil ABR tournant autour de l'axe ST. Dans son mouvement, le profil passera dans la position diamétralement opposée CDO, et, sa révolution terminée, il reprendra sa position primitive ABR et aura engendré la surface du tore. Le profil OAB, rattaché au profil du tore et représentant la naissance de la colonne, aura engendré en même temps le tronçon de colonne OPAC et le filet ABCD.

Comme on le voit, le tore est placé sur son socle UYVX, tel qu'il se trouve sur le piédestal dans les ordres d'architecture. Le socle est de forme rectangulaire et les bases sont des carrés.

(Pour le tracé du profil du tore, se reporter (*fig.* 417).

**257.** *Troisième exemple de la surface de révolution* (*fig.* 454). — Pour donner une idée plus complète encore de la surface de révolution, on a composé un profil ayant à peu près la forme d'un vase comprenant un filet GG', une courbe G'LM ayant la forme d'un S, d'un second filet MO, d'une scotie OK' et d'un troisième filet K'K dont tous les points sont rattachés à l'axe MN par des perpendiculaires. Ainsi qu'on fasse tourner ce profil autour de l'axe MN, comme on l'a fait pour les figures 197, 198, le profil dans son mouvement, passera dans la position HH'INP'J'J, pour revenir dans sa position GG'LMOK'K, et, après avoir terminé sa révolution, il aura alors engendré la surface dont l'expression est donnée par le dessin même.

**258.** *Quatrième exemple de la surface de révolution.* — Pour les quatre surfaces de révolution qui suivent (*fig.* 455 à 458) représentant l'*ovoïde* l'*ellipsoïde*, le *paraboloïde* et l'*hyperboloïde*, on comprend à l'avance qu'il suffira de représenter, pour la première, le contour d'un *ove* UVXY ; pour la seconde, le contour d'une ellipse FCHI; pour la troisième, le contour d'une parabole LJM ; pour la quatrième, celui d'une hyperbole QNP, et de les faire tourner sur leurs axes UX, FH, JK et NO pour engendrer les surfaces de révolution, dont l'expression es aussi rendue par les dessins des figures.

### Du modillon.

**259.** Le *modillon* ABCA'B'C'ED (*fig.* 459) est composé de deux volutes E, D opposées, dont l'une D, formant le pied, est d'un plus grand développement. Le modillon est souvent orné de feuilles d'acanthe, d'olivier ou autres. Dans la

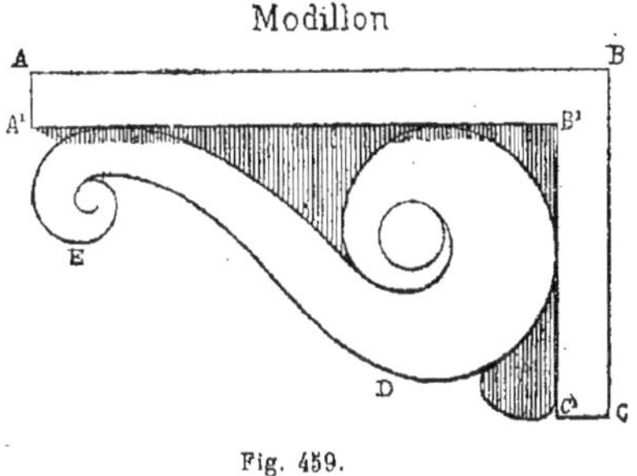


Fig. 459.

décoration architecturale, il est toujours placé dans un angle. Dans les entablements de l'ordre corinthien, il fait partie de la corniche pour masquer le porte-à-faux de la grande saillie. On l'emploie aussi isolément pour soutenir une tablette, une petite corniche, etc. —

Le modillon prend le nom de *console* lorsque le côté AB, qui est le plus long, est pris dans le sens vertical. On trouve aussi son application dans les entablements de couronnement pour soutenir les corniches.

## § *IV. — NOTIONS D'ARCHITECTURE*

**260.** Avant de terminer ce chapitre, il est indispensable, sans entrer dans des détails qui trouvent leur place dans une autre partie du *Cours de Construction*, de donner, au menuisier, quelques notions préliminaires d'architecture, par exemple, celles qui servent à régler les proportions des différents ouvrages et qui lui seront d'une grande utilité tout en lui évitant des recherches.

En ébénisterie surtout les ouvriers ayant souvent à exécuter en bois des colonnes, des corniches et des entablements de différents styles doivent en connaître les principales proportions.

## Ordre.

**261.** Un ordre est la combinaison des diverses parties d'un ouvrage ou d'un édifice suivant des proportions déterminées de manière à en obtenir le meilleur effet.

C'est aussi un ensemble de colonnes et d'entablements présentant des formes et des proportions d'un caractère particulier.

En architecture classique, on n'admet que trois ordres :

L'ordre *dorique*

L'ordre *ionique ;*

L'ordre *corinthien.*

Certains auteurs admettent aussi l'ordre *toscan* et l'ordre *composite*, ce qui porte à cinq les ordres classiques présentant chacun un type de colonne avec son piédestal et son entablement particuliers, des moulures, des ornements et autres accessoires qui lui sont propres.

**262.** Les ordres dorique, ionique et corinthien sont d'origine grecque et sont, à vrai dire, les trois ordres qui diffèrent réellement les uns des autres.

**263.** Les ordres toscan et composite sont d'origine italienne.

Parmi ces ordres les uns ont un caractère sévère, les autres expriment la stabilité, d'autres, enfin, sont élégants et délicats.

**264.** L'ordre *toscan*, le plus simple et le plus solide de tous, n'admet aucun ornement; il occupe toujours l'étage inférieur des ouvrages ou des constructions. Nous avons donné précédemment (*fig.* 351) une vue d'ensemble d'une colonne de cet ordre.

**265.** L'ordre *dorique* a sa frise ornée de triglyphes et de métopes. C'est l'ordre le plus ancien de ceux que les Grecs nous ont laissés. L'ordre dorique romain est bien différent de ce dernier, nous en reparlerons plus loin. Cet ordre offre un caractère sévère mais moins lourd que le toscan (voir figure 207).

**266.** L'ordre *ionique* est remarquable par les volutes de son chapiteau ; il tient le milieu entre le dorique et le corinthien (c'est pourquoi on le nomme souvent moyen, comme intermédiaire entre ces deux ordres), il n'a cependant ni la force de l'un, ni la richesse de l'autre. Nous en avons donné un exemple (*fig.* 262).

**267.** L'ordre *corinthien* est le plus élégant, il se distingue par la richesse des sculptures qui décorent sa frise; le chapiteau des colonnes est revêtu de deux rangs de feuilles et de huit volutes (voir figure 191).

L'ordre *composite* ne diffère du corinthien que par l'aspect du chapiteau ; c'est pour ainsi dire un ordre bâtard n'ayant aucun caractère qui lui soit propre. La figure 187 nous en montre un exemple.

**268.** On connait aussi d'autres désignations d'ordres, par exemple :

L'ordre *caryatide* (persique) dans lequel les colonnes ou supports verticaux sont remplacés par des femmes ou par des statues allégoriques.

**269.** L'ordre *attique* composé par un système de pilastre et d'entablement qu'on élève au-dessus d'un ordre principal pour former la partie supérieure d'un ouvrage ou d'un édifice.

**270.** Il faut, lorsqu'on désire combiner les ordres pour faire des *ordres assemblés* ou des *ordres superposés* devant orner une façade, faire en sorte que l'ordre offrant le caractère le plus grand et le plus solide porte l'ordre le plus délicat. Par exemple : l'ordre ionique se superpose au dorique et le corinthien à l'ionique.

**271.** Un ordre d'architecture se compose de trois parties distinctes :

Le *piédestal ;*

La *colonne ;*

L'*entablement.*

**272.** La colonne et l'entablement sont les seules parties essentielles ; le piédestal manque souvent et est remplacé par une simple plinthe; l'ordre est alors réduit aux deux autres parties. Il peut même arriver qu'un ouvrage ou un édifice ne comporte pas de colonne, ce qui n'empêche pas qu'ils soient construits suivant tel ou tel ordre à cause des proportions qui y sont observées.

C'est presque toujours à la colonne et

surtout à la forme du chapiteau que se reconnaissent, à première vue, la différence des ordres.

C'est aussi d'après la colonne qu'on détermine les rapports des autres parties entre elles ; c'est le *module* ou demi-diamètre de la colonne prise à la base du fût qui sert de mesure proportionnelle.

Dans certains cas les colonnes vont en s'amincissant depuis le bas jusqu'en haut, mais le plus ordinairement on ne fait décroître leur diamètre, d'une manière progressive, qu'à partir du 1/3 de la hauteur du fût.

Presque toujours la diminution du diamètre du fût est de 1/5 de son diamètre à sa base pour l'ordre toscan; 1/6 pour le dorique romain; 1/7 pour l'ordre ionique et 1/8, pour le corinthien et le composite.

Les architectes grecs et romains n'ayant pas établi de règles précises sur les détails et sur les hauteurs de leurs ordres on admet encore aujourd'hui le principe uniforme adopté par Vignole dans son

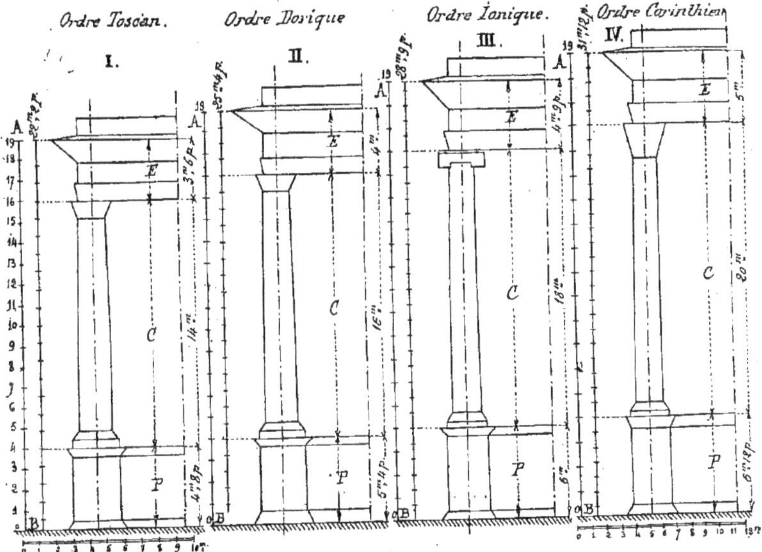


Fig. 460.

*Traité des cinq ordres* et dont nous allons parler.

## Proportions à adopter dans l'étude des différents ordres.

### Module

**273.** On désigne sous le nom de *module* une mesure arbitraire prise pour comparer entre elles les différentes parties d'un même ordre d'architecture. Nous savons que, dans l'étude des ordres on choisit pour unité ou module le demi-diamètre du fût de la colonne à la base.

Le *module* se subdivise le plus généralement en douze *parties* ou *minutes* dans l'ordre *toscan* et dans l'ordre *dorique;* en dix-huit parties dans les trois autres ordres (1).

Dans tous les ordres l'entablement a pour hauteur le quart de la colonne, le piédestal le tiers.

Chacune des trois parties : piédestal,

(1) Certains auteurs admettent le partage du module en trente parties pour tous les ordres ; d'autres en vingt-quatre pour le dorique grec, le toscan et le dorique romain et trente-six pour les autres ordres.

colonne et entablement, est subdivisée elle-même en trois, savoir :

Le piédestal, en *corniche*, *dé* et *base* ;

La colonne, en *base*, *fût* et *chapiteau* ;

L'entablement, en *architrave*, *frise* et *corniche*.

Il faut proportionner la grosseur de la colonne à son ordre, à sa hauteur et à l'élévation totale de l'ouvrage ou de l'édifice à élever.

## Ordre toscan.

**274.** Ordre d'architecture de style étrusque, nommé aussi ordre rustique et qui était employé, par suite de son aspect général de simplicité et de solidité, pour décorer les rez-de-chaussées de certaines constructions romaines : le théâtre de Marcellus, par exemple. On le considérait comme le dorique dénaturé, c'est pourquoi Vitruve disait que cet ordre n'était qu'une reproduction dégénérée et abâtardie de l'ordre dorique grec ; c'est plutôt, d'après les architectes de nos jours, le premier essai du dorique romain,

Selon Vignole, l'ordre toscan est un ordre dorique de proportions moins élégantes.

D'après Vitruve la colonne toscane, en y comprenant sa base et son chapiteau, a pour hauteur sept fois son diamètre ou 14 modules ; le piédestal le 1/3 de la colonne et l'entablement le 1/4. Avec ces données il sera très facile de construire le profil de l'ordre toscan dans une hauteur déterminée.

Pour cela, on divise cette hauteur AB en I (*fig.* 460) en 19 longueurs égales, on prendra trois de ces divisions pour former l'entablement et quatre de ces mêmes divisions pour le piédestal ; le reste, soit 14 divisions, sera la hauteur de la colonne.

Sachant que le module doit être divisé en douze parties on trouvera facilement, en regardant la seconde échelle de divisions tracée à côté de l'autre sur le croquis, que l'entablement comporte 3 modules 1/2, la colonne 14 et le piédestal 4 modules 2/3.

Le revers d'eau qui empêche l'eau de séjourner sur la corniche de l'entablement a ordinairement quatre parties de hauteur.

Les subdivisions principales de l'ordre toscan sont les suivantes :

| | | |
|---|---|---|
| Entablement | Corniche | 1 module, 4 parties. |
| | Frise | 1 module, 2 parties. |
| | Architrave | 1 module. |
| Colonne | Chapiteau | 1 module. |
| | Fût | 12 modules. |
| | Base | 1 module. |
| Piédestal | Corniche | 6 parties. |
| | Dé ou tronc | 3 modules, 8 parties. |
| | Base | 6 parties. |

Ces subdivisions peuvent encore se détailler comme suit en rappelant les moulures dont elles sont composées :

| | | | Modules | Parties |
|---|---|---|---|---|
| Entablement | Corniche | Quart de rond | | 4 |
| | | Baguette | | 1 |
| | | Filet | | 1/2 |
| | | Larmier | | 6 |
| | | Mouchette | | » |
| | | Filet | | 1/2 |
| | | Talon | | 4 |
| | Frise | | 1 | 2 |
| | Architrave | Filet | | 2 |
| | | Platebande | | 10 |

Coupe sur la ligne XY.
Portique avec piédestal.
A Entablement
B Chapiteau
C Archivolte
D Imposte
E Base.
F Piédestal
G Alette.
Echelle des Ensembles.
Modules
Piédroit
Coupe
Base de la colonne.
r Fût
s Filet
t Tore
u Socle
Piédestal
v Filet
x Talon
Q Dé
y Filet
z Plinthe
Entablement.
a Quart de rond
b Baguette
c Filet
d Larmier
e Mouchette
f Filet
g Talon
h
i Filet
j Plate bande
Corniche
Frise
Architrave
Chapiteau.
k Filet
l Tailloir
m ¼ de rond
n Filet
o
p Baguette
q Filet.
Abaque
Echine
Gorgerin
Astragale
Echelle des Detalls.
Modules

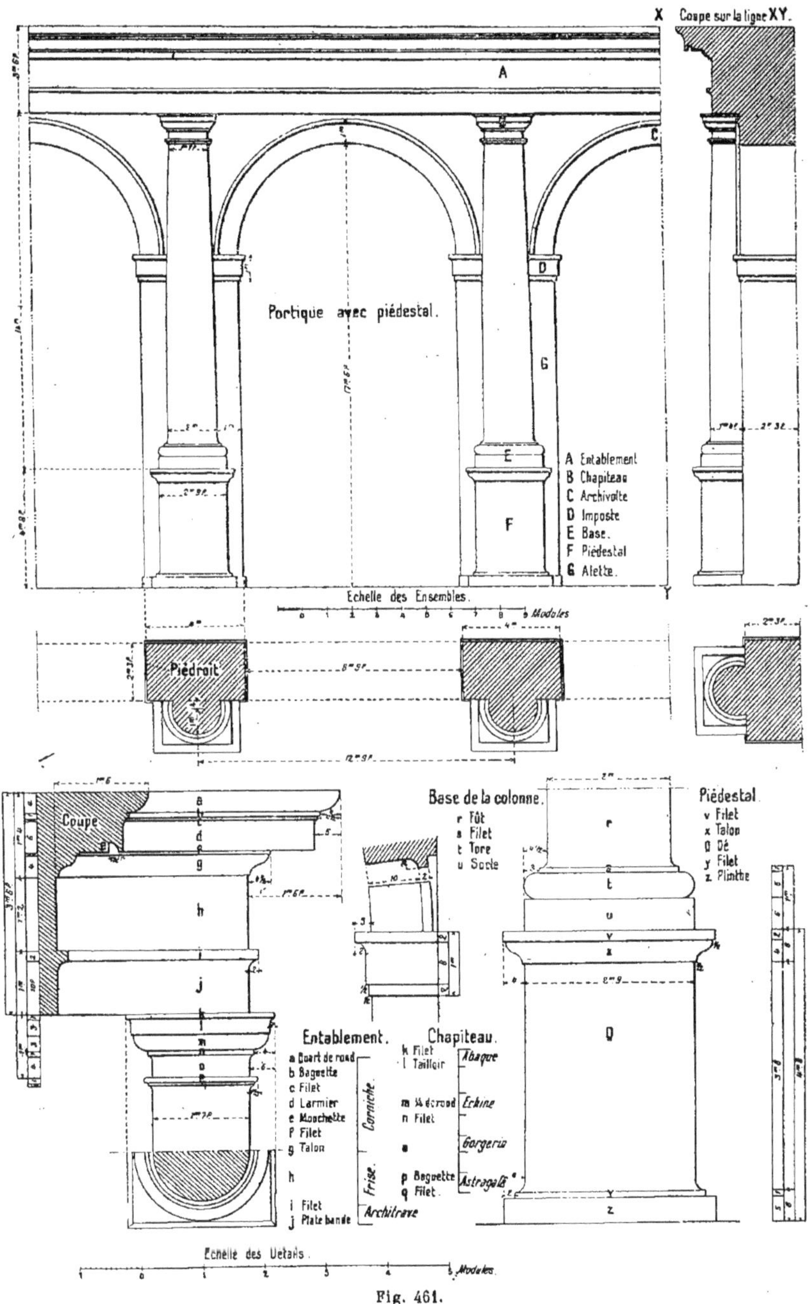

Fig. 461.

| | | | | | |
|---|---|---|---|---|---|
| Colonne | Chapiteau | Abaque | Filet | | 1 |
| | | | Tailloir | | 3 |
| | | Echine | Quart de rond | | 3 |
| | | | Filet | | 1 |
| | | Gorgerin | | | 4 |
| | | Astragale | Baguette | | 1 |
| | | | Filet | | 1/2 |
| | Fût | | | 12 | |
| | Base | | Filet | | 1 |
| | | | Tore | | 5 |
| | | | Socle | | 6 |
| Piédestal | Corniche | | Filet | | 2 |
| | | | Talon | | 4 |
| | Dé | | | 3 | 8 |
| | Base | | Filet | | 1 |
| | | | Plinthe | | 5 |

**275.** Nous représentons en détails (*fig.* 461) les différentes moulures de l'ordre toscan et une application de cet ordre à un portique avec piédestal.

Nous remarquons, dans ce croquis, que la face de l'architrave et la frise sont au même nu ; que la largeur du socle de la base de la colonne est égale à celle du piédestal, soit deux modules neuf parties.

La corniche d'entablement fait, sur la frise, une saillie totale de un module six parties. La largeur du fût de la colonne au sommet est de un module sept parties.

Les autres saillies secondaires sont suffisamment indiquées dans le croquis pour que nous n'ayons pas besoin de nous y arrêter plus longuement.

**276.** Dans les portiques les colonnes doivent être engagées d'au moins un quart de leur diamètre dans les pieds-droits.

## Ordre dorique.

**277.** L'ordre dorique comprend :

1° L'ordre *dorique grec* dans lequel la colonne ne comporte pas de base, le fût est court et cannelé ; le chapiteau, d'une grande largeur dans certains édifices et qui n'a en hauteur que la moitié du diamètre de la colonne à la base, présente un tailloir saillant supporté par une échine galbée plus ou moins fortement.

Cet ordre possède un caractère de force et de majesté ; il est par excellence l'ordre des héros. La figure 462 nous en donne schématiquement la forme avec les principaux noms de ses diverses parties.

La colonne, sans aucun renflement, diminue de diamètre du bas jusqu'en haut, et repose ordinairement sur un stylobate formé de trois degrés utilisés comme marches.

L'architrave, posée directement sur

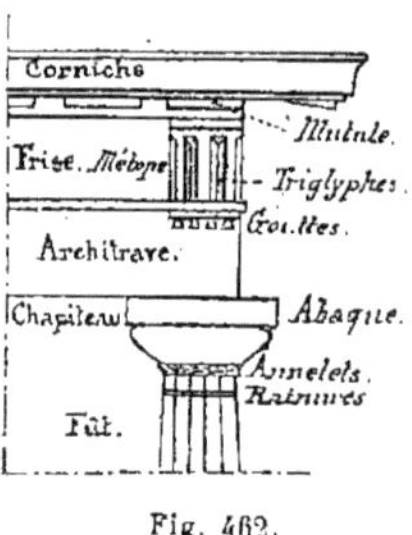


Fig. 462.

l'abaque ou tailloir, est un parallélépipède rectangle à une seule face ; elle est lisse et très élevée, sa seule décoration est un listel ou filet à la partie supérieure. La frise, séparée de l'architrave par un large filet, est décorée de triglyphes et de métopes.

La hauteur des colonnes est relativement petite, quatre diamètres et demi en moyenne ; l'entrecolonnement est aussi très restreint, un diamètre et un quart paraît être un maximun. Les colonnes étant très rapprochées donnent à l'ensemble des édifices une grande solidité et

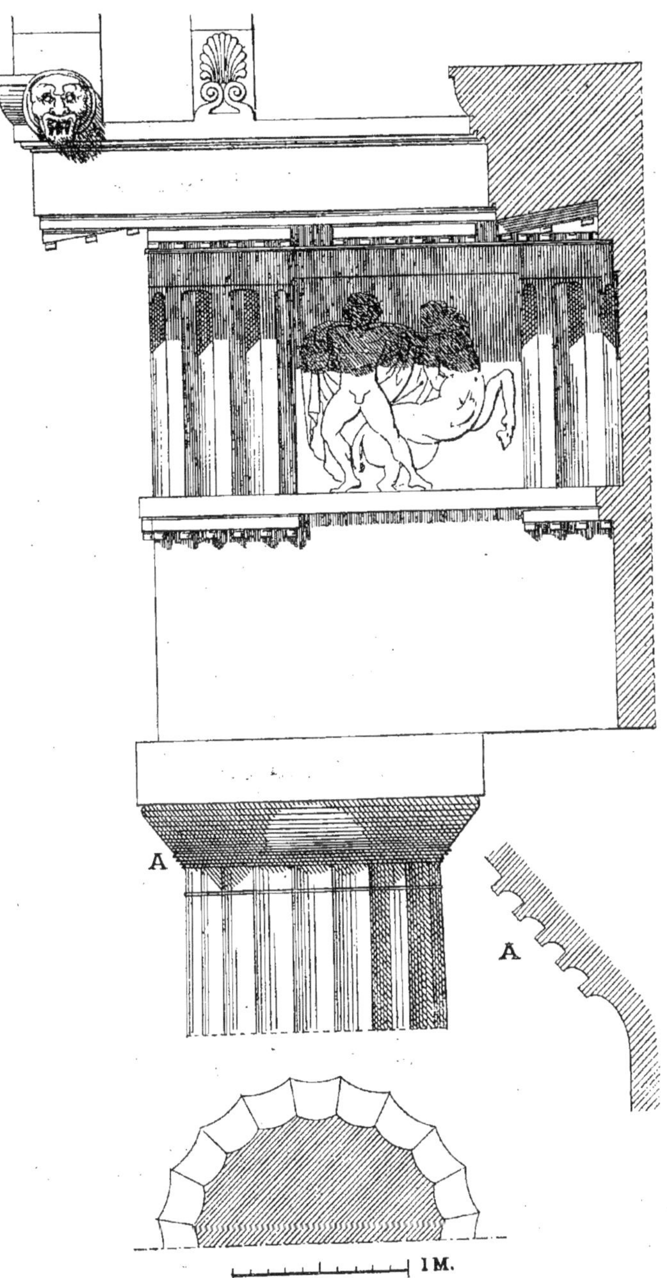


Fig. 463.

un caractère d'énergie spécial à cet ordre. La figure 463 nous donne un exemple de l'ordre dorique grec (Parthénon d'Athènes) qui nous permettra de le comparer avec l'ordre dorique romain ;

2° L'ordre *dorique romain*, qui dérive de l'ordre toscan étrusque et du dorique grec, diffère du précédent en ce que les colonnes sont plus élevées et comportent une hauteur atteignant sept et huit diamètres.

L'architrave, qui était unie, fut réduite pour augmenter la frise qui était décorée ; les triglyphes étaient régulièrement dis-

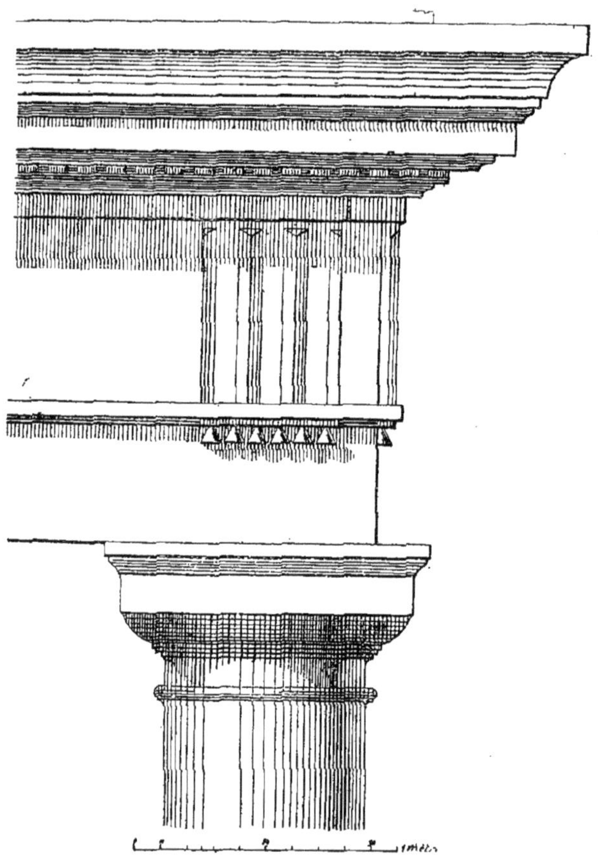

Fig. 464..

posés. Le chapiteau est ordinairement moins saillant, l'échine est plus arrondie ; le tailloir, uni dans le premier cas, est ici couronné par une moulure, le fût de la colonne est terminé par une astragale.

L'entablement dorique est de deux sortes : l'un appelé *denticulaire* présente sous la corniche des *denticules* (ornements présentant la forme d'une découpure rectangulaire faite sur un listel) ; son architrave n'a qu'une seule plate-bande. Dans la corniche, la cimaise inférieure porte un talon au lieu d'un quart de rond ; le premier larmier des denticules et la cimaise supérieure ont un cavet au lieu d'une doucine.

L'autre, tiré des antiquités romaines, appelé *mutilaire*, est orné de *mutules* (espèces de larmiers saillants qui servent de couronnement aux triglyphes). La frise comporte des triglyphes d'un module de largeur, subdivisés en demi-canaux et en canaux entiers; ils doivent être placés à plomb des colonnes et être éloignés l'un de l'autre d'un intervalle appelé *métope* égal à la largeur de la frise.

Sauf de rares exceptions on rencontre partout des mutules dans l'ordre dorique.

Le fût de la colonne est quelquefois orné de cannelures ou portions circulaires creusées dans la masse au nombre de vingt, se touchant l'une l'autre et formant vives arêtes. La figure 464 nous représente, en croquis, l'ordre dorique romain mutilaire (Théâtre de Marcellus, à Rome) qui diffère beaucoup de l'ordre dorique grec.

Comme nous l'avons indiqué pour l'ordre toscan, il faut (en II, *fig.* 460) pour avoir les proportions de l'ordre dorique comportant un piédestal, diviser la hauteur totale AB en dix-neuf divisions égales. Le piédestal comportera quatre de ces divisions, la colonne douze et l'entablement trois.

On donne à la largeur de l'entrecolonnement cinq modules six parties.

Les principales dimensions de cet ordre sont :

| | | | |
|---|---|---|---|
| Entablement | Corniche | 1 module, | 6 parties. |
| | Frise | 1 module, | 6 » |
| | Architrave | 1 module. | |
| Colonne | Chapiteau | 1 module. | |
| | Fût | 14 modules. | |
| | Base | 1 module. | |
| Piédestal | Corniche | | 6 parties. |
| | Dé | 4 modules. | |
| | Base | | 10 parties. |

La corniche de couronnement, à larmier saillant, terminée, à sa partie supérieure, par une moulure dépasse de deux modules la face de l'architrave et l'abaque du chapiteau s'avance de cinq modules et demi au-delà du même nu.

La frise se divise en triglyphes (mot signifiant trois glyphes c'est-à-dire trois gravures, rainures ou canaux à section courbe ou triangulaire) et *métopes* (intervalle entre deux triglyphes, cet intervalle est dans certains ordres quelquefois orné de sculptures). Les métopes sont toujours carrées.

La figure 465 nous montre en détails, d'après Vignole, la disposition de l'ordre dorique romain avec denticules et colonnes cannelées.

La même figure nous indique l'ensemble d'un entrecolonnement dorique selon Vignole. Dans ce croquis les colonnes sont cannelées et comportent des bases reposant sur un stylobate formé de trois degrés.

L'ouvrier menuisier ou ébéniste aura peu souvent l'occasion de canneler des colonnes, il aura plus souvent à faire cette opération sur des pilastres ; il pourra alors le faire aisément en se construisant un bouvet à joues mobiles orné d'un fer arrondi ou en se servant des machines-outils.

**278.** D'après ce que nous venons de dire pour les deux ordres toscan et dorique il sera facile, au menuisier ou à l'ébéniste, en opérant comme suit, de construire un ordre ayant une hauteur déterminée à l'avance.

Pour cela, on divise la hauteur donnée, exprimée en mètres par le nombre total de modules dont est formé l'ordre qu'on désire exécuter ; le quotient de cette opération représentera le module ou demi-diamètre de la colonne à sa base. Pour donner plus d'élégance à la colonne on l'amincit insensiblement vers son sommet d'un tiers de module dans les deux tiers supérieurs de son fût.

Ayant ainsi déterminé le module, on composera sur cette unité une échelle qui servira à donner les hauteurs de toutes les sous-divisions.

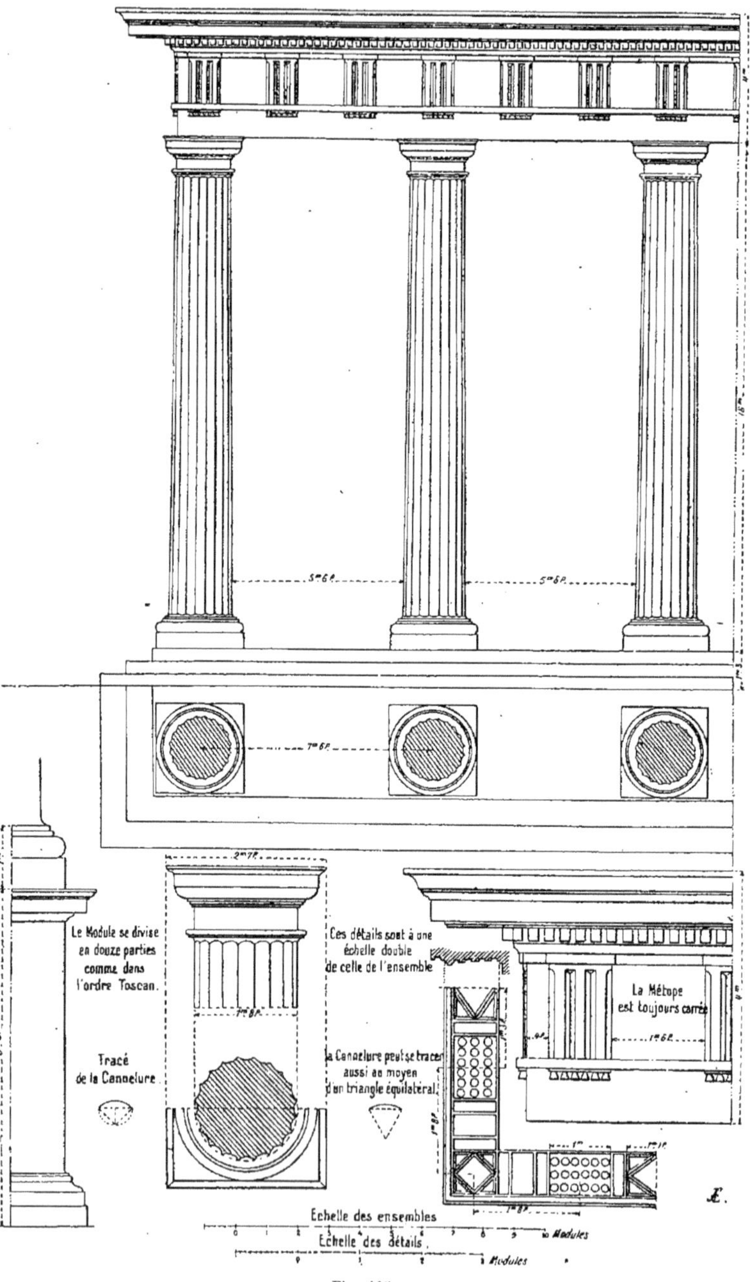
Le Module se divise
en douze parties
comme dans
l'ordre Toscan.
Tracé
de la Cannelure.
Ces détails sont à une
échelle double
de celle de l'ensemble
La Cannelure peut se tracer
aussi au moyen
d'un triangle équilatéral.
La Métope
est toujours carrée
Echelle des ensembles
Modules
Echelle des détails
Modules

Fig. 465.

On tracera, comme nous l'avons fait pour les deux ordres sur les croquis schématiques qui précèdent, une verticale sur laquelle on portera successivement les hauteurs de la corniche, de la frise, de l'architrave, etc.. Par les points ainsi déterminés on tracera des parallèles horizontales entre lesquelles seront comprises les diverses moulures de l'ordre.

Exemple.

**279.** Supposons qu'un ébéniste désire soutenir une tablette de meuble par deux colonnes de l'ordre toscan sans piédestal

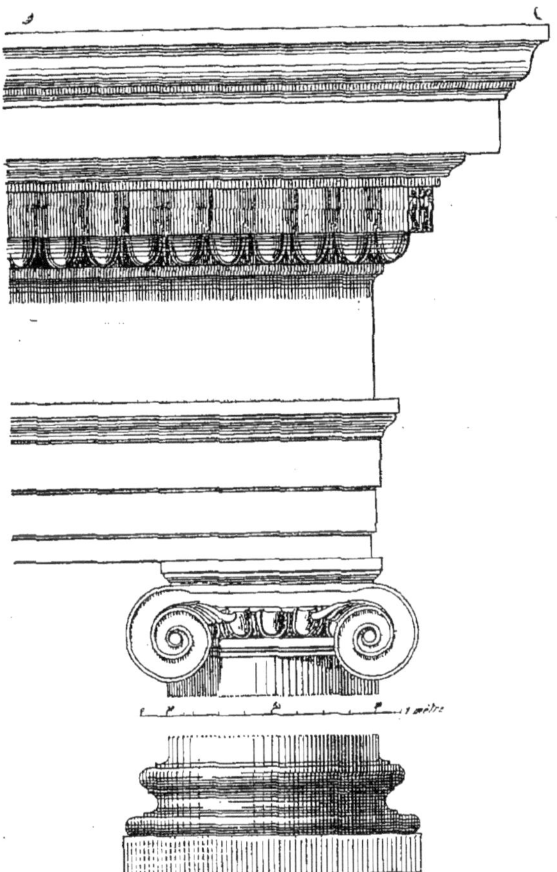

Fig. 466.

ni entablement, le meuble ayant une hauteur de 8 décimètres 4.

On doit, d'après ce qui précède, diviser 8,4 par le nombre 14, *nombre des modules* de la colonne de cet ordre. On trouve alors que le module cherché aura 6 centimètres, ce sera l'unité de l'échelle Dès lors la colonne aura $0^m,12$ de diamètre à la base; le fût $0^m,72$ de hauteur, la base $0^m,06$ et le chapiteau également $0^m,06$.

*On peut* aussi avoir à faire le problème inverse, en entourant la base d'une colonne d'un fil, en mesurer la circonférence et en conclure le rayon ou *module* en multipliant la longueur trouvée par 0,159 et par suite les différentes hauteurs à donner à l'ouvrage suivant l'ordre choisi.

**Exemple.**

**280.** En reprenant la circonférence à la base de la colonne ci-dessus on trouverait en mesurant le tour de cette circonférence :

$$2\pi R = 0,376992$$

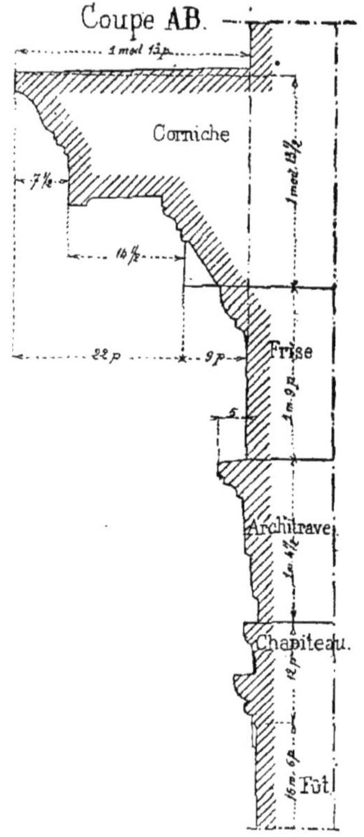


Fig. 467.

en multipliant ce nombre par 0,159 on obtient :

$$0,376992 \times 0,159 = 0,059941728$$

nombre qui en chiffres ronds donne bien $0^m,06$ qui est le module trouvé précédemment.

## Ordre ionique.

**281.** Cet ordre est ainsi nommé d'Ion, chef d'une colonie envoyée en Asie par les Athéniens, qui fit élever à Ephèse trois temples de cet ordre.

L'ordre ionique est élégant, élancé, délicat, caractérisé par les enroulements de volutes placés au-dessus du tailloir, employé accidentellement par les Romains.

L'ionique romain n'a ni la richesse ni les ornements de l'ionique grec. Les colonnes ioniques grecques et de l'Asie-Mineure sont d'une élégance et d'une délicatesse de profil admirables ; les ioniques romains sont plus lourds et moins gracieux.

Le chapiteau de cet ordre est orné de volutes qui peuvent avoir les dispositions suivantes :

Dans certains cas les volutes embrassent le fût de la colonne et sont réunies latéralement par des balustres, comme chez

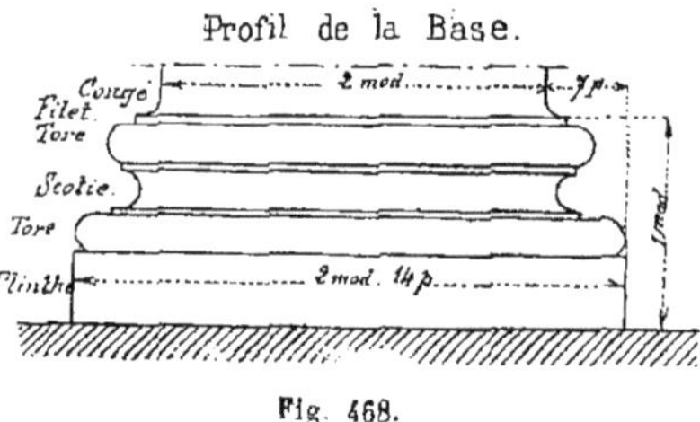


Fig. 468.

les Grecs. Dans d'autres, l'astragale du gorgerin est située à une faible distance de l'ove. Enfin, dans d'autres exemples, les volutes sont placées diagonalement aux angles. Ces volutes sont alors doubles à chaque angle et le balustre est supprimé. Le théâtre de Marcellus à Rome, dont nous donnons un détail (*fig.* 466 et 467), nous offre un exemple de la première espèce de volutes ; c'est un des types de l'ordre ionique romain le plus complet et le plus élégant.

Dans l'ordre ionique ci-dessus, le chapiteau est plus maigre que dans les colonnes grecques et son abaque se compose d'un abaque surmonté d'un filet.

Le fût, rétréci à sa partie supérieure est légèrement renflé à sa partie moyenne ; ce fût peut être simple et lisse ou orné de cannelures. Lorsqu'il y a des cannelures elles sont taillées suivant un arc de cercle et séparées entre elles par des listels égaux au 1/3 de la cannelure.

La hauteur des colonnes ioniques est ordinairement de 8 à 9 diamètres.

La base ionique est, comme le montre le croquis (*fig.* 468), composée de deux tores séparés par une scotie avec ses filets.

L'architrave, dont nous voyons le profil dans la coupe AB ci-dessus, est allégée par trois divisions superposées.

La frise, lisse et dépourvue de triglyphes, est un bandeau quelquefois décoré de sculptures ou de peintures. Un rang de perles et d'oves séparent quelquefois l'architrave et la frise.

La corniche, dont nous voyons le profil dans la coupe AB ci-dessus, a été, au théâtre de Marcellus, restaurée par des architectes modernes.

**282.** Pour l'ordre ionique moderne comme nous en trouvons des exemples à Paris (église Saint-Vincent-de-Paul, Hôtel de la Monnaie, etc...) on adopte, d'après Vignole, les proportions ci-après.

Comme nous le voyons dans le croquis d'ensemble en III (*fig.* 460) la hauteur de la colonne est de 18 modules et l'on divise, comme pour les deux exemples précédemment cités, la hauteur totale AB en dix-neuf divisions égales dont on donne trois à l'entablement E, quatre au piédestal P et le reste, soit douze divisions, à la colonne.

**283.** Les hauteurs des différentes parties de cet ordre sont :

| | | |
|---|---|---|
| Entablement ...... (4 modules 9 parties) | Corniche................ | 1 module $^3/_4$ ; |
| | Frise.................... | 1 module $^1/_2$ ; |
| | Architrave............... | 1 module $^1/_4$ ; |
| Colonne........... (18 modules) | Chapiteau................ (du dessous de l'abaque au-dessous du quart de rond). | $^2/_3$ module |
| | Fût...................... | 16 modules $^1/_3$ ; |
| | Base..................... | 1 module. |
| Piédestal.......... (6 modules) | Corniche................. | $^1/_2$ module. |
| | Dé....................... | 5 modules. |
| | Base..................... | $^1/_2$ module. |

La partie supérieure du fût, au-dessous du filet, la face inférieure de l'architrave et la frise sont au même nu.

La saillie de la corniche d'entablement comprend 1 module 13 parties.

Largeur du fût au sommet, 1 module 12 parties.

La largeur du socle de la base et celle du piédestal ont chacune 2 modules 16 parties.

Au XVII^e^ et au XVIII^e^ siècle les architectes firent, dans leurs façades, un fréquent usage de colonnes d'ordre ionique.

En général, dans les façades, les ordres ioniques sont utilisés soit comme soubassement, soit comme premier étage, mais ils sont presque toujours surmontés d'entablements corinthiens.

### Ordre corinthien.

**284.** C'est un ordre antique d'une grande richesse dont le caractère est surtout déterminé par un chapiteau décoré de deux rangées de feuilles d'acanthe entre lesquelles s'insèrent de petites volutes. Des volutes d'angles supportent les saillies du tailloir qui n'est plus carré mais à pans coupés ; ses faces principales décrivent une ligne courbe concave.

**285.** Les chapiteaux corinthiens grecs sont plus décoratifs que les chapiteaux romains et les premiers offrent des lignes d'une ampleur remarquable. Cet ordre, quoique originaire de la Grèce, a reçu, à Rome, tout son développement. Les Romains l'ont beaucoup employé.

Il existe un très grand nombre de chapiteaux corinthiens ; c'est un ordre fréquemment en usage dans la décoration des édifices ; nous en donnons un exemple (*fig.* 191).

**286.** Dans cet ordre, le fût de la colonne peut être lisse ou cannelé.

**287.** La base (ionique ou attique) présente des ornements sculptés (feuillages et entrelacs) ou n'offre que des profils.

**288.** La corniche et la frise, souvent richement décorées (oves, feuillages, raies de cœur), sont quelquefois aussi très simples et lisses.

**289.** L'architrave est divisée en deux ou trois faces, lesquelles peuvent être séparées par de petites cymaises ornées de feuillages.

**290.** Dans l'ordre corinthien (d'après Vignole) dont nous avons des exemples modernes à Paris (Val-de-Grâce, Bourse, église Notre-Dame-de-Lorette, etc...), on a adopté les proportions ci-après désignées.

Comme nous le voyons dans le croquis d'ensemble en IV (*fig.* 460) la hauteur de l'entablement est de 5 modules, c'est-à-dire le quart de la hauteur de la colonne ; la hauteur du piédestal est de 6 modules, 12 parties ; le fût comporte 20 modules.

**291.** Comme dans les exemples précédemment cités, on divise toujours la hauteur AB en 19 parties égales : 3 pour l'entablement, 12 pour la colonne, et 4 pour le piédestal.

## Principales dimensions de cet ordre.

| | | | |
|---|---|---|---|
| Entablement (5 modules) | Corniche | 2 modules. | |
| | Frise | 1 module ½. | |
| | Architrave | 1 module ½. | |
| Colonne (20 modules) | Chapiteau | 2 modules, | 6 parties. |
| | Fût | 16 modules, | 12 parties. |
| | Base | 1 module. | |
| Piédestal (6 modules, 12 parties) | Corniche | | 14 parties ½. |
| | Dé | 5 modules, | 1 partie. |
| | Base | | 14 parties ½. |

**292.** La corniche d'entablement a une saillie totale de 2 modules 2 parties.

Le fût, au sommet, a un diamètre de 1 module 12 parties.

La largeur du socle de la base, égale à celle du piédestal, 2 modules 14 parties.

La partie supérieure du fût immédiatement au-dessous de l'astragale, la face inférieure de l'architrave et la frise sont au même nu.

## Ordre composite.

**293.** Ordre composé par les Romains lorsqu'ils élevèrent un arc de triomphe à l'empereur Titus, et possédant les proportions du corinthien, avec volutes ioniques et quelques modifications dans l'agencement des moulures.

C'est un ordre bâtard, n'ayant aucun caractère qui lui est propre ; on peut dire que c'est une variété de l'ordre corinthien et qu'il ne diffère de cet ordre que par le chapiteau.

**294.** Ce chapiteau comporte des feuilles d'acanthe souvent refendues en feuilles de persil.

Il représente une combinaison des chapiteaux ioniques et corinthiens, il est d'une élégance moyenne entre les deux.

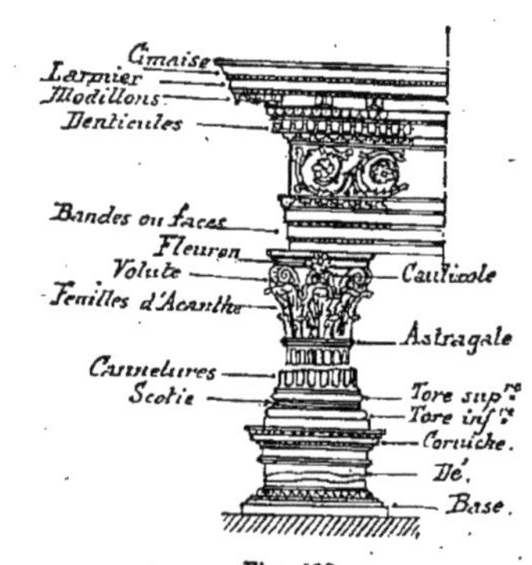


Fig. 469.

Cet ordre est néanmoins d'une grande richesse de décoration ; ses volutes angulaires rentrent dans le vase du chapiteau et sa frise est décorée de bas-reliefs.

Le fût de la colonne porte vingt-quatre cannelures séparées par un listel.

L'ordre composite a servi de type aux architectes modernes qui l'ont appliqué depuis près de deux siècles à un grand nombre d'édifices.

Comme exemples modernes de cet ordre nous avons à Paris : la porte Saint-Denis, la Madeleine, la fontaine des Innocents, etc.

Cet ordre a disparu pendant les périodes romane et ogivale et a été remis à la mode à l'époque de la Renaissance.

**295.** La figure 469 nous montre un croquis de l'ordre composite avec l'indication des noms principaux des différentes parties.

On lui donne, comme dans l'ordre corinthien, à l'entablement le 1/4 et au piédestal le 1/3 de la hauteur de la colonne. Cette dernière dimension devant être égale à dix fois le diamètre de la partie inférieure du fût on la divise en 20 parties pour avoir le module.

Le fût de la colonne comporte 20 modules ; l'entablement 5 et le piédestal 6 modules 12 parties (le module étant divisé en 18 parties).

## Dimensions principales de cet ordre d'après Vignole.

**296.** Vignole donne à l'ordre complet 32 modules se décomposant comme suit :

| | | | |
|---|---|---|---|
| Entablement (5 modules) | Corniche | 2 modules. | |
| | Frise | 1 module, | 9 parties. |
| | Architrave | 1 module, | 9 parties. |
| Colonne (20 modules) | Chapiteau | 2 modules, | 6 parties. |
| | Fût | 16 modules, | 12 parties. |
| | Base | 1 module. | |
| Piédestal (7 modules) | Corniche | | 14 parties. |
| | Dé | 5 modules, | 10 parties. |
| | Base | | 12 parties. |

**297.** La saillie de la corniche d'entablement est de 2 modules ; la largeur du fût au sommet est de 1 module 12 parties ; la largeur du socle de la base est de 2 modules 14 parties et est égale à celle du piédestal.

## Frontons.

**298.** On donne le nom général de *fronton* à un couronnement d'édifice formé par deux portions de corniches obliques ou une portion circulaire se raccordant à leurs extrémités avec la corniche d'un entablement.

C'est alors une véritable couverture inclinée, dont les deux pentes forment un triangle sur le mur de face, triangle qu'on a, par la suite, décoré de moulures semblables à celles de la corniche.

**299.** Comme frontons sculptés nous pouvons citer, à Paris, le Panthéon et la Chambre des députés.

**300.** Le bon goût proscrit en général les frontons circulaires, les frontons brisés et ceux dont la base est interrompue.

Aujourd'hui, contrairement à ce que faisaient les architectes du siècle dernier, les frontons sont utilisés avec beaucoup plus de réserve et leur emploi est pour ainsi dire limité aux portes, croisées et parties des édifices en avant-corps.

**301.** Il faut, en général, éviter la superposition des frontons.

Les façades des temples antiques se terminaient toujours en frontons, à l'avant et à l'arrière de l'édifice, les deux côtés de ces frontons accusant la pente du toit.

Les frontons de la Renaissance sont le plus souvent circulaires ou brisés.

## Proportion des frontons.

**302.** La proportion des frontons dépend évidemment de l'inclinaison du comble de l'édifice et de son étendue. Les Grecs donnaient aux frontons peu de hauteur, environ le 1/8 de la largeur; les Romains donnaient environ les 2/9.

Il y a aussi de petits frontons dont la hauteur est le 1/3 de la base; d'autres sont construits sur le 1/4, le 1/5 ou le 1/6. Cette dimension dépend du goût de l'artiste qui l'exécute.

**303.** Les frontons qui, au sommet, présentent un angle aigu doivent être évités comme produisant toujours un mauvais effet.

## Tracé d'un fronton.

**304.** Les architectes adoptent assez généralement aujourd'hui le tracé suivant pour trouver la hauteur d'un fronton.

Sur une perpendiculaire CD (*fig.* 470)

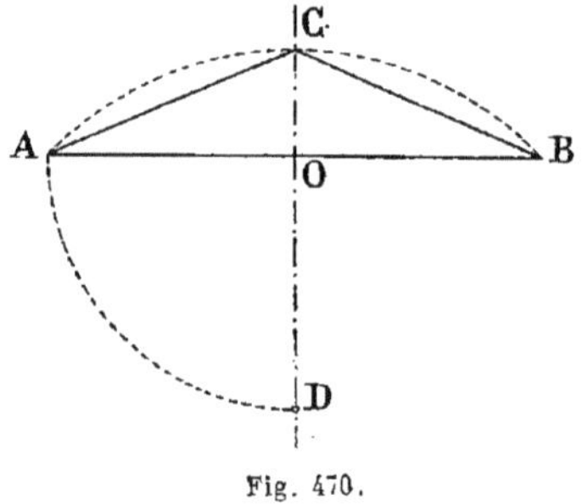


Fig. 470.

passant par le milieu de la base AB du fronton on porte de O en D une longueur OD égale à OA moitié de AB et, du point D comme centre, on décrit l'arc ACB; la distance CO sera la hauteur cherchée.

**305.** Les corniches rampantes AC et BC du fronton doivent être les mêmes que celles du bâtiment; ordinairement on supprime, dans la partie de cette corniche qui sert de base au fronton, la cymaise supérieure S (*fig.* 471) afin de donner plus de hauteur au tympan T.

La figure 472 nous montre comment on peut, ayant le profil de la corniche, trouver celui de la section droite de la partie rampante qui y correspond. Verticalement se trouve le profil de la corniche, en S la section droite du profil incliné suivant le rampant du fronton; en *k* on remplace souvent le vrai profil par celui que nous indiquons en hâchures parce qu'il est plus simple comme exécution.

**306.** Il existe un très grand nombre d'espèces de frontons, nous ne ferons que

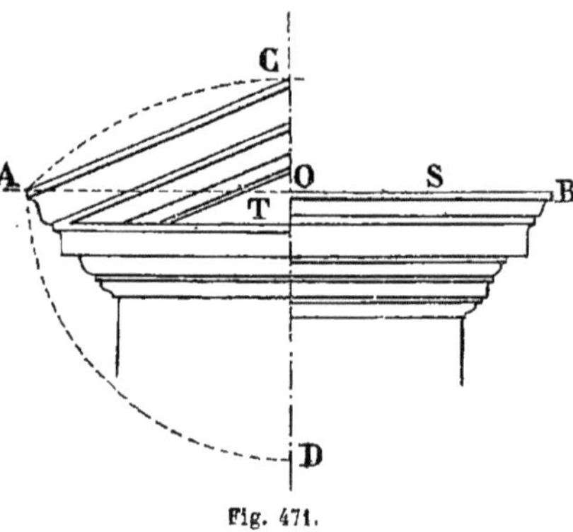


Fig. 471.

les énumérer sans nous y arrêter longuement.

### Fronton à jour.

**307.** C'est un fronton triangulaire

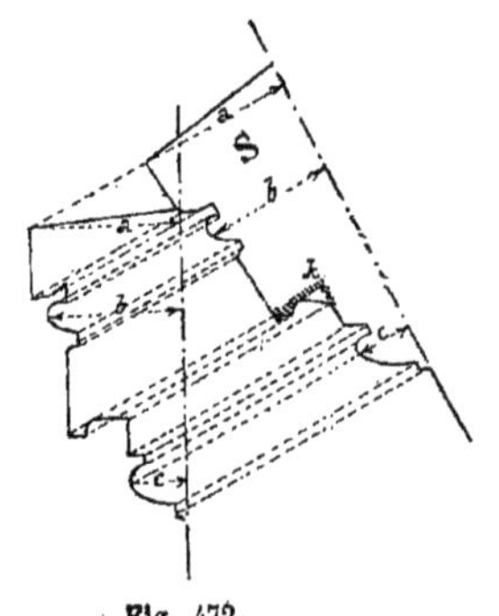


Fig. 472.

(*fig.* 473) dont le tympan est percé d'une ouverture servant d'œil-de-bœuf.

### Fronton à pans.

**308.** Il est formé (*fig.* 474) de deux corniches obliques et d'une corniche ho rizontale sur laquelle on place souvent un motif formant amortissement.

**Fronton brisé.**

**309.** C'est celui (*fig.* 475) dont les corniches latérales ne se rejoignent pas et s'enroulent en volutes.

**Fronton circulaire**

**310.** Dans ce fronton (*fig.* 476) la corniche est tracée suivant un arc de cercle. Au XVIIe et au XVIIIe siècle surtout on en a fait un très grand usage.

**Fronton double.**

**311.** C'est celui qui comprend un deuxième fronton dans son intérieur par exemple (*fig.* 477), l'un cintré, l'autre triangulaire. Le fronton cintré étant le plus grand sert de couronnement à l'autre qui lui-même couronne une ouverture placée dans le tympan du fronton circulaire.

**Fronton entrecoupé.**

**312.** Fronton dont le sommet est interrompu (*fig.* 478), pour recevoir un vase, une statue, etc... ou tout autre motif d'ornement.

**Fronton sans base.**

**313.** C'est celui dont la corniche inférieure est interrompue ou supprimée.

**Fronton sans retour.**

**314.** C'est celui dont la base n'est pas profilée au bas des corniches rampantes. On dit aussi *fronton glissant*.

**Fronton surmonté.**

**315.** C'est celui dont l'angle supérieur est très aigu et dont la hauteur est supérieure au 1/3 de la base.

**Fronton surbaissé.**

**316.** Fronton très plat qu'on peut voir dans les temples antiques dont la largeur de façade est grande.

**Fronton triangulaire.**

**317.** Nom donné au fronton qui a la forme d'un triangle équilatéral ; il a été fréquemment employé par les architectes de la Renaissance.

## Pilastres.

**318.** On donne ce nom à un support rectangulaire terminé par une base et par

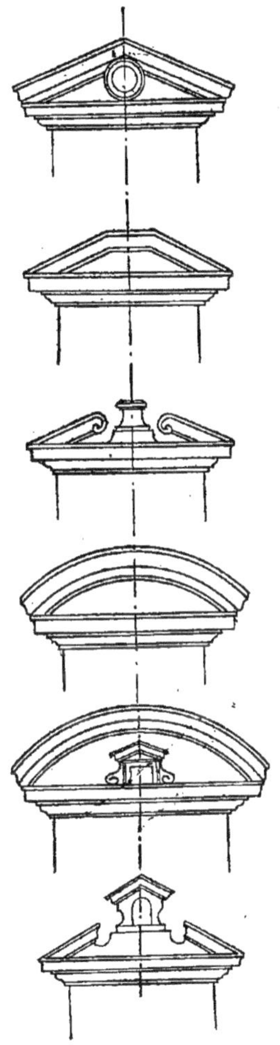

Fig. 473 à 478.

un chapiteau. Les pilastres sont rarement isolés ; on les engage, le plus souvent, dans les murs ou dans les boiseries et on les fait saillir à peu près d'un 1/3 ou d'un 1/4 de module ; cette saillie peut varier depuis la moitié jusqu'à la quatorzième partie de leur largeur.

**319.** Leurs différentes proportions sont réglées par l'ordre qu'ils représentent et, suivant les cas, ils devront suivre les mêmes règles de construction que les colonnes du même ordre.

Un pilastre est donc pour ainsi dire une colonne plate.

Dans l'architecture grecque le couronnement des pilastres est toujours différent du chapiteau des colonnes ; dans les constructions romaines, au contraire, les chapiteaux des pilastres sont de véritables chapiteaux de colonnes tracés sur un plan rectangulaire.

---

# CHAPITRE V

## DES ASSEMBLAGES

### I. — Définitions et notions générales.

**319.** Les assemblages sont les différents moyens employés par le menuisier pour réunir entre elles des pièces de bois préalablement équarries, dressées, chantournées, rabotées, etc. Cette opération constitue une des parties les plus importantes de l'art du menuisier. C'est de la perfection des assemblages que dépendent la solidité et l'élégance des travaux que l'ouvrier a à exécuter ; il ne saurait donc y apporter trop de soins et de précision.

**320.** Les assemblages à tenons et mortaises, à entailles, à rainures et languettes, à trait de Jupiter, à queue d'aronde, etc., qui servent en charpente, sont aussi très couramment employés en menuiserie ; mais, *l'emboîture* et les *joints d'onglet* sont particulièrement utilisés.

**321.** Proposons-nous, dans ce qui va suivre, d'étudier les principaux assemblages qu'il est utile de connaître afin de pouvoir les employer à propos ; dans ces assemblages nous rencontrerons fréquemment l'emploi du *tenon* et de la *mortaise* que nous allons étudier plus en détail.

### II. — Assemblages divers.

#### 1° Assemblages à tenons et mortaises.

**322.** Le *tenon* est une saillie ménagée, suivant le fil du bois, à l'extrémité d'une

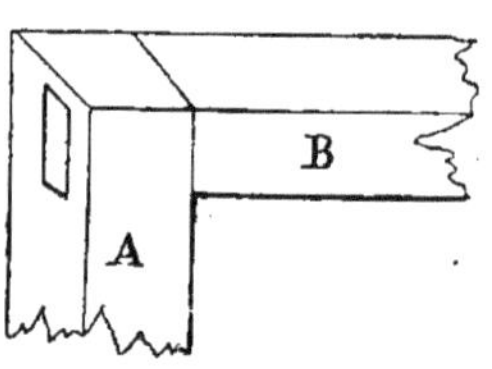

Fig. 479.

pièce. Terminé, il présente la forme d'une petite planchette adaptée à l'extrémité de la pièce de bois et en son milieu.

Cette saillie se place dans une *mortaise* qui est une cavité longitudinale dont l'ouverture a la forme d'un parallélogramme rectangle et qui est creusée dans une pièce de bois.

**323.** La figure 479 nous montre, en perspective cavalière, l'emploi du tenon et de la mortaise pour l'assemblage de deux pièces de bois A et B. Le tenon peut être carré, on a alors, *l'assemblage droit à tenon et mortaise carrés* ou, plus simplement, *assemblage carré* pour lequel les *arasements* sont égaux de chaque côté; mais le plus généralement le tenon et la mortaise sont rectangulaires et ont la forme indiquée par le croquis (*fig.* 480).

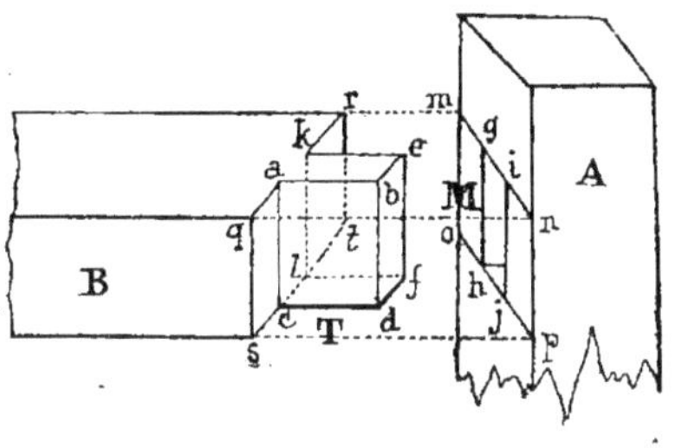


Fig. 480.

Dans ce croquis les surfaces *a*, *b*, *c*, *d* et *k*, *e*, *f*, *l* sont les *joues* du tenon; les faces de joint *m*, *g*, *h*, *o* et *i*, *n*, *p*, *j* sont les *joues* de la mortaise. La partie *b*, *e*, *f*, *d* est la face d'épaisseur ou le bout du tenon.

La surface *m*, *n*, *o*, *p* est *l'occupation* ou *portée*; la partie *q*, *r*, *t*, *s* est l'*about* de la pièce B.

Les parties *q*, *a*, *k*, *r* et *s*, *c*, *l*, *t* sont les *arasements* et forment la surface du joint.

Le tenon T (*fig.* 480) est débité en saillie à l'extrémité de la pièce B dans la direction des fibres de cette pièce et parallèlement à son axe. Les joues de ce

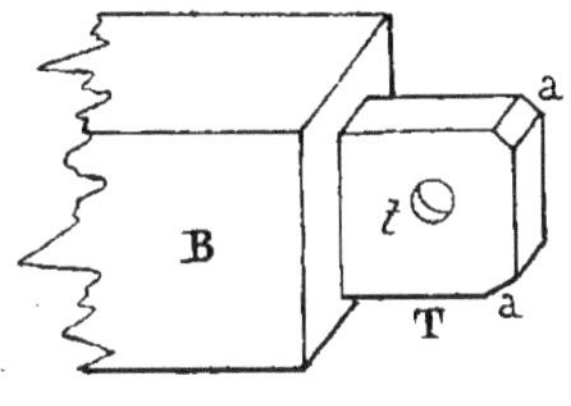


Fig. 481.

tenon sont toujours parallèles aux faces du parement de la pièce assemblée; les faces d'arasement sont ordinairement perpendiculaires aux joues.

**324.** L'épaisseur du tenon doit être égale au tiers de celle de la pièce de bois dans laquelle il est pris afin qu'il ait une

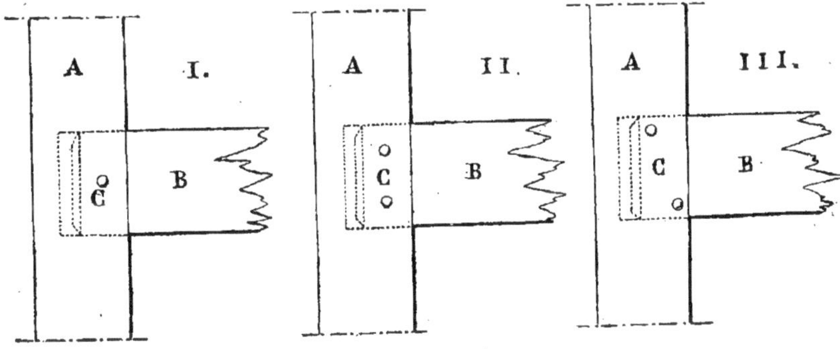


Fig. 482.

force suffisante et que la pièce A, où l'on doit creuser la mortaise dans laquelle il doit entrer, ne soit cependant pas trop affaiblie par une perte de bois trop considérable.

**325.** La longueur du tenon, qui se compte toujours dans le sens de la profondeur de la mortaise, devrait, théoriquement, être rigoureusement égale à cette profondeur afin que le bout de ce tenon porte bien au fond de la mortaise en même temps que les abouts de la pièce B s'appliquent exactement sur les joues de la mortaise taillée dans la pièce A. Comme il est difficile d'arriver à cette perfection et que le tenon en touchant le fond de la mortaise pourrait s'opposer à l'adhérence des joints, c'est pourquoi, en pratique, on tient presque toujours le tenon sensiblement plus court que la profondeur de la mortaise.

**326.** Afin de faciliter son entrée dans cette mortaise on abat les angles *a* comme nous l'indiquons dans le croquis (*fig.* 481).

Le tenon est percé d'un trou rond *t*, qui sert au passage de la *cheville* destinée à fixer l'assemblage ; ce trou, en terme de charpente, se nomme *enlacure*.

**327.** Les tenons à faire, lorsqu'ils sont peu nombreux, s'exécutent à la scie à main mais, quand on doit en exécuter un grand nombre il est préférable de se servir de la machine à faire les tenons dont le croquis (*fig.* 98) nous montre la disposition.

**328.** Dans le croquis (*fig.* 480) nous voyons que la mortaise est creusée dans la face normale de la pièce A qui reçoit l'assemblage de la pièce B.

La mortaise est presque toujours beaucoup plus longue qu'elle n'est large ; elle comporte quatre parois.

La profondeur de cette mortaise, lorsqu'elle ne doit pas traverser complètement la pièce, est ordinairement des deux tiers de l'épaisseur du bois dans laquelle elle est creusée. Elle doit, dans tous les cas, ne pas dépasser les trois quarts de cette épaisseur surtout lorsque la pièce qui porte le tenon est placée verticalement.

Les parois intérieures de la mortaise contre lesquelles s'appliquent les joues du tenon sont aussi nommées *joues* ou *jouées* de la mortaise.

**329.** Lorsqu'un assemblage à tenon et mortaise est mis en joint, on le traverse par une ou par deux *chevilles*.

### Chevilles.

**330.** Les *chevilles* employées par les menuisiers sont en bon bois de chêne bien de fil, de section carrée un peu arrondie sur les angles ; elles sont un peu amincies à l'une de leurs extrémités et offrent une section plus grande que celle du trou qu'elles doivent remplir, de manière que leur introduction soit forcée et que le serrage soit complet.

**331.** Lorsque les chevilles sont posées et que l'ouvrage est entièrement terminé, on coupe ces chevilles à fleur du parement des pièces assemblées à l'aide d'une scie spéciale représentée en croquis (*fig.* 25) et qu'on nomme *scie à chevilles*.

## Observations relatives à la pose et à l'emploi des chevilles en menuiserie.

**332.** Les chevilles doivent être placées de manière à traverser les joues de la mortaise et le tenon en passant, l'orsqu'il

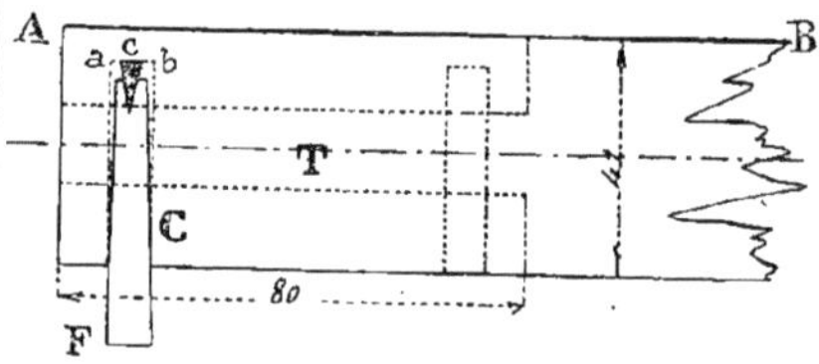


Fig. 483.

n'y en a qu'une C (*fig.* 482) en I, au milieu de ce dernier.

L'orsqu'on met deux chevilles il ne faut pas les placer sur une même ligne comme l'indique le croquis II (*fig.* 482), mais adopter la disposition III de la même figure afin de ne pas fendre le bois.

Dans ce cas, on divise la longueur du tenon en trois parties égales afin qu'il reste des joues suffisantes autour des trous et aussi pour conserver au bois la plus grande force possible.

**333.** Les menuisiers percent les trous de chevilles à l'aide du *vilebrequin* dont la figure 33 nous montre la forme et de *mèches* appropriées dont nous avons des exemples (*fig.* 34 et 35).

**334.** Dans les ouvrages en menuiserie ou il doit y avoir un parement du bois apparent et verni, la face AB, par exemple (*fig.* 483), on ne fait pas traverser les chevilles. Pour consolider l'assemblage on met, dans ce cas, à l'extrémité de la cheville C un coin c en bois dur qui, à mesure qu'on frappe sur l'autre extrémité F, s'enfonce dans la cheville et la serre dans le trou qui doit la recevoir et qui est, dans l'exemple actuel, limité en *ab*.

**335.** Si les deux parements de la me-

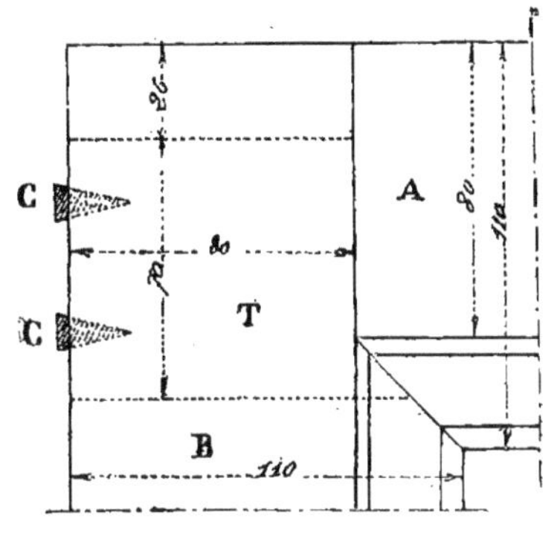


Fig. 484.

nuiserie doivent être vernis on supprime les chevilles et on met de la *colle forte* sur la mortaise et sur le tenon.

**336.** Si on désire plus de solidité on peut placer, en bout du tenon T (*fig.* 484) des coins C qui le maintiennent.

**337.** Si le tenon ne va pas jusqu'au bout on prend alors la disposition (*fig.* 485) en ajoutant un coin C qui remplit le même but que celui de la figure 483.

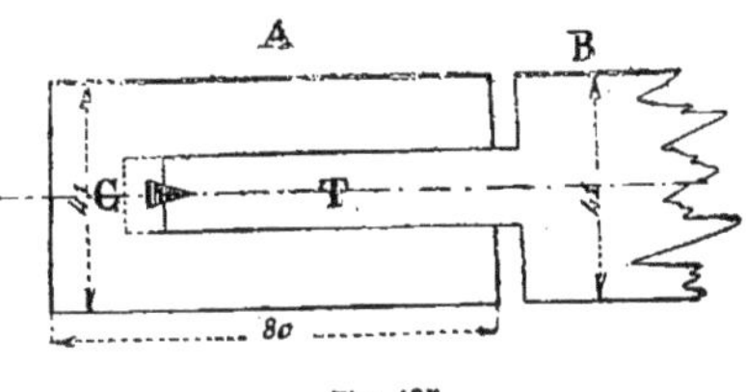


Fig. 485.

Nota.

**338.** Il peut arriver, dans une mortaise que l'une des parois manque, c'est-à-dire que l'entaille de la mortaise se prolonge jusqu'à l'extrémité de la pièce de bois dans laquelle on l'a creusée, de manière que si la mortaise pénètre cette pièce de bois de part en part cette extrémité forme une espèce de fourche *f* (*fig.* 486) composée de deux planchettes parallèles *p* et *p'* saillantes à l'extrémité de la pièce de bois B mais faisant corps avec elle.

La mortaise ainsi exécutée prend le nom *d'enfourchement* et l'assemblage qui en résulte, avec une autre pièce de bois

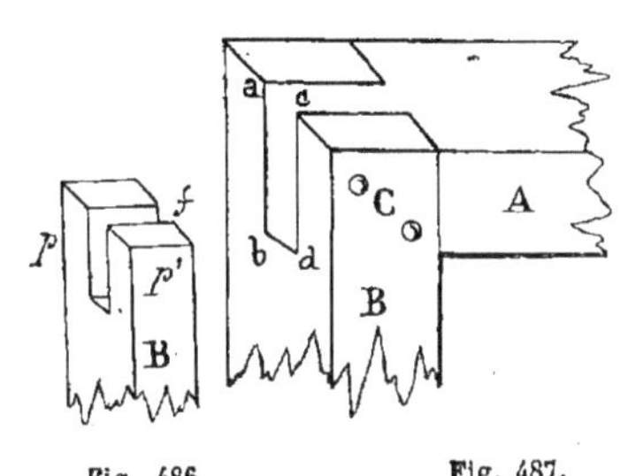


Fig. 486. Fig. 487.

horizontale portant le tenon, est connu sous le nom *d'assemblage en enfourchement.*

2° Assemblage à enfourchement.

**339.** L'assemblage à enfourchement et à tenon employé en menuiserie est indiqué en croquis (*fig.* 487). On fait, dans le battant B deux traits de scie *ab*, *cd*

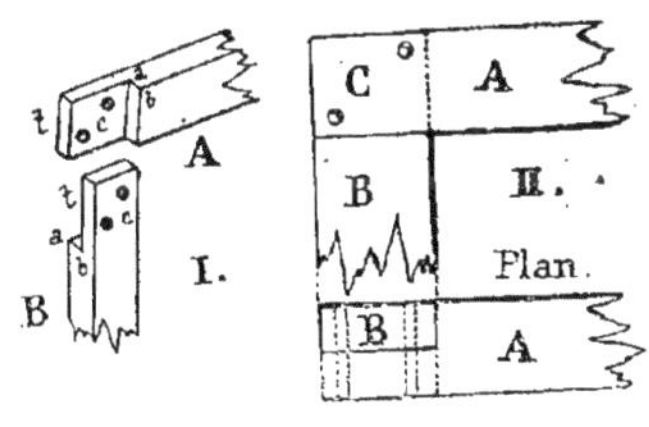


Fig 488.

puis, avec un bédane, on fait sauter le milieu ; c'est dans le vide ainsi formé qu'on place le tenon à deux arasements exécuté à l'extrémité de la traverse A. Le tout est maintenu par deux chevilles C.

D'après ce que nous avons dit précédemment on peut définir comme suit l'assemblage à enfourchement. C'est un assemblage dans lequel la mortaise n'ayant pas d'épaulement n'a que trois parois et règne jusqu'à l'extrémité du bois.

Dans cet exemple, le tenon n'a pas d'arasement du côté où la mortaise n'a

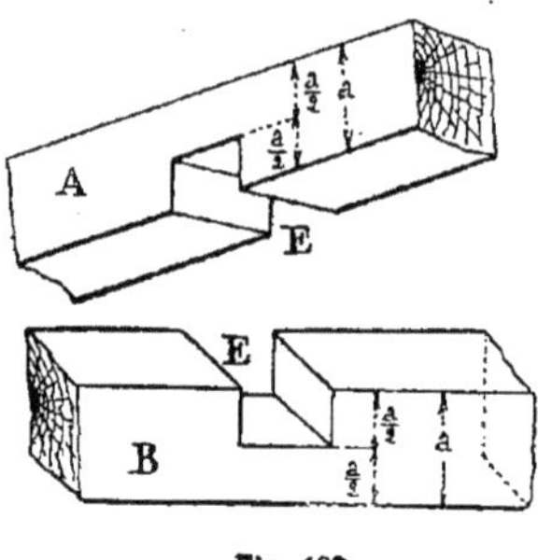


Fig. 489.

pas d'épaulement et, en ce point, il est de niveau avec le reste de la pièce de bois.

### 3° Assemblages à entailles ou à mi-bois.

**340.** Dans l'assemblage à mi-bois, dont le croquis I (*fig.* 488), nous montre la disposition, chacune des pièces A et B porte un tenon *t* qui n'a d'arasement que d'un seul côté.

Pour l'exécuter on entaille chaque pièce suivant *ab* perpendiculairement à sa grande surface à une distance de son extrémité égale à la largeur de l'autre pièce.

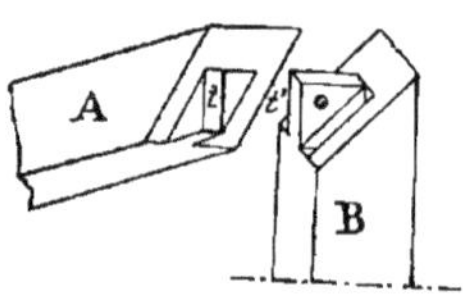


Fig. 490.

Cette entaille, ou trait de scie, descend jusqu'à la moitié de l'épaisseur du bois, puis on refend, par le milieu de l'épaisseur, l'extrémité de cette même traverse parallèlement à sa surface et jusqu'à ce que le second trait de scie vienne joindre le premier perpendiculairement.

Ce travail exécuté, on applique les deux pièces AB l'une contre l'autre (II. *fig.* 488) et on les fixe avec des chevilles C ou par de simples *clous*.

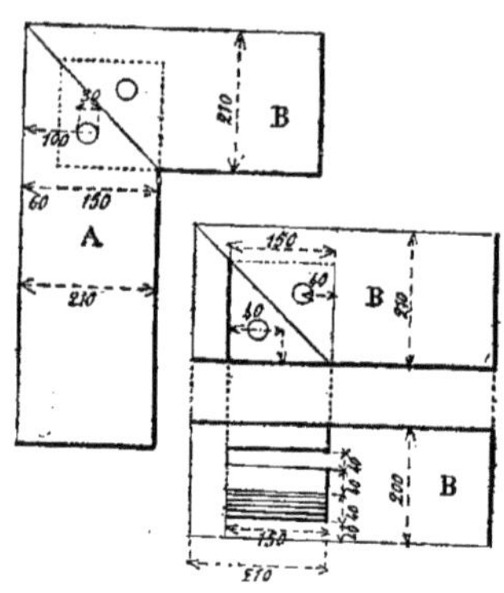


Fig. 491.

**341.** Cet assemblage est exécuté par les menuisiers pour les gros ouvrages de cloisons de cave, par exemple, et ordinairement sur des bois bruts.

### Nota.

**342.** Les assemblages à enfourchement,

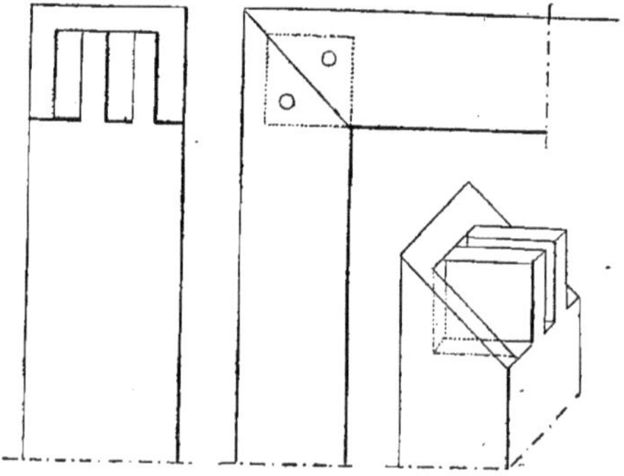

Fig. 492.

à mi-bois, à onglet, et d'une manière générale tous les assemblages d'angle dont nous parlerons, dans ce qui va suivre, ne résistent aux efforts qui peuvent s'exercer sur eux que par le frottement des pièces l'une contre l'autre si elles sont ajustées à frottement dur et par l'emploi d'un chevillage. Si, au contraire, ils doivent résister à des efforts un peu considérables, il est alors nécessaire de les consolider au moyen de ferrures appropriées aux divers cas.

**343.** L'assemblage à entailles s'emploie aussi pour réunir des bois qui se croisent à angle droit (*fig.* 489) ou même obliquement, les deux pièces ayant même épaisseur on fait affleurer les parements. On fait aussi cet assemblage à tiers bois, à quart bois etc...; lorsqu'il est nécessaire de ne pas affaiblir les pièces par des entailles trop profondes ; dans ce cas, si les pièces ont même épaisseur, elles n'affleurent pas.

#### 4° Assemblages à onglet.

**344.** On appelle *assemblages d'onglet* ou *à onglet* des assemblages pouvant s'exécuter de diverses manières et servant: soit à réunir deux pièces de bois en potence de manière que le bois debout soit dissimulé dans l'assemblage, soit, plus plus particulièrement, pour unir des pièces de bois ornées de moulures sur les bords comme les portes de nos habitations, soit, enfin, pour construire des encadrements.

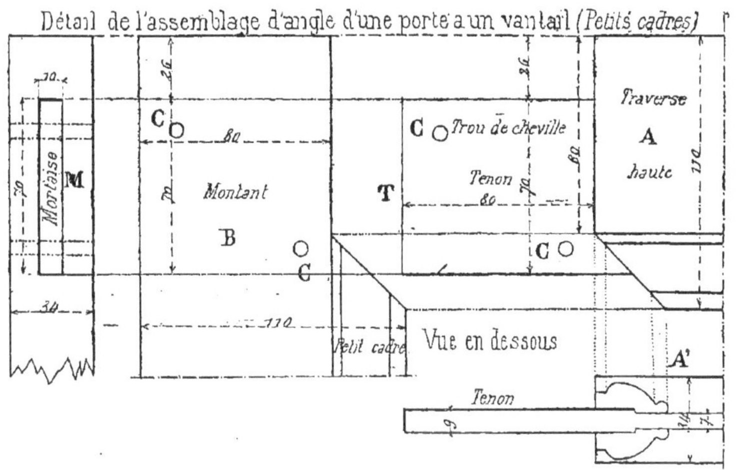


Fig. 493.

**345.** Les menuisiers emploient pour faire les *coupes d'onglet* une boite en bois nommée *boite à onglet* dont nous avons donné la forme (*fig.* 51).

C'est une espèce de canal en bois dans lequel on place la pièce à couper et qui porte, sur ses parois, des encoches obliques servant à guider la scie.

#### Assemblages à onglet avec tenons.

**346.** Cet assemblage comporte, comme le montrent les croquis (*fig.* 490 et 491), deux tenons *t* et *t'* coupés d'onglet, un sur chaque pièce.

Les tenons et les mortaises sont combinés de telle sorte qu'en face de chaque tenon d'une pièce se trouve la mortaise correspondante de l'autre.

**347.** On peut aussi, lorsque les bois sont épais, comme le montre la figure 492, faire un assemblage d'angle à double tenon de chaque côté ; si, au contraire, les bois sont minces on se contente alors de ne faire qu'un seul tenon d'un côté et une mortaise de l'autre, le tout convenablement chevillé.

**348.** Les assemblages d'angle de nos

portes intérieures d'habitations (*fig.* 493 et 494) sont aussi des assemblages d'onglet avec tenons car la moulure du petit et du grand cadre étant coupées d'onglet il

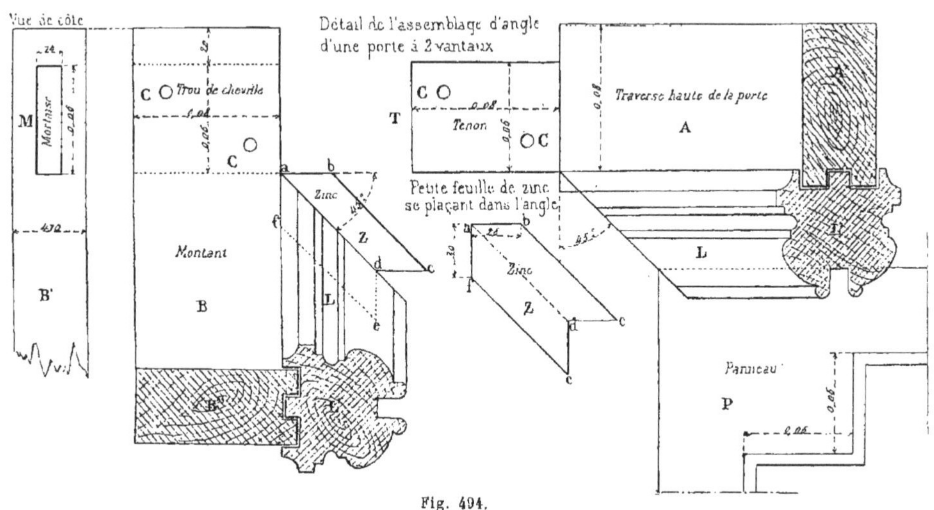


Fig. 494.

en résulte, lorsque les deux pièces sont assemblées, que les deux moulures ne semblent en faire qu'une.

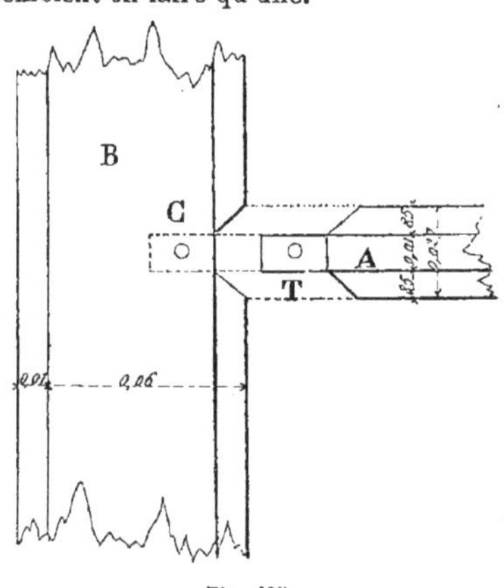


Fig. 495.

**349.** Quand les traverses qu'on assemble portent des moulures des deux côtés, on coupe encore chaque moulure d'onglet comme nous l'avons indiqué en croquis (*fig.* 139); c'est ce qu'on nomme

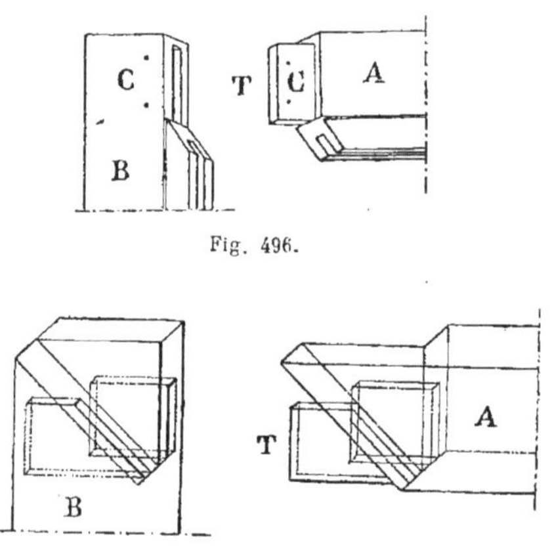


Fig. 496.



Fig. 497.

un assemblage d'onglet jusqu'à la moulure.

**350.** Les figures 140, 141 et 142 nous

indiquent aussi des assemblages d'onglet avec tenons.

**351.** La figure 495 nous montre encore un assemblage d'onglet souvent employé pour fixer les petits bois d'une croisée dans le montant.

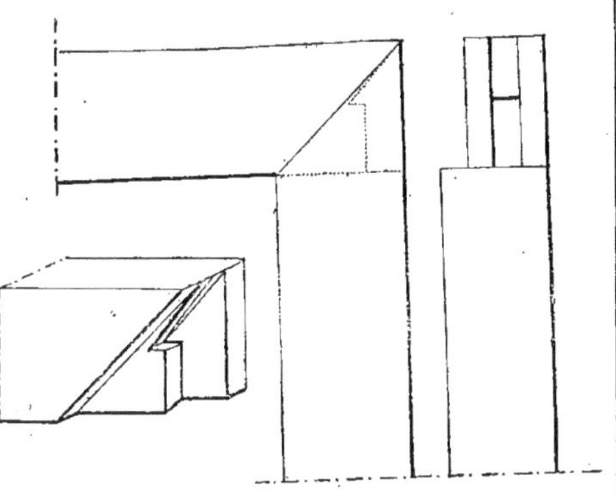

Fig. 498.

**352.** Enfin, les deux figures 496 et 497 représentent deux autres types d'assemblages d'onglet avec tenons.

**353.** Les portes cochères ayant besoin d'assemblages solides et les bois dont elles sont composées étant assez épais on adopte. pour les assemblages d'angle, la disposition donnée en croquis (*fig.* 498).

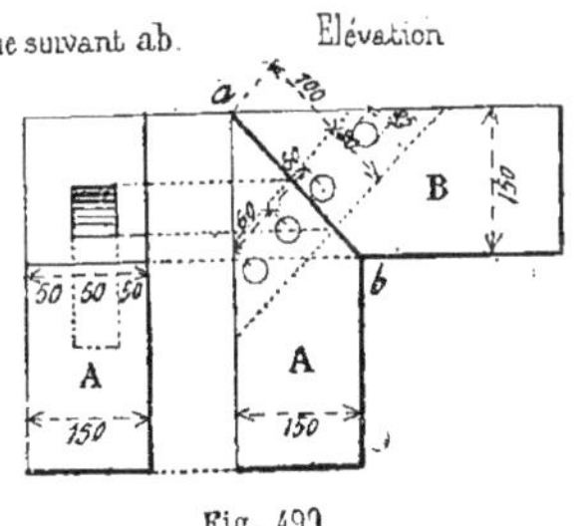


Fig. 499

C'est un assemblage très solide mais qui réclame des ferrures pour éviter l'ouverture des joints et la dislocation de l'assemblage.

#### Assemblages à onglet à clef.

**354.** Dans cet assemblage (*fig.* 499) les deux pièces A et B sont, comme dans l'exemple précédent, jointes suivant des coupes d'onglet et traversées par une

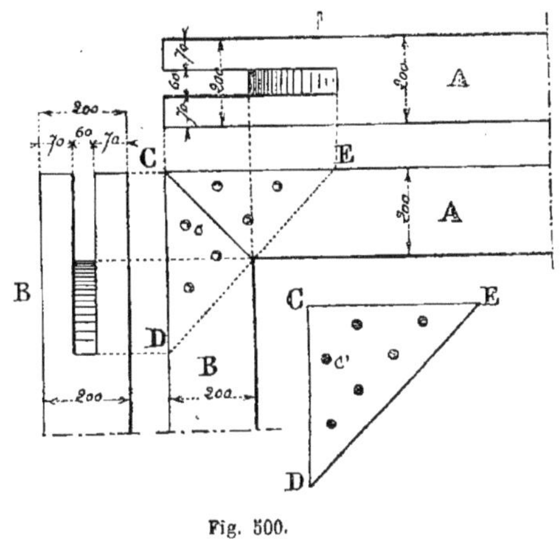


Fig. 500.

simple clef en bois dur maintenue en place par quatre chevilles.

#### Assemblages d'onglet à pigeons.

**355.** C'est une variante des exemples précédents qui se comprend très facilement à la seule impression de la figure 500. On fait, dans chacune des pièces A et P, une entaille triangulaire dans laquelle on

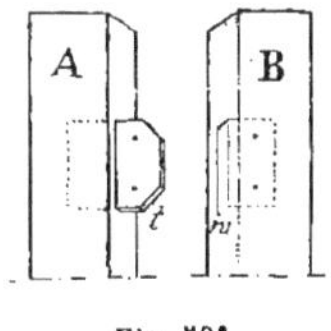


Fig. 501.

loge la pièce CDE qu'on maintient avec des chevilles *c*.

#### 5° Assemblages à clé.

**356.** Ce genre d'assemblage est le plus souvent employé par le menuisier pour réunir côte à côte deux planches *emboîtées* haut et bas. Ces planches A et B (*fig.* 501) ayant une épaisseur suffisante, on creuse dans cette épaisseur des mortaises *m* placées l'une en face de l'autre ; on coupe alors de petites planchettes *t* en bois dur ayant en largeur et en épaisseur des dimensions telles qu'elles entrent à frottement

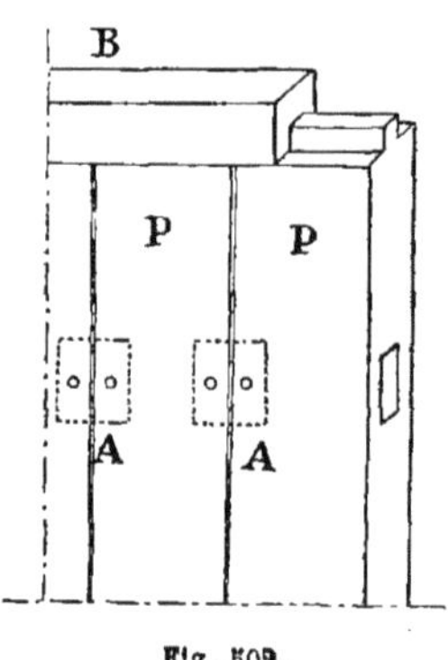


Fig. 502.

dans les mortaises *m*. On forme ainsi de véritables tenons rapportés qu'on appelle *clés* et qu'on place dans les mortaises en les y maintenant par des chevilles.

#### 6° Assemblages à emboîture.

**357.** On donne le nom d'*emboîture* (*fig.* 502) à une pièce de bois B qui reçoit dans une rainure pratiquée sur sa longueur l'assemblage des extrémités de

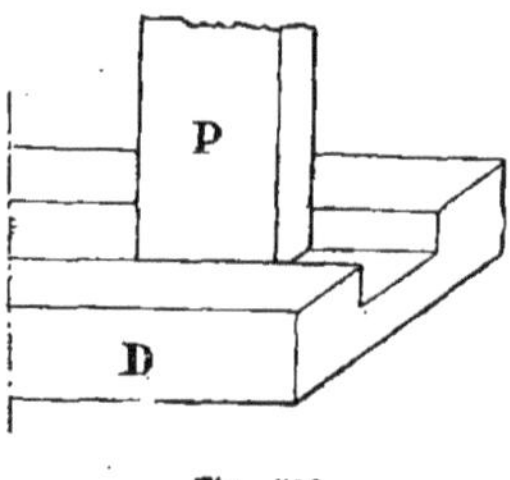


Fig. 503.

planches P déjà jointes latéralement entre elles par l'assemblage à clé A décrit ci-dessus, ou de toute autre manière. Dans l'exemple (*fig.* 502), une pièce étant arasée au parement des planches P l'emboîture est dite simple.

**358.** Lorsque la pièce D est plus large que les planches P (*fig.* 503), elle est nommée *emboîture à coulisse.*

**359.** On se sert aussi de l'emboîtage que nous venons d'indiquer (*fig.* 502), en ajoutant une clé au droit de chaque planche. C'est alors l'emboîture ou l'assemblage à rainure et languette avec traverse que nous examinerons plus loin. Dans la traverse on creuse une rainure longitudinale et autant de mortaises qu'il y a de planches à assembler. On fait une languette à l'extrémité de toutes ces planches, et au milieu de chacune de ces languettes on creuse une mortaise correspondante à celle de la traverse, on place des clés dans les mortaises, puis on termine en collant

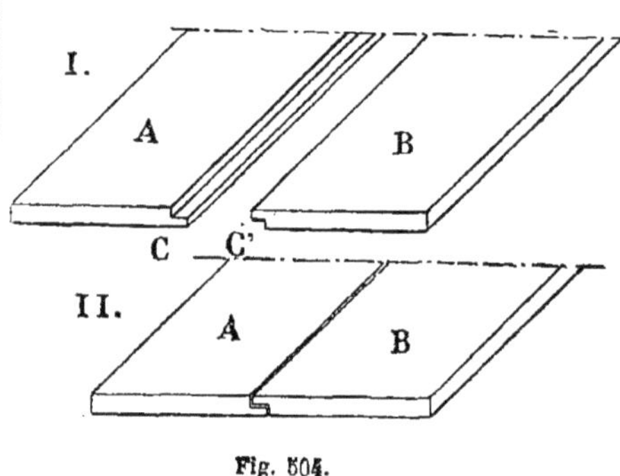


Fig. 504.

les languettes dans la rainure, et en chevillant les mortaises.

#### 7° Assemblage à feuillure.

**360.** C'est l'assemblage à mi-bois décrit ci-dessus mais appliqué sur toute la longueur d'une planche. On l'emploie pour réunir longitudinalement et transversalement des pièces qu'on se propose d'assembler sur la rive et dans toute leur longueur.

**361.** Pour faire cet assemblage, on élégit parallèlement à l'arête d'une planche A (*fig.* 504) une cavité C à angle droit d'environ la moitié de l'épaisseur du bois ; c'est à cette cavité qu'on donne le nom de *feuillure;* on fait sur l'autre pièce D une autre feuillure C' en sens inverse. Lorqu'on place les deux planches dans la position II (*fig.* 504), on consolide l'assemblage avec de la colle et des clous.

**8° Assemblages divers des planches entre elles**

**362.** Les principaux assemblages des planches entre elles sont les suivants :

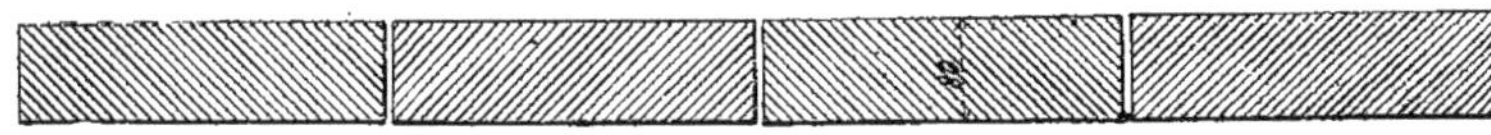

Fig. 505.

**I. — Assemblage à plat-joint.**

**363.** Les planches, comme le montre la figure 505, sont simplement juxtaposées, après avoir été bien dressées sur le joint.

**II. — Assemblage en fausse-coupe.**

**364.** Cet assemblage est indiqué en croquis (*fig.* 506).

**Nota.**

**365.** On désigne encore sous le nom

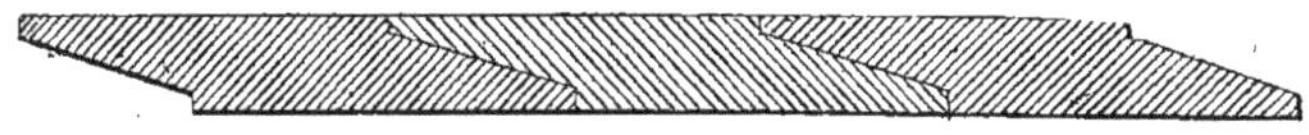

Fig. 506.

d'*assemblage à fausse-coupe* celui qui est représenté en croquis (*fig.* 507) et qui se présente dans l'assemblage d'un lambris avec moulures lorsque les deux largeurs L et L' sont différentes. Dans ce cas, si on désire assembler les deux pièces de bois A et B à bois de fil, on coupe la moulure M d'onglet puis on trace la ligne *ab* comme si les deux pièces de bois A et B avaient la même largeur L et L en plaçant le point *a* à une distance égale L à la plus petite largeur, on coupe alors d'onglet suivant *abc*. Le tenon T est placé comme l'indique en pointillé la figure.

**III. — Assemblage à languettes rapportées.**

**366.** Dans cet assemblage, indiqué en croquis (*fig.* 508), on place une fausse languette rapportée dans la rainure creusée dans l'épaisseur de chaque planche. Cette fausse languette doit être en bois debout.

**IV. — Assemblages en planches à joints recouverts.**

**367.** Cet assemblage, indiqué en croquis (*fig.* 509), n'est autre que l'assemblage à feuillure dont nous avons parlé ci-dessus (*fig.* 504).

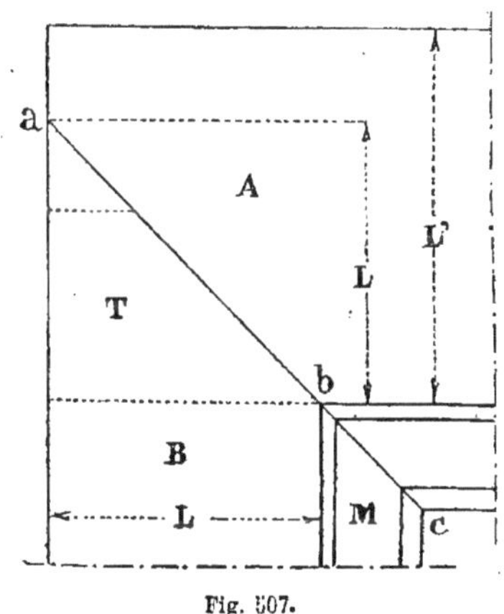


Fig. 507.

**V. — Assemblages à rainures et languettes simples.**

**368.** Cet assemblage est employé pour réunir longitudinalement deux ou un plus

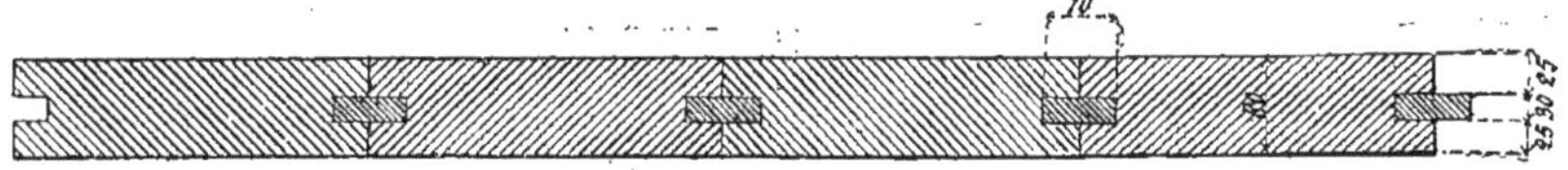

Fig 508.

grand nombre de planches. Sur les unes on creuse parallèlement à leur face et dans toute leur longueur un petit canal rectangulaire *abcd* (*fig.* 510) nommé *rainure* et destiné à recevoir une *languette* ménagée sur la rive d'une autre planche.

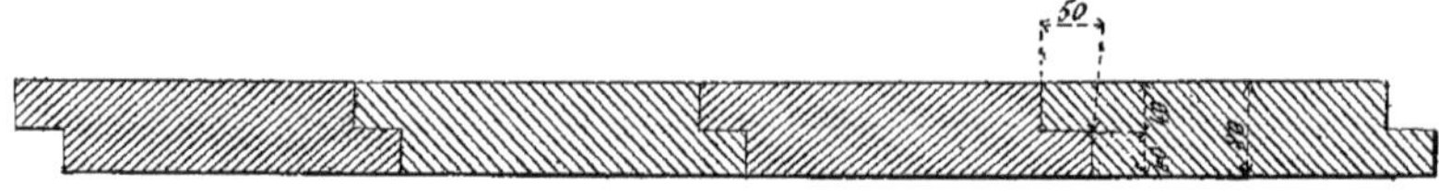


Fig. 509

Les parois latérales de cette rainure portent le nom de *joues*.

**369.** Une rainure doit avoir pour largeur le tiers de l'épaisseur des parties à assembler et 6 à 8 millimètres de profondeur dans des bois de 14 à 41 millimètres d'épaisseur et 14 millimètres dans des bois de 54 à 81 millimètres d'épaisseur.

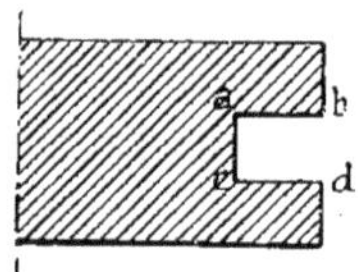


Fig. 510.

**370.** On nomme *rainure d'embrèvement* celle qui est poussée derrière un cadre de porte et qui reçoit les languettes du bâtis.

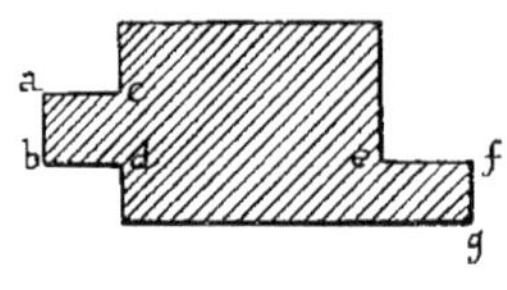


Fig. 511

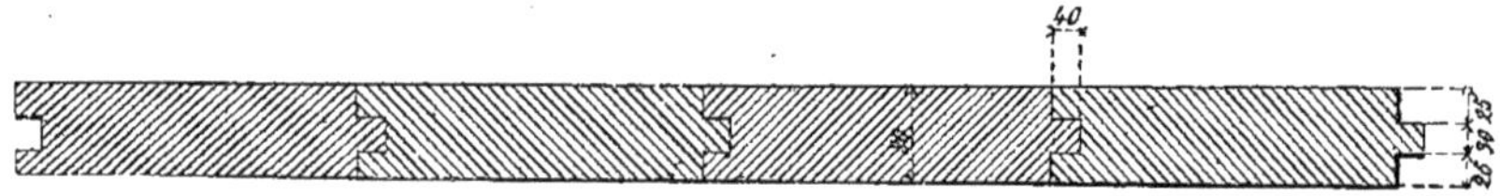


Fig. 512.

**371.** Une *rainure à bois debout* est celle qui est faite en travers du fil du bois.

**372.** La *languette abcd* (*fig.* 511) est un filet quadrangulaire correspondant exactement à la rainure de la figure précédente ; les petites faces formant les arêtes de rive prennent le nom d'*arasement*.

**373.** La longueur de la languette doit être un peu moindre que la profondeur de la rainure, afin qu'elle n'empêche pas les épaulements de se joindre complètement. La languette peut avoir deux arasements comme celle indiquée en *abcd* (*fig.* 511) ou un seul comme la languette *efg*, même figure, cette dernière sert pour l'assemblage d'une contremarche d'escalier avec la marche ; elle est connue sous le nom de *languette à épaulement*.

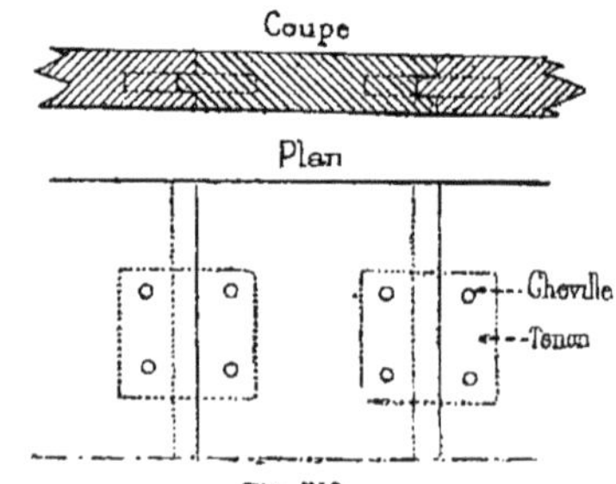


Fig. 513.

**374.** La figure 512 nous montre un exemple de l'assemblage de plusieurs planches à rainures et languettes simples.

VI. — Assemblages à rainures et languettes simples avec faux tenons chevillés.

**375.** Cet assemblage est indiqué en plan et en coupe transversale (*fig.* 513). Les tenons sont toujours à bois debout dont le fil est perpendiculaire à la longueur des planches.

VII. — Assemblages à doubles rainures et languettes.

**376.** Lorsqu'on désire une forte résistance, on met dans chaque planche une

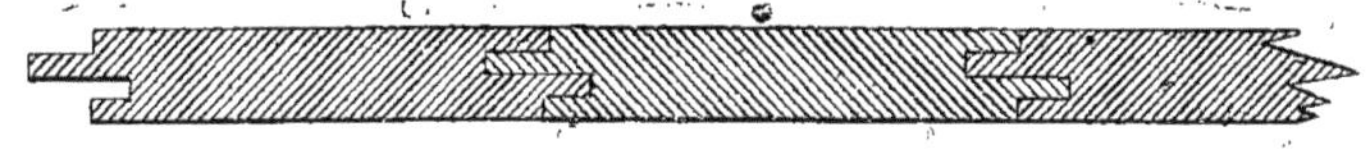

Fig. 514

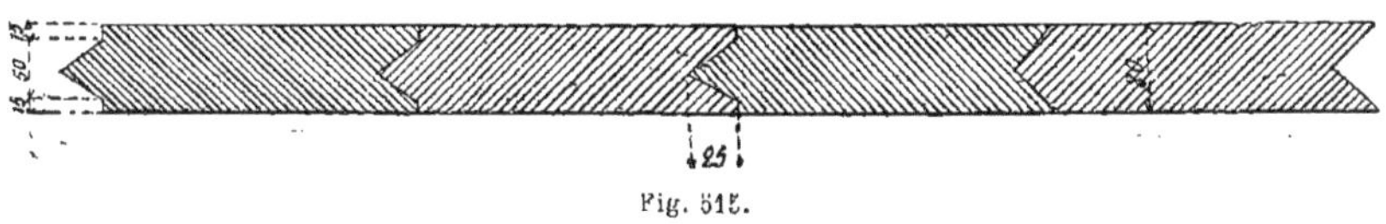


Fig. 515.

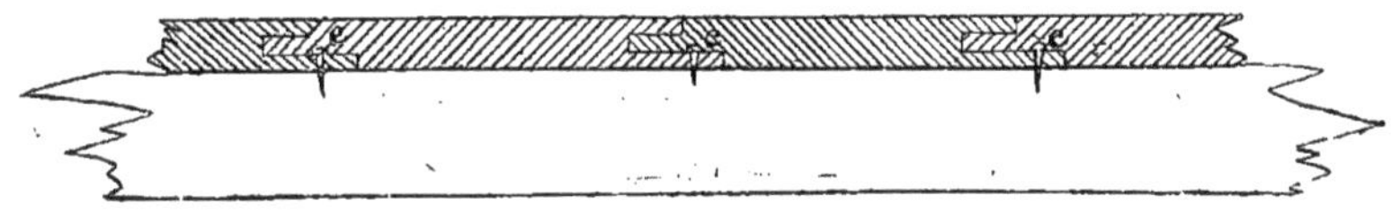

Fig. 516.

rainure et une languette comme nous l'indiquons en croquis (*fig.* 514).

VIII. — Assemblages à grain d'orge.

**377.** Assemblage peu employé en menuiserie, mais qui a son utilité lorsqu'on désire obtenir une paroi étanche ; nous en donnons des exemples (*fig.* 515)

IX. — Assemblages de planches à joints recouverts avec rainures et languettes.

**378.** Dans cet assemblage, dont nous donnons un exemple (*fig.* 516), les planches sont supposées clouées sur une solive par exemple, et les têtes de clous *c* sont recouvertes par les planches suivantes au fur et à mesure de la pose.

X. — Assemblage à rainures et languettes avec traverse.

Dans cet assemblage (*fig.* 517), les planches A sont assemblées entre elles à rainures et languettes ; elles sont également assemblées à rainures et languettes avec tenons et mortaises dans une traverse B placée perpendiculairement aux planches.

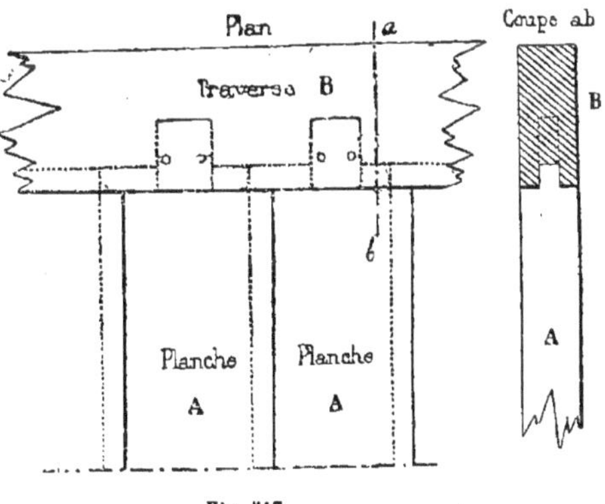


Fig. 517.

8° Assemblages à queue d'aronde ou d'hironde

**379.** Cet assemblage est ainsi nommé parce qu'il ressemble à une queue d'hirondelle. Il est formé par des tenons évasés plus larges à leur extrémité qu'au point où ils joignent l'arasement et ayant la forme trapézoïdale ou de pyramides tronquées. Dans ce genre d'assemblage, le tenon, au lieu d'entrer directement dans sa mortaise par la face normale de la pièce qui reçoit l'assemblage, est introduit latéralement dans une entaille faite dans la face du parement de cette même pièce.

C'est un assemblage très solide; les pièces, lorsqu'elles sont réunies, ne se séparent jamais quand on les tire en sens contraire, sans que, pour obtenir cet effet,

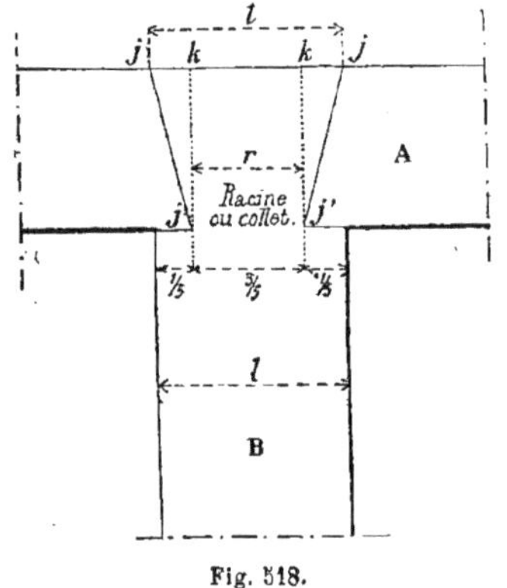


Fig. 518.

il soit besoin de les coller ou de les cheviller.

Lorsque les pièces assemblées à queue d'hironde doivent fréquemment être tirées dans un sens (tiroirs par exemple) il est bon de modifier un peu la forme des tenons et de ne leur faire subir aucun rétrécissement dans leur longueur qui reste alors uniforme partout, mais la face antérieure est beaucoup moins large que la face postérieure et les surfaces latérales sont inclinées, de sorte que le rétrécissement a lieu d'arrière en avant, tandis que le tenon en queue d'hironde couramment usité présente plus de volume à l'extrémité que vers l'arasement.

**380.** Dans les assemblages à queue d'hironde, qui sont généralement destinés à résister à des efforts de traction, il convient, pour avoir une résistance suffisante, de donner à la racine de la

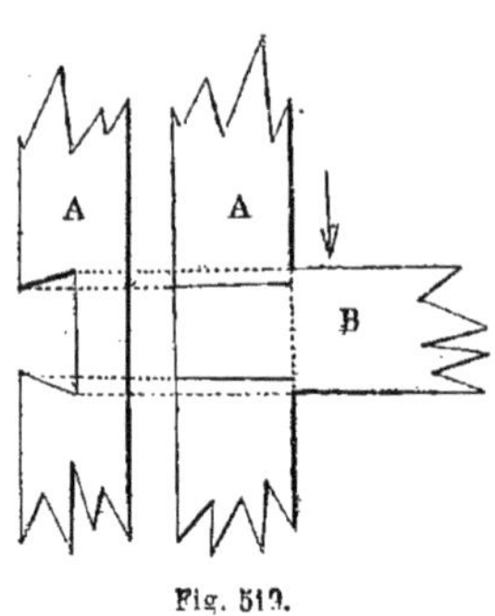


Fig. 519.

queue (*fig.* 518) les 3/5 de la largeur de la pièce. Le devant de la queue d'hironde occupe toute la largeur de la même pièce.

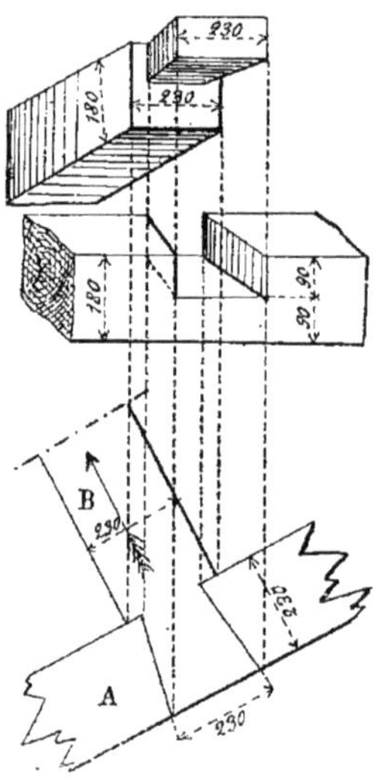


Fig. 520.

Le *collet* a les 3/10 de la surface d'équarrissement de la pièce B. Le bout de la queue est égal à la moitié de cette même surface d'équarrissement.

**381.** Dans le cas où la pièce B est étroite ou que le collet de la queue d'hironde a un grand effort à supporter, on ne donne, au rétrécissement de chaque côté, que le 1/10 de la largeur de la queue d'hironde, afin que les joues *jj'* soien peu inclinées et que l'effort auquel elles doivent résister ait moins de puissance pour les faire éclater suivant la direction des fibres du bois *j"k*.

### I. — Assemblage à queue d'hironde simple ou queue d'hironde à mi-bois.

**382.** Nous représentons (*fig.* 519 et 520) deux exemples de l'assemblage à queue d'hironde à mi-bois. Dans le premier (*fig.* 519) la pièce A est supposée

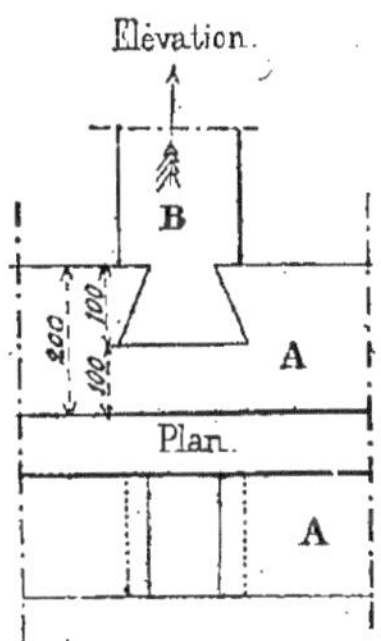


Fig. 521.

placée verticalement. La pièce B est. dans ce cas, soumise à un effort tranchant s'exerçant dans le sens de la flèche. Dans le deuxième exemple (*fig.* 520), les deux pièces A et B sont supposées placées horizontalement. La pièce B est alors soumise à un effort de traction dans le sens indiqué par la flèche.

**383.** Dans les deux cas la forme du tenon est différente mais l'épaisseur de ce tenon ou *queue d'hironde* est la moitié de la pièce B et il se loge en entier dans la pièce A.

**384.** Nous avons donné précédemment (*fig.* 103) la disposition d'une machine spéciale et pratique pour faire les assemblages en queue d'hironde qu'on rencontre dans beaucoup d'ateliers de menuiserie.

### II. — Assemblage à queue d'hironde percée.

**385.** Ce genre d'assemblage est indiqué en croquis (*fig.* 521). Supposons, dans ce cas, la pièce B placée verticalement et

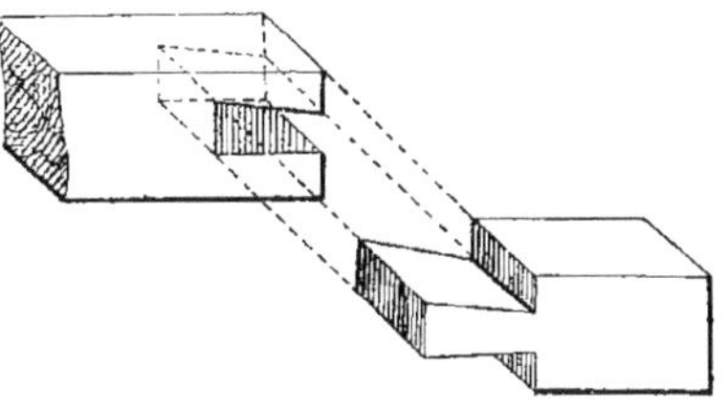

Fig. 522.

soumise à un effort de traction. Le tenon, dans cet exemple, prend toute l'épaisseur du bois d'ou le nom de queue d'hironde percée.

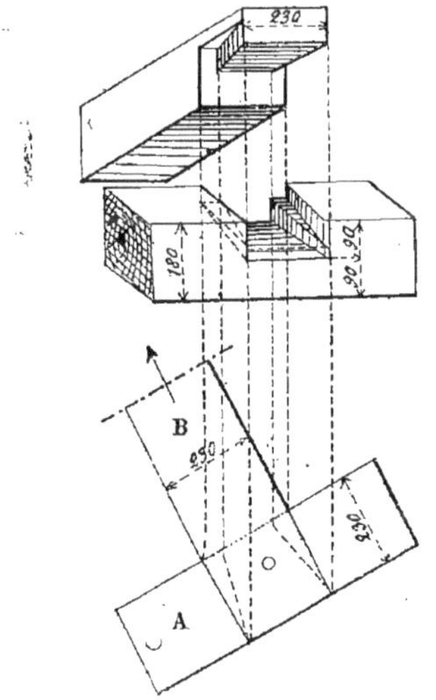


Fig. 523.

**386.** La figure 522 nous montre une disposition analogue pour deux pièces de bois placées bout à bout.

### III. — Assemblage à queue d'hironde à recouvrement.

**387.** Cet assemblage est représenté en

croquis (*fig.* 523). Les deux pièces A et B sont supposées placées horizontalement, la pièce B recevant toujours un effort de traction. Dans cet exemple, la queue d'hironde n'occupe qu'une partie de la demi-épaisseur de la pièce B. Elle est recouverte par un rectangle qui vient affleurer le dessus de la pièce A lorsque la queue d'hironde est placée dans sa mortaise.

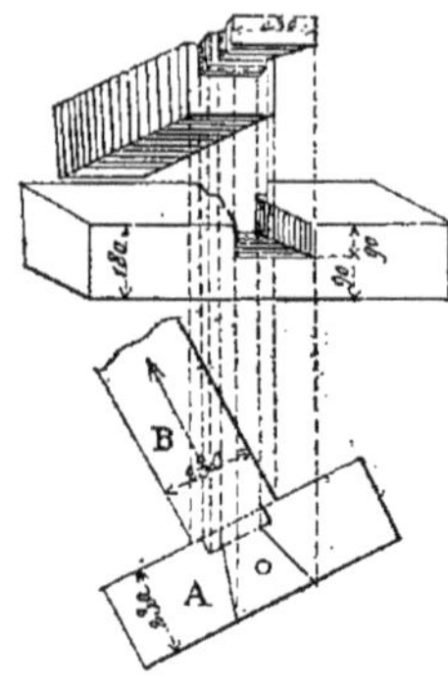

Fig. 524.

**IV. — Assemblage à queue d'hironde avec renfort au collet.**

**388.** La figure 524 nous montre un exemple de cet assemblage. Le renfort consiste en une surépaisseur au collet qui règne sur les côtés ainsi qu'en dessous et qui affleure le dessus de la pièce A.

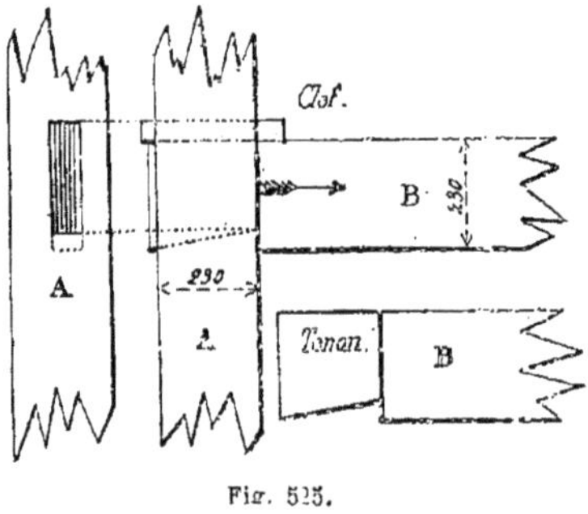


Fig. 525.

**V. — Assemblage de tenon en queue d'hironde avec clef.**

**389.** La queue d'hironde dans ce cas (*fig.* 525) a une forme spéciale, représentée en élévation en dehors de l'assemblage. C'est un tenon échancré d'un seul côté comme une queue d'hironde ordinaire. Le côté correspondant de la mortaise est évasé suivant la même inclinaison. L'autre côté est droit. L'entrée de la mortaise est suffisamment grande pour laisser passer la partie la plus large du tenon.

**390.** Quand la queue d'hironde est placée dans la mortaise, on remplit le vide qu'elle laisse au dessus par une clef introduite par la face d'assemblage de la pièce A. On chasse cette clef en frappant dessus avec un maillet jusqu'à refus.

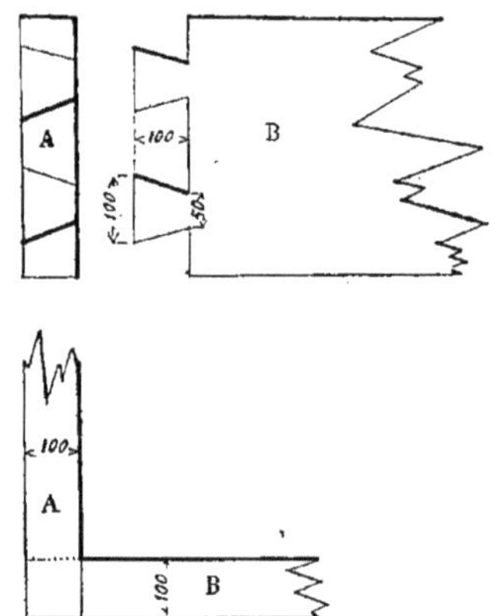


Fig. 526.

**VI. — Assemblage d'angle à queue d'hironde simple.**

**391.** Dans cet assemblage, indiqué en croquis (*fig.* 526), la pièce B porte les queues d'hironde qui entrent dans les entailles faites pour les recevoir sur le bout de la pièce A. Dans ce genre d'assemblage, qui est très souvent employé pour la construction de boîtes, tiroirs, etc., les queues d'hironde sont apparentes sur les deux faces extérieures des pièces; le nombre des queues d'hironde est évidemment proportionnel à la hauteur des pièces assemblées. Les deux figures 527 et 528 nous donnent en perspective cavalière deux exemples de cet assemblage.

#### VII. — Assemblage à mi-bois avec queue d'hironde et à mi-bois avec double queue d'hironde.

**392.** Ces deux assemblages, dont nous indiquons la forme (*fig.* 529 et 530). sont très souvent employés pour joindre deux pièces de bois dans le sens de leur longueur ; ils ne présentent rien de particulier à signaler et se comprennent facilement à la seule inspection des croquis.

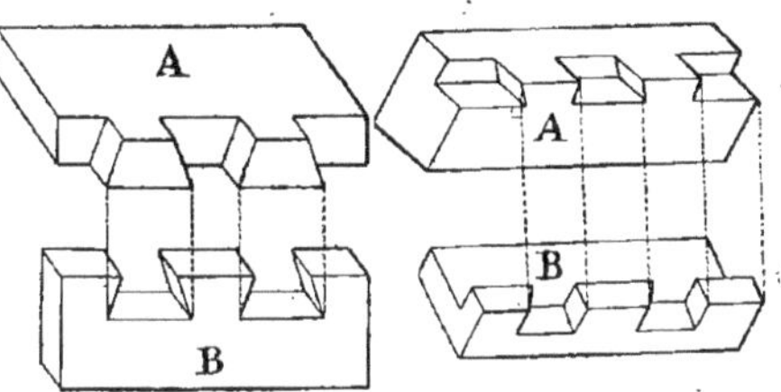


Fig. 527, 528.

#### VIII. — Assemblages à queues perdues.

**393.** Dans les assemblages à queues d'hironde, les tenons diffèrent des tenons ordinaires, parce qu'il n'y a pas d'arasement parallèle à l'épaisseur de la pièce et qu'ils sont aussi épais qu'elle; mais, dans certains cas, où l'on veut que l'assemblage paraisse encore moins, on ne donne au tenon que les deux tiers ou les trois quarts de l'épaisseur; le reste est coupé d'onglet. C'est ce qu'on appelle *assemblage à queues perdues*. C'est, en un mot, une combinaison de l'assemblage à feuillure d'onglet avec celui à queues. On fait, par le bout des deux pièces à réunir, une feuillure ayant pour largeur environ les trois quarts de l'épaisseur de ces parties, pour profondeur le tiers de cette largeur; les joues sont coupées d'onglet et, dans les parties au delà de ces feuillures, on fait les queues et leur entaille. Lorsque les deux parties sont assemblées les queues sont invisibles.

#### Nota

**394.** Nous avons, dans ce qui précède, indiqué les divers assemblages les plus usités en menuiserie. Nous pourrions évidemment nous en tenir là en laissant au lecteur le soin de faire l'étude des diverses combinaisons qu'on peut obtenir par leur association, mais la question

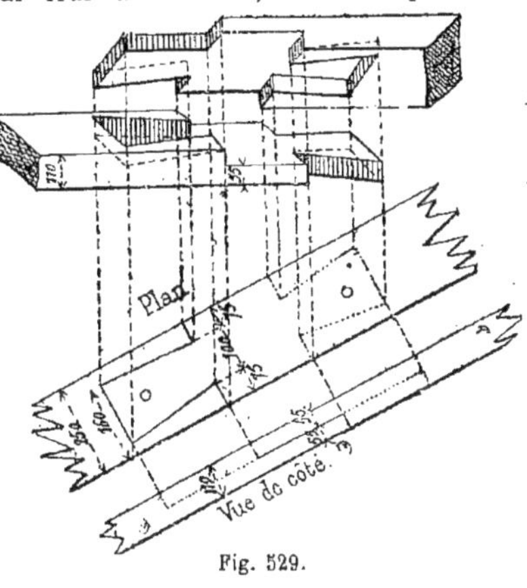


Fig. 529.

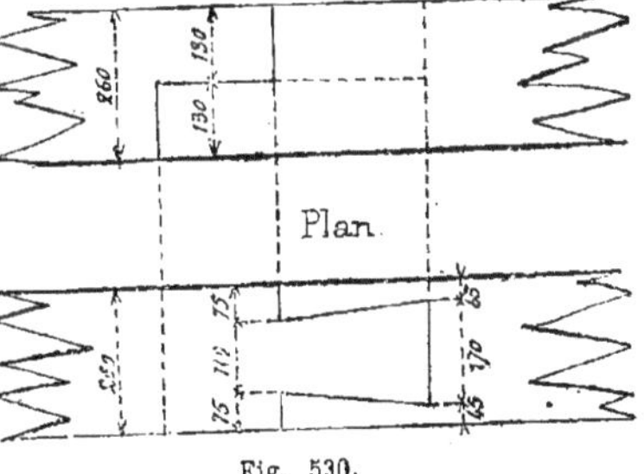


Fig. 530.

assemblage nous paraît si importante qu'au risque de faire quelques répétitions nous croyons utile non seulement de donner sommairement un aperçu des diverses solutions mais aussi de rappeler certains assemblages qui sont plus du ressort du charpentier mais que les menuisiers ont aussi quelquefois à employer.

**395.** Bien souvent il arrive au menuisier de faire, dans une planche un peu épaisse, deux rainures parallèles et dans l'autre deux languettes devant entrer dans ces deux rainures. Il obtient ainsi l'assemblage à doubles rainures et languettes beaucoup plus solide que l'assemblage simple mais qui n'est qu'une déduction de ce dernier.

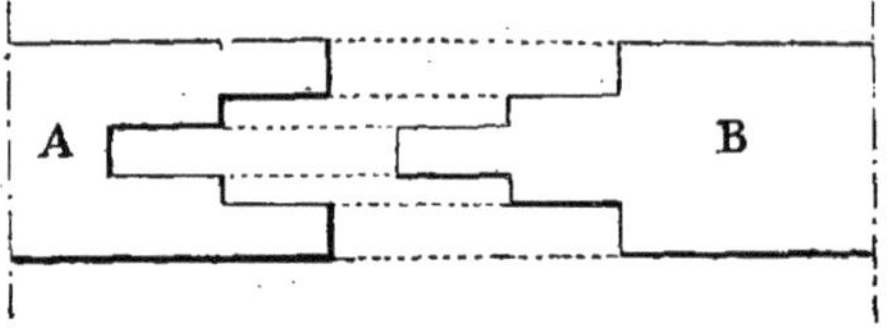


Fig. 531.

**396.** Dans d'autres circonstances il peut, sur la rive de l'une des planches, creuser une première rainure (*fig.* 531), plus large que les rainures ordinaires, puis, au fond de celle-ci, une autre rainure plus étroite; il devra dans l'autre planche faire aussi deux languettes superposées. C'est encore un exemple d'un assemblage composé mais rentrant dans les exemples examinés.

**397.** L'ouvrier peut avoir à assembler des pièces de bois de différentes épaisseurs, cas qui se présente très souvent dans la menuiserie de bâtiments.

Il peut alors, ou bien creuser dans la rive de la plus épaisse une feuillure ou angle droit rentrant et parallèle au fil du bois et loger la rive de la pièce la plus mince dans cette feuillure en retenant l'assemblage à l'aide de chevilles; ou encore faire à chacune des deux pièces

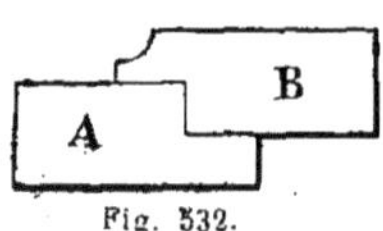


Fig. 532.

à assembler une feuillure et les appliquer l'une contre l'autre en faisant joindre ensemble la face interne des feuillures, comme le montre le croquis (*fig.* 532).

Il est évident que dans ce cas l'une des planches est saillante d'un côté et l'autre planche est saillante de l'autre.

**398.** Même lorsque les planches à assembler ont des épaisseurs différentes, on se sert de préférence de l'assemblage à rainure et languette, dont nous donnons la disposition dans le croquis (*fig.* 533).

Si, pour une raison quelconque, on désire que la saillie soit d'un seul côté, il faut alors, comme nous l'indiquons (*fig.* 534), creuser la languette, non plus au milieu de l'épaisseur de la pièce B, mais plus loin, en E, près de la face qui doit être

Fig. 533.

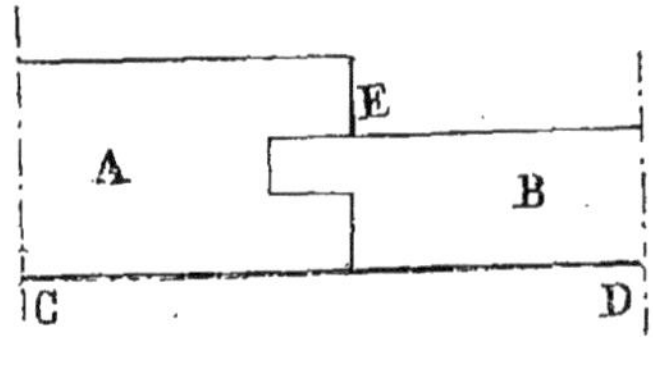


Fig. 534.

saillante. Les deux parements C et D des deux pièces A et B étant dans le prolongement l'un de l'autre, on dit qu'ils *s'affleurent*.

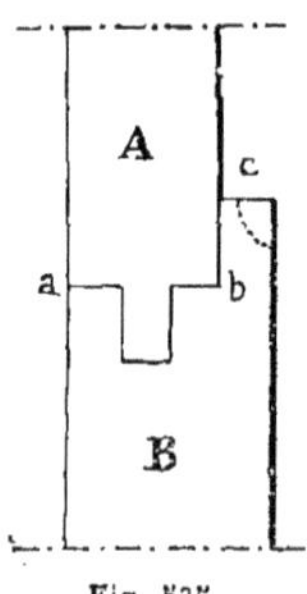


Fig. 535.

**399.** On peut encore faire l'assemblage de la manière suivante : creuser la pièce la plus épaisse B (*fig.* 535) suivant *ab* de toute la largeur de la pièce A ; au fond de cette entaille, on creuse ensuite la rainure devant recevoir la languette correspondante de la pièce A. L'excédent d'épaisseur $c$ de la pièce B sur la pièce A faisant

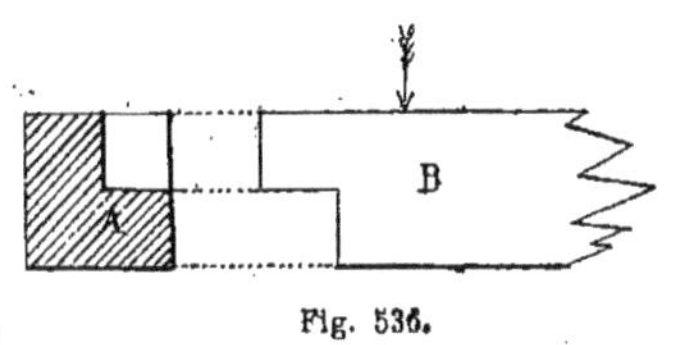


Fig. 536.

saillie sur le côté droit de la figure cache le joint de l'assemblage des deux pièces. Cet assemblage est connu sous le nom d'*assemblage à recouvrement.*

On peut, comme nous l'indiquons en pointillé, tracer une petite gorge afin de rendre moins lourde la partie en saillie.

### 9°. Assemblage à entaille carrée.

**400.** Cet assemblage très simple est représenté en croquis (*fig.* 536). La pièce

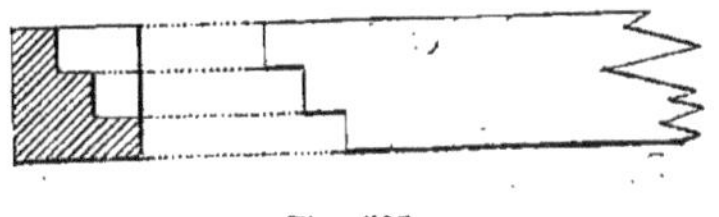

Fig. 537.

B est, dans cet exemple, soumise à un effort tranchant.

### 10°. Assemblage à double entaille carrée ou à double repos.

**401.** C'est, comme le montre le cro-

Assemblages de pièces horiz^les

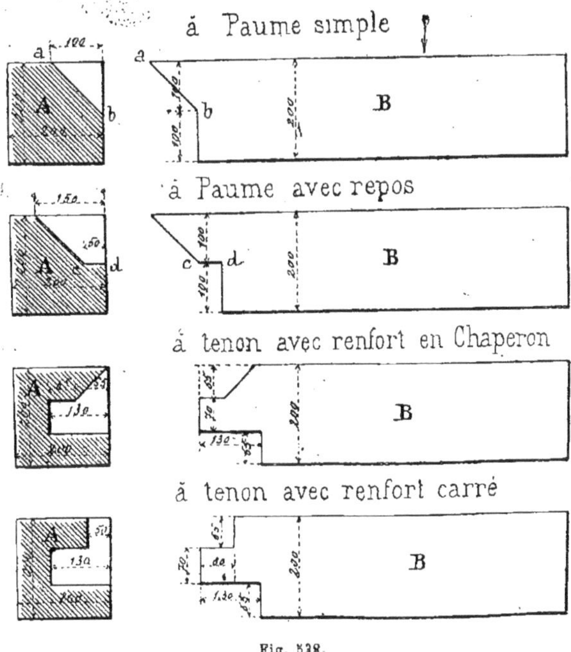


Fig. 538.

quis (*fig.* 537), une variante de l'exemple précédent.

#### 11° Assemblage à paume simple.

**402.** Cet assemblage est indiqué en croquis (*fig.* 538). La pièce B est soumise à un effort tranchant dont le sens est indiqué par la flèche tracée dans le croquis. La pièce B est supportée par la pièce A par l'intermédiaire de la partie inclinée *ab* qu'on nomme *paume.*

##### I. — Assemblage à paume avec tenon.

**403.** Quelquefois on ajoute à l'assemblage que nous venons d'indiquer un tenon, comme le montre le croquis (*fig.* 539) Cette disposition est aussi connue sous le nom d'*assemblage à chaperon.*

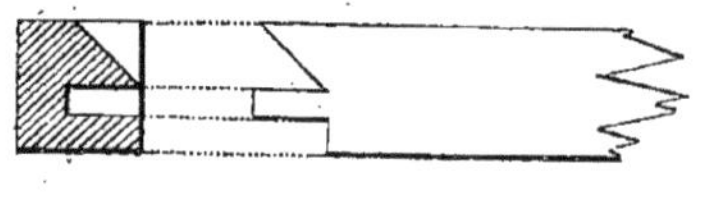

Fig. 539.

##### II. — Assemblage à paume avec repos.

**404.** On ajoute aussi à l'assemblage simple à paume un repos *cd*, comme le montre le croquis (*fig.* 538) On fait aussi, comme l'indique le croquis (*fig.* 540), un assemblage à double paume et à double repos.

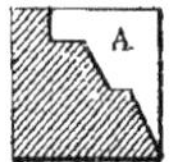


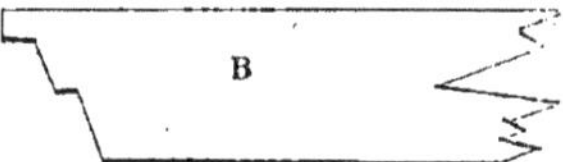


Fig. 540.

#### 12° Assemblage à tenon avec repos.

**405.** L'assemblage, à tenon avec repos est représenté en croquis (*fig.* 541). La pièce A est supposée placée verticalement. La pièce B est, dans ce cas, soumise à un effort tranchant. On donne ordinairement au tenon un repos de 3 à 4 centimètres.

##### I. — Assemblage à tenon avec renfort en chaperon.

**406.** Dans cet assemblage dont le croquis est donné (*fig.* 538) nous supposons les deux pièces A et B placées horizontalement. On peut donner aux mortaises de cet assemblage les trois dispositions représentées (*fig.* 542, en I, II, III).

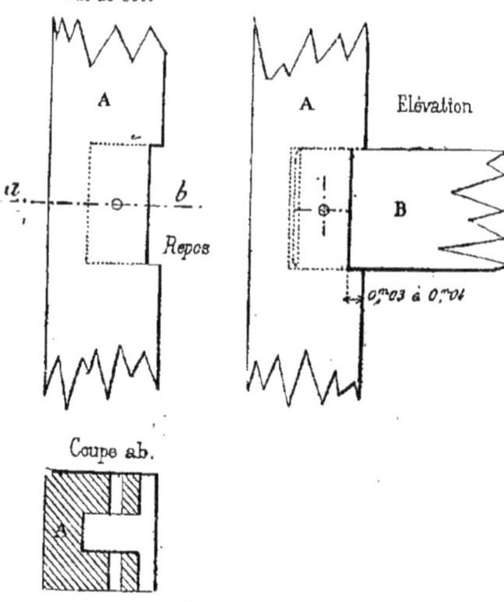


Fig. 541.

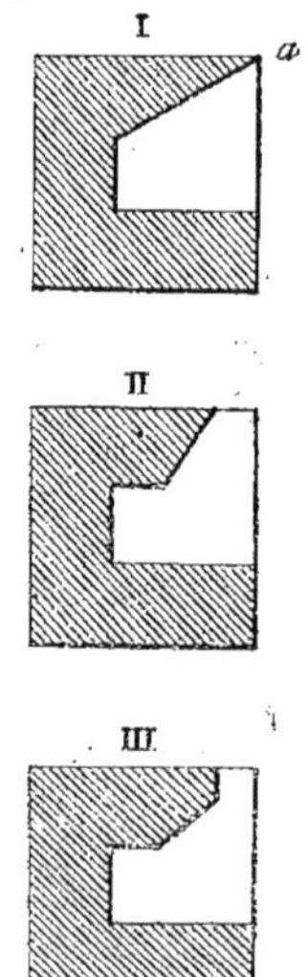


Fig. 542.

**407.** Dans le premier exemple, le renfort en chaperon a l'inconvénient de donner une mortaise terminée en *a* par une arête très aiguë. Afin d'éviter ce désagrément on fait, comme nous l'indiquons en II, un assemblage avec about carré au-dessus du renfort en chaperon. Enfin, on peut opérer comme le montre le troisième

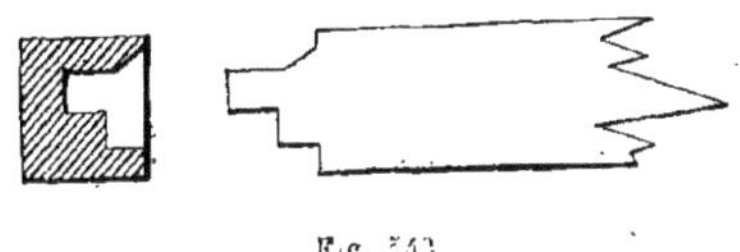

Fig. 543.

croquis III; c'est le meilleur et le plus solide.

**408.** Une autre disposition d'assemblage à tenon avec chaperon et renfort est donnée par le croquis (*fig.* 543).

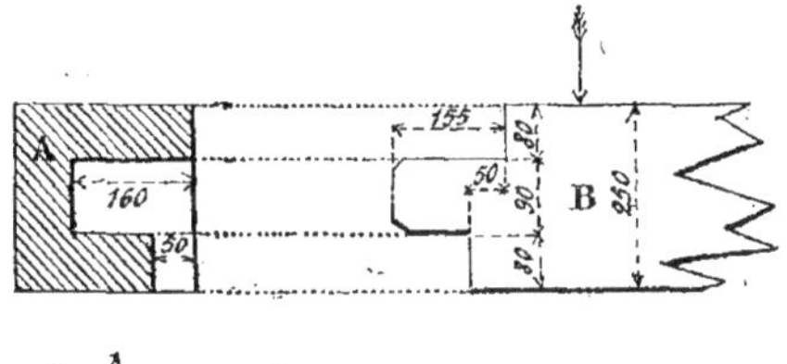


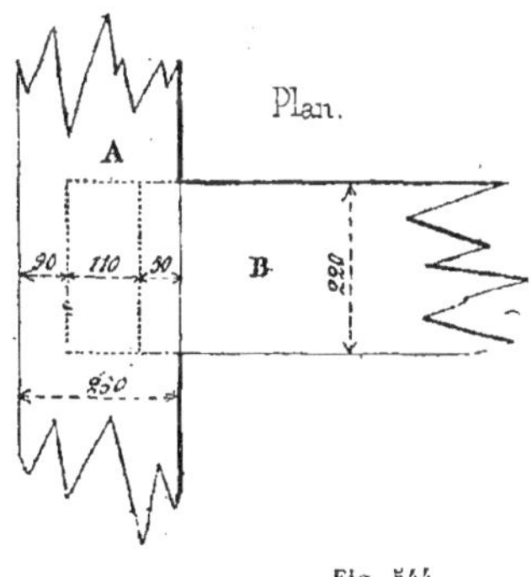


Fig 544.

II.— Assemblage à tenon avec renfort carré.

**409.** Ces assemblages se font de deux manières, soit comme nous le montre le croquis figure 538, soit aussi comme l'indique le croquis figure 544.

**410.** Lorsque les renforts des tenons sont placés au dessus (*fig.* 538), ils ne consolident que les tenons, et un excès de charge sur la pièce de bois B peut la faire fendre à la racine du tenon.

**411.** Pour remédier à cet inconvénient on se sert plus souvent de l'assemblage à tenon avec renfort carré (*fig.* 544).

13° Assemblage à mors d'âne.

**412.** Cet assemblage est indiqué en croquis (*fig.* 545); il représente, avec l'assemblage à entaille carrée, le même

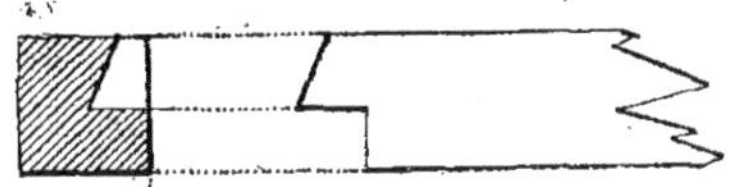

Fig. 545.

inconvénient que l'assemblage à tenon avec renfort carré.

14° Entures.

**413.** On désigne sous le nom d'*entures* la jonction par entailles de deux pièces de bois mises bout à bout sur la même ligne. Dans ce cas on dit que les pièces sont *enlignées*.

On dit : *enter* deux pièces de bois, et les pièces elles-mêmes sont appelées *entes*.

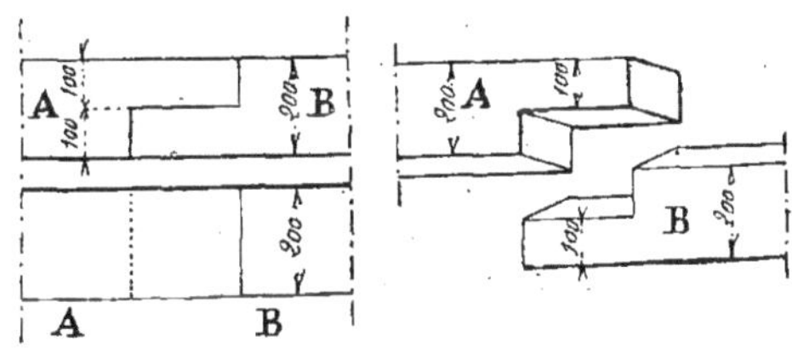


Fig. 546.

Ce sont des assemblages bout à bout ou *joints de bout*.

**414.** On distingue deux espèces d'entures : les *entures horizontales* et les *entures verticales*.

**415.** Les entures des pièces horizontales ou inclinées ont souvent à résister à des efforts de traction. Les entures verticales s'emploient pour assembler les poteaux ; elles résistent généralement à des efforts de compression.

Pour résister à des efforts de flexion les entures horizontales doivent être consolidées au moyen de ferrures.

### I. — Entures horizontales.

**416. 1°** **La plus simple des entures** horizontales est la *paume* ou *enture à mi-bois avec abouts carrés.* Nous en donnons un croquis (*fig.* 546).

2° Le joint de bout simple ou *enture à tenon et entailles bout à bout* dite aussi *entures à tenaille*, dont nous indiquons un croquis (*fig.* 547), et qui consiste dans la jonction de deux pièces de bois A et B au bout l'une de l'autre par le moyen d'un assemblage ordinaire à tenon et mortaise.

**417.** 3° *Enture à mi-bois avec abouts en coupe.* — On dit qu'un about est en

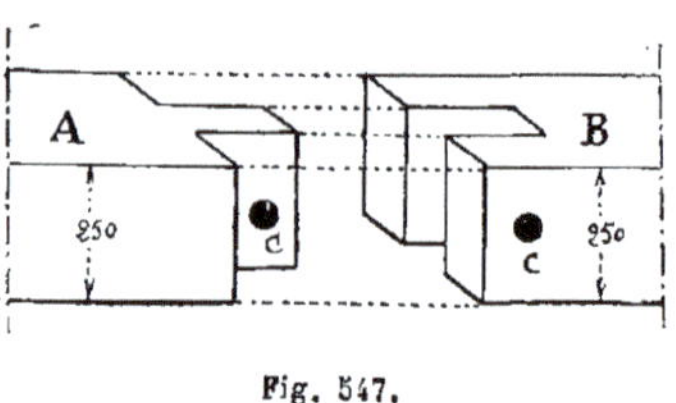

Fig. 547.

coupe, lorsque le plan qui le termine est incliné de façon que l'about assemblé se

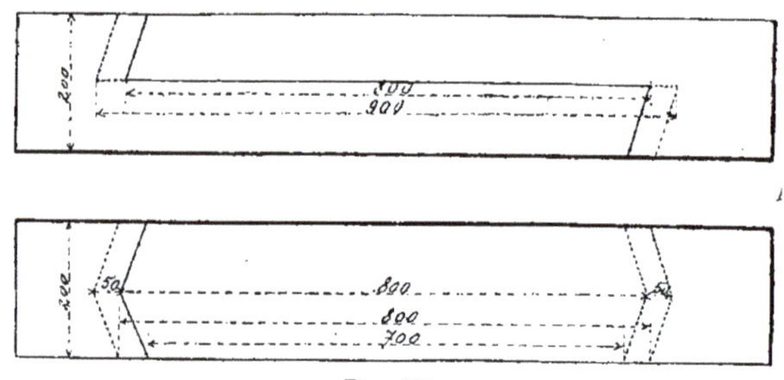

Fig. 548.

loge au-dessus de celui qui reçoit l'assemblage et s'y trouve maintenu.

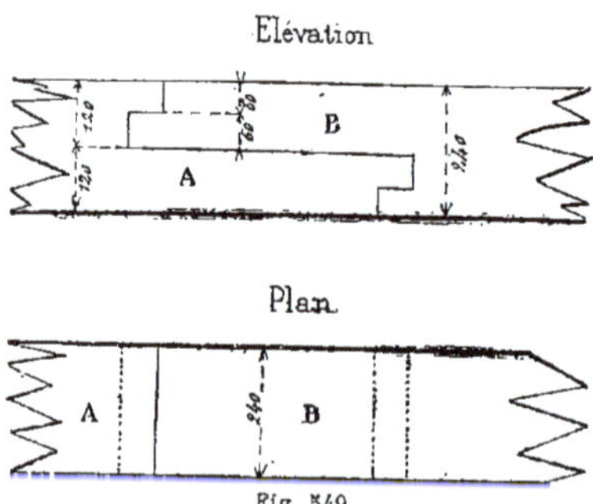

Fig. 549.

Le croquis (*fig.* 548) nous donne un exemple d'enture avec abouts en coupe brisée.

**418.** 4° *Enture à mi-bois avec tenon d'about.* — Dans cet assemblage représenté en croquis (*fig.* 549) on met en joint en poussant longitudinalement les pièces l'une vers l'autre.

Lorsque le joint entre les deux pièces est incliné par rapport aux faces on met en joint latéralement.

**419.** 5° *Enture à mi-bois avec tenons d'about et clef.* — Ce genre d'assemblage est indiqué en croquis (*fig.* 550); c'est une variante des précédents qui se comprend facilement à la seule inspection de la figure.

**Nota.**

**420.** Dans les assemblages de rallongement qui doivent résister à des efforts exercés dans le sens de leur longueur, on donne, en pratique, les dimensions sui-

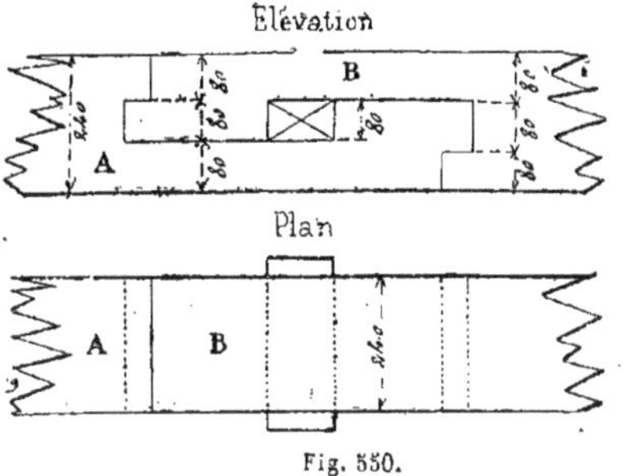

Fig. 550.

vantes à la longueur de l'assemblage ou *empatture*.

**421.** Quand on n'emploie pas de ferrures : six fois l'épaisseur de la poutre pour le chêne, le frêne et l'orme, et douze fois cette épaisseur pour le sapin.

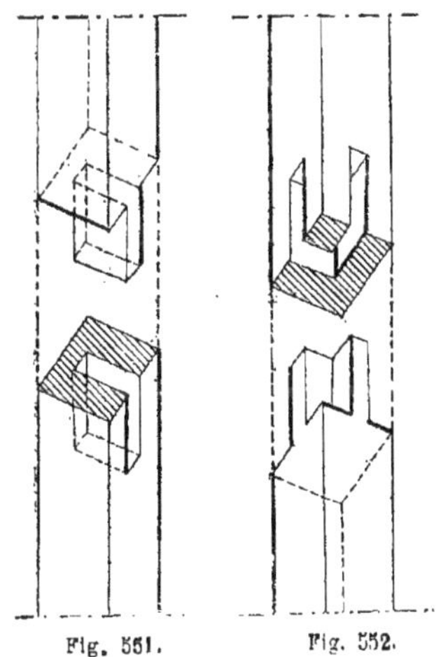
Fig. 551. Fig. 552.

**422.** Quand, au contraire, l'assemblage comporte des ferrures pouvant seules résister aux efforts, les empattures sont alors respectivement trois fois et six fois l'épaisseur de la poutre. Elles sont de deux et quatre fois cette même épaisseur, lorsque, en outre des ferrures, on emploie des clefs en bois dur serrant énergiquement les abouts des pièces.

**II. — Entures verticales.**

**423.** Nous rappelons que dans les entures verticales qui sont ordinairement utilisées pour l'assemblage des poteaux les pièces de bois doivent être *enlignées*, c'est-à-dire avoir la même forme, de telle sorte que l'assemblage une fois exécuté les deux pièces paraissent n'en faire qu'une.

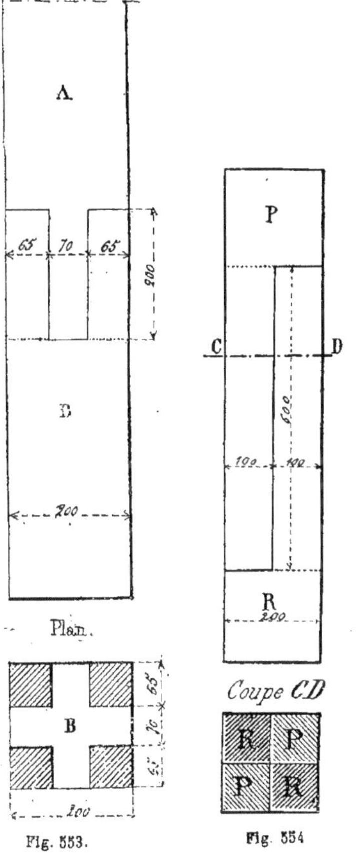

Fig. 553. Fig. 554

**424.** 1° L'enture en *tenaille* ou *joint debout* est semblable à l'enture en tenaille horizontale dont nous avons déjà parlé.

**425.** 2° *Enture à fausse-tenaille.* — Cette enture, dont nous indiquons la forme par le croquis (*fig.* 551), ne s'emploie que lorsqu'un obstacle quelconque s'oppose à ce que l'on puisse exhausser suffisamment la pièce supérieure pour la placer dans l'entaille réservée dans la pièce inférieure.

La partie supérieure porte un tenon et la partie inférieure une mortaise, ou *fausse-tenaille*, ouverte d'un côté. Cet assemblage, qui n'est pas très solide, est, relativement peu employé.

**426.** *Enture à tenons chevronnés.* —

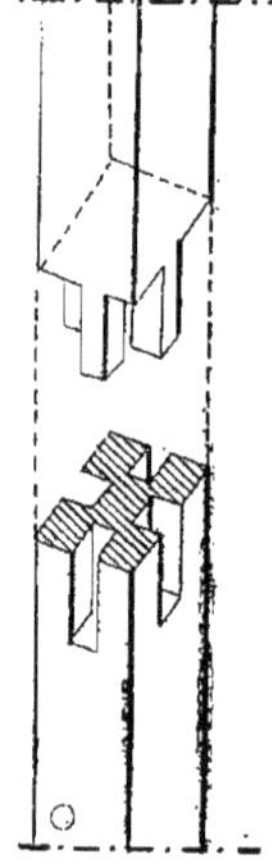

Fig. 555.

Cet assemblage représenté en croquis (*fig.* 552) est très usité dans les pans de bois pour l'assemblage des poteaux corniers.

**427.** 4° *Enture à tenons croisés.* — Dans cet assemblage, indiqué en croquis (*fig.* 553), la pièce supérieure A porte quatre tenons en croix ; la partie inférieure B porte quatre mortaises ou entailles ouvertes sur les quatre faces.

**428.** 5° *Enture à mi-bois sur les quatre faces.* — Les deux pièces de bois, supérieure P (*fig.* 554) et inférieure R, sont taillées toutes deux de la même manière. Les deux quartiers, conservés diagonalement sur une pièce, entrent dans les emplacements de ceux qu'on a supprimés sur l'autre. Ordinairement ces assemblages sont frettés.

**429.** 6° *Enture à double enfourchement.* — Cet assemblage représenté en croquis (*fig.* 555) est formé de quatre mortaises, dont une sur chaque face du poteau, et de quatre tenons épaulés.

**430.** Les assemblages (*fig.* 552, 553,

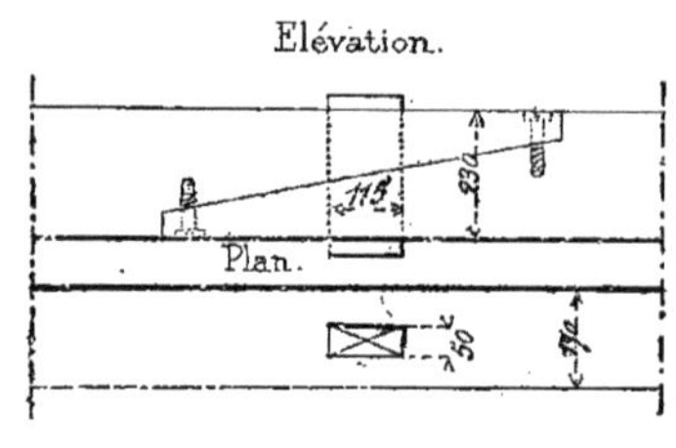


Fig. 556.

554 et 555) peuvent aussi résister à de petits efforts de torsion. Lorsque les efforts sont plus considérables, il est nécessaire de compléter ces assemblages par des ferrures.

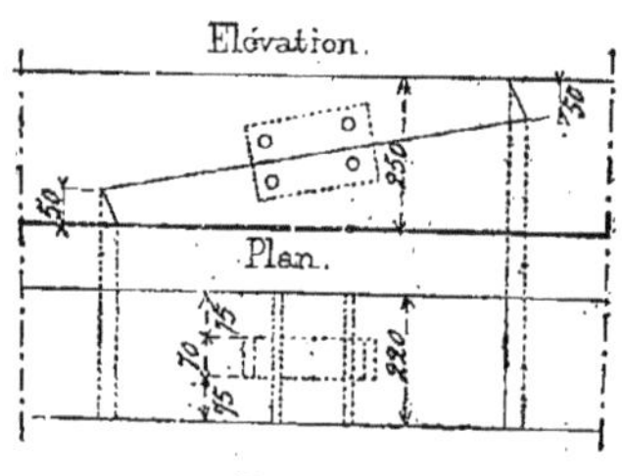


Fig. 557.

**III. — Enture en fausse-coupe avec clef.**

**431.** Il faut, autant que possible, éviter l'emploi des fausses coupes pour des pièces ayant à résister à des efforts de compression assez considérables dans le sens des fibres.

Ce genre d'enture, dont nous donnons un croquis (*fig.* 556), est souvent employé pour les pièces de bois minces. Les abouts de chaque pièce peuvent être retenus en joint, soit par de grosses vis à bois, soit par des tirefonds ou des boulons.

**432.** La clef occupe environ le tiers de l'épaisseur des pièces qu'elle traverse. On chasse cette clef dans sa mortaise en se servant d'un maillet; elle sert fortement les deux pièces dans le sens des fibres du bois.

**IV. — Enture en fausse-coupe avec faux tenon chevillé.**

**433.** Cet assemblage est représenté (*fig.* 557). Il peut aussi servir pour l'assemblage des bois minces. Les abouts sont en coupe parallèlement aux côtés du faux tenon. On place, dans le faux tenon

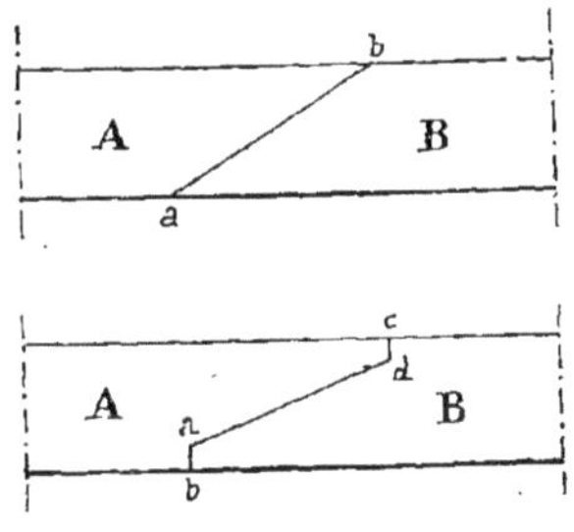


Fig. 558 et 559.

et traversant la pièce, quatre chevilles destinées à maintenir l'assemblage.

**V. — Entures à sifflet.**

**434.** Le *sifflet* est une *enture* qui fait partie des assemblages appelés *joints de bout.* Le joint de sifflet, connu aussi sous le nom de joint de *paume*, est, comme le montre le croquis (*fig.* 558), formé par la réunion de deux coupes obliques faites dans chacune des pièces A et B placées bout à bout.

**435.** Dans certains cas, comme l'indique le croquis (*fig.* 559), on désaboute le joint en sifflet suivant *ab* et *cd*.

**436.** Il faut, autant que possible, éviter l'emploi de ces joints qui ne sont réellement que des fausses coupes, pour des pièces ayant à résister à des efforts de compression assez considérables dans le sens des fibres.

**437.** La figure 560 nous représente en élévation un plan et une vue perspective d'un joint à sifflet simple.

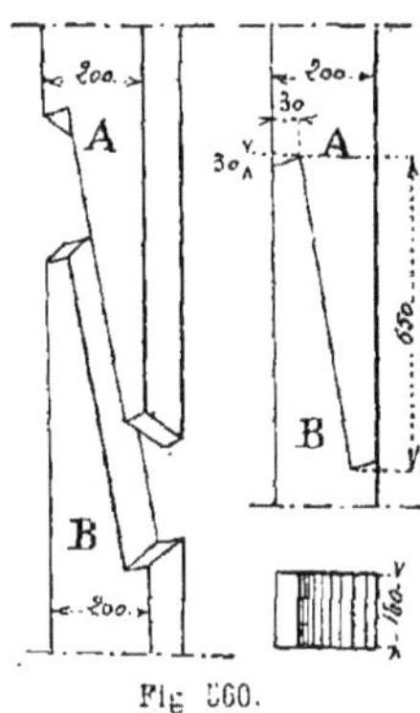


Fig. 560.

**438.** La figure 561 nous montre la disposition à adopter pour le sifflet double.

**439.** On a aussi cherché à faire des assemblages à triple sifflet, mais ils sont

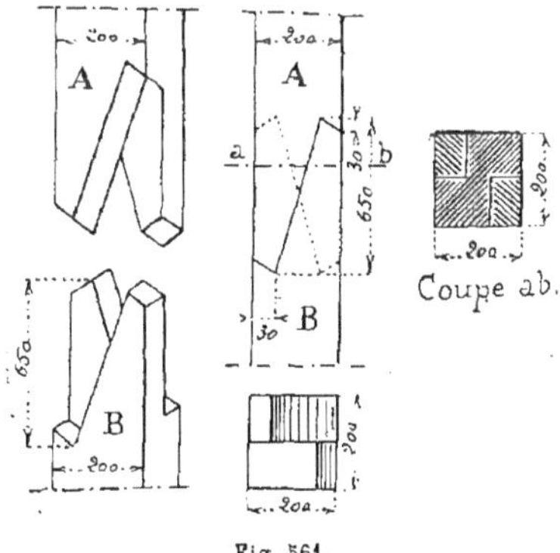


Fig. 561.

alors assez compliqués et n'ont pas donné les résultats qu'on en attendait.

**15° Assemblages à trait de Jupiter**

**440.** On donne le nom de trait de Jupiter à un assemblage qui sert à réunir deux pièces de bois bout à bout.

C'est l'assemblage le plus solide pour rallonger deux pièces de bois ; il est ordinairement composé d'entailles à redans formant des angles aigus.

L'assemblage à queue d'hironde peut aussi servir pour rallonger les bois, mais il est de beaucoup moins solide que les assemblages à trait de Jupiter dont nous allons parler.

**441.** Le plus simple de ces assemblages est représenté en croquis (*fig.* 562). Outre les redans qui contribuent à tenir les pièces jointes ensemble, on fait encore usage de boulons à écrous et de liens en fer, de telle sorte que deux pièces de bois entées par ce moyen sont aussi solides qu'une pièce des mêmes dimensions qui serait d'un seul morceau.

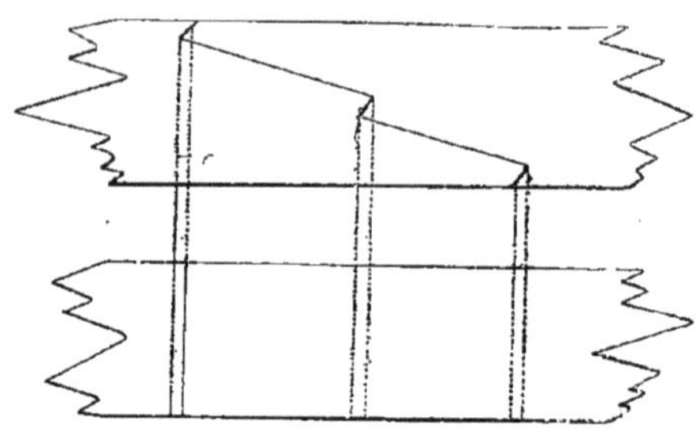

Enture en trait de Jupiter

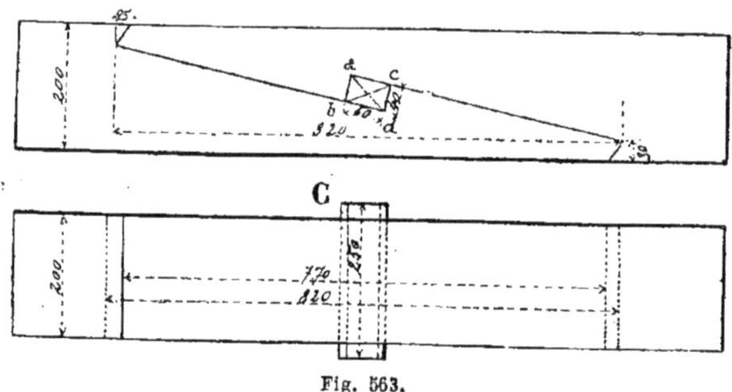


Fig. 563.

**Assemblages à trait de Jupiter avec clef.**

**442.** On forme cet assemblage, comme le précédent, en coupant les pièces par

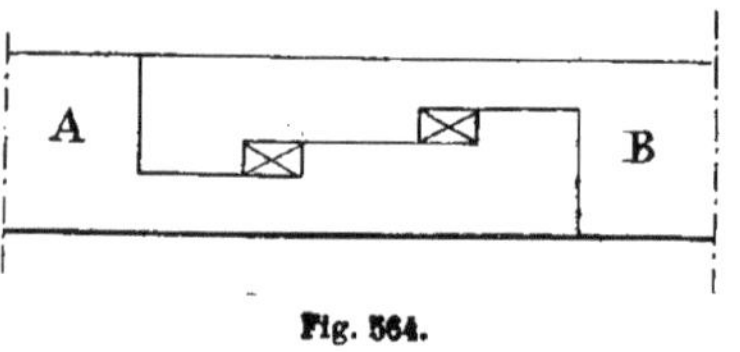


Fig. 564.

des biseaux de même inclinaison, mais de manière à produire plusieurs ressauts *a*, *b*, *c*, *d* (*fig.* 563), entre lesquels on chasse une clef C qui, le plus souvent, est taillée en coin sur sa largeur pour la facilité du serrage. Plus on enfonce la clef, mieux on assujettit l'assemblage, et plus les joints se rapprochent.

**443.** On désigne souvent cet assemblage sous le nom de *joint à clef*.

**444.** On fait aussi l'assemblage à trait de Jupiter à *double clef* (*fig.* 564), la coupe de l'assemblage étant dans le sens du fil du bois.

**445.** La figure 565 nous indique un assemblage à trait de Jupiter à triple entaille et à trois clefs.

**446.** L'assemblage à trait de Jupiter peut aussi être employé pour rallonger des pièces ornées de moulures ; il faut, dans ce cas, avoir soin de faire l'entaille après la rainure ou après la profondeur de la moulure, s'il n'y a pas de rainure, afin que la clef ne se découvre pas.

16° Des embrèvements.

**447.** On donne ce nom, en menuiserie, à une combinaison de rainures, de feuillures et de languettes propres à joindre les bois par leurs rives ou autres parties, soit que celles-ci restent à fleur, soit que l'une forme avant-corps, et l'autre arrière-corps, soit enfin qu'on les dispose sur un angle aux deux parements.

Un embrèvement est, en général, un assemblage à rainure et languette d'un cadre, d'un panneau ou d'un battant avec une autre pièce.

L'embrèvement est simple s'il n'est ravalé que d'une languette, il est double s'il est ravalé de deux rainures.

**448.** On se sert, pour faire les embrèvements, d'outils spéciaux, étudiés au commencement de la menuiserie, appelés rabots à poignées et servant, les uns, à traîner une seule languette ; les autres permettant d'en traîner deux à la fois.

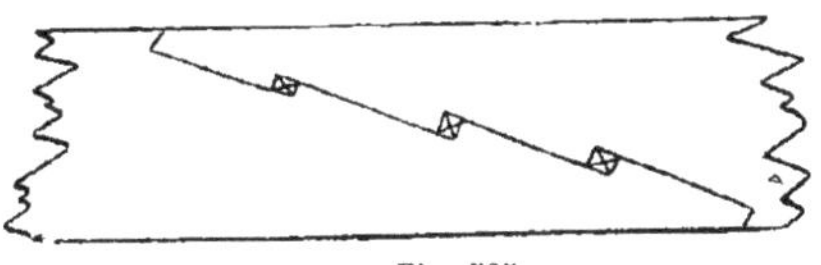

Fig. 565.

**449.** Quand une planche, au lieu de porter une languette ordinairement reçue dans une rainure, entre de toute son épaisseur dans un cadre ou dans un bâtis, on dit que l'embrèvement est à vif.

I. — Embrèvement à fleur.

**450.** Cet embrèvement est représenté en croquis (*fig.* 566) ; il est employé lorsque le bâtis B a la même épaisseur que le panneau P. On s'en sert dans l'assemblage des portes unies ordinaires formées d'un bâtis en chêne et d'un panneau en sapin.

**451.** La figure 567 nous représente un autre exemple d'embrèvement à fleur d'un côté et employé pour les portes d'armoires sous tentures.

**452.** On peut sur l'arête du bâtis B faire une moulure simple comme nous l'indiquons en croquis (*fig.* 568).

**453.** La figure 569 nous montre un embrèvement en avant-corps au *parement* brut ou *contre-parement*.

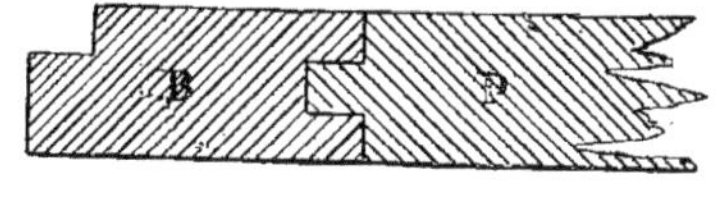


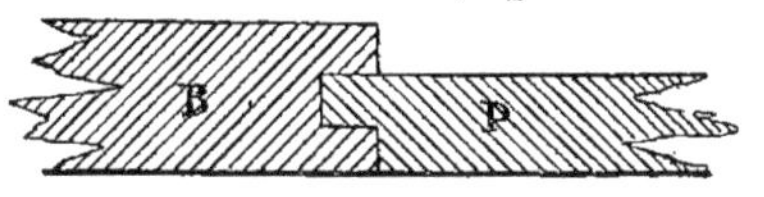


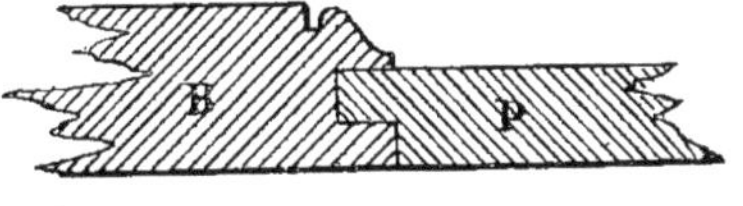


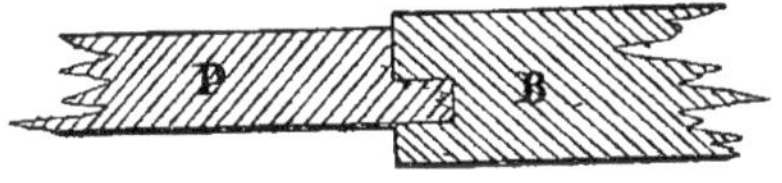


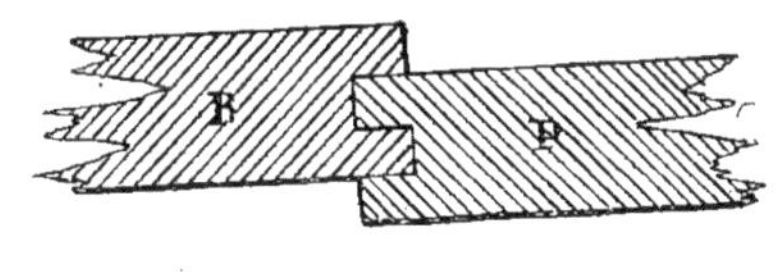


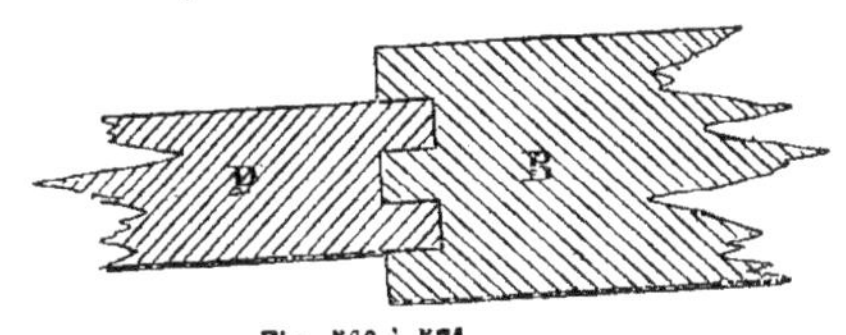


Fig. 566 à 571.

Cet embrèvement est employé lorsqu'un champ en arrière-corps P accompagne un bâtis ou un chambranle B.

**454.** La figure 570 nous représente un embrèvement à table saillante au parement. Le panneau P et le battant B étant d'égale épaisseur, on fait aux rives de chacun d'eux une rainure du tiers de leur épaisseur, puis ils font avant-corps et arrière-corps l'un sur l'autre.

Le panneau B est à table saillante aux deux parements, il doit (*fig.* 571) avoir deux rainures pour recevoir les deux languettes du battant P.

**455.** Les figures 572, 573, 574, 575 et 576 nous montrent divers autres embrèvements simples de cadres B et de panneaux P.

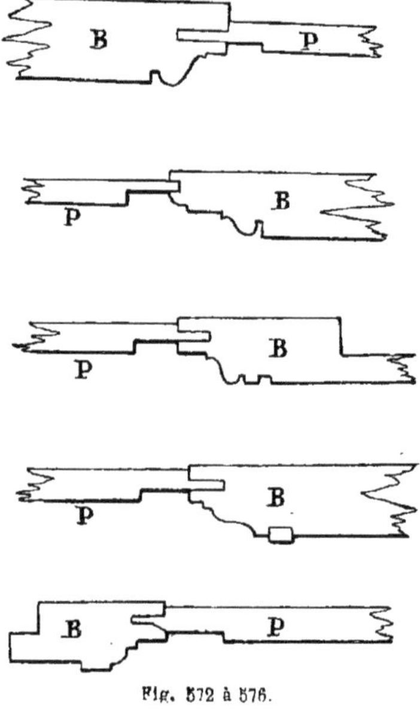

Fig. 572 à 576.

On peut encore faire varier les profils et obtenir des embrèvements ; ainsi, les différents assemblages des portes à grands cadres, que nous étudierons en détails, nous en offriront des exemples.

**456.** Les corniches en bois indiquées en croquis dans le vocabulaire (*fig.* 192) sont encore des exemples d'embrèvements.

Ces corniches sont connues sous le nom de *corniches volantes ;* elles sont composées de moulures embrevées rentrant dans les exemples précédemment cités.

II. — **Embrèvement angulaire.**

**457.** Ce genre d'embrèvement est employé pour réunir deux pièces faisant entre elles un angle droit ou un angle quelconque. Nous en donnons deux exemples (*fig.* 577 et 578).

Dans la première figure l'embrèvement est ordinaire et n'offre rien de particulier à signaler ; dans le second le point est rejeté sur l'angle.

17° **Assemblages des bois courbes.**

**458.** Dans les assemblages des bois courbes, ce sont les *entures* qui servent le plus généralement.

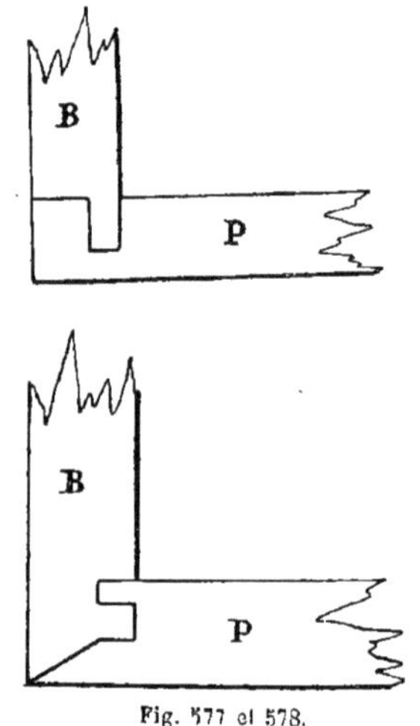

Fig. 577 et 578.

Les bois courbes peuvent être à simple ou à double courbure ; ils peuvent aussi être *cintrés en plan* ou *cintrés en élévation.*

**459.** Lorsqu'ils sont cintrés en plan, les faces des entailles doivent être courbes dans leur sens longitudinal, suivant la courbure des parties à réunir, et droites dans leur sens transversal. Les arasements seront dirigés dans le sens horizontal, suivant les rayons ; dans le sens vertical, ils seront perpendiculaires à la rive.

**460.** Lorsqu'ils sont cintrés en élévation, les faces des entailles sont planes ; les arasements seront alors perpendiculaires sur l'épaisseur ; sur la largeur, ils seront dirigés suivant les rayons, dans le cas où la courbure est circulaire, et suivant les normales dans le cas où les courbes ne sont pas circulaires, en observant toujours que l'entaille des clefs soit égale de largeur.

**461.** Lorsque les bois sont cintrés en plan et en élévation, les faces des entailles sont courbes suivant les parties à réunir, et les arasements se dirigent suivant les rayons ou normales.

#### 18° Assemblages des bois cylindriques.

**462.** Pour terminer ces notions générales sur les assemblages, il nous reste à dire quelques mots de l'assemblage des pièces cylindriques.

Les bois ronds peuvent être assemblés à tenon et mortaise, comme les bois carrés ou rectangulaires, mais avec quelques différences qu'il est bon de signaler.

#### Assemblage à angle droit de deux pièces cylindriques.

**463.** La figure 579 nous donne un exemple de cet assemblage, vu sur deux faces et, de plus, les deux pièces étant désassemblées.

Dans cet assemblage, comme dans les assemblages correspondants de pièces rectangulaires, on peut remarquer que les deux axes *ab* et *cd* des deux pièces assemblées sont dans un même plan, que les deux pièces sont comprises entre deux plans parallèles à celui de leurs axes, qui leur sont tangents. Le joint est nécessairement circonscrit par les courbes d'intersection des deux surfaces cylindriques.

Lorsque les deux pièces ont le même diamètre, les courbes sont planes et projetées horizontalement sur les lignes droites *ce* et *cf*, suivants lesquelles on ferait l'entaille dans la pièce A et l'about de la pièce B, si la jonction devait être faite par simple entaille, sans tenon ni mortaise.

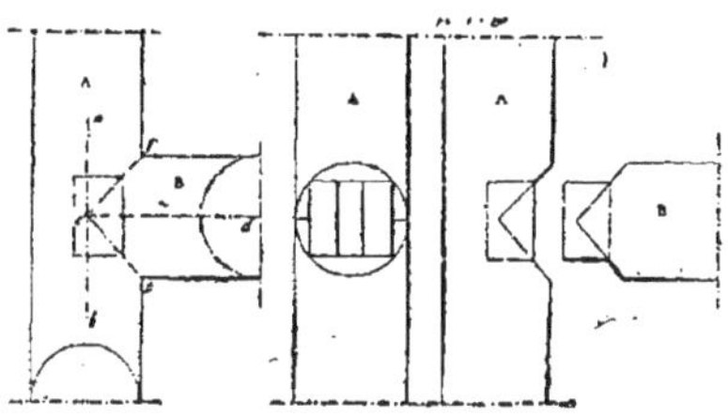

Fig. 579.

**464.** L'assemblage oblique de deux pièces cylindriques n'offrant rien de bien particulier à signaler, nous nous contenterons de le rappeler comme mémoire.

# CHAPITRE VI

## MENUISERIE DE BATIMENTS

**465.** Dans ce qui précède, nous avons traité presque exclusivement la partie théorique de l'art du menuisier ; nous avons fait connaître les matériaux et les outils employés, les opérations simples indispensables à connaître, etc

**466.** Dans ce qui va suivre, sous la désignation de *menuiserie de bâtiments*, nous trouverons l'application pratique de ces notions générales.

**467.** La menuiserie de bâtiments peut facilement se diviser en deux classes, savoir :

1° La *menuiserie dormante*, qui comprend les ouvrages entièrement fixes tels que : planchers, parquets, lambris, etc. ;

2° La *menuiserie mobile*, qui renferme les ouvrages fermants et ouvrants.

#### Nota.

**468.** Afin de bien faire comprendre aux jeunes menuisiers l'étendue des travaux qu'on classe sous la désignation de *menuiserie de bâtiments*, il est bon de rappeler, sous forme de Devis descriptif (voir la définition dans le Vocabulaire), appliqué aux travaux ordinaires d'une maison à loyers, les différents ouvrages qu'ils devront connaître pour devenir de bons ouvriers.

**469.** Il est assez rare de trouver un Devis descriptif bien ordonné et clairement établi, c'est pourquoi nous croyons utile, en tête de ce chapitre, d'en rédiger un dans lequel nous mettrons en *italique* les noms que l'ouvrier devra retenir et qui lui feront bien comprendre les divers ouvrages dont il aura à s'occuper.

### Devis descriptif applicable aux travaux de menuiserie à exécuter pour la construction d'une maison à loyers.

#### Caves.

**470.** Les *poteaux* et *traverses d'huisserie* seront en chêne brut assemblés de 8 centimètres sur 10 centimètres d'équarrissage, *nervés* pour recevoir la brique.

**471.** Les *poteaux d'angle* auront les mêmes dimensions et seront également nervés pour recevoir la brique.

**472.** Les scellements des poteaux dans le sol auront au moins 0,25 et devront être *lardés* de *clous à bateau*.

**473.** Les portes de caves seront en *planches* de chêne brutes de 0,027 d'épaisseur, clouées jointives sur deux cours de barres et une *écharpe* en chêne brut de 0,034 sur 0,10 *chanfreinées*.

**474.** Les *bâtis dormants* des portes des sous-sols et de la porte de la fosse mobile seront en chêne de 0,041 sur 0,10 à trois *parements feuillés*. Les huisseries nécessaires pour d'autres portes de caves seront en chêne de 0,08 sur 0,08 à trois parements feuillés.

**475.** Les portes des sous-sols et des fosses mobiles seront en *lambris d'assemblage arasé* et à *glace*, bâtis chêne de 0,034 sur 0,10, *panneaux* chêne de 0,027, deux panneaux sur la hauteur.

*Rez-de-chaussée*, 1er, 2e, 3e, 4e, 5e *et* 6e *étages*.

#### Portes d'entrée.

**476.** Les portes d'entrée seront à deux *vantaux* tout chêne de 0,034 d'épaisseur, à *grands cadres* d'assemblage, riche profil, *tables saillantes* par le bas avec *jet d'eau* et *cymaise*, *couvre-joints* moulurés au milieu.

Les *dormants* seront en chêne de 0,08 sur 0,09 à trois parements feuillés à congé.

Il sera placé à l'intérieur un champ de calfeutrement à congé en chêne de 0,013 sur 0,06.

#### Devantures de boutiques.

**477.** Les bâtis des caissons seront en chêne de 0,034 sur 0,13 à quatre parements assemblés, feuillés, rainés.

Les *huisseries* des portes seront en chêne de 0,08 sur 0,13 à quatre parements, assemblées, moulurées, feuillées, rainées.

Les portes seront à deux vantaux bâtis chêne de 0,041 d'épaisseur, moulurées, feuillées, panneaux du bas chêne de 0,034 à table saillante et à petits cadres.

Les châssis d'imposte et les châssis des devantures seront en chêne de 0,041 sur 0,07 à quatre parements assemblés, moulurés, feuillés, rainés.

Les portes des caissons seront en lambris d'assemblage à petits cadres et arasées ; bâtis chêne de 0,034, panneaux sapin de 0,027, trois panneaux sur la hauteur.

Les soubassements des caissons seront en chêne de 0,034 assemblés et flottés avec *plinthes* en chêne de 0,013 sur 0,11 et cymaises en chêne de 0,025 sur 0,07; ces cymaises seront continuées sur les soubassements des châssis.

Les bâtis et parties pleines desdits soubassements seront en chêne de 0,041 assemblés.

Les châssis derrière les grilles des soubassements seront en chêne de 0,034 d'épaisseur sur 0,07 à quatre parements assemblés, feuillés, moulurés, divisés de façon à former des carreaux moins larges que hauts. Il y aura deux châssis ouvrants dans les grandes travées, et un dans les petites.

Les tableaux d'enseigne seront en frises sapin de 0,027 emboîtés en chêne, un parement rainé, collé, avec barres entaillées à queue derrière. L'*astragale* sera en chêne de 0,054 sur 0,06, moulurée, rainée, assemblée avec le tableau.

La *corniche de couronnement* sera en sapin de 0,30 de hauteur sur 0,25 de saillie en plusieurs corps assemblés.

Le dessus de la corniche sera en sapin de 0,027 à un parement rainé, collé, fixé sur goussets et tasseaux. Il sera pratiqué dans le dessus et dans le tableau les trappes nécessaires pour le graissage du mécanisme de fermeture.

#### Portes et châssis des boutiques donnant sur les cours.

**478.** Les portes et châssis des boutiques donnant sur les cours seront en chêne, bâtis de 0,041, dormants de 0,054, panneaux de soubassement de 0,034 à tables saillantes et à petits cadres.

Les portes et châssis seront moulurés et feuillés. Les montants dormants des portes et les traverses d'imposte auront 0,054 sur 0,10.

#### Porte de loge sur cour.

**479.** La porte de loge sur cour sera en chêne, à deux vantaux avec imposte et deux traverses de petits bois, dormant, battant milieu et traverse d'imposte de 0,054, panneaux de 0,027 à table saillante et à petits cadres, avec jet d'eau par le bas.

#### Portes de sortie sur cour.

**480.** Les portes de sortie sur cour seront semblables aux précédentes.

#### Portes des W.-C. et descente de cave.

**481.** Les portes des cabinets d'aisances, communs et de descente de cave seront en lambris d'assemblage, arasé et à glace, bâtis chêne de 0,034 sur 0,10, panneaux sapin de 0,027.

#### Croisées et Portes-Croisées.

**482.** Les croisées, sur rue et sur cour, seront en chêne moulurées, à deux vantaux, à *noix* et *gueule de loup*, avec jets d'eau et pièce d'appui, châssis de 0,034, dormants de 0,054. Ces croisées auront deux *traverses* de *petits bois* sur la hauteur. Ces petits bois auront 0,05 de largeur sur rue et 0,03 sur cour.

Les portes-croisées auront les mêmes épaisseurs et seront construites de même; celles à rez-de-chaussée s'ouvriront à feuillure.

Les panneaux de soubassement desdites portes seront également en chêne de 0,034, à table saillante et à petits cadres. Des rigoles avec trous d'écoulement pour la buée seront creusées dans toutes les pièces d'appui des croisées et des châssis.

Les châssis des cabinets d'aisances et des cabinets de toilette seront en chêne de 0,034, dormants de 0,054, feuillés, moulurés avec une traverse de petit bois, jet d'eau et pièce d'appui.

###### Volets-Persiennes.

**483.** Les volets seront en lambris d'assemblage, arasés et à glace, bâtis chêne de 0,034, panneaux sapin de 0,027, quatre panneaux sur la hauteur pour les portes et trois pour les croisées ; les panneaux du haut seront remplis par des lames de persienne en sapin.

###### Garde-Manger.

**484.** Les garde-manger des cuisines auront leur face sur cour formée de persiennes en chêne de 0,034, lames en sapin. Le fond et les côtés seront faits en chêne de 0,027, à deux parements rainés, collés ; le dessus en pente et la tablette du milieu seront faits en sapin de 0,027, à deux parements rainés, collés, fixés sur tasseaux ou sur *crémaillères*, ce qui est préférable.

Les portes, côté des cuisines, seront à deux vantaux, bâtis sapin de 0,034, panneaux sapin de 0,018, arasés et à glace (on emploie aussi beaucoup pour cet usage les portes à coulisses).

Les *bâtis dormants* seront en sapin de 0,034 sur 0,08, à quatre parements feuillés, rainés.

###### Huisseries, bâtis et contre-bâtis.

**485.** Les huisseries à rez-de-chaussée seront en chêne ; elles auront 0,08 sur 0,14, à trois parements, feuillées, nervées pour la brique. Certaines portes, désignées au plan, seront surmontées d'une double traverse en chêne de 0,08 sur 0,14, et d'une corniche également en chêne, moulurée, de 0,054 sur 0,10.

Le comble du W.-C., commun, sur cour, sera composé de chevrons en chêne de 0,08 sur 0,12, espacés de 0,33, d'axe en axe, assemblés avec la traverse et reposant au long des murs sur de forts tasseaux en chêne de 0,05 sur 0,08 chanfreinés. Les autres huisseries du rez-de-chaussée seront en chêne de 0,08 sur 0,08, à trois parements, feuillées, nervées. Les poteaux d'huisserie formant également poteaux d'angle seront à quatre parements et auront les dimensions cotées au plan.

Les huisseries des étages et les poteaux d'angle seront en sapin de 0,08 sur 0,10, à trois ou quatre parements, feuillées, nervées.

Les *bâtis* seront en chêne de 0,041 sur 0,08, à trois parements, feuillés.

Les *contre-bâtis* seront en chêne de 0,027 sur 0,08, à trois parements.

Les *bâtis* et *contre-bâtis* seront ferrés de *pattes à chambranle* et de clous à bateau posés par le menuisier, et fournis par le serrurier.

###### Semelles sous les cloisons.

**486.** Il sera placé sous les cloisons de 0,08, ne portant pas directement sur les solives en fer, des semelles en chêne brut de 0,034, sur 0,08 lardées de clous à bateau. Ces semelles seront continuées dans la traversée des portes.

###### Portes intérieures.

**487.** Les *portes* d'entrée des appartements, à un et deux vantaux, seront tout en chêne en *lambris d'assemblage* à petits cadres aux deux parements ; bâtis de 0,034, panneaux de 0,027 à platebandes simples sur les deux faces, battants de 0,12 de largeur, profil de 0,04, trois panneaux sur la hauteur.

Les portes à deux vantaux auront des *baguettes de fermeture* sur les deux faces.

Les autres portes à un ou deux vantaux des appartements et de la loge seront en lambris d'assemblage à petits cadres aux deux parements, bâtis chêne de 0,034, panneaux sapin de 0,018 à platebandes simples sur les deux faces, battants de 0,12 de largeur, profil de 0,04, trois panneaux sur la hauteur. Les portes à deux vantaux auront des baguettes de fermeture sur les deux faces.

Les panneaux supérieurs des portes des cuisines seront vitrés et divisés en deux par un petit bois montant chêne de 0,04 mouluré.

Les portes des chambres, logements et cabinets au sixième étage seront en lambris d'assemblage à petits cadres aux deux parements, bâtis chêne de 0,034, panneaux sapin de 0,027, à platebandes simples sur les deux faces, battants de 0,10 deux panneaux sur la hauteur.

###### Châssis des cuisines.

**488.** Les châssis des cuisines donnant sur les antichambres seront en sapin de

0,034 sur 0,08 moulurés, feuillés avec chacun un petit bois, montant mouluré en chêne de 0,04.

Les châssis des antichambres donnant sur l'escalier seront aussi en chêne de 0,034 sur 0,08, moulurés et feuillés.

### Parquets.

**489.** Tous les parquets, sauf ceux des paliers des salles à manger et des salons, seront en chêne à l'anglaise, *frises* de 0,027 sur 0,09.

Les parquets des paliers des escaliers, des salons et des salles à manger seront en chêne à *point de Hongrie*, frises de 0,027 sur 0,09, de 0,45 d'écartement.

Tous ces parquets seront replanis après le travail des peintres.

### Lambourdes.

**490.** Les *lambourdes* des parquets du rez-de-chaussée seront en chêne flotté de 0,041 sur 0,08.

Les lambourdes des parquets des étages seront en chêne flotté de 0,034 sur 0,08.

Toutes ces lambourdes devront être ferrées de clous à bateau chevauchés sur les deux rives. Les clous seront fournis par le serrurier, et posés par les parqueteurs.

### Trémies des cabinets d'aisances.

**491.** Les fonds et les côtés des trémies éclairant et aérant les cabinets d'aisances seront faits en sapin de 0,034 à deux parements rainés, collés, cloués sur de forts tasseaux en chêne.

Les côtés auront de 0,90 à 1,05 de hauteur sur 1,50 et 1,70 de longueur, et les fonds de 0,65 à 0,70 de largeur moyenne sur 1,50 à 1,70 de longueur.

Des champs de calfeutrement en sapin de 0,013 sur 0,05 à quatre parements seront posés du côté des cuisines au plafond et contre les murs.

### Armoires.

**492.** Les faces d'armoires des salles à manger seront en lambris d'assemblage tout sapin en deux corps sur la hauteur, bâtis dormants de 0,034 portes arasées et à glace, bâtis de 0,034, panneaux de 0,018.

Chacune de ces faces d'armoires sera pourvue à l'intérieur de cinq tablettes en sapin de 0,027 à deux parements, posées sur tasseaux (mettre de préférence des crémaillères).

Les faces d'armoires sous les pierres d'évier des cuisines seront également en lambris d'assemblage tout sapin, bâtis dormant de 0,034, portes arasées et à glace, bâtis de 0,027, panneau de 0,013.

Les armoires de compteurs à gaz seront en lambris d'assemblage arasé et à glace, bâtis chêne de 0,027, panneau sapin de 0,013, bâtis dormant chêne de 0,034.

### Sièges d'aisances.

**493.** Les sièges d'aisances des appartements seront en chêne de choix, poli et ciré, dessus de 0,034 d'épaisseur, barré et fixé sur tasseaux et supports, devant de 0,027 d'épaisseur, abattants de 0,027 d'épaisseur emboîtés à l'anglaise, plinthes à rive et angles arrondis au-dessus du siège et plinthes au bas des soubassements de 0,013 sur 0,11 en chêne ciré *idem*.

### Tablettes, barres, porte casseroles et feuillets

**494.** Il sera fourni et posé dans les cabinets d'aisances des tablettes en sapin de 0,027 arrondies et posées sur *tasseaux* et *goussets*.

Les dessus des manteaux des cheminées des cuisines seront surmontés de *tablettes* en sapin de 0,027 à deux parements arrondis sur rive ; ces tablettes seront continuées au-dessus des pierres d'évier sur toute la longueur des dites pierres et sur une largeur de 0,50.

Indépendamment de ces tablettes, il sera posé dans chaque cuisine au rez-de-chaussée, au premier et aux autres étages, 3 mètres de tablettes en sapin de 0,027 sur 0,32 de largeur à angles arrondis, portées sur potences chêne de 0,034 et tasseaux, plus 3 mètres de barres *porte-casseroles* en chêne de 0,027 sur 0,10 chanfreinées, et 3 mètres de *feuillet* au dessous en sapin de 0,013 sur 0,32 chanfreinés.

Les appuis des croisées, des escaliers, des cabinets de toilette, des cabinets d'aisances, des cuisines, des châssis des antichambres et des lucarnes seront recouverts de tablettes en sapin de 0,027, arrondies sur rive.

### Jouées des châssis de toit.

**495.** Les jouées des châssis de toit seront en sapin de 0,034 à trois parements de 0,20 de hauteur sur le devant et de 0,30 sur le derrière.

### Plinthes. — Stylobates.

**496.** Le bas des murs et des cloisons des vestibules et des cages d'escaliers sera garni de stylobates en chêne de 0,027 sur 0,32. Les murs d'escaliers au-dessus des marches seront garantis par des socles rampants en sapin de 0,013 entaillés suivant le profil des marches avec coupes biaises et fausses coupes. Les paliers auront des stylobates en sapin de 0,013 sur 0,22.

Le bas des murs des pièces secondaires du rez-de-chaussée sera garni de plinthes en chêne de 0,013 sur 0,11 ; aux étages ces plinthes seront en sapin de mêmes dimensions.

Les pièces principales aux différents étages auront des stylobates en sapin de 0,013 sur 0,22; seuls les stylobates dans les salons seront moulurés. Toutes les plinthes et tous les stylobates employés seront à trois parements.

### Cymaises.

**497.** Tous les salles à manger, antichambres, salons, loge de concierge, auront des cymaises moulurées en sapin de 0,018 sur 0,07.

Les cymaises des salles à manger devront régner avec les tablettes des poêles.

### Chambranles.

Toutes les portes et tous les châssis du rez-de-chaussée et des étages seront décorés sur les deux faces de *moulures de chambranles* en sapin de 0,018 sur 0,06. Il n'est fait d'exception que pour les faces des portes et *châssis* donnant sur les cuisines, les cabinets d'aisances et de débarras qui auront des chambranles en demi-baguettes sapin de 0,025 au lieu de moulures.

Toutes les croisées des différents étages ainsi que les portes-croisées du rez-de-chaussée auront intérieurement des moulures de chambranle en sapin de 0,018 sur 0,05.

### Socles.

**498.** Tous les chambranles, sans exception, reposeront sur des *socles* en chêne de 0,027 sur 0,07 et 0,11 de hauteur.

### Baguettes d'angle.

**499.** Les arêtes des murs, cloisons, coffres de cheminées, châssis à tabatière seront garantis par des baguettes d'angle en sapin de 0,02, feuillées.

### Champs de calfeutrement.

**500.** Les dormants des croisées, châssis et portes-croisées, qui n'affleurent pas les murs, au rez-de-chaussée et aux étages, seront recouverts de champs de calfeutrement en sapin de 0,013 sur 0,05 à trois parements, avec congé poussé sur rive.

### Tapées pour les persiennes en fer.

**501.** Les dormants des croisées et portes-croisées des façades seront doublés de tapées en chêne de 0,034 sur 0,08 à trois parements, assemblées et brochées sur lesdits dormants (1).

### Moulures de cadres.

**502.** Les pilastres du vestibule d'entrée seront ornés de champs moulurés formant cadre en chêne de 0,027 sur 0,12.

Les socles desdits pilastres seront semblables aux stylobates du vestibule et fixés sur des tapées en chêne de l'épaisseur des cadres.

Dans le vestibule, il sera formé sur les murs des panneaux de 0,80 de largeur sur environ 2,65 de hauteur, à l'aide de moulures de cadres en chêne de 0,018 sur 0,05, et de grands panneaux de 2,40 sur 2,65 au moyen de moulures de cadres en chêne de 0,027 sur 0,10.

Les soubassements des salles à manger des divers étages seront ornés de moulures de cadres en sapin de 0,013 sur 0,04, formant panneaux de 0,30 à 0,40 de largeur sur la hauteur comprise entre la plinthe et la cymaise en ménageant des champs de 0,07.

(1) S'il existe des persiennes en bois, elles seront exécutées en chêne et sapin bâtis de 0,027 d'épaisseur, en chêne, lames en sapin.

| QUANTITÉS Nombres ou mètres | DÉSIGNATION | PRIX DE L'UNITÉ | TOTAUX |
|---|---|---|---|
| 56 | Croisées | 38 » | 2 128 » |
| 47 | Persiennes | 38 » | 1 786 » |
| 55 | Barres d'appui | 1.65 | 90.75 |
| 58 | Vantaux de portes à grands cadres | 34.10 | 1 977.80 |
| 19 | Grands cadres et petits cadres | 34 » | 646 » |
| 45 | Petits cadres, 2 parements | 30.30 | 1 363.50 |
| 57 | Huisseries | 10.10 | 575.70 |
| 35 | Bâtis et contre-bâtis | 20.10 | 703.50 |
| 184 | Chambranles avec socles | 3.34 | 614.56 |
| 137 | Calfeutrements (à 2,45 par croisée) | 0.40 | 183.95 |
| 120 | Socles de marches | 1.40 | 168 » |
| 118 | Stylobates moulurés | 1.15 | 135.70 |
| 241 | — sans moulures | 1.01 | 243.41 |
| 460 | Plinthes sapin | 0.52 | 239.20 |
| 143 | Cymaises | 0.55 | 78.65 |
| 860 | Faux lambris | 0.42 | 361.20 |
| 459 | Baguettes d'angles | 0.28 | 128.52 |
| 19 | Armoires | 35 » | 665 » |
| 6 | Cuisines assorties | 120 » | 720 » |
| 6 | Sièges de cabinets d'aisances | 40 » | 240 » |
| 36 | Rampe | 9.70 | 349.20 |
| 266 | Parquet chêne (point de Hongrie) | 12.45 | 3 311.70 |
| 464 | — (à l'anglaise, compris rabotage) | 10.80 | 5 011.20 |
| 24 | Chambranles de croisées (à 3m,84 par croisée) | 3.84 | 92.16 |
| 718 | Pose de clous sur bâtis | 0.05 | 35.90 |
| 455 | Pattes posées | 0.07 | 31.85 |
| 66 | Semelles pour huisseries | 0.80 | 52.80 |
| 2 047 | Clous sur lambourdes | 0.05 | 102.35 |
| 1 050 | Trous tamponnés | 0.10 | 105 » |
| 10 | Huisseries tout chêne | 12.50 | 125 » |
| 1 | Porte de tinette | 31 » | 31 » |
| 1 | Boîte de compteur à gaz | 15 » | 15 » |
| 16 | Portes tout chêne | 15.30 | 244.80 |
| 3 | Poteaux de remplissage | 6 » | 18 » |
| 1 | Porte d'entrée | 420 » | 420 » |
| 1 | Porte de loge | 60 » | 60 » |
| 5 | Chambranles | 3.50 | 17.50 |
| 3 | Huisseries chêne 8 × 8 | 23 » | 69 » |
| 1 | — 8 × 15 | 33 » | 33 » |
| 1 | Armoire | 30 » | 30 » |
| 16 | Parquet chêne de 0,034 | 14.75 | 236 » |
| 39 | Plinthes chêne | 1.19 | 46.41 |
| 3 | Portes-croisées | 60 » | 180 » |
| 2 | Portes tout chêne compris dormant | 58 » | 116 » |
| 22 | Socles de marche chêne | 2 » | 44 » |
| 1 | Huisseries et porte de cave | 61 » | 61 » |
| 5 | Volets de fermeture | 10.50 | 52.50 |
| 3 | Volets persienne chêne | 43 » | 129 » |
| » | Clous sur lambourdes et tampons (rez-de-chaussée) | 13 » | 13 » |
| 2 | Portes de cabinets d'aisances (rez-de-chaussée) | 28 » | 56 » |
| 1 | Bâtis 0,54 × 0,07 | 13 » | 13 » |
| 16 | Panneaux sur croisées et persiennes (balcons des 1er et 4e étages) | 5 » | 80 » |
| 11 | Croisées de lucarnes | 30 » | 330 » |
| 11 | Poteaux de remplissage | 3.50 | 38.50 |
| 6 | Huisseries de comble | 9.50 | 57 » |
| 3 | Huisseries de comble de 15 | 15.25 | 45.75 |
| 1 | Poteau d'angle de 15 | 5.50 | 5.50 |
| 18 | Chambranles 1/2 baguette | 1.32 | 23.76 |
| 1 | Armoire | 30 » | 30 » |
| 73 | Parquet sapin | 5.67 | 413.91 |
| 9 | Portes à glace | 28 » | 252 » |
| 140 | Marches à raboter | 0.60 | 84 » |
| 8 | Huisseries de lucarnes | 10 » | 80 » |
| 1 | Porte de vestibule | 340 » | 340 » |
| 6 | Châssis | 8 » | 48 » |
| » | Plus-value de persiennes-croisées (rez-de-chaussée) | 15 » | 15 » |
| » | Plus-value d'excédent de bâtis pour portes à 2 vantaux | 40 » | 40 » |
| 174 | Avant-corps, moulures, antichambres et salles à manger | 0.42 | 73.08 |
| | TOTAL | | 26 108.31 |
| | RABAIS 16 0/0 | | 4 172.28 |
| | MONTANT NET DU DEVIS | | 21 931.03 |

#### Barres d'appui des balcons sur cour.

**503.** Les balcons de croisées sur cour seront surmontés de barres d'appui en chêne, profil à gorge de 0,059 sur 0,041 rainées.

#### Mains courantes.

**504.** La main courante de l'escalier sera en acajou de premier choix, vernie, à double profil à gorge de 0,059 sur 0,041.

#### Trous tamponnés.

**505.** Il en sera fait partout où cela sera nécessaire pour la pose des menuiseries, moulures, plinthes, etc.

#### Replanissage des marches.

**506.** Les marches d'escaliers seront replanies après le travail des peintres.

#### Nota.

**507.** Les entrepreneurs de menuiserie ont souvent à faire des devis estimatifs qu'on leur demande dans un temps très restreint ; nous croyons utile de leur donner un type simple de résumé de devis très clairement exposé et lui permettant de ne rien oublier ; après avoir pris ses longueurs sur les plans de l'architecte, il lui suffira d'inscrire les nombres dans les colonnes préparées, et de faire de simples multiplications.

**508.** Les prix varient évidemment avec les séries et ne sont donnés ici que comme simple renseignement.

### Menuiseries dormantes. — Étude des parquets et des planchers. — Définitions et notions générales.

**509.** On désigne sous le nom de *parquet*, l'assemblage de pièces de bois sous forme de lames de peu d'épaisseur, refendues ou en *alaises* jointes à *rainures* et *languettes* (voir ces mots dans le Vocabulaire) et destinées à revêtir le sol de nos habitations.

La largeur de ces lames (1) varie de 0,07 à 0,12, et leur épaisseur de 0,027 à 0,034.

(1) Qu'on nomme *frises de parquet* et qui sont des bois corroyés.

**510.** On confond souvent les deux mots *parquet* et *plancher* ; il est donc utile de les distinguer. On distingue les parquets des planchers, en ce que ces derniers, qui sont généralement réservés pour les étages supérieurs, greniers, etc., sont formés avec des planches entières de 0,025 à 0,030 d'épaisseur, et de 0,22 de largeur, assemblées à plat joint. On emploie pour les clouer, soit sur des lambourdes, soit plus généralement directement sur les solives en bois, des pointes sans tête, qu'on enfonce au marteau et qu'on cache en prolongeant l'enfoncement à l'aide d'un petit instrument nommé *chasse-pointes* (C, *fig.* 580).

**511.** Le mètre carré de parquets pèse : en sapin, environ 11 à 15 kilogrammes ; et en chêne ou bois variés, de 15 à 20 kilogrammes.

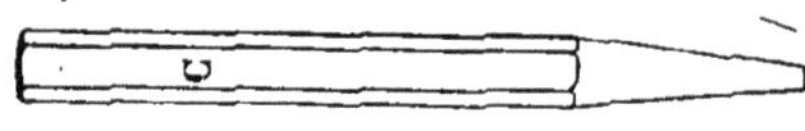

Fig. 580.

**512.** Autrefois, on plaçait une frise au pourtour d'un parquet ordinaire.

**513.** Aujourd'hui c'est la plinthe ou le stylobate qui recouvre les abouts des pièces venant butter contre les murs ou contre les cloisons.

**514.** L'emploi des parquets est préférable à celui des planchers (chêne ou sapin) faits de planches de toute leur longueur, parce que moins le bois est large, moindre aussi est sensible le travail lorsque ce bois se met à *jouer* par suite des variations de température et de l'état hygrométrique de l'atmosphère.

**515.** Dans le mesurage des parquets tous les vides doivent être déduits.

### Conditions de bon établissement et de conservation d'un parquet.

**516.** Dans l'établissement des parquets de nos habitations il faut, afin de les conserver longtemps en bon état, que l'entrepreneur tienne compte d'une série de petites remarques, sous peine de se créer des ennuis.

Nous allons, dans ce qui va suivre, résumer les principales.

**517.** Pour les frises ou feuilles des parquets il faut toujours choisir du bois dur, sain, autant que possible sans nœuds, sans fentes ni gerçures et surtout ne jamais souffrir d'aubier ; voir si les fibres sont bien entières, ce qui permet au bois de conserver sa force et de bien résister aux charges qu'il doit supporter et aux frottements qu'il aura à subir.

**518.** Les lames de parquets arrivées à pied-d'œuvre ne doivent pas être mouillées ni déposées dans un endroit humide ou à proximité de plâtres récemment faits.

**519.** Les planches ou frises doivent être bien dressées, leurs arêtes franches et vives, leurs faces bien d'équerre entre elles, et les bouts bien à angle droit dans la longueur de la frise.

**520.** La taille des onglets doit être faite bien exactement à 45 degrés afin d'éviter les intervalles entre les pièces juxtaposées.

Le travail de la pose des lambourdes doit être exécuté avec une très grande perfection pour obtenir de bons parquets.

**521.** La surface supérieure de ces lambourdes, devant recevoir directement les frises des parquets, doit être parfaitement de niveau ; cependant dans un bâtiment neuf, lorsque la pièce à parqueter présente de grandes dimensions, on fait quelquefois poser des lambourdes un peu *bouges*, c'est-à-dire un peu relevées vers le milieu de la pièce, afin que, lorsque les planchers viennent à faire leur effet, ils soient toujours droit et de niveau.

**522.** Le local à parqueter doit être bien dépourvu d'humidité. Il faut avoir soin de l'aérer lorsque la construction est récente, et attendre, dans tous les cas, que les plâtres des murs ainsi que ceux du scellement des lambourdes soient parfaitement secs si on désire éviter des mécomptes.

**523.** La bonne conservation d'un parquet dépend surtout des conditions dans lesquelles on le place. On ne doit poser les parquets dans les bâtiments neufs que lorsque ces derniers sont déjà pourvus de volets ou de persiennes. Il serait même préférable, afin d'éviter l'influence des courants d'air ainsi que les mauvais effets des variations de température, de ne poser les parquets qu'après la mise en place des fenêtres.

**524.** La pose d'un parquet doit, de préférence, se faire en été ou dans un temps sec et par des ouvriers spécialistes qu'on nomme *parqueteurs*.

**525.** L'hiver, les molécules du bois se ramollissent, absorbent l'humidité et donnent au bois un développement qui est détruit ensuite par l'action de la sécheresse du printemps ou de l'été.

On évitera ainsi les parquets à *joints ouverts* qu'on rencontre dans beaucoup de nos habitations ; ces joints ouverts se produisent aussi très facilement lorsqu'on se sert de bois verts.

**526.** Plus les bois sont secs, et plus ils s'approprient facilement l'humidité qui les fait gonfler et déjeter. Il faut donc apporter la plus grande attention à préparer convenablement le posage, soit en faisant mettre pour les rez-de-chaussée un faux plancher, soit en faisant, pour ces endroits exposés à l'humidité, sceller les lambourdes dans un bain de bitume.

**527.** Il est aussi très bon d'aérer le dessous d'un parquet en perçant quelques trous dans le mur de face de manière à établir un courant d'air.

Quand la pose d'un parquet est terminée, on le nivelle en le rabotant ou en le replanissant avec grand soin à l'aide d'un rabot à deux fers ou d'un racloir spécial.

Ce travail doit être exécuté par des ouvriers bien au courant et qu'on nomme *raboteurs*. On les paye au mètre carré de surface rabotée.

**528.** Le replanissage, pour donner toute son efficacité, ne devrait se faire qu'un ou deux mois après la pose du parquet.

Ce travail terminé, il sera très bon de couvrir le parquet d'une épaisse couche de copeaux ou de toute autre matière empêchant le parquet d'être trop subitement exposé aux rayons du soleil et au contact de l'air toujours très abondant et très actif dans les bâtiments neufs.

Les raboteurs connaissent bien cette

précaution à prendre : aussi, lorsqu'ils viennent de replanir un parquet, qu'ils ont mouillé pour rendre leur travail plus facile, étalent-ils tous les copeaux sur la surface de la pièce rabotée.

## Bois employés pour les parquets.

**529.** Les bois le plus ordinairement employés pour la confection des parquets ordinaires et courants sont : le *sapin*, le *chêne* et le *peuplier*. Ce dernier remplace avantageusement le sapin dans les planchers d'usines où les hommes doivent marcher nu-pieds ; il n'a pas, comme le sapin, l'inconvénient de produire facilement des *échardes* entrant dans la chair.

**530.** Pour les parquets ou planchers ordinaires on se sert du sapin par économie, mais il est préférable d'utiliser le chêne. Il est d'usage d'employer, pour faire les frises de parquet, du *merrain* bois d'échantillon qui a été fendu et non débité à la scie. Le merrain est du chêne du Nord ; comme ses fibres sont bien entières, il a plus de force et soutient mieux les fardeaux.

**531.** Le *sapin rouge* est aussi employé pour parquets, mais il prend très difficilement la cire et exhale pendant longtemps une forte odeur de térébenthine.

**532.** Le *pitchpin* a été un moment très en vogue pour les parquets, mais les menuisiers préfèrent poser le chêne.

**533.** Pour les parquets à motifs, parquets à compartiments, parquets mosaïque, etc. On se sert aussi, indépendamment du chêne qui en est la base, soit en placage, soit en plein bois : du *noyer*, de l'*érable*, de bois durs teints en noir, du *mérisier*, de l'*acajou*, du *palissandre*, du *citronnier*, etc.

**534.** Ces diverses essences de bois doivent, avant leur livraison, être dégagées de toute sève, parfaitement séchées et passées à la chambre chaude. Elles sont ainsi à l'abri des piqûres des vers et ne jouent plus.

## Différents types de parquets.

**535.** Il y a plusieurs espèces de parquets qui, suivant la largeur des lames et suivant leurs dispositions, prennent les différents noms : de *parquets à frises* ou *parquets à l'anglaise*, formés de longues lames ; de parquets à *frise à coupe de pierre* ; de parquets à *point de Hongrie*, de *fougère* ou à la *capucine* lorsque les lames sont posées comme des chevrons de blason ; de parquets à *frises bâtons rompus*, c'est à-dire en forme de chevrons dont les côtés sont perpendiculaires ; enfin, de *parquets à compartiments*, *mosaïques* ou d'*assemblages*.

### I. — Parquets ordinaires.

**536.** 1° *Parquets à frises à l'anglaise.* — Les parquets à l'anglaise ou à frises sont les plus simples des parquets employés dans nos habitations ; ils sont, comme nous le savons, faits avec des planches refendues, *frises* ou *alaises*, de 0,07 à 0,11 de largeur environ, se plaçant les unes à côté des autres et assemblées à rainures et languettes.

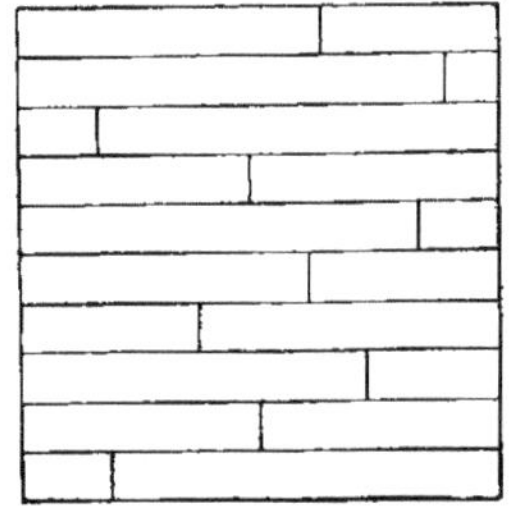

Fig. 581.

**537.** La figure 581 nous en montre la disposition avec l'indication et la disposition des joints.

**538.** Un autre parquetage qui est aussi employé consiste, comme nous le voyons (*fig.* 582), à couper d'onglet les abouts des frises ;

**539.** 2° Les parquets à *frises à coupe de pierre* sont indiqués en croquis (*fig.* 583), ils ne diffèrent des parquets à frises à l'anglaise que par la disposition régulière des joints qui sont alternés comme dans l'appareillage de la maçonnerie de pierre de taille ;

**540.** 3° Les parquets à *frise à fougère* ou *point de Hongrie* représentés en croquis (*fig.* 584);

**541.** 4° Les parquets à frises à bâtons rompus, dont nous indiquons la forme (*fig.* 585).

**Nota.**

**542.** Les parquets les plus communément employés, c'est-à-dire la frise dite à

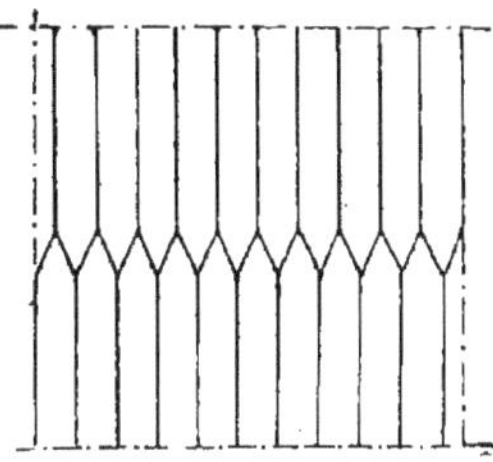

Fig. 582.

fougère ou point de Hongrie et les bâtons rompus, peuvent être demandés au fabricant suivant les dimensions des pièces à parqueter, afin d'éviter les fausses coupes et les déchets; il suffit pour cela d'envoyer à l'usine le plan des pièces à parqueter en indiquant bien les mesures des foyers et

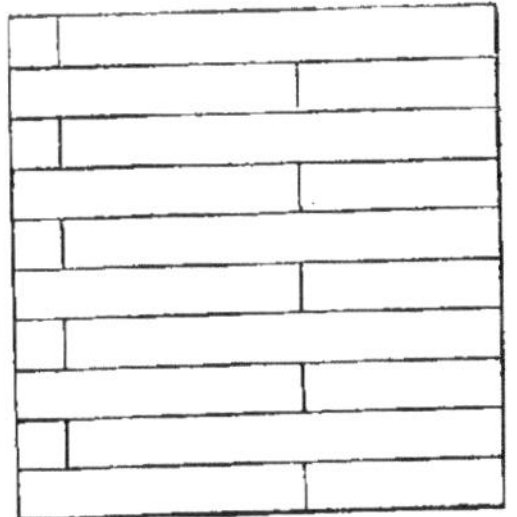

Fig. 583.

des ébrasements des portes et des fenêtres. On coupera alors les frises de manière à éviter les pertes et les déchets.

**II. — Parquets de luxe.**

**543.** Ces parquets peuvent être exécutés de plusieurs manières :

1° Parquets entièrement en chêne, formant des compartiments et diverses combinaisons ;

**544.** 2° Parquets entièrement en chêne mais rehaussés par des filets noirs ou autres bois diversement nuancés, disposés avec soin pour rompre la monotonie de la teinte uniforme du chêne;

**545.** 3° Enfin les parquets mosaïques

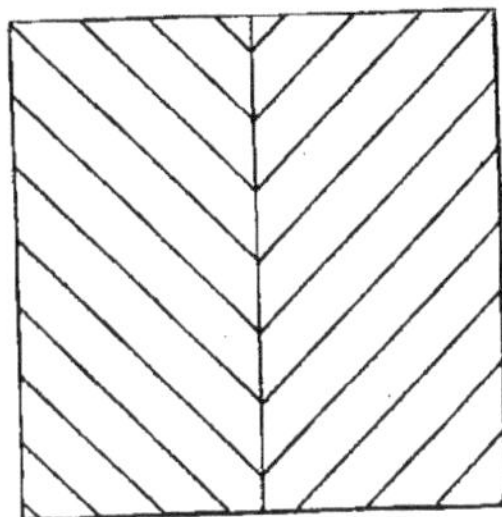

Fig. 584

qui sont alors de véritables combinaisons et associations de bois de diverses essences pour former un tout très agréable à l'œil et souvent d'une grande richesse.

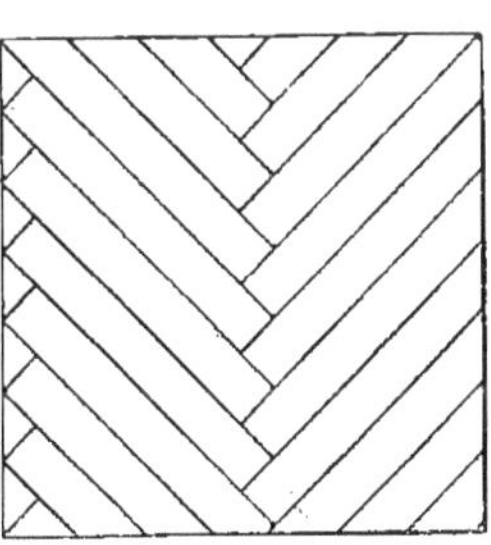

Fig. 585.

1° *Parquets à compartiments, entièrement en chêne.*

**546.** Les figures 586, 587 et 588 nous représentent un certain nombre de dispositions qu'on peut très facilement adopter et dont le prix est abordable.

Ces différentes dispositions s'exécutent par panneaux carrés de 0,50 sur 0,50.

Le dessin n° 4 (*fig.* 588) est connu sous le nom de panneaux losanges.

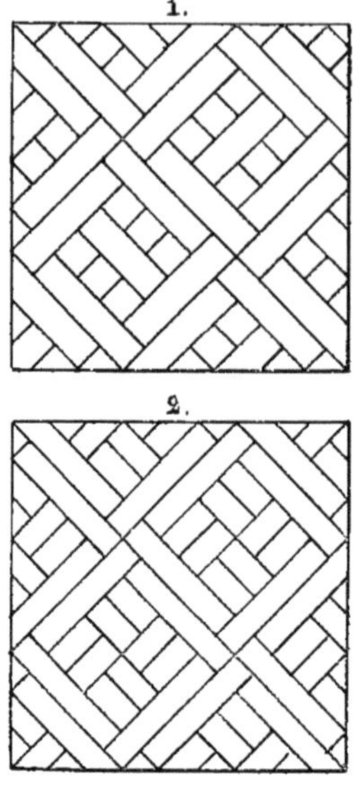

Fig. 586.

### 2° *Parquets avec motifs ou filets.*

**547.** La figure 589 nous représente six types de parquets en chêne, soit avec motifs très simples, soit avec des filets noirs intercalés dans les panneaux en chêne et formant des dessins variés.

**548.** En 1 nous voyons des frises à motifs de 0,10 de largeur; les bois employés dans ce cas sont le *chêne*, le *noyer* et l'*érable*.

**549.** En 2 nous indiquons les dispositions à bâtons rompus à motifs de 0,095 de largeur ; le parquet est en chêne, les motifs sont en *érable* et *noyer;* la figure 590 nous montre une application de cette disposition avec frise d'encadrement au pourtour de la pièce ;

**550.** En 3 nous donnons une disposition en panneaux triangulaires, chêne et filets noirs.

**551.** En 4, 5 et 6 sont représentées trois dispositions en panneaux carrés de 0,50 × 0,50 en chêne avec filets noirs.

### 3° *Parquets mosaïques.*

**552.** Ces parquets, par leurs formes et les dessins variés qu'on peut obtenir, se prêtent à tous les genres et à tous les styles : gothique, grec, Louis XV, style religieux, riches ou simples. C'est donc un grand avantage de pouvoir plier le parquetage aux exigences d'une construction ou d'une salle faite ou meublée dans un style quelconque.

**553.** On donne aussi à ces parquets le nom de *parquets d'assemblages ;* les lames sont alors croisées en tous sens, laissant entre elles des vides carrés, des espaces triangulaires qui sont ensuite remplis par de petits morceaux soigneusement ajustés. On peut dès lors obtenir les *parquets en marqueterie* avec des incrustations de bois diversement colorés, qui produisent alors un grand effet décoratif.

Nous ne pouvons reproduire ici, surtout en noir, les différents types de parquets mosaïques; la menuisier aura du reste peu à s'en occuper, car ils sont toujours exécutés et posés par des spécialistes.

**554.** Nous avons donné, page 31, sous la désignation de *coloration du bois*, des renseignements qui seront d'une très grande utilité pour le constructeur qui désirera obtenir des parquets mosaïques à bon marché.

### Bordures.

**555.** Les parquets représentés en croquis ci-dessus, et surtout les parquets mosaïques comportent au pourtour de chaque pièce une bordure, dont nous donnons trois types (*fig.* 591, 592 et 593).

Les bordures d'encadrement pour parquets se mesurent par les angles extérieurs et se vendent au mètre linéaire. Ces bordures ont couramment 0,20 de largeur; les frises d'encadrement qui les accompagnent se comptent au mètre carré

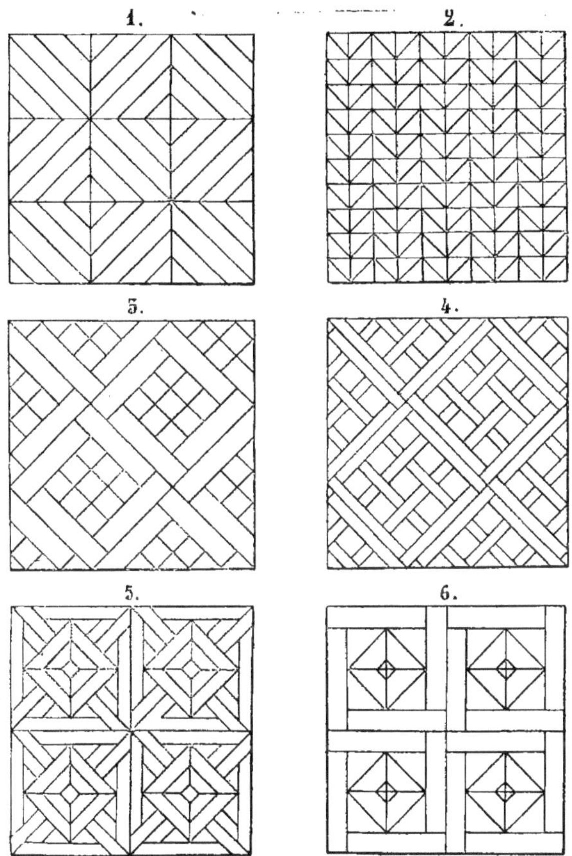


Fig. 587.

et au prix du parquet duquel elles font partie.

Les bordures plus larges subissent, en général, une plus-value qu'on peut fixer à 1/30e par chaque centimètre de largeur excédant.

Les bordures sont ordinairement paquées sur des panneaux en chêne.

### Parquets plaqués.

**556.** Lorsque le dessin d'un parque nécessite l'emploi de bois coupés en petits morceaux ne permettant pas un assemblage à rainures et languettes, on *plaque* ce parquet sur un panneau, chêne ou sapin, de 20 à 21 millimètres d'épaisseur ; ce dernier devra être aussi soigneusement assemblé que les panneaux massifs de manière à obtenir un parquet aussi solide que les autres.

Le placage doit toujours avoir 6 à 7 millimètres au moins d'épaisseur.

Fig. 583

#### Faux planchers.

**557.** Lorsqu'il s'agit d'un parquet riche placé au rez-de-chaussée, il ne faut pas reculer devant la plus-value occasionnée par la pose d'un faux plancher posé sur solives ou sur lambourdes et qui assure la bonne conservation du parquet. La dépense supplémentaire est atténuée par le fait que les lambourdes pour faux planchers peuvent être écartées jusqu'à 0,50, tandis que celles sans faux plancher nécessitent un écartement de 0,334.

### Rosaces et ornements.

**558.** Dans les planchers de luxe les rosaces et les ornements se font, en général, d'après des dessins spéciaux remis par l'architecte et combinés suivant le genre de parquets et la dimension des emplacements, avec armoiries, initiales, etc...

### Ébrasements.

**559.** Les ébrasements des portes et des fenêtres doivent aussi, dans les parquets

Fig. 589

de luxe, être étudiés avec soin et en rapport avec la décoration de ces parquets.

**560.** Nous donnons (*fig.* 594) quatre types d'ébrasements de portes intérieures et (*fig.* 595) la disposition pour l'ébrasement d'une croisée.

## De la pose des parquets.

**561.** Avant de dire quelques mots de

la pose des parquets, il faut s'occuper des petites solives nommées *lambourdes* sur

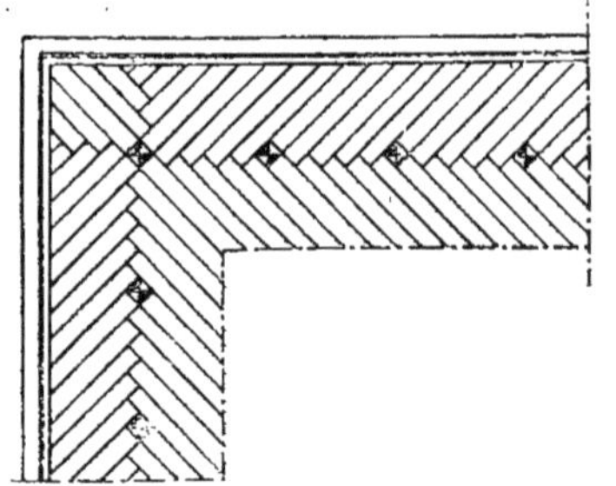

Fig. 590.

lesquelles presque tous les parquets de nos habitations sont cloués.

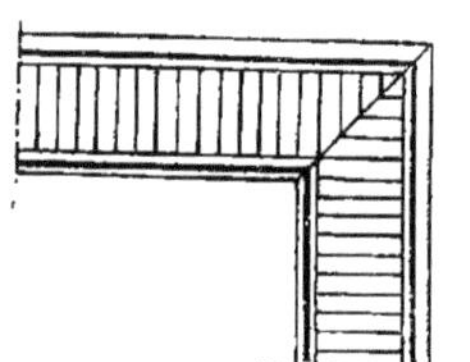

Fig. 591.

**Lambourdes.**

**562.** Nom donné à de petites pièces de bois ayant les dimensions suivantes :

De 0,027 d'épaisseur sur 0,07 à 0,08 de largeur.
De 0,034 — —
De 0,041 — —
De 0,054 — —
De 0,080 — —

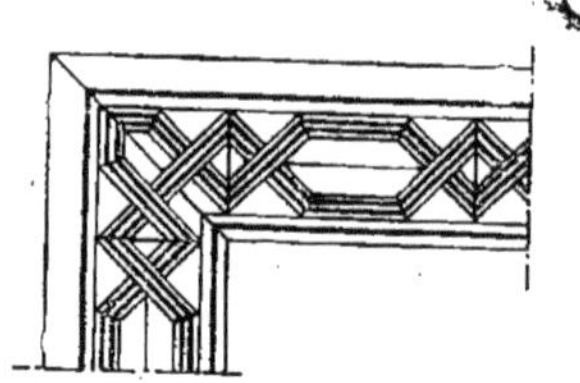

Fig. 592

Elles sont scellées et bien arrêtées sur les solives d'un plancher pour porter le parquet.

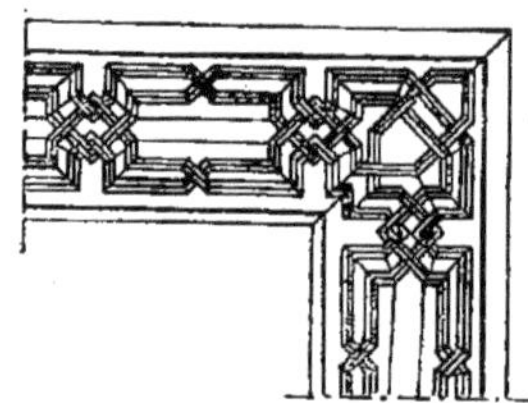

Fig. 593.

Les lambourdes se posent à plat et sont en chêne de deuxième choix.

Les lambourdes dites de forêt, en raison

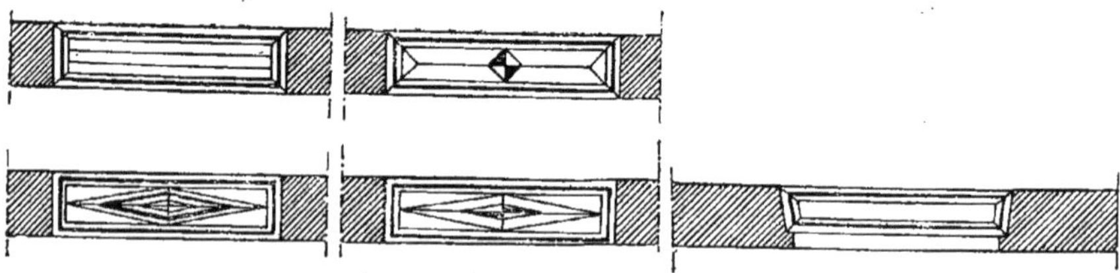

Fig 594.

Fig. 595.

de leur mauvaise qualité, doivent être rigoureusement refusées.

Lorsque les lambourdes n'auront pas été reconnues par attachement, il ne sera alloué, par mètre de parquet à l'anglaise, que 2m.25 par mètre superficiel.

**Clous à bateau.**

**563.** Les lambourdes, avant d'être scellées, doivent être lardées, chevauchées sur les deux rives, de *clous à bateau*. Ces clous sont fournis par le serrurier qui doit toujours les comprendre dans ses forfaits, et posés par le parqueteur.

**564.** Les lambourdes fixées sur solives

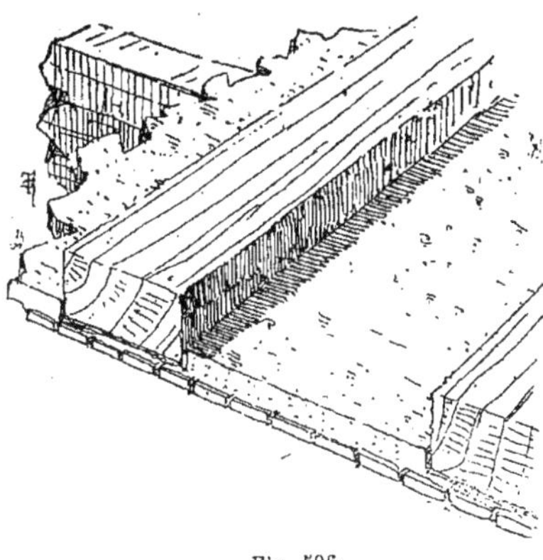

Fig. 596.

ou sur supports scellés se placent par lignes parallèles. Leur écartement, d'axe en axe, est de 0,40 à 0,45, s'il s'agit de frises à point de Hongrie ou à bâtons rompus, et de 0,354 s'il s'agit de panneaux carrés de 0,50 de côté. Les panneaux reposent sur les lambourdes par leur diagonales, sauf de rares exceptions.

**565.** Le prix de ces lambourdes est d'environ $0^f,40$ le mètre linéaire; la pose se paie $0^f,20$ par mètre superficiel de parquet pour le lambourdage ordinaire, ou mieux $0^f,08$ le mètre linéaire pour lambourdes de 0,027 à 0,054, et $0^f,10$ le mètre linéaire pour celles de 0,08 et au dessus.

**566.** Les lambourdes brochées, sur

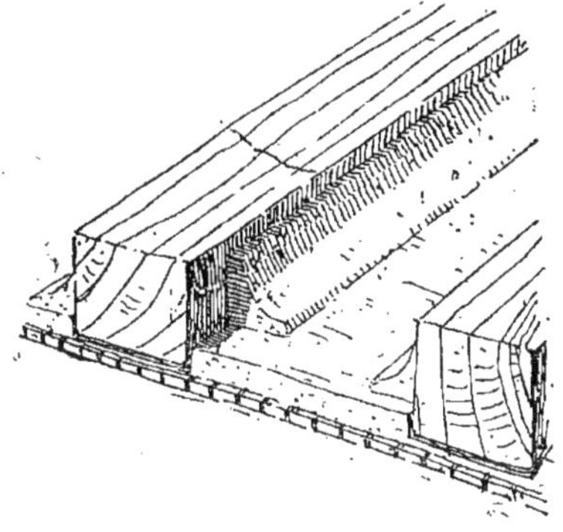

Fig. 597.

solives, compris cales et broches, se paient $0^f,35$, plus $0^f,10$ par entaille pour les lambourdes entaillées ou moisées.

**567.** Les lambourdes scellées à bain de bitume, compris augets et solins de 0,15 d'épaisseur, se paient $3^f,25$ le mètre superficiel pour parquet à l'anglaise, et $3^f,50$ pour parquet point de Hongrie.

La pose des lambourdes est ordinairement comprise dans le prix des parquets.

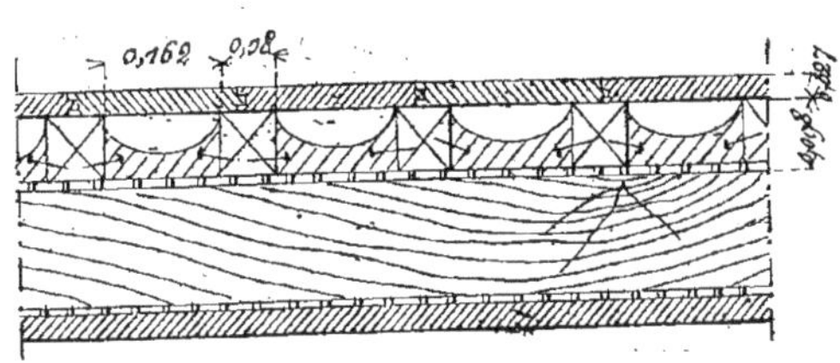


Fig. 598.

**Scellement des lambourdes.**

**568.** Les lambourdes sur lesquelles on établit les parquets se posent ordinairement sur les aires en plâtre des planchers, comme nous l'indiquons en croquis (*fig.* 596). On peut aussi, comme le montre le croquis (*fig.* 597), les sceller sur

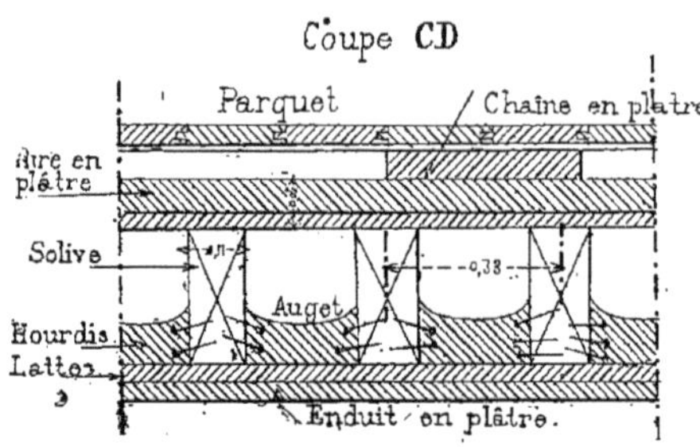


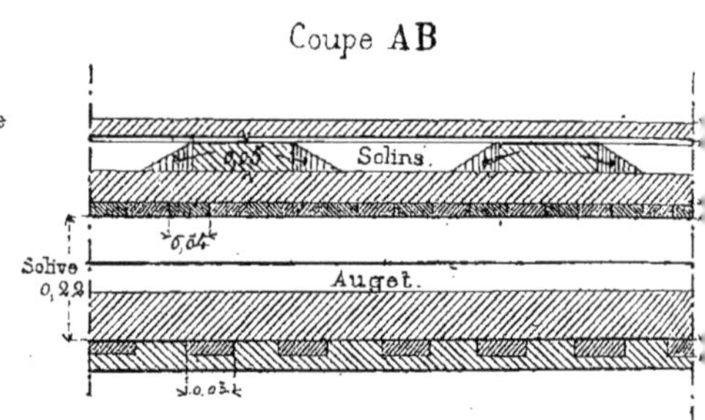


aire avec solins cintrés, ou encore (*fig.* 598) au moyen d'un solin en plâtre arrondi en gorge.

Parfois, on fait tout simplement un petit solin incliné de chaque côté des lambourdes (*fig.* 599), et on établit tous les 0,65, 0,70 ou 0,80 de petites chaînes de solin en plâtras ou en garnis pour maintenir l'écartement des lambourdes.

Ce dernier moyen de sceller les lambourdes, qui est aujourd'hui le plus employé et que nous représentons en vue perspective (*fig.* 600), est ainsi désigné: scellement de lambourdes sur aire avec solins cintrés et chaînes en travers.

L'exécution des solins, qui consiste simplement en enduit en plâtre au panier, ne présentant aucune difficulté, est faite par les apprentis maçons.

Pour les parquets à rez-de-chaussée, afin de bien les aérer, on pose souvent les lambourdes sur de petits murs de 0,50 à 1 mètre de hauteur espacés de 0,60 environ. Des ventouses sont, en outre, établies pour produire un aérage complet entre ce murs, sur lesquels les lambourdes sont ensuite scellées au moyen de chaînes cintrées dont l'intervalle est de 0,65 à 0,70.

### Pose des parquets ordinaires.

**569.** Les tambours étant bien scellées et le tout bien sec, on commence la pose des parquets ; il faut laisser sécher les plâtres de scellement des lambourdes au moins trois semaines à un mois en été et plus en hiver.

On a cherché à supprimer les scellements en plâtre et à rendre les planchers plus légers en employant des lambourdes

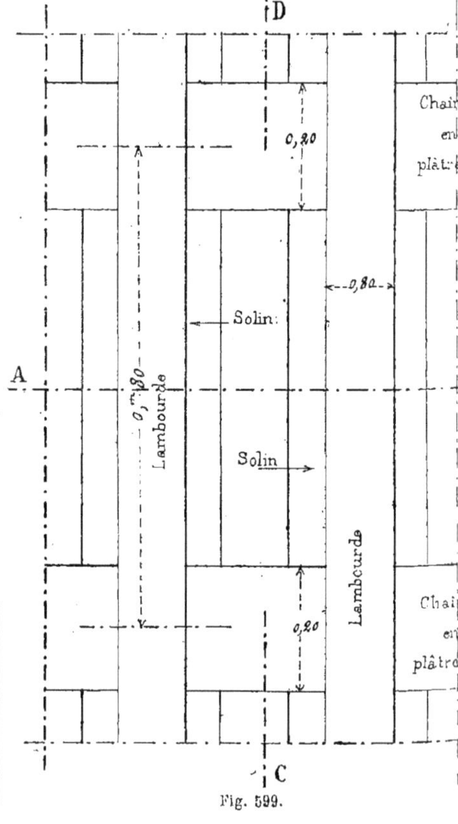


Fig. 599.

en fer, mais l'usage n'est pas assez répandu pour que nous en parlions plus longuement.

1° *Parquets à frises à l'anglaise.*

**570.** Les frises F de parquets ont,

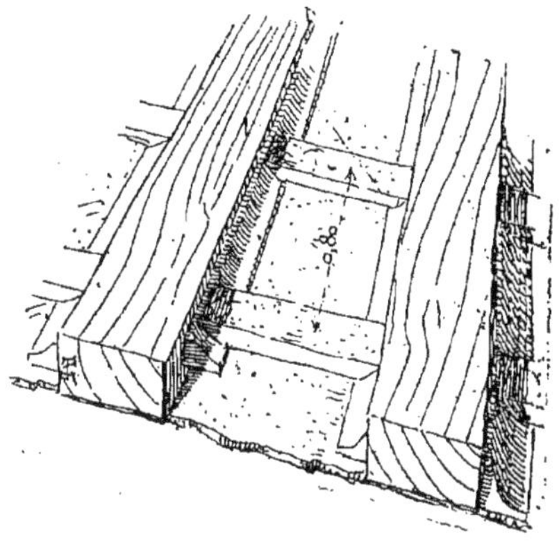

Fig. 600.

comme nous le savons, 0,07, mais plutôt de 0,08 à 0,11 de largeur (*fig.* 601).

La rainure R est une petite entaille rectangulaire rappelant la forme de la mortaise, mais existant sur toute la longueur de la frise; la languette L de la même figure rappelle la forme d'un tenon rectangulaire, mais existant également sur toute la longueur de la frise et venant

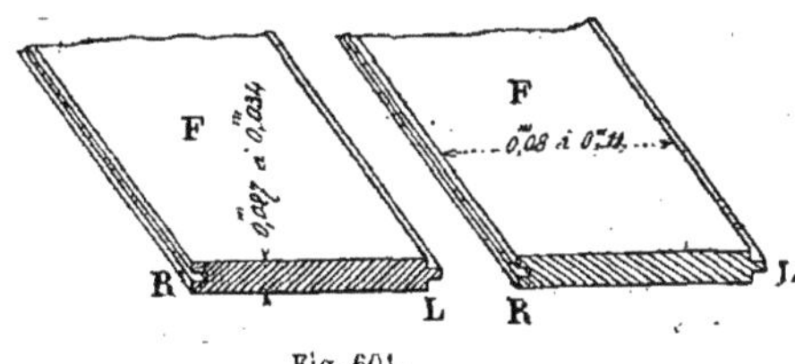


Fig. 601.

se placer bien exactement dans la rainure R.

**571.** Dans les planchers en fer, les

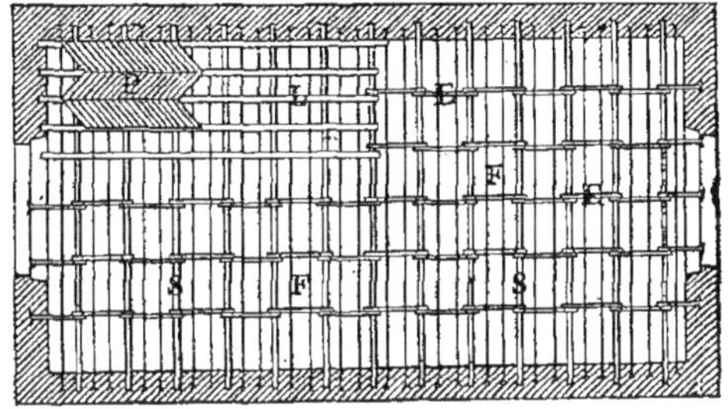

Fig. 602.

frises sont clouées directement sur les lambourdes. Ces lambourdes peuvent,

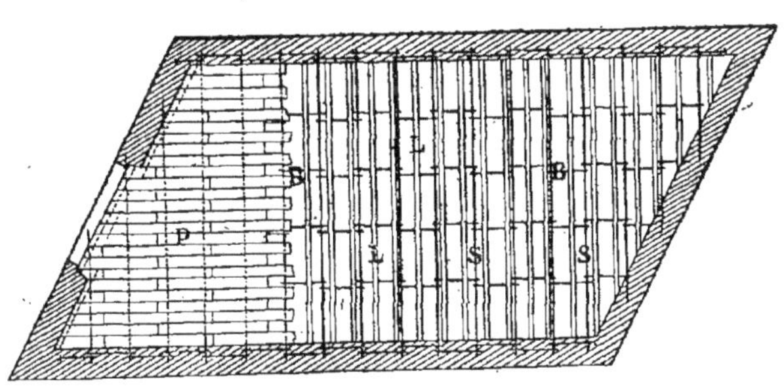

Fig. 603.

comme nous l'indiquons (*fig.* 602 et 603), se poser soit sur les solives, soit entre les solives, mais dans les deux cas elles doivent être lardées de clous à bateau et solidement retenues sur le hourdis plein du plancher ou sur les augets par des solins en plâtre.

On emploie, pour fixer les frises sur les lambourdes, des *pointes* ou clous sans tête, qui se posent inclinés dans les joints des languettes, afin de n'être pas apparents. Les extrémités de ces clous sont invisibles, car ils sont chassés dans l'épaisseur des frises ou planches à l'aide d'un *chasse-pointes*.

**572.** Lorsque les planches ou frises de parquet ne sont pas d'un seul morceau dans toute la longueur de la pièce à parqueter, on en met alors plusieurs bout à bout, en ayant soin que les extrémités des planches ou frises F (*fig.* 604) se chevauchent et répondent bien aux milieux des lambourdes L.

La jonction bout à bout de deux frises se fait également à rainures et languettes.

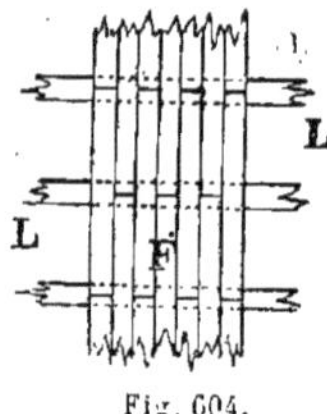

Fig. 604.

Nota.

**573.** Certains constructeurs désirant obtenir une plus grande solidité divisent la surface du parquet par travées suivant la longueur des bois à employer, et placent, perpendiculairement aux lames courantes, une frise dans laquelle viennent s'assembler les extrémités des alaises ou frises courantes.

2° *Parquets en points de Hongrie ou en fougères.*

**574.** Les parquets à points de Hongrie sont formés de planches F (*fig.* 605), également jointes à rainures et languettes et clouées dans leur épaisseur sur les lambourdes L qui, dans ce genre de parquet, doivent se trouver au droit des joints longitudinaux.

**575.** Pour parqueter une pièce avec du parquet en point de Hongrie, on commence quelquefois à faire au pourtour de cette pièce et le long des murs un encadrement dans lequel viennent s'assembler à rainures et languettes les frises du parquet. Puis on divise l'espace compris entre les deux frises longitudinales en un nombre impair de parties égales, dont la largeur peut varier de 0,45 à 0,92 afin d'obtenir des diagonales de 0,70 à 1,30 de longueur.

Ordinairement, la longueur des planches ou feuilles et l'angle sous lequel elles se rencontrent (l'angle droit est généralement adopté) sont réglés d'après les dimensions de la pièce à parqueter.

La largeur qu'on leur donne est 0,08, quand elles ont 1 mètre et moins de longueur, et 0,10 à 0,11 lorsqu'elles ont davantage.

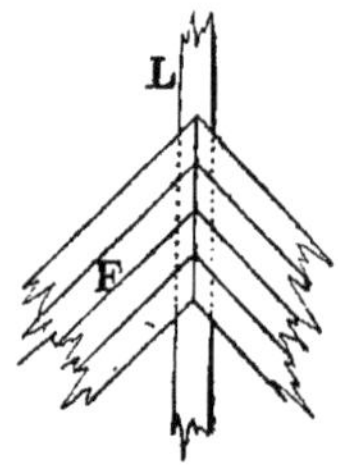

Fig. 605.

La figure 602 nous montre un exemple de parquet point de Hongrie dans lequel la frise, au pourtour de la pièce, est supprimée.

## Encadrement des foyers de cheminées.

**576.** Dans l'exécution d'un plancher, il est indispensable de poser autour du foyer en marbre d'une cheminée un encadrement en frises d'une largeur égale à celle des frises du parquet, et dans lequel les feuilles ou lames courantes viennent s'assembler à rainures et languettes.

Les encadrements des foyers, qu'on pose sur des lambourdes scellées pour les recevoir, font partie des prix des parquets.

**577.** Lorsque dans la pose d'un parquet on a le soin de bien choisir son bois et de contrarier le fil de ce bois, on peut obtenir comme motif décoratif les effets d'une étoffe de *moire*.

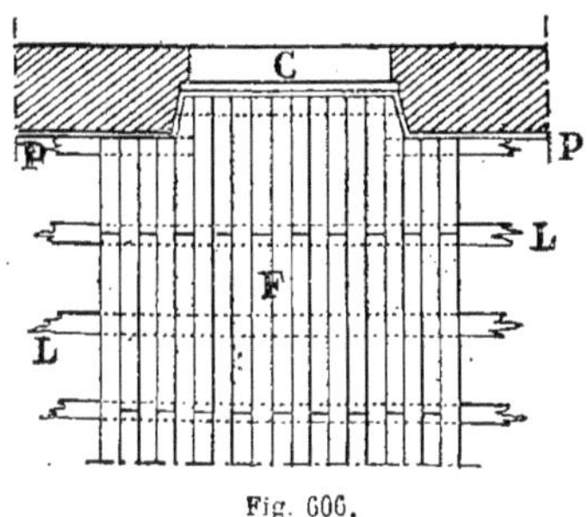

Fig. 606.

*3° Parquets à bâtons rompus.*

**578.** Dans ce genre de parquet, qui ressemble beaucoup au précédent comme pose, les abouts des frises, au lieu d'être coupées d'onglet, sont coupées carrément; tout ce qui a été dit des parquets à point de Hongrie leur est applicable.

**Observation sur les parquets ordinaires.**

**579.** Afin d'obtenir un effet agréable par la lumière venant frapper la surface des parquets, il faut les disposer, par rapport aux fenêtres, comme nous l'indiquons (*fig.* 606), pour le parquet à l'anglaise, et figure 607 pour le parquet en points de Hongrie ou à bâtons rompus.

**580.** Dans ces deux croquis, nous désignons par F les frises du parquet; par L les lambourdes; enfin, par P la plinthe ou le stylobate, et par C la baie de croisée vue en plan.

*4° Parquets à compartiments, mosaïques, etc.*

**581.** Ces parquets sont tous posés par des spécialistes et non par les menuisiers. Quelle que soit la manière dont on emploie ces parquets, toute la perfection de leur construction consiste à éviter, autant que possible, la multiplicité des joints d'onglet qui les rendent d'une exécution difficile et beaucoup moins solides.

**582.** On devra, avant l'exécution, présenter au propriétaire un dessin d'ensemble du parquet, pour qu'il puisse se rendre compte de ce qu'on désire lui fournir.

**583.** Comme nous avons déjà eu l'occasion de le dire, ces parquets décoratifs ne sont pas établis directement sur les lambourdes, mais sur un premier plancher solidement fixé et exécuté en bois de chêne ou de sapin du Nord parfaitement sec. On les pose aussi quelquefois sur des lambourdes croisées.

**Replanissage.**

**584.** Lorsque la pose des parquets est achevée, il ne reste plus, pour les terminer, qu'à en faire le replanissage au rabot à deux fers et racler de manière à recevoir l'encaustique après le travail des peintres.

Ce replanissage est payé de 0f,50 à 0f,75 le mètre carré.

Lorsque les frises de parquet n'auront été qu'affleurées, il ne sera payé que 0f,20 par mètre superficiel.

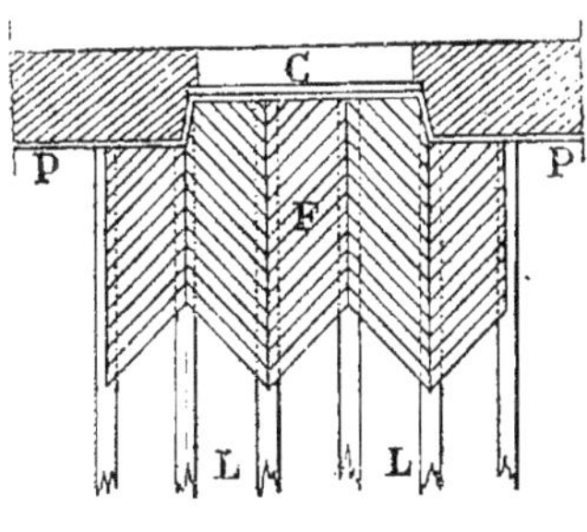

Fig. 607.

*5° Parquets sur bitume.*

**585.** Les parquets sur bitume se font de plusieurs manières; dans certains cas les lambourdes sont seules scellées à bain de bitume sur le sol, convenablement préparé par le maçon, et on cloue le parquet de chêne directement sur ces lambourdes. Le plus souvent on ne met pas

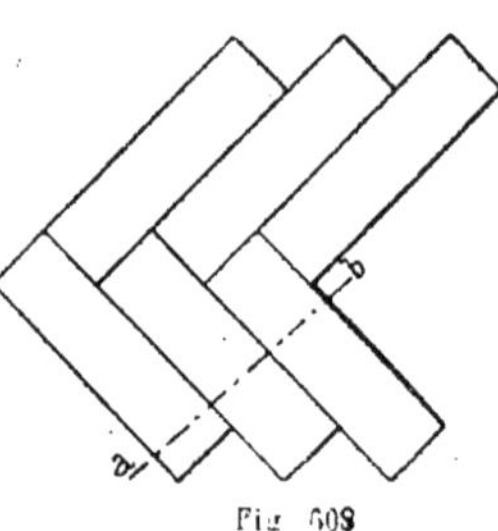

Fig. 608

de lambourdes, et sur une couche de sable bien fin, posé sur le hourdis du plancher, on place les frises à bain de bitume. Ces frises sont posées à plat-joint, et presque

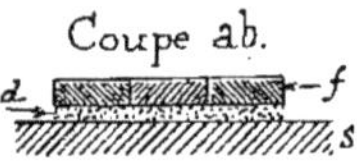

Fig. 609.

toujours c'est le parquet à bâtons rompus qu'on emploie. On se sert également du point de Hongrie, mais plus rarement.

Les frises de 0,11 de largeur sur 0,35 à 0,40 de longueur peuvent aussi être posées et scellées à bain de bitume (sans lambourdes) sur une aire en gravois passés au crible.

Les frises employées doivent être de très bonne qualité, sans aubier, nœuds, gerces ou tout autre défaut.

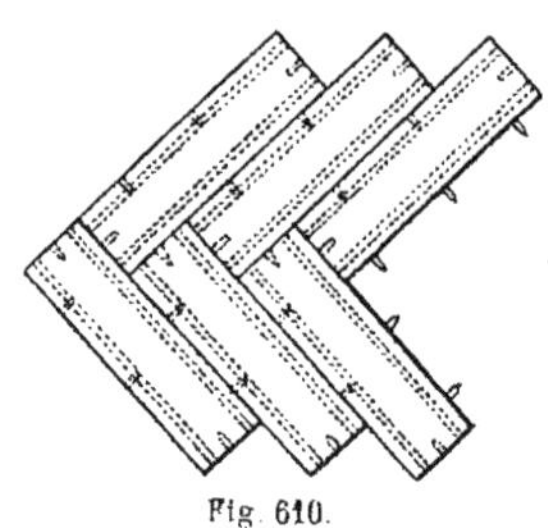
Fig. 610.

**586.** Les figures 608 et 609 nous montrent en croquis la disposition d'un parquet posé sur bitume. La coupe *ab* représente bien le sol *s*, le bitume *d* et les frises *f* posées jointivement.

**587.** On emploie aussi un autre genre de parquet sur bitume dont nous donnons les détails (*fig.* 610, 611 et 612) et dont M. Poulain est l'inventeur.

**588.** La figure 610 nous montre le parquet, à bâtons rompus, mis en place; la

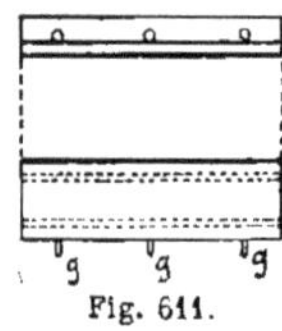

Fig. 611.

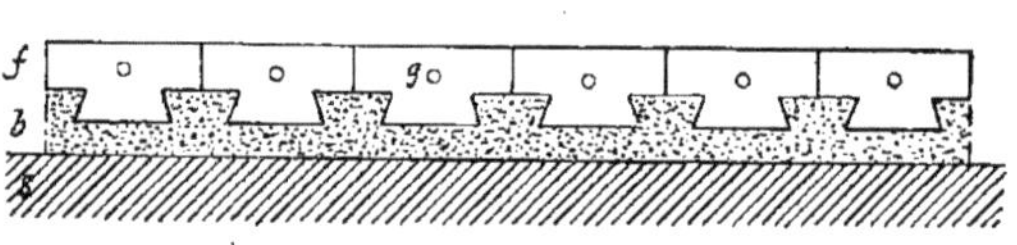

Fig. 612.

figure 611 nous représente le plan et l'élévation de l'une des frises spéciales avec ses goujons *g*; enfin, la figure 612, qui est une coupe transversale perpendiculairement aux frises, nous montre que chaque frise *f* est taillée en dessous sous forme de queue d'aronde lui permettant facilement de s'agrafer dans le bitume lors de sa prise. Les broches *g* servent aussi à assurer une rigidité parfaite. Dans la figure 612 nous indiquons en *s* le sol sur lequel se pose le parquet; en *b*, la couche de bitume; en *f*, les frises; enfin en *g* les *goujons*.

### Nota.

**589.** Afin de supprimer le scellement des lambourdes, et permettre de poser les parquets sans clous, M. Guérin a inventé un système de *crampon-agrafe* dont nous allons indiquer sommairement les principaux usages et les principales dispositions qui sont représentés en croquis (*fig.* 613, 614, 615 et 616).

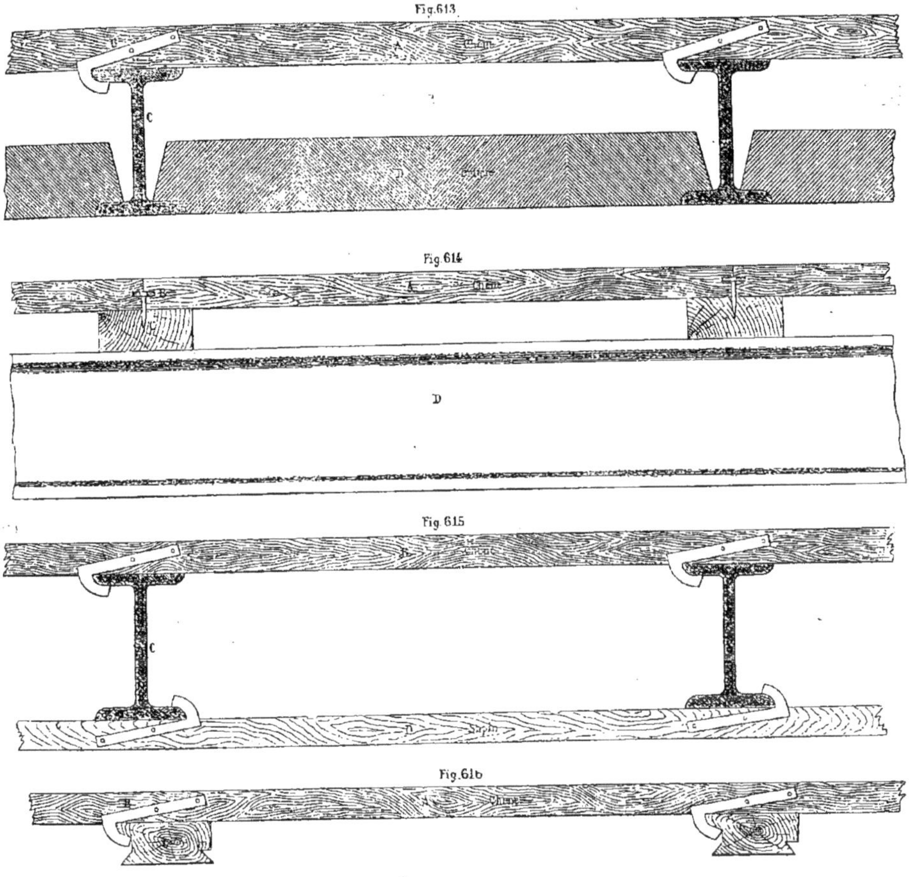

Fig. 613 à 616.

*Fig.* 613. — *A* est une lambourde sur laquelle on fixe les crochets qui en permettent le démontage.

*B* est le crampon-agrafe pris sur la solive en fer.

*C* est la solive en fer.

*D* est un hourdis soit en briques, soit en plâtre.

On peut utiliser dans le même genre pour les greniers à fourrages, en accrochant soit des madriers, soit des bastaings rainés pour recevoir des feuillards, soit

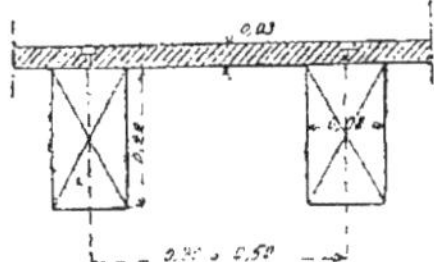

Fig. 767.

en bois de fil, soit en bois de bout; on évite la vermine et il y a moins de dangers d'incendie.

*Figure* 614 représente le système de parquet démontable.

*A* est une lame de parquet soit à l'anglaise, soit en point de Hongrie.

*B* est la plate-bande fixée par fausses vis sur la lambourde *C*.

*D* est la solive en fer.

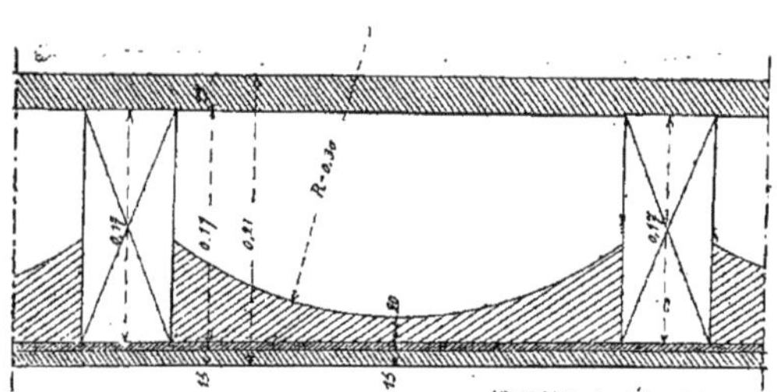

Fig. 618.

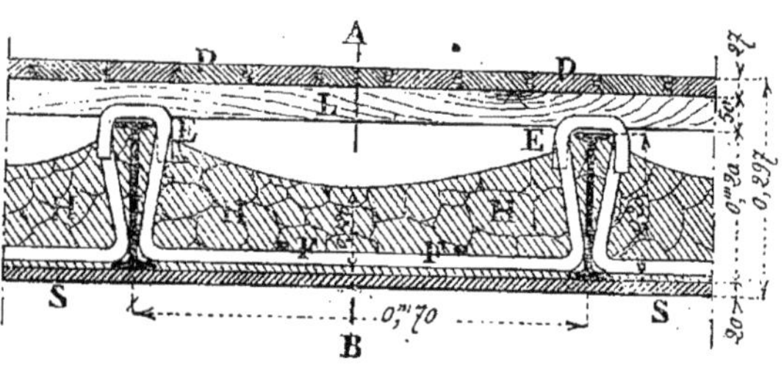


Fig. 619.

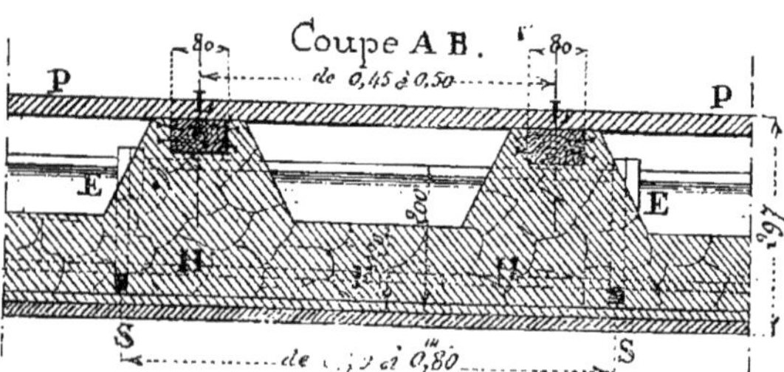


Fig. 620.

En cas d'épidémie, on démonte le parquet sans déchets, on le passe à l'étuve; on décroche la lambourde, on la passe au goudron, ainsi que les solives en fer et les hourdis, et on remonte le parquet.

Dans le cas de retrait des bois, on dépose, on enlève les poussières et on resserre les frises.

*Fig.* 615. — *B* est un parquet accroché après la solive en fer et supprimant les lambourdes.

*D* est un plafond en sapin à baguettes

qui supprime toutes les charpentes en bois, s'accroche après les solives en fer, offre beaucoup plus de résistance.

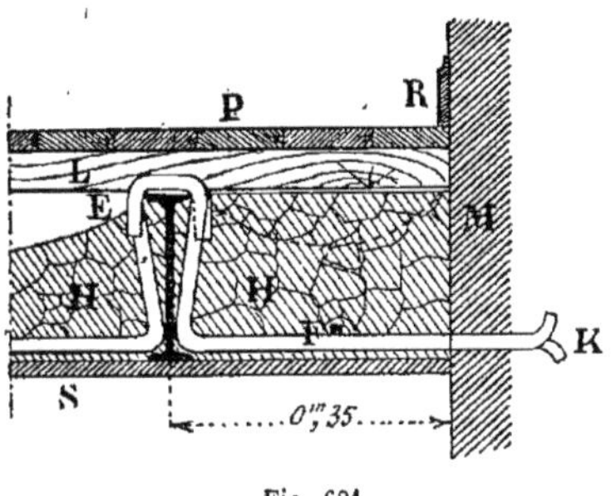


Fig. 621.

*Fig.* 616. — *C* sont des lambourdes en chêne nervées par le bas, pour scellement en bitume; sur la partie supérieure, on pousse un arrondi qui permet l'accrochage du parquet sur la lambourde.

**590.** Ce système est appelé à rendre de grands services dans les lycées, églises, hôpitaux, casernements, grandes administrations et magasins.

**591.** Il s'applique de même pour les wagons transportant des voyageurs, des malades, des militaires, des bestiaux, ou tous transports d'immondices qui demandent la désinfection après le service.

**592.** Pour les voitures d'ambulances servant aux transports des malades: à l'arrivée, on décroche les parois intérieures et on les passe à l'étuve.

**593.** Pour les lambris d'écurie, de sellerie, de bains de vapeur, on peut décrocher et resserrer immédiatement.

**594.** Pendant l'hiver, les travaux se trouvent arrêtés, les maçons ne pouvant sceller les lambourdes; avec ce système d'accrochage on évite le chômage et l'interruption du travail.

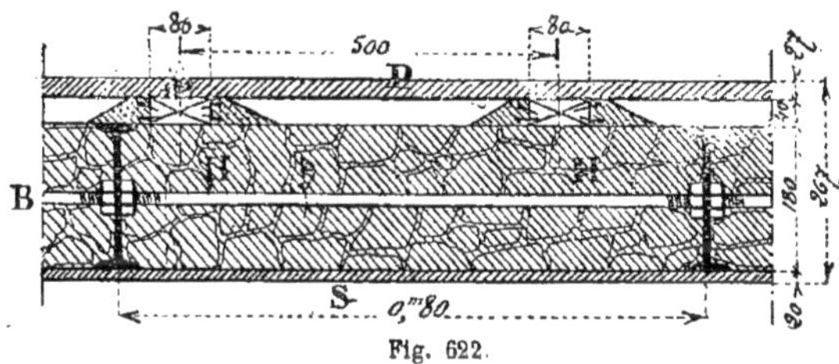


Fig. 622.

**595.** Il y a économie: sur la hauteur et le poids que les patins des lambourdes prennent; on peut poser immédiatement le parquet, et on a l'économie du prix du scellement des lambourdes et des clous à bateau.

**596.** En cas d'incendie, on peut rechercher immédiatement et sans déchet d'où provient la cause.

**597.** De même si des vermines viennent à crever, ou si l'on sent de mauvaises odeurs sous les planchers.

**598.** On peut passer, déposer et reposer conduites d'eau, de chaleur, fils télégraphiques ou téléphoniques.

Pour terminer ce qui est relatif aux parquets, nous représentons (*fig.* 617 et 618) des parquets directement cloués sur les solives et (*fig.* 619, 620, 621, 622 et 623) les dispositions adoptées aujourd'hui, presque exclusivement, pour la pose des parquets de nos habitations, lorsqu'on emploie des solives en fer.

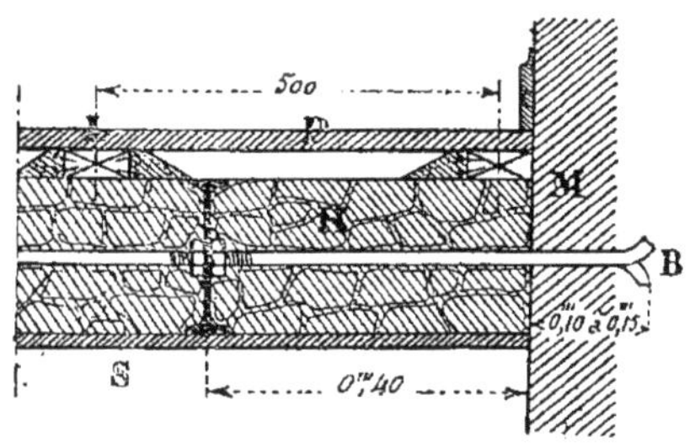


Fig. 623.

Les deux figures 619 et 620, donnent en coupe transversale et en coupe longitudinale, la disposition d'un hourdis en auget, en plâtras et plâtre.

Dans ces deux coupes les différentes lettres désignent.

E, chevêtres ou entretoises en fer carré;

F, fentons ou carillons en fer carré;

H, hourdis en plâtras et plâtre cintré en augets;

L, lambourdes en chêne espacées de $0^m,45$ à $0^m,50$ d'axe en axe, lardées de clous à bateau (enfoncés dans le bois de la moitié de leur longueur), et scellées au moyen de petites murettes en plâtras et plâtre situées sous chaque lambourde et reposant sur le hourdis;

P, parquet en chêne assemblé à rainures et languettes de $0^m,027$ d'épaisseur, lames de $0^m,11$ de largeur;

S, enduit en plâtre de $0^m,02$ d'épaisseur formant plafond.

La figure 621 nous montre la disposition à adopter entre la dernière solive du plancher et le mur M de la construction; en R se trouve indiquée la plinthe devant recouvrir le joint des frises placées le long du mur.

Les deux figures 622 et 623 nous représentent la disposition dans le cas d'un hourdis plein; les mêmes lettres que dans les figures 619, 620 et 621 nous représentent les mêmes choses.

## DES LAMBRIS

### I. — Définitions et notions générales.

**599.** On donne, en menuiserie, le nom général de *lambris* à des ouvrages dont on revêt le parois intérieures des murs.

On divise ces revêtements en deux types principaux :

Les *lambris d'appui* et les *lambris de hauteur*.

Les lambris d'appui, qui ne règnent dans une pièce qu'à une certaine hauteur, sont destinés aux lieux qu'on veut tapisser ou peindre. Leur hauteur ordinaire est de $0^m,80$ à $1^m,30$ et même $1^m,50$.

Dans les salles à manger, la hauteur des moulures du poêle, en terre cuite ou en faïence décorée, guide pour la hauteur à donner à ces lambris.

Dans les salons, les lambris n'ont ordinairement que $0^m,65$ à $0^m,70$ de hauteur; dans ce cas, la cymaise haute du lambris se raccorde souvent avec la traverse basse de la frise de la porte.

Les lambris des salons, comme le montre le croquis (*fig.* 270), sont composés de grands et de petits panneaux; les petits ont de $0^m,20$ à $0^m,25$ de largeur et les grands ont des dimensions variables avec les divisions qu'on peut faire.

Les lambris de hauteur règnent depuis le parquet de la pièce jusqu'à la corniche en garnissant entièrement les murs entre deux planchers.

Les lambris de hauteur se font souvent dans les grands salons et sont plus ou moins riches suivant la décoration de la pièce; nous en donnons un exemple (*fig.* 269) pour une salle à manger.

Les lambris sont encore connus des menuisiers sous les dénominations suivantes :

#### Lambris à bouvement simple

**600.** Ce sont des lambris dont les bâtis ne portent sur l'arête qu'une seule moulure.

#### Lambris à petits cadres.

**601.** Ce sont des lambris dont les bâtis portent plusieurs moulures sur l'arête.

#### Lambris à grands cadres ou à cadres embrevés.

**602.** Ce sont des lambris dont les cadres faisant saillie sur les bâtis sont pris dans des pièces de bois qui s'y embrèvent par une simple ou une double languette; les lambris dont les cadres sont rapportés à plat joint prennent aussi le même nom.

#### Lambris à cadres élégis.

**603.** Dans ces lambris, les battants et les traverses, diminués d'épaisseur sur une de leurs rives, portent sur l'autre un cadre plus ou moins mouluré formant saillie sur le champ.

**Lambris à un parement.**

**604.** On désigne ainsi les lambris dont la face tournée contre le mur reste brute.

**Lambris à double parement.**

**605.** Ce sont des lambris présentant le même cadre sur deux faces et qui servent de séparations dans les bureaux, dans les salles d'attente des chemins de fer, etc.

**606.** Autrefois on employait pour la construction des lambris toutes les ressources de l'art du décorateur, on les surchargeait de délicates sculptures, les bois restant apparents, et on exécutait beaucoup de lambris de hauteur ; aujourd'hui, on ne fait plus guère que des lambris d'appui. Aussitôt qu'on a commencé à mettre sur les lambris des couleurs ou des vernis, on les a moins soignés, et on a fini par leur substituer, presque partout, des papiers de tentures qu'on obtient aujourd'hui à très bon marché.

**607.** Les lambris qu'on emploie de nos jours peuvent être assemblés ou non assemblés; ils peuvent être très simples ou comporter des cadres et des pilastres.

**608.** Dans l'exécution des lambris, le goût est l'essentiel l'exécution n'est presque rien ; la forme et les dimensions à donner aux diverses parties sont plutôt l'œuvre de l'architecte et du décorateur que du menuisier qui n'a autre chose à faire qu'à réaliser le dessin qu'on lui donne.

**609.** Quant à la disposition générale de ces lambris, tout ce qu'on peut en dire, c'est que ce sont des planches ou des réunions de planches formant panneaux assemblés à embrèvement dans des châssis en bois plus épais, qui se fixent contre les murs. Le bas est ordinairement orné par une plinthe ou un socle, et le haut surmonté d'une cymaise ou d'une corniche ordinairement peu saillante et venant butter contre le chambranle des portes. Les corniches sont ordinairement volantes, c'est-à-dire qu'au lieu de les tailler dans une seule pièce de bois on les compose, pour les lambris de hauteur surtout, de plusieurs planches superposées, plus ou moins saillantes, mises, comme il convient, de plat ou de champ, ornées sur leurs tranches de moulures nécessaires, disposées, en un mot, de manière à imiter une corniche d'une seule pièce. Les corniches volantes sont d'une exécution plus facile et ont encore l'avantage d'être beaucoup plus légères.

**610.** Certaines parties s'assemblent à rainures et languettes (*fig.* 192) du Vocabulaire, mais plus fréquemment on se contente de les clouer simplement ensemble.

**611.** La partie entière d'un lambris comprise entre le socle et la corniche se nomme aussi quelquefois cymaise ; elle est ordinairement divisée en panneaux séparés ou non par de petits montants ou pilastres avec ou sans chapiteaux et bases.

**612.** Les panneaux sont renfermés dans des traverses ou formés par des bâtis.

**613.** Ces panneaux sont ordinairement composés de planches jointes ensemble à rainures et languettes ayant depuis $0^{m}.013$ d'épaisseur jusqu'à $0^{m},040$.

**614.** Il faut choisir, pour ces panneaux, des planches étroites, ayant au plus de $0^{m},16$ à $0^{m},21$ de largeur au maximum, afin d'éviter le retrait et la fente de ces planches. Ordinairement ils sont tout autour ornés de plates-bandes et portent une languette sur les quatre côtés ; cette languette est logée dans des rainures creusées de 14 millimètres au moins dans les montants qui reçoivent deux des côtés de ces panneaux ; les deux autres côtés entrent dans deux rainures semblables pratiquées dans les traverses.

**615.** Les panneaux se font en feuillet de chêne, le parement de derrière restant ordinairement brut.

**616.** Les montants et les traverses qui forment les châssis ou bâtis s'assemblent entre eux à tenons et mortaises avec chevilles en bois. Ce sont des pièces prises dans des bois de $0^{m},027$ à $0^{m},054$ d'épaisseur.

Les montants et les traverses des cadres embrevés s'assemblent entre eux d'onglet et à tenons et mortaises.

**617.** Dans les endroits humides ou dans les rez-de-chaussée il est bon de mettre derrière les lambris, sur la face brute ou blanchie du bois deux ou trois couches de grosse peinture à l'huile.

**618.** On peut aussi enduire la face qui regarde le mur d'une couche de bitume ou de goudron en ayant soin de laisser évaporer suffisamment avant la pose afin d'éviter l'odeur la pose faite.

**619.** On *marouфle* souvent les panneaux en grosse toile derrière pour les empêcher de se fendre.

**620.** Il ne faut poser les lambris d'appui que lorsque les murs sont bien secs afin de ne pas enfermer l'humidité qui, ne pouvant plus s'échapper, ferait fendre, gonfler et éclater les panneaux.

**621.** Il est nécessaire, lorsque les murs sont humides, de laisser un vide formé par des fourrures d'au moins $0^m,015$ d'épaisseur, et de faire des trous d'aération pour laisser circuler l'air ; il ne faut jamais clouer les lambris pleins rainés directement sur les murs.

**622.** Il n'est pas utile d'enduire les murs qui doivent recevoir des lambris; on peut, simplement, les rejointoyer en laissant les matériaux apparents; si on les recouvre, y mettre un gros crépis.

Si l'on n'est pas certain d'avoir un mur bien sec, il est indispensable de prendre la précaution indiquée ci-dessus, c'est-à-dire laisser entre le mur et le lambris un espace vide de $0^m,015$, $0^m,025$ et même $0^m,050$ pour que l'air puisse circuler entre eux et faire évaporer la plus grande partie de l'humidité; ménager quelques trous convenablement répartis et dissimulés dans la hauteur du lambris.

**623.** Pour les lambris soignés on fait quelquefois la dépense de garnir le derrière de ces lambris d'étoupes trempées dans du goudron en ébullition.

**624.** On fait, dans les lambris, des languettes relativement très longues, et on évite l'emploi de la colle forte afin que l'augmentation ou la diminution que les différentes parties éprouvent en longueur ou en largeur par suite de l'humidité ne les fasse pas se fendre; il est bon, dans les lambris, de prévoir du jeu en tous sens.

### Moyens de fixer les lambris.

**625.** Il existe plusieurs manières de fixer les lambris contre les murs, soit avec des *broches*, espèces de chevilles en fer, rondes et pointues, qu'on emploie de manière qu'elles soient apparentes le moins possible ; on se sert aussi de *pattes à pointes* ou de *pattes à scellement;* enfin, on emploie les *vis*.

**626.** La première manière est la moins coûteuse, mais aussi la moins bonne et la moins propre.

Les trous dans lesquels on place des tampons sur lesquels on fixe solidement les lambris à l'aide de vis sont d'une application facile, propre et solide.

Tous les tampons doivent être dressés et bien d'aplomb pour que le lambris porte également dessus; lorsqu'on isole les lambris des murs, il faut faire saillir les tampons jusqu'au droit des montants.

### Pose des lambris.

**627.** Les lambris étant préparés à l'atelier pour assembler toutes les pièces ensemble et les mettre en place, on commence par fixer un des pilastres ou montants du lambris d'appui au mur avec de longs clous ou des *broches;* on place ensuite les traverses qu'on arrête en place avec des chevilles en bois ; on fait alors glisser les panneaux dans les rainures des traverses comme dans des coulisses et, quand ils sont logés, on fait entrer leur languette latérale et les tenons encore libres des traverses dans les mortaises et les rainures d'un autre montant ou pilastre que l'on cloue à son tour puis on continue ainsi de proche en proche. On termine la pose des lambris d'appui par la plinthe et la cymaise.

### Lambris d'appui.

#### 1° Faux lambris.

**628.** Avant de parler des lambris proprement dits, nous devons dire quelques mots des *faux lambris* par moulures rapportées qu'on emploie aujourd'hui dans nos maisons à loyer par économie.

Ces faux lambris sont, comme le montre le croquis (*fig.* 624), formés d'une série de cadres I placés les uns à côté des autres et composés avec des baguettes F du commerce coupées d'onglet, et fixées directement sur le mur à l'aide de clous sans tête qu'on chasse profondément avec

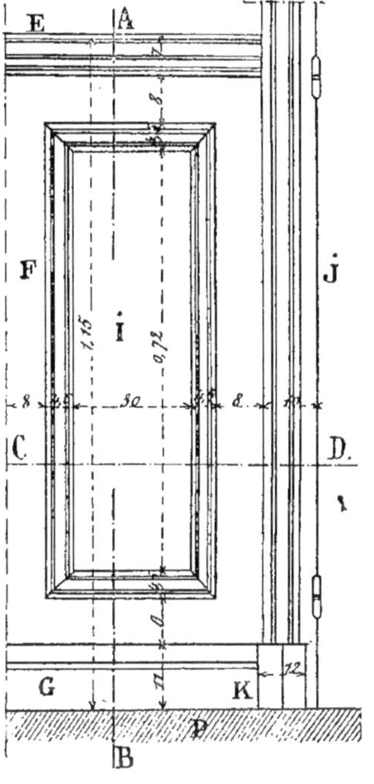


Fig. 624

un *chasse-clous*, petit outil dont nous avons déjà parlé.

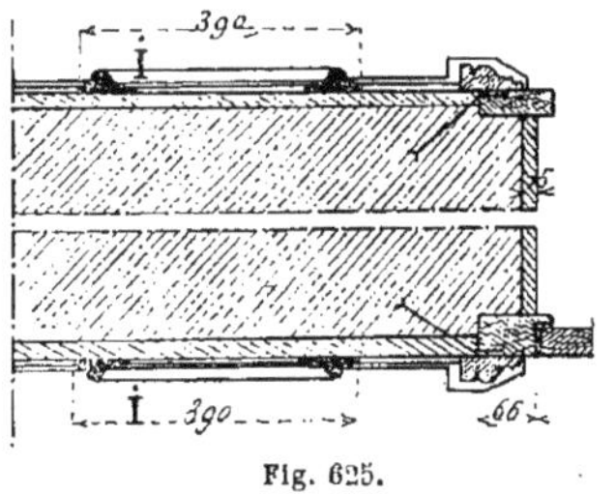

Fig. 625.

En G nous voyons la plinthe ordinaire régnant au pourtour de la pièce et venant, au droit du chambranle J d'une porte, butter sur un socle K.

A la partie haute des cadres on met

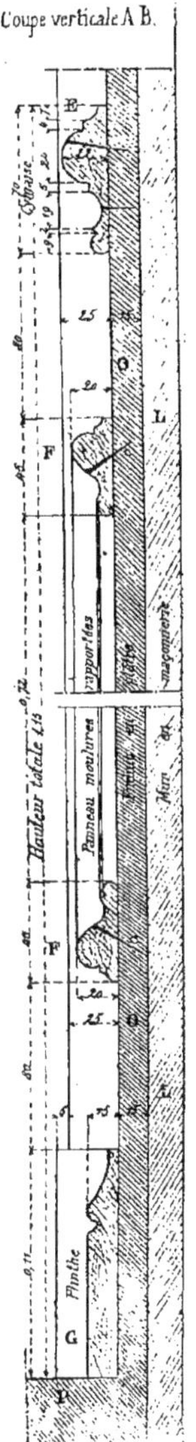


Fig. 626.

une cymaise E qui complète cette disposition.

**629.** Dans certains cas, on se contente, au lieu de faire des lambris d'appartements ou même de faux lambris, de fixer tout autour de la pièce une simple cymaise et de faire un socle avec des planches étroites posées de champ.

La cymaise est ornée d'une moulure et attachée par dessus avec des pattes. Ces deux ornements de menuiserie et la portion de mur qui les sépare sont recouverts de plusieurs couches de peinture à l'huile et souvent d'un enduit.

**630.** La figure 625 nous montre le plan avec l'indication I de la coupe des cadres en moulures rapportées.

**631.** La figure 626, qui est une coupe verticale suivant AB de la figure 624, fait très bien comprendre la disposition adoptée.

En L est le nu du mur en maçonnerie

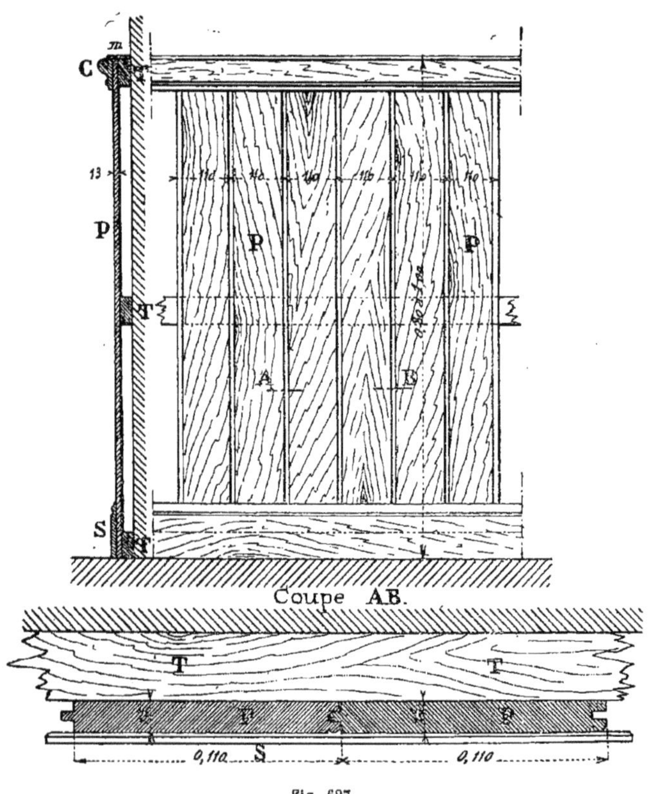


Fig. 627.

recouvert d'un enduit en plâtre O de 15 millimètres d'épaisseur ; en G la plinthe ; en F la coupe des panneaux en moulures rapportées avec l'indication des clous *c* servant à les fixer ; enfin, en E, la coupe de la cymaise couronnant le tout.

**632.** Les différentes cotes de ce croquis à plus grande échelle feront facilement comprendre l'ensemble de cette disposition.

### 3° Lambris non assemblés.

**633.** La figure 627 nous montre un exemple de lambris non assemblés. Ce lambris est formé d'une série de *planches* ou *frises* P de 0m,11 de largeur, et de 0m,013 d'épaisseur jointes entre elles à rainures et languettes, comme le montre la coupe AB même figure, mais qui sont clouées sur trois traverses T directement fixées contre le mur.

A la partie inférieure de ces frises on met une plinthe S, et à leur partie supérieure une cymaise C dont on dissimule le joint sur les frises à l'aide d'une petite tringle ou *moulure m* clouée au-dessus du lambris.

Cette disposition simple peut trouver de nombreuses applications pour les pièces secondaires de nos habitations.

### 3° Lambris assemblés.

#### Premier exemple.

**634.** Les lambris assemblés peuvent évidemment prendre une infinité de dispositions ; nous en étudierons quelques-

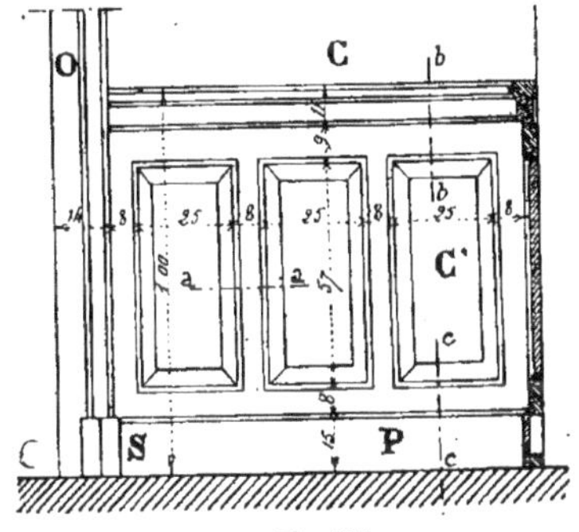


Fig. 628.

unes qui se rencontrent souvent dans la pratique.

**635.** Une première disposition très simple de ce genre de lambris est indiquée en croquis (*fig.* 628). La hauteur totale de ce lambris est de 1 mètre ; il est formé d'une série de cadres C' avec panneaux saillants ; à leur partie supérieure une cymaise C. En O nous montrons le chambranle d'une porte, et en S le socle servant de repos à ce chambranle.

**636.** Les deux figures 629 et 630 nous représentent en deux coupes verticales et une coupe horizontale les détails d'assemblages de ce genre de lambris.

**637.** Dans la coupe *bb* nous voyons le profil de la cymaise supérieure C s'assemblant avec le bâtis D.

**638.** La partie supérieure du lambris est retenue au mur par des pattes à

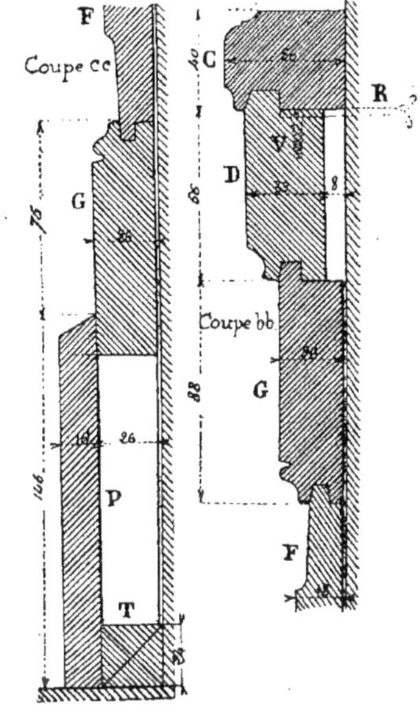


Fig. 629.

scellement R retenues sur le bâtis D à l'aide de vis V. En G la coupe du champ et la moulure des cadres ; enfin, en F le panneau.

**639.** La coupe *cc* nous montre le bas des panneaux F, la moulure inférieure des cadres G, et enfin la plinthe P fixée par des

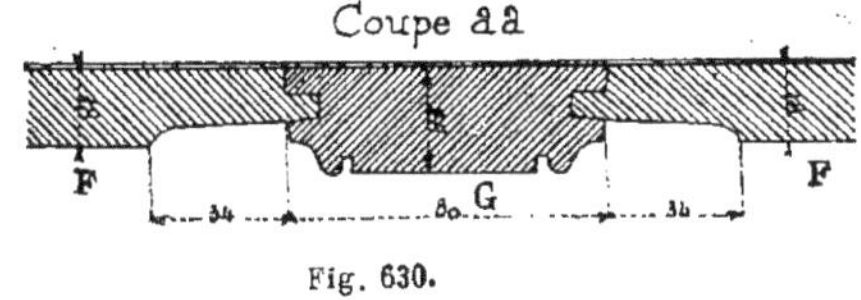


Fig. 630.

clous sur le champ G et sur un tasseau T, lui-même cloué sur le parquet de la pièce.

**640.** La coupe horizontale *aa* (*fig.* 630) nous représente les embrèvements des panneaux F dans le bâtis G du lambris d'assemblage.

Deuxième exemple.

**641.** La figure 631 nous indique un deuxième exemple de lambris d'assemblage d'un très bon effet. Ce lambris est composé de planches E de $0^m,22$ de largeur formant panneaux à tables saillantes embrevés dans des traverses T et des montants P d'une plus forte épaisseur, mais moins larges que ces planches et chanfreiné sur les rives. La traverse du haut T′ est surmontée d'une cymaise C, et la partie inférieure comporte une plinthe S reposant directement sur le parquet.

**642.** La coupe verticale et la coupe horizontale suivant AB de la même figure complètent les indications de cette disposition.

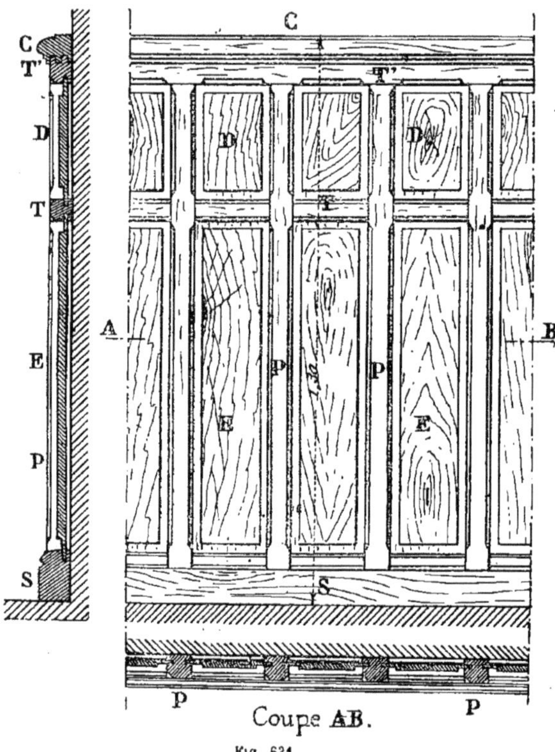


Fig. 631.

Troisième exemple.

**643.** La figure 632 nous représente une disposition de lambris assemblés un peu plus compliquée et comprenant :

A la partie inférieure une plinthe P, au-dessus une série de cadres F′ placés en hauteur et surmontés d'une traverse J′, puis une autre série de cadres G′ placés en long et surmontés d'une cymaise K′.

**644.** En E′ nous indiquons le chambranle d'une porte à deux vantaux, et en S le socle recevant la partie inférieure de ce chambranle.

Ce lambris a une hauteur totale de $1^m,50$ et peut être utilisé pour une salle à manger d'une certaine importance.

**Détails d'exécution.**

**645.** La figure 633 nous donne les deux coupes importantes montrant l'ensemble de la disposition.

La coupe AB est faite sur le bâtis en dehors des cadres. Comme nous le voyons dans ce croquis, la plinthe P est en deux morceaux, P et Q, assemblés entre eux, par un embrèvement, et l'ensemble est simplement cloué sur le bâtis E du lambris ; en G nous voyons l'indication de la traverse J' de la figure 632 qui est également clouée sur le bâtis E ; en F est indiquée la cymaise supérieure clouée aussi

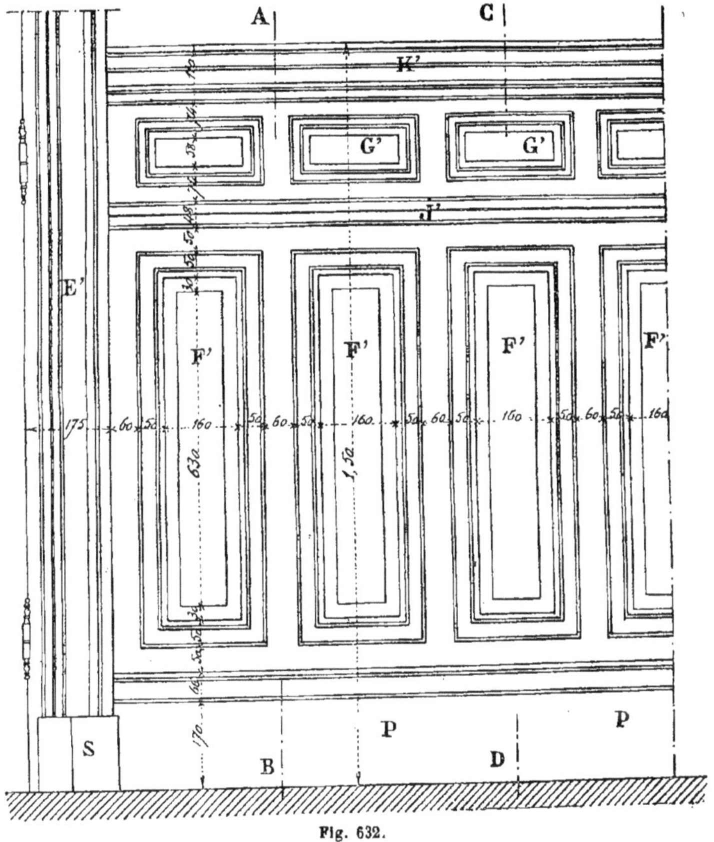


Fig. 632.

sur le bâtis E du lambris ; au-dessus de cette cymaise une moulure K cache le joint.

En T nous montrons les tenons, et en I les chevilles employées pour relier entre elles les différentes parties du bâtis E.

**646.** La coupe CD nous représente en plus la coupe des cadres et des panneaux, et le mode de fixation du lambris sur le mur à l'aide de pattes à pointe P dont la figure 634 nous indique les principales dimensions.

**647.** Les deux figures 635 et 636 nous montrent une variante de la disposition précédente.

**648.** Dans la figure 635 la cymaise F,

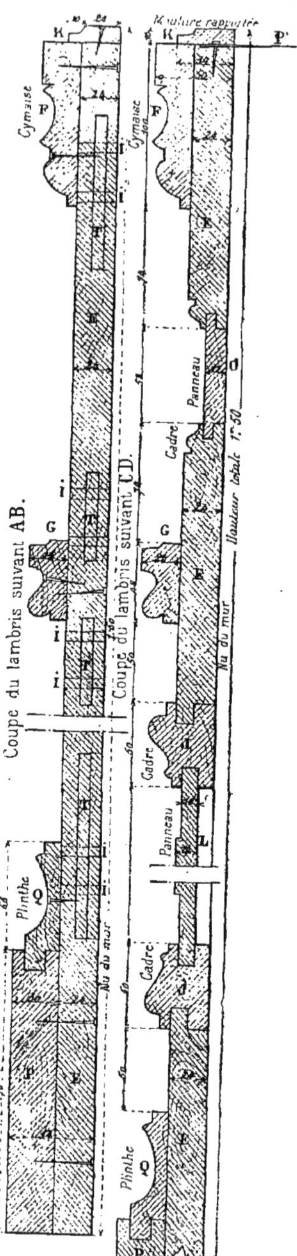


Fig. 633.

au lieu d'être simplement clouée, est assemblée ainsi que la traverse G.

**649.** Dans la figure 636, la plinthe,

Patte à pointe P. servant à fixer le lambris dans le mur

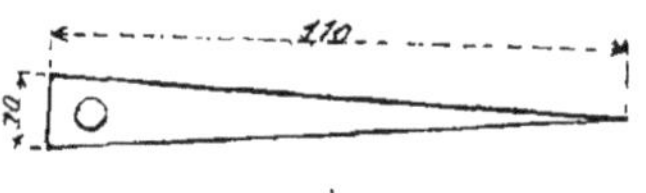

Fig. 634.

au contraire, est plus simple que dans l'exemple précédent; elle est d'un seul

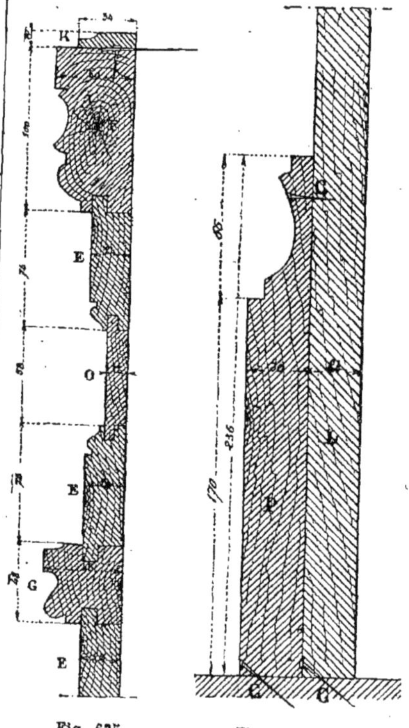

Fig. 635. Fig. 636.

morceau et est fixée par des clous *C* sur le bâtis et dans le parquet de la pièce.

**Nota.**

**650.** Les lambris semblés peuvent

encore comme nous l'indiquons (*fig.* 637), avoir des dimensions plus grandes, par exemple pour les lambris des salles de machines à vapeur, dont la figure 637 nous montre la coupe verticale.

Le bâtis B est très solidement construit

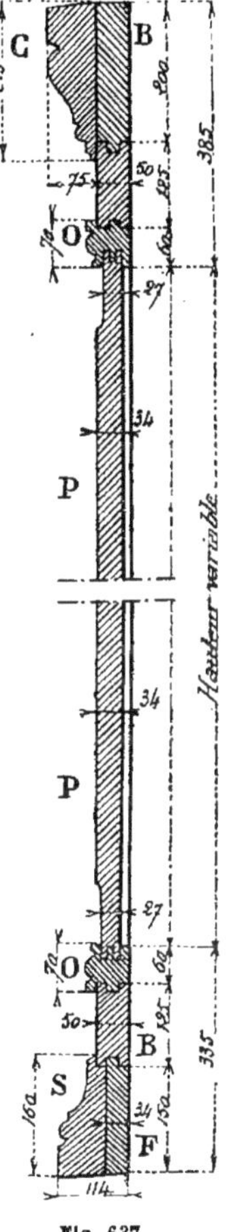


Fig. 637.

en 50 millimètres d'épaisseur ; la cymaise C, qui est vissée sur ce bâtis, est aussi très forte ; les cadres O sont de forts profils de grands cadres ; la plinthe S d'un seul morceau, est aussi très robuste enfin, les panneaux P ont 34 millimètres d'épaisseur et sont embrevés avec les cadres O à la manière de nos solides portes à deux vantaux.

Pour les lambris de salles de machines à vapeur ou de bâtiments analogues, comme la température de l'intérieur et toujours assez élevée, et le mur relativement froid, il est bon de laisser un courant d'air entre le mur et le lambris.

**651.** La figure 638 nous indique le moyen de fixer les lambris sur les murs au moyen de vis.

**652.** Les vis traversent, dans ce cas, la pièce O du bâtis, et sont suffisamment enfoncées dans le bois pour en cacher complètement la tête. Ainsi encastrées dans le bois du lambris on rapporte en O, avec de la colle forte, de petites pièces en

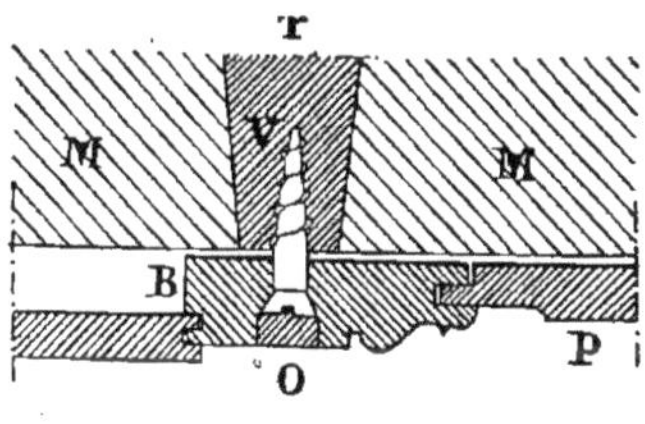


Fig. 638.

bois de même nature et dont les fibres continuent celles du bâtis lui-même.

**653.** Les vis V se fixent sur des tampons en bois dur T taillés en queue d'hironde, afin qu'ils ne sortent pas facilement du mur, et solidement scellés dans ce mur M.

## Lambris à double parement.

**654.** Les lambris à double parement sont, comme nous l'avons indiqué précédemment, destinés à servir de séparations; il se font généralement en chêne, mais peuvent aussi s'exécuter en chêne et sapin, et même tout en sapin.

**655.** Il existe un assez grand nombre de ce genre de lambris à double parement; nous en donnerons quelques exemples dans ce qui va suivre.

### Premier exemple.

**656.** La figure 639 nous donne un

premier exemple simple de lambris à double parement, se composant : d'une série de montants K de 0m,07 × 0m,07, espacés entre eux de 1 mètre d'axe en axe et recevant, sur leurs faces latérales, l'assemblage des bâtis du lambris; d'un certain nombre de planches ou *frises* L de 0m,11 de largeur, et de 0m,02 environ d'épaisseur jointes entre elles à rainures et languettes, comme nous le verrons plus loin dans la coupe horizontale GH (*fig.* 641); d'une *plinthe* P de 0m,135 de hauteur et moulurée; de panneaux à petits cadres J' surmontant les frises L ; enfin une cymaise I couronnant la partie supérieure de ce lambris.

Le plan suivant AB nous montre comment, à l'aide de fortes équerres en fer U, on peut maintenir ce lambris en place sur le parquet (*fig.* 639).

**657.** La figure 640 nous représente l'élévation des montants K de la figure 639; ces montants sont terminés par une partie élégie formant couronnement. Dans

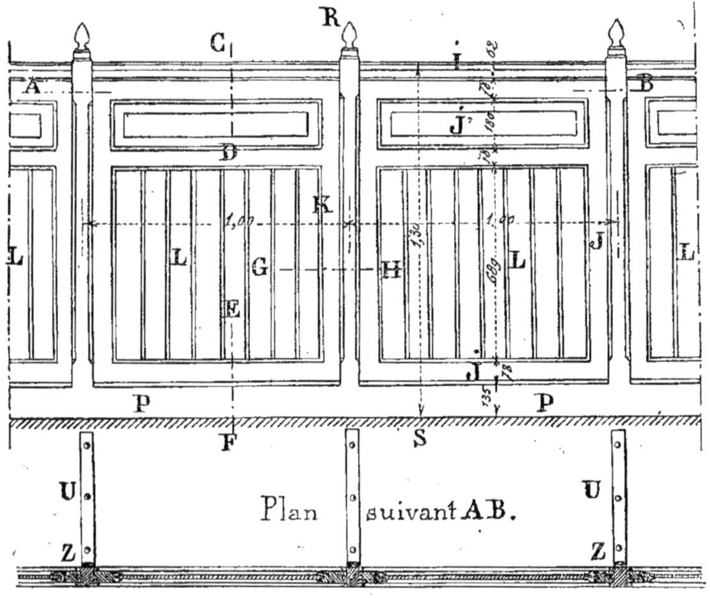


Fig. 639.

cette figure nous indiquons la coupe de la cymaise I, la coupe du champ J et du petit cadre; enfin, la coupe du panneau N. Les montants sont en K chanfreinés sur les arêtes.

**658.** La figure 641 nous représente une coupe horizontale suivant GH de la figure 639; nous y voyons l'assemblage des bâtis J dans les montants K, l'assemblage des frises L entre elles et dans les bâtis J; enfin, la projection horizontale de la plinthe P du bâtis.

**659.** La figure 642 nous indique la disposition de la partie basse du lambris comprenant la double plinthe P, dont l'écartement inférieur est assuré par un tasseau carré O fixé sur le parquet, et venant, à la partie haute, se fixer sur le bâtis J.

La largeur totale de ces deux plinthes P, plus le vide V laissé entre elle, donne exactement la largeur totale du montant K.

La disposition de ce lambris à double

parement est très simple et les assemblages peu compliquées, on pourra donc facilement en recommander l'emploi.

**Deuxième exemple.**

**660.** Comme deuxième exemple de lambris à double parement nous représentons (*fig.* 643) un type qu'on rencontre souvent dans les salles d'attente de nos grandes compagnies de chemin de fer. Il se compose : d'une série de montants I espacés de $1^m,30$ d'axe en axe et ayant, comme les précédents, un équarrissage de $0^m,07 \times 0^m,07$ ; d'une série de trois cadres L régulièrement disposés entre les deux montants I ; d'un cadre long K prenant exactement en longueur la largeur totale des trois cadres L placés au dessous; d'une plinthe moulurée P située à la par-

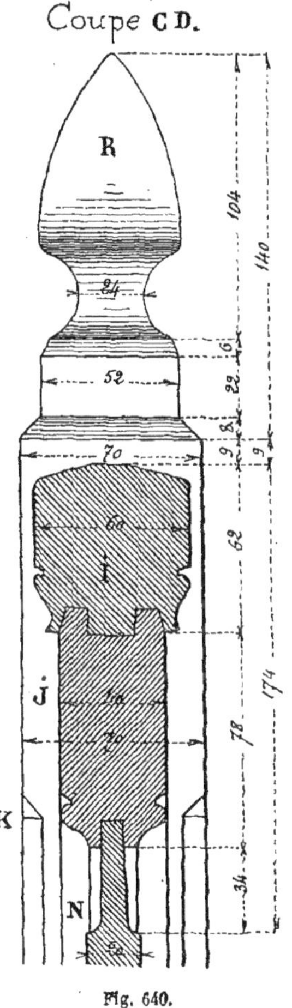

Fig. 640.

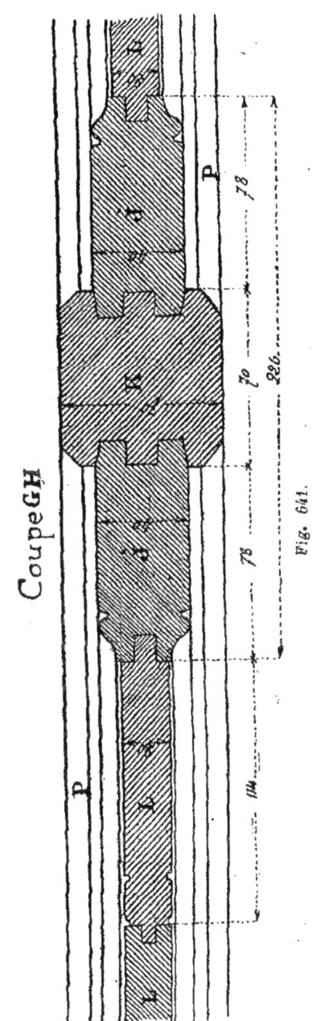

Fig. 641.

tie basse du lambris; enfin, d'une cymaise C placée à la partie supérieure.

**661.** La figure 644 nous montre l'élévation des montants I, la coupe de la cymaise C, le bâtis J portant à sa partie inférieure la moulure du cadre long K dont le panneau est indiqué par la même lettre dans ce croquis. La cymaise a une largeur de 0m,06 et une hauteur à peu près égale; le bâtis est en 0m,034 d'épaisseur, et les panneaux en 0m,018 ou 0m,020 d'épaisseur.

**662.** La figure 645 nous montre une coupe horizontale suivant GG de la fig. 643 rien de particulier à signaler.

**663.** La figure 646 nous représente les deux plinthes P et le tasseau O assurant leur écartement. La largeur totale

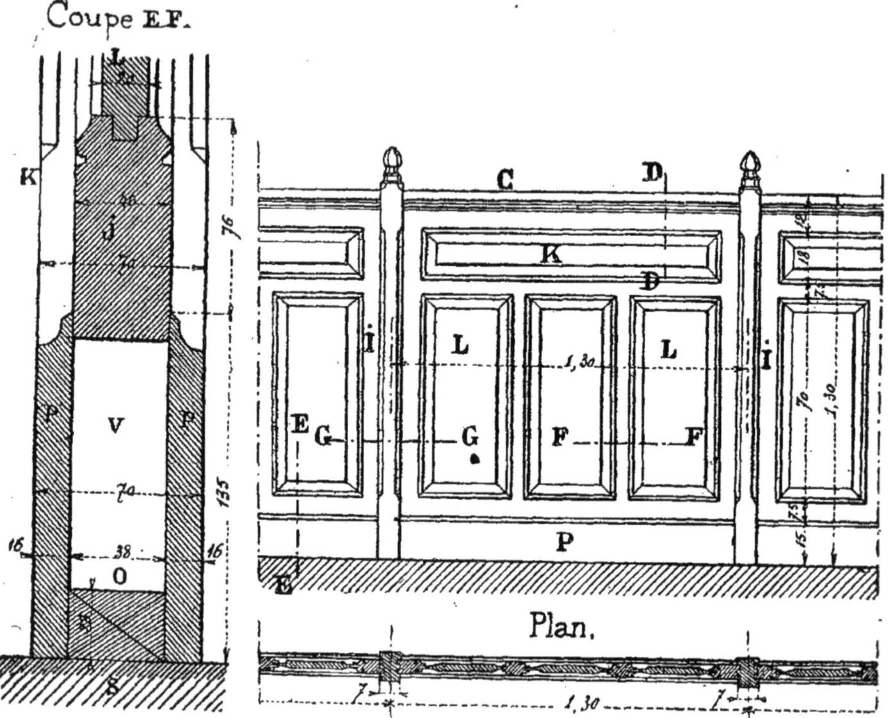


Fig. 642.

Fig. 643.

est, dans cet exemple, un peu moindre que la largeur des montants I.

**664.** La figure 647 nous donne une coupe horizontale sur les cadres L de la figure 643 avec l'indication de l'assemblage des panneaux L dans le bâtis J.

**665.** Enfin, la figure 648 nous indique les détails et les principales cotes de la partie supérieure des montants I élégis en forme de tête de pilastre, et produisant un bon effet en exécution. Le plan-coupe suivant ABC fait facilement comprendre les dispositions sans que nous ayons besoin de nous y arrêter longuement.

### Troisième exemple.

**666.** La figure 649 nous représente la disposition d'un lambris un peu plus compliqué et comportant la même disposition de cadres que l'exemple précédent, mais une double cymaise dont nous verrons les détails dans ce qui va suivre.

**667.** Ce lambris se compose : d'une

série de montants Q jusqu'à la première cymaise C, et prolongés en Q' par des montants moins larges jusqu'à la seconde cymaise I; d'une série de cadres J placés verticalement; d'un bâtis D formant champ au-dessus des cadres J; d'une première cymaise C; d'un cadre K placé en long et ayant comme longueur la largeur totale des cadres du dessous J; d'une deuxième cymaise I couronnant le tout; enfin d'une plinthe inférieure P.

**668.** La figure 650, qui nous donne une coupe verticale suivant XX de la figure 649, nous montre la forme des deux cymaises C et I, et la disposition du panneau K comportant une moulure formant cadre. La différence de largeur des deux panneaux Q et Q' exige, comme nous l'indiquons à la partie haute de la cymaise C, un petit plan incliné sur toutes les faces de ces montants.

Le champ D, placé entre la cymaise C et le bâtis J des cadres inférieurs, est indiqué dans ce croquis ainsi que le mode d'assemblage des trois pièces C, D et J.

**669.** La figure 651 n'offre rien de particulier à signaler; les plinthes P sont terminées à leur partie supérieure par un petit plan incliné au lieu d'une moulure comme dans les exemples précédemment cités.

**670.** La figure 652 nous représente une coupe brisée suivant V V de la figure d'ensemble; elle indique bien nettement deux coupes : l'une sur le poteau Q' qui est le plus mince; l'autre sur le poteau Q qui a une plus grande largeur.

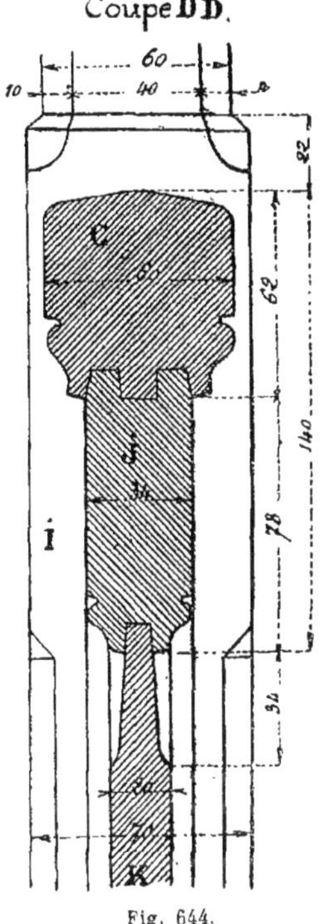

Fig. 644.

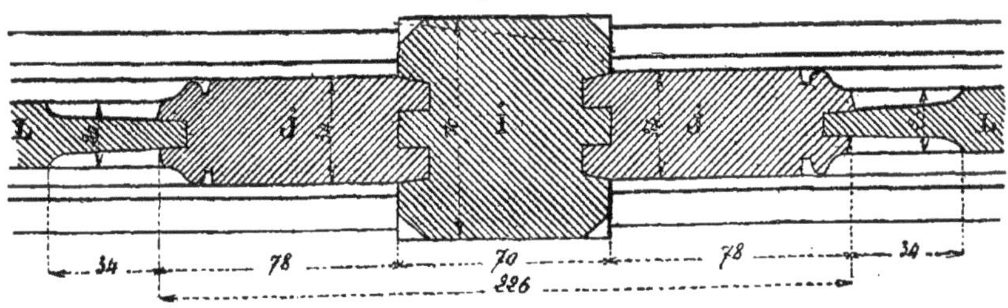

Fig. 644.

**671.** La figure 653 nous montre la coupe transversale des cadres et leur mode d'assemblage avec les panneaux.

**672.** Enfin la figure 654 nous représente l'élévation d'un montant avec l'indication de toutes les pièces qui viennent s'assembler dessus. La partie large Q de ces montants est chanfreinée sur les angles, ce qui les rend moins lourds.

**673.** La figure 655 nous donne la disposition de ce même lambris sur un angle en retour et, à petite échelle, la coupe verticale d'ensemble de ce lambris.

Comme le montre ce croquis, on donne

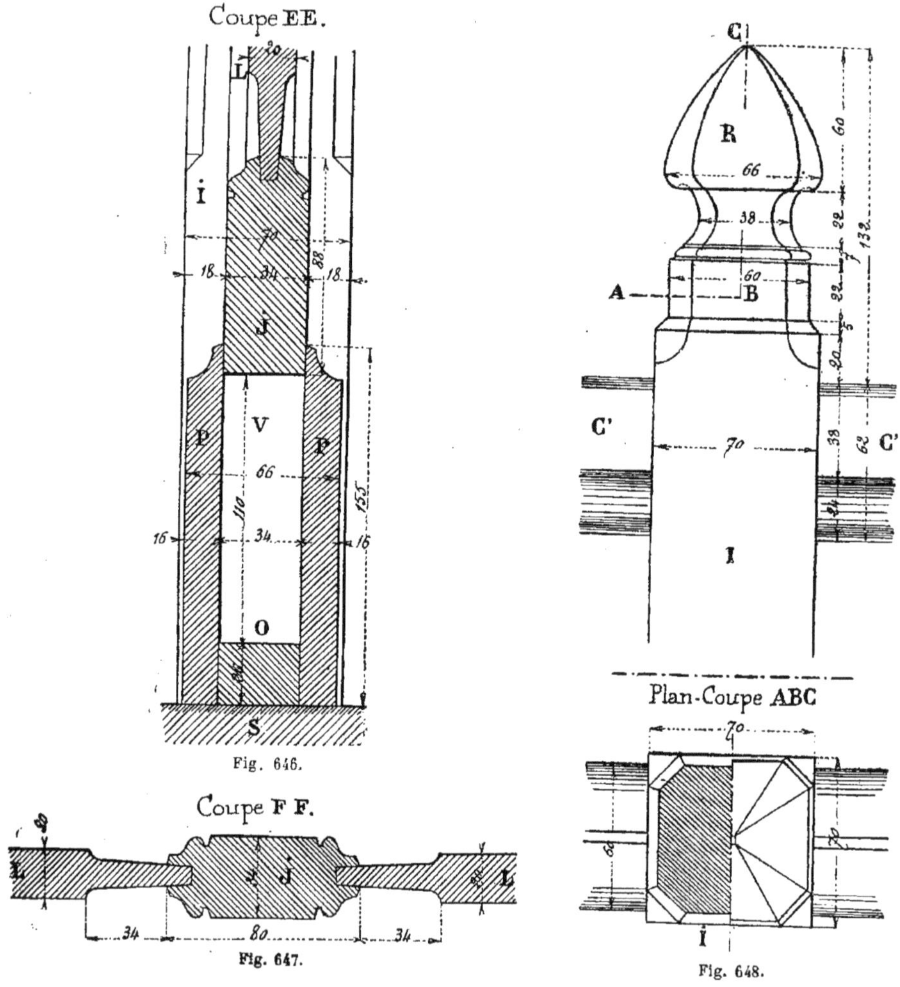


Fig. 646.

Fig. 647.

Fig. 648.

au pilastre d'angle plus d'importance qu'aux autres pilastres intermédiaires, et on ajoute, comme décoration, une petite console sculptée.

**674.** La figure 656 nous représente en deux coupes, *aa* et *bb*, le mode d'assemblage très simple employé dans ce cas.

### Quatrième exemple.

**675.** Comme quatrième exemple nous

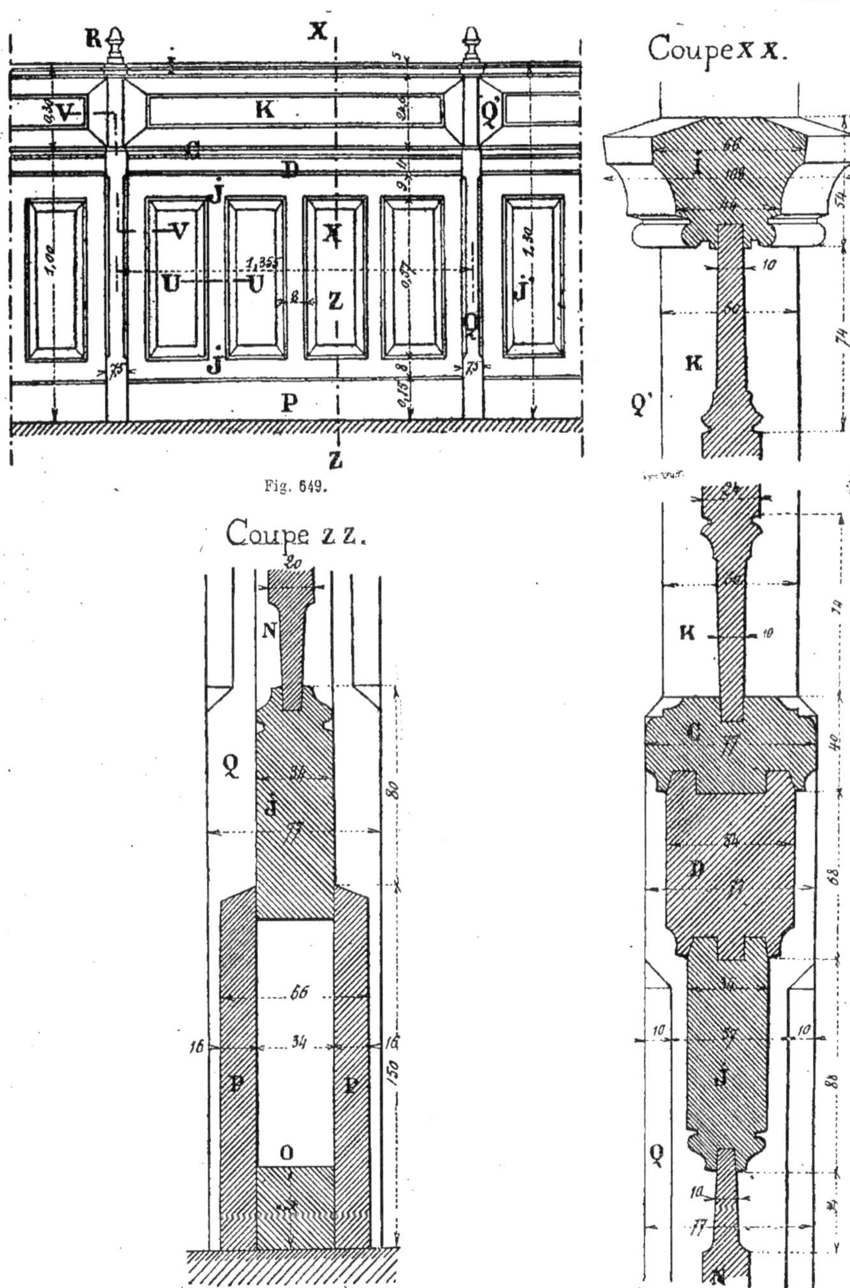


Fig. 649.

Fig. 651.

Fig. 650.

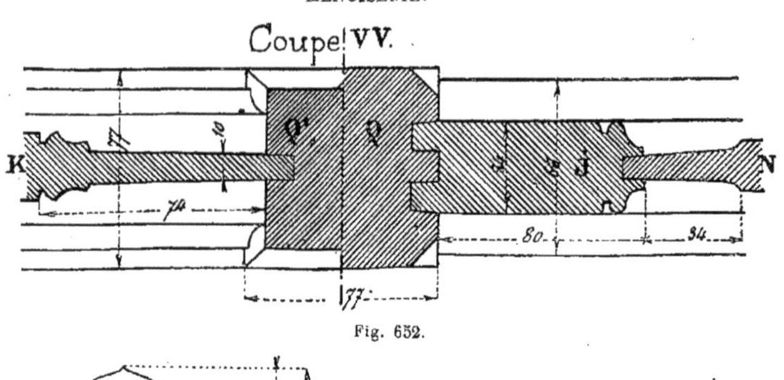


Fig. 652.

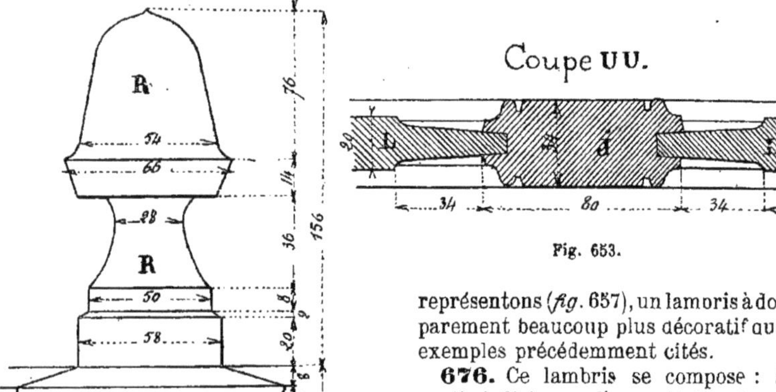


Fig. 653.

représentons (*fig.* 657), un lambris à double parement beaucoup plus décoratif que les exemples précédemment cités.

**676.** Ce lambris se compose : à la partie inférieure, d'une plinthe O ayant,

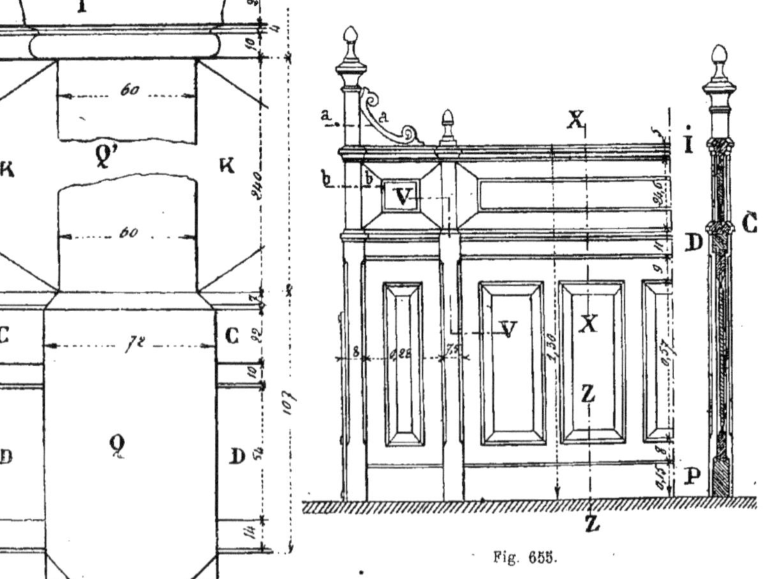


Fig. 655.

Fig. 654.

comme largeur, celle du lambris lui-même; d'une série de montants R dont nous donnons plus loin la forme; d'une série de cadres K d'une assez grande hauteur; d'une véritable corniche P couronnant ces cadres; d'un panneau longitudinal L; d'une cymaise supérieure comportant des ornements sculptés F.

**677.** Nous indiquons aussi dans ce croquis, entre les deux montants R de la partie gauche, la disposition d'une porte placée en pan coupé dans le lambris.

En S sont représentées les différentes ferrures servant à fixer le lambris sur le parquet de la pièce dans laquelle on le pose. Ce sont de fortes équerres en fer forgé dont les extrémités sont découpées, les faces latérales chanfreinées et retenues sur la boiserie par des vis à tête ronde.

**678.** La figure 658 nous montre une

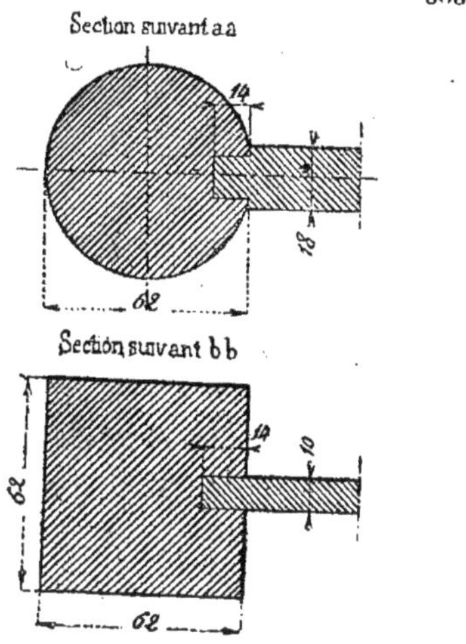

Fig. 156.

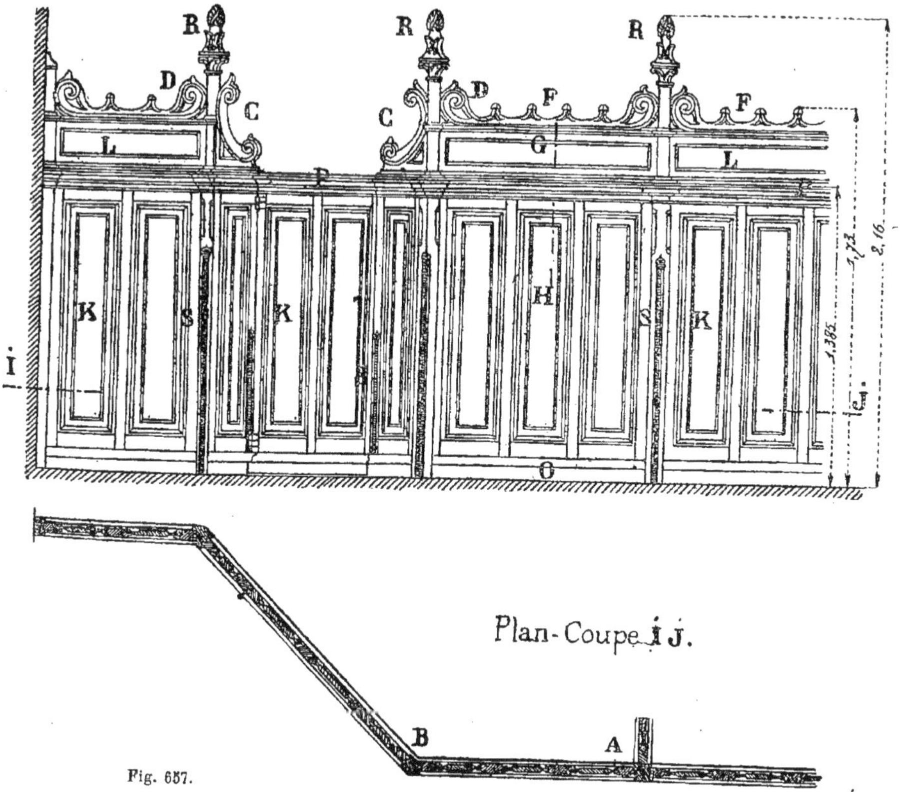

Plan-Coupe I J.

Fig. 657.

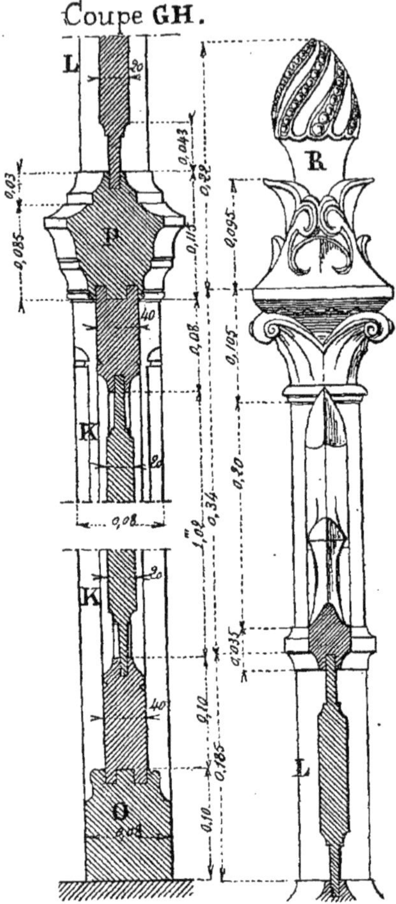


Fig. 658 et 659.

coupe verticale suvant GH de la figure d'ensemble précédente. La disposition des assemblages est simple et se comprend très bien en examinant ce croquis.

**679.** La figure 659 nous donne le détail des sculptures faites à la partie supérieure des montants divisant les différents panneaux. Nous voyons, dans cette figure, que les cadres indiqués en L dans le croquis (*fig.* 657) ne sont que de simples panneaux moulurés.

**680.** Les deux figures 660 et 661 nous

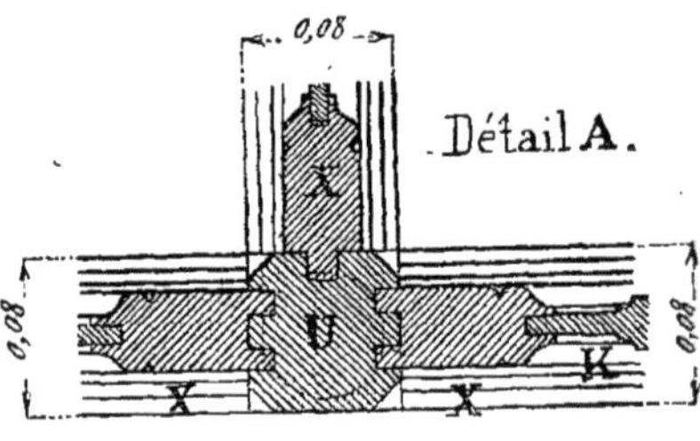


Fig. 660.

donnent la disposition : l'une A, à la rencontre de deux lambris à angle droit; l'autre B, la disposition du lambris lorsqu'il change de direction pour former la partie oblique indiquée dans le plan-coupe IJ (*fig.* 657).

La disposition de ce lambris est très heureuse, quoique relativement peu compliquée comme assemblages. Les consoles C de la figure 657 sont d'un très bon effet.

**681.** La figure 662 nous montre la disposition qu'on adopte souvent pour les

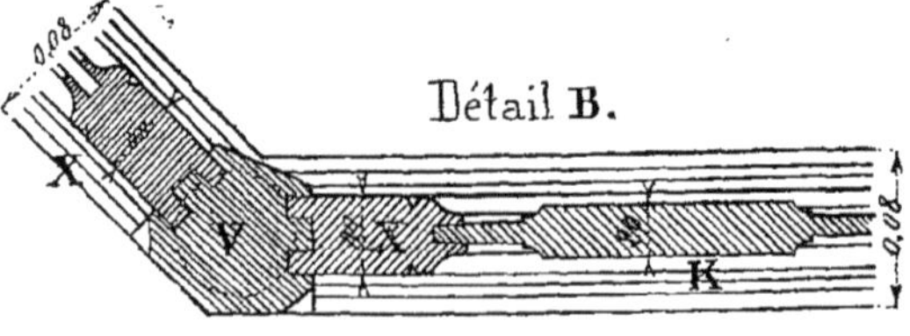


Fig. 661.

équerres en fer devant soutenir les lambris à double parement.

Ces équerres sont formées d'un fer plat E dont l'épaisseur et la largeur vont

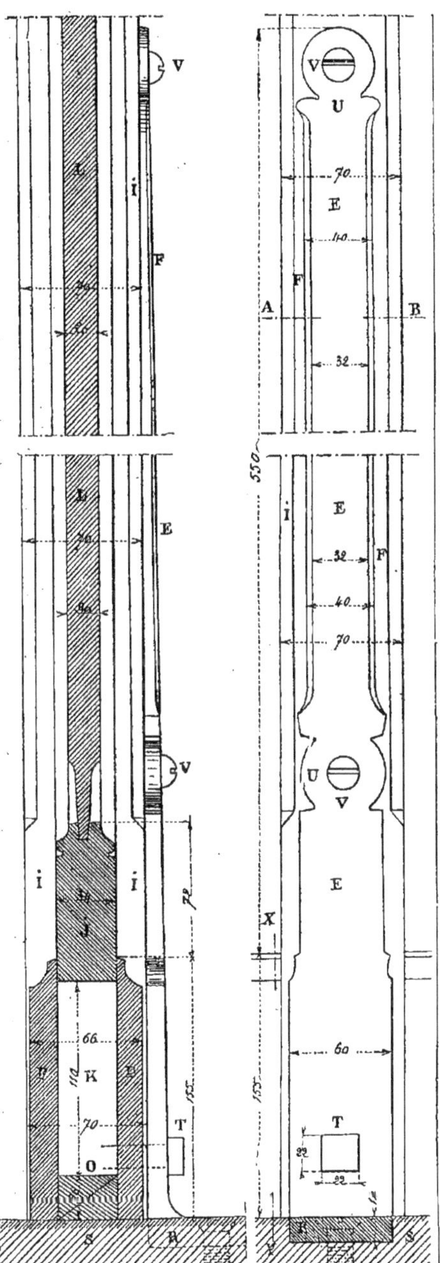

Fig. 662.

en diminuant depuis le bas jusqu'en haut.

La branche horizontale R est entaillée dans le plancher S; sa section uniforme est de $60 \times 14$; la branche verticale E est décorée et chanfreinée sur les rives.

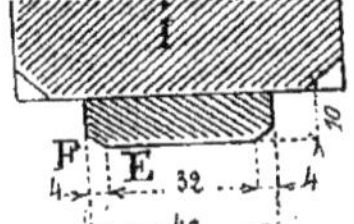


Fig. 663.

Elle est fixée sur le montant I du lambris, par un *tirefond* T à la partie inférieure, et par deux vis à tête ronde V venant se loger dans l'espace arrondi de la branche verticale.

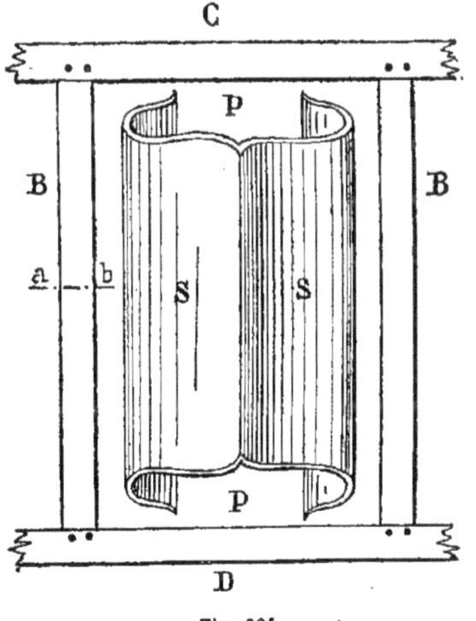


Fig. 664.

La figure de droite du croquis nous montre l'élévation de cette équerre, et la partie gauche du même croquis, nous indique une coupe verticale suivant XY et la vue de côté de l'équerre E.

La branche horizontale dont la longueur est proportionnée au poids du lambris, est fixée sur le parquet par de fortes vis à bois, dont la tête est entaillée dans l'épaisseur du fer plat R.

**682.** La figure 663 nous représente une coupe transversale suivant AB de la figure 662. En I, la coupe du montant en bois du lambris ; en E, la section de l'équerre à la partie haute ; en F, les chanfeins indiqués sur les angles du fer plat.

#### Cinquième exemple.

**683.** Pour terminer cette étude des lambris, il nous reste à dire quelques mots d'un autre genre de lambris connu sous le nom de *lambris à serviette repliée*. Cette expression était connue particulièrement à l'époque gothique pour désigner, en menuiserie, des lambris décorés d'un motif représentant une sorte de draperie carrée S (*fig.* 664), pliée en deux et dont les deux extrémités sont recourbées

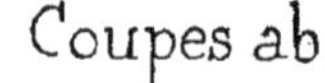


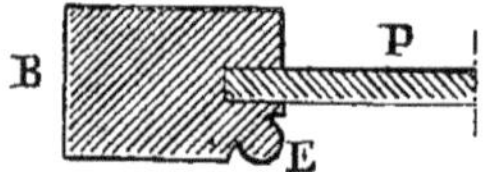


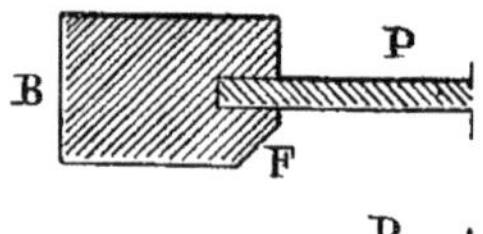


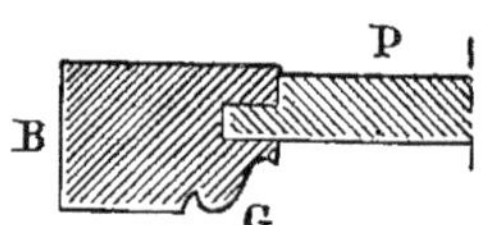


Fig. 665.

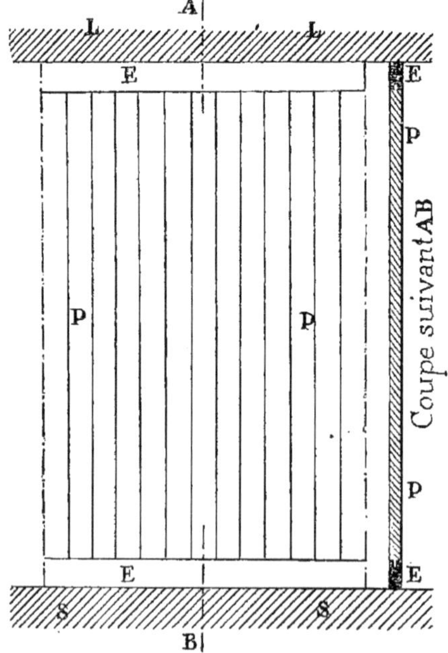


Fig. 666.

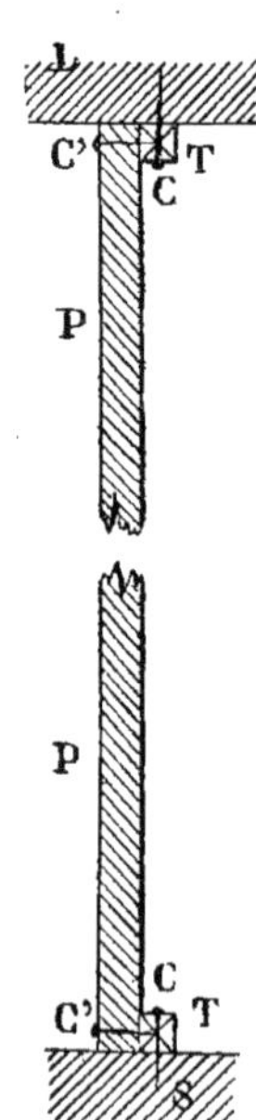


Fig. 667.

de façon à rappeler haut et bas le contour d'une courbe en accolade.

**684.** La serviette repliée S fait partie d'un panneau P venant s'emboîter sur les quatre faces dans un bâtis composé de deux montants B et de deux traverses, l'une basse D, l'autre haute C.

**685.** La figure 665 nous représente en coupes suivant *ab* de la figure 664 les différentes dispositions qu'on peut donner au bâtis B : soit un simple pan coupé F, une moulure E sur l'angle ou une moulure G de grand ou de petit cadre.

**686.** Nous avons donné précédemment dans le vocabulaire page 203 et suivantes au mot *serviettes*, les indications complètes sur ce genre de panneaux, nous y renvoyons le lecteur.

## Des cloisons.

**687.** Nous ne parlerons pas, dans ce qui va suivre, des cloisons formées de planches brutes, clouées sur des bâtis de charpente telles que les clôtures en planches et les cloisons brutes pour former des séparations de caves. Nous dirons simplement quelques mots des cloisons pleines, employées en menuiserie, pour les divisions intérieures de nos appartements.

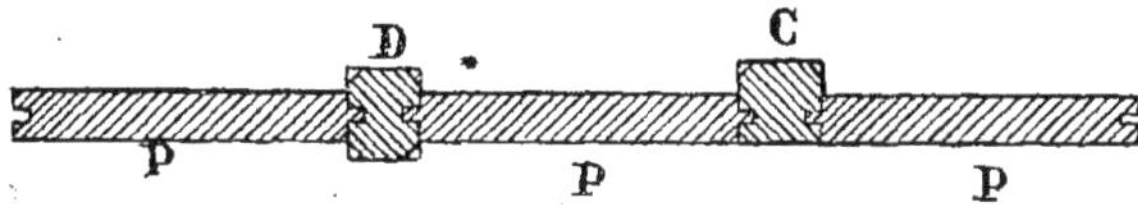


Fig. 668

**688.** Les plus simples, que nous indiquons en croquis (*fig.* 666), se composent de planches P assemblées à rainures et languettes, maintenues haut et bas dans le plafond L et sur le parquet S de la chambre par des coulisses E.

**689.** On peut, comme nous le représentons (*fig.* 667), fixer au plafond L et sur le parquet S des tringles T et T′ rapportées, sur lesquelles on clouera directement les planches P formant la cloison.

Des clous C servent à maintenir les tringles et des clous C′ les planches de la cloison.

**690.** On emploie communément le bois de sapin à leur construction. On les recouvre de toile et sur la toile on colle le papier.

**691.** Lorsqu'on désire obtenir plus de solidité, on place de distance en distance des montants CD (*fig.* 668), plus épais que la cloison.

Ces montants peuvent : soit affleurer les planches d'un côté comme en C et reporter leur surplus d'épaisseur de l'autre côté de la cloison, ou se mettre dans l'axe des planches comme en D même figure.

**692.** Pour rendre ces montants plus légers on fait souvent des chanfreins sur les angles, si on désire encore plus de solidité par le haut et par le bas on assemble toutes les planches à *emboitage*, comme nous l'avons indiqué précédemment (*fig.* 517), mais ce serait prendre plus de soin que ne le mérite un ouvrage aussi commun.

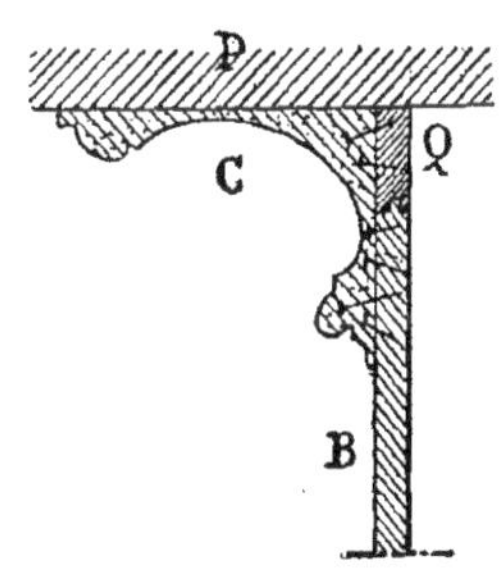


Fig. 669.

**693.** Lorsqu'on doit mettre une corniche en plâtre C (*fig.* 669) contre une cloison en planches B, il faut prendre la précaution de mettre beaucoup de clous à bateau et encore le plâtre se détache facilement du bois et tombe au bout de peu de temps.

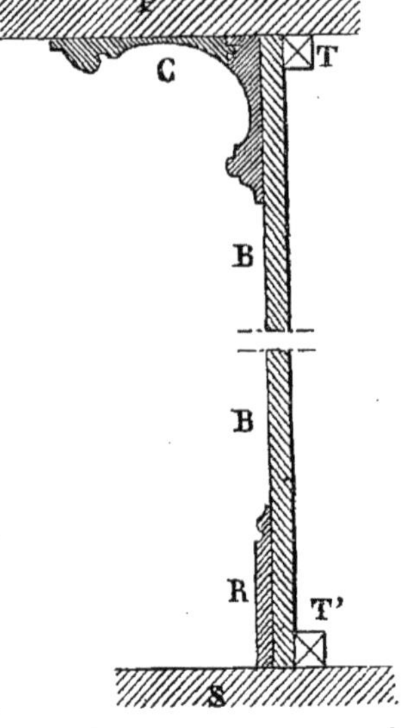

Fig. 670.

**694.** Il est préférable de prendre la disposition (*fig.* 670) et de mettre contre une cloison en bois B une corniche également en bois C.

Cette corniche en bois se cloue au plafond P et directement sur la cloison B.

A la partie basse la plinthe ou le stylobate R se cloue aussi sur les planches de la cloison.

**695.** On appelle *cloison vitrée* une cloison composée d'un panneau plein qui forme soubassement et d'un châssis ou cadre avec petits bois à feuillures destiné à recevoir un vitrage.

**696.** Nous aurons, par la suite, l'occasion de revenir snr les disposions à prendre pour l'installation des cloisons vitrées.

## Des alcôves.

**697.** On donne le nom *d'alcôve* (invention du XVII^e siècle) à un espace rectangulaire réservé dans une chambre pour y placer un ou plusieurs lits et pouvoir, au besoin les dissimuler derrière des tentures ou des portes.

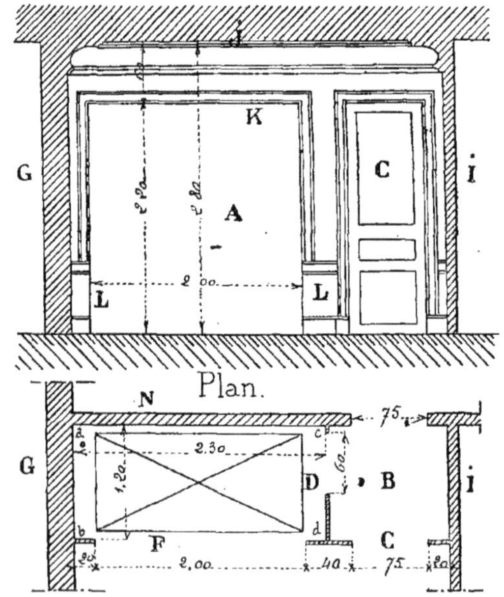

Fig. 671.

**698.** La figure 671 nous montre en *abcd*, vue en plan, la diposition d'une alcôve.

Comme le montre ce croquis, le fond de l'alcôve est formé par la cloison de distribution N ; le côté D est composé par une cloison légère en maçonnerie, mais, le plus souvent, par une cloison en bois dans laquelle on réserve, sous tenture, une porte de 0m,60 de largeur permettant de faire le lit (lorsque la place est restreinte, on peut faire cette porte à coulisses; le côté opposé au côté D est formé dans le cas actuel par un gros mur ; enfin, la façade F de l'alcôve est close, soit par des rideaux, soit par des portes à deux vantaux ouvrant ou glissant dans des coulisses suivant l'emplacement dont on dispose.

**699.** Dans le croquis (*fig.* 671), la décoration de l'alcôve est très simple ; un encadrement K formé par une moulure rapportée analogue, comme profil, au chambranle de la porte voisine C.

En I, un soubassement en faux-lambris composé d'une plinthe et d'une cymaise s'arrêtant aux montants de l'alcôve.

**700.** Dans certains cas (*fig.* 672), le devant de l'alcôve est orné de pilastres ou de colonnes B, couronnées de chapiteaux et de corniches élégantes ; c'est l'ouvrage de menuiserie dormante qui, anciennement, recevait le plus de sculptures ou d'ornements.

**701.** Souvent, aux deux côtés de l'alcôve sont deux cabinets formés aussi par des cloisons en menuiserie. Ces cloisons doivent se composer de planches jointives à rainures et languettes.

**702.** Dans le plan (*fig.* 671) nous indiquons en B la disposition d'un petit cabinet formant dégagement pour séparer la chambre du couloir ; ce petit dégagement sert quelquefois de porte-manteaux.

**703.** L'emploi des alcôves est aujourd'hui très restreint parce qu'on a reconnu leur usage comme contraire à l'hygiène. Il est en effet très malsain de coucher dans un espace où l'air ne se renouvelle pas ou très difficilement.

Si cependant on désire en établir, leur profondeur et leur élévation sont presque toujours déterminées par les dimensions de la pièce ; dans certains cas, les cloisons de l'alcôve ne montent pas jusqu'au plafond.

Le minimum de profondeur est 0m,98, et le minimum de longueur, 2m,10. On peut évidemment leur donner beaucoup plus.

### Parquets de glace.

**704.** On désigne ainsi un assemblage de bois à petits panneaux à bâtis d'encadrement et bâtis intérieur sur lequel on pose les glaces.

Autrefois on élevait, au-dessus de la cheminée un encadrement assez grand pour contenir la glace et formé de deux montants et de deux traverses assemblées à bois de fil et d'une épaisseur de 0m,027 environ.

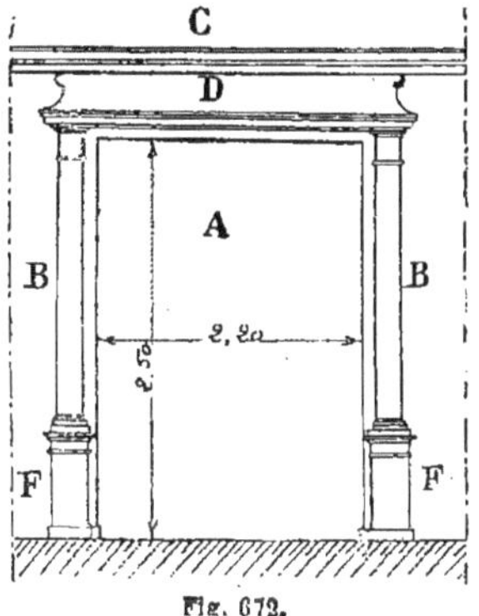


Fig. 672.

La largeur, qui est variable, est proportionnée à la différence qui existe entre la largeur de la cheminée et celle de la glace.

**705.** Le parquet proprement dit, ou la boiserie qui sépare le mur, s'assemble dans cet encadrement. Ce parquet est formé de traverses, de montants et de panneaux épais, ayant environ 0m,034 de largeur sur 0m,041 de hauteur. Toutes ces pièces entrent à tenon ou à languette dans l'encadrement et sont unies entre elles de la même manière mais enfoncées de quelques millimètres de manière que la glace posée affleure l'encadrement.

Au pourtour de cet encadrement on fait des feuillures de 0m,015 de largeur sur une profondeur égale à l'enfoncement du parquet.

On pose ensuite la glace sur le parquet et on la maintient en y clouant des baguettes.

Dans certains cas le parquet est mobile et se pose à volonté sur des cheminées revêtues d'un lambris uni.

On pose aujourd'hui les glaces avec ou sans parquet.

**706.** Pour fixer les parquets de glace il faut prendre quelques précautions, car ne pouvant enfoncer ni broches, ni vis, ni sceller de tampons à cause des tuyaux ou conduits de fumée, on se sert de vis à écrou, nommées *vis à parquets de glace* qui ne sont jamais apparentes, mais qui se placent dans les traverses du parquet, dans lesquelles leur tête est entaillée jusqu'à fleur pour qu'elle ne porte pas sur le tain de la glace.

**707.** On se sert aussi beaucoup de pattes ordinaires à tête droite et percées de trous qu'on place sur trois côtés de la glace, celle-ci reposant sur la cheminée. Avec un repoussoir qui porte sur le collet et un marteau, on les enfonce sous le parquet jusqu'à ce que la tête soit entièrement sous l'encadrement et on enfonce des pointes dans les trous réservés.

**Nota.**

**708.** Il existe encore d'autres menuiseries dormantes qui sont : les *placards*, les *buffets* faisant corps avec les lambris; les *boiseries* diverses de nos appartements ; les *plafonds en bois;* les divers types de *rayons;* les sièges de W.-C., etc... dont nous aurons l'occasion de parler dans le courant du traité de *Menuiserie* et d'*Ebenisterie*.

## MENUISERIES MOBILES

### Des portes.

### Définitions et notions générales.

**709.** On donne, comme nous le savons, le nom de *porte* à l'ouverture pratiquée dans un mur, une cloison, etc., pour lui servir d'issue et aussi à l'assemblage mobile, en bois, qui sert à clore cette ouverture.

**710.** Il existe un très grand nombre d'espèces de portes dont les principales, que nous étudierons en détail, sont : les portes ordinaires de nos appartements, à un ou à deux vantaux pour l'intérieur ou pour l'extérieur ; les portes bourgeoises ou bâtardes; les portes cochères ; les portes charretières ; les fausses portes ; les portes fenêtres; les portes vitrées; les portes d'écurie, de remise, de sellerie; les portes à claire-voie ; les portes de cave ; les portes de clôtures, etc.

**711.** Les bois employés pour la construction de ces portes sont le chêne et le sapin ; on se sert aussi du *grisard* pour les panneaux.

**712.** Les portes, suivant leurs destinations, peuvent être à un ou à deux vantaux ; lorsqu'elles n'ont qu'un seul vantail on lui donne rarement plus de 1 mètre de largeur.

Les portes à un vantail doivent avoir au minimum, comme hauteur, deux fois leur largeur.

**713.** Les portes d'entrée dites portes bâtardes ont rarement moins de 1 mètre de largeur, afin de permettre l'entrée des gros meubles dans le vestibule ; on fait souvent les vantaux pleins en trois panneaux ; celui du haut, qui est le plus petit, est percé d'une ouverture avec grillage et vitrage servant à éclairer le vestibule. Parfois il n'y a que deux panneaux ; celui du bas est plein, et l'autre est vitré avec panneaux en fonte ou en fer forgé.

**714.** Les portes cochères réclament de forts bâtis ayant ordinairement $0^m,10$ pour les portes de $3^m,90$ de hauteur ; $0^m,12$ pour celles de $4^m,90$, et $0^m,16$ pour les portes de $5^m,90$ de hauteur.

On divise habituellement chaque vantail en trois panneaux ; dans l'un d'eux, on ménage souvent un guichet pour les piétons.

**715.** Les portes d'appartements ont presque toujours deux parements dont les surfaces sont apparentes et travaillées avec le même soin ; elles doivent s'ouvrir à feuillure.

**716.** On leur donne généralement les épaisseurs suivantes :

Epaisseur des bâtis des portes :

$0^m,032$ à $0^m,040$ pour portes moindres de 3 mètres de hauteur ;

$0^m,040$ à $0^m,050$ pour portes moindres de 3 à 4 mètres de hauteur ;

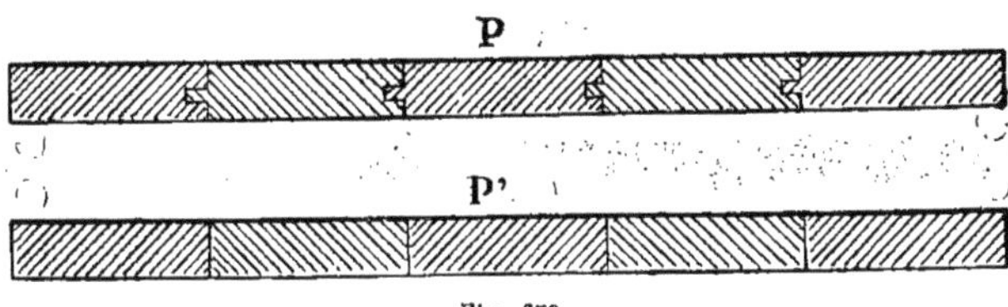

Fig. 673.

$0^m,052$ à $0^m,058$ pour portes moindres de 4 à 5 mètres de hauteur.

**717.** Les panneaux de ces portes ont une épaisseur qui varie de $0^m,013$ à $0^m,034$ ; on prend généralement $0^m,020$ environ.

On fait ces panneaux en sapin ou en

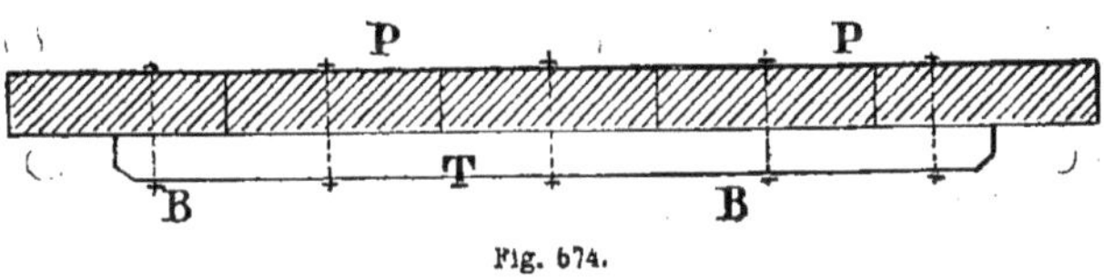

Fig. 674.

grisard ; on peut aussi, mais plus rarement, les faire en chêne.

**718.** Les portes de nos appartements comportent des chambranles sur les deux faces. Ces chambranles servent à arrêter la tapisserie ou l'étoffe de tenture et, en

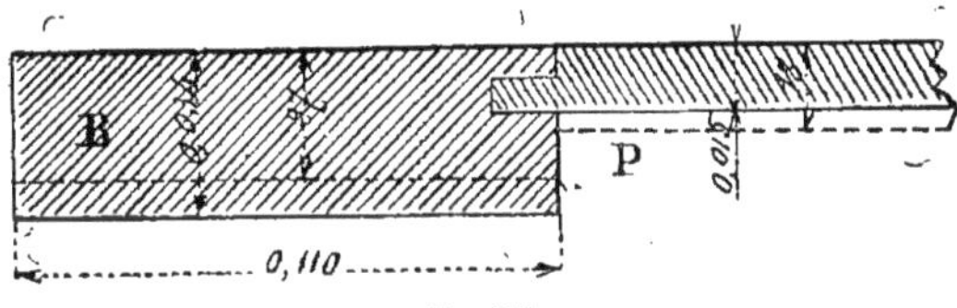

Fig. 675.

même temps, à cacher le joint entre le bâtis et le mur.

## Différents profils de portes simples.

**719.** Les portes de nos habitations peuvent prendre diverses dispositions, que nous devons rappeler.

**720.** 1° *Portes pleines.* — Ces portes sont faites de planches entières P (*fig.* 673) rainées ou non, et barrées en travers (*fig.* 674) suivant la résistance qu'on désire obtenir.

**721.** 2° *Portes emboîtées.* — Les portes emboîtées sont celles qui, exécutées comme les précédentes (*fig.* 673), comportent à chaque extrémité des *emboîtures* afin d'éviter, sur la porte, les saillies des barres T de la figure 674.

**722.** Dans l'étude des assemblages (*fig.* 502 et 517), nous avons donné des exemples d'emboîtures.

**723.** Les figures 222 et 223 du Vocabulaire nous montrent aussi des types d'emboîtures de nos portes ordinaires.

**724.** 3° *Portes à moulures rapportées.* — Ce sont des portes pleines sur lesquelles on rapporte des moulures simplement clouées et formant des cadres ; elles ont une grande analogie avec ce que nous avons appelé faux-lambris dans le chapitre précédent ; mais les moulures, au lieu d'être clouées sur plâtre, le sont sur le bois de la porte.

**725.** 4° *Portes arasées.* — On donne ce nom aux portes dont les panneaux P (*fig.* 675) affleurent, d'un côté seulement, le bâtis B. Lorsque le panneau affleure le bâtis des deux côtés, la porte est dite *arasée aux deux parements ;* c'est alors la porte pleine ordinaire, où le bâtis et le panneau n'ont pas plus d'importance l'un que l'autre.

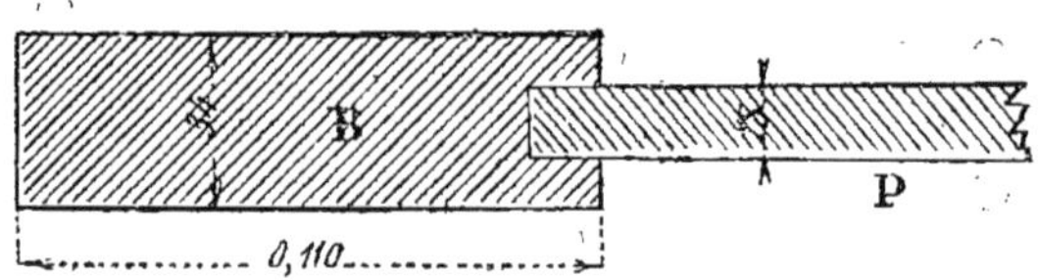

Fig. 676.

**726.** 5° *Portes à glaces.* — On donne ce nom aux portes dans lesquelles les bâtis B (*fig.* 676) n'ont pas de moulures, et les panneaux P sont en retrait de ces bâtis.

**727.** 6° *Portes à petits cadres.* — On désigne ainsi des portes dans lesquelles une moulure *m* (*fig.* 677) est poussée sur le bâtis lui-même. La figure 677 nous montre la coupe d'une porte à petit cadre, d'un côté, et à glace, de l'autre ; la figure 678 nous représente une porte à petit cadre aux deux parements.

**728.** 7° *Portes à grands cadres.* — Une porte à grands cadres comporte des cadres en saillie sur les bâtis ; cette saillie dépasse rarement le quart de l'épaisseur des bâtis.

**729.** La figure 679 nous montre une porte à grand cadre d'un parement et arasé de l'autre. En B, le bâtis ; en C, le grand cadre ; enfin, en P, le panneau.

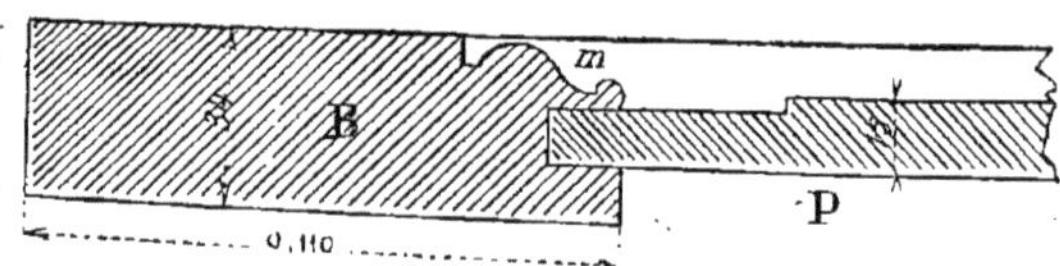

Fig. 677.

**730.** La figure 680 nous représente une coupe de porte à grand cadre aux deux parements.

**Panneaux et plates-bandes.**

**731.** Nous avons vu précédemment que nos portes simples comportent des *panneaux.*

Nous savons que, dans une porte, le panneau est la partie pleine rainée qui vient *s'embrever* au pourtour des bâtis. Anciennement, on ne mettait dans une porte, peu haute, que deux panneaux, P et P' (*fig.* 681), qu'on désignait ainsi : P, panneau du haut ; P', panneau du bas.

Lorsqu'on ne met que deux panneaux, il faut du bois très sec qu'on pourra alors employer en plus grande surface, mais il est préférable, en raison du bois qui géné-

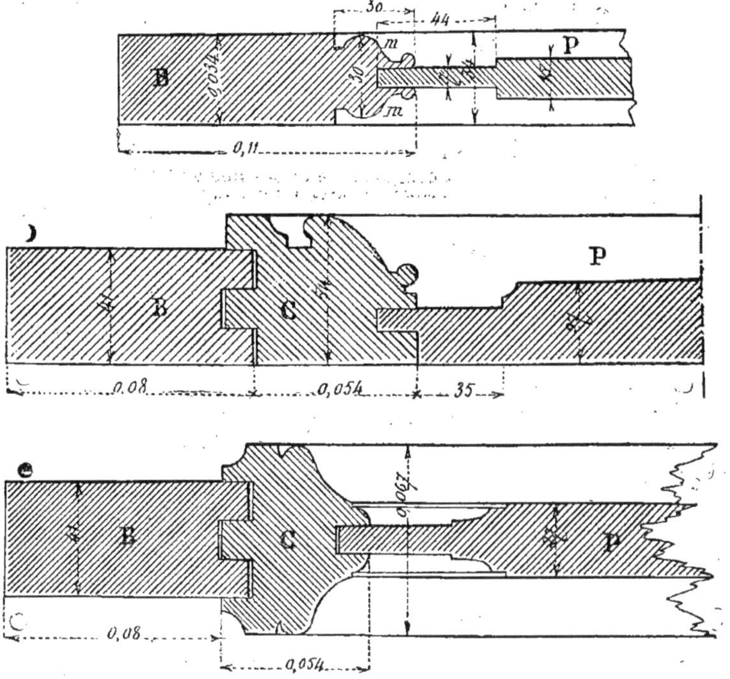


Fig: 678 à 680.

ralement n'est pas assez sec, de faire comme nous l'indiquons ci-après.

**732.** Aujourd'hui, on met presque toujours trois panneaux P, P′, P″ (*fig.* 682); le panneau P est le panneau du haut; le panneau P′ le panneau du bas, et le panneau intermédiaire P″ s'appelle *frise*.

**733.** Les panneaux sont formés de planches jointes ensemble, à rainure et languette, et forment le remplissage entre les montants et les traverses d'un lambris (1), d'une porte ou d'un vantail d'armoire.

**734.** Les planches formant les panneaux ont, comme nous le savons, de 0m,013 à 0m,034 d'épaisseur, et 0m,18 à 0m,21 delargeur. En pratique, on nedonne

(1) Il est bon de rappeler qu'en menuiserie les portes, surtout à grands et à petits cadres, sont connues aussi sous la désignation de *lambris d'assemblages*.

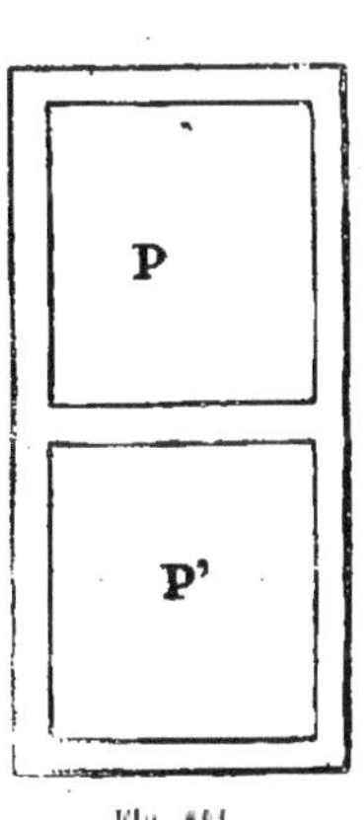

Fig. 681.

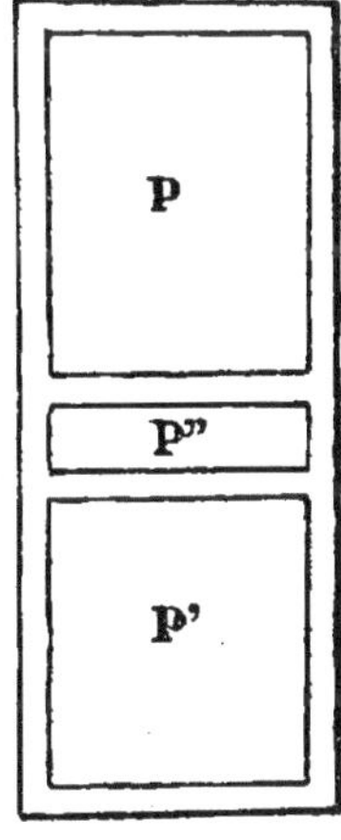


Fig. 682.

pas à un panneau plus de 1 mètre de largeur et 3 mètres de hauteur.

**735.** Ces assemblages de planches sont souvent ornés, sur leur pourtour, de *plates-bandes* et portent sur leurs rives une languette venant se loger soit directement dans les montants et traverses formant le bâtis de l'ouvrage, soit dans des châssis ou cadres s'embrevant eux-mêmes sur les bâtis.

**736.** Le nom de *plate-bande* se donne à l'élégi de $0^m,03$ à $0^m,05$ de largeur sur $0^m,003$ à $0^m,005$ de profondeur poussé au pourtour des panneaux de lambris et des portes à cadres, et qui forme en même temps la languette d'embrèvement.

**737.** Au mot *plate-bande* du Vocabulaire nous avons vu les différentes formes qu'on lui donne.

**738.** La figure 683 nous rappelle ces

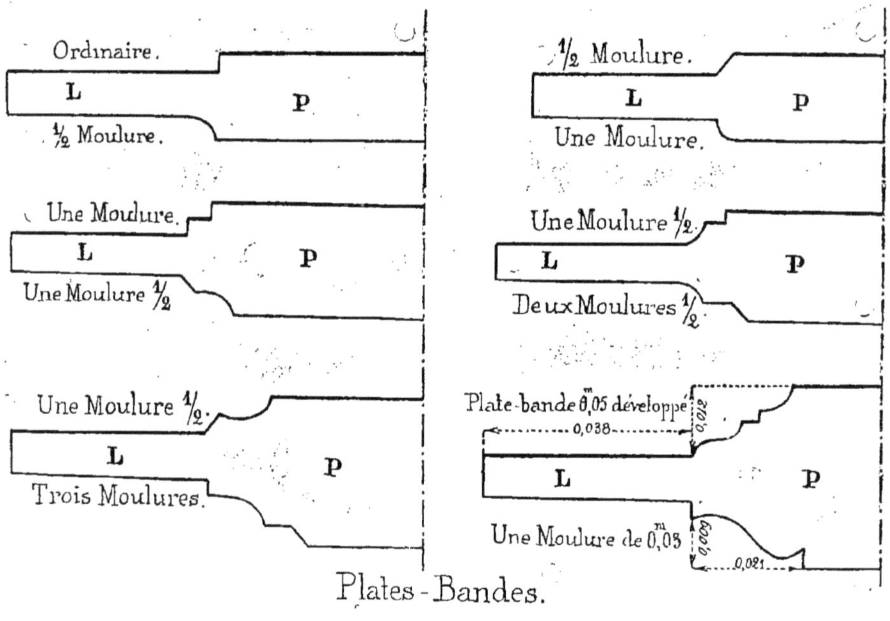


Fig. 683.

différentes formes données aux plates-bandes en indiquant le nombre des moulures que chaque profil comporte.

#### Des flottages.

**739.** Nous avons vu dans le Vocabulaire qu'on appelle *flottage* la partie d'un assemblage qui vient en recouvrir un autre. Les lambris d'assemblages comportent souvent des flottages, et ces flottages créent des plus-values ; nous avons cru utile de les indiquer sous forme de croquis, car nous aurons à y revenir.

**740.** La figure 684 nous montre donc en croquis :

| | |
|---|---|
| Un cadre flotté, ce qui crée une plus-value de. . . . . . . . . . . . | $0^m,30$ |
| Un battant flotté . . . . . . . . | $0^m,32$ |
| Un cadre flotté . . . . . . . . . | $0^m,36$ |
| Un cadre battant flotté . . . . . | $0^m,40$ |
| Une traverse de cadre flotté . . | $0^m,16$ |
| Une traverse flottée. . . . . . . | $0^m,30$ |

## Différents types de portes ordinaires.

#### Portes pleines.

**741.** Le type le plus simple des portes dites pleines diffère peu des planchers de frise, étudiés précédemment. Ces portes, les plus simples et les plus économiques qu'on puisse établir, consistent, comme nous l'indiquons (*fig.* 685), à réunir plusieurs frises F, à rainure S et languettes par deux traverses C assemblées ou non avec les frises mais boulonnées avec elles. Ces traverses offrant plus de résistance que les frises, on y place les ferrements GK de la porte. Ces portes peuvent être droites ou cintrées suivant LO à leur partie supérieure. Dans certains cas, lorsque ces

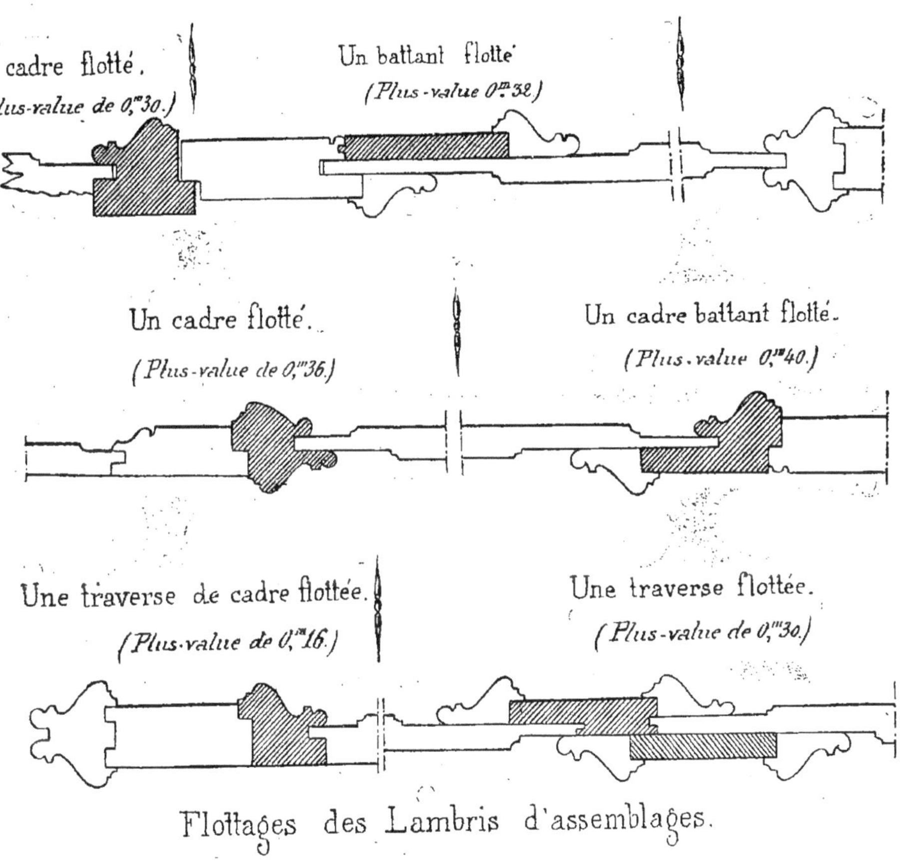


Fig. 684.

portes, destinées à l'extérieur, ont une forte épaisseur, au-dessus de 0m,034, par exemple, on les joint à plat et on rapporte des languettes assez minces pour ne pas diminuer la solidité du bois. Dans les portes pleines, les planches sont ordinairement en sapin, et les traverses en chêne.

**742.** La figure 686 nous montre en une coupe suivant *aa* la disposition de la porte relativement à la maçonnerie D ; la position des ferrures GK et le mode d'attache des traverses C sur les frises à l'aide de boulons B.

**Nota.**

**743.** Si la porte est élevée, on pourra, pour consolider les frises, entre les deux traverses CC, ajouter une écharpe en même bois de chêne.

**744.** La figure 687 nous montre, en une coupe suivant *bb*, l'assemblage très solide des traverses C sur les frises F. On peut, par économie, appliquer simplement les traverses C sur les frises et boulonner le tout.

**745.** La figure 688 nous montre un deuxième exemple de ce genre de porte, mais à deux vantaux et à deux parements semblables, ayant 1m,60 de largeur totale. Les frises en planches P sont assemblées de la même manière et consolidées par des traverses horizontales T. Cette figure nous donne une coupe verticale et un plan de cette disposition.

**746.** La figure 689, coupe horizontale suivant *gg*, indique l'assemblage D des frises entre elles et la disposition des deux vantaux à leur rencontre en C.

**747.** La figure 690 donne en croquis la disposition de l'assemblage des traverses T avec les frises P. Sous chaque boulon, on place une pièce de fer R servant de *rondelle* et recevant la pression de la tête du boulon dans le cas où on emploierait des bois tendres pour l frises P.

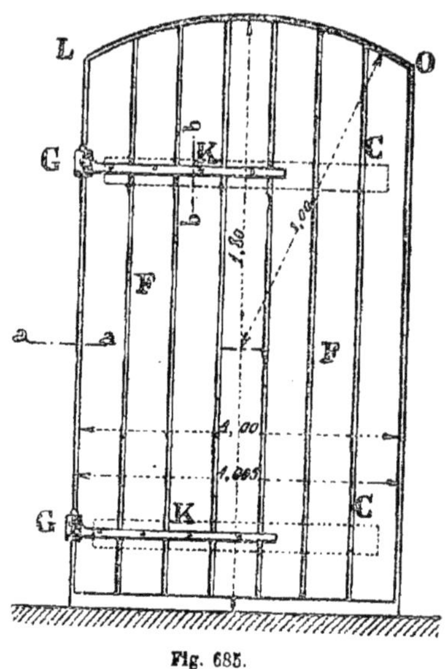


Fig. 685.

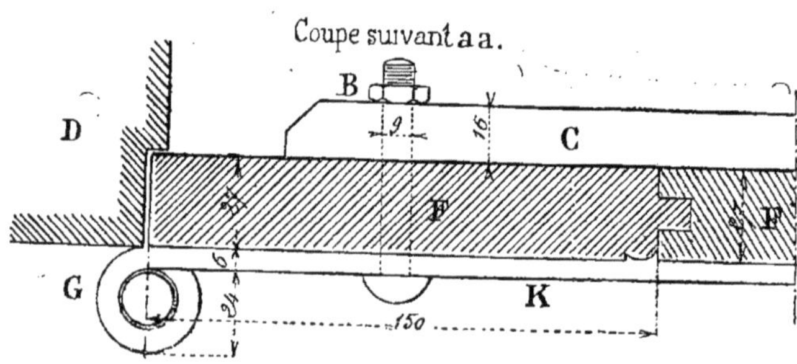


Fig. 6 6.

**Portes emboîtées.**

**748.** La figure 691 nous indique en élévation la disposition d'une porte emboîtée haut et bas. Elle est formée d'une série de frises ou planches P assemblées entre elles comme dans les deux exemples précédents et de plus assemblées dans deux emboîtures U et T. Si la porte n'est pas cintrée, l'emboîture supérieure est alors horizontale, et la porte se termine suivant *ab*.

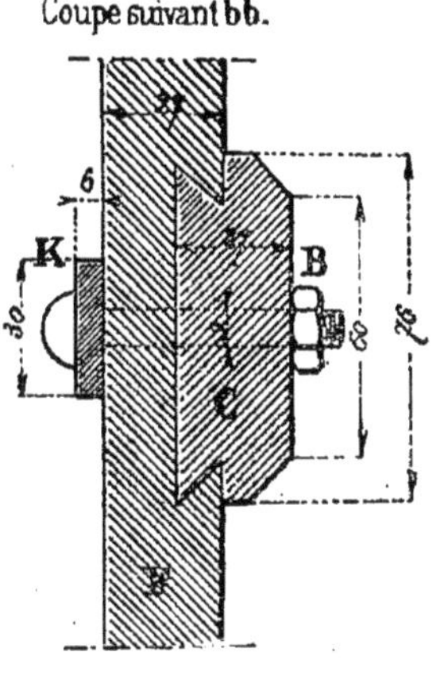


Fig. 687.

**749.** La figure 692 nous montre une coupe transversale sur les frises ou planches de la porte avec l'indication de la feuillure réservée dans la maçonnerie D.

**750.** Lorsqu'on se sert d'emboîtures, il ne faut pas oublier de donner aux deux

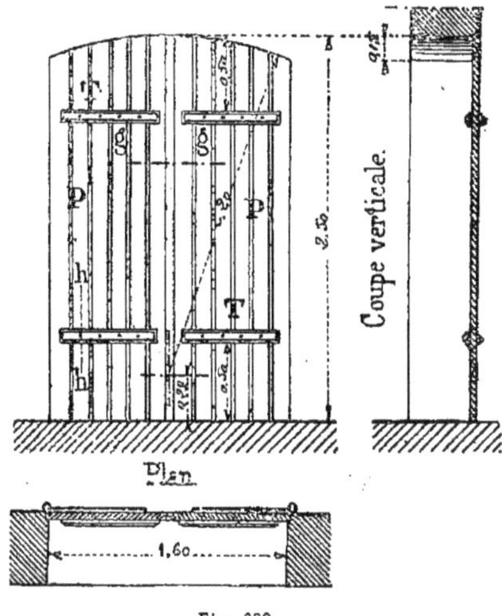


Fig. 688.

extrémités ce qu'on nomme de la *refuite* aux tenons qui entrent dans ces emboîtures. On nomme *refuite* en menuiserie la

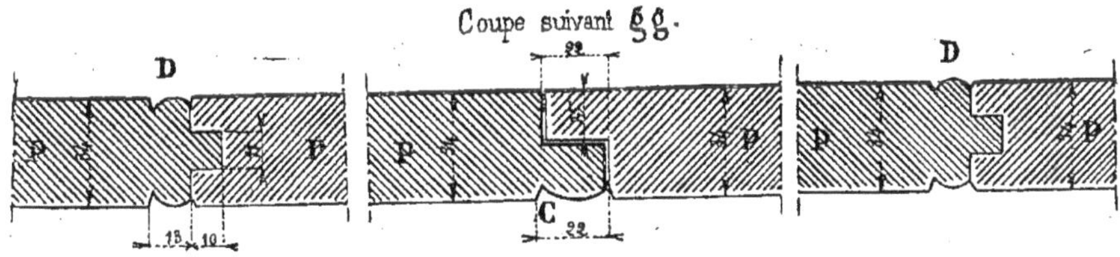


Fig. 689.

facilité qu'on donne aux planches ou frises des ouvrages emboîtés de se retirer sur elles-mêmes.

Pour obtenir ce résultat, on élargit les trous de chevilles et on agrandit les mortaises en sens inverse.

**751.** Pour les portes extérieures on se contente souvent de ne mettre une emboîture qu'à la partie haute et une barre au bas de la porte. On évite ainsi la pourriture des tenons de l'emboîture du bas.

### Portes à moulures rapportées.

**752.** Dans bien des cas on fait des portes arasées aux deux parements, et, pour simuler une porte à petits cadres, on rapporte sur l'un ou même sur les deux parements des moulures du commerce simplement clouées et représentant la forme de cadres. La figure 693 nous montre, en coupe horizontale, une porte recevant en C des cadres en moulures rapportées.

**Portes à glace et portes arasées.**

**753.** La figure 694 nous indique en élévation la disposition d'une porte à glace. Elle est formée d'un cadre B recevant des panneaux P. La même figure nous représente en coupe suivant *aa* la disposition de cette porte par rapport au mur O.

Le parement *a'b* du panneau P peut affleurer le parement *c* du bâtis, ou le dépasser, comme nous l'indiquons dans le croquis.

**754.** La figure 695 nous montre un

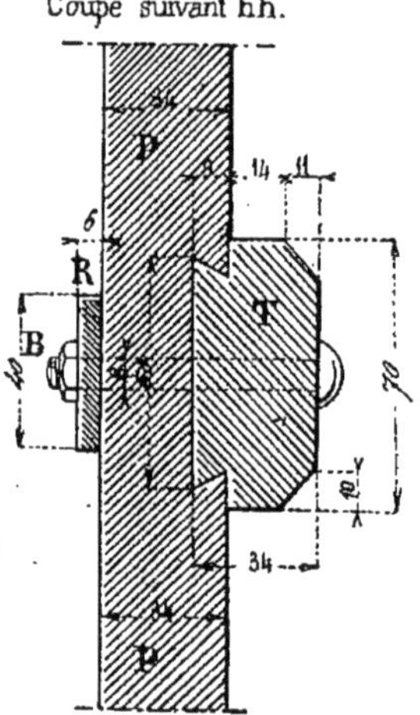


Fig. 690.

exemple d'une coupe horizontale de porte *arasée* d'un côté et à glace de l'autre.

**Portes à petits cadres.**

**755.** Les portes à petits cadres sont particulièrement employées dans nos appartements.

**756.** La figure 696 nous en montre un exemple : elles comportent trois panneaux P, P', P″ disposés comme nous l'avons indiqué (*fig.* 682), et peuvent être appliquées à une cloison de 0m,08 d'épaisseur, comme le montre le plan 1 ou dans un gros mur, plan 2.

Un chambranle C reposant sur des socles S complète l'ornementation de ce genre de porte.

**757.** La figure 697 nous montre une coupe transversale de cette porte en O, la

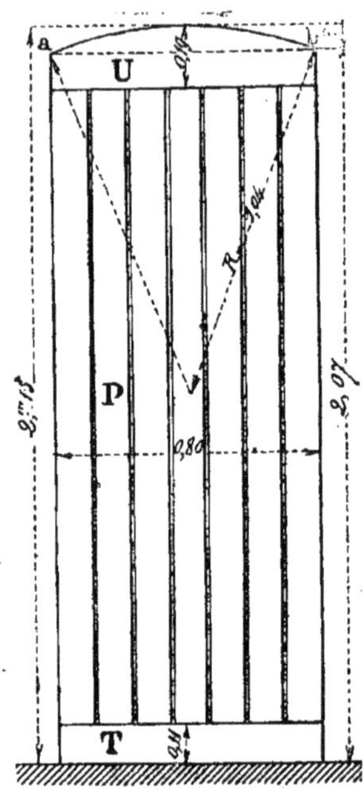


Fig. 691.

cloison en maçonnerie avec pénétration dans le poteau d'huisserie D en *g* pour assurer la liaison ; le joint entre cette huisserie et la cloison O est caché par le chambranle C.

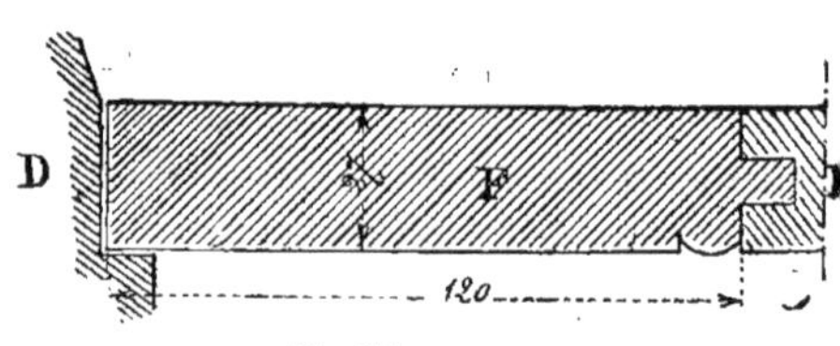


Fig. 692.

En B le montant de la porte profilé en petit cadre à l'une de ses extrémités ; enfin en P le panneau.

**758.** La figure 698 nous montre l'application d'une porte à petits cadres pour salle à manger.

A droite et à gauche de la porte nous avons montré l'application de cymaise, de

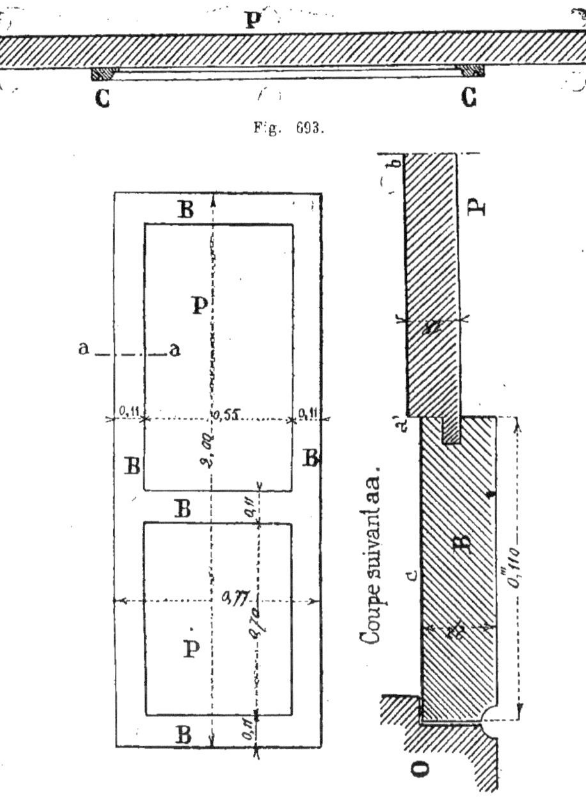


Fig. 693.

Fig. 694.

plinthe et de cadres en moulures rapportées.

**759.** Les trois coupes CD, EF et GH font facilement comprendre la disposition

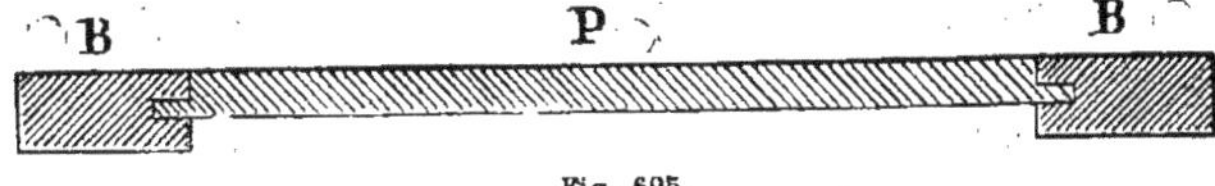


Fig. 695.

sans que nous ayons besoin d'insister.

**760.** Le détail le plus intéressant est la coupe horizontale suivant CD dont nous donnons les détails à plus grande échelle (*fig.* 699) :

En D le montant recevant l'assemblage du panneau P ;

En B le bâtis portant une feuillure dans laquelle vient battre la porte ;

En C le chambranle dont nous connaissons l'usage et qui vient reposer sur un socle qui sert également d'amortissement à la plinthe S;

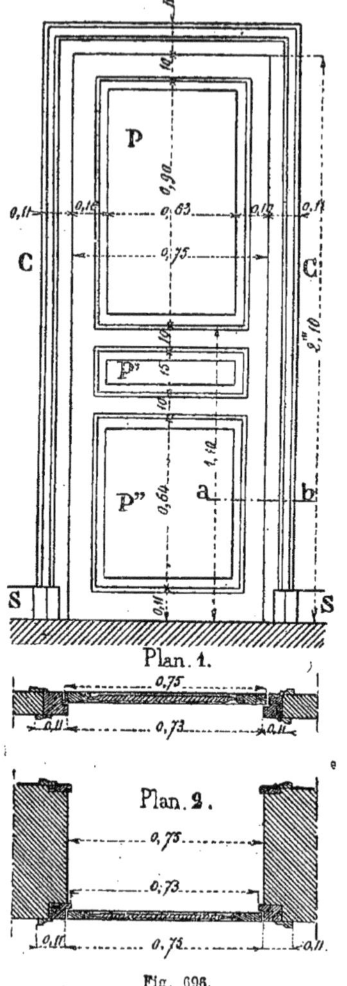


Fig. 696.

En B' un contre-bâtis, retenu contre la maçonnerie du mur comme le bâtis B par une patte à scellement.

Enfin, en E, l'enduit en plâtre recouvrant la maçonnerie.

**Nota.**

**761.** Nous avons donné précédemment aux *assemblages* (*fig.* 493) le détail le plus intéressant d'une porte à petits cadres, nous y renvoyons nos lecteurs.

**762.** La figure 700 nous montre une

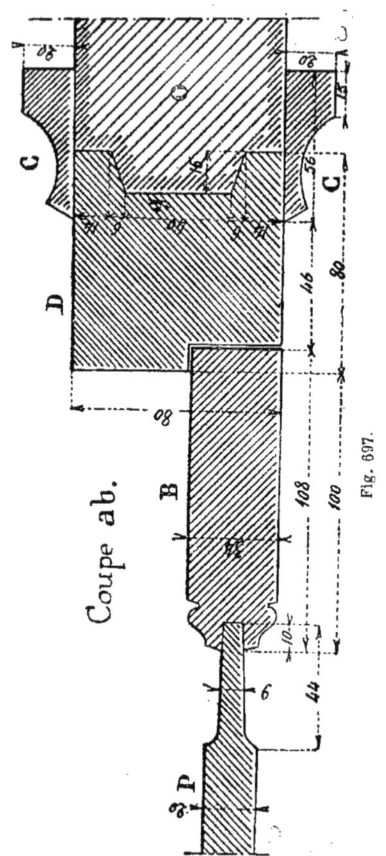


Fig. 697.

autre disposition de porte à petits cadres avec imposte vitré à la partie supérieure.

La disposition d'ensemble est la même que dans l'exemple précédent, l'imposte en plus.

**763.** Les différentes coupes (*fig.* 701, 702 et 703) font facilement comprendre l'ensemble de la disposition.

Porte d'intérieur a un vantail (Petits cadres)
Élévation
Coupe verticale de la porte suivant GH
Cymaise
Cadre (Moulures rapportées)
Socle
Plinthe
Sol Niveau du parquet
Coupe horizontale EF (La porte étant placée dans une cloison de 0m,08 d'épaisseur)
Coupe horizontale CD
(La porte étant placée dans un gros mur)

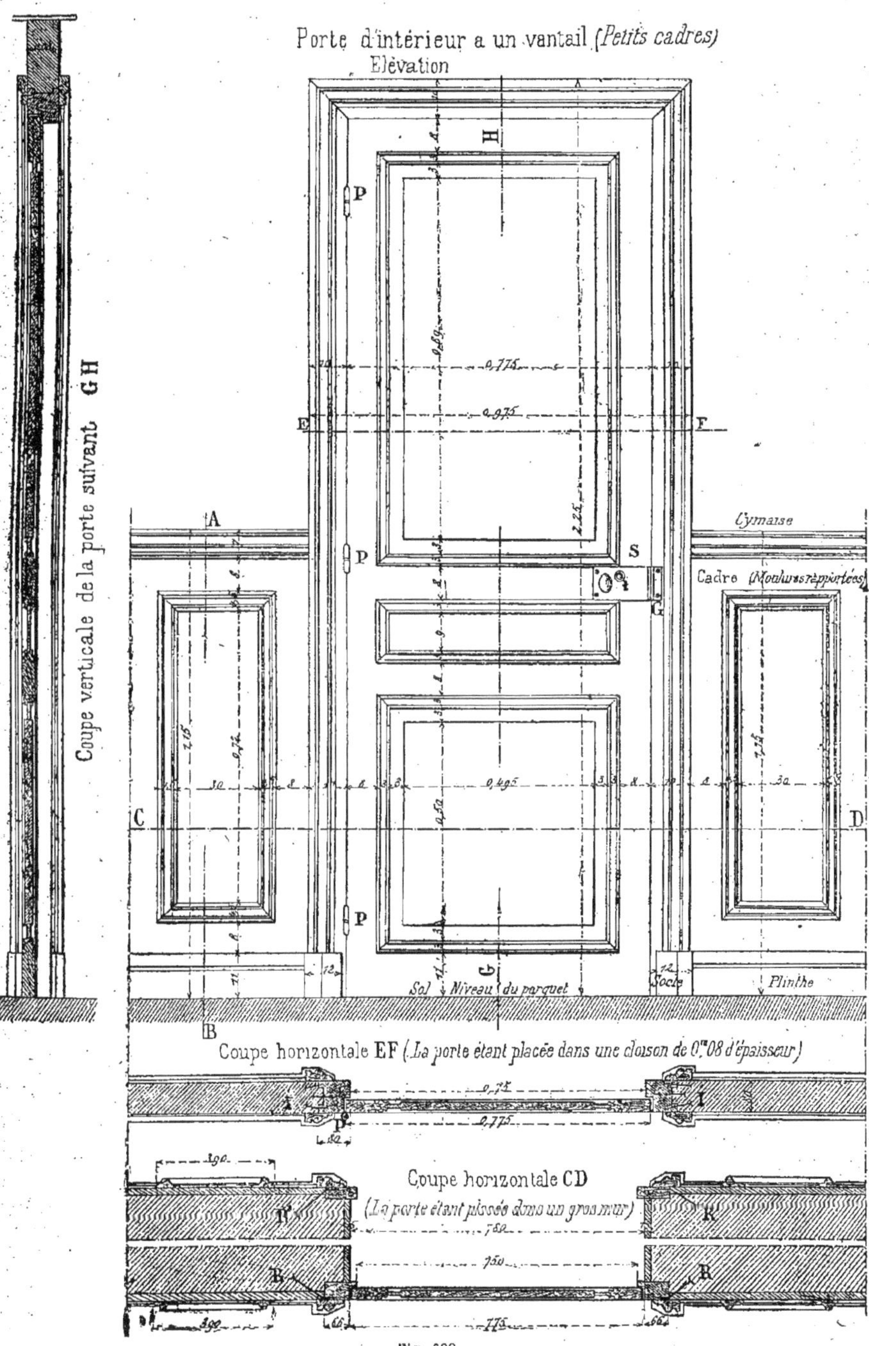

Fig. 698.

### Autre disposition.

**764.** Le croquis (*fig.* 704) nous montre un exemple un peu plus compliqué de porte à petits cadres avec panneau plein à la partie supérieure.

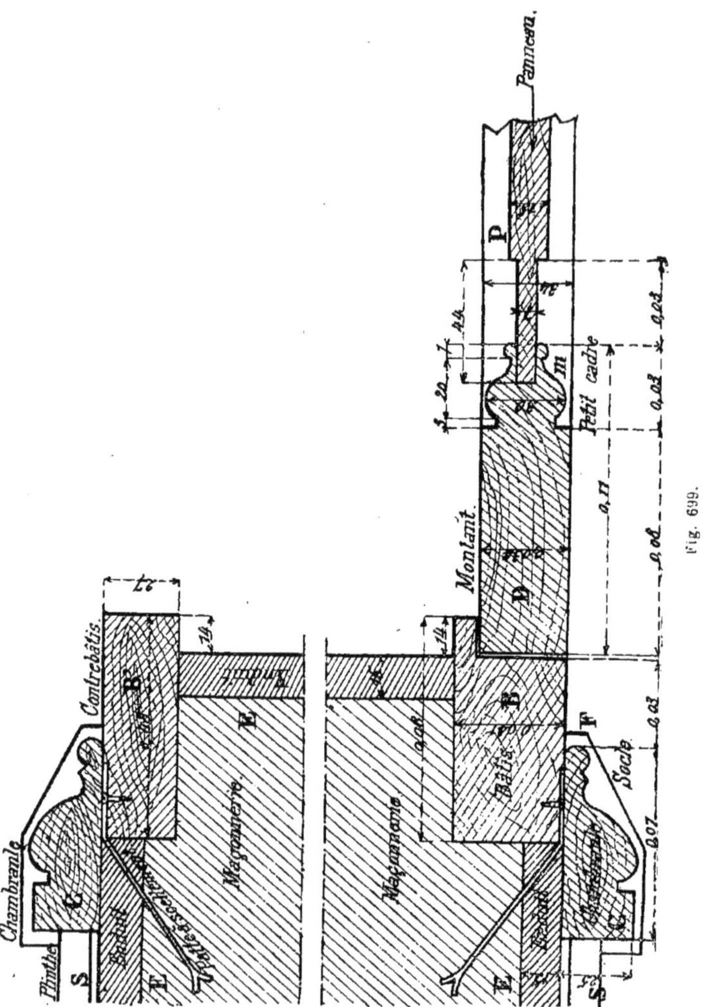


Fig. 699.

Cette porte étant plus large que les précédentes, on a disposé les panneaux P en deux parties.

**765.** Les figures 705, 706 et 707 nous indiquent les coupes principales et rendent bien compte de la disposition à adopter.

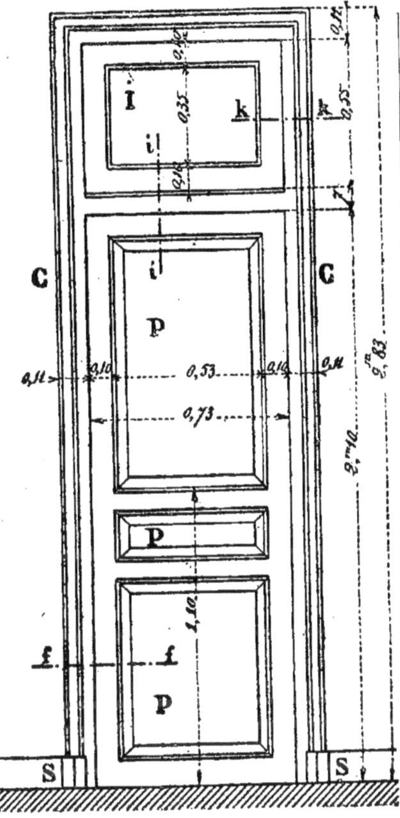

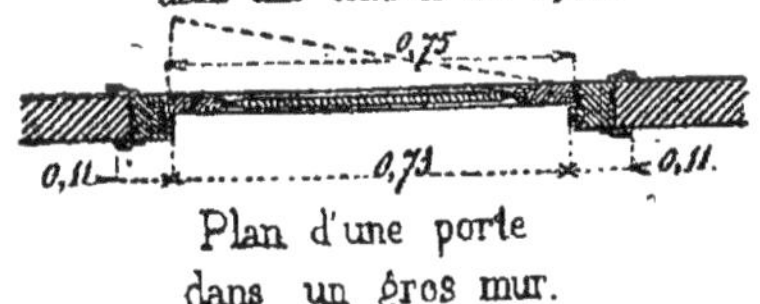


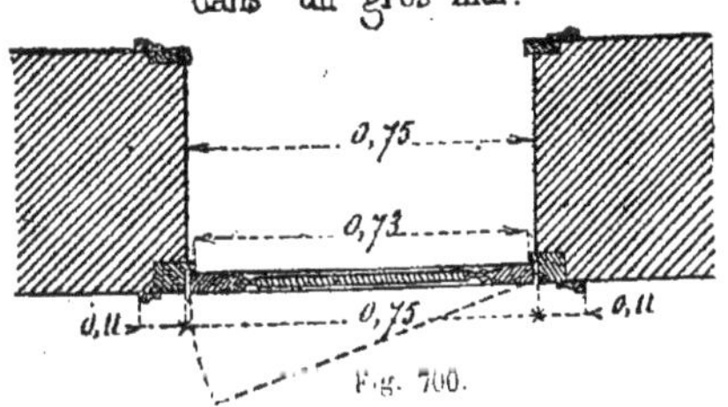


Fig. 700.

Dans la coupe suivant *aa* (*fig.* 705), nous montrons en F la position de la *fiche* autour de laquelle pivote la porte.

**Portes à grands cadres.**

**766.** Nous savons maintenant la différence qu'il y a entre une porte à petits cadres et une porte à grands cadres.

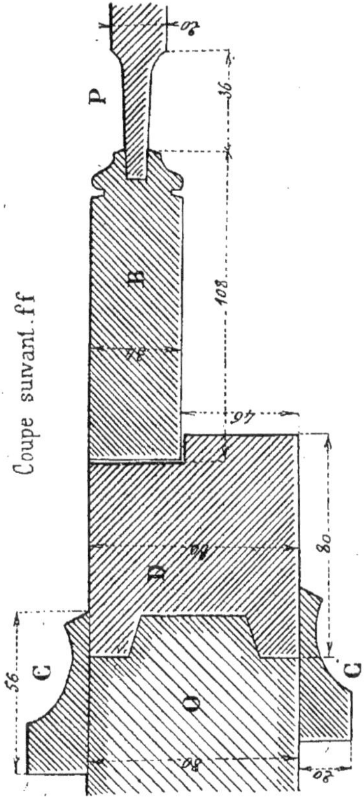


**767.** La figure 708, qui a une grande analogie avec la figure 699, décrite ci-dessus, n'en diffère que par le remplacement d'un grand cadre C au lieu d'un petit cadre faisant corps avec le montant.

Le bâtis B prend alors une forme spé-

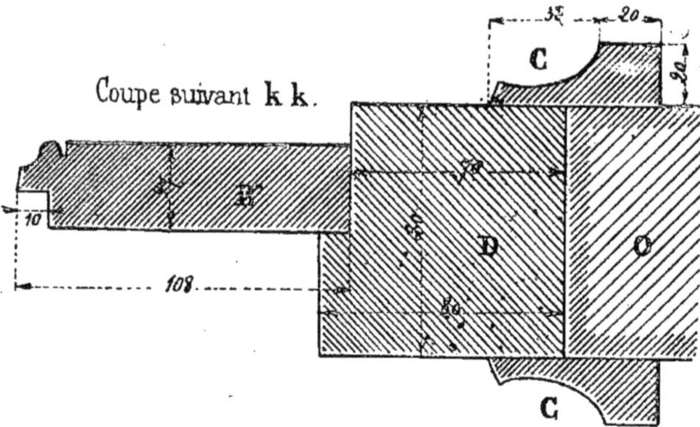


Fig. 702.

ciale pour permettre son assemblage avec le grand cadre.

En I nous indiquons des moulures formant panneaux dans l'ébrasement de la

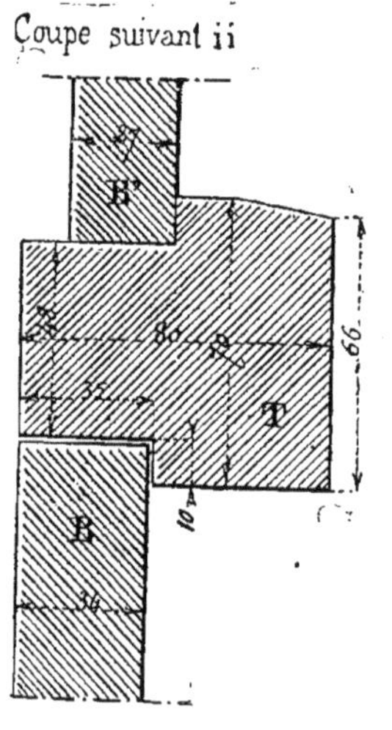


Fig. 703.

porte; ces moulures peuvent être clouées directement sur le plâtre ou sur un panneau en bois recouvrant le mur.

**768.** La figure 709 nous montre la disposition d'ensemble d'une porte à grands

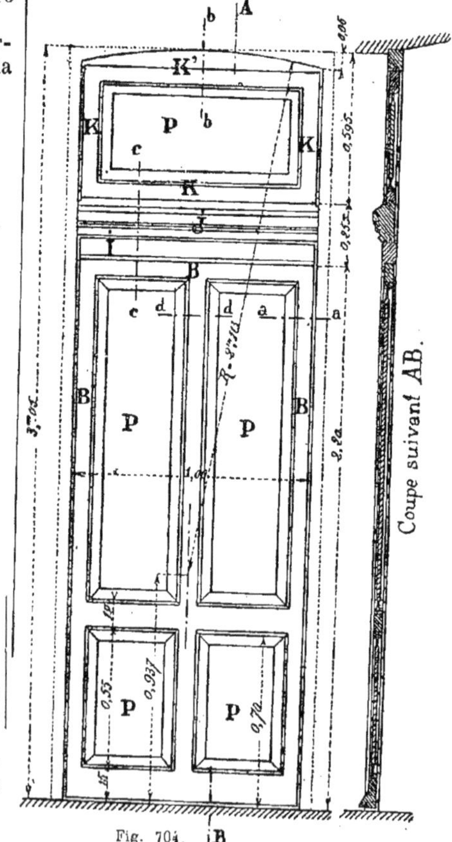


Fig. 704.

cadres accompagnée de chaque côté de lambris dont nous connaissons l'usage.

**769.** La figure 710 nous indique, à plus grande échelle, une coupe horizontale nous représentant l'ensemble de la disposition.

Dans ce croquis le chambranle E est composé de trois pièces assemblées.

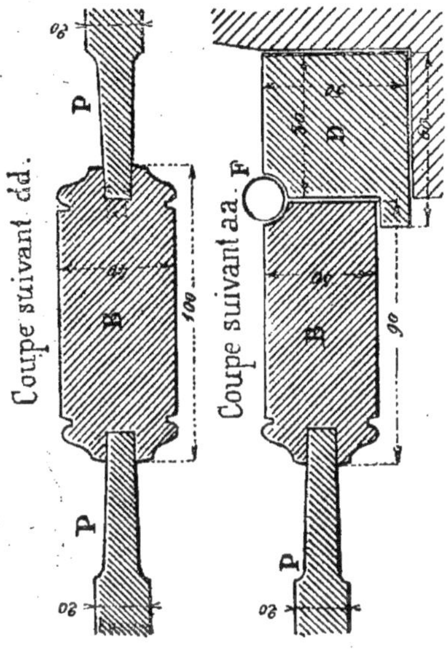


Fig. 705.

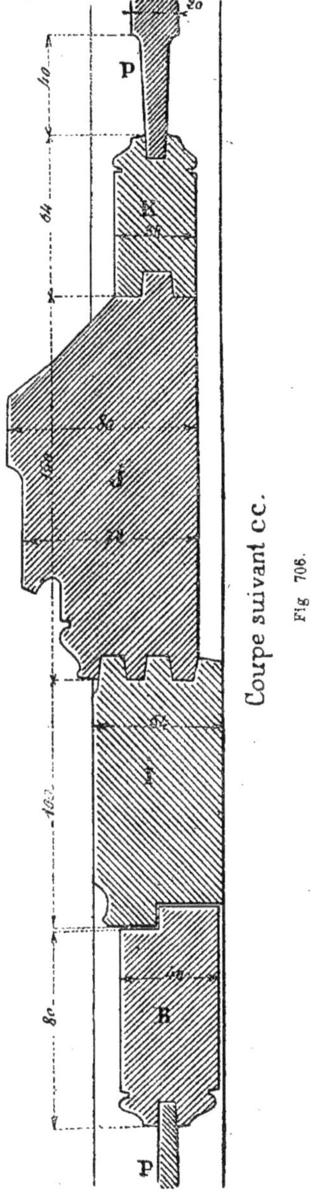


Fig 706.

Le bâtis B, le contre-bâtis B' et le panneau IG se comprennent à la seule inspection de la figure.

**770.** En A, nous indiquons la paumelle dont le croquis (*fig.* 711) nous montre le détail.

**771.** En O et en O' les deux battants du milieu de la porte sont représentés ainsi que les couvre-joints Q et Q' cloués respectivement sur chaque vantail.

**Nota.**

**772.** Le détail d'assemblage le plus intéressant de cette porte à grands cadres a été donné en croquis (*fig.* 494), avec tous les détails intéressants à signaler.

La petite feuille de zinc ou, le plus souvent, une simple carte à jouer, qu'on place dans l'angle de l'assemblage, est destinée à ne pas laisser passer le jour au travers de l'assemblage à onglet, dans le cas de retrait des bois.

## Portes vitrées.

**773.** Dans certains cas, on se sert des panneaux hauts des portes pour éclairer l'intérieur ; on remplace alors le panneau en bois par un vitrage composé, comme nous allons le voir, soit d'une seule ou mieux de plusieurs vitres.

### Premier exemple.

**774.** La figure 712 nous représente un exemple simple de porte vitrée. Le panneau supérieur d'une porte à petit cadre, par exemple, ayant été enlevé, on le remplace soit par un seul carreau (portes d'antichambre, de cuisine, etc.), soit par deux ou quatre carreaux V (portes de magasins ou autres).

**775.** La figure 713 nous indique la coupe suivant *cd*, et ne présente rien de particulier à signaler.

**776.** La figure 714 nous donne la section des petits bois divisant le panneau en quatre carreaux.

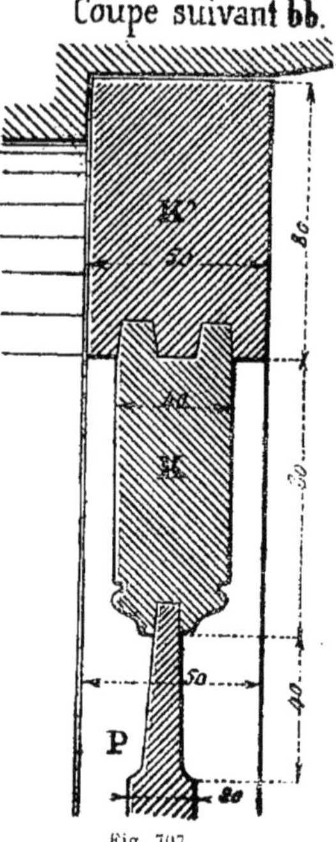


Fig. 707.

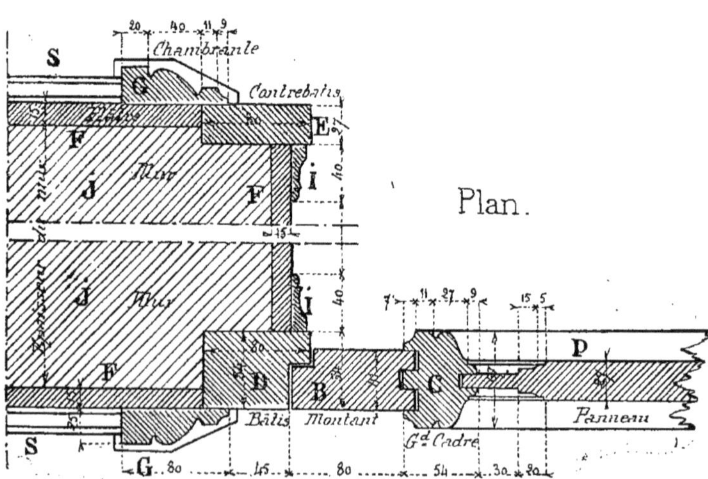


Fig. 708.

Le verre se place en *i* de chaque côté des feuillures.

**Deuxième exemple.**

**777.** La figure 715 nous montre une variante de l'exemple précédent, pour une porte plus large à imposte vitrée à la partie supérieure.

Dans ce croquis le montant O divi-

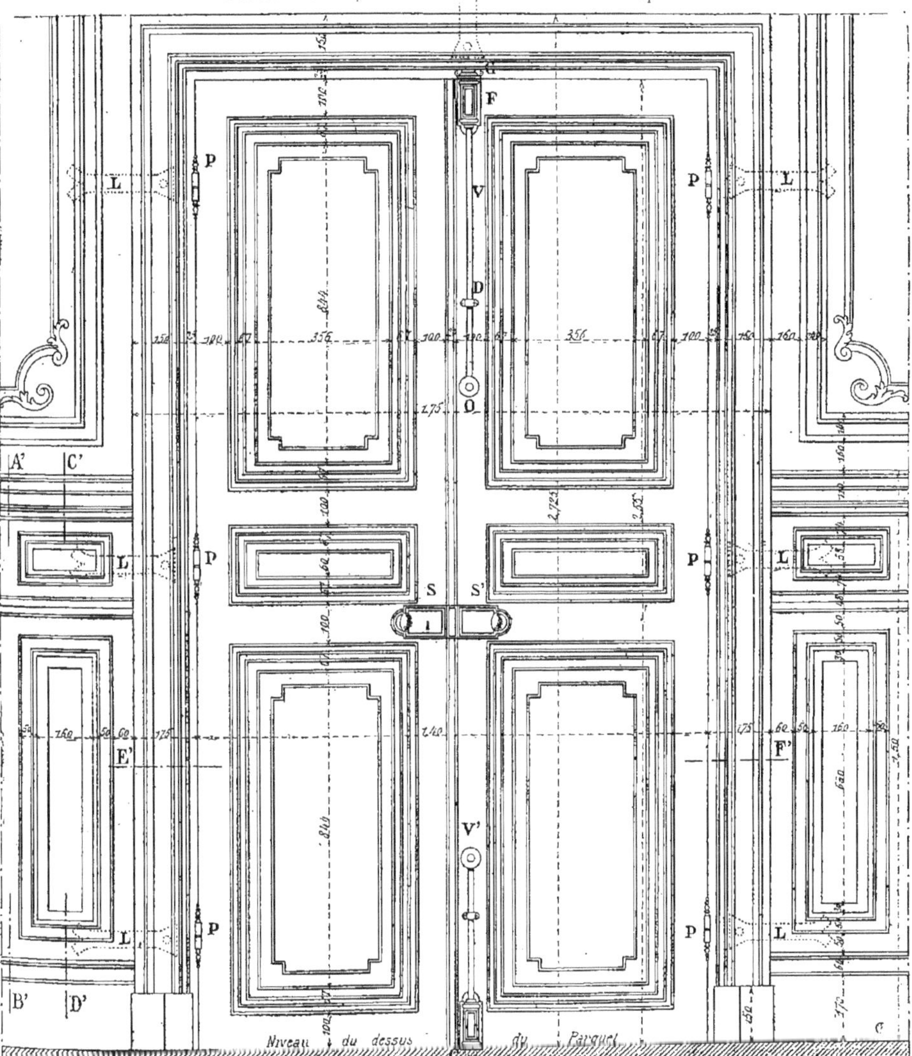


Fig. 709.

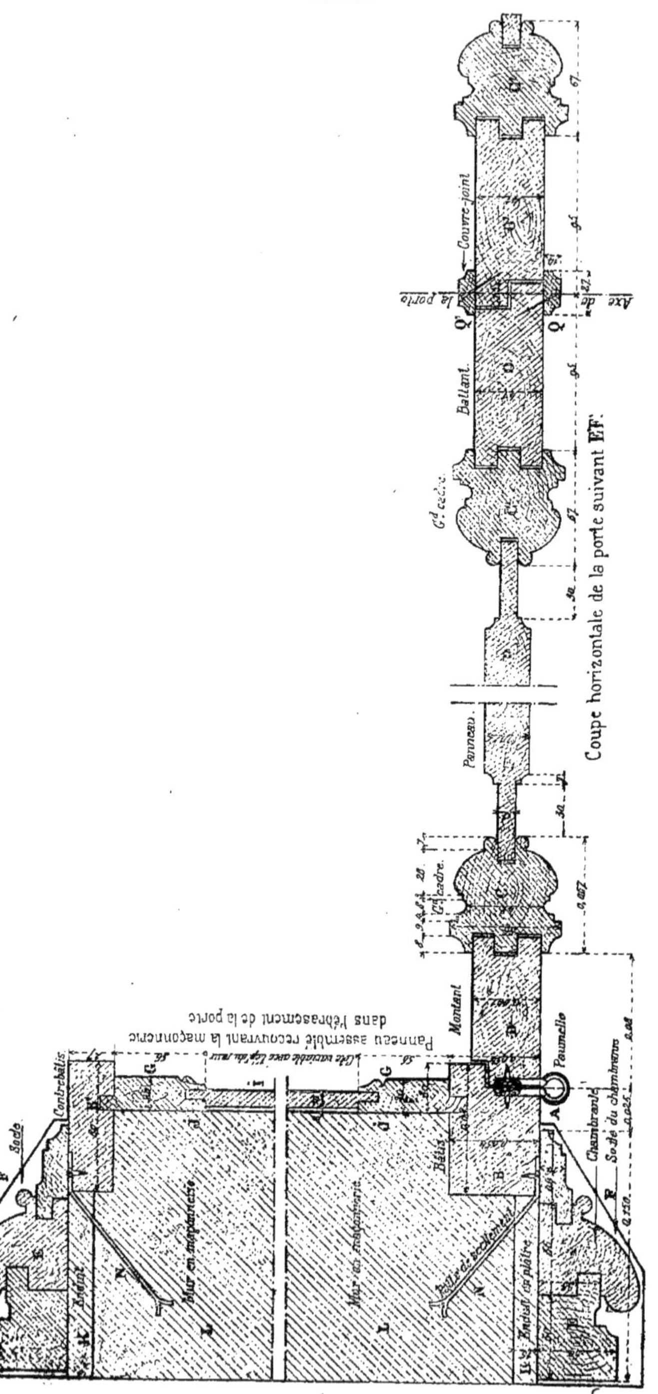


Coupe horizontale de la porte suivant EF.

Fig. 710.

sant les carreaux n'est plus un simple petit bois, mais un fort montant dont la figure 718 nous montre la section.

**778.** Les figures 716, 717, 718 et 719 nous donnent tous les détails de cette porte, détails qui se comprennent à la seule inspection du croquis.

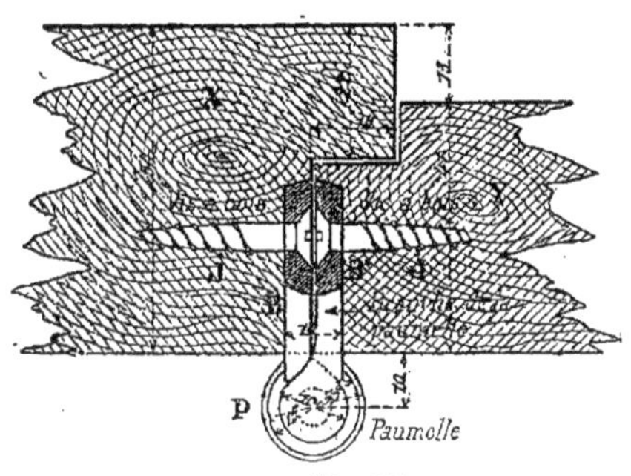


Fig. 711.

**779.** On peut sur cette porte et comme clôture mettre un volet en bois dont la figure 720 nous indique la disposition. Ce volet est formé de planches P assemblées à rainures et languettes, emboîtées haut et bas en X, et comportant des poignées Y et des pattes L venant se fixer dans les pannetons L de la figure 715.

**780.** Cette disposition est simple et

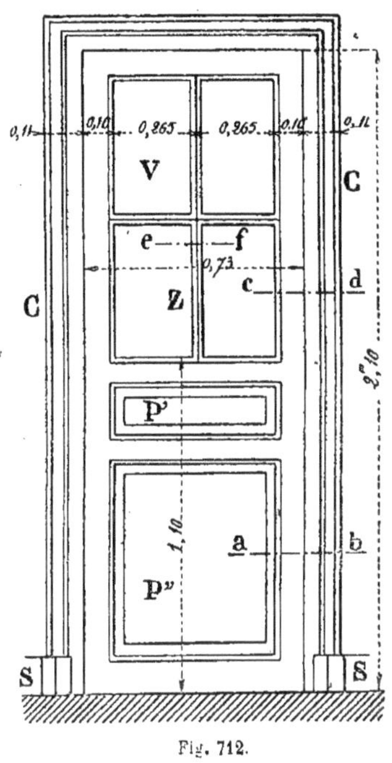


Fig. 712.

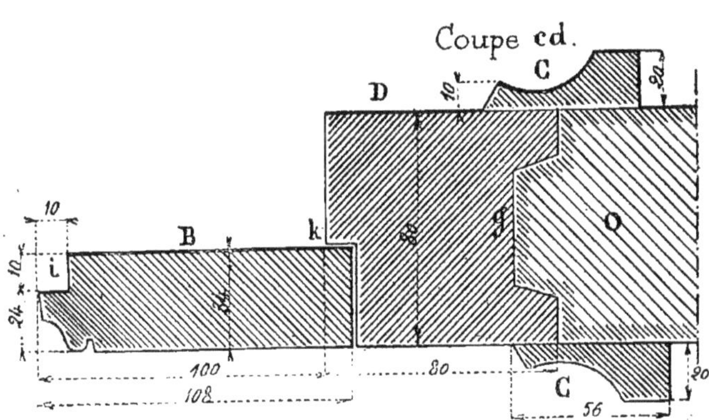


Fig. 713.

d'un bon emploi pour portes de magasins, etc.

**Troisième exemple.**

**781.** La figure 721 nous montre une

autre disposition avec de petits carreaux et une imposte vitrée.

**782.** La figure 722 nous indique la coupe suivant *ff* ; en I l'emplacement d'une fiche et une fermeture spéciale à noix et à gueule de loup analogue à la fermeture de nos croisées ordinaires.

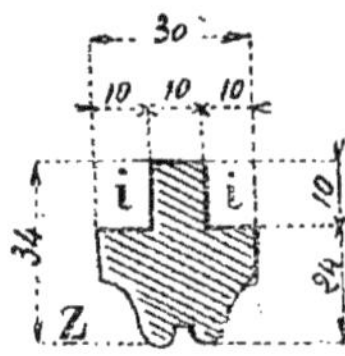


Fig. 714.

**783.** La figure 723 nous montre la disposition à la partie haute de la porte et à la partie basse du châssis vitré D.

**784.** La figure 724 nous représente l'assemblage au bas de la porte avec la disposition d'une pièce B′ formant jet d'eau.

**785.** Enfin la figure 725 nous donne le détail des petits bois employés dans cet exemple.

## Portes de vestibule.

**786.** La figure 726 représente le croquis d'une porte de vestibule, c'est-à-dire une fermeture mobile en bois séparant le passage entre la porte d'entrée sur rue et l'escalier, pour empêcher la poussière et le froid d'entrer dans la cage de cet escalier.

Cette porte, d'un modèle très simple, est vitrée ; elle est surmontée d'une imposte également vitrée afin de ne pas perdre de jour.

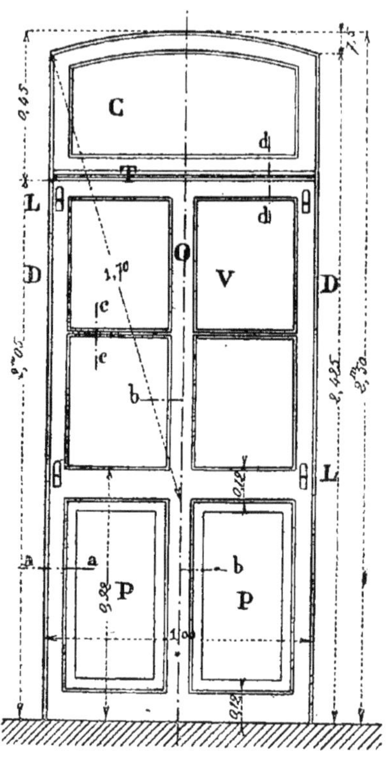


Fig. 715.

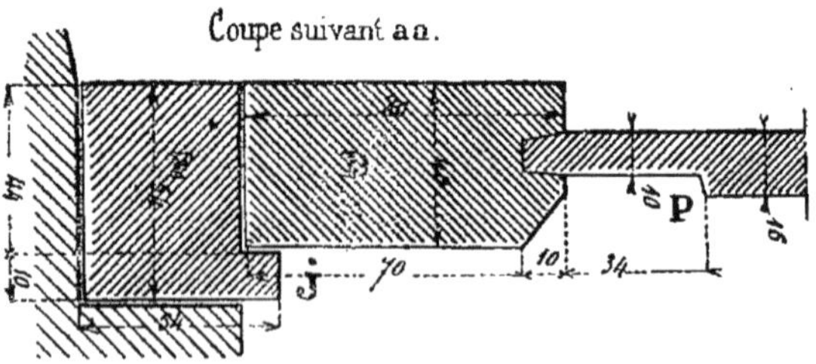


Fig. 716.

Les dormants sont en chêne de 0m,054 d'épaisseur sur 0m,07 à 0m,08 de largeur

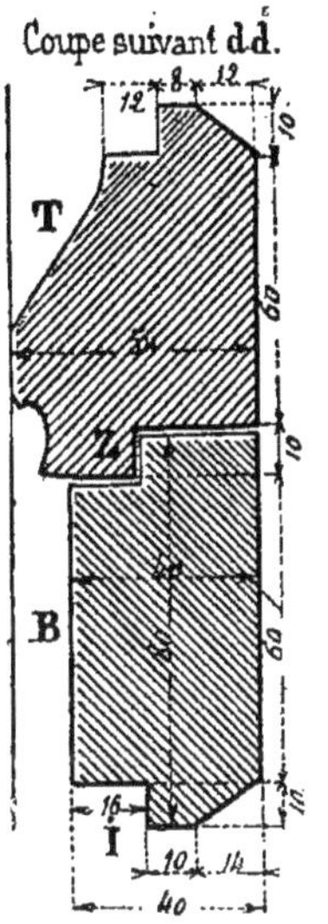


Fig. 717.

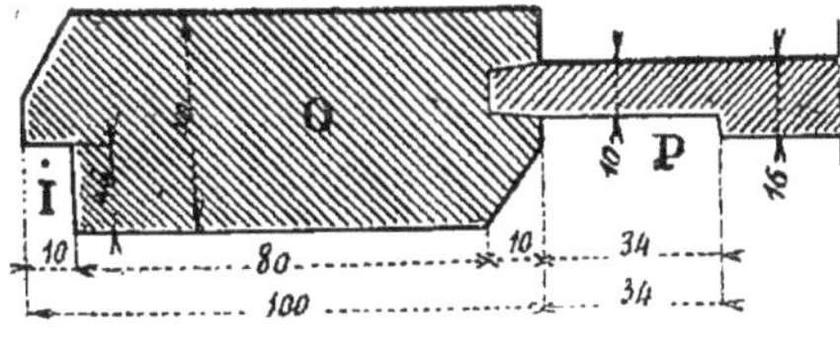


Fig. 718.

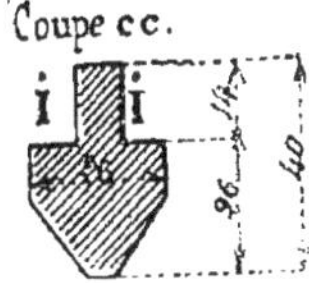


Fig. 719.

avec feuillure, et, sur cette feuillure, un petit congé permettant de noyer en partie le nœud des paumelles.

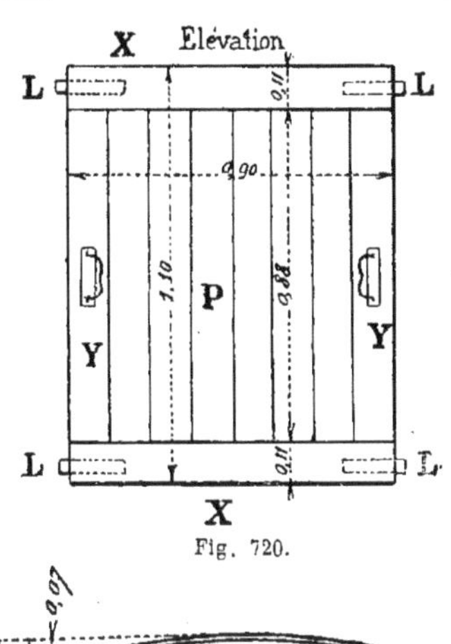


Fig. 720.

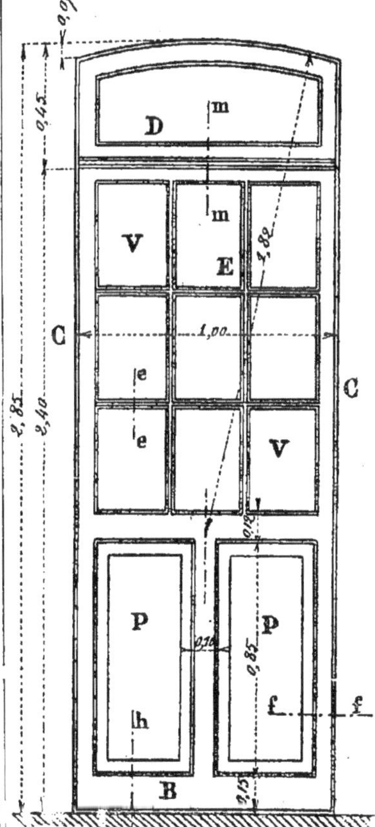


Fig. 721.

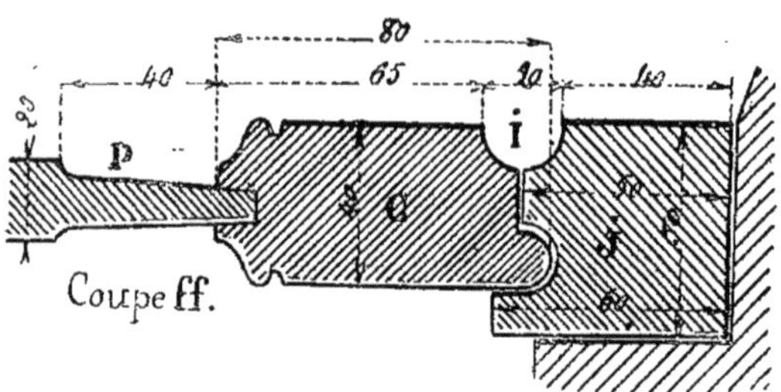


Fig. 722.

Les bâtis de la porte à deux vantaux sont en chêne de 0m,034 d'épaisseur sur 0m,10 ou 0m,11 de largeur, élégis d'une doucine à baguette et aussi d'un élégi en dehors. Le parement en chêne de 0m,018,

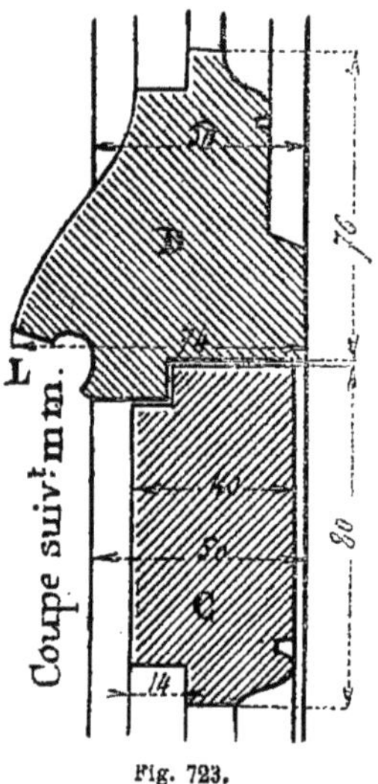


Fig. 723.

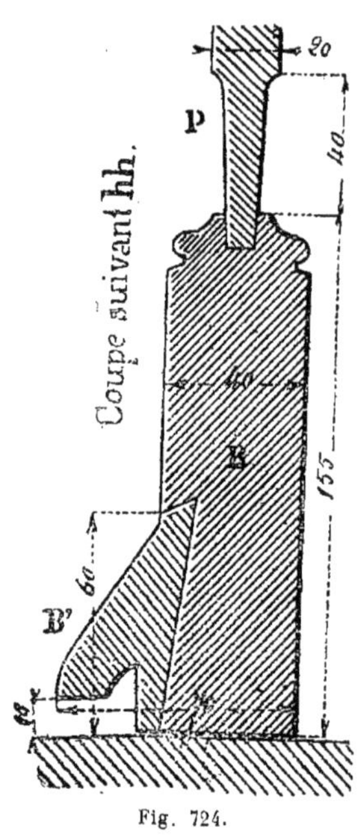


Fig. 724.

est élégi d'une platebande à gorge aux deux parements (*fig.* 727).

La figure 728 représente, en plan, les deux battants du milieu avec leur feuillure et la baguette élégie de chaque côté.

La figure 729 montre en plan le battant de rive et le dormant de cette même porte avec feuillure pour recevoir la glace. Cette glace est maintenue par une petite

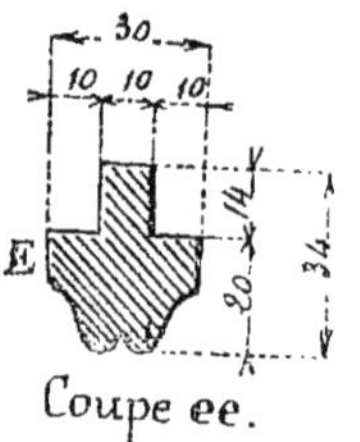


Fig. 725.

Fig. 726.

moulure à congé clouée dans cette feuillure.

Cette feuillure nécessite un arrêt de la moulure doucine à baguette avec l'élégi derrière; ce travail demande un temps assez long et les champs ne sont plus

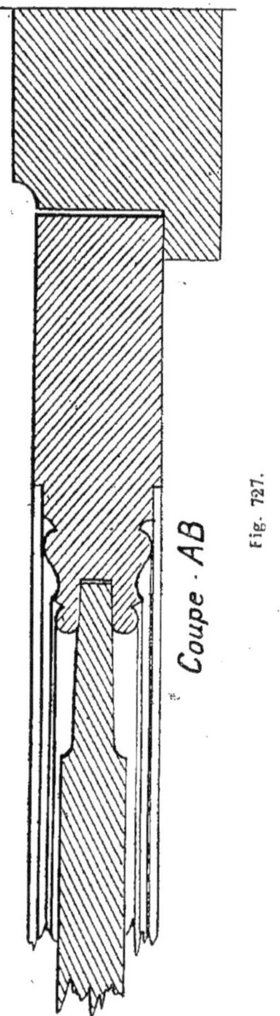

Fig. 727.

réguliers; il est préférable de faire une feuillure au nu de l'épaisseur de la glace (*fig.* 730) et de fixer cette glace avec une moulure dont le profil se reproduira des deux côtés.

La pose de cette moulure dans la feuil-

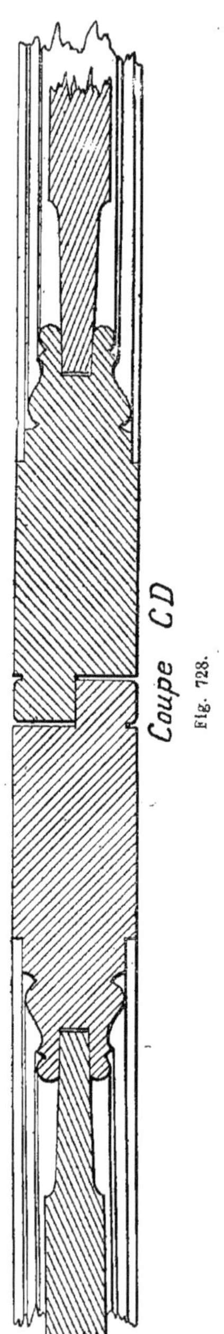

Fig. 728.

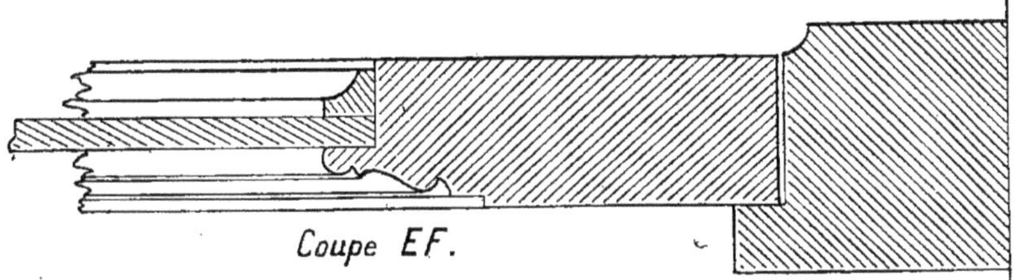


Fig. 729.

lure est préférable sur du bois ; on la fixe avec des vis, ce qui facilite la dépose et la repose dans le cas où on serait obligé de changer la glace.

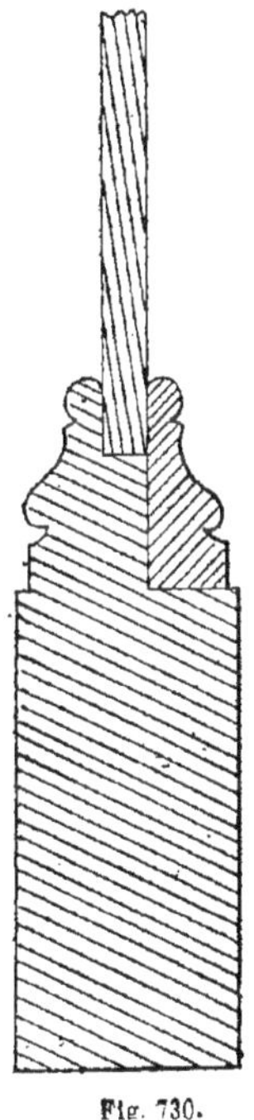

Fig. 730.

Il en est de même pour l'imposte qui est généralement fixée dans le bâtis.

**787.** La figure 731 représente une autre porte de vestibule d'une décoration un peu plus riche.

Elle est également vitrée avec imposte et à petit cadre plus riche, à un seul parement, parce que la baguette est refouillée dans la gorge, et que la platebande du panneau est ornée d'un congé et d'un carré.

Le profil du contreparement est une doucine avec tarabiscot dont la largeur est la même que la profondeur de la feuillure pour la glace, ce qui évite l'arrêt de la moulure comme dans la porte précédente (*fig.* 726); les champs sont alors réguliers.

L'arête du bâtis dormant est élégie d'une baguette retournée avec un petit gorget de chaque côté.

La coupe AB (*fig.* 732) représente la traverse du bas, formant double plinthe élégie d'un congé à carré en parement d'un côté et d'une doucine de l'autre.

Ces deux profils en surépaisseur des battants devront flotter sur les battants de toute leur saillie sur le nu de l'arasement et se contreprofiler (*fig.* 733).

Le tenon sera épaulé d'un peu plus du tiers de la largeur de cette traverse, pour laisser de la force au bas du battant.

La traverse basse du lambris à petit cadre sera aussi épaulée.

Ce travail se fait dans les ouvrages polis, pour éviter d'avoir à rapporter ces plinthes et ne pas les clouer.

Si on doit entailler des équerres en fer dans les contreparements de ces portes, il est préférable de rapporter la plinthe, pour cacher l'entaille de ces équerres.

Les angles des panneaux sont ornés de crossettes, c'est-à-dire d'entailles faites au ciseau au nu de la platebande, et c'est sur ces entailles qu'on élégit, à la gouge

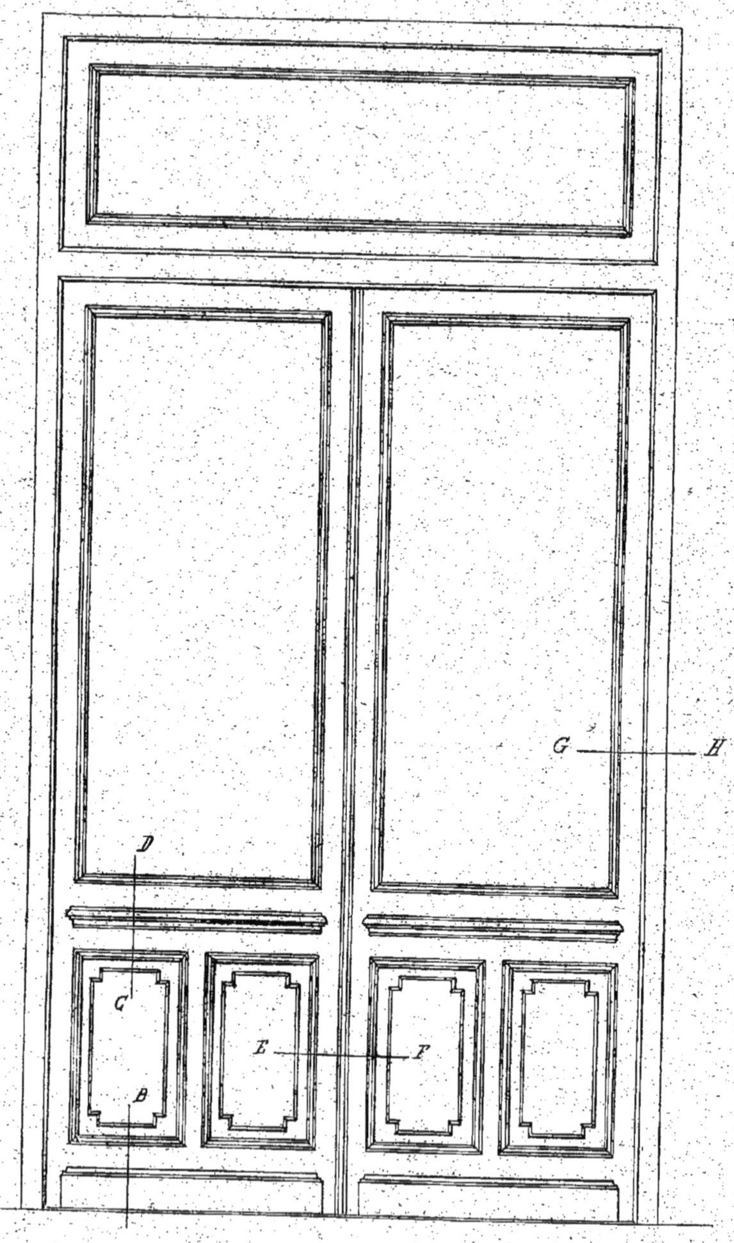


Fig. 731.

et au ciseau, le congé et le carré de la platebande.

La coupe sur CD (*fig.* 734) représente la cimaise moulurée et les traverses d'ap-

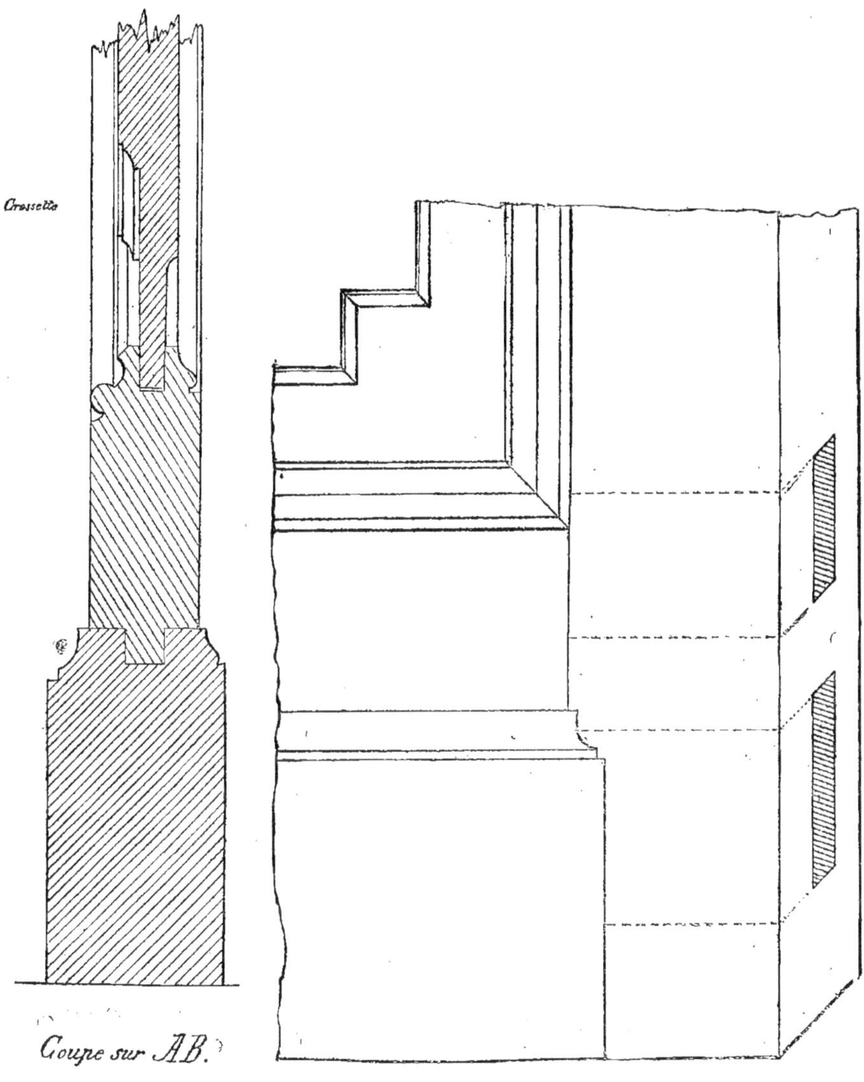


Fig. 732.

Fig. 733.

pui de la porte ; de même que pour la traverse basse formant plinthe, les deux surépaisseurs des profils devront flotter sur le nu du battant et se contreprofiler de toute leur saillie sur le nu de ces battants.

Les deux traverses de porte seront

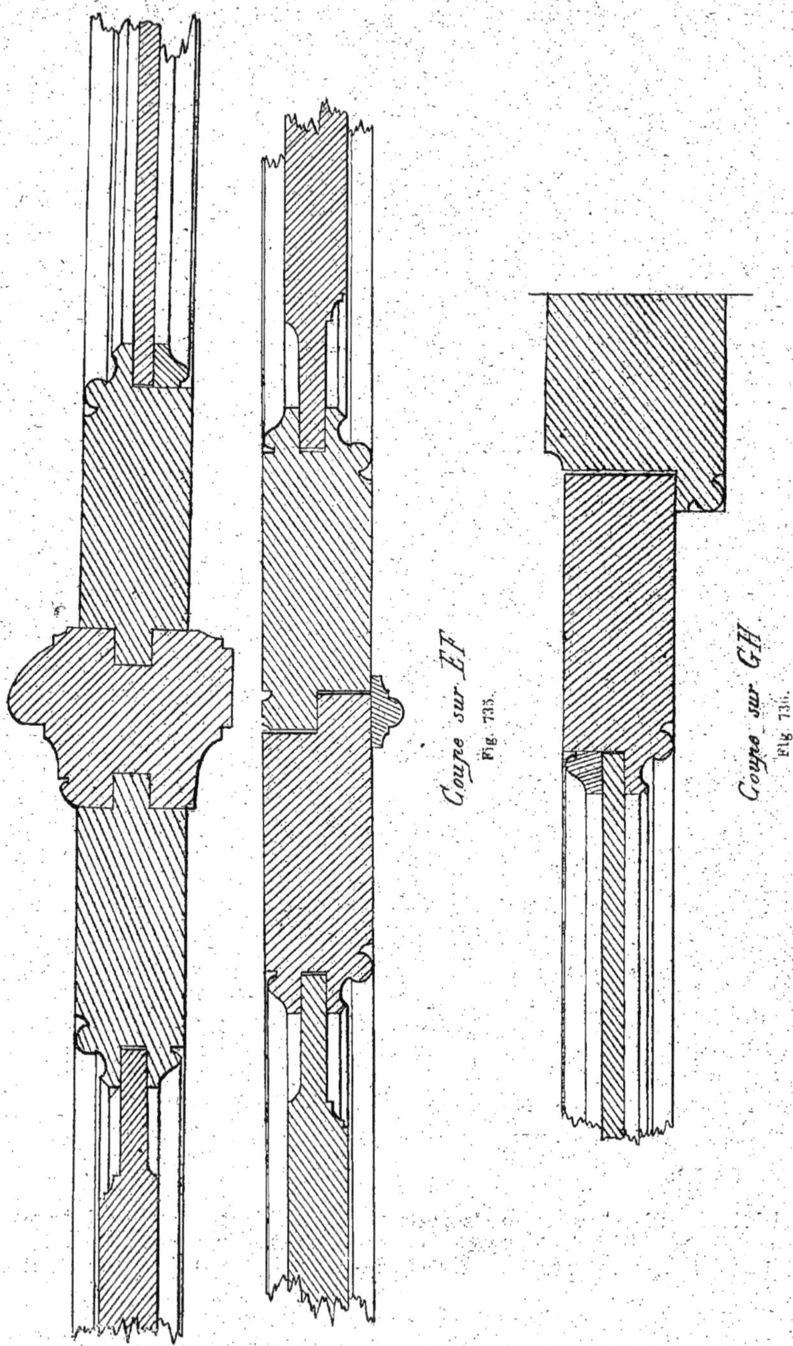

Coupe sur G.D.
Fig. 734.

Coupe sur EF
Fig. 735.

Coupe sur GH
Fig. 736.

seules assemblées; l'emplacement de la cimaise servira d'épaulement entre ces deux traverses. Le plan suivant EF (*fig.* 735) représente les deux battants du milieu de la porte avec les feuillures et munis d'un battement mouluré rapporté en parement, collé et cloué sur le battant. Derrière il existe une moulure à gorget.

La coupe GH suivante (*fig.* 736) représente le battant de rive sur la partie de la glace avec la moulure rapportée et le dormant mouluré. Si, pour tirer au jour, on veut rétrécir les champs des battants on devra augmenter l'épaisseur en mettant du bois de 0m,041 au lieu de 0m,034, et en supprimant le congé poussé sur le bâtis dormant pour l'emplacement de cette épaisseur (*fig.* 737).

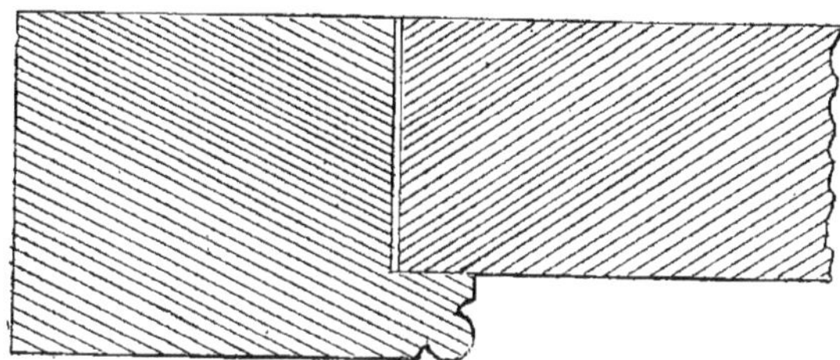

Fig. 737.

Il faut toujours, autant que possible, éviter les contrefeuillures, qui présentent des difficultés pour donner le jeu en deux sens; elles sont rarement régulières et toujours d'un mauvais effet (*fig.* 738).

**788.** Dans un genre plus riche encore, la figure 739 représente une porte de vestibule sans imposte, avec chambranle à crossettes surmonté d'une corniche.

Les angles des parties vitrées sont ornés de crossettes circulaires et la partie basse est à grands cadres; à platebandes, à moulure d'un côté et à gorge de l'autre.

Au bas, traverse formant double plinthe moulurée assemblée et flottée; comme à la porte précédente, ainsi que l'indique la coupe AB (*fig.* 740) et les tenons épaulés de même que ci-dessus (*fig.* 733)

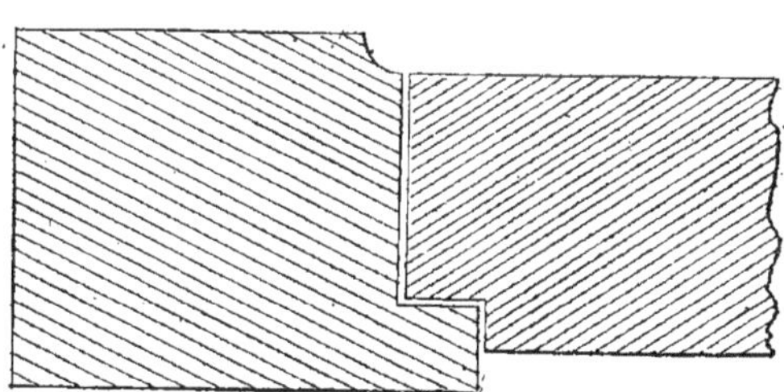

Fig. 738.

La moulure à grand cadre est une doucine avec gorget et quart de rond.

La moulure poussée autour de la platebande est une petite doucine à tarabiscot.

Ce petit tarabiscot étant refouillé nécessite des arrêts dans les angles et devra être fait au ciseau sur une longueur de 0m,10 à 0m,12 pour pouvoir pousser l'outil et ragréer ensuite l'angle au ciseau.

La figure 741 donne la coupe CD sur les traverses du milieu et la cimaise.

La traverse recevant la glace est à pe-

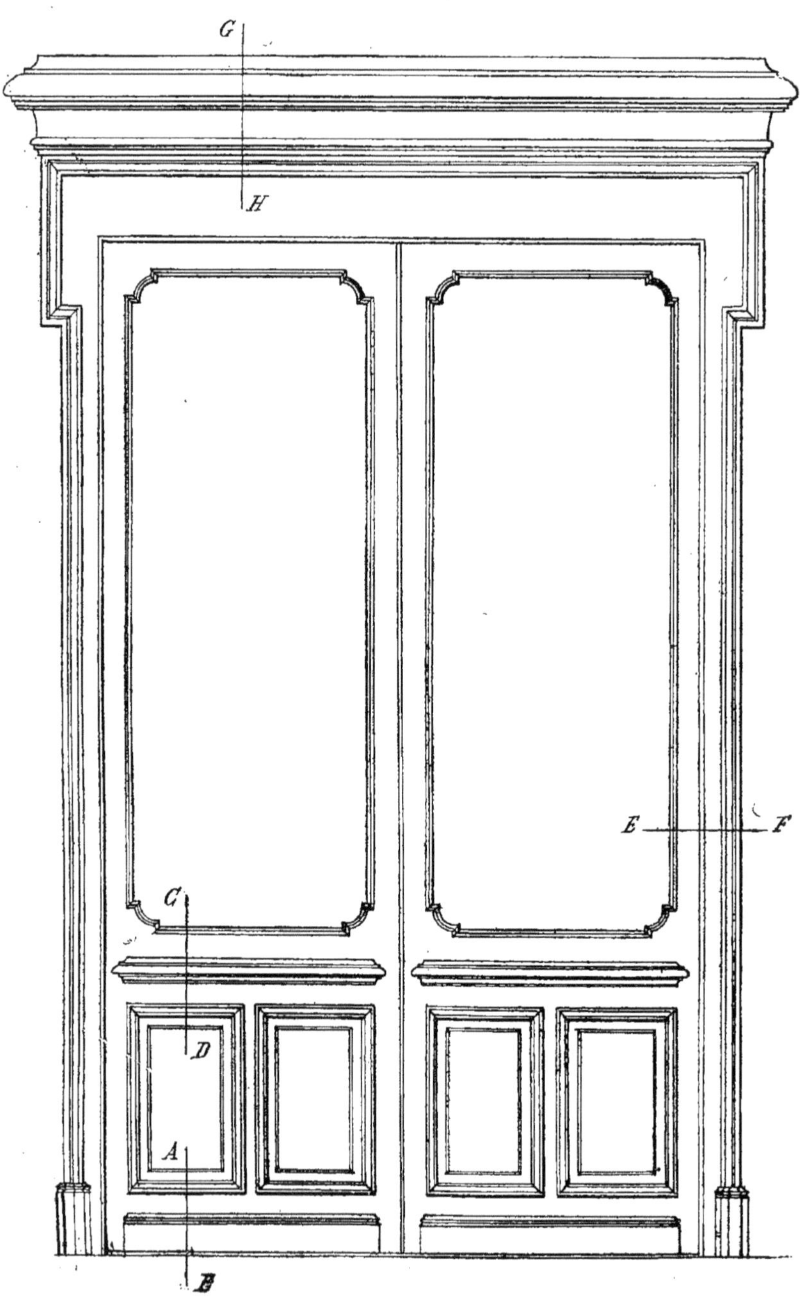


Fig. 739.

tit cadre et une partie de la moulure de

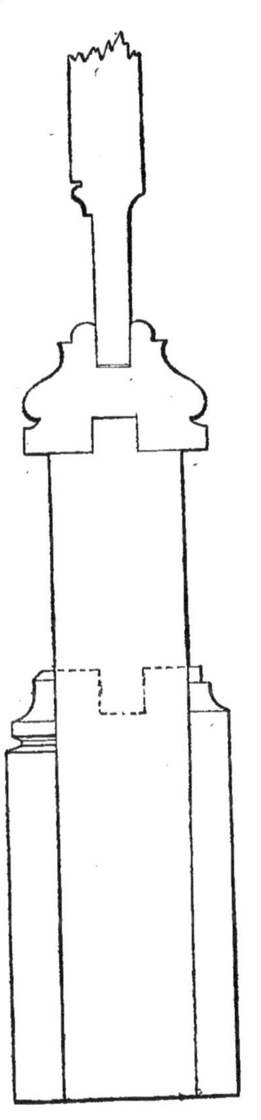


Fig. 740.

derrière est rapportée pour recevoir cette glace.

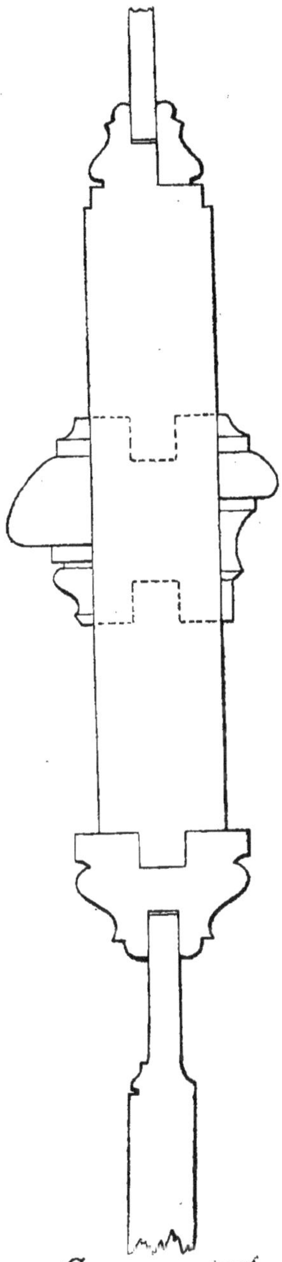


Fig. 741.

Les crossettes des angles de glace devront être carrées à l'extérieur, embrevées à rainure et languette dans le battant et dans la traverse, ainsi que l'indique la figure 742.

Elles doivent être d'un seul morceau, c'est-à-dire que la partie circulaire et les deux retours droits seront élégis à la gouge et au ciseau, pris dans la masse et bien raccordés dans les angles saillants; on n'aura pas ainsi de difficulté à ajuster ces coupes, ni à craindre leur retrait.

La glace pourra être carrée, en élégissant carrément au ciseau la feuillure de

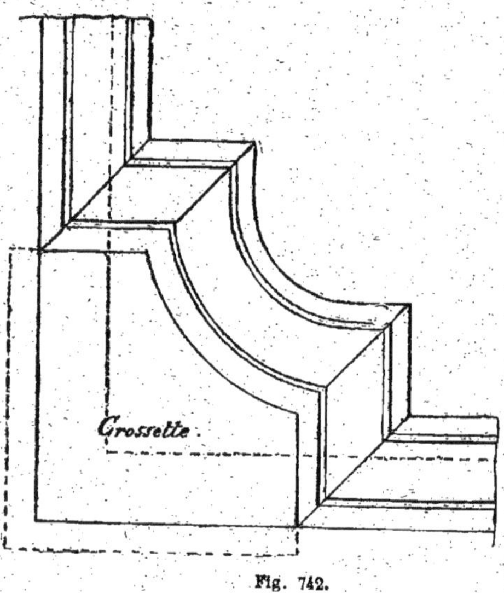


Fig. 742.

la crossette, comme l'indique la ligne pointillée de la figure 742.

La figure 743 (coupe EF) donne le profil du montant de bâtis dormant, des deux montants de la porte et du chambranle.

Ce chambranle est en deux parties dont celle qui est extérieure forme seule ressaut.

Celle qui est intérieure, plus mince, formant crossette au ressaut, devra être assemblée à faux onglets à travers champs pour racheter la différence entre la largeur de la traverse et celle de la crossette.

La figure 744 (coupe GH) représente le profil de la corniche de couronnement.

Cette corniche comprend cinq assises sui-

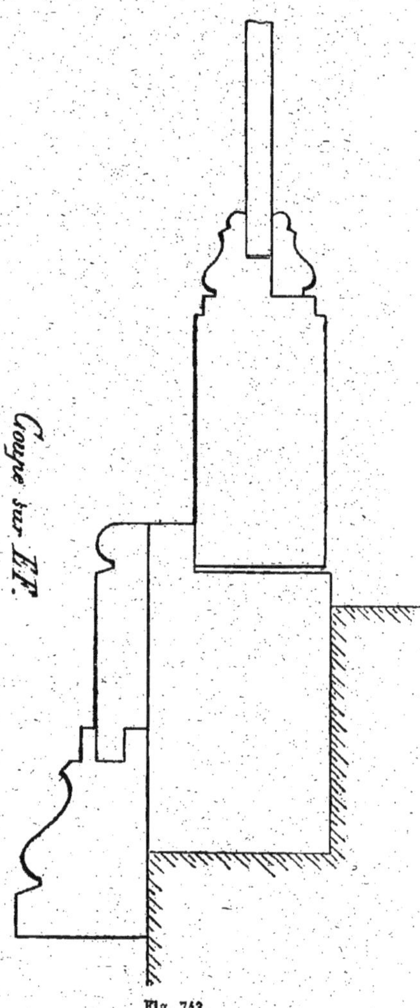


Fig. 743.

vant le détail donné dans le profil, plus le carré qui forme la saillie sur le chambranle et qui doit être le même de chaque côté.

## Portes bâtardes.

**789.** On appelle portes bâta d s ou bourgeoises les portes d'entrée de maisons fermant sur la rue; elles ne doivent ressembler ni à une porte' d'intérieur ni à une porte cochère.

Elles sont plus ornées qu'une porte d'intérieur, car elles complètent la décoration des façades de maisons.

Elles comportent un ou deux vantaux, mais il faut toujours qu'elles laissent un passage d'au moins 0m,75 à 0m,80 de largeur pour faciliter le passage des meubles ou autres objets.

Elles sont ferrées sur un bâtis dormant qui doit avoir 0m,08 d'épaisseur; il est maintenu avec des pattes entaillées et scellées dans les murs.

(Dans les portes cochères il n'y a pas de bâtis dormant; les gros bâtis sont ferrés et se développent; dans l'un des côtés il y a un guichet ouvrant sur une partie de la hauteur.)

#### Premier exemple.

La figure 745 représente une porte bâtarde à deux vantaux, avec applique sur la traverse d'appui moulurée et contre-profilée. La partie haute de la porte est à grand cadre et à petit cadre, avec plate-bandes moulurées et crossettes. La partie basse comporte un panneau saillant, nommé tablier. Ce tablier est assemblé d'onglet à travers champs à petit cadre et à plate-bandes ordinaires. Il est embrevé dans le bâtis de la porte. En contre-parement la partie basse est à petit cadre et à plate-bandes ordinaires poussées sur le panneau; ainsi que l'indique le plan; cette partie basse est en double épaisseur. La figure 746 (A, B) représente le plan du bâtis, en chêne 0m,08 avec feuillure de 0m,054 de largeur sur 0m,015 de profondeur, et une baguette retournée sur l'arête extérieure.

Le petit champ mouluré à l'intérieur sert pour calfeutrer le joint entre le bâtis et la pierre. Le bâtis de la porte est en chêne 0m,054 sur 0m,105 de largeur, pour conserver 0m,08 de champ extérieur, entre le grand cadre et le nu du bâtis et du battement au milieu.

La moulure entre le bâtis et le panneau est à grand cadre à l'extérieur, c'est-à-

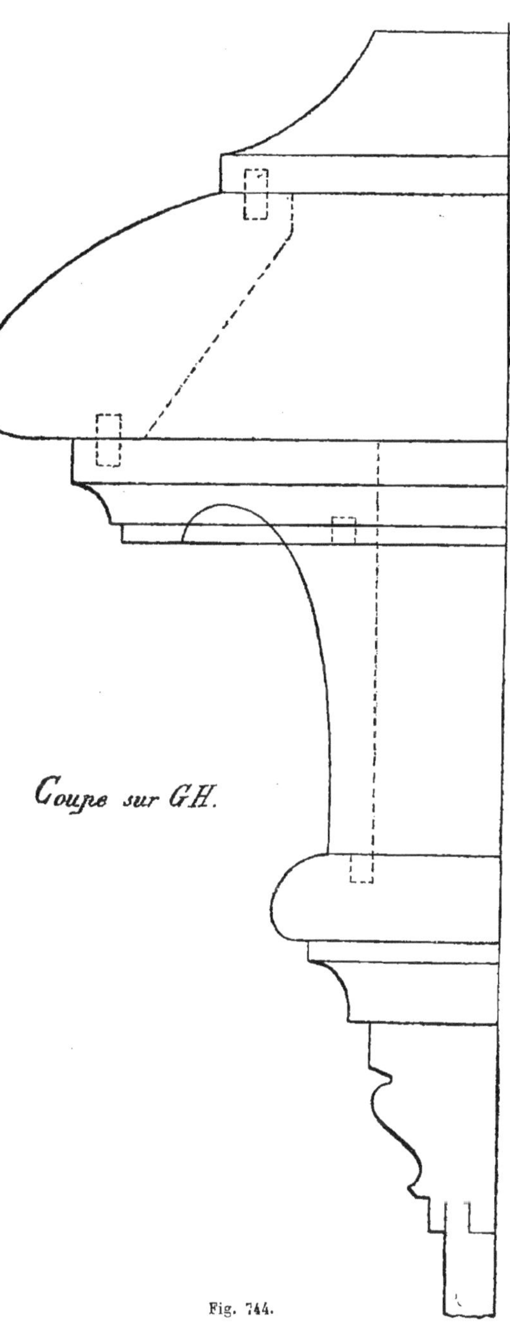


Fig. 744.

dire saillante sur le bâtis, et à petit cadre à l'intérieur et affleurant le bâtis.

Le petit élégi poussé au pourtour du cadre à l'intérieur sert à dissimuler le joint entre ce cadre et le bâtis.

Le panneau est en 0m,034 d'épaisseur

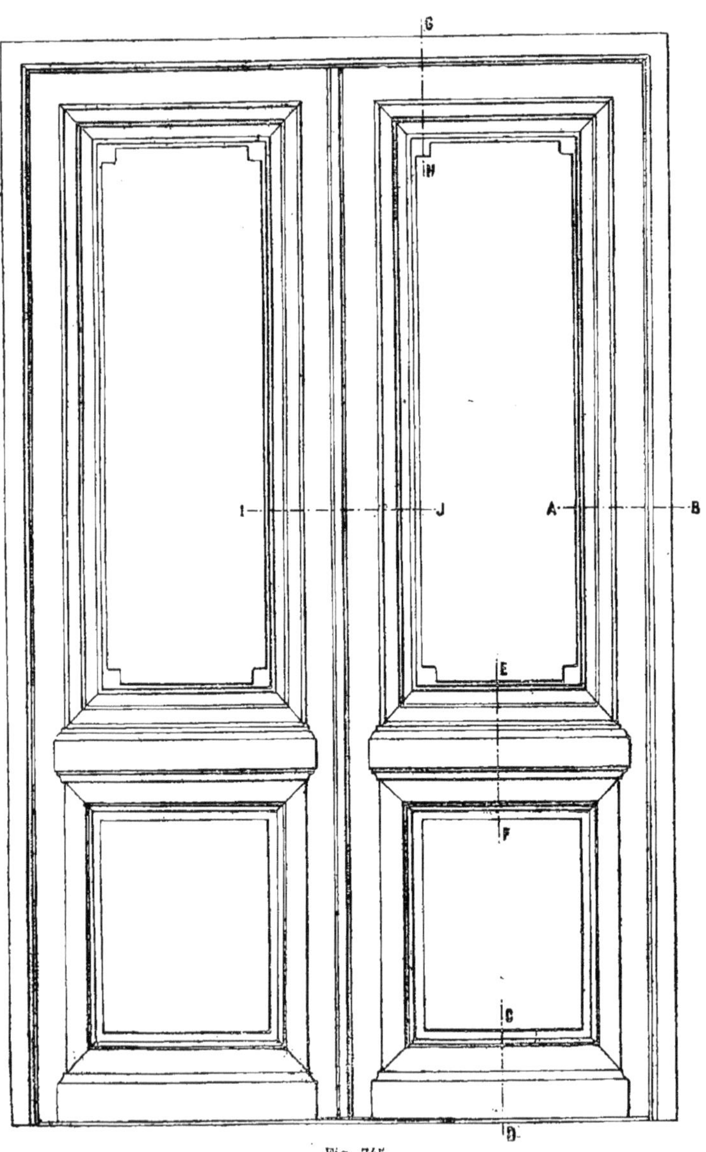


Fig. 745.

avec platebandes à congé et carré à l'extérieur, et platebandes à congé seulement à l'intérieur.

La figure 747 (C,D) donne la coupe sur la traverse du bas de la porte, dans laquelle vient s'embrever le panneau à l'intérieur et le tablier à l'extérieur, avec la plinthe moulurée et contreprofilée au dessous.

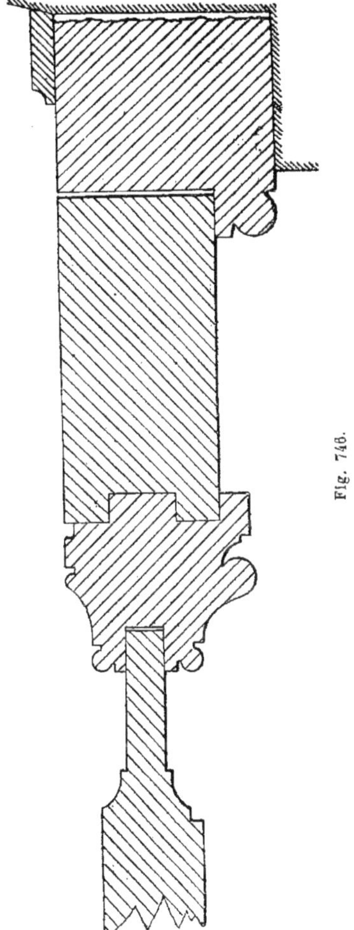

Fig. 746.

Le tablier est une partie de lambris à petit cadre assemblée d'onglet à travers champs et embrevée dans le bâtis de la porte, ainsi qu'il est dit ci-dessus.

Il a 0m,034 d'épaisseur et le panneau 0m,022 avec une platebande simple au pourtour.

La plinthe moulurée a 0m,025 d'épaisseur sur 0m,12 de largeur, avec une moulure de 0m,02 sur la rive, contreprofilée de chaque bout, en laissant la même saillie que sur la face.

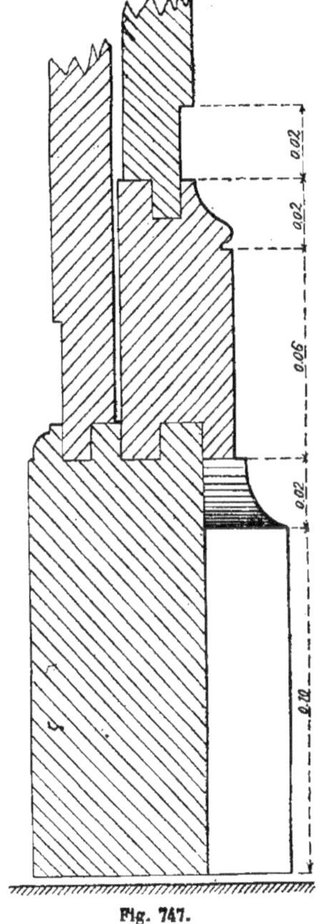


Fig. 747.

La figure 748 (E, F) donne la coupe sur la traverse du milieu, avec amorce sur la partie basse et la partie haute ainsi que la coupe sur la cimaise appliquée, moulurée et contreprofilée entre le cadre et le tablier,

Cette traverse du milieu est en deux morceaux embrevés; on y réserve une rainure K pour le passage du cordon.

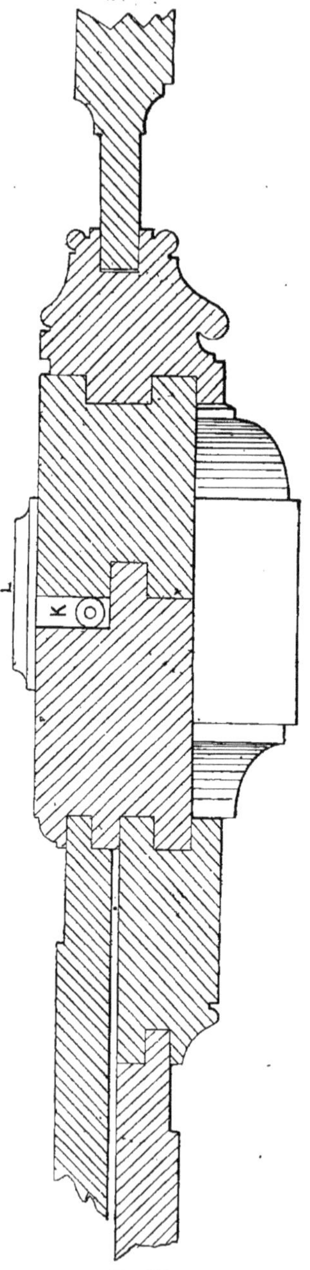


Fig. 748.

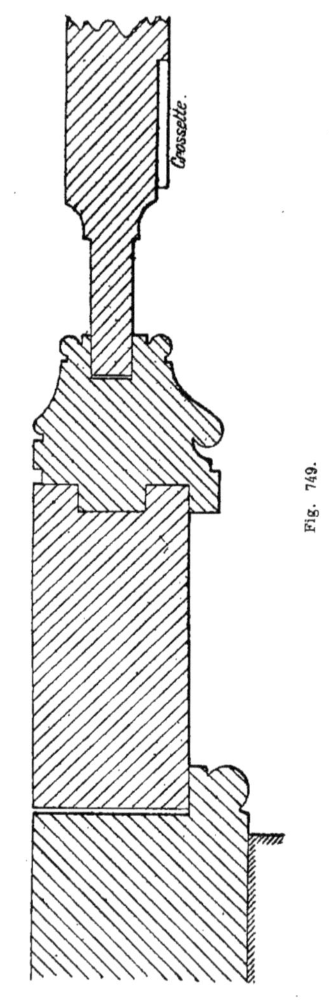


Fig. 749.

Cette rainure est recouverte par une petite applique L moulurée en quatre sens et rapportée; la dépose en est facile en cas de réparation du cordon.

Cette rainure, étant prévue d'avance, on évite au serrurier d'avoir à la faire au ciseau et au bédane, ce qui est assez difficile à faire proprement et qui ébranle les assemblages de la porte.

La cimaise rapportée est en 0m,034 d'épaisseur sur 0m,13 de largeur, moulurée au dessus d'un gros quart de rond, avec carré en pente, et au dessous, d'une gorge, d'un grand congé et d'un carré. Ces moulures sont contreprofilées de chaque bout, laissant toujours la même saillie que sur la face. Cette cimaise est assujettie sur la traverse avec des goujons collés (Voyez *Vocabulaire*, page 142, *fig.* 255) et vissée de l'intérieur. Les têtes de ces vis peuvent être cachées par l'applique L posée à l'intérieur.

La figure 749 (G, H) donne la coupe sur la traverse du bâtis dormant et la crossette d'angle du panneau. Ainsi que l'indique cette coupe, la crossette est élégie sur le carré extérieur de la platebande, seulement le congé règne tout autour du panneau.

La figure 750 (I, J) est le plan sur les deux battants du milieu de la porte, avec amorce sur les cadres et les panneaux. Les feuillures sont évasées pour faciliter l'ouverture de cette porte, qui, se trouvant à l'humidité, en permet l'ouverture quand bien même elle n'aurait pas de jeu.

Le battement mouluré est embrevé et forme feuillure. Ces embrèvements sont collés avec le battant et le battement est assujetti avec des vis posées en feuillure.

#### Deuxième exemple.

**790.** La figure 751 représente une autre porte bâtarde à deux vantaux, cintrée en hauteur avec panneaux circulaires à jour, pour recevoir une glace et éclairer un peu le vestibule.

La partie haute est à grand cadre aux deux parements, la partie basse avec tabliers, à table saillante moulurée au pourtour et à petit cadre en contreparement, c'est-à-dire à l'intérieur.

La figure 752 (coupe AB) est le plan du bâtis dormant en chêne de 0m,075 d'épaisseur pris dans du bois de 0m,08, mais qui n'a jamais que 0m,072 à 0m,075 d'épaisseur après avoir été corroyé.

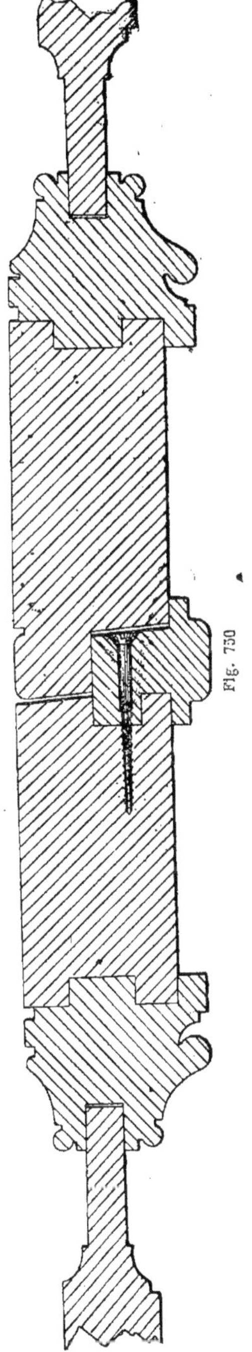

Fig. 750

Fig. 751.

Il est élégi d'une feuillure de 0m,052 et 0m,015 et d'un quart de rond à l'extérieur. Ce quart de rond est arrêté au bas à la

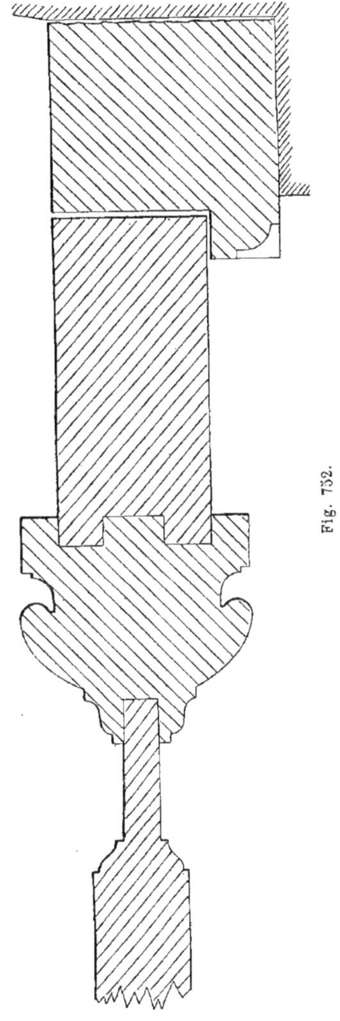

Fig. 752.

hauteur de la plinthe de la porte, comme nous l'indiquons en élévation (*fig.* 751).

Le bâtis de la porte est en 0m,05 d'épaisseur pris dans du bois de 0m,054, qui n'a plus que 0m,05 étant corroyé aux deux parements, le champ à 0m,08 de largeur vue ; le grand cadre aux deux parements

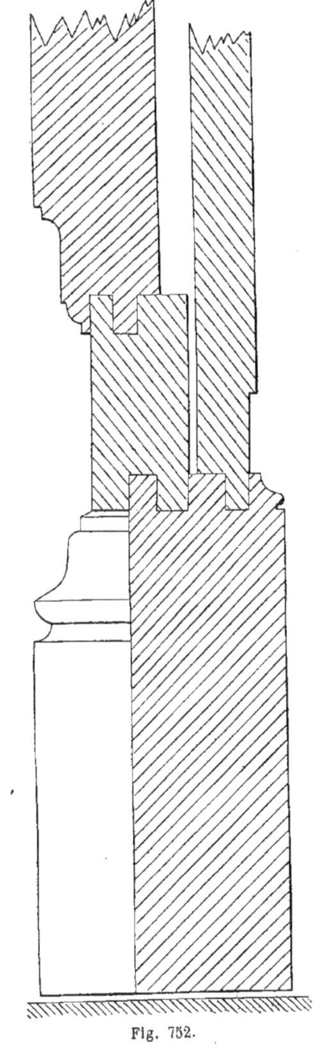

Fig. 752.

de même profil est élégi d'un gros boudin avec gorget et carré, et comporte un talon du côté du panneau. Le panneau est en 0m,031 d'épaisseur pris dans du bois de

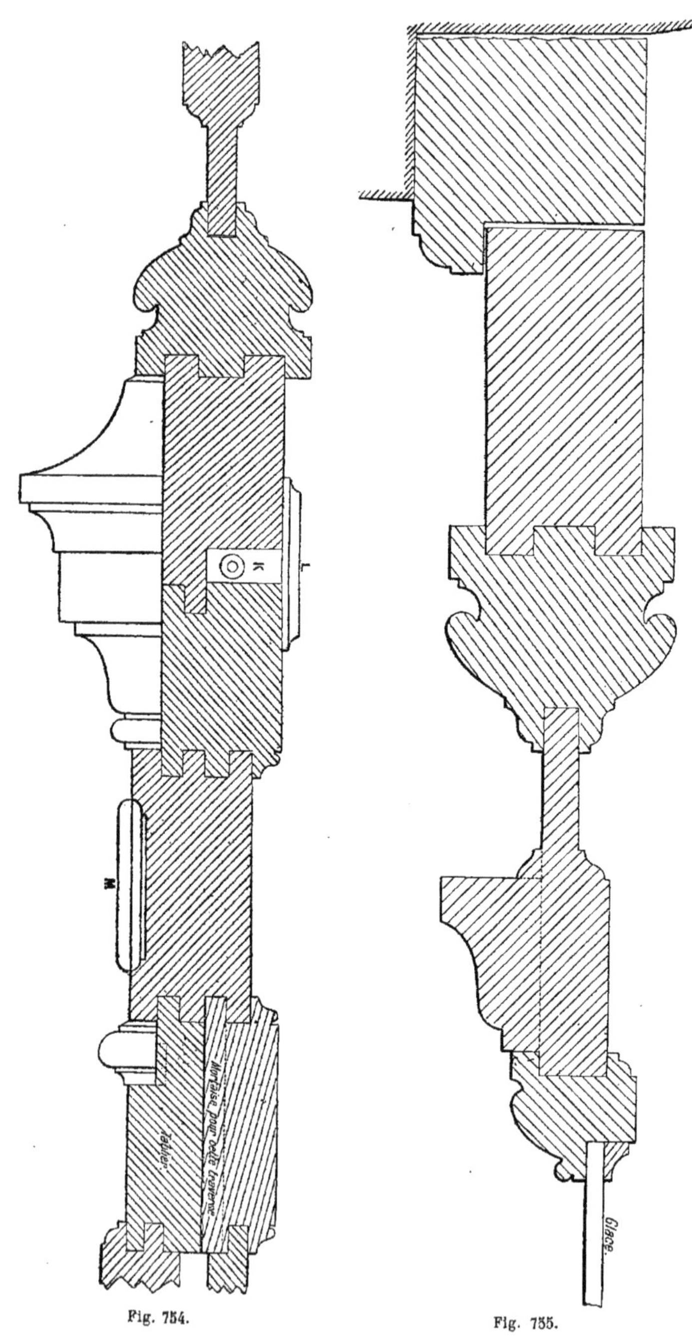


Fig. 754.

Fig. 755.

$0^m,034$; il est élégi d'une platebande avec doucine simple aux deux parements.

La figure 753 (coupe CD) donne la coupe du bas de cette porte; la traverse basse est élégie de deux rainures et d'une moulure formant petit cadre à l'intérieur; l'une des rainures servant pour embrever le panneau à platebande à l'intérieur et l'autre pour embrever la traverse basse du tablier. Le bâtis de ce tablier est en chêne de $0^m,034$ d'épaisseur assemblé d'onglet à travers champ, formant deux panneaux à table saillante en chêne $0^m,041$ d'épaisseur, moulurés au pourtour d'un petit quart de rond et d'un congé plat de $0^m,03$ avec carré.

Le montant du milieu est assemblé carrément entre les traverses; l'arasement du parement est rallongé de chaque bout de la profondeur de la rainure d'embrèvement, afin qu'il soit dans le prolongement de la ligne des tables saillantes; il sera donc fait, dans chaque traverse, une *entaille de barbe rallongée.*

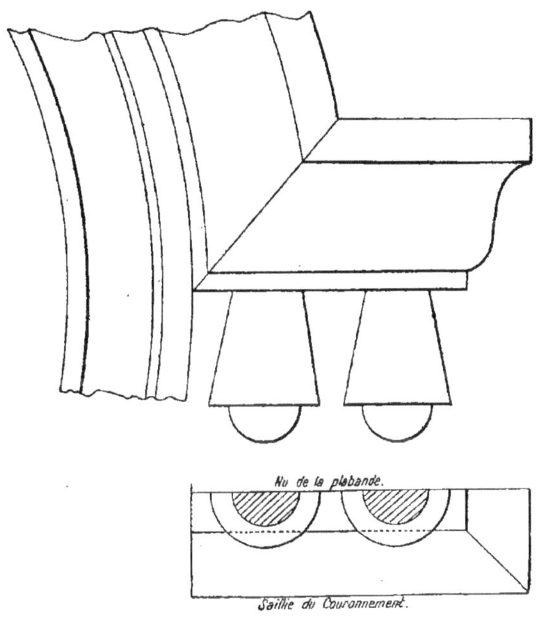


Fig. 756.

La plinthe en chêne $0^m,034$ sur $0^m,15$ est corroyée à quatre parements, élégie d'un gorget avec arrondi, d'un talon avec carré et d'une petite pente; les contre-profils de chaque bout devront être bien finis à la lime et poncés; ils seront à cinq corps de moulures.

Cette plinthe sera assujettie sur la traverse avec goujons derrière collés et vissés de l'intérieur avec des vis à tête fraisée de $0^m,07$ de longueur seulement pour qu'elles ne soient pas apparentes au dehors.

La coupe EF (*fig.* 754) donne le profil du grand cadre d'appui avec amorce sur le panneau du haut à platebandes moulurées.

La cimaise d'appui est en chêne de $0^m,062$ d'épaisseur sur $0^m,15$ de largeur, prise dans du bois de 0m,08 d'épaisseur et moulurée d'une pente, d'une grande gorge, d'un congé avec carré, d'un élégi de 0m,03, d'un talon à carré de 0m,04 et d'une baguette avec carré ; les contreprofils, à bois de bout, sont à onze corps de moulures.

Elle est fixée sur les traverses du milieu comme la plinthe moulurée ci-dessus.

Les traverses du milieu sont en deux parties avec rainure K réservée pour le cordon et une table saillante moulurée L, mobile, pour faciliter la réparation de ce cordon.

La frise au dessous est en chêne 0m,054 × 0m,11 élégie de quatre rainures d'embrèvement et forme un panneau à petit cadre à l'intérieur avec les traverses et deux panneaux élégis défoncés à l'extérieur avec parties circulaires sur la table saillante prise dans la masse pour recevoir la poignée.

Au dessous il existe une moulure d'astragale, élégie de cinq moulures, embrevée dans la traverse du haut du tablier et contreprofilée de chaque bout. La traverse du haut du tablier est élégie pour la recevoir et la rainure est indiquée en pointillé dans la coupe.

La traverse intérieure formant petit cadre n'a que 0m,034 d'épaisseur et est assemblée à tenon bâtard dans le bâtis de la porte ; l'emplacement de la mortaise est indiqué dans la coupe EF, et au dessous sont amorcés le panneau à table saillante moulurée du tablier et le panneau à platebande de l'intérieur.

La traverse cintrée du haut du bâtis, en 0m,08, moulurée et la partie haute de la porte à grand cadre sont indiquées (*fig.* 755, coupe GH).

Au dessous est une moulure cintrée couronnant le panneau circulaire à jour avec retours contreprofilés de chaque côté. La coupe de rencontre de ces retours avec la partie circulaire devra être cintrée. Le panneau circulaire à jour est à grand cadre avec moulure mobile rapportée à l'intérieur pour la pose de la glace.

Au-dessous des retours contreprofilés du couronnement sont deux *gouttes avec boutons au dessous* et *circulaires*, dont le détail est donné en élévation en I et en plan en J (*fig.* 756), posés sur le nu de la platebande. Ces gouttes devront être en bois montant et la partie haute incrustée de 0m,005 sous le carré des retours de couronnement.

Les panneaux du haut devront être collés : après avoir fait le percement du jour circulaire dans le haut ; les platebandes droites et circulaires; ajusté le cadre; embrevé au pourtour le fil du bois montant, le tout collé et monté ensemble.

Pour prendre la mesure d'une porte à cintre surbaissé, il faut d'abord, avec deux tringles, prendre en tableau la hauteur compris flèche, soit dans cet exemple 3,10, puis la hauteur à la naissance du cintre, soit 2,90 ; enfin la largeur de la baie toujours en tableau, soit 2,00 qui est la corde du cintre, et ajouter ensuite la profondeur des feuillures faites dans la pierre.

A l'atelier, pour en faire le plan, la courbe du cintre et obtenir le rayon par le calcul sans se servir du petit problème géométrique, il faut multiplier la moitié de la corde par elle-même, soit 1,00 × 1,00 = 1,0000 qu'il faut ensuite diviser par la flèche qui est 0,20, ce qui donne 5,00; additionner le quotient, soit 5,00, avec le diviseur 0,20; on obtient 5,20 qui est la mesure du diamètre dont la moitié 2,60 est le rayon. Ce calcul est très facile à retenir et très utile en prenant la hauteur de la flèche d'abord, celle de la naissance ensuite, pour éviter de faire un *loup* en faisant cette porte trop courte de la hauteur du cintre.

### Troisième exemple.

**791.** Lorsque dans une baie de porte bâtarde la hauteur est relativement grande en proportion de la largeur, on peut la faire avec une imposte circulaire ajourée dans la partie haute et par un couronnement la séparer de la porte elle-même, comme l'indique la figure 757. Cette imposte développée avec la porte peut recevoir soit une glace, soit un panneau en fer forgé. Les panneaux du haut sont à grands cadres, ces panneaux sont à platebandes moulurées avec crossettes et les tabliers ou panneaux du bas sont à table saillante et à pointe de diamant rectangulaire.

La coupe AB (*fig.* 758) donne : la section

Fig. 757.

du bâtis dormant et celle de la porte à grand cadre ayant deux parements de profil différents; la section du panneau à platebande aux deux parements à mou-

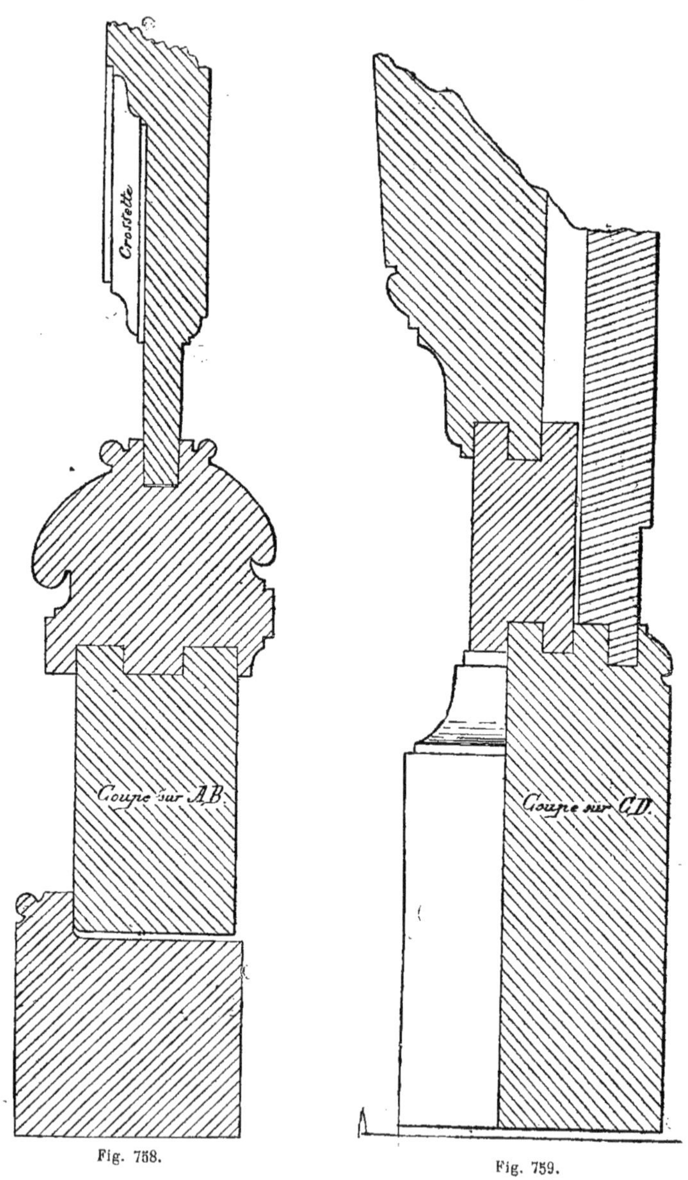


Fig. 758.

Fig. 759.

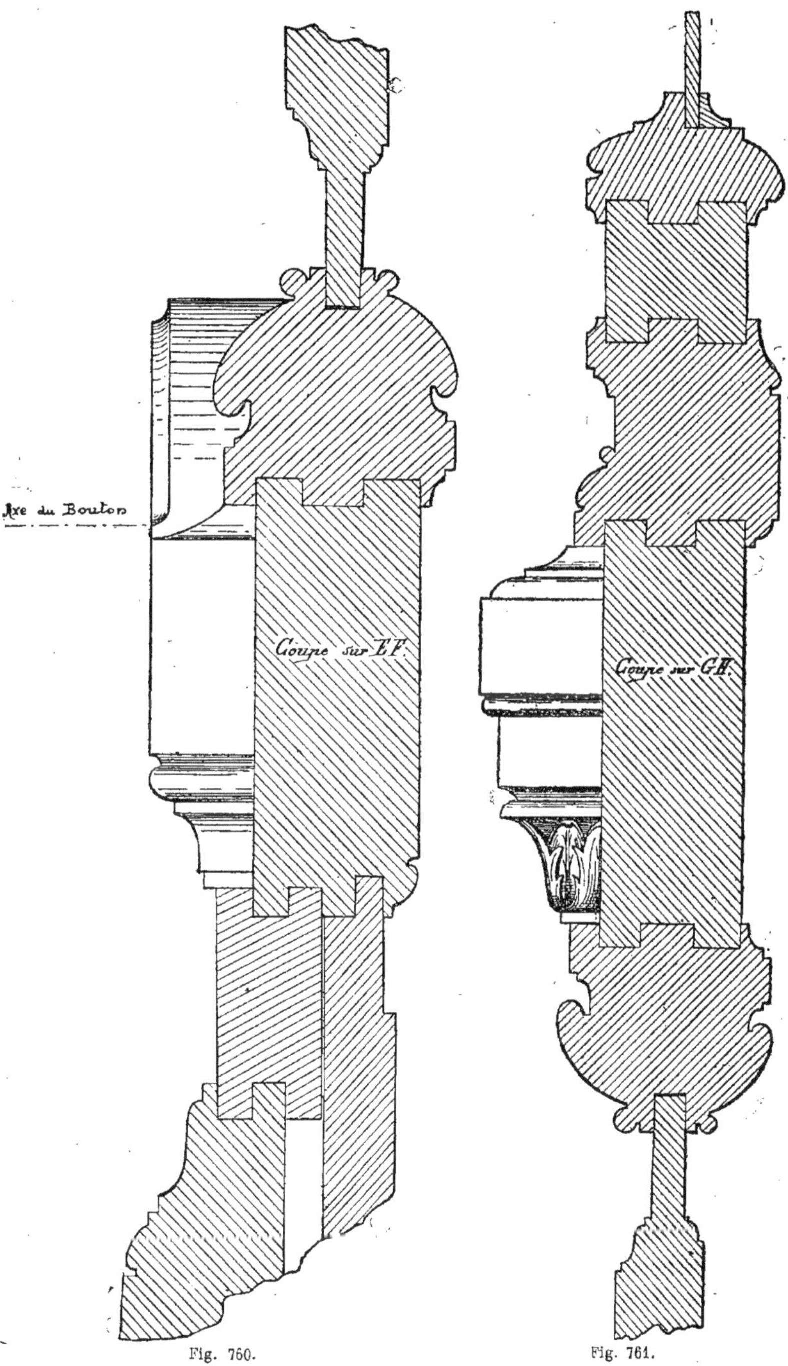


Fig. 760.

Fig. 761.

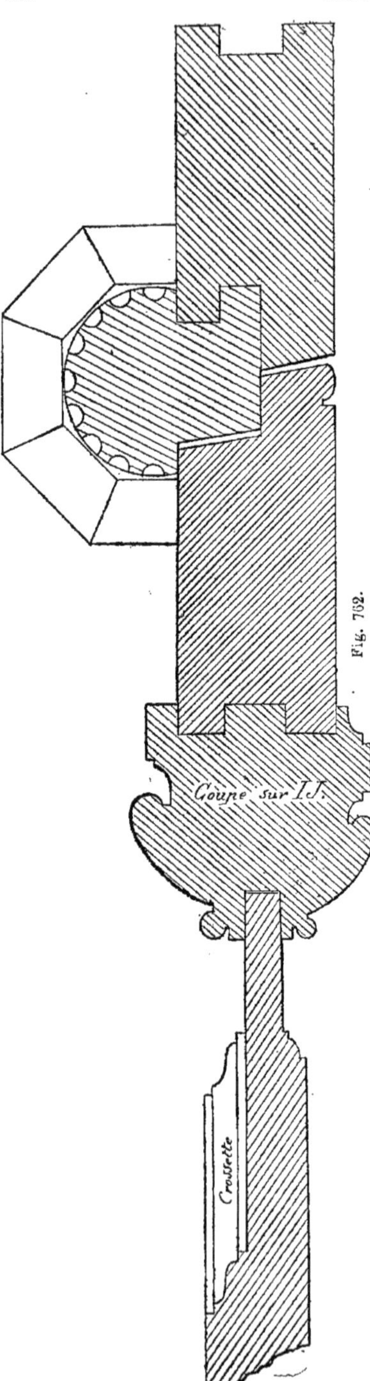

Fig. 762.

lures quart de rond à l'intérieur et à talon et carré à l'extérieur avec crossettes dans les angles.

Pour faire ces crossettes, il faut d'abord les défoncer au ciseau au nu de la platebande, puis au nu du carré extérieur du talon et, ensuite, faire le talon à la gouje et au ciseau arrêté à l'angle rentrant, puis raccorder la moulure de cet angle ; il reste alors peu de bois à enlever.

La traverse du bas et la plinthe moulurée et contreprofilée (coupe CD, *fig.* 759) sont les mêmes qu'à la porte précédente avec les profils un peu modifiés.

Le panneau du tablier à pointe de diamant aura $0^m,076$ d'épaisseur à la partie la plus saillante et les pentes contreprofilées retournées d'onglet laissent une partie droite entre les deux contreprofils. La moulure au pourtour se compose d'un grand talon avec boudin à carré et un tarabiscot en dehors ; ce tarabiscot nécessite des arrêts aux angles faits au ciseau, ainsi que toute la partie à travers bois, une partie du bois de fil seule pouvant se faire à l'outil. La coupe sur EF (*fig.* 760) donne une amorce de la partie haute du tablier et de la partie à petit cadre à l'intérieur et le profil de la cimaise moulurée sur toute la longueur par le bas et arrêtée au-dessus de chaque côté d'une partie circulaire devant recevoir le bouton. Un congé est fait à la gouje sur l'arête de cette partie circulaire et arrêté en gorge de chaque côté.

La coupe sur GH (*fig.* 761) donne l'amorce sur le grand cadre et la partie haute du panneau. Sur la traverse au dessus, la moulure de couronnement est en chêne $0^m,048 \times 0,14$ élégie par le haut d'une gorge et d'un quart de rond allongé avec carré. Au-dessous du champ est une baguette avec petit gorget, un élégi de $0^m,03$ et un talon avec gorget et carré. Au bas et sur ce talon est sculpte un rang de feuilles. Cette moulure de couronnement est contreprofilée de chaque bout, assujettie et collée sur la traverse avec goujons et vis fraisées posées de l'intérieur. Au-dessus de cette traverse et entourant le cadre à jour circulaire, est le grand cadre en chêne 8/8 avec moulure sur les deux faces et quatre rainures d'em-

# PORTE COCHÈRE.

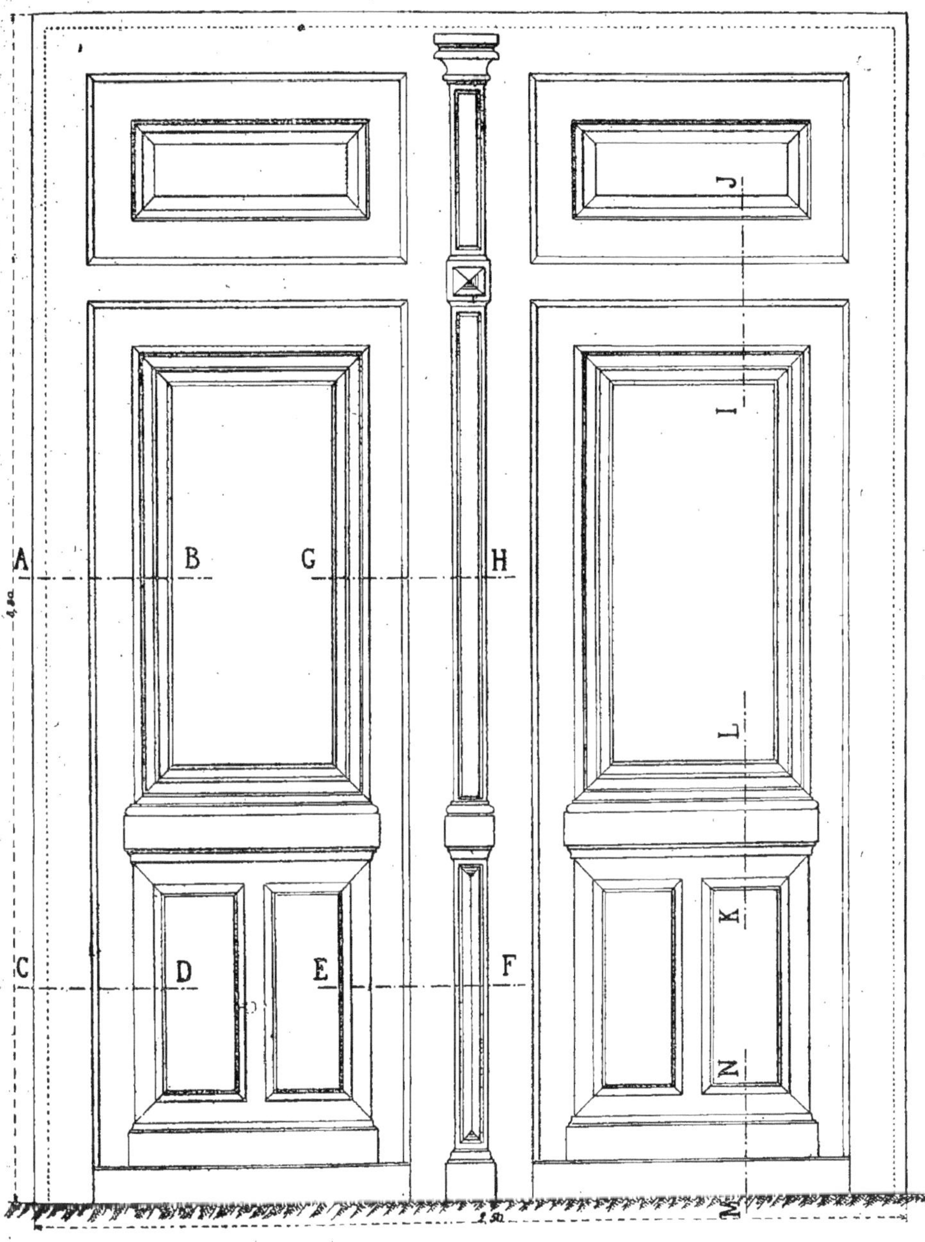


Fig. 763.

brèvement; ensuite, est le bâtis du grand cadre circulaire, s'embrevant entre celui-ci et le grand cadre de 0m,08 ci-dessus désigné. Sur ce bâtis il existe quatre tables saillantes triangulaires rapportées et moulurées d'un congé dans les trois sens. Le grand cadre circulaire est à deux parements élégis en plus d'une feuillure pour recevoir la glace avec moulure circulaire mobile.

La coupe sur IJ (*fig.* 762) représente les deux battants du milieu avec feuillures évasées et baguette poussée à l'intérieur.

Le battement, arrondi dans la partie haute, est ravalé de cannelures arrêtées, surmonté d'une astragale, d'une petite partie unie avec bouton incrusté et d'un chapiteau sculpté. Au dessous, en face la cimaise, est une bague octogonale dont la moulure du haut est circulaire. Le pilastre du bas également octogonal est assemblé dans un socle mouluré.

Ce battement est assujetti avec le battant par des vis de 0m,08 à têtes fraisées posées en feuillure.

## Portes cochères.

**792.** Les portes ainsi nommées doivent être de dimensions assez grandes pour laisser passer les voitures.

Ainsi qu'il est dit ci-dessus, ces portes n'ont pas de bâtis dormant. Elles se composent:

1° D'un *gros bâtis*, qui doit avoir de 0m,07 à 0m,10 d'épaisseur suivant la grandeur de la porte;

2° D'un *bâtis de guichet*, qui doit avoir de 0m,05 à 0m,07 d'épaisseur et dont les panneaux doivent avoir au moins 34 millimètres.

Le gros bâtis est ferré en haut de fortes paumelles à scellement et de grandes équerres entaillées sur le champ, par le bas; un trou d'environ 2 centimètres de diamètre et de 3 centimètres de profondeur reçoit le pivot d'une crapaudine entaillée dans le seuil de la porte cochère.

Pour faciliter la pose d'une porte cochère, on devra, sur le plat des battants de rive du gros bâtis recouvert par la feuillure en pierre ou en briques du tableau, clouer de petites cales de 4 millimètres d'épaisseur en haut et 5 millimètres en bas; et, dans le haut de la gueule de loup, sur le mouton, placer également une cale de 0m,01 d'épaisseur, et n'en pas mettre dans le bas. La porte ainsi préparée, on la mettra au levage, c'est-à-dire debout et en place, en ayant soin, avec des coins, d'égaliser les champs au pourtour, en mettant sous chaque vantail deux cales de 0m,010 à 0m,015 d'épaisseur sous les traverses du bas, et deux coins sous les traverses du haut pour assujettir la porte provisoirement. Elle se trouvera ainsi posée et bien maintenue à sa place; on pourra alors sceller les paumelles et les crapaudines.

On ne devra l'ouvrir que deux jours après pour laisser aux scellements le temps de sécher. Pour cela on enlèvera les cales sur le plat des battants de rives et celles clouées en haut du mouton. La porte devra alors bien développer et être bien en jeu; les gros bâtis ne riperont pas en se développant dans les feuillures; et la charge de la porte, opérant une poussée sur la crapaudine, donnera en largeur un jeu suffisant au bas.

Pour une porte cochère, les mesures doivent être prises en tableau, hauteur et largeur; on ajoute ensuite la profondeur des feuillures qui peuvent être plus ou moins grandes, en laissant 0m,010 à 0m,015 de jeu au fond des feuillures et 0m,010 en haut; c'est suffisant, la pesanteur de la porte faisant baisser assez pour développer.

### Premier exemple.

**793.** La figure 763 donne l'élévation d'une porte cochère de 3m,30 de hauteur sur 2m,50 de largeur; ce sont de bonnes dimensions pour le passage des voitures.

Les feuillures dans la pierre ont, en plus, 0m,06 de profondeur, et les gros bâtis ne recouvrent que de 0m,05 pour le jeu, comme on pourra le remarquer sur les coupes.

Le guichet est à droite et a 2m,40 de hauteur sur 0m,90 de largeur de passage.

La figure 764 donne la coupe AB sur

la partie haute du gros bâtis de gauche qui a $0^m,075$ d'épaisseur sur $0^m,20$ de largeur, avec quart de rond de $0^m,02$ de largeur poussé sur l'arête extérieure et rainures d'embrèvement pour le faux guichet dormant. Le champ extérieur a $0^m,15$ de largeur, compris le quart de rond, et doit être égal de chaque côté et en haut de la porte.

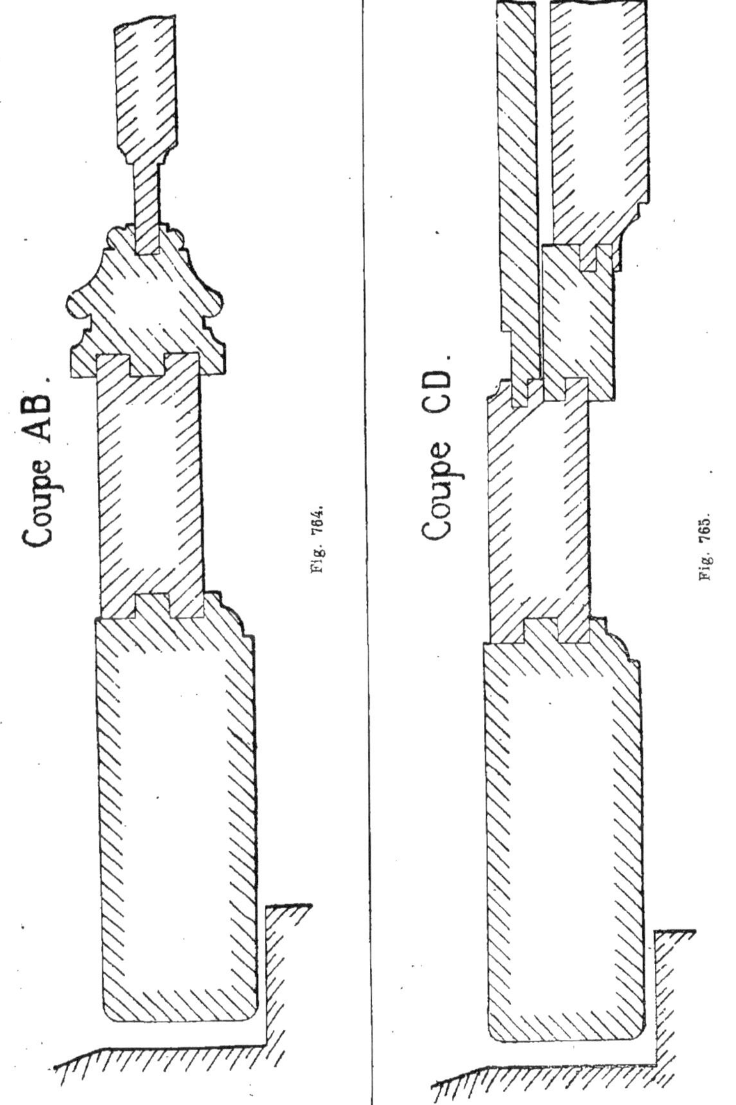

Fig. 764.
Fig. 765.

Les arêtes extérieures du gros bâtis doivent être légèrement arrondies.

Le faux guichet est en 0m,05 d'épaisseur, à grands cadres aux deux parements, de 0m,07 de largeur, à doucine à baguette avec petit élégi et congé à l'extérieur.

Le panneau est en 0m,034 avec platebandes à congé aux deux parements.

La figure 765 donne la coupe CD du gros bâtis sur la partie basse de la porte; mêmes moulures et mêmes rainures d'embrèvement.

Le bâtis de la partie basse du faux guichet, tout en étant du même débit et des mêmes épaisseur et largeur, diffère dans la façon. Un congé est poussé à l'intérieur, et une rainure d'embrèvement reçoit un panneau de 0m,018 avec platebande au pourtour.

Ce congé est arrêté à la traverse du milieu, mais le champ est toujours le même qu'au dessus. A l'extérieur, une autre rainure d'embrèvement est poussée pour recevoir le tablier composé d'un bâtis uni en 0m,034, assemblé d'onglet à travers champs, avec mouton au milieu pour former deux panneaux. Ces panneaux sont en 0m,05 d'épaisseur, à table saillante, embrevés et moulurés au pourtour d'un congé plat de 0m,025 de largeur et d'un carré.

Les tenons de la traverse du milieu du faux guichet devront traverser les battants et être de 0m,06 à 0m,07 plus longs pour venir s'assembler et se cheviller dans le gros bâtis, dont ils maintiendront l'écartement.

Le pivot de la crapaudine est marqué en plan sous l'angle intérieur du gros bâtis

La figure 766 donne la coupe EF de la partie basse ; au milieu, à gauche, on voit le panneau intérieur, le tablier dont il vient d'être parlé et le battant du faux guichet embrevé dans le gros bâtis du milieu et dans le battement. Ce battement a 0m,105 d'épaisseur sur 0m,10 de largeur; il est ravalé sur la face, dans la partie basse, de deux petits congés, deux petits élégis et deux pentes contreprofilées de chaque bout et formant pointe de diamant.

Au dessus, cette pointe de diamant est remplacée par une petite table unie

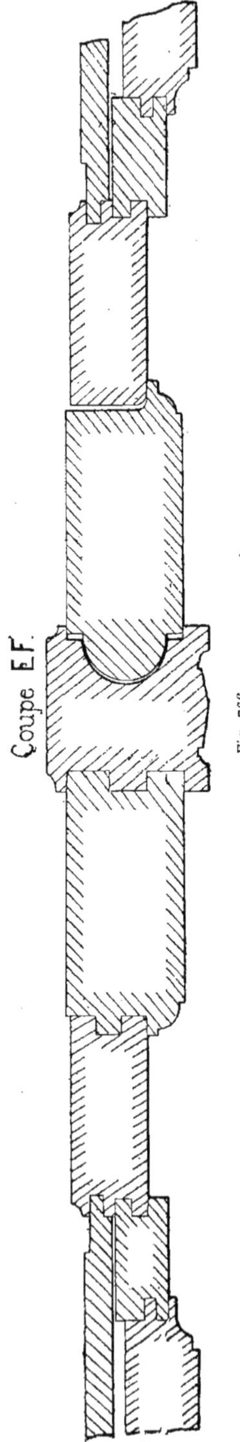

Fig. 766.

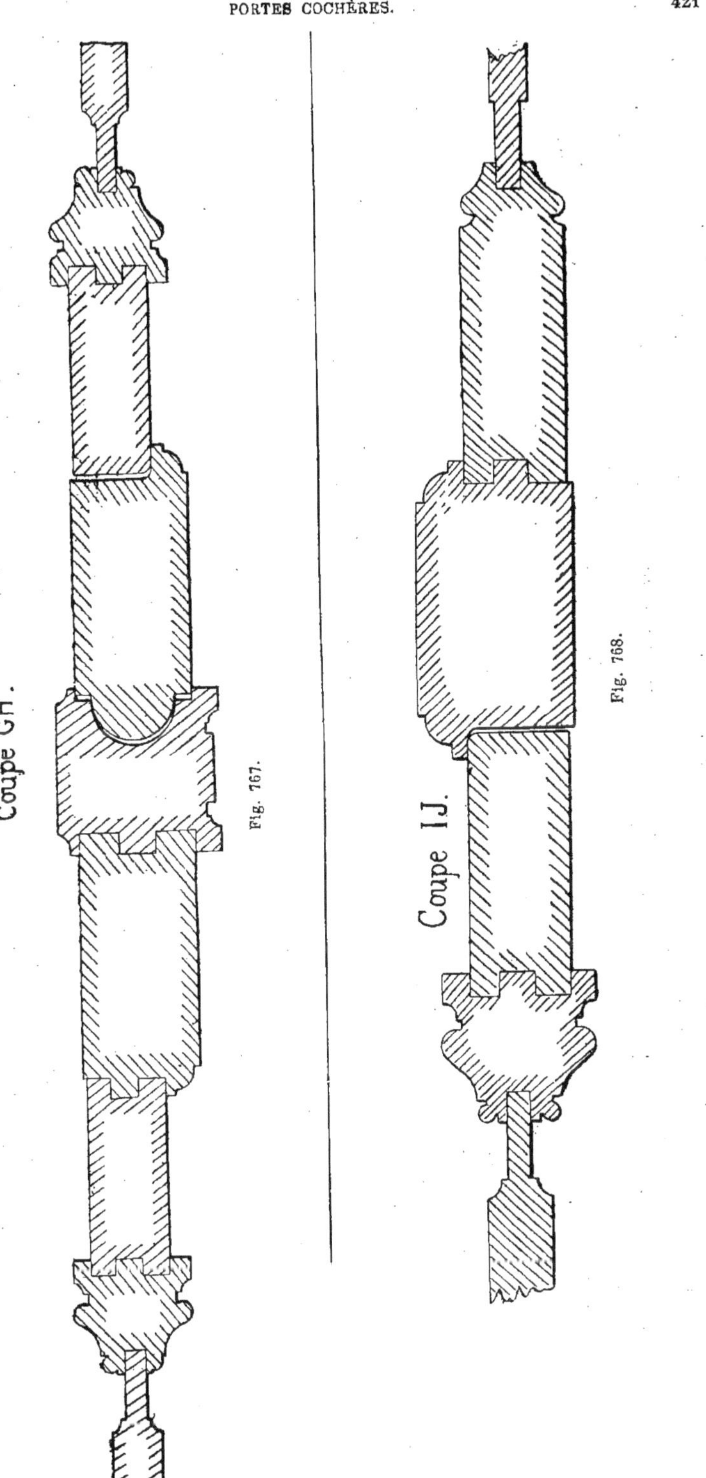


Fig. 767.

Fig. 768.

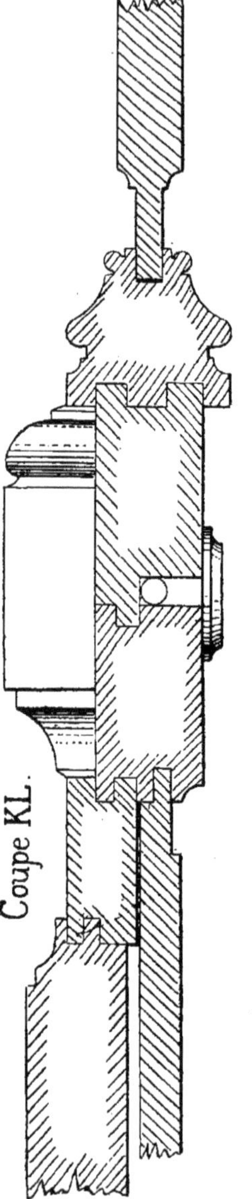

Fig. 769.

A l'intérieur sont poussés deux congés. La gorge, poussée dans le battement et appelée gueule de loup, a 0m,05 de diamètre, avec une feuillure de chaque côté recouvrant sur le battant mouton et servant à dissimuler le jeu de la porte en largeur.

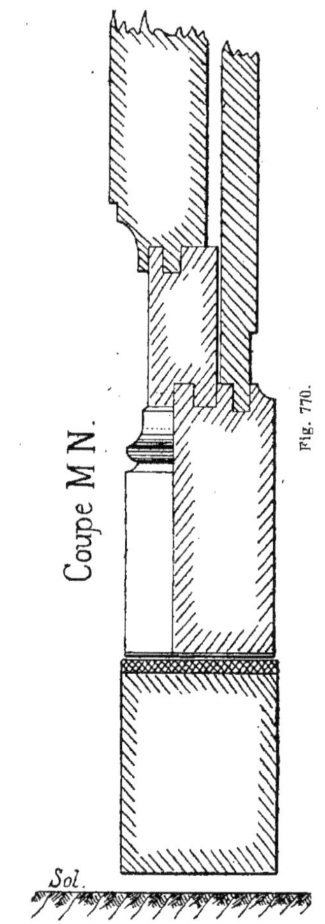

Fig. 770.

Le battant mouton a 0m,075 d'épaisseur sur 0m,165 de largeur ; il est élégi de deux feuillures et d'un arrondi de 0m,05 de diamètre sur une rive. Sur l'autre rive, une feuillure de 0m,055 de largeur sur 0m,018 de profondeur reçoit le battant de guichet dont la partie basse est semblable à celle du faux guichet à gauche, déjà détaillé.

La figure 767 donne la coupe GH de la partie haute, qui se compose du battement, des deux battants du milieu du

Fig. 771.

gros bâtis, du guichet à droite et du faux guichet à gauche; ils sont à grands cadres

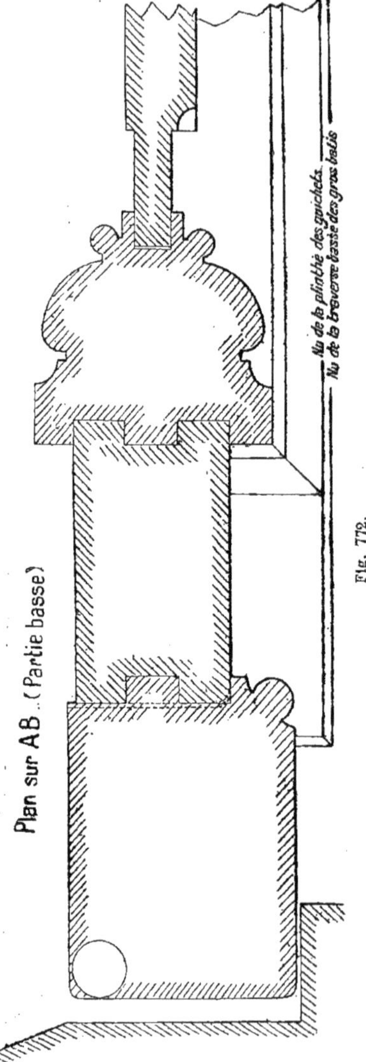


Fig. 772.

aux deux parements, et les panneaux sont avec platebandes à congés.

La coupe IJ (*fig.* 768) donne l'amorce sur la partie d'imposte qui est à petit cadre aux deux parements, élégi d'une doucine avec gorget et le panneau à platebande simple des deux côtés. Au dessous, la traverse du milieu du gros bâtis a aussi 0m,075 d'épaisseur sur 0m,14 de largeur; avec élégi de deux quarts de rond sur les arêtes, rainures d'embrèvement pour l'imposte et feuillure pour le guichet.

Au dessous est la coupe sur la partie haute du guichet avec grands cadres et panneau avec platebande à congé.

Cette traverse, au faux guichet à gauche, devra être embrevée dans celle du gros bâtis avec les mêmes rainures et languettes qu'à la traverse d'imposte à petit cadre.

La figure 769 nous montre la coupe KL sur la traverse du milieu du guichet avec amorce sur le cadre et le panneau du haut; au dessous, le tablier et le panneau intérieur du bas.

L'applique devant recevoir les poignées a 0m,041 d'épaisseur sur 0m,17 de largeur, élégie par le haut d'une petite pente et d'un carré, d'un boudin avec gorget au dessous, d'un carré avec un congé plat de 0m,03 et contre-profilée de chaque bout. Elle devra être assujettie, collée avec goujon et vis à têtes fraisées posées à l'intérieur. Les têtes de ces vis seront cachées par l'applique moulurée à l'intérieur et recouvrant la rainure réservée pour le cordon.

La figure 770 donne la coupe MN sur la traverse du bas du guichet, ornée d'une plinthe moulurée et contre-profilée de chaque bout. Le tablier et le panneau intérieur du bas sont amorcés au dessus. Au dessous, la coupe sur la traverse basse du gros bâtis; elle est recouverte d'une plaque en tôle striée pour la protéger contre l'usure. Il faut toujours laisser au moins 0m,01 de jeu entre cette traverse et le sol.

#### Deuxième exemple.

**794.** La figure 771 nous montre l'élévation d'une porte cochère dont la hauteur est basse par rapport à la largeur. Pour rétablir autant que possible les proportions et donner à cette porte un aspect agréable, les tabliers du bas sont supprimés, et les guichets n'ont qu'un seul panneau.

Cette porte est cintrée en élévation avec clef retombante au milieu.

En prenant la mesure de cette porte, il faut avoir soin de bien tenir compte de la longueur du battement, et remarquer

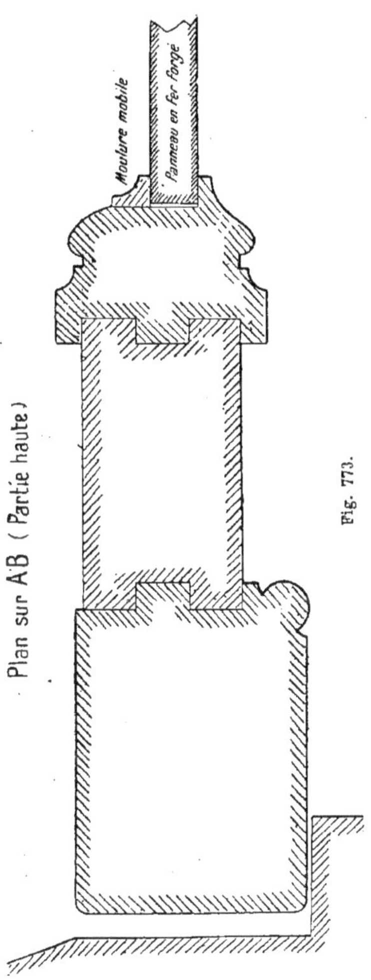


Fig. 773.

que le chapiteau doit être en contre-bas de son jeu de cette clef.

La figure 772 nous montre en AB la coupe du gros bâtis et du faux guichet sur la partie basse. Ce gros bâtis a 0m,10 d'épaisseur sur 0m,14 de largeur, avec baguette retournée, gorget sur l'arête et rainure et languette d'embrèvement pour le faux guichet.

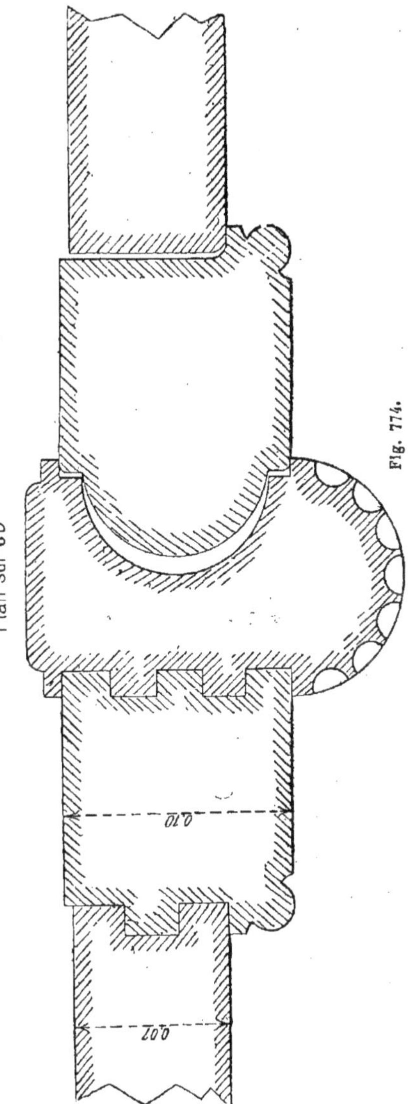


Fig. 774.

Les lignes pointillées représentent la feuillure arrondie au fond pour le guichet à droite.

Le guichet et le faux guichet sont à grands cadres aux deux parements, les bâtis ont 0m,07 d'épaisseur, les grands cadres ont 0m,105 sur 0m,10, et les panneaux sont en 0m,034 d'épaisseur avec platebandes simples à l'intérieur et congé à l'extérieur.

Ce congé est arrêté dans les angles à 0m,08 des bouts et forme crossette ; les grands cadres sont élégis des deux côtés d'un gros boudin à baguette retournée avec carré du côté des panneaux et d'un élégi avec congé en dehors du boudin.

Les lignes au-devant donnent la saillie de chaque bout, le nu de la plinthe du guichet et celui de la traverse basse du gros bâtis. Le cercle tracé dans l'angle intérieur du battant de gros bâtis indique l'emplacement du pivot de la crapaudine.

La figure 773 donne la coupe de ce même gros bâtis, mais sur la partie d'imposte. Cette imposte est à grands cadres aux deux parements, élégie d'une doucine avec carré et congé et d'une feuillure en dedans, pour recevoir un panneau en fer forgé et moulure mobile pour la pose de ce panneau.

La figure 774 donne en CD la coupe du battement avec gros bâtis et faux guichet embrevé à gauche. A droite, le gros bâtis développant, il est élégi d'un gros arrondi appelé *mouton*, entrant dans une *gueule de loup* élégie dans le battement.

Sur la face de ce battement arrondi, sont poussées sept cannelures arrêtées à 0m,03 des bagues I, J et du socle K placé au bas ; ces arrêts sont à gorge en haut et à *glacis* ou pente en bas.

A l'intérieur sont poussés deux élégis avec arrondis. A droite du mouton du gros bâtis est poussée la feuillure pour recevoir le guichet ouvrant.

La figure 775 donne en EF la coupe sur la traverse du gros bâtis, élégie de deux baguettes retournées, avec feuillure pour le guichet et rainures d'embrèvement pour l'imposte, qui est à grand cadre avec feuillure et moulure mobile pour le panneau en fer. Au dessous est tracée la partie haute du guichet à grand cadre, avec amorce sur le panneau.

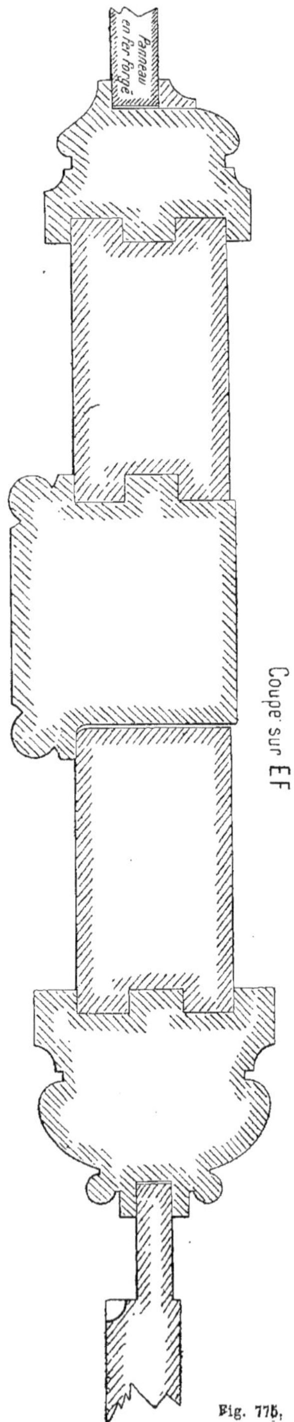


Fig. 775.

La figure **776** représente en GH la coupe sur la partie basse de la porte et du guichet. Sur la traverse du gros bâtis est rapportée une plaque en tôle striée, vissée sur cette traverse ; elle est plus épaisse pour recevoir la saillie des plinthes de guichet, et flotte sur les montants de chaque bout. Au dessus est

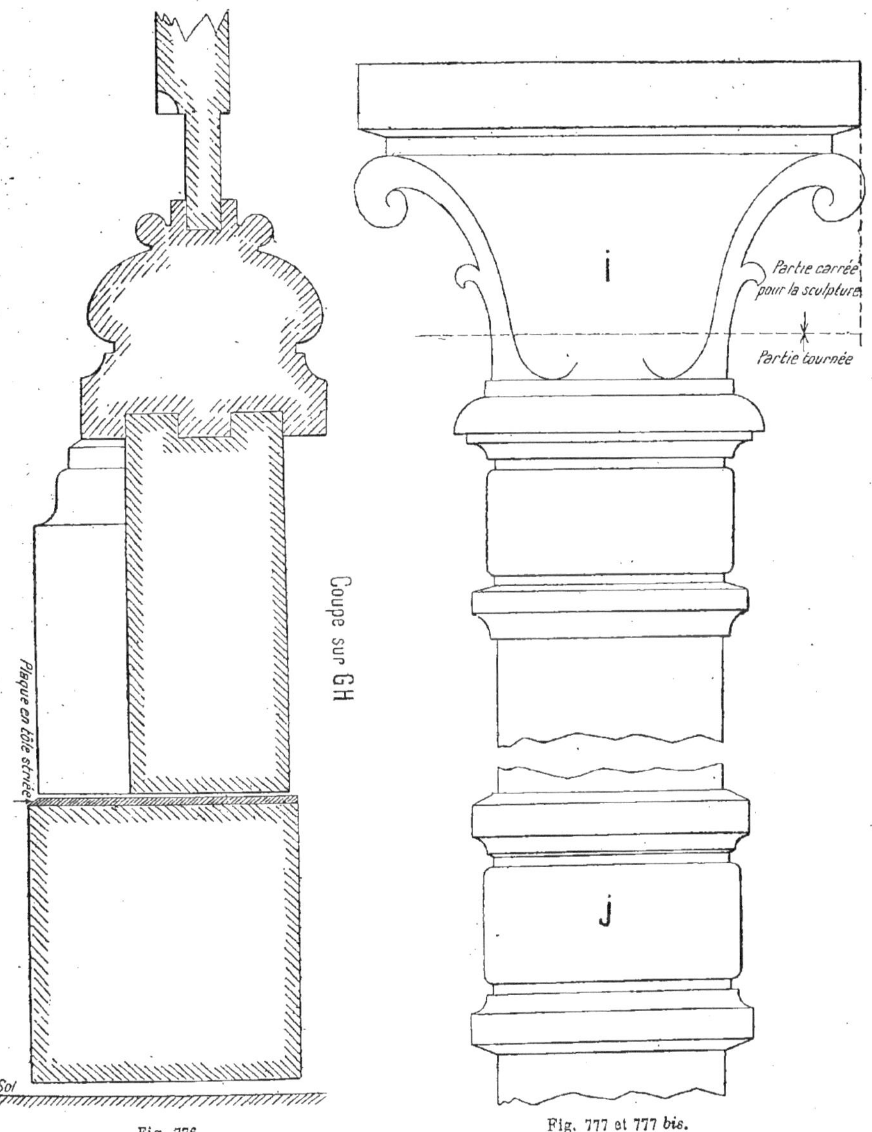


Fig. 776.

Fig. 777 et 777 *bis*.

la traverse du bas du guichet, à grand cadre, avec amorce sur le panneau.

Sur cette traverse de guichet est rapportée une plinthe de 0$^m$,04 d'épaisseur sur 0$^m$,15 de largeur, élégie d'une pente avec carré et d'un talon. Ces moulures sont contre-profilées de chaque bout, en laissant toujours la même saillie que sur la face du grand cadre.

La plinthe devra être collée, fixée avec goujons derrière, et assujettie avec vis à tête fraisée de 0$^m$,09 de longueur, posées à l'intérieur.

La figure 777 représente en I le chapiteau avec bague et astragale; la partie basse peut être tournée jusqu'à la ligne pointillée, et la partie haute devra rester carrée pour recevoir la sculpture d'un chapiteau d'ordre corinthien, par exemple.

La figure 777 *bis* donne, en J, la bague tournée et placée dans l'ensemble, en face de la traverse haute du gros bâtis.

La figure 777 *ter* donne, en K. le profil du socle tourné.

### Troisième exemple.

**795.** La figure 778 représente une porte cochère plein cintre, en élévation, ou cintrée en archivolte, dont la partie haute se compose d'une croisée à la hauteur de l'entresol et de deux parties de lambris avec panneaux sculptés.

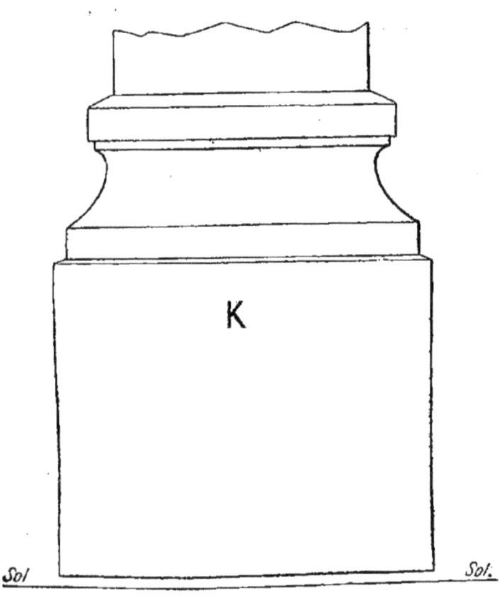


Fig. 777 *ter*.

La figure 779 donne la coupe AB, du côté gauche de cette porte, à la hauteur d'une crossette d'angle de panneau. Le battant du gros bâtis a 0$^m$,10 d'épaisseur sur 0$^m$,19 de largeur; il est élégi, sur le bord, d'une moulure de 0$^m$,03 appelée *boudin à carré* avec gorget derrière. La rainure et la feuillure servent à embrever le battant du guichet dormant ou fixe. La ligne de nu donne la saillie que devra avoir la traverse basse du gros bâtis pour recevoir le tablier.

Le battant du faux guichet a 0$^m$,07 d'épaisseur sur 0$^m$,105 de largeur, avec deux rainures d'embrèvement sur les rives, pour gros bâtis et cadre.

Le grand cadre est à deux parements de 0$^m$,10 d'épaisseur sur 0$^m$,11 de largeur, élégi sur la face d'une grosse doucine à baguette retournée, avec élégi refouillé derrière et un congé à carré, près du listel. Derrière ou en contre-parement, ce grand

Fig. 778.

cadre est élégi d'un grand talon avec baguette retournée, un carré et un quart de rond en dehors du listel.

Le panneau est en 0m,034 d'épaisseur, avec platebande ordinaire derrière et une autre platebande de 0m,16 de profondeur en parement, avec congé et carré. L'angle de ce parement est orné d'une crossette ou échancrure de 0m,08 de côté ; la moulure de la platebande se retourne sur cette crossette. On peut prendre dans la masse une rosace tournée ou sculptée pour décorer cette crossette.

La figure 780 donne la coupe CD du même battant de gros bâtis, à la hauteur du tablier. Le battant du faux guichet, à la partie basse, est élégi d'une feuillure et d'une rainure approfondie, pour recevoir le battant du tablier, et arrêtée à la traverse du milieu.

Ce battant de tablier est aussi élégi d'une feuillure avec rainure et languette pour s'embrever dans le battant du guichet. Le tablier sera, en plus, assujetti avec des vis de 0m,10 de longueur, à tête fraisée, posées de l'intérieur.

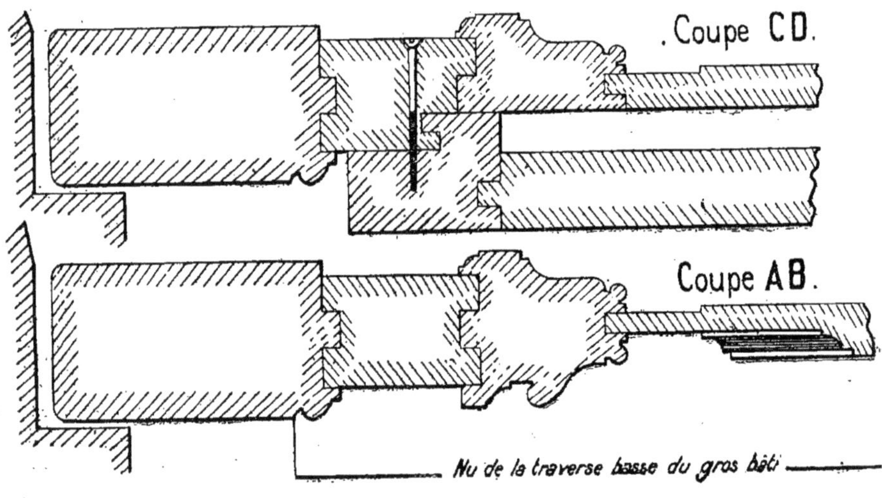


Fig. 779 et 780.

Le panneau de ce tablier est en 0m,054 d'épaisseur, mais on peut le faire en 0m,034. Il est à bâtons rompus, c'est-à-dire que les fils du bois doivent être contrariés, les joints en bois de fil contre les bois de travers. Ce panneau est embrevé à rainure et languette dans le bâtis du tablier, mais, pour faciliter les façons, les bâtis intérieurs formant compartiment devront avoir une languette sur chaque rive, le joint et la rainure dans les bois de travers seront plus commodes à faire proprement. On devra commencer par encadrer les panneaux du milieu et par coller les quatre morceaux d'encadrement autour, après avoir fait les mortaises des petits montants. Ensuite, on ajustera les quatre panneaux échancrés avec les quatre montants et l'encadrement du milieu, et on les collera ensemble. On dressera après les quatre joints en bois de travers pour recevoir les traverses en diagonale, dont les collages seront faciles à serrer. Après avoir collé les quatre petits panneaux triangulaires en bois, de bout, on équarrira ce panneau facilement pour le coller dans le bâtis du tablier. Toutes les pièces doivent être en bois *sur mailles*, c'est-à-dire débité sur quartier, pour éviter le retrait dans les joints, le bois se retirant beaucoup plus dans l'autre sens. On devra ensuite *maroufler* ce panneau derrière, c'est-à-dire y coller une ou deux épaisseurs de bonne toile d'emballage sur toute la surface, sans gêner les embrèvements avec le bâtis du guichet ; on aura ainsi un travail bien fait et de la plus grande solidité.

La figure 781 donne la coupe EF du battement qui a $0^m,12$ d'épaisseur sur $0^m,15$ de largeur. Il est élégi d'un faisceau de baguettes contre-profilées de chaque bout, d'une feuillure de recouvrement et d'une grande feuillure en pente avec rainures et languette d'embrèvement dans le gros bâtis.

Ce battement est orné d'un chapiteau sculpté en haut, de $0^m,28$ de largeur ; cette grande saillie nécessite une ouverture à feuillure.

Si cette porte ouvrait à gueule de loup, il faudrait, sur le côté droit du chapiteau, abattre une pente d'au moins $0^m,018$ pour son développement, ce qui serait d'un mauvais effet. Cette pente est indiquée en pointillé sur la coupe.

A la hauteur d'appui, la bague est tournée dans la partie du haut jusqu'à la gorge seulement ; la partie basse est à pans contre-profilés ; les arêtes de ces pans se perdant dans la gorge de la partie tournée.

La partie basse du battement est également à pans, et sur chacun de ces pans est un élégi arrêté des deux bouts formant petit panneau. Au bas est un socle, avec moulures profilées.

Le battement intérieur est rapporté ; il a $0^m,018$ d'épaisseur sur $0^m,11$ de largeur, mouluré d'un quart de rond sur chaque rive. Le montant du gros bâtis de gauche a $0^m,10$ d'épaisseur sur $0^m,245$ de largeur, élégi d'un quart de rond à carré et gorget de $0^m,03$, avec rainures d'embrèvement sur le bâtis du faux guichet et amorce sur le grand cadre ; à droite est une grande feuillure en pente. A droite le montant du gros bâtis est élégi d'une feuillure pour recevoir le guichet.

La figure 782 donne la coupe GH et

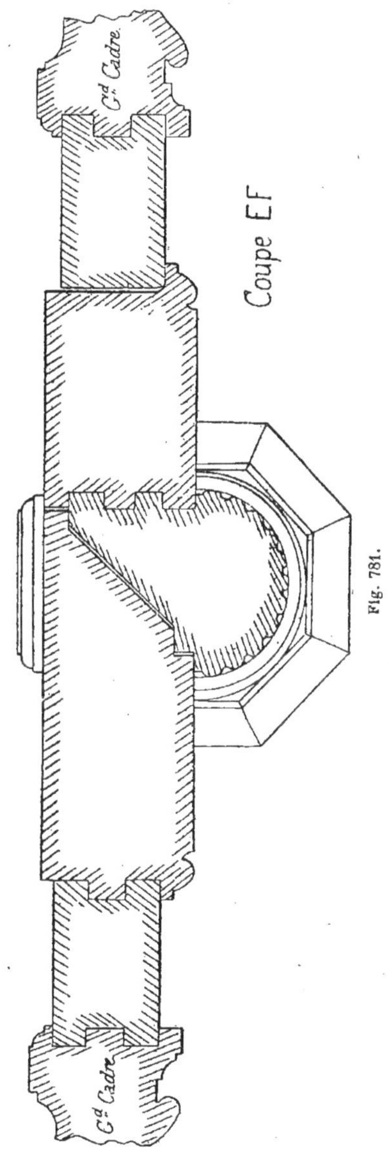

Fig. 781.

l'élévation sur un bout de la cimaise, avec amorce sur le grand cadre et le tablier

Fig. 782.

dont il a déjà été parlé. La cimaise a $0^m,05$ d'épaisseur sur $0^m,18$ de largeur, plus la languette d'embrèvement dans la traverse du haut du tablier. Le profil de cette

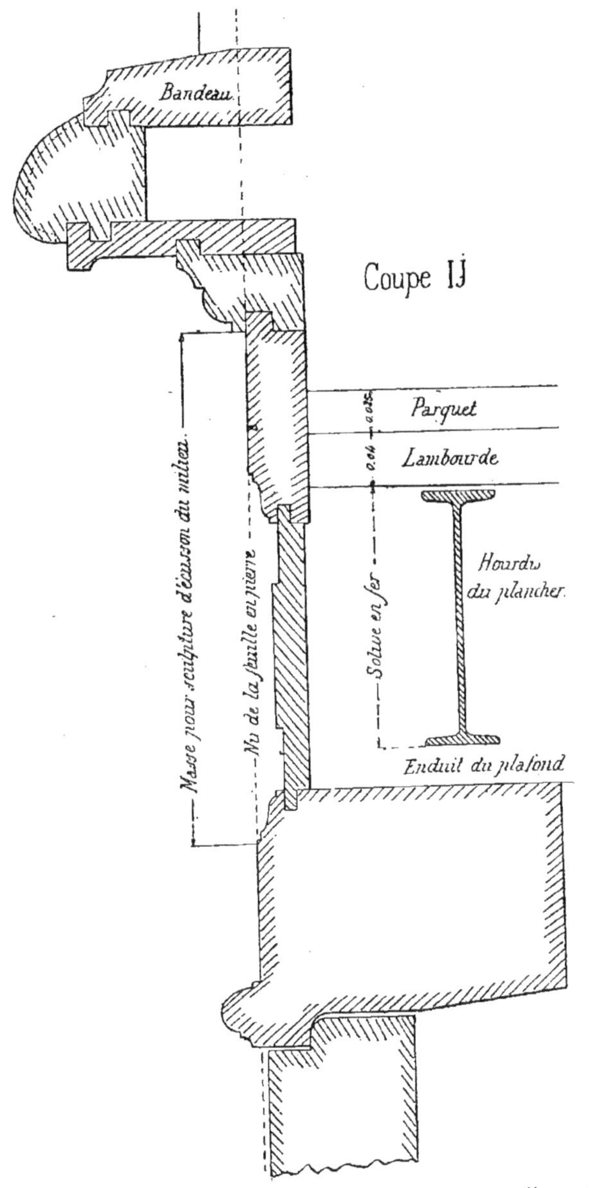


Fig. 783.

cimaise doit être réduit, la saillie du tablier n'ayant que 0m,05 et le contre-profil 0m,07. Après avoir fait régulièrement cette réduction, l'arête du contre-profil sera droite. Le profil sera arrêté au milieu, de chaque côté d'une table unie, pour recevoir la poignée.

Au-dessus de la cimaise est l'angle du grand cadre avec amorce sur le panneau décoré d'une crossette moulurée avec rosace tournée ou sculptée.

Au dessous est l'amorce sur le tablier et sur le grand cadre intérieur du soubassement.

Entre les deux traverses existe la rainure réservée pour le cordon, recouverte par une table saillante mobile.

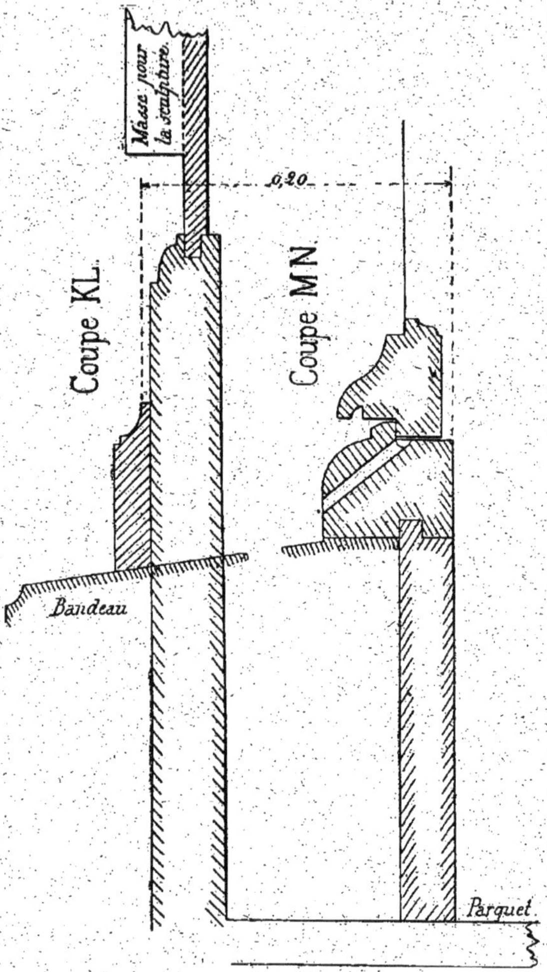

Masse pour la sculpture.
0,20
Coupe KL.
Coupe MN.
Bandeau
Parquet

Fig. 784 et 785.

La figure 783 donne la coupe IJ sur la grosse traverse dormante scellée de chaque côté dans le mur et servant de battement à la porte cochère. Elle a 0m,16 d'épaisseur sur 0m,23 de largeur, élégie d'une feuillure arrondie et d'une pente pour le développement. Sur la face est élégie, dans la masse, une moulure formant boudin à carré et à congé; l'élégi uni de 0m,12, au dessus, forme traverse basse du panneau de frise. Cette frise est à petit cadre d'un parement avec talon et congé et peut être brute de l'autre, car le contre-parement est dans l'épaisseur du plancher de l'entresol, détaillé à la coupe.

Le panneau de la frise est à platebande simple et arasé derrière; il est en 0m,027 d'épaisseur. Au milieu est réservée la masse pour l'écusson sculpté qui a 0m,06 d'épaisseur et est profilé derrière suivant les saillies du petit cadre et des platebandes de la frise avant d'être découpé et sculpté.

Au dessus sont les détails et les profils du bandeau mouluré dont le gros boudin est sculpté, comme le montre la figure 778.

Derrière la frise est indiqué l'emplacement de la solive en fer portant le hourdis en plâtre; au dessous, l'épaisseur de l'enduit, et au dessus celle des lambourdes et du parquet.

La figure 784 donne l'amorce suivant KL sur la partie basse d'un panneau cintré de côté d'archivolte, et le profil de la plinthe courante au bas sur la longueur du bandeau sans ressaut. Ce lambris est à petit cadre et arasé; le bâtis a 0m,041 d'épaisseur, et le panneau a 0m,054 avec masse réservée pour la sculpture.

La figure 785 donne la coupe suivant MN, sur le bandeau, à l'emplacement de la croisée avec détails sur la pièce d'appui, et le jet d'eau de cette croisée.

La figure 786 donne la coupe suivant OP, sur un côté de la croisée, avec amorce sur le lambris de côté d'archivolte. Le bâtis dormant de la croisée a 0m,011 d'épaisseur sur 0m,20 de largeur; il est élégi sur la face d'un congé à carré de 0m,03, et, derrière, d'un congé avec noix pour le battant de fiche de la croisée.

Sous la pièce d'appui de cette croisée (*fig.* 785) est assemblée, entre les dormants, une traverse de 0m,034 d'épaisseur sur 0m,24 de largeur, descendant jusque sur le parquet.

### Portes charretières.

**796.** Les portes charretières sont beaucoup plus simples que les portes cochères et sont destinées à laisser passer des charrettes ou autres voitures; elles ferment ordinairement une propriété sur rue avec cour plus ou moins grande derrière.

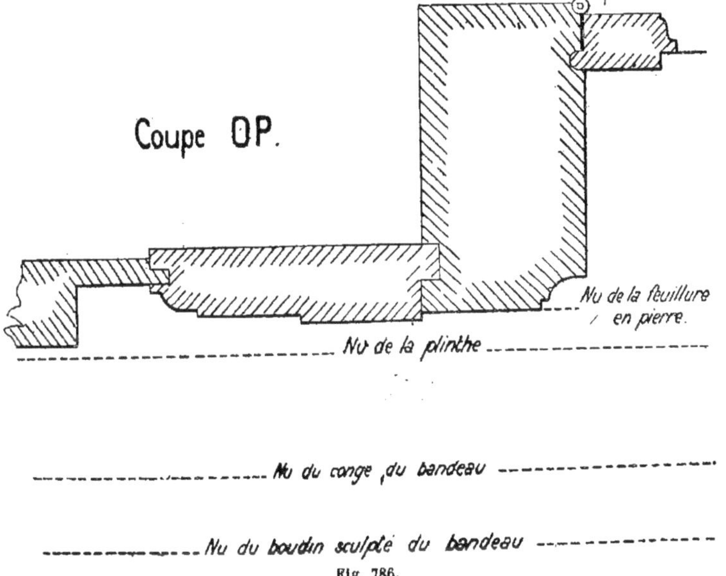

Fig. 786.

Les portes charretières se font à deux vantaux et doivent avoir au moins 2m,50 de largeur et 3 mètres à 3m,50 de hauteur. Elles ont aussi un guichet dans l'un des vantaux, de droite ou de gauche, lequel se trouve dissimulé.

Les vantaux d'une porte cochère se ferment avec une crémone posée sur le battant de gueule de loup, mais ceux des portes charretières se ferment à feuillure et sont maintenus l'un contre l'autre au moyen d'une traverse en chêne de 0m,034 à 0m,054 d'épaisseur sur 0m,08 à 0m,010 de largeur, fixée sur le battant du milieu d'un des vantaux au moyen d'un boulon; elle bascule sur ce boulon, et chaque bout se trouve fixé dans un crochet plat à pattes, entaillé dans les traverses au-dessus du guichet de chaque vantail. Les deux cro chets sont posés en sens inverse l'un de l'autre.

Dans un des bouts de la traverse à bascule est une tige de fer de 1 mètre à

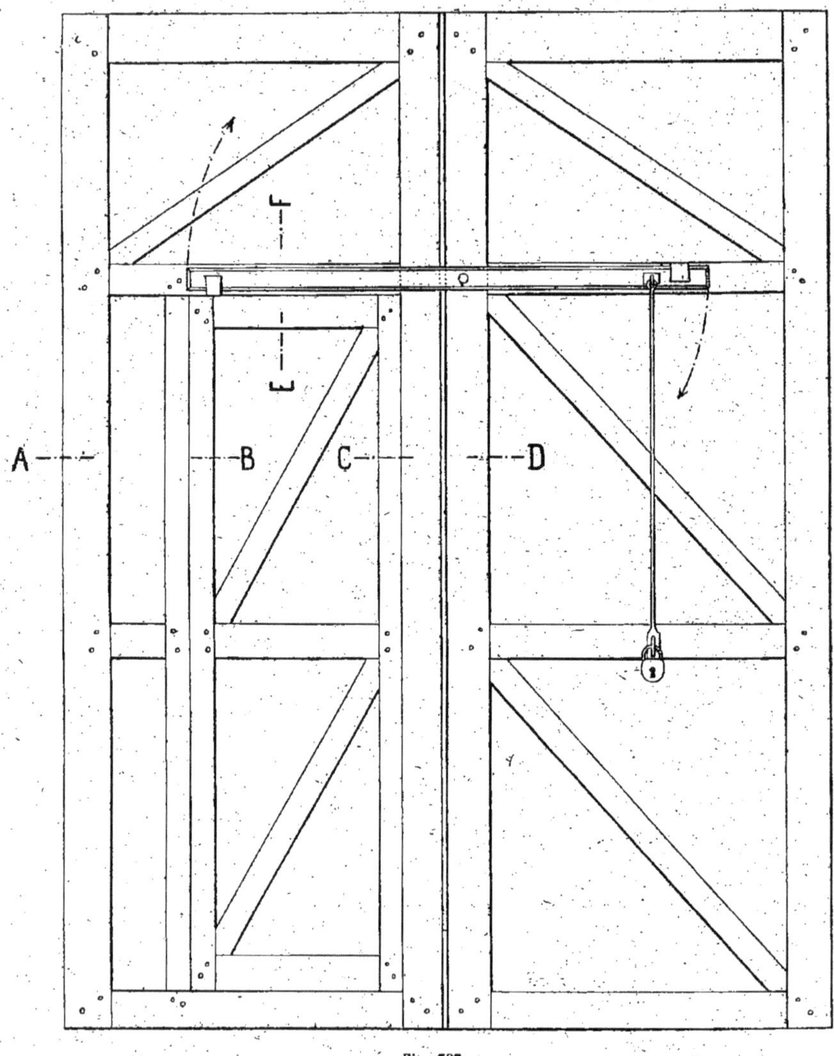


Fig. 787.

1$^{m}$,20 de longueur, avec œil, fixée d'un bout à un piton sur platine et vissée dans la traverse; de l'autre bout est un morailLon entrant dans une gâche. Cette tige sert à manœuvrer la traverse et à la fixer horizontalement pour maintenir les vantaux.

**Premier exemple.**

**797.** La figure 787 représente l'élévation d'une porte charretière vue de l'intérieur; le devant se compose de frises en chêne ou en sapin de 0m,025 d'épaisseur clouées sur les bâtis.

La figure 788 donne la coupe suivant AB du bâtis qui est en 0m,054 d'épaisseur sur 0m,15 de largeur, du montant dormant sur lequel est ferré le guichet et qui a 0m,054 d'épaisseur sur 0m,08 de large; enfin du bâtis du guichet sur lequel sont aussi clouées les frises.

La figure 789 donne en CD la coupe sur les montants du milieu, en 0m,054 sur 0m,15, avec feuillures; en dehors on rapportera un battement chanfrein sur deux rives et bien vissé. Ces vis devront avoir 0m,08 de longueur pour traverser les frises et prendre dans le bâtis en chêne.

La figure 790 donne, en EF, la coupe sur le haut du guichet, la traverse du bâtis, la barre mobile formant bascule, avec boulon au milieu et s'engageant de chaque bout dans un crochet plat, comme il est dit ci-dessus.

Les écharpes indiquées dans l'élévation sont en chêne de 0m,044 sur 0m,08 corroyées des quatre parements et chanfreinées. Elles doivent être assemblées à fausses coupes dans les battants et traverses du bâtis. Le milieu de ces écharpes se trouve dans l'angle des montants et traverses afin de bien maintenir la butée. Cette disposition est indispensable, car il n'y a pas de panneau pour maintenir l'équerre du bâtis et pour l'empêcher de baisser au milieu.

Le guichet doit avoir de 0m,70 à 0m,80 de largeur, et il faut s'arranger pour que son ouverture soit dissimulée dans les joints des frises.

**Deuxième exemple.**

**798.** On peut aussi faire une porte charretière ayant même apparence vue de l'intérieur. Les frises seront embrevées dans les montants et les traverses du

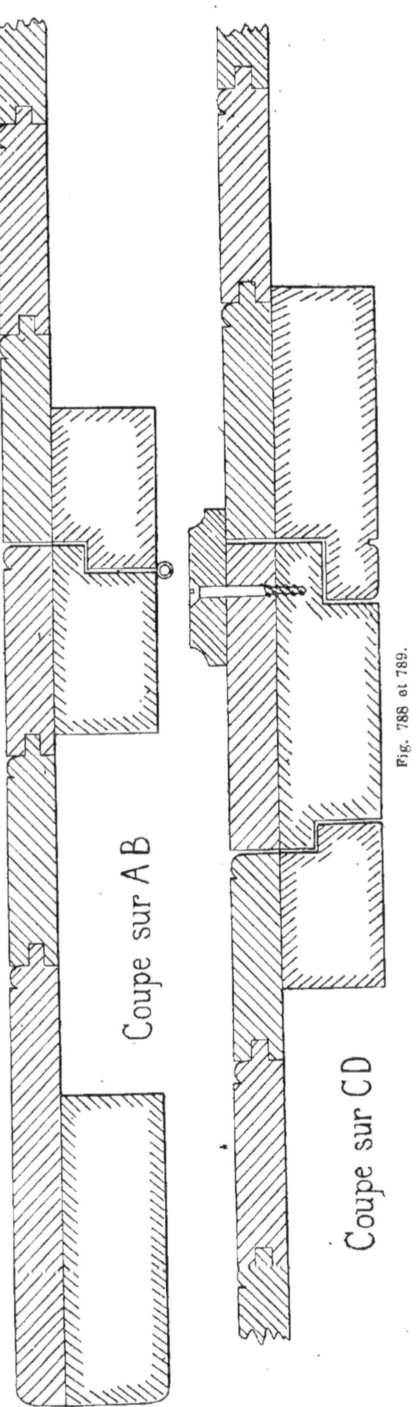


Fig. 788 et 789.

pourtour, celles du milieu seront plus minces et flottantes derrière les frises.

Sur la même élévation, indiquée figure 787, le plan AB deviendra tel qu'il est représenté (*fig.* 791).

Le plan CD deviendra, comme le montre la figure 792, avec un des battants plus large pour recevoir le battement qui ne

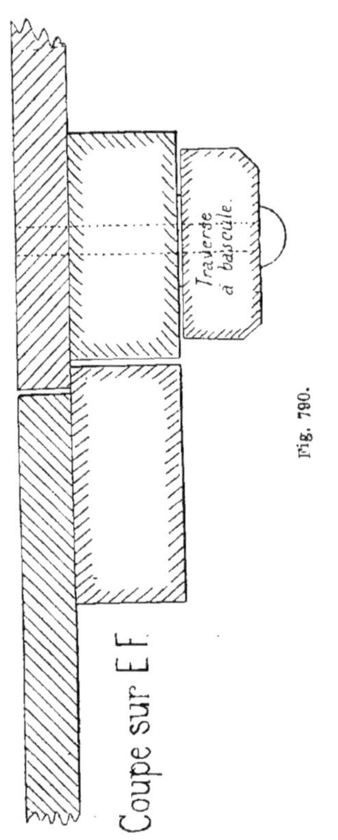


Fig. 790.

devra recouvrir que de 0$^{m}$,015, sur l'autre vantail.

Enfin la coupe CF sera conforme à la figure 790.

Vue de l'extérieur, cette porte représentera deux grands panneaux.

Si l'intérieur de ces portes est exposé à la pluie, on devra faire une pente assez

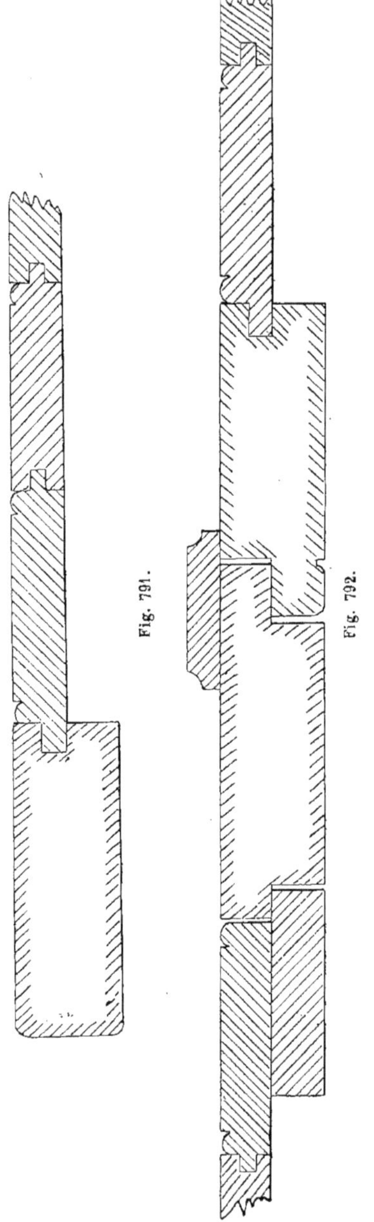

Fig. 791.

Fig. 792.

prononcée sur la rive du dessus des traverses afin que l'eau ne puisse y séjourner.

Les baguettes sur les frises devront toujours être poussées sur la rive du côté de la languette, ainsi que cela est représenté (*fig.* 788 et 789).

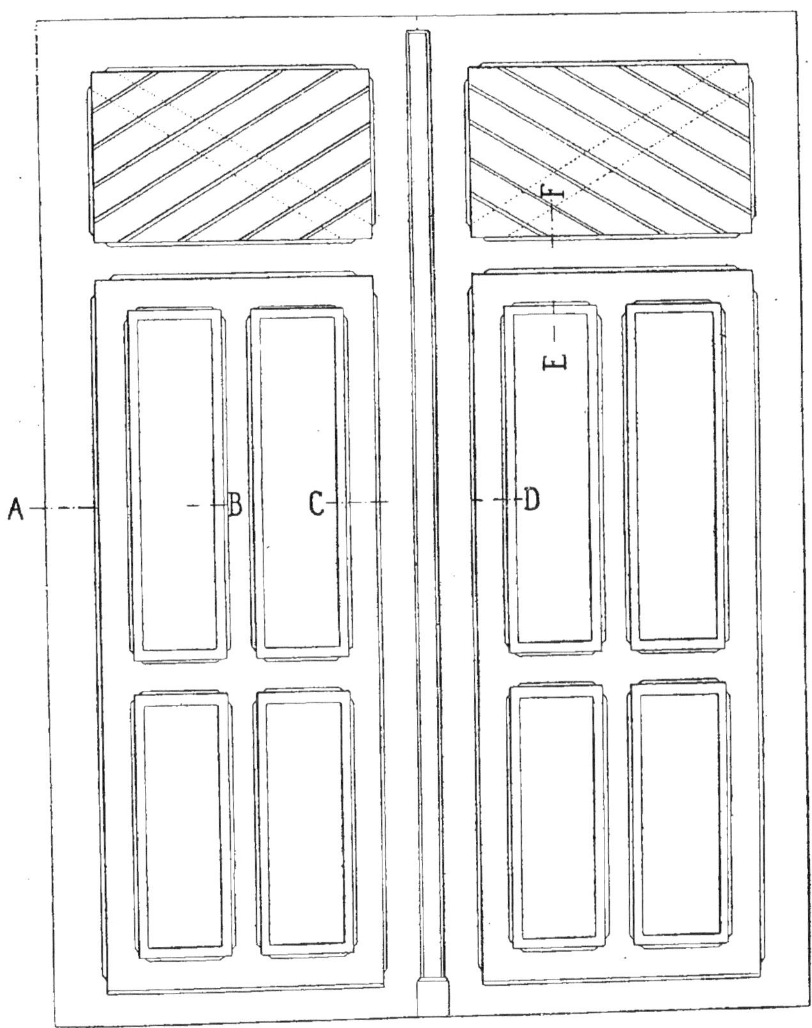


Fig. 793.

Si ces baguettes étaient poussées sur la rainure, la joue serait coupée et n'aurait plus de solidité.

**Troisième exemple.**

**799.** La figure 793 donne l'élévation d'une porte charretière un peu plus ou-

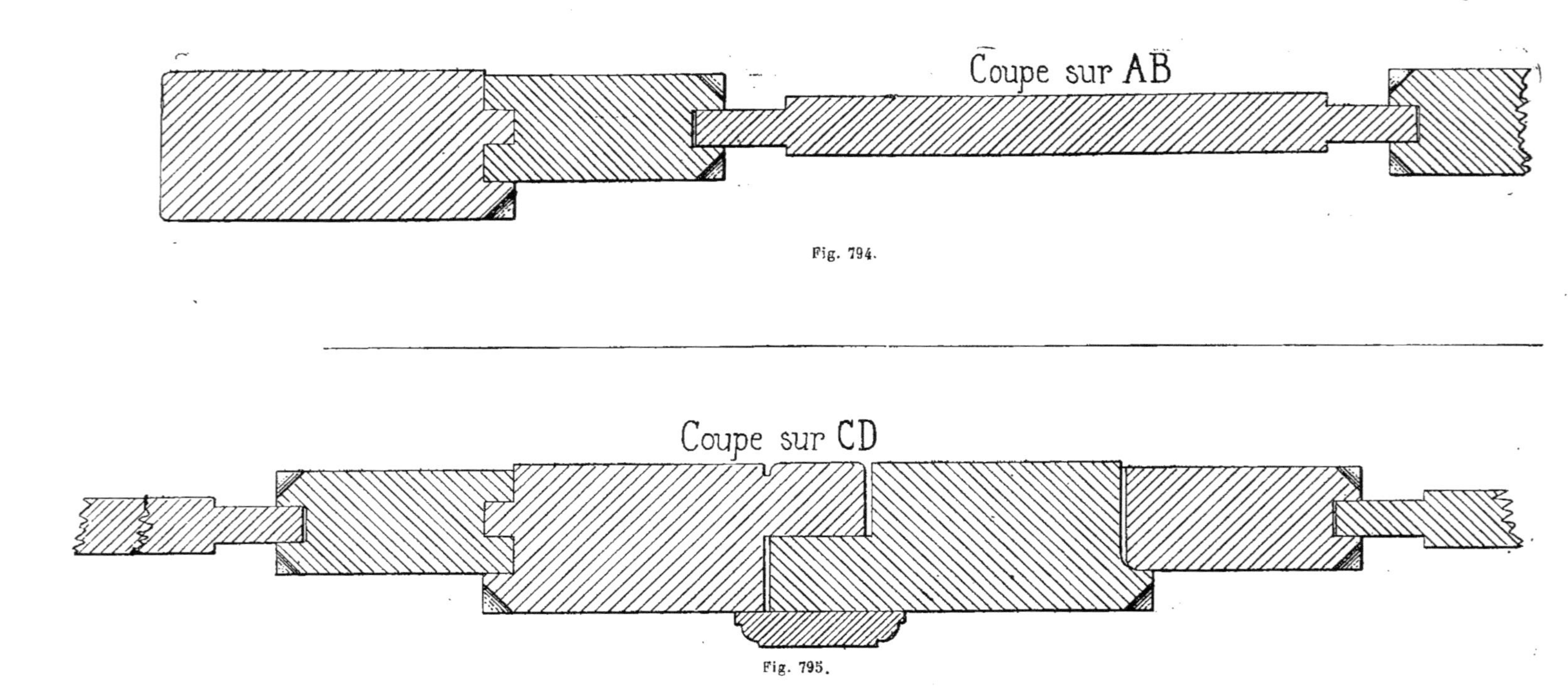


Fig. 794.

Fig. 795.

vragée, mais dont l'exécution est très simple.

Les panneaux du haut sont embrevés dans le gros bâtis, par frises posées en diagonales; on peut facilement changer cette décoration par une partie vitrée ou par l'addition d'un panneau en fer.

La figure 794 donne la coupe AB sur le gros bâtis et le faux guichet.

Les battants de rive du gros bâtis ont 0m,075 d'épaisseur sur 0m,17 de largeur, avec rainure et languette d'embrèvement pour le faux guichet.

Ce faux guichet est à glace aux deux parements. Le bâtis a 0m,032 d'épaisseur sur 0m,115 de largeur, avec chanfreins arrêtés au ciseau sur les deux rives, profils d'arrêt en glacis; les panneaux ont 0m,032 d'épaisseur avec platebandes simples aux deux parements, et une amorce sur le montant du milieu.

La figure 795 donne, suivant CD, le plan sur le montant du milieu avec feuillures et baguettes à l'intérieur, rainure et languette d'embrèvement pour le faux guichet, et feuillure pour le guichet à droite.

La fermeture pour maintenir les deux vantaux de cette porte peut être la même que celle de la porte charretière décrite ci-dessus, c'est-à-dire avec traverse à bascule.

Sur le battant du milieu de droite, un battement est rapporté et vissé, mouluré de deux quarts de rond, avec socle dans le bas.

La figure 796 donne la coupe, suivant EF, sur la traverse du milieu du gros bâtis, et sur la traverse du haut du guichet avec chanfreins arrêtés et platebandes sur le panneau. Cette traverse de gros bâtis a aussi des chanfreins arrêtés des trois côtés avec double rainure d'embrèvement pour le panneau, par frises en diagonales dont il a déjà été parlé.

Derrière ce panneau, sont assemblées deux traverses posées en écharpe, dites croix de Saint-André. Cette écharpe, qui est pointillée sur l'élévation, est utile pour clouer les frises du panneau. Dans les guichets, la nécessité des montants du milieu B provient de la grande largeur des vantaux, et les panneaux d'une seule pièce auraient trop de retrait et ne se tiendraient pas aussi bien qu'en deux partie sur la largeur.

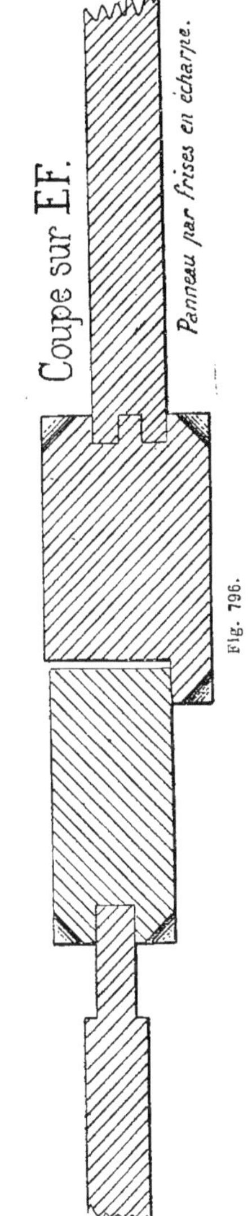

Fig. 796.

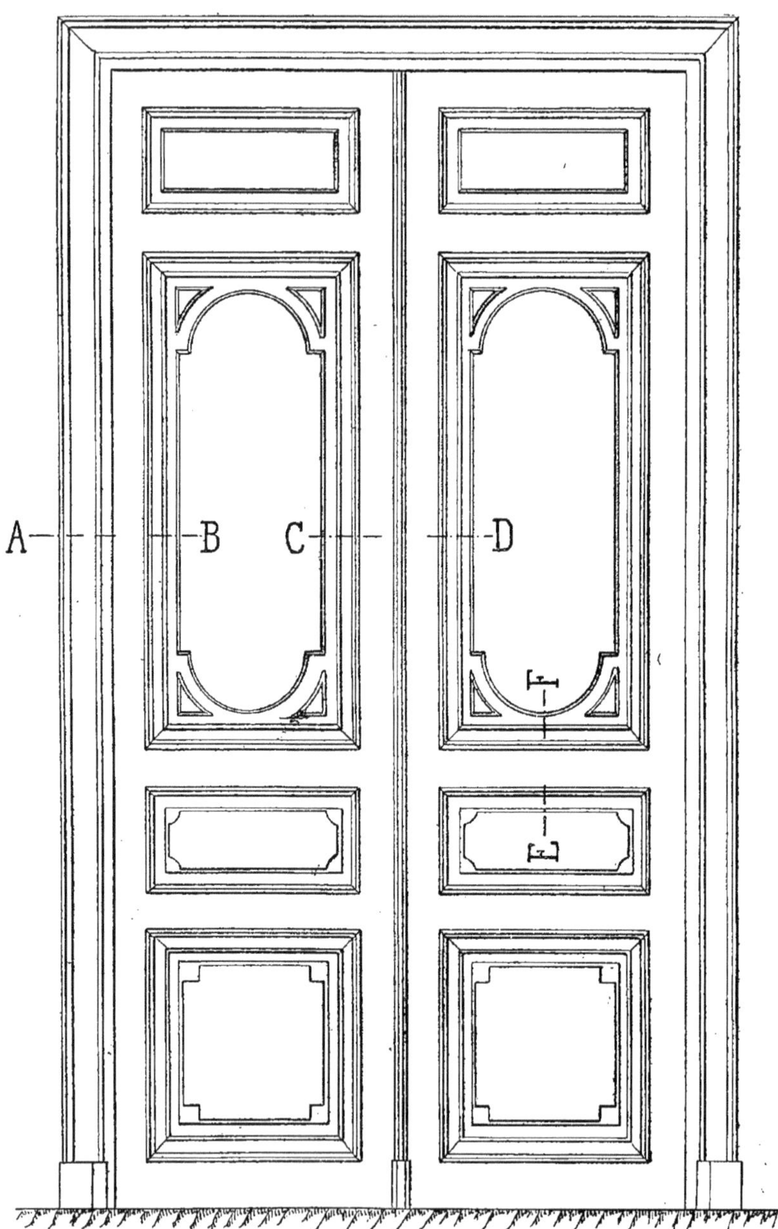


Fig. 797.

## Portes décorées.

**800.** Il a été donné précédemment le détail des portes ordinaires d'appartement à petits et à grands cadres; mais, pour les portes de salon, de salles à manger ou d'entrée d'appartements riches de 3 mètres à $3^{m},50$ de hauteur d'étage, on peut faire ces portes à panneaux plus ou moins décorés comme menuiserie.

La figure 797 donne l'élévation d'une porte de $2^{m},70$ sur $1^{m},40$ à deux vantaux.

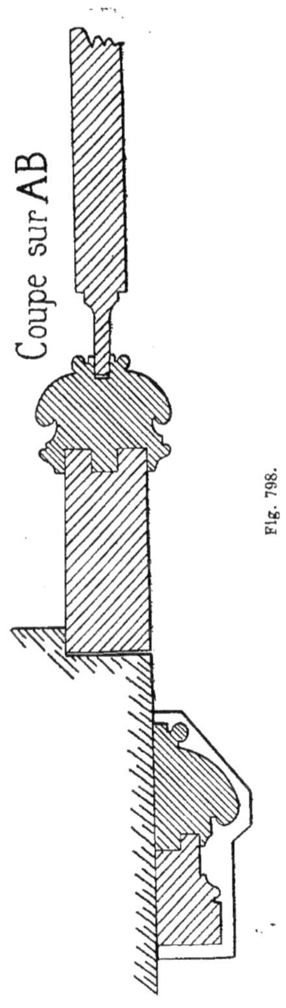


Fig. 798.

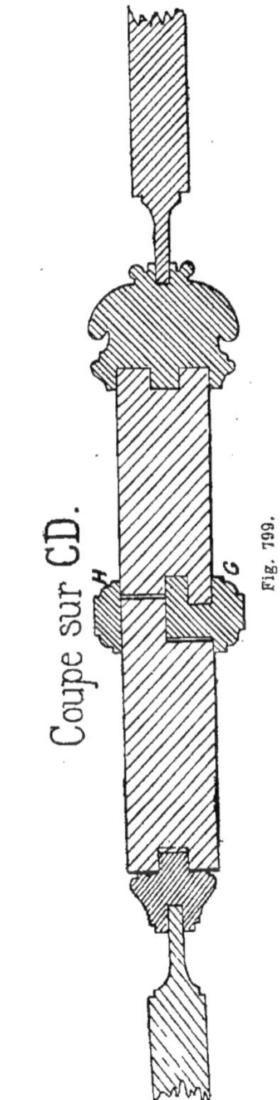


Fig. 799.

Les panneaux sont à grands cadres aux deux parements, et les frises sont à petits cadres de profils Louis XIV et Louis XV.

La figure 798 donne, suivant AB, le plan

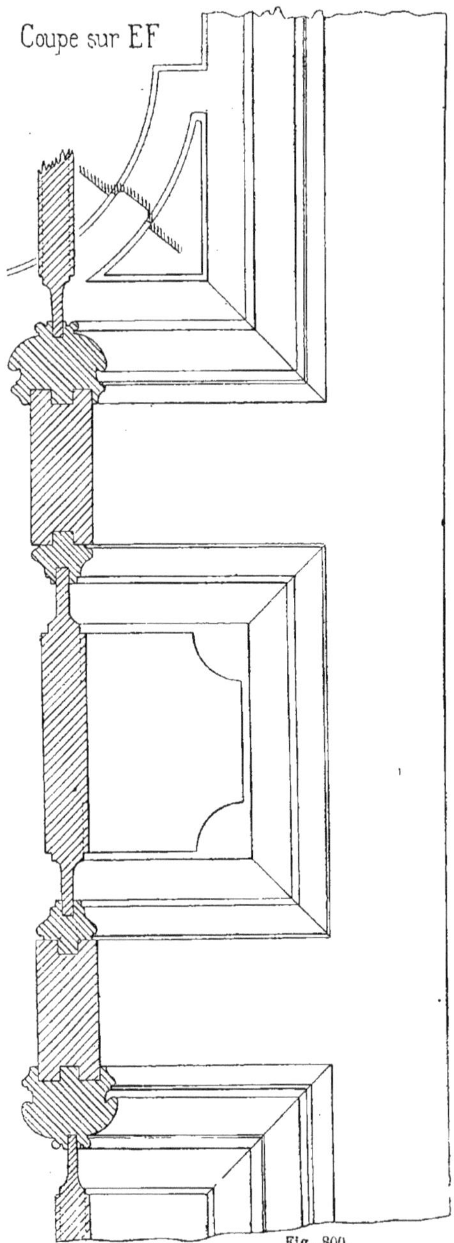

Fig. 800.

des chambranles et d'un côté de la porte.

Le chambranle a 0m,04 d'épaisseur sur 0m,10 de largeur, il est en deux parties moulurées, embrevées et collées.

La partie hachurée en saillie de ce chambranle donne le plan du socle et le profil qu'il doit avoir. Entre ce chambranle et l'arête de la feuillure il existe un champ de 0m,03.

Le bâtis de la porte a 0m,04 d'épaisseur sur 0m,09 de largeur pour laisser 0m,08 de champ apparent; et ces 0m,04 d'épaisseur sont nécessaires pour des portes de cette dimension. Les grands cadres sont élégis d'un boudin à baguettes avec gorget re fouillé derrière et une doucine sur le listel double rainure d'embrèvement pour le bâtis et rainure pour le panneau.

Le panneau a 0m,23 d'épaisseur et est élégi d'une platebande à gorge et carré.

La figure 799 donne, suivant CD, le plan sur les battants du milieu avec grands cadres et panneaux à platebandes, comme ci-dessus.

Les battements sont moulurés de deux quarts de rond, ils peuvent être embrevés dans le battant et former feuillure comme nous l'indiquons en G ou rapportés et la feuillure prise dans le battant, comme en H.

La figure 800 donne, suivant EF, la coupe sur la frise du milieu avec amorces sur le panneau du haut et celui du bas de la porte.

Cette frise est à petit cadre embrevé dans les montants et les traverses, et est élégie de chaque côté d'une doucine à tarabiscot et d'un petit carré.

La frise du haut est semblable.

Pour la régularité des champs, il faudra déraser les montants entre les deux traverses des panneaux de la profondeur de l'embrèvement, puis faire des rainures au bédane pour embrever les montants des petits cadres des frises, comme il est indiqué en pointillé dans le plan CD, et le nu de la platebande règne avec la largeur des grands cadres.

Les frises du haut sont élégies des deux côtés de platebandes à gorge et carré ainsi que celles du milieu; mais ces dernières sont, en plus, ornées de crossettes circulaires dans les angles, élégies à la gouge et au ciseau, prises dans l'épaisseur du carré de la platebande.

La platebande à gorge reste carrée, ainsi qu'il est indiqué dans la coupe.

Le panneau du milieu est élégi d'une platebande à gorge, carrée au pourtour.

En haut et en bas de ce panneau, pour le décorer, on fera à la gouge et au ciseau un élégi demi-circulaire avec arrêt for-

Fig. 801.

mant crossettes de chaque côté et de même profil ainsi qu'on le représente en I.

Cet élégi laissera dans les quatre angles du panneau des écoinçons ayant ce même profil.

Pour élégir ces écoinçons, on pourra les diminuer de l'épaisseur du carré afin qu'il

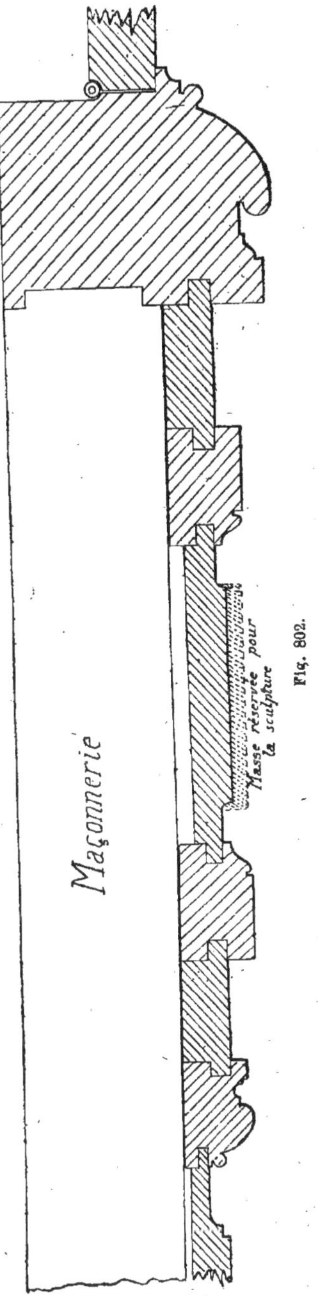


Fig. 802.

n'y ait que la platebande à gorge au pourtour, comme il est marqué en pointillé dans la coupe.

Les panneaux du bas sont à platebande moulurée comme ceux du haut, mais ils sont décorés dans les quatre angles de crossettes carrées toujours prises sur le carré de la platebande, la gorge seulement régnant au pourtour.

L'application de ces ornementations à cette porte décorée a été faite afin que l'on puisse la prendre comme type.

On peut aussi faire des crossettes dans les cadres ou dans une partie du profil de ces cadres, elles peuvent être carrées ou circulaires suivant les styles; mais ces détails sortent de notre programme, nous y reviendrons dans une autre partie

**Porte de salon, style Louis XV.**

**801.** L'ensemble de cette porte comprend le chambranle, les pilastres de chaque côté, et le cadre sculpté au-dessus de la porte. Nous en donnons un exemple figure 801.

La figure 802 donne le plan du pilastre et du chambranle, avec montant d'amortissement et amorce sur le grand panneau à gauche.

Les bâtis de ces grands panneaux sont en 0m,025 d'épaisseur et affleurés derrière. Les grands cadres sont en 0m,034 d'épaisseur sur 0m,052 de largeur profilés d'un gros boudin à baguette retournée avec gorge entre deux carrés derrière du côté du listel, qui est en contre-bas du boudin, c'est-à-dire qu'il est élégi, et qu'une feuillure a été nécessaire pour en donner le nu.

Ils sont embrevés entre les bâtis et les panneaux.

Ces panneaux sont en 0m,020 d'épaisseur, profilés d'une platebande à gorge et carré.

Les traverses du haut et du bas de ces grands cadres devront être d'un seul morceau, découpées et préparées pour la sculpture.

Le montant du grand cadre devra être arasé, carrément à la naissance du cintre de la traverse du bas, et en faux onglet en raccord de cercle pour la traverse du haut.

Ces traverses devront être de 0m,015 plus épaisses que les grands cadres afin de réserver la masse nécessaire, pour faire la sculpture.

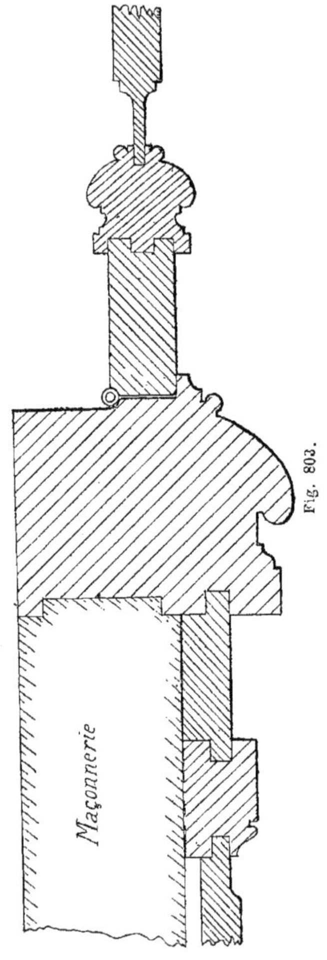

Fig. 803.

Les platebandes du haut et du bas sont élégies suivant les sinuosités données par ces sculptures.

Le pilastre aura 0m,038 d'épaisseur.

Il est à petits cadres, élégi d'une doucine avec tarabiscot, panneaux embrevés élégis d'une platebande à gorge au pourtour.

Ce panneau devra avoir 0m,01 de plus d'épaisseur qu'au plan. Il sera dérasé sur une partie de sa hauteur pour réserver des masses pour les sculptures en haut et en bas.

Le champ d'amortissement entre le chambranle et ce pilastre devra avoir 0m,025 d'épaisseur sur 0m,085 de largeur compris les languettes.

Le chambranle ravalé de moulures d'un côté à 0m,14 d'épaisseur sur 0m,12 de largeur avec nervures pour briques et rainure d'embrèvement pour le champ d'amortissement au dehors. Sur la face, il est élégi d'un gros boudin à baguette avec congé. Le listel est élégi en contre-bas de ce boudin avec doucine et carré entre les deux. En dedans, ce chambranle aura une feuillure pour la porte de 0m,80

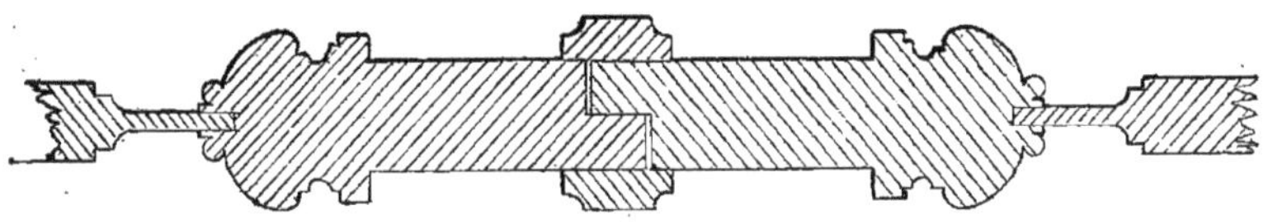

Fig. 80 .

de largeur et 0m,015 de profondeur; en plus et pour le développement de la porte est une autre feuillure de 0m,055 de largeur et 0m,008 de profondeur, avec gorge au fond pour le nœud de la paumelle. Ce chambranle est à cintre surbaissé en hauteur.

La figure 803 donne le plan du battant de rive de la porte avec le chambranle et amorce sur le pilastre.

Les cadres de ces battants de porte doivent être élégis dans la masse, car leur largeur de champ ne présenterait pas assez de solidité pour la grandeur de cette porte, s'ils étaient embrevés.

Sur l'arête intérieure de ce battant est poussé un congé pour recevoir le nœud de la paumelle.

Les élégis des battants devront être

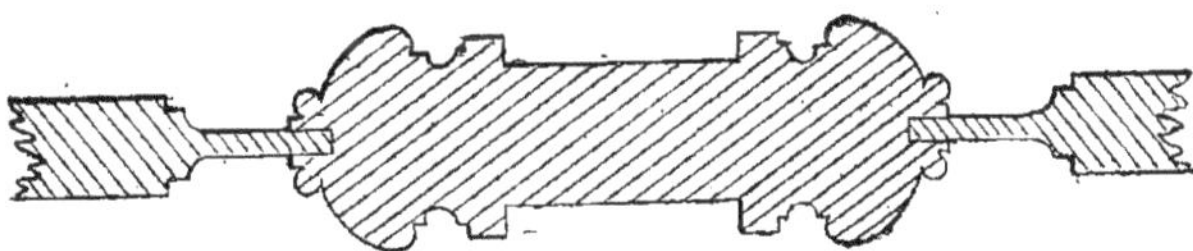

Fig. 805.

arrêtés au milieu pour que les crossettes sculptées des cadres restent prises dans la masse. Ces battants devront être débités plus larges et dérasés pour conserver le bois nécessaire pour la sculpture des crosses des panneaux du haut.

Ce panneau du haut devra être d'une seule longueur, et les platebandes à gorge et carré devront être élégies suivant les sinuosités de la sculpture.

Les couronnements sculptés à volute seront rapportés sur les élégis faits à travers bois dans le haut des panneaux.

Pour la frise, au-dessus de ces couronnements, on enlèvera la saillie du carré de la platebande pour que cette frise ne soit plus qu'à platebande à gorge, ainsi que l'indique l'élévation (*fig.* 801).

La figure 804 donne le plan sur les battants du milieu de cette porte dont les cadres sont élégis dans la masse, et les élégis arrêtés pour la sculpture comme il est dit dans les battants de rive ci-dessus.

De chaque côté il sera rapporté des battements de recouvrement élégis d'un congé sur chaque rive.

La figure 805 donne la coupe sur la traverse du milieu. Les moulures et sculptures seront prises dans la masse. Cette traverse sera découpée suivant le dessin donné, et sa largeur de $0^m,40$ pour se raccorder avec le grand cadre du haut à la naissance du cintre, et à fausse coupe d'onglet avec le grand cadre du panneau du bas.

Elle devra avoir $0^m,075$ d'épaisseur pour laisser la saillie nécessaire pour la sculpture.

Fig. 806.

La figure 806 donne la coupe et l'élévation de la partie haute du pilastre, avec son couronnement et amorce sur la partie circulaire du haut de ce couronnement.

La partie des panneaux d'écoinçons au-dessus de ce couronnement aura le même profil que celui du pilastre à l'extérieur, mais du côté du couronnement le petit cadre est supprimé, et c'est la plate bande qui vient s'embreuver dans la partie circulaire, et lui laisse, par conséquent, plus de saillie.

La traverse du bas de ces panneaux

d'écoinçon vient buter carrément et s'assembler dans le bout du couronnement.

Le champ d'amortissement se prolonge au même nu et se contourne suivant le découpage des parties sculptées du cadre intérieur.

Il portera feuillure pour recevoir le tableau peint ou sculpté du dessus de porte et le cadre devra être mobile.

Les agrafes sculptées des couronnements de pilastre seront rapportées et contre-profilées derrière suivant le profil du couronnement et du bâtis à petit cadre de ce pilastre.

La grosse agrafe du haut sera rapportée et profilée derrière suivant la saillie des moulures de la partie basse de la corniche.

## CROISÉES

**802.** Les croisées, en général, servent à boucher les ouvertures réservées dans les façades des maisons, pour donner du jour et de l'air dans les différentes pièces.

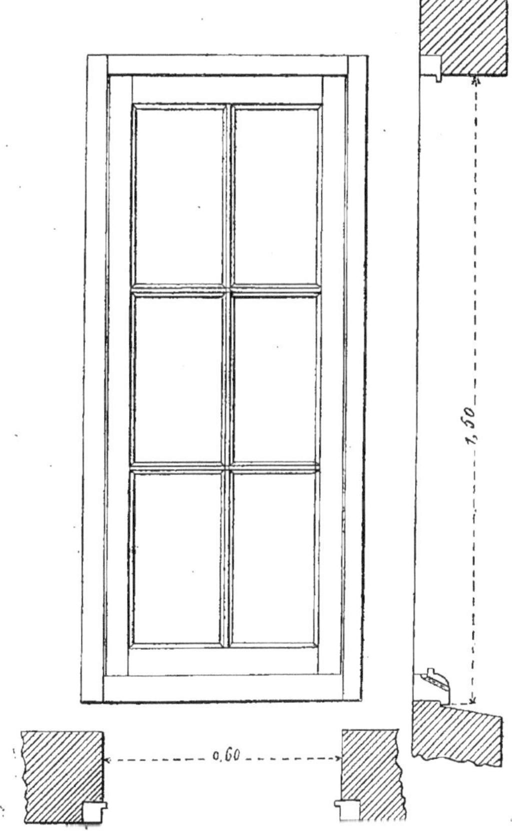


Fig. 807 à 809.

Il y en a de différents genres.

A la campagne, les croisées ont généralement de petites dimensions, par exemple 1m,20 à 1m,50 de hauteur sur 0m,80 à 1 mètre de largeur.

**Premier exemple.**

**803.** Nous étudierons, comme premier type simple, une croisée à un vantail, de 1m,50 de hauteur sur 0m,60 de largeur en tableau, ayant six carreaux formés par deux traverses de petits bois et un petit bois montant au milieu (*fig.* 807). Les dormants sont en 0m,034 carré, élégis d'une feuillure de 0m,035 × 0m,013 de profondeur pour le côté ouvrant ; d'une noix et d'un congé pour le côté des fiches ou des paumelles.

Ces dormants devront avoir 1m,55 de longueur pour se placer dans la feuillure de la maçonnerie qu'on doit toujours ajouter à la mesure prise en tableau.

Il en est de même pour la traverse dormante et la pièce d'appui qui devront avoir 0m,70 de longueur.

Les dormants et la traverse dormante ne devront saillir à l'intérieur du tableau que d'un centimètre ; cette saillie, indiquée en plan (*fig.* 808), s'appelle le *cochonnet.*

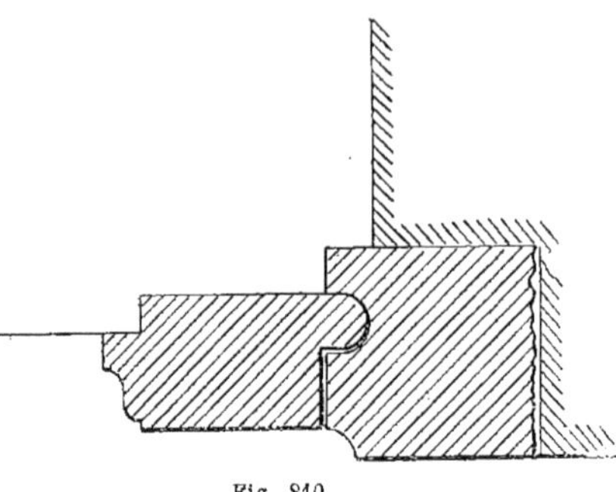

Fig. 810.

La pièce d'appui est en chêne de 0m,075 carré, élégie d'une feuillure dans laquelle on pousse une gorge à deux pentes, plus creuse au milieu, appelée

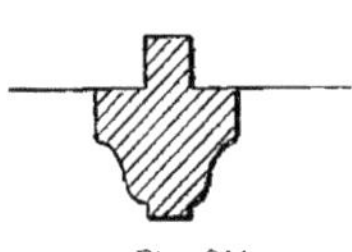

Fig. 811.

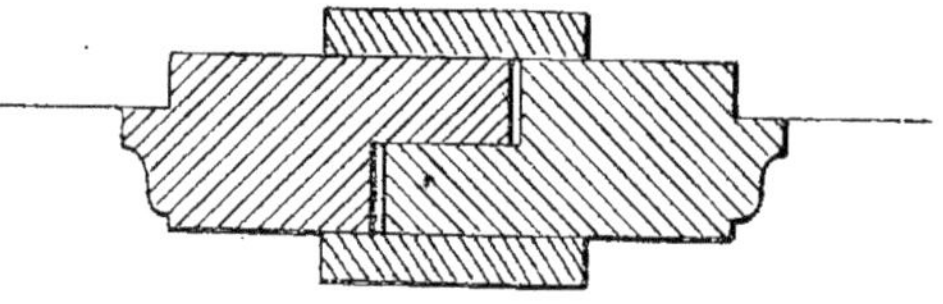

Fig. 812.

*rigole* et percée d'un trou pour recevoir le *tube de buée* renvoyant les eaux au dehors.

Dans les tableaux en pierre, pour éviter le calfeutrement en plâtre, on fait sous la pièce d'appui une feuillure de 0m,035 de largeur sur 0m,01 de profondeur appelée *regingot* et qui reçoit la saillie laissée dans la pierre (*fig.* 809).

Le châssis se compose de deux battants, qui doivent avoir 0m,034 d'épaisseur sur 0m,07 de largeur. Celui de droite est élégi d'une feuillure avec contre-noix arrondie, et doit recevoir les fiches ou les paumelles entaillées sur le champ du côté intérieur ; il se compose d'une feuillure à verre et d'un talon (*fig.* 810).

Le jet d'eau, a 0m,075 de largeur sur 0m,065 d'épaisseur ; il est élégi d'une grande doucine en dehors, d'un talon, d'une feuillure à verre au dessus, et d'une feuillure et d'un larmier en dessous, pour la pièce d'appui (*fig.* 195, C).

Les petits bois ont 0m,034 d'épaisseur sur 0m,027 de largeur et sont élégis de chaque côté d'un talon et d'une feuillure à verre (*fig.* 811).

Lorsque les jets d'eau et les pièces d'appui n'existent pas et sont remplacés par des traverses, ces menuiseries prennent le nom de *châssis avec dormant.*

**804.** Les croisées à deux vantaux peuvent s'ouvrir à feuillure (*fig.* 812) ou à gueule de loup. Cette dernière fermeture est préférable, parce qu'elle maintient mieux l'ensemble des deux vantaux; c'est seulement lorsqu'on ne désire ouvrir qu'une partie ou qu'un côté de croisée, qu'on fait l'autre à feuillure, en y rapportant une côte pour simuler l'apparence d'une gueule de loup.

#### Deuxième exemple.

**805.** La figure 813 représente une croisée à deux vantaux avec deux petits bois formant trois carreaux égaux. Sa hauteur est de 2 mètres, et sa largeur de 1 mètre en tableau.

Les dormants à noix et à congé devront avoir $2^{m},05$. La traverse du haut et la pièce d'appui ont $1^{m},10$ de longueur.

Les détails des battants, gueule de loup, jet d'eau et pièce d'appui sont donnés (*fig.* 195) en A, B et C, et les petits bois comme ci-dessus (*fig.* 811).

#### Troisième exemple.

**806.** On fait aussi des croisées à un ou deux vantaux avec un seul petit bois à hauteur d'appui. Ce petit bois a de $0^{m},04$ à $0^{m},06$ de largeur.

La hauteur d'appui est ordinairement de 1 mètre au-dessus du parquet.

La figure 814 représente une croisée semblable, comme dimensions, à celle de la figure 813, mais on doit, pour la pose de la croisée, tenir compte de la hauteur *d'alège*, c'est-à-dire de la partie de la maçonnerie entre le dessous de la croisée et le dessus du parquet que nous supposons être de $0^{m},40$.

Pour le tracé en hauteur de cette croisée, on déduira ces $0^{m},40$ de la hauteur d'appui qui est de 1 mètre; il reste donc $0^{m},60$ du dessous de la pierre d'appui au-dessus du petit bois, soit, pour le tracé sur les battants, $0^{m},54$ du dessous du jet d'eau, la pièce d'appui comptant pour $0^{m},06$ de hauteur.

Les carreaux, au-dessus du petit bois, ayant une grande dimension doivent être en verre double, les feuillures à verre devront avoir $0^{m},015$ de largeur et le bois du châssis être en $0^{m},041$ d'épaisseur.

Pour maintenir ces verres et remplacer le mastic (*fig.* 815), on peut poser des quarts de rond de $0^{m},01$, cloués en feuillure avec coupes d'onglet dans les angles. Ce travail est plus propre, et la dépose et la repose en sont plus faciles en cas de remplacement.

Fig. 813.

L'épaisseur de $0^{m},041$ des châssis, pour des dormants de $0^{m},054$, nécessite en contreparement aux traverses du haut et aux battants de fiche une contre-feuillure, comme l'indique la figure 816.

**807.** Lorsque la hauteur de ces croisées est grande, on peut y mettre des petits bois d'imposte qui ont la même dimension que ceux d'appui. Les carreaux d'imposte seront alors carrés.

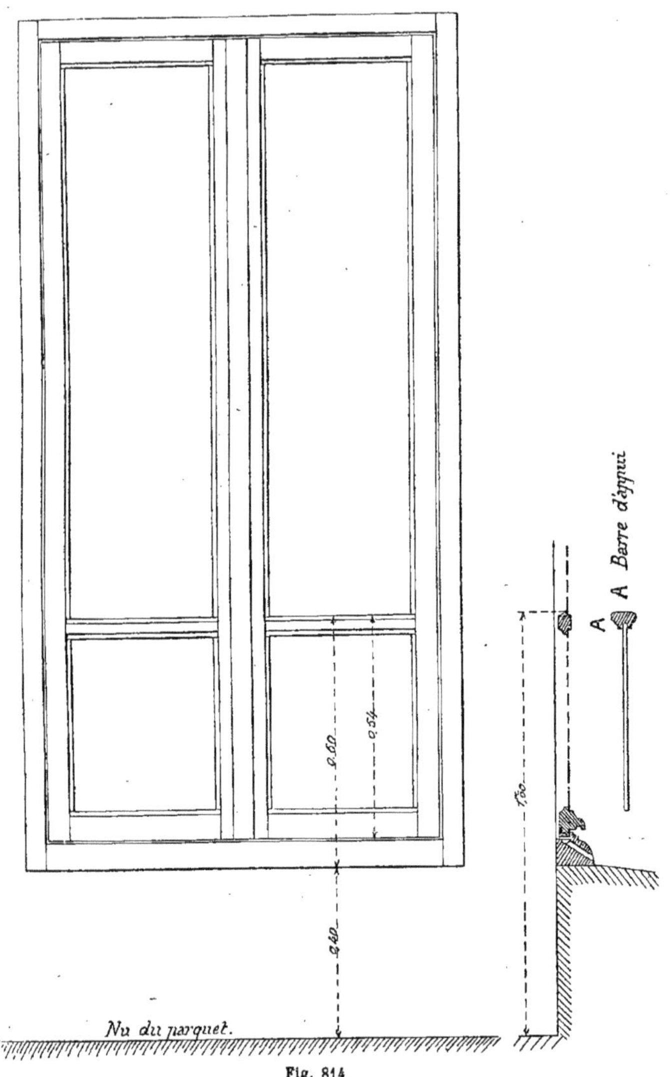


Fig. 814

**Quatrième exemple.**

**808.** La figure 817 représente une croisée avec une imposte d'un seul carreau, de forme rectangulaire, et un petit bois à hauteur d'appui.

Cette imposte peut être dormante ou

ouvrir à soufflet en la ferrant sur la traverse d'imposte.

La figure 818 donne la coupe sur cette traverse d'imposte, laquelle affleure les dormants.

Dans la feuillure du dessus de cette traverse, on poussera une rigole à deux pentes dirigées vers un trou percé au milieu, comme à une pièce d'appui.

La traverse du bas du châssis d'imposte a une contre-feuillure ; dans certains cas, cette traverse peut être remplacée par un jet d'eau.

La figure 819 donne une autre coupe sur traverse dormante d'imposte, mais avec saillie moulurée en dehors ; elle a $0^m,10$ carrés.

Cette saillie flotte sur le nu extérieur des dormants ; cet assemblage flotté devra être incrusté.

Les impostes peuvent être ouvrantes à deux vantaux, et le prolongement de la gueule de loup être remplacé par un montant dormant appele *meneau* avec une feuillure de chaque côté, ce qui permet, l'imposte étant fermée avec un loqueteau (*fig.* 820), de l'ouvrir du bas.

Si l'imposte était à gueule de loup, il faudrait se servir d'une échelle pour l'ouvrir.

## Profils de moulures de croisées.

**809.** Les profils des traverses d'im-

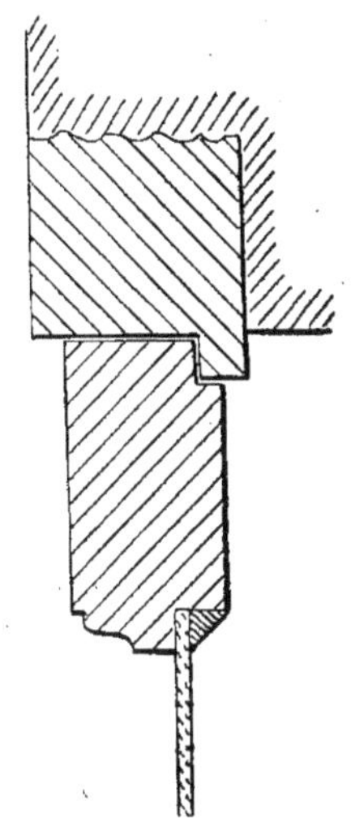

Fig 815.

poste ainsi que ceux des châssis vitrés peuvent être plus ou moins compliqués, nous l'indiquons (*fig.* 821 et 821 *bis*) en repré-

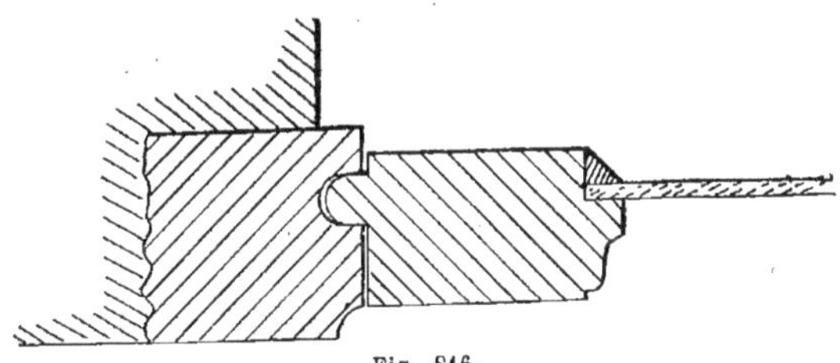

Fig. 816.

sentant les différents genres de ces profils.

La figure 821, A, donne le profil d'un montant de châssis sans moulures, mais avec chanfrein, fait au ciseau sur l'arête et arrêté à chaque extrémité aux feuillures 2 verre.

La coupe (*fig.* 821, B) représente un châssis mouluré d'un congé et d'une feuillure à verre.

Figure 821, C, châssis mouluré d'un congé, avec carré et feuillure à verre ;

Figure 821, D, châssis mouluré d'une baguette et d'une feuillure à verre ;

Figure 821, E, châssis mouluré d'une baguette retournée sur la rive et feuillure à verre ;

Figure 821, F, châssis mouluré d'un quart de rond et feuillure à verre ;

Figure 821, G, chassis mouluré d'un talon ordinaire avec feuillure à verre ; c'est la moulure qui est la plus usitée ;

Figure 821, H, châssis mouluré d'un

talon avec tarabiscot et feuillure à verre ;

Figure 821, I, châssis mouluré d'un pœs-

Fig. 817.

tum avec tarabiscot et feuillure à verre ;

Figure 821, J, châssis mouluré d'un quart de rond avec carré en dehors et feuillure à verre ;

Figure 821, JJ, profil d'un petit bois de châssis du profil J, mais le carré en dehors supprimé ;

Figure 821, K, châssis mouluré d'un talon avec baguette retournée en dehors et feuillure à verre ;

Figure 821, L, châssis mouluré avec talon à tarabiscot et carré en dedans à feuillure à verre ;

Figure 821, M, châssis mouluré d'un

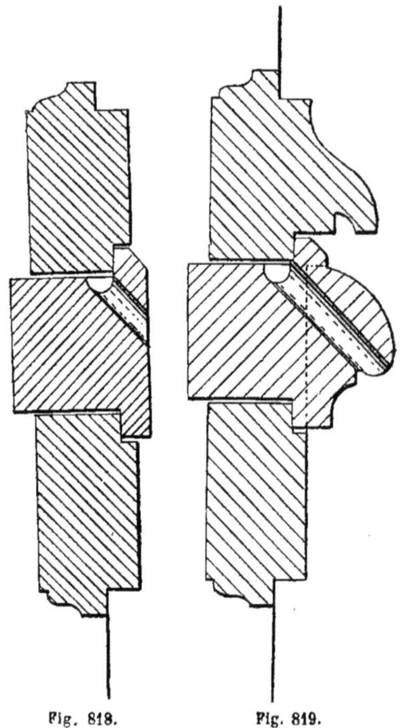

Fig. 818. Fig. 819.

congé avec quart de rond en dehors et feuillure à verre ;

Figure 821, MM, profil du petit bois du châssis mouluré M avec suppression du quart de rond ;

Figure 821, N, châssis mouluré d'un quart de rond rapporté pour vitrer en dedans ;

Figure 821, NN, profil du petit bois du châssis mouluré N avec suppression du carré en dehors. A l'intérieur, petite moulure rapportée, profilée de deux quarts de rond et d'une rainure pour l'embrever dans le petit bois.

Ce petit bois est élégi en plus de deux feuillures formant languette pour recevoir la moulure rapportée qui est vissée derrière ;

Figure 821 *bis*, O, châssis mouluré d'un petit congé avec doucine à baguette retournée en dehors et feuillure à verre ;

Figure 821 *bis*, OO, profil du petit bois du châssis mouluré O ayant la même moulure ;

Figure 821 *bis*, OOO, profil de ce même petit bois, mais avec suppression de la baguette ;

Figure 821 *bis*, P, châssis avec moulure embrevée profilée d'un quart de rond et d'une doucine avec baguette en saillie en dehors, profil très riche ;

Cette moulure peut être en bois noir verni ou ciré, embrevée dans le châssis, qui peut être en chêne ou en noyer, également verni ou ciré.

A l'intérieur, une autre moulure avec quart de rond et baguette à recouvrement pour cacher le joint.

La figure 821 *bis*, PP, profil du petit bois du châssis de la figure P, mais avec suppression de la baguette en saillie.

A l'intérieur, moulure double rapportée profilée de deux quarts de rond et deux baguettes se raccordant avec la moulure simple rapportée sur les vivres. Elle est embrevée et vissée comme la moulure NN.

Ce genre de travail rentre dans les travaux d'art et demande à être très soigné par la quantité de petits corps de moulures qui doivent parfaitement se raccorder.

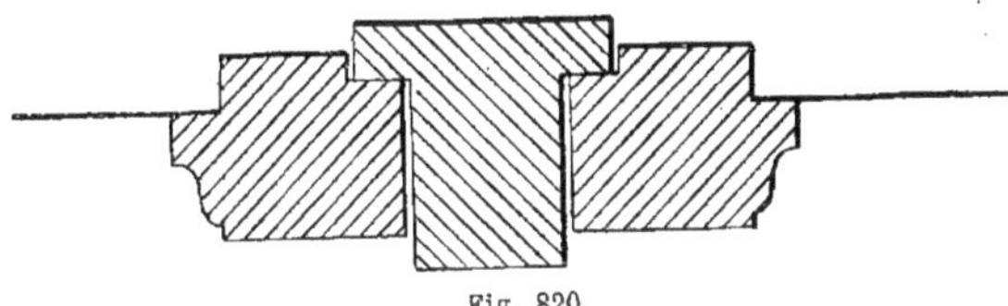

Fig. 820.

La figure 821 *bis*, Q, donne le plan, sur une gueule de loup moulurée de deux élégis et arrondis en dehors ; cette moulure doit être contrefilée en haut, mais non sur le jet d'eau en bas, sur lequel elle doit flotter.

La figure 821 *bis*, R, donne un autre genre de gueule de loup moulurée en dehors, profilée d'un carré et de congé de chaque côté, qui doivent aussi être contreprofilés en haut.

Ces moulures peuvent varier presque à l'infini, et en les contre-profilant sur la hauteur, pour représenter deux ou trois panneaux formant tables saillantes de différentes grandeurs, on peut faire aussi riche que possible, suivant le prix qu'on désire mettre.

Nous donnerons un aperçu de la valeur de ces différents travaux dans le détail de métré qui sera publié plus loin.

La figure 821 *ter* donne l'élévation et la coupe verticale sur une traverse d'imposte décorée avec amorce sur l'imposte et la partie haute des châssis vitrés.

Cette traverse d'imposte affleure les dormants et a 0$^{m}$,054 d'épaisseur sur 0$^{m}$,20 de largeur, élégie par le haut d'une feuillure pour l'imposte et d'une petite pente au dehors sous le jet d'eau.

Sur la face on poussera deux élégis de 0$^{m}$,015 pour former platebande et deux congés pour former petit cadre, et de chaque bout on rapportera deux parcloses moulurées du même congé sur le nu de l'élégi formant platebande contreprofilée de chaque extrémité.

Pour allégir le panneau, on l'élégira sur sa largeur d'un centimètre en contre-bas du nu de la traverse.

Au milieu, pour former médaillon avec panneau de chaque côté, on fera deux

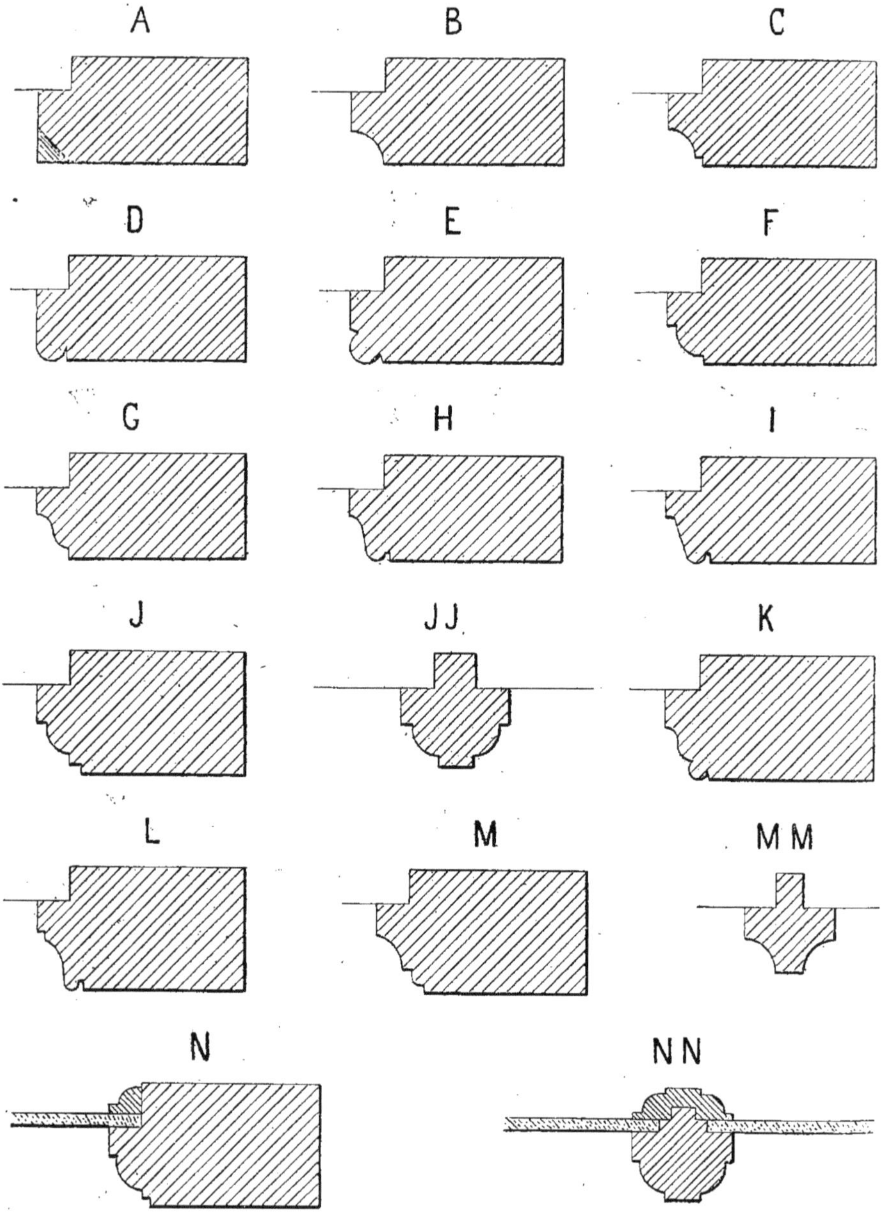

A B C D E F G H I J JJ K L M MM N NN

Fig. 821.

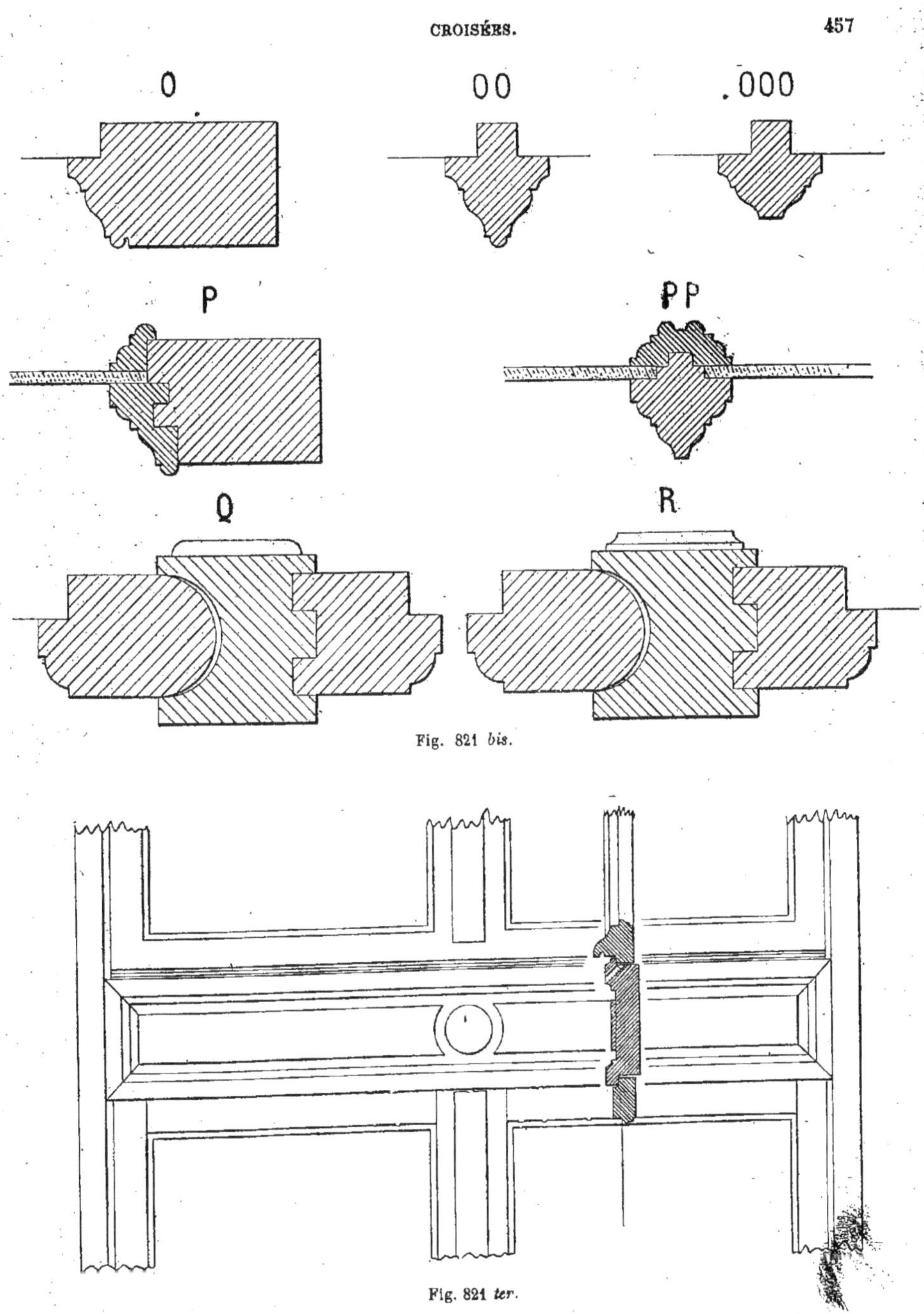


Fig. 821 *bis*.

Fig. 821 *ter*.

élégis circulaires au nu de la platebande, ainsi qu'il est indiqué à l'élévation et en pointillé sur la coupe.

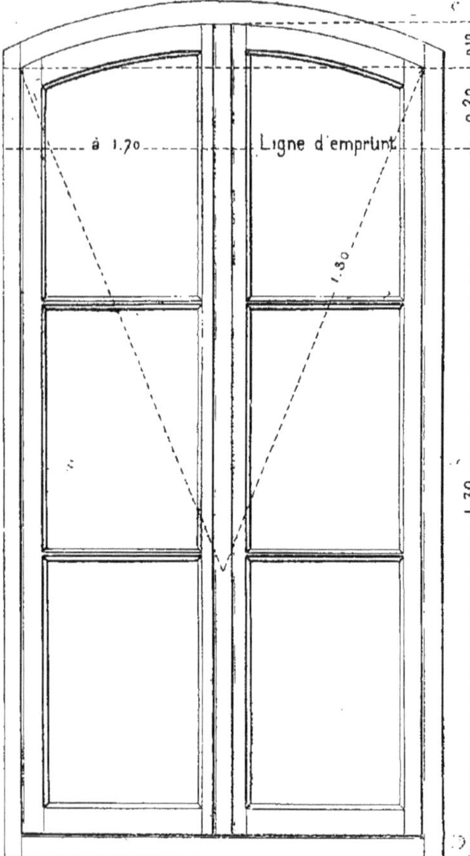


Fig. 822.

**Cinquième exemple. — Croisée cintrée en élévation.**

**810.** La figure 822 donne la vue de face d'une croisée cintrée en élévation ou cintre surbaissé, de 2 mètres de hauteur à la flèche et 1$^{m}$,90 à la naissance du cintre, sur 1 mètre de largeur, mesure prise en tableau.

Les détails étant les mêmes que ceux donnés pour la croisée représentée en croquis (*fig.* 813) avec deux petits bois en hauteur nous n'y reviendrons pas.

La division des petits bois doit se faire sur le battant du milieu, la différence du cintre est en moins sur le carreau du haut.

Pour exécuter cette croisée, on doit en faire le plan de largeur, soit 1 mètre, sur un feuillet (*fig.* 823); en diminuant de chaque côté 0$^{m}$,01 pour le cochonnet, il restera 0$^{m}$,98 du dedans des dormants, auxquels il faut ajouter 0$^{m}$,05 de chaque côté pour la profondeur des feuillures faites dans la maçonnerie.

On trace ensuite l'axe à 0$^{m}$,50, et sur cette ligne d'axe à 0$^{m}$,05 du bord du feuillet on fait un point marquant la flèche, puis, à 0$^{m}$,10 au dessous et sur les lignes de tableau, un point de chaque côté marquant la naissance.

On fait passer par ces trois points une ligne courbe qui donnera exactement le cintre de la baie de croisée dont le rayon est 1$^{m}$,30, obtenu par l'opération déjà donnée dans le vocabulaire (*fig.* 153) au mot *axe*.

En conservant la pointe sur l'axe au point de centre on ouvre le compas de 0$^{m}$,05 et on trace la ligne de fond de feuillure ou dehors de la traverse dormante; ensuite, en prenant une longueur de 1$^{m}$,29, on trace la ligne du cochonnet ou bord de la traverse dormante. La ligne du tableau sera le fond de feuillure de la traverse.

Les traverses de châssis étant supposées avoir 0$^{m}$,07 de largeur, on fermera le compas à 1$^{m}$,23, on tracera le bord des traverses de châssis, et à 0$^{m}$,01 au-dessus la ligne de la moulure.

La coupe horizontale des dormants, châssis et gueule de loup de la croisée étant faite sur une ligne d'emprunt tracée à 0$^{m}$,30 en contre-bas de la flèche, la rencontre de ces lignes verticales avec celles cintrées donnera les fausses coupes des traverses de châssis et des dormants, qu'il n'y a qu'à relever en les présentant sur le plan pour la largeur.

Pour la hauteur, on tracera sur le dormant la pièce d'appui au bas et on reportera la ligne d'emprunt à 1$^{m}$,70 portée à

$0^m30$ en contre-bas de la flèche au plan ; on présentera le dormant sur le plan et on tracera en dedans et en dehors le nu de la traverse au fond de feuillure le dehors de ce dormant.

Sur le battant mouton, qu'on tracera comme pour une croisée ordinaire, la division des petits bois étant égale, on reportera la ligne d'emprunt à $1^m,70$, prise sur le dormant, ainsi que sur les battants de fiches,

Sur le plan avec cette ligne d'emprunt, on tracera les traverses de châssis en dedans et en dehors, et on déduira l'épaulement du tiers de la largeur des traverses.

Sur le plat des battants de fiches, avec une fausse équerre, on tracera au crayon la pente des mortaises; *il faudra bien suivre cette pente en perçant les mortaises.*

La fausse coupe d'onglet de la moulure est obtenue sur le plan par la rencontre des deux lignes de traverse et de battant avec celles de la largeur de la moulure.

**Sixième exemple. — Croisée plein cintre ou cintrée en archivolte.**

**811.** La figure 824 donne l'élévation d'une croisée plein cintre ouvrant à deux vantaux avec deux petits bois sur la hauteur.

Elle a 2 mètres de hauteur sur 1 mètre de largeur en tableau. On procédera comme pour la croisée cintrée détaillée, ci-dessus, et le plan en est plus facile, attendu que, cette croisée ayant 1 mètre en tableau, l'axe ou le rayon est $0^m,50$, et la ligne d'emprunt sera à $1^m,50$ pour le tracé en hauteur.

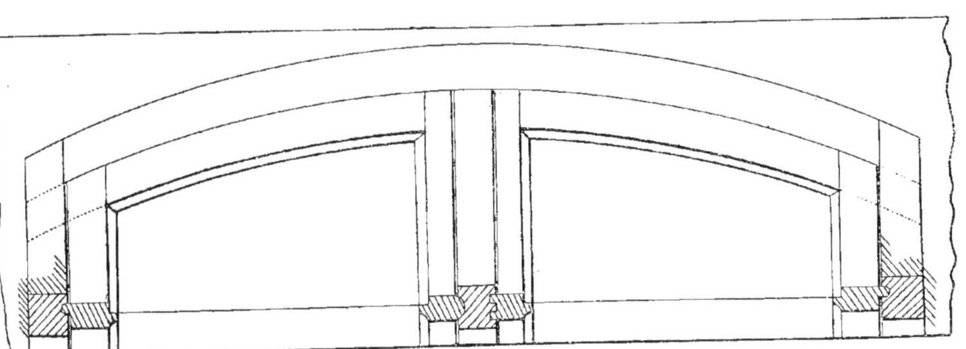

Fig. 823.

L'assemblage des traverses cintrées avec les battants de rive se fera à enfourchement, le tenon pris dans les bois du battant, et l'enfourchement dans la traverse ; le tenon épaulé en dedans de $0^m,02$ pour la moulure et pour la feuillure.

L'arasement sera à la naissance du cintre donné par la ligne d'emprunt (*fig.* 825).

La division des petits bois étant faite sur un des battants du milieu, il n'y a qu'à reporter ces traits sur les battants de rive pour marquer leur emplacement, et ils maintiennent exactement l'écartement des battants.

**Speptième exemple. — Croisée cintrée en archivolte avec imposte.**

**812.** La figure 826 représente l'élévation d'une croisée plein cintre, mais avec imposte dont le dessus de la traverse dormante doit être placé à la naissance du cintre.

Cette imposte peut être dormante ou ouvrir à soufflet. Elle se compose d'un jet d'eau au bas de la traverse de châssis cintré et de trois petits bois rayonnants, assemblés entre cette traverse et nne petite partie demi-circulaire assemblée au milieu du jet d'eau et appelée *trompillon*.

Ce trompillon doit avoir au moins la

largeur des battants réunis du milieu de la croisée, soit $0^m,14$, et dont il est le prolongement.

Le fil du bois doit être le même que celui du jet d'eau dont il fait partie.

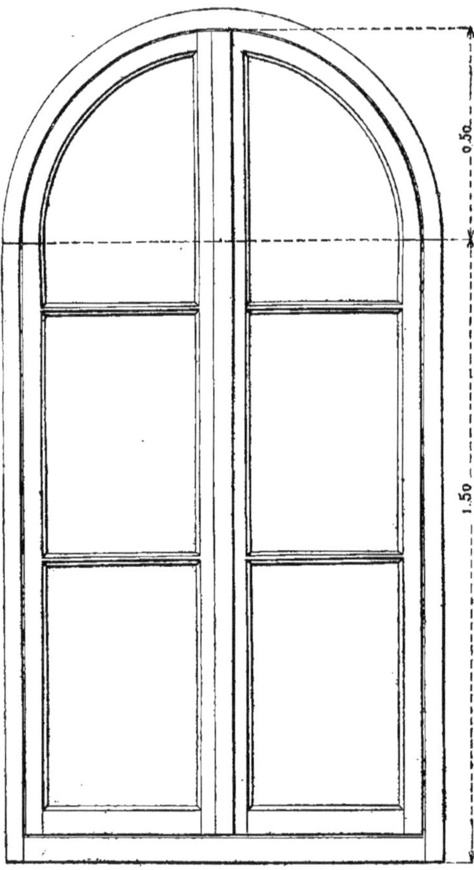


Fig. 824.

Le plan de cette imposte est facile à faire, et le tracé des bois se relève sur ce plan.

**813.** Lorsque la grandeur de l'imposte l'exige et pour faire de petits carreaux, les petits bois rayonnants peuvent être divisés en deux par un petit bois circulaire (*fig.* 827).

Pour les assembler, on devra faire les enfourchements dans les petits bois cintrés, les petits bois rayonnants devant rester d'une seule longueur pour plus de solidité.

**Huitième exemple. — Imposte cintrée en archivolte.**

**814.** Dans le cas où la gueule de loup et les battants du milieu se prolongeraient

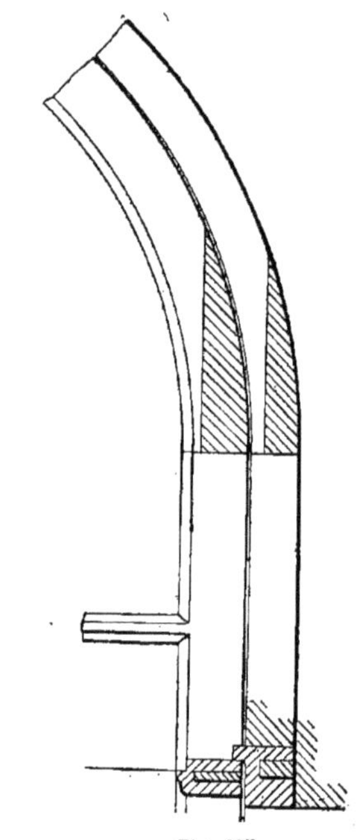

Fig. 825.

dans la hauteur de l'imposte, comme l'indique l'élévation (*fig.* 828), le trompillon est supprimé, car les carreaux du bas seraient trop petits.

Les petits bois rayonnants sont alors coupés, et le petit bois cintré est d'un seul morceau.

Comme l'indique la figure, il y a quatre carreaux dans le bas et six dans le haut. Les enfourchements sont alors faits dans les petits bois rayonnants.

**Neuvième exemple. — Croisée cintrée, en ovale.**

**815.** Le tracé de la croisée cintrée en

ovale (*fig.* 829) se fait comme celui des autres croisées cintrées; mais, pour en faire le plan, il faut relever un calibre découpé suivant le contour du cintre du

Fig. 826.

tableau, car il y a plusieurs manières de tracer l'ovale; la hauteur de la flèche et la largeur du cintre ne suffisent pas pour le tracé.

Après avoir indiqué le contour de ce calibre sur le plan, on cherche les deux axes ou, quelquefois, les trois axes ou foyers de cet ovale, car les arasements des assem-

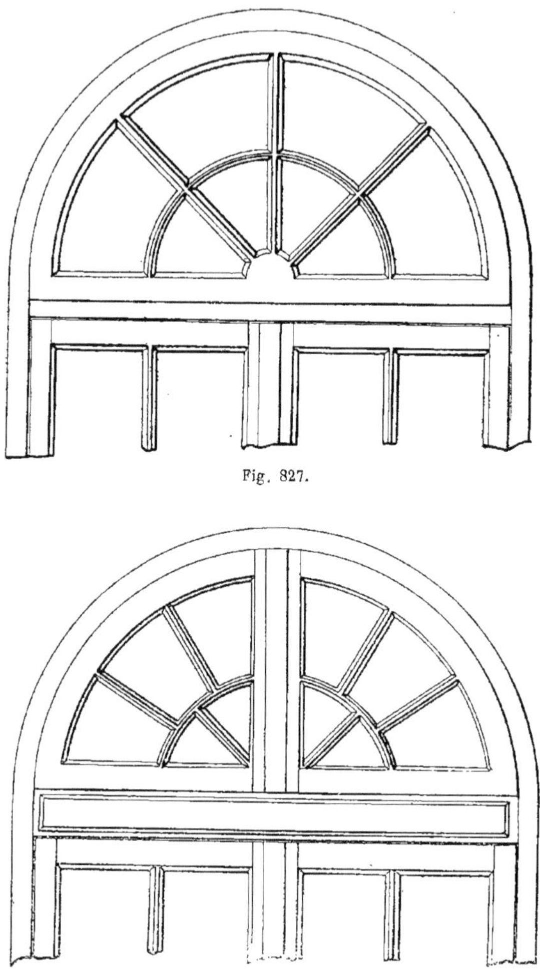

Fig. 827.

Fig. 828.

blages des traverses cintrées des châssis, si elles sont en deux morceaux, doivent tirer à un de ces centres ou axes.

L'assemblage du battant de fiche et de la traverse cintrée se fait comme à la croisée cintrée en archivolte.

**Dixième exemple. — Croisée à quatre vantaux.**

**816.** Dans les baies où les croisées sont très larges, on dispose ces croisées à trois ou à quatre vantaux.

La figure 830 représente une croisée à quatre vantaux dont les deux du milieu s'ouvrent à gueule de loup comme une croisée ordinaire; les deux autres vantaux sont dormants, fixes, ou ouvrant à feuillures.

Les montants dormants du milieu s'appellent *meneaux* et sont de la même dimension que la gueule de loup s'ils sont dormants (*fig.* 831), et de 0m,013 plus larges s'ils sont ouvrants (c'est-à-dire de la feuillure en plus) (*fig.* 832).

Pour l'exécution de ces croisées le tracé est le même que pour celles à deux vantaux déjà détaillées.

**Onzième exemple. — Croisées doubles.**

**817.** Pour conserver la chaleur dans les appartements et en rendre la fermeture plus complète, on peut mettre dans

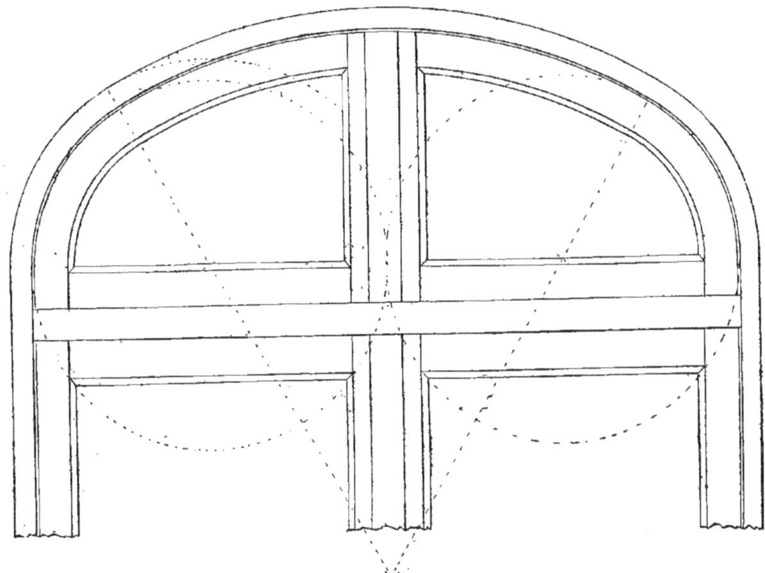

Fig. 829.

l'épaisseur du tableau une croisée double dont le tracé est le même que pour une croisée ordinaire et ne diffère que par la largeur des dormants et des traverses dormantes, si cette croisée doit développer en dedans.

La figure 833 donne le plan sur les dormants et les châssis d'une croisée ordinaire et de la croisée double posée dans l'épaisseur du mur.

Les châssis de la croisée double développeront à l'équerre, le dormant ayant 0m,07 de largeur (*fig.* 834)

La traverse dormante du haut devra avoir 0m,04 de largeur, et celle du bas 0m,09 pour que les châssis de la croisée double développent facilement à l'intérieur, au-dessus de la pièce d'appui de la croisée ordinaire quand celle-ci est ouverte (*fig.* 835).

**Double rigole de pièce d'appui.**

**818.** Pour renvoyer, autant que possible, l'eau produite par la buée sur les carreaux des croisées, on peut faire à la pièce d'appui une double rigole à deux

Fig. 830.

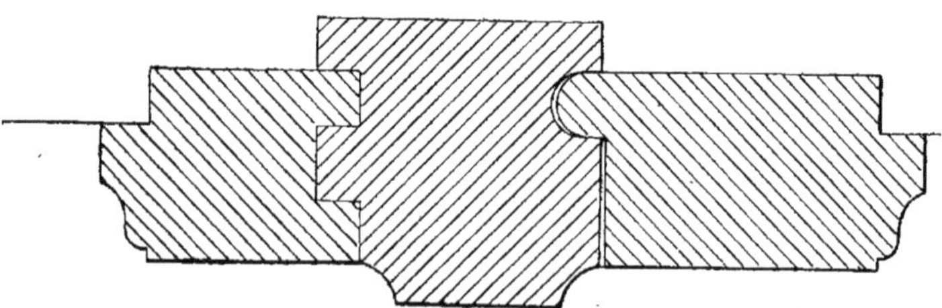

Fig. 831.

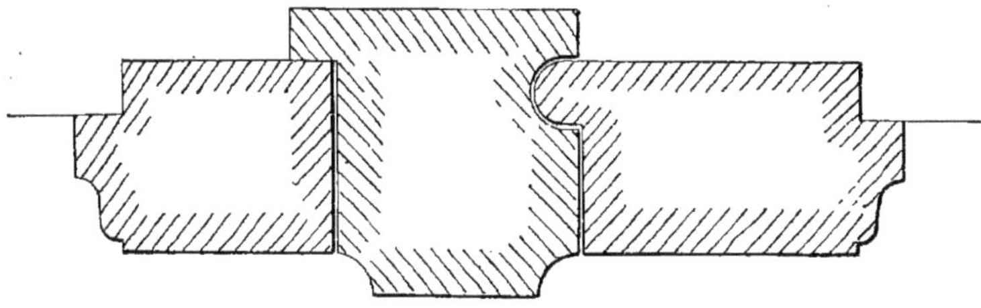

Fig. 832.

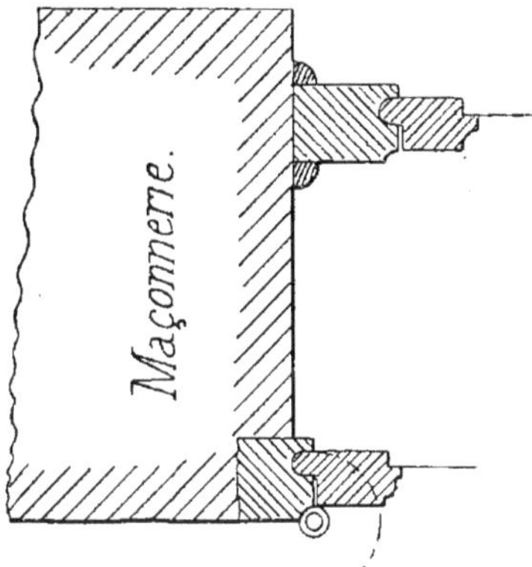


Fig. 833.

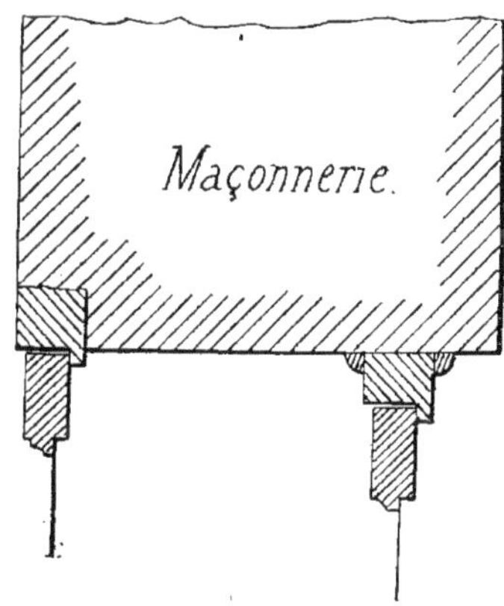


Fig. 834.

pentes (*fig.* 836), à la pièce qui reçoit cette eau et la renvoie au dehors par une entaille faite au milieu et réunissant les deux rigoles, en face du trou dans lequel est le tube de buée.

**819.** Pour remplir le même but, on emploie aussi des pièces d'appui en fer, d'un nouveau modèle, système Guipet,

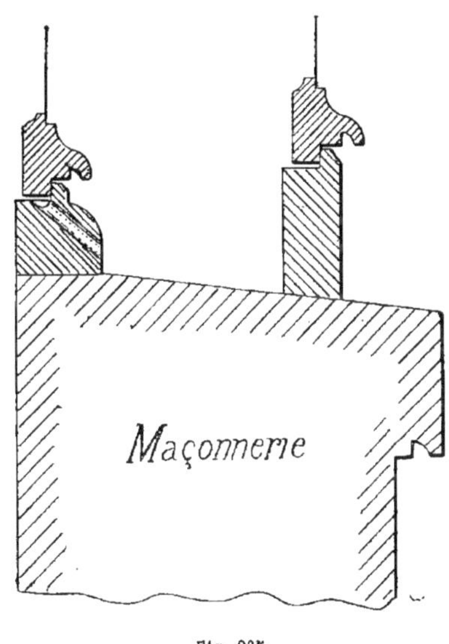


Fig. 835.

laissant à l'intérieur un petit rebord de $0^{m},002$ de saillie, au-dessus de la feuillure de la pièce d'appui (*fig.* 837), et qui est suffisant pour renvoyer l'eau dans la rigole et dans le trou de cette pièce d'appui.

C'est un des meilleurs modèles que nous ayons jusqu'à présent. Cette pièce d'appui se fixe sous les dormants au moyen de deux vis à tête fraisée. Le dessous de chaque montant, et le bout de ces montants est

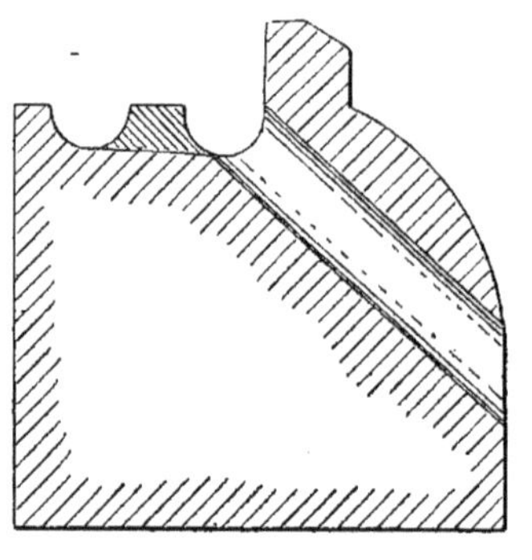

Fig. 836.

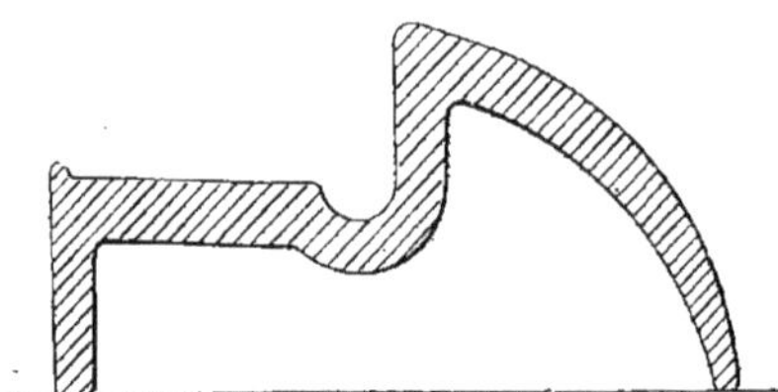

Fig. 837.

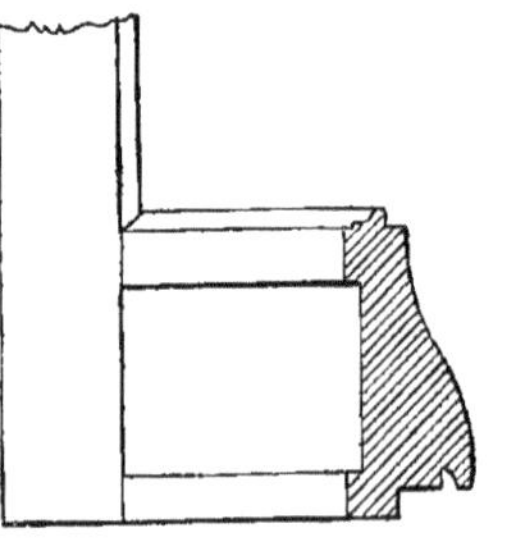

Fig. 838.

découpé suivant la feuillure et la rigole de la pièce d'appui.

## Portes-croisées.

**820.** Les portes-croisées donnent, presque toujours, accès sur un balcon et comportent, dans le bas, un soubassement plein dont la hauteur règne avec les alèges des croisées.

Il est généralement bas et varie entre

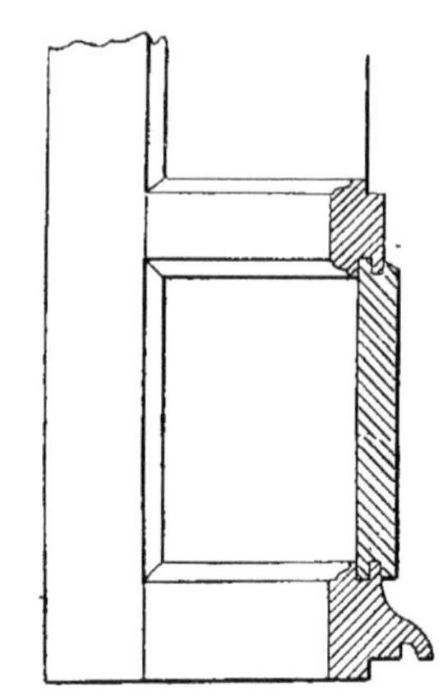

Fig. 839.

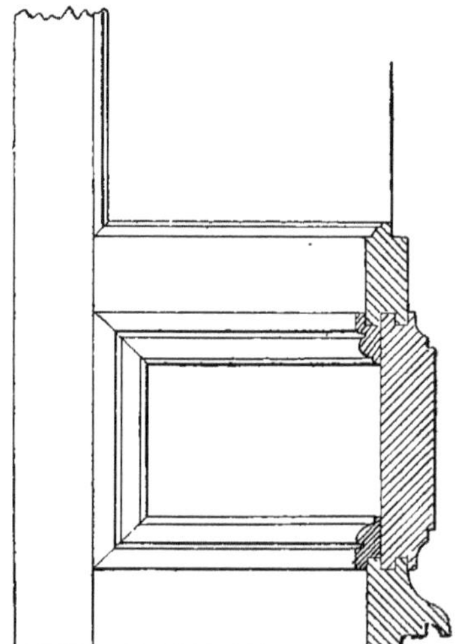

Fig. 840.

$0^m,30$ et $0^m,50$ de hauteur, quelquefois moins.

La pièce d'appui en bois est alors supprimée et remplacée par une pièce d'appui en fer de $0^m,025$ à $0^m,035$ de hauteur.

Il y a différentes manières de faire ces appuis de portes-croisées.

Lorsqu'il peut être bas, le jet d'eau a $0^m,16$ de hauteur pris dans de la membrure sur $0^m,075$ d'épaisseur.

Ainsi que l'indique la figure 838, il est ravalé en dehors d'une grande doucine, et à l'intérieur d'un élégi qui forme panneau renfoncé.

On le fait aussi à petit cadre et à table saillante (*fig.* 839). La moulure du châssis est poussée jusqu'au bas sans interruption, et le panneau peut varier de $0^m,20$ à $0^m,30$ de largeur. Une pente est abattue en dehors à la partie haute de la table saillante, pour faciliter l'écoulement de l'eau.

Il faut avoir soin d'arrêter la feuillure et la rainure à la traverse du milieu ; cette traverse devra avoir de $0^m,07$ à $0^m,08$ de largeur.

**821.** La figure 840 donne la coupe sur un appui de porte-croisée à grand cadre, avec le panneau à table saillante moulurée en dehors. Ce soubassement est plus riche que le précédent.

La feuillure à verre et la moulure sur

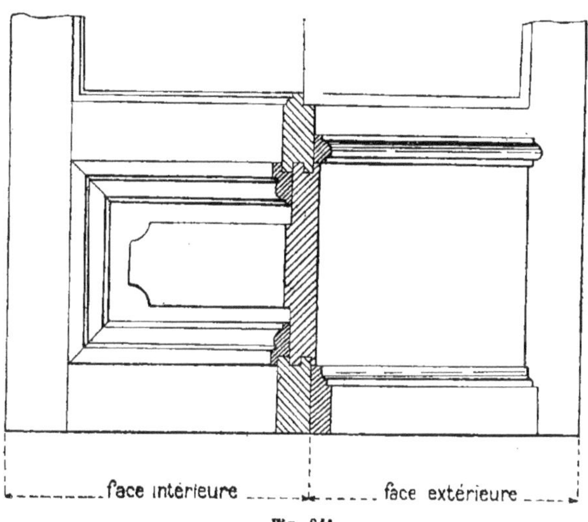


Fig. 841

les battants de châssis devront être arrêtées à la traverse d'appui; une rainure d'embrèvement aussi arrêtée devra être poussée dans la partie basse pour recevoir le panneau à table saillante.

La moulure formant grand cadre sera rapportée et la feuillure de recouvrement derrière devra avoir la même profondeur que la moulure des châssis au dessus, afin de laisser les champs réguliers.

Ainsi que l'indique la figure 841, la table saillante est élégie au pourtour d'un congé plat de $0^m,02$ et d'un carré.

On peut aussi, à l'intérieur, orner ces panneaux d'appui de plates-bandes plus ou moins riches, avec crossette ou encore, au dehors, sur la table saillante avec couronnement d'une cimaise contre-profilée de chaque bout rapportée au dessus et d'une plinthe moulurée et contre-profilée à l'emplacement du jet d'eau (*fig.* 841).

## Persiennes, persiennes brisées et tapées rapportées sur les dormants des croisées.

**822.** La figure 842 donne l'élévation d'une persienne à un vantail dont le bâtis est en $0^m,034$ d'épaisseur, et les lames en $0^m,012$.

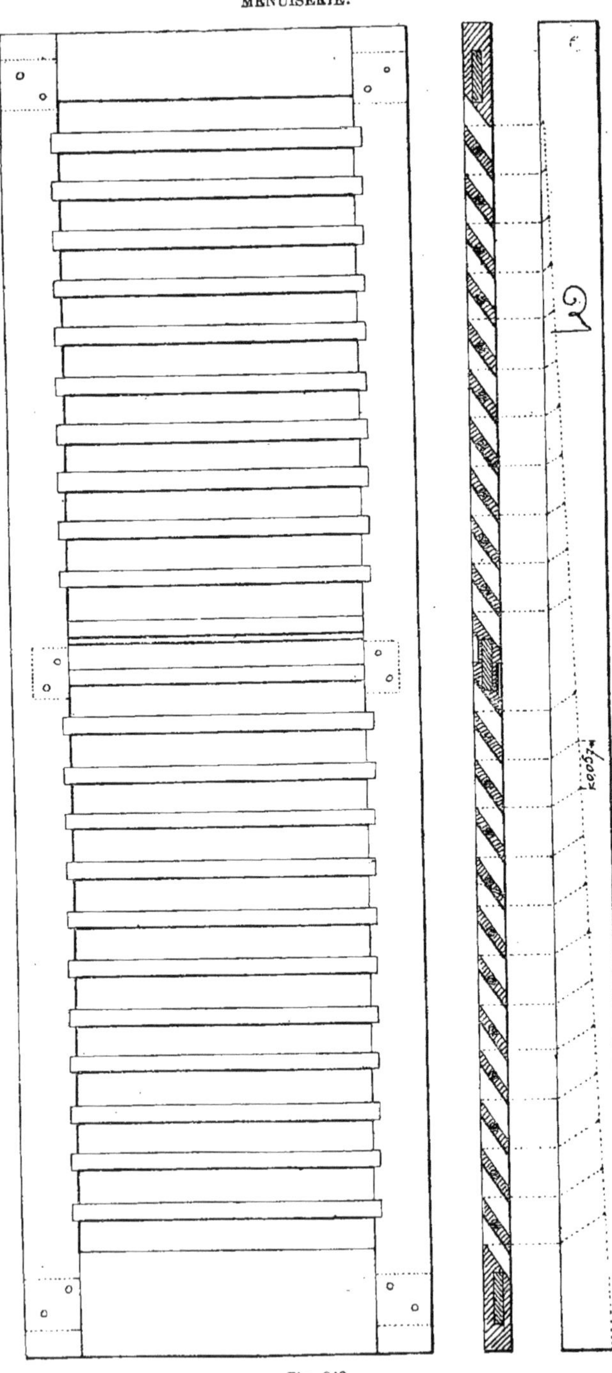

Fig. 842.

Les battants doivent avoir 0m,07 à 0m,08 de largeur, et les lames, avant d'être affleurées, sont prises dans le madrier et ont 0m,075.

Les traverses du haut, du milieu et du bas ont 0m,034 d'épaisseur sur 0m,12 à 0m,13 de largeur (*fig.* 843).

Elles sont débitées *en chanlattes*, c'est-à-dire en pente dans la planche qui a, ordinairement, 0m,22 de largeur; c'est une économie de bois, et la pente se trouve déjà dégrossie.

La largeur de la traverse du milieu doit représenter deux lames ; elle est déterminée par le tracé en hauteur (voir *fig.* 307).

Cette traverse est élégie, des deux rives, d'une pente suivant les lames, et. de chaque côté, un autre élégi représente le vide entre deux lames (*fig.* 844).

Il faut, en faisant les pentes, conserver un carré de 0m,005 sur les rives des traverses ; ces pentes seront donc plus prononcées que celles des lames, ainsi que cela est indiqué à la coupe de ces traverses.

Les lames s'assemblent de chaque bout dans une entaille faite dans les battants; un goujon est réservé à chaque extrémité des lames et entre dans un trou percé au fond de l'entaille, comme l'indique la figure 845.

Après avoir affleuré ces lames avec le bâtis de la persienne, on abattra l'arête pour lui donner de la solidité; l'outil dont on se sert pour ce travail s'appelle *guillaume à navette*.

La persienne à deux vantaux se réunit au milieu par une feuillure poussée sur chaque battant et un élégi sur le plat (*fig.* 846), elle s'ouvre toujours à droite

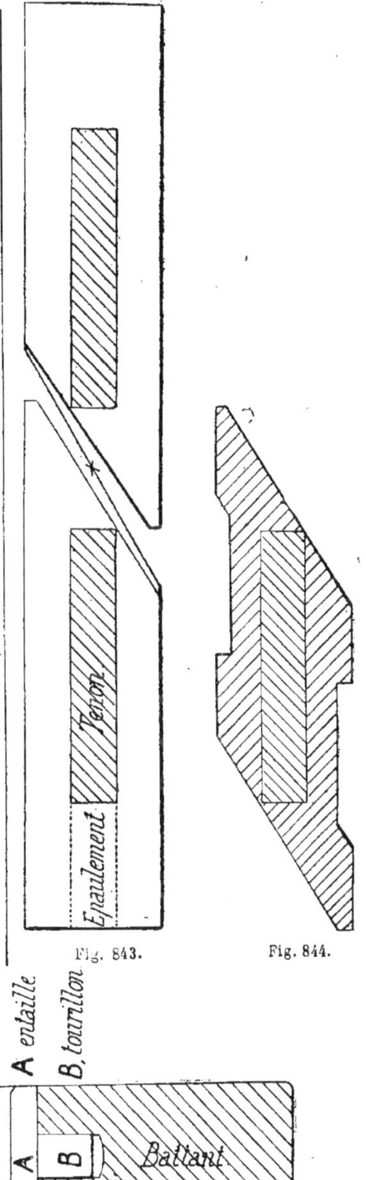


Fig. 843.

Fig. 844.

Fig. 845.

en poussant; la pente des lames est toujours en dehors, la persienne étant fermée.

Il faut avoir soin d'établir les deux battants du milieu en mettant les deux côtés creux ensemble afin que, quand la persienne est fermée, ces battants pincent du haut et du bas, le creux du milieu étant ramené par le fléau de fermeture.

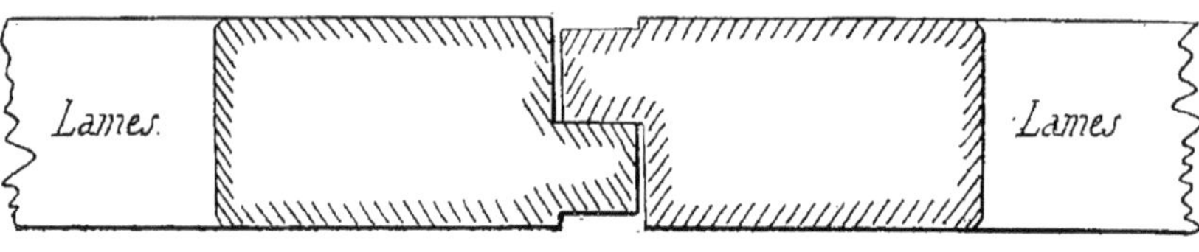


Fig. 846.

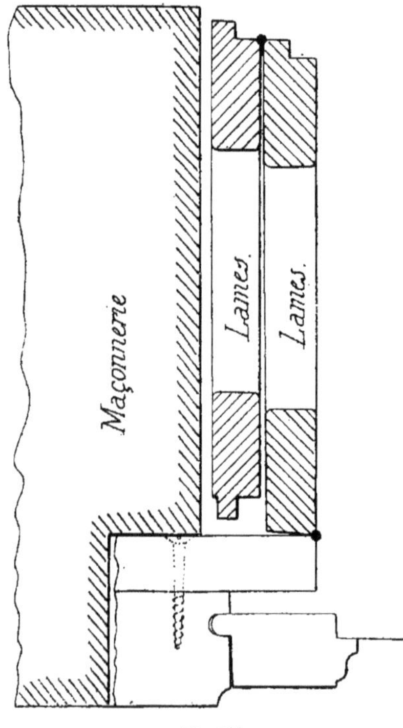


Fig. 847.

## Persiennes brisées.

**823.** Lorsque le trumeau entre deux baies de croisées n'est pas assez large pour recevoir le développement des vantaux, on fait chaque persienne en deux parties ou à deux vantaux.

Les persiennes développant dans l'épaisseur du tableau sont brisées en quatre ou six feuilles suivant l'épaisseur du mur dont on peut disposer, sans qu'elles saillissent du nu de ce mur.

Elles sont alors ferrées sur des tapées rapportées et vissées sur le dormant de la croisée dont la largeur varie suivant la quantité de feuilles qu'elle a à recevoir.

**824.** La figure 847 donne le plan sur un côté de persienne brisée en quatre feuilles, s'appliquant sur une croisée de 1 mètre de largeur, en tableau.

Le bâtis de ces persiennes doit être en chêne de $0^{m},025$ d'épaisseur ; les lames peuvent être en sapin.

Les tapées doivent saillir du tableau de $0^{m},055$ pour recevoir l'épaisseur des deux feuilles de persiennes de $0^{m},025$, soit $0^{m},05$ et $0^{m},005$ réservés pour le jeu, afin qu'en développant ces feuilles ne ripent pas contre le mur.

Pour le tracé en hauteur de ces persiennes, de $0^{m},025$ d'épaisseur, sur le plat du battant, on pourra ouvrir le compas de $0^{m},06$ pour la division des lames, au lieu de $0^{m},056$ à $0^{m},057$, pour l'épaisseur de $0^{m},034$, et les lames auront toujours le même recouvrement, puisque le bois est plus mince.

Pour le tracé en largeur, afin d'avoir le même arasement pour les quatre feuilles, on disposera les feuillures ainsi qu'il est indiqué au plan.

S'il s'agit, par exemple, d'une baie de

1 mètre, les tapées saillissant de 0m,035 de chaque côté, il reste à fermer 0m,89 plus 0m,03 de feuillures, ce qui fait 0m,92. En divisant par 4, on a pour chaque feuille 0m,23 de largeur du dehors.

Il faudra donc que le tableau ait, au moins, 0m24 de saillie, du nu de la tapée à l'arête du mur, pour que la persienne ne saillisse pas de cette arête.

Si on n'a pas assez de place, il faut faire cette persienne brisée en six feuilles ; les tapées devront saillir de 0m,08 du tableau pour recevoir l'épaisseur de ces six feuilles. Elles ne doivent jamais saillir du nu extérieur du mur ou de l'arête.

Après avoir chevillé, puis avoir fait affleurer les lames dans les persiennes à quatre ou six vantaux, et aussi avant

Fig. 848.

d'abattre les arêtes de ces lames elles devront être mises au bois, les feuillures faites. Après il faudra serrer ensemble les vantaux devant fermer la même baie.

On devra ensuite les *équarrir*, c'est-à-dire affleurer ensemble les bouts de battants.

Pour abattre les arêtes des lames, on devra tracer, sur ces lames, à l'aide d'un crayon et d'une règle, une ligne droite, puis atteindre ce trait au guillaume à navette et au ciseau.

Si on ne prend pas cette précaution, les lames ne se dresseront pas, seront hors d'équerre, ne seront pas en face les unes des autres, enfin produiront un mauvais effet.

**825.** Pour prendre moins d'épaisseur dans les tableaux, on se sert de persiennes en fer avec panneaux en tôle repoussée mécaniquement pour remplacer les lames, ou aussi de persiennes en fer et bois. Ces persiennes sont exécutées par des spécialistes avec lesquels il faut s'entendre pour avoir la saillie nécessaire entre les tapées.

**826.** La figure 848 donne l'élévation d'une persienne en cintre surbaissé.

Pour le tracé, on procédera comme pour le plan de la croisée (*fig.* 822), en reportant en contre-bas du cintre la largeur de la traverse du haut.

La division des lames devra toujours être faite sur le montant du milieu ; après avoir tracé les montants de rive comme il est dit pour les battants de fiche de croisée, on tracera les lames, et on poussera les entailles jusqu'à la naissance du cintre de la traverse du haut.

On montera la persienne avec les lames, moins les deux qui sont dans le cintre et qu'on ajustera ensuite sur la pente de la traverse; après avoir retourné la largeur des entailles d'équerre sur les deux côtés, on obtient la longueur des lames et leur fausse coupe et on les cloue ensuite sur la pente de la traverse.

### Persienne plein cintre.

**827.** La figure 849 représente l'élévation d'une persienne en plein cintre.

Pour en faire le plan, le tracé est le même que celui de la croisée en plein cintre (*fig.* 823).

On abaisse ensuite la largeur des traverses cintrées qui sont carrées, étant dans le prolongement des battants de rive et de même dimension.

Pour le tracé des lames sur les traverses cintrées, afin d'éviter toute difficulté, après avoir poussé les entailles sur les montants du milieu et sur les battants de rive jusqu'à la naissance du cintre, on monte le battant du milieu avec ceux de rive, les traverses du bas et du milieu, et la traverse cintrée, sans coller l'assemblage.

Ce bâtis monté bien d'équerre, on reportera la largeur des entailles du battant milieu sur la traverse cintrée, de chaque côté ; on obtiendra ainsi exactement l'emplacement des entailles de lames dans le cintre de la traverse et leur pente.

Ce tracé fait, on démontera la traverse cintrée, et on tracera sur la rive les entailles de lames, qu'on fera à la scie et au ciseau.

Après avoir remonté le bâtis, on ajustera les lames dans le cintre, leur longueur et leurs fausses coupes étant données par le tracé.

La dernière lame du haut du cintre ne sera pas entaillée.

### Jalousies.

**828.** Les jalousies se posent devant les croisées et servent à abriter du soleil et de la pluie.

Elles se font en bois ou en fer.

Celles en fer s'enroulent sur un tube en fer creux de $0^m,03$ de diamètre, posé dans le haut du tableau de la croisée.

Les lames sont en tôle mince légèrement cintrée pour faciliter leur développement sur le rouleau.

Les jalousies en bois se composent d'abord d'une traverse ou lame dormante, posée sur deux tasseaux dans le haut du tableau. Cette traverse est en sapin de $0^m,025$ d'épaisseur sur $0^m,08$ à $0^m,11$ de largeur (*fig.* 850). Élévation sur une jalousie.

Dans cette traverse sont faites des entailles pour recevoir de petites poulies en buis à gorge, sur lesquelles manœuvrent les cordes de tirage ; ces poulies ont de $0^m,025$ à $0^m,035$ de diamètre (*fig.* 850, A).

A chaque bout de cette traverse ou lame dormante est posée une agrafe en fil de fer coudé comme (*fig.* 850, B) pour recevoir la première lame mobile sur laquelle sont cloués les bouts des chaînettes en fer ou des rubans en toile supportant les autres lames.

A gauche de cette lame mobile sont placées les deux cordes de tirage qui sont croisées ; en les faisant manœuvrer on fait baisser ou lever à volonté les lames de la jalousie.

Les autres lames sont rarement en chêne et presque toujours en sapin de premier choix, sans nœuds ; elles ont de $0^m,003$ à $0^m,004$ d'épaisseur sur $0^m,08$ à $0^m,10$ de largeur et doivent toujours se recouvrir d'un centimètre les unes sur les autres, c'est-à-dire que pour des

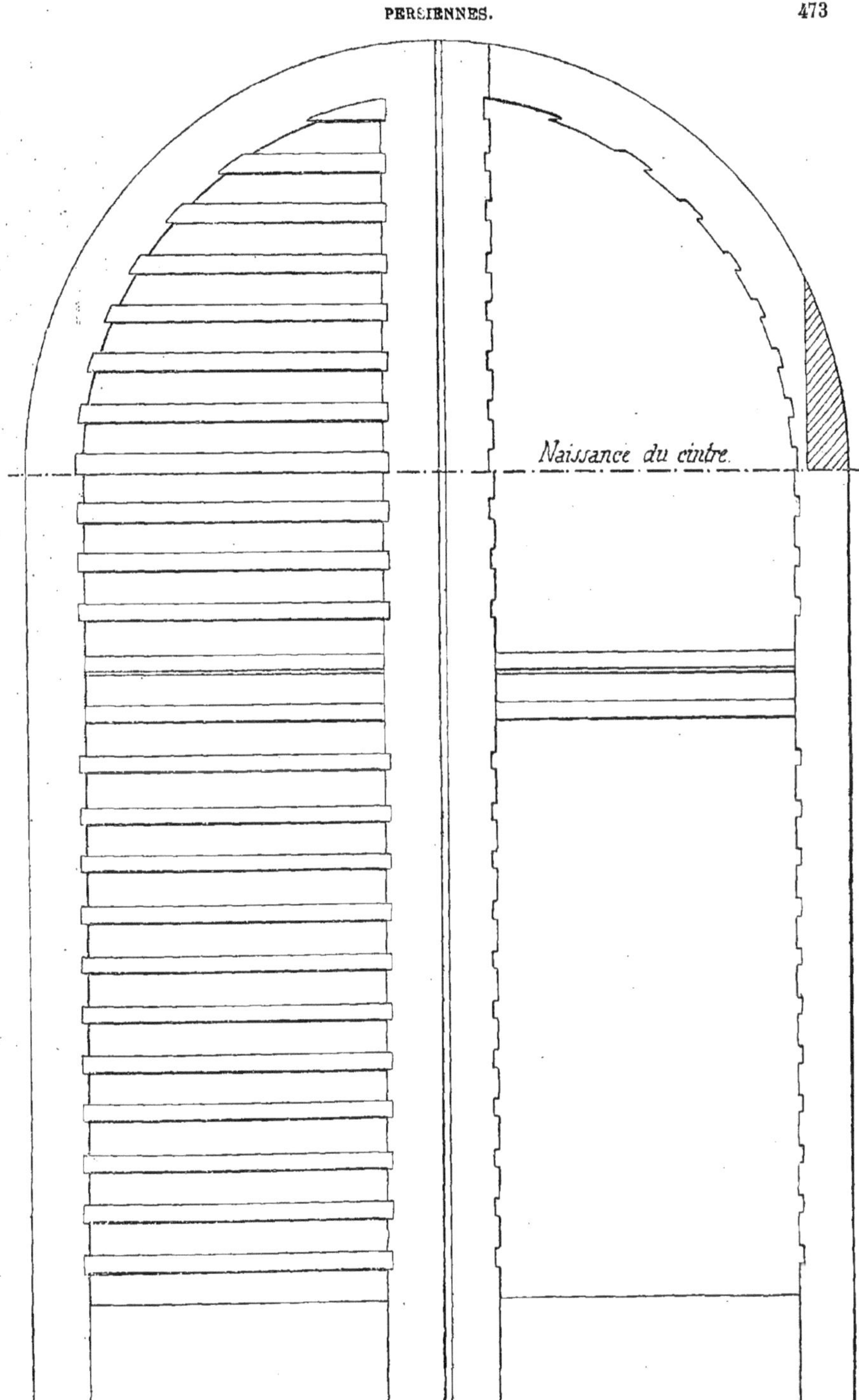


Fig. 849.

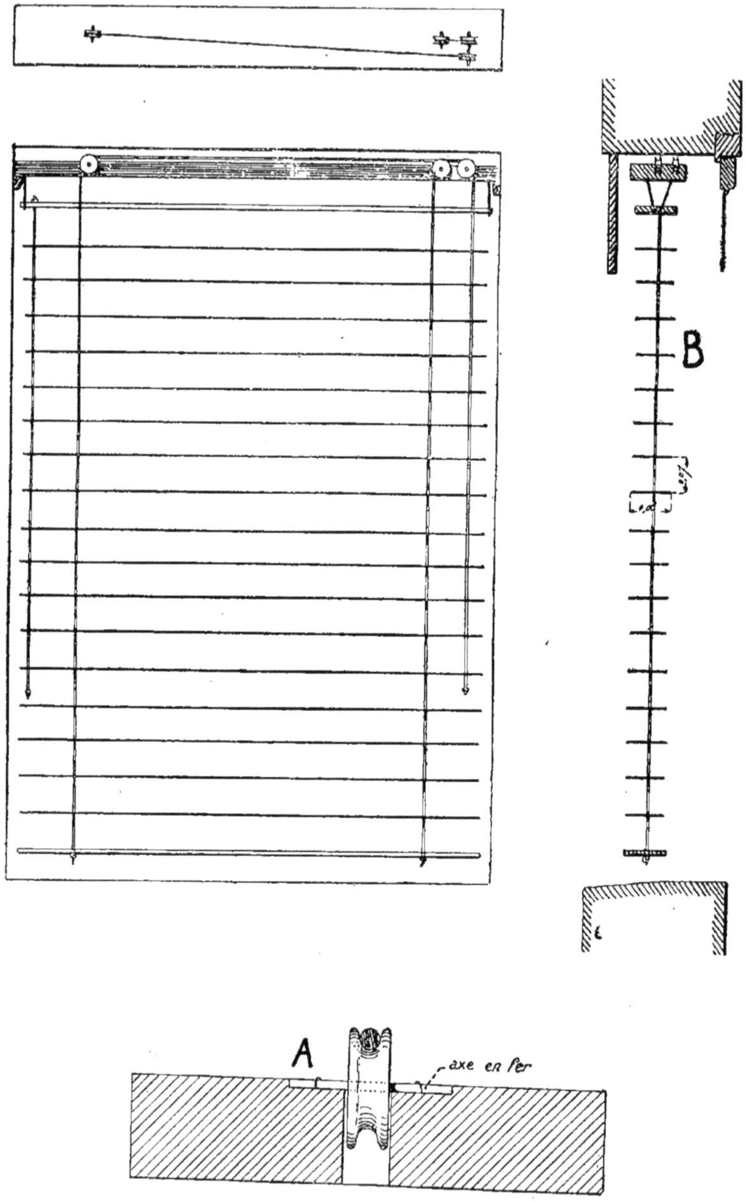

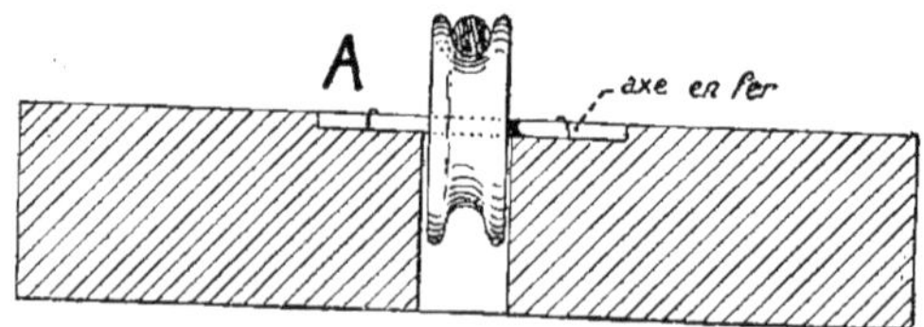


Fig. 850.

lames de $0^m,08$ de largeur les traverses de ruban ou de chaînette en fer seront posées à $0^m,07$ les unes des autres (*fig.* 851).

A chaque bout de ces lames est percé un

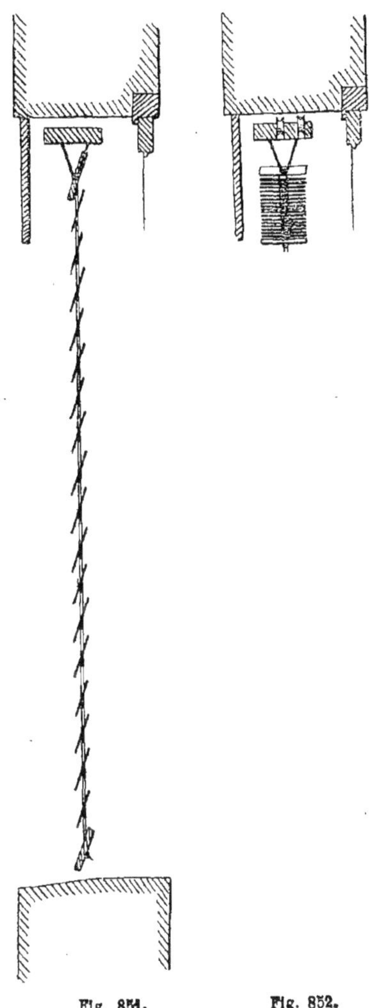

Fig. 851. Fig. 852.

trou de $0^m,01$ de diamètre pour le passage des cordes.

La lame du bas doit être plus lourde et avoir $0^m,01$ d'épaisseur pour entraîner facilement le développement de la jalousie.

**828.** Lorsque la baie a plus de $1^m,30$ de largeur, on devra poser au milieu un troisième ruban ou une chaînette en fer pour maintenir les lames dans la longueur, mais elles fonctionnent moins facilement.

L'usage des rubans en toile pour supporter les lames de jalousie a presque disparu, car, étant exposés à l'eau, ces rubans pourrissaient vite, et la réparation en est difficile.

On emploie généralement les chaînettes en fer galvanisé, dont la durée est plus longue et la réparation plus facile.

Ce sont toujours les cordes qui s'usent vite, sans elles une jalousie ne peut pas fonctionner ; il faut les remplacer tous les cinq ou six ans ; et les choisir de bonne qualité.

Pour garantir les jalousies contre la pluie lorsqu'elles sont relevées, et pour les dissimuler, on pose à fleur du tableau à l'extérieur un pavillon droit ou découpé cloué sur deux tasseaux.

Fig. 853.

Ce pavillon est en sapin ou en grisard de $0^m,013$ à $0^m,018$ d'épaisseur sur $0^m,27$ de largeur au moins.

Cette largeur est déterminée par la hauteur de la croisée, suivant qu'elle nécessite une plus ou moins grande quantité de lames (*fig.* 853).

## Armoires et placards.

**829.** Les armoires se font en chêne ou en sapin, arasées ou sous tentures, quand elles sont dissimulées sous le papier de tenture.

Lorsqu'elles doivent rester apparentes ou être peintes, on les fait à glace ou à petit cadre.

Les armoires sous tentures se font près des cheminées dont les coffres font saillie

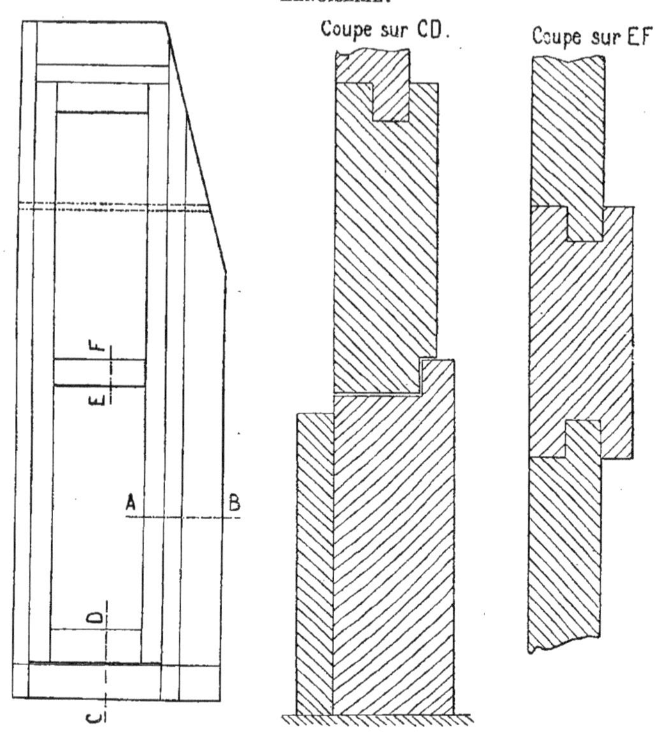


Plan sur AB.

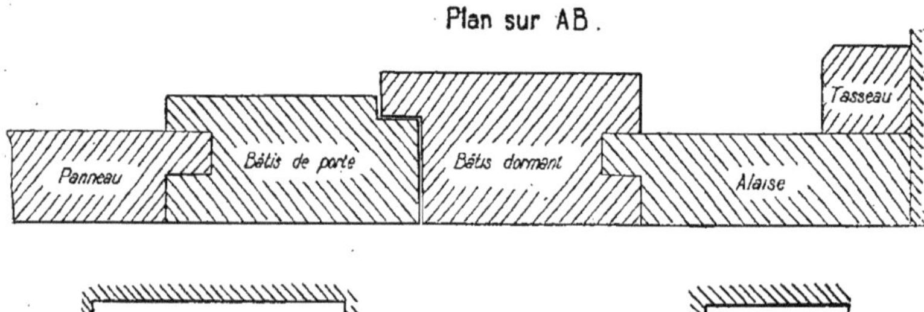


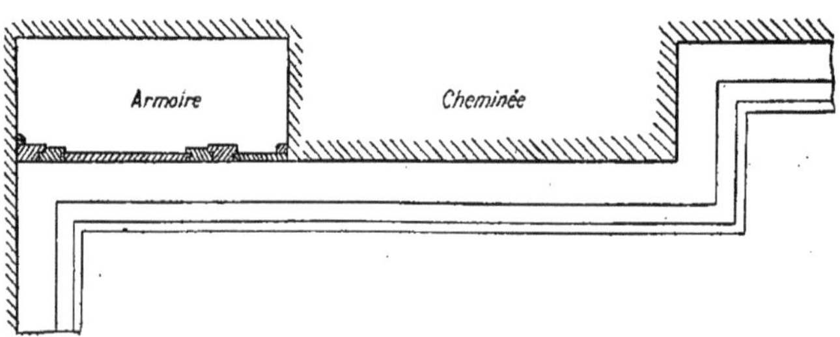


Fig. 854

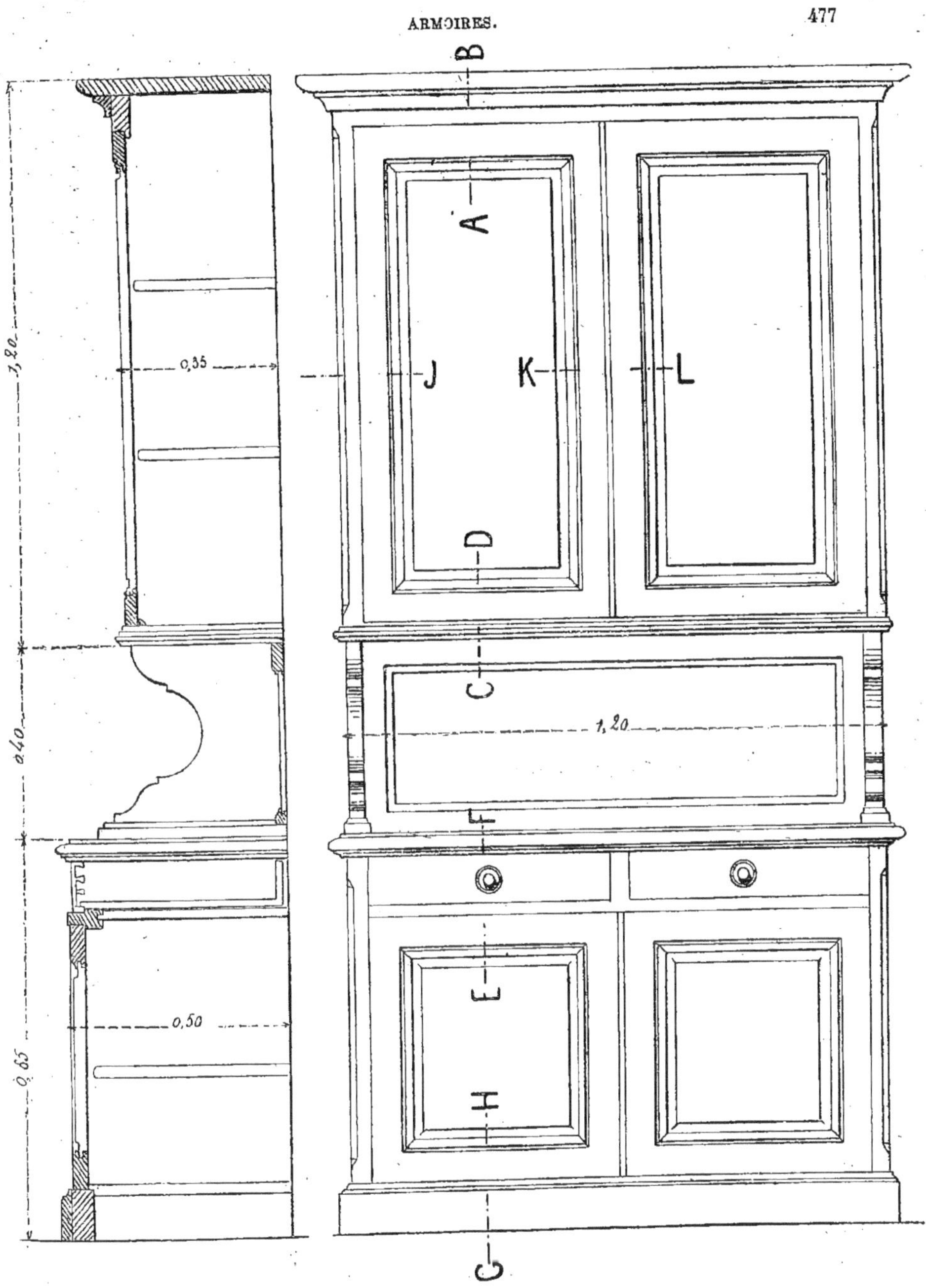


Fig. 855.

dans la pièce et servent à équarrir ces pièces pour la régularité de la corniche.

La figure 854 donne l'élévation d'une armoire sous tenture et le plan de son emplacement à gauche d'une cheminée ; les armoires sous tentures servent aussi à cacher le biais qui existe quelquefois pour dévoyer ces coffres.

Les bâtis dormants sont en $0^m,034$ ou $0^m,041$ d'épaisseur avec feuillures pour les portes.

Ces portes sont arasées et à glace der-

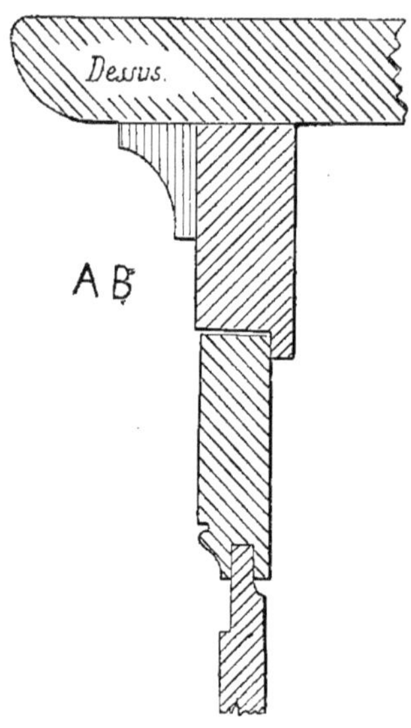


Fig. 856.

rière les bâtis en $0^m,034$, et les panneaux en $0^m,018$ d'épaisseur.

Une contre-feuillure sera poussée au pourtour des portes pour affleurer avec les bâtis dormants. Ces bâtis dormants sont assujettis sur des tasseaux cloués au pourtour sur les murs.

A l'intérieur des armoires on pose des tablettes en sapin de $0^m,025$ d'épaisseur, clouées sur tasseaux ou posées sur crémaillères.

Dans ce dernier cas, la distance entre les crémaillères devra être égale afin que la longueur des tasseaux soit pareille, et qu'on puisse les poser à n'importe quelle hauteur.

Si dans l'armoire on veut faire un portemanteau, la tablette devra être posée à $1^m,50$ du sol ; au dessous, à $0^m,05$ de distance, on posera une tringle en fer assujettie sur un taquet en bois cloué au mur, et sur cette tringle on accrochera les porte-manteaux.

On peut aussi remplacer cette tringle par de forts pitons ouverts vissés sous la tablette.

Si on doit poser sur la tablette des litres ou des bouteilles, la distance entre

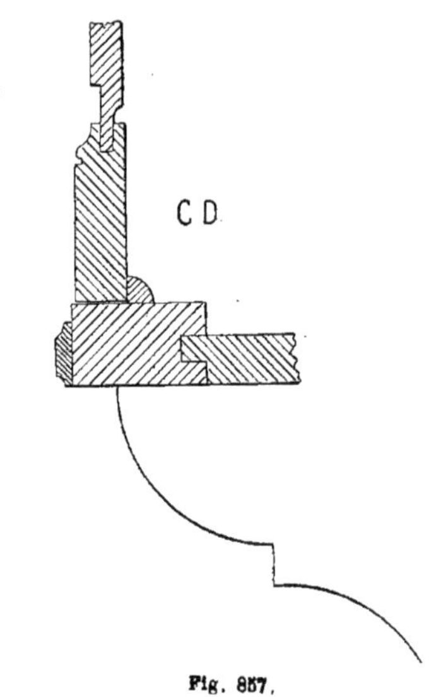


Fig. 857.

les tablettes devra être de $0^m,37$ à $0^m,40$, mais pas moins de $0^m,37$ pour ne pas être géné.

Il faut avoir soin, en prenant la mesure d'une armoire, de tenir compte de la hauteur de la plinthe ou du stylobate qui règne autour de la pièce afin que la porte d'armoire développe $0^m,01$ au-dessus de cette hauteur.

**830.** *Armoires d'offices.* — Les armoires d'offices se font en deux parties sur la hauteur, la partie basse formant buffet comme l'indique la coupe (*fig.* 855). La partie haute a $0^m,35$ de profondeur, et celle du bas a 0m,50, deux tablettes en haut et une en bas. Entre le dessus et la partie haute on réserve un espace vide de 0m,40 de hauteur pour servir de débarras ou de desserte. Le dessus de la partie haute

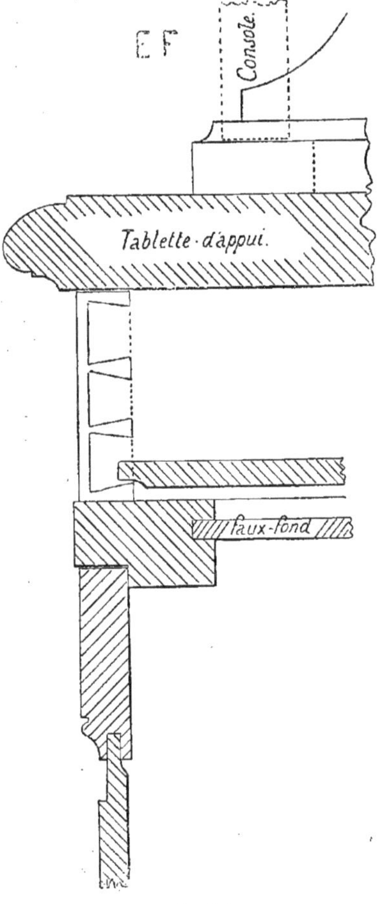


Fig. 858.

devra être plus long, plus large et mouluré dans les trois sens.

Au dessous on rapportera une petite moulure (comme l'indique la figure 856), qui donne en même temps la coupe sur la traverse du haut du bâtis et l'amorce sur la partie haute des portes.

Ces portes sont à petit cadre, les bâtis en 0m,027, et les panneaux avec platebandes sont arasés derrière.

La figure 857 donne la coupe sur la partie basse des portes du haut et sur la traverse du bâtis dans laquelle vient s'embrever le fond.

Cette traverse est plus large qu'épaisse pour lui donner de la solidité, car il faut qu'elle ait le moins de saillie possible sur le fond pour ne pas gêner en retirant les objets et aussi pour le nettoyage.

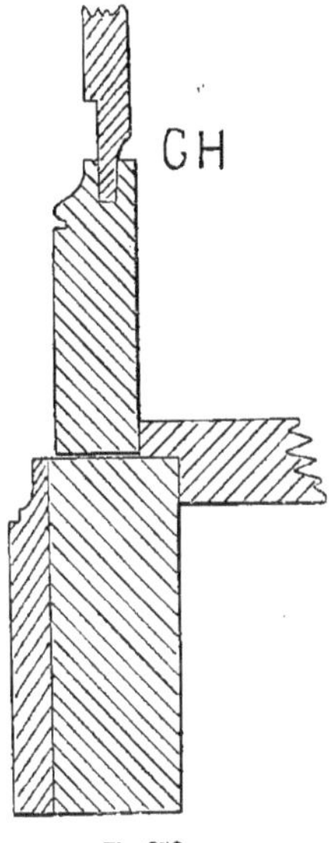


Fig. 859.

Sur cette traverse est rapportée une petite moulure à deux congés, qui sera retournée d'onglet de chaque côté sur la profondeur de l'armoire.

Au-dessous, de chaque côté, les deux consoles devront être en chêne ou en hêtre de 0m,034 d'épaisseur découpées sur la face, bien finies à la lime. Elles sont embrevées dans une emboîture saillante de chaque côté, moulurée sur les deux rives et contre-profilée en bout devant.

La rainure de cette emboîture devra être arrêtée.

Pour maintenir cette console, on mettra

deux ou trois goujons collés dans la console et saillants de $0^m,015$.

On percera des trous sur le dessus et sous le fond pour les recevoir.

Les goujons du bas devront traverser l'emboîture et se coller dans le bois de bout de la console. La figure 858 donne

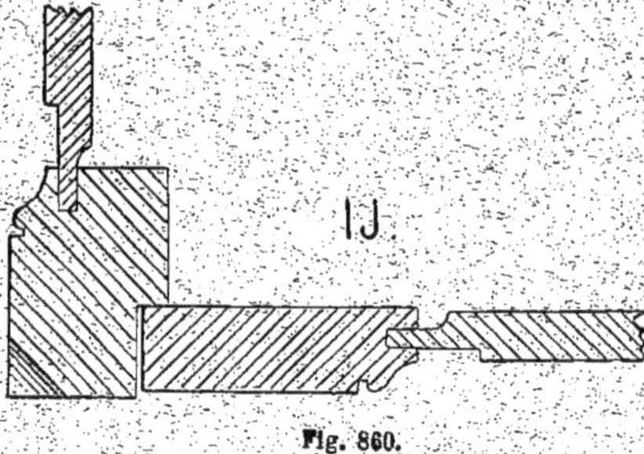


Fig. 860.

la coupe, sur le dessus, les tiroirs, la traverse dormante sous ces tiroirs et la partie haute des portes du bas.

Ce dessus devra être en bois dur, chêne ou hêtre de $0^m,034$ à $0^m,041$ d'épaisseur, mouluré sur la face et les deux côtés.

Au dessous, les tiroirs devront être en chêne, la tête de $0^m,025$ d'épaisseur et les côtés de derrière de $0^m,013$ à $0^m,018$ sur $0^m,10$ de largeur.

Les côtés sont assemblés à queue dans les têtes avec rainures pour recevoir le fond.

Ces fonds devront être aussi en chêne ou en hêtre, étant appelés à recevoir des objets en métal.

C'est une mauvaise économie de les mettre en sapin.

La traverse dormante sous les tiroirs sera en chêne de $0^m,04$ d'épaisseur sur $0^m,06$ de largeur pour lui donner de la solidité ; tout en ne gênant pas, elle est élégie d'une feuillure pour les portes du bas et d'une rainure pour recevoir les faux fonds sous les tiroirs.

Derrière ces traverses viennent s'assembler les coulisseaux de tiroirs avec feuillures.

**831.** Le coulisseau du milieu devra avoir la largeur du petit montant séparant les tiroirs, plus une feuillure de $0^m,013$ de largeur de chaque côté et la même profondeur. Il sera assemblé à tenon et mortaise dans la traverse dormante, et reposera sur un taquet à entaille, vissé sur le derrière. Dans le cas où cette armoire n'aurait pas de fond, on devra assembler entre les deux côtés du bas une traverse pour recevoir ce coulisseau. Au-dessous de la traverse dormante est la coupe sur la traverse du haut des portes du bas avec amorce sur le panneau.

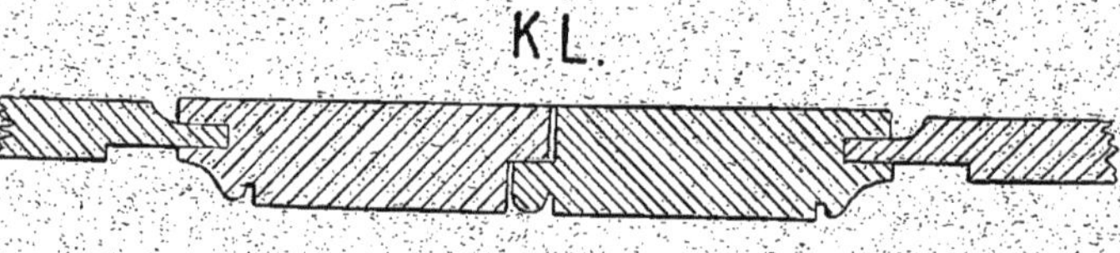


Fig. 861.

La figure 859 représente la coupe sur la partie basse de l'armoire. La traverse dormante n'a pas de feuillure ; c'est le fond qui vient reposer sur cette traverse, et la saillie de la feuillure du fond sert de battement à la porte. Ce fond doit être en $0^m,025$ d'épaisseur, et reposer sur un tasseau cloué de chaque bout sur les côtés. La plinthe est en chêne de $0^m,013$ d'épaisseur sur $0^m,10$ à $0^m,11$ de largeur avec moulure poussée sur la rive et un retour ajusté d'onglet de chaque côté.

La figure 860 IJ donne le plan sur le montant du bâtis à gauche avec amorce sur le panneau du retour, le battant et le panneau de la porte.

Les montants de bâtis sont élégis d'un chanfrein arrêté en biseau des deux bouts.

La figure 861 KL donne le plan sur les deux battants du millieu avec feuillures, baguettes et amorce sur les panneaux.

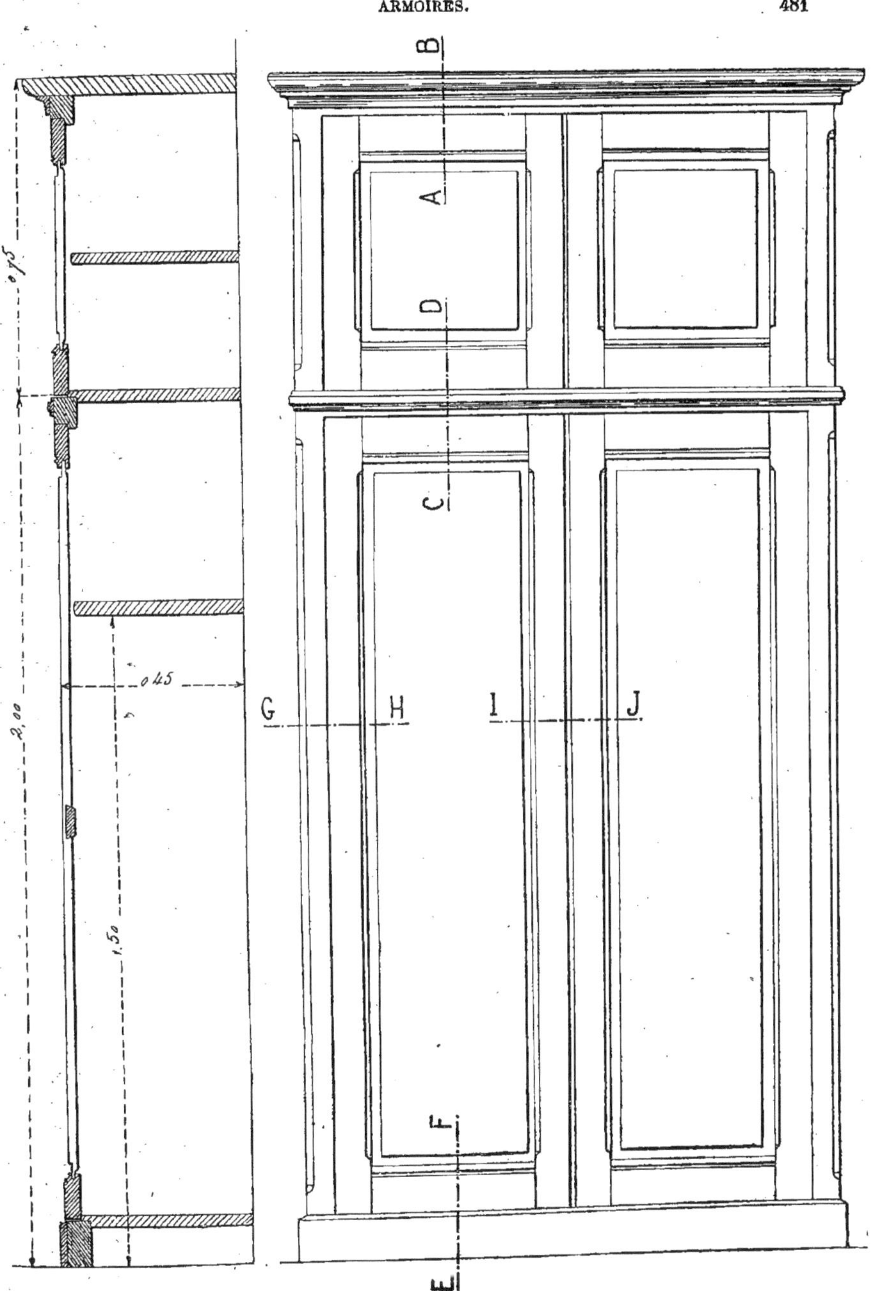


Fig. 862 et 863.

Les côtés de cette armoire peuvent être en partie pleine, à glace ou à petit cadre, et le derrière à glace seulement.

Cette armoire se démonte en deux parties, le haut et le bas, qui se trouvent réunies par les deux consoles découpées.

Ces armoires se font aussi à trois ou à quatre vantaux et comportent une ornementation plus ou moins riche avec pilastres, colonnes ou autres décorations.

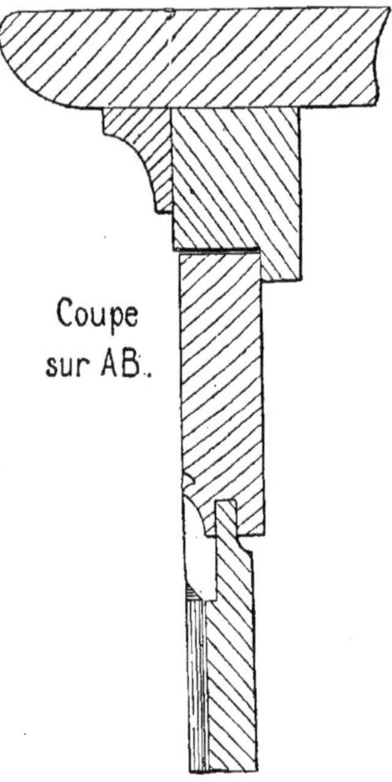


Fig. 864.

## Armoires de lingeries.

**832.** Les armoires de lingeries diffèrent de celles d'offices déjà décrites en ce que, si la hauteur d'étage le permet, on fait ces armoires à deux corps inégaux en plaçant le petit corps d'armoire en haut et au même nu que le grand. Elles doivent avoir $0^m,040$ à $0^m,050$ de profondeur, et la première tablette doit être à $1^m,50$ du sol au moins pour pendre les effets dessous, comme il a déjà été dit. Au bas, un fond avec feuillure en recouvrement sur la traverse; c'est sur ce fond qu'on pose les chaussures; on peut nettoyer ce fond facilement.

Cette armoire (*fig.* 862) a comme profondeur, du nu des bâtis, $0^m,45$.

La figure 863 représente la coupe de cette

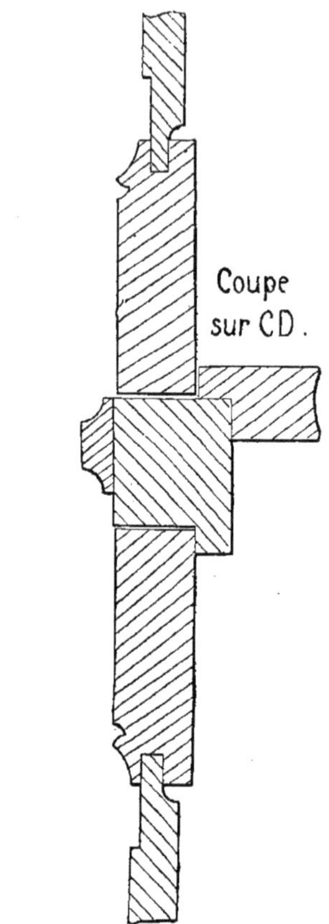


Fig. 865.

armoire avec l'emplacement des tablettes.

Ces tablettes auront au moins $0^m,034$ d'épaisseur, car elles doivent supporter des objets lourds tels que draps, etc...

La figure 864 donne, à plus grande échelle, le détail de la partie haute, le plafond mouluré sur la face et de chaque bout et, au dessous, une moulure avec gorge pour former corniche.

La traverse dormante a 0m,054 d'épaisseur, sur 0m,07 de largeur avec feuillure.

Les portes sont en 0m,034 d'épaisseur, les battants comportent des chanfreins arrêtés en biseau, et les traverses seules sont moulurées d'un gorget avec congé plat de 0m,025 de largeur.

Les panneaux ont 0m,025 d'épaisseur avec platebande ordinaire au pourtour.

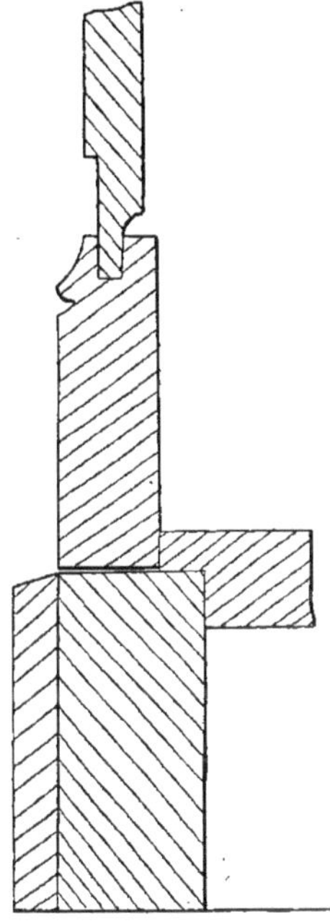


Fig 866.

La figure 865 donne la coupe suivant CD de la traverse dormante du milieu, elle a 0m,054 d'épaisseur sur 0m,07 de largeur avec feuillure pour les portes au dessous et au dessus ; c'est la tablette qui forme battement avec la feuillure poussée sur la rive.

Sur la face et les deux côtés, est rapportée une petite moulure à deux congés.

Au dessus et au dessous sont les traverses moulurées avec les amorces des panneaux.

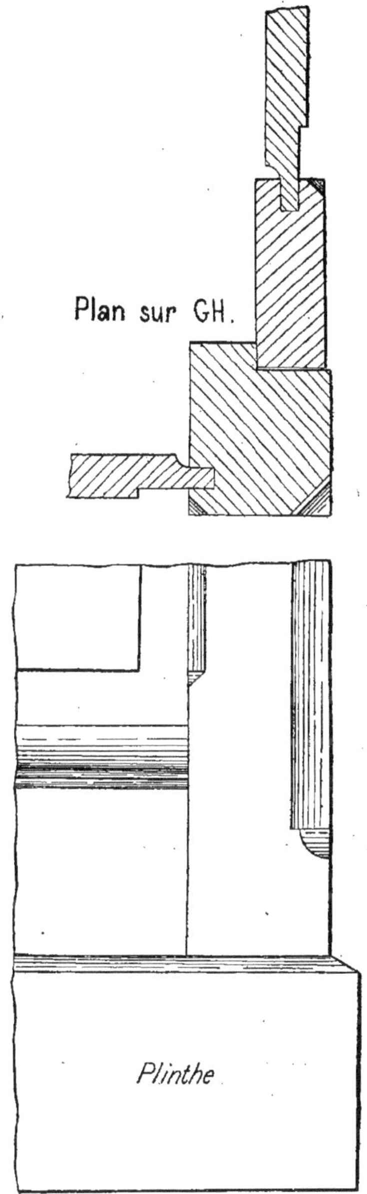


Elévation sur le retour au bas et profil de l'arrêt de chanfrein.

Fig. 867 et 868.

La figure 866 représente, suivant EF, la coupe sur la traverse dormante du bas; le fond a une feuillure sur la rive pour former battement.

La plinthe a $0^m,013$ d'épaisseur sur $0^m,11$ de largeur avec une pente abattue sur la rive; au dessus est la traverse du bas de la porte avec l'amorce du panneau.

La figure 867 donne, suivant GH, le plan sur le montant du bâtis de gauche qui a $0^m,075$ carrés; il porte feuillure pour les portes avec l'amorce du panneau en retour comprenant des platebandes et des chanfreins arrêtés comme aux portes.

Sur l'arête, il est supposé un chanfrein arrêté de chaque bout, mais les profils d'arrêt sont à gorge et carrés.

Le profil de ces arrêts, le détail de la plinthe et l'amorce sur le retour sont donnés dans la figure 868.

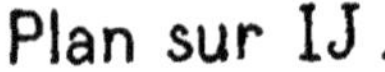


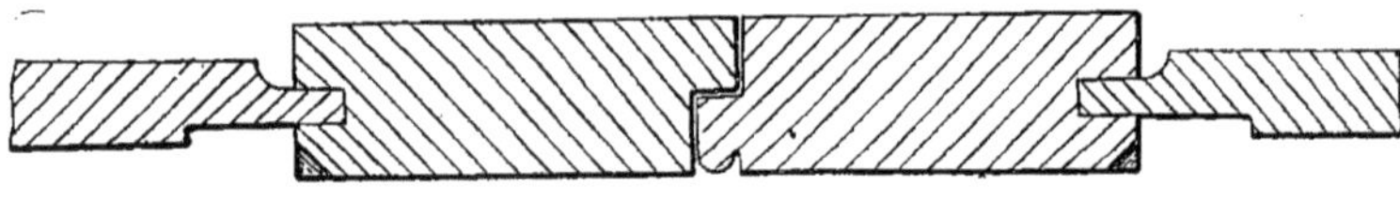

Fig. 869.

La figure 869 donne, suivant IJ, le plan sur les deux battants du milieu avec feuillures, baguettes et l'amorce des panneaux à platebandes.

L'arasement de ces panneaux est remplacé par une gorge qui dissimule le retrait des panneaux.

Les portes de cette armoire de lingerie ayant $1^m,85$ de hauteur sans traverse apparente au milieu, on devra, pour maintenir les panneaux et l'écartement des battants, mettre au milieu de la hauteur une traverse à queues, entaillée dans l'épaisseur du panneau (*fig.* 870); l'emplacement de la mortaise est indiquée en pointillé sur cette figure.

Avec les détails d'exécution donnés ci-dessus, on peut construire des armoires de toute grandeur; les détails sont toujours les mêmes; il n'y a qu'à les mettre aux dimensions choisies.

Détail sur la traverse
à queue flottante derrière le panneau.

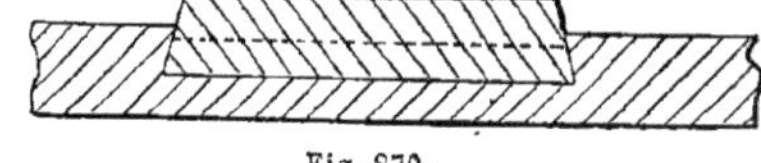

Fig. 870.

On peut aussi donner à ces armoires le style que l'on désire; nous en donnerons plus loin des exemples dans l'ébénisterie.

# CHAPITRE VII

## ESCALIERS

**833.** Les escaliers construits par les menuisiers sont généralement plus petits comme dimensions que ceux qu'exécutent les charpentiers.

Les bois sont plus minces, c'est-à-dire que les limons ou les crémaillères n'ont que 0$^m$,054, et les marches de 0$^m$,034 à 0$^m$,041 d'épaisseur.

Ces grosseurs de bois sont bonnes pour des escaliers au-dessous de 1 mètre d'emmarchement.

Nous commencerons l'étude des escaliers par les plus simples et les plus faciles à exécuter.

### Escalier à limon droit.

**834.** La figure 871 donne la coupe et le plan d'un escalier droit, avec un limon à gauche, et une crémaillère à droite clouée sur le mur.

Cet escalier monte à 3$^m$,10 de hauteur, soit 2$^m$,85 sous plafond, et 0$^m$,25 d'épaisseur de plancher; la marche ayant 0$^m$,20 de largeur, il aura en plan 3$^m$,25 jusqu'au-devant de la marche palière du haut.

Pour faire cet escalier, on prendra sur une règle la hauteur de l'étage, et on tracera sur cette règle les hauteurs de marches en prenant 0$^m$,17 comme moyenne.

Puis on indiquera sur le plan le même nombre de marches qu'il y en a en hauteur.

La rencontre des lignes renvoyées du plan sur la hauteur donnera le dessus des marches et le nu des nez de ces marches.

C'est ainsi qu'on obtient le développement du limon (*fig.* 871) en tenant compte de la saillie du nez des marches soit 0$^m$,035 à 0$^m$,04 pour avoir le nu des contremarches.

Pour avoir la largeur de ce limon, il faut laisser une saillie d'environ 0$^m$,03 au au-dessus et au-dessous des angles des marches et des contremarches.

Après avoir tiré de largeur les marches et les contremarches, et les avoir coupées, en les numérotant, on les présente sur le limon à leur emplacement respectif pour tracer et faire les entailles qui devront avoir 0$^m$,015 de profondeur.

Pour tracer la crémaillère on prendra pour les entailles le dessous des marches et le derrière des contremarches, en conservant 0$^m$,08 au moins de la rive de cette crémaillère au nu des angles de marches et de contremarches.

Il est nécessaire d'avoir 1$^m$,80 au minimum pour l'échappée du dessous du plafond à l'aplomb de la sixième marche; cette hauteur est indispensable pour monter et pour descendre facilement; il faut donc placer convenablement le chevêtre supérieur pour avoir cette échappée.

Lorsque ces chevêtres sont déjà posés, c'est leur emplacement qui guide pour faire le plan de l'escalier, et pour l'échappée du dessous.

Le limon a 0$^m$,04 d'épaisseur sur 0$^m$,27 de largeur, et son développement lui donne 4$^m$,45 de longueur. Il est assemblé à entailles en haut et vissé sur le chevêtre qui est derrière la dix-septième contremarche.

Les marches ont 0$^m$,04 d'épaisseur sur 0$^m$,235, soit 0$^m$,20 de largeur au plan, et 0$^m$,035 de saillie du nez des marches, et les contremarches 0$^m$,025 d'épaisseur sur 0$^m$,185 de largeur compris languettes.

### Escalier à crémaillère droite.

**835.** La figure 872 donne le plan sur une amorce de crémaillère droite.

Pour le développement on opère de la même façon que pour le limon (*fig.* 871), mais en traçant en dehors les devants de contremarche et les dessous des marches pour faire les entailles, et en dedans le derrière des contremarches.

On obtiendra ainsi la fausse coupe d'onglet sur les entailles de crémaillères, et, en reportant l'épaisseur de cette crémaillère derrière les contremarches, on aura la fausse coupe de ces contremarches.

La figure 873 donne le développement de cette portion de crémaillère.

Les marches sont contre-profilées en bout et doivent avoir en, largeur, la sail-

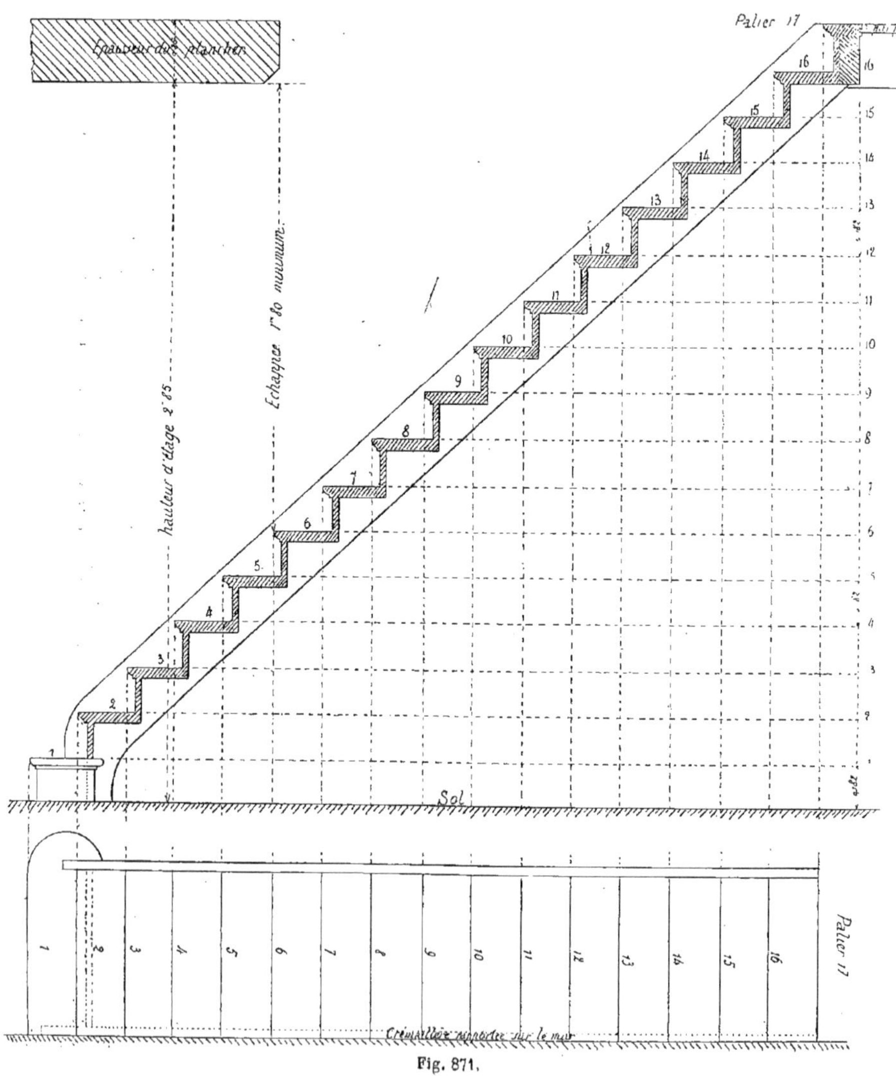


Fig. 871.

lie du nez des marches en plus derrière, prise du devant de la contremarche supérieure.

On devra laisser 0m,08 au moins du nu de ce contre-profil retourné, jusqu'à la rive de la crémaillère marquée A sur le développement.

Cette largeur s'appelle *épaulement* et détermine la dimension de la crémaillère, qui est de 0m,23.

Fig. 872 et 873.

Nous donnons, dans la figure 874, un détail des contre-profils d'about ; l'ovale formant profil de nez de marche est renforcé pour amoindrir l'inconvénient de l'usure.

Au bas de la crémaillère et derrière la première marche, la partie chantournée s'appelle *patin*. Le bout de la crémaillère vient s'entailler derrière cette marche.

Le côté droit de cette marche ainsi

que la contremarche est circulaire, pour recevoir le balustre en fonte de la rampe.

### Assemblages à crochets.

**836.** Si un limon doit être d'une grande longueur et qu'on soit obligé de le faire en deux morceaux, il faudra les réunir par un assemblage, comme l'indique la figure 875.

Les coupes de cet assemblage doivent se retourner d'équerre suivant le rampant du limon, et leur tracé se fait comme l'indique le croquis d'une partie du limon.

La ligne A représente, en plan dans le croquis (*fig.* 875), l'arasement du dessus; les deux lignes B sont la largeur du crochet qui sert de repos pour empêcher l'assemblage de glisser, enfin, la ligne C est l'arasement du dessous du limon.

Pour assujettir cet assemblage après

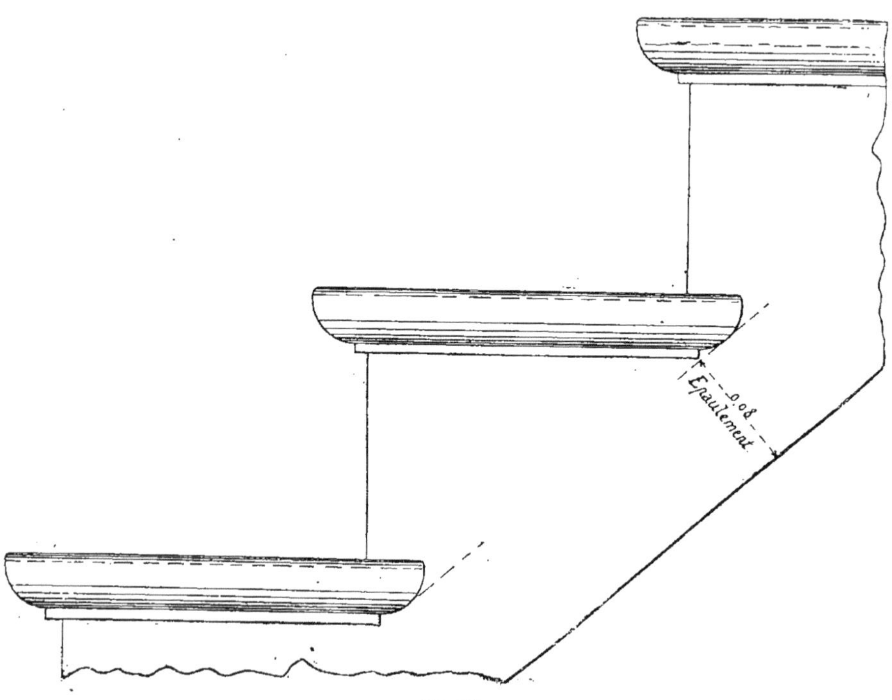


Fig. 874.

l'avoir ajusté, on pose un boulon à clavette, en perçant dans chaque morceau du limon un trou de la grosseur de ce boulon.

Ce boulon est taraudé d'un bout et porte de l'autre un écrou et une petite mortaise pour recevoir la clavette.

On fera, à l'intérieur du limon, après les avoir tracées à leurs distances, deux mortaises au ciseau pour permettre d'emmancher la clavette d'une extrémité et l'écrou de l'autre.

La mortaise de l'écrou devra avoir 0m,04 de largeur, pour qu'on puisse passer l'écrou dans le bout du boulon et avoir un serrage de 0m,02.

Ce serrage se fait en frappant sur un burin qui fait tourner l'écrou dans le sens du serrage; il faudrait une entaille trop grande pour serrer cet écrou avec une clé.

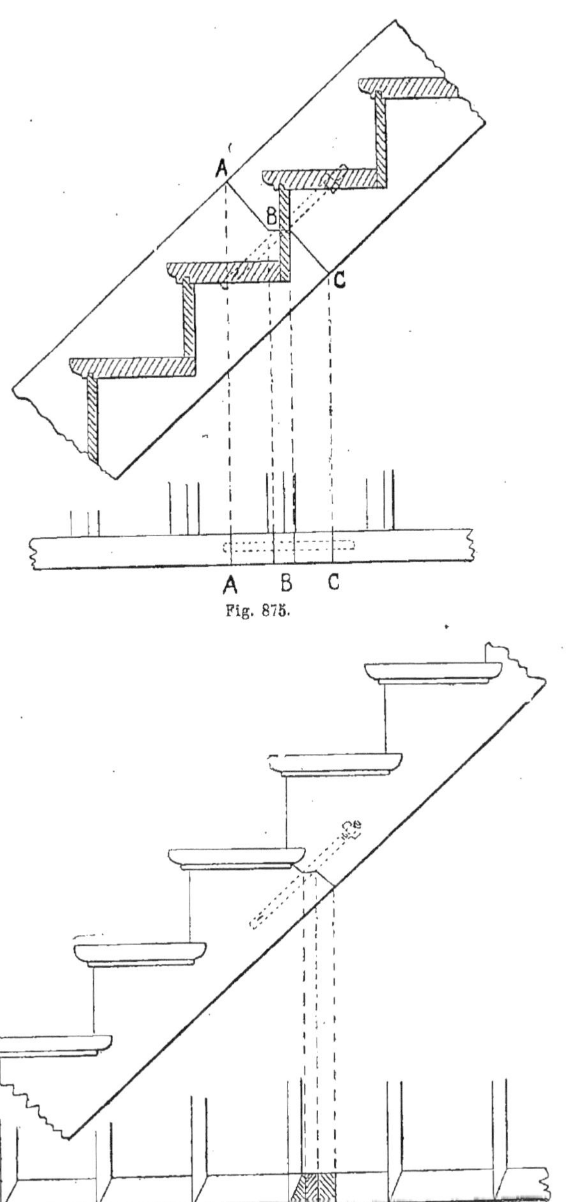


Fig. 875.

Fig. 876.

La figure 876 donne le plan et l'élévation du même assemblage à crochet, mais sur une crémaillère.

Il se trace de la même façon et doit toujours se faire derrière une marche, ainsi que l'indique la figure 876. Le boulon se trace et se pose comme il vient d'être dit pour l'assemblage à crochet du limon.

## Escalier à limons droits et à quartier tournant.

**837.** La figure 877 donne le plan et les coupes verticales d'un escalier quartier tournant à limons droits, ainsi que le développement de ces limons supposés assemblés dans un noyau.

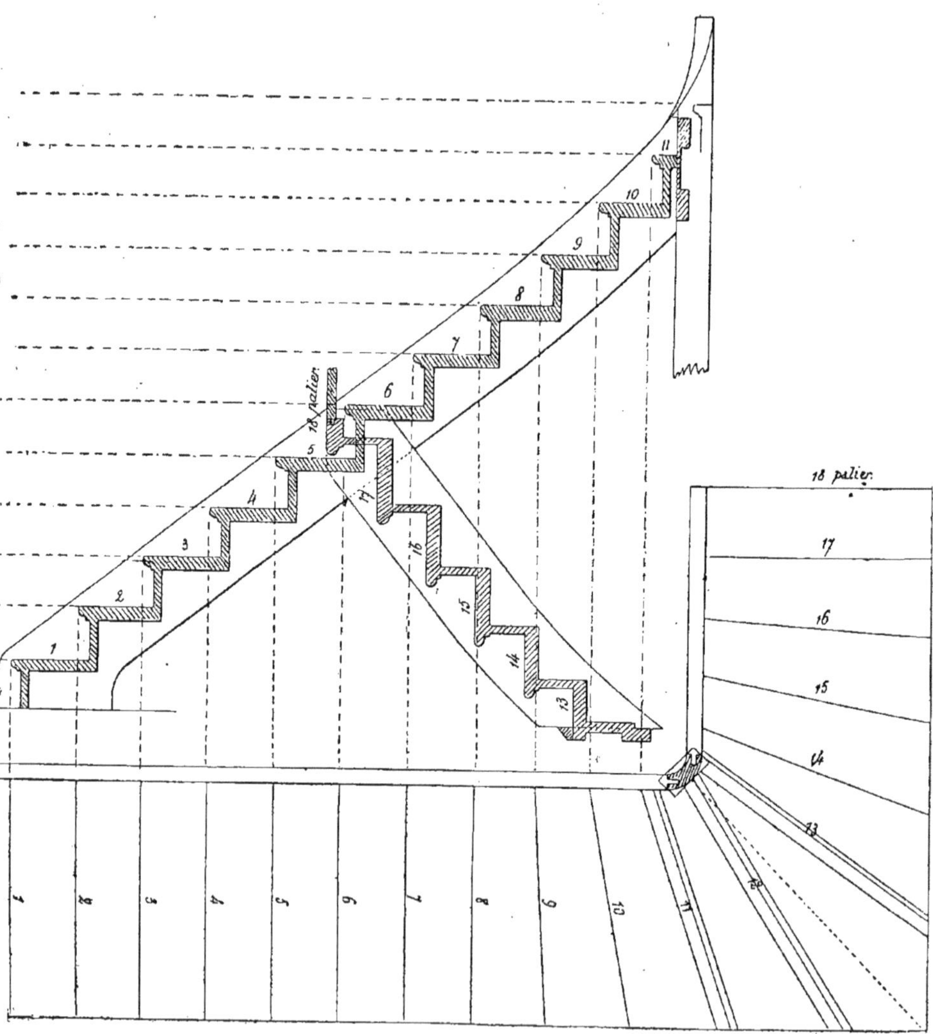


Fig. 877.

Cet escalier monte à $2^m,88$ de hauteur et comprend dix-huit marches de $0^m,16$ de hauteur et $0^m,22$ de largeur comptée sur la ligne de montée tracée au milieu et qu'on appelle ligne de giron.

Pour faire l'épure de cet escalier, on trace, en plan, la ligne de mur se retournant d'équerre puis à $0^m,80$ de cette ligne, on marquera le dehors des limons et leur épaisseur, qui est de $0^m,054$, sera prise en dedans.

Entre l'intérieur du limon et le mur, au milieu, on tracera la ligne de giron, qui est l'endroit où on pose le pied en montant ou en descendant cet escalier.

Pour le tracé du noyau évidé en plan, on prendra une ouverture de compas de $0^m,11$ et on tracera la partie circulaire en prolongement du nu intérieur des limons, et en prenant un rayon de $0^m,054$ on tracera le nu extérieur.

Sur la ligne de giron, où les marches doivent être d'égale largeur, on tracera la première marche ou départ et la dix-huitième en haut ou arrivée, et on divisera en 17 parties égales, ce qui donnera $0^m,22$ pour largeur de chaque marche de cet escalier.

Pour le balancement des marches, on devra tracer, à l'endroit le plus rapproché de l'axe du noyau, le devant de la douzième marche ; elle ne devra pas avoir moins de $0^m,08$ de largeur à sa rencontre avec ce noyau.

Pour faciliter la montée de cet escalier, il est bon de faire balancer au moins quatre marches au-dessus et au-dessous de cette douzième marche ; la huitième marche et la dix-septième se retourneront donc d'équerre avec les limons.

Pour tracer ce balancement de marches, on prendra sur le limon la distance du devant de la septième marche au-devant de la douzième, soit $0^m,92$, et on divisera par 5, ce qui donne $0^m,184$.

Comme il y a $0^m,22$ de la septième à la huitième marche, on portera la différence, soit $0^m,148$, du devant de la onzième marche à la douzième déjà tracée, et on divisera les autres marches en augmentant graduellement, soit $0^m,17$ de la dixième à la onzième marche, $0^m,185$ de la neuvième à la dixième, $0^m,20$ de la huitième à la neuvième, et les autres $0^m,22$ sont déjà tracées.

On fera la même division pour les marches 13, 14, 15 et 16.

Cette division graduelle est indispensable pour se rapprocher le plus possible dans les développements de la partie droite et ne pas faire de jarret, c'est-à-dire de courbes disgracieuses, tout en ayant le même champ du nez des marches aux limons.

Pour tracer le développement de ces limons on élèvera des lignes d'équerre au plan des limons, à l'endroit où frappe la ligne du nez de marche jusqu'au noyau qui donne l'arasement des limons.

Après avoir fait la division des hauteurs des marches sur une règle, on tracera chacune de ces hauteurs par des lignes parallèles aux limons ; la rencontre de ces lignes donnera le bord de la marche et le dessus.

On tracera ensuite, les contremarches en retraite de la moulure de $0^m,035$, leur épaisseur de derrière ainsi que celle des marches.

Ce tracé obtenu on prendra une ouverture de compas de $0^m,03$ de largeur, qu'on portera devant le nez des marches et derrière la partie inférieure des contremarches d'équerre au rampant pour obtenir la largeur des limons.

Par suite du balancement des marches aux quartiers tournants, ces limons légèrement cintrés à ces endroits.

Le noyau peut être pris dans une membrure de $0^m,08$ sur $0^m,16$, et sa longueur sera déterminée par le développement du limon du haut qui donne $0^m,13$ en contre-haut de la treizième ; étant donné que les marches ont $0^m,16$ de hauteur, on multipliera 13 fois 16, soit $2^m,08$ plus $0^m,13$ ; ce noyau aura donc $2^m,21$, plus le scellement du bas.

Après l'avoir corroyé, arrondi en dehors, creusé en dedans et dressé les rives suivant le plan, on tracera la hauteur de la onzième marche dont le derrière est entaillé dans le noyau, puis la douzième et le nez de la treizième marche.

Au-devant de ce nez de marche, on reportera au compas les $0^m,03$ qui ont donné la rive des limons, et en les raccordant le bout du noyau fera le prolongement de ces limons.

Après avoir tracé les arasements des limons on réservera en plus deux tenons d'environ $0^m,04$ de longueur, et on les épaulera dessus, dessous et au milieu, comme il est indiqué aux développements ; on fera ces tenons en les déportant un peu en dedans, pour ne pas traverser le noyau en perçant les mortaises, et on les arasera suivant la fausse-coupe donnée.

Pour avoir la place de ces mortaises, on présentera l'arasement du grand limon contre le noyau en se repérant à la onzième marche déjà tracée aux deux morceaux ; elle sera obtenue en marquant le contour des tenons.

Il en sera de même pour le limon du haut en se repérant à la treizième marche.

Le tenon du haut de ce limon est épaulé en pente et la mortaise devra bien suivre cette pente pour ne pas traverser sur le noyau quand le bout sera débillardé et raccordé avec les deux limons.

Après avoir fait ces assemblages, les traits de dessus des marches étant bien en face, on prendra les onzième, douzième et treizième marches.

Après les avoir tracées et coupées suivant le plan, en réservant $0^m,015$ en plus pour les entailles, on les présentera à leur place respective, et on pourra faire ces entailles.

On devra toujours conserver sur les marches le trait du nu des limons pour vérifier les profondeurs d'entailles et se rendre compte si les marches balançantes sont bien dans leur direction ; les fausses coupes d'about de contremarches sont prises sur le plan, et relevées avec une fausse équerre.

Le développement des crémaillères se fera comme celui des limons, en renvoyant les traits de dessous des marches et le derrière des contremarches, et en laissant de $0^m,07$ à $0^m,08$ d'épaulement du fond des entailles et d'équerre au rampant.

### Échappées d'escaliers.

**838.** En général, la difficulté dans les escaliers est l'*échappée*, soit sous le plafond au-dessus des marches, soit sous l'escalier pour descendre un étage ou dans une cave.

Cette échappée, ainsi qu'il a déjà été dit, doit être de $1^m,80$ au minimum, mais plutôt de 2 mètres pour monter ou pour descendre facilement.

Lorsqu'on prend les mesures d'un escalier, c'est de cette échappée qu'il faut s'occuper d'abord pour établir le plan.

On peut, suivant les besoins, donner moins de développement à cet escalier en rétrécissant les marches sur la ligne de giron, par exemple, au lieu de $0^m,22$ de largeur, ne mettre que $0^m,18$, mais pas moins, et donner plus de hauteur aux marches, ce qui fait qu'au lieu de monter les $2^m,88$ en dix-huit marches de $0^m,16$ de haut, on le fera en seize marches de $0^m,18$.

On donnera par ce moyen beaucoup moins de développement à cet escalier, mais il sera plus raide, pour se servir du terme pratique, c'est-à-dire plus dur à monter et surtout à descendre car un escalier de $0^m,18$ de hauteur d'emmarchement sur $0^m,18$ de largeur au giron monte suivant une inclinaison de 45 degrés.

La figure 878 donne le développement de l'escalier dont nous venons de parler avec l'indication d'un chevêtre au premier étage ; l'échappée sera de $1^m,85$.

Si on avançait ce chevêtre à plomb de la sixième marche, on n'aurait plus que $1^m,69$, ce qui est insuffisant pour passer.

### Échappée pour descente de cave.

**839.** La figure 879 donne le plan d'un escalier descendant à une cave en supposant que cette descente soit faite sous l'escalier détaillé et développé (*fig.* 877).

Le noyau, dans lequel sont assemblés les limons, sert de poteau d'huisserie pour la porte de cave à droite; il ne faudra donc qu'un poteau à gauche et une traverse.

Cette porte développant sous la treizième marche de l'escalier (*fig.* 878) montant au premier étage pourra avoir 2 mètres de passage. Ces treize marches ayant comme dimensions $0^m,16$ de hauteur, on a une hauteur de $2^m,08$, qui diminuée des $0^m,04$ d'épaisseur de marche laisse un espace de $2^m,04$.

Sol 1er étage.
18 palier
Épaisseur du plancher
17
16
15
14
13
12
11
10
9
8
7
6
5
4
3
2
1
à monter 2m88 en 18 marches de 0m16 de haut.
Échappée 1m85
Sol Rez-de-chaussée.
18 palier
17
16
15
14
13
12
11
10
9
8
7
6
5
4
3
2
1
Ligne d'échappée

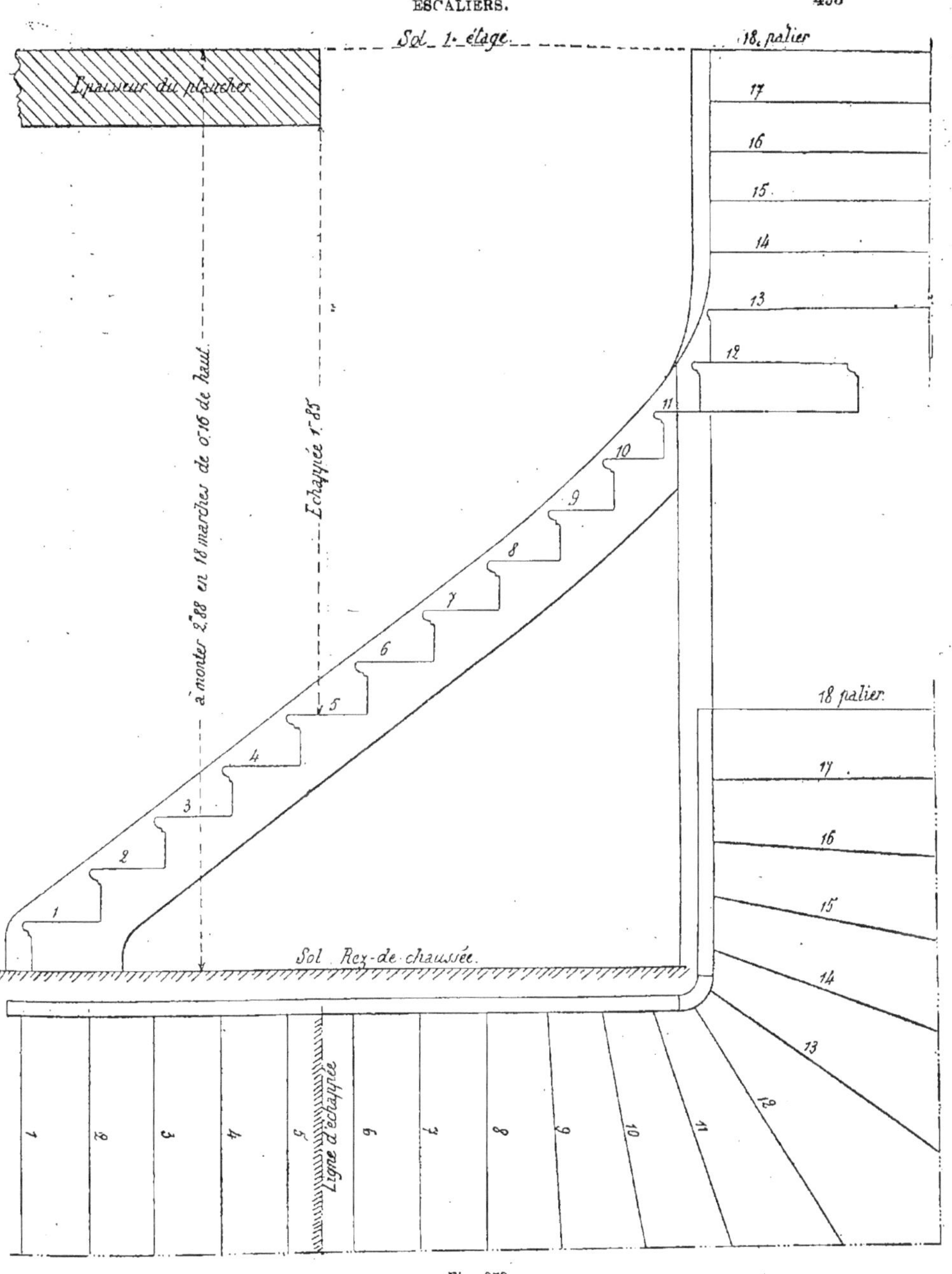

Fig, 878.

Cette échappée est nécessaire, car l'escalier de cave étant plus raide que celui de l'étage, plus on descend, plus l'échappée est grande.

Le plan de l'escalier de cave (*fig.* 879) se compose de quatorze marches.

En supposant la hauteur des caves de 2m,52, y compris l'épaisseur du plancher du rez-de-chaussée, ces marches devront avoir 0m,18, de hauteur et on peut descendre cet escalier avec des marches n'ayant que 0m,16 de largeur à la ligne de giron.

La quatrième marche du haut peut être à fleur de l'huisserie de la cave à l'intérieur ainsi qu'elle est indiquée au plan, et la porte ouvrant en dehors facilite la descente de cet escalier.

Les portes de descente de cave ne doivent jamais ouvrir du côté de la cave, quand bien même il y aurait assez de hauteur pour les faire développer, car c'est presque toujours un casse-cou, à moins qu'il n'y ait un petit palier du côté de la largeur du développement de cette porte.

Les lignes pointillées, sur le plan, indiquent les devants des marches de l'escalier sous lequel on descend.

En général, pour les échappées d'escalier, on doit toujours prévoir douze mar-

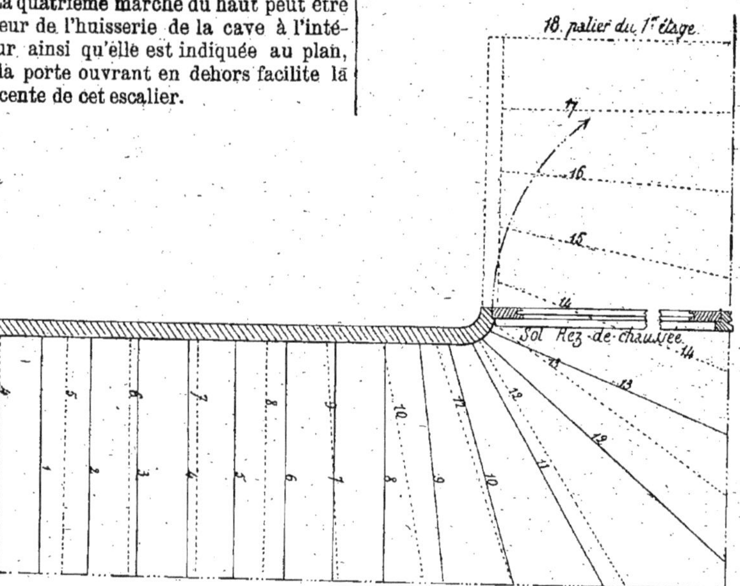


Fig. 879.

ches environ montant après l'échappée, ou treize marches au-dessous pour descendre.

## Escalier à crémaillères à quartier tournant.

**840.** La figure 880 donne le plan d'un escalier à crémaillères montant de gauche à droite.

Supposons, dans cet exemple, avoir peu de place pour l'escalier, soit 1m,60 de la solive sous laquelle il faut passer jusqu'au mur, et 1m,80 en retour d'équerre du mur jusqu'au chevêtre qui doit porter la marche palière.

La hauteur de l'étage à monter est de 2m,89 du dessus du parquet, de cette hauteur il faut déduire 0m,25 d'épaisseur pour la solive sous laquelle il faut échapper.

Pour établir ce plan on tracera d'abord le nu de la solive et du chevêtre formant la cage de l'escalier et le nu des murs.

Cet escalier étant demandé à 0m,75 de largeur, on avancera cette mesure des nus des murs, et au milieu, c'est-à-dire à $0^{m},375$, on tracera la ligne de giron.

Ensuite on se reculera de $0^{m},04$ pour la saillie des contre-profils des marches en bout; ce trait sera le nu extérieur des crémaillères, plus un autre trait à $0^{m},054$

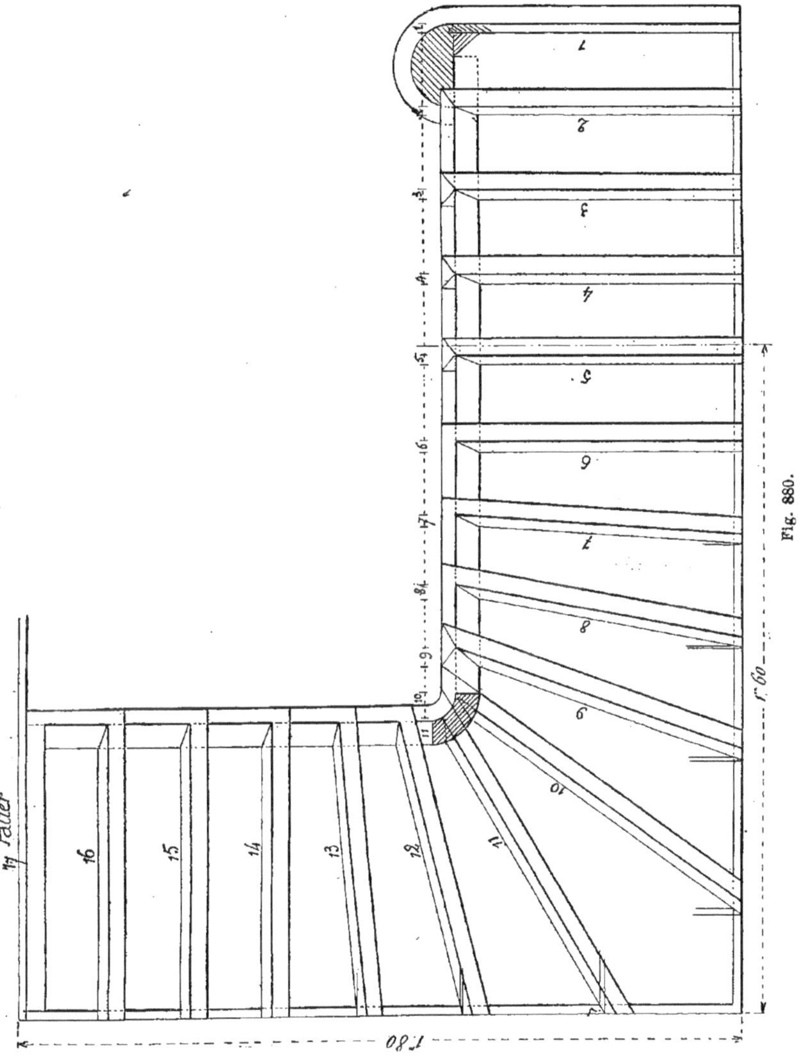


Fig. 880.

en dedans pour l'épaisseur de ces crémaillères.

Au quartier tournant et pour assembler les deux crémaillères, on tracera un poteau, formant noyau, en prenant un rayon de $0^{m},066$ pour le creux du noyau, et de

0$^m$,12 pour l'épaisseur des crémaillères, puis on prolongera, en les raccordant, les deux lignes de giron.

On cherchera ensuite combien il faut de marches pour monter cet escalier en divisant la hauteur par 0$^m$,17 (il a déjà été dit que la hauteur des marches devait être de 0$^m$,16 à 0$^m$,18), et on trouvera qu'il faut dix-sept marches.

Comme il faut au moins 1$^m$,80 pour échapper sous la solive dont le dessous est à 2$^m$,64, on divisera sur la ligne de giron en prenant une ouverture de compas de 0$^m$,20 environ pour trouver douze marches en contre-haut jusqu'au chevêtre de la marche palière en diminuant 0$^m$,03 pour l'épaisseur de la contremarche.

Le devant de la solive d'échappée sera donc à plomb du devant de la cinquième contremarche, ce qui donnera un passage de 1$^m$,80 sous cette solive; puis de ce point de cinquième contremarche on descendra avec cette même ouverture de compas les devants des contremarches 4, 3, 2 et 1.

Tous ces points sont les devants de contremarches, attendu que ce sont eux qui servent pour développer les crémaillères.

On tracera ensuite le balancement des marches 7, 8, 9, 10, 11, 12 et 13 en commençant par les n$^{os}$ 10 et 11, qui sont les plus rapprochés du rayon, et en laissant de 0$^m$,06 à 0$^m$,07 de distance entre ces deux contremarches et les autres, en augmentant graduellement, en descendant jusqu'au n° 6 et remontant jusqu'au n° 14, qui se retournent d'équerre à la crémaillère.

Ces devants de contremarches étant tracés en arrêtant les traits au dehors de la crémaillère jusqu'au mur, on tracera un autre trait qui sera le derrière de la contremarche et qu'on arrêtera au dedans de cette crémaillère.

Au lieu de reculer ces traits au compas, on fera une règle mince d'environ 1 mètre de longueur et tirée de largeur à 0$^m$,025, qui est l'épaisseur des contremarches; on ira beau coup plus vite par ce moyen.

On raccordera ensuite ces épaisseurs de contremarches sur les crémaillères et au bout du noyau, ce qui donnera les fausses coupes des contremarches.

Puis du devant des contremarches on avancera les traits de saillie de nez de marche, en procédant de la même manière avec une règle de 0$^m$,04, et on arrêtera ces traits à celui du contreprofil de marches à 0$^m$,75 des murs déjà tracés.

Pour la première marche qui devra être arrondie à droite, on ouvrira le compas à la moitié entre la première et la deuxième contremarche, la pointe sur le dehors de la crémaillère, et on décrira un demi-cercle qui sera le nu du sabot de la première contremarche dans lequel elle viendra s'embrever à rainure et languette en bout, et 0$^m$,04 plus loin pour la saillie de la moulure du nez de marche.

Pour maintenir ce joint, on devra coller en dedans une chanlatte de 0$^m$,07 à 0$^m$,08 de largeur.

Sur les murs, on avancera un trait à 0$^m$,025 qui sera celui de la crémaillère ; elle sera clouée contre ces murs pour maintenir le bout des marches, et éviter des trous de scellement.

Ce plan bien établi, on relèvera sur une règle les devants des contremarches et leur épaisseur de la marche n° 1 jusqu'à la marche n° 11, compris le trait d'arasement sur le noyau.

On reportera ces traits sur une ligne horizontale appelée ligne de base (*fig.* 881), et on élèvera sur cette ligne d'autres lignes perpendiculaires bien d'équerre à chacun des traits de contremarches et l'arasement du noyau à droite; on reportera l'échelle des hauteurs des marches qu'on aura faite sur une règle en comptant onze marches, et on renverra chacune de ces lignes parallèles à la base en les arrêtant devant les lignes de contremarches élevées perpendiculairement à chacun de leurs numéros ; on redescendra ensuite chacun de ces traits d'une épaisseur de marche, en les arrêtant à leur largeur; on tirera une ligne sur les angles saillants, qui sera la ligne des rampants.

Au point de rencontre de ces dessous de marches et des devants de contremarches, on prendra une ouverture de compas de 0$^m$,084 pour tracer les épaulements en décrivant une petite section circulaire d'équerre au rampant, la pointe du compas sur le point de rencontre.

Solive du plancher à échapper.
Échappée à 1m80
Echelle des hauteurs de marches
Ligne de base
B

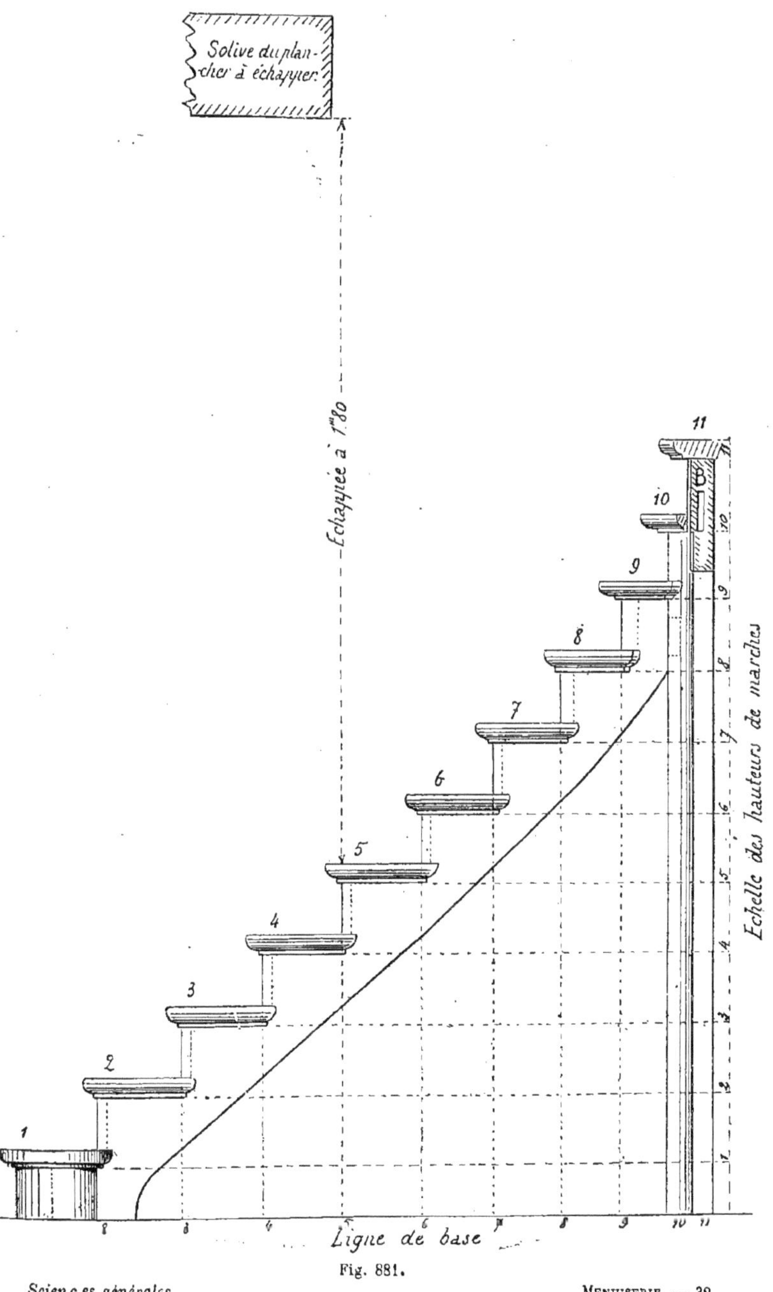

Fig. 881.

En raccordant ces points de section, on obtiendra une ligne qui donne la largeur de la crémaillère.

On tracera au bas une partie circulaire pour former patin.

On a obtenu ainsi le développement de la crémaillère, sa longueur et sa largeur; on n'a plus qu'à reporter ces traits sur le morceau de bois de 0m,054 d'épaisseur, qui doit servir à l'exécuter; en le présentant sur l'épure après l'avoir corroyé et traçant les marches d'abord, les deux traits de contremarches et l'arasement au noyau, plus le tenon.

On reportera derrière le deuxième trait de contremarche qui donnera la fausse coupe pour faire les entailles.

On procédera de la même manière pour

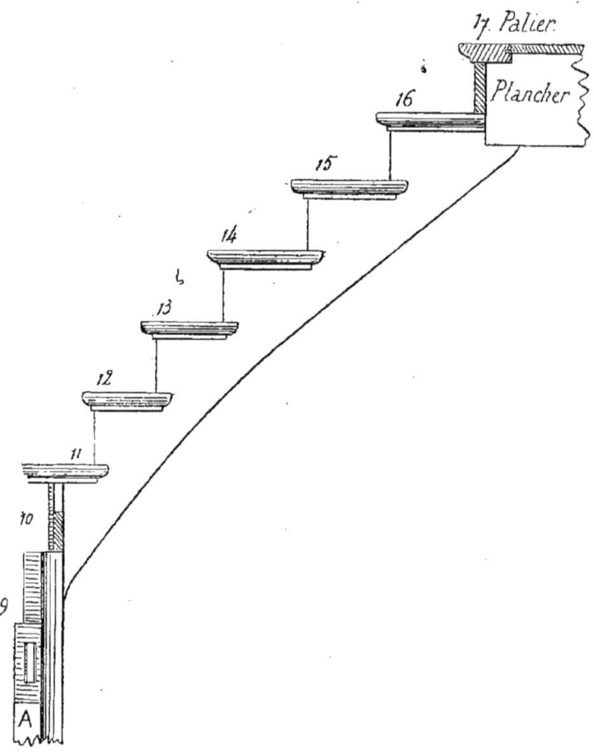


Fig. 882.

faire le développement de la crémaillère du haut (*fig.* 882).

Pour faire le noyau, on connaît ses dimensions d'après le plan, et pour sa longueur, comme le haut de ce noyau est sous la onzième marche, elle devra être de dix marches en hauteur, soit 1m,70 de longueur.

Après l'avoir corroyé, arrondi et creusé, suivant le plan, on tracera à leur hauteur les neuvième, dixième et onzième marches, moins leur épaisseur, et en bout les fausses coupes des contremarches, puis on fera les entailles.

On présentera ensuite la crémaillère du bas dont le haut est le dessous de la neuvième marche, en face ce même trait sur le noyau, et on tracera le contour du tenon pour faire la mortaise marquée sur la figure 882.

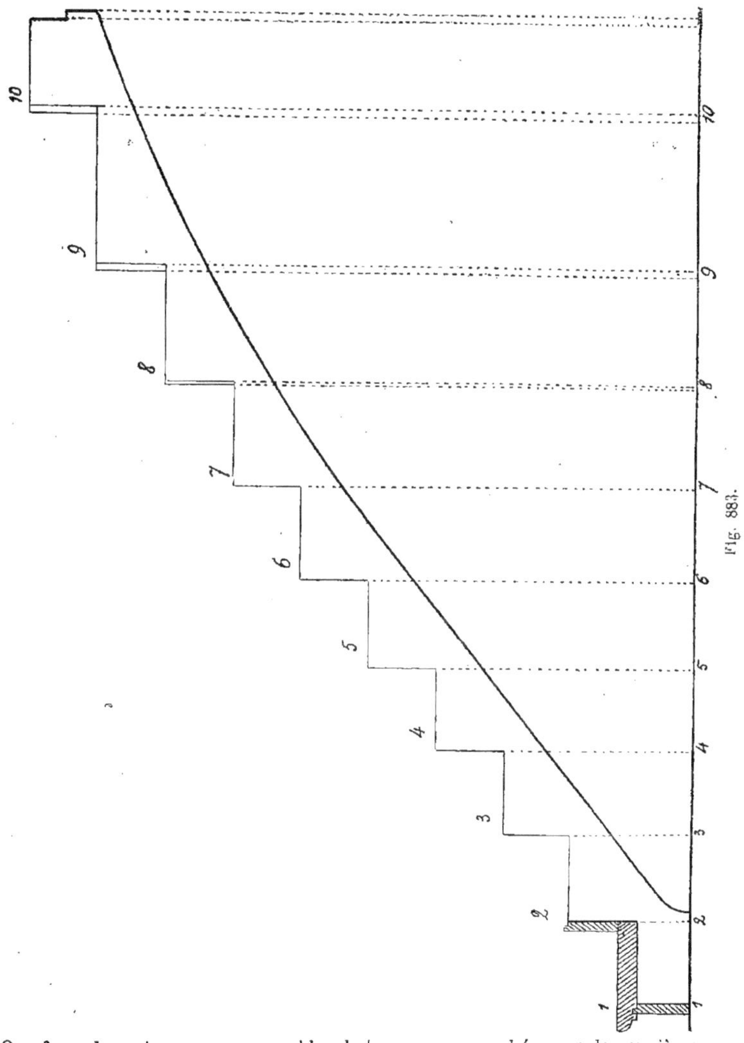


Fig. 883.

On fera de même pour assembler la crémaillère du haut ; l'entaille de la onzième marche étant faite affleurera le bout du noyau, et la mortaise qui traversera sera cachée par la onzième contremarche, comme il est indiqué en B (*fig.* 881).

On fera ensuite le développement de

la crémaillère du bas contre le mur (*fig*. 883), en renvoyant les lignes d'arrière des marches et des contremarches, comme il a été indiqué (*fig*. 881).

La figure 884 donne le développement de la crémaillère du haut.

Ces développements obtenus, on reportera les traits sur les planches en 0m,025 d'épaisseur, qui doivent servir à faire les crémaillères, puis on fera les entailles.

Ces deux crémaillères étant clouées sur le mur, il suffira de les assembler à entailles.

On débitera ensuite les marches dans du chêne de 0m,04 d'épaisseur suivant les longueurs données au plan en tenant bien compte que leur largeur devra être du devant de la marche jusqu'à l'arrière du contreprofil butant sur les crémaillères, et ensuite derasées à fleur de l'arrière de la contremarche.

Le contreprofil devra être entaillé dans la crémaillère et être parallèle au devant de la marche supérieure.

On débitera ensuite les contremarches dont la largeur sera du dessus de la languette au-dessus de la marche inférieure, soit 0m,14 de largeur.

Après avoir corroyé ces bois, les avoir dressés et tirés à leur largeur respective, on pourra dessous tracer les rainures pour les contremarches en ayant soin de les arrêter à 0m,06 du bout contreprofilé.

On poussera ensuite les moulures des nez des marches en ayant soin de conserver de la force à l'arrondi ; ce sont ces nez de marches qui s'usent le plus.

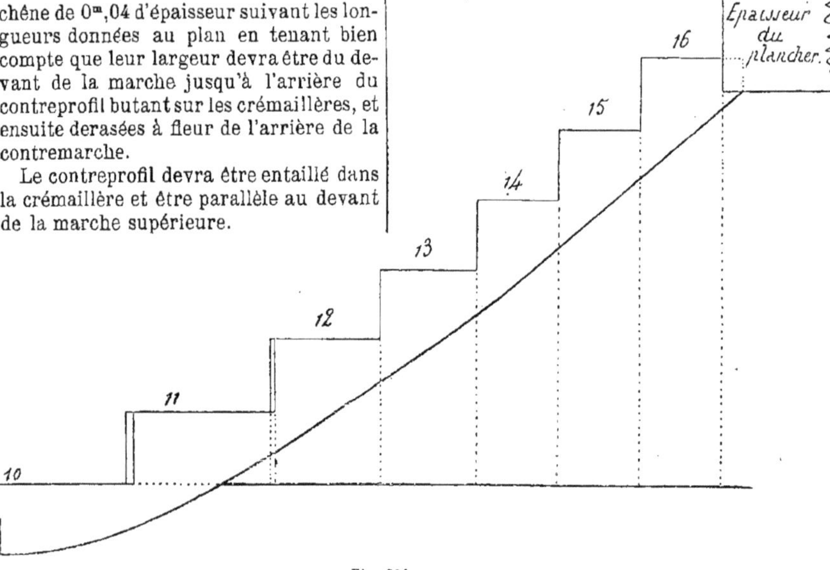


Fig. 884.

On fera ensuite les profils en bout des marches, et les contreprofils derrière.

Pour couper les contremarches, on relèvera les fausses coupes sur le plan avec une fausse équerre qu'on reportera sur le bout des contremarches.

Tous ces bois corroyés, entaillés et assemblés comme il vient d'être dit, on commencera la pose de cet escalier par pointes, c'est-à-dire en mettant quelques clous aux crémaillères, pour les maintenir contre le mur, puis on assemble le poteau formant noyau avec la crémaillère du bas, en les fixant à leur place ; ensuite on assemble la crémaillère entre le noyau et le chevêtre portant la marche palière comme dans la figure 882.

Après s'être rendu compte que les entailles des crémaillères sont bien de niveau avec celles placées sur le mur et à leur place comme le plan (*fig*. 880), on assujettira définitivement ces dernières sur les murs.

On commencera ensuite à emmarcher par la pose de la première marche qui est fixée avec sa contremarche et son sabot cintré, on la clouera sur la crémaillère; on posera ensuite la deuxième contremarche en ayant soin que la fausse coupe se raccorde bien avec celle de la crémaillère, et que l'arasement de la languette affleure

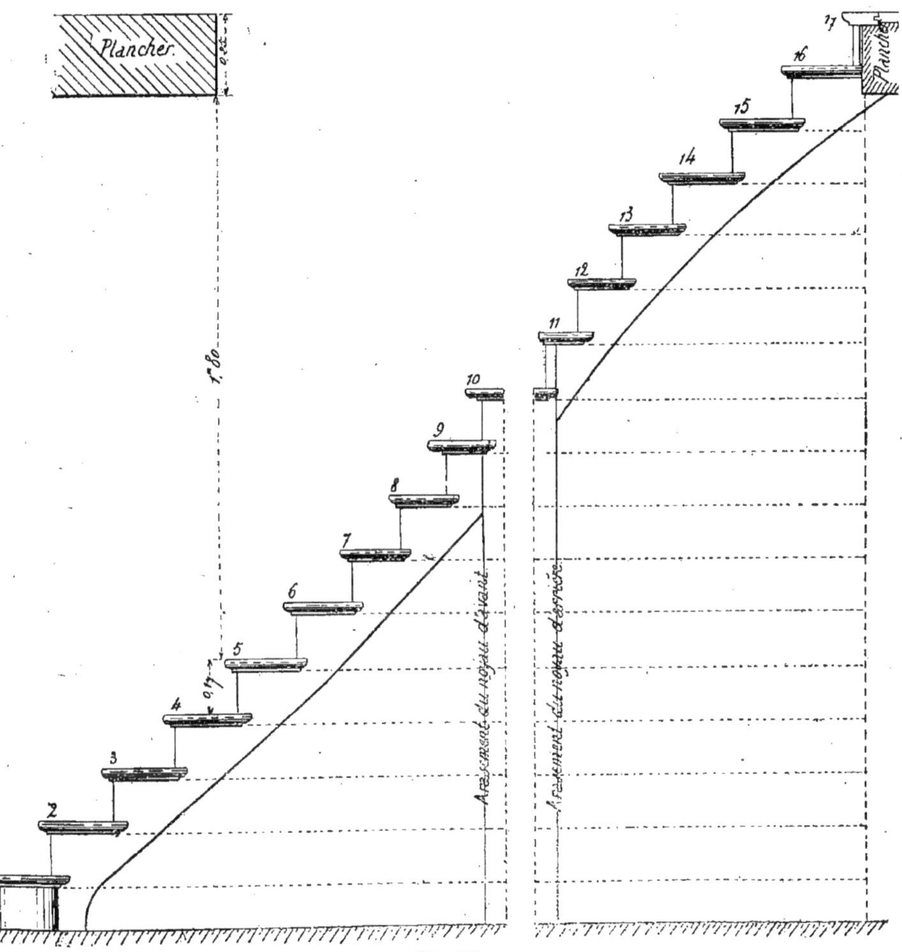


Fig. 885.

bien avec les entailles, puis on la clouera.

On présentera la deuxième marche avec la saillie du carré de la moulure bien régulière sur la crémaillère et on l'assujettira.

Ainsi de suite, jusqu'à la dix-septième marche palière qui sera ajustée, suivant son emplacement, avec le parquet.

La figure 885 donne le développement des deux crémaillères et du noyau dans lequel elles sont assemblées avec l'indication de l'échappée au-dessus de la cinquième marche et du chevêtre sous la marche palière du haut.

### Escaliers circulaires.

**841.** Les escaliers circulaires se composent de limons ou de crémaillères courbes recevant les marches et les contremarches. Le rampant est plus ou moins prononcé suivant la quantité de marches que les limons ou crémaillères courbes doivent porter.

La figure 886 donne le plan d'une partie courbe d'escalier ayant, en plan, une longueur intérieure de $1^m,40$ et $0^m,31$ de flèche. Ce limon aura $0^m,10$ d'épaisseur et devra porter 4 marches de $0^m,17$ de hauteur.

Pour établir cette partie courbe en plan, on devra tracer une ligne de base AB au milieu de laquelle on élèvera une perpendiculaire C, qui donnera le milieu du plan à faire.

En portant $0^m,70$ de chaque côté de l'axe C on aura $1^m,40$, qui sera la longueur de la corde de la courbe et, si sur la ligne C et en contre-bas de cette corde on porte $0^m,31$, on aura la flèche de la courbe.

Le point de centre de cette courbe sera alors facile à trouver en opérant comme suit: multiplier la moitié de la corde par elle-même, diviser ensuite le produit par la flèche, additionner le quotient avec cette flèche, ce qui donne $1^m,89$ pour le diamètre et par suite $0^m,945$ pour le rayon.

Du point de centre choisi et avec un rayon de $0^m,945$ on décrira la courbe intérieure du limon, puis, en augmentant ce rayon de $0^m,10$, on tracera l'épaisseur du limon.

Ce limon devant porter quatre marches de $0^m,17$ de hauteur, on divisera la courbe en quatre parties égales marquées par les points 1, 2, 3, 4 et 5 sur le limon; ces points seront les devants des marches.

A la rencontre de ces points de 1 à 5, sur les deux traits de limon, on élèvera des lignes perpendiculaires sur la base AB, et sur le côté droit de la figure on portera cinq hauteurs de marches de $0^m,17$, pour obtenir le rampant du limon en renvoyant ces traits parallèlement à la ligne de base.

Les points de rencontre D de ces lignes horizontales avec les perpendiculaires 1, 2, 3, 4 et 5, élevées de l'intérieur du limon donneront le rampant, moins le gauche, et ces points raccordés donneront la ligne intérieure du limon développée. Pour obtenir le gauche du dessus du limon on réunira ces points D par de petites lignes horizontales, qui seront les droites 1, 2, 3, 4 et 5 du plan, renvoyées de D à *e*, et en raccordant ces points *e* on aura le gauche du limon.

C'est ce gauche qui donne le rampant réel et sur lequel on établit la ligne de base FG pour obtenir le calibre rallongé.

Ce limon devant avoir, environ, $0^m,38$ de largeur sur la ligne rampante, on ne descendra ces mêmes points D*e* qu'après avoir raccordé. On obtiendra alors la largeur du limon et le gauche du dessous.

Pour avoir le calibre rallongé du limon, c'est-à-dire le développement sur les rives, on tracera la ligne de base rampante FG, sur laquelle on arrêtera les lignes perpendiculaires renvoyées 1, 2, 3, 4 et 5.

Aux points de rencontre de ces lignes sur la base FG, on renverra des traits d'équerre à cette ligne de base rampante, puis on prendra les distances des points 1, 2, 3, 4 et 5, intérieur et extérieur à la ligne de base AB, et on les reportera sur ces mêmes lignes renvoyées d'équerre sur la ligne de base FG.

En raccordant ces points, on aura le calibre rallongé du limon.

Il faut avoir bien soin de n'établir la ligne de rampant FG qu'après avoir fait le gauche du limon; si l'on établissait cette ligne sur les premiers points D, le rampant ne serait pas exact.

On a donc, après ces opérations, obtenu le plan du limon suivant les mesures demandées, son développement et le calibre rallongé.

Pour être certain d'avoir bien opéré, on fera bien de construire le modèle de cette courbe comme nous allons l'indiquer.

On prendra un morceau de poirier ou de noyer de $0^m,20$ de longueur sur $0^m,043$ carrés, qui sont les mesures nécessaires données au développement du limon et au calibre rallongé.

Après avoir corroyé ce morceau de bois, on fera, avec un trusquin, à $0^m,001$

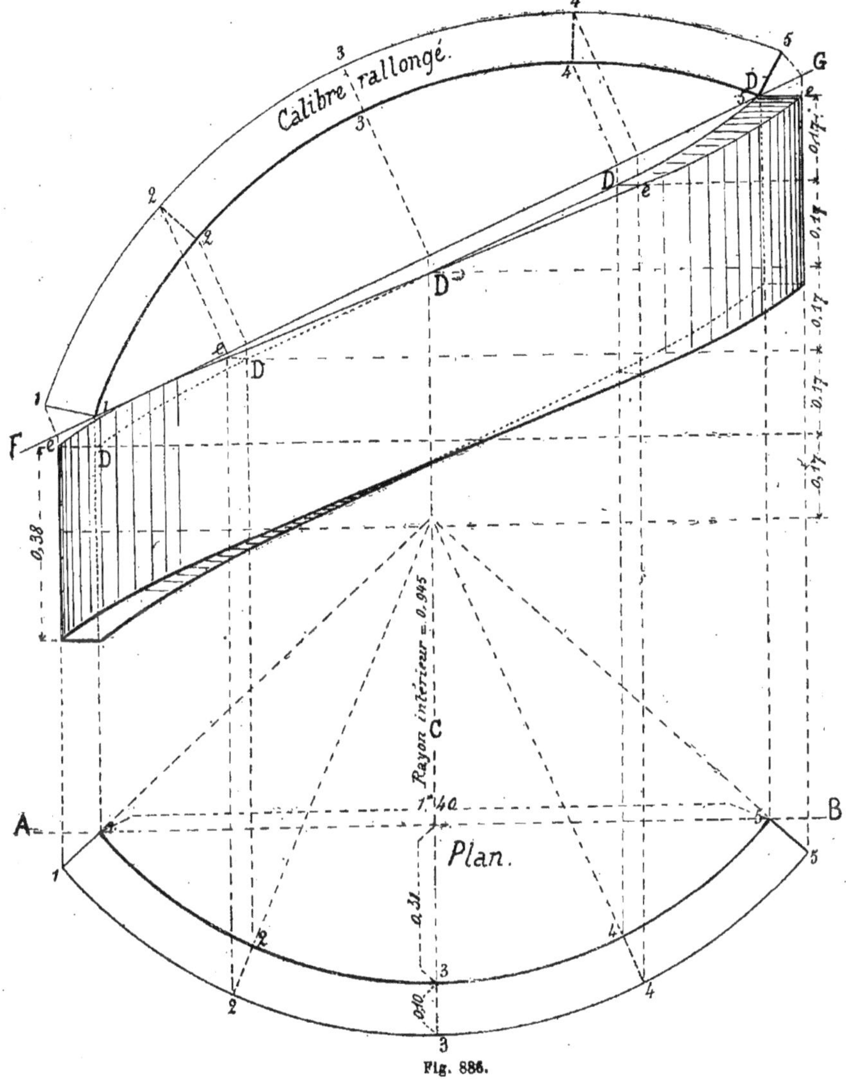


Fig. 886.

de l'une des faces, un trait qui sera la ligne de base FG.

On présentera le modèle, sur le développement, en mettant les deux lignes de base tracées du côté du plan, puis on relèvera dessus et dessous les lignes renvoyées 1, 2, 3, 4 et 5 du plan, et on retournera ces traits d'équerre de chaque côté.

On prendra ensuite les distances de la base FG aux points 1, 2, 3, 4 et 5 du calibre rallongé reporté de chaque côté, et on raccordera ces points par deux lignes circulaires qui seront les mêmes que celles du calibre rallongé.

Le raccordement de ces points doit se faire avec une pièce de raccord touchant au moins trois points tracés à la pointe sèche ainsi que les lignes d'épaisseur 1, 2, 3, 4 et 5.

Ensuite on débillardera le morceau suivant le rampant, en commençant par le côté creux, qui devra être bien fini à la lime avant de faire le côté rond ; on atteindra les traits bien exactement, les traits de pointe sèche devant être coupés en deux.

Après avoir bien fini cette courbe des deux côtés, on réunira les points 1, 2, 3, 4 et 5 du dessus au dessous dans les parties creuses et rondes, on retournera ces lignes de rampant et on coupera la courbe de longueur suivant les points 1 et 5.

On relèvera les lignes de gauche du dessous et, en retournant d'équerre les points 1 et 5 de chaque bout, ce gauche sera obtenu et devra donner deux lignes droites sur le côté creux et sur le côté rond.

On tirera ensuite cette courbe de largeur comme au développement, ce qui donnera le gauche du dessous, et le modèle sera terminé ; on le présentera alors sur le plan ; il devra être juste, et tous les points devront se raccorder.

### Partie de crémaillère courbe.

**842.** La figure 887 donne le plan d'une partie courbe d'escalier à crémaillère.

Cette courbe a les mêmes dimensions que celle du limon (*fig.* 886) détaillé ci-dessus.

Elle comporte la même quantité de marches, et ces marches ont la même hauteur.

On procédera comme nous l'avons indiqué précédemment pour obtenir le plan, le développement et le calibre rallongé.

Le gauche s'obtient aussi de la même manière en traçant les hauteurs d'emmarchement, et les lignes renvoyées De, qui donnent les fausses coupes des contremarches de cette crémaillère et permettent de faire les entailles.

Pour exécuter le modèle en bois, on opère comme pour la partie courbe du limon, les dimensions du bois étant les mêmes et les lignes de rampant 1, 2, 3, 4 et 5 étant descendues de chaque côté de la crémaillère. Après l'avoir débillardée, on fera les entailles en commençant par donner les coups de scie des marches qui sont d'équerre, puis on finira ces entailles en faisant les fausses coupes des contremarches.

Il est nécessaire d'exécuter ces modèles qui sont assez faciles à faire et qui sont le point de départ de la construction d'un modèle entier d'escalier.

### Limons courbes d'escalier assemblés à crochet.

**843.** La figure 888 donne le plan de deux parties de limons courbes d'escalier assemblés à crochets au milieu.

Ce plan demi-circulaire a 1 mètre de diamètre du dehors des limons, et ces limons ont $0^m,11$ d'épaisseur.

Le point de centre est donc à $0^m,50$. Pour établir ce plan, on prendra cette ouverture de compas, puis, après avoir tracé la ligne de base AB, on placera la pointe du compas sur le point de centre C et on décrira le demi-cercle de 1 mètre de diamètre ; cette ligne circulaire sera le dehors du limon.

On refermera le compas de $0^m,11$ (qui est l'épaisseur des limons) et on décrira la ligne intérieure de ces limons dont le diamètre est de $0^m,78$.

Ces limons devant porter huit marches de $0^m,17$ de haut, on divisera la ligne circulaire du dehors en huit parties ; la cinquième sera dans l'axe de la ligne du centre C. Puis de ces points de division on tracera des lignes dirigées vers le centre C traversant l'épaisseur des limons et se prolongeant à l'extérieur.

Ces lignes, représentant les devants des contremarches des marches nº 1 à 8 et

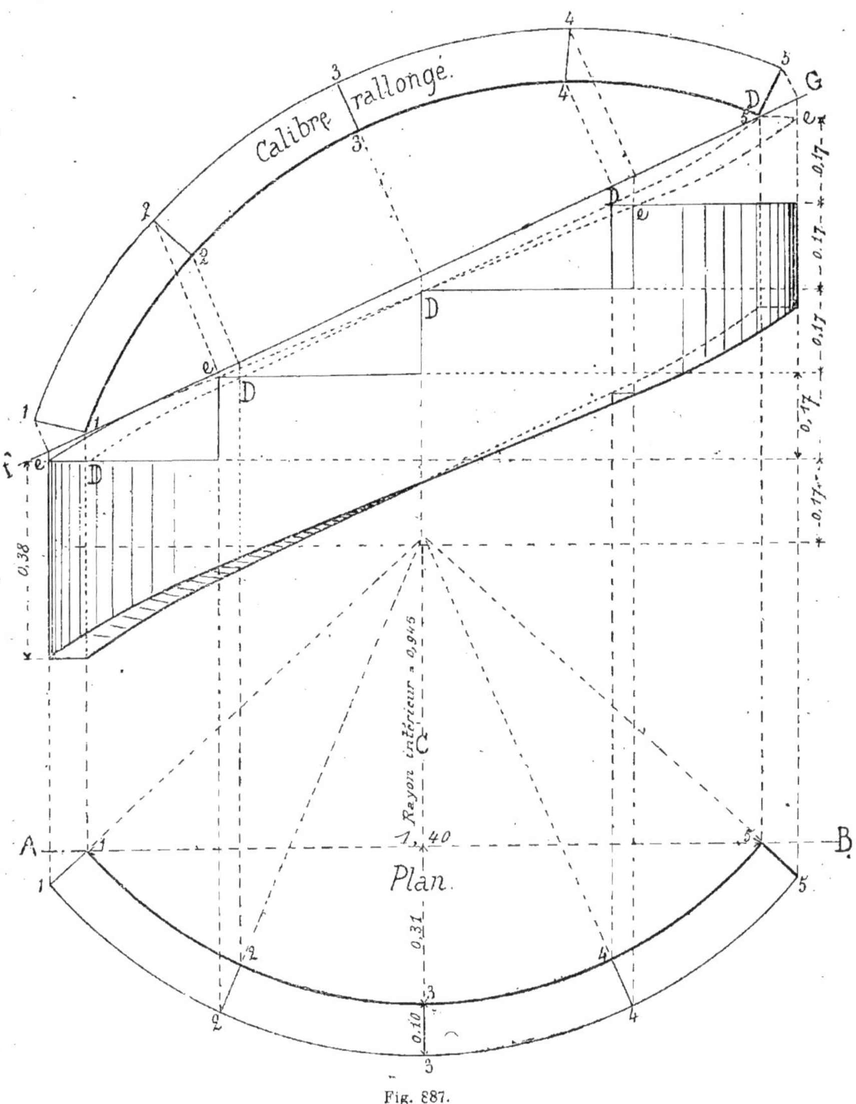


Fig. 887.

le nº 9 étant l'extrémité du limon, serviront de lignes d'emprunt pour établir le développement des limons et des calibres rallongés.

Au milieu, à la cinquième contremarche, on tracera l'assemblage à crochets, qui se composera de la ligne brisée Q, R, S, T.

La ligne Q est l'arasement du dessus de l'assemblage ; les lignes R et S sont les deux lignes de repos du crochet ; enfin la ligne T représente l'arasement du dessous de l'assemblage.

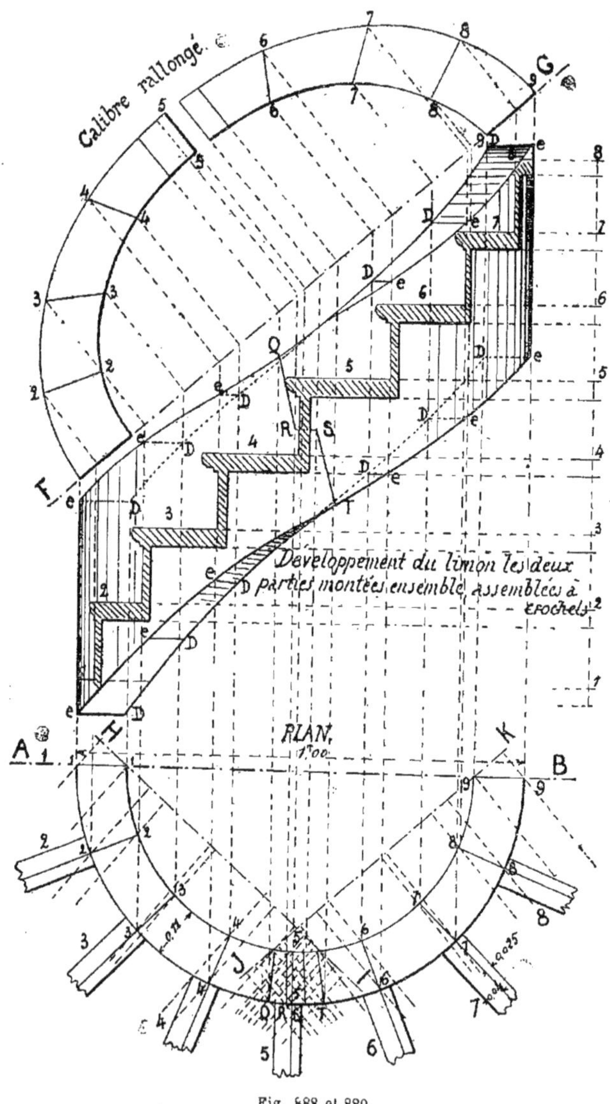


Fig. 888 et 889.

Cet assemblage peut se placer au milieu d'une autre marche ou à tout autre endroit de la longueur du limon ; la manière de le tracer reste toujours la même.

Ensuite, sur les lignes de contremarches de 1 à 8 et en avançant de 0m,04, on tracera un trait parallèle à ces lignes, qui donnera la saillie des nez de marches, puis un autre trait en arrière de 0m,025, qui donnera l'épaisseur des contremarches.

Ces traits devront s'arrêter au trait extérieur des limons et servir pour le tracé des marches et des contremarches sur le développement de ces limons.

Pour faire ce développement, on tracera sur une ligne verticale d'équerre à la base AB huit marches de 0m,17 de hauteur et de 0m,04 d'épaisseur.

On renverra ces lignes de marches horizontales parallèlement à la ligne de base AB et en contre-haut du plan, puis on élèvera des perpendiculaires à cette ligne de base, partant des points 11, 22, 33 jusqu'à 99 du plan qui sont les devants des contremarches et qu'on devra arrêter entre les épaisseurs des marches n° 1, 2, 3 jusqu'à 8 et les derrières des contremarches ainsi qu'il est indiqué.

On tracera ensuite les devants des nez de marches, et leur profil dont la saillie est prise au point où elle tombe sur le plan des limons.

Les profils de ces nez de marches changent parce qu'ils sont vus à plat sur une partie circulaire.

Après avoir tracé ces marches et ces contremarches, on ouvrira un compas à la distance voulue pour tracer les épaulements, soit 0m,07 dessous et 0m,04 au-dessus des marches, puis on décrira de petites lignes circulaires d'équerre au rampant en mettant la pointe du compas sur l'arête du nez des marches que donneront les points D, et sur l'angle des dessous de marche et contremarches.

En raccordant ces lignes on obtient le développement extérieur des limons.

Pour faire le tracé intérieur des limons et donner les lignes de gauche, on renverra de ces points D des lignes horizontales entre les lignes perpendiculaires élevées sur 11, 22, 33 jusqu'à 99 au-dessus et au-dessous des limons qui donneront les points *e* ; après avoir raccordé ces points *e*, on aura obtenu les lignes de gauche intérieures des limons.

On tracera ensuite la ligne de base FG parallèle aux lignes de gauche intérieure et extérieure des limons.

On élèvera jusqu'à cette ligne de base FG les traits de devant des contremarches pris sur le plan du limon n° 11, 22, 33 jusqu'à 99.

On renverra tous ces points d'équerre avec la base *fg*.

Puis avec le compas on prendra les distances de la ligne de base AB jusqu'à chacun de ces points. Les points 11 et 99 sont sur la ligne de base AB comme sur celles du calibre rallongé FG.

Puis la distance intérieure 2 qu'on reportera sur la base FG, ainsi que la distance 2 extérieure ; on réunira ces deux points par une ligne qui sera l'épaisseur développée du limon et ainsi de suite jusqu'aux points 88.

En joignant tous ces points intérieurs et extérieurs et en raccordant les deux parties on obtiendra le développement du calibre rallongé des limons.

Pour tracer la figure des coupes et du crochet de l'assemblage sur le développement (*fig.* 889), on élèvera une ligne du point Q jusqu'au-dessus du limon, et une autre ligne du point T jusqu'au dessous, ces deux points sont les arasements vus de l'assemblage à crochets ; on prendra ensuite le milieu entre ces deux points et on tracera une horizontale parallèle aux marches.

On élèvera ensuite jusqu'à cette ligne, les points R et S, qui donneront la largeur du repos.

En raccordant les points QR et ST par deux lignes, on obtiendra les fausses coupes de l'assemblage à crochet vues à l'extérieur.

On aura ainsi la disposition des deux limons lorsqu'ils seront assemblés.

Pour l'exécution de ces deux limons :

On tracera les deux lignes de bases HI et JK s'appuyant sur les points intérieurs n° 1 et le point T qui est le dehors de l'assemblage à crochet du premier limon, ainsi que du point Q au point n° 9 du deuxième limon du plan (*fig.* 888).

On fera alors le plan (*fig.* 890) du limon du bas et (*fig.* 891) celui du limon du haut pris sur la figure 888 des deux limons.

Pour le limon du bas, après avoir tracé

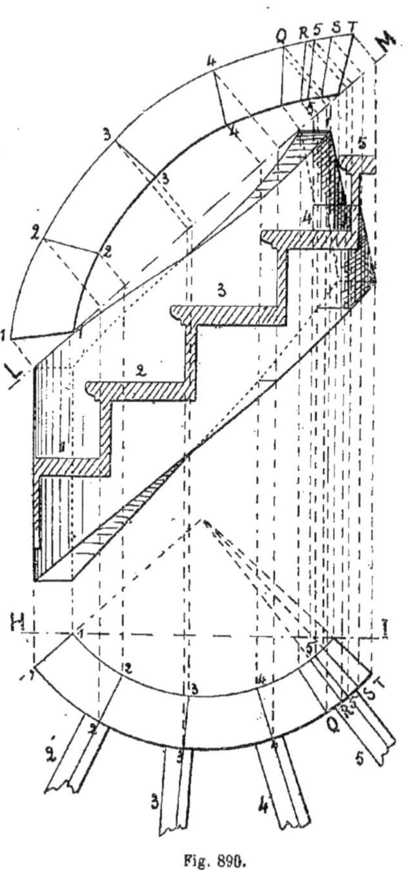

Fig. 890.

la ligne de base HI, comme il a déjà été dit, et fait sur le plan les lignes de contremarches 1, 2, 3, 4 et 5 ainsi que les quatre lignes QRST de l'assemblage à crochet, avancé de 0m,04 pour la ligne de nez de marche, et reculé de 0m,025 pour les épaisseurs des contremarches.

On élèvera sur une perpendiculaire à la base HI et en contre-haut de cette ligne cinq hauteurs de marches de 0m,17, comme il a été fait (*fig.* 889), et les

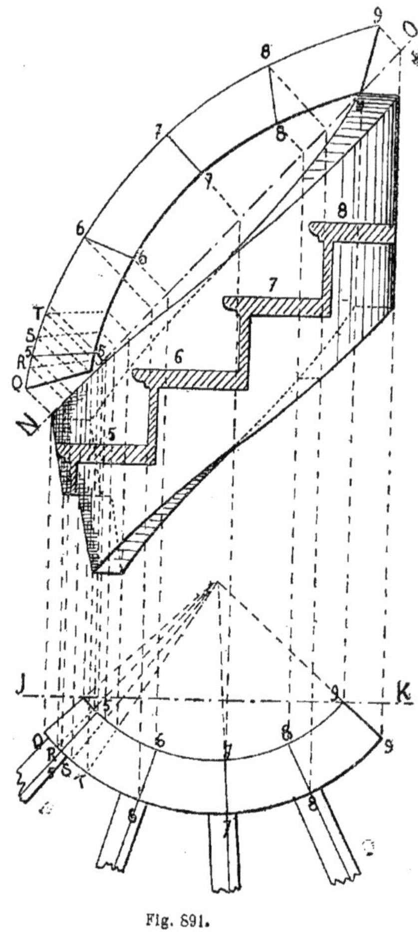

Fig. 891.

épaisseurs des marches, et on renverra ces lignes parallèlement à la base HI.

Ensuite on élèvera des perpendiculaires à cette base partant des points 1, 2, 3, 4 et 5 en les arrêtant entre les épaisseurs des marches correspondantes à ces numéros et les épaisseurs des contremarches du dessus au-dessous des marches.

On tracera ensuite le nez des marches et les épaulements au-dessus et au-dessous de ces marches pour avoir le développement du limon ainsi que pour le tracé des gauches, comme il a été dit ci-dessus.

Pour le tracé de l'assemblage à crochet, on élèvera deux perpendiculaires sur la ligne Q du plan, qui est, comme nous le savons, l'arasement du dessus de l'assemblage en retournant la ligne de gauche et deux autres sur la ligne T, qui est l'arasement du dessous ; la distance entre ces deux arasements devra être la même qu'au développement (*fig.* 889).

On prendra ensuite le milieu entre ces deux arasements, qui représentera la ligne de repos de l'assemblage à crochet.

En renvoyant les lignes RS et les arrêtant sur cette ligne de repos, on aura l'emplacement exact du crochet à l'intérieur et à l'extérieur du limon.

On procédera de la même manière pour faire le plan et le développement du deuxième limon en commençant par tracer la ligne de base JK, le plan du limon avec les lignes 5, 6, 7, 8 et 9, et les quatre lignes QRST de l'assemblage à crochet.

On élèvera des perpendiculaires de toutes ces lignes sur la base JK, on tracera les marches, les contremarches, les épaulements dessus et dessous, ainsi que les gauches, comme il a déjà été dit.

Pour le tracé de l'assemblage à crochet on élèvera les deux points de la ligne Q qui est l'arasement du dessus, et ceux de la ligne T qui est l'arasement du dessous; la distance entre ces deux arasements devra être la même qu'au premier limon.

On tracera ensuite le repos de l'assemblage à crochet, comme il a déjà été indiqué.

Pour obtenir le calibre rallongé de ces deux limons (*fig.* 890 et 891), on tracera les lignes de bases rampantes LM du premier limon et NO du deuxième.

Ces lignes de base placées sur les extrémités intérieures et extérieures des gauches des limons.

On retournera d'équerre à ces lignes de bases toutes les lignes d'épaisseur de limon de 1 à 5 pour le premier limon et de 5 à 9 pour le deuxième, ainsi que les quatre lignes de l'assemblage à crochet, puis on procédera comme il a été fait (*fig.* 889) pour obtenir les deux calibres rallongés de ces limons (*fig.* 890 et 891).

Pour faire le modèle de ces deux limons et les assembler à crochet, on prendra deux morceaux de poirier (il faut que le bois employé pour les modèles soit très sec et sans nœuds ni gerces).

Ces morceaux devront avoir 0$^{m}$,14 de longueur, 0$^{m}$,04 de largeur et 0$^{m}$,03 d'épaisseur.

Après les avoir corroyés sans les tirer d'épaisseur, on donnera un coup de trusquin à 0$^{m}$,001 de la face intérieure qui représentera les lignes de bases rampantes LM et NO.

Ce coup de trusquin sert pour appuyer facilement la pointe du compas, prendre les distances et tracer les calibres rallongés.

On présentera chacun de ces morceaux sur les développements (*fig.* 890 et 891), les coups de trusquin des rives étant du côté du développement, puis on tracera les rives du dessus contre les lignes de bases rampantes; on tracera ensuite les lignes 1, 2, 3, 4 et 5 et les quatre traits d'assemblage sur chaque rive pour le premier limon, et on retournera ces traits d'équerre sur chaque rive.

On prendra ensuite les distances intérieures et extérieures du limon sur le plan, et on les reportera sur le morceau de bois, puis on raccordera ces points par deux lignes circulaires à la pointe à tracer.

Chaque rive du limon après les traits raccordés représentera le calibre rallongé.

On fera de même pour tracer le deuxième limon.

On débillardera ensuite chacun des deux morceaux en commençant à scier par le côté creux, et la scie toujours poussée suivant les lignes rampantes, on atteindra les traits de calibre rallongé bien exactement, le trait de point devant être coupé en deux ; ensuite on fera le débillardement du côté rond.

Sur le côté rond de ces morceaux débillardés on descendra chacune des lignes des contremarches 1, 2, 3, 4 et 5 et les quatre lignes de coupe à crochet à l'intérieur et à l'extérieur.

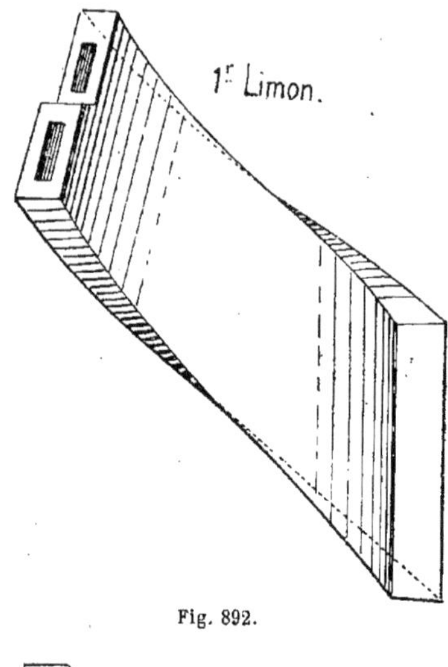


Fig. 892.

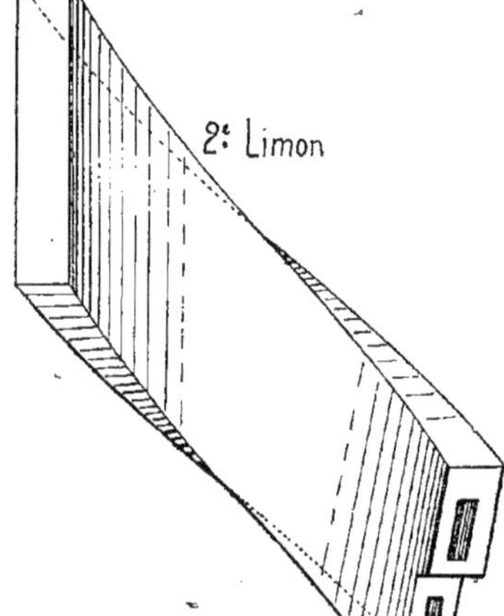


Fig. 893.

On tracera ensuite le développement des marches et des contremarches comme aux croquis, ainsi que les épaulements dessus et dessous aux mêmes emplacements ; on tracera ensuite les coupes d'assemblage à crochet, comme il a déjà été expliqué.

Ces traits étant bien suivis, les coupes d'assemblage joindront exactement, et il y aura un peu de gauche dans les fausses coupes de l'assemblage.

Pour faire tenir ensemble ces deux morceaux de limon, on percera, au bout de chaque fausse coupe d'assemblage, une

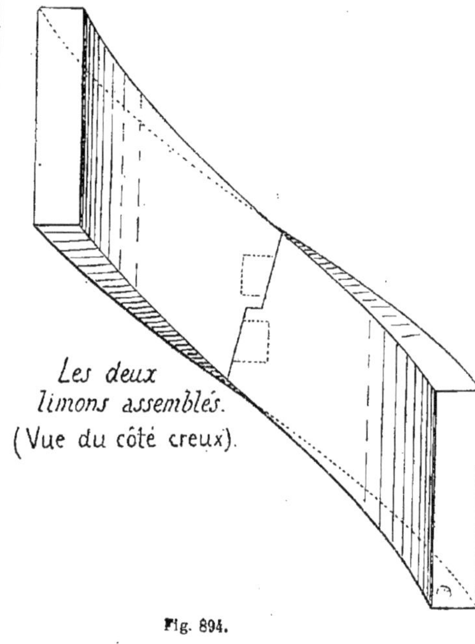


Fig. 894.

mortaise qui laissera un petit épaulement de chaque bout, comme l'indiquent les figures 892 et 893, les limons vus du côté creux, et on rapportera dans deux de ces mortaises deux faux tenons collés, qui viendront s'emmancher dans les deux mortaises et maintiendront ces deux limons (*fig.* 894), côté creux.

Il est bon de ne pas coller ce modèle afin qu'on puisse le démonter, présenter chacun des morceaux sur son plan respectif et, après l'avoir assemblé, le présenter sur le développement général (*fig.* 889).

## Escalier circulaire à crémaillère et à noyau débillardé.

**844.** La figure 895 représente le plan d'un escalier circulaire à double crémaillère.

Cet escalier a 1m,64 de diamètre extérieur, c'est-à-dire du dehors des contre-profils des marches et 0m,30 de diamètre de noyau ou de jour au milieu ; les marches ont donc 0m,67 de longueur d'emmarchement.

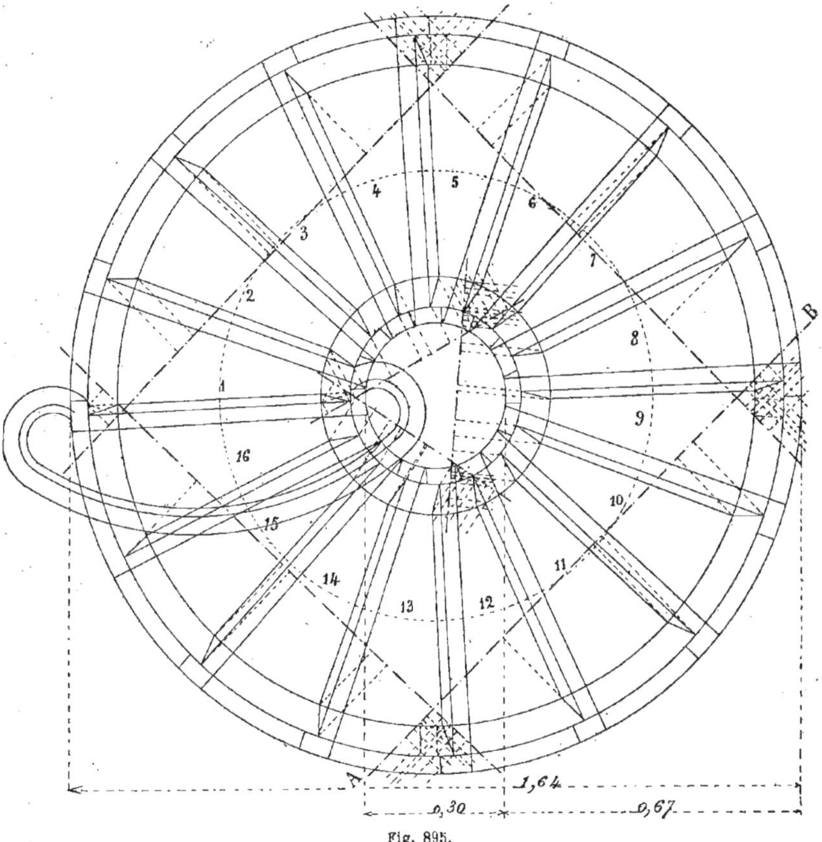


Fig. 895.

Il fait un tour complet sur lui-même, c'est-à-dire que la seizième marche est à l'aplomb de la marche ovale débillardée.

La saillie des nez de marches est de 0m,04.

L'épaisseur des crémaillères est de 0m,065.

La crémaillère extérieure se compose de quatre courbes portant trois assemblages à crochet, un assemblage à queue avec la contremarche palière, ainsi que la crémaillère intérieure, qui se compose de trois courbes.

Cet escalier a 16 marches plus, la marche

ovale, ce qui fait 17 marches de 0m,16 de hauteur; il montera à 2m,72 de hauteur totale et, pour faire le tour, ces marches ont environ 0m,19 de largeur sur la ligne de giron.

Pour établir le plan de cet escalier on prendra une ouverture de compas de 0m,82, et on décrira le diamètre extérieur de l'escalier ; en conservant la pointe sur le centre, on l'ouvrira à 0m,15 pour tracer le vide ou noyau, qui a 0m,30 de diamètre.

On tracera ensuite la saillie des contreprofils des marches, soit 0m,04 pour donner le nu extérieur des crémaillères qui ont 0m,065 d'épaisseur, comme il a déjà été dit.

On prendra ensuite le milieu entre les deux crémaillères pour tracer la ligne de giron.

On tracera alors la première contremarche, dont le devant devra tirer au centre et on divisera la ligne de giron en 16 parties pour arriver juste en faisant le tour sur cette ligne, plus une épaisseur de contremarche, c'est-à-dire que la seizième marche a deux contremarches et que la

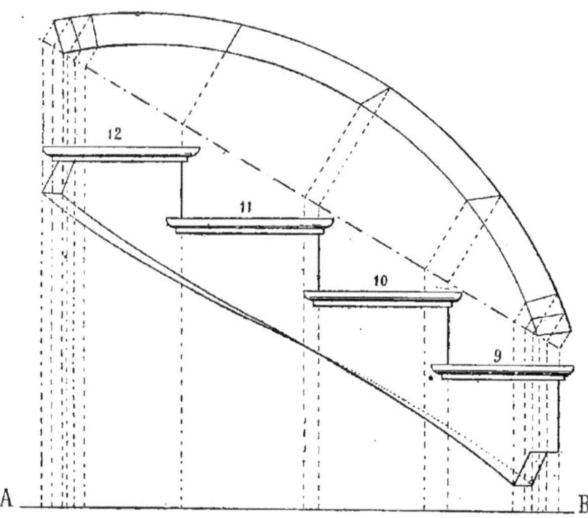


Fig. 896.

division doit être faite pour que le devant de cette dernière contremarche tombe aplomb de l'arrière de la première, ainsi qu'il est indiqué au plan.

Cette division faite donnera tous les devants des contremarches, qui devront partir du cintre et passer par les points donnés sur la ligne de giron ; on devra arrêter ces traits du dehors au dehors des crémaillères.

Après avoir tracé tous ces devants de contremarches, on avancera sur chacune de ces lignes une autre ligne parallèle à 0m,04 pour la saillie du nez des marches; ces lignes devront être arrêtées du dehors au dehors des contreprofils des marches.

On se reculera ensuite de 0m,025 parallèlement ou aux devants des contremarches pour tracer leur épaisseur.

Ces traits devront s'arrêter entre les crémaillères.

Les fausses coupes de crémaillères se trouvent données en tirant un trait du devant à l'arrière des contremarches sur l'épaisseur de ces crémaillères.

On numérotera ensuite les marches de 1 à 16 sur la ligne de giron et on tracera sous la seizième marche la palière ovale avec volute de chaque bout; la contremarche sera massive et devra affleurer avec le derrière de la première contremarche.

On tracera ensuite, comme suit, les assemblages à crochets de la crémaillère extérieure: un assemblage derrière la quatrième marche, un derrière la huitième et un derrière la douzième.

Pour la crémaillère intérieure, les assemblages sont moisés, c'est-à-dire qu'ils ne sont pas en face des autres assemblages ce qui donne plus de solidité à l'ouvrage.

On tracera aussi un assemblage derrière la cinquième marche et un derrière la onzième.

Le tracé de ces assemblages ne se compose que de trois traits, le premier est donné par la fausse coupe de la contremarche sur la crémaillère, le deuxième représente la largeur du repos, enfin, le troisième donne l'arasement du dessous de la crémaillère dont la fausse coupe est à peu près d'équerre au rampant, ou à la rive du dessous de la crémaillère.

Après avoir tracé ces assemblages à crochet on établira des lignes de base, du devant de la contremarche au derrière de l'assemblage, en réservant du bois pour l'assemblage à queue derrière la contremarche massive pour la première courbe et du devant des contremarches au derrière des assemblages pour les autres courbes.

Le bout des courbes du haut se terminera par les fausses coupes recevant la contremarche derrière la seizième marche indiquée au plan.

On fera de même pour les trois courbes de la crémaillère intérieure.

Ensuite sur ces lignes de base on renverra des traits d'équerre à ces lignes en rejoignant les devants et derrières de contremarches ainsi que chacune des lignes des assemblages.

On fera le développement des courbes de crémaillère pour obtenir le rampant et le calibre rallongé.

Ces courbes étant de même longueur et la marche de même largeur, les rampants seront les mêmes, et il suffira d'en développer une pour les courbes extérieures et une pour celles intérieures.

La figure 896 donne le développement de la troisième courbe extérieure portant les marches n° 9, 10, 11, 12 et un assemblage de chaque bout.

En reportant la ligne de base AB, sur laquelle on aura relevé tous les traits d'assemblage à crochet et les devants et derrières de contremarches, on élèvera chacun de ces traits d'équerre à la ligne de base.

Cette courbe devant porter quatre marches, plus l'assemblage à crochet du bas derrière la huitième marche, on tracera

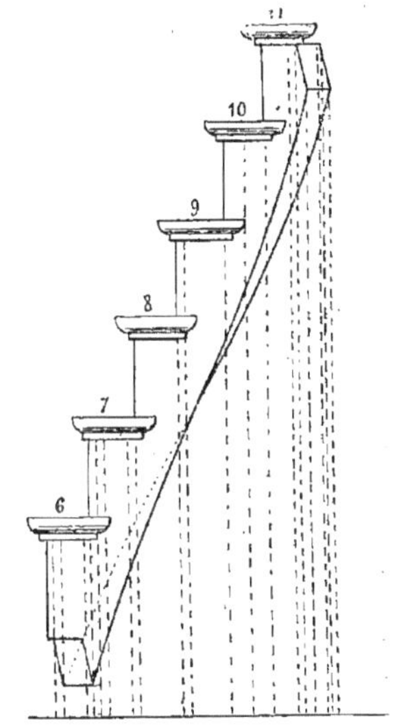


Fig 897.

en travers et d'équerre cinq hauteurs de marche et leur épaisseur en dessous.

On tracera ensuite les devants des neuvième, dixième, onzième et douzième contremarches à leur emplacement et les profils et contreprofils du nez de marches.

Pour tracer les épaulements, on prendra une ouverture de compas de 0$^{m}$,08, et on décrira de petits arcs de cercle, ainsi qu'il a déjà été dit, en mettant la pointe du compas, sur l'angle du carré des contreprofils, derrière, et d'équerre au rampant.

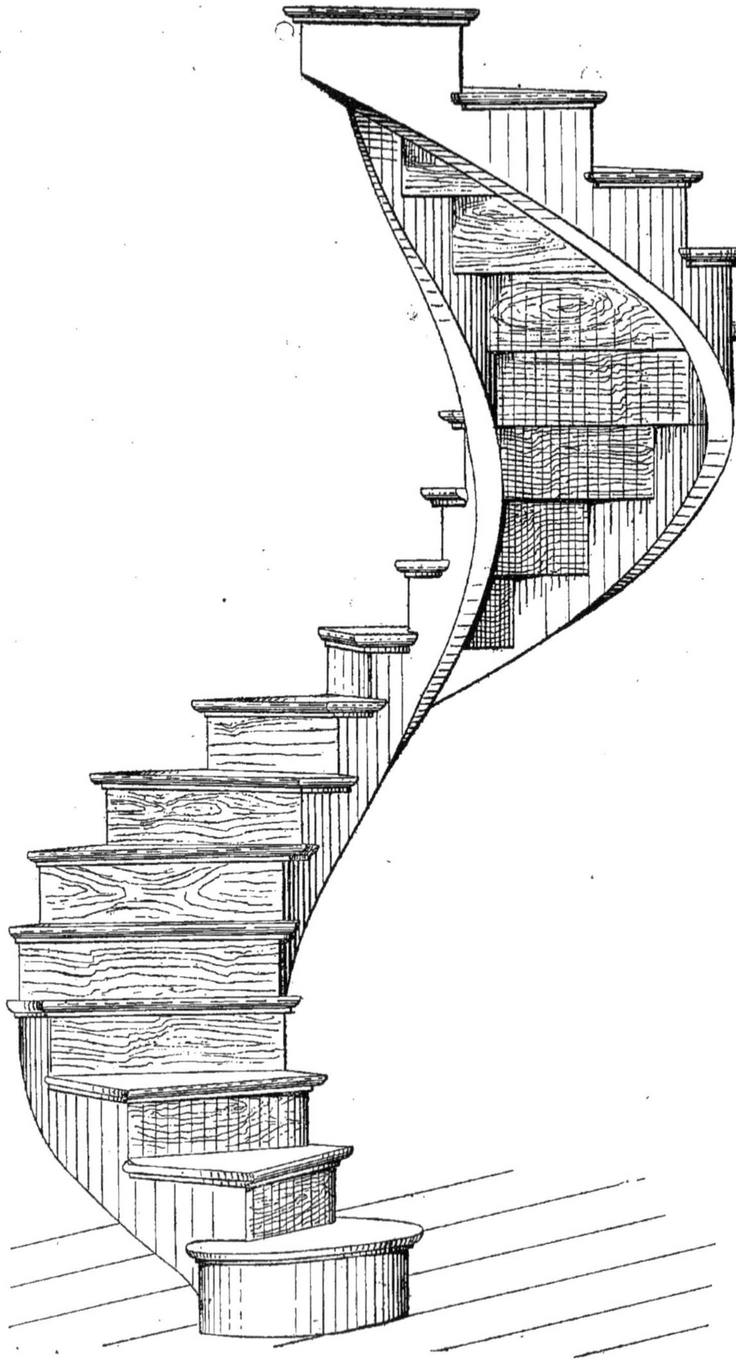

Fig. 898.

On raccordera ensuite ces points de section, et on obtiendra la largeur de la crémaillère en dehors.

Pour le tracé des gauches, on opérera comme il a déjà été dit.

Le calibre rallongé s'obtiendra en traçant une ligne de base rampante s'appuyant sur les deux nez de marches les plus saillants et en renvoyant des lignes d'équerre à cette nouvelle ligne de base à tous les traits d'assemblage à crochet et des contremarches.

On prendra ensuite la distance de chacun de ces traits à la ligne de base AB du plan et on les reportera sur la ligne de base rampante du développement; en raccordant les points on obtiendra le calibre rallongé de la crémaillère avec les fausses coupes pour les contremarches et les traits nécessaires pour les assemblages à crochet.

On fera de même pour les trois autres courbes de crémaillères; le rampant étant le même, il n'y a que les lignes de contremarche et d'assemblage qui changent un peu; on en prendra les distances sur les lignes de bases du plan.

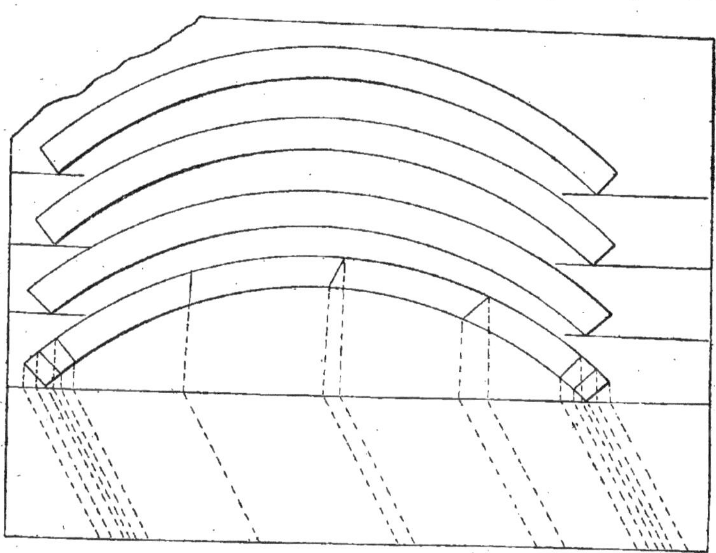

Fig. 899.

La figure 897 donne le développement de la deuxième courbe de la crémaillère intérieure qui porte les marches nos 6, 7, 8, 9, 10 et 11, avec l'assemblage à crochet, au bas, derrière la cinquième marche.

On procédera pour les épaulements, les gauches et le calibre rallongé comme il a été dit à la courbe de la crémaillère extérieure ci-dessus, ainsi que pour les deux autres courbes intérieures; les lignes de rampant étant les mêmes, il n'y a que les lignes de contremarches et d'assemblages qui changent et qu'on devra prendre sur les lignes de base du plan.

La figure 898 donne l'élévation de cet escalier, après avoir été modelé sur le plan.

Pour faire le modèle de cet escalier, on prendra un morceau de poirier de $0^m,16$ de longueur sur $0^m,03$ d'épaisseur et $0^m,08$ de largeur qui sera suffisant pour y tracer les quatre courbes de la crémaillère extérieure (*fig.* 899).

Après l'avoir tiré d'épaisseur à $0^m,03$ et mis une rive d'équerre, on donnera un coup de trusquin à $0^m,001$ de cette rive, et on la présentera sur le développement (*fig*. 895) à fleur de la ligne de base rampante.

On tracera dessus et dessous les lignes de contremarche du développement ainsi que celles des assemblages, qu'on renverra d'équerre, au crayon, de chaque côté.

On prendra ensuite les distances de la ligne de base au plan qu'on rapportera sur chacune de ces lignes et de chaque côté à leur emplacement respectif.

On tracera les traits de fausses coupes de contremarches et d'assemblages à la pointe sèche en les arrêtant bien à la distance voulue.

On raccordera ensuite ces points par deux lignes courbes de chaque côté pour obtenir le calibre rallongé de cette courbe de crémaillère ; il faut avoir soin de numéroter les contremarches sur ces calibres rallongés.

Avant de débillarder on effacera, à la gomme, les traits de crayon qui ont servi pour tracer ce calibre, on donnera un autre coup de trusquin en le reculant de $0^m,01$ à $0^m,012$ du premier.

Ce second coup de trusquin représentera la ligne de base d'une autre courbe de crémaillère.

Pour éviter de refaire un développement à chaque courbe, sur la rive dressée d'équerre et après avoir enlevé les premiers traits, on tracera, avec une fausse équerre, pointée au même rampant qu'à la courbe précédente, les points des contremarches et d'assemblages pris sur les lignes de base déjà tracées au plan et qu'on reportera sur la rive dressée, mais toujours en se retournant d'équerre aux lignes rampantes (*fig*. 899).

Après avoir, en se servant du crayon, retourné ces lignes d'équerre de chaque côté, on prendra les distances sur la ligne de bases du plan, jusqu'aux points de contremarches et d'assemblages qu'on reportera sur le bois à partir de la nouvelle ligne de base faite au trusquin.

On fera de même pour les autres courbes de la crémaillère extérieure et la courbe de la crémaillère intérieure (*fig*. 896).

Après avoir coupé les courbes de crémaillères, on fera, pour les monter, un cylindre en sapin de $0^m,30$ de longueur sur le diamètre intérieur de la grande crémaillère, soit $0^m,143$ (*fig*. 900).

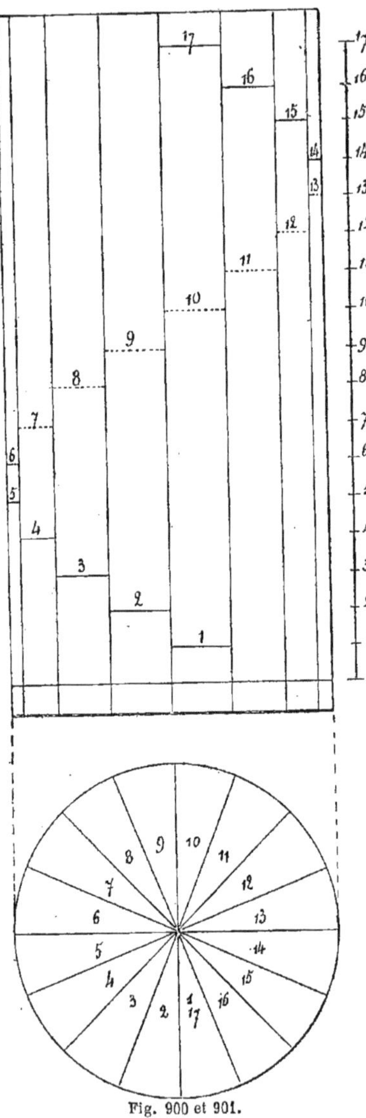

Fig. 900 et 901.

On divisera ce cylindre en seize parties

égales sur sa circonférence. Cette division se fera de chaque bout bien dégauchi. Puis on réunira ces seize parties par des lignes qui se rejoindront parallèlement sur ce cylindre.

Ces lignes représenteront les devants des contremarches du plan (*fig.* 901).

On élèvera, entre chacune de ces lignes, une hauteur de marche de 0m,16 en tournant de droite à gauche, et on étendra sur ce cylindre le développement des quatre courbes d'escalier.

On pourra ajuster les coupes à crochet sur ce cylindre, et on sera certain d'arriver juste en hauteur et d'être exactement dans le cintre.

On fera de même pour la crémaillère intérieure, sur un cylindre de 0m,038 de diamètre qui est le vide du noyau.

On percera ensuite de petites mortaises dans les assemblages à crochet, et on y collera de faux tenons.

Ces collages devront être faits sur les cylindres, les crémaillères étant bien à leur place; on aura soin de mettre un petit morceau de papier entre le cylindre et le joint de la crémaillère afin que la colle ne tienne pas au cylindre; on nettoiera ensuite.

Après avoir fait les assemblages à queue dans la contremarche massive, on collera, après les avoir coupées, quatre contremarches sur la hauteur pour maintenir l'écartement des crémaillères qui doivent être montées bien d'aplomb.

On vissera la contremarche massive sur un petit plateau de 0m,20 à 0m,25 carrés, la tête de la vis dessous. Les crémaillères tiendront bien debout, et on pourra emmarcher.

Quant au débit des marches et des contremarches, rien de plus facile, toutes les mesures étant données au plan. Il faut qu'elles soient moulurées sur la face, profilées de chaque bout suivant le cintre et contreprofilées derrière; puis ajustées et collées à leur place en montant, après avoir été bien finies.

On fera tourner un plateau de 0m,22 à 0m,23 de diamètre, sur lequel on vissera cet escalier quand il sera terminé.

Ce petit modèle d'escalier est très intéressant à faire, et il est utile de l'exécuter pour être certain d'avoir bien compris.

Les petits escaliers de magasin, à balustres ou autres types analogues, seront étudiés dans la deuxième partie.

---

# CHAPITRE VIII

## DEVANTURES DE BOUTIQUE

**845.** On appelle devanture de boutique, le revêtement en menuiserie fermant un magasin sur la voie publique ou sur une cour généralement vitrée.

Les devantures sur cour se ferment ordinairement avec des volets portatifs, c'est-à-dire s'enlevant à la main, maintenus en haut par des pannetons en fer, et en bas par des boulons à clavette ; on emploie également une barre en fer placée au milieu pour les maintenir.

On les fait aussi glissant haut et bas entre deux coulisses qui sont fixées avec des vis sur les traverses de châssis.

Ces devantures n'ont pas de caisson, et on est obligé, le matin, de ranger ces volets dans la boutique ou dans une partie de la cour réservée à cet effet.

Le maniement de ces volets est difficile et prend du temps, les bouts de battants ou les traverses du bas s'usent très vite en les posant sur le sol ; c'est pour éviter cet inconvénient qu'ordinairement les petits fers de ces châssis vitrés ne sont espacés que de $0^m,14$ à $0^m,16$ pour obtenir une clôture suffisante et supprimer les volets.

Les devantures de boutiques sur façades ne doivent jamais avoir plus de $0^m,16$ de saillie du nu du mur de cette façade, ni empiéter, en largeur, sur les mitoyennetés, c'est-à-dire sur la moitié de l'épaisseur des murs voisins.

Elles se font de plusieurs manières :

1° Avec volets en bois développant dans des caissons ménagés sur le côté.

Il faut, autant que possible, éviter les volets portatifs.

2° Avec volets en tôle glissant horizontalement dans des cornières et se repliant derrière le tableau (système Jomain) ;

3° Avec fermeture en tôle ondulée s'enroulant d'elle-même derrière le tableau (système anglais).

#### 1° Devanture avec volets en bois développant dans les caissons.

**846.** La figure 902 donne la coupe de ce genre de devanture.

La hauteur entre le parpaing ou seuil en pierre jusqu'au poitrail est de 3 mètres.

Comme on doit toujours prendre le plus de jour possible, le dessous de l'architrave devra affleurer le dessous du poitrail.

C'est par le tracé de cette hauteur qu'on devra commencer le plan sur un feuillet de 4 mètres de longueur. Le tableau du dessus de l'auvent au-dessous de l'architrave, a $0^m,85$ ; la hauteur totale de la devanture est de $3^m,85$.

On tracera cette hauteur, puis on descendra de $0^m,04$ pour la pente de l'auvent et de $0^m,20$ pour la hauteur de la corniche.

La hauteur d'appui, au-dessus de la traverse de châssis, est à $0^m,70$ du sol ; on tracera cette hauteur du dessus du parpaing déjà indiqué.

On tracera sur la hauteur du feuillet un trait de niveau à $0^m,20$ de la rive dressée, qui sera le nu du mur, on avancera un trait de $0^m,16$, qui sera la saillie de la devanture et donnera le nu du mur du couvre-caisson et du chambranle ravalé de la porte.

La figure 903 donne le plan de cette devanture.

La distance entre les piles est de $4^m,60$, au milieu est une colonne en fonte de $0^m,16$ de diamètre et, de chaque côté, un caisson.

On fera ce plan sur un feuillet de $6^m,33$ de longueur.

On tirera une ligne à environ $0^m,20$ de la rive dressée comme à la coupe pour le

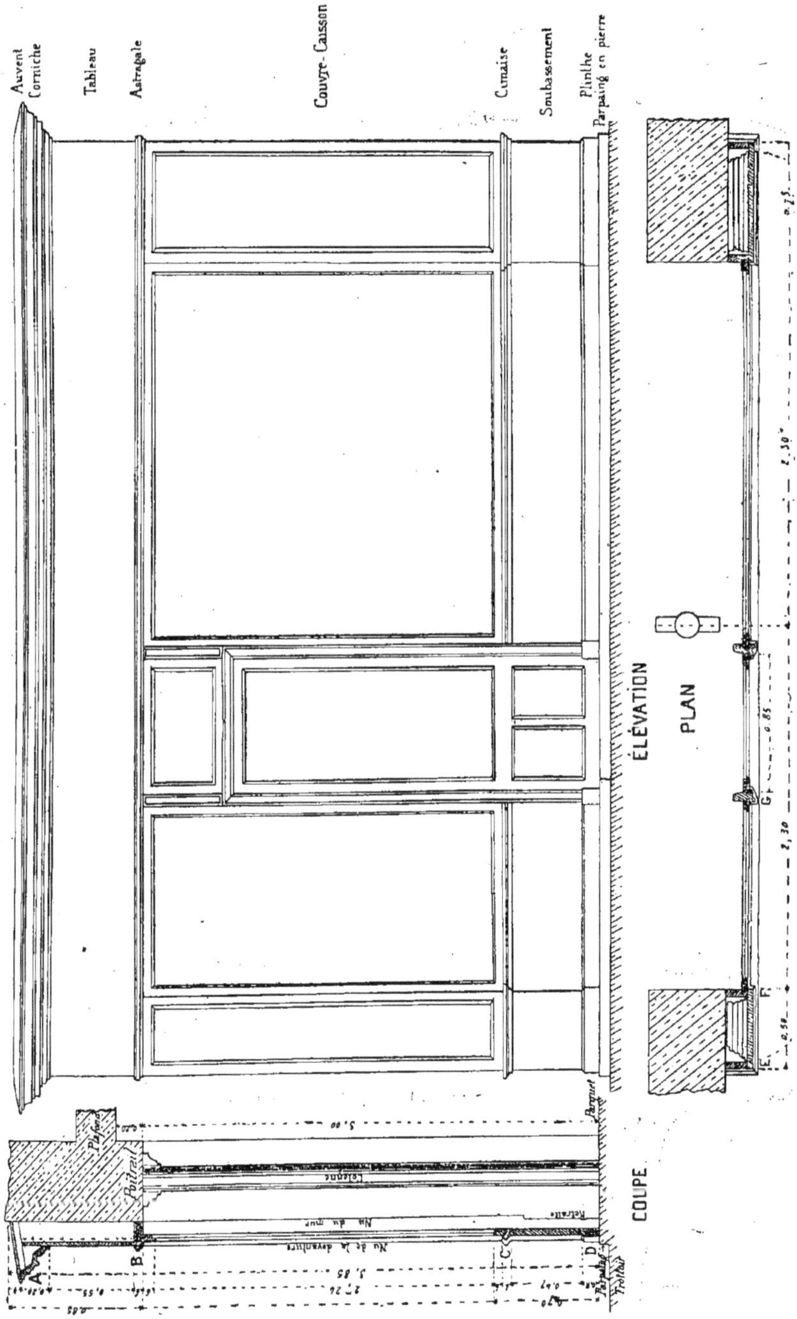
Auvent
Corniche
Tableau
Astragale
Couvre-Caisson
Cimaise
Soubassement
Plinthe
Parpaing en pierre
ÉLÉVATION
PLAN
COUPE
Plafond
Poitrail
Colonne
Nu du mur
Nu de la devanture
Retraite
Parquet
Parpaing
Trottoir
5,00
3,85
2,26
2,30
0,85
0,75
0,50

Fig. 902 à 904.

nu des murs et une autre à 0m,16 en avant pour la saillie de la devanture.

Les mesures des devantures devront toujours être prises en dehors et non en dedans de la boutique. C'est très important, pour éviter de faire des *loups*, la rive dressée des feuillets étant toujours le dehors de la devanture.

On tracera, après avoir tiré ces deux lignes de mur et de saillie, le trait de la pile de gauche à environ 0m,60 du bout du feuillet et celui de la pile de droite à 4m,60 jusqu'au trait à 0m,20 de la rive qui est le nu des murs.

On fera ensuite des hachures dans la partie représentant les piles en pierre.

L'axe de la colonne en fonte étant à 2m,30, on la tracera et sur ce trait, au compas à la pointe sèche et ouvert à 0m,08, on décrira le contour de la colonne de 0m,16 de diamètre.

Nous supposons, dans cet exemple, une porte à un vantail à gauche de la colonne.

On tracera le dehors du montant de chambranle au nu de cette colonne pour que l'épaisseur restant de ce montant facilite le développement de la porte.

On tracera ensuite, allant vers la gauche, l'épaisseur du montant de chambranle, soit 0m,075, et la largeur de la porte demandée à 0m,85 de passage, puis l'épaisseur de l'autre montant de chambranle.

Ces traits marqués, on tracera les détails de la devanture.

La figure 904 donne l'élévation de cette devanture avec les noms des moulures et autres parties.

La figure 905 donne les détails du haut de la devanture à reporter sur la coupe (*fig.* 902).

L'auvent est en sapin brut de 0m,018 rainé et posé sur des coyaux ou tasseaux de support de 0m,054 carrés scellés de façon à ce qu'il n'y ait pas plus de un mètre de portée sous l'auvent sur lequel on doit pouvoir marcher.

Cet auvent est cloué au bout des montants de caisson et de chambranle et sur les coyaux posés dans l'intervalle.

La corniche A de cette devanture est en quatre assises embrevées et collées ; le bois employé est le sapin.

L'assise n° 1 est en 0m,034 × 0m,14 de largeur
» n° 2 » 0m,034 × 0m,05 »
» n° 3 » 0m,034 × 0m,10 »
» n° 4 » 0m,041 × 0m,07 »

Le n° 1 est élégi d'un grand talon et d'un congé au bas avec rainure et languette d'embrèvement ;

Le n° 2 est élégi d'un congé formant larmier avec rainures d'embrèvement dessus et derrière ;

Le n° 3 a un élégi en continuation du larmier avec languette d'embrèvement devant et rainure dessous;

Le n° 4 est élégi d'une languette s'embrevant avec le n° 3, et sur la face d'un congé et d'une doucine de 0m,03 de largeur avec tarabiscot.

Le tableau est en sapin de 0m,025 corroyé d'un parement rainé, collé par frises et barré derrière.

Ces barres devront être en chêne de 0m,034 × 0m,08 dressées sur le plat et clouées avec mise d'épaisseur faite de leur largeur à bois de travers sur le côté brut du tableau et derrière.

Il faut avoir soin de poser ces barres dans les intervalles entre les montants de caisson et de chambranle.

Ce tableau devra être emboîté derrière, en épaisseur, d'une surépaisseur en chêne pour que le devant affleure avec le caisson qui a 0m,034 d'épaisseur et le tableau seulement 0m,024.

A fleur du dessous du poitrail, on tracera l'architrave qui devra être en chêne de 0m,034 d'épaisseur sur 0m,16 de largeur.

Elle est élégie dessus d'une feuillure pour recevoir le tableau et en faciliter la pose, et au dessous d'une rainure d'embrèvement pour la traverse du haut du châssis.

Pour cacher le joint du haut du tableau et de l'architrave on le recouvre d'une moulure d'astragale B en chêne ou sapin de 0m,018 × 0m,06, élégie d'une pente dessus et d'un grand congé plat avec carré.

Au dessous, la traverse du haut du châssis est en chêne 0m,040 × 0m,07 corroyée à quatre parements, élégie d'une languette pour l'architrave et d'une feuillure pour recevoir les glaces de vitrage qui doivent être posées du dehors, afin

Auvent
Coyau
1
2
3
4
A. CORNICHE
Tableau
Nu du mur
0,16
Tableau
B ASTRAGALE
Architrave
Poitrail
Caisson
3,00

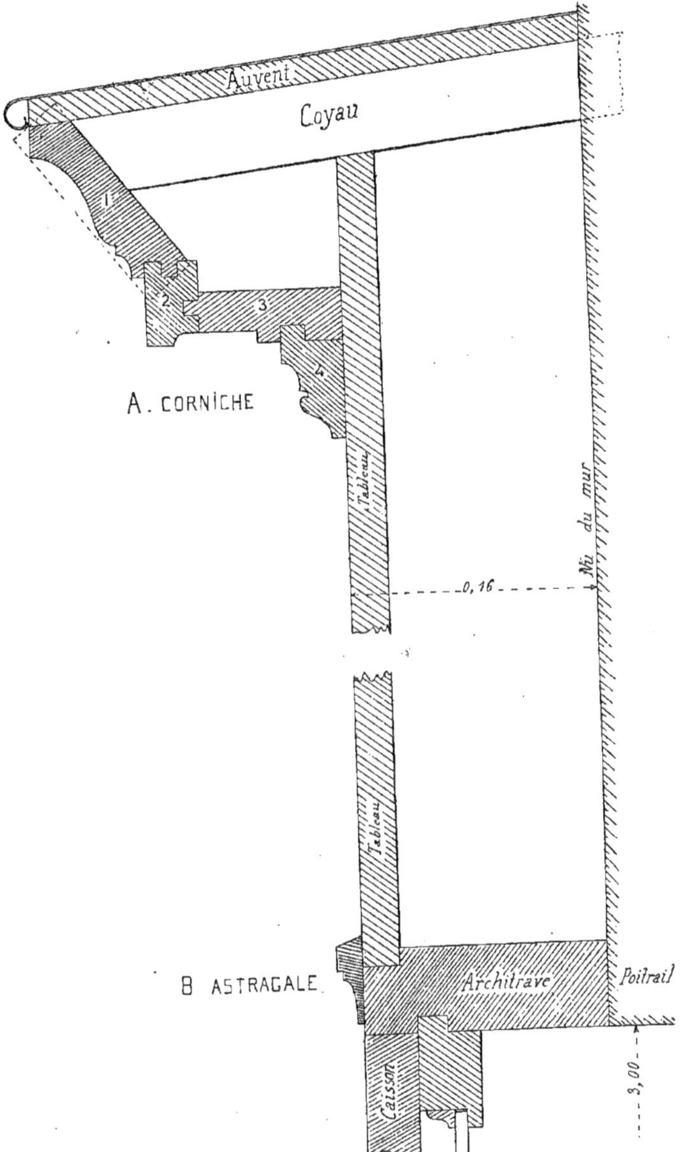

Fig. 905.

qu'en cas d'accident on puisse les remplacer sans toucher aux étalages intérieurs du magasin.

Les moulures cadres rapportées pour maintenir ces glaces sont en chêne de 0m,015 sur 0m,020 de largeur et élégies d'un talon, elles peuvent se déposer et se reposer facilement pour changer les glaces.

Au-devant de cette traverse de châssis

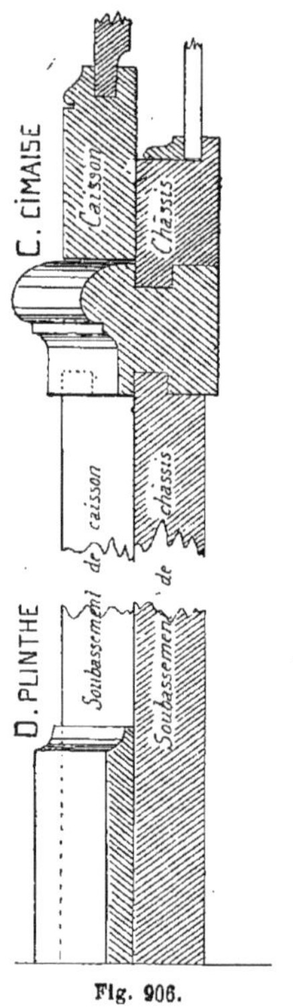


Fig. 906.

est l'amorce de la traverse du haut du couvre-caisson.

La figure 906 donne les détails sur la partie basse de la devanture.

La cimaise C des châssis est en chêne de 0m,06 × 0m,07 et prise dans 0m,075 d'épaisseur.

Elle est élégie de deux rainures d'embrèvement pour les traverses de châssis et les soubassements, et sur la face d'un boudin avec carré et d'un congé plat de 0m,03 au dessous.

Le détail des cimaises avec caisson est donné (*fig.* 908).

Le couvre-caisson au dessus est à petit cadre et arasé avec mise d'épaisseur ou platebande à gorge derrière, et la traverse basse des châssis est comme celle du haut déjà détaillée, et le dessus de cette traverse est la hauteur d'appui.

Au-dessous de la cimaise, le soubassement est en chêne 0m,034 à deux parements, rainé, collé avec languette d'embrèvement pour la cimaise.

Au bas, la plinthe D est en chêne 0m,013 × 0m,11 de largeur à quatre parements, élégie d'un congé dessus.

Avec ces détails il est facile de faire la coupe en hauteur de cette devanture sur le feuillet pour l'exécution.

La figure 907 (E, F) donne le détail d'un caisson avec le couvre-caisson et les volets reployés en dedans.

Le montant de caisson, portant la ferrure des volets et affleurant la pile, est en chêne 0m,054 sur 0m,13, soit 0m,125 après ajustement avec rainure d'embrèvement pour le montant de châssis.

Le montant de rive ou d'extrémité sur lequel est ferré le couvre-caisson est en chêne 0m,034 et de même largeur.

Le couvre-caisson est à petit cadre et arasé, les bâtis en chêne de 0m,034, et les panneaux en chêne ou sapin de 0m,018.

Avant de tracer les montants de rive et de déterminer la largeur des caissons, on devra se rendre compte de la largeur des châssis à fermer.

Il faudra diviser cette largeur, soit 1m,20, par quatre volets ce qui donne 0m,30, il faudra ajouter 0m,04 pour la première feuille, soit 0m,34 et 0m,11 en plus pour les épaisseurs de montant de caisson, le jeu pour ouvrir les volets, et la place pour mettre la barre.

Pour fermer 1m,20, il faudra que le caisson ait 0m,45 de largeur.

On tracera donc sur le plan le montant de rive à 0m,45 du dehors, et la première feuille de volet à 0m,34 de largeur, et dans le caisson on disposera derrière les feuilles nos 2, 3 et 4 avec les feuillures ainsi

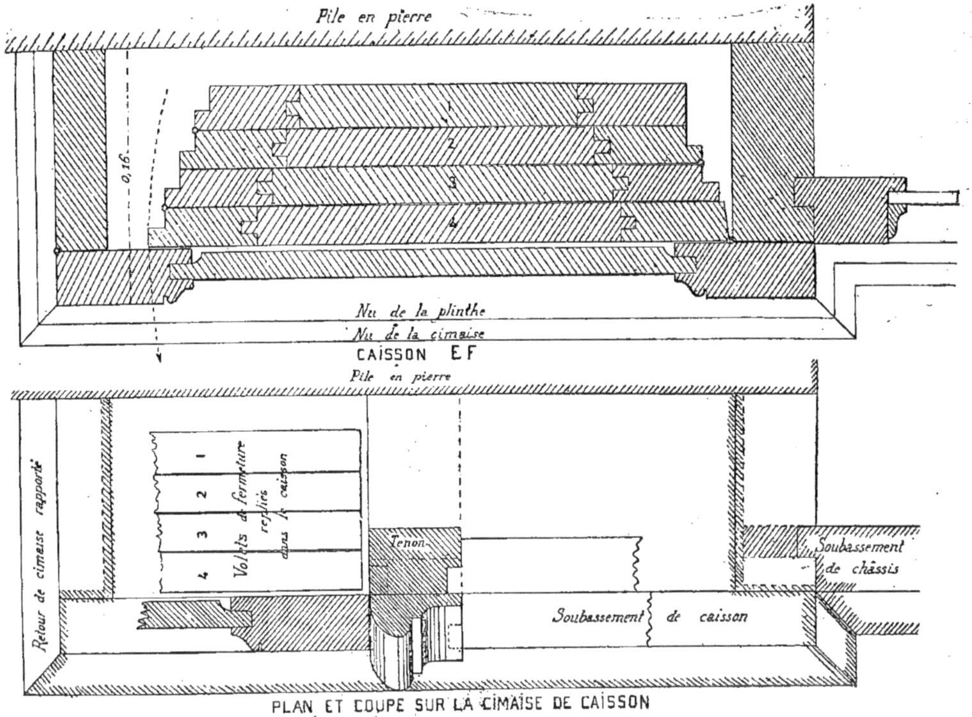

Pile en pierre
1
2
3
4
0,16
Nu de la plinthe
Nu de la cimaise
CAISSON EF
Pile en pierre
Retour de cimaise rapporté
1
2
3
4
Volets de fermeture repliés dans le caisson
Tenon
Soubassement de châssis
Soubassement de caisson
PLAN ET COUPE SUR LA CIMAISE DE CAISSON

Fig. 907 et 908.

CAISSON AVANÇANT SUR LE JOUR DE LA BOUTIQUE
Pile en pierre
Champ intérieur fermant le caisson
Nu de la cimaise

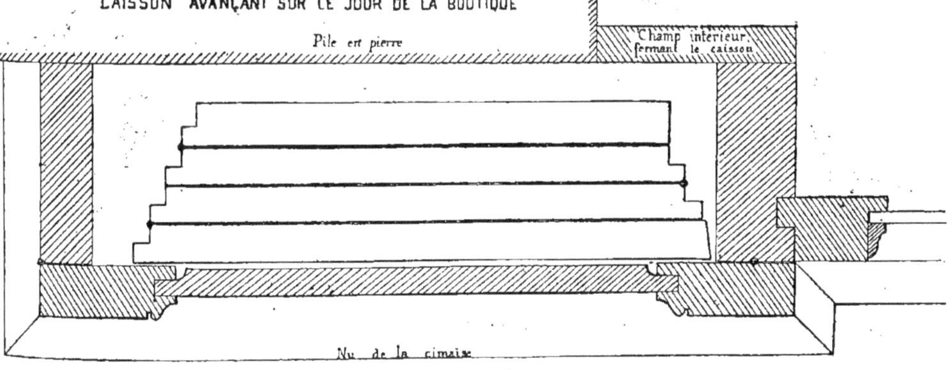

Fig. 908 *bis*.

qu'elles sont détaillées (*fig.* 907) et on les développera ensuite sur le châssis ; s'il y a un peu de différence, c'est la feuille n° 4 qui la supportera.

Il faut surtout bien faire attention à la disposition des feuillets de volets, qui doivent se replier les uns derrière les autres.

Pour le caisson de droite, les feuillures seront le contraire de celles du caisson de gauche (*fig.* 907.)

La figure 908 donne le plan et la coupe de la cimaise de caisson de gauche.

Elle a 0m,06 d'épaisseur sur 0m,018 de largeur à la moulure qui est élégie sur la face.

La rainure pour le soubassement de caisson devra être arrêtée à droite pour le contre-profil qui est pris dans la masse.

Les traits pointillés sur les montants de caisson et sur la rive donnent le nu des assemblages à entailles à faire sur ces montants pour recevoir la cimaise et les flottages inscrustés sur la face des montants.

Les retours de cimaises sur les montants de caisson de rive sont rapportés.

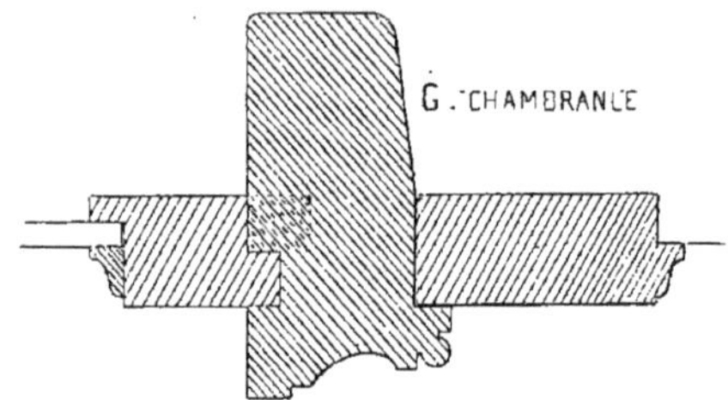

Fig. 909.

La figure 908 *bis* donne le plan de ce même caisson lorsque pour le développement des volets il doit y avoir une saillie à l'intérieur de la boutique.

Le vide sera bouché par un champ en sapin de 0m,025 d'épaisseur et de largeur

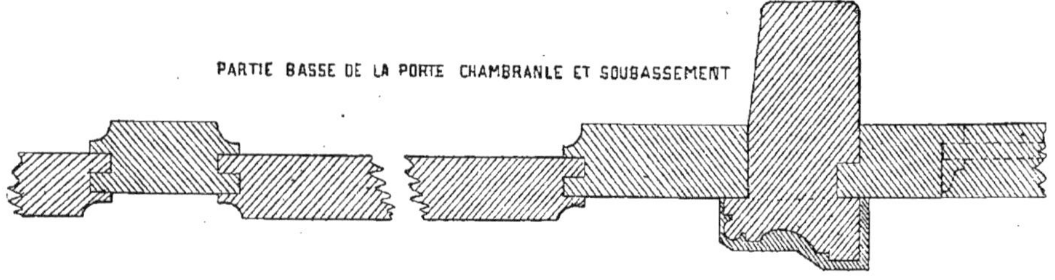

Fig. 910.

suffisante pour joindre à la pile et affleurer le montant de caisson, ainsi qu'il est indiqué.

La figure 909 donne le plan du chambranle G au-dessus de l'appui ainsi que du montant de châssis et du battant de porte qui sont au même nu.

Ce chambranle est en chêne 0m,075, sur 0m,14 de largeur.

Il est élégi de cinq moulures, d'une feuillure de 0m,12, d'une pente de 0m,07, de deux arrondis et d'une rainure pour le châssis.

Au bas du côté du châssis on fera un goujon à trois arasements de 0m,02 de longueur, réservé dans le bout du montant qui sera scellé dans un trou percé dans le seuil.

Le montant de châssis est en 0m,04 et a 0m,07 de largeur avec languette bâtarde s'embrevant dans le chambranle, une feuillure pour vitrage et une moulure rapportée pour le maintenir et posée en dehors.

Le battant de porte est en chêne de 0m,04 et 0m,09 de largeur avec moulure en dehors et feuillure pour vitres en dedans.

La figure 910 donne les mêmes plans, mais au-dessous de l'appui.

Le socle du montant de chambranle est

en chêne de 0m,04 sur 0m,085 élégi pour laisser une saillie à peu près régulière de 0m,005 sur les moulures.

Le bas du montant sera dérasé au nu de la feuillure et de la rainure.

Le *soubassement* de châssis est en chêne 0m,034 à deux parements, rainé, collé, embrevé dans le montant de chambranle d'un bout, l'arasement en contre-parement, et dans le montant de caisson F de l'autre bout, l'arasement en parement.

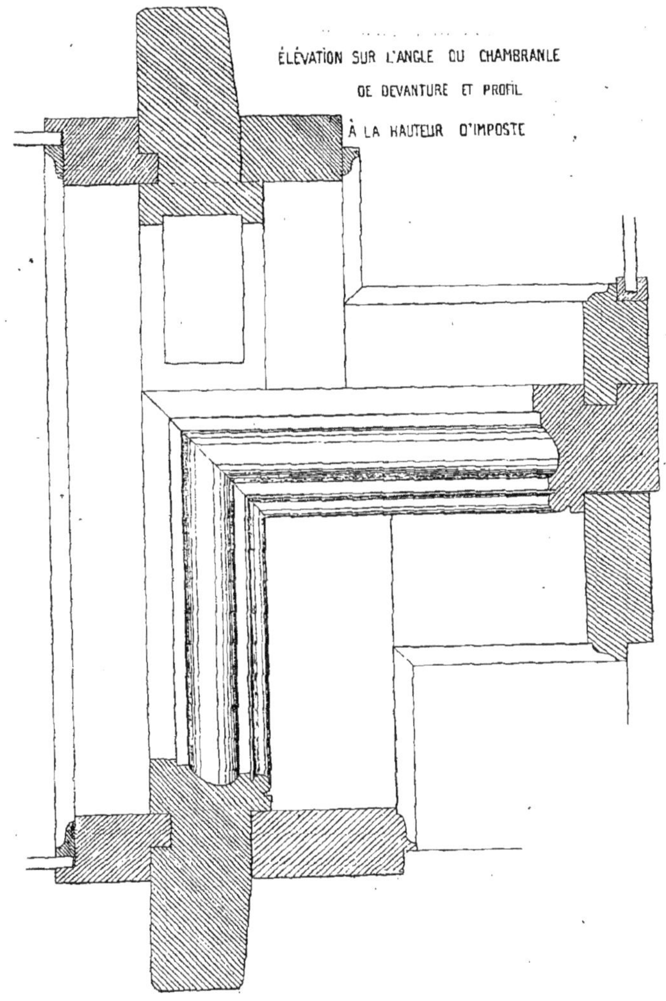


Fig. 911.

La partie basse de la porte est à table saillante en parement et à petit cadre en contre-parement avec montant au milieu pour former deux panneaux.

Au pourtour des panneaux sur la table saillante on poussera un congé.

Sur les battants le talon en haut et le congé en bas devront être arrêtés à la traverse du milieu ainsi que la feuillure et la rainure d'embrèvement pour les panneaux.

La figure 911 donne les plan, coupe et élévation sur l'angle du chambranle ainsi que le profil à hauteur d'imposte.

La traverse de chambranle n'a que 0m,08 d'épaisseur afin que la porte puisse se dégonder, et qu'on puisse donner du jeu sans la déferrer.

Elle est assemblée d'onglet à travers champs, et flottée sur le montant.

Avant de pousser la moulure, et pour réserver le pilastre à la hauteur d'imposte, on donnera le coup de scie pour le flottage d'onglet, sans le descendre jusqu'au fond, puis un autre coup de scie carrément à 0m,01 au-dessus de la traverse descendue jusqu'au nu de la feuillure et de la rainure, puis on fera un dérasement à la scie dressé au rabot jusqu'au bout du

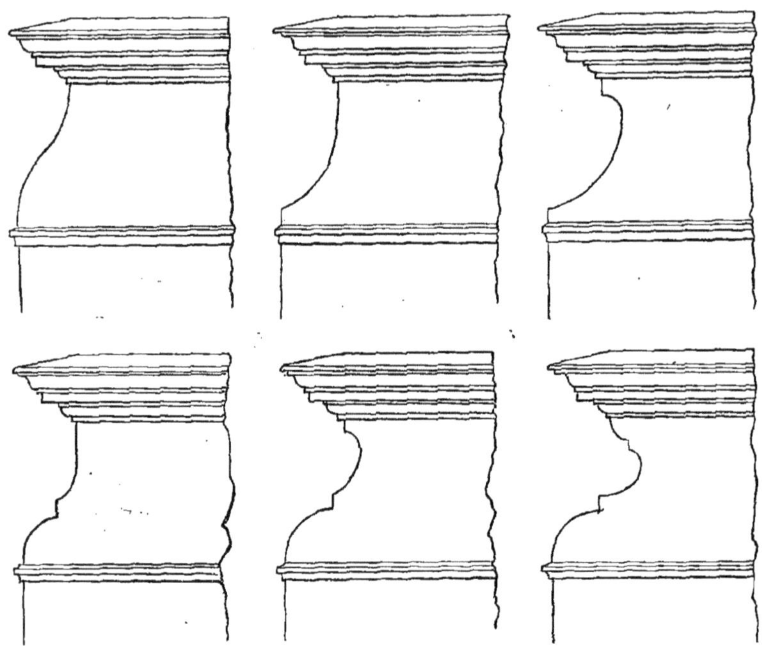

Fig. 912 à 917.

montant de chambranle, et ensuite on poussera la moulure du chambranle.

A la hauteur de l'imposte on rapportera un petit pilastre élégi entre la traverse et l'architrave ; ce pilastre aura 0m,025 et 0m,075 de largeur, ainsi qu'il est marqué au plan.

Le châssis d'imposte est dormant, et les baies sont de la dimension de celles des châssis avec moulure poussée en dehors et feuillure en dedans pour recevoir un vasistas en fer ouvrant à soufflet.

Les bois de la porte sont plus larges et ont 0m,09, car fatiguant beaucoup les assemblages ont besoin d'être solides.

Les champs devront être réguliers, et les moulures, feuillures et tables saillantes seront de la même profondeur.

La traverse d'architrave se trace sur le plan ; on relève les traits de montants de caisson et de chambranle, ces derniers au fond de feuillure, puis on l'assemble à entailles à moitié bois sur la largeur des montants et de l'architrave, les montants

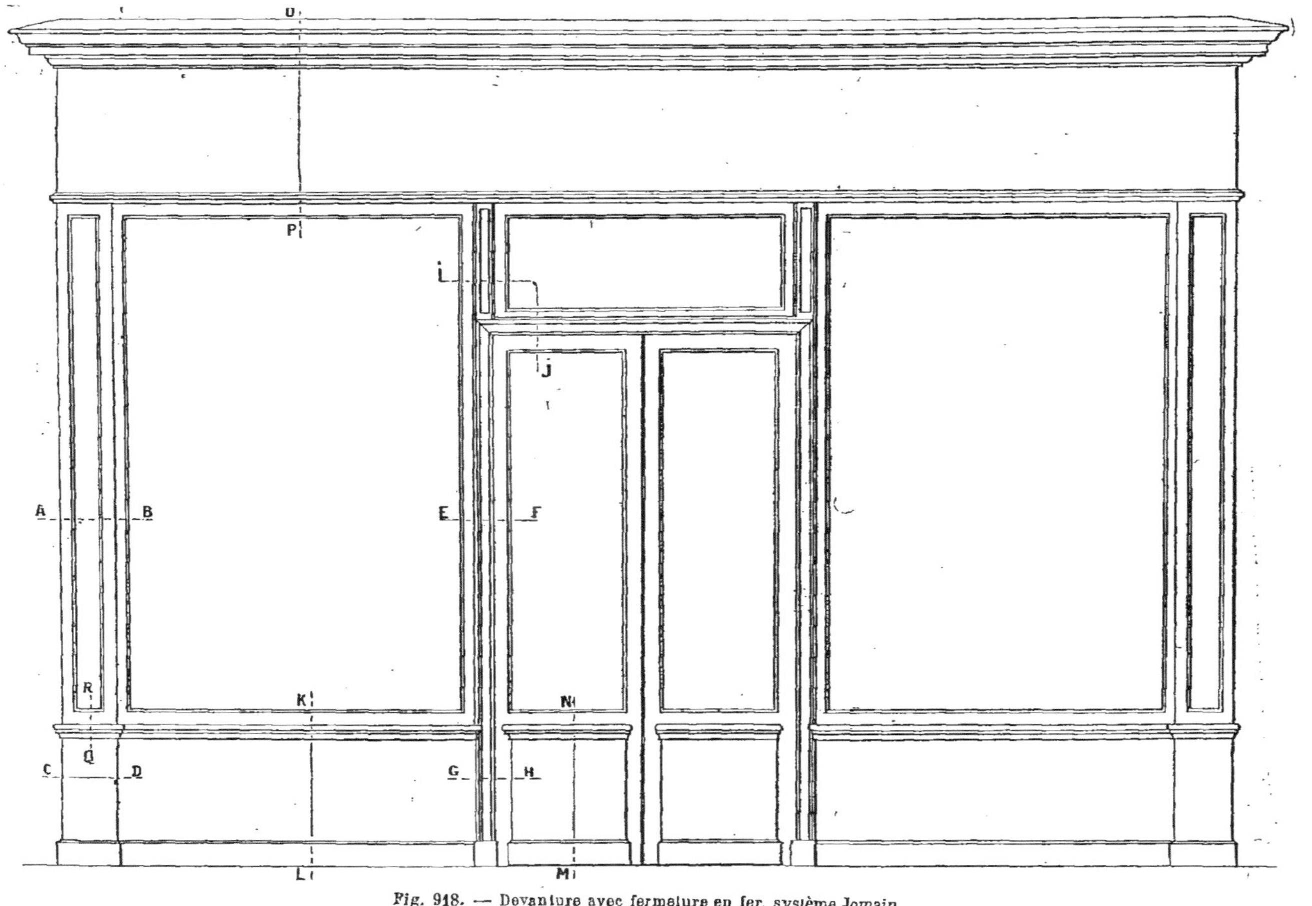


*Fig.* 918. — Devanture avec fermeture en fer, système Jomain.

de caisson et de chambranle entaillés devant et l'architrave derrière afin qu'elle règne de toute sa longueur en parement.

**847.** Il ne faut jamais dépasser les 0m,16 de saillie du nu des murs accordés par les règlements de la voirie pour les devantures.

Dans le cas où l'on serait obligé de faire aller les caissons jusqu'à la ligne des murs mitoyens, il faut que toutes les saillies de moulures, corniches, cimaises et plinthes soient en retraite de cette ligne plus 0m,01.

Aussi pour la saillie de la corniche est-on obligé de faire un découpage en console pour que le dehors de cette corniche soit à l'aplomb du montant de caisson.

La figure 912 donne le découpage d'un about de tableau sur console simple;

La figure 913, le découpage d'une grande gorge et d'un carré ;

La figure 914 se compose d'une grande gorge entre deux carrés ;

La figure 915 se compose d'une gorge, d'un carré et d'un angle arrondi ;

La figure 916 se compose d'une gorge entre deux carrés et d'un angle arrondi ;

Enfin la figure 917, comporte une gorge entre deux carrés et deux angles arrondis.

Dans tous ces cas, le montant de caisson de rive est coupé au-dessus de la traverse d'architrave, et la console est assemblée à entaille dans le bout de ce montant.

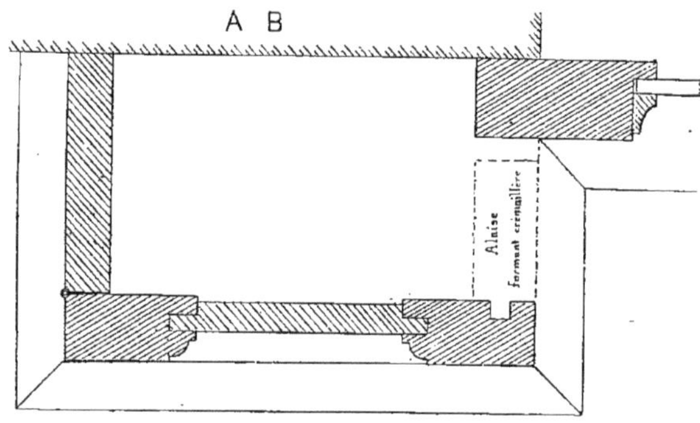


Fig. 919.

#### 2° Devanture se fermant avec des volets en tôle, système Jomain.

**848.** La figure 918 représente l'élévation d'une devanture dont la fermeture se fait avec des volets en tôle glissant horizontalement dans des cornières et se repliant derrière le tableau.

L'aspect de cette devanture est le même que celle avec volets en bois, mais la construction en diffère pour les volets en tôle, et permet de faire les caissons plus étroits.

Les détails donnés dans les figures 919 à 927 sont au quart d'exécution.

La figure 919, coupe suivant AB de l'élévation, donne le plan de la partie haute d'un caisson.

Ce caisson n'a que 0m,25 de largeur extérieurement et le vide laissé entre les montants est suffisant pour placer le mécanisme des volets.

Le montant de caisson de rive est en chêne 0m,025 sur 0m,13 et monte de toute hauteur jusque sous l'auvent ; cette épaisseur de 0m,025 suffit pour porter le petit couvre-caisson qui n'a que 0m,25 de largeur.

Le couvre-caisson est à petit cadre et arasé, le bâtis en 0m,034, et le panneau en 0m,018.

Au battant du côté du châssis, est embrevée une alaise formant crémaillère découpée suivant les saillies de volets en tôle, et cette crémaillère développe avec le couvre-caisson.

Le montant de châssis est en chêne $0^{m},04$ sur $0^{m},10$ de largeur avec feuillure pour recevoir la glace de vitrage et moulure rapportée en dehors pour maintenir cette glace.

Ce montant est fixé au mur par des

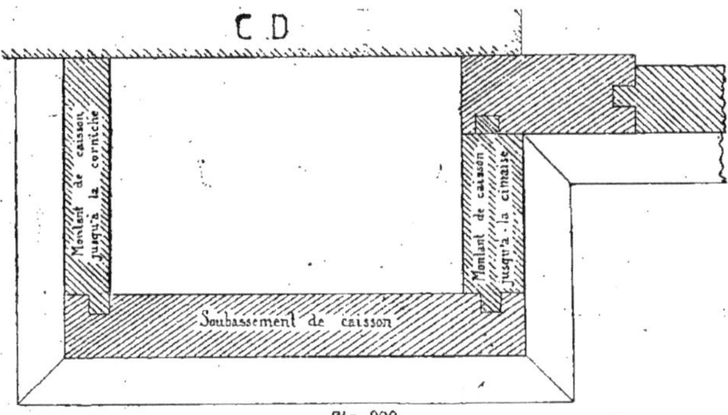


Fig. 920.

pattes en fer entaillées, coudées et scellées.

La figure 920 (CD) donne le plan sur la partie basse de ce caisson.

Le soubassement est en chêne $0^{m},034$.

Le montant de châssis descend jusqu'au bas, la feuillure est arrêtée à l'appui, et au dessous est poussée une rainure d'embrèvement pour recevoir le panneau de soubassement.

Entre le montant de châssis et le soubassement et à plomb de la crémaillère, le petit montant de caisson intérieur est en chêne $0^{m},034$ sur $0^{m},08$ à $0^{m},10$ de large, compris languettes d'embrèvement, et vient s'embrever sous la cimaise.

La largeur de ce montant est déterminée par la quantité de feuilles de tôle nécessaires pour fermer soit quatre, cinq ou six feuilles suivant la hauteur à clore et la largeur du tableau derrière lequel elles viennent se replier.

*Il faut toujours s'entendre avec le fabricant de fermetures en fer pour déterminer cette quantité de feuilles de tôle et la distance nécessaire entre le caisson et le châssis.*

La figure 921 (QR) donne la coupe sur la cimaise de caisson.

Elle a $0^{m},06$ d'épaisseur sur $0^{m},18$ de largeur, élégie d'une pente avec léger arrondi et un talon entre deux carrés au dessous, contreprofilée en bout.

Le soubassement de face et le petit montant de côté viennent s'embrever, à rai-

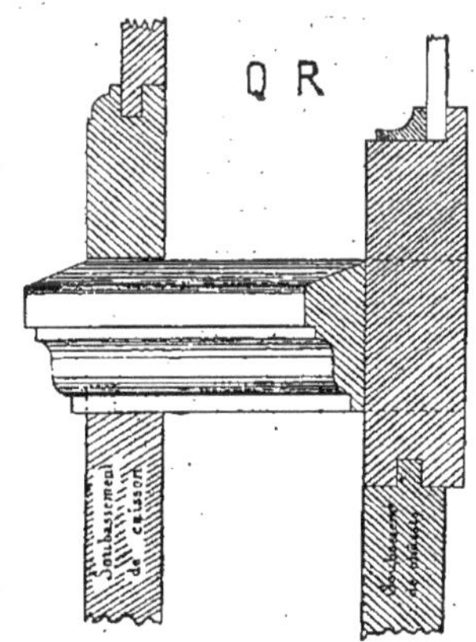


Fig. 921.

nures et languettes, sous cette cimaise les rainures devant être arrêtées seront faites au ciseau.

Au-dessus de la cimaise est l'amorce sur le couvre-caisson.

La traverse d'appui du châssis est en chêne 0m,04 sur 0m,15 de largeur avec

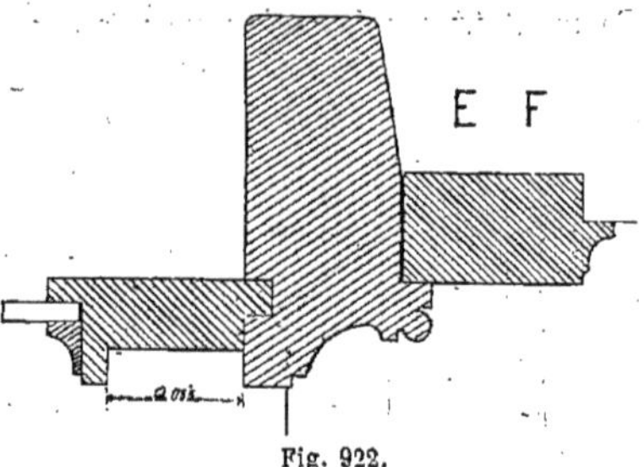

Fig. 922.

feuillures dessus pour vitres et moulure rapportée.

Au dessous, rainure et languette d'embrèvement pour le soubassement qui est en chêne de 0m,034.

La cimaise des châssis est en chêne de 0m,025, × 0m,06; elle est rapportée sur la traverse et vient se contreprofiler sur le listel du chambranle.

La figure 922 (E,F) donne le plan sur le montant du chambranle ravalé de la porte de devanture.

Il est, comme à la devanture précédente, en chêne de 0m,075 sur 0m,14, la moulure est la même, mais plus galbée.

A gauche, le montant de châssis a 0m,04 d'épaisseur sur 0m,09 de largeur avec feuillure et moulure rapportées.

Le châssis affleure avec le montant de chambranle, il est élégi en plus d'une

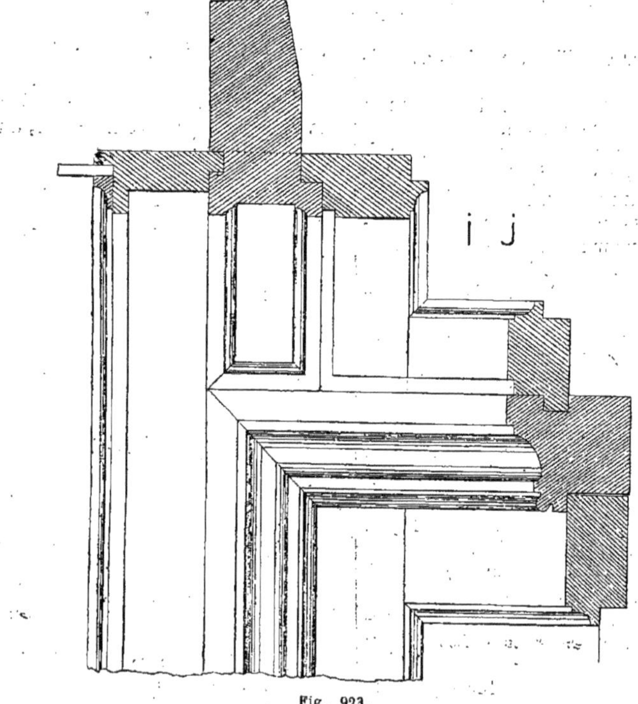

Fig. 923.

feuillure de 0m,055 de largeur sur 0m,15 de profondeur pour recevoir la glissière en fer dans laquelle coulissent les agrafes des volets en tôle.

A droite, le battant de la porte sur la partie haute a 0m,04 d'épaisseur sur 0m,08 de largeur avec moulure et feuillure pour vitres.

La figure 923 (I, J) donne l'élévation sur l'angle du chambranle et montre la porte, l'imposte et le plan sur le pilastre de chambranle à hauteur d'imposte.

Ainsi qu'il a déjà été dit ci-dessus pour la figure 911, la traverse de chambranle n'a que 0m,08 d'épaisseur.

Pour l'assembler, on fera de la même manière ainsi que pour les dérasements de pilastres à hauteur de l'imposte.

Ces pilastres ont 0m,04 d'épaisseur et sont moulurés d'un élégi au milieu et d'un congé de chaque côté avec parcloses d'onglet haut et bas, ainsi qu'il est indiqué au plan.

Le devant du chambranle, des pilastres, de l'imposte et des châssis est au même nu.

Pour détacher l'imposte on poussera de

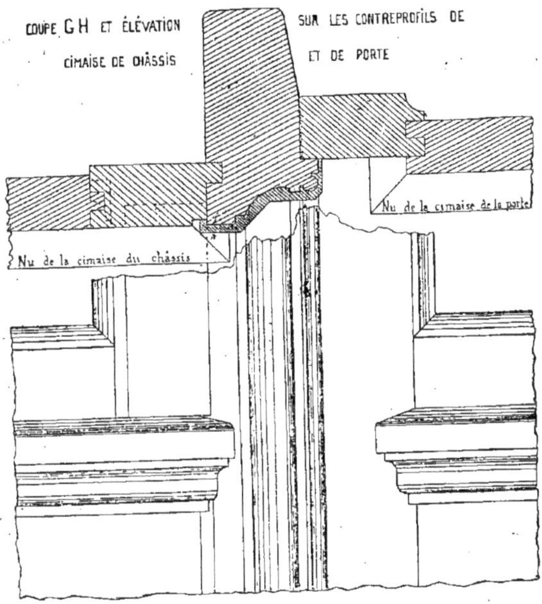


Fig. 924.

chaque côté et sur la traverse du bas un petit élégi de 0m,01 de largeur sur 0m,003 de profondeur.

Il n'y a pas de traverse d'architrave à ce type de devanture, les traverses du haut de châssis et d'imposte sont maintenues avec des pattes entaillées et coudées, scellées dans le mur.

La figure 924 (G,H) donne le plan sur la partie basse du chambranle de la porte et du soubassement de châssis, le socle est profilé suivant le chambranle et entaillé comme à la devanture précédente ; il devra avoir 0m,11 de hauteur.

La feuillure pour la glissière dans le battant de châssis est arrêtée au-dessus de la cimaise, et au dessous on ne poussera qu'un petit élégi comme à l'imposte et arrêté au-dessous de cette cimaise.

A l'intérieur du battant, la feuillure de vitrage est aussi arrêtée, et au-dessous est poussée une rainure d'embrèvement pour le panneau de soubassement.

La cimaise du châssis est en 0m,025 sur

$0^m,06$ moulurée et rapportée, elle se raccorde d'onglet du côté des caissons ; elle est contreprofilée en bout sur le listel du chambranle.

La partie basse de la porte est à petits cadres en dedans et à table saillante en dehors, comme le montre le plan. Le bâtis est en $0^m,04$ d'épaisseur et le panneau en $0^m,034$.

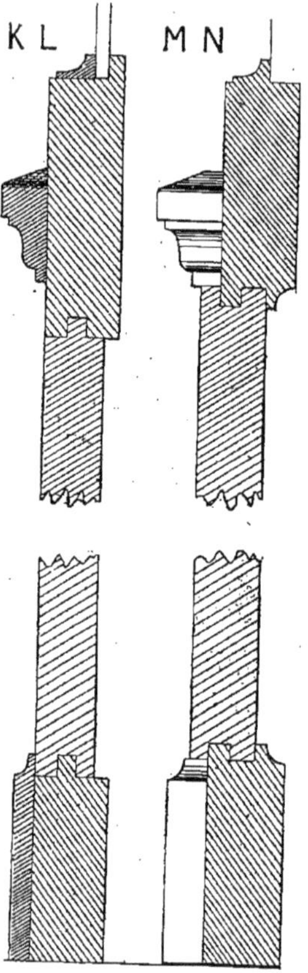


Fig. 925 et 926.

La cimaise est en $0^m,034$ d'épaisseur sur $0^m,06$ de largeur moulurée et rapportée.

Elle est contreprofilée de chaque bout, ainsi que nous l'indiquons dans l'élévation.

Elle est assujettie sur la traverse du milieu au moyen de quatre vis à tête fraisée de $0^m,055$ de longueur.

La figure 925 (K, L) donne la coupe sur le soubassement de châssis.

La traverse du milieu est en $0^m,04$ d'épaisseur sur $0^m,15$ de largeur avec feuillure et moulure rapportée pour le vitrage et rainure d'embrèvement pour le panneau de soubassement dessous.

Ce panneau est en chêne $0^m,034$ d'épaisseur corroyé aux deux parements, rainé et collé.

La traverse basse du soubassement a $0^m,11$ de largeur avec languette d'embrèvement pour le panneau.

La plinthe est en $0^m,013$ d'épaisseur sur $0^m,11$ de largeur, corroyée aux quatre parements avec congé poussé sur la rive ; elle recouvre le joint du panneau de la traverse de soubassement.

La figure 926 MN donne la coupe sur la partie basse de la porte avec cimaise et plinthe rapportées et contreprofilées en bout.

La traverse du milieu de la porte a $0^m,04$ d'épaisseur sur $0^m,13$ de largeur avec moulure et feuillure pour vitres poussées sur la rive du dessus, congé et rainure d'embrèvement sur celle du dessous pour former petit cadre et table saillante.

Le panneau est en $0^m,034$ d'épaisseur, et la traverse du bas a $0^m,12$ de largeur moulurée avec rainure pour le panneau.

La plinthe a $0^m,022$ d'épaisseur sur $0^m,11$ de largeur, corroyée et moulurée comme il a déjà été dit, et rapportée sous la table saillante.

Les moulures et les feuillures à verre sont arrêtées sur les battants au-dessus de la traverse du milieu, et la rainure d'embrèvement au dessous.

La figure 927 (O, P) donne la coupe sur la partie haute de la devanture.

Elle est à peu près pareille à celle qui est détaillée (*fig.* 905) dans l'autre devanture.

L'auvent et les coyaux sont semblables.

Quoique les profils de la corniche changent, le détail des assises et les dimensions sont les mêmes que pour la figure 905.

Le tableau est semblable, mais, comme il est isolé au bas, il devra être encadré de trois côtés en chêne $0^m,034$, la traverse du bas aura de $0^m,08$ à $0^m,10$ de largeur pour lui donner du raide, c'est-à-dire le maintenir sur la longueur, et l'astragale rapportée sur cette traverse a 0m,025 d'épaisseur sur 0m,055 de largeur.

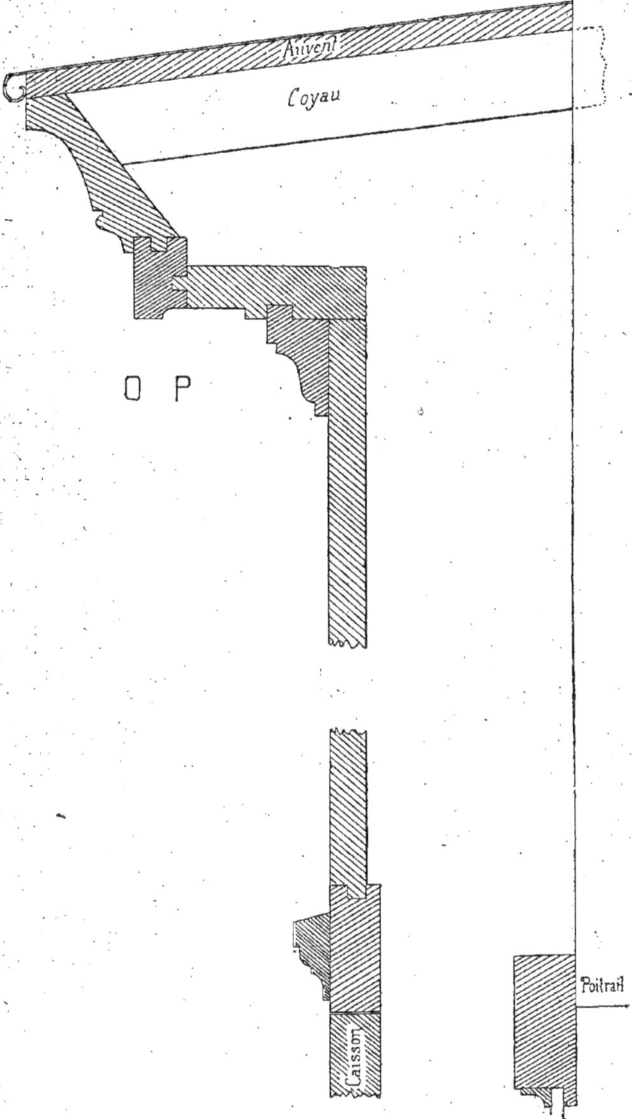


Fig. 927.

Ce tableau est assujetti de chaque bout sur les montants de rive des caissons et, dans l'intervalle, il est vissé sur de grandes équerres en fer scellées dans le mur derrière la corniche et dont le bout est entaillé et vissé contre la traverse du bas du tableau.

Au dessous est l'amorce de la traverse haute du couvre-caisson ; la traverse supérieure du châssis est fixée au poitrail avec des pattes coudées et scellées.

Ainsi qu'il a déjà été dit, il faut toujours s'entendre avec le fabricant de fermetures en fer pour la distance à laisser entre le derrière du tableau et le châssis.

Cette distance est déterminée par la quantité de feuilles de tôle nécessaires à la fermeture.

### 3° Devanture de magasin avec fermeture en tôle ondulée dite système anglais.

**849.** La figure 928 donne la coupe d'une devanture en tôle ondulée s'enroulant d'elle-même derrière le tableau.

Ces fermetures coulissent entre deux fers en U dont l'emplacement est élégi dans la construction de la devanture, comme nous allons le voir.

La figure 929 donne l'élévation générale de cette devanture.

Les caissons de rive comportent des consoles découpées et cannelées supportant la saillie du tableau. Ces consoles sont élégies de chaque côté suivant le découpage.

Les châssis sont cintrés et la naissance du cintre est à la hauteur des couronnements des colonnes.

Ces colonnes sont tournées à partir du chapiteau jusqu'au socle au-dessus de la cimaise avec bagues réservées sur une partie de la hauteur.

Des cannelures sont élégies et arrêtées entre la bague supérieure et le chapiteau.

La figure 930 représente la partie haute de cette devanture, l'auvent, la corniche, le tableau, l'astragale et l'architrave (coupe MN).

L'auvent est en sapin de $0^m,018$ d'épaisseur.

La corniche est en quatre assises, comme dans les exemples précédents, mais la force des bois et les profils diffèrent.

La traverse derrière la partie basse de la corniche est en chêne de $0^m,054$ d'épaisseur sur $0^m,10$ de largeur ; elle est assemblée entre les deux alaises des montants de caissons de rive.

Elle est élégie d'une feuillure au dessous pour recevoir le tableau, et la troisième assise de la corniche est vissée sur cette traverse.

Le tableau est en trois parties sur la longueur, il est arasé aux deux parements; les bâtis sont en chêne et les panneaux en sapin.

Chaque partie de tableau est ferrée à charnière sur la traverse en $0^m,054$ pour pouvoir se développer à soufflet, permettre le graissage des mécanismes et leur réparation.

Ces parties sont maintenues au bas avec des targettes s'engageant dans l'astragale.

La moulure d'astragale est en chêne de $0^m,075$ carré et forme traverse venant s'assembler, comme la traverse du haut, entre les deux alaises de montant de caisson. La saillie de la moulure doit flotter sur ces alaises de caisson avec coupe d'onglet pour les retours.

Au dessus la feuillure permet de placer les tableaux, et derrière une rainure d'embrèvement reçoit l'alaise formant sophite.

Cette alaise a $0^m,034$ d'épaisseur sur $0^m,13$ de largeur, elle a une languette bâtarde de chaque côté et s'embrève entre l'architrave et la traverse d'astragale.

La traverse d'architrave a $0^m,075$ d'épaisseur sur $0^m,07$ de largeur avec rainure pour le sophite et une pente arrondie pour les rideaux en tôle.

Elle s'assemble entre les deux montants de caissons de rive.

Ces traverses et l'alaise formant sophite sont bien portées par les consoles.

La traverse du haut des châssis est en $0^m,04$ d'épaisseur sur $0^m,08$ de largeur avec feuillure et moulure rapportée.

Elle est assujettie au poitrail avec des pattes coudées et scellées.

Au-dessous de l'architrave, les consoles de caissons auront $0^m,10$ d'épaisseur sur $0^m,22$ de largeur et $0^m,45$ de longueur, ainsi que celles de chaque côté de la porte. Ces dernières sont plus étroites au bas de

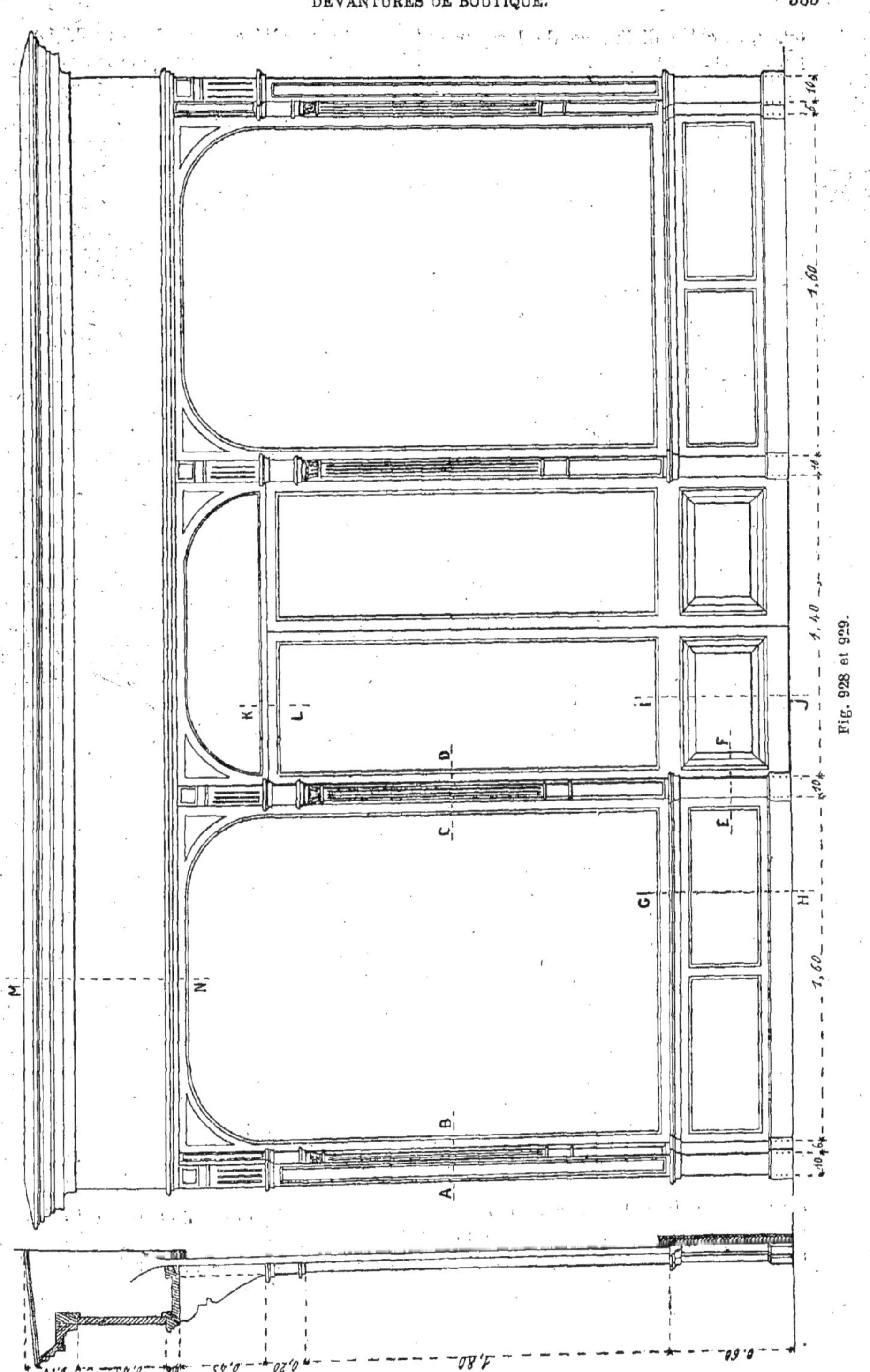

Fig. 928 et 929.

0m,02, et cette différence de largeur se perd dans le découpage.

De chaque côté, ces consoles sont élégies dans la masse suivant la coupe, et forment

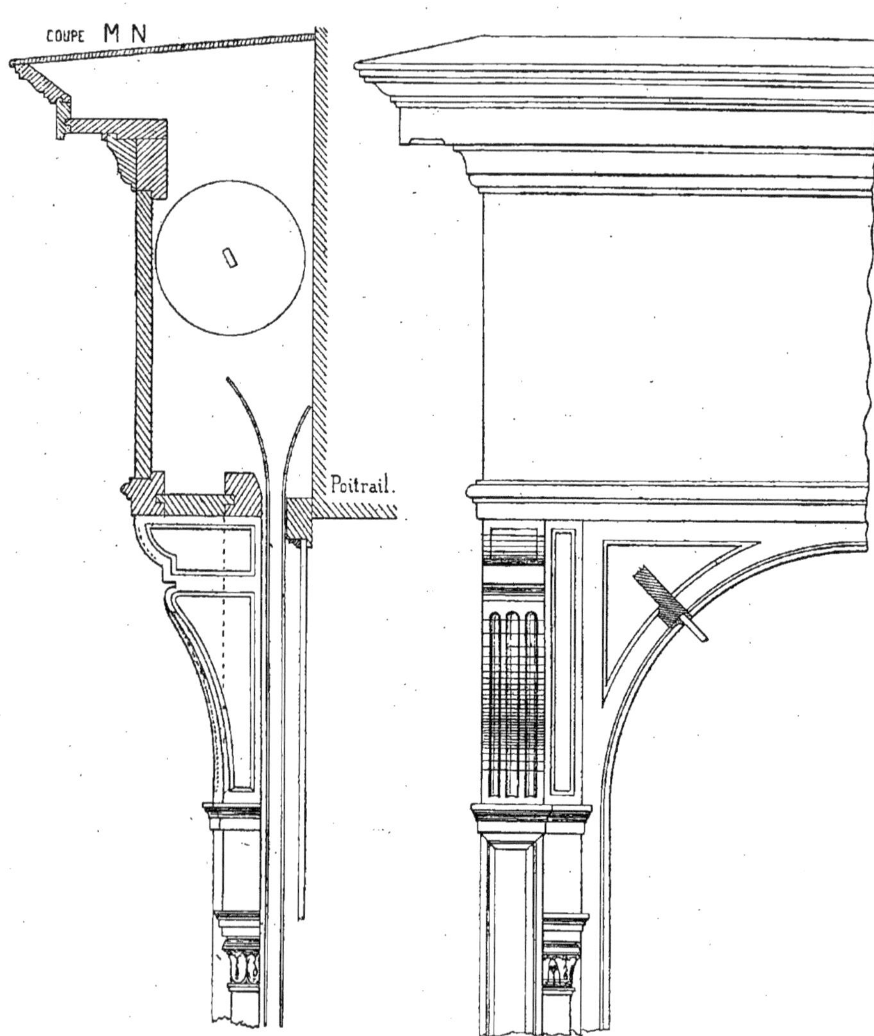


Fig. 930 et 931.

deux panneaux en hauteur, et le devant de ces élégis épouse les contours du découpage.

Sur l'arrondi du haut de la face est élégi un autre panneau.

Au dessous sont élégies trois cannelures arrêtées en cuiller en haut et en glacis dans le bas.

Le bas de ces consoles est dans le prolongement des caissons et des colonnes du milieu et s'assemble en bout; le joint de ces assemblages est recouvert par une moulure de couronnement.

Cette moulure a 0m,02 d'épaisseur sur 0m,05 de largeur et comporte une doucine et un élégi de 0m,02 de largeur; elle est rapportée d'onglet et ressaute sur les caissons.

Les deux ailes des fers en U formant coulisses et s'élargissant en haut servent de conduits aux rideaux en tôle ondulée.

Au-dessous de ces couronnements les colonnes ont 0m,080 d'épaisseur, celles d'angle près des caissons sont carrées et celles de chaque côté de la porte ont 0m,10 de largeur, y compris les saillies de bagues; elles sont tournées depuis les chapiteaux jusqu'au socle carré au-dessus de la cimaise.

Ces chapiteaux sont sculptés, la partie

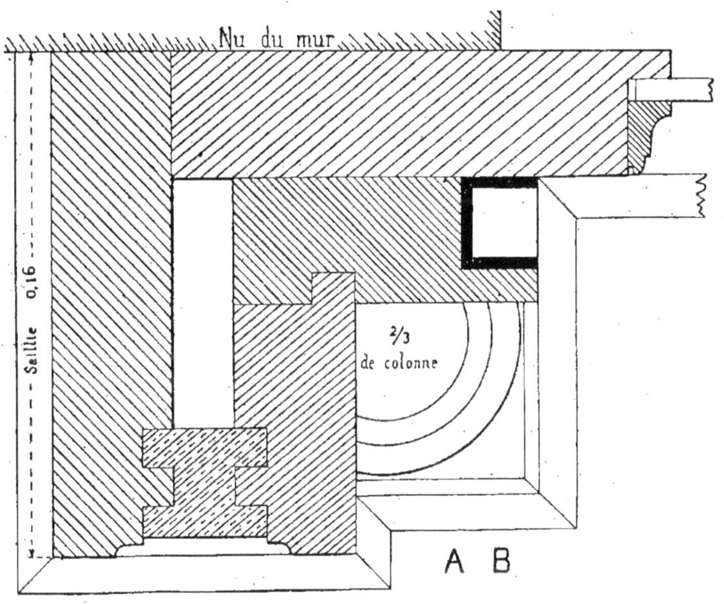


Fig. 932.

basse est tournée et la partie haute carrée.

Les moulures formant tailloir au dessus sont rapportées.

La figure 931 donne l'élévation sur le côté gauche de la devanture dont nous venons d'étudier la partie haute.

Les colonnes d'angle montent jusqu'à l'architrave avec petits panneaux élégis au-dessus du couronnement, parclosés haut et bas.

La partie haute du châssis qui est circulaire a 0m,40 de rayon intérieur avec feuillure pour vitres et moulure rapportée.

La partie arrondie est embrevée à rainure et languette dans la feuillure du montant et de la traverse du châssis.

Dans l'épaisseur de cette partie circulaire est élégi un panneau triangulaire pris dans la masse suivant l'élévation (*fig.* 931).

La figure 932 (A, B) donne le plan sur la

partie milieu du caisson de gauche, la colonne, le montant, portant la coulisse en fer et le battant du châssis.

Le caisson est en trois parties de 0m,04 d'épaisseur, la partie extérieure de 0m,16 de largeur élégie sur la rive d'un congé arrêté à la hauteur de la cimaise, d'une feuillure, et d'une rainure pour embrever la partie du milieu qui a 0m,04 de largeur.

Elle est élégie de deux rainures et de deux languettes d'embrèvement.

La troisième partie est semblable à la première, mais n'a que 0m,09 de largeur avec languette d'embrèvement venant dans le montant.

Le montant de rive doit monter jusque sous l'auvent, et dans la partie haute, au-dessus de la console, il est alaisé.

Cette alaise doit monter du dessus de la console jusqu'au-dessous de l'auvent, et sa largeur vient s'ajuster derrière le tableau.

Elle est maintenue par deux clés mortaisées avec le montant de caisson.

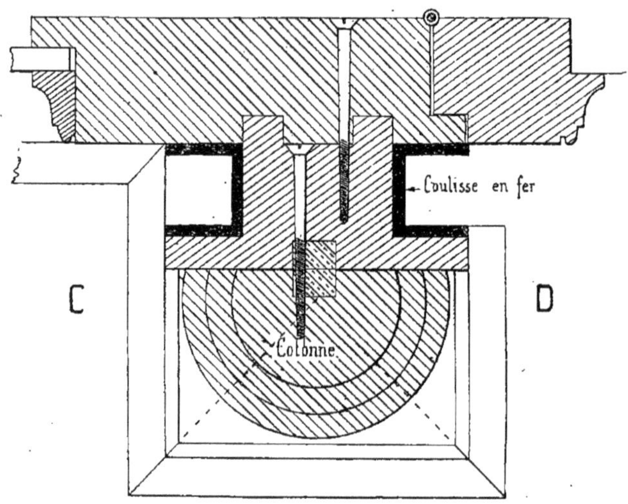


Fig. 933.

Sur la face, pour former panneau, on rapportera deux parcloses moulurées en haut et sur la cimaise.

Les rainures d'embrèvement doivent être arrêtées, ainsi que la moulure, à la hauteur de la cimaise, et le panneau du bas devra affleurer avec les rives des montants de caisson.

Les colonnes d'angle ont 0m,06 carrés, et le point de centre est à 0m,05, déporté de 0m,01 du nu du montant.

Pour le tournage de cette colonne, après avoir corroyé le bois à 0m,06 carrés, on devra l'équarrir avec des collages en sapin de 0m,04 d'épaisseur de chaque côté, *avec une feuille de papier entre les deux morceaux pour les décoller après le tournage.*

Ces morceaux de sapin sont perdus, mais il est impossible de faire autrement pour les tourner.

On fera de même pour les colonnes du milieu qui seront corroyées à 0m,06 d'épaisseur sur 0m,10 de largeur; on y mettra derrière un collage en sapin de 0m,04 et 0m,10 pour les équarrir toujours en ayant soin d'y mettre une feuille de papier pour pouvoir le décoller après le tournage.

Ensuite, on poussera les cannelures arrêtées des deux bouts, en gorge en haut et en glacis dans le bas.

Le montant portant le fer en U formant coulisse est en chêne de 0m,04 d'épaisseur sur 0m,10 de largeur élégi d'une rainure pour le montant de caisson et d'une feuillure pour recevoir le fer en U ; cette feuillure est arrêtée au-dessus de la cimaise.

Ce fer en U est assujetti avec des vis à tête fraisée posées du fond du fer dans la feuillure du montant ; le montant est vissé sur le battant du châssis.

Ce dernier battant a aussi 0m,04 d'épaisseur sur 0m,165 de large, corroyé à quatre parements élégis, et une feuillure pour vitres arrêtée à la hauteur de la cimaise.

La moulure pour maintenir la glace est rapportée en dehors, elle a 0m,015 d'épaisseur sur 0m,025 de largeur, élégie d'un petit boudin et d'un congé plat avec carré.

Ces moulures doivent être vissées.

La rive extérieure de ce montant de châssis sert de butée au montant de rive de caisson.

La figure 933 (C,D) donne le plan de la colonne à gauche de la porte.

Elle a 0m,06 d'épaisseur et 0m,10 de

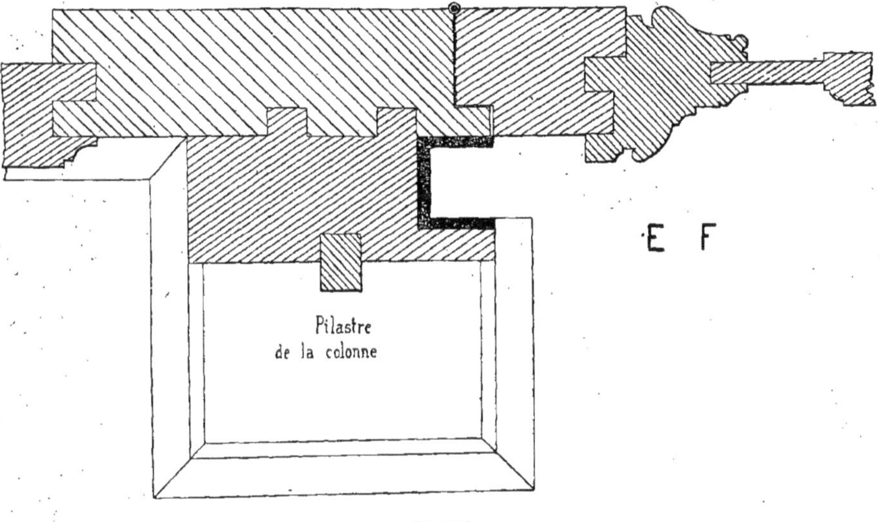


Fig. 934.

largeur avec collage en sapin de 0m,04 pour le tournage comme il a été dit ci-dessus.

Derrière il est poussé une rainure d'embrèvement pour recevoir une fausse languette embrevée dans le montant.

Ce montant a 0m,05 d'épaisseur sur 0m,10 de largeur, élégi de chaque côté d'une feuillure pour recevoir les deux coulisses en fer.

La feuillure du côté du châssis doit être arrêtée à la hauteur de la cimaise.

Derrière le montant sont élégies deux languettes d'embrèvement avec le montant de châssis qui sert en même temps de bâtis de porte.

Ce montant ayant 0m,04 d'épaisseur sur 0m,15 de largeur, est semblable à celui de rive, mais a en plus une feuillure pour la porte et deux rainures d'embrèvement pour le montant portant les coulisses en fer.

Tous ces montants sont vissés les uns sur les autres et font un ensemble très solide.

A droite, le battant de porte a 0m,04 d'épaisseur sur 0m,06 de largeur avec moulure à riche profil poussée sur la rive ; une feuillure à verre, et une contre-feuillure en dehors pour le battant de châssis.

La figure 934 (E,F) donne sur la partie basse, le plan de la figure 933.

La feuillure pour la coulisse en fer du côté du châssis n'existe plus ; elle est arrêtée à la cimaise.

Le montant du châssis derrière descend jusqu'au bas avec amorce à gauche sur le soubassement de châssis qui est à glace et à table saillante moulurée.

A droite, la partie basse de la porte est à grand cadre avec riche profil et à petit cadre derrière. Pour la régularité du champ de battant il faudra faire, pour le grand cadre, un dérasement sur une partie de

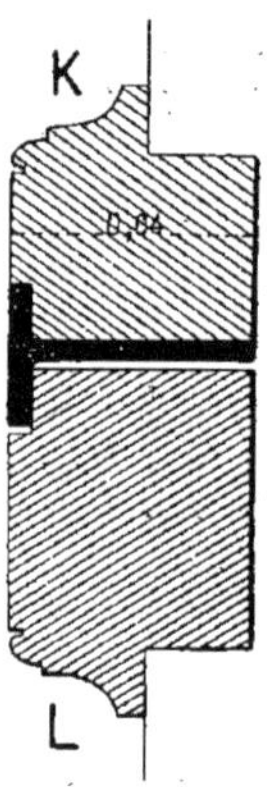

Fig. 937.

l'épaisseur de ce battant, ainsi qu'il est indiqué au plan.

Tous ces dérasements, rainures, feuillures et moulures pour la partie haute sont arrêtés à la traverse du milieu.

Le panneau est en chêne de 0m,018 d'épaisseur avec platebandes simples derrière et moulurées d'un quart de rond en dehors.

La figure 935 (G, H) donne la coupe sur le soubassement de châssis.

Ce chassis est à glace et à table saillante ; le bâtis a 0m,04 d'épaisseur, et le panneau 0m,034.

Le dessus de la traverse du milieu est élégi d'une feuillure avec moulure rapportée et vissée pour maintenir le vitrage.

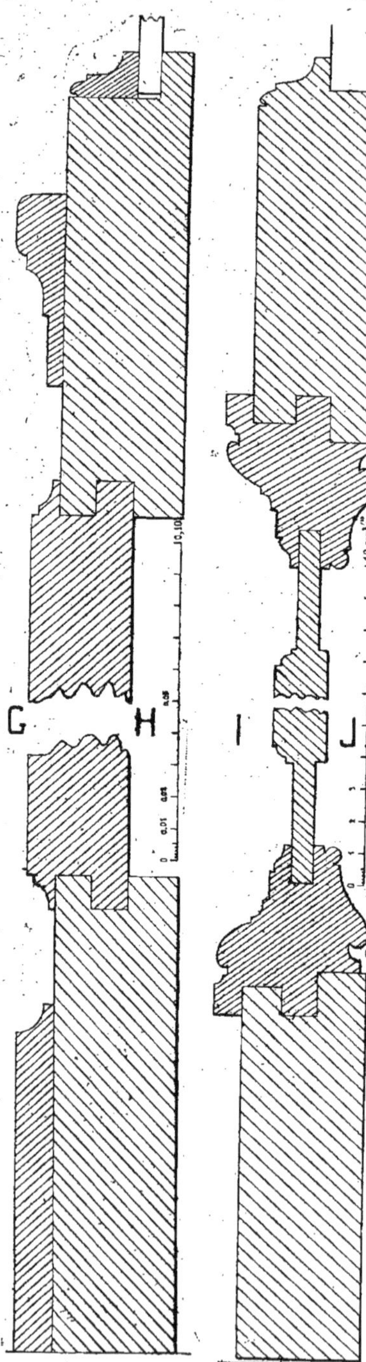

Fig. 935. Fig. 936.

Sur cette traverse la cimaise rapportée est en chêne de 0m,018 × 0m,06 moulurée à deux arrondis d'un congé avec carré et d'un élégi de 0m,02 en dessous.

La plinthe au bas est en chêne de 0m,013 d'épaisseur sur 0m,11 de largeur, moulurée d'un congé sur la rive.

La cimaise et la plinthe ressautent sur les colonnes et sur les caissons, et viennent s'amortir au nu de la coulisse en fer de chaque côté de la porte, ainsi qu'il est indiqué (*fig.* 932 et 934).

La figure 936 (I, J) donne la coupe sur la partie basse de la porte qui est à grand cadre et à petit cadre, comme nous l'avons déjà dit.

La figure 937 (K, L) donne la coupe sur la traverse du haut de la porte et sur celle d'imposte.

Comme le bois est très étroit et ne pourrait pas résister au battement de la porte, cette traverse sera armée d'un fer à T entaillée devant et vissée dessous pour lui donner du raide, et on fera une contrefeuillure pour l'aile du fer dans les traverses du haut de la porte.

L'ensemble de cette devanture est plus riche, grâce aux colonnes avec chapiteaux sculptés, et les consoles supportant la saillie du tableau.

On peut encore l'ornementer davantage en y ajoutant un fronton au milieu, supporté par deux pilastres posés sur le tableau dans le prolongement des consoles.

# TABLE DES MATIÈRES

CHAPITRE III



CHAPITRE IV



CHAPITRE V

## CHAPITRE VI

MENUISERIES DE BATIMENTS

CHAPITRE VII

ESCALIERS



CHAPITRE VIII

DEVANTURES DE BOUTIQUE



## TABLEAUX



FIN DU TOME I<sup>er</sup>.

Tours. — Imprimerie DESLIS Frères, rue Gambetta.

www.ingramcontent.com/pod-product-compliance
Ingram Content Group UK Ltd.
Pitfield, Milton Keynes, MK11 3LW, UK
UKHW020150250726
13967UKWH00002B/973